中國歷代曆象典

廣陵書社

欽定古今圖書集成曆象彙編庶徵典

第六十五卷目錄

庶徵典第六十五卷

雲氣異部彙考一

周禮

春官

眡祲掌十煇之法以觀妖祥辨吉凶一曰祲二曰象三曰鑴四曰監五曰闇六曰瞢七曰彌八曰敘九曰隮十曰想掌安宅敘降正歲則行事歲終則弊其事

註 故書彌作迷隮作資鄭司農云祲陰陽氣相侵也象者如赤烏也鑴謂日旁氣四面反鄉如煇狀也監雲氣臨日也闇日月食也瞢日月瞢瞢無光也彌者白虹彌天也敘者雲有次序如山在日上也隮者升氣也想者煇光也元謂鑴讀如童子佩鑴之鑴謂日旁氣刺日也監冠珥也彌氣貫日也隮虹也詩云朝隮于西想雜氣有似可形想宅居也降下也人見妖祥則不安主安其居處也次序其凶禍所下謂禳移之弊斷也謂計其吉凶然否多少

保章氏以五雲之物辨吉凶水旱

訂義 鄭康成曰物色也視日旁雲氣之色　鄭司農曰以二至二分觀雲色青為蟲白為喪赤為兵荒黑為水黃為豐故春秋傳曰凡分至啓閉必書雲物為備故也故曰凡此五物以詔救政

降豐荒之祲象

訂義 鄭康成曰降下也知水旱所下之國　李嘉會曰氣為祲形為象　王昭禹曰言降豐荒之祲象則與眡祲所謂敘降同矣蓋下其說於國使民知之為故謂之降事未至而使之備患未至而使之防先王所以仁民也可謂厚矣

易緯

京房飛候

四方常有大雲五色具其下賢人隱

青雲潤澤蔽日在西北為舉賢良

視四方常有青雲主豐

雲在西南為舉士

凡候雨以晦朔弦望雲漢四塞者皆當雨如斗牛彘當雨暴有異雲如水牛不三日大雨黑雲如羣羊奔如飛鳥五日必雨雲如浮船皆雨北斗獨有雲五日大雨四望見青白雲名曰天寒之雲雨徵者黑雲細如杼軸蔽日月五日必雨雲如兩人提鼓持桴皆為暴雨

有雲大如車蓋十餘此陽火之氣必暑有暍者

候雨法有黑雲如一匹帛于日中即日大雨二匹為二日雨三匹為三日雨

黑雲如覆船於日下立雨

通卦驗

震東方也立春春分日青氣出直震此正氣也氣出右物半死氣出左蛟龍出震氣不出則歲中少雷萬物不實人民疾熱

離南方也夏至日中赤氣出直離此正氣也氣出右萬物半死氣出左赤地千里

春秋緯

感精符

冬至有雲迎送日者來歲美宋忠注曰雲迎日出雲送日沒也

孝經緯

援神契

黃雲抱日輔臣納忠

六韜

攻城行軍占

凡攻城圍邑城之氣色如死灰城可屠城之氣出而北城可克城之氣出而西城可降城之氣出而南城不可拔城之氣出而東城不可攻城之氣出而復入城主逃城之氣出而覆我軍之上軍必病城之氣出

高而無所止用兵長久凡攻城圍邑過旬不雷不雨必亟去之城必有大輔此所以知可攻而攻不可攻而不攻

越絕書

外傳記軍氣

夫聖人行兵上與天合德下與地合明中與人合心義合乃動見可乃取小人則不然以彊厭弱取利於危不知逆順快心於非故聖人獨知氣變之情以明勝負之道

凡氣有五色靑黃赤白黑色因有五變人氣變軍上有氣五色相連與天相抵此天應不可攻攻之無後其氣盛者攻之不勝

軍上有赤氣徑抵天者軍有應於天攻者其誅及身

軍上有靑氣盛照從敵其本廣末銳而來者此逆兵氣也爲未可攻衰去乃可攻

靑氣在上其謀未定靑氣在右將弱兵多靑氣在後將勇穀少先大後小靑氣在左將少卒多兵少軍罷

靑氣在前將暴其軍必來

赤氣在軍上將謀未定其氣本廣末銳而來者爲逆兵氣衰去乃可攻

赤氣在右將軍勇而兵少卒彊必以殺降

赤氣在後將弱卒彊敵少攻之殺將其軍可降

赤氣在左將勇敵多兵卒彊

赤氣在前將勇兵少穀多卒少謀不來

黃氣在軍上將謀未定其本廣末銳而來者爲逆兵氣衰去乃可攻

黃氣在右將智而明兵多卒彊穀足而不可降

黃氣在後將智而勇卒彊兵少穀少

黃氣在左將弱卒少兵少穀亡攻之必傷

黃氣在前將勇智卒多彊穀足而多爲不可攻也

白氣在軍上將賢智而明卒威力而彊其氣本廣末銳而來者爲逆兵氣衰去乃可攻

白氣在右將勇而兵彊兵多穀亡

白氣在後將仁而明卒少兵多穀少軍傷

白氣在左將勇而彊卒多穀少可降

白氣在前將弱卒亡穀少攻之可降

黑氣在軍上將謀未定其氣本廣末銳而來者爲逆兵氣衰去乃可攻

黑氣在右將弱卒少兵亡穀盡軍傷可不攻自降

黑氣在後將勇卒彊兵少穀亡攻之殺將軍亡

黑氣在左將智而勇卒少兵少攻之殺將其軍自降

黑氣在前將智而明卒少穀盡可不攻自降

故明將知氣變之形氣在軍上其謀未定其在右而低者欲爲右伏兵之謀其氣在前而低者欲爲前伏陣也其氣在後而低者欲爲走兵陣也其氣陽者欲爲去兵其氣在左而低者欲爲左陣其氣間其軍欲有入邑右子胥相氣取敵大數其法如是

軍無氣算於廟堂以知彊弱一五九西向吉東向敗亡無東

二六十南向吉北向敗亡無北

三七十一東向吉西向敗亡無西

四八十二北向吉南向敗亡無南

此其用兵日月數吉凶所避也舉兵無擊太歲上物卯也始出各利以其四時制日是之謂也

史記

天官書

兩軍相當日暈暈等力鈞厚長大有勝薄短小無勝重抱大破無抱爲和背不和爲分離去直爲自立立侯王指暈若曰殺將負且戴有喜圍在中中勝在外外勝靑外赤中以和相去赤外靑中以惡相去氣暈先至而後去居軍勝先至先去前利後病後至後去前病後利後至先去前後皆病居暈不勝見而去其發疾雖勝無功見半日以上功大白虹屈短上下兌有者下大流血日暈制勝近期三十日遠期六十日

凡望雲氣

注 正義曰春秋元命包云陰陽聚爲雲氣也釋名云雲猶云衆盛也氣猶餼然也有聲即無形也

仰而望之三四百里平望在桑榆上餘二千里登高而望之下屬地者三千里雲氣有獸居上者勝

正義曰勝音升剌反雲雨氣相敵也兵書云雲或如雄雞臨城有城必降

自華以南氣下黑上赤嵩高三河之郊氣正赤恆山之北氣下黑上靑勃碣海岱之間氣皆黑江淮之間氣皆白徒氣白土功氣黃車氣乍高乍下往往而聚騎氣卑而布卒氣摶

如淳曰摶專也或曰摶音徒端反

前卑而後高者疾前方而高後兌而卑者郤其氣平者其行徐前高而後卑者不止而反氣相遇者卑勝高

索隱曰遇音偶漢書作禺

兌勝方氣來卑而循車通者

車通車轍也避漢武諱故曰通

不過三四日去之五六里見氣來高七八尺者不過五六日去之十餘二十餘里見氣來高丈餘二丈者不過三四十日去之五六十里見稍雲精白者其將悍其士怯其大根而前絕遠者當戰青白其前低者戰勝其前赤而仰者戰不勝陣雲如立垣杼雲類杼軸

索隱曰姚氏案兵書云營上雲氣如織勿與戰也

雲搏兩端兌杓雲如繩者居前亙天

索隱曰劉氏杓音時酌反說文音丁了反許愼註淮南云杓引也

其半半天其蛪者類闕旗

索隱曰蛪音五結反亦作蜺音同

故鉤雲句曲

正義曰句音古侯反

諸此雲見以五色合占而澤搏密

正義曰崔豹古今注云黃帝與蚩尤戰於涿鹿之野常有五色雲氣金枝玉葉止于帝上有花葩之象因作華蓋也京房易兆候云視四方常有火雲五色見其下賢人隱也青雲潤蔽日在西北爲舉賢良也

其見動人乃有占兵必起合鬬其直王朔所候決於日旁日旁雲氣人主象

正義曰洛書云有雲象人青衣無手在日西天子之氣

皆如其形以占故北夷之氣如羣畜穹閭

索隱曰鄒氏云一作弓閭天文志作弓字音穹蓋謂以氈爲閭崇穹然而宋均云穹獸名亦異說也

南夷之氣類舟船幡旗大水處敗軍場破國之虛下有積錢

徐廣曰錢古作泉字

金寶之上皆有氣不可不察海旁蜃氣象樓臺廣野氣成宮闕然雲氣各象其山川人民所聚積

正義曰淮南子云土地各以類生人是故山氣多男澤氣多瘖風氣多聾林氣多躄木氣多傴石氣多力險阻氣多壽谷氣多痺丘氣多狂廟氣多仁陵氣多貪輕土多利足重土多遲淸水音小濁水音大湍水人重中土多聖人皆象其氣皆應其類也

故候息耗者入國邑視封疆田疇之正治

如淳曰蔡邕云麻田曰疇

城郭室屋門戶之潤澤次至車服畜產精華實息者吉虛耗者凶若煙非煙若雲非雲郁郁紛紛蕭索輪囷是謂卿雲

正義曰卿音慶

卿雲見喜氣也

京房易傳

候雨

青白赤黑雲在東西南北名曰四塞之雲見即有雨

漢川有黑雲大如席不出五日必雨名曰海雲

赤雲如兔蜀國當富

京氏易妖占

雜占

天無雲雲自出有兵有水如箒如烏其下有兵

晉書

天文志

瑞氣一曰慶雲亦曰景雲此喜氣也太平之應二曰歸邪如星非星如雲非雲或曰星有兩赤彗上向有蓋下連星見必有歸國者三曰昌光赤如龍狀聖人起帝受終則見

妖氣一曰虹蜺日旁氣也斗之亂精主惑心主內淫主臣謀君太子詘后妃顓妻不一二曰牂雲如狗赤色長尾爲亂君爲兵喪

周禮眡祲氏掌十煇之法以觀妖祥辨吉凶一曰祲謂陰陽五色之氣祲淫相侵或曰抱珥背璚之屬如虹而短是也二曰象謂雲氣成形象如赤烏夾日以飛之類是也三曰鑴日旁氣刺日形如童子所佩之鑴也四曰監謂雲氣臨在日上也五曰闇謂日月蝕或日脫光也六曰瞢謂瞢瞢不光明也七曰彌謂白虹彌天而貫日也八曰序謂氣若山而在日上或曰冠珥背璚重疊次序在於日旁也九曰隮謂暈氣也或曰虹也詩所謂朝隮于西者也十曰想謂氣五色有形想也青饑赤兵白喪黑憂黃熟或曰想思也赤氣爲人獸之形可思而知其吉凶

玉曆通政經

冬至雲

冬至之日見雲送迎從下鄉來歲美民人和不疾疫無雲送迎德薄歲惡故其雲赤者旱黑者水白者爲兵黃者有土功

東方朔別占

占長吏下車

凡占長吏下車當視天有黃雲來覆五穀大熟青雲致兵白雲致盜黑雲多水赤雲多火

瑞應圖

瑞雲

景雲者太平之徵也一曰慶雲非烟非氣五色絪緼謂之慶

梢雲瑞雲人君德至則出若樹木梢梢然也

隋書

天文志

自周以降術士間出今採其著者而言之日君乘土而王其政太平則日五色又曰或黑或青或黃師破遊氣蔽天日月失色皆是風雨之候沈陰日月俱無光晝不見日夜不見星皆有雲鄣之兩敵相當陰相圖議也日矇矇光士卒內亂日薄赤見日中烏將軍出旌旗舉此不祥必有敗亡又曰數日俱出若鬬天下兵大戰日鬬下有拔城日戴者形如直狀其上微起在日上爲戴戴者德也國有喜也一云立日上爲戴青赤氣抱在日上小者爲冠國有喜事青赤氣小而交於日下爲纓青赤氣小而圓一二在日下左右者爲紐青赤氣如小半暈狀在日上爲負負者得地爲喜又曰青赤氣長而斜倚日旁爲戟青赤氣圓而小在日左右爲珥黃白者有喜又曰有軍日有一珥爲喜在日西西軍戰勝在日東東軍戰勝南北亦如之無軍而珥爲拜將又日旁如半環向日爲抱青赤氣如月初生背日者爲背又曰背氣青赤而曲外向爲叛象分爲反城璚者如帶璚在日四方青赤氣長而立日旁爲直日旁有一直敵在一旁欲自立從直所擊者勝日旁有二直三抱欲自立者不成順抱擊者勝殺將氣形三抱在日四方爲提青赤氣橫在日上下爲格氣如半暈在日下爲承承者臣承君也又曰日下有黃氣三重若抱名曰承福人主有吉喜且得地青白氣如履在日下者爲履日旁抱五重戰順抱者勝日一抱一背爲破走抱者順氣也背者逆氣也兩軍相當順抱擊逆者勝故曰破走日抱且兩珥一虹貫抱至日順虹擊者勝日重抱內有璚順抱擊者勝亦曰軍內有欲反者日重抱左右二珥有白虹貫抱順抱擊勝得二將有三虹得三將日抱黃白潤澤內赤外青天子有喜有和親來降者軍不戰敵降軍罷色青將喜赤將兵爭白將有喪黑將死日重抱且背順抱擊者勝得地若有罷師日重抱抱內外有璚兩珥順抱擊者勝破軍軍中不和不相信日旁有氣圓而周市內赤而外青名爲暈日暈者軍營之像周環市日無厚薄敵與軍勢齊等若無軍在外天子失御民多叛日暈有玉色有喜不得玉色有憂凡占兩軍相當必謹審日月暈氣知其所起留止遠近應與不應疾遲大小厚薄長短抱背爲多少有無實虛久亟密疎澤枯相應等者勢等近勝遠疾勝遲大勝小厚勝薄長勝短抱勝背多勝少有勝無實勝虛久勝亟密勝疎澤勝枯重背大破重抱爲和親抱多親者益多背爲不和分離相去背於內者離於內背於外者離於外也凡占分離相去赤內青外以和相去青內赤外以惡相去日暈明久內赤外青外人勝內青外赤內人勝內黃外青黑內人勝外黃內青黑外人勝外白內青外人勝內白外青內人勝內黃外青外人勝內青外黃內人勝日暈周市東北偏厚厚爲軍福在東北戰勝西南戰敗日暈黃白不鬬兵未解青黑和解分地色黃土功動人不安日色黑有水陰國盛日暈七日無風雨兵大作不可起衆大敗不反日蝕日暈而明天下有兵兵罷無兵兵起不戰日暈始起前滅而後成者後成勝日暈有兵在外者主人不勝日暈內赤外青羣臣親外外赤內青羣臣親內其日有朝夕暈是謂失地主人必敗日暈而珥主有謀軍在外外軍有悔日暈抱珥上將軍易日暈而珥如井幹者國亡有大兵交日暈上西將軍易兩敵相當日暈兩珥平等俱起而色同軍勢等色厚潤澤者賀喜日暈有直珥爲破軍貫至日爲殺將日暈員且戴國有喜戰從戴所擊者勝得地日暈而珥背左右如大車輞者兵起其國亡城兵滿野而城復歸日暈暈內有珥一抱所謂圍城者在內內人則勝日暈有重抱後有背戰順抱者勝得地有軍日暈有一抱抱爲順貫暈內在日西西軍勝有軍日暈有一背背爲逆在日西東軍勝餘方倣此日暈而背兵起其分失城日暈有背背爲逆有降叛者有反城在日東東有叛餘方倣此日暈背氣在暈內此爲不和分離相去其色青外赤內節臣受王命有所之日暈上下有兩背無兵兵起有兵兵入日暈四背在暈內名曰不和有內亂日暈而四背如大車輞者四提設其國衆在外有反臣日暈四提必有大將出亡者日暈有四背璚其背端盡出暈者反從內起日暈而兩珥在外有聚雲在內與外不出三日城圍出戰日暈有背珥直而有虹貫之者

順虹擊之大勝得地日暈有白虹貫暈至日從虹所指戰勝破軍殺將日暈有虹貫暈不至日戰從貫所擊之勝得小將日暈有一虹貫暈內順虹擊者勝殺將日暈二白虹貫暈有戰客勝日重暈有四五白虹氣從內出外以此圍城主人勝城不拔又日重暈攻城圍邑不拔日暈二重其外淸內濁不散軍會聚日暈三重有拔城日交暈無厚薄交爭力勢均厚者勝日交暈人主左右有爭者兵在外戰日在暈上軍罷交暈貫日天下有破軍死將日交暈而爭者先衰不勝卽兩敵相向交暈至日月順以戰勝殺將一法日在上者勝日有交者赤青如暈狀或如合背或正直交者偏交也兩氣相交也或相貫穿或相向或相背也交主內亂軍內不和日交暈如連環爲兩軍兵起君爭地日有三暈軍分爲三日方暈而上下聚二背將敗人亡日暈若井垣若車輪二國皆兵亡

有軍日暈不市半暈在東東軍勝在西西軍勝南北亦如之日暈如車輪半暈在外者罷日半暈東向者西方羌人來入國半暈西向者東方人欲反入國半暈北向者南方人欲反入國半暈南向者北方人欲反入國

軍在外月暈師上其將戰必勝月暈黃色將軍益秩祿得位月暈有兩珥白虹貫之天下大戰月暈而珥兵從珥攻擊者利月暈有蜺雲乘之以戰從蜺所往者大勝月暈虹蜺直指暈至月者破軍殺將按以上雜雲氣占有雜見於日異月異虹蜺異等部者茲僅存之以備考驗云

天子氣內赤外黃正四方所發之處當有王者若天子欲有遊往處其地亦先發此氣或如城門隱隱在氣霧中恆帶殺氣森森然或如華蓋在氣霧中或有五色多在晨昏見或如千石倉在霧中恆帶殺氣或如高樓在霧氣中或如山鎮蒼帝起青雲扶日赤帝起赤雲扶日黃帝起黃雲扶日白帝起白雲扶日黑帝起黑雲扶日或日氣象青衣人垂手在日西天子之氣也敵上氣如龍馬或雜色鬱鬱衝天者此帝王之氣不可擊若在吾軍戰必大勝凡天子之氣皆多上達於天以王相日見

凡猛將之氣如龍兩軍相當若氣發其上則其將猛銳或如虎在殺氣中猛將欲行動亦先發此氣若無行動亦有暴兵起或如火煙之狀或白如粉沸或如火光之狀夜照人或白而赤氣繞之或如山林竹木或紫黑如門上樓或上黑下赤狀似黑旌或如張弩或如埃塵頭銳而卑本大而高兩軍相當敵軍上氣如困倉正白見日逾明或青白如膏將勇大戰氣發漸漸如雲變作此形將有深謀

凡氣上與天連軍中有貞將或云賢將

凡軍勝氣如堤如坂前後磨地此軍士衆强盛不可擊軍上氣如火光將軍勇士卒猛好擊戰不可擊軍上氣如山堤山上若林木將士驍勇軍上氣如埃塵粉沸其色黃白旌旗無風而颺揮揮指敵此軍必勝敵上有白氣粉沸如樓繞以赤氣者兵銳營上氣黃白色重厚潤澤者勿與戰兩敵相當有氣如人持斧向敵戰必大勝兩敵相當上有氣如蛇舉首向敵者戰勝敵上氣如一匹帛者此勇軍之氣不可攻望敵上氣如覆舟雲如牽牛有白氣出似旌幟在軍上有雲如鬭雞赤白相隨在氣中或發黃氣皆將士精勇不可擊軍營上有赤黃氣上達於天亦不可攻

凡軍營上五色氣上與天連此天應之軍不可擊其氣上小下大其軍日增益士卒軍上氣如堤以覆其軍上前赤後白此勝氣若覆吾軍急往擊之大勝夫氣銳黃白團團而潤澤者敵將勇猛且士卒能强戰不可擊雲如日月而赤氣繞之如日月暈狀有光者所見之地大勝不可攻

凡雲氣有獸居上者勝軍上有氣如塵埃前下後高者將士精銳敵上氣如乳虎豹伏者難攻軍上恆有氣者其軍難攻軍上雲如華蓋者勿往與戰雲如旌旗如蜂向人者勿與戰兩軍相當敵上有雲如飛鳥徘徊其上或來而高者兵精銳不可擊軍上雲如馬頭低尾仰勿與戰軍上雲如狗形勿與戰望四方有氣如赤鳥在烏氣中如烏人在赤氣中如赤杵在烏氣中如人十十五五或如旌旗在烏氣中有赤氣在前者敵人精悍不可當敵上有雲如山不可說有雲如引素如陣前銳或一或四黑色有陰謀赤色饑青色兵有反黃色急去

凡氣上黃下白名曰善氣所臨之軍欲求和退若氣出北方求退向北其衆死散向東則不可信終能爲害向南將死敵上氣囚廢枯散或如馬肝色如死灰色或類偃蓋或類偃魚皆爲將敗軍上氣乍見乍不見如霧起此衰氣可擊上大下小士卒日減

凡軍營上十日無氣發則軍必勝而有赤白氣乍出卽滅外聲欲戰其實欲退散黑氣如壞山墮軍上者名曰營頭之氣其軍必敗軍上氣昏發連夜夜照人則軍士散亂軍上氣半而絕一敗再絕再敗三絕三

敗在東發白氣者災深軍上氣中有黑雲如牛形或如馬形者此是瓦解之氣軍必敗敵上氣如粉如塵者勃勃如煙或五色雜亂或東西南北不定者其軍欲敗軍上氣如羣羊羣猪在氣中此衰氣擊之必勝軍上有赤氣炎炎於天則將死士衆亂赤光從天流下入軍軍亂將死彼軍上有蒼氣須臾散去擊之必勝在我軍上須自堅守軍有黑氣如牛形或如馬形從氣霧中下漸漸入軍名曰天狗下食血則軍破軍上氣或如羣鳥亂飛或如懸衣如人相隨或紛紛如轉蓬或如揚灰或雲如卷席如匹布亂穰者皆爲敗徵氣乍見乍沒乍聚乍散如霧之始起爲敗氣氣如繫牛如人臥如敗車如雙蛇如飛鳥如決堤垣如壞屋如人相指如人無頭如驚鹿相逐如兩雞相向皆爲敗氣

凡降人氣如人十十五五皆叉手低頭又云如人叉手相向白氣如羣鳥趨入屯營連結百餘里不絕而能徘徊須臾不見者當有他國來降氣如黑山以黃爲緣者欲降服敵上氣青而高漸黑者將欲死散軍上氣如燔生草之煙前雖銳後必退黑氣臨營或聚或散如鳥將宿敵人畏我心意不定終必逃背逼之大勝

凡白氣從城中南北出者不可攻城不可屠城中有黑雲如星名曰軍精急解圍去有突兵出客敗城上白氣如旌旗或青雲臨城有喜慶黃雲臨城有大喜慶青色從中南北出者城不可攻或氣如青色如牛頭觸人者城不可屠城中氣出東方其色黃此太一城白氣從中出青氣從城北入反向還者軍不得入攻城圍邑過旬雷雨者爲城有輔疾去之勿攻城上氣如煙火主人欲出戰其氣無極者不可攻城上氣如雙蛇者難攻赤氣如杵形從城中向外者內兵突出主人戰勝城上有雲分爲兩彗狀攻不可得赤氣在城上黃氣四面繞之城中大將死城降城上赤氣如飛鳥如敗車及無雲氣士卒必散城營中有赤黑氣如貍皮斑及赤者並亡城上氣上赤而下白色或城中氣聚如樓出見於外城皆可屠城營上有雲如衆人頭赤色下多死喪流血城上氣如灰城可屠氣出而北城可尅其氣出復入城中人欲逃亡其氣出而覆其軍軍必病氣出而高無所止用日久長有白氣如蛇來指城可急攻白氣從城指營宜急固守攻城若雨霧日死風至兵勝日色無光爲日死雲氣如雄雉臨城其下必有降者濛氛圍城而入城者外勝得入有雲如立人五枚或如三牛邊城圍

凡軍上有黑氣渾渾圓長赤氣在其中其下必有伏兵白氣粉沸起如樓狀其下必有藏兵皆不可輕擊伏兵之氣如幢節狀在烏雲中或如赤杵在烏雲中或如烏人在赤雲中

凡暴兵氣白如瓜蔓連結部隊相逐須臾罷而復出至八九來而不斷急賊卒至宜防固之白氣如仙人衣千萬連結部隊相逐罷而復興如是八九者當有千里兵來視所起備之黑雲從敵上來之我軍上欲襲我敵人告發宜備不宜戰壬子日候四望無雲獨見赤雲如旌旗其下有兵起若徧四方者天下盡有兵若四望無雲獨見黑雲極天天下兵大起半天半起三日內有雨災解敵欲來者其氣上有雲下有氛霧中天而下敵必至雲氣如旌旗賊兵暴起暴兵氣如人持刀楯雲如人赤色所臨城邑有卒兵至驚怖須臾去赤氣如人持節兵來未息雲如方虹有暴兵赤雲如火者所向兵至天有白氣狀如匹布經丑未者天下多兵

凡戰氣青白如膏將勇大戰氣如人無頭如死人臥敵上氣如丹蛇赤氣隨之必大戰殺將四望無雲見赤氣如狗入營其下有流血

凡連陰十日晝不見日夜不見月亂風四起欲雨而無雨名曰蒙臣謀君故曰久陰不雨臣謀主霧氣若晝若夜其色青黃更相掩冒乍合乍散臣謀君逆者喪山中冬霧十日不解者欲崩之候視四方常有大雲五色具者其下有賢人隱也青雲潤澤蔽日在西北爲舉賢良雲氣如亂穰大風將至視所從來避之雲甚潤而厚大雨必暴至四始之日有黑雲氣如陣厚重大者多雨氣若霧非霧衣冠不雨而濡見則其城帶甲而趨日出沒時有雲橫截之白者喪烏者驚三日內雨者各解有黑氣入營者兵相殘有赤青氣入營者兵弱有雲如蛟龍所見處將軍失魄有雲如鵠尾來蔭國上三日亡有雲如日月暈赤色其國凶青白色有大水有雲狀如龍行國有大水人流亡有雲赤黃色四塞終日竟夜照地者大臣縱恣有雲如氣昧而濁賢人去小人在位

凡遇四方盛氣無向之戰甲乙日青氣在東方丙丁日赤氣在南方庚辛日白氣在西方壬癸日黑氣在北方戊己日黃氣在中央四季戰當此日氣背之吉日中有黑氣君有小過而臣不諫又掩君惡而揚君

善故日中有黑氣不明也
凡海傍蜃氣象樓臺廣野氣成宮闕北裔之氣如牛羊羣畜穹閭南裔之氣類舟船幡旗自華以南氣下黑上赤嵩高三河之郊氣正赤恆山之北氣青勃碣海岱之間氣皆正黑江湖之間氣皆白東海如圓簦附漢河水氣如引布江漢氣勁如杼濟水氣如黑㹠滑水氣如狠白尾淮南氣如帛少室氣如白兔青尾恆山氣如黑牛青尾東裔氣如樹西裔氣如室屋南裔氣如閣臺或類舟船陣雲如立垣杼軸雲類軸摶兩端兌杓雲如繩居前亘天其半半天其蜺者類闕旗故鉤雲勾曲諸此雲見以五色占而澤摶密其見動人及有兵必起合鬬其直雲氣如三匹帛廣前兌後大軍行氣也韓雲如布趙雲如牛楚雲如日宋雲如車魯雲如馬衞雲如犬周雲如車輪秦雲如行人魏雲如鼠鄭齊雲如絳衣越雲如龍蜀雲如囷車氣乍高乍下往往而聚騎氣卑而布卒氣摶前卑後高者疾前方而高後兌而卑者却其氣平者其行徐前高後卑者不止而返校騎之氣正蒼黑長數百丈遊兵之氣如彗埽一云長數百丈無根本喜氣上黃下白怒氣上下赤憂氣上下黑土功氣黃白徙氣白
凡候氣之法氣初出時若雲非雲若霧非霧髣髴若可見初出森森然在桑榆上高五六尺者是千五百里外平視則千里舉目望則五百里仰瞻中天則百里內平望桑榆間二千里登高而望下屬地者三千里
凡欲知我軍氣常以甲己日及庚子辰戌午未亥日及八月十八日去軍十里許登高望之可見依別記占之百人以上皆有氣
凡占災異先推九宮分野六壬日月不應陰霧風雨而陰霧者乃可占對敵而坐氣來甚卑下其陰覆人上掩溝蓋道者是大賊必至敵在東日出候在南日中候在西日入候在北夜半候王相色吉囚死色凶
凡軍上氣高勝下厚勝薄實勝虛長勝短澤勝枯我軍在西賊軍在東氣西厚東薄西長東短西高東下西澤東枯則知我軍必勝
凡氣初出似甑上氣勃勃上升氣積為霧霧為陰陰氣結為虹蜺暈珥之屬
凡氣不積不結散漫一方不能為災必須和雜殺氣森森然疾起乃可論占軍上氣安則軍安氣不安則軍不安氣南北則軍南北氣東西則軍亦東西氣散則為軍破敗候氣常以平旦下晡日出沒時處氣見占期內有大風雨久陰則災不成故風以散之陰以諫之雲以幡之雨以厭之

唐邵諤望氣經

雜占法

凡望氣占候皆在子午卯酉之時太乙初移宮皆有氣見可以測之夕則日入時朝則日出時夜則夜半時中則午時
天無言以七曜垂文地無言以五雲騰氣四時無言以寒暑變節六甲無言以孤虛定位
晉氣之雲白潤精明楚雲如日渤海碣岱之間雲氣正黑色魏雲如鼠越雲如龍荊雲如犬秦雲如行人周雲如車輪華山河南氣色下黑上赤韓雲似布幽薊之氣如蛇形宋雲如車魯雲如馬蜀雲如囷輦乍高乍下濟水之雲如黑豬東齊之雲如青龍淮水之間氣如瀑布渭水之象如白狠尾東海之氣如懸蛇煙附漢亦如圖畫江漢之氣如搖杵東齊吳鄭之間氣如絳衣趙冀氣如黑牛尾燕趙之間上青下黑北裔氣如穹廬狀也北狄之氣如牛羊之羣來而不斷也南蠻之氣如船如閣亦如旌旗搖動東裔氣如樹西戎氣如屋宅之狀海傍蜃氣如樓閣廣野之氣如宮闕千歲靈龜上有白雲常聚雲氣多黑潤者其下有潛龍
二分二至必占雲氣黃雲如覆車五穀大熟青雲致蟲白雲致盜烏黑雲多水赤雲有火鬱鬱葱葱隱隱隆隆佳氣也綿綿絞絞條條片片兵氣也澤澤餤餤女子氣也如藤蔓掛樹者寶氣也紫氛如樓者玉氣也絕氣有銅紅氣有璞為璘褐色為鐵赭色雲氣下垂不可以掘
山雲草莽水雲魚鱗旱雲煙火涔雲波水陣雲如立垣杼雲類軸杓雲如繩蜺（史記作蜺者）雲類鬬旗勝兵雲氣如織敗兵雲氣如枯
若煙非煙若雲非雲郁郁紛紛蕭索輪囷是曰（史記作謂）卿雲卿雲者（史記作見）喜氣也若霧非霧若蒙非蒙著（史記無衣冠六字）衣冠而不濡見則其國（史記作域）被甲而趨

欽定古今圖書集成曆象彙編庶徵典

第六十六卷目錄

庶徵典第六十六卷

雲氣異部彙考二

地鏡圖

望氣

齊氣之見爲牛　青土地爲女人黃金之見爲火及白鼠　財在丘墟者爲木變故木有折枯者其旁有財折所向在焉其在南方去木八尺其在東方去木六尺　望氣見人家黃氣者梔子樹也　錢銅之氣望之如有青雲　山畜財物氣葱盛　行沙出金斷岡伏鑛小　藍玉有積輝　銅器之精見爲禺黃金之氣赤黃千萬斤以上光如大鏡盤　銀氣夜正白流散在地撥之隨手合　草青莖赤秀下有鉛天鼓動王弩發天下驚按地鏡圖所載多有訛舛

月令占候圖

占種植

夏至之日離卦用事日中時南方有赤雲如馬者離氣至也宜黍立秋坤卦用事晡時西南有黃雲如羣羊宜粟穀

宋史

天文志

周禮保章氏以五雲之物辨吉凶水旱降豐荒之祲象故魯僖公日南至登觀臺以望漢明帝升靈臺以望元氣吹時律觀物變蓋古者分至啓閉必書雲物爲備故也迨乎後世其法寖備瑞氣則有慶雲昌光之屬妖氣則有虹蜺祥雲之類以候天子之符應驗歲事之豐凶明賢者之出處占戰陣之勝負焉

青氣入勾陳大將憂

雲氣入天皇大帝潤澤吉黃白氣入連大帝坐臣獻美女出天皇上者改立王

黃白氣入四輔相有喜白氣入相失位

雲氣入五帝內坐華蓋下色黃太子卽位期六十日赤黃人君有異

雲氣犯六甲色黃術士興蒼白史官受爵

雲氣犯柱史色黃史有爵祿蒼白氣入左右史死

雲氣犯天柱赤黃君喜黑三公死

雲氣犯女御黃爲後宮有子喜蒼白多病

雲氣入尚書星黃爲喜黃而赤尚書出鎭黑尚書有坐罪者

雲氣入大理黃白爲赦黑法官黜

雲氣入陰德黃爲喜青黑爲憂

雲氣入天牀色黃天子得美女後宮喜有子蒼白主不安青黑憂白凶

雲氣入華蓋黃白主喜赤黃侯王喜

黑雲氣入傳舍北兵侵中國

黑雲氣犯八穀八穀不收

赤雲氣犯天理兵大起將相行兵

雲氣入太陽守星黃爲喜蒼將死赤大臣憂

雲氣犯天一黃君臣和黑宰相黜

雲氣犯太一黃白百官受賜赤爲兵旱蒼白民多疫

雲氣犯天棓蒼白黑爲凶

雲氣犯天戈黑爲北兵退蒼白北人病

雲氣出入太微垣色微青君失位青白黑雲氣入左右掖爲喪出之無咎赤氣入東掖門內起兵黃白雲氣入太微垣人主喜年壽長入左右掖門天子有德令黑及蒼白氣入天子憂出則無咎黑氣如蛇入垣門有喪

蒼白氣抵內五帝座天子有喪青赤近臣欲謀其主黃白天子有子孫喜雲氣入黃爲喜黑爲憂

青赤氣入幸臣近臣謀君不成

赤氣入郎位兵起黃白吉黑凶

黃白氣入郎將則郎將受賜

雲氣入三台蒼白民多傷黃白潤澤民安君喜黃將相喜赤爲憂青黑憂在三公蒼白三公黜

雲氣入少微色蒼白賢士憂大臣黜

雲氣入天市垣色蒼白民多疾蒼黑物貴出物賤黃白物賤黑爲嗇夫死

雲氣入貫索色蒼白天子亾地青兵起黑獄多枉死白天子喜

雲氣出女牀色黃後宮有福白爲喪黑凶青女多疾

雲氣黃白入右角得地赤入左有兵入右戰勝黑白氣入於右兵將敗

雲氣入庫樓內外不安天庫生角有兵

黃白紫氣貫進賢草澤賢人出

雲氣犯亢宿色蒼民疫白爲土功黑水赤兵一云白民疾黃土功

雲氣抵大角青主憂白爲喪黃氣出有喜

雲氣犯折威蒼白兵亂赤臣叛主黃白爲和親出則有赦黑氣入人主惡之

雲氣入攝提赤爲兵九卿憂色黃喜黑大臣戮

赤雲氣入陽門主用兵

雲氣入氐宿黃爲土功黑主水赤爲兵蒼白爲疾疫白後宮憂

雲氣犯招搖色黃白相死赤爲內兵亂色黃兵罷白大人憂

赤雲氣犯梗河兵敗蒼白將死

雲氣入房宿赤黃吉如人形后有子色赤宮亂蒼白氣出將相憂

雲氣犯日星黑爲巫祝戮黃則受爵

雲氣入心宿色黃子孫喜白亂臣在側黑太子有罪

雲氣犯積卒青赤爲大臣持政欲論兵事

雲氣入尾宿色青外國來降出則臣有亂赤氣入有使來言兵黑氣入有諸侯客來

赤雲氣犯天江車騎出青爲多水黃白天子用事兵起入則兵罷

赤雲氣入傳說巫祝官有誅者

赤雲氣犯魚星出兵起將憂入兵罷黃白氣出兵起

赤雲氣出龜星卜祝官憂

雲氣出箕宿色蒼白國災除入則蠻裔來見出而色黃有使者出箕口斂爲雨開爲多風少雨

雲氣入北方南斗蒼白多風赤旱出有兵起宮廟火入有雨赤氣兵黑主病

雲氣犯鼈星色青黑爲水黃爲旱

雲氣蒼白橫貫牛宿有兵喪赤亦爲兵黃白氣入牛蕃息黑則牛死

黃白雲氣入河鼓天子喜赤爲兵起出則戰勝黑爲將死青氣入之將憂出則禍除

雲氣入須女黃白有嫁女事白爲女多病黑爲女多死赤則婦人多兵死者

赤雲氣入天津爲旱黃白天子有德令黑爲大水色蒼爲水爲憂出則禍除

蒼白雲氣入匏瓜果不可食青爲天子攻城邑黃則天子賜諸侯果黑爲天子食果而致疾

雲氣入虛宿黃爲喜蒼爲哭赤火黑水白有幣客來

赤雲氣掩天壘城北方驚滅有疾疫

雲氣入危宿蒼白爲土功青爲國憂黑爲水爲喪赤爲火白爲憂爲兵黃出入爲喜

雲氣入營室黃爲土功蒼白大人惡之赤爲兵民疫黑則大人憂

雲氣入北落師門蒼白爲疾疫赤爲兵黃白喜黑雲氣入邊將死

雲氣蒼白入羽林軍南后有憂北諸侯憂黑太子諸侯忌之出則禍除黃白吉

赤雲氣入壁宿爲兵黑其下國破黃則外國貢獻一日天下有列士立

赤雲氣入犯西方奎宿爲兵黃爲天子喜黑則大人有憂

黃雲氣入土司空土工興移京邑

蒼白雲氣入附路太僕有憂赤爲太僕誅黃白太僕受賜黑爲太僕死

白雲氣入閣道有急事黑主有疾黃則天子喜

青雲氣入犯王良近臣奉車憂墜車雲氣赤奉車有斧鑕憂

青赤雲氣入婁爲兵喪黑爲大水

蒼白雲氣入天倉歲饑赤爲兵旱倉廩災黃白歲大熟

蒼白雲氣犯天大將軍兵多疾赤爲兵出

蒼白雲氣出入犯胃宿以喪糴粟事黑爲倉穀散腐

青黑爲兵黃白倉實

青白雲氣入天囷歲饑民流亡

蒼白雲氣犯大陵天下兵喪赤則人多戰死

蒼色雲氣犯積尸人多死黑爲疫

青雲氣入天船天子憂不可御船赤爲兵船用黃白天子喜

青雲氣入天廩蝗饑民流赤爲旱黑爲水黃則歲稔

蒼赤雲氣犯昴宿民疫黑則北主憂青爲木爲兵白人多喪黃則有喜

赤雲氣犯鉤鈐爲火黃爲喜

雲氣入天苑色黑禽獸多死黃則蕃息

蒼白雲氣入畢宿歲不收赤爲兵旱爲火黃白天子有喜

蒼白雲氣犯天高大旱

白雲氣入五車民不安赤爲兵起

雲氣蒼白或黑入天潢爲喪赤爲兵白則天子有喜

雲氣入咸池色蒼白魚多死赤爲旱白爲神魚見黑爲大水

雲氣犯參旗色青入自西北兵來期三年

黃雲氣犯天關四方入貢

白雲氣犯天園兵起

雲氣犯觜觿赤爲兵蒼白爲兵憂黑趙地大人有憂色黃有神寶入

青雲氣入犯參宿天子起邊城蒼白爲臣亂赤爲內兵黃色潤澤大將受賜黑爲水災大臣憂白雲氣出貫之將死天子疾

雲氣入玉井而色青井水不可食

青雲氣入廁爲兵黑爲憂黃則天子有喜

蒼黑雲氣入犯南方東井民有疾疫黃白潤澤有客來言水澤事黑氣入爲大水常以正月朔日入時候之井宿上有雲歲多水潦

雲氣犯五諸侯色蒼白諸侯有喪不則臣有誅戮天下有大水

蒼白雲氣入犯積水天下有水

赤雲氣入犯積薪爲水災

蒼白雲氣入南河河道不通出而色赤天子兵向諸侯黃氣入之有德令出爲災

雲氣蒼白入河北邊有兵疾疫又爲北主憂

赤雲氣入水位爲旱饑

赤雲氣入狼星有兵

赤雲氣入弧矢民驚一曰北兵入中國

白雲氣入老人星國當絕

白雲氣入輿鬼有疾疫黑后有疾憂赤爲旱黃爲土功入犯積尸貴臣有憂青爲病

赤雲氣入爟星天下烽火皆動

赤雲氣入柳宿爲火黃爲赦黃白爲天子有喜起宮室

赤雲氣入酒旗君以酒失

蒼白雲氣入七星貴人憂出則天子用急使赤入爲兵黑爲賢士死黃則遠人來貢白爲天子遣使賜諸侯帛

雲氣入天相黃爲大臣喜黑爲將憂

蒼白雲氣入張宿庭中觴客有憂黃白天子因喜賜客黑爲其分水災色赤天子將用兵

赤雲氣出入翼宿有暴兵黃而潤澤諸侯來貢黑爲國憂

赤雲氣掩器府天下音樂廢

凡黃氣環在日左右爲抱氣居日上爲戴氣爲冠氣居日下爲承氣爲履氣居日下左右爲紐氣爲纓氣抱氣則輔臣忠餘皆爲喜爲得地吉一珥在日西則西軍勝在東則東軍勝南北亦然無兵亦有拜將兩珥氣圓而小在日左右主民壽考三珥色黃白女主喜純白爲喪赤爲兵青爲疾黑爲水四珥主立侯王有子孫喜

日旁雲氣白如席兵衆戰死黑有叛臣如蛇貫之而青穀多傷白爲兵赤其下有叛黃臣下交兵黑爲水

日始出黑雲氣貫之三日有暴雨青雲在上下可出兵有赤氣如死蛇爲饑爲疫雜氣刺日皆爲兵日暈七日內無風雨赤爲兵甲乙憂火丙丁臣下忠戊己后族盛庚辛將利壬癸臣專政半暈相有謀黃則吉黑爲災暈再重歲豐色青爲兵穀貴赤蝗爲災三重兵起四重臣叛五重兵饑六重兵喪七重天下亡

白虹貫日近臣亂

日珥甲乙日有二珥四珥而食白雲中出主兵丙丁黑雲天下疫戊己青雲兵喪庚辛赤雲天下有少主壬癸黃雲土功

月旁瑞氣一珥五穀登兩珥外兵勝四珥及生戴氣君喜國安終歲不暈天下偃兵白暈貫之下有廢主

白虹貫之爲大兵起

月珥背璚暈而珥六十日兵起珥青憂赤兵白喪黑國亡黃喜有背璚下弛縱欲相攻殘賊不和之氣暈三重兵起四重國亡五重女主憂六重國失政七重下易主八重亡國九重兵起亡地十重天下更始

詞林海錯

占兵

有雲如丹蛇隨車後大戰殺將有雲如蛟龍所見處將軍失魄有雲如鵠尾來蔭國三日亡

海錄碎事

城中氣

城中氣出東方其色黃名天鉞不可攻

田家五行

論雲

雲行占晴雨諺云雲行東雨無蹤車馬通雲行西馬濺泥水沒犂雲行南雨潺潺水漲潭雲行北雨便足好曬穀上風雖開下風不散主雨諺云上風皇下風隘無蓑衣莫出外雲若砲車形起主風起諺云西南陣單過也落三寸言雲陣起自西南來者雨必尋常陰天西南陣上亦雨諺云太婆年八十八弗曾見東南陣頭發又云千歲老人不曾見東南陣頭雨沒子田言雲起自東南來者絕無雨凡雨陣自西北起者必雲黑如潑墨又必起作眉梁陣主先大風而後雨終易晴天河中有黑雲生謂之河作堰又謂之黑猪渡河黑雲對起一路相接亘天謂之女作橋雨下闊則又謂之合羅陣皆主大雨立至少頃必作滿天陣名通界雨言廣闊普徧也若是天陰之際或作或止忽有雨作橋則必有挂帆雨脚又是雨脚將斷之兆也不可一例而取凡雨陣雲疾如飛或暴雨乍傾乍止其中必有神龍隱見易曰雲從龍是也諺云旱年只怕沿江排水年只怕北江紅一云太湖晴上文言亢旱之年望雨如望恩纔是四方遠處雲生陣起或自東引而西自西而東俗所謂排也則此雨非但今日不至必每日如之卽是久旱之兆也此吳語也故指北江爲太湖若是晚霽必衆西天但晴無雨諺云西北赤好曬麥陰天十晴諺云朝要頭頂穿暮要四脚懸又云朝看東南暮看西北諺云魚鱗天不雨也風颿此言細細如魚鱗斑者一云老鯉斑雲障曬殺老和尚此言滿天雲大片如鱗故云老鯉往往試驗各有准秋天雲陰若無風則無雨冬天近晚忽有老鯉斑雲起漸合成濃陰者必無雨名曰護霜天

天元玉曆

帝王氣象篇

天子之氣外黃內赤氣多上達於天見必在於王日如龜鳳龍馬人虎兮鬱鬱然雜色橫天如城門高樓囷倉兮森森然恆帶殺氣或氣霧隱華蓋之形或五色如山鎮之勢或象青衣人垂手在日西皆帝王遊幸之符瑞

猛將氣篇

名將之氣鬱鬱然與天連猛將之氣勃勃然如火煙內白而赤氣繞外中黑而赤氣在前森森如龍而似虎漸漸如霧而作山形如反蛇勢如張弩其白如粉絮囷倉其氣如山林竹木或紫黑如門上樓或赤黑如旌旗舉並爲猛將强卒亦主深謀遠慮

軍勝氣篇

軍勝之氣覆軍似堤若烏鳥之飛去若旌旗之指敵氣如堤坡而前後摩地雲如日月而赤氣繞之徘徊其上兮如飛鳥赤白相隨兮如鬬雞如匹帛而後大前廣如五馬而尾仰首低如赤杵在烏雲之內如烏雲與赤氣相隨如人持斧而望彼如蛇舉首而向敵或如牽牛或如覆舟或象山坡之林木或如虎豹之潛伏或粉沸如樓緣以赤氣或赤黃五色上連天體或如華蓋之獨居或如引索之不一在吾軍速擊而勿留在敵上急去而勿擊

軍敗氣篇

氣色四廢枯散占爲軍敗之徵如敗車繫牛壞屋或蓋道蔽蒙晝冥黑如壞山墮於軍上白如羣鳥趨入屯營勃勃如燔生草紛紛如轉枯蓬類偃蓋偃魚照臨于軍上如羣羊羣猪在於氣中氣出半絕而漸盡或前高白而後青如雞兔之臨陣如馬羊之入軍如人形而無頭如人頭而缺身如雙蛇之委曲如羣鹿以驚奔有赤光從天流下如氣發連夜照人或如揚灰或如捲席或如人臥或如鳥飛或如覆船車蓋或如敗決垣堤或如霧始起而聚散或如人叉手而頭低不爲將敗軍北必爲降退逃歸

城勝氣篇

雲青黃臨城而城勝色青白中出而勿攻白氣中出而赤氣北入赤氣如杵而黑雲似星青赤起暈內而四外出濛氣繞城外而不入中白如旌旗而赤界青如牛頭而觸人或氣無極而如煙火或氣從中出而入吾軍或如雙蛇之氣或分兩彗之雲或平旦有雲而色克其日或欲攻擊而雷雨過旬氣濛而人不相覩可速引去而遠屯茲皆城勝之氣不宜修樓櫓轒轀

屠城氣篇

氣如死灰其城可克赤氣臨城而黃氣四繞則將死城降氣聚如樓而出見於外則攻之可得屈虹從外入城重暈白虹貫日濛霧圍城而入城白氣繞城而內入或赤黑如狸皮或雲氣如雄雉赤似人頭飛鳥似敗車氣出向東回西而若北或雲如立人五枚或如三牛邊城闉或攻城城上無氣或如白蛇以指城

或氣下白而上赤或如日死而霧濛或有氣出而後入皆屠城客勝之徵智將勿疑而急擊

伏兵氣篇

兩軍相當有赤氣隨氣所在有伏兵雲綿綿絞絞兮車騎潛蹤如布席蒿草兮步卒匿形白氣紛沸而起如樓狀黑氣渾渾而赤氣在中或烏雲中之赤杵或赤雲內之烏人或如數人之在黑氣或如幢節之在烏雲或雲如山嶽在外或前烏後白相鄰此氣象之所見伏兵藏而莫聞

暴兵氣篇

暴兵之氣赤氣赫然赤如旌旗或四方徧滿白如匹布或赤氣亙天如瓜蔓而八九不斷若仙衣而千萬相連或如方暈或如赤虹或如狗四枚相聚或如人行止不前或如人行或如艾虎雲氣自中天而下吾陣黑雲從敵上而覆吾軍有雲如人而赤色無雲獨見此黑雲或如戎以列陣或如人以執楯或如執杵或如火雲凡此氣之所起有賊兵而暴臻

戰陣氣篇

赤氣如傘以覆軍千里內戰則有慶天昏晴冥魁則遇敵相攻氣青白如膏則大戰將勇赤雲如狗以入營赤雲屈旋而不動如丹蛇如立蛇如覆舟如耕隴或白氣如車入斗以轉遷或日有白氣若蛇而交見氣如人以無頭如死人以偃臥或一玦四五白虹此並爲交兵大戰

圖謀氣篇

敵國圖謀白氣羣行士卒內亂日月濛濛黑如幢節而出於營敵欲求戰而有詭詐黑如車輪而臨我陣敵人謀亂臣與賊通晝陰則君謀將出夜陰則臣謀乃與或天氣陰沈夜不見星而晝不見日或連陰十日日月不見而亂風四起並主君臣俱有陰謀亦爲兩敵陰相圖議黑含五色臨我軍敵與臣謀當自死

軍營雜氣篇

兩軍相當各占其氣以高厚實長澤之類爲勝以下薄虛短枯之類爲北氣安則軍安而治氣散則軍亂而躓對敵有雲來而其勢甚卑是賊必大至宜急起嚴備將軍失魄兮雲如蛟龍軍士死亡兮形如兎雉遇四方勝氣也毋向而攻遇四方死氣也宜順而擊赤氣隨日出軍行有憂赤氣隨日沒外有告急赤黑氣並行赤氣滅賊可以獲赤氣若獨行無黑氣賊不可得被圍則平日視圍救來處其氣翕翕新出軍行占雲逆可屯而順可擊

吉凶氣篇

五色氣兮蕭索輪囷是爲慶雲也太平之應大風將至則雲如亂穰大雨將至則雲甚重濁將有喪則青氣東西極天軍有喪則白雲南北如陣赤氣如血則血流黑氣如道則有赦有雲如龍行大水也人亦流亡赤氣如火影臣叛也不過三月賢人隱逸也雲俱備五色而常有常存大臣縱恣也雲赤黃四塞而終日連夜赤氣覆日而如血火旱民饑黑氣變化而更移外欺中國雲如一匹布而行君長憂焉雲如氣也昧而濁賢人去矣

圖書編

風雨氣

風雨氣色如魚龍行其色蒼潤或黃氣蔽日皆慘或如土或如累盆黃色潤厚朝東夕西壓日或掩之皆風雨之氣也朝視日上有黑雲氣如霧壓白日光旁射其色慘淡黃白者其日有風雨晚日欲入有之則夜有風雨雲氣如亂穰大風將至視其從來避之雲甚而潤大雨必暴至四餘之日有雲氣如陣厚而潤者多雨日始出有暈氣如車蓋在日上者其日雨日上下有黑雲氣如蛟龍者必有風雨雲氣如黑蛇銜日其下有大雨月初生色黃者多晴色青多雨色潤白者大雨蒼白色加北斗多大風黃雲氣蔽北斗明日雨白氣掩北斗不過三日雨青雲掩北斗五日內必雨天無雲北斗上下獨有雲五日內必大雨日入後有白光如氣自地至天直入北斗所歷星皆失色其夜必大風太白出氣長數丈多風雨所指處兵大起辰星出氣長一丈大雨水

觀象玩占

候氣之法

凡候氣之法氣初出時若雲非雲若霧非霧彷彿若可見初出森森若在桑榆之上高五六尺者是千五百里外非霧氣也平視則千里舉目望則五百里平望桑榆間二千里登高而望下屬地者三千里

凡氣欲似甑上炊氣勃勃上升積結成形而後可占氣不積不結不能爲災祥必須和雜殺氣乃可論也

凡候敵上氣敵在東日出候之在南日中候之在西日入候之在北夜半候之

凡欲知我軍常以甲己日及庚子戊午日未亥日八月十八日去軍十里登高望之百人以上皆有氣

凡軍城上氣安則人安氣不安則人不安氣盛則衆

盛氣衰則衆衰氣散則衆散

凡氣得王相色吉囚死色凶

凡軍上氣高勝下厚勝薄實勝虛長勝短澤勝枯

凡占災祥先推九宮分野六壬月日以驗陰霧風雨其應乃準

凡候氣常以平旦下晡日出日沒之時蓋氣多假日光月曜照之而形故暈珥抱背皆出日月之旁虹蜺想像莫不因日而見是故晝候日旁夜候月旁煇光旁燭無得而隱矣凡氣見近三日遠七日內有大風雨則災不成故曰風以散之雨以解之

九土異氣

海旁蜃氣象樓臺廣野氣成宮闕自華以南氣上黑下赤嵩高三河氣正赤恆山之北氣青渤海之間氣正黑江淮之間氣正白東海氣如貸簦河水氣如引布江漢氣勁如杵濟水氣如黑㹠渭水氣如狼白尾淮南如白羊青尾少室如白兔青尾恆山氣如黑牛青尾東夷氣如樹西夷如室屋南夷氣如閣臺或如舟船旛旗北夷氣如羣羊如穹廬韓雲如犬周雲如車輪秦雲如行人衞雲如犬魏雲如鼠齊雲如絳衣越雲如日蜀雲如囷宋雲如車形吳雲如龍當其地而見者不占

祥氣妖氣諸名

祥氣一曰慶雲亦曰矞雲若煙非煙若雲非雲郁郁紛紛蕭索輪囷是謂慶雲此喜雲也太平之應

二曰昌光赤如龍狀聖人起帝受終則見

妖氣一曰虹蜺日旁氣也斗之亂精主惑心內淫主臣謀君太子黜后妃專妻不一

二曰牂雲如狗赤色長尾見則爲亂君爲兵喪一曰赤雲如狗或二三或四五相從而行所見之國大兵

日月旁氣諸名

一曰冠青赤氣曲覆日月之上爲冠冠者冠帶之象也天子當封建諸侯王以爲藩屏白爲喪純赤爲兵天文志曰青赤氣抱在日上小者爲冠見則國有喜事

二曰戴青赤氣橫在日月之上隆隆微起爲戴戴者德也國有喜也一曰氣立日月之上爲戴其分有益土進爵推戴之事五色鮮明潤澤則吉純青爲憂赤爲兵白爲喪黑爲疾天文志曰戴者形如直其上微起瑞應圖曰人君德至於天則日有戴氣

三曰珥青赤氣短小在日月左右爲珥色黃白女主有喜又曰青赤氣圓而小在日之旁爲珥石氏曰兩旁有氣短赤小中赤外青其名曰珥言似珥在日兩旁也又有單日一珥爲喜在日西西之軍戰勝在日東東之軍勝南北亦如之無軍珥爲災

四曰抱氣青赤臂曲向日爲抱扶抱向就之象日月有抱他國來降附亦爲有子孫之喜王朔曰氣向日月如暈狀而短爲抱抱多來親附者衆多也天文志曰月旁氣如半環向日爲抱臣下忠誠輔主之象兩軍相當得抱者勝

五曰背青赤氣曲而背日月背叛乖離之象天文志曰青赤氣如月初生背日者謂之背見則有反者兩軍相當得背者敗

六曰璚青赤氣曲向外中有橫枝欲似山字曰璚鈌傷之象也一曰形如帶璚在日四方又曰如弓形而有牙其占爲君臣不和上下傷鈌兩軍相當所臨者敗王朔曰璚者決也臣下急也形如背微小而鉤見則有反者

七曰直赤青氣長及丈正立日之旁曰直其分有自立爲王者又曰短爲珥長爲直又曰青赤氣長而立旁爲直旁欲自立從直所擊者勝旁有二直三抱欲自立者不成順抱擊之勝

八曰交青赤氣狀如兩直相交在日月上下左右曰交交者淫悖氣也主有淫行則交氣見恆以八月上旬丙日候之旁有交青赤雲其下有兵又曰旁有兩氣相交相貫穿或相向背皆爲內亂兵起軍不和

九曰提日旁有赤雲屈曲向內有牙出之名曰四提如玦珥而曲長不出其年兵起王者死亦爲亡地有自立者一曰氣形三角在日月旁爲提日暈而提向外外臣叛向內內臣叛荊州占曰日旁有四白雲曲而勾日四方四提見則有自立者

十曰纓青赤氣小而交於日下爲纓

十一曰紐青赤氣兩邊交曲而雙垂爲紐一曰青赤氣小而員或一或二在日下左右爲紐見則人君納寵妾纓同占

十二曰承青赤氣如半暈在日下爲承承者臣承君也又曰日月下有黃氣一二三重如抱狀名曰承人主有大喜且得地

十三曰履青白或青赤如履在日下爲履一曰青赤氣立日月下爲履皆喜氣也一曰日下有赤黑氣如履謂之履見則天子有喜外國來歸

十四曰格青赤氣橫日月上下爲格格鬬之象爲兵

戰

十五日戟青赤氣長而斜倚日旁爲戟戈戟相傷之象見則兵起

十六日暈員氣周匝圍繞日月內赤外青名曰暈有軍在外則爲軍營之象對敵有暈厚而鮮明久留者勝在東東軍勝在西西軍勝南北如之若周環匝日而無厚薄則彼與我軍勢相齊等也無軍在外而暈者天子失御人民將叛也日月皆暈共戰不合兵凡日月暈七日無風雨則兵起京房曰日暈有兵在外者客勝夏氏曰日暈而明有兵兵止無兵兵起不戰凡兵發而日月暈有厚薄則得厚者勝漸滅則留者勝

十七日負青赤如小半暈在日上如抱而小爲負負者抱之類也如抱而短小見則人主得地有喜

日旁雲氣占

日有珥孝經內記曰人主有喜爲拜將若有子孫一曰日珥有風女主憂日朝有珥甘氏曰純白爲喪間赤爲兵間青爲病間黑爲水間黃爲喜乙巳占曰朝有珥國主有躭樂之事不可行女主戒之不則有憂日夕有珥赤黑白有大咎有軍在外而日珥有喜兩軍相當軍欲和解珥所臨者喜在日東東軍勝日西西勝無軍在外珥爲拜將

日珥北方以及三方必疾雷

日左珥人君有陰私事右珥色赤黑裔人起兵邊邑有叛者左右有黃珥國有赦令

日珥而張人主有憂聽於外

日有兩珥色黃白潤澤有喜

日有交珥聚一方衆兵皆起軍在外者罷

日有四珥天子立侯王亦爲有子孫喜不出三年京房曰日出四珥將軍亡日入四珥有兵一曰日珥四面色暈紅黃不出一年兵起大旱火災

日有五珥國憂兵起一曰朔一珥主風雨三珥大風四珥兵起大旱臣叛日有六珥甘氏曰是謂大提不出六十日其分有喪有赤雲掩日有亡國日珥中有赤雲貫日名七死

多珥臨日有客來言北方事

兩軍相當珥等無相奈何

日黃抱君得地洛書摘亡辟曰日抱黃白潤澤中赤外青天子喜有來降者軍在外不戰敵降軍罷色青將憂色青赤兵憂白有喪黑將死

日三抱天子喜色赤黃白皆吉

日四旁各有重抱四方信附

日旁抱五重戰順抱者勝

日旁有黑抱戰勝無軍有欲和親者甘氏曰兩軍相當日有兩抱相等光衰者敗同時而消則無勝負

日旁有黃氣如人像者人主有賢佐

日有背其分有反逆邊將欲去背多者反多

日四旁俱有背四方俱有反者

日有璚臣謀反一璚萬人死其下四璚五璚反者如璚之數

日旁有一直有人欲自立從其所擊者勝

日旁有一直有一人自立四旁皆有直四方皆欲自立夏氏占曰黃直君立臣青直赤直臣自立又曰日直中赤外青自立者不成黃白潤澤成

日旁有交從交所擊者勝

日有四提不出其年大兵大饑有大雨則災不成

日有六提布貴天下亂人主惡之

日暈有五色者喜不得者憂

日有黃暈風雨以時物賤人安黃暈再重公卿不職工役繁興不出一年穀傷兵起

日有青暈不出其旬有大風大寒米粟大貴民疾疫一歲再見貴再倍五見五倍青暈再重不出六十日兵起一曰外戚親族內亂王者憂亡地

日有黑暈大水傷穀一曰災在用事之臣黑暈再重內臣貪財夏霜冬雷國敗民流

日有白暈歲多暴風春雪民多病狂白暈再重所見國多風雨民不安穀貴不出九十日有急兵

日有赤暈其日有大雨雷震人畜大熱赤暈再重蝗蟲百日旱米貴盜起赤暈三重兵大起四重五重天下大饑人主憂

日暈中赤外青羣臣親附外赤中青臣外其心暈青黑女主憂

日暈濁黑動搖爲惡風雨不動搖爲憂病不則有暴令

日暈色青爲饑爲憂色赤爲旱爲兵色白爲喪色黑爲水爲病色潤爲喜黃燥爲旱與風

日暈再重其分有攻戰一曰其國有憂一曰天下有立王不則有伐城京房曰有德之君得天下夏侯氏曰日重暈攻城圍邑不拔

日重暈中赤外青臣有邪謀不成

日暈三重諸侯王反起兵穀傷期三年或曰大兵拔

城期三日有反臣

日暈四重攻城圍邑軍破敗有反相國亡主死

日暈五重國有女喪是謂棄光兵饑地亡不出三年

日暈六重國政反常兵起國亡

日暈七重中國弱外國强有急使至

日暈八重主大亂天子傷

日暈九重天下亡

日暈十重天下兵荒改立君王以上各以所在日辰及星宿國分占之

日有交暈立大夫爲將軍交暈無厚薄交爭力勢均有厚薄厚者勝交暈居上者勝一曰日有交暈人主左右有爭有兵在外則戰又曰日有交暈而爭先戰不勝交暈貫日其下有破軍殺將客敗交暈抱日侯其先滅之處攻之勝交暈如連環兩國爭地國亡兵在外則兩軍皆動

日暈兩旁不合主謀不成

日暈不匝在東東軍勝西南北方如之當其空者敗

日兩旁暈相向者風殘五穀

日半暈其國相有謀半暈如鼎蓋有欲和親者半暈東向西裔欲反入中國西向東裔欲入中國南北如之半暈再重民和歲吉以日宿命國半暈中央廣兩頭銳從有處擊無處勝暈如車輪之半軍在外者罷無軍在外則兵起

日暈如井幹如車輪其國以兵亡

日暈有方天下不和兵起國敗

日暈先起而先滅者當其方者敗後匝而後滅者當其方者勝

日抱有一珥色白潤澤中赤外青平旦至食時見天子有喜日中至日入時見色蒼白爲憂從外來以喜事告者不可信

日珥外有抱人主子孫昌

日抱有兩珥天子有喜下有黃氣如月名曰遺德太子有喜一曰重抱有珥在左右有來降附者

日抱三重有兩方珥色皆黃白潤澤天子戰勝外兵來降珥方者兵也

日抱珥而順珥皆爲喜多抱珥則國歡而和洽

日戴而珥天子有喜賀子孫之事

日重戴左右珥天子得地若有所立

日戴且冠不中日者名曰附中赤外青色黃潤澤天子有臣暴得寵者

日兩珥有直出珥中赤外青黃白潤澤天子有珠寶喜立侯王日纓而珥後宮有喜

日一抱一背爲破走抱順而背逆順抱擊者勝無軍在外一抱一背者臣不和有順有逆抱所在順背所在逆也

日重抱且背順抱擊者勝得地

日背而內有璚色中黑外赤大臣及天子大憂亂從中起

日有背璚在日南及三方國有反臣

日背璚重累小人略地大人爭時背璚顛倒相貫下作亂天子滅

日有四背璚臣射主內亂兵起背璚有芒刺向內爲外勝向外爲內勝

日有二背一直大臣欲自立

日有背璚四直交其中臣欲爲邪色中青外赤有芒刺爲逆中赤外青無芒刺爲謀此氣數見則國危

日重抱左右兩珥有白虹貫日順抱擊者勝一虹得一將二虹得二將重抱有三白虹貫抱至日順虹擊者破軍二虹殺大將一虹殺偏將日重抱左右有二珥有赤虹貫抱順虹擊勝二虹得二將三虹得三將

日有二直二抱欲自立者不成順抱擊之勝

日上有冠三重日下有直虹不出一年穀貴人饑其年小熟有兵

日抱且背且璚逆順相參抱多則順者多背璚多則逆者多抱明而久背璚不明而先滅則順勝以是推之凡有抱者以攻戰從抱擊之勝芒刺內則外勝刺外則內勝抱明厚有芒刺則逆者滅背璚明而抱先去則忠臣受殃餘倣此

日重抱抱內外有珥且璚軍中不和以戰順抱擊之勝

日抱兩珥且璚二虹貫抱至日順虹擊者勝凡虹貫抱皆爲大戰流血

日暈而珥宮中多事七日不雨審察宮中一曰有拜將立侯王天子更令一曰主有謀軍在外者有悔一曰貴人罷有反者暈而珥於軍上將軍易一曰有破軍珥貫至日有殺將兩軍相當先舉者敗戰則所珥之方勝

日暈右珥王侯有喜人主有私事在後宮

日暈兩珥不出六十日有大喪又曰有謀反者兩珥平等俱起而色同者兩軍勢等厚潤鮮明偏者所當有喜

日暈而珥如車輪其國兵亡
日暈而珥如井幹其國亂有兵大戰一珥爲一國二珥二國三珥三國兵同攻其國一曰日暈有珥在暈中一珥爲一主將將如珥之數
日暈珥有雲穿之天下名士死一曰士卒多死亡
日暈珥而白雲掩映有大兵
日暈而珥下有黃雲人主喜期百二十日
日暈而珥黃雲貫之不出三月貴人有死者
日暈兩珥有青雲貫日出國多妖孽大喪大疫
日暈兩珥聚雲其中其城圍兩珥在外中有聚雲不出三日城中出戰
日暈中有四珥將亡改立侯王一曰有反者
日重暈兩珥有兵事一曰天子有喜
日暈三重兩珥國有喜一曰有反者
日交暈而珥天下兵起一曰有兵則罷
日暈且冠王者有拜謁若立諸侯有德令大赦
日暈有戴人主有德令
日暈而負其國有喜得地
日重暈有四負國內亂三日內雨不占負者赤青氣如半暈著暈上也
日暈負且戴國有喜得地戰從戴所擊者勝
日暈而冠且戴天下有立王侯若自立者其分益地
日暈而冠二珥天子有喜有赦又拜大將軍
日暈且戴兩氣如珥形中赤外青其名曰珙色皆黃白潤澤有獻寶玉奇璧者
日暈而冠且纓有喜兩軍相當則爲和解
日暈而冠兩珥有纓貫珥中下交日下天下名臣死不出三十日有赦
日暈而冠珥且紐人主有喜
日暈有抱抱爲順人主有喜子孫吉昌政令行兩軍相當得抱者勝
日暈有抱二有歸命者四抱天子有喜將相和遠人歸
日暈有璚若臣乖離兵起或曰有逃臣兩軍相當得璚者敗又曰有反臣其端出暈反從內起又曰萬人戰死先舉者敗又曰有列土立王
日暈四璚外兵悉敗
日暈有背兵起其分失城一曰背所在有叛臣背在東東叛他如之兩軍相當背所在敗乙巳占曰軍不合戰將有叛背在暈內內叛在暈外外叛一曰背在暈外將兵者亡背在暈內其端出暈反從內出事成端不出者事不成又曰日暈背在暈中是謂不和其色外青內赤忠臣受主之命有所之兩軍相當則軍內有欲反於外者
日暈有兩背將相死軍亡背在暈中臣背主命
日方暈如井幹而上下聚而二背將反軍亡
日暈而抱且珥易主將暈外有珥且抱圍城且勝暈中有珥且抱受圍者勝
日暈有六珥抱黃白潤澤內赤外青天子有喜軍不戰來降色青將喜色赤將兵爭白將有喪黑將死一曰赤抱有降者攻城大勝
日暈旁有兩珥下有抱天子有喜得地
日暈四背白氣干之其端青赤妃與臣謀爲逆
日暈有直在兩旁其國有自立爲侯王者封賞其左右兩軍相當而日暈有直直所在方勝若戰宜居其厚擊其薄者又曰軍有直爲破軍貫日中爲殺將
日暈有二直有二人欲自立色明者成不明者死一曰赤中青外者成青中赤外者不成
日暈外有直而有黃白氣承之則爲立王
日暈而有三直欲自立者不成
日暈而四提大將出奔
日暈而抱且背者得抱勝又曰一抱一背爲不和信者更逆不信者順
日暈一抱一璚臣有反者出暈則事成
日暈有四背璚在暈內內臣叛暈外外臣叛
日暈半一背一璚有邪謀不成
日暈中兩背兩璚又有半暈臨日有反臣中起不成
日暈有三四五六背璚其端盡出者反從內起
日暈而有戴且有抱珥其色皆內赤外青黃色潤澤國有喜
日暈而珥有兩背璚在暈中其國戰不勝有反臣從中起
日重疊暈中有兩珥背璚叛從中起不成
日暈有四珥四背四璚期六十日臣有兵謀有急事閉關
日暈上有珥且背有兵兵入無兵兵起
日暈而有赤雲如破車輪向日爲內提內臣叛背日爲外提外臣叛
日暈而抱且璚或重抱內有璚兩珥順抱擊者勝
日暈而抱且珥或璚有虹貫之順虹擊者勝
日暈而冠三重日下虹長數丈不出其年有反者兵

儀
日暈再重有兩珥白虹貫之大兵大戰天子憂
日暈三重而珥國有叛兵亡市邑
日有交暈而珥天下兵起兵在外者罷交暈不匝當空者敗
日暈有一抱一直一珥人主有喜有所立
日暈而有抱有背有珥有直有虹貫之軍從虹擊者勝
日暈有冠珥及纓者皆爲兩軍和解抱戴則有喜
日無精光而有赤青暈虹蜺背璚在心中度是謂大豐必有大兵大喪
日暈有聚雲在旁色黃白吉青白兵行黑白內亂青赤兵解青黑兵戰流血有雲氣從旁入爲有戰隨雲攻之勝
日暈有雲氣從外入者外兵入從中出者內兵出圍城有雲氣從外貫暈入者外兵勝從內貫暈出者城中兵勝五色同占
日暈有五色雲如杵貫日從外入外人勝從內出內人勝無軍在外爲兵出入亦爲有相謀者
日暈有聚雲不去不出三日兵起聚雲從外入三日城圍
日暈有雲如人在暈中背日者臣叛暈合不得去不合脫去
日暈有雲聚如羽如毛臨日不去其國大兵憂
日暈有雲如人在暈中向日者忠臣受命出使還在暈外遠使還得王色者有喜不得王色有憂
日暈不合有雲如人在暈外似相就者攻城不勝

日暈有雲氣如臥人在暈上其國敗在暈中君憂在外臣死
日暈不合有雲如牛從暈外來入暈中有反臣
日暈有雲氣如牛入居暈中不出三日寇入城無兵爲姦客
日暈中若外或雲氣如死蛇屬軍暈大將死不利先舉者
日暈有赤氣如戟臨日其下兵起
日暈有赤氣如四豹交日中中國君亡
日暈有赤氣如建鼓貫日大旱三年
日暈旁有赤雲氣兩頭銳其下萬人戰
日暈旁有赤雲氣如節如旗狀在外亦曰蚩尤旗兵且內起
日暈有赤氣貫暈中臣賊主赤甚者以兵不甚以藥
日暈再重有赤氣從中出暈外天下兵起
日暈有黃氣承之得地不出其年
日暈有雲如錦文潤澤從外入有文書喜至從中出天子喜使以喜事出枯乾不明有憂事
日暈有雲氣如樹居暈上兵起客勝一日不出三日兵入城
日暈旁有氣如懸鐘將死如幢如節如壞屋所在方軍散敗
日暈有白氣如車蓋臨其上者攻城則城降
日暈有白氣交暈有兵在外大戰順氣者勝
日暈有白氣抱暈左右相對兩軍不戰各謀退
日暈旁有雲氣圓如日狀內兵有謀叛者
日暈旁有青黑氣來掩日有賊來斫營預備之勝

日暈有銳氣如鋒四出國君亡地分裂以日宿占之
日暈有白虹貫日虹所起有反者圍城則客兵勝兩軍相當從虹所起擊其所止破軍殺將若虹貫暈不至日順虹擊之得小將虹貫出暈外從所出處順虹擊之勝
日出而暈有虹主人分地入而暈有虹諸侯分地
日暈有二三青虹從外貫暈順虹戰勝
日暈有四五白虹從內出貫暈城中人出戰勝
日暈六七重有白虹貫徹之不可圍城城中人出戰勝
日暈而日烏見軍敗君死期三年
日暈形如人在旁人主信讒用佞而遠賢人
日食而有暈珥白雲氣冥冥者后妃謀主天下亂
日暈隙邪小人進用
日暈散如花其分破亡
日暈上下斷絕不續將軍妄行刑罰枉法於軍
日暈曲下垂軍中妖言兵將相惑
日暈如毛向外射主勝客敗軍多疫死
日暈明而久內赤外青外人勝內青外赤內人勝內黃外黑內人勝內黑外黃外人勝外白內青外人勝內白外青內人勝內黃外青外人勝內青外黃內人勝內白外黃外人勝內黃外白內人勝
日暈黃白兵不戰而未解青黑爲和解分地純黃爲土工人不安色黑有水陰國勝
日暈外青內赤爲順宜戰內青外赤爲逆宜守
日暈周匝爲勢均偏厚爲偏有福厚在東東軍勝他如之

日暈有雲從外入攻城者隨雲攻之勝若有雲從中穿暈而出則宜防城中兵出

日暈四時壬癸日皆爲大水

日暈吐紫黃氣或黃赤氣立日上或繞日或日出入常有紫雲或黃雲氣光輝射地日光大明皆爲君安國昌之象

日暈者精盛而抱日故有王邑即爲喜氣月爲女主承君陰勝則侵陽非常之氣不宜常見是故喜在後宮非社稷之福也

凡兩軍相當必謹審日月暈氣知其所起上遠近應與不應長短抱背多少遲疾厚薄大小枯澤長短有無虛實久亟疎密相應者勢等近勝遠大勝小厚勝薄長勝短澤勝枯抱勝背多勝少有勝無實勝虛久勝亟密勝疎重背大破重抱爲和親抱多則相親者益多背多爲天下不和背於外者離於外背於內者離於內凡占分離相去內赤外青以和相去內青外赤以惡相去

日中有雲氣如人行者臣謀主兩主爭帝

日旁有雲氣如龍銜日如人臥背日其下有反臣

日旁雲氣相交如蛇其下有賊宜防

日旁雲氣如臥人有死將

日旁雲氣如牛守日其國兵亂

日旁雲氣如人相持或如人牽日其下臣叛

日旁雲氣如馬守日有兵戰如青鳥守日司徒欲爲不道如虎守日天子貪淫大將謀亂如牛守日國發兵如天馬守日傷百姓如青龍守日天子愼飲食

日旁有雲氣如人行兩國兵爭臣謀主

日旁雲氣如獸向日開戶有篡弒之事

日旁雲氣如赤蛇貫日下有反者黃蛇貫日交兵黑蛇貫日雨水

日旁雲氣狀似蛇如馬中青有反者

日旁雲氣如人臥如懸鐘下有死將

日旁有氣青白如鏡圓明下有賢人隱

日旁雲氣如人頭旌旗皆兵起流血

日旁雲氣如人持斧向日君以無禮受殃

日下雲氣如兩青鳥相向人主憂一日臣恣暴大兵起

日下雲氣如青赤馬敵人謀伐

日下黑雲氣如龍蛇其日有雨在日上者同

日下漠漠有氣如車馬鳥蛇或如人披甲而走或如虎鬭皆爲大將叛

日下雲氣如箭向外三日兵出

日上下四旁雲氣如車相隨大水

日上下四旁雲氣如博局小臣謀主期一年

日上下青雲氣可以出軍戰必勝

日旁赤氣如席萬人戰死其下

日旁赤雲曲如車輪其下有兵亡城

日旁赤雲如幕夾日其下不宜先舉兵

日旁赤雲兩頭銳其下不宜先舉兵

日旁赤雲氣如衆樹兵起客勝

日旁赤雲二道向日不出三年其分有自立者

日上赤雲如雄雞不出三日其分兵喪

日上赤氣客軍將死

日下有赤雲氣如死蛇其分大疫大饑

日下赤雲形如懸鏡先舉兵者敗

日下赤氣如鋒刃在兩旁破軍殺將主人受殃

日將出時赤雲氣在上側有佞臣

青雲潤澤從西北來蔽日必舉賢良

青氣疾來縱橫在日有奸人入城營

青氣三道貫日國有讒人將軍失位

赤雲如虹與日俱出所臨之國有兵起

赤雲如布掩日爲大戰以日宿占其分兩軍相當則其地應之

赤雲如鳥夾日兵起國君惡之如兩鳥夾日其國君亡

赤雲夾日其下兵起掩日不有亡國必有大戰

赤雲相交隨日而曲如車輪臣背其主又曰其年兵起

赤雲直日宮中有闘君亡

黃氣抱日輔臣納忠日上有黃氣君有喜

日將出未出上有黃氣如半暈覆日人主有德令

黃氣貫日二子爭與禍及天子

白雲氣廣二尺在日東西不去兵起國憂

白雲自下上沖日君憂

白氣圍日有亡城

日下有白氣如揚旗幟天子有喜其分君亦有喜

日下白雲氣如懸弓大亂兵起一道一亂以數占之

白氣貫日軍在外將死無軍人主當之

白氣交錯貫日而過軍不和失律

黑雲氣貫日臣謀逆有軍在外客將死

黑雲氣如貍皮掩日臣專權軍在外戰不利有屠城

黑雲氣入日有大雨
日始出有黑雲氣貫之或一或二三必有暴雨不則有害主者廿氏曰常以九月上丙日候日旁有交雲其下兵興四方五色雲皆見下國有謀
日四旁有氣直立貫日皆爲宮中有鬬
雲氣如杵長七八尺及丈撞日臣犯主入之其分主死色赤以兵
雲氣如錐刺日君弑於賊日旁有赤黑氣數條王者客死
四時王日有雲氣如虎守日以五色占如色克其時令者臣不利于君
日出沒時有雲氣橫截之白爲喪黑爲驚三日內有雨則解
赤氣隨日出軍有憂臨日沒外告急
日旁氣如虹貫日青爲疫五穀傷赤爲臣有欲反者白爲兵起黃交爭黑大水一曰白氣如虹貫日君亡臣代主五色氣如虹貫日爲白衣會其下謀亂赤氣則殃甚
青赤氣如虹與日俱出所臨國有大憂赤青黃氣如虹在日旁屈屈如車輪如或二或三四五六此天之殺氣也名曰天決其國兵旱疾疫
赤青氣暈如十字界日不出五十日外兵伐中國君出走
日垂氣如虹中天而下至地其所下兵大起
日垂青足其下有疫黑足將軍凶
日已出欲入天雲皆赤色其名曰日空其下必有移民去者
日入照天雲四方盡赤大旱兵起久旱而有赤雲遍天照映山谷來日有雨一曰日旁雲氣掩日所照皆黃亂兵起
日影如蛇國家敗亡
凡日月旁氣去疾者禍福皆輕留漸久者漸重竟日連夜則愈重也

欽定古今圖書集成曆象彙編庶徵典

第六十七卷目錄

庶徵典第六十七卷

雲氣異部彙考三

觀象玩占

月旁雲氣占

月有戴不出百日人主有喜

月有珥色青爲憂白爲喪赤爲兵黑爲亡黃爲喜

月有兩珥其下國喜兵在外則勝有四珥國安有喜

高宗占曰月十日有兩三珥國有喜四珥女主憂不則天子有立諸侯

月昏有珥天下兵大起不出六十日荊州占曰有半喜

月夜半而珥邊地有恐

月有白珥其下城降

月左有珥臣與君青衣北宮有奸右有珥臣與君青衣南宮有奸

月冠而珥有大風人主有喜戴而珥不出百日人主有喜

月有背璚臣欲爲邪其色青中赤外有芒刺爲逆中赤外青無芒刺爲謀數見則國凶一曰月背璚臣相殘天子左右有奸宜備

月有抱爲順背爲逆抱且背爲不和臣有爲忠亦有爲邪者

月有四璚不暈臣下有謀不成

月有四提天子無后其下國有憂六提天子遊行天下

凡月暈而珥皆爲兵起不暈而珥皆爲有喜

月暈謂之逶巡君政和平月終歲不暈天下人安月暈者臣下專權之象暈則受冲及所在國皆不安

月暈七日無風雨兵起土工興凡孟月七日仲月八日季月九日夜皆當月暈不以其日不出三日當有暴風甚雨不則爲兵災

月暈赤而光天子起兵攻城城降

月暈黃色將軍有喜益祿進爵

月暈中赤外青羣臣親附外赤中青臣有外心

月暈鬭者其國君背約

月暈東向風敗五穀西向風雨害穀北向爲水南向旱大風

月暈闕卯日天下有兵兵合無兵主凶

月暈三重天下兵起有拒城有亡國

月暈明王者自將兵出野

月暈再重大風兵起三重四重天下兵起一曰其下亡國易姓五重女主死不則有大變六重國失天下有大喪七重天下有急天子有兵憂八重以至十重兵起流血天下更始

月暈一重以下有缺不合上有冠戴旁有白珥白暈連環貫珥國大戰流血其地紛紜不出一年

月暈再重有背有反者背在內私成于內在外私成于外

月暈三重外赤中濁不散者軍聚會一曰月暈三重天下兵起土工興相死女主憂三重赤雲貫之其下國亡常以十二月八日候月若暈三重有大風兵起災在內女主用事

月有兩暈不合其下水災

月有交暈赤色有光其國不出三年被兵

月色黃有交暈所宿國受兵色黃白交暈一黃一赤所宿國益地期二年交暈貫月有軍相守從貫擊者勝殺將

月暈連環兵起爭地連環一二至四五皆爲女主昌

月暈三環連接黃色天子溺愛寵妾上僭以妃爲后后族盛强其國危亡黑色來年大水五穀不成赤色爲兵爲旱

月一歲有連環暈至四五其色青赤或赤黃潤澤皆爲女主昌欲移國祚

月暈如連環有白虹干暈不及月女主貴人陰謀作亂有白衣會宮中有怪

月有白暈連環接北斗其國大兵大戰流血其下亡地一曰月暈連環貫北斗魁大臣下獄人流千里

月暈連環及三台五車北斗文昌皆爲女主昌人君弱後宮有喜有赦

月暈而冠天子有喜多大風

月暈而珥兵起戰從珥所擊勝一日有軍而珥有大水女喪

月暈一珥得珥之國失地暈兩珥先起兵者勝
月暈不合有兩珥有水不出一月
月暈有白珥上將戰死
月暈兩珥有白雲如虹或白虹貫之天下有大戰以宿占國
月暈有抱珥在暈外外人戰勝在內內人戰勝
月暈有璚臣叛兵起
月暈一重下璚上冠旁有珥兵起
月暈有虹蜺乘之戰從虹所往勝
月暈有虹蜺直指破暈至月中破軍殺將
月有暈白虹貫月兵大起將軍野死
月暈有雲橫貫之起兵者勝一曰左右吏死
月暈而赤雲如火其城圍而降
月暈有雲如布或三或四貫暈及月有兵從之來者勿當之當之者必敗
月暈有白雲如杵抵月不出其年有女喪
月暈有雲貫暈蔽月不出其年國有喪
月暈有白氣從外入攻城者勝從內出中兵出勝
月暈有白雲交橫貫月大將暴亡軍敗
月暈有流星出暈中其國貴人走有流星入暈中臣走在外者還流星交入暈中或落月上其分國亂暈而不風兵起
月暈天無雲有流星過月上下其國有喜
月暈而流星橫度暈中諸侯有亡國失地者一曰王侯有喪
月暈中流星出其國憂赤邑拔城黑邑破軍
月環暈有流星入之外國有使來出之天子后宮得子流星黃白明潤為喜
月暈有客星在月北北國勝月南南國勝
軍在外月暈光色鮮明者戰勝
月暈先合而後消所在方勝月以正月三日暈所宿國小熟五日暈大熟二日暈有土工荊州占曰月以正月八日九月十六日十八日夜有暈者其年三月有德令十一月夜暈大旱十二月夜暈蝗蟲多死二十三日二十四日夜暈五穀不成二十五日二十六日夜暈枲貴
月以正月八日十二日夜暈國兵盡出有軍在外則罷
月正月上旬一暈樹木蟲二暈木傷三暈雷震物四暈五暈天下更主六暈有亡國七暈八暈道多死人武密占曰正月上旬月三暈有大赦在明年一曰正月月三暈民饑歲惡荊州占曰月三暈王者將兵出行五暈至九暈其國亡地十暈以上天下更改五月中月至九暈道上熱死人
月正月甲乙日暈人疾疫丙丁日暈旱戊己日暈大水土工起庚辛日暈大兵壬癸日暈江河決溢
月春暈木日夏暈火日秋暈金日冬暈水日四季暈土日為其分有殃主死國亂
月以庚戌日夜暈有赦所謂夜者自子至日出自日入至亥皆其日之夜也他倣此
月暈圍角亢大將軍有憂
月暈圍角亢氐房心五宿以丑寅月有大赦圍四宿小赦
月暈圍角亢天下士卒死四足蟲多死
月暈圍氐房心石氏曰有德令郗萌曰其地有疫
月暈圍房心兵起廟堂國亡暈房心而勾氐宿大赦
月暈房心勾及尾箕大風動地
月暈亢及心尾四足蟲為害不出其年山崩國改
月暈尾箕人疾疫圍箕尾斗兵從東北來者勝從南方來者不勝
月暈圍南斗大將易正月暈圍箕斗五穀不成
月暈圍牛女工絲枲皆貴牛多暴死
月暈圍虛危兵謀不成一曰兵起廟堂
月暈圍室壁風起大水寡婦嬰兒多死土工興有謀不成
月暈圍壁奎婁其地人病水蟲多死
月暈圍胃昴人多腹痛
月暈圍昴畢有德令不則有反者
月暈昴畢參有赦不出三年人主憂
月暈畢參觜弓貴
月暈參井多冰霜
月以太歲所在日辰暈畢至五車及一星小赦及三星至五星大赦
月以建子之月暈昴至參盡及五車皆在暈中大赦不盡小赦
月暈井鬼其年不和一曰旱
月暈翼參軍在外戰亡其偏將
月暈軫角先起兵者不勝有赦期百二十日
月在角暈圍北斗大臣有誅者
月暈環北斗魁第一星第二星天子立妃為后又曰北國有來歸者

月暈圍北斗柄三星大風雨不則大臣有黜者死者
月暈環天市房心貫索市有火天子宮中防火
月暈昴畢五車參井來年五穀熟女主恣
月暈貫北斗輔星大臣下獄
月暈圍太微翼軫少微三台女主喜
月暈圍北極五帝內座臣蔽主天下兵起
月暈圍紫微垣至文昌有赦令
白暈貫月王者惡之
月暈赤白青或赤黃純黃如暈或月有黃光四散或紫赤黃光射月或紫氣繞月遍或紫氣繞月上下或穿月過或月上下五色雲氣簇月或暈五色四色鮮明光彩或月生黃氣高一丈二丈至五丈之上皆爲陰盛陽衰人君重女色政在後宮之應凡日暈黃紫或吐紫氣或黃赤氣立日上或繞日或日出入常有紫雲或黃雲氣輝光射地日光大明皆爲君安國昌之象蓋日暈者陽精盛而抱日故有五色卽爲喜氣月爲女主承君者陰盛則侵陽非常之氣不宜常見是故喜在後宮非社稷之福也
白虹貫月兵起將死又爲不臣
青氣貫月大兵起在夏大旱秋民不安冬女主喜春穀不成
白氣貫月春災女主憂白衣會夏大水在秋爲風在冬主納妃爲后
黃氣貫月四時皆爲女主盛强
黑氣貫月夏則女主不安水潦春秋皆爲雨水不則月內多陰
青氣貫月在冬春女主大昌
紫氣抱月遍女主大昌不利社稷
月始生黑雲貫月名曰繳雲或一或二出五日必有暴雨
月始出雲居其中狀如禽獸其名曰綦甲乙日見東方受其害丙丁日見南方受其害戊己日見中央受害庚辛日見西方受害壬癸日見北方受害
月下有氣如人相隨是謂惡成其下國分王侯將相當之
月上有赤黑雲氣臨月或月下氣如飛鳥其分無君
月旁白雲如杵抵月六十日內有戰破軍殺將
月旁多赤雲如人頭兵起大戰流血白爲兵起黑水災
月旁有白雲黑雲蒼雲或一或二三狀如厚布抵月其分城圍邑拔
白雲刺月其下君亡青雲刺月主受其殃五穀不成赤雲刺月是謂仇賊黃雲刺月女主有憂黑雲刺月多陰雨
黑雲氣似暈圍月或射月皆爲女主不安七日內有雨不占
凡月暈有非常氣色皆爲妃后謀主
凡月暈有抱珥冠戴承履者皆吉數見者君安臣順女主吉昌
月以四時壬癸日暈皆爲大水

雜雲氣占

青氣廣五六丈東西竟天天下有喪
黑氣如大道一條長而明不見頭尾東西者不過三朔大赦
黑氣如羣豬羣羊羣魚外國不順
赤氣如繖蓋軍上千里內戰有慶千里外憂
赤氣如火見影者臣叛其君不過三朔
赤氣如龍蛇在山頭住又如夜火光者臣離其君主不安爲客所傷
赤氣覆日而光大旱人饑
黑氣如牛頭龍蛇變化疾疫民流外國欺中國宜察讒間
黑雲氣南北陣有大水國有憂
黑雲氣東西陣君有憂若天氣蒼茫而黑雲東西極天移日不動者憂深此氣以戊己日見君惡之
白雲氣極天南北陣君憂
雲如匹布西南行君憂
白雲如舞往來其處淒風送迎大雪將下
雲氣赤黃四塞終日竟夜照地者大臣縱恣如氣昧濁賢人去小人在位
雲氣如日月暈赤色其國有兵青色大水
日出沒時有雲橫截之白爲喪赤爲兵黑者驚三日雨則解
氣上豐下殺有若木皮春黃夏白四季黑秋青冬赤是謂亂國之氣
黃黑雲數道如匹布貫日其間道有白雲如魚鱗者有刺客
雲如匹布行都國中其君有憂
雲狀如龍行其國大水人流亡
雲如巨魚疾行中天其色黃黑有大風大水
雲如人相揖兵起民流如立人或如三牛邊城圍

雲氣如牛車相隨主大水
雲涸涸如土色土工興
赤雲如牛無角三日內大雨不雨不出三十日北兵起殿庭中氣如霧君以憂死
天無雲而有雲氣自廟中出者兵起國亡

風雨雲氣占

風雨氣如魚龍行其色蒼潤黃氣蔽日昏慘或如積土或如累盆黃色潤厚朝東夕西壓日或奄之皆風雨氣也一曰天低氣昏三日內有雨
朝視日有黑雲氣如霧壓日日光旁射其色慘淡黃白者其日有風雨日欲入有之則其夜有風雨氣鬱蒸形雲出日左右春夏秋雷雨冬風雪
雲氣如亂穰大風將至視所從來避之雲甚厚而潤大雨必暴至
四始之日有黑雲氣如陣厚重而潤者多雨
日始出有暈氣如車蓋在日上者其日雨
日上下有黑雲氣如蛟龍者必有風雨
雲氣如黑蛇冲日其下大雨水氣黃而隨日大風天高氣白無雨多風
月初生色黃者多晴色青者多雨色潤白大雨
蒼白氣入北斗多大風
黃雲氣蔽北斗明日雨
白雲氣壓北斗三日雨
青雲氣掩北斗五日內雨
天無雲而北斗上下獨有雲五日內大雨
日入有白光如氣自地至天直入北斗所歷星皆失色其夜必有大風
太白出氣長數丈多風雨所指處兵大起
辰星出氣長一丈大雨水
雲片片相逐聚散不常其色潔白圍繞日光必主有雨
雲氣赤紫布天七日內大雨水
四方有黑煙籠赤雲如火在煙中三日內雨

帝王異人雲氣占

天子氣內赤外黃正四方鬱鬱葱葱所發之處當有王者若天子欲往遊處其地亦先發此氣遠近數里如法計之吉凶以日辰生尅決期以干支數法
天子氣如城門隱隱在氣霧中恆帶殺氣森森然
天子氣如華蓋在氣霧中或有五色又多在晨昏見
天子氣如千石倉在氣霧中或有如高樓在霧中
天子氣象青衣人垂手在日西
天子氣五色如山鎮
敵上氣如龍馬雜色鬱鬱冲天者帝王之氣不可擊在吾軍必得天助
天子氣如絳如鳳五彩隨王時發
洛書曰蒼帝起青雲扶日赤帝起赤雲扶日黃帝起黃雲扶日白帝起白雲扶日黑帝起黑雲扶日蒼帝氣如人向日拳手而俛首一手在後赤帝氣象火光如覆莫狀立在日下黃帝氣如馬在日下白帝氣如虎在日下黑帝氣如船在日下
凡帝王氣發常以四時王相時日相生之日其國大昌
青紫氣自地屬天其地有貴女
四方常有大雲五色具者賢人隱也

將軍雲氣占

將軍之氣如龍如虎在殺氣中兩軍相當若發軍上則其將猛銳欲動也吉凶以日辰決之若無軍在外亦有暴兵起
城營上氣如火烟或如山林竹木或有白色而赤色繞之或紫黑如門樓或上黑下赤如旌旗或如張弓弩或如塵埃本大而高首銳而卑或如困倉正白見日益明或白如粉沸或如夜火光照人皆猛將氣也
軍上氣黃白而轉澤者將有盛德不可擊
軍上氣發漸漸如雲變作山形者將有深謀不可擊若在吾軍戰大吉
軍上氣上黑下赤在前者將精悍不可當
軍上氣如交蛇向人此猛將氣也不可當若在吾軍戰必勝
赤氣上與天連軍中必有良將
軍上氣青白而高者將勇大戰前白後青而高者將弱而士勇前大後小將怯不明氣青而疎散者將怯弱可擊

軍城雲氣占

凡初出軍日天氣昏漠雲氣陰慘者必戰若清明和暢風塵不動者不戰有青氣見軍之王相上者當戰不見則不戰
凡出東向東伐有白雲從西來因隨擊之勝若有赤氣或青雲從東來逆軍者宜急屯守他倣此
凡對敵敵東方白雲東去而又有雲東來相逆須臾過者雲已去而又有風隨之望之有龍虎之狀不可戰若我軍得之戰大勝雲雖逆而風從者不可戰

凡兩軍相當平旦視其所向甲乙日有白雲丙丁日有黑雲戊己日有青雲庚辛日有赤雲壬癸日有黃雲皆不可動

凡兩軍相當赤雲氣加西方客勝加北方客敗加東方不勝加南方軍還餘倣此

凡遇四方盛氣不可向之戰甲乙日青氣在東方丙丁日赤氣在南方庚辛日白氣在西方壬癸日黑氣在北方凡戰得此者勝向之者敗

凡天見五色雲氣望東西南北至子午卯酉若百步十步一丈十丈百丈數百丈如車道與日辰相剋者大戰不相剋者不戰

凡王氣所臨有天命兵强相氣所臨戰勝將吏有功死氣所臨疾病死喪饑饉破敗囚氣所臨被圍降伏休氣所臨兵罷亡功士卒亡散

天有青氣入營兵弱驚赤氣入營兵暴驚黃氣入營兵和解白氣入營士卒大疫一曰兵宜徙營黑氣入營凶

凡有雲氣橫來者兩軍不合急先伏止當有遁將

凡出軍有雲黃氣臨營西向東向戰皆凶北向吉

凡軍行有白氣如虹軍有驚宜備

凡軍出欲知賊得否赤氣前行有黑氣隨之赤氣滅賊可得若赤氣獨行無黑氣隨者賊不可得

凡黑氣如死人頭在營上敵人有所獻且求降許之不許必戰功雖成而士卒多死

凡黑氣如積土在我軍上敵來挑戰或襲我我必堅守經月敵心有離離而後戰大勝

凡兩軍相當彼軍上有赤氣狀如疋布長數十丈其下色黃來臨我軍有急兵士卒恐懼人有逃心宜罷軍吉

凡赤雲臨東西陣者其軍敗赤氣隨日出者軍行有憂

軍上氣上黃下白名曰善氣所臨之軍欲退而求和也

凡氣如引索加陣前銳白黑色有陰謀青色有兵來赤色有反兵黃色急去之

凡圍城寨平旦視圍上氣鬱鬱如火光芒氣勢翕翕然者其方救至無者救不至受圍者望外救亦以是占

凡雲氣如三匹帛前廣後銳此大軍行氣也車氣乍高乍下往往而聚騎氣卑而布卒氣摶前高後卑者疾前方而高後銳而卑者却其氣平者其行徐前高後卑者不止而返校騎之氣正蒼黑長數百丈遊兵氣如彗掃長數百丈無根本

凡喜氣上黃下赤怒氣上下赤憂氣上下黑土工氣黃白徙氣白

凡日月暈與氣以先有者爲勝先去者爲敗軍上有日旁虹蜺不可逆之若得其逆宜徙去之

凡勝兵之氣上與天連或如火光或如山隄上有林木或如埃塵粉沸其色黃白或如旌旗無風而揚揮其勢指敵或白氣粉沸如樓緣以赤氣或如人持斧向敵或如蛇舉頭向敵或如埃塵前卑後高或如牛馬頭低尾昂如旌旗或如鋒刃向人或如人牽牛或如乳虎或如匹帛或如覆舟或氣似堤覆前後皆白或常發黃氣或氣黃白重厚或赤黃氣上達於天或五色氣上與天連或氣上小下大或遙望如闘雞赤白相隨在雲中或氣黃白潤澤而上銳或如日月而有赤氣繞之似日月暈有光或氣起中天而及我軍或如飛鳥徘徊從高而來或有赤氣如馬在黑氣中或如黑人在赤氣中或如赤杵在黑氣中或狀如人十十五五有行列或如旌旗在黑氣中有赤雲氣在前或氣如三匹帛前橫後大或如華蓋或如杵形向外或如赤鳥或如山岳皆兵雄將猛得天之助不可擊我軍有之急戰大勝

凡敗兵之氣囚廢枯散如馬肝色如死灰或如偃魚或如偃蓋或乍見乍聚乍散如霧始起或如羣羊羣猪在氣霧中或如死蛇如繫牛如雙蛇垂頭委曲如蜚鳥四散如決堤垣如壞屋如人無頭如人相指如驚鹿相逐如兩雞相向或如人頭如揚灰如捲席如懸衣如匹布亂穰如人相隨或如粉如塵勃勃如烟或五色雜亂東西南北不定或如羣鳥亂飛或紛紛如轉蓬或如敗船或如臥人或如覆車亂不起或上大下小前高後卑或如雙蛇守日或赤氣如火光自天降下入軍中或氣蒼蒼須臾而散或如人頭臨軍上或如雞如兔臨軍上或雲氣蓋道蔽濛晝晦或氣黑而卑如樓狀或黑氣臨營或聚或散如鳥將宿或氣如丹蛇或白氣如猪下臨皆將衰兵敗恐懼逃遁之氣在我軍急去之

軍上十日無氣發者其軍必敗十日無氣而忽有赤氣乍出即滅者外聲欲戰而實將退敗

黑雲如壞山墮軍上名曰營頭之氣其軍必敗

軍上氣如火光夜照人者軍士散亂

軍上氣出而半絶者欲敗漸盡者走一絶一敗再絶再敗三絶三敗在東發白氣者災深
軍上有黑氣如牛形或如馬形從氣霧中漸漸入軍名曰天狗食血見則其軍敗散
軍上氣蒼黑亂者士卒饑
兩軍相當十里之內三里之外望彼軍上氣高而前後白青散者敗氣也宜急擊之
軍上氣先青而漸變黑者其將欲死
軍上氣如燔生草之烟前雖銳而後必退得便擊之勝
雲氣蓋道蔽濛晝晦宜急去之不然必敗
黑氣臨營或聚或散如鳥將宿必有畏懼心志不定終欲逃逃遁之必勝若我軍得之宜善撫士卒
有雲如烏其出如蚩其國戰不勝
有雲氣如尾在雲霧中臨軍上者中人與外人通
日暈有氣如死蛇屬暈者將死兩軍相當不利先舉
日月暈有背氣所臨者敗
軍上有白雲及曲蜺者敗白虹及蜺入營者敗
日暈氣薄惡及後至先去其下軍敗
日暈有四缺在外軍悉敗散
凡暴兵之氣白如瓜蔓連結部隊須臾罷而復出或至八九而來不斷者宜防急賊猝至
白氣如仙人衣千萬連結部隊相逐罷而復興當有千里兵來宜備之
黑氣從彼來之我軍者欲襲我也敵人吉宜備不宜戰敵還從而擊之必得小勝天色蒼茫而有此氣依支干日數內無風雨則所發之方必有暴兵日克時則凶時克日則自消散此氣所發之方當有使告急一人來則氣一條依數計之若散滿一方則有衆來依支干日數內有風雨則伏
氣如人持刀盾或有雲如坐人赤色所臨城邑有暴兵驚怖須臾去
赤氣如人持節兵來未息
雲如方虹或如赤虹其下有暴兵
雲氣如旌旗暴兵起或如虎躍或如人行色白或如人行止而不崩皆有暴兵
白氣如帶竟天有暴兵
白虹所出暴兵起
赤氣如火所向兵至
候敵氣上有雲下亦有雲者兵必至
雲氣如匹布著天經丑未者天下多兵赤者尤甚
雲如胡人列陣天下兵起
白氣廣五六丈東西竟天天下兵起
日出沒時有白氣如匹布著天而行長或竟天或十餘丈有聲者天狗也見則兵大起
有雲如豹如狗四五枚相聚其國起兵
四方清明無雲獨有赤雲赫然見者所見之地兵起
四望無雲獨有黑雲極天名曰天溝天下兵起雲半天則兵半起三日內有雨則災解
壬子日候四方無雲獨有雲如旌旗其下兵起徧四方天下盡起
雲氣一道上白下黃或白色如匹布長數丈或上黃下白如旗長二三丈或長氣純赤而委曲一道如布帛皆謂之蚩尤旗見則兵大起
黑氣如龍馬如蛇如牛頭變化者裔兵欲欺中國宜謹防之
凡伏兵之氣如赤杵在烏雲中或如幢節在烏雲中或如烏人在赤雲中或有黑氣渾渾圓長而赤氣在其中或白氣粉沸如樓狀其下皆有伏兵不可輕擊
若軍行近山林阬谷之間當慎防之
雲紛紛緜緜相絞及似蒿草長數尺者以車騎爲伏兵如布席之狀似蒿草長尺許者以步卒爲伏兵
黑雲出營南賊逃我後有伏兵謹候察之則知其所在
黑雲變白反赤形如山者有伏兵
有雲如山林兵在外有伏兵
前有黑氣而後有白氣者有伏兵
軍中有氣烏色上起而有赤氣在其中皆伏兵也宜審察之不可擊
凡戰氣如人無頭如死人臥如丹蛇赤氣隨之必大戰殺將
四望無雲獨見赤雲如狗入營下有流血
四望獨見赤雲如立蛇其下大戰流血
四望獨見赤雲如覆舟其下大戰
青雲見軍之王相上者有戰
白虹或赤虹屈旋停住其下流血
白氣如車入北斗中轉移者下流血大將戰死
雲如耕壠其下有兵必大戰
日旁白氣如虹兩軍相當必戰無軍而見者兵起
四五六白虹見有大戰
日月有赤氣截之如大杵萬人戰死其下先舉者不

利

日暈有一缺萬人死其下先舉者不利

月初滿而蝕軍必戰

蒼白雲氣經天其下拔城大戰

赤氣漫漫如血色下有大戰流血

凡陰謀之氣白而羣行徘徊結陳而來此他國人欲相圖也隨視其所往伐之可得

黑氣如幢出營中上黑下黃敵求戰而無實九日內覺備之

黑氣如車輪臨我軍敵人謀亂國有小臣勾之宜明察之

黑氣遊行中含五色臨我軍上敵人有謀伐我者宜備之

黑氣如引索來如陣前銳者有陰謀

天沈陰不雨晝不見日夜不見月三日已上將軍愼左右及敵使五日至七日有陰謀蔽人主奪將權亦有刑殺篡逆事連陰十日亂風四起欲雨不雨名曰濛臣謀君天沈陰日月無光雲障之而不雨君臣俱有謀若兩敵相當則陰相圖謀若晝陰而夜月出君謀臣夜陰而晝日出臣謀君

日月濛濛無光士卒謀內亂將軍宜明法度察有功伺姦謀

凡堅城之氣正白如旌旗或白氣如旗而赤界無邊或氣出外如火烟或有雲分兩彗狀或白氣從城中南北出皆勿攻

城上黑雲如星名軍精圍城急解去有兵突出客敗

赤雲或黃雲臨城城中皆大吉慶

青雲從軍城中南北出或雲青色如牛頭外向觸人皆勿攻

城中有氣出東其光黃此天一城也不可攻攻之者死

白氣從城中出青氣從北入反復廻還者軍不得入城

凡攻城圍邑過旬不雷不雨者爲城有輔去之勿攻

城壘氣出外如烟火者主人欲出戰不可攻其氣無極者避之

城上氣如雙蛇舉首外向前卑後高者不可攻

赤氣如杵形從城中出向外者內兵突出客敗

城中氣不見於外者不可攻

赤氣從城內出者內兵出宜備之凡攻城有氣從中出入吾軍宜備之

濛氣繞城不入城者外兵不得入

日暈有青氣從中起四出者圍中勝

雲如日月而有赤氣繞之似日月暈狀有光者所見之城邑不可攻

凡攻城有黑雲臨城者積土固險之象黑者水氣城池之象不可攻

凡圍城平旦視圍上氣鬱鬱如火光芒勢翕翕然者其方救至無者救不至受圍望救者亦以此占

凡屠城之氣赤如飛鳥散亂或赤氣如敗軍或赤氣狀如狸皮斑文正赤色或雲如衆人頭赤色者皆敗亡氣也

城上無雲氣士卒敗散或如死灰色及上不出者可攻

攻城其氣如灰出而還復其軍上者軍多病城可屠

城上氣出復入者人欲逃背

攻城其城上氣聚如樓外見者攻之可得

城中氣起而上正赤者可屠赤氣四面或黃色繞之將死城降

城上氣色如灰謂之灰城可屠

城上氣如灰色出而東可攻西可降出而高無所止用日久長

城上氣如雙蛇前高後卑者可攻

有氣從城外入者可攻

有白氣如蚍來止敵城上者急攻之緩則失之若從其城來至我營則急宜固守已攻城有白氣繞城而入之者隨所入急攻之若其氣來指我營則急宜斂兵防守

雲氣如雄雉臨營陣其下必有降者

城中氣出前高後卑上大下小者皆敗氣也

蒙氣圍城而入城者外兵入城

攻城若不雨蒙霧風至兵勝

有氣如蛟頭白內向者城可攻

屈虹從外入城中三日內城可屠

城上氣如漫血所臨者敗

日重暈而有白虹貫日圍城客勝

圍城邑有雲如鵲尾來陰圍上三日亡

凡降氣如人十十五五皆低頭乂手或如人乂手相向或氣如黑山以黃爲緣者皆降伏之氣

白氣如鳥趨入屯營連絡不絕而須臾下者當有他國來降

管窺集要

雜雲氣占

天見白氣如虹兵起黑氣如虹水災赤氣如虹火災兵起青氣如虹淫雨爲災皆作於所發之國黃氣如虹有兵則所起之方勝

日旁氣如狗六七枚有反者

青赤氣掩日必有大戰

青龍四向扶日臣謀主期不出三年

常以九月上丙日候日旁有交赤氣其下有兵

日未出有赤氣如日君側有佞臣

白氣廣三尺在日下東西其國兵起

冬至日日未出未入有雲迎送之歲美無災疫木旱

黃氣二重時和年豐日出有雲隔之白爲喪青爲蟲赤爲兵黃爲土工日有黃暈再重不出一年五穀以濕暑傷有兵天下憂有黑暈再重災在內內臣貪利不出三年天下饑民流亡夏雪冬雷國以亂亡

日下雲氣如獐鹿兵在外者潰無兵則兵起

日下雲氣狀如張傘又如飛烟有光如火星傍出下有流血

日下雲氣如鬭牛如人持戟立如人無手皆爲兵起國有大憂

日下雲氣漠漠如花相連續不斷后宮亂

日下氣如散花人君失政后妃爲亂

日下雲氣如樹君憂危

日下雲氣如鼠如雉形頭翅舉有水災

日下雲氣如破船行輦轂之下有憂

日下雲五色如奔獐走鹿大臣有誅戮者

雲氣界如十字國有大凶

日下雲氣如人舉兩手后妃有亂

日下或左右有雲氣如人舉手分日主命惡之

日出沒時有雲如刀戟橫截日上下白爲喪黑爲驚憂赤爲兵火

日將出而雲氣如烟霧紫赤布隔於天不有大雨則有火災應七日內

黑雲散下屬地如猪狀其方兵起破軍殺將

青雲繞日四散變作厲行郡國謀叛

青雲霞貫日下欲害上

青霞發日上下左右君得賢臣

黑霞貫日君憂在日上下左右爲風大作色潤慘者有雨

黃霞紫霞在日上下左右國君有喜若覆貫日喜變爲憂

白霞勁銳布匹帛狀所起之方有兵

赤霞或白霞貫日大臣災后妃死將軍有戮者

黑霞貫月大雨人災

日下有白霞垂足當有賊臣謀君

雲氣似霞非霞者日光所成暫成倏滅其長或尺或丈以至竟天狀如旗檜勁而有力與虹氣不同也

欽定古今圖書集成曆象彙編庶徵典

第六十八卷目錄

雲氣異部彙考四

庶徵典第六十八卷

雲氣異部彙考四

周

景王十八年春魯有赤黑祲見於武宮

按左傳魯昭公十五年春將禘於武宮戒百官梓慎曰禘之日其有咎乎吾見赤黑之祲非祭祥也喪氛也其在涖事乎二月癸酉禘叔弓涖事籥入而卒去樂卒事禮也

二十三年春宋有亂氣蔡有喪氛

按左傳魯昭公二十年春王二月己丑日南至梓慎望氛曰今茲宋有亂國幾亡三年而後弭蔡有大喪叔孫昭子曰然則戴桓也汰侈無禮已甚亂所在也

註二月記南至日以正歷也氛氣也時魯侯不行臺之禮使梓慎望氛

敬王三十一年楚有雲如衆赤烏夾日以飛

按左傳魯哀公六年秋七月楚子在城父將救陳卜戰不吉卜退不吉王曰然則死也再敗楚師不如死棄盟逃讎亦不如死死一也其死讎乎命公子申爲王不可則命公子結亦不可則命公子啓五辭而後許將戰王有疾庚寅昭王攻大冥卒於城父子閭退曰君王舍其子而讓羣臣敢忘君乎從君之命順也立君之子亦順也二順不可失也與子西子期謀潛師閉塗逆越女之子章立之而後還是歲也有雲如衆赤烏夾日以飛三日楚子使問諸周太史周太史曰其當王身乎若禜之可移於令尹司馬王曰除腹心之疾而寘諸股肱何益不穀不有大過天其夭諸有罪受罰又焉移之遂弗禜

漢

高帝元年灞上有天子氣

按漢書高帝本紀元年冬十月沛公至灞上亞夫范增說項羽曰沛公居山東時貪財好色今聞其入關珍物無所取婦女無所幸此其志不小吾使人望其氣皆爲龍成五色此天子氣急擊之勿失

武帝後元二年長安獄中有天子氣

按漢書宣帝本紀帝武帝曾孫戾太子孫也遭巫蠱事在襁褓坐收繫郡邸獄丙吉爲廷尉監治巫蠱於郡邸憐曾孫之無辜私給衣食視遇甚有恩巫蠱事連歲不決至後元二年武帝疾往來長楊五柞宮望氣者言長安獄中有天子氣上遣使者分條中都官獄繫者輕重皆殺之內謁者令郭穰夜至郡邸獄吉拒閉使者不得入曾孫賴吉得全因遭大赦吉乃載曾孫送祖母史良娣家元平元年七月大將軍霍光奏皇太后迎曾孫卽皇帝位

昭帝元平元年有黑雲如炎風亂鬊

按漢書昭帝本紀不載　按天文志元平元年正月

庚子日出時有黑雲狀如炎風亂鬊轉出西北東南行轉而西有頃亡占曰有雲如衆風是謂風師法有大兵其後兵起烏孫五將征匈奴

成帝建始元年雲氣赤黃四塞

按漢書成帝本紀建始元年夏四月黃霧四塞博問公卿大夫無有所諱　按五行志建始元年四月辛丑夜西北有如火光壬寅晨大風從西北起雲氣赤黃四塞天下終日夜下著地者黃土塵也是歲帝元舅大司馬大將軍王鳳始用事又封鳳母弟崇爲安成侯食邑萬戶庶弟譚等五人賜爵關內侯食邑三千戶復益封鳳五千戶悉封譚等爲列侯是爲五侯

按元后傳成帝尊皇后爲皇太后以王鳳爲大司馬大將軍領尚書事益封五千戶王氏之興自鳳始又封太后同母弟崇爲安成侯食邑萬戶鳳庶弟譚等皆賜爵關內侯食邑其夏黃霧四塞終日天子以問諫大夫楊興博士駟勝等對皆以爲陰盛侵陽之氣也高祖之約也非功臣不侯今太后諸弟皆以無功爲侯非高祖之約外戚未曾有也故天爲見異言事者多以爲然鳳於是懼上書辭謝曰陛下即位思慕諒闇故詔臣鳳典領尚書事上無以明聖德下無以益政治今有茀星天地赤黃之異咎在臣鳳當伏顯戮以謝天下今諒闇已畢大義皆舉宜躬親萬機以承天心因乞骸骨辭職上報曰朕承先帝聖緒涉道未深不明事情是以陰陽錯繆日月無光赤黃之氣充塞天下咎在朕躬今大將軍迺引過自予欲上尚書事歸大將軍印綬罷大司馬官是明朕之不德也朕委將軍以事誠欲庶幾有成顯先祖之功德將軍其專心固意輔朕之不逮毋有所疑（按紀傳俱言黃霧應人事異部但志有雲氣赤黃故見於此）

建始三年有青黃白氣

按漢書成帝本紀不載　按古今注建始三年七月夜有青黃白氣長十餘丈光明照地或曰天裂或曰天劍

永始二年東方有赤氣

按漢書成帝本紀不載　按天文志永始二年春二月癸未夜東方有赤色大三四圍長二三丈索索如樹南方有氣大四五圍下行十餘丈皆不至地滅占曰東方客之變氣狀如樹木以此知四方欲動者明年十二月己卯尉氏男子樊並等謀反賊殺陳留太守嚴普及吏民出囚徒取庫兵劫略令丞自稱將軍皆誅死庚子山陽鐵官亡徒蘇令等殺傷吏民篡出囚徒取庫兵聚黨數百人爲大賊踰年經歷郡國四十餘一日有兩氣同時起並見而並令等同月俱發也

綏和二年哀帝即位封外戚爲列侯天氣赤黃

按漢書哀帝本紀綏和二年三月成帝崩四月丙午太子即皇帝位尊皇太后曰太皇太后皇后曰皇太后立皇后傅氏封舅丁明爲陽安侯舅子滿爲平周侯（天氣赤黃事不載）　按五行志哀帝即位封外屬丁氏傅氏周氏鄭氏凡六人爲列侯楊宣對曰五侯封日天氣赤黃丁傅復然此殆爵土過制傷亂土氣之祥也京房易傳曰經稱觀其生言大臣之義當觀賢人知其性行推而貢之否則爲聞善不與茲謂不知厥異黃厥咎聾厥災不嗣黃者日上黃光不散如火然有黃濁氣四塞天下蔽賢絕道故災異至絕世也

哀帝建平元年春正月白氣西南行聲如雷冬十二月白氣貫天厠

按漢書哀帝本紀不載　按天文志建平元年正月丁未日出時有著天白氣廣如一匹布長十餘丈西南行讙如雷一刻而止名曰天狗傳曰言之不從則有大禍詩妖到其四年正月二月三月民相驚動讙譁奔走傳行詔籌祠西王母又曰從目人當來　又按志十二月白氣出西南從地上至天出參下貫天厠廣如一匹布長十餘丈十餘日去占曰天子有陰病其三年十一月壬子太皇太后詔曰皇帝寬仁孝順奉承聖緒靡有懈怠而久病未瘳夙夜惟思殆繼體之君不宜改作春秋大復古其復甘泉泰畤汾陰后土如故

王莽始建國四年夏赤氣出東南竟天

按漢書王莽傳云云

地皇四年有雲如壞山墮王尋軍上

按後漢書天文志莽地皇四年六月漢兵起南陽至昆陽莽使司徒王尋司空王邑將諸郡兵號曰百萬衆已至者四十二萬人能通兵法者六十三家皆爲將帥持其圖書器械軍出關東牽從羣象虎狼猛獸放之道路以示富強用怖山東至昆陽山作營百餘圍城數重或爲衝車以撞城爲雲車高十丈以瞰城中弩矢雨集城中負戶而汲求降不聽請出不得二公之兵自以必克不恤軍事不協計慮莽有覆敗之變見焉晝有雲氣如壞山墮軍上軍人皆厭所謂營頭之星也占曰營頭之所墮其下覆軍流血三千里

是時光武將兵數千人赴救昆陽奔擊二公幷力猋發號呼聲動天地虎豹驚怖敗震會天大風飛屋瓦雨如注水二公兵亂敗自相賊就死者數萬人競赴溢水死者委積溢水爲之不流殺司徒王尋軍皆散走歸本郡王邑還長安莽敗俱誅死營頭之變覆軍流血之應也

後漢

章帝元和三年北岳見黃白氣

按後漢書章帝本紀不載　按宋書符瑞志元和三年正月車駕北巡以太牢祠北岳山見黃白氣

和帝永元十二年有蒼白氣

按後漢書和帝本紀不載　按天文志永元十二年十一月癸酉夜有蒼白氣長三丈起天園東北指軍市見積十日占曰兵起十日期歲明年十一月遼東鮮卑寇右北平

永元十六年紫宮中生白氣

按後漢書和帝本紀不載　按天文志十六年白氣生紫宮中爲喪後一年和帝崩殤帝卽位一年又崩

順帝永建三年有白氣

按後漢書順帝本紀不載　按古今注永建三年九月戊寅有白氣廣二尺長十餘丈從北落師門至斗

桓帝永興二年光祿勳吏舍壁下夜有青氣

按後漢書桓帝本紀不載　按五行志永興二年四月丙午光祿勳吏舍壁下夜有青氣得玉鉤玦各一鉤長七寸二分周五寸四分身中皆雕鏤此青祥也玉金類也七寸二分商數也五寸四分徵數也商爲臣徵爲事蓋爲人臣引決事者不肅將有禍也是時梁冀秉政專恣後四歲梁氏誅滅也

靈帝熹平二年白氣衝北斗

按後漢書靈帝本紀不載　按天文志熹平二年八月辛未白氣如一匹練衝北斗第四星白氣衝北斗爲大戰明年冬揚州刺史臧旻丹陽太守陳寅攻盜賊苴康斬首數千級

光和元年有黑氣墮殿中

按後漢書靈帝本紀光和元年六月丁丑有黑氣墮所御溫德殿庭中　按五行志光和元年六月丁丑有黑氣墮北宮溫明殿東庭中黑如車蓋起奮迅身五色有頭體長十餘丈形貌似龍上問蔡邕對曰所謂天投蜺者也不見足尾不得稱龍易傳曰蜺之比無德以色親也潛潭巴曰虹出后妃陰脅王者又曰五色迭至照於宮殿有兵革之事演孔圖曰天子外苦兵威內奪臣無忠則天投蜺變不空生占不空言先是立皇后何氏皇后每齋當謁祖廟輒有變異不得謁中平元年黃巾賊張角等立三十六方起兵燒郡國山東七州處處應角遣兵外討角等內使皇后二兄爲大將統兵其年宮車晏駕皇后攝政二兄秉權譴讓帝母永樂后令自殺陰呼幷州牧董卓欲共誅中官中官逆殺大將軍進兵相攻討京都戰者塞道皇太后母子遂爲太尉卓等所廢黜皆死天下之敗兵先興於宮省外延海內二三十歲其殃禍起於何氏（按紀作溫德殿志作溫明殿互異）

中平五年京師有兵氣

按後漢書靈帝本紀不載　按何進傳中平五年天下流亂望氣者以爲京師當有大兵兩宮流血司馬許凉說進曰六韜有天子將兵可以威厭四方進言於帝大發兵講武平樂觀

獻帝興平二年十月壬寅夜有赤氣貫紫宮

按後漢書獻帝本紀云云　按注獻帝春秋曰赤氣廣六七尺東至寅西至戌也

建安二十　年西南有黃氣直立數丈又有氣如旗從西竟東

按後漢書獻帝本紀不載　按三國蜀志先主傳建安二十五年魏文帝稱尊號傳聞漢帝見害先主乃發喪制服議郎楊泉侯劉豹等上言臣父羣未亡時言西南數有黃氣直立數丈見來積年時時有景雲祥風從璿璣下來應之此爲異瑞又二十二年中數有氣如旗從西竟東中天而行圖書曰必有天子出其方宜卽帝位以纂二祖乃卽帝位於成都武擔之南

昭烈帝章武二年秭歸有黃氣見

按蜀志先主傳章武二年六月黃氣見自秭歸十餘里中廣數十丈

按晉書五行志蜀章武二年東伐二月自秭歸進屯夷道六月秭歸有黃氣見長十餘里廣數十丈後踰旬備爲陸遜所破近黃祥也

魏

高貴鄉公正元元年白氣經天

按三國魏志少帝本紀不載　按王肅傳嘉平六年（卽正元元年）肅迎高貴鄉公於元城是歲白氣經天大將軍司馬景王問肅其故肅答曰此蚩尤之旗也東南其有亂乎君若修己以安百姓則天下樂安者歸德

唱義者先亡矣

晉

武帝咸寧元年有青氣出大社

按晉書武帝本紀不載　按五行志咸寧元年八月丁酉大風折大社樹有青氣出占曰東莞當有帝者明年元帝生是時帝大父武王封東莞由是徙封琅琊孫盛以爲中興之表晉室之亂武帝子孫無孑遺社樹折之應又恆風之罰也

惠帝永康元年十二月庚戌日中有黑氣

按晉書惠帝本紀不載　按天文志云云

太安元年十一月日中有黑氣

按晉書惠帝本紀不載　按天文志云云

永興元年十一月日中有黑氣十二月赤氣亙天

按晉書惠帝本紀不載　按天文志永興元年十一月日中有黑氣分日十二月壬寅夜有赤氣亙天砰隱有聲占爲大兵砰隱有聲怒之象也是後四海雲擾九服交兵

永興二年十月丁丑赤氣見於北方東西竟天

按晉書惠帝本紀云云

光熙元年十一月懷帝卽位十二月白氣如虹下至地

按晉書懷帝本紀不載　按天文志光熙元年十二月甲申有白氣若虹中天北下至地夜見五日乃滅占曰大兵起明年王彌起青徐汲桑亂河北毒流天下

懷帝永嘉元年十一月乙亥黃黑氣掩日所照皆黃

按晉書懷帝本紀不載　按天文志云云

永嘉三年白氣貫參伐

按晉書懷帝本紀永嘉三年十二月乙亥夜有白氣如帶自地升天南北各二丈　按天文志三年十二月乙亥有白氣如帶出南北方各二起地至天貫參伐中占曰天下兵大起四年三月司馬越收繆引等又三方雲擾攻戰不休五年三月司馬越死於甯平城石勒攻破其衆死者十餘萬人六月京都焚滅帝如虜庭

永嘉五年黑氣四塞

按晉書懷帝本紀不載　按五行志五年十二月黑氣四塞近黑祥也帝尋淪陷王室丘墟是其應也

愍帝建興元年赤氣曜於西北

按晉書愍帝本紀不載　按天文志建興元年十月己巳夜有赤氣曜於西北荆州刺史陶侃討杜弢之黨於石城戰敗

元帝永昌元年十月黑氣蔽天日月無光

按晉書元帝本紀云云　按天文志永昌元年十一月帝崩

成帝咸和九年李班在成都有白氣二道帶天

按晉書成帝本紀不載　按李班載記李雄寢疾雄子越等惡而遠之班爲吮膿殊無難色雄死嗣僞位時有白氣二道帶天太史令韓豹奏宮中有陰謀兵氣戒在親戚班不悟咸和九年班因夜哭越殺班於殯宮

安帝義熙六年北方有白氣竟天

按晉書安帝本紀不載　按姚興載記義熙六年興在長安北方有白氣東西竟天太史令任猗言於興曰白氣出於北方東西竟天五百里當有破軍流血興以楊佛嵩都督嶺北討虜諸軍事以討赫連勃勃嵩兵敗爲勃勃所執絕亢而死

義熙十年有五色雲見於西秦

按晉書安帝本紀不載　按乞伏熾磐載記熾磐以義熙六年僭僞位十年有雲五色起於南山熾磐以爲己瑞大悅謂羣臣曰吾今年應有所定王業成矣於是繕甲整兵以待四方之隙聞禿髮傉檀西征乙弗投劍而起曰可以行矣攻之一旬而尅傉檀遂降旣兼傉檀兵強地廣

恭帝元熙元年燕馮跋境內赤氣四塞

按晉書恭帝本紀不載　按馮跋載記有赤氣四塞太史令張穆言於跋曰兵氣也今大魏威制六合而聘使斷絕自古未有鄰國接境不通和好違義怒鄰取亡之道宜還前使修和結盟跋曰吾當思之尋而魏軍大至遣其將姚昭皇甫軌等拒戰軌中流矢死魏以有備引還

元熙二年正月壬辰白氣貫日東西有直珥各一丈白氣貫之交匝

按晉書恭帝本紀不載　按天文志云云

宋

少帝景平二年五色雲見

按宋書少帝本紀景平二年正月乙巳大風天有五色雲占者以爲有兵夏五月帝廢爲滎陽王

文帝元嘉二年有黑氣

按宋書文帝本紀不載　按天文志元嘉二年正月甲寅夜天東南有黑氣廣一丈長十餘丈

元嘉七年有赤黑氣

按宋書文帝本紀不載　按天文志七年十一月癸未西南有氣上下赤中央黑廣三尺長三十餘丈狀如旌旗其年索虜寇靑司殺刺史掠居民遣檀道濟討伐經歲乃歸

元嘉二十六年京口有黑氣

按宋書文帝本紀不載　按五行志二十六年三月辛京口有黑氣暴起占有兵明年虜南寇至瓜步飲馬於江

元嘉三十年有青黑氣映宮上

按南史宋文帝本紀元嘉三十年春正月乙亥朔會羣臣於太極前殿有青黑氣從東南來覆映宮上

孝武帝大明元年紫氣出景陽樓

按南史宋孝武帝本紀大明元年五月景陽樓上層西南梁栱間有紫氣改景陽樓爲慶雲樓

按宋書符瑞志大明元年紫氣從景陽樓上層出狀如煙回薄良久

大明三年有赤氣

按宋書孝武帝本紀不載　按天文志三年正月夜通天薄雲四方生赤氣長三四尺乍沒乍見尋皆消滅占名隧星一曰刀星天下有兵戰鬬流血尋兗州刺史竟陵王誕反車騎大將軍沈慶之劉羽林兵攻戰及屠城城內男女道俗梟斬靡遺

大明四年有赤氣見

按宋書孝武帝本紀不載　按天文志四年二月有赤氣長一尺餘在太微帝座北占曰兵起臣欲謀其君明年雍州刺史海陵王休茂反　又按志十二月通天有雲西及東北並生合八所並長四尺乍沒乍見尋消盡占曰天下有兵

大明七年四方有蒼白氣八

按宋書孝武帝本紀不載　按天文志七年正月夜通天薄雲四方合有八氣蒼白色長二三丈乍見乍沒名刀星占曰天下有兵後二年帝后崩大臣誅滅皇子被害四方兵起分遣諸軍外討

明帝泰始元年白氣入紫宮

按宋書明帝本紀不載　按天文志泰始元年十二月乙亥白氣入紫宮占曰有喪明年昭太后崩

泰始二年二月黑氣貫宿三月黃紫雲從景陽樓出六月有黃白赤氣竟天

按宋書明帝本紀不載　按天文志二年正月丙辰黑氣貫宿不言何宿疑有脫字占曰王侯有歸骨者其年四方反叛內兵大出大將殷孝祖爲南賊所殺九月諸方反者皆平　按符瑞志泰始二年三月丙午黃紫雲從景陽樓出隨風回久乃消華林園令臧延之以聞六月己卯日入後有黃白赤白氣東西竟天光明潤澤久乃消

泰始四年宣太后陵有五色雲見

按宋書明帝本紀不載　按符瑞志四年十一月辛未崇寧陵令上書言自大明八年至今四年二月宣太后陵明堂前後數有光氣及五色雲又芳香四滿又五采雲在松下狀如車蓋

泰始七年崇虛館有五色氣

按宋書明帝本紀不載　按符瑞志七年四月戊申夜京邑崇虛館堂前有黃氣狀如寶蓋高十許丈漸有五色道士陸修靜以聞

南齊

高帝建元元年慶雲見

按南齊書高帝本紀建元元年六月甲申立皇太子賾慶雲見不載　按祥瑞志世祖拜皇太子日有慶雲在日邊

建元三年華林園有瑞雲見

按南齊書高帝本紀不載　按祥瑞志建元三年華林園醴泉堂東忽有瑞雲周圍十許丈高下與景雲樓平五色藻密光彩映山徘徊良久行轉南行過長船入華池

建元四年黑氣見

按南齊書高帝本紀不載　按天文志建元四年二月辛卯黑氣大小二枚東至卯西至酉廣五丈久乃消滅

武帝永明元年新林婁湖有異氣

按南史齊武帝本紀永明元年望氣者云新林婁湖東府西有氣甲子築靑溪舊宮作新婁湖苑以厭之

永明二年北斗間有白氣

按南齊書武帝本紀不載　按天文志永明二年四月丁未北斗第六第七星間有一白氣

永明四年有黃白氣及雲

按南齊書武帝本紀不載　按天文志四年正月辛未黃白氣長丈五尺入太微癸未南面有陣雲一丈許

永明五年有黑雲陣雲

按南齊書武帝本紀不載　按天文志五年四月己

巳有雲色黑廣五尺東指丑西指酉並至地十一月乙巳東南有陣雲高一丈北至卯東南至巳

永明六年有梗雲

按南齊書武帝本紀不載　按天文志六年二月癸亥東西有一梗雲半天曲向西蒼白色三月庚辰南面有梗雲黑色廣六寸

永明七年有蒼黑雲貫紫宮

按南齊書武帝本紀不載　按天文志七年十月辛未有梗雲蒼黑色東頭至寅西頭指酉廣三尺貫紫宮久久消漫

永明八年有黑雲亙東西

按南齊書武帝本紀不載　按天文志八年十一月乙未有梗雲黑色六尺許東頭至卯西頭至酉久久散漫十二月庚辰南面有陣雲黑色高一丈許東頭至巳西至未久久散漫

永明十一年有蒼白雲竟天

按南齊書武帝本紀不載　按天文志十一年七月丙辰東面有梗雲蒼白色廣二尺三寸南頭指巳至地北頭指子至地久久散漫

梁

武帝天監十年天西北有聲赤氣下至地

按梁書武帝本紀不載　按隋書天文志梁天監十年九月丙申天西北隆隆有聲赤氣下至地占曰天狗也所往之鄉有流血其君失地其年十一月馬仙琕大敗魏軍斬馘十餘萬尅復朐山城

簡文帝大寶二年紫雲臨江陵

按南史梁元帝本紀大寶二年十月辛丑朔紫雲如蓋臨江陵城是月簡文帝崩

元帝承聖三年六月癸未有黑氣如龍見於殿內

按南史梁元帝本紀云云

按隋書五行志梁承聖三年六月有黑氣如龍見於殿內近黑祥也黑周所尚之色今見於殿內周師入梁之象其年爲周所滅帝亦遇害

陳

文帝天嘉五年有白氣出北斗

按陳書文帝本紀天嘉五年六月丁未夜有白氣兩道出於北斗東南屬地

宣帝太建五年二月有白氣五月景雲見六月有黑雲屬地

按南史陳宣帝本紀太建五年二月乙卯夜有白氣如虹自北方貫北斗紫宮

按隋書五行志陳太建五年六月西北有黑雲屬地散如猪者十餘洪範五行傳曰當有兵起西北時後周將王軌軍於呂梁明年擒吳明徹軍皆覆沒

按冊府元龜太建五年五月癸丑景雲見

北魏

世祖始光二年東南有黑氣

按魏書世祖本紀不載　按靈徵志始光二年正月甲寅夜天東南有黑氣廣一丈長十丈占有兵二月慕容渴悉鄰反於北平

高宗興光元年有雲五色

按魏書高宗本紀不載　按靈徵志興光元年二月有雲五色所謂景雲太平之應也

顯祖皇興三年河濟起黑雲

按魏書顯祖本紀不載　按靈徵志皇興三年正月河濟起黑雲廣數里掩東陽城上昏暗如夜既而東陽城潰

高祖太和二年有白氣出地

按魏書高祖本紀不載　按靈徵志太和二年十一月丁未夜有三白氣從地出須臾變爲黃赤光明照地

太和三年春正月癸丑有白氣貫日

按魏書高祖本紀不載　按天象志云云

太和五年日旁有白氣直氣

按魏書高祖本紀不載　按天象志太和五年正月庚辰日暈有白氣長一丈廣三尺許復有直氣長三丈許

太和八年有白氣貫日

按魏書高祖本紀不載　按天象志八年正月戊寅有白氣貫日占曰近臣亂

太和十四年二月己巳朔未時雲氣斑駁

按魏書高祖本紀不載　按天象志云云

太和十六年赤氣見於西北

按魏書高祖本紀不載　按靈徵志十六年九月丁巳昏時赤氣見於西北長二十丈廣八九尺食頃乃滅

太和二十三年日中有黑氣

按魏書高祖本紀不載　按天象志二十三年六月己卯日中有黑氣占曰內有逆謀十二月甲申日中有黑氣大如桃

世宗景明二年六月有五色雲見於申酉之間

按魏書世宗本紀不載　按靈徵志云云
景明三年正月黑氣貫日二月日中有黑氣八月濁氣四塞九月黑氣四塞
按魏書世宗本紀不載　按天象志景明三年正月乙巳日中有黑氣如鵝子申酉復見又有二黑氣橫貫日二月辛卯日中有黑氣大如鵝子　按靈徵志三年八月己酉濁氣四塞九月己卯黑氣四塞甲辰揚州破蕭衍將張囂之斬級二千
正始元年十二月丙戌黑氣貫日
按魏書世宗本紀不載　按天象志云云
永平元年三月己酉日西北有直氣長尺餘
按魏書世宗本紀不載　按天象志云云
永平二年日旁有黑氣
按魏書世宗本紀不載　按天象志永平二年八月丁卯旦日旁有黑氣形如月從東南來衝日如此者一辰乃滅
永平三年二月甲子日中有黑氣二
按魏書世宗本紀不載　按天象志云云
永平四年十一月癸卯日中有黑氣二大如桃
按魏書世宗本紀不載　按天象志云云
延昌元年赤氣見
按魏書世宗本紀不載　按靈徵志延昌元年三月丙申有赤氣見於天自卯至戌
肅宗正光元年赤氣竟天
按魏書肅宗本紀不載　按靈徵志正光元年十一月辛未西北赤氣竟天畔似火氣京師不見涼州以聞
正光三年西北有赤氣
按魏書肅宗本紀不載　按靈徵志三年九月甲辰夜西北有赤氣似火爛東西一匹餘北鎮反亂之徵
正光五年赤氣竟天
按魏書肅宗本紀不載　按靈徵志五年五月癸酉申時北有赤氣東西竟天如火爛
莊帝永安三年六月有青氣二相接十一月赤氣如霧
按魏書莊帝本紀不載　按靈徵志永安三年六月甲子申時辰地有青氣廣四尺東頭緣山西北引至天半止西北戌地有黑赤黃雲如山峰頭有青氣廣四尺許東南引至天半二氣相接東南氣前散西北氣後滅亦帝崩之徵也十一月己丑有赤氣如霧從顯陽殿階西南角斜屬步廊高一丈許連地如絳紗幔自未至戌不滅帝見而惡之終有幽崩之禍
出帝太昌元年六月日初出有大黃氣成抱
按魏書出帝本紀不載　按靈徵志云云
孝靜帝天平三年東方有赤氣
按魏書孝靜帝本紀不載　按靈徵志天平三年正月己亥戌時東方有赤氣可三丈餘三食頃而滅

北齊

後主天統三年赤氣見
按北齊書後主本紀不載　按隋書天文志齊後主天統三年五月戊寅甲夜西北有赤氣竟天夜中始滅十月丙午天西北頻有赤氣占曰有大兵大戰後周武帝總衆來伐

北周

武帝天和二年六月慶雲見十月黑氣見日中
按周書武帝本紀天和二年閏六月戊戌襄州上言慶雲見
按隋書天文志周天和二年十月辛卯有黑氣一大如杯在日中甲午又加一經六日乃滅占曰臣有蔽主之明者
天和六年蒼雲經天
按周書武帝本紀六年二月己丑夜有蒼雲廣三尺許經天自戌加辰
靜帝大象二年赤氣見
按周書靜帝本紀大象二年六月甲戌有赤氣起西方漸東行遍天

隋

文帝開皇元年慶雲見
按隋書文帝本紀開皇元年二月甲子上自府常服入宮備禮卽皇帝位於臨光殿設壇於南郊遣使柴燎告天是日告廟大赦改元京師慶雲見

唐

高祖武德元年七月慶雲見九月景雲見
按唐書高祖本紀不載　按冊府元龜武德元年七月京師慶雲見九月益州上言景雲見
武德二年慶雲疊見
按唐書高祖本紀不載　按冊府元龜二年閏二月沁州上言慶雲見九月合州言慶雲見又梓州言景雲見十月河州言慶雲見
武德四年慶雲見
按唐書高祖本紀不載　按冊府元龜四年四月慶

州言慶雲見六月坊州言慶雲見
武德五年慶雲見
按唐書高祖本紀不載　按冊府元龜五年正月代州言慶雲見
武德六年慶雲見
按唐書高祖本紀不載　按冊府元龜六年益州言慶雲見
武德九年慶雲見
按唐書高祖本紀不載　按冊府元龜九年七月幽州慶雲見徐州言慶雲見
太宗貞觀五年慶雲見
按唐書太宗本紀不載　按冊府元龜貞觀五年二月巂州慶雲見
貞觀十一年黃氣際天
按唐書太宗本紀不載　按五行志貞觀十一年七月癸未黃氣際天大雨穀水溢入洛陽宮深四尺壞左掖門毀官寺十九洛水漂六百餘家
貞觀十五年慶雲見
按唐書太宗本紀不載　按冊府元龜十五年六月庚子商州言慶雲見七月丁亥靈州言景雲見八月嘉州撫州各言慶雲見十一月幽州言五色雲見
貞觀十六年慶雲見
按唐書太宗本紀不載　按冊府元龜十六年正月宣州言慶雲見七月溫州各言景雲見十一月箕州言景雲見湖州言慶雲見
貞觀十七年青氣繞東宮
按唐書太宗本紀不載　按五行志十七年四月立晉王為太子青氣繞東宮殿始冊命而有蔵不祥
按冊府元龜貞觀十七年五月潤州言慶雲見湖州言慶雲見閏六月柳州言慶雲見七月鄜州言景雲見九月魏州言慶雲見十一月滁州言景雲見宋州言慶雲見
貞觀十八年青黑氣亙天慶雲見
按唐書太宗本紀不載　按五行志十八年六月壬戌有青黑氣廣六尺貫於辰戌其長亙天
按冊府元龜十八年正月巂州言慶雲見六月瀛州言慶雲見七月壬午滁州言景雲見八月商宋蘭鄧雒五州言景雲見曹雒二州言景雲見十月潞州言景雲見十一月湖州言慶雲見
貞觀十九年慶雲見
按唐書太宗本紀不載　按冊府元龜十九年十一月費州言慶雲見
貞觀二十年黃雲際天慶雲見
按唐書太宗本紀不載　按五行志二十年閏三月己酉有黃雲闊一丈東西際天黃為土功
按冊府元龜二十年二月潮州言慶雲見德州言景雲見景戌冀州言景雲見五月襄州言慶雲見七月安州言慶雲見穀州言景雲見疊州言五色雲見
貞觀二十一年慶雲見
按唐書太宗本紀不載　按冊府元龜二十一年四月易州言慶雲見六月昭州言景雲見壬申亳宋二州各言慶雲見懷荊二州言景雲見辛酉趙州言慶雲見七月懷襄同鳳瀘宋亳蓬綏等州言慶雲見八月綏州言慶雲見九月岷州言慶雲見開州言景雲見十月戊戌綏州言景雲見
貞觀二十二年慶雲見
按唐書太宗本紀不載　按冊府元龜二十二年二月原州言景雲見六月循州言景雲見七月襄州言慶雲屢見定襄都督府言慶雲見八月昭州言慶雲見九月晉州言慶雲見巴州沂州皆言慶雲見十二月絳綿代潞州並言慶雲見閏十二月朗州言慶雲見
貞觀二十三年慶雲見
按唐書太宗本紀不載　按冊府元龜二十三年三月代州言慶雲見
中宗景龍元年赤氣竟天
按唐書中宗本紀不載　按舊唐書天文志景龍元年九月十八日有赤氣竟天其光燭地
景龍二年赤氣際天
按唐書中宗本紀不載　按五行志景龍二年七月癸巳赤氣際天光燭地三日乃止赤氣血祥也
睿宗景雲元年慶雲見
按唐書睿宗本紀不載　按冊府元龜唐隆元年六月甲辰即位大赦天下是日慶雲見於東方丙午揚州上言慶雲見七月己巳冊元宗為皇太子是日有景雲之慶改元為景雲元年
太極元年紫氣見日上
按唐書睿宗本紀不載　按冊府元龜太極元年五月戊寅睿宗有事於北郊是日東南有紫氣扶日上
元宗先天二年慶雲見
按唐書元宗本紀不載　按冊府元龜先天二年十

月有事於太廟是日慶雲見

開元八年慶雲見

按唐書元宗本紀不載　按冊府元龜開元八年十二月隰州慶雲見

開元九年慶雲見

按唐書元宗本紀不載　按冊府元龜九年十月洪州慶雲見

開元十一年長至日有雲迎日有黃白冠珥

按唐書元宗本紀不載　按冊府元龜十一年十一月癸酉日長至太史奏曰平明陰雲祁寒及其日出有雲迎日又有祥風至須臾日出有黃白冠及日南有珥臣謹按黃帝占云冬至之日陰雲祁寒來歲大稔人安五穀豐熟又曰風不及地和緩而來謂之祥風王者德至於天則祥風起日冠且珥人主有嘉並太平之嘉應臣請宣付所司許之

開元十二年慶雲見

按唐書元宗本紀不載　按冊府元龜十二年五月滁州慶雲見六月景申光州五色雲見十月合州慶雲見

開元十三年五色雲見

按唐書元宗本紀不載　按冊府元龜十三年五月戊戌以親製西嶽碑示百寮有五色雲見於前　又按冊府元龜十三年十一月己丑日南至上備法駕登山至齋室其夕陰霧慘烈勁風四起裂幕折柱寒氣切骨上露立祈請仰天自誓曰某身有過請即降罰萬人無福亦請某爲當罪應時風雨止天地清晏日氣和煦及升壇休氣四塞登歌奏樂有祥風自南而至絲竹之聲飄若天外及禪社首五色雲見日重輪及還山下之齋宮有慶雲隨馬祥風遠路時中書令張說等蹈舞拜賀帝曰朕以薄德恭膺大寶雲物休洽皆是輔弼之力君臣相保勉副天心長如今日不敢矜怠說等又奏曰聖心誠懇昨夜齋居則息風反雨今朝封祀則天清日暖復有祥風動樂卿雲引燎靈迹盛事自古未聞陛下又思慎終如初長福萬姓天下幸甚

開元十四年慶雲見

按唐書元宗本紀不載　按冊府元龜十四年八月梓州言慶雲見十二月癸丑申州言慶雲見

開元十五年慶雲見

按唐書元宗本紀不載　按冊府元龜十五年八月丁丑資州言慶雲見十月簡州言慶雲見

開元十六年慶雲見長至日黃雲扶日

按唐書元宗本紀不載　按冊府元龜十六年七月慶雲見於仙州葉縣十一月日南至帝御含元殿受朝賀太史奏黃雲扶日請付有司從之

開元十八年慶雲見

按唐書元宗本紀不載　按冊府元龜十八年五月辛丑徐州奏慶雲見六月甲申沁州奏月抱瑞彩揚光五色乙酉鄂州奏景雲見

開元十九年紫氣覆地黃雲見於西方

按唐書元宗本紀不載　按冊府元龜十九年二月癸未皇太子鴻等奏曰昨正月二十七日伏見陛下於興慶宮親耕三百餘步旣而靑光紫氣覆地八月辛巳上降誕之日有黃雲三道見於西方

開元二十二年慶雲見

按唐書元宗本紀不載　按冊府元龜二十二年五月河州慶雲見八月幽州奏千秋節日有慶雲見

開元二十三年慶雲見

按唐書元宗本紀不載　按冊府元龜二十三年二月己酉安州慶雲見五月癸未晉州慶雲見六月丙戌文州慶雲見九月乙丑楚州慶雲見十一月楚州陵州會州並言慶雲見

開元二十四年慶雲見

按唐書元宗本紀不載　按冊府元龜二十四年三月辛巳沂州慶雲見壬午台州鄆州並言慶雲見乙酉荊州萬州並言慶雲見

開元二十五年慶雲見日抱戴

按唐書元宗本紀不載　按冊府元龜二十五年四月丁卯幽州慶雲見八月丁未千秋節宴羣臣於勤政樓下太史奏曰今日卯時有祥雲出東方及其樂作非煙燭於西北巳午之時日有抱戴伏以陛下聖曆方永福履無疆薦臻瑞靄之符載洽繞樞之日臣等不勝忭躍請宜付史館許之十月庚申宰臣李林甫牛仙客祭南北郊有瑞氣縈壇祥風拂地太史奏今日陛下虔報豐稔昭祭神祇臣謹候天地清謐星辰明朗初祭則樽俎適陳祥風拂地旣奠之後瑞氣縈壇其風則暢和緩之候其氣乃蕃龍鳳之色臣謹按王者德至於天則祥風起又堯沈璧於河休氣四塞伏惟陛下一德馭物而天祥薦祉盡皇王之靈貺蹐蒼生於仁壽請付所司編入史冊許之十二月泗州奏日抱戴

開元二十七年慶雲見

按唐書元宗本紀不載　按冊府元龜二十七年七月己卯蒲州刺史韓朝宗奏新置靈貞觀有慶雲見壬午河西隴右節度使蕭炅討吐蕃大破之有慶雲見於陣前請編史冊許之

開元二十八年慶雲見

按唐書元宗本紀不載　按冊府元龜二十八年陝州有慶雲見

開元二十九年井中湧氣成雲有慶雲見

按唐書元宗本紀不載　按冊府元龜二十九年正月亳州刺史鄭愿奏元元皇帝廟中之井湧氣成雲五色相映五月戊寅有慶雲見於亳州眞源縣之元元皇帝廟八月命有司於興唐觀設齋自內迎元元皇帝眞容於觀宰臣已下百官悉行香有慶雲見

天寶元年慶雲見

按唐書元宗本紀不載　按冊府元龜天寶元年正月癸丑太史上言今日卯時日有紅碧黃氣數見紫赤雲氣潤澤鮮明在日上謹按瑞應圖名曰慶雲太平之應請編入史冊許之

天寶二年慶雲見

按唐書元宗本紀不載　按冊府元龜二年三月南郡奏所部紫極宮有慶雲見

天寶五載慶雲捧日

按唐書元宗本紀不載　按冊府元龜五載五月丙戌絳郡上言姑射山修功德處有慶雲捧日

天寶十載慶雲見

按唐書元宗本紀不載　按冊府元龜十載八月癸丑黔中郡紫極宮慶雲見甲寅雒陽慶雲見十月乙丑御朝元閣有慶雲見上賦詩羣臣畢和癸酉丹陽郡茅山慶雲見十一月長至太史奏北方有黑雲氣四方俱有薄黃雲佳氣濃厚又有黃氣扶日十二月餘杭郡慶雲見化樓閣勢兼有仙人形像乙卯彭城郡有慶雲見

天寶十四載江陵郡紫氣見中書省五色雲見蜀郡慶雲見

按唐書元宗本紀不載　按冊府元龜十四載三月觀察使源涓奏江陵郡古紀城東有紫氣成雲中有一人衣白衣乘雲氣向上其時安南招討使康令謙及同行軍將等同見臣謹畫圖奉獻伏望宣示中外編諸史冊從之八月己亥中書省五色雲見丙辰蜀郡奏慶雲九見

肅宗至德元載慶雲屬天

按唐書肅宗本紀不載　按冊府元龜肅宗以天寶十五載七月卽位於靈武改元至德是年九月三日帝降誕之辰有慶雲屬天十一月辛未長安雲氣如衣冠備具太史奏天下和平之象

至德二年紫雲見太清宮

按唐書肅宗本紀不載　按冊府元龜至德二年十二月癸亥帝受國璽太清宮晨有紫雲見從殿東南角稍至殿前

乾元元年景雲見

按唐書肅宗本紀不載　按冊府元龜乾元元年四月甲寅帝親行享廟禮井祭昊天上帝禮畢有景雲見於日之南自卯至辰久而方散

乾元三年六月有青氣十一月慶雲見

按唐書肅宗本紀不載　按五行志乾元三年六月昏西北有青氣

按冊府元龜三年十一月景寅左金吾衛大將軍王晟奏明鳳門有慶雲自欄杆上起盤旋紛郁光彩明耀門官皆覩焉

上元二年白氣貫昴冬至有雲迎日

按唐書肅宗本紀不載　按舊唐書天文志上元二年制去上元之號單稱元年其年建子月有白氣從北來貫昴司天監韓穎奏曰昴畢爲天綱白氣兵喪掩其星大破胡王

按冊府元龜上元元年建子月戊戌冬至有雲迎日日揚光司天監韓穎奏謹按春秋感精符南至有雲迎日年豐之象

寶應元年四月代宗卽位慶雲見八月赤光亙天

按唐書代宗本紀不載　按五行志寶應元年八月庚午夜有赤光亙天貫紫微漸移東北彌漫半天

按冊府元龜代宗寶應元年四月己巳卽位其日有慶雲見初帝至飛龍廐座前有紫雲見雲中有三白鶴徊翔又有喜鵲鳴及將卽位仗衞宿設夜分雲霧四合不辨咫尺旣曉朝呼萬歲天地淸朗非煙滿空黃氣抱日咸以爲聖感五月商州上言慶雲見

代宗大曆二年有白氣黑氣赤氣

按唐書代宗本紀不載　按五行志大曆二年七月甲戌日入時有白氣亙天十二月戊戌黑氣如塵彌漫於北方黑氣陰沴也

按舊唐書天文志大曆二年七月丙寅申時有青赤

氣長四十餘尺見日旁久之乃散十二月赤氣長二丈亙日上甲戌酉時白氣亙天按新舊唐書志所載互異故並存之

大曆三年五色雲見

按唐書代宗本紀不載　按冊府元龜大曆三年十月太原府上言五色雲見

大曆四年慶雲見

按唐書代宗本紀不載　按冊府元龜四年六月慶雲見於西郊

大曆五年慶雲見有白氣

按唐書代宗本紀不載　按五行志五年五月甲申西北有白氣亙天

按舊唐書天文志五年四月甲申西北方白氣竟天六月甲寅白氣出西方竟天

按冊府元龜大曆五年四月癸巳廣州越州並言慶雲見丁未台州言慶雲見五月己巳石州上言五色雲見

大曆六年慶雲見

按唐書代宗本紀不載　按冊府元龜六年七月己丑道州上言五色雲見九月丁酉沂州上言慶雲見

大曆七年慶雲見

按唐書代宗本紀不載　按冊府元龜七年六月丁亥蔡州言慶雲見是歲大稔

大曆八年有氣竟天

按唐書代宗本紀不載　按舊唐書天文志八年七月庚寅酉時有氣三道竟天

大曆九年慶雲見

按唐書代宗本紀不載　按冊府元龜九年十二月丁亥婺州上言慶雲見

大曆十年月上有白氣

按唐書代宗本紀不載　按舊唐書天文志十年十二月甲子夜東方月上有白氣十餘道如匹帛貫五車東井輿鬼觜參畢柳軒轅三更後方散

大曆十二年慶雲見

按唐書代宗本紀不載　按冊府元龜十二年十月乙酉潭州上言慶雲見甲午睦州上言桐廬縣五色雲見

大曆十四年五月德宗即位慶雲見

按唐書德宗本紀不載　按唐會要十四年閏五月澤州奏慶雲詔曰時和爲嘉祥

德宗貞元二年有赤氣

按唐書德宗本紀不載　按五行志貞元二年十一月壬午日沒有赤氣出於黑雲中亙天

貞元七年祥雲見

按唐書德宗本紀不載　按冊府元龜貞元七年八月同州言祥雲見

貞元十年慶雲見

按唐書德宗本紀不載　按冊府元龜十年五月連州言慶雲見

貞元十二年赤氣冲北斗

按唐書德宗本紀不載　按五行志十二年九月癸卯夜有赤氣如火見北方上至北斗

貞元十四年潤州有白氣黑氣交

按唐書德宗本紀不載　按五行志十四年潤州有黑氣如隄自海門山橫亙江中與北固山相峙又有白氣如虹自金山出與黑氣交將旦而沒

貞元十五年慶雲見

按唐書德宗本紀不載　按冊府元龜十五年七月鳳翔府雞足山慶雲見

貞元二十年九月庚辰甲夜有白氣八東西際天

按唐書德宗本紀不載　按五行志云云

憲宗元和四年天有臭氣

按唐書憲宗本紀不載　按五行志元和四年十月壬午天有氣如煙臭如燔皮日昳大風而止

穆宗長慶元年日抱珥五色

按唐書穆宗本紀不載　按冊府元龜長慶元年正月帝饗太廟禮畢出朱雀門中路日抱珥五色宰臣蕭俛等率兩省供奉官稱賀於馬前

敬宗寶曆元年有赤氣

按唐書敬宗本紀不載　按五行志寶曆元年十二月乙酉夜西北有霧起須臾遍天霧止有赤氣或淺或深久而乃散

文宗太和元年有赤氣見

按唐書文宗本紀不載　按五行志太和元年四月庚戌北方有赤氣中有數白氣間之六月乙卯夜西北有赤氣八月癸卯京師見赤氣滿天

太和二年赤氣見

按唐書文宗本紀不載　按五行志二年閏三月乙卯北方有赤氣如血

太和三年八月西方有白氣如杜

按唐書文宗本紀不載　按五行志云云

太和四年黑氣見

按唐書文宗本紀不載　按五行志四年正月壬寅黑氣如帶東西際天

太和六年慶雲見

按唐書文宗本紀不載　按冊府元龜太和六年七月河陽東川並奏慶雲見八月廣州奏六月二日慶雲見

太和七年十月己酉西方有白氣如柱者三

按唐書文宗本紀不載　按五行志云云

懿宗咸通十四年僖宗即位黑氣見

按唐書僖宗本紀不載　按五行志咸通十四年七月僖宗即位是日黑氣如盤自天屬含元殿庭

僖宗中和二年赤氣見

按唐書僖宗本紀不載　按五行志中和二年七月丙午夜西北方赤氣如絳際天

廣明元年四月甲申東都有雲氣西北大風隨之

按唐書僖宗本紀不載　按五行志云云

光啓二年有白氣

按唐書僖宗本紀不載　按五行志光啓二年四月有白氣頭黑如髮自東南入於揚州滅

昭宗光化二年白氣見

按唐書昭宗本紀不載　按五行志光化二年三月己巳日中有白氣亙天自東西貫於東北

天復元年西方白氣冲天

按唐書昭宗本紀不載　按五行志天復元年八月己亥西方有白雲如履底中出白氣如匹練長五丈上衝天分為三彗頭下垂占曰天下有兵白者戰祥也

後梁

太祖開平元年慶雲見

按五代史梁太祖本紀不載　按冊府元龜開平元年正月壬寅帝至自長蘆是日有五色雲覆於府署之上又丙辰慶雲見

開平三年黃雲捧日

按五代史梁太祖本紀不載　按冊府元龜開平三年十一月司天臺奏冬至日自夜半後祥風微扇帝座澄明至曉黃雲捧日

後唐

明宗天成二年正月有青黑雲十二月西南方有赤氣

按五代史唐明宗本紀不載　按冊府元龜天成二年正月司天奏今年歲日五鼓後東方有青黑雲主歲多陰雨宜行禳禜禱祠從之

按十國春秋後蜀高祖本紀天成二年十二月壬辰西南方有赤氣如火簇約二十里

後晉

高祖天福四年東南有雲成樓閣形

按五代史晉高祖本紀不載　按十國春秋吳越忠懿王世家天福四年九月甲戌大風東南有雲如樓閣之象識者異之

後漢

高祖天福十二年有黃紫氣成龍鳳形

按五代史漢高祖本紀不載　按冊府元龜天福十二年四月星官奏有氣黃紫多龍鳳之狀坱莽盤旋不離城上識者曰天不能無雲而雨不能無氣而立今瑞氣如此劉氏其大昌盛乎

後周

世宗顯德元年慶雲見

按五代史周世宗本紀不載　按冊府元龜顯德元年五月辛卯慶雲見於西南

遼

太祖神冊二年晉幽州城中氣如煙火

按遼史太祖本紀神冊二年四月壬午圍幽州不克六月乙巳望城中有氣如煙火狀上曰未可攻也以大暑霖潦班師留曷魯盧國用守之八月李存勖遣李嗣源等救幽州曷魯等以兵少而還

天顯元年有紫黑氣蔽天

按遼史太祖本紀天顯元年七月次扶餘府上不豫辛巳平旦子城上見黃龍繚繞可長一里光耀奪目入於行雲有紫黑氣蔽天踰日乃散是日上崩

欽定古今圖書集成曆象彙編庶徵典

第六十九卷目錄

雲氣異部彙考五

庶徵典第六十九卷

雲氣異部彙考五

宋

太祖乾德三年白氣貫天船五車井宿

按宋史太祖本紀不載　按五行志乾德三年七月己卯夜西方起蒼白氣長五十丈貫天船五車亙井宿占曰主兵動

乾德六年蒼白氣自北而東

按宋史太祖本紀不載　按五行志六年十月己未旦西北起蒼白氣三道長二十丈趨東散占曰游兵之象（按志此條又載於開寶元年蓋乾德六年十一月改元開寶則是一事而史志兩載也茲不復再錄）

太宗太平興國四年白氣見

按宋史太宗本紀不載　按五行志太平興國四年四月己未夜西北有白氣壓北斗

雍熙三年有赤氣

按宋史太宗本紀雍熙三年春正月庚辰夜漏一刻北方有赤氣如城至明不散（按志作己未夜）

雍熙四年有白氣出角亢經太微軒轅

按宋史太宗本紀不載　按天文志雍熙四年癸酉夜白氣起角亢經太微垣歷軒轅大星至月旁散

端拱元年十月有赤黃雲中天連地十一月西北方有赤氣

按宋史太宗本紀不載　按天文志端拱元年十月壬申遲明巽上有雲過中天連地濃潤前赤黃後蒼黑色先廣後大行勢如截十一月戊午夜西北方有氣如日脚高二丈

至道二年西方有蒼白氣八道

按宋史太宗本紀不載　按五行志至道二年二月丙子夜西方有蒼白氣長短八道如彗掃稍經天漢參錯如交蛇占曰所見之方主兵勝

眞宗咸平三年十月黑氣貫北斗十二月黑氣貫心宿入天市

按宋史眞宗本紀不載　按天文志咸平三年十月辛亥黑氣貫北斗十二月庚午黑氣長三丈餘貫心宿入天市抵帝座久方散

咸平四年三月白氣見十月黑氣見

按宋史眞宗本紀不載　按天文志四年三月丙申白氣二亙天十月辛亥黑氣貫北斗

咸平五年正月白氣貫日七月白氣貫東井

按宋史眞宗本紀不載　按五行志五年正月白氣如虹貫日久而散七月戊戌白氣如陣貫東井

咸平六年四月白氣亙天五月白氣出昴六月赤氣出婁白氣出河鼓七月白氣起西南

按宋史眞宗本紀不載　按五行志六年四月己巳白氣東西亙天丁丑白氣貫日五月辛亥白氣出昴至壁沒六月辛未赤氣出婁貫天廩占曰倉廩有火災丙子白氣出河鼓左右旗分爲數道沒七月癸卯白氣如彗起西南方占曰有兵喪

景德元年正月白氣貫日二月白氣五道貫北斗三月白氣貫軒轅五月白氣數道七月黃氣出壁十月白氣出閣道十一月黑氣衝日又黃氣充塞

按宋史眞宗本紀景德元年九月議親征十一月庚午車駕北巡司天言日抱珥黃氣充塞宜不戰而却契丹兵至澶州其大帥撻覽耀兵出陣中伏弩死丙子帝次澶州十二月庚辰朔契丹使韓杞來講和

按天文志正月丙寅黃白氣貫月黑氣環之二月丁丑白氣五道貫北斗三月白氣貫軒轅蒼白氣十餘如布亙天五月乙巳白氣數道如芒帚長七丈許白氣又貫軒轅蒼白氣十餘如布亙天七月辛亥黃氣出壁長五尺餘占曰兵出十月丙子白氣出閣道東西孛有光十一月癸丑黑氣十餘道衝日

景德二年正月黃白氣貫月二月白氣貫北斗十月

白氣出閣道

按宋史眞宗本紀不載　按五行志二年二月丁亥白氣五道貫北斗占爲大風辛巳憂十月丙子白氣出閣道西孛孛有光占曰宮中憂

景德三年三月赤白氣見四月黃氣見十月黑氣見

按宋史眞宗本紀不載　按五行志三年三月白氣貫月　按天文志三年二月丙辰北方赤氣亙天白氣貫月四月癸卯黃氣如柱貫月十月甲午黑氣貫北斗魁

景德四年三月白氣亙天又出南方四月白氣貫北斗又襲月黑氣貫心九月日上有五色雲十一月赤氣出輿鬼南

按宋史眞宗本紀景德四年九月壬辰日上有五色雲　按五行志四年三月己未白氣東西亙天庚申白氣出南方長二丈許久而不散四月庚午白氣貫北斗長十丈占爲大風庚寅白氣如布襲月三丈許　按天文志四年四月甲午南方有黑氣貫心宿長五丈許十一月己巳中天有赤氣如稀長七尺在輿鬼南

大中祥符元年正月朔黃氣出於艮白氣亙天丁卯紫雲見六月黃氣如鳳七月白雲氣如彗十月封禪有紫氣五色雲見壇上

按宋史眞宗本紀大中祥符元年正月乙丑有黃帛曳左承天門南鴟尾上守門卒塗榮告有司以聞上名羣臣拜迎於朝元殿啓封號稱天書丁卯紫雲見如龍鳳覆宮殿六月壬寅迎泰山天書於含芳園雲五色見俄黃氣如鳳駐殿上十月辛泰山己酉五色雲起嶽頂法駕臨山門黃雲覆輦道辛亥享昊天上帝於圜臺陳天書於左以太祖太宗配帝袞冕奠獻慶雲繞壇月有黃光日有冠戴黃氣紛郁壬子禪社首紫氣下覆黃光如星繞天書匣還奉高宮日重輪五色雲見　按五行志大中祥符元年正月丁丑白氣二東西亙天　又按志正月癸亥朔黃氣出於艮占曰主五穀熟　按天文志元年正月癸亥朔黃氣出於艮丁丑白氣二東西亙天七月西北方白雲氣如彗竿三十餘條

大中祥符二年黃氣起東南方

按宋史眞宗本紀不載　按五行志二年九月戊午黃氣如柱起東南方長五丈許

大中祥符三年四月黑氣亙天十二月青赤氣貫太微

按宋史眞宗本紀不載　按五行志三年十二月癸亥青赤氣貫紫微　按天文志三年四月丁巳中天黑氣東西亙天十二月癸亥青赤氣貫太微

大中祥符四年正月有黃紫氣見二月紫氣見

按宋史眞宗本紀大中祥符四年正月將祀汾陰丁酉奉天書發京師日上有黃氣如匹素五色雲如蓋紫氣翼仗二月丁巳黃雲隨天書輦辛酉祀后土地祇是夜月重輪還奉祇宮紫氣四塞

大中祥符五年白氣出東井

按宋史眞宗本紀不載　按五行志五年二月壬寅白氣長五丈出東井貫北斗魁及軒轅占爲兵爲雷雨

大中祥符七年有氣出紫微

按宋史眞宗本紀不載　按天文志七年五月有氣出紫微爲宮闕狀光燭地

天禧三年黃氣見

按宋史眞宗本紀不載　按天文志天禧三年四月黃氣如柱貫月

仁宗天聖七年二月己卯夜蒼黑雲長三十丈貫弧矢翼軫

按宋史仁宗本紀不載　按天文志云云

明道元年十月黃白氣貫紫微十二月有蒼白氣亙天

按宋史仁宗本紀明道元年冬十月庚子黃白氣五貫紫微垣十二月壬戌西北有蒼白氣亙天

景祐元年有氣如彗出翼軫間

按宋史仁宗本紀不載　按五行志景祐元年八月壬戌夜有黃白氣如彗長七尺餘出張翼之上凡三十有三日不見

景祐四年黑氣出畢宿下

按宋史仁宗本紀不載　按天文志四年七月戊申夜黑氣長丈餘出畢宿下

寶元二年正月蒼黑雲起西北三月黑雲見王良營室

按宋史仁宗本紀不載　按天文志寶元二年正月壬子夜蒼黑雲起西北方長三十丈漸東南行歷婁胃昴畢及火木相次中天而散三月甲寅夜細黑雲起西北方長三十丈貫王良及營室

康定元年二月白氣貫日三月黑雲起東南方六月黑氣起心宿

按宋史仁宗本紀康定元年二月辛卯白氣如繩貫日三月丙子夜有黑氣長數丈見東南　按天文志康定元年三月丙子夜東南方近濁黑氣橫亙數丈闊尺許良久散六月壬子黑氣起心宿西長五十丈首尾侵濁久之散

康定二年白氣衝天

按宋史仁宗本紀不載　按五行志二年八月庚辰夜東方有白氣長十尺許在星宿度中至十日長丈餘衝天九十餘日沒

慶曆元年有白氣出東方黑氣起西南蒼白氣起西北

按宋史仁宗本紀不載　按天文志慶曆元年八月庚辰夜東方有白氣長十尺許在星宿度中至十日長丈餘衝天相居星宿大星南九十餘日沒壬午夜黑氣起西南長七丈貫危宿羽林入濁至天津良久散癸卯夜蒼白雲起西北闊二尺許首尾至濁良久沒

慶曆二年八月甲申白氣貫北斗十一月壬申黑氣貫北斗柄

按宋史仁宗本紀云云

慶曆三年正月白氣貫日四月白氣起西北七月黑氣起西南八月白氣貫北斗

按宋史仁宗本紀慶曆三年八月壬子白氣貫北斗魁　按天文志三年正月戊戌中天有白氣長二十丈向西南行貫日四月癸卯白氣二生西北隅上中天首尾至濁東南行良久散七月戊辰西南生黑氣長三丈許經天而散八月壬子夜白氣貫北斗魁

慶曆四年五月黑氣起東北九月有氣貫卷舌十一月蒼白雲起南方

按宋史仁宗本紀不載　按天文志四年五月甲子夜黑氣起東北方近濁長五丈許良久散九月辛巳夜中天有氣長二丈許貫卷舌南河東北少頃散十一月甲子夜蒼白雲起南近濁久方散

慶曆五年三月庚午東方有黃氣如虹貫月

按宋史仁宗本紀云云

慶曆八年正月二月黑氣見四月羣鼠吐五色雲

按宋史仁宗本紀不載　按神宗本紀帝以慶曆八年四月戊寅生於濮王宮祥光照室羣鼠吐五色氣成雲　按天文志八年正月丁酉夜黑氣生首尾至濁漸東行久之乃散二月辛卯夜西方近濁生黑氣長三丈良久散

皇祐三年正月白氣貫日四月白氣生西北八月白氣貫北斗魁九月白氣貫參宿

按宋史仁宗本紀不載　按五行志皇祐三年正月戊戌中天有白氣長二十尺向西南行貫日占曰邊兵憂四月癸卯白氣二生西北隅上中天首尾至濁東南行良久散占曰其下有兵寇八月壬子夜白氣貫北斗魁九月辛巳夜中有白氣長二丈許貫參宿南河東北行少項散占曰風雨之候

皇祐四年黑氣起東方白氣起北方

按宋史仁宗本紀不載　按天文志四年十一月壬寅夜黑氣生東方南北至濁貫參宿軒轅辛酉夜白氣起北方近濁長五丈許歷北斗久之散

嘉祐二年偏天有蒼雲

按宋史仁宗本紀不載　按五行志嘉祐二年正月元日平旦有風從東北來徧天有蒼雲占云大熟多雨

英宗治平元年蒼白雲貫畢

按宋史英宗本紀不載　按天文志治平元年六月戊午夜蒼白雲起東北方長一丈許貫畢

治平二年二月蒼黑雲貫北斗四月蒼黑雲抵鉤陳白氣貫角九月蒼黑雲貫營室壁壘

按宋史英宗本紀不載　按五行志二年四月丙午夜西北方有白氣漸東南行首尾至濁貫角宿移西北久方散占曰有兵戰疾疫事　按天文志二年二月乙未夜蒼黑雲起西北方長五丈許貫東井及北斗良久散四月癸巳夜蒼黑雲起西北方長三十尺西至軒轅太民北抵鉤陳九月庚申夜西北蒼黑雲長三丈許貫營室壁壘陣及天河

治平三年蒼白雲貫畢

按宋史英宗本紀不載　按天文志三年六月丁未夜東方有蒼白雲長一丈許貫畢

治平四年二月蒼白雲起南方三月蒼白雲貫東井南河閏三月蒼黑雲起南方五月蒼黑雲貫紫微六月白雲貫天船紫微黑雲貫北斗紫微八月黑氣貫北斗十月黃氣貫月十一月蒼黑氣貫翼十二月蒼黑雲貫五車東井

按宋史英宗本紀不載　按天文志四年二月癸巳夜蒼白雲起南方長三丈闊尺貫南門星三月甲寅夜西南方起蒼白雲二長三丈闊尺相距二尺貫東井南河久之乃散閏三月辛巳夜蒼黑雲起南方兩

首至濁闕尺貫尾箕斗牛庫樓騎官五月戊寅夜蒼黑雲起北方長三丈闊尺貫紫微垣王良壬寅夜蒼黑雲起北方長三丈闊尺貫紫微垣甲辰夜蒼黑雲起東方長丈闊尺貫天苑五車參旗六月癸亥夜白雲起東北方長五丈上闊下狹貫天船閣道傳舍紫微垣天棓戊辰夜黑雲起北方長三丈闊尺貫北斗紫微垣王良八月乙亥夜黑氣起西北方長丈闊尺貫北斗十月庚申夜黃氣一上下貫月中十一月丙子夜蒼黑氣起南方長五丈闊三尺東至庫樓北至南河橫貫翼十二月庚戌夜蒼黑雲起南方長三丈闊二尺貫五車東井五諸侯

神宗熙寧元年正月蒼白雲貫輿鬼軒轅六月蒼黑雲貫北斗文昌十月蒼黑雲貫紫微北斗

按宋史神宗本紀不載　按天文志熙寧元年正月乙酉夜蒼白雲起西南方長四丈闊尺貫月及南河輿鬼軒轅六月己酉夜蒼黑雲起北方長二丈闊尺貫北斗魁東貫文昌十月庚申夜蒼黑雲起北方東西兩首至濁貫織女天棓紫微垣北斗魁

熙寧二年四月蒼白雲貫天市六月蒼黑雲貫大角攝提七月日下有五色雲十一月赤氣見西北

按宋史神宗本紀熙寧二年秋七月甲申日下有五色雲　按天文志二年四月甲辰夜蒼白雲起東南方長三丈闊尺貫天市垣六月辛酉夜蒼黑雲起西南方長四丈闊二尺貫大角左右攝提天市垣斗牛女十一月每夕有赤氣見西北隅如火至人定乃滅

熙寧三年二月蒼黑雲起西北六月日下有五色雲起

按宋史神宗本紀熙寧三年六月癸酉日有五色雲　按天文志三年二月庚申夜蒼黑雲起西北方長三丈闊二尺貫王良扶筐天廚六月己未夜蒼黑雲起西北方長丈闊尺貫五車又起西北長丈餘貫北斗魁文昌

熙寧五年白雲起南方

按宋史神宗本紀不載　按天文志五年七月丁亥夜白雲起南方長丈貫氐房心

熙寧六年蒼黑雲起東北方

按宋史神宗本紀不載　按天文志六年五月庚申夜蒼黑雲起東北方長五丈闊二尺貫雲雨閣道

熙寧七年三月白氣貫日四月蒼白雲貫北斗六月蒼黑雲起天河七月蒼白雲起東方

按宋史神宗本紀不載　按天文志七年三月壬子蒼白雲起西南方長二丈闊尺貫日經中天過白氣如帶四月壬申夜蒼白雲起北方長五丈闊二尺貫北斗魁鈎陳王良閣道東至奎丙戌夜蒼白雲起西北方長三丈闊尺貫東井紫微垣鈎陳六月辛未夜蒼黑雲起天河中長五丈南北兩首至濁貫尾箕又蒼黑雲起東方長五丈貫羽林外屏甲戌蒼白雲起西方長三丈貫軫角太微丙戌夜蒼白雲起南方長二丈貫危室壁及八魁丁亥夜蒼白雲起東方長二丈貫月及畢奎婁外屏又起南方長二丈貫危室壁及八魁壬辰夜蒼白雲起西南方長二丈貫天棓紫微垣癸巳夜蒼黑雲起東方長五丈貫牛天倉歲太白卷舌七月庚戌夜蒼白雲起東方長丈餘貫參旗及參

熙寧八年二月蒼黑雲起西方又起東方五月蒼黑雲起西南方六月日上有雲五色十月黑雲起西北方

按宋史神宗本紀熙寧八年六月乙未日上有五色雲　按天文志八年二月己巳夜蒼黑雲起西方長丈貫軫軒轅乙酉夜蒼黑雲起東方長三丈貫心天市垣列肆宗人五月壬戌夜蒼黑雲起西南方長二丈貫氐房心癸亥蒼黑雲起西方長三丈貫軒轅太微垣五帝座十月庚子夜黑雲起西北方長三丈貫畢大陵鈎星

熙寧九年四月白氣起東北方蒼黑雲起南方六月蒼白雲起東北方七月蒼黑雲起南方十月蒼黑雲起西北方

按宋史神宗本紀不載　按天文志九年四月庚寅夜白氣起東北方貫天棓入天市垣辛亥夜蒼黑雲起南方長二丈貫庫樓騎官積卒心尾六月乙未夜蒼白雲起東北方長四丈貫室壁閣道七月己亥夜蒼黑雲起南方長四丈貫軍市天園十月乙酉夜蒼黑雲起西北方長四丈貫北斗鈎陳車府

熙寧十年六月蒼黑雲起南方蒼白雲起東北方七月至十月蒼黑雲連見

按宋史神宗本紀不載　按天文志十年六月癸未夜蒼黑雲起南方長三丈闊尺貫龜鼈天淵乙巳蒼白雲起東北方長三丈闊尺貫五車及畢七月丙子夜蒼黑雲起北方長丈貫北斗魁八月庚辰蒼黑雲起東北方長二丈貫參井北河五諸侯九月庚申夜蒼黑雲起北方由北斗魁杓貫紫微垣至天棓十月

辛丑夜蒼黑雲起南方長二丈貫鈇鉞鑕

元豐二年白雲蒼白雲起南方

按宋史神宗本紀不載　按天文志元豐二年四月戊申夜白雲起南方長三丈貫庫樓積卒龍尾辛亥夜蒼白雲起南方長三丈貫房

元豐三年六月甲午日下有五色雲

按宋史神宗本紀云云

元豐五年蒼白雲出太微貫五帝座

按宋史神宗本紀不載　按天文志五年四月壬申夜蒼白雲起北方長二丈出太微垣貫五帝座鉤陳

元豐八年日有五色雲十月蒼黑雲生北方

按宋史神宗本紀元豐八年三月神宗崩太子卽位是歲日有五色雲者六　又按天文志八年十月庚申夜蒼黑雲生北方長三丈闊尺貫北斗文昌天槍

哲宗元祐元年八月壬子日旁有五色雲

按宋史哲宗本紀云云

元祐二年冬十月癸未日有五色雲

按宋史哲宗本紀云云

元祐三年六月五色雲見七月白氣經天九月赤氣起白氣數道

按宋史哲宗本紀元祐三年六月甲辰五色雲見七月戊辰夜東方明如晝俄成赤氣中有白氣經天按七月戊辰通考作丁卯　按五行志元祐三年七月戊辰夜西北有白氣經天占主兵宜防西北二鄙　按天文志三年七月戊辰夜東北方近濁天明照地如月將出偏西北有白氣經天九月己酉夜赤氣起北方漸生白氣數道

元祐五年六月癸亥晝有五色雲

按宋史哲宗本紀云云

元祐七年六月甲戌日旁五色雲見

按宋史哲宗本紀云云

紹聖元年八月丙戌日有五色雲

按宋史哲宗本紀云云

紹聖二年慶雲見

按宋史哲宗本紀二年十二月桂陽監慶雲見

紹聖三年八月壬戌日上有五色暈下有五色氣

按宋史哲宗本紀云云

元符二年赤氣起北方又有白氣十道

按宋史哲宗本紀不載　按五行志元符二年九月戊辰夜有白氣十道各長五尺主兵及大臣黜　按天文志二年九月戊辰夜赤氣起北方紫微垣北斗星東南次有白氣十道各長五尺

元符三年有蒼白氣貫尾箕斗

按宋史哲宗本紀不載　按五行志三年五月戊子夜蒼白氣起東南方長三丈貫尾箕斗主蠻裔入貢舊臣來歸

徽宗建中靖國元年有赤氣白氣黑氣見

按宋史徽宗本紀建中靖國元年春正月壬戌朔有赤氣起東北亙西南中函白氣將散復有黑祲在旁

按五行志建中靖國元年正月朔夕有赤氣起東北彌亙西方久之中出白氣二及赤氣將散復有黑氣在其旁　按任伯雨傳正月朔旦有赤氣之異諧火星觀以禳之伯雨上疏言嘗聞修德以弭災未聞禳祈以消變洪範以五事配五行說者謂視之不明則有赤眚赤祥乞攬權綱以信賞罰專威福以殊功罪使皇明赫赫事至必斷則乖氣異象轉爲休祥矣

崇寧元年赤氣見

按宋史徽宗本紀不載　按天文志崇寧元年十一月己酉赤氣隨日沒

崇寧二年蒼白氣起東南

按宋史徽宗本紀不載　按天文志二年五月戊子夜蒼白氣起東南方長三丈貫尾箕斗

大觀元年汀懷二州慶雲見

按宋史徽宗本紀云云

政和元年蒼白氣起紫微垣

按宋史徽宗本紀不載　按天文志政和元年十一月甲戌夜蒼白氣起紫微垣貫四輔

政和三年北郊黑氣繞壇

按宋史徽宗本紀不載　按五行志三年夏至宰臣何執中奉祀北郊有黑氣長數丈出自齋宮行一里許入壝壝繞祭所皆近人穿燈燭而過俄又及於壇禮將畢不見

政和五年白氣中天成五色

按宋史徽宗本紀不載　按天文志五年四月庚子有白雲自北直徹中天漸成五色如華蓋

政和七年赤白雲氣見

按宋史徽宗本紀不載　按天文志七年五月乙卯夜赤雲白氣起東北方

宣和元年正月日下有五色雲四月至七月連有赤氣亙天

按宋史徽宗本紀宣和元年正月戊申朔日有五色

雲五月甲戌西北有赤氣亙天　按五行志宣和元年四月丙子夜西北赤氣數十道亙天犯紫宮北斗仰視星皆若隔絳紗拆裂有聲間以黑白二氣自西北俄入東北延及東南迨曉乃止　按天文志元年六月辛巳夜赤氣起北方半天如火七月戊午夜赤雲起東北方貫白氣三十餘道

宣和二年有赤雲見

按宋史徽宗本紀不載　按天文志二年二月戊戌夜赤雲起東北漸向西北入紫微垣

宣和三年有蒼白氣貫月

按宋史徽宗本紀不載　按五行志三年九月壬午夜蒼白氣長三丈貫月主其下有亂者

宣和四年有赤氣見

按宋史徽宗本紀不載　按天文志四年九月丁丑西方日下有赤氣

宣和七年有赤雲見

按宋史徽宗本紀不載　按天文志七年四月壬子夜有赤雲入紫微垣

欽宗靖康元年正月赤氣起西方九月十一月閏十一月皆有赤氣十二月白氣見

按宋史欽宗本紀靖康元年九月戊寅有赤氣隨日閏十一月丁酉赤氣亙天乙卯夜有白氣出太微　按天文志靖康元年正月丁丑夜赤白氣起西方九月戊寅有赤氣隨日出九月乙未西方日下有赤氣十一月乙丑日下有赤氣閏十一月丁酉赤氣亙大　按五行志元年十二月丙辰白氣出太微垣

靖康二年正月陰雲中有火光二月白氣如虹三月白氣貫斗

按宋史欽宗本紀不載　按天文志二年正月己亥夜西北方陰雲中有火光長二丈餘闊數尺時時見二月壬午夜白氣如虹自南亙北漸移西南至東北三月戊子夜白氣貫斗

高宗建炎元年有赤氣

按宋史高宗本紀建炎元年八月壬申夕東北方有赤氣　按五行志建炎元年八月庚午東北方有赤氣占曰血祥按紀作壬申志作庚午互異

建炎三年二月黑氣夾日三月有白氣

按宋史高宗本紀不載　按五行志三年二月甲寅日初出兩黑氣如人形夾日旁至巳時乃散三月白氣貫日

建炎四年五月有赤雲白氣十一月日生背氣

按宋史高宗本紀建炎四年五月紫微垣內有赤雲亙天白氣貫其中　按天文志四年十一月癸卯日生背氣　按五行志四年五月洞庭湖夜赤光如火見東北亙天俄轉東南此血祥也壬子夜西北方有赤氣彌天貫以白氣如練者十數犯北斗文昌紫微由東南而散　又按志五月壬子夜北方有白氣十餘道如練

按文獻通考鼎兵犯湘沔又鍾相孔彥舟曹火星劉超彭筠楊么巨盜相繼荼毒諸道即其驗也

紹興元年正月日有背氣二月東南有白氣

按宋史高宗本紀不載　按天文志紹興元年正月壬戌日生背氣　按五行志紹興元年二月己巳夜東南有白氣

紹興二年四月壬申五月戊寅日皆生戴氣閏四月丙申日生背氣

按宋史高宗本紀不載　按天文志云云

紹興四年正月日生承氣三月日生抱氣五月日生背氣

按宋史高宗本紀紹興四年三月辛未日有青赤黃氣　按天文志四年正月日生承氣三月辛未日生抱氣五月甲戌日生背氣

紹興五年正月庚申日有戴氣

按宋史高宗本紀不載　按五行志云云

紹興六年四月己亥日生戴氣庚子復生仍有承氣十一月庚寅日左右生珥并背氣癸巳日又生背氣

按宋史高宗本紀不載　按天文志云云

紹興七年有赤氣見

按宋史高宗本紀紹興七年春正月辛卯夜東北有赤氣如火　按天文志七年正月辛未夜東北赤氣如火出紫微宮二月癸卯又如之十一月癸卯有赤雲如火隨日入　又按志二月辛丑氛氣翳日　按五行志七年正月乙酉夜北方有赤氣達旦辛卯斗牛間赤氣如火十一月癸卯南方有赤氣東北皆赤雲自日入至於甲夜

紹興八年赤氣見

按宋史高宗本紀不載　按五行志八年九月甲申赤氣出紫微垣

紹興十八年五月慶雲見八月九月有赤氣如火

按宋史高宗本紀紹興十八年五月慶雲見　按五行志十八年八月丁亥九月甲寅皆有赤氣如火

又按志壬辰肆赦天有雲赤黃近黃祥也太史附秦檜旨奏瑞

紹興二十一年有赤氣

按宋史高宗本紀紹興二十一年冬十月甲申夜有赤氣

紹興二十七年赤氣疊見

按宋史高宗本紀紹興二十七年三月乙酉赤氣出紫微垣冬十月壬寅有赤氣隨日入　按五行志二十七年三月乙酉赤氣出紫微垣七月壬申赤氣隨日入十月壬寅赤氣如火

紹興二十九年正月癸酉日連暈上生青赤黃色戴氣日左右生珥

按宋史高宗本紀不載　按天文志云云

紹興三十年正月有赤氣見東北十一月十二月白氣亙天

按宋史高宗本紀紹興三十年十二月戊申夜白氣亙天　按天文志三十年正月壬申東北方赤氣一帶五處如火影十一月甲午西南方白氣自尾歷壁婁昴宿十二月戊申其夜白氣出尾宿歷心房氐亢角入天市貫太微至郎位止有類天漢

紹興三十一年六月日生暈背十二月白氣出斗

按宋史高宗本紀不載　按天文志三十一年六月辛酉日上暈外生赤黃色有背氣七月辛卯日上暈外生背氣　又按志十二月辛丑其夜白氣出斗宿歷牛女危至婁止約廣六丈類天漢東西亙天　按五行志三十一年十二月辛丑白氣如帶東西亙天出斗歷牛

紹興三十二年赤氣見

按宋史高宗本紀不載　按五行志三十二年春淮水溢中有赤氣如凝血

孝宗隆興元年白氣見

按宋史孝宗本紀隆興元年十二月壬午西南方有白氣　按五行志元年十二月壬午夜白氣見西南方出危入昴

隆興二年正月白氣亙天六月有戴氣七月赤黃背氣十一月赤氣亙天

按宋史孝宗本紀隆興二年正月甲寅白氣亙天　按天文志六月甲子日有戴氣七月甲申朔日生赤黃暈不匝上生重暈又生背氣及青珥丁亥日生重暈上生青赤黃色背氣癸卯日生赤黃暈不匝暈外生背氣赤黃兩頭向外曲　按五行志二年正月甲寅夜西南有白氣亙天如帶十一月庚寅日入後赤雲隨之

乾道元年自正月至四月連有白氣亙天八月有赤氣見十月至十二月又白氣亙天

按宋史孝宗本紀乾道元年春正月庚午西北方有白氣三月戊辰白氣亙天十一月丙寅白氣亙天

按天文志乾道元年正月庚午其夜白氣出奎宿漸上經婁胃昴貫畢入參宿內止三月戊辰其夜白氣自參宿至角宿止與天漢相接約廣七丈四月丁酉其夜蒼白氣自西北漸上東北入天市垣辛丑入北斗魁中及入文昌星乙巳入紫微垣內至北極天樞中十月己丑蒼白雲氣長二丈穿入翼宿十一月丙寅白氣出女宿歷虛危室壁奎婁胃宿入昴宿止

又按志六月丁未日暈周匝外生格氣橫在日下

按五行志乾道元年八月壬午赤氣中天自日入至於申夜

乾道二年二月日有直氣背氣十二月白氣亙天

按宋史孝宗本紀乾道二年十二月庚午白氣亙天

按天文志二年二月庚辰日左生赤黃色直氣長丈餘及半暈背氣　又按志十二月庚子白氣亙天

乾道三年三月五月日生承氣

按宋史孝宗本紀不載　按天文志三年三月丁巳日暈於婁外生赤黃承氣五月甲辰日下暈外有青赤黃承氣

乾道五年正月己巳日生黃色戴氣承氣

按宋史孝宗本紀不載　按天文志云云

乾道六年三月日有承氣五月生戴氣承氣十月十一月皆有赤氣見

按宋史孝宗本紀不載　按天文志乾道六年三月丁丑日暈不匝下生承氣閏五月壬辰日半暈再重生戴氣承氣　按五行志六年十月庚午赤氣隨日出十一月丁丑赤雲隨日入至於甲夜

乾道七年七月十月赤氣見

按宋史孝宗本紀不載　按天文志七年七月壬寅赤氣隨日入十月己未赤氣隨日出

乾道八年六月日生承氣十月赤氣見

按宋史孝宗本紀不載　按天文志八年六月丁未日暈不匝外生承氣日下暈　又按志十月乙巳赤氣隨日入丙午隨日出

乾道九年數有白氣見十月喬雲見

按宋史孝宗本紀乾道九年冬十月壬申矞雲見

按五行志九年正月庚午白氣見西北方出奎入參三月戊辰白氣如帶自參及角東西亙天四月丁酉夜白氣見西北方入天市垣辛丑夜白氣入北斗乙巳夜白氣入紫微垣十月己丑夜蒼白氣見東南方入翼十一月丙寅白氣如帶出女入昴東西亙天十二月庚午夜白氣如帶東西亙天出女入昴

淳熙二年七月甲辰日生背氣

按宋史孝宗本紀不載　按天文志云云

淳熙三年赤氣見

按宋史孝宗本紀不載　按五行志淳熙三年八月丁酉戊戌皆有赤氣隨日入出

淳熙四年二月戊子日上連暈生戴氣日下暈外生承氣

按宋史孝宗本紀不載　按天文志云云

淳熙五年十二月乙未日生兩珥一戴氣

按宋史孝宗本紀不載　按天文志云云

淳熙六年十二月辛亥日暈外生戴氣

按宋史孝宗本紀不載　按天文志云云

淳熙八年正月己酉日生戴氣七月己卯日半暈外生背氣

按宋史孝宗本紀不載　按天文志云云

淳熙十年白氣亙天

按宋史孝宗本紀不載　按五行志十年正月戊子夜西南有白氣如天漢而明南北廣可六丈東西亙天歷壁至畢

淳熙十四年赤氣見

按宋史孝宗本紀淳熙十四年十一月甲寅西南方有赤氣隨日入十二月壬午東北方有赤氣隨日出　按五行志十四年十一月癸丑甲寅有赤氣隨日入出

淳熙十五年六月日上背氣見九月有赤黃氣

按宋史孝宗本紀淳熙十五年九月庚子夜南方有赤黃氣覆大內　按天文志十五年六月丙申日上生青赤黃色背氣　按五行志十五年九月庚子南方有赤黃氣

光宗紹熙二年二月四月日生戴氣七月日有背氣

按宋史光宗本紀不載　按天文志紹熙二年二月壬寅日生戴氣青赤黃色四月癸未日生戴氣七月庚申日暈外青背氣壬戌日有背氣

紹熙四年十一月日背氣見赤白雲氣見

按宋史光宗本紀不載　按天文志四年十一月辛巳日暈外生背氣　按五行志四年十一月甲戌赤雲夜見白氣間之

紹熙五年白氣亙天日生背氣

按宋史光宗本紀紹熙五年六月壬寅夜白氣亙天己酉白氣亙天　按天文志五年六月丙午日上暈外生背氣　按五行志六月壬寅夜白氣亙天自紫微至亢角己酉日入後白氣亙天頃刻而散

寧宗慶元元年徽州古井夜出黑氣二月日生背氣四月生格氣

按宋史寧宗本紀不載　按天文志慶元元年二月辛巳日上暈外生青赤黃背氣四月己未日生赤黃色格氣　按五行志慶元元年徽州黃山民家古井風雨夜出黑氣波浪噴湧

慶元二年日生背氣

按宋史寧宗本紀不載　按天文志二年五月己丑日生背氣其色青黃

慶元四年白氣見

按宋史寧宗本紀慶元四年八月庚辰白氣亙天

慶元五年白氣見

按宋史寧宗本紀慶元五年二月癸酉白氣亙天八月乙亥白氣亙天　按五行志五年二月癸酉夜東北方白氣如帶自角至參八月癸亥東北方有白氣如帶亙天

慶元六年十月赤氣夜發橫天

按宋史寧宗本紀不載　按五行志云云

嘉泰四年二月有赤氣十一月有白氣

按宋史寧宗本紀嘉泰四年二月庚申夜有赤氣亙天十一月壬申白氣亙天　按五行志嘉泰四年二月庚辰夜有赤雲間以白氣東北亙天後八日國有大火占者以爲火祥　又按志十一月辛未晝有白氣分數道亙天

嘉定七年日暈承氣見

按宋史寧宗本紀不載　按天文志嘉定七年三月壬申日生赤黃暈外有青赤黃承氣後暈周匝

嘉定十一年二月丙寅日有戴氣

按宋史寧宗本紀不載　按天文志云云

嘉定十五年日暈生承氣

按宋史寧宗本紀不載　按天文志十五年二月己亥日暈於婁周匝有承氣

嘉定十七年日生背氣
按宋史寧宗本紀不載　按天文志十七年六月辛卯日生背氣

理宗寶慶三年日有氣如珥
按宋史理宗本紀不載　按天文志寶慶三年十二月己酉日旁有氣如珥

紹定三年二月丙申日有背氣
按宋史理宗本紀不載　按天文志云云

紹定四年日生承氣
按宋史理宗本紀不載　按天文志四年七月己丑日生承氣

紹定五年三月丁酉日生抱氣承氣
按宋史理宗本紀不載　按天文志云云

端平元年六月戊子日生赤黃暈上下有格氣
按宋史理宗本紀不載　按天文志云云

端平二年六月戊寅日有承氣
按宋史理宗本紀不載　按天文志云云

嘉熙元年三月癸亥七月壬申日有背氣
按宋史理宗本紀不載　按天文志云云

嘉熙四年白氣亙天日生背氣
按宋史理宗本紀四年二月丙辰白氣亙天　按天文志二月丙申朔日生背氣

淳祐二年白氣見
按宋史理宗本紀淳祐二年夏四月甲寅白氣亙天　按天文志淳祐二年二月癸丑朔白氣亙天　按五行志淳祐二年四月甲寅白氣亙天

淳祐三年七月甲午日生格氣
按宋史理宗本紀不載　按天文志云云

淳祐五年五月戊申日生赤黃暈外有背氣六月甲子日暈周匝
按宋史理宗本紀不載　按天文志云云

淳祐六年三月癸巳日暈周匝生珥氣四月丁丑日暈周匝
按宋史理宗本紀不載　按天文志云云

寶祐元年正月戊戌日生戴氣
按宋史理宗本紀不載　按天文志云云

景定元年三月白氣如匹練亙天
按宋史理宗本紀不載　按通鑑云云

景定三年白氣見
按宋史理宗本紀景定三年秋七月甲申夜有白氣亙天

景定五年九月己丑日生格氣
按宋史理宗本紀不載　按天文志云云

度宗咸淳元年六月壬午日生承氣
按宋史度宗本紀不載　按天文志云云

咸淳九年襄陽白氣見
按宋史度宗本紀不載　按五行志咸淳九年襄陽城中白氣自西而出

少帝祥興二年有黑氣出於山西
按宋史二王本紀祥興二年二月癸未張世傑與元張弘範戰於崖山有黑氣出山西

欽定古今圖書集成曆象彙編庶徵典

第七十卷目錄

庶徵典第七十卷

雲氣異部彙考六

金

太宗天會九年紅雲見

按金史太宗本紀不載 按五行志天會九年七月丙申上御西樓聽政聞咸州所貢白鵲音忽異常上起視之見東樓外光明中有像巍然高五丈許下有紅雲承之若世所謂佛者乃擎跽修虔久之而沒

海陵正隆六年八月雲氣中見黃龍及神鬼兵甲十月慶雲見

按金史海陵本紀正隆六年九月丙午慶雲見東京留守曹國公烏祿卽位於遼陽 按天文志正隆六年二月甲辰朔日有暈珥戴背十月丙午慶雲見

按五行志六年世宗在遼陽八月有雲氣自西來黃龍見其中人皆見之是時臨潢府聞空中有車馬聲仰視見風雲杳靄神鬼兵甲蔽天自北而南仍有語促行者未幾海陵下詔南征

世宗大定七年慶雲環日

按金史世宗本紀不載 按天文志大定七年閏七月己卯午刻慶雲環日八月辛亥午刻慶雲環日

大定二十三年慶雲見

按金史世宗本紀大定二十三年十月己未慶雲見

按天文志二十三年十月己未慶雲見於日側

大定二十九年正月日暈珥背白虹亙天有戟氣背氣冠氣二月日暈珥抱背有負氣承氣白虹亙大左右有戟氣

按金史世宗本紀不載 按天文志二十九年正月乙卯巳初日有暈左右有珥上有背氣兩重其色靑赤而厚復有白虹貫之亙天其東有戟氣長四尺餘五刻而散丁巳巳初日有兩珥上有背氣兩重其色靑赤而淡頃之背氣於日上爲冠已而俱散二月甲子辰刻日上有重暈兩珥抱而復背背而復抱凡三四次乙丑日暈兩珥有負氣承氣白虹亙天左右有戟氣

章宗明昌三年赤氣見北方

按金史章宗本紀明昌三年十二月丙辰有赤氣見於北方 按五行志明昌三年三月御史中丞董師中奏曰乃者太白晝見京師地震北方有赤氣遲明始散天之示象冀有以警悟聖主也上問所言天象何從得之師中曰前監察御史陳元升得之於一司天長行上曰司天臺官不奏固有罪其以語人尤非朕欲令自今司天有事而不奏者長行得言之何如師中曰善

明昌四年日有抱戴兩珥

按金史章宗本紀不載 按天文志四年九月癸未日上有抱氣二戴氣一俱相連左右有珥其色鮮明

泰和五年有赤氣如火

按金史章宗本紀泰和五年九月戊子西北方黑雲間有赤氣如火色次及西南正南東南方皆赤有白氣貫其中至中夜赤氣滿天四更乃散 按天文志五年九月戊子二更初黑雲間赤氣復起於西北方及正西正東東北往來遊曳內有白氣數道時復出沒其赤氣又滿中天約四更皆散

泰和六年正月有雲氣如車牛形九月有赤白氣見

按金史章宗本紀不載　按天文志泰和六年正月北京由龍山縣西見有雲結成車牛行帳之狀或如前後摧損之勢九月乙酉夜將曙北方有赤白氣數道歷王良下徐行至北斗開陽瑤光之東而散

衛紹王大安元年有黑氣出北方

按金史衛紹王本紀不載　按天文志大安元年四月壬申北方有黑氣如大道東西竟天至五更散

大安三年有黑氣出北方

按金史衛紹王本紀不載　按天文志三年三月辛酉辰刻北方有黑氣如堤內有白氣三似龍虎之狀十月己卯東北西北每至更初如月將出之狀至夜半而滅經月乃已

宣宗貞祐元年有黑雲白氣見

按金史宣宗本紀不載　按天文志貞祐元年十月丙午夜有白氣三衝紫微而不貫十二月丙申白氣東西竟天移時散　按五行志衛紹王至寧元年宣宗在彰德有紫雲覆城上數日俄而入繼大統

貞祐三年有黑氣竟天

按金史宣宗本紀不載　按天文志三年六月戊申夜有黑氣廣如大路自東南至於西北其長竟天

興定三年慶雲見

按金史宣宗本紀興定三年十月乙丑平凉府先以地震被命醮祭方行事慶雲見以圖來上遣官覆驗得實是日百官上表稱賀癸酉遣官告太廟甲戌詔國內　按天文志興定三年七月庚申五色雲見十月乙丑平凉府慶雲見

興定五年正月有慶雲見六月十二月有白雲見

按金史宣宗本紀不載　按天文志五年正月山東行省蒙古綱奏慶雲見命圖以進六月戊寅日將出有氣如大道經丑未歷虛危東西不見首尾移時沒十二月乙巳北方有白氣廣二尺餘東西亙天

元光元年東北赤雲見

按金史宣宗本紀不載　按天文志元光元年十一月丁未東北有赤雲如火

元光二年日暈有背氣

按金史宣宗本紀不載　按天文志二年五月辛未日暈不匝而有背氣

哀宗正大元年黃氣塞天

按金史哀宗本紀不載　按五行志正大元年正月戊午上初視朝尊太后爲仁聖宮皇太后太元妃爲慈聖宮皇太后是日大風飄端門瓦昏霾不見日黃氣塞天

正大二年有黃黑祲

按金史哀宗本紀不載　按五行志二年正月甲申有黃黑之祲

正大三年有黃氣亙天中有白物飛翔

按金史哀宗本紀不載　按天文志三年三月庚午省前有氣微黃自東北亙西南其狀如虹中有白物十餘往來飛翔又有光倏見移時方滅

正大四年白氣亙天

按金史哀宗本紀不載　按天文志四年六月丙辰有白氣經天或曰太白入井

正大八年日左右有氣似日

按金史哀宗本紀不載　按天文志八年三月庚戌酉正日忽白而失色乍明乍暗左右有氣似日而無光與日相陵而日光四出搖盪至沒

元

世祖中統二年赤氣見

按元史世祖本紀中統二年春正月辛未夜東北赤氣照人大如席

文宗天曆元年九月甲申慶雲見

按元史文宗本紀云云

順帝元統二年東北有赤氣照人

按元史順帝本紀不載　按五行志元統二年正月辛未御帳殿受朝賀是夜東北有赤氣照人大如席

至正十三年黑氣見

按元史順帝本紀不載　按五行志至正十三年冬袁州路每日暮有黑氣環繞郡城

至正十四年有紅氣起自北方

按元史順帝本紀至正十四年十二月辛卯絳州北方有紅氣如火蔽天

至正十八年大同路有黑氣蔽西方赤雲如火

按元史順帝本紀至正十八年三月辛丑大同路夜黑氣蔽西方有聲如雷少頃東北方有雲如火交射中天遍地俱見火空中有兵戈之聲

至正二十年正月丙寅五色雲見移時

按元史順帝本紀云云

至正二十一年有赤氣數見

按元史順帝本紀至正二十一年秋七月己巳忻州西北有赤氣蔽天如血八月乙酉大同路北方夜有赤氣蔽天移時方散　按五行志二十一年七月己

巳冀寧路沂州西北有赤氣蔽空如血逾時方散八月壬午棣州夜半有赤氣亘天起西北至於東北癸未彰德西北夜有紅氣亘天至明方息乙酉大同路北方夜有赤氣蔽天直過天庭自東而西移時方散如是者三十日癸巳昧爽絳州有紅氣見於北方如火

至正二十二年白氣埽太微

按元史順帝本紀不載　按五行志二十二年京師有白氣如小索起危宿埽太微

至正二十三年有赤氣頻見

按元史順帝本紀至正二十三年八月丙辰沂州有赤氣亘天中有白色如蛇形徐徐西行至夜分乃滅十月丙申朔青齊一方赤氣千里　按五行志二十三年三月壬戌大同路夜有赤氣亘天中侵北斗六月丁巳絳州日暮有紅光見於北方如火中有黑氣相雜又有白虹二直衝北斗逾時方散庚戌晉寧路北方日暮天赤中有白氣如虹者三一貫北斗一貫北極一貫天潢至夜分方滅八月丙辰沂州東北夜有赤氣亘天中有白色如蛇形徐徐而行逾時方散十月丙申朔大名路向青齊一方有赤氣照耀千里

至正二十四年六月白氣蔽空九月紅光起西北

按元史順宗本紀二十四年六月癸卯三星晝見白氣橫突其中丁未大星隕照夜如晝及旦黑氣晦暗如夜九月癸酉夜天西北有紅光至東而散　按五行志二十四年六月保德州三星晝見白氣橫突其中九月冀寧西北方夜天紅半壁有頃從東而散

至正二十六年有氣橫貫東南

按元史順帝本紀至正二十六年三月丁亥有氣橫貫東南艮久始滅　按五行志二十六年三月白虹五道亘天其第三道貫日又氣橫貫東南艮久乃滅

至正二十七年有白氣亘天

按元史順帝本紀至正二十七年五月丙子朔白氣二道亘天　按五行志二十七年五月大名路有白氣二道

至正二十八年赤氣滿天

按元史順帝本紀二十八年秋七月癸酉京城紅氣滿空如火照人自旦至辰方息乙亥京城黑氣起百步內不見人從寅至巳方息

明

太祖洪武八年有青氣

按大政紀洪武八年四月甲寅欽天監奏日上有青氣在趙分恆山之北

洪武十五年五色雲見

按雲南通志洪武十五年五色雲見於永昌太保山經宿不散

洪武十八年五色雲見

按明寶訓洪武十八年四月乙未五色雲再見禮部請率百官表賀太祖諭之曰天下康寧人無災害祥瑞之應固和氣所召昔舜有卿雲之歌在當時有元愷岳牧之賢相與共治雍熙之治朕德不逮治化未臻豈可遽以是受賀前代帝王喜言祥瑞臣下從而和之往往不知省懼以至災異之來不復能弭蓋誇侈之心生則戒懼之志怠故鮮克終可以爲戒

洪武二十一年五色祥雲見

按大政紀二十一年五月乙酉五色祥雲見贊善劉三吾進曰雲物之祥徵乎治世舜之時與於詩歌宋之時以爲賢人之符此實聖德所致國家之美慶也上曰古人有言天降災祥在德誠使吾德靡悔災亦可弭苟爽其德雖祥無福要之國家之慶不專於此也

成祖永樂八年五色雲見日下

按名山藏永樂八年二月庚戌車駕度居庸關次永安甸晚雨雪已霽日下有五色雲見

永樂十五年五色雲見

按大政紀永樂十五年十一月己未五色慶雲呈彩行在禮部尚書呂震率羣臣上表稱賀不許督工泰寧侯陳珪等奏二處俱現五色瑞光慶雲瑞靄絪緼流通爛徹霄漢庚申金水河冰凝異瑞瞭具諸象至己巳卿雲呈彩五色輪囷變化卷舒彌滿殿間卿雲內又出五色瑞光團圓如日正當御坐已而西度宮苑映上所御殿庭終日不收官軍人等衆目共睹

永樂十七年卿雲見

按名山藏十七年九月丙辰卿雲見羣臣稱賀不許勅曰帝舜之世有百工八百之歌四時未經萬姓未誠朕正當與卿等憂勤惕厲以答上眷十二月癸未卿雲見

永樂二十年紫雲屯

按名山藏二十年六月丙申次祥雲屯方駐蹕有紫雲如蓋見營南因賜屯名

仁宗洪熙元年三月癸酉五色雲見

按大政紀云云

英宗正統十一年有異氣見於殿上
按名山藏正統十一年二月有異氣現華蓋殿金頂及奉天殿鴟吻之上遣告於上天后土以春和下寬卹之詔
代宗景泰七年秋八月戊戌香山慶雲見
按廣東通志云云
英宗天順八年有白氣騰空
按山西通志天順八年六月望河津有白氣騰空時學士薛瑄卒
憲宗成化二年日暈背珥
按大政紀成化二年正月甲辰辰時日暈及左右珥背氣赤黃色鮮明
成化二十一年有火有星皆化爲白氣
按大政紀二十一年正月甲申申刻有火自中天西墜化白氣復曲折上騰聲如雷踰時西方復有大星赤色自中天西行近濁尾跡化白氣曲曲如蚰形久之如雷震地詔求直言
孝宗弘治元年山頭出白氣
按大政紀弘治元年三月浙江景寧縣山頭白氣如物飛騰
弘治十七年五色雲見
按全遼志弘治十七年開原五色雲見
按江南通志弘治十七年松江五色雲見
按福建通志弘治十七年六月初一日慶雲見壺山之頂三日六日九日又見
弘治十八年袁嶺出白氣
按江南通志弘治十八年袁嶺白氣如虹上騰三日

武宗正德二年慶雲見
按大政紀正德二年八月慶雲見翼軫分野
按湖廣通志正德二年正月興國大斯五色雲見自儒學戟門外拔地起
正德五年五色雲見
按山西通志正德五年夏四月五日榆次五色雲見
按四川總志正德五年七月十三日廣元百丈關五色雲見
按廣東通志正德五年廣州慶雲見
正德十一年彩雲凝結二日
按雲南通志正德十一年十一月彩雲見於鄧州二日乃散
正德十二年白氣飛墜有聲彩雲見
按江西通志正德十二年寧州東北方白氣如虹飛墜有聲
按雲南通志正德十二年二月彩雲復見於鄧州
正德十四年五色雲見
按廣東通志正德十四年閏八月瓊州五色雲見於郡西明年三月又見初輪囷上下二結須臾漸合黑雲蓋其上白氣射之亙天
世宗嘉靖元年武城縣城樓出白氣
按山東通志嘉靖元年冬十二月武城縣西城樓角南有孔出白氣如煙七日乃止
嘉靖四年八月澂江羅藏溪有白氣上升如龍
按雲南通志云云
嘉靖七年河間有異氣萬州有白氣貫空
按畿輔通志嘉靖七年夏河間異氣四月四日五鼓有氣如火光龍形自空至地直立西南數刻方散
按廣東通志嘉靖七年冬十月萬州白氣貫空白氣如虹直入天河十餘夜乃散
嘉靖十三年五色雲見
按江西通志嘉靖十三年閏二月南昌進賢五色雲見
按雲南通志嘉靖十三年五色雲見永昌
嘉靖十五年秋瓊州五色雲見郡城西光彩絢地
按廣東通志云云
嘉靖十七年黑氣蔽空五色雲見
按山西通志嘉靖十七年五月黑氣蔽空如夜
按廣東通志嘉靖十七年儋州五色雲見
嘉靖十八年景雲見
按大政紀嘉靖十八年二月乙巳景雲見時卓午景雲見縹緲五色夏言顧鼎臣以聞帝命禮部擇日昭謝尚書嚴嵩請於翼日祈穀禮畢御奉天殿受賀帝命免賀俱擇日昭謝焉
按四川通志嘉靖十八年三月富順樹稼彩雲見
嘉靖十九年慶雲見
按湖廣通志嘉靖十九年廣濟五色慶雲見於西南盤旋半日
嘉靖二十一年五月十三日同安晡時海中氣蒸如霧
按福建通志云云
嘉靖二十二年五色雲見
按江西通志嘉靖二十二年春正月朔南昌五色雲見

按福建通志嘉靖二十二年五月十八日五色雲見於壺山之上七月二十八日興化府石室巖後雲氣如人馬旗幟久之乃散

嘉靖二十四年卿雲見

按山西通志嘉靖二十四年夏四月平陽卿雲見是月十一日午時卿雲五色見日邊長二丈許廣二三尺良久方散

按雲南通志嘉靖二十四年十月朔楚雄五色雲見

嘉靖二十八年三月永昌五色雲見於哀牢山

按雲南通志云云

嘉靖三十八年彩雲見

按雲南通志嘉靖三十八年彩雲見順寧之東北狀如華蓋光燄射人彌月乃散

嘉靖四十年有雲氣成城闕狀五色雲見

按江南通志嘉靖四十年清河縣有雲氣列城市宮闕狀

按雲南通志嘉靖四十年六月永平和丘山五色雲見

穆宗隆慶二年黑雲見

按福建通志隆慶二年三月十七日海澄縣有黑雲倏起挾龍自八都東方來捲屋裂瓦火光衝突燒爐苗蔬至港口而滅

神宗萬曆元年襄陽白氣見福州五色雲見雲南彩雲見

按湖廣通志萬曆元年正月夜襄陽白氣見自東而西其色如銀其聲如雷

按福建通志萬曆元年六月二十九日午時郡儒學對山五色雲見

按雲南通志萬曆元年雲南縣彩雲見如旂

萬曆五年黃雲四塞

按四川總志萬曆五年三月武隆河沙上黃雲四塞牛馬嘶鳴沙磧如堵

萬曆十二年三月望有黑氣翔雲中

按雲南通志云云

萬曆十五年九月五色雲見於曲靖之西

按雲南通志云云

萬曆十八年十一月五色雲見於蒙化西山

按雲南通志云云

萬曆二十四年五色雲見於臨安之西

按雲南通志云云

萬曆二十五年黑雲出同安縣所過傷物

按同安縣志萬曆二十五年丁酉三月有黑雲一片如簸箕大自縣中出南城而去所過瓦屋皆有攝動至劉五店尤甚

萬曆二十八年白氣見

按山西通志萬曆二十八年春正月汾州白氣經天是月初十日地響如雷自西北起隨有白氣一道經天踰時方散

萬曆三十七年四月興化府五色雲見北方

按福建通志云云

萬曆三十九年八月興化府五色雲見紫帽山

按福建通志云云

萬曆四十三年白氣見

按山西通志萬曆四十三年秋八月白氣冲天粗如甕長二丈一月方息

萬曆四十五年有白氣如刀見於東方

按廣東通志云云

萬曆四十六年白氣赤雲見

按山東通志萬曆四十六年白氣亙天

按江西通志萬曆四十六年秋九月東南白氣見至更卽出兩旬始滅

按福建通志萬曆四十六年秋東方有赤雲一片長丈餘形如刀數月不散

按四川通志萬曆四十六年十月初六日白氣見於東方形如匹布彎曲如刀其長亙天月餘乃滅

萬曆四十八年蘄州白氣見龍門祥雲見

按湖廣通志萬曆四十八年七月蘄州夜見白氣長數丈起東北止西南至八月乃滅

按廣東通志萬曆四十八年春正月龍門祥雲見

熹宗天啓二年二月有黑雲如蓋自北來覆省城

按雲南通志云云

愍帝崇禎元年三月太湖縣雲成五色有樓閣狀

按江南通志云云

崇禎十五年黑氣蔽塞

按東鹿縣志崇禎十五年閏十一月十七日初更後城內外黑氣蔽塞高可二三丈餘十八日晚亦然

崇禎十六年有白氣黑氣青氣赤氣見

按陝西通志崇禎十六年冬十月西北有白氣如基形忽七八折騰天

按湖廣通志崇禎十六年正月二十六日蘄州黑氣四塞五月日將西見青氣二道撐日腳廣各二丈七

月始散

按四川通志崇禎甲申年獻賊至夔門日中有赤氣數道下豐上銳自東指西長竟天其賊漸南而西其氣與俱轉經年乃滅賊攻緜州圍方合城內人見雲中隱隱有萬鬼哭聲

皇清

康熙十七年六月十三日

上諭吏部等衙門時當盛夏亢暘不雨酷暑經旬蘊隆未解又於是月十二日有青氣竟天之異因朕涼德布政不均罔克昭事

上帝協叙陰陽

上天垂戒良有其由朕夙夜徬徨循省愆咎茲已躬親齋戒虔行祈禱因念國家立綱陳紀分職宣猷政務繁多易滋闕失或用人未當賢否混淆以致庶績未熙事多叢脞內而部院總天下之樞機或條例有未盡善外而督撫繫生民之休戚或吏治有未澄清以致朝廷德意不能下究軍民疾苦無由上聞名茲災眚譴告良殷凡今有應行應革事宜關係政治得失者著在京三品以上堂上官及言路諸臣各抒所見切實直陳朕將採擇施行用以上迓

天和綏乂蒸庶勿得浮泛塞責負朕求賢圖治至意特

諭

雲氣異部藝文一

慶雲贊　宋武帝

非煙非雲曳紫流光懸華曜藻奄藹臺堂粤子休明震乎珍祥積慶有文靈貺無疆

賀洪州慶雲見表　唐許敬宗

臣某等言臣聞靈心不測叶至道以升聞上帝無聲候休明而降祉同夫影響在感斯通相彼天心實交其際伏惟皇帝陛下垂光御極體睿凝圖始自憂勤與羣飛於海外賜之仁壽拯塗地於寰中總絕代之英聲實興朝之美政三秦咸泰六府斯歌首冠往初功無取譬德澤共二儀潛運清明與七曜齊光是以邇無不安遠無不屆雕額鏤胸之類款郊甸以相趨氈裘板屋之朋入提封而請吏上騰下漏天平地成嘉一作喜氣內充慶雲以之舒彩盛德外發非煙由其散色竊見守洪州長史張惟善等稱以六月二十六日於城內見慶雲自旦及申然後方散謹按瑞應圖曰慶雲者太平之應孝經援神契曰德至山林則景一作慶雲出又曰天子孝則慶雲見金枝玉葉若臨軒帝之營蕭索氤氳復入唐臣之詠自非工侔造化道格上元光含六幽恩流四海安能致茲神感式彰靈貺元黃間起朱紫相輝千載合符如斯之盛也雖復騈枝合穎疋此爲輕絳雪元霜曾何足喻凡諸率土預在肖形沐浴皇風同源凫藻泥以臣等謬忝衣簪旦夕嚴廊親聞錫瑞相呼忭躍實百常情不勝悅豫之至

百寮賀日抱戴慶雲見表　李嶠

臣某等言臣聞大人造物亭毒所以貞觀上帝懸象層穹所以照臨合其德而先後不違契其誠而表裏潛應伏惟聖母聖皇陛下仰膺顧託俯順謳歌臨天下之大寶當域中之正氣斟酌律度三神援亭毒之權鼓舞陰陽萬象入則成之契六幽金鏡四時玉燭愷澤將膏雨共流協氣與景風齊暢故能使天地儲祉靈祇降福樞紐薦符勾芒錫壽自星有命洛書肇出惟宗社之饗德迺神明之祚聖象物昭應休徵煥發每至十二月元琪啓匣綠錯披題遷寶祕於東序覗衣纓於北闕必有仙鶴翔集雲烏呈曜祥光入於九重異氣縣於三象雖復鼎來汾水黃雲冠於北山劍在豐城紫氣衝於南斗無以方斯影響近此二字天作符籙動而有徵日官考驗以爲常準日在朔月時惟孟秋奉鴻庥而正位先吉辰而解網休日申酉衆姬稱賀申禮既畢昭示聖圖芝檢初開扶光未徙即有氤氳傳漢發祥於俯仰之間蕭索浮天舒彩於折旋之際於是晬容當宁嬪儀在列文物充於紫庭禕褕之彩色兩宮胥忭六妃式舞瓜就望之近臨睨睥光察於元象或闕三字戴洪琛之威儀非煙非雲奪光靈之下濟臣等謹按孝經援神契曰王者德至於天則日抱戴又黃氣抱日輔臣納忠瑞應圖曰天子德孝則慶雲出又曰天下太平慶雲見陛下宵衣旰食至德通於九元皇帝錫類推恩純孝刑於八表惟明求道若金在礦自物觀化如草從風屬千齡之景業承肆告之鴻霈乾坤合而喜氣生圖籙啓而禎符作既以發揮天德昭寶運之隆平且以光翼瑞章究靈心之終始自非上下和洽幽明薦成何自徵造化之神偉合天人之符契昔者元珪受命無聞感名之

之祥赤土披圖不發昭回之覘故知冥祇職道歷載祀而潛休靈物俟時當聖明而効用事超六籍之外聲高百王之表卓哉至矣無德而稱臣等謬奉隆知親承大慶朝聞夕死每竊忭於昌期手舞足蹈敢承歡於下列無任鳧藻踴躍之至謹詣闕奉表陳賀以聞

九日紫氣賦有序　潘炎

景龍三年九月九日帝與羣官壺口山升高時有紫氣光彩照日賦曰

吾王不遊人何以休望壺口之千里值重陽之九秋山對翠屏動畢光之赫赫雲成紫蓋扶晚日之油油宛轉浮空輪囷不散應一人之盛德爲萬歲之榮觀氤氳瑞色無孤峰斷陣之嵯峨搖曳晴空雜玉葉金枝之燦爛亦何異出蒼梧入大梁爲漢武之蓋升軒轅之堂忽兮改容形難爲狀紛紛郁郁用表靈覘遠用芒碭之間非比崑崙之上豈徒合以膚寸垂以飄扇河汾水兮天之眷紫氣凝兮人罕見位當用九果符九日之祥運極通三永御三雲之殿

寢堂紫氣賦有序　前人

景龍三年十月二十五日帝還京後州內所居寢堂上有紫氣七日不散賦曰

於穆聖王先天不違謳歌既洽朝覲攸歸往京邑而經千里自潞郊而乘六飛洪惟此邦初九之地翬飛鳥跂謂尚諸侯之宮虎踞龍驤忽成天子之氣方凝紫色是謂非煙乍蕭索乎空外更霏微乎日邊若動非虛似浮有實覆彩鸑之瓦髣髴升堂繞文杏之梁氤氳入室是作典王之光克符來復之日遠而望之乃散亂浮空近而觀之則希微無質欲見峰巖之上先形藩邸之間異張華之寶氣衝斗殊尹喜之眞人度關若乃廣野之宮闕化成漲海之樓臺迴映諒陰陽之盡美非福應之攸盛惟紫氣之來集實皇家之大慶休哉聖君有天下之成命

賀祥雲見狀　張九齡

右臣等伏見道門威儀司馬秀表稱今月十日夜陛下親臨同明殿道場爲宗社蒼生祈福有祥雲見伏惟聖德以精意動天天意以肸蠁符聖其感甚速豈云元遠陛下肅敬之深勤恤所至靈心如答神道何言自表休期以介景福生人大賴天下幸甚臣等忝居近侍倍百恆情謹奉狀陳賀以聞伏望宣示史館

賀彩雲見狀　張說

右伏奉恩旨今日屬下元賜臣等侍從升降聖闕禮謁大聖尊容行香之際日西南有彩雲見者伏以大道無形至誠斯應上元降福感而遂通步輦陟於齋宮虔修香火彩雲生於曉日遽發祥光是知聖德與天心合符萬靈與羣仙叶贊臣叨陪侍從如升汗漫之遊承恩禮謁更覩氤氳之瑞榮幸之極千載一時無任欣慶之至

中書門下賀慶雲見表　常袞

臣某言伏見太史奏今月十三日降誕之辰有慶雲見自卯及巳五色相輝京城士庶無不觀覩者臣聞應天者聖降必有期從龍者雲感而成瑞伏惟寶應元聖文武皇帝陛下啓我昌運本乎大微甲觀畫堂以書有慶赤光紫氣以表祥符每歲孟冬內朝舉禮萬國稱賀羣臣獻壽紛委靈覘總集良辰今者卿雲表祥史冊十月良月遠脣盈數之期後天奉天近叶下元之曆從風蕭索抱日縈廻色涵流渚之虹影雜繞楯之電交映榮光曲成轉蓋萬物皆覩羣情共歡無疆之休未來禔福臣奉觴慶賀於萬斯年無任抃躍謹奉表陳賀以聞

郊天日五色祥雲賦以題爲韻　元稹

臣奉某日詔書曰惟元祀月正之三日將有事於南郊直端門而云出天錫余以雲瑞是何祥而何吉臣稹稽首敢言其實陛下乘五位而出震迎五帝以郊天五方騰其粹氣故雲五色以相宣拱空乍直捧日初圓獸蹲而龍鱗熠熠鳥跂而鳳翼翩翩羽蓋疑而軒皇暫駐風馬駕而王母欲前影帶其彩疑錯繡之遙屬光照乎物比攢錦之相連觀之者無小無大訝之曰非煙若煙昔者卿雲作歌於虞舜白雲著詞於漢武皆跂望而爲言非仰觀而遂覩今陛下德至天地恩覃草莽當翠輦黃屋之行見金枝玉葉之數陋泰山之觸石方出鄙高唐之舉袂如舞昭示於公侯卿士莫不稱萬歲者三並美於麟鳳龜龍可以與四靈而五於是載筆氏書百辟之詞曰郁郁紛紛維慶霄之雲古之堯舜幸得以爲君象胥氏譯四夷之歌曰煒煒煌煌天子之祥唐有神聖莫敢不來王帝用愀然曰予何力澤未周於四海雲胡爲乎五色來爾羣后舉爾衆職由五行以修五事遵五常而厚五德正五刑以去五虐繁五稼而除五賊苟順夫人理之父子君臣則安知雲物之赤黃蒼黑進我輦軶就我鈞陶雖有光華之萬狀不若豐穰於四郊凡百庶僚相趨而顧稍疑江上之綺果異封中之素補天者雖

欲抑之而不出吞筆者安可寢之而無賦越明日臣積詠霈澤於雞竿之前覩斯雲散之爲五彩之湛露

白雲起封中賦　高孚

客有遭逢漢昌從武帝而登岱覩白雲之效祥曰此蓋非常不飄不揚初起封中方郁郁以呈象稍浮山上乍英英而有光原初出之義也告成我皇我皇德以靜人威以平難廓清諸夏光啓大漢俗既和兮考時巡禮既備兮登日觀惟天輔聖無雨則其明徵惟嶽通元出雲所以幽贊不然者山有四嶽胡獨與於此地有四極胡不普而施觀耀質以流彩若無心而有知無心者何隨車而動息有知者何表聖之功德帝穆清以修祠雲故清其容帝貞白以爲心雲故白其色豈徒然也君爲萬國所仰嶽乃衆雲所屆其垂思儲精登封俯拜亦庶乎明神斯答景福攸介故夫是雲也乘元氣而出冠靈壇而浮不漢漢以四散直亭亭於上頭祥光內朗瑞色旁流既表慶於茲日復增華於介丘此可以見其無疆之休者也且夫刻石者所以紀號泥金者所以昭告必元德之已升乃茲山之可造若齊桓僭侈秦帝驕暴縱傾國以修封豈嘉祥之云報美矣哉晝日斯清瑞雲孔明絪縕蕭索下應一人之感髣髴影響旁聞萬歲之聲彼入房彰於殷帝浮河表於周成豈可與茲而名哉

早秋望海上五色雲賦　張何

幽棲多暇樂道閒居坐文章之苑囿放精思以畋漁詠大冲之招隱諷相如之子虛觀蘭蕙而蕙歇傷夏卷而秋衍升重軒以徙倚目平海而踟躕見五雲之間出繞三山而忽諸映烏晶之曨朗涵蜃氣之紆餘光泛泛而逾淨影離離而不疎懿夫騰碧海瑞皇家金柯玉葉兼雜花文璀璨光紛華況夫羅幃錦帳繞香車雙虹宛轉縈翠霞及夫倏而聚忽而散霓裳羽旆相凌亂倚長空浮迴岸宛若瓊樓金闕橫天半美人濯錦春江畔既而叢彩可望奇狀難名羣象糾紛疑綺羅之纈出五色明媚若丹青之畫成影澄波而海晏氣羃岫而山晴嗤碭嶺之光淺恥汾川之色輕壯瑞圖之舊籙應樂府之新聲似帝鄉之迢遞冀有司而見行悠悠帝國三千里不託先容誰銜美希君顧盼當及時無使霏微散成綺

望雲物賦以察徵表象書物備年爲韻　陳正卿

天道昭著靈臺聳拔將治曆以明時必仰觀而俯察誰敢傲擾曾不範圍既七政以欽若亦四序而發揮寒暑有文啓閉相依彼疇人以視遠類君子之表微維人有令維天有兆道在乎觀法用不撓彼分至之復應生雲物以縹緲俾占望以書書將豐災以是表夫其大觀在上南正是掌審仁和之景色候肅殺之氣象授時莫愆行令靡爽舉祀物以昭報順穰祈之肸蠁若乃履端於緒以正厥初分職辨雲既明於周典申命出日載列於虞書舉春奉始積閏歸餘節候應乎寒燠政令隨乎慘舒是用敬授以崇祗祓將舉正以舉中寧不軌而不物豈唯中臺端立永望以肆將以見天地之心辨剛柔之位庶乎有典有則克明克類若夫春景載陽冬日已至望西成之平秩見南郊之敬致莫不參陰陽之則符璿玉之器審四時以成序察五雲而有備備用先天實惟有年儻靈臺之可頌庶無忝乎周篇

勤政樓視朔觀雲物賦以天地交泰萬國歡心爲韻　彭朝議

聖上以睿德昭宣宸衷告謐靜以法地動而合天天何言哉每降鑒於明主君爲政也亦仰觀乎上元是以魯史薦書雲之典禮經徵視朔之篇於時寓縣昇平朝廷無事闢朱樓於曉日垂紫旒於空翠至誠必應果呈證聖之祥至感必通遂有效明之瑞乍異色而抱日或神光而覆地是知昊穹成命必在於昌期元象著明詎違於聽天萬國來朝十月之交時當陽數氣發陰爻晴色俯臨遠接黑龍之水清輝四散仍縈彩鳳之巢臣竊觀前代之君也居九重之深據四海之大遇皇天之陰騭屬當時之交泰則必息政理而不修唯昇平而是賴今陛下則不然體至道以得一播元精以吹萬發號施令必酌於故實垂範制法亦咨乎前憲古人云朔者蘇也陛下視之所以蘇息兆人雲者運也陛下視之所以廣運明德人既蘇而寧靖德乃運而充塞猶儲精而谷神尚克己而作則方將揚耿光於五聖布深仁於萬國三事大夫拚而同歡上言曰陛下敦本棄末圖易於難夫此視朔情深履端况式瞻於萬象將布政於千官固可軼緹油而播美藏金匱而不刊然聖上方以無爲作慮不宰爲心鼓元氣之橐調薰風之琴以至德撫御以大明照臨盛矣夫聖德若此豈爲臣之所能謳吟

南至郊壇有司書雲物賦　崔立之

惟皇動天辨方正位稽大明於北陸郊上元於南至五夜祗肅載惟列祖之誠三日罔愆用表致齋之意於是乘法駕鳴和鸞玉漏聲曉金波影殘環衛儼以

星拱彗稠列而雲攢備肅肅之盛禮咸濟濟於靈壇大呂雲門既六變而斯闋嘉粟旨酒感百神而具懽犧器用陶匏藉以包茅光逾泰時馨邁周郊朱火煬煙遠浮於華蓋元酒明水近映乎長旃懿夫宇宙氛氳晴郊景曛宗伯司禮保章辨雲榮光燭於九野佳氣覆於六軍飄飄颻颻郁郁紛紛足以昭上帝瑞吾君時謂唐時歌卿雲之五色德稱虞德詠南風之再薰是以惟聖惟壽可大可久既豐稔之足徵復災薦之何有既而旋天步廻象輿大孝是展皇情未攄將欲超羲軒於上古方淳樸於太初俾時和俗阜塗謠史書士階攸則而瓊室靡居且慮乎賢哲尚屈所以敦於雲物緬乎德化未覃所以郊於國南祈動植之攸濟匪娛樂而是甘然後景福來格無疆在茲笑竹宮之求應鄙宣室之受釐是以降哀矜之詔宣惻隱之慈布政施德逮惸與蔑舉沈淪於是日庶聞之於有司

南至郊祭司天奏雲物賦　郭遵

惟饗祀於上元必展禮於南至至者作候故用其吉辰南則嚮明故就於陽位蓋取諸吉土以父事天降皇車以盡敬奉蒼璧以告虔至誠遂通禎祥不能以自閟幽贊不昧雲物於是乎昭宣及夫盛禮既畢大駕言旋兆人仰觀於空際太史伏奏於君前曰當此和煦靜無纖氛照耀兮天垂愛景霏微乎山出祥雲度青霄而匪徐匪疾向丹闕而乍合乍分應乎一陽之始煥乎五采之文氤氳搖曳去來無際望之雖曰崇朝慶之知其嗣歲誰謂其有葉本乎觸石而來誰謂其無心偏符捧日之勢豈非表王者之殊祉答泰

壇之親祭者乎天子乃命百辟詔有司載筆以茲記事祝史叶其正辭國慶可徵卑虞於水旱年豐有待先詠其京坻自躋仁壽之域肯繼春秋之時且南正上言休徵無咈肯比夫觀臺之望將爲備於雲物子月之祀陰陽始交豈比夫魯史所紀候啓蟄而乃郊我禮踰舊我祥靡究望歲而知歲之穰祀天而受天之祐五雲八風之異寸晷遂占三百六旬之期一日可候不然者何以炳煥圖牒發揮章奏是知郊祀而漢武奚匹推曆而軒后懷慙睠臨之明兮將日月並出覆載之廣兮與天地同參臣有覩盛儀而瞻瑞物願齊聖壽於終南

欽定古今圖書集成曆象彙編庶徵典
第七十一卷目錄

庶徵典第七十一卷

雲氣異部藝文二

南至雲物賦　唐王諲

於赫至化時惟大君惟曆比夫軒后授人齊乎放勳北風戒節南至司分驗律飛灰遙應乎懸炭登臺視祲必在乎書雲麗乎時方別色天歛殘氛星連珠而候曉日合璧而呈文衆瑞咸集禎祥洊至雲散黃光天浮喜氣金柯郁郁而蔽野玉葉飄飄而委地廻紀天表未無兵意災沴靡作罷札瘥之虞水旱不行詠京坻之事得此先甲還同漢日之觀報以豐年不假春秋之備於時帝在暘谷風后陪驂會玉帛而塗山有愧朝公卿而汾水懷慙佳氣從龍遙連渭北非烟拂日俯對終南懿聖壽之與萬美皇道而超三保章告其符祉太史覩其譬紱應子月兮生一陽奏黃鐘兮動萬物乃明南至者日極之數視雲物者歲占之故其在必書不愆常度慶瑞滿於圖牒獻納盈其府庫鳳凰下於元都銅雀棲於溫樹調玉燭而陰陽變和撫黔首而時令大布日之方夕歲聿云暮才非督史未知天道之祥文似相如願獻凌雲之賦

五色卿雲賦　李惲

於穆聖唐建其皇極通三微兮昊穹降祉禔萬福兮陰陽不測答禧祥於一人見彩雲之五色其爲狀也乃從龍以分氣其爲勢也若搏鵬之垂翼薈蔚非烟石而與縹緲盈畫工之飾葱翠炯晃蕭索氛氳廻合斐亹散聚分文轉光風則動而愈出衝霽日則燦然皆分古之闗紫氣帝鄉白雲豈比澄鮮流慶作瑞吾君夫德施者帝王之所崇雲行者天地之所溥惟帝德之動天諒卿雲之飛吐光浮碧落奪虹彩於太虛影下清潭照錦色於曲浦將以發揮明時騰邁前古雖建官惟賢列爵惟五降及品彙莫不是視緬彼瑤牒詢夫物名則有甘露降黃河清狐九尾而來擾草三秀而敷榮若以匹敵莫之與京式昭聖理承應天卿是乃感壽以呈休應君以來附苟非至道則未期遇故漢主之祠后土也寶鼎見兮其色同昭軒轅之誅蚩尤也華蓋蒙兮一形乃推推衆聖於往昔亦效祉而斯覩式贊其徽恭命述賦

五色卿雲賦　前人

惟皇建極兮憲章前古於穆文明兮保乂寰宇御時得一兮臨人以五法天無私兮承天之祜至矣哉衆兆融明山川出雲叶千年之休裕垂五色之氤氳蕭索離披狀虹輝之貫日徘徊搖曳疑鼎氣之歊紛散作霞彩聚成錦文匪騰華于觸石信呈瑞於明君其靜也專其動也直既無散漫亦時消息遠而可視高未能逼乘輕吹之霏微映朝陽而翕赩稟造化之元氣挺自然之奇色英倏倏也秪可以理求紛溶溶兮固難乎智測若霧非霧有始有極轉空不待於扶搖動日豈資於羽翼有道斯見無德匪呈庶物皆覩應天之卿體鴻振而超越候龍吟而化成需爲大矣可謂乎元亨利貞

賀慶雲表　韓愈

臣某言臣所領州今月十六日申時有慶雲見於西北至暮方散臣及舉州官吏百姓等無不見者五采五色光華不可備觀非烟非雲容狀詎能詳述抱日增麗浮空不收既變化而無窮亦卷舒而莫定斯爲

上瑞寶應太平臣某誠歡誠喜稽首頓首謹按沈約宋書云慶雲五色太平之應又據孝經援神契曰王者德至山陵則慶雲出故黃帝因之以紀事虞舜由之而作歌又按季夏六月土王用事其日丙戌亦主於土西北方者京師所在土爲國家之德祥見京師之位旣徵於古又驗於今伏惟皇帝陛下德合覆載道光軒虞嗣位之初禎祥繼至昇平之符旣兆仁壽之域已躋微臣往在先朝以論事得罪身居貶黜之地目覩殊常之慶忭躍欣幸實倍常情伏乞宣付史官以彰聖德所致瞻戀闕庭心魂飛馳幷圖奉進無任忻忭踊躍之至差某官奉表陳賀以聞

慶雲記　宋白玉蟾

淳熙改元十月旣望惠州守臣王寧奉天子命藏醮事于羅浮山卽十大洞天之一朱明耀眞之府也先是唐天成中洞出古劍迹其篆文已應太祖皇帝丁亥聖君之讖我宋受命將遣中使奉金龍玉簡之典歲修國醮著在令甲孝宗皇帝始登大寶爰致初敬是日也御香旣上蕆事爲成步虛升聞環佩作序天容紺碧風日淸美珍禽舞馴鹿悅仙花瑤草滿洞芳妍醮壇之西北隅有五彩光華出爲上亘霄昊是謂卿雲輪囷郁麗華景繽紛中有金龍佪翔翁鬱天人交慶實應太平夫太平無象也然而慶雲天來亦于其人不于其天天意以之昭格山川于焉出雲雲物精祲猗登臺以課之建官以紀之秉筆以書之自祥符初泰山慶雲見今焉復應猗歟盛哉河淸嶽潤洵有其時廣東漕臣繪圖上之踰年有旨令禮部每遇郊恩給降祠牒以度其年勞者使修香火末爲典故賚慶丁亥道士鄒師正該覃恩霈州家檄之知冲虛觀事與懷休符命爲記文而繫之銘曰太祖之濳龍也古劍出焉孝宗之飛龍也慶雲翔焉劍所以化龍于地雲所以從龍于天易曰雲從龍風從虎聖人作萬物覩

五色雲賦　明屠隆

五月旣望遵湖而西驅車高原飮馬空陂娟娟者湖秀絕而孤縣亘千里映帶城隅沙長水明沈鷗浴鳧青蒲照人綠野平鋪乃稅駕於河滸弔昔賢之遺跡余欽斯人兮高曠俯太湖而歎息歎息自天俛仰今古何彼卿雲爛焉以亘迴合朗映皦日微吐蔽天者半厥色維五厥狀瑰麗元黃雜組或如元圭或如白珂或如靈芝或如玉禾或如絳綃或如紫紽或如文杏之葉或如含桃之顆或如秋原之草或如春湘之波澹修眉之連蜷呈冶態而婀娜又如萬花競開百鳥齊飛奇姿窈窕秀色離披威鳳之彩蕤錦雞之翼差池屑屑霏霏纚纚繼繼紛乎若纈藹乎若鬆又如仙人製錦借色雲君濯彼天河五彩成文丹霞失麗明星皷昏長天紺碧遙光深靚羣山並朗迴浦獨映芙蕖相鮮下爍紫荇大物矜炫變幻靡窮乍散乍合若淡若濃廓乎若超窅兮若濛嗟此璀璨雕彼太素神乎巧哉天孫所妒何文章之綺靡恐大帝之是怒疇驅眞宰泄祕抽元東壁獻圖丹甲命篇拔河漢以布彩走五星於毫端振藻耀日鴻思寫天彗妖虹而直上捫列闕而倒懸洵天章之巨麗何人工之能爲相如幺麼子雲無奇錦心莫吐彩筆藏輝雕龍刻鳳之技黼黻藻火之形莫不銷其文彩遁其精靈金闕洞開高敞玉樓丹青錯落棟宇雕鎪閶道玲瓏列仙出遊引以瑒輿火以華軿霞裾成列環珮相糾紛朱幢與紫蓋嵌七寶而雜琳球朗焉翕赩六合晶熒綺山川絢日星掩闕門之紫氣奪霞標於赤城有爛其光灼灼其英王母之所不能謠羣臣之所不能賡是誠乾坤之上瑞兆國家之文明者焉神爽悅矣骨驚余安得躡層雲而上馳下覩大地之輿蓬瀛聊申意於斯文悵獨立而屏營

雲氣異部藝文三 詩

卿雲歌　古逸詩

卿雲爛兮糺縵縵兮日月光華旦復旦兮

觀慶雲圖　唐李行敏

縑素傳休祉丹青狀慶雲非烟凝漠漠似蓋乍紛紛尚駐從龍意全舒捧日文光因五色起影向九霄分裂素觀嘉瑞披圖賀聖君寧同窺汗漫方此覩氛氳

前題　柳宗元

設色初成象卿雲示國都九天開祕祉百辟贊嘉謨抱日依龍衮非烟近御爐高標連汗漫迴望接虛無裂素榮光發舒華瑞色敷恆將配堯德垂慶代河圖

慶雲見　李紳

夏六月准詔祭中嶽宿少林寺祭畢歸寺有慶雲見於峰初如絳綃蒙覆上下巖樹透徹虛明照日俄頃諸崖谷間盡祥雲紛郁綿布自午至未不散

禮成中嶽陳金冊祥報卿雲冠玉峰輕未透林疑待鳳細非行雨詎從龍卷風變彩霏微薄照日籠光映隱重還入九霄成沆瀣夕嵐生處鶴歸松

上黨奏慶雲見　前人

飛龍久馭宇異氣尚興雲五色傳嘉瑞千齡表聖君從風忽蕭索依漢更氛氳影徹天初霽光鮮日未曛表祥近自遠垂化聚還分寧作無依者空傳陶令文

華山慶雲見　前人

聖主祠名岳高峰發慶雲金柯初繚繞玉葉漸氛氳氣色含珠日晴光吐翠雰依稀來鶴態髣髴列仙羣萬樹流光影千潭寫錦文蒼生欣有望祥瑞在吾君

賦得白雲起封中　李正辭

千年泰山頂雲起漢皇封不作奇峰狀寧分觸石容爲霖雖易得表聖自難逢冉冉排空上依依疊影重素光非曳練靈貺自從龍豈學無心出東西任所從

賦得青雲干呂　王履貞

迎祥殊大樂叶慶類橫汾自感明時起非因觸石分異方占瑞氣干呂見青雲表聖興中國來王見大君映霄難辨色從吹乍成文須使百千載垂芳在典墳

賦得白雲起封中　張嗣初

英英白雲起呈瑞出封中表聖寧因地逢時豈待風浮光瀰皎潔流影更沖融自叶堯年美誰云漢日同金泥光乍掩玉檢氣潛通欲與非烟並亭亭不散空

賦得青雲干呂　林藻

應節偏干呂亭亭在紫氛綴雲初度影捧日已成文結蓋祥光迥爲樓翠色分還同起封上更似出橫汾作瑞來藩國呈形表聖君徘徊如有託誰道比閒雲

觀慶雲圖　闕名

五雲從表瑞藻績宛成圖柯葉何時改丹青此不渝非煙色尚麗似蓋狀應殊渥彩看猶在輕陰望已無方將遇翠幄那羨起蒼梧欲識從龍處今逢聖合符

乙丑孟秋下旬四日楊中丞絕命詔獄是夜初昏時有氣如白練起尾箕間埽紫微掩天樞五星時在燕邸目覩感賦二首　明顧大武

滿地萇弘血染衣補天功業竟安歸猶餘萬丈長虹氣此夕驂箕叩紫微

十葉山河一線懸老成隻手欲回天殺身豈足辭臣責長繞精誠紫極邊

和趙庫部元寶景雲篇　呂高

卿雲郁郁覆中天爛結緋文五色鮮光泛紫霄流鳳蓋影隨金闕照龍旂漸看捧日歸仙掌故欲從龍梟御筵此日仙郎揮藻賦蓬萊親獻沐恩篇

雲氣異部紀事

說苑楚昭王之時有雲如飛鳥夾日而飛三日昭王患之使人乘驛東而問諸太史州黎州黎曰將虐於王身以令尹司馬說焉則可令尹司馬聞之齋宿沐浴將自以身禱之焉王曰止楚國之有不穀也由身之有胷脅也其有令尹司馬也由身之有股肱也胷脅有疾轉之股肱庸爲去是人也

漢書高祖本紀秦始皇帝嘗曰東南有天子氣於是東游以厭當之高祖隱於芒碭山澤間呂后與人俱求常得之高祖怪問之呂后曰季所居上常有雲氣故從往常得季高祖又喜沛中子弟或聞之多欲附者矣

沛公已定關中亞父范增說羽曰沛公居山東時貪財好色今聞其入關珍物無所取婦女無所幸此其志不小吾使人望其氣皆爲龍成五彩此天子氣也急擊之勿失

後漢書光武本紀論望氣者蘇伯阿爲王莽使至南陽遙望見春陵郭唶曰氣佳哉鬱鬱葱葱然

論衡陳留虞延字君人夜生母見其氣如一匹絹徑上天以問人人曰吉氣與天通後仕至司徒

魏志武宣卞皇后傳注魏書曰后以漢延熹三年十二月己巳生齊郡白亭有黃氣滿室移日父敬侯怪之以問卜者王旦曰此吉祥也

文帝本紀帝諱丕武帝太子也中平四年冬生於譙注魏書曰帝生時有雲氣青色而圜如車蓋當其上終日望氣者以爲至貴之證非人臣之氣

蜀志劉焉傳焉歷宗正太常覩靈帝政治衰缺王室多故乃建議選清名重臣以爲牧伯鎮安方夏焉內求交阯牧欲避世難議未即行侍中廣漢董扶私謂焉曰京師將亂益州分野有天子氣焉聞扶言意更在益州

吳志孫堅傳堅吳郡富春人蓋孫武之後也注吳書曰堅世仕吳家於富春葬於城東冢上數有光怪雲氣五色上屬於天蔓延數里衆皆往觀視父老相謂曰是非凡氣孫氏其興矣

董卓徙都西入關焚燒雒邑堅乃前入至雒修諸陵

平塞阜所發掘注吳書曰堅入洛掃除漢宗廟堅軍城南甄官井上旦有五色氣舉軍驚怪莫有敢汲堅令人入井探得漢傳國璽

吳範傳範治歷數知風氣聞於郡中孫權起於東南範委身服事每有災祥輒推數言狀其術多效權與呂蒙謀襲關羽議之近臣多曰不可權以問範範曰得之後羽在麥城使人請降權問範曰竟當降否範曰彼有走氣言降詐耳權使潘璋邀其徑路覘候者還白羽已去範曰雖去不免問其期日明日日中權立表下漏以待之及中不至權問其故範曰時尚未正中也頃之有風動帷範拊手曰羽至矣須臾外稱萬歲傳言得羽後權與魏爲好範曰以風氣言之彼以貌來其實有謀宜爲之備終皆如言初權爲將軍時範嘗白言江南有王氣亥子之間有大福慶權曰若終如言以君爲侯及立爲吳王以範爲都亭侯

王隱晉書武帝咸寧元年洛陽太祖廟中有青氣占者云以爲東莞王後當有天子後改封瑯琊江東之應也

魯勝字叔時以歲日望氣乃長歎知將來多故便稱疾去官中書令張華敬之欲用之遣二子諭意不動

晉書陳訓傳訓字道元歷陽人少好祕學天文算曆陰陽占候無不畢綜尤善風角孫皓以爲奉禁都尉使其占候皓政嚴酷訓知其必敗而不敢言時錢塘湖開或言天下當太平青蓋入洛陽皓以問訓訓曰臣止能望氣不能達湖之開塞退而告其友曰青蓋入洛將有輿櫬銜璧之事非吉祥也尋而吳亡訓隨例內徙拜諫議大夫俄而去職還鄉及陳敏作亂遣弟宏爲歷陽太守訓謂邑人曰陳家無王氣不久當滅宏聞將斬之訓鄉人秦璩爲宏參軍乃說宏曰訓善風角可試之如不中徐斬未晚也乃赦之時宏攻征東參軍衡彥于歷陽乃問訓曰城中有幾千人攻之可拔不訓登牛渚山望氣曰不過五百人然不可攻攻之必敗宏復大怒曰何有五千人攻五百人而有不得理命將士攻之果爲彥所敗方信訓有道術乃優遇之

石勒載記勒上黨武鄉羯人父周曷朱勒生時赤光滿室有白氣自天屬於中庭

勒南郊有白氣自壇屬天勒大悅還宮赦四歲刑

十六國春秋後趙石勒建平四年有赤黃雲如幕長數十丈其年勒死

石季龍載記石宣疾石韜有寵謂所幸楊杯牟成曰韜凶豎悖逆敢違我如是汝能殺之者吾入西宮當盡以韜之國邑分封汝等韜既死主上必親臨喪因行大事蔑不濟矣杯等許諾時東南有黃黑雲大如數畝稍分爲三狀若匹布東西經天色黑而青酉時貫日日沒後分爲七道每相去數十丈間有白雲如魚鱗子時乃滅韜素解天文見而惡之顧謂左右曰此變不小當有刺客起于京師不知誰定當之是夜韜讌其寮屬于東明觀樂奏酒酣慨然長歎曰人居世無常別易會難各付一杯開意爲吾飲令必醉知後會復何期而不飲乎因泫然流涕左右莫不歔欷因宿于佛精舍宣使楊杯牟皮牟成趙生等緣獼猴梯而入殺韜置其刀箭而去旦宣奏之季龍哀驚氣絕久之方蘇

十六國春秋石虎建武四年東南卒有黑雲稍分爲三又貫日日沒後分爲七相去數十丈其間有白雲如魚鱗

晉書冉閔載記閔在鄴有黃雲赤色起東北長百餘丈一白鳥從雲間出西南去占者惡之時慕容儁略地至冀州閔帥騎拒之與慕容恪相遇戰敗爲恪所擒

慕容垂載記垂遣其太子寶及農與慕容麟等率衆八萬伐魏慕容德慕容紹以步騎一萬八千爲寶後繼魏聞寶將至徙往河西寶進師臨河懼不敢濟還次參合忽有大風黑氣狀若隄防或高或下臨覆軍上沙門支曇猛言于寶曰風起暴迅魏軍將至之候宜遣兵禦之寶笑而不納曇猛固以爲言乃遣麟率騎三萬爲後殿以禦非常麟以曇猛言爲虛縱騎遊獵俄而黃霧四塞日月晦明是夜魏師大至三軍奔潰寶與德等數千騎奔免士衆還者十一二紹死之初寶至幽州所乘車軸無故自折術士靳安以爲大凶固勸寶還寶怒不從故及于敗

異苑晉簡文既廢世子道生次子郁又早卒而未有息濮陽令在帝前齋至三更忽有黃氣自西南來逝室前爾夜幸李太后而生孝武皇帝

晉書沮渠蒙遜載記蒙遜在張掖城每有光色蒙遜曰王氣將成百戰百勝之徵也率步騎三萬伐禿髮傉檀大風從西北來氣有五色俄而晝昏至顯美徙數千戶而還傉檀追及蒙遜於窮泉蒙遜進擊敗之乘勝至於姑臧夏降者萬數千戶

元始十一年春正月饗羣臣於謙光殿沮渠蒙遜曰

南方有惡氣經天暴兵象也不出一旬必有寇命治兵東苑以備之西秦遣騎七千來襲至縣孫侯嶺聞有備而還

南史宋武帝本紀帝嘗遊京口竹林寺獨臥講堂前上有五色龍章衆僧見之驚以白帝帝獨喜曰上人無妄言皇考墓在丹徒之候山其地秦史所謂曲阿丹徒間有天子氣者也

宋文帝本紀永初元年封宜都郡王位鎭西將軍景平初有黑龍見西方五色雲隨之二年江陵城上有紫雲望氣者皆以爲帝王之符當在西方

宋書五行志宋文帝元嘉中徐湛之爲丹陽尹夜西門內有氣如練西南指長數十丈又白光覆屋良久而轉缺乃消此白祥也

南史宋孝武帝本紀元嘉三十年三月乙未建牙于軍門有紫雲二蔭于牙上

南齊書五行志元徽四年太祖從南郊望氣者陳安寶見太祖身上黃紫氣屬天安寶謂親人王洪範曰我少來未嘗見身上有如此氣也

南史齊高帝本紀帝爲領軍望氣者陳安寶見上身上恆有紫黃氣安寶謂王洪範曰此人貴不可言帝舊塋在武進彭山岡阜相屬百里不絕其上常有五色雲

齊武帝本紀上將討戴凱之大饗士卒是日大熱上令各折荆枝自蔽言未終而有雲垂蔭正當會所會罷乃散

齊和帝本紀永明中有望氣者云新林婁湖青溪並有天子氣於其處大起樓苑宮觀武帝屢游幸以應之又起舊宮於青溪以弭其氣而明帝舊居東府城西延興末明帝龍飛至是梁武帝衆軍城於新林而武帝舊宅亦在征鹵

冊府元龜梁武帝在襄陽住齋常有五色迴轉狀若蟠龍其上紫雲騰起形如繖蓋

齊帝中興二年正月始爲梁公二月丙寅平旦山上有雲霧四合須臾有元黃五色狀如龍形長十餘丈乍隱乍顯久乃從西北升天

元帝高祖第七子大寶元年帝在江陵十月辛丑朔有紫雲如車蓋臨江陵城

南史梁武帝本紀帝所居室中常若雲氣人或遇者體輒肅然齊明崩遺詔以帝爲都督雍州刺史時帝所住齋常有氣五色回轉狀若盤龍季秋出九日臺忽暴風起煙塵四合帝所居獨白日清朗其上紫雲騰起形如繖蓋望者莫不異焉帝移屯漢南有紫雲如蓋蔭於壘幕

大同十年三月甲午幸蘭陵庚子謁建陵有紫雲蔭陵上食頃乃散帝方捨身有五色雲浮于華林園昆明池上

北史魏孝武帝本紀中興二年高歡既敗尒朱氏廢帝請遜大位諸王皆逃匿帝在田舍先是嵩山道士潘彌望見洛陽城西有天子氣候之乃帝也於是造第密言之居五旬而高歡使斛斯椿求帝

齊神武本紀初魏眞君中內學者奏言上黨有天子氣云在壺關大王山武帝於是南巡以厭當之累石爲三封斬其北鳳皇山以毀其形後上黨人居晉陽者號上黨坊神武實居之神武抵揚州邑人龐蒼鷹止團焦中每從外歸主人遙聞行響動地蒼鷹母數見團焦上赤氣屬天

北齊書劉豐傳豐爲左衞將軍出除殷州王思政據長社世宗命豐與淸河王岳攻之豐建水攻之策遂遏洧水以灌之水長魚鼈皆游焉九月至四月城將陷豐與行臺慕容紹宗見北有白氣同入船忽有暴風從東北來正晝昏暗飛沙走礫船纜忽絕漂至城下豐游水向土山爲浪所激不時至西人鉤之並爲敵人所害

北史齊孝昭帝本紀初帝與濟南約不相害及輿駕在晉陽武成鎭鄴望氣者云鄴城有天子氣帝恐濟南復興乃密行鴆毒濟南不從乃扼而殺之

周文帝本紀帝生而有黑氣如蓋下覆其身

蔣昇傳昇字鳳起少好天文元象之學周文雅信待之大統三年東魏竇泰頓軍潼關周文出師馬牧澤時西南有黃紫氣抱日從未至酉太祖謂昇曰此何祥也昇曰西南未地主土土王四季秦分今大軍旣出喜氣下臨必有大慶於是與泰戰擒之

隋文帝本紀周大統七年六月癸丑夜生帝於馮翊波若寺有紫氣充庭

冊府元龜隋長孫晟爲上開府儀同三司鎭大利安撫新附高祖仁壽元年晟表奏曰臣夜登城樓望見磧北有赤氣長百餘里皆如雨足下垂被地謹驗兵書此名灑血其下之國必宜破亡欲滅匈奴宜在今日詔楊素爲軍元帥晟爲受降使北伐二年軍次坎河值賊帥思力俟斤等領兵拒戰與大將軍梁默擊走之轉戰六十里賊衆多降

隋書蕭吉傳煬帝嗣位拜太府少卿嘗行經華陰見楊素冢上有白氣屬天密言於帝帝問其故吉曰其候素家當有兵禍滅門之象改葬者庶可免乎帝後從容謂元感曰公家宜早改葬元感亦微知其故以爲吉祥託以遼東未滅不遑私門之事未幾而元感以反族滅

冊府元龜高祖生於長安是日紫氣充庭神光照室

太宗文皇帝以隋開皇十八年歲次戊午生於武功之別館初太宗在孕而語聲達於外后心異之將誕育后不之覺而太宗已生時有慶雲見瀰漫數里上屬於天二龍戲於門外水中經三月乃冲天而去見者驚焉大業十三年望氣者云龍門有天子氣連太原甚盛故煬帝置離宮數游汾陽宮以厭之至是太宗稱述此事以白高祖既舉義師旦日太宗所居處有紫雲當其上俄變爲五色狀如飛龍所居弘義宮中有一大池嘗作佳氣鬱然高數百尺太宗心獨異之至九年其氣轉盛上屬於天六月癸未克定內難立爲皇太子萬機巨細皆令取決初太宗爲秦王高祖制詩云聖德合天地五宿連珠見和風拂世民上下同歡宴帝於宮西造宅初成高祖送玉璽至帝所搢紳先生相謂曰詩及玉璽蓋奉國之祥瑞歟

創業起居注大業十三年歲在丁亥正月丙子夜晉陽宮西北有光夜明自地屬天若大燒火飛焰炎赫正當城西龍山上直指西南極望竟天俄而山上當童子寺左右有紫氣如虹橫絕火中上衝北斗自一更至三更而滅城上守更人咸見而莫能辨之皆不敢道大業初帝爲樓煩郡守時有望氣者云西北乾門有天子氣連太原甚盛故隋主于樓煩置宮以其地當東都西北因過太原取龍山風俗道行幸以厭之後又拜代王爲郡守以厭之二月己丑馬邑軍人劉武周殺太守王仁恭據其郡而自稱天子國號定楊武周竊知煬帝于樓煩築宮厭當時之意故稱天子規以應之帝聞而歎曰頃來羣盜遍于天下攻略郡縣未有自謂王侯者而武周豎子生于塞上一朝欻起輕竊大名可謂陳涉狐鳴爲沛公驅除者也有僧俗姓李氏獲白雀而獻之至日未時又有白雀來止帝牙前樹上左右復捕獲焉明旦有紫雲見於天當帝所坐處移時不去既而欲散變爲五色皆若龍獸之象如此三朝百姓咸見文武謁賀帝皆抑而不受

帝入臨汾郡勞撫任用郡內官民一如霍邑庚寅宿于絳郡西北之鼓山此山帝爲討捕大使時舊停營所故逗而宿焉去絳十餘里絳城不下是日曉鼓山西北有大浮雲色或紫或赤似華蓋樓闕之形須臾有暴風吹來向營而臨帝所居帳上帝指絳城而謂旁侍曰風雲如此見從彼何不遠之甚仍命廚人明日下城而後進食辛卯帝觀兵于絳城將士等爭欲先登因而縱上自卯及巳遂取之而食于正平縣令李安遠之宅通守陳叔達已下面縛請罪並捨而不問待之如初

聞奇錄太宗少時帥師戰淮人於千秋嶺大克之彼望我軍上雲物如龍虎之狀有識者曰此王者之氣也

雲溪友議太宗貞觀十二年正月帝朝於獻陵先是大雨雪及帝入陵院悲號哽咽百辟哀慟是時雪益甚寒風暴起有蒼雲出於山陵之上俄而流布天地晦冥至禮畢帝出自寢宮步過司馬北門泥行二百餘步於是風靜雪止雲氣歇滅天色開霽觀者竊議咸以爲孝感所致焉

冊府元龜元宗爲臨淄郡王嘗出畋有紫雲在其上從者望而奇之

唐書嚴善思傳善思語姚崇曰韋氏禍且塗地相王所居有華蓋紫氣必位九五公善護之及睿宗立崇以語聞名拜右散騎常侍

冊府元龜開元八年鄭州人元承徽上封事曰謹按魏典及北齊至後魏太平真君年中內學者奏言上黨有天子氣在壺關大王山于時太武南巡親幸上黨掘山封石將以厭之亦猶秦始皇東遊望氣者云五百年後金陵有天子氣始皇乃改金陵爲秣陵塹北山以絕其勢孫權僭號吳人以爲當之孫盛晉陽秋云從始皇東遊之歲至孫權僭號之時中間四百三十七年以數推之權未當應及晉元帝南渡始有五百二十六年以彼金行奄居四海金陵之瑞其在茲乎又按太武之後百有餘年高歡以內學之言復妄干符命因勒兵馬來在晉陽舍於壺關六旬而去更有上黨百姓從在晉陽因名上黨之坊實曰晉陽之地歡又居此僞以應之論其僭應則高歡不異於孫權語以虛攘則太武有同於嬴政暗于時運豈不惜哉臣等恭尋符命壺關天子之氣正是陛下當爲元穹上睠符命下鍾故使歷試潞州所以用當其應此天意也豈人事乎然而一幸潞州三移灰琯壺關

之地歲時爲蒐狩之埸大王之山朝夕卽豫遊之所始能龍潛上黨尋乃鳳舉咸寧內學之言果合符契又按內學所奏符應年月太平眞君太平則叶今辰眞君則更明陛下自唐至魏三百餘年觸類而推無不驗應伏願陛下上承天意下諭人心昭告寰瀛編列國史從之

雲溪友議開元十三年十一月丙戌封禪至泰山之下己丑日南至上備法駕登山至齊室其夕陰霧慘烈勁風四起裂幕折柱寒氣切骨上露立祈請仰天自誓曰某身有過請卽降罰萬人無福亦請某爲當罪應時風雨止天地清晏日氣和煦及升壇休氣四塞登歌奏樂有祥風自南而至絲竹之聲飄若天外及禪社首五色雲見日重輪及還山下之齋宮有慶雲隨馬祥風遶路

天寶四載七月蜀郡上言道士鄧紫處投龍設醮於江潭有大蛇長一丈自潭游出文彩五色有異常蛇其上有慶雲紛郁望編諸史從之

冊府元龜天寶十載十月御朝元閣有慶雲見帝賦詩羣臣畢和

肅宗爲皇太子天寶十五載六月元宗幸蜀帝幸靈武次永壽縣雲氣見西北長數丈成橋閣之狀識者以爲天子氣自是紫雲擁帝所乘馬聚散不時

代宗生於東都上陽宮之別殿明皇幸溫湯有望氣者云宮中有天子氣明皇卽日還宮是夜帝誕降

唐書朱滔傳滔與王武俊合帝命馬燧李懷光擊之滔屬鄭雲逵田景仙皆奔燧已而滔破懷光軍則與王師屯魏橋久不戰曰悅德滔援欲尊而臣之滔讓武俊曰篋山之勝王大夫力也于是滔武俊官屬共議古有列國連衡共抗秦今公等在此李大夫在鄆請如七國並建號用天子正朔且師在外其動無名豈長爲叛臣士何所歸宜擇日定約順人心不如盟者共伐之滔等從之滔以祿山思明皆起燕俄覆滅惡其名以冀堯所都因號冀武俊號趙悅號魏納號齊建中三年冬十月庚申爲壇魏西祀天各僭爲王與武俊等三讓乃就位滔爲盟主稱孤武俊悅及納稱寡人是日三叛軍上有雲氣頗異燧望笑曰是雲無知乃爲賊瑞邪

吐蕃傳蕭炅爲河西節度使吐蕃攻白草安人軍詔臨洮朔方分援鹵絕臨洮道白水軍使高東于拒守鹵引去炅遣將追尾有雲出軍上如白兎舞大破吐蕃

薛萬均傳柴紹之討梁師都也以萬均爲副萬徹亦從距朔方數十里突厥兵驟至王師却萬均兄弟橫擊之斬其驍將鹵陣譁乘之俘殺相藉突厥走遂圍師都諸將以城險未可下萬均曰城中氣死鼓不能聲破亡兆也旣而賊果斬師都降

冊府元龜憲宗自廣陵郡王冊爲皇太子時順宗卽位已久而臣下未有親奏對者內外咸言王伾王叔文專行斷決日有異說又屬頻陰雨皆以爲羣小用事之應及將行冊禮之夕雨乃止至行事之時天景晴朗有慶雲見識者以爲天意有所歸

唐書馮盎傳盎子智戴授衛尉少卿帝聞其善兵指雲問曰下有賊今可擊乎對曰雲狀如樹方辰在金金利木柔擊之勝帝奇其對

吳武陵傳裴度東討而韓愈爲司馬武陵勸愈爲度謀取中官常所不快者爲監軍歸素所快者于內爲我地以傾諸侯出帛百萬以給士大夫則孰不爲丞相之人然後分三大將環賊而屯明斥堠牛酒高會潛以寶期授潁蔡諸將而以三期紿賊令辯士持尺書刧元濟及將士約降彼無所竄謀矣時度部分已定故不見用元濟未破數月武陵自硤石望東南氣如旗鼓矛楯皆顚倒橫斜少選黃白氣出西北盤蜿相交武陵告愈曰今西北王師所在氣黃白喜象也敗氣爲賊日直木舉其盈數不閱六十日賊必亾夫天見其祥宜修事應之且洄曲守將怠緩不可使吳城賊將趙煜詐而輕若以兵誘之伏以待一舉可奪其城則右臂斷矣武陵之奇譎類如此

冊府元龜昭宗卽位前一日於宅所居之邸東垣有紫氣二條若成文字俄於氣生之處發其垣獲金龍子一枚諸王及左右咸共觀見及聽政頒示百官

梁太祖以唐大中六年歲在壬申十月二十一日夜生於碭山縣十溝里是夕所居廬舍之上有赤氣上騰里人望之皆驚奔而來曰朱家火發矣及至則廬舍儼然旣而鄰人以誕豫告衆咸異之帝仲昆三人俱未冠而孤母王氏攜養寄於蕭縣人劉崇之家帝旣壯不事生業以雄勇自負里人多厭之崇以其慵惰每加譴杖唯崇母自幼憐之親爲櫛髮嘗戒家人曰朱三非常人也汝輩當善待之家人問其故答曰我嘗見其熟寐之次爲一赤蛇然衆亦未之信也及爲梁王迎駕於鳳翔天復二年九月甲辰帝以敵寨聯絡稍盛躬統千騎乘高秋之時長空澄霽四絕纖

需望者見龍旌上紫雲如織遠邇同矚或曰馬氣上騰往往若是或曰前後騎士屯集豈一二乎曷無是耶茲固奇瑞非常者所當也天祐四年正月自河北還壬寅至梁是日有五彩雲覆于府署之上士庶靡不覩者四月帝將受禪宰臣張文蔚正押傳國寶玉冊金寶及文武羣官諸司儀仗法物及金吾左右三軍離鄭州丙辰達上源驛是日慶雲見

五代史符存審傳梁遣劉鄩攻同州朱友謙求救乃遣存審與李嗣昭救之河中兵少而弱梁人素易之且不虞晉軍之速至也存審選精騎二百雜河中兵出擊鄩壘陽敗而走鄩兵追之晉騎反擊獲其騎兵五十梁人知其晉軍也皆大驚然河中糧少而新降人心頗持兩端晉軍屯朝邑諸將皆欲速戰存審曰使梁軍知吾利于速戰則將夾渭而營斷我餉道以持久困我則我進退不可敗之道也不若緩師示弱伺隙出奇可以取勝乃按軍不動居旬日望氣者言有黑氣狀如鬬雞存審曰可以一戰矣乃進軍擊鄩大敗之

楚世家楊行密袁州刺史呂師周勇健豪俠顧通韓候兵書自言五世將家懼不能免常與酒徒聚飲醉則起舞悲歌慷慨泣下行密聞之疑其有異志使人察其動靜師周益懼謂其裨將綦毋章曰吾與楚人爲敵境吾常望其營上雲氣甚佳未易敗也吾聞馬公仁者待士有禮吾欲逃死于楚可乎章曰公自圖之章舌可斷語不洩也師周以兵獵境上乃奔于楚綦毋章縱其家屬隨之殷聞師周至大喜曰吾方南圖嶺表而得此人足矣以爲馬步軍都指揮使率兵攻嶺南取昭賀梧蒙龔富等州殷表師周昭州刺史

吳越備史大順二年六月朔師與宣州兵敗孫儒於宣城初行密軍師張顥善占筭前一日謂行密曰明日當木亭午可獲孫儒及詰旦北有大雲如箕漸大瀰漫俄而澍雨大水暴至乃遝出兵以擊儒營他營皆不救因獲儒

冊府元龜後唐符存審爲內外蕃漢馬步總管莊宗天祐十七年汴將劉鄩攻同州朱友謙求援於我遣存審與嗣昭將兵赴之九月次河中進營朝邑時河中久臣於梁衷持兩端及諸軍大集芻粟暴貴嗣昭懼其翻覆將急戰以定勝負居旬日梁軍將逼我營會望氣者言西南有黑氣如鬬雞之狀當有戰陣存審曰我方欲決戰而形於氣象得非天贊歟是夜閱其衆詰旦進軍梁軍來逆戰大破之

後唐太祖爲樞密使北征率師如澶淵旭旦日邊有紫氣來當太祖馬首之上高不及百尺從官視而異之至鄴都一夕在山亭院齋忽有黃氣起于前繚繞而上遠際于天太祖於黃氣中仰見星文紫微文昌燦然在目駭曰予在室中而見天象不其異乎密告知星者乃拜賀曰坐見天衢物不能隔至貴之祥也異日又於衙署中紫氣起於幡竿龍頭之上凡二日觀者異之及討李守貞於河中帝營於東砦大陳師旅鉦鼓錚訇旗幟光耀守貞登陴下瞰氣色不懌獨言曰是何妖變後城中人言見太祖軍上有紫氣如樓閣華蓋之狀故也

晉高祖在晉陽日旁多有五色雲氣如蓮芰之狀帝名占者視之謂曰此驗應誰占者曰見處爲瑞更應何人

漢高祖天福十二年四月星官奏有氣黃紫多龍鳳之狀块莽盤旋不離城上識者曰天不能無雲而雨不能無氣而立今瑞氣如此劉氏其大昌盛乎

湘陰公贇爲徐州節度使乾祐元年八月中有雲見五色

周世宗顯德元年正月朔日後景色昏晦日月多暈及帝卽位之日天氣清明中外肅然五月丁亥是夕月重輪是月辛卯世宗親征河東午後慶雲見於西南旣晡風雲雨雹起於東北

李金全爲安州節度使庚子年正月赤雲如烟蒙冒其境中有素光如矛戟之狀南北交錯及城有夜妖金全心惡之

十國春秋吳越武肅王世家天寶二年術者言安吉縣東有王氣王命鑿其地忽四鴿飛出化爲四龍賜名曰四龍湖

吳越忠懿王世家開寶七年冬十月宋授王東南面招討制置使賜劍甲鞍馬仍命丁德裕爲行營兵馬都監又以雲騎雄捷等指揮步兵凡千人輔王進攻常州甲申王親率鎭國鎭武親從上直等都指揮使王諤等五萬餘人發自國城丁德裕爲先鋒使癸亥次秀州有氣黑色形如覆舟當行府之上占者曰王氣也丙寅王率諸軍入常州有覆巨龜于旌門之下占者曰元武之應也

遼史后妃傳穆宗皇后蕭氏生有雲氣馥郁久之

聞見前錄河南節度使李守正叛周高祖爲樞密使討之有麻衣道者謂趙普曰城下有三天子氣守正

安得久耒幾城破先是守正子婦苻彥卿女也相者謂貴不可言守正日有婦如此吾可知矣叛意乃決城破舉家自焚苻氏坐堂上不動兵入叱之曰吾父與郭公有舊汝輩不可以無禮見加或白公命柴世宗納之後爲皇后三天子氣者周高祖柴世宗本朝藝祖同在軍中也麻衣道者其異人乎

湘山野錄太宗善望氣一歲春晚幸金明回蹕至州北合懽拱聖營南大下時有司供擬無雨仗因駐蹕轅門以避之謂左右曰此營他日當出節度使二人蓋二夏昆仲守恩守贇在營方草後侍眞廟于藩邸當龍飛二公俱崇高後守恩爲節度使守贇知樞密院事終于宣徽南北院使

通鑑宋紀柳開知代州謂其從子曰吾觀昴宿有光雲多從北來犯境寇將至矣

事文類聚仁宗天聖五年試進士韓琦名在第二時唱名第一甲方終太史奏五色雲見從官皆賀

金史五行志太祖之生也常有五色雲氣若二千斛囷廩之狀屢見東方遼司天孔致和曰其下當生異人建非常之事天以象告非人力所能爲也

溫都部跋忒畔穆宗遣太祖討之入辭奏曰昨日見赤祥往必克遂與跋忒戰殺之

章宗欽懷皇后蒲察氏傳大定二十三年章宗爲金源郡王行納采禮世宗遣近侍局使徒單懷忠就賜金百兩銀千兩廐馬六匹重綵三十端拜命間慶雲見于日側觀者異之

杜時昇傳時昇字進之霸州信安人博學知天文不肯仕進承安泰和間宰相數薦時昇可大用時昇謂所親曰吾觀正北赤氣如血東西亘天天下當大亂亂而南北當合爲一消息盈虛循環無端察往考來孰能違之

元史察罕帖木兒傳田豐之降也察罕帖木兒推誠待之不疑數獨入其帳中及豐旣謀變乃請察罕帖木兒行觀營壘衆以爲不可往察罕帖木兒曰吾推心待人安得人人而防之左右請以力士從又不許乃從輕騎十有一人行至王信營又至豐營遂爲王士誠所刺訃聞帝震悼朝廷公卿及京師四方之人不問男女老幼無不慟哭者先是有白氣如索長五百餘丈起危宿掃太微垣太史奏山東當大水帝曰不然山東必失一良將卽馳詔戒察罕帖木兒勿輕舉未至而已及于難

木華黎傳木華黎生時有白氣出帳中神巫異之曰此非常兒也

輟耕錄至正乙未正月廿三日日入時平江城忽望東南方軍聲且漸近驚走覘視他無所有但見黑雲一簇中彷彿皆類人馬而前後火光若燈燭者莫知其算迤逦由西北方而沒惟葑門至齊門居民屋脊龍腰悉揭去屋內牀榻屏風俱仆醋坊橋董家雜物鋪失白米十餘石醬一缸不知置之何地此等怪事竟不可曉

弇州史料都督馮勝攻某城劉基以一赫蹏封曰夜半出兵至某所見某方青雲起卽設伏頃有黑雲起者賊伏也勿輕動日中昃而黑雲漸薄回與青雲接者賊歸也銜枚躡其後擊之可盡擒也勝啓讀之初亦莫致信已而青黑雲起具如基言始以爲神遂率而破賊取其城

明外史劉基傳基嘗遊西湖有異雲起西北光射湖中同遊者魯淵宇文公諒輩以爲慶雲將賦以詩基縱飲徐言曰此天子氣也應在金陵十年後當有王者起其下時東南猶全盛皆駭基爲狂言無能知基者惟西蜀趙天澤以爲諸葛孔明儔也

劉三吾傳帝嘗曰朕觀天象奎壁間嘗有黑氣今消矣文運其興乎卿等宜有所述作以稱朕意

名山藏建文二年十月徐凱陶銘大滄燕王日夜有白氣二道自東北指西南占書曰利南乃自直沽疾行三百里至滄城下掩擊之凱銘皆降燕

典謨記英宗睿皇帝御諱祁鎭宣宗皇帝嫡長子以宣德二年生生之日日下五色雲見光灼殿陛旣二年立爲皇太子

潞安府志正德七年六月有黑眚乘夜著人卽膚坼血出或出黃水皆爪痕入二三分經月始愈不受藥餌日暮比屋然燈響爆鳴金鼓以震懾之凡兩月化爲白氣蔽日而去是歲長子旱禾槁

兵略纂聞正德間黃珂巡撫延綏嘗以歲例燒荒天忽陰翳風氣慘烈公曰此賊氛也命輕騎數百伏山背賊果率衆突出伏起殺之殆盡

欽定古今圖書集成曆象彙編庶徵典

第七十二卷目錄

庶徵典第七十二卷

霾霧異部彙考一 按霾每作于風故史書多以風霾連載然洪範恆風不及霾而後世濛霧其占又相類故合爲一部

禮記

月令

仲冬行夏令氛霧冥冥

爾雅

釋天

風而雨土爲霾

註孫炎曰大風揚塵土從上下也

春秋緯

潛潭巴

大霧三十日羣猾起上下相蒙上少下多故羣猾起

河圖緯

龍魚河圖

山有大霧十日已上不除者山崩之候也

管子

幼官

冬行秋政霧

春秋繁露

五行五事

咎及于水霧氣冥冥

木有變冬濕多霧

釋名

釋天

霧冒也氣蒙冒覆地物也昏暗之時則爲妖災明王聖主則爲祥瑞

京房妖占

占霧

雲霧四起則時多隱士

漢書

五行志

京房易傳曰有蜺蒙霧霧上下合也蒙如塵臣私祿及親茲謂罔辟厥異蒙其蒙先大溫已蒙起日不見行善不請于上茲謂作福蒙一日五起五解辟不下謀臣辟異道茲謂不見上蒙下霧風三變而俱解立嗣子疑茲謂動欲蒙赤日不明德不序茲謂不聰蒙日不明溫而民病德不試空言祿茲謂主窳臣夭蒙起而白君樂逸人茲謂放蒙日青黑雲夾日左右前後行過日公不任職茲謂怙祿蒙三日又大風五日蒙不解利邪以食茲謂閉上蒙大起白雲如山行蔽日公懼不言道茲謂閉下蒙大起日不見若雨不雨至十二日解而有大雲蔽日祿生于下茲謂誣君蒙微而小雨已乃大雨下相攘善茲謂盜明蒙黃濁下陳功求于上茲謂不知蒙微而赤風鳴條解復蒙下專刑茲謂分威蒙而日不得明大臣厭小臣茲謂蔽蒙微日不明若解不解大風發赤雲起而蔽日衆不惡惡茲謂閉蒙脅封用事三日而起日不見漏言亡喜茲謂下厝用蒙微日無光有雨雲雨不降廢忠惑佞茲謂亡蒙天先清而暴蒙微而日不明有逸民茲謂不明蒙濁奪日光公不任職茲謂不紲蒙白三辰止則日青青而寒寒必雨忠臣進善君不試茲謂遏蒙先小雨雨已蒙起微而日不明惑衆在位茲謂覆國蒙微而日不明一溫一寒風揚塵知佞厚之茲謂庳蒙甚而溫君臣故弼茲謂悖厥災風雨霧風拔木亂五穀已而大霧庶正蔽惡茲謂生孽災厥異霧此皆陰雲之類云

望氣經

占霧

六月三日有霧則歲大熟

十月癸巳霧赤爲兵青爲殃

南齊書

五行志

傳曰皇之不極是謂不建其咎在霧亂失聽故厥咎霧思心之咎亦霧天者正萬物之始王者正萬事之始失中則害天氣類相動也天者轉于下而運于上雲者起于山而彌于天天氣動則其象應故厥罰常陰王者失中臣下盛强而蔽君明則雲陰亦衆多而蔽天光也

觀象玩占

霧濛霾總敘

春秋元命苞曰陰陽氣亂而爲霧霧者百邪之本氣下于地而應于天是謂陰來冒陽其占爲臣蔽主明小人擅權不利于上濛者濛濛日不明也京房曰臣私祿及親茲謂罔羣厥異濛又曰在天爲濛在地爲霧日月不見爲濛前後人不相見爲霧蒙霧交錯陰邪干政人君不悟必有亡國河圖曰山冬大霧連十日以上不散者山崩之候也霧者水脈也凡天地四方昏蒙若塵十日五日以上或一月一時雨不沾衣而有土其名曰霾故語曰天地霾君臣乖不大旱外人來

雜占

凡霧氣不順四時逆相交錯微風小雨積日不解晝夜昏冥者天下欲分離

凡連陰三日晝不見日夜不見星亂風四起而不雨其名曰蒙下人有謀洪範曰皇之不極厥罰恆陰時則有下人伐上霧氣若晝若夜其色赤黃更相掩冒乍合乍散者亦如之

凡陰晦不見日月星昏氣襲人慘悽者兵亂之象也故曰若霧非霧衣冠不濡見則其邑被甲而趨

凡霧自夜半至日中不解遂合爲蒙者君行亂政于民而臣不諫也過日中似雨者臣行不避君也不解上爲蒙者臣行邪政于民而君不悟也

霧終日終時其國君有憂

凡霧連五日不雨不風其地有亂兵起

凡日出而霧連五六日以上期六十日兵起

四時日出卽有霧其地大擾日中霧起至昏不止其地易主

凡霧起四合百步不見人名曰晝昏不有破國必有滅門

霧乍合乍散臣有謀逆者不成自亡

凡霧從四方來合于中央卽爲兵起

凡霧色黃小雨白爲兵青爲疾疫黑爲暴水赤爲兵又曰霧色黃有大風又爲有土工

霧下色如黃土名曰黃霧天鏡曰天雨黃霧百姓奔亡又曰黃霧四塞國亂兵起京房曰黃濁四塞天下蔽賢絕道其國絕亡兵書曰白霧四面圍城必有兵至城下不出其日無兵不出百日兵起又曰白霧四

面圍城城不可攻霧入城則城必亡
春三月淸旦霧起再沈過三命曰三謀不出六十日
兵起
夏三月卯時霧起再沈至三不出一百日兵起
秋三月暴風甚雨朝夕見至三不出一年兵起
冬三月疾風暴雨狀如大雪至三見不出百日兵起
春乙卯日霧兵起東方夏丁卯日霧兵起南方秋辛
卯日霧兵起西方冬癸卯日霧兵起北方
凡霧四合有虹見隨四時色有所傷尅則凶
白虹而霧奸臣奪君擅權立威虹出霧中其年兵起
晝霧白虹見君有憂夜霧白虹見臣有憂
京房曰甲乙日霧人疾疫丙丁日霧有旱庚辛日霧
有兵壬癸日霧有水甘氏曰春甲乙寅卯日霧氣色
青出東行戰者客勝夏丙丁日巳午日霧氣赤南行
爲利客主人凶四季戊己辰戌丑未日霧氣色黃出
行利客主人內亂秋庚辛申酉日霧氣色白出行利
客先舉兵者勝後舉兵者敗無軍在外爲兵起冬壬
癸亥子丑日霧氣色黑出北行利客主人受咎
凡子日有霧馬馳人走四時同然
亥日有霧如雨從子卯上來賊至邊城謹防之
戊午日霧氣累日不解兵起若有兵在外爲有攻戰
十月壬癸日有赤霧其地有兵
冬三月庚辛日霧不出三年兵革滿野
四時受商之氣日夜半霧至日中者兵大起近期七
日若三日內有雨解
八魁日陰霧兵起春見秋發夏見冬發秋見春發冬
見夏發霧在其軍則其邦君死將軍罷陰陽書云凡
風霧晦冥不辨晝夜爲臣制君
晝霧夜明君志得伸夜霧晝明臣志得伸
兩軍相當有霧即日有微風者客勝霧而不雨者主
人勝霧已除而氣彌天者賊多晴明賊少
凡大濛連三日羣盜起
赤霧如塵沾衣亂兵起
軍中氣非霧非煙非蒙形如禽獸主人惡之

管窺集要

霧異占

君臣故相悖戾厭災風雨霧風拔木亂五穀已而大
霧
黑霧終朝不解者黑眚也當有寃氣變爲兵災近大
水之地則不占
兩軍相當有霧從破軍上來如煙如小雨入人眼鼻
者有急兵來
兵發之時霧起日昏急宜還師
久陰霧色鮮紅兵起有大戰若有黑風吹之所之之
方有流血
城營內霧氣狀如懸尸宜即去之
霧者衆邪之氣陰來冒陽凡大霧黑氣蔽天日月無
光臣蔽主明
凡臣下權重者天亦霧
霧封山三日已上者山崩之象
凡三月一日不雨七月九日有大霧六月十二日不
雨有大霧八月二十一日不雨有大霧九月一日不
雨有大霧
戊己日霧三日不止者下有大戰
霧氣繞城者臣下欲行威福在彼攻之必取其便我
宜號令易堅守
霧從外入城有賊攻城霧從內出有兵逃出
凡霧從四方來合中央而赤者則兵事也
子年有大霧有大水蠶繭穀麥傷
凡雨而江湖上忽有霧復暗其木不見波濤高下以
霧爲准霧高五尺水汎五尺霧高一丈或至三五丈
霧至處水汎至也

遵生八箋

四時調攝箋

正月朔忌大霧主多瘟災
正月五日有霧傷穀傷民元日霧歲必饑

霾霧異部彙考二

有熊氏

黃帝五十年秋七月庚申大霧三日三夜晝昏
按竹書紀年云云

夏

帝癸時黃霧四塞
按尚書中候桀無道地吐黃霧　按路史桀爲長夜
之飮于是天不俾純黃霧注其年湯放之地吐黃霧
見本條

漢

元帝永光三年冬大霧

按漢書元帝本紀永光三年冬十一月詔曰迺者己丑地動中冬雨木大霧盜賊並起吏何不以時禁各悉意對

竟寧元年大霧樹皆白

按漢書元帝本紀不載　按伏侯古今注云云

成帝建始元年黃霧四塞

按漢書成帝本紀建始元年夏四月黃霧四塞博問公卿大夫無有所諱　按五行志雲氣赤黃四塞終日夜著地者黃土塵也　按元后傳元帝崩太子立是爲孝成帝尊皇后爲皇太后以鳳爲大司馬大將軍領尚書事益封五千戶王氏之興自鳳始又封太后同母弟崇爲安城侯食邑萬戶鳳庶弟譚等皆賜爵關內侯食邑其夏黃霧四塞終日天子以問諫議大夫楊興博士駟勝等對皆以爲陰盛侵陽之氣也高祖之約也非功臣不侯今太后諸弟皆以無功爲侯非高祖之約外戚未曾有也故天爲見異言事者多以爲然鳳于是懼上書辭謝曰陛下即位思慕諒闇故詔臣鳳典領尚書事上無以明聖德下無以益政治今有茀星天地赤黃之異咎在臣鳳當伏顯戮以謝天下今諒闇已畢大義皆舉宜躬親萬機以承天心因乞骸骨辭職上報曰朕承先帝聖緒涉道未深不明事情是以陰陽錯繆日月無光黃赤之氣充塞天下咎在朕躬今大將軍迺引過自予欲上尚書事歸大將軍印綬罷大司馬官是明朕之不德也朕委將軍以事誠欲庶幾有成顯先祖之功德將軍其專心固意輔朕之不逮毋有所疑

王莽天鳳元年六月黃霧四塞

天鳳二年二月邯鄲以北大雨霧

按以上漢書王莽傳云云

吳

景帝永安元年蒙霧連日

按吳志孫休傳永安元年冬十一月甲午蒙霧連日

按晉書五行志孫休永安元年十一月甲午風四轉五復蒙霧連日是時孫綝一門五侯權傾吳主風霧之災與漢五侯丁傅同應也

晉

惠帝元康四年大霧

按晉書惠帝本紀不載　按五行志元康四年十二月大霧帝時昏眊政非己出故有區霿之妖

永康元年冬十月黃霧四塞

按晉書惠帝本紀云云

愍帝建興二年黑霧著人如墨

按晉書愍帝本紀建興二年正月己巳朔黑霧著人如墨連夜五日乃止　按五行志建興二年正月己巳朔黑霧著人如墨連夜五日乃止此黑祥也其四年帝降劉曜

元帝太興四年大霧

按晉書元帝本紀不載　按五行志太興四年八月黃霧四塞埃氛蔽天

永昌元年大霧蔽天

按晉書元帝本紀永昌元年冬十月京師大霧黑氣蔽天日月無光　按五行志永昌元年十月京師大霧黑氣蔽天日月無光十一月帝崩

明帝太寧元年黃霧四塞

按晉書明帝本紀太寧元年正月癸巳黃霧四塞二月乙丑黃霧四塞　按五行志是時王敦擅權謀逆愈甚

穆帝永和七年涼州黃霧

按晉書穆帝本紀不載　按五行志永和七年涼州大風拔木黃霧下塵是時張重華納譖出謝艾爲酒泉太守而所任非其人至九年死嗣子見殺是其應也京房易傳曰聞善不予茲謂有知厥異黃厥咎聾厥災不嗣黃者有黃濁氣四塞天下蔽賢絕道故災至絕世也

孝武帝太元八年二月癸未黃霧四塞

按晉書孝武帝本紀云云　按五行志是時道子專政親近佞人朝綱方替

按元經傳曰中原復亂之象也

安帝元興元年黃霧昏濁不雨

按晉書安帝本紀不載　按五行志元興元年十月景申黃霧昏濁不雨是時桓元謀逆之應

義熙五年十一月大霧

按晉書安帝本紀不載　按五行志云云

義熙十年大霧

按晉書安帝本紀不載　按五行志義熙十年十一月大霧是時帝室衰微臣下權盛兵及土地略非君有此其應也

宋

文帝元嘉二十七年霖霧映覆

按宋書文帝本紀不載　按符瑞志元嘉二十七年四月戊午午時天氣清明有緑霧映覆郡邑

元嘉二十九年黃霧四塞

按南史文帝本紀元嘉二十九年十二月戊辰黃霧四塞

南齊

高帝建元四年十月丙午日入後土霧勃勃如火煙

按南齊書高帝本紀不載　按五行志云云

武帝永明二年十一月己亥四面土霧入人眼鼻至辛丑止

按南齊書武帝本紀不載　按五行志云云

永明三年十一月丙子日出後及日入後四面土霧勃勃如火煙

按南齊書武帝本紀不載　按五行志云云

永明六年土霧竟天

按南史齊武帝本紀永明六年十一月丙戌土霧竟天如煙入人眼鼻二日乃止　按南齊書五行志六年十一月庚戌夜土霧竟天昏塞濃厚至七六日未時小開到甲夜後仍濃密勃勃如火煙辛慘入人眼鼻

永明八年土霧竟天

按南齊書武帝本紀不載　按五行志八年十月壬申夜土霧竟天濃厚勃勃如火煙氣入人眼鼻至九日辰時開除

永明九年霧如火煙

按南齊書武帝本紀不載　按五行志九年十月丙辰晝夜恆昏霧勃勃如火煙其氣辛慘入人眼鼻衆日色赤黃至四日甲夜開除

永明十年土霧如火煙

按南齊書武帝本紀不載　按五行志十年正月辛酉酉初四面土霧勃勃如火煙其氣辛慘入人眼鼻

梁

武帝大同元年雨黃塵

按南史梁武帝本紀大同元年十月雨黃塵如雪

大同二年雨黃塵

按南史梁武帝本紀大同二年十一月雨黃塵如雪攬之盈掬

大同三年雨灰

按南史梁武帝本紀大同三年春正月壬寅雨灰黃色

簡文帝大寶元年雨黃沙

按南史梁簡文帝本紀大寶元年春正月丁巳天雨黃沙

陳

後主禎明三年正月乙丑朔霧氣四塞

按陳書後主本紀云云　按隋書五行志陳禎明三年正月朔旦雲霧晦冥入鼻辛酸後主昏迷近夜妖也

魏

世祖太延四年正月庚子雨土如霧于洛陽

按魏書世祖本紀不載　按靈徵志云云

高祖太和十二年十一月丙戌土霧竟天六日不開到甲夜仍復濃密勃勃如火煙辛慘人鼻

按魏書高祖本紀不載　按靈徵志云云

世宗景明三年二月己丑秦州黃霧雨土覆地八月己酉濁氣四塞

景明四年八月辛巳涼州雨土覆地亦如霧

正始二年二月己丑夜陰霧四塞初黑後赤

正始三年正月辛丑土霧四塞九月壬申黑霧四塞

延昌元年二月甲戌黃霧蔽塞時高肇以外戚見寵兄弟受封同漢之五侯也

按以上世宗本紀俱不載　按靈徵志云云

孝靜帝武定四年冬大霧

按魏書孝靜帝本紀不載　按隋書五行志東魏武定四年冬大霧六日晝夜不解洪範五行傳曰晝而晦冥若夜者陰侵陽臣將侵君之象也明年元瑾劉思逸謀殺大將軍之應也

唐

高宗永徽二年十一月陰霧凍木

按唐書高宗本紀不載　按五行志永徽二年十一月甲申陰霧凝凍封樹木數日不解

麟德元年氛霧

按唐書高宗本紀不載　按五行志麟德元年十二月癸酉氛霧終日不解

儀鳳三年大霧

按唐書高宗本紀不載　按舊唐書本紀儀鳳三年十一月乙未昏霧四塞連夜不解

中宗嗣聖九年即武后長壽元年大霧

按唐書武后本紀云云　按五行志長壽元年九月戊戌黃霧四塞霧者百邪之氣爲陰冒陽本于地而應于天黃爲土土爲中宮

嗣聖十一年即武后延載元年白霧

按唐書武后本紀不載　按五行志延載元年十月癸酉白霧木氷

神龍二年三月乙巳黃霧四塞

按唐書中宗本紀不載　按舊唐書本紀云云

景龍二年黃霧昏濁

按唐書中宗本紀不載　按五行志景龍二年八月甲戌黃霧昏濁不雨按舊唐書作九月

景龍三年大霧

按唐書中宗本紀不載　按五行志三年正月丁卯黃霧四塞十一月甲寅日入後昏霧四塞經二日乃止占曰霧連日不解其國昏亂

元宗開元五年正月戊辰大霧

按唐書元宗本紀云云

開元二十九年三月丙午風霾日色無影

按唐書元宗本紀不載　按舊唐書本紀云云

天寶十三載二月丁丑雨土

按唐書元宗本紀云云

天寶十四載冬常霧

按唐書元宗本紀不載　按五行志天寶十四載冬三月常霧起昏暗十步外不見人是謂晝昏占曰有破國

肅宗至德二載白霧四塞

按唐書肅宗本紀不載　按五行志至德二載四月賊將武令珣圍南陽白霧四塞

乾元三年閏四月大霧

按唐書肅宗本紀不載　按舊唐書五行志云云

上元元年大霧

按唐書肅宗本紀不載　按五行志上元元年閏四月大霧占曰兵起

代宗大曆二年九月戊午夜白霧起西北亙天十一月紛霧如雪草木氷

按唐書代宗本紀不載　按五行志云云

大曆四年十月丁巳大霧

按唐書代宗本紀云云

德宗貞元十年三月乙亥黃霧四塞日無光

按唐書德宗本紀不載　按五行志云云

憲宗元和九年春正月己酉乙卯大霧而雪

按唐書憲宗本紀不載　按舊唐書本紀云云

穆宗長慶二年正月己酉大風霾

按唐書穆宗本紀不載　按五行志云云

長慶三年正月丁巳朔昏霾終日

按唐書穆宗本紀不載　按五行志云云

敬宗寶曆元年大霧

按唐書敬宗本紀不載　按五行志寶曆元年十二月乙酉夜西北有霧起須臾遍天霧止有赤氣或淺或深久而乃散

文宗太和八年十月甲子土霧晝昏

按唐書文宗本紀不載　按五行志云云

開成元年七月乙亥雨土

按唐書文宗本紀云云

懿宗咸通九年大霧

按唐書懿宗本紀不載　按五行志咸通九年十一月龐勛圍徐州甲辰大霧昏塞至于丙午

昭宗光化四年冬武德門內霧

按唐書昭宗本紀不載　按五行志光化四年冬昭宗在東內武德門內煙霧四塞門外日色皎然

天復三年二月雨土天地昏霾

按唐書昭宗本紀不載　按五行志云云

後晉

高祖天福八年正月丙戌黃霧四塞

按五代史晉高祖本紀不載　按司天考云云

出帝開運元年正月乙未大霧中二白虹相偶四月庚戌大霧中有蒼白二虹

按五代史晉出帝本紀不載　按司天考云云

後周

世宗顯德四年南唐雨沙如霧

按五代史周世宗本紀不載　按陸游南唐書保大十五年三月辛亥晝晦雨沙如霧　按劉仁贍傳辛亥晝晦雨黃沙如霧世宗在下蔡疑有變馳騎覘之乃仁贍卒

宋

太祖乾德三年十月丁亥朔大霧

按宋史太祖本紀云云

眞宗咸平四年風霾

按宋史眞宗本紀咸平四年三月丁丑風霾帝謂宰臣曰霾曀頗甚卿等思闕政以佐予治李沆等乞免官不許

仁宗天聖四年十月甲午昏霧四塞

按宋史仁宗本紀云云

嘉祐八年四月英宗卽位十一月丙午大風霾

按宋史英宗本紀云云

英宗治平四年正月庚辰大風霾

按宋史英宗本紀云云　按五行志是日上尊號延中仗衞皆不能整時帝已不豫後七日崩

神宗熙寧四年大風霾

按宋史神宗本紀不載　按五行志熙寧四年四月癸亥京師大風霾

哲宗元祐八年風霾

按宋史哲宗本紀不載　按五行志元祐八年二月京師風霾

欽宗靖康元年正月癸巳大霧四塞

按宋史欽宗本紀云云　按五行志靖康元年正月丁未霧氣四塞對面不見

靖康二年正月丁未大霧四塞

按宋史欽宗本紀云云　按五行志靖康二年正月己亥天氣昏曀風迅發竟日三月丁酉風霾

高宗建炎元年大風霾

按宋史高宗本紀不載　按五行志建炎元年正月辛卯朔大風霾丁酉風霾二月丁酉汴京風霾日無光是日張邦昌僭位

建炎二年風雨晝晦北京大霧

按宋史高宗本紀不載　按五行志二年七月癸未風雨晝晦是日東京留守宗澤薨　又按志二年十一月甲子北京大霧四塞是日城陷

建炎三年白霧晝晦

按宋史高宗本紀不載　按五行志三年三月車駕發溫州航海乙丑次松門海中白霧晝晦

建炎四年三月乙丑四方霧下如塵

按宋史高宗本紀不載　按五行志云云

紹興五年霧氣昏塞

按宋史高宗本紀不載　按五行志五年正月甲申霧氣昏塞

紹興七年氛氣翳日

按宋史高宗本紀不載　按五行志云云

紹興八年陰霧四塞

按宋史高宗本紀不載　按五行志八年三月甲寅晝晦日無光陰霧四塞四月積雨方止氛霧四塞晝日無光

孝宗隆興元年朝霧四塞

按宋史孝宗本紀不載　按五行志隆興元年五月丙午朝霧四塞

乾道四年三月己丑四方霧下若塵

按宋史孝宗本紀云云

乾道五年正月甲申晝霾四塞

按宋史孝宗本紀不載　按五行志云云

淳熙五年塵霾晝晦

按宋史孝宗本紀不載　按五行志淳熙五年四月丁丑塵霾晝晦日無光

淳熙六年十二月乙丑晝蒙

按宋史孝宗本紀不載　按五行志云云

淳熙十三年正月丁亥晝蒙

按宋史孝宗本紀不載　按五行志云云

寧宗慶元二年二月己卯晝暝四方昏塞

按宋史寧宗本紀不載　按五行志云云

慶元三年二月丁卯晝晦昏霧四塞

按宋史寧宗本紀不載　按五行志云云

慶元六年十二月辛卯晝蒙

按宋史寧宗本紀不載　按五行志云云

慶元九年十二月乙未天雨霾

按宋史寧宗本紀不載　按五行志云云

開禧元年正月壬午雨霾

按宋史寧宗本紀云云

嘉定三年正月丙午晝蒙

按宋史寧宗本紀不載　按五行志云云

嘉定十年正月乙未晝霾

按宋史寧宗本紀不載　按五行志云云

嘉定十三年三月壬辰晝蒙

按宋史寧宗本紀不載　按五行志云云

恭帝德祐元年黃沙蔽天

按宋史恭帝本紀不載　按五行志德祐元年三月辛巳終日黃沙蔽天或曰喪氣

帝昺祥興二年昏霧四塞

按宋史二王本紀元至元十六年二月張世傑軍潰翟國秀及團練使劉俊等降至中軍會暮昏霧四塞咫尺不相辨世傑乃與蘇劉義斷維以十餘舟奪港而去

金

海陵貞元三年四月丁丑朔昏霧四塞日無光凡十有七日

按金史海陵本紀云云

世宗大定五年十一月癸酉大霧晝晦

按金史世宗本紀云云

章宗承安五年十月庚子風霾
按金史章宗本紀云云　按五行志承安五年十月
庚子雲色黃而風霾
泰和四年正月壬申陰霧木冰
按金史章宗本紀云云
衛紹王至寧元年八月大霧晝晦
按金史衛紹王本紀云云
宣宗貞祐元年大霧
按金史宣宗本紀不載　按五行志貞祐元年八月
戊子夜將曙大霧蒼黑跬步無所見至辰巳間始散
貞祐三年二月戊辰大風霾十月丙申昏西北有霧
氣如積土至二更乃散
按金史宣宗本紀不載　按五行志云云
貞祐四年正月己未旦黑霧四塞巳時乃散
按金史宣宗本紀不載　按五行志云云
哀宗正大元年風霾
按金史哀宗本紀不載　按五行志正大元年正月
戊午上初視朝尊太后爲仁聖宮皇太后太元妃爲
慈聖宮皇太后是日昏霾不見日黃氣塞天

元

太宗五年冬大風霾
按元史太宗本紀五年冬帝至阿魯兀忽可吾行宮
大風霾七晝夜
成宗大德十年雨沙黑霾
按元史成宗本紀大德十年二月大同路暴風大雪
壞民廬舍明日雨沙陰霾馬牛多斃人亦有死者
按五行志十年二月大同平地縣雨沙黑霾斃牛馬
二千
泰定帝致和元年三月壬申雨霾
按元史泰定帝本紀云云
文宗天曆二年三月丁亥雨土霾八月丙午自庚子
至是日晝霧夜晴
按元史文宗本紀云云
至順元年晝雺霧傷麥
按元史文宗本紀元年二月甲午自庚寅至是日京
師大霜晝雺五月壬戌歸德府之譙縣霧傷麥
至順二年三月丙戌雨土霾
按元史文宗本紀云云
順帝元統二年黑霧
按元史順帝本紀不載　按五行志二年正月庚寅
朔河南省衆官晨集忽聞燔柴煙氣既而黑霧四塞
咫尺不辨腥穢逼人逾時方息
至正三年二月至四月忻州風霾晝晦
按元史順帝本紀不載　按五行志云云
至正五年雨紅霧
按元史順帝本紀不載　按五行志五年四月鎮江
丹陽縣雨紅霧草木葉及行人裳衣皆濡成紅色
至正十七年晝霧
按元史順帝本紀不載　按明昭代典則至正十七
年秋七月蒙古大都晝霧昏暝不辨人物自旦至午
方消如是者旬有五日
至正二十六年奉元路大霧
按元史順帝本紀不載　按五行志二十六年四月
乙丑奉元路黃霧四塞
至正二十八年黑霧
按元史順帝本紀不載　按五行志二十八年七月
乙亥京師黑霧昏暝不辨人物自旦近午始消如是
者旬有五日

明

太祖洪武元年秋七月蒙古大都紅霧及黑氣起
按明昭代典則云云
代宗景泰五年黃霧四塞
按明昭代典則景泰五年五月下監察御史鍾同禮
部郎中章綸于錦衣獄黃霧四塞監察御史鍾同方
易儲時每獨坐深思泣下已而懷獻太子卒人心危
懼同諷禮部請復立沂王爲東宮禮部大臣縮首咋
舌曰作死同遂上疏請立沂王以固宗社幷陳時政
缺失疏入詔縛下獄械繫極苦杖之不死仍禁獄中
章綸發憤亦即具疏陳修德弭災等事曰臣聞天下
之本在國國之本在家家之本在身身之本在心大
學曰心正而後身修以身爲天下國家之本而心又
一身之本也天下安危係于人君一身身安則天下
安天下治亂出于人君之一心心正則天下正欲安
天下必先安身欲正天下必先正心此二者當急之
務也臣恭惟皇上身乃天地宗廟社稷之所付託天
下華夷臣民之所仰望祖宗列聖萬年之基業在是
聖子神孫萬世之統緒在是誠不可不保養而所以
保養之者莫切于遠聲色也昔唐太宗納鄭仁基女
魏徵諫止之憲宗時敎坊司稱密詔選良家女子納
禁中李絳上疏乃悉還之文宗取李敎女入宮魏暮
諫而出之此古之忠臣愛君必拂其邪心防其嗜慾

置君于無過之地正心以爲安天下國家之本使天下莫得非議也伏望皇上思天地宗社付託之重念天下臣民仰望之深宵旰憂勤日夕惕勵以安天下而于深宮之內遠美色遠聲樂以保養聖躬誠以帝王一動一靜天鑒臨之天下知之史官書之以昭示天下以鑒戒後世不可得而掩也臣又聞堯舜禹啓成湯太甲盤庚高宗文武成康宣王之爲君皋夔稷契伊尹仲虺甘盤傅說周召仲山甫尹吉甫之爲臣或都俞吁咈而規戒于朝廷之上或謨明弼諧而陳論于堂陛之間或君告臣而曰予違汝弼汝毋面從或臣戒君而曰罔遊于逸罔淫于樂上下之間更相告戒故能贊襄治化而致雍熙太和之盛我朝祖宗列聖之于諸臣嘗會左右以備顧問或于大誥首著君臣同遊之篇或于勅諭而有旁招俊乂之語伏望皇上以歷代帝王及祖宗列聖爲法每退朝之後許師保尚書諸大臣及六科十三道五品以上更番于便殿以備顧問各條答事宜必言救時急務如此則足以明四目達四聰而于民間利病無不周知矣昔者伊尹告太甲曰立愛惟親立敬惟長始于邦家終于四海孟軻氏有曰堯舜之道孝弟而已矣誠以孝弟者百行之本萬善之源天子之所以德教加于百姓刑于四海不越是而已矣故大舜父頑母嚚克諧以孝周文王事王季一日三朝漢高祖五日一朝太公文帝侍薄太后疾目不交睫衣不解帶是孝之可法者如此唐元宗初即位爲長枕大被與兄弟同寢殿中或設五幄與諸王更處其中或置花萼樓召諸王同宴是友愛之可法如此臣伏望皇上于退朝之暇必朝兩宮尊奉上聖皇太后而修問安視膳之禮是即虞舜周文漢高文帝之孝也臣恭惟太上皇帝躬臨天下十四年是爲天下之父也與皇上同氣異胞是爲至親之兄也皇上會親受上皇之冊封是爲上皇之臣子也上皇親征戎虜被留虜庭嘗詔旨傳位于陛下是以天下授陛下也陛下尊之爲太上皇帝是爲天下之至尊幸而逢迎還宮是皇上之至願亦天下之至望也上皇爲陛下同氣之親兄陛下爲上皇同氣之親弟形雖爲二其實一人况上皇天性謙冲意無彼此伏望皇上于朔望日或節旦幸南宮率羣臣朝見上皇于延安門以叙連枝同氣之情以極尊隆崇奉之道則國家天下之福萬世帝王之法也臣又竊觀北極五星明大則吉以臣觀之是復中宮之象而位不虛也誠以后妃之德風之始也所以風天下而正夫婦也今茲詔冊妃汪氏爲皇后以厚大倫之原是以正位中宮而孝敬勤儉之德已聞于中外矣又詔冊立世子母杭氏爲皇后是固所以正大禮明彝倫而中宮之位久讓而弗居也不意世子甍逝臣民莫不痛心此事既往固不必言矣然而中宮之位不可以久虛伏望皇上復后汪氏于正宮則皇太子大本不期而有六宮儀範不期而正國家之本風化之原自可表正四方流傳萬世矣至于皇上推念同氣猶子之義詔沂王復居儲位以候皇子之生如此則五倫全備而和氣充溢于宮庭萬姓愛戴而歡聲洋溢于四海殆見天心自回災而變患有不足平者矣尚有辨異端等事語皆激切上大怒下綸詔獄炮烙煅煉逼綸引大臣及通南城狀體無完膚竟不承以鏜同先嘗上言幷欲殺二人會天大風雨黃霧四塞乃止

按名山藏景泰五年二月京師陰霾彌月

憲宗成化元年二月壬子風霾晝晦

按名山藏云云

成化五年雨霾

按大政紀成化五年閏二月己未雨霾天氣昏蒙黃塵四起三月刑科給事白昂因黃霧之災上言六事不報大略謂陛下即位嘗詔罷貢獻矣而貢獻不絕嘗罷織造矣而織造自如嘗禁權豪不得求地矣京城內外不得創寺觀矣而皆不爲禁止願守大信勿以親幸而易其度其餘亦皆當世急務

成化六年雨霾

按大政紀六年三月京師雨霾晝晦陝西大風揚沙黃霧四塞四月庚戌立夏雷未發聲陰霾四塞

按明昭代典則成化六年三月京師雨霾晝晦陝西寧夏大風揚沙黃霧四塞

成化七年四月己卯雨土霾

按大政紀云云

成化十二年正月南京陰霾蔽日

按名山藏云云

成化十七年風霾

按名山藏成化十七年三月久旱恆風以風霾勅羣臣修省

成化二十一年春風霾

按名山藏成化二十一年三月自正月至是風霾不雨命羣臣齋戒祭告于天地社稷山川

孝宗弘治十年五月京師風霾求直言
按大政紀云云
武宗正德元年冬十月霾霧四塞
按大政紀云云
正德五年六月京師旱霾
按大政紀云云
正德十一年五月風霾
按大政紀云云
正德十三年陰霾晝晦
按大政紀正德十三年三月京師陰霾晝晦人情震駭宮城內海子水溢四五尺折橋下鐵柱有金吾衞指揮張英明言車駕出必不利乃肉袒露刃于胷以死諫
正德十四年三月京師風霾晝晦
按大政紀云云
世宗嘉靖四年春正月一日黃霧四塞
按全遼志云云
嘉靖八年己丑春正月戊戌朔風霾晦如夕
按永陵編年史云云
愍帝崇禎元年三月初四日黃霧四塞
按陝西通志云云
崇禎八年黃霧四塞
按湖廣通志崇禎八年春正月日光摩盪不時黃霧四塞晝晦始至
崇禎十一年大霧
按河南通志崇禎十一年十一月懷慶大霧木介數日不解
崇禎十三年黑霧塞天
按永城縣志崇禎十三年庚辰閏正月二十四日丙午赤風飛沙黑霧塞天終日方止二月黑風自西來如窑焰狀書晦日夕始明九月初六日黑風起自西北其霧障天　按河南通志崇禎十三年七月洛陽大霧木介占云天人惡之次年果驗
崇禎十六年風霾
按春明夢餘錄崇禎十六年二月大學士某等疏曰臣等因風霾具疏引罪適蒙發下欽奉御批連日風霾大作朕心悚惕靡寧深自省察總因朕寡德所致卿等弘謨盡志安內攘外朕深切倚賴不必合詞引咎至教誨以至誠感格等語尤覘惆忱朕謹稟天戒敢懈誠修益望輔弼大臣多方匡救其折轉一應抚剿盡殲功罪賞罰屢旨已詳行間文武諸臣俱著殫智竭力奮勵掃除必期成功該部即日馳勅欽此臣等叩頭恭頌不勝感激不勝惶悚竊惟我皇上敬天之威時保不懈錫民之福歲省唯勤昨日兆示風霾咎惟臣下而乃以悚惕省察嚴洪範五事之徵以匡救誠修謹春官十煇之戒實與我聖祖露坐郊壇顧諟雷斧之意先後同符在昔周宣王雲漢示警南征北討赫然中興彼猶中主也矧以堯舜之資而當人心仁愛之會滅敵平寇日可俟矣所愧臣等才識疏庸罪愆叢積若律輔理無能之效正當在災異策免之條而猶過荷矜原暫覊恩譴俯循衾影彌切淵冰統俟兵事稍寧再圖合詞控請其行間督撫諸臣復經批諭嚴飭當益祗遵臨事奮勵成功以仰副宸算除臣等另報名廷謝外謹先具揭回奏恭謝伏望聖鑒臣等不勝激切悚息之至崇禎十六年二月二十六日晚上二十七日奉御批覽先生每奏朕知道了敬稟天威勉法祖德此揭奏裨益良深并前疏著命所司書于殿壁時存警戒不虛先生每訓誨至意該衙門知道

皇清
康熙十年三月十九日
上諭禮部今歲三春無雨風霾日作耕種愆期民生何賴皆由朕躬涼德政治未洽大小臣工不能殫忠爲國恪修職業瞻顧因循惟圖自便偏私怠忽致干
天和用是朕夙夜靡寧深切儆惕今實圖修省勵精勤政體
上天仁愛之意感召休和爲民請命內閣六部都察院等衙門大小官員各有職掌皆宜體朕倚任之意共効贊襄持廉秉公克盡厥職洗心滌慮痛改前非以迓
天和爾部卽遵諭遍行申飭祈雨事宜照例作速舉行
特諭

霾霧異部藝文一

論妖人冷清等事第二章　　宋包拯

臣近以開封府勘到冷清高繼安等乞早行顯戮免惑中外況狂僞之狀灼然明白決無可疑天地所不容人神所共棄豈宜引用常法遷延不斷此而可恕孰不可恕兼風霾暴作日色無光上下蒙蔽之象故天示此變所以警悟人君如是之至也伏願陛下察變異之來顧宗社之重特出宸斷速令誅夷免奸邪之類別起釁端寖成大患

霾霧異部藝文二 詩

元日霧　　明王守仁

元日昏昏霧塞空出門咫尺誤西東人多失足投坑塹我亦停車泣路窮欲斬蚩尤開白日還排閶闔拜重瞳小臣漫有澄清志安得扶搖萬里風

雨沙　　張泰

老鯤呼乾北溟水燭龍銜穴燒餘滓一片狂沙乘斷飈飛渡江南數千里誰言天上無行人空中亂落車馬塵青皇嚴令禁不得掩却人間明媚春羲和想迷西崦路午景徘徊愁作暮鼎湖神后擬重來鬼蜮妒口吹黃霧陰氣野霾韜百靈煙埃瞇眼花冥冥海天月浪洗一夜明朝水綠山還青

霾霧異部紀事

晉書戴洋傳咸康五年庾亮令毛寶屯邾城九月洋言於亮曰毛豫州今年受死問昨朝大霧晏風當有怨賊報讎攻圍諸侯誡宜遠偵邏寶問當在何時答曰五十日內

劉曜載記曜攻石生於金墉不恤軍士日與嬖人飲博大風拔木昏霧四塞石勒率衆來戰曜昏醉被執爲勒所殺

十六國春秋前趙錄愍帝卽位建元元年正月黑霧四塞人如黑五日而止

魏書和跋傳跋出爲平原太守太祖寵遇跋冠於諸將時羣臣皆敦尚恭儉而跋好修虛譽眩曜於時性尤奢淫太祖戒之弗革後車駕北狩豺山收跋刑之路側妻劉氏自殺以從初將刑跋太祖命其諸弟毗等視訣跋謂毗曰灅北地瘠可居水南就耕良田廣爲產業各相勉勵務自纂修令之背已曰汝曹何忍視吾之死也毗等解其微意詐稱使者去奔長安追之不及太祖怒遂誅其家後世祖西巡五原回幸豺山校獵忽遇暴風雲霧四塞世祖怪而問之羣下僉言跋世居此土祠冢猶存其或者能致斯變帝遣建興公古弼祭以三牲霧卽除散後世祖蒐狩之日每先祭之

北齊書神武本紀神武自隊主轉爲函使嘗乘驛過建興雲霧晝晦

天平元年二月永寧寺九層浮圖災既而有人從東萊至云及海上人咸見之於海中俄而霧起乃滅

唐書崔鉉傳乾符五年以戶部侍郎同中書門下平章事昕旦告麻大霧塞廷中百僚就班修慶大風雨雹時謂不祥俄改中書侍郎兼工部尚書

唐國史補李錡之擒也侍婢一人隨之錡夜則裂衿自書筦榷之功言爲張子良所賣教侍婢曰結之衣帶吾若從容奏對當爲宰相揚益節度不得從容受極刑矣吾死汝必入内上必問汝汝當以此進之及錡伏法京城三日大霧不開或聞鬼哭憲宗又得帛書頗疑其寃内出黃衣二襲賜錡及子敕京兆府收葬之

酉陽雜俎韓佽在桂州有妖賊封盈能爲數里霧先是常行野外見黃蛺蝶數十因逐之至一大樹下忽滅掘之得石函素書大如臂遂成左道百姓歸之如市乃聲言某日將收桂州有紫氣者我必勝至期果紫氣如疋帛自山亘於州城白氣直衝之紫氣遂散天忽大霧至午稍開霽州宅諸樹滴下小銅佛大如麥不知其數其年韓卒

冊府元龜高駢爲淮南節度使僖宗光啓三年十一月雨雪至三年二月昏霧不解或曰下謀其上駢果爲畢師鐸所殺

五代史漢臣郭允明傳李業與允明謀殺楊邠等是日無雲而昏霧雨如泣日中載邠等十餘尸暴之市中允明手殺邠等諸子於朝堂西廡

楚世家馬希聲字若訥殷次子也殷建國以希聲判內外諸軍事荊南高季昌聞殷將高郁素敎殷以計策而楚以強患之常使諜者行間於殷殷不聽希聲用事諜者語希聲曰季昌聞楚用高郁大喜以爲亡馬氏者必郁也希聲素愚以爲然遂奪郁兵職郁怒

日吾事君王久矣亟營西山將老焉犬子漸大能咋人矣希聲聞之矯殷令殺郁殷老不復省事莫知郁死是日大霧四塞殷惟之語左右曰吾嘗從孫儒儒每殺不辜天必大霧豈馬步獄有冤死乎明日吏以狀白殷拊膺大哭曰吾耄如此而殺吾勳舊顧左右曰吾亦不久於此矣明年殷薨

續湘山野錄祖宗潛耀日嘗與一道士遊於關河無定姓名自御極不再見上巳駕幸西洛生醉坐於岸太祖引至後掖見之上謂生曰我壽還得幾多生曰但今年十月廿日夜晴則可延一紀至所期之夕上御太清閣四望氣是夕果晴星斗明燦上心方喜俄而陰霾四起天氣陡變雪雹驟降移仗下閣急傳宮鑰開端門名開封王卽太宗也

宋史鄭俠傳熙寧六年七月不雨至於七年之三月人無生意東北流民每風沙霾曀扶攜塞道羸瘠愁苦身無完衣

清波雜志紹聖北郊齋宮告成翼日駕幸明晨微風霾卽開霽

癸辛雜識辛卯三月初六日甲辰黃霧四塞天雨塵土入人鼻皆辛酸几案瓦壠間如篩灰相去丈餘不可相覩日輪如未磨鏡翳翳無光彩凡兩日夜是夜二鼓望仙橋東牛羊司前居民馮家失火其勢可畏凡數路分火沿燒至初七日勢益盛而塵霧益甚昏翳慘淡雖火光烟氣皆無所覩直至午刻方息南至太廟牆北至太平坊南街東至新門西至舊祕書省前東南至小堰門吳家府西南至宗正司吳山上嶽廟皮場星宿閣伍相公廟東北至通和坊西北至舊十三灣開元宮門樓所燒踰萬家至今恰一甲子矣客云漢成帝建始元年後周宣帝陳後主禎明中皆有黃霧之變未及考也

金史宣宗皇后王氏中都人明惠皇后妹也其父微時嘗夢二玉梳化爲月已而生二后王氏姊妹受封之日大風昏霾黃氣充塞天地

僕散忠義傳移剌窩斡僭號兵久不決忠義請除之拜平章政事兼右副元帥封榮國公忠義至軍與賊遇時昏霧四塞跬步莫覩物色忠義禱曰狂寇肆暴殺戮無辜天不助惡當爲開霽奠已昏霧廓然

樂郊私語至正丙申三月日晡時天忽昏黃若有霾霧市中喧傳言天有兩日發書占之李淳風曰日不可有二風霾日無光占爲上刑急人不樂生天日變色有軍急其君無德其臣亂國嗟嗟今豈其時乎

明外史馮禎傳禎擢副總兵協守延綏正德六年盜起中原禎失利下馬殊死鬬援絕死焉明年是日禎死所風霾大作又明年亦如之伊王奏聞勑有司建祠歲以死日致祭

胡世寧傳世寧改刑部尚書有司奏河清甘露降方告謝齋宿風霾大作世寧乞罷不許

霾霧異部雜錄

淮南子天文訓困敦之歲歲大霧起

鹽鐵論雹霧夏隕萬物皆傷

黃憲外史匈奴寇邊黑霧三日如夜君子曰幽厲之氣彰矣

春秋胡傳陰陽之氣不和而散則爲戾氣曀霾

元池說林金陵極多蟹古傳有巨蟹背圓五尺足長倍之深夜每出嚙人其地有貞女三十不嫁夜遇盜逃出遇巨蟹橫道忽化作美男子誘之貞女怒曰汝何等精怪乃敢辱我我死當化毒霧以殺汝遂自觸石而死明日大霧中人見巨蟹死於道於是行人無復慮矣至今大霧中蟹多僵者

永昌府志秋冬之間於銀龍江逆水而上自寅至巳結霧如雨遠望若雲入其中數步卽對面不見能傷人目有則晴無則雨以此占天氣無有差者

欽定古今圖書集成曆象彙編庶徵典

第七十三卷目錄

庶徵典第七十三卷

虹霓異部彙考一

按周禮十煇虹亦雲氣之一今因虹爲亂氣其占獨重故別立一部

易緯

通卦驗

虹不時見女謁亂公虹者陰陽交接之氣陽唱陰和之象今應節不見似君心在房內不修外事廢禮失義夫人淫恣而不敢制故曰女謁亂公

春秋緯

潛潭巴

虹五色迭至照于宮殿有兵革之事

汲冢周書

時訓解

清明後十日虹始見虹不見婦人苞亂

小雪之日虹藏不見虹不藏婦不專一

漢書

五行志

京房易傳曰有霓蒙霧霧上下合也蒙如塵雲霓日旁氣也其占日后妃有專霓再重赤而專至衝旱妻不壹順黑霓四背又白虹雙出日中妻以貴高夫茲謂擅陽霓四方日光不陽解而溫內取茲謂禽霓如禽在日旁以尊降妃茲謂薄嗣霓直而塞六辰乃除夜星見而赤女不變始茲謂乘夫霓白在日側黑霓果之氣正直妻不順正茲謂擅陽霓中窺貫而外專夫妻不嚴茲謂媟霓與日會婦人擅國茲謂頊霓白貫日中赤霓四背適不答茲謂不次霓直在左霓交在右取于不專茲謂危嗣霓抱日兩未及君淫外茲謂亡霓氣左日交于外取不達茲謂不知霓白奪明而大溫溫而雨尊卑不別茲謂媟霓三出三已三辰除除則日出且雨

隋書

天文志

一曰虹霓日旁氣也斗之亂精主惑心主內淫主臣謀君天子詘后妃顓妻不一

五行志

凡白虹者百殃之本衆亂所基

性理會通

朱子

虹能吸水吸酒人家有此或爲妖或爲祥

觀象玩占

虹霓總敘

虹霓者陰陽交氣氣和則爲雨露怒則爲雷霆淫則爲虹霓虹者攻也陽攻陰也霓者齧也災氣傷害于物如有所齧也一曰鎮精散爲虹霓又曰虹霓者斗之亂精斗失其度則生之雄曰虹雌曰霓多在日月之衝雙出色鮮明者爲虹暗者爲霓蔡邕曰見于日衝曲而青紅者爲虹見于日旁白而直爲霓虹霓主內淫主惑心

雜占

虹以立春四十六日內有出正東貫震中春多雨夏多火災秋多水災民流亡冬多海賊

春分四十六日內出東南貫巽中春大旱災起

立夏四十六日內出正南貫離中大旱災麻不收

夏至四十六日內出西南貫坤中有小水蝗蟲爲害魚不孳

立秋四十六日內出正西貫兌中秋有水有旱

秋分四十六日內出西北貫乾中秋多水虎食人

立冬四十六日內出正北貫坎中冬少雪春水災

冬至四十六日內出東北貫艮中春多旱夏火災粟貴

京房曰虹春三月出西方有青雲覆之其夏多寒人病瘧若瘟赤雲覆之夏旱黃雲覆之夏小旱五穀半收白雲覆之夏多大風人疫黑雲覆之秋多大風一日多雨

秋三月虹出西方青雲覆之冬多寒人病瘧若瘟赤雲覆之冬多風黑雲覆之冬多雨

冬三月虹出西方有青雲覆之來年春多寒人病瘧若瘟赤雲覆之春旱黃雲覆之春雨調和白雲覆之春多狂風黑氣覆之春多水淫雨

虹出南方無雲春夏秋所見之處風雨不時不出三年大飢百姓流亡

虹出北方無雲春夏秋冬所見之處陰陽不和風雨不時冬溫夏寒小民怨咨五穀不成其地大飢大旱三年哭泣相隨一日大旱二百八十日民大疾疫

京房易飛候曰凡虹相有五蒼無胡者虹也赤無胡者蚩尤旗也白無霓者胡霓也衝不屈者天杵直下不屈者天棓也此五虹以甲乙日見東方人饑丙丁日出南方大旱庚辛日出西方其邑多空戶五歲大死人壬癸日出北方人相食

虹以四五六月出西方麥貴七八月出西方粟貴九月出西方大小豆貴十月出西方穀貴一出再倍三出三倍五出五倍民流千里

虹立秋日後見西方萬物皆貴

虹秋冬出西方色多白天下小口傷

虹以十月出東北方若東方其邑亡

虹以戊己日出中央若西方南方人君凶

二虹並見兵起期二年三年五虹並見天下大亂兵起天子斥期三年九虹俱見五色縱橫九女並譌妃后相爭女謁亂行人主失威天下交兵

虹霓數見后妃黨盛方虹見有暴兵起

虹霓亙天后妃陰盛脅天子

日旁有屈虹下有大戰流血

屈虹東出其下有破軍殺將

虹橫屈至上反入直而不屈不出九十日民多病疫不出三年大旱民流

虹出直上所出之地大旱民多妖言死病

青虹東西極天兵起三日不散不出一年大兵起

赤虹從天直下國亂無主

赤虹如杵將軍士卒死亡血流成川

赤虹東出其野有戰米大貴

赤虹與日俱出其野有急所臨之國有憂不可舉事用兵

白虹見諸侯起兵國有女亂天文志曰白虹者殃之本衆亂之所基白虹出其年有兵又曰白虹所出其下流血當其城城必空

白虹如杵萬人死其下貫日諸侯有反者不則近臣爲亂

白虹首尾至地者有流血

白虹暮出國易政

白虹夜出其年大兵起

白虹從地中出所臨之地有大兵起流血

白虹分裂爲四五六投大戰流血

日旁有三四五六白虹交貫所臨之地流血兩軍相當從下擊上大勝

白虹長十餘丈大如杵上下銳或直或曲皆爲大戰從所指擊之勝

秋二月白虹出西方兩軍相當急陳兵以待之若有
赤氣衝之有僂城
白虹屈曲見城上有大戰流血
白虹繞城不匝謹守其缺可救
白虹出軍上軍中有亂
虹霓狀如日月暈必有破軍先起者勝
虹霓五色重疊光色照地所出之地兵起
霓承日如抱弓婦在君側爲妒欲專政也
霓圍日而表黃內青者婦奪君也
霓直日者婦外來從候君歡娛之也
霓有形而頹黑漸微者婦怨望也
霓圍日復迴下貫者后妃不正天示且亡之象也
霓有迴口覆下貫者君喜其后妃而后妃亂政以亡
其國也
霓在日旁中天而直者君有外事遍於臣也
霓有四珥白氣貫者后妃有謀也
霓圍日者君失德也凡霓見皆陰撓陽后妃無德而
以色親君陽道有失所致也
凡虹霓連蜷近日或貫日皆爲后妃專政人主有憂
虹在日上近臣爲亂
日色赤黑有虹貫之君被臣弑
虹出牽牛度中后族强專政一日有壞城
白虹圍軫有亡國
虹出須女度中后族强奪政
天無雲有赤虹貫繞昴畢臣主相伐
虹貫太微后族專政
虹出地中臣子爲逆

虹出宮殿園池或井中君不入其年君亡政國亂
虹出入人家屋中妖婦死破敗
虹出入人家井中其家有兵傷一日當出貴子而後
家受其殃
虹自井中出或自外入飲井中水其邑有兵不則有
盜賊相殺之事一日虹出池中在國國空在家家亡
凡攻城有虹從外城入飲城中水者城破從外順攻
之勝有虹入城城可屠
城中有黃虹貫之主喜貴青黑凶赤白大戰城陷虹
垂頭於軍門有流血
虹霓直指順其所指擊之勝
絳氣多見國有大喪有雨則解
絳氣小長如反弓有亡國
絳氣直大三日不出三年天下大兵青黑者爲大喪
絳氣五色或赤白逢丑未或東西極天者皆爲兵喪
赤虹再重爲旱應衝
黑霓四背白霓雙出日中婦刺其夫
霓狀如禽在日旁內寵奪后天子絕嗣霓奪日光尊
卑不別
白虹在日側黑裹之后妃不出在日直而交左右人
主無嗣
霓出半日沒沒而日出且白臣私祿于親
凡攻城相敵而有虹見其占在軍無軍在外則其占
在君臣后當之
石氏曰虹頭在江河溪澗之內軒轅之變也見四維
卽爲陰而見西方卽爲旱不占同事災咎蒼白多則
水赤多則旱

管窺集要

虹霓占

后妃有專則霓再重而圓
妻不一順黑霓四背又曰霓雙出日中
妻以貴高夫則霓四方日光不揚解而溫
君內淫則霓如禽在日旁
以尊降妃則霓直而塞六辰乃除夜星見而赤
女不變始茲謂乘夫則霓白在日側黑霓裹之氣正
直
妻不順正則霓中窺貫而外專
夫妻不莊則霓與日會
婦人擅國則霓白貫日中赤霓四背
嫡不見答霓直在左交在右
君外淫則霓氣左白交于外
娶不達則霓奪日明而大溫溫卽雨
娶不專則霓抱日雨未及
尊卑不別則霓三出三已三辰除
春東方青虹者青龍之象不可攻青赤者爲王不可
攻白黑者擊之勝
夏南方有赤虹者朱雀之象不可攻黃赤者王也不
可攻白黑擊勝
秋西方白虹者白虎之象不可攻赤黃者不可攻青
黑者可擊之
冬北方黑虹者元武之象不可攻赤亦不可攻黃青
白者可擊之
虹與日俱東方所見分野凶
虹見續而復斷皆有爭戰流血之憂

虹尾東西不過三朔有大赦

田家五行

論虹

俗呼曰鱟諺曰東鱟晴西鱟雨諺云對日鱟不到晝主雨言西鱟也若鱟下便雨還主晴

虹霓異部彙考二

周

敬王二十六年晉青虹見

按竹書紀年云云

後漢

靈帝光和元年六月丁丑有黑氣墮溫德殿中七月壬子青虹見御座玉堂後殿庭中

按後漢書靈帝本紀云云　按楊震傳震中子秉秉子賜光和元年有虹霓晝降于嘉德殿前帝惡之引賜及議郎蔡邕等入金商門崇德署使中常侍曹節王甫問以祥異禍福所在賜仰天而嘆謂節等曰吾每讀張禹傳未嘗不憤恚歎息不能竭忠盡情極言其要而反留意少子乞還女壻朱游欲得尚方斬馬劍以理之固其宜也吾以微薄之學充先師之末累世見寵無以報國猥當大問死而後已乃書對曰臣聞之經傳或得神以昌或得神以亡國家休明則鑒其德邪辟昏亂則視其禍今殿前之氣應爲虹霓皆妖邪所生不正之象詩人所爲蝃蝀者也于中孚經曰霓之比無德以色親方今內多嬖倖外任小臣上下並怨諠譁盈路是以災異屢見前後丁寧今復投霓可謂孰矣按春秋讖曰天投霓天下怨海內亂加四百之期亦復垂及昔虹貫牛山管仲諫桓公無近妃宮易曰天垂象見吉凶聖人則之今妾媵嬖人閹尹之徒共專國朝欺罔日月又鴻都門下招會羣小造作賦說以蟲篆小技見寵于時如驩兜共工更相薦說旬月之間並各拔擢樂松處常伯任芝居納言郄儉梁鵠俱以便辟之性佞辯之心各受豐爵不次之寵而令搢紳之徒委伏畎畝口誦堯舜之言身蹈絕俗之行棄捐溝壑不見逮及冠履倒易陵谷代處從小人之邪意順無知之私欲不念板蕩之作虺蜴之誡殆哉之危莫過于今幸賴皇天垂象譴告周書曰天子見怪則修德諸侯見怪則修政卿大夫見怪則修職士庶人見怪則修身唯陛下慎經典之誡圖變復之道斥遠佞巧之臣速徵鶴鳴之士內親張仲外任山甫斷絕尺一抑止盤游留思庶政無敢怠遑冀上天還威衆變可弭老臣過受師傅之任數蒙寵異之恩豈敢愛惜垂沒之年而不盡其慺慺之心哉書奏甚忤曹節等

獻帝初平元年二月壬辰白虹貫日

按後漢書獻帝本紀云云

吳

大帝赤烏十一年白虹貫日

按宋書五行志吳孫權赤烏十一年二月白虹貫日權發詔深戒懼

晉

武帝泰始五年七月甲寅白虹貫日

按晉書武帝本紀不載　按宋書五行志云云

懷帝永嘉二年白虹貫日

按晉書懷帝本紀不載　按天文志二年正月戊申白虹貫日二月癸卯白虹貫日占曰白虹貫日近臣爲亂不則諸侯有反者

愍帝建興五年正月庚子虹霓彌天

按晉書愍帝本紀云云　按天文志占曰白虹兵氣也

明帝太寧元年白虹貫日

按晉書明帝本紀不載　按天文志太寧元年十一月景子白虹貫日史官不見桂陽太守華包以聞

成帝咸和九年七月白虹貫日

咸康元年七月白虹貫日

咸康二年七月白虹貫日

按晉書成帝本紀皆不載　按天文志咸和九年咸康元年二年七月白虹貫日自後庾氏專政由后族而貴蓋亦婦人擅國之義故頻年白虹貫日

海西公太和三年九月戊辰夜二虹見東方

按晉書海西公本紀不載　按天文志云云

太和四年四月戊辰白虹貫日

按晉書海西公本紀不載　按天文志云云

太和六年三月辛未白虹貫日

按晉書海西公本紀不載　按宋書五行志云云

安帝元興元年白虹貫日

按晉書安帝本紀不載　按天文志元興元年二月甲子白虹貫日中三月庚子白虹貫日未幾桓元篡

京都王師敗績明年元纂位

義熙二年彩虹蔽月

按晉書安帝本紀不載　按王紹之晉安紀義熙二年七月夜彩虹出西方蔽月

義熙七年五虹見東方

按晉書安帝本紀不載　按天文志七年七月五虹見東方占曰天子黜其後劉裕代晉

義熙十年白虹干日

按晉書安帝本紀不載　按天文志十年日在東井有白虹十餘丈在南干日災在秦分秦亡之象按宋志作十一年

宋

文帝元嘉　年有兩白虹見宣陽門外

元嘉八年七月壬戌夜白虹見東方

按宋書文帝本紀俱不載　按五行志云云

後廢帝元徽二年八月壬子夜白虹見

元徽四年正月己酉白虹貫日

按宋書後廢帝本紀俱不載　按五行志云云

順帝昇明元年九月乙未夜白虹見東方

按宋書順帝本紀不載　按五行志云云

南齊

高帝建元四年二月辛卯白虹貫日

按南齊書高帝本紀不載　按天文志云云

武帝永明四年五月丙午白虹貫日

永明六年三月甲申虹貫日中

永明九年正月甲午白虹貫日久久消散

永明十年七月癸酉西方有白虹須臾滅

永明十一年九月甲午西方有白虹南頭指申北頭指戌上久久消滅

按以上南齊書武帝本紀俱不載　按天文志云云

梁

武帝太清元年白虹貫日

按南史梁武帝本紀太清元年二月己卯白虹貫日

太清三年白虹貫日

按南史梁武帝本紀太清三年春正月庚申白虹貫日三重

陳

宣帝太建十二年白虹見

按陳書宣帝本紀不載　按隋書天文志太建十二年二月壬寅白虹見西方占曰有喪其後十三年帝崩

北魏

高祖延興五年正月丁酉白虹貫日

按魏書高祖本紀不載　按天象志云云

太和十二年三月戊戌白虹貫日

按魏書高祖本紀不載　按天象志云云

世宗正始二年月暈有珥白虹貫之

按魏書世宗本紀不載　按天象志正始二年十一月丙子月暈珥東有白虹長二丈許西有白虹長一匹北有虹長一丈餘外赤內青黃

正始三年十二月乙卯白虹貫日

按魏書世宗本紀不載　按天象志云云

永平元年三月己酉白虹貫日

按魏書世宗本紀不載　按天象志云云

肅宗神龜元年白虹貫日

按魏書肅宗本紀不載　按天象志神龜元年三月丁丑白虹貫日占曰天下有來臣之衆不二年十一月乙酉蠕蠕莫緣梁賀侯豆率男女七百口來降

正光二年正月甲寅日交暈有白虹貫暈

按魏書肅宗本紀不載　按天象志云云

孝昌元年白虹刺日

按魏書肅宗本紀不載　按天象志孝昌元年十二月丙戌白虹刺日不過虹中有一背占曰有臣背其主一日有反城二年九月己卯東豫州刺史元慶和據城南叛

莊帝永安三年五月戊戌白虹貫日六月辛丑白虹貫日

按魏書莊帝本紀不載　按天象志云云

孝靜帝元象元年十一月己巳日暈珥背有白虹至珥不徹

按魏書孝靜帝本紀不載　按天象志云云

元象二年二月己丑巳時日暈帀白虹貫日不徹

按魏書孝靜帝本紀不載　按天象志云云

北周

武帝保定五年春正月辛卯白虹貫日

按周書武帝本紀云云　按隋書五行志占曰爲兵喪

天和元年夏四月甲子日有交暈白虹貫之

按周書武帝本紀云云

天和五年月暈白虹貫之

按周書武帝本紀不載　按隋書五行志五年正月

乙巳月在氐暈有白虹長丈所貫之而有彗相連接占曰兵大起大戰將軍死于野時北齊將斛律明月寇邊于汾北築城自華谷至于龍門其明年詔齊公憲率師禦之三月己酉憲自龍門度汾水拔其新築五城兵起大戰之應也

建德二年二月辛亥白虹貫日

按周書武帝本紀云云　按隋書五行志占曰臣謀君不出三年又曰近臣爲亂後年七月衛王直在京師舉兵反

建德五年冬十月虹見晉州城上

按周書武帝本紀建德五年十月癸亥六軍攻晉州城帝屯于汾曲齊王憲攻洪洞永安二城並拔之是夜虹見于晉州城上首向南尾入紫微宮長十餘丈　按隋書五行志五年十月癸亥帝率衆攻晉州是日虹見晉州城上首向南尾入紫宮長十餘丈庚午克之丁卯夜白虹見長十餘丈頭在南尾入紫宮中占曰其下兵戰流血又曰若無兵必有大喪至六年正月平齊與齊軍大戰十一月稽胡反齊王討平之

隋

文帝開皇九年春正月己巳白虹夾日

按隋書文帝本紀云云　按天文志占曰白虹銜日臣有背主又曰人主無德者亡是月滅陳

唐

高祖武德　年白虹下蒲州城

按唐書高祖本紀不載　按五行志武德初隋將堯君素守蒲州有白虹下城中

睿宗景雲元年（即唐隆元年）虹霓亙天

按唐書睿宗本紀不載　按五行志唐隆元年六月戊子虹霓亙天霓者斗之精占曰后妃陰脅王者又曰五色迭至照于宮殿有兵

延和元年白虹垂頭于軍門

按唐書睿宗本紀不載　按五行志延和元年六月幽州都督孫佺帥兵襲奚將入賊境有白虹垂頭于軍門占曰其下流血

肅宗至德二載白虹亙天

按唐書肅宗本紀不載　按五行志至德二載正月丙子南陽夜有白虹四上亙百餘丈

憲宗元和十二年白虹亙天

按唐書憲宗本紀不載　按五行志元和十三年十二月丙辰有白虹闊五尺東西亙天

武宗會昌四年白虹見

按唐書武宗本紀不載　按五行志會昌四年正月己酉西方有白虹

懿宗咸通元年白虹見

按唐書懿宗本紀不載　按五行志咸通元年七月己酉朔白虹橫亙西方

咸通九年白虹見

按唐書懿宗本紀不載　按舊唐書本紀九年七月戊戌白虹橫亙西方

僖宗中和二年絳虹竟天

按唐書僖宗本紀不載　按舊唐書本紀二年七月辛丑朔丙午夜西北方赤氣如絳虹竟天

光啓二年白虹見

按唐書僖宗本紀不載　按五行志光啓二年九月白虹見西方十月壬辰夜又如之

昭宗天復三年曲虹見

按唐書昭宗本紀不載　按五行志天復三年三月朔日有曲虹在日東北

後晉

高祖天福三年虹見閩王昶宮中

按五代史晉高祖本紀不載　按閩世家王鏻長子繼鵬更名昶昶亦好巫拜道士譚紫霄爲正一先生又拜陳守元爲天師而妖人林興以巫見幸事無大小興輒以寶皇語命之而後行守元教昶起三清臺三層以黃金數千斤鑄寶皇及元始天尊太上老君像日焚龍腦薰陸諸香數斤作樂于臺下晝夜聲不輟云如此可求大還丹三年夏虹見其宮中林興傳神言此宗室將爲亂之兆也乃命興率壯士殺審知子延武延望及其子五人後興事敗亦被殺而昶愈惑亂立父婢春燕爲淑妃後立以爲皇后又遣醫人陳究以空名堂牒賣官昶弟繼嚴判六軍諸衛事昶疑而罷之代以季弟繼鏞而募勇士爲宸衛都以自衛其賜予給賞獨厚于他軍控鶴都將連重遇拱宸都將朱文進皆以此怨激其軍是歲夏衛者言昶宮中當有災昶徙南宮避災而宮中火昶疑重遇軍士縱火內學士陳郯素以便佞爲昶所親信昶以火事語之郯反以告重遇重遇懼夜率衛士縱火焚南宮昶挾愛姬子弟黃門衛士斬關而出宿于野次重遇迎延義立之延義命其子繼業率兵襲昶及之射殺數人昶知不免擲弓于地繼業執而殺之及其妻子皆死無遺類

出帝開運元年二月辛亥日有白虹二
按五代史晉出帝本紀不載　按司天考云云

遼

聖宗統和二十年正月癸丑東方五色虹見
按遼史聖宗本紀云云

宋

仁宗慶曆四年二月己酉白虹貫日
皇祐五年春正月庚戌白虹貫日
嘉祐元年十二月甲子白虹貫日
嘉祐四年二月戊子白虹貫日十二月丁丑白虹貫日
嘉祐五年春正月辛卯朔白虹貫日
嘉祐七年冬十月丙戌白虹貫日
按以上宋史仁宗本紀云云
英宗治平三年二月乙酉朔白虹貫日
按宋史英宗本紀云云
治平四年正月神宗即位二月辛卯白虹貫日
按宋史神宗本紀云云
神宗熙寧七年三月乙巳白虹貫日
熙寧十年春正月己巳白虹貫日
元豐三年春正月己丑白虹貫日癸巳白虹貫日
元豐五年春正月己亥白虹貫日
元豐六年春正月甲申白虹貫日
元豐七年三月癸亥白虹貫日五月辛酉白虹貫日
按以上宋史神宗本紀云云
哲宗元祐元年二月壬辰白虹貫日
元祐二年正月辛巳白虹貫日十二月乙未白虹貫日
元祐三年二月乙未白虹貫日十二月壬寅白虹貫日
元祐四年二月庚戌白虹貫日
紹聖元年四月癸丑白虹貫日
紹聖二年十二月壬申白虹貫月
元符元年二月丙戌白虹貫日
按以上宋史哲宗本紀云云
徽宗崇寧二年秋七月壬午白虹貫日甲申降德音于熙河蘭會路減四罪一等流以下釋之
政和二年六月乙卯白虹貫日
按以上宋史徽宗本紀云云
高宗建炎三年二月辛丑白虹貫日
按宋史高宗本紀云云
建炎四年三月辛卯白虹貫日
紹興八年三月辛巳白虹亙天
紹興二十七年二月壬寅白虹貫日
紹興三十年十二月辛酉曲虹見日之西
按以上宋史高宗本紀不載　按五行志云云
孝宗乾道三年十月丙申虹見
淳熙元年十月戊寅白虹見日東
淳熙二年十月庚辰虹見
淳熙五年十月丁巳曲虹見日東
按以上宋史孝宗本紀不載　按五行志云云
寧宗慶元元年正月丙辰白虹貫日
嘉泰三年七月壬午白虹貫日
按以上宋史寧宗本紀云云
嘉泰四年十一月虹見
按宋史寧宗本紀不載　按五行志云云
嘉定十一年二月丙辰白虹貫日
按宋史寧宗本紀云云
理宗嘉熙三年十月乙丑虹見
嘉熙四年二月辛丑白虹貫日
淳祐十年十二月丁巳虹見
寶祐五年十月甲午虹見
按以上宋史理宗本紀云云

金

海陵天德二年白虹貫日
按金史海陵本紀二年十一月丙戌白虹貫日　按天文志二年正月白虹貫日
天德三年正月丁酉白虹貫日
按金史海陵本紀云云
世宗大定二十九年正月乙卯白虹貫日二月乙丑白虹亙天
按金史章宗本紀云云
宣宗興定三年十一月癸丑白虹二夾月尋復貫之
按金史宣宗本紀不載　按天文志云云
哀宗正大四年日上有虹
按金史哀宗本紀四年十一月乙未未時日上有二白虹貫之　按天文志四年十一月乙未日上有虹背而向外者二約長丈餘兩旁俱有白虹貫之

元

世祖至元二十四年七月癸丑日暈連環白虹貫之
按元史世祖本紀云云

武宗至大三年正月丁亥白虹貫日八月甲寅白虹貫日

按元史武宗本紀云云

泰定帝泰定四年二月辛卯白虹貫日

按元史泰定帝本紀云云

文宗至順元年九月癸巳白虹貫日

至順二年正月己酉白虹貫日

至順三年五月丁酉白虹並日出長竟天

按以上元史文宗本紀云云

順帝至元三年正月丁巳日交暈白虹貫之八月癸未日暈白虹貫之

至元四年八月丁丑白虹貫日

按以上元史順帝本紀云云

至元五年正月丙寅日交暈白虹貫之

按元史順帝本紀不載　按天文志云云

至正十九年九月丙午夜白虹貫天

至正二十三年六月丁巳絳州有白虹二道衝斗牛間

按以上元史順帝本紀云云

至正二十五年三月壬戌日暈白虹如連環貫之

按元史順帝本紀不載　按天文志云云

至正二十六年白虹貫天

按元史順帝本紀二十六年三月丁亥白虹五道亙天其第三道貫日又氣橫貫東南艮久乃滅

至正二十八年閏七月壬戌白虹貫日乙丑白虹貫日

按元史順帝本紀云云　按五行志二十八年閏七月乙丑冀寧文水縣有白虹貫日自東北直繞西南雲影中似日非日如鏡者三色青白踰時方沒

明

太祖洪武元年閏七月壬戌白虹貫日乙丑白虹復貫日

按明昭代典則云云

洪武十年二月白虹貫日

按大政紀云云

洪武十六年春正月戊申白虹貫日

按續文獻通考云云

洪武十九年三月辛未白虹貫日

按大政紀云云

洪武三十年二月白虹亙天

按大政紀云云

英宗正統元年秋九月白虹貫日

按續文獻通考云云

武宗正德四年七月八日重慶永川白虹亙天

按四川通志云云

世宗嘉靖元年雙虹見萬載縣學宮

按江西通志嘉靖元年夏四月萬載學宮雙虹見自南竟北五日次年又見

嘉靖七年太原白虹經天

按山西通志嘉靖七年十二月夜太原白虹經天東指天河之中西抵天際通宵不滅九十餘日

嘉靖二十一年有斷虹飲海

按福建通志嘉靖二十一年五月有斷虹飲海而起日下赤雲夾擁南飛

嘉靖四十年赤虹亙天

按廣東通志嘉靖四十年夏五月晦日赤虹亙天赤虹二道自西北直貫東南

神宗萬曆三十一年夏六月赤虹垂于貴陽董氏

按貴州通志云云

熹宗天啓元年秋八月白虹見長竟天

按雲南通志云云

虹霓異部藝文

條奏便宜七事節　　後漢郎顗

臣竊見今月十四日乙卯巳時白虹貫日凡日旁氣色白而純者名曰虹貫日中者侵太陽也見于春者政變常也方今中官外司各各考事其所考者或非急務又恭陵火災主名未立多所收捕備經考毒尋火爲天戒以悟人君可順而不可違可敬而不可慢陛下宜恭己內省以備後災凡諸考案並須立秋又易傳曰公能其事序賢進士後必爲喜反之則白虹貫日以甲乙見者則譴在中台自司徒居位陰陽多謬久無虛己進賢之策天下輿議異人同咨且立春以來金氣再見金能勝木必有兵氣宜黜司徒以應天意陛下不早攘之將負臣言遺患百姓

又對　　前人

方春東作布德之元陽氣開發養導萬物王者因天視聽奉順時氣宜務崇溫柔遵其行令而今立春之後考事不息秋冬之政行乎春夏故白虹春見掩蔽日曜凡邪氣乘陽則虹霓在日斯皆臣下執事刻急

所致殆非朝廷優寬之本此其變常之咎也

虹蜺溫德殿對　蔡邕

虹著于天而降施于庭以臣所聞則所謂天投虹者也不見尾足者不得稱龍易曰霓之比無德以色親也潛潭巴曰虹出后妃陰脅主又曰五色霓迭至照于宮殿有兵革之事演孔圖曰霓者斗之精氣也失度投霓見態主惑于毀譽合誠圖曰天子外苦兵威內奮臣無忠政變不虛生古不虛言意者陛下關機之內袵席之上獨有以色見進陵尊踰制以招變象若羣臣有所毀譽聖意低回未知誰是兵戎不息威權浸移忠言不聞則虹霓所生也抑內寵任忠賢決毀譽分直邪各得其所嚴守衛整武備威權之機不以假人則其所救也易傳曰陽感天不旋日書曰惟辟作威惟辟作福臣或爲之謂之凶害是以明主尤務焉

虹霓異部紀事

春秋文曜鉤白虹貫牛山管仲諫曰無近妃宮君恐失權齊侯大懼退去色黨更立賢輔使后出望上牛山四面聽之以厭神宋均注曰山君位也虹霓陰氣也陰氣貫之君惑于妻黨之象也望謂祭以謝過也

戰國策唐雎謂秦王曰聶政刺韓傀白虹貫日

烈士傳荆軻發後太子見虹貫日不徹曰吾事不成矣後聞軻死事不立曰吾知之矣

後漢書蘇竟傳竟在南陽與劉龔書曰迺者五月甲申天有白虹自子加午廣可十丈長可萬丈正臨倚彌倚彌卽黎丘秦豐之都也

吳志諸葛恪傳恪自新城出住東興有白虹見其船還拜蔣陵白虹復繞其車及駐車宮門孫峻伏兵帷中恪劒履上殿謝亮還坐設酒酒數行亮還內峻起如厠解長衣著短服出曰有詔收恪恪驚起拔劒未得而峻刀交下武衛之士皆趨上殿峻曰所取者恪也今已死悉令復刃

晉書石季龍載記時白虹出自太社經鳳陽門東南連天十餘刻乃滅季龍下書曰蓋古明王之理天下也政以均平爲首化以仁惠爲本故能允協人和緝熙神物朕以眇薄君臨萬邦夕惕乾乾思遵古烈是以每下書蠲除徭賦休息黎元庶俯懷百姓仰稟三光而中年以來變眚彌顯天文錯亂時氣不應斯由人怨于下譴感皇天雖朕之不明亦羣后不能翼獎之所致也昔楚相修政洪災旋弭鄭卿厲道氛祲自消皆股肱之良用康羣變而羣公卿士各懷道迷邦拱默成敗豈所望于台輔百司哉其各上封事極言無隱于是閉鳳陽門唯元日乃開立二時于靈昌津祠天及五郊

述異記張駿薨子重華嗣立石虎遣將軍王擢攻廣武重華遣宋輯率衆拒之濟河次于金城將決大戰乃有黑虹下于營中

宋書臨川烈武王道規傳道規以義慶爲嗣義慶在廣陵有疾而白虹貫城野麕入府心甚惡之固陳求還太祖許解州以本號還朝

唐書宋務光傳神龍元年務光上書曰頃虹霓紛錯暑雨滯霪陰勝之沴也後庭近習或有離中饋之職以干外政願深思天變杜絕其萌

稽神錄戊子歲潤州有氣如虹五彩奪目有首如驢長數十丈環廳事而立行三周而滅占者曰廳中將有哭聲然非州府之咎也頃之其國太后殂發喪于此堂

唐書沙陀傳李克用率兵趨平陽攻吉上堡破汴軍于晉州李嗣昭周德威下慈隰進屯河中汴將朱友寧以兵十萬壁其南全忠自屯晉州晉人聞全忠至皆失色時有虹貫德威營氏叔琮薄壘疾鬭晉兵大敗杖械輜儲皆盡

十國春秋南漢烈祖世家乾亨九年十二月有白虹化爲白龍見于南宮三清殿帝改乾亨九年爲白龍元年

唐烈祖本紀昇元元年十二月己卯朔有白虹

昇元二年三月壬子日有白虹二

閩康宗本紀通文四年三月有虹見于宮中

唐元宗本紀保大二年二月辛卯日有白虹

吳越忠懿王世家顯德二年秋七月庚午有虹入天長樓王避寢于思政堂

五國故事僞漢先主名巖後名龑（龑之字曰龑本無此龑字欲自大乃以龍天合成其字殊不典也）九年八月白虹入其僞三清殿中頗憂畏會有詞臣王宏欲說巖乃以白虹爲白龍見上賦以賀之巖大悅乃改元白龍更名龔又改爲龑

王延鈞卽位改名鏻鏻將死有赤虹入其室飲以金盆水吸之俄盡又芝生殿門俄而遇弒

十國春秋蜀後主本紀乾德元年夏六月雙虹入福

感寺後堂光徹廊宇良久而沒

陸游南唐書乙亥歲冬十一月白虹貫日晝晦

退朝錄予家有范魯公雜錄記世宗親征忠正駐蹕城下嘗中夜有白虹自淝水起亙數丈下貫城中數刻方沒自是吳人閉壁踰年殍殕者甚衆及劉仁贍以城歸遷州於下蔡其城遂蕪廢又曰江南李璟發兵攻建州王延政有白虹貫城未幾城陷舍宇焚爇殆盡

澠水燕談錄皇祐二年陳珙知邕州冬至日珙旦坐廳事僚吏方集有白虹貫庭自天屬地明年五月龍鬬于城南江中馳逐往來久之水瀑漲未幾儂智高陷二廣前此陶弼以詩貽楊畋請爲備云虹頭穿府署龍角陷城門

金史鄭王永蹈傳郭諫與永蹈家奴畢慶壽私說讖記災祥畢慶壽以告永蹈永蹈乃名郭諫郭諫曰昨見赤氣犯紫微白虹貫月皆注丑後寅前兵戈僭亂事永蹈深信其說

癸辛雜識丁未歲先君爲柯倅廳後屏星堂前有井夏月雨後虹見于井中五色俱備如一匹綵輕明絢爛經一時乃消後亦無他

虹霓異部雜錄

黃帝占軍決攻城有虹從外南方入飲城中者從虹攻之勝白虹繞城不匝從虹所在乃擊之

太元經紫霓圍日其疾不割

欽定古今圖書集成曆象彙編庶徵典

第七十四卷目錄

庶徵典第七十四卷

雷電異部彙考一

易經

震卦

象曰洊雷震君子以恐懼修省

程傳 雷重仍則威益盛君子觀洊雷威震之象以恐懼自修飭循省也君子畏天之威則修正其身思省其過咎而改之

詩經

小雅十月

熚熚震電不寧不令

朱註 熚熚電光貌十月而雷電亦災異之甚者

汲冢周書

時訓解

春分又五日雷乃發聲雷不發聲諸侯無民

秋分之日雷始收聲雷不收聲諸侯淫佚

春分又五日始電不電君無威震

春秋繁露

五行五事

王者言不從則金不從革而秋多霹靂霹靂者金氣其音商也故應之以霹靂王者視不明則火不炎上而秋多電電者火氣也其音徵也故應之以電

師曠占

雜占

春雨初起其音恪恪霹靂者所謂雄雷旱氣也其鳴依依音不大霹靂者謂之雌雷水氣也

春分有音如雷非雷音在地中其所住者兵起其上無雲而雷名曰天狗行不出三年其國亡

初雷從金門起上旬旱下田熟一日歲中兵革起

京房易傳

雷電占

當雷不雷陽德弱也

雷電殺人何雷天拒難折衝之臣也君承用節度即雷以節暴暴人威福則雷電殺人

易妖占

冬雷占

天冬雷地必震教令撓則冬雷民饑

南齊書

五行志

傳曰雷於天地爲長子以其首長萬物與之出入故雷出萬物出雷入萬物入夫雷者人君之象入則除害出則興利雷之微氣以正月出其有聲者以二月出以八月入其餘微者以九月入冬三月雷無出者若是陽不閉陰則出涉危難而害萬物也

傳曰雷電所擊蓋所感也皆心思有尤之所致也

雜兵書

軍中雷電占

雷電霹靂破軍中樹木屋舍者從去吉也雷電風所從來不可逆而相代宜愼之也

田家五行

論雷

諺云未雨先雷船去步來主無雨諺云當頭雷無雨卯前雷有雨凡雷聲響烈者雨陣雖大而易過雷聲殷殷然響者卒不晴雷初發聲微和者歲內吉猛烈者凶甲子日尤吉雪中有雷主陰雨百日方晴東州人云一夜起雷三日雨言雷自夜起必連陰

論電

夏秋之間夜晴而見遠電俗謂之熱閃在南主久晴在北主便雨諺云南閃千年北閃眼前北閃俗謂之北辰閃主雨立至諺云北辰三夜無雨大怪言必有大風雨也

觀象玩占

雷電總敘

春秋繁露曰霹靂者金氣也一云霹靂振物也釋名曰霹靂折也所歷皆破折震戰也所擊輒破若攻也

京房曰霆者金之餘氣也金者內鑑而外冥

電陽精之發見也先電而後雷隨之者陽勝陰也正雷先鳴而後電者陰勝陽也其占爲人君失德賊臣將起電色黃有雹色赤白有大風

占法

凡雷聲初發和雅其歲善雷聲激烈歲惡人災

京房占曰雷起乾人多病國安起坎多雨起艮禾好臬長五穀賤起震穀暴貴其歲豐棉木貴起巽雨雹傷五穀一曰蟲生霜早降起離夏旱火災起坤蟲傷穀起兌金鐵貴

開元占曰雷發聲於坎多水於艮山崩於震多氣於巽大風於離旱於坤土工興於兌兵起於乾 闕

天鏡占曰春雷起於東方五穀皆熟夜雷半熟起南方歲小旱夜大旱穀倍貴禾不成起西方穀半熟一曰其野有暴貴牛羊大災夜雷五穀蟲起北方海溢山湧五穀不成夜雷大水起西北牛馬疫民流夜雷大旱

八魁日有疾雷大戰大風起有急令八魁日者春己巳丁丑夏壬戌甲午秋己丑丁未冬戊寅壬辰是也一曰秋己亥

夜半雷一聞聲或有電無雷皆主人君絕命

雷擊貴人之殿小人持政地削君亡不出六年

雷擊宗廟君死國亡

天無雲若有大聲如雷一聲謂之天鼓其地兵起

營上雷鳴一聲止使命至城邑上有聲如雷有兵爭兵發之日有雷鳴一聲不宜進戰

軍行或對敵有雷從我軍上入彼軍中戰大勝從彼軍來我軍中大敗

軍帳上忽有震雷一聲宜搜奸伏

霹靂大風雨發屋折木小人在位賢人走出一曰大風非常霹靂君用讒言殺人

霹靂擊宮殿春秋合誠圖曰女工急春秋潛潭巴曰臣下有謀天鏡曰霹靂擊宮殿大夫謀逆不出五年兵起流血

霹靂擊宗廟是謂天戒人君暴亡不出八年削地奪國

軍中有霹靂士卒叛

凡無雲而霆人君以暴罰也

霆中天而見人君自以爲明也

霆如交蛇光明而上者人君行明而直也

霆正赤下至地復上者人君好聽讒言也

霆東西南北皆有人君行役不避四時也

霆正黃而光澤人君行明也

霆直而長明者人君微行人不知之

霧而霆人君默行事不得實也

霆瞬瞬暉暉人君實不知而自明也

霆或無雲而以昏數見者人君以微言而害人也一曰默言

霆如蛇曲明久而後止者人君行不明莫以爲是也

天陰不雨但爲霆者人君陰行欲以求事實也

霆而無雷君絕命雷既息或未雷不雨而發乎渟洞豫鑿之中青龍所爲也不占

雷先鳴而後電執法之人貪利
電如聚火而從人君絕命
電光晝夜燁燁三日以上不止其發處兵破
霧而電人君默行不得實天下多寃
電從日邊向月人多死怖
大電光繞北斗樞星照郊野天孕聖人

管窺輯要

雷占

凡雷出以二月收以八月若發於當出之先當收之後皆爲非時刑賞失當之所致也以所鳴日時占其災咎
子日有讒臣在君側又爲盜賊爲水爲兵爲死喪哭泣事
丑日相易天子有動兵大出
寅日外兵起後宮不安有妖言人災大水河津不通天下多惡風
卯日王者不安將相易兵馬動後宮有變
辰日兵起天下不安有失土庫兵出農人憂
巳日蠻夷兵動吳楚不安兵車動
午日王者過侈淫樂無度又爲火災宗廟有變事
未日有大水有巫蠱呪詛大臣受誅失庫藏火災有兵疫馬死財寶出天下多死人
申日兵起將災虎狼爲害
酉日有遠使西戎燕趙有邊兵動道路多艱
戌日王者遷居宮室土木之工興有火災倉粟出人饑
亥日風雨不節大寒殺物大水兵起

凡非時而雷當有兵發於所起之方而之其所往之方若有風從之則兵勝風逆有戰京房曰天冬雷地必震又曰教令擾蟄蟲出行雷聲連日不止謂之失信人君號令不常民多憂怨
凡雷先發而後電者陰勝陽也其占爲人君失德賊臣將起
凡雷發非時大臣專政女主擅權人君失政賊臣將起傳曰雷者陰陽和合震動萬物春分發秋分藏非時而鳴軍破國殃非時而發在子日君側有讒臣盜起有水災死喪哭泣事丑日將相不安兵出外丑金庫震動之兵必出也寅日邊兵起有妖惑衆津梁不通有讒臣後宮不安其所發之地兵災卯日天子宮中不安大臣災萬物不成辰日兵起天子憂失地有水災巳日蠻夷兵動其地有兵饑午日王者宴樂無度其地有火災有死喪未日有大水有呪詛事大臣誅庫藏有火其國有死君兵疫申日地動將軍有憂酉日燕趙有兵起邊兵動戌日土工興戌爲樓臺又爲火庫有火災宮舍遷動倉粟出亥日有大火水寒殺物兵起亥爲六陰之極故爲水爲寒亥位在乾故爲兵起（十二支日非時雷占與前參玩）
凡遇啓蟄而不雷政弛臣慢國勢將危一日當雷不雷君弱臣強
二月雷不鳴百果不實小兒多死
三月雷不鳴秋多盜賊
四月雷不鳴君令不行臣專政
五月雷不鳴大臣卒五穀減半
六月雷不鳴蝗蟲生民不安
夏三月不聞雷五穀不成人疾病
春正月雷民不炊爲喪爲疫應在所發之方一曰王者舉事不時
秋雷大鳴五穀不實諺曰秋雷磟磟有稻無穀
七月雷吼有急令
冬雷震動萬物不成蟲不藏兵起山崩所當之鄉骸骨盈野夜雷尤甚
冬至日雷天下大兵盜賊橫行雷雨大作不出五年國亡凡雷冬起者陽氣不藏也以雷鳴之日知何方亦日各以其辰爲方
春雷不發冬雷不藏兵起國亡
凡雷而不雨人君舉事無益於民有風則令行無風則令不行一曰上下不和則雷而不雨
雷先鳴而後電執法者貪苛也雷而不電王者舉事不明
雷或霹靂而無風雨者剛柔不均激氣並作君臣忿爭惡令暴出
庚午日有雷其月有兵
雷震地裂大臣專恣士庶分離國敗亡
雷聲格格雨下籍籍人君無施百姓侮之
雷聲連延不絕人君行令不合於民民不知畏號令不行
雷聲或東或西或南或北君令無恆民不知法大亂將起
春三月甲子乙丑戊寅辛卯戊午之日有雷擊物且有兵大雷大兵
春夏甲子丙寅戊子兵起期不出三日

夏三月甲子乙丑戊寅辛卯之日有疾風大雷有軍在外大戰城壞無兵兵起一曰春甲子己丑戊寅己卯戊午夏甲子己丑戊寅

春己丑丁丑夏甲午壬戌己亥丁未冬甲寅又曰春戊寅夏戊申冬戊子日不雨而有雷電其聲所及有死將流血

秋庚午日雷其地兵起不出一月

秋三月冬三月雷鳴兵起客利主人不利

凡甲子大雷不出其月兵起

庚子日大雷不出一月有惡令亦爲兵起

戊子日雷鳴三日不止其下大戰

不雨而雷外兵歸內兵起

凡占雷初起天門人安初起木門流水滂沱初起土門五穀賤梟長一云多疾病初起木門棺木貴一云穀貴初起風門五穀傷有暴霜一云多雪初起火門夏旱蟲蝗攢五穀初起金門銅鐵貴初起鬼門人多病死一云禾稼好坎爲水門艮爲鬼門震爲木門巽爲風門離爲火門坤爲土門兌爲金門乾爲天門

雷擊郡縣下人有謀

雷擊宮庭中人大夫謀逆不出五年交兵流血

雷擊貴人屋佞人持政不出一年大兵大水六年國亡

雷擊貴人從車馬人君惑於佞

立冬雷發聲秋糴貴

雷聲霹靂蛟龍見國有賢士

雷霹靂大風而發屋折木小人在位賢人在野霹靂殺人君聽讒佞以殺忠良

凡軍營中雷電霹靂擊樹木屋舍吹沙走石賞賜軍士急移之不去敗

軍在外天雷震動將軍兵士悉衣甲執刃上弓皆以敬天之威天助之

軍將交戰而雷電風雨占其來處不可逆戰固守定而攻之

雷霹靂聲下軍中士卒叛

軍上雷多者其軍必勝一曰雷雨軍中尤甚者將戰無功

不雨而電光所及兵將爲血

雷電異部彙考二

夏

桀之時雷霆殺人

按史記夏本紀不載　按通志云云

商

武乙出畋河渭之間暴雷震死

按史記殷本紀帝武乙無道爲偶人謂之天神與之博令人爲行天神不勝乃僇辱之爲革囊盛血仰而射之命之曰射天武乙獵於河渭之間暴雷震死

周

成王三年秋大雷電

按書經金縢武王既喪管叔及其羣弟乃流言於國曰公將不利於孺子周公乃告二公曰我之弗辟我無以告我先王周公居東二年則罪人斯得於後公乃爲詩以貽王名之曰鴟鴞王亦未敢誚公秋大熟未穫天大雷電以風禾盡偃大木斯拔邦人大恐王與大夫盡弁以啓金縢之書乃得周公所自以爲功代武王之說二公及王乃問諸史及百執事對曰信噫公命我勿敢言王執書以泣曰其勿穆卜昔公勤勞王家惟予冲人弗及知今天動威以彰周公之德惟朕小子其新逆我國家禮亦宜之王出郊天乃雨反風禾則盡起二公命邦人凡大木所偃盡起而築之歲則大熟

桓王六年三月大雨震電

按春秋魯隱公九年三月癸酉大雨震電庚辰大雨雪

按漢書五行志大雨雨木也震雷也劉歆以爲三月癸酉於歷數春分後一日始震電之時也當雨而不當大雨大雨常雨之罰也於始震電八日之間而大雨雪常寒之罰也劉向以爲周三月今正月也當雨水雪雜雨雷電未可以發也既已發也則雪不當復降皆失節故謂之異於易雷以二月出其卦曰豫言萬物隨雷出地皆逸豫也以八月入其卦曰歸妹言雷復歸入地則孕毓根核（師古曰核亦荄字也）保藏蟄蟲避盛陰之害出地則養長華實發揚隱伏宣盛陽之德入能除害出能興利人君之象也是時隱以弟桓幼入

而攝立公子翬見隱居位已久勸之遂立隱旣不許翬懼而易其辭遂與桓共殺隱天見其將然故正月大雨水而雷電是陽不閉陰出涉危難而害萬物天戒若曰爲君失時賊弟佞臣將作亂矣後八日大雨雪陰見間隙而勝陽篡殺之禍將成也公不寤後三年而殺

襄王八年震魯夷伯之廟

按春秋魯僖公十有五年秋九月己卯晦震夷伯之廟

按漢書五行志劉向以爲晦暝也震雷也夷伯世大夫正晝雷其廟獨冥天戒若曰勿使大夫世官將專事暝晦明年公子季友卒果世官政在季氏董仲舒以爲夷伯季氏之孚也陪臣不當有廟震者雷也晦暝雷擊其廟明當絕去僭差之類也向又以爲此皆所謂夜妖者也劉歆以爲春秋及朔言朔及晦言晦人道所不及則天震之展氏有隱慝故天加誅於其祖夷伯之廟以譴告之也

秦

始皇五年冬雷

按史記秦始皇本紀云云

二世元年天無雲而雷

按漢書五行志秦二世元年天無雲而雷劉向以爲雷當託於雲猶君託於臣陰陽之合也二世不恤天下萬民有怨畔之心是歲陳勝起天下畔趙高作亂秦遂以亡一曰易震爲雷貌不恭也

漢

惠帝五年冬十月雷

按漢書惠帝本紀云云

景帝六年冬十二月雷霖雨

按史記景帝本紀云云

後三年十二月晦雷

按史記景帝本紀云云

昭帝元鳳五年冬十一月大雷

按漢書昭帝本紀云云

王莽始建國二年十二月雷

按漢書王莽傳云云

後漢

光武建武十年遼東冬雷草木實

按後漢書光武本紀不載　按古今注云云

明帝永平七年十月丙子越巂雷

按後漢書明帝本紀不載　按古今注云云

和帝元興元年冬雷

按後漢書和帝本紀不載　按五行志元興元年十一月壬午郡國四冬雷是時皇子數不遂皆隱之民間是歲宮車晏駕殤帝生百餘日立以爲君帝兄有疾封爲平原王卒皆夭無嗣

殤帝延平元年九月乙亥陳留雷有石隕地四

按後漢書殤帝本紀不載　按五行志云云

安帝永初六年冬雷

按後漢書安帝本紀不載　按五行志永初六年十月丙戌郡六冬雷注京房占曰天冬雷地必震又曰教令擾又曰雷以十一月起黃鍾二月大聲八月閭藏此以春夏殺無辜不須冬刑致災蟄蟲出行不救之則冬溫風以其來年疾病其救也恤幼孤振不足議獄刑貰謫罰災則消矣

永初七年十月戊子郡國三冬雷

按後漢書安帝本紀不載　按五行志云云

元初元年十月癸巳郡國三冬雷

元初三年十月辛亥汝南樂浪冬雷

元初四年十月辛酉郡國五冬雷

元初六年十月丙午郡國五冬雷

按以上後漢書安帝本紀不載　按五行志云云

永寧元年十月郡國七冬雷

按後漢書安帝本紀不載　按五行志云云

建光元年十月郡國七冬雷

按後漢書安帝本紀不載　按五行志云云

延光四年冬雷

按後漢書安帝本紀不載　按五行志延光四年郡國十九冬雷是時太后攝政上無所與太后旣崩阿母王聖及皇后兄閻顯兄弟更秉威權上遂不親萬機從容寬仁任臣下注京房占曰天冬雷地必震安帝時郡國連年地震

順帝永和四年四月戊午雷震擊高廟世祖廟外槐樹

按後漢書順帝本紀不載　按古今注云云

桓帝建和三年雷震憲陵

按後漢書桓帝本紀建和三年六月乙卯雷震憲陵寢屋　按五行志先是梁太后聽兄冀枉殺李固杜喬

靈帝熹平六年冬十月東萊大雷

按後漢書靈帝本紀不載　按五行志云云

中平四年十二月晦雨水大雷震電
按後漢書靈帝本紀不載　按五行志云云
獻帝初平三年五月丙申無雲而雷
按後漢書獻帝本紀不載　按五行志云云
初平四年無雲而雷
按後漢書獻帝本紀初平四年夏五月癸酉無雲而雷

魏

明帝景初元年洛陽雷震
按魏志明帝本紀不載　按宋書五行志魏明帝景初中洛陽城東橋洛水浮橋桓楹同日三處俱震尋又震城上候風木飛鳥時勞役大起帝尋晏駕

吳

大帝赤烏八年雷擊吳宮門及南津大橋
按吳志孫權傳赤烏八年夏雷霆犯宮門柱又擊南津大橋楹
廢帝建興元年大風震電
按宋書五行志孫亮建興元年十二月朔大風震電是月又雷雨亮終廢
永安二年春正月震電
按吳志孫休傳云云
永安五年大震雷
按吳志孫休傳永安五年八月壬午大雨震電水泉涌溢

晉

武帝太康六年十二月甲申朔淮南郡震電
按晉書武帝本紀不載　按五行志云云
太康七年十二月己亥毗陵雷電南沙司鹽都尉戴亮以聞
按晉書武帝本紀不載　按五行志云云
太康八年三月乙丑臨商觀震
按晉書武帝本紀云云
惠帝永康元年六月癸卯震崇陽陵標
按晉書惠帝本紀云云　按五行志標破爲七十片是時賈后陷害鼎輔寵樹私戚與漢桓帝時震憲陵同事也后終誅滅
太安二年八月庚午無雲而雷
按晉書惠帝本紀云云
永興二年十月丁丑雷震
按晉書惠帝本紀不載　按五行志云云
懷帝永嘉四年十月震電
按晉書懷帝本紀不載　按五行志云云
愍帝建興元年大雨震電
按晉書愍帝本紀不載　按五行志建興元年十一月戊午會稽大雨震電己巳夜赤氣曜於西北是夕大雨震電庚午大雪按劉向說雷以二月出八月入今此月震電者陽不閉藏也既發泄而明日便大雪皆失節之異也是時劉載僭號平陽李雄稱制於蜀九州幅裂西京孤微爲君失時之象赤氣赤祥也
元帝太興元年暴雨雷電
按晉書元帝本紀太興元年十一月乙卯暴雨雷電庚申詔曰朕以寡德纂承洪緒上不能調和陰陽下不能濟育羣生災異屢興咎徵仍見壬子乙卯雷震暴雨蓋天災譴誡所以彰朕之不德也羣公卿士其各上封事具陳得失無有所諱將親覽焉
永昌二年七月庚子朔雷震太極殿柱十二月會稽吳郡雷震電
按晉書元帝本紀不載　按五行志云云
明帝太寧元年震太極殿
按晉書明帝本紀太寧元年秋七月景子朔震太極殿柱
成帝咸和元年十月己巳會稽郡大雨震電
按晉書成帝本紀不載　按五行志云云
咸和三年雷破屋柱殺人立冬雷電
按晉書成帝本紀不載　按五行志三年六月辛卯臨海大雷破郡府內小屋柱十枚殺人九月二日壬午立冬會稽雷電
咸和四年十一月吳郡會稽又震電
按晉書成帝本紀不載　按五行志云云
穆帝永和七年冬十月雷雨震電
按晉書穆帝本紀云云
升平元年十一月雷
按晉書穆帝本紀云云　按五行志升平元年十一月庚戌雷乙丑又雷
升平五年十月庚午雷發東南方
按晉書穆帝本紀不載　按五行志云云
孝武帝太元三年三月乙丑雷雨
按晉書孝武帝本紀云云
太元五年雷震含章殿
按晉書孝武帝本紀太元五年六月甲寅雷震含章殿四柱幷殺內侍二人

太元七年冬十月景子雷
按晉書孝武帝本紀云云
太元十年十二月雷聲在南方
按晉書孝武帝本紀不載　按五行志云云
太元十四年七月甲寅雷震燒宣陽門西柱
按晉書孝武帝本紀不載　按五行志云云
安帝隆安二年九月壬辰雷雨
按晉書安帝本紀不載　按五行志云云
元興三年雷震永安皇后儀導
按晉書安帝本紀不載　按五行志元興三年永安皇后至自巴陵將設儀導入宮天雷震人馬各一俱殪焉
義熙四年十一月雷
按晉書安帝本紀四年十一月癸丑雷　按五行志義熙四年十一月辛卯朔西北方疾風發癸丑雷
義熙五年夏六月景寅震於太廟
按晉書安帝本紀云云　按五行志五年六月景寅雷震太廟破東鴟尾徹柱又震太子西池合堂是時帝不親蒸嘗故天震之明簡宗廟也西池是明帝爲太子時所造次故號太子池及安帝多病患無嗣故天震之明無後也（按五行志六月震太廟事接於四年十一月之後今照本紀改正於五年下）
義熙六年正月雷雪五月震太廟十二月雷
按晉書安帝本紀義熙六年夏五月景寅震太廟鴟尾　按五行志六年正月景寅雷又雪十二月壬辰大雷
義熙九年十一月甲戌雷乙亥又雷
按晉書安帝本紀不載　按五行志云云

宋

文帝元嘉四年十一月癸丑雷
按宋書文帝本紀不載　按五行志云云
元嘉五年六月丙寅震太廟破東鴟尾徹壁柱
按宋書文帝本紀不載　按五行志云云
元嘉六年正月丙寅雷且雪
按宋書文帝本紀不載　按五行志云云
元嘉七年二月雪且雷十月雷
按南史文帝本紀七年春二月壬戌雪且雷
按宋書五行志七年十月丙子雷
元嘉八年十二月庚辰雷
按宋書文帝本紀不載　按五行志云云
元嘉九年十一月甲戌雷且雪
按宋書文帝本紀不載　按五行志云云
元嘉十四年震初寧陵
按宋書文帝本紀不載　按五行志十四年雷震初寧陵中標四破至地十七年廢大將軍彭城王義康骨肉相害自此始也
元嘉二十年冬雷
按南史宋文帝本紀元嘉二十年十月雷
元嘉二十一年冬雷
按南史宋文帝本紀元嘉二十一年冬十月丙子雷且雹
元嘉二十九年雷且雪
按南史宋文帝本紀元嘉二十九年二月乙卯雷且雪
前廢帝景和元年九月甲午雷震
按宋書前廢帝本紀不載　按五行志云云
明帝泰始二年九月辛巳雷震
按宋書明帝本紀不載　按五行志云云
泰始四年十月辛卯雷震十一月癸卯朔雷復震
按宋書明帝本紀不載　按五行志云云
泰始五年十一月乙巳雷震
按宋書明帝本紀不載　按五行志云云
泰始六年十一月庚午雷
按宋書明帝本紀不載　按五行志云云
後廢帝元徽三年九月戊戌雷丁未復雷戊午雷震十月辛未雷甲戌又雷
按宋書後廢帝本紀不載　按五行志云云
順帝昇明三年二月丙申震建陽門
按宋書順帝本紀不載　按五行志云云

南齊

高帝建元元年十月雷雹
按南齊書高帝本紀不載　按五行志建元元年十月壬午夜電光因雷鳴十月庚戌電光有頃雷鳴久而止
建元二年閏六月丙戌夜震雹
按南齊書高帝本紀不載　按五行志云云
建元四年雷震安昌殿
按南齊書高帝本紀不載　按五行志四年五月五日雨雹閽都雷震於樂遊安昌殿電火焚蕩盡
武帝永明元年冬雷
按南史齊武帝本紀永明元年十一月己卯雷

永明五年正月雷

按南齊書武帝本紀不載　按五行志五年正月戊申夜西北雷聲

永明六年十月雷

按南齊書武帝本紀不載　按五行志六年十月甲申夜陰細雨始聞雷鳴於西北上

永明七年正月雷

按南齊書武帝本紀不載　按五行志七年正月甲子夜陰雷鳴西南坤宮隆隆一聲而止

永明八年正月雷又震保林寺

按南齊書武帝本紀不載　按五行志八年正月庚戌夜雷起坎宮水門其音隆隆一聲而止　又按志八年四月六日雷震會稽山陰恆山保林寺剎上四破電火燒塔下佛面窗戶不異也

永明九年二月雷電

按南齊書武帝本紀不載　按五行志九年二月丙子西北有電光因聞雷聲隆隆仍續十聲而止

永明十年春冬俱雷

按南齊書武帝本紀不載　按五行志十年二月庚戌夜南方有電光因聞雷聲隆隆相續丁亥止十月庚子雷電起西北十一月丁丑西南有光因聞雷聲隱隱再聲而止西南坤戶十二月甲申陰雨有電光因聞西南及西北上雷鳴頻續三聲丙申夜聞西北上雷頻續二聲辛亥雷雨

永明十一年三月雷震竟陵王子良東齋又雷震東南門

按南齊書武帝本紀不載　按五行志十一年三月震於東齋棟崩左右密欲治繕竟陵王子良曰此豈可治畱之志吾過且旌天之愛我也明年子良薨　又按志永明中雷震東宮南門無所傷毀殺食官一人

梁

武帝天監二年冬雷

按南史梁武帝本紀天監二年十一月乙卯雷電大雨晦

天監四年冬無雲而雷

按梁書武帝本紀天監四年十一月甲午天晴明西南有電光閃如雷聲三

按隋書五行志天監四年十一月天晴朗西南有電光有雷聲二易曰鼓之以雷霆近鼓妖洪範五行傳曰雷霆託於雲猶君之託於人也君不恤於天下故兆人有怨叛之心是歲交州刺史李凱舉兵反

天監十三年震於西南

按南史梁武帝本紀天監十三年春二月庚辰朔震於西南天如裂

中大通六年冬有雷聲

按南史梁武帝本紀中大通六年十二月丙午西南有雷聲二　按五行志中大通六年十二月西南有聲如雷其年北梁州刺史蘭欽舉兵反

陳

武帝永定二年大雷

按陳書高祖本紀永定二年八月癸未大雷

宣帝太建二年十二月癸巳雷

按南史宣帝本紀云云

按隋書五行志太建二年十二月西北有聲如雷其年湘州刺史華皎舉兵反

太建九年雷震萬安陵華表及慧日寺剎

按南史陳宣帝本紀太建九年秋七月庚辰大雨震萬安陵華表己丑震慧日寺剎及瓦官寺重門一女子震死

按隋書五行志太建九年七月大雨震萬安陵華表又震慧日寺剎瓦官寺重閣門下一女子震死京房易飛候曰雷雨霹靂丘陵者逆先人令爲火殺人者人君用讒言殺正人時蔡景歷以奸邪任用右僕射陸繕以讒毀獲譴發病而死

太建十年大雷震

按南史陳宣帝本紀太建十年三月辛未震武庫六月丁卯大雨震太皇寺剎莊嚴寺露盤重陽閣東樓千秋門內槐樹及鴻臚府門

按隋書五行志十年三月震武庫時帝好兵頻年北伐內外虛竭將士勞敝既克淮南又進圖彭汴毛喜切諫不納由是吳明徹諸軍皆沒遂失淮南之地武庫者兵器之所聚也而震之天戒若曰宜戢兵以安百姓帝不悟又大興軍旅其年六月又震太皇寺剎莊嚴寺露盤重陽閣東樓鴻臚府門太皇莊嚴二寺陳國奉佛之所重陽閣每所遊宴鴻臚賓客禮儀之所在而同歲震者天戒若曰國威已喪不務修德後必有恃佛道耽宴樂棄禮儀而亡國者陳之君臣竟不悟至後主之代災異屢起懼而於太皇寺捨身爲奴以祈冥助不恤國政耽酒色棄禮法不修鄰好以取敗亡

太建十二年冬雷

按南史陳宣帝本紀太建十二年冬十月癸丑大雨震電

太建十三年大雷震電

按陳書宣帝本紀太建十三年秋九月癸亥大雷震電

北魏

太祖天賜六年雷震天安殿

按魏書太祖本紀不載　按靈徵志天賜六年四月震天安殿東序帝惡之令左校以衝車攻殿東西兩序屋毀之帝竟暴崩

世祖神䴥元年十月己酉雨雷電

按魏書世祖本紀不載　按靈徵志云云

太延三年十月癸丑雷

太延四年十一月丁亥雷

按以上魏書世祖本紀不載　按靈徵志云云

顯祖皇興元年七月東北無雲而雷

皇興二年七月東北有聲如雷十一月夜震電

按以上魏書顯祖本紀不載　按靈徵志云云

高祖太和三年五月震東廟鴟尾十一月庚戌豫州雷戊申復大雷雨

按魏書高祖本紀不載　按靈徵志太和三年五月戊午震東廟東中門屋南鴟尾十一月庚戌豫州雷雨戊申豫州大雷雨

太和四年十月戊戌雷

太和七年十一月辛巳幽州雷電城內盡赤

按以上魏書高祖本紀不載　按靈徵志云云

北齊

後主武平元年夏雷震丞相段孝先南門柱

按北齊書後主本紀不載　按隋書五行志武平元年夏震丞相段孝先南門柱京房飛候曰震擊貴臣門及屋者不出三年佞臣被誅後歲和士開被戮

隋

文帝開皇二十年無雲而雷

按隋書高祖本紀開皇二十年春二月丁丑無雲而雷　按五行志二十年無雲而雷京房易飛候曰國將易君下人不靜小人先命國凶有兵甲後數歲帝崩漢王諒舉兵反徙其黨數十萬家

唐

太宗貞觀十一年震乾元殿前槐樹

按唐書太宗本紀不載　按五行志貞觀十一年四月甲子震乾元殿前槐樹震耀天之威怒以象殺戮槐古者三公所樹也

中宗嗣聖七年（即武后天授元年）無雲而雷

按唐書武后本紀天授元年九月鳳閣侍郎宗秦客檢校內史（雷震事不載）　按舊唐書五行志則天時宗秦客以佞幸爲內史受命之日無雲而雷聲震烈未周歲而誅

嗣聖十二年（即武后證聖元年）正月雷

按唐書武后本紀不載　按五行志證聖元年正月丁酉雷雷者陽聲出非其時臣竊君柄之象

嗣聖十二年（即武后長安四年）大雷震

按唐書武后本紀不載　按五行志長安四年五月丁亥震雷大風拔木人有震死者

睿宗延和元年有震電入民家地震裂

按唐書睿宗本紀不載　按五行志延和元年六月河南偃師縣李材村有震電入民家地震裂闊丈餘長十五里深不可測所裂處井廁相通或衝冢墓柩出平地無損李國姓也震電威刑之象地陰類也

元宗開元十五年雷震興教門樓

按唐書元宗本紀不載　按舊唐書五行志十五年七月雷震興教門樓兩鴟吻燒樓柱良久乃滅

開元十七年四月五日震電

按唐書元宗本紀不載　按舊唐書五行志云云

開元十八年二月丙寅雷震

按唐書元宗本紀云云

按舊唐書五行志十八年二月十八日大雨雪俄又雷震

開元二十九年九月丁卯大雨雷

按唐書元宗本紀云云

代宗永泰元年雷不以時出

按唐書代宗本紀不載　按五行志永泰元年二月甲子夜震雷自是無雷至六月甲申乃雷

大曆十年二月雷火焚莊嚴寺四月雷震

按唐書代宗本紀不載　按五行志大曆十年四月甲申雷震大風拔木人有震死者

按舊唐書五行志大曆十年二月莊嚴寺佛圖災初有疾風震電薄擊俄而火從佛圖中出寺僧數百人急救之乃止

德宗建中元年九月己卯雷

按唐書德宗本紀不載　按五行志云云

建中四年大雨震電

按唐書德宗本紀不載　按五行志四年四月丙子東都畿汝節度使哥舒曜攻李希烈進軍至潁橋大雨震電人不能言者十三四馬驢多死

貞元四年宣州雷震異物墮地

按唐書德宗本紀不載　按舊唐書五行志四年宣州暴雨震電有物墮地豬首手脚各有兩指執一赤斑蛇食之逡巡黑雲合不見

貞元十四年五月己酉始雷

按唐書德宗本紀云云　按五行志十四年夏至始雷

貞元十七年雷電而雪

按唐書德宗本紀不載　按舊唐書五行志十七年二月十六夜大雨震雷且電十九日大雨雪而雹

憲宗元和十一年冬雷

按唐書憲宗本紀云云　按五行志云云

穆宗長慶元年九月壬寅京師雷電

按唐書穆宗本紀不載　按舊唐書五行志云云

長慶二年大風震電

按唐書穆宗本紀不載　按五行志長慶二年六月乙丑大風震電落太廟鴟尾破御史臺樹

文宗太和八年震定陵臺

按唐書文宗本紀不載　按五行志太和八年三月辛酉定陵臺大雨震廡下地裂二十有六步占曰士庶分離大臣專恣不救大敗

武宗會昌三年五月甲午始雷

按唐書武宗本紀不載　按五行志云云

懿宗咸通四年十二月震雷

按唐書懿宗本紀不載　按五行志云云

僖宗乾符二年十一月震電

按唐書僖宗本紀云云

昭宗乾寧四年震雷有石隕

按唐書昭宗本紀不載　按五行志乾寧四年李茂貞遣將符道昭攻成都至廣漢震雷有石隕於帳前

昭宣帝天祐三年冬雷

按唐書昭宣帝本紀天祐三年十二月乙亥震電雨雪

遼

太宗天顯十二年夏四月壬申震開皇殿

按遼史太宗本紀云云

景宗乾亨二年五月雷火乾陵松

按遼史景宗本紀云云

欽定古今圖書集成曆象彙編庶徵典

第七十五卷目錄

庶徵典第七十五卷

雷電異部彙考三

宋

太祖建隆四年宿州晝日無雨雷電暴作

按宋史太祖本紀不載　按五行志建隆四年四月癸巳宿州晝日無雨雷霆暴作軍校傅韜震死是夜夜半雷起于京師開封縣署役夫劉延嗣萬進震死頃之復蘇有烟焰自牖入室因駭仆徧體焦灼

乾德二年春正月辛巳京師雷

按宋史太祖本紀云云　按五行志乾德二年正月辛巳雷霆京師西南東行有電五月戊寅大名府大雨雷震焚藁聚

乾德四年震海州署

按宋史太祖本紀不載　按五行志四年七月海州雷震長吏廳傷刺史梁彥超

開寶七年震死易州軍士

按宋史太祖本紀不載　按五行志開寶七年六月易州雷震死雄武軍士八人

開寶八年震死邛州人

按宋史太祖本紀不載　按五行志八年八月邛州延貴鎭震死民費貴及其子四人

太宗太平興國二年震死景城牛商

按宋史太宗本紀不載　按五行志太平興國二年七月景城縣震牛商馮異

太平興國三年震雷

按宋史太宗本紀太平興國三年秋七月乙酉大雨雷震

端拱二年震死興化軍民

按宋史太宗本紀不載　按五行志端拱二年八月興化軍民劉政震死有文在脅曰大不孝

淳化三年震泗州僧伽塔

按宋史太宗本紀不載　按五行志淳化三年七月泗州大風雨震僧伽塔柱

至道元年三月雷不發聲七月又震泗州僧伽塔

按宋史太宗本紀不載　按五行志至道元年三月甲戌雷雨未發聲名司天監寺趙昭問之答曰按占書雷不發聲寬政之應也七月泗州大風雨雷震僧伽塔及寺閣鐘樓

眞宗咸平元年正月十一月俱雷

按宋史眞宗本紀不載　按五行志咸平元年正月戊寅京師西北有雷電十一月瀛州順安軍並東北有雷

咸平三年十冬雷

按宋史眞宗本紀不載　按五行志三年冬黃州西北雷震仍盛夏時十二月眞定府東南雷

咸平四年冬雷

按宋史眞宗本紀不載　按五行志四年十月乙巳京師西南有雷電閏十二月大名府雷

咸平六年冬雷

按宋史眞宗本紀不載　按五行志六年十一月甲午京師暴雷震司天言國家發號布德未及黎庶時議改元肆赦詔宰相增廣條目采民病悉除之

景德三年九月丙寅夕京師大震雷

按宋史眞宗本紀不載　按五行志云云

大中祥符元年正月雷
按宋史真宗本紀不載　按五行志大中祥符元年正月癸未京師西北方雷
大中祥符五年冬雷
按宋史真宗本紀不載　按五行志五年十二月己巳京師西北雷電
大中祥符九年震死使臣
按宋史真宗本紀不載　按五行志九年五月殿中張信奉南海祝版乘驛至唐州震死
仁宗寶元元年正月雷
按宋史仁宗本紀寶元元年正月丙辰以雷發不時詔轉運使提舉刑獄按所部官吏
按綱目特下詔求直言大理評事蘇舜卿言陛下隔日御殿此政事不親也府庫空竭斂科無虛日此用度不足也二者誠國之大憂願陛下因此災變修己以御人洗心以鑒物勤聽斷舍晏安放優諧近習之纖人親剛明鯁直之良士以思未圖疏入詔復日御前殿
嘉祐四年雷雹
按宋史仁宗本紀不載　按五行志嘉祐四年四月丙戌大震雷雨雹
慶曆六年雷雹
按宋史仁宗本紀不載　按五行志慶曆六年五月雷雹地震
哲宗紹聖三年冬雷
按宋史哲宗本紀紹聖三年冬十月辛未西南方雷聲　按五行志二年十月十五日西南方有雷聲次雨雹
徽宗大觀三年雷雹
按宋史徽宗本紀不載　按五行志大觀三年十月戊子大雷雹而雨
高宗建炎四年正月雷
按宋史高宗本紀建炎四年春正月己未夜大雨震電壬戌雷雨又作　按五行志建炎四年正月乙未雷時御舟次溫州章安鎮高宗謂宰臣曰雷聲甚厲前史以爲君弱臣強四裔兵不制是夕金人破明州壬戌又雷
建炎七年五月汴京無雲而雷
按宋史高宗本紀不載　按五行志云云
紹興三年春正月辛未震電
按宋史高宗本紀云云
紹興五年九月戊寅雷十月丁巳雷
按宋史高宗本紀不載　按五行志云云
紹興六年十月丙午雷
按宋史高宗本紀不載　按五行志云云
紹興九年九月甲午十月丁卯雷
按宋史高宗本紀不載　按五行志云云
紹興十一年十一月己酉雷
按宋史高宗本紀云云
紹興十五年冬雷
按宋史高宗本紀紹興十五年十月辛卯夜雷　按五行志十五年十月辛卯十二月甲寅雷
紹興十六年溫州大雷電
按宋史高宗本紀不載　按五行志十六年溫州大雷電震死六人八於龍翔寺
紹興十八年閏八月甲戌雷
按宋史高宗本紀不載　按五行志云云按本紀是年閏八月
紹興十九年十二月甲寅雷
按宋史高宗本紀不載　按五行志云云
紹興二十一年二月雷震死人冬雷
按宋史高宗本紀紹興二十一年十二月壬申雷　按五行志二十一年二月辛未南安軍大雷電大庾縣震死四人十一月辛未夜震雷十二月癸酉雷日干與本紀互異
紹興二十二年冬雷
按宋史高宗本紀不載　按五行志二十二年十二月戊寅己卯雷
紹興二十六年冬雷
按宋史高宗本紀不載　按五行志二十六年十二月甲子雷
紹興二十七年九月癸未雷
按宋史高宗本紀不載　按五行志云云
紹興三十年冬雷
按宋史高宗本紀紹興三十年冬十月庚戌雷癸亥日中無雲而雷　按五行志三十年十月壬戌晝漏半無雲而雷癸亥日過中無雲而雷
紹興三十一年春雷
按宋史高宗本紀紹興三十一年春正月丁丑雷丁亥夜風雷雨雪交作
孝宗乾道三年冬雷
按宋史孝宗本紀乾道三年十一月戊辰雷丁丑以

雷發非時詔臺諫侍從兩省官指陳闕失　按五行志乾道三年十一月丙寅雷雨不克郊戊辰日南至大震雷

乾道八年九月乙酉雷

按宋史孝宗本紀不載　按五行志云云

乾道九年閏月癸卯雷

按宋史孝宗本紀不載　按五行志云云（按本紀是年閏正月）

淳熙九年九月壬午雷

按宋史孝宗本紀不載　按五行志云云

淳熙十二年冬雷

按宋史孝宗本紀淳熙十二年十一月戊子雷　按五行志十二年十一月戊子雷十二月丁丑雷

淳熙十三年正月己丑雷

按宋史孝宗本紀不載　按五行志云云

淳熙十四年十一月乙卯雷

按宋史孝宗本紀云云

淳熙十六年大雷震太室

按宋史孝宗本紀不載　按五行志十六年七月乙丑大雷震太室齋殿東鴟吻

光宗紹熙元年九月辛酉雷

按宋史光宗本紀云云

紹熙二年正月雷二月大雷

按宋史光宗本紀紹熙二年春正月戊寅雷雹三月癸酉溫州大風雨雷田苗桑果蕩盡

紹熙四年十一月己卯日南至辛巳雷

按宋史光宗本紀不載　按五行志云云

紹熙五年寧宗即位冬雷

按宋史寧宗本紀紹熙五年秋七月即位冬十月癸巳雷乙未詔以陰陽謬盭雷雹非時令臺諫侍從各疏朝政闕失以聞

寧宗慶元二年正月戊子雷十一月雷

按宋史寧宗本紀不載　按五行志云云

慶元三年冬雷

按宋史寧宗本紀慶元三年冬十月癸酉雷十二月甲申雷（按五行志作十月癸亥）

慶元六年九月己未雷

按宋史寧宗本紀不載　按五行志云云

嘉泰二年正月己巳雷

按宋史寧宗本紀不載　按五行志云云

嘉泰三年正月雷

按宋史寧宗本紀不載　按五行志云云

嘉泰四年正月辛卯雷

按宋史寧宗本紀不載　按五行志云云

開禧二年正月雪雷九月雷

按宋史寧宗本紀開禧二年春正月己酉雷　按五行志云云

開禧三年十月辛未癸酉雷

按宋史寧宗本紀不載　按五行志云云

嘉定二年九月戊子雷

按宋史寧宗本紀不載　按五行志云云

嘉定三年正月雷十月壬申雷八月辛丑雷九月辛酉雷

按宋史寧宗本紀嘉定三年冬十月壬申雷　按五行志云云

嘉定四年九月雷

按宋史寧宗本紀不載　按五行志云云

嘉定五年七月戊辰雷雨震太室之鴟吻十月丁酉雷

按宋史寧宗本紀嘉定五年秋七月戊辰以雷雨毀太廟屋避正殿減膳冬十月戊戌雷　按五行志云云（按十月雷紀作戊戌志作丁酉互異）

嘉定六年九月大雷

按宋史寧宗本紀嘉定六年九月癸巳雷乙未大雷丙申以雷發不時下罪己詔　按五行志六年閏月壬辰雷震雹乙未昧爽洊雷

嘉定七年九月癸亥雷

按宋史寧宗本紀不載　按五行志云云

嘉定八年九月丙寅雷

按宋史寧宗本紀不載　按五行志云云

嘉定十一年九月辛巳祀明堂肆赦震雷

按宋史寧宗本紀不載　按五行志云云

嘉定十四年冬十月庚午雷

按宋史寧宗本紀云云

嘉定十五年九月癸丑雷

按宋史寧宗本紀云云

嘉定十六年九月乙卯雷十二月壬辰雷

按宋史寧宗本紀云云

嘉定十七年九月丁亥雷

按宋史寧宗本紀不載　按五行志云云

理宗寶慶二年秋七月戊辰雷雹九月庚申十月辛丑又雷

按宋史理宗本紀云云 按魏了翁傳了翁遷起居郎明年改元寶慶雷發非時上有朕心終夕不安之語了翁入對即論人主之心義理所安是之謂天非此心之外別有所謂天地神明也陛下盍即不安而求之對天地事父母見羣臣親講讀皆隨事反求則大本立而無事不可爲矣又論講學不明風俗浮淺立朝無犯顏敢諫之忠臨難無伏節死義之勇願數求碩儒丕闡正學圖爲久安長治之計又請申命大臣於除授之際公聽並觀然後實意所孚善類皆出矣屬濟王竑以死有司顧望治葬弗虔了翁每見上請厚倫紀以弭人言應詔言事者十餘人朝士惟了翁與洪咨夔胡夢昱張忠恕所言能引義劘上最爲切至

紹定二年九月庚辰雷

按宋史理宗本紀不載 按五行志云云

紹定五年九月乙巳雷

按宋史理宗本紀云云 按志作壬寅

端平二年十二月辛亥雷

按宋史理宗本紀不載 按五行志云云

端平三年九月十月雷

按宋史理宗本紀端平三年九月庚午雷辛未雷雨 按五行志三年九月庚午雷是月祀明堂大雨震電十月戊戌雷

嘉熙元年九月丁巳雷

按宋史理宗本紀云云

嘉熙二年冬十月庚戌雷

按宋史理宗本紀云云 按五行志嘉熙二年九月己酉十月庚戌雷

淳祐元年正月十二月雷

按宋史理宗本紀淳祐元年春正月庚子雷 按五行志淳祐元年十二月丙寅雷

淳祐二年九月十一月雷

按宋史理宗本紀二年九月己丑雷十一月己亥日南至雷電交作詔避殿減膳求直言

淳祐三年三月丙辰雷

按宋史理宗本紀不載 按五行志云云

淳祐四年冬雷

按宋史理宗本紀淳祐四年九月乙丑雷丁卯雷十一月戊申雷

淳祐七年九月癸酉雷

按宋史理宗本紀云云

淳祐八年九月辛酉雷

按宋史理宗本紀云云

淳祐十年冬雷

按宋史理宗本紀淳祐十年十一月壬午雷癸未以雷震非時自二十四日避殿減膳詔公卿大夫百執事各揚乃職裨朕不逮

淳祐十二年冬雷

按宋史理宗本紀淳祐十二年十二月丁丑立春雷

寶祐二年十二月癸未雷

按宋史理宗本紀云云

寶祐三年正月九月雷

按宋史理宗本紀寶祐三年春正月乙未迅雷九月甲午朔雷

寶祐五年春冬俱雷

按宋史理宗本紀寶祐五年春正月乙巳雷冬十月癸巳雷

寶祐六年春正月戊寅雷

按宋史理宗本紀云云

開慶元年冬雷

按宋史理宗本紀開慶元年冬十月乙酉雷

景定二年十月雷電

按宋史理宗本紀景定二年冬十月戊戌雷電 按五行志二年十月戊戌雷電己亥雷電

度宗咸淳四年閏月丁巳九月庚申雷

按宋史度宗本紀不載 按五行志云云

咸淳七年大雷電

按宋史度宗本紀咸淳七年六月丙申諸曁大雷電

咸淳九年十月癸亥十二月丙辰壬戌雷

按宋史度宗本紀不載 按五行志云云

金

熙宗皇統九年雷震寢殿鴟尾

按金史熙宗本紀皇統九年四月壬申夜大風雨雷震壞寢殿鴟尾 按五行志九年四月壬申夜大風雨雷電震寢殿鴟尾壞有火入帝寢燒帷幔上懼徙別殿

章宗明昌六年二月雷震應天門

按金史章宗本紀明昌六年二月丁丑大雨雹晝晦震應天門右鴟尾

宣宗興定四年正月大雷

按金史宣宗本紀興定四年正月壬子晝晦有頃大

雷電雨以風

哀宗天興元年震死工部尚書范乃速

按金史哀宗本紀天興元年九月辛丑夜大雷工部尚書范乃速震死

元

順帝至正三年秋雷擊死永興縣吏

按元史順帝本紀不載　按五行志至正三年秋興國路永興縣雷擊死糧房貼書尹章于縣治時方大旱有朱書在其背云有旱却言無旱無災却道有災未庸殲厥渠魁且擊庭前小吏

至正七年五月無雲而雷

按元史順帝本紀不載　按五行志七年五月庚戌台州路黃巖州海濱無雲而雷

至正十年六月無雲而雷冬雷雨

按元史順帝本紀不載　按五行志十年六月戊申廣西臨桂縣無雲而雷震死邑民廖廣達十二月庚子汾州孝義縣雷雨

至正十一年十二月台州大雨電

按元史順帝本紀不載　按五行志云云

至正十二年三月丙午寧國路無雲而雷

按元史順帝本紀不載　按五行志云云

至正十三年冬無雲而雷

按元史順帝本紀至正十三年十二月庚戌京城天無雲而雷鳴少頃有火見于東南懷慶路及河南府西北有聲如擊鼓者數四已而雷聲震地　按五行志十三年十二月庚戌京師無雲而雷少頃有火墜于東南懷慶路河內縣及河南府天鼓鳴於西北是日懷慶之修武潞州之襄垣縣皆無雲而雷聲震天地是月汾州雷雨

至正十四年十二月孝義縣雷雨

按元史順帝本紀不載　按五行志云云

至正十九年十二月台州大雷電

按元史順帝本紀不載　按五行志云云

至正二十一年冬雷

按元史順帝本紀至正二十一年十一月戊申朔溫州樂清縣雷

至正二十七年冬雷

按元史順帝本紀不載　按五行志二十七年十月奉元路雷電

明

太祖洪武十三年五月震謹身殿大赦免天下田租六月震奉天門

按明通紀洪武十三年五月甲午雷震謹身殿大赦詔曰朕以非德託于萬姓之上奉天勤民于茲十有三年矣不期宰輔失職肆姦擅權使賢愚陷于不義朕思創業之艱難念守成之不易首除姦惡劃根翦蔓爰及餘黨然刑戮之際不無過焉甚非上帝好生之德乃于是月初四日申時雷震謹身殿朕甚懼焉於是赦天下罪者除十惡不赦外其餘已未發覺結證罪無大小咸赦除之

宣宗宣德七年六月震大祀壇門

按大政紀云云

宣德九年六月震大祀壇門

按大政紀云云

英宗正統八年夏四月震奉天殿求直言

按名山藏正統八年四月戊寅雷震奉天殿鴟吻己卯上輟朝三日遣祭于昊天后土勅諭文武羣臣曰朕顒顒之誠不遑夙夜上天垂戒厥有所由典祀之官誠弗至歟養民之職政失當歟軍旅之臣令過苛歟銓選之任進退乖歟爵賞之行明公不盡歟至于刑罰過當九干陰陽抑訴冤有詞菀結不理指告有禁違例故行歟或操不潔白受人賄囑或聽不明公爲人脅制誣枉平民傳致其罪歟朕思省惕懼爾羣臣其卽革心改慮勉效自新天道顯明可忽違哉

按大政紀正統八年四月雷震奉天殿詔求直言正統初有詔凡事白于太后然後行太后命付閣下議決太監王振雖欲專而不敢也每數日太后必遣人入閣問日來曾有何事來商確卽以帖開某日中官某以某事來議如何施行太后乃出所白驗之或王振自斷不付閣下議卽召振責之自張太后崩楊榮卒楊士奇以子稷之故堅臥不出惟楊溥一人當事亦年老勢孤後進皆委靡不前于是內閣之柄悉爲王振所攘生殺予奪盡在其手去大臣之不附己者自是舉朝皆以翁父稱振行跪禮至是雷震奉天殿蓋肇土木之變云

按明通紀正統八年四月雷擊奉天殿鴟吻詔羣臣言得失自張太后崩王振權益專侍講劉球上言十事其一勤聖學以正心德其二親政務以總乾綱其三別賢否以親正士其四選禮臣以隆祀典其五嚴考覈以督吏治其六愼刑罰以彰憲典其七罷營作以蘇人勞其八定法守以杜下移其九息兵威以重

民命其干修武備以防外患

正統九年雷震奉天殿

按名山藏正統九年七月壬寅雷震奉天殿鴟吻上親告于太廟遣祭于昊天后土

正統十四年震南京謹身殿震死也先馬

按名山藏正統十四年六月丙辰南京風雨雷震謹身等殿災勅諭南京文武羣臣修職遂下詔大赦天下

按大政紀正統十四年八月己卯帝出塞忽夜大雷雨震死也先乘馬鹵人由是恐怖益加敬禮

代宗景泰二年二月南京雷雨擊損大報恩寺塔

按名山藏云云

景泰三年九月南京雷擊獸吻

按名山藏云云

憲宗成化三年六月震午門

按名山藏成化三年六月戊申雷震南京午門七月勅曰地載失寧南京午門復有雷震之異朕齋滌求過爾在廷諸臣共朕天職得無有竊位蔽賢懷利徇私未達聽聞者乎夫息而能勉過而能改知止足而能退朕所與也

按大政紀成化三年六月雷震南京午門正樓七月工科給事黃甄等四川道監察御史丁川等各上言南京乃祖宗創業之地雷震午門正樓實上天示警乞加修省上以朕當勉諭之

按明昭代典則成化三年六月戊申雷震南京午門正樓龍南京守備參贊官

成化六年夏四月雷不發聲

按明昭代典則成化六年夏四月庚戌立夏雷未發聲陰霾四塞

成化十三年冬雷

按大政紀成化十三年十一月浙江杭州府大雷雨虹見巡按御史侶鍾言按月令八月雷始收聲二月雷乃發聲十一月初旬一陽始生正閉藏之時而乃雷電交作并虹霓出見皆為非時乞加修省事下禮部覆奏近年杭湖等府旱潦相仍今又值此災變不可不預為警備宜移文巡撫及都布按三司等官痛加修省伸冤抑捕強橫撫恤軍民操練軍士從之

成化二十三年六月雷震南京午門

按大政紀云云

武宗正德元年雷震郊壇太廟奉天殿

按大政紀正德元年六月辛酉雷震郊壇禁門太廟脊獸奉天殿鴟吻大學士劉健李東陽謝遷上疏諫馳騁荒淫等事不聽疏言近視朝大遲免朝太多奏事漸晚嬉遊漸廣夫奢靡玩戲非所以崇儉彈射釣獵非所以養仁鷹犬狐兔田野之物不可育乎朝廷弓矢甲冑戰鬭之象不可施于宮禁使正人不親直言不聞而此數者交雜于前臣竊憂之矧六月中旬風雨飄蕩雷霆怒震殿鴟吻太廟脊獸天壇樹木禁門房柱摧折燒毀災異尤甚惕然省悟側身勵精庶可以回天慰人國家之福也

正德十年九月富川縣雷擊西山崩七處

按廣西通志云云

正德十二年震騰衝演武場旗杆

按雲南通志正德十二年夏六月雷震騰衝演武場旗杆明年六月復震

正德十四年冬雷

按廣東通志正德十四年冬丁卯瓊州雷

世宗嘉靖二年六月崞縣大雷霆擊死不孝子康文華

按山西通志云云

嘉靖五年震臨安城

按雲南通志嘉靖五年雷震臨安東城碎其旗杆木屑飛灑官民廬舍

嘉靖七年正月大雷夏無雲而雷

按山東通志嘉靖七年夏新城無雲雷震

按山西通志嘉靖七年春正月霍州大雷電

嘉靖九年震完縣不孝男婦

按畿輔通志嘉靖九年完縣下叔郁雷擊不孝男婦二人劉義冉氏

嘉靖十年雷震午門

按秣陵編年史嘉靖十年閏六月雷震午門西角門詔修省

按明外史陸崑傳葛浩嘉靖中歷官兩京大理卿十年夏雷震午門自劾致仕歸

嘉靖十一年冬雷

按廣東通志嘉靖十一年冬十一月瓊州雷鳴是年大飢

嘉靖十四年雷擊河間不孝子

按畿輔通志嘉靖十四年夏五月河間雷擊不孝子栗達

嘉靖十六年雷震謹身殿

按大政紀嘉靖十六年五月謹身殿災時雷火著殿上燔藝都盡帝諭輔臣及禮官勅勵百官同加修省御史何惟柏上言陛下因雷火之儆反躬自訟此深察天心之儆求治保安之機也然明辟繫于天人之故則莫急于節一己之欲以得天下之心數年以來災異疊見居者多菜色勞者塡溝壑流離困苦無所控訴邊儲帑藏內外告竭陛下修省之餘留神獨斷亦酌緩急之序析利害之詳熟思之而已夫兩宮山陵之建勢不容已沙河功德之役亦在可緩者沙河以七百萬計功德之役亦不下二百萬矣安南軍餉亦不下四百萬矣臣恐雖有聚斂之臣亦無所施其術也乞緩沙河功德二處以併力兩宮安南之征愼于謀始則民心不搖天心自享矣疏入不報

按明外史何惟柏傳惟柏字喬仲南海人嘉靖十四年進士選庶吉士授御史雷震謹身殿言四海困竭所在流移而所司議加賦民不爲盜不止因請罷沙河行宮金山功德寺工作及安南問罪之師帝頗嘉納　按周怡傳桑喬江都人嘉靖十年進士十四年冬由主事改御史十六年夏雷震謹身殿下詔求言喬偕同官陳二事略言營造兩宮山陵多侵冒吉囊恣橫邊備積弛而未言陛下遇災而懼下詔修省修省不外人事人事無過擇官尚書嚴嵩及林庭㭿張瓚張雲皆上負國恩下乖輿望災變之來由彼所致疏奏四人皆乞罷詔庭㭿雲致仕留嵩瓚如故

嘉靖十八年雷震奉先殿

按大政紀嘉靖十八年六月丁酉朔雷震奉先殿左吻又鼓樓燬帝祭告諭百官同加修省

嘉靖十九年雷震富川儒學門

按廣西通志嘉靖十九年春富川縣雷擊儒學門牆是年毛熙擢魁

嘉靖二十一年雷震元江府柱棟

按雲南通志云云

嘉靖二十八年冬雷

按陝西通志嘉靖二十八年十月朔慶陽大雷電

嘉靖三十年元日震太平府署

按廣西通志嘉靖辛亥年正月元旦五更太平府雷震府署桄榔木

嘉靖三十一年雷火見于雷州

按廣東通志嘉靖三十一年夏五月乙卯雷州風雨震雷有火如毬自西南騰空而散

穆宗隆慶五年雷震天壇

按明昭代典則隆慶五年六月乙卯雷震圜丘廣利門鴟吻碎之

神宗萬曆七年六月震興化府廣化寺九月無雲而電

按山西通志萬曆七年秋七月潞安無雲而電其先霏烟若縷有龍形首尾可辨自東北上昇

按福建通志萬曆七年六月雷震興化府廣化寺樹翼旦視之樹下有龍文金碧隱現

萬曆二十一年高平有雷火焚窰臨汾冬雷

按山西通志萬曆二十一年九月高平雷火康安里煤窰雷震火光上騰高二丈團圍百步雨熱尋復入臨汾烈風雷雨時立冬後

萬曆二十五年雷震昭平縣學

按廣西通志萬曆二十五年丁酉春昭平縣雷發櫺星門是年廖蕭鄉舉

萬曆三十八年六月雷震南瀆廟柏樹

按四川通志云云

萬曆四十一年雷擊四川社樹

按四川通志萬曆四十一年七月初三日戌時雷擊社樹

萬曆四十四年震邵武大樟樹

按福建通志萬曆四十四年邵武府雷擊大樟樹分開中間有劉廷之三字

熹宗天啓元年寧夏寶慶迅雷

按陝西通志天啓元年五月寧夏迅雷震驚

按湖廣通志天啓元年寶慶府雷震移署鴟吻于學門赤鯉飛集泮池

天啓二年平樂大雷

按廣西通志天啓二年二月平樂大雷連震七次霹倒鳳凰山大松四月龍池井出神龍大雷雨

天啓七年震南平縣門

按福建通志天啓七年五月二十二日雷震南平縣門

愍帝崇禎二年雷雪

按湖廣通志崇禎二年二月廣濟大雪雷

崇禎十年元日雷聲

按廣東通志云云

雷電異部總論

春秋四傳

隱公九年

春秋三月癸酉大雨震電

公羊傳何以書記異也何異爾不時也

注震雷電者陽氣也有聲名曰雷無聲名曰電周之三月夏之正月雨當冰雪雜下雷當聞于地中其雉雊雷未可見而大雨震電此陽氣大失其節猶隱公久居位不反于桓失其宜也日者一日之中也凡災異一日者日歷日者月歷月者時歷時者加自文爲異發于九年者陽數可以極而不還國于桓之所致

胡傳震電者陽精之發雨雪者陰氣之凝周三月夏之正月也雷未可以出電未可以見而大震電此陽失節也雷已出電已見則雪不當復降而大雨雪此陰氣縱也夫陰陽運動有常而無忒凡失其度人爲感之也今陽失節而陰氣縱公子翬之讒兆矣鍾巫之難萌矣春秋災異必書雖不言其事應而事應具存惟明於天人相感之際響應之理則見聖人所書之意矣

僖公十五年

春秋己卯晦震夷伯之廟

公羊傳晦者何冥也震之者何雷電擊夷伯之廟者也夷伯者曷爲者也季氏之孚也

注孚信也季氏所信任臣

季氏之孚則微者其稱夷伯何大之也曷爲大之天戒之故大之也何以書記異也

胡傳不曰夷伯之廟震而曰震夷伯之廟者天應之也天人相感之際微矣

昭公四年

春秋春王正月大雨雹

左傳季武子問於申豐曰雹可禦乎對曰古者日在北陸而藏冰西陸朝覿而出之其藏之也周其用之也徧則雷出不震今藏川池之冰棄而不用雷不發而震雹之爲菑誰能禦之

西京雜記

董仲舒雨雹對

太平之世雷不驚人號令啓發而已電不眩目宣示光耀而已

雷電異部藝文一

論赦恩不及下奏　宋包拯

臣伏聞先帝時冬十二月雷震司天監奏主國家發惠布澤未及黎庶上召輔臣謂之日此上天所以警朕也且河北關西戍兵未息民人勞止又三司轉運使率掊之事名類實繁大者宜即減省小者悉蠲除之將來改元赦書卿等宜悉采民弊著爲條目務澤及黎庶也

雷震奉天殿鴟吻奏請修省疏　明劉球

臣謹按春秋而知君心之所感天心之所應有如響之答聲影之隨形而國家成敗興亡莫不繫之董子所謂國家失道天乃先出災害以譴告之不知自省又出怪異以警畏之此天心仁愛人君欲止其亂也人君遇天戒豈得不嚴于修省哉昔者桑穀生朝太戊修政而殷道興雉雊于鼎武丁正德而殷邦靖旱魃爲虐宣王修行而王化行皆能修省以奉天故天災之降不爲其國害反爲其國福也昨者雷震奉天殿鴟吻陛下素服輟朝下罪己之詔出省躬之言令羣臣各修厥職修省之意至矣固足以答天心而彌災異矣臣竊以爲今日修省之所當先者其事有十其一勤聖學以正君德自古聖哲之君動與天合而雨暘寒暑無不時若以能專志于學於一切無益之事悉屏不御所以私欲盡去天理昭著心得其正而天不違之中庸所謂致中和天地位萬物育者是也臣願陛下以古聖哲之心爲心視朝之暇御經筵之日多居宮苑之時少所謂無益之事悉置意外惟數進儒臣講求至理篤盡精一之功推極修齊治平之道使學問功至理欲判然則聖心正而天心無不順矣其二親正務以總權綱太祖太宗每早朝罷及晚午二朝必進大臣于左順門或便殿親與裁決庶政或事有疑則召廟堂機務之臣商確之而自折其衷所以權歸于上陛下臨御九年事體日熟願守二聖成規復親決之故事庶幾權綱有歸而政惟一矣其三別賢否以親正士諸葛孔明曰親賢臣遠小人此先漢所以興隆也故願治之君無不樂有正人君子爲之親信以贊其治而益其明惟分別之不可不精

今內外之臣不能無賢不肖之分惟察之于己詢之于人果賢而可親也則親之果不肖而當遠也則遠之則君子日進小人日退矣其四選禮臣以隆祀典今之太常卽古之秩宗必得寅清端重明習禮典儒臣爲之然後可交于神明故舜命伯夷伯夷猶讓于夔龍誠以是職不易稱也今太常卿與少卿久缺未選無乃享祀之禮有乖宜選儒臣爲之庶祀典克修其五嚴考覈以督吏治自三代以下省方之禮廢而郡縣之吏不敢肆田野之民得其安者數遣繡衣採訪等使巡行郡縣以察吏得失問民疾苦也洪武永樂間亦嘗行之近年多付此任于布按二司及巡按御史其所考察徒具文爾以故吏無善政民多失業至于軍衞之臣爲害尤酷誠宜選擇公明廉幹廷臣分行天下自二司郡守而下無分文武官吏俱得考察其果奸墨無狀具實黜退若有廉能仁恕治行過人亦奏乞旌異庶人有勸懲而吏治修舉其六愼刑罰以彰憲典古者人君不親刑獄而悉付之理官書所謂予曰辟爾惟不辟予曰宥爾惟不宥惟厥中蓋恐徇喜怒有所輕重于其間以致刑失其中也近者法司所上獄狀有奉敕旨減重爲輕加輕爲重者法司旣不敢執奏至于訊囚之際又多所觀望以求希合聖意是以不能無枉臣竊以爲一切刑獄宜從法司所擬設有不當謫問得情則罪其原問之官其運磚納米贖罪等例亦非古法且使貪得者得以倖免而廉者蒙辜宜令法司今後文武之臣其犯公罪許贖外其餘俱依律問擬則刑罰中而憲典彰矣其七罷營作以蘇民勞夫土木之工不息則天地之和有乖故春秋于勞築之事悉書以示戒者爲此也今京師營作之典已五六年雖不煩民而皆役軍然軍亦國家赤子須之禦暴而赴鬬豈宜爲役而不加恤况各衙門皆已更新宜罷其工庶人力得蘇其八寬逋賦以憫民窮周禮荒政十二薄征其一也近者各處報水旱荒災乞減租稅而有司多不准減或減亦徒事虛文使民不得受其實惠以致困窮流徙者日益多宜令戶部遇有報荒卽與勘實量減其租仍思所以安養流民使不失業庶民窮有濟其九息兵威以重民命夫兵凶器動必傷人不可輕舉漢高帝以武定天下非不善兵然被匈奴白登之挫終不報怨以兵興必傷人也如麓川連歲用兵死者十七八軍費爵賞不可勝計今瘡痍未瘳又遣定西侯蔣貴總之以從緬甸使彼言果信得寇以歸不過獻諸廷磔諸市梟諸逵道而已然彼挾以爲功必求與木邦分有麓川地不與則致怨與之則兩裔土地人民各增其半其勢坐大將不可制是滅一麓川生二麓川也設有蹉跌則兵爭無已死者必多陛下每錄死囚多憫之而免令充軍仁心若此眞足與天地好生之心合矣今欲生得一失地之竄寇而驅十餘萬無罪之人以就死地豈不有乖于好生之仁哉况寇子思機于麓川已嘗遣人來貢非無悔過祈免之意若敕靖遠伯王驥遣人往諭緬甸不煩動衆生致此寇只斬寇首來獻卽與厚賞仍令思機發盡削四面之地分與各寨新附之裔掌之許以小職使仍居麓川則兵不用而此方可自寧息臣以爲宜召還將貴幷止四川湖廣貴州之兵用全數萬生靈之命其十修武備以防外患大易有曰思患而預防之蓋能防患于前斯可無患於後莫若于今閒暇之時數遣給事中御史于在京及沿邊閱督操備務使借工各廠及服役私家軍士悉就訓練仍公武舉之令以求良將定召募之法以來武勇廣屯田之規收中鹽之利以厚儲蓄庶武備無缺而外患有防凡此十者皆今日之急務所以感上天之昭格致太平之隆慶者意誠在此臣不揆愚陋昧死以言伏惟聖明裁之

雷電異部藝文二 詩

冬雷　宋梅堯臣

上帝設號令隱其南山下震發固有時曷常事憑怒春以動含生夏以奮風雨冬其息不用藏在黃厚土我今來江南歲曆惟建午如何小雪前向曉疑鳴釜蛟虬龜蟲厄鱗裂口塊吐蝦蟆不食月深竄僵兩股天公豈物欺若此汨時序或言非天公實乃陰怪主嘗觀古祠畫牛首椎連鼓黑雲雜狂飇相與爲脯腑是不由昊穹安能順寒暑吾因考厥事復以驗莽鹵市井欺量衡定知不活汝元惡逆大倫弗加霹靂斧此豈曰無私故予未所取必恐竊天威似將文法侮焉顧五行錯詎畏萬物覩欲抑九門陳恨身無鳥羽

冬雷行　唐庚

百蟲蟄處安如家阿香夜起推雷車一時技癢不忍爬撼動尺蠖掀龍蛇龍蛇尺蠖踞已久亦欲奮迅舒頑麻夢中一震忽驚躍發破墐戶排泥沙泥沙已出雷遽止錯愕欲去難藏遮蟲蛇狠狽莫知數間有伏龍吁可嗟

立冬前後大雷電　元方夔

雲如車礮低壓城紅光閃電枉矢行老龍偷出牛蹏泓霹靂數聲驚窅冥雨下如注翻四溟黑風吹落魚鮹腥蚯蚓奮角蚍怒鱗穴居林處無潛形小臣飛牋奏天庭速收阿香加誅刑夜闌景霽百怪停炯炯北極瑤衆星

十月聞雷　明貝瓊

天氣初寒春尚賒坎中夜半有鳴蛙百年宇宙腥戎馬十月雷霆起蟄蛇老柳黃垂霜後樹小桃紅破雨中花三公燮理非無術愁聽空江度鬼車

雷電異部紀事

奚囊橘柚軒轅遊于陰浦有物焉龍身而人頭鼓腹而遨遊問于常伯伯曰此雷神也有道則見見必大雷雨而拔木君亟歸乎須臾雨大至雷電交作陰浦之木盡拔

南史顧協傳協爲通事舍人大通三年雷擊大航華表然盡建康縣馳啓協以爲非吉祥未即呈聞後帝知之曰雷之所擊一本罰惡龍二彰朕之有過協掩惡揚善非曰忠公由是見免

北史齊神武本紀神武自隊主轉爲函使嘗乘驛過建興雲霧晝晦雷聲隨之半日乃絕若有神應者

五行記司禮寺蘇踐言左相溫國公良嗣之長子居於嘉善里與其弟崇光府錄事參軍踐義退朝還第弘道觀東猝遇暴雨震雷電光來繞踐言等馬囘旋甚急雷聲亦在其側有頃方散其年九月元肅言與趙懷節謀逆踐言妻妾並被縲絏數月仍各解職及良嗣薨並放流荒裔

唐書哥舒曜傳李希烈陷汝州拜曜東都汝州行營節度使有詔督戰曜進次潁橋雷震軍中七馬斃曜懼還屯襄城希烈遣衆萬人縱火攻柵殪人于塹以薄壘曜苦戰破之居數月希烈自率兵三萬圍曜築甬道屬城矢集如雨帝遣神策將劉德信以兵三千援之又詔河南都統李勉出兵相掎角勉以希烈在外許守兵少乘虛襲之希烈自解乃遣部將與德信趣許未至有詔切讓使班師德信等惶惑還軍無斥候至扈澗爲賊設伏詭擊死者殆半器械輜重皆亡

十國春秋前蜀楊玢傳應聖節列山棚於得賢門有暴風推隕于地又明日雷震應聖堂摧兩柱玢上言曰陛下誕聖之日而山摧者非不騫不崩之義也在於得賢門者示陛下所用不得賢也應聖堂柱震摧者示陛下柱石非其材也後主殊不爲意遂至于亡

王宗阮傳宗阮常經瀘州賽神方山廟會夜分牲腸爲犬子所食俄聞雷震聲有白衣冠人升堂涖事獠鬼十數輩奔走階下執一黃衫者責之曰若非竊祭牲者乎命抶之十五明旦見犬子腎潰宛轉血肉中驚以爲異

南唐陸昭符傳昭符初名匡符保大中官常州刺史一日坐廳事雷雨暴至電光如金蛇遶案吏卒皆震仆匡符撫案叱之雷電頓止及舉案幃得鐵索重數百斤匡符亦不變志徐命舉索貯庫中

宋史查道傳道幼沈嶷不羣罕言笑喜就筆硯絕意名宦遊五臺將落髮爲僧一夕震雷破柱道坐其下了無懼色寺僧異之咸勸以仕端拱初舉進士高第解褐歷官龍圖閣待制進右司郎中

楊文仲傳淳祐七年文仲以胄試第一入太學九年又以公試第一升內舍時言路頗壅因季冬雷震首帥同舍叩閽極言時事有曰天本不怒人激之使怒人本不言雷激之使言一時爭傳誦之

李燾傳燾權禮部侍郎七月壬戌雷震太祖廟柱壞鴟尾有司旋加修繕燾奏非所以畏天變當應以實

上諭大臣燾愛朕屢進讜言賜金紫

金史阿疎傳穆宗嗣節度聞阿疎有異志乃名阿疎賜以鞍馬深加撫諭隱察其意趣阿疎歸謀益甚乃斥其事復名之阿疎不來遂與同部毛睹祿勃堇等起兵穆宗自馬紀嶺出兵攻之撒改自胡論嶺往略定潺春星顯兩路攻下鈍恩城穆宗略阿茶檜水益募軍至阿疎城是日辰巳間忽暴雨晦暗雷電下阿疎所居既又有大光聲如雷墜阿疎城中識者以爲破亡之徵

輟耕錄至正庚子二月六日浙西諸郡震霆擊電雪大如掌頃刻積深尺餘人甚驚異後閱李復中青唐雜記云宋元符二年九月二十一日夜鎭洮大雷自初更至四鼓凡一百三十餘雷雪深二尺後旬日西

羌叛以有備無患出師大捷又周密癸辛雜識云庚寅正月二十九日癸酉余至博陸大雷雪下如織而雷不止天地為之陡黑平生所未見據二說如此然杭州自去歲十二月被圍至三月兵退豈卽青唐之讖與

明外史韓宜可傳宜可坐事將刑御謹身殿親鞫之天晴無雲忽雷火繞殿中帝驚曰得無枉是人耶宜可遂獲免

名山藏燕王還北平傳檄天下曰太孫卽位二日霹靂大風雨發屋拔木占書曰霹靂大風雨發屋拔木者讒言殺正士也

揚州府志馬士權泰州人善談論多氣節與大學士徐有貞善天順初石亨惡有貞下之獄謫廣東參政慮其復起令人偽作疏毀謗朝廷假養病給事中李秉彝名上之逮秉彝訊不承亨等因譖有貞怨望使所親馬士權為之捕有貞及士權下錦衣獄備嘗惡刑拷掠瀕死士權終無言會雷震承天門上大恐勅赦之編金齒為民有貞出獄感其義以女許婚其子及亨敗有貞赦歸遂停其婚士權亦絕口不言

明外史周洪謨傳弘治元年四月天壽山震雷風雹樓殿瓦獸多毀洪謨力勸修省帝深納之

曾鑑傳正德元年雷震南京報恩寺塔守備中官傅容請修之鑑等諫止

劉崧傳崧攝吏部尚書雷震謹身殿帝廷諭羣臣陳得失崧頓首以修德行仁對

夏言傳嘉靖十八年言以少保尚書大學士致仕未幾雷震奉天殿名言及顧鼎臣不時至帝復詰讓令禮部劾之

楊爵傳周天佐嘉靖十四年進士授戶部主事分司倉場二十年夏四月九廟災天佐上書帝怒杖六十下詔獄天佐體素弱不任楚獄吏絕其飲食不三日卽死年甫三十一比屍出獄皦日中雷忽震人皆失色

湖廣通志蔡暹知泰興有謀殺叔母事無左驗時方霽倏雷大震侍者股慄暹詰之曰後跪者為誰其人驚顧卽伏罪

欽定古今圖書集成曆象彙編庶徵典

第七十六卷目錄

庶徵典第七十六卷

雨災部彙考一

書經

周書洪範

日休徵曰肅時雨若曰咎徵曰狂恆雨若

大全朱子曰肅是恭肅便有滋潤底意思所以說時雨若　陳氏大猷曰肅之反爲狂狂則蕩故常雨

庶民惟星星有好風星有好雨日月之行則有冬有夏月之從星則以風雨

注好雨者畢星月行西南入于畢則多雨大全朱子曰畢是叉網漉魚底叉子亦謂之畢漉魚則其汁水淋漓而下若雨然畢星名義蓋取此今畢星上有一柄下開兩叉形象亦類畢故月宿之則雨

詩經

小雅漸漸之石

有豕白蹢烝涉波矣月離于畢俾滂沱矣

朱注蹢蹄烝衆也離月所宿也畢星名豕涉波月離畢將雨之徵也大全埤雅曰馬喜風豕喜雨故天將雨則豕進涉水波也新安胡氏曰畢星好雨月水之精離畢而雨星象相感如此

禮記

月令

孟春行夏令則雨水不時

注此巳火之氣所泄也

行秋令則其民大疫猋風暴雨總至

注此申金之氣所傷也

行冬令則水潦爲敗

注此亥木之氣所淫也

季春行秋令則淫雨早降

注戌土之氣所應也

孟夏行秋令則苦雨數來

注申金之氣所泄也

仲冬行秋令則天時雨汁

注雨雪雜下曰汁酉金之氣所淫也

太公兵書

占雨

軍出逢天無雲而雨此天泣也軍沒不還

師曠占

占雨

候月知雨多少八月一日二日三日月色赤黃者其月少雨月色青者其月多雨常以五卯日候西北有雲如羣羊者卽有雨至矣冬戊己春辰巳日雨蝗蟲食禾稼立春日雨傷五木立秋日雨害五穀常以戊己日日入時出時欲雨日上有冠雲大者卽雨小者少雨

漢書

五行志

傳曰淫雨傷稼穡是爲水不潤下京房易傳曰顓事有知誅罰絕理厥災水其水也雨

傳曰貌之不恭是謂不肅厥咎狂厥罰恆雨肅敬也內曰恭外曰敬人君行己體貌不恭怠慢驕蹇則不能敬萬事失在狂易故其咎狂也上慢下暴則陰氣勝故其罰常雨也凡貌傷者病木氣木氣病則金沴之衝氣相通也于易震在東方爲春爲木也兌在西方爲秋爲金也春與秋日夜分寒暑平是以金木之氣易以相變故貌傷則致秋陰常雨言傷則致春陽常旱也庶徵之恆雨劉歆以爲春秋大雨也劉向以爲大水

京房易飛候

占雨

凡候雨以晦朔弦望雲漢四塞者皆當雨如斗牛彘當雨暴有異雲如水牛不三日大雨黑雲如羣羊奔如飛鳥五日必雨雲如浮船皆雨北斗獨有雲不五日大雨四望見青白雲名曰天寒之雲雨徵蒼黑雲細如杼軸蔽日月五日必雨雲如兩人提鼓持桴皆爲暴雨

太平之時十日一雨凡歲三十六雨此休徵時若之應

魏武兵書

占雨

大軍將行雨濡衣冠是謂洒兵其師有慶

三軍將行其旗濡濕若雨是謂天露三軍失將雨甚是謂浴尸先陣者敗亡

大將始行雨而薄不濡衣冠是謂天泣其將大凶其卒敗亡

黃子發相雨經

候雨法

常以戊申日候日欲入時日上有冠雲不問大小視四方黑者大雨青者小雨

候日始出日正中有雲覆日而四方有雲黑者大雨青者小雨

四方有雲如羊猪雨立至

四方北斗中有雲後五日大雨

四方斗中無雲唯河中有雲三枚相連狀如浴猪三日大雨

以丙丁辰之日四方無雲唯漢中有者六十日風雨如常

以六甲之日平旦清明東向望日始出時如日上有片雲大小貫日中青者甲乙日雨赤者丙丁日雨白者庚辛日雨黑者壬癸日雨黃者戊己日雨

六甲日四方雲皆合者卽雨

以天方雨時視雲有五色黑赤並見者卽雹黃白雜者風多雨少青黑雜者雨隨之必滂沛流潦

四方有躍魚雲遊疾者卽日雨遊遲者雨少難至

朝野僉載

占雨

夜半天漢中黑氣相逐俗謂黑猪渡河雨候也

天文要集

占雨

北斗之旁有氣往往而黑狀如禽獸大如皮席不出三日必雨

河有雲黑狀似船若一匹布維河不出十日大雨

觀象玩占

雨總敘

雨者陰陽和而天地氣之所爲也大淸之世十日一雨雨不破塊京房曰太平之時一歲三十六雨是謂休徵時若凡雨三日以上爲霖久雨謂之霪

管窺集要

雨占

凡風雨不節則民饑人君與天地合其德四時合其序則五日一風十日一雨

凡春甲子日雨六十日旱夏甲子雨損穀秋甲子雨六十日水米貴冬甲子日雨夏田不收

凡正月甲乙先雨春有大水丙丁先雨夏有大水庚辛先雨秋有大水壬癸先雨冬有大水戊己先雨季夏有水

月占雨法

正月一日至八日當雨不雨春風太白逆行入房米貴十一十九當雨不雨房星不明二十五日當雨不雨有兵起

二月七日九日不雨九月道中有餓死十九二十八日不雨三月旱三十日不雨太白逆行十二度

三月一日三日不雨秋多人餓九日十五日不雨角蟲傷天下有恐二十五日二十七日不雨蟄虫多行

四月十七日不雨人不安十八日不雨天旱冬溫二十五日不雨兵起東北二千里三十日不雨有大風

五月七日不雨大旱十五日二十日不雨西方千里外多疾病二十三日二十六日不雨旱三十日不雨有兵起

六月七日十二日不雨牛畜貴二十四日不雨夏田人少食二十七日不雨客星入井三十日不雨九月米貴

七月四日不雨角蟲死十二日不雨有大水禾不收二十五日不雨兵起外國二十八日不雨仲冬有大雪

八月一日不雨有大雷五日十二日不雨霜爲害十九日不雨人多訛言二十五日不雨冬有雷

九月二日不雨兵起西方北方二十三日不雨人多死二十六日不雨米貴二十七日不雨人自恐三十日不雨有水

十月三日不雨兵起十三日二十日不雨河水逆流二十三日不雨穀貴二十八日不雨冬溫不凍

十一月四日八日不雨乳母多死十六日二十日不雨人不安二十五日二十九日不雨貧者致富

十二月六日十日不雨有大雪二十日不雨角蟲賤二十三日不雨米貴二十七日三十日不雨有大風雪一年之中合當雨雪先後一日皆同占若不雨有風陰應之亦吉

正月一日有風雨三月穀貴一曰其年大惡徵風小雨其年小惡風悲鳴疾作災起又正月一日有風雨米貴蟲傷風雨從西來兵起又曰一日無風歲中下田麥成禾黍小貴正月上旬雨穀貴一倍中旬雨穀貴十倍晦日有風雨穀貴

二月一日有風雨穀貴禾惡二月七日八日當雨不雨九月道中有餓死人九日至十五日當雨不雨兵起十七十八日當雨不雨冬蟲不蟄十九日二十日當雨不雨三月大旱二十六日至二十八日當雨不雨有逆風從東來損物二月晦日有風雨多疾病死亡

三月一日有風雨井泉空二日有雨澤無餘三日有雨水旱不時四日有雨變易治五日有雨溝瀆潦六日有雨壞垣牆七日有雨決隄防八日有雨乘船行九日有雨難可期一曰三月一日有風雨民疾病百蟲生異日雷雨有旱三月一日至三日當雨不雨秋多大霧道有飢死人七日當雨不雨穀貴九日至十五日當雨不雨兵在外者罷十八日至二十日當雨不雨角蟲死天下民有怨二十三日至二十七日當雨不雨冬蟲不蟄民病三月辰日雨百蟲生未日雨百蟲死三月三日有小雨蠶喜大雨蠶惡三月十六日雨桑柘賤

春甲寅乙卯日有雨入地五寸穀小貴若不貴至夏大貴春甲申至己丑日有雨庚寅至癸巳日有雨皆爲穀大貴春雨甲申其年五穀熟春乙日不雨民不耕

四月一日有風雨米貴麥惡赤地千里四月二日三日有雨其年五穀熟四月四日至七日當雨不雨蟄蟲冬出民怨咨不安其處十一日至十四日當雨不雨歲惡十八日當雨不雨大旱二十一日當雨不雨兵起東方千里三十日當雨不雨大風傷物四月四日有雨五穀貴五日六日有雨宜旱麥四日至七日風雨大豆熟四月晦日有雨至五月朔日其年大水麥惡蝗生

五月一日有風雨米大貴人食草木一曰牛貴五月四日至七日當雨不雨大旱蟲生十一日至十七日當雨不雨西方千里外人疾病二十日當雨不雨草木枯死二十三日當雨不雨乳母多病二十六日當雨不雨大旱風至秋九月多雨二十九日三十日當雨不雨大暑熱五月上辰日有雨蝗蟲發一曰蟲蝕雨下食禾巳日雨同五月晦日有風雨米貴

六月一日有風雨米貴三日四日六日當雨不雨角蟲多死七日至二十日當雨不雨牛貴二十日至二十二日當雨不雨下田水多人死少食二十三至二十四日當雨不雨十月河凍二十七日當雨不雨下田水人饑六月晦日有風雨來年穀貴

夏甲乙丙丁日俱無雨人不耕甲申至己丑日有雨麥貴夏甲申日有雨米大貴丙寅丁卯日有雨穀貴一倍夏甲子庚辰辛巳日有雨蟲死有雷亦然夏三月丙辰日有雨百蟲生未日酉日雨蟲死

七月一日有大風雨米貴人多病疽者一曰來年穀貴七月七日有風雨糴貴小雨糴大賤七月二十二日當雨不雨有大水二十三日二十四日當雨不雨大風害物二十五日兵起外國七月晦日有風雨穀貴

八月一日有風雨穀貴其日陰雨宜麥布貴麻子大貴至三日而止其日晴無雲麥不實八月一日當雨不雨有大雷二日至五日當雨不雨秋大霜民病八日至十五日當雨不雨多大風寒十九日當雨不雨民多妖言二十一日當雨不雨牛貴二倍二十六日當雨不雨冬大雷二十八日二十九日有雨牛貴八月晦日有風雨來年有水有旱京房曰八月晦日昏雨綰布貴人定時雨貴人賤賤人貴夜半雨米貴嬰兒多損雞鳴時雨兵起一日夜半雨雨所下寇賊起雞鳴雨兵事急民徙其鄉

九月一日有雨麻子貴十倍二日有雨貴五倍一日九月一日有風雨來年春旱夏水九月一日當雨不雨霜早降殺物人棄妻子十二日當雨不雨民多死二十日當雨不雨天下有怨九月晦日風雨有水歲惡

十月一日有風雨年內旱來年夏多水麻子貴其歲惡十月一日大雨米大貴小雨米小貴二日雨麻子貴五倍三日當雨不雨兵起西北方七日十日當雨不雨江河決水逆流十三日至十五日當雨不雨多大風寒十九日當雨不雨小兒病二十五日當雨不雨冬溫無冰連年民病十月晦日有風雨穀貴五倍人多死

十一月一日有風雨人多死四日當雨不雨大旱八日至十一日當雨不雨乳母多死十六日當雨不雨民不安居二十二日當雨不雨江海決魚行人道二十九日當雨不雨民多死亡貧者富富者貧十一月晦日有風雨春旱穀貴五倍十一月晦日雨水橫流天下饑又曰冬大雨水君死國亡

十二月一日有風雨來年穀貴春旱夏多雨四日至六日當雨不雨大旱九日至十二日當雨不雨多大霧二十日當雨不雨有角蟲爲賊二十七日當雨不雨有大風雷十二月晦日有風雨春旱冬壬寅癸卯有雨春穀大貴甲申日至乙丑日雨米大貴庚寅日至癸巳日有風雨米賤收穀者折閲

春雨甲子六十日旱夏雨甲子四十日旱秋雨甲子四十日洪水冬雨甲子二十七日寒春雨甲申五穀熟夏雨甲申五禾美秋雨甲申六畜多死冬雨甲申人多病春雨乙卯夏糴貴夏雨丁卯秋糴貴秋雨辛卯冬糴貴冬雨癸卯春糴貴大旱兵起其方黃帝占曰春乙卯夏丁卯秋辛卯冬癸卯此四日占民安否若其日雨則民疾疫

凡四時卯日雨皆主穀貴一卯斛百文二卯斛二百文三卯斛三百文四卯斛四百文按以上所言占多失實太白之行有定非關雨旱且一二日雨否亦不至有大凶咎也姑存以備考可耳

凡雨作于四時王相之日草木得之莫不榮茂其死囚休廢之日雖有雨不能生物也

凡大和之世風雨必作巳午陰生之後至夜而止者吉若作于子丑寅卯至午而暗者爲亂爲兵民亡失國

凡先風後雨爲順先雨後風爲逆雨止而風不止霧不散者國亂人災

天無雲而雨謂之天泣其占爲國易政若出軍逢之其軍不還河圖曰王急恚怒則無雲而雨抱朴子曰無雲而雨是謂血雨將揚兵講武以應之在軍尤甚將軍死京房曰人君進無德樹無功則不雲而雨

正五九月殺在丑二六十月殺在戌三七十一月殺在未四八十二月殺在辰以此日雨所建賊犯之六十日

凡壬戌癸亥日雨以乘甲日旬卽止賤人伐貴京房曰諸寅卯有小雨小饑大雨大饑

丙午日雨有圍城戊午日霖雨天下大戰

立夏日雨傷害五穀

天雨三日以上不絕陰謀起

占雨知五穀貴賤常以甲申起至丑甲申之日有卒風暴雨入土三寸糴貴一倍其餘一日風雨入地五寸糴小貴但甲申有風雨其旬卽貴

從庚寅至癸巳爲溫風雨入地一寸糴賤癸者冬令終也巳夏之始丑未爲極陰也春陰殺小貴

雨不沾衣亦名天泣不可舉事當揚兵講武消災應之

凡軍初出百里內值大雨名曰浴尸軍士亡

陰雨鬼火夜行不出二百日大旱

雨十日不止來歲饑盜賊起

雨日出軍士怯弱更逢逆風軍必敗還

攻城圍邑經旬不雨不雷其城邑得天之助不可攻擊解兵而回吉

凡討伐不義軍勝後有大雨雷雪等此爲洗兵天兵伐無道天之助也

春甲子夏丙子季夏戊子秋庚子冬壬子謂之天甲子日有雨必占之春甲子日有暴風雨色異常主有赦夏丙子日有暴雨風色異常主起兵有刑獄事季夏戊子日有暴雨風色異常主歲稔壬子有喜有赦秋庚子日有暴雨風色異常主威賞行冬壬子日有暴雨風色異常主天子納賢人

恆雨不息陰氣蓄積百姓愁怨又曰陽德衰則陰氣勝故常雨

二十八宿占風雨陰晴訣

日逢井鬼多風雨若遇奎星天色晴婁危陰雨天色冷昴畢有風天色晴觜參雨過大風起壁室多風天色晴星張翼軫有大雨角亢夜雨日還晴若遇柳星雲霧起氐房心尾向前行

春季虛危室壁多風雨若遇奎星天色晴婁胃烏風天冷凍昴畢溫和天又明觜參井鬼天見日柳星張翼陰還晴軫角二星天少雨或起風雲傍嶺行亢宿大風起沙石氐房心尾雨風聲箕斗濛濛天少雨牛女微微作雨聲

夏季虛危室壁天半陰婁奎胃宿雨冥冥昴畢二宿天有雨觜參二星天又陰井鬼柳星晴或雨張星翼軫又晴明角亢二星太陽見氐房二宿大雨風心尾依然宿作雨箕斗牛女遇天晴

秋季虛危室壁震雷驚奎婁胃昴雨淋庭星觜參井晴又雨鬼柳雲開客便行斗箕牛女必有雨氐房心尾雨濛濛張星翼軫天無雨亢角二星風雨聲

冬季虛危室壁多風雨若遇奎星天色晴婁室雨聲天冷凍昴畢之期天又晴觜參二星坐時晴井鬼二星天色黃莫道柳星雲霧起天寒風雨有嚴霜張翼風雨又見日軫角夜雨日還晴亢宿大風起沙石氐房心尾雨風聲箕斗二星天有雨牛女陰凝天又晴若然風雨天寒凍三宵五陰不曾停占卜晴陰眞妙訣仙賢祕密不虛名掌上輪星天上應若然垢穢損雙晴

雨晴備占

乾坤祕錄曰子日東風卯日雨丑日東風辰日雨寅日東風巳日雨卯日東風午日雨辰日東風未日雨巳日東風申日雨午日東風卯日雨未日東風申日雨中日東風子日雨酉日東風丑日雨戌日東風寅日雨亥日東風辰日雨

又曰甲子日雨丙寅止乙丑日雨丁卯止丙寅日雨丁卯止丁卯日雨夕止戊辰日雨夜半止己巳日雨立止庚午日雨辛未止辛未日雨戊寅止壬申日雨卽止癸酉日雨甲戌止甲戌日雨卽止乙亥白雨卽止丙子日雨卽止丁丑日雨夕止戊寅日雨卽止己卯日雨立止庚辰日雨立止辛巳日雨癸未止壬午日雨卽止癸未日雨甲申止甲申日雨卽止乙酉日雨丙戌止丙戌日雨夕止丁亥日雨卽止戊子日雨庚寅止己丑日雨壬申止庚寅日雨卽止辛卯日雨癸巳止壬辰日雨辛丑止癸巳日雨夕止甲午日雨卽止乙未日雨丁酉止丙申日雨夕止丁酉日雨己亥止戊戌日雨辛丑止己亥日雨卽止庚子日雨甲辰止辛丑日雨壬寅止壬寅日雨卽止癸卯日雨卽止甲辰日雨卽止乙巳日雨丙午止丙午日雨卽止丁未日雨卽止戊申日雨庚戌止己酉日雨辛亥止庚戌日雨卽止辛亥日雨癸丑止壬子日雨癸丑止癸丑日雨卽止甲寅日雨卽止乙卯日雨丙辰止丙辰日雨丁巳止丁巳日雨卽止戊午日雨卽止己未日雨卽止庚申日雨甲子止辛酉日雨卽止壬戌日雨卽止癸亥日雨卽止按此占晴雨未可盡拘但古占有此姑存之以備參考

又曰子日雨立止不止寅日止丑日雨寅日止不止卯日止寅日雨立止不止卯日止卯日雨立止不止巳日止辰日雨立止不止戌日止巳日雨未日止不止申日止午日雨立止不止至十日陰未日雨申日止不止戌日止申日雨立止不止見日久陰酉日雨立止不止久陰戌日雨立止不止久陰亥日雨立止不止久陰

凡先雷後雨其雨必小先雨後雷者雨必大也

凡候雨以朔晦弦望雲氣四塞皆雨東風則當日雨

黑雲氣如牛彘者有暴雨

黑雲如馬者三日內暴風

黑雲氣如浮船者雨

蒼黑雲細如擲棉蔽日月五日內雨

雲如兩人持鼓桴有暴雨

黑氣如羣羊奔走五日內雨

四望見蒼白雲名曰天塞雲雨徵也

五岳之雲觸石而出皆不崇朝而雨

京房曰六甲日有雲四合皆當日雨多雲多雨少雲少雨萬無一失無雲一旬少雨

月離畢之陰則雨離畢之陽無雨

日旁有赤雲如冠珥不有大風必有大雨

蟻封穴大雨將至

鸛鵲呼鳴上騰雨將至

凡占雨之法每日平旦看候東方青雲甲乙日雨赤雲丙丁日雨黃雲戊己日雨白雲庚辛日雨黑雲壬癸日雨

占雨之法又以甲申日視其諸方若東方有雲甲乙日雨南方有雲丙丁日雨中方有雲戊己日雨西方有雲庚辛日雨北方有雲壬癸日雨

凡風起多有雨應之如子日東風卯日雨等是也常以平旦候風從東方來正而不轉移一日或半日者至其冲日皆有雨若風多疾者雨多風微遲者雨少從平旦至雞鳴爲一日其暴雨不在東風之應

田家五行

論雨

諺云雨打五更日曬水坑言五更忽有雨日中必晴甚驗晏雨不晴雨著水面上有浮泡主卒未晴諺云一點雨似一個釘落到明朝也不晴一點雨似一個泡落到明朝未得了諺云天下太平夜雨日晴言不妨農也諺云上牽晝暮牽齊下晝雨嚌嚌諺云病人怕肚脹雨落怕天亮亦言久雨正當昏黑忽自明亮則是雨候也雨夾雪難得晴諺云夾雨夾雪無休無歇諺云快雨快晴道德經云飄風不終朝驟雨不終日凡雨喜少惡多諺云千日晴不厭一日雨便厭

雨災部彙考二

周

桓王六年三月大雨

按春秋魯隱公九年三月癸酉大雨震電庚辰大雨雪　按左傳凡雨自三日以往爲霖

按漢書五行志庶徵之恆雨劉歆以爲春秋大雨也隱公九年三月癸酉大雨震電庚辰大雨雪大雨雨水也震雷也劉歆以爲三月癸酉於歷數春分後一日始震電之時也當雨而不當大雨常雨之罰也

秦

二世二年七月天大雨三月不見星

按史記秦本紀不載　按秦楚之際月表云云

按漢書高祖本紀秦二世二年七月大霖雨自七月至九月

漢

文帝後三年秋大雨

按漢書文帝本紀不載　按五行志後三年秋大雨晝夜不絕三十五日

昭帝始元元年七月大雨水

按漢書昭帝本紀始元元年秋七月大雨渭橋絕

按五行志始元元年七月大雨水自七月至十月

元帝永光三年十一月雨水

按漢書元帝本紀永光三年冬十一月詔曰迺者中冬雨水吏何不以時禁各悉意對

永光五年潁川汝南淮陽廬江大雨

按漢書元帝本紀五年秋潁川水出流殺人民吏從官縣被害者與告　按五行志永光五年夏及秋大水潁川汝南淮陽廬江雨壞鄉聚民舍及水流殺人

成帝建始三年霖雨

按漢書成帝本紀建始三年秋關內大水　按五行志三年夏大水三輔霖雨三十餘日郡國十九雨山谷水出凡殺四千餘人壞官寺民舍八萬三千餘所

又按志秋大雨三十餘日

建始四年九月大雨

按漢書成帝本紀四年秋大水　按五行志四年九月大雨十餘日

後漢

光武帝建武六年大雨連月

按後漢書光武帝本紀不載　按古今注建武六年九月大雨連月苗稼更生鼠巢樹上

建武十七年雒陽暴雨

按後漢書光武帝本紀不載　按古今注十七年雒陽暴雨壞民廬舍壓殺人傷害禾稼

明帝永平八年秋郡國十四雨水

按後漢書明帝本紀云云

和帝永元十年淫雨傷稼

按後漢書和帝本紀永元十年夏五月京師大水冬十月五州雨水

注東觀記曰京師大雨南山水流出至東郊壞人廬舍

按五行志十年淫雨傷稼

永元十二年淫雨傷稼

按後漢書和帝本紀十二年八月荆州雨水九月壬子詔曰荆州比歲不節今茲淫水爲害餘雖頗登而

多不均浹深惟四民農食之本慘然懷矜其令天下半入今年田租芻稾有宜以實除者如故事貧民假種食皆勿收責　按五行志十三年淫雨傷稼

永元十四年淫雨傷稼

按後漢書和帝本紀十四年秋三州雨水冬十月甲申詔兗豫荆州今年水雨淫過多傷農功其令被害什四以上皆半入田租芻稾其不滿者以實除之

按五行志十四年淫雨傷稼

永元十五年淫雨傷稼

按後漢書和帝本紀十五年秋四州雨水　按五行志十五年淫雨傷稼

殤帝延平元年雨水

按後漢書殤帝本紀延平元年六月丁未郡國三十七雨水己未詔曰自夏以來陰雨過節煗氣不效將有厥咎寤寐憂惶未知所由昔夏后惡衣服菲飲食孔子曰吾無間然今新遭大憂且歲節未和徹膳損服庶有補焉其減太官導官尚方內署諸服御珍膳靡麗難成之物

安帝永初元年郡國四十一雨水

按後漢書安帝本紀云云　按五行志永初元年郡國十淫雨傷稼

注方儲對策曰雨不時節妄賞賜也

元初四年雨水

按後漢書安帝本紀元初四年秋七月京師及郡國十雨水詔曰今年秋稼茂好垂可收穫而連雨未霽懼必淹傷夕惕惟憂思念厥咎夫霖雨者人怨之所致其武吏以威暴下文吏妄行苛刻御史因公生姦爲百姓所患苦者有司顯明其罰又月令仲秋養衰老授几杖行糜粥方今案比之時郡縣多不奉行雖有糜粥糠粃相半長吏怠事莫有躬親甚違詔書養老之意其務崇仁恕賑護寡獨稱朕意焉

永寧元年冬十月自三月至是月京師及郡國三十三雨水

按後漢書安帝本紀云云　按五行志永寧元年郡國三十三淫雨傷稼

建光元年京師及郡國二十九雨水

按後漢書安帝本紀建光元年京師及郡國二十九雨水冬十一月丙午詔京師及郡國被水雨傷稼者隨頃畝減田租　按五行志建光元年京都及郡國二十九淫雨傷稼是時羌反久未平百姓屯戍不解愁苦

延光元年郡國二十七雨水

按後漢書安帝本紀延光元年郡國二十七雨水大風殺人詔賜壓溺死者年七歲以上錢人二千其壞敗廬舍失亡穀食粟人三斛田被淹傷者一切勿收田租若一家皆被災害而弱小存者郡縣爲收斂之　按五行志元年郡國二十七淫雨傷稼　按陳忠傳忠爲僕射時帝數遣黃門常侍及中常侍伯榮往來甘陵而伯榮負寵驕蹇所經郡國莫不迎爲禮謁又霖雨積時河水涌溢百姓騷動忠上疏曰臣聞位非其人則庶事不叙庶事不叙則政有得失政有得失則感動陰陽妖變爲應陛下每引災自厚不責臣司臣司狃恩莫以爲負故天心未得隔幷屢臻青冀之域淫雨漏河徐岱之濱海水盆溢兗豫蝗蝝滋生荆揚稻收儉薄幷涼二州羌戎叛戾加以百姓不足府帑虛匱自西徂東杼柚將空臣聞洪範五事一曰貌貌以恭恭作肅貌傷則狂而致常雨春秋大水皆爲君上威儀不穆臨涖不嚴臣下輕慢貴倖擅權陰氣盛彊陽不能禁故爲淫雨陛下以不得親奉孝德皇園廟比遣中使致敬甘陵朱軒駢馬相望道路可謂孝至矣然臣竊聞使者所過威權翕赫震動郡縣王侯二千石至爲伯榮獨拜車下儀體上僭侔於人主長吏惶怖譴責或邪諂自媚發人修道繕理亭傳多設儲跱徵役無度老弱相隨動有萬計賂遺僕從人數百匹頓踣呼嗟莫不叩心河間託叔父之屬清河有陵廟之尊及剖符大臣皆猥爲伯榮屈節車下陛下不問必以陛下欲其然也伯榮之威重于陛下陛下之柄在于臣妾水災之發必起于此昔韓嫣托副車之乘受馳視之使江都誤爲一拜而嫣受歐刀之誅臣願明主嚴天元之尊正乾剛之位職事巨細皆任賢能不宜復令女使干錯萬機重察左右得無石顯泄漏之姦尚書納言得無趙昌譖崇之計公卿大臣得無朱博阿傅之援外屬近戚得無王鳳害商之謀若國政一由帝命王事每決于己則下不得偪上臣不得干君常雨大水必當霽止四方衆異不能爲害書奏不省

延光二年九月郡國五雨水

按後漢書安帝本紀云云　按五行志二年郡國五連雨傷稼

延光三年京師及諸郡國三十六雨水

按後漢書安帝本紀云云

順帝永建四年五州雨水

按後漢書順帝本紀云云　按五行志永建四年司隸荊豫兗冀部淫雨傷稼

永建六年以冀州雨災詔勿收冀部今年租

按後漢書順帝本紀六年十一月辛亥詔曰連年災潦冀部尤甚比蠲除實傷贍恤窮匱而百姓猶有棄業流亡不絕疑郡縣用心怠慢恩澤不宣易美損上益下書稱安民則惠其令冀部勿收今年田租芻稾

按五行志六年冀州淫雨傷稼

桓帝永壽元年霖雨

按後漢書桓帝本紀不載　按公沙穆傳穆遷弘農令永壽元年霖雨大水三輔以東莫不湮沒穆明曉占候乃豫告令百姓徙居高地故弘農人獨得免害

延熹二年雨水

按後漢書桓帝本紀延熹二年夏京師雨水　按五行志延熹二年夏霖雨五十餘日是時大將軍梁冀秉政謀害上所幸鄧貴人母宣冀又擅殺議郎邴尊上欲誅冀懼其持權日久威勢強盛恐有逆命害及吏民密與近臣中常侍單超等圖其方略其年八月冀卒伏罪誅滅

靈帝建寧元年六月京師雨水

按後漢書靈帝本紀云云　按五行志建寧元年夏霖雨六十餘日是時大將軍竇武謀變廢中官其年九月長樂五官史朱瑀等與中常侍曹節起兵先誅武交兵闕下敗走追斬武兄弟死者數百人

注案武死無兄弟有兄子

熹平元年雨水

按後漢書靈帝本紀熹平元年夏六月京師雨水

按五行志熹平元年夏霖雨七十餘日是時中常侍曹節等共誣白勃海王悝謀反其十月誅悝

中平六年獻帝即位霖雨

按後漢書靈帝本紀中平六年夏四月戊午皇子辯即位六月雨水九月自六月雨至于是月　按五行志中平六年夏霖雨八十餘日是時靈帝新棄羣臣大行尚在梓宮大將軍何進與佐軍校尉袁紹等共謀欲誅廢中官中常侍張讓等共殺進兵戰京都死者數千

獻帝初平四年大雨水

按後漢書獻帝本紀初平四年六月雨水遣侍御史裴茂訊詔獄原輕繫　按董卓傳初平四年夏大雨晝夜二十餘日漂沒人庶又風如冬時帝使御史裴茂訊詔獄原繫者二百餘人其中有爲李傕所枉繫者傕恐茂赦之乃表奏茂擅出囚徒疑有姦故請收之詔曰災異屢降陰雨爲害使者銜命宣布恩澤原解輕微庶合天心欲釋冤結而復罪之乎一切勿問

建安二十四年秋大霖雨水溢

按後漢書獻帝本紀建安二十四年八月漢水溢

按蜀志關羽傳建安二十四年秋大霖雨漢水汎溢于禁所督七軍皆沒禁降羽

後主建興九年秋夏霖雨

按三國蜀志後主傳不載　按李嚴傳建興九年秋夏之際值天霖雨運糧不繼

魏

文帝黃初四年大雨

按三國魏志文帝本紀黃初四年六月大雨伊洛溢流殺人民壞廬宅

明帝太和元年大雨

按魏志明帝本紀不載　按楊阜傳明帝時初治宮室發美女以充後庭數出入弋獵秋大雨震電多殺鳥雀阜上疏曰臣聞明主在上羣下盡辭堯舜聖德求非索諫大禹勤功務卑宮室成湯遭旱歸咎責己周文刑于寡妻以御家邦漢文躬行節儉身衣弋綈此皆能昭令問貽厥孫謀者也伏惟陛下奉武皇帝開拓之大業守文皇帝克終之元緒誠宜思齊往古聖賢之善治總觀季世放蕩之惡政所謂善治者務儉約重民力也所謂惡政者從心恣欲觸情而發也惟陛下稽古世代之初所以明赫及季世所以衰弱至于泯滅近覽漢末之變足以動心誠懼矣曩使桓靈不廢高祖之法文景之恭儉太祖雖有神武於何所施其能邪而陛下何由處斯尊哉今吳蜀未定軍旅在外願陛下動則三思慮而後行重慎出入以往鑒來言之若輕成敗甚重頃者天雨又多卒暴雷電非常至殺鳥雀天地神明以王者爲子也政有不當則見災譴克己內訟聖人所記惟陛下慮患無形之外慎萌纖微之初法漢孝文出惠帝美人令得自嫁頃所調送小女遠聞不令宜爲後圖諸所繕治務從約節書曰九族既睦協和萬國事思厥宜以從中道精心計謀省息費用吳蜀以定爾乃上安下樂九親熙熙如此以往祖考心歡堯舜其猶病諸今宜開大信於天下以安衆庶以示遠人時雍丘王植怨於不齒藩國至親法禁峻密故阜又陳九族之義焉詔報

日間得密表先陳往古明王聖主以諷闇政切至之辭款誠篤實退思補過將順匡救備至悉矣覽思苦言吾甚嘉之

按晉書五行志太和元年秋數大雨多暴卒雷電非常至殺鳥雀案楊阜上疏此恆雨之罰也時天子居喪不哀出入弋獵無度奢侈繁興奪民農時故水失其性而恆雨爲災也

太和四年大雨水

按魏志明帝本紀四年九月大雨伊洛河漢水溢

按楊阜傳明帝時大司馬曹眞伐蜀遇雨不進阜上疏曰昔文王有赤烏之祥而猶日仄不暇食武王白魚入舟君臣變色而動得吉瑞猶尚憂懼況有災異而不戰竦者哉今吳蜀未平而天屢降變陛下宜深有以專精應答側席而坐思示遠以德綏邇以儉間者諸軍始進便有天雨之患稽閡山險以積日矣轉運之勞擔負之苦所費以多若有不繼必違本圖傳曰見可而進知難而退軍之善政也徒使六軍困于山谷之間進無所略退又不得非主兵之道也武王還師殷卒以亡知天期也今年凶民饑宜發明詔損膳減服技巧珍玩之物皆可罷之昔邵信臣爲少府于無事之世而奏罷浮食今者軍用不足益宜節度帝即召諸軍還

按晉書五行志四年八月大雨霖三十餘日伊洛河漢皆溢歲以凶饑

景初元年淫雨

按魏志明帝本紀不載　按晉書五行志景初元年九月淫雨冀兗徐豫四州水出沒溺殺人漂失財產

吳

廢帝太平二年大雨

按三國吳志孫亮傳太平二年春二月甲寅大雨震電

按晉書五行志太平二年二月甲寅大雨震電乙卯雪大寒案劉歆說此時當雨而不當大雨大雨恆雨之罰也于始震電之明日而雪大寒又恆寒之罰也劉向以爲既已雷電則雪不當復降皆失時之異也天戒若曰爲君失時賊臣將起先震電而後雪者陰見間隙起而勝陽逆弒之禍將成也亮不悟尋見廢此與春秋魯隱事同也

景帝永安四年夏五月大雨水泉涌溢

按吳志孫休傳云云

永安五年八月壬午大雨震電水泉涌溢

按吳志孫休傳云云

晉

武帝泰始六年大雨霖

按晉書武帝本紀不載　按五行志泰始六年六月大雨霖甲辰河洛伊沁水同時並溢流四千九百餘家殺二百餘人沒秋稼千三百六十餘頃

泰始七年大雨霖

按晉書武帝本紀七年六月大雨霖伊洛河溢流居人四千餘家殺三百餘人有詔振貸給棺

太康五年郡國多雨

按晉書武帝本紀太康五年秋七月任城梁國中山雨雹傷秋稼減天下戶課三分之一九月郡國五大水隕霜傷秋稼　按五行志太康五年七月任城梁國暴雨害豆麥九月南安郡霖雨暴雪樹木摧折害秋稼是秋魏郡西平郡九縣淮南平原霖雨暴水霜傷秋稼

太康八年七月大雨

按晉書武帝本紀八年秋七月前殿地陷深數丈中有破船大雨事不載　按宋書五行志八年七月大雨殿前地陷方五尺深數丈

太康十年十二月癸卯廬江建安大雨

按晉書武帝本紀不載　按宋書五行志云云

惠帝元康九年暴雨

按晉書惠帝本紀不載　按宋書五行志九年六月夜暴雷雨賈謐齋屋柱陷入地壓謐牀帳此木沴土土失其性不能載也明年謐誅

永寧元年霖雨

按晉書惠帝本紀不載　按五行志永寧元年十月義陽南陽東海霖雨淹害秋麥

元帝太興三年恆雨

按晉書元帝本紀不載　按五行志太興三年春雨至于夏是時王敦執權不恭之罰也

永昌元年恆雨

按晉書元帝本紀不載　按五行志永昌元年春雨四十餘日晝夜雷電震五十餘日是時王敦興兵王師敗績之應

成帝咸和四年二月大雨霖

按晉書成帝本紀云云　按五行志咸和四年春雨五十餘日恆雷電是時雖斬蘇峻其餘黨猶據守石頭城至其滅後淫雨乃霽

咸康元年雨水

按晉書成帝本紀咸康元年八月長沙武陵大水

按五行志咸康元年八月乙丑荆州之長沙攸醴陵武陵之龍陽三縣雨水浮漂屋室殺人損秋稼是時帝幼權在于下

宋

文帝元嘉二十一年連雨水

按宋書文帝本紀元嘉二十一年六月連雨水丁亥詔曰霖雨彌日水潦爲患百姓積儉易致乏匱二縣官長及營署部司各隨統檢實給其柴米必使周悉

按五行志元嘉二十一年六月京邑連雨百餘日大水

孝武帝大明元年京邑雨水

按宋書孝武帝本紀大明元年春正月庚午京邑雨水辛未遣使檢行賜以樵米

大明五年京邑雨水

按宋書孝武帝本紀五年秋七月丙辰詔曰雨水猥降街衢泛溢可遣使巡行窮弊之家賜以薪粟　按五行志五年七月京邑雨水

大明八年廢帝卽位京師雨水

按宋書前廢帝本紀八年五月庚申卽皇帝位八月京師雨水庚子遣御史與官長隨宜賑卹

明帝泰始二年京師雨水

按宋書明帝本紀泰始二年六月京師雨水丁卯遣殿中將軍檢行賑卹

順帝昇明三年大雨水

按宋書順帝本紀不載　按五行志昇明三年四月乙亥吳郡桐廬縣暴風雷電揚沙折木水平地二丈流漂居民

南齊

高帝建元四年雨水頻降

按南齊書武帝本紀建元四年三月上卽位五月癸未詔曰頃水雨頻降潮流滿二岸居民多所淹漬遣中書舍人與兩縣官長優量賑卹

武帝永明五年雨水

按南齊書武帝本紀永明五年六月辛酉詔曰比霖雨過度水潦洊溢京師居民多離其弊遣中書舍人二縣官長隨宜賑賜八月乙亥詔今夏雨水吳興義興二郡田農多傷詳蠲租調　按五行志五年吳興義興水雨傷稼

永明八年霖雨

按南齊書武帝本紀八年八月丙寅詔京邑霖雨既過居民汎溢遣中書舍人二縣官長賑卹　按五行志八年四月己巳起陰雨晝或暫晴夜時見星月連雨積霖至十七日乃止

永明十年霖雨

按南齊書武帝本紀十年十一月戊午詔曰頃者霖雨樵糧稍貴京邑居民多離其弊遣中書舍人二縣官長賑賜

永明十一年恆雨

按南齊書武帝本紀不載　按五行志十一年四月辛巳朔三月戊寅起而其間暫時晴從四月一日又陰雨晝或見日夜乍見月回復陰雨至七月乃止

明帝建武二年冬水雨傷稼

按南齊書明帝本紀不載　按五行志建武二年冬吳晉陵二郡水雨傷稼

東昏侯永泰元年恆雨

按南齊書明帝東昏侯本紀俱不載　按五行志永元元年十二月二十九日雨至永泰元年五月二十一日乃晴京房易曰冬雨天下饑春雨有小兵時鹵寇雍州

梁

武帝天監七年恆雨

按梁書武帝本紀不載　按隋書五行志天監七年七月雨至十月乃霽洪範五行傳曰陰氣强積然後生水雨之災時武帝頻年興師是歲又大舉北伐諸軍頗捷而士卒罷敝百姓怨望陰氣畜積之應也

陳

宣帝太建十二年八月甲戌大雨霖

按陳書宣帝本紀云云　按隋書五行志太建十二年八月大雨霪霖時始興王叔陵驕恣陰氣盛强之應也明年宣帝崩後主立叔陵刺後主於喪次宮人救之僅而獲免叔陵出閤就東府作亂後主令蕭摩訶破之死者千數

北魏

太祖天賜四年大雨水

按魏書太祖本紀天賜四年夏五月北巡自參合陂東過蟠羊山大雨暴水流輜重數百乘殺百餘人

太宗泰常三年八月鴈門河內大雨水復其租稅

按魏書太宗本紀云云

高祖太和二年大雨

按魏書高祖本紀太和二年夏四月丙午澍雨大洽曲赦京師　按靈徵志太和二年夏四月南豫徐兗州大霖雨

太和六年秋雨災

按魏書高祖本紀六年十有二月丁亥詔曰朕以寡薄政缺平和不能仰緝緯象蠲茲六沴去秋淫雨洪水爲災百姓嗷然朕用嗟愍故遣使者循方賑恤而牧守不思利民之道期于取辦愛毛反裘甚無謂也今課督未入及將來租筭一以丐之有司勉加勸課以要來穰稱朕意焉

太和二十二年戊午兗豫二州大霖雨

按魏書高祖本紀不載　按靈徵志云云

孝靜帝武定五年大雨

按魏書孝靜帝本紀不載　按隋書五行志武定五年秋大雨七十餘日元瑾劉思逸謀殺後齊文襄之應也

文帝大統十六年恆雨

按周書文帝本紀大統十六年軍出長安時連雨自秋及冬諸軍馬驢多死

北齊

武成帝河清三年大霖雨

按北齊書武成帝本紀河清三年六月庚子大雨晝夜不息至甲辰乃止閏月詔遣十二使巡行水潦州免其租調山東大水饑死者不可勝計詔發賑給事竟不行

按隋書五行志河清三年六月庚子大雨晝夜不息至甲辰山東大水人多餓死是歲突厥寇幷州陰戎作梗此其應也

後主天統三年十月大雨

按北齊書後主本紀不載　按隋書五行志天統三年十月積陰大雨胡太后淫亂之所感也

天統四年六月甲子朔大雨

按北齊書後主本紀云云

武平七年七月大霖雨

按北齊書後主本紀武平七年七月丁丑大雨霖是月以水澇遣使巡撫流亡人戸

按隋書五行志七月大霖雨水澇人戸流亡是時駱提婆韓長鸞等用事小人專政之罰也

北周

明帝武成元年大雨霖

按周書明帝本紀武成元年六月戊子大雨霖詔曰昔唐咨四嶽殷告六眚覩災興懼咸寘時雍朕撫運膺圖作民父母弗敢怠荒以求民瘼而霖雨作沴害麥傷苗隤屋漂垣洎于昏墊諒朕不德蒼生何咎刑政所失罔識厥由公卿大夫士爰及牧守黎庶等令宜各上封事讜言極諫罔有所諱朕將覽察以答天譴其遭水者有司可時巡檢條列以聞

武帝建德三年七月霖雨三旬

按周書武帝本紀建德三年七月乙酉京師連雨三旬是日霽

按隋書五行志建德三年七月霖雨三旬時衛剌王直潛謀逆亂屬帝幸雲陽宮以其徒襲肅章門尉遲運逆拒破之其日雨霽

欽定古今圖書集成曆象彙編庶徵典

第七十七卷目錄

雨災部彙考三

庶徵典第七十七卷

雨災部彙考三

唐

高祖武德六年秋關中久雨

按唐書高祖本紀不載　按五行志武德六年關中久雨少陽曰暘少陰曰雨陽德衰則陰氣勝故常雨

太宗貞觀十一年七月癸未大雨水穀洛溢

按唐書太宗本紀云云　按五行志貞觀十一年七月癸未黃氣際天大雨穀水溢入洛陽宮深四尺壞左掖門毁官寺十九洛水漂六百餘家

按舊唐書五行志貞觀十一年七月一日黃氣竟天大雨穀洛溢帝引咎令羣臣直言政之得失中書侍郎岑文本曰伏惟陛下覽古今之事察安危之機上以社稷爲重下以億兆爲念明選舉愼賞罰進賢才退不肖聞過卽改從諫如流爲善在於不疑出令期於必信頤神養性省畋遊之娛去奢從儉減工役之費務靜方內不求闢土載櫜弓矢而無忘武備凡此數者願陛下行之不怠必當轉禍爲福化咎爲祥况水之爲患陰陽常理豈可謂之天譴而繫聖心哉十三日詔曰暴雨爲災大水泛溢靜思厥咎朕甚懼焉文武百寮各上封事極言朕過無有所諱諸司供進悉令減省凡所力役量事停廢遭水之家賜帛有差

貞觀十五年春霖雨

按唐書太宗本紀不載　按五行志云云

高宗永徽元年大雨水

按唐書高宗本紀不載　按五行志永徽元年六月新豐渭南大雨零口山水暴出漂廬舍宣歙饒常等州大雨水溺死者數百人

永徽五年大雨水

按唐書高宗本紀不載　按五行志五年五月丁丑夜大雨麟遊縣山水衝萬年宮元武門入寢殿衛士有溺死者

按舊唐書五行志永徽五年六月恆州大雨自二月至七月滹沱河水泛溢損五千三百家

永徽六年八月京城大雨

按唐書高宗本紀不載　按五行志云云

顯慶元年八月霖雨九月括州暴雨

按唐書高宗本紀顯慶元年十一月自八月霜且雨至於是月　按五行志顯慶元年八月霖雨更九旬乃止九月括州暴風雨海水溢壞安固永嘉二縣

總章二年大雨水

按唐書高宗本紀不載　按五行志總章二年六月括州大風雨海溢壞永嘉安固二縣溺死者九千七十人冀州大雨水平地深一丈壞民居萬家

按舊唐書五行志總章二年七月益州奏六月十三日夜降雨至二十日水深五尺其夜暴水深一丈已上壞屋一萬四千三百九十區害田四千四百九十六頃九月十八日括州大風雨海水飜上壞永嘉安固二縣城百姓廬舍六千八百四十三區殺人九千七十牛五百頭損田苗四千一百五十頃

咸亨元年大雨水

按唐書高宗本紀不載　按五行志咸亨元年五月丙戌大雨山水溢溺死五千餘人

咸亨四年七月婺州大雨

按唐書高宗本紀不載　按五行志四年七月婺州大雨山水暴漲溺死五千餘人

儀鳳三年五月壬戌大雨霖

按唐書高宗本紀云云

永淳元年五月連雨六月京師大雨秋山東大雨

按唐書高宗本紀不載　按五行志永淳元年五月丙午東都連日澍雨乙卯洛水溢壞天津橋及中橋漂居民千餘家六月乙亥京師大雨水平地深數尺秋山東大雨水大饑

按舊唐書五行志永淳元年六月十二日連日大雨至二十三日洛水大漲漂損河南立德弘敬洛陽景行等坊二百餘家壞天津橋及中橋斷人行累日先是頓降大雨沃若懸流至是而泛溢衝突焉西京平地水深四尺已上麥一束止得一二升米一斗二百二十文布一端止得一百文國中大饑蒲州沒徙人家口并逐糧饑餒相仍加以疾疫自陝至洛死者不可勝數西京米斗三百已下

中宗嗣聖十六年（即武后聖曆二年）大雨水

按唐書武后本紀聖曆二年七月丙辰神都大雨洛水溢

嗣聖二十年（即武后長安三年）寧州大雨水

按唐書武后本紀不載　按五行志長安三年六月寧州大雨水漂二千餘家溺死千餘人

神龍元年同官縣大雨水

按唐書中宗本紀不載　按五行志神龍元年四月雍州同官縣大雨水漂民居五百餘家

按舊唐書五行志神龍元年右衛騎曹宋務光上疏曰夫災變應天實繫人事故日蝕修德月蝕修刑若乃雨暘或愆則貌言爲咎雩禜之法存乎禮典今暫逢霖雨即閉坊門棄先聖之明訓遵後來之淺術時偶中者安足神耶蓋當屏翳收津豐隆戢響之日也豈有一坊一市遂能感召星靈暫閉暫開便欲發揮神道必不然矣疏奏不省右僕射唐休璟以霖雨爲害咎在主司上表曰臣聞天運其工人代之而理神行其化政資之以和得其理則陰陽以調失其和則災沴斯作故舉才而授帝唯其艱論道於邦官不必備頊自中夏及乎首秋郡國水災屢爲人害夫木陰氣也臣實主之臣忝職右樞致此陰沴不能調理其氣而乃曠居其官雖運屬堯年而無治水之用位侔殷相且闕濟川之功猶負明刑坐逃皇譴皇恩不棄其若天何昔漢家故事丞相以天災免職臣竊遇聖時豈敢靦顏居位乞解所任待罪私門冀移陰咎之徵復免夜行之眚

睿宗先天二年大霖雨

按唐書睿宗本紀先天二年六月辛丑以雨霖避正殿減膳

元宗開元二年久雨

按唐書元宗本紀不載　按五行志開元二年五月壬子以久雨禁京城門

開元五年鞏縣暴雨

按唐書元宗本紀不載　按舊唐書五行志開元五年六月十四日鞏縣暴雨連日山水泛漲壞郭邑廬舍七百餘家人死者七十二汜水同日漂壞近河百姓二百餘戶

開元八年暴雨

按唐書元宗本紀不載　按五行志八年鄧州三鴉口大水塞谷見二小兒以水相沃須臾有蛇大十圍張口仰天人或斫射之俄而暴雷雨漂溺數百家

按舊唐書五行志八年六月二十一日夜暴雨東都穀洛溢入西上陽宮宮人死者七十人畿內諸縣田稼廬舍蕩盡掌關兵士凡溺死者一千一百四十八人京城興道坊一夜陷爲池一坊五百餘家俱失

開元十四年懷衛等州澍雨

按唐書元宗本紀不載　按舊唐書五行志十四年七月甲子懷衛鄭滑汴濮許等州澍雨河及支川皆溢人皆巢舟以居死者千計資產苗稼無孑遺

開元十五年鄜州沔池雨

按唐書元宗本紀不載　按舊唐書五行志十五年七月鄜州雨洛水溢入州城平地丈餘損居人廬舍溺死者不知其數八月八日沔池縣夜有暴雨澗水穀水漲合毀郭邑百餘家及普門佛寺

開元十六年久雨

按唐書元宗本紀十六年九月丙午以久雨降囚罪徒以下原之　按五行志十六年九月關中久雨害稼

按冊府元龜開元十六年九月以久雨帝思宥罪緩刑乃下制曰古之善爲邦者重人之命執法之中所以和氣洽嘉生茂今秋京城連雨隔月恐耗其膏粒而害於粢盛抑朕之不明何政之闕也未惟久雨者陰氣陵陽冤塞不暢之所致也持獄之吏不有刑罰生於刻薄輕重出於愛憎邪詩曰此宜無罪汝反收之刺壞法也書曰與其殺不辜寧失不經明慎刑也好生之德可不務乎兩京及諸州繫囚應推徒已下罪並宜釋放死罪及流各減一等庶得解吾人之慍結迎上天之福佑布告遐邇知朕意焉

開元十八年二月丙寅大雨

按唐書元宗本紀云云

天寶五載秋大雨

按唐書元宗本紀不載　按五行志云云

天寶十二載八月久雨

按唐書元宗本紀不載　按五行志云云

按冊府元龜天寶十二年八月京師連雨二十餘日米涌貴令中書門下就京兆大理疏決囚徒

天寶十三年大霖雨

按唐書元宗本紀不載　按五行志十三載秋大霖雨害稼六旬不止九月閉坊市北門蓋井禁婦人入街市祭元冥太社禜明德門壞京城垣屋殆盡人亦乏食　按韋湊傳湊子見素爲侍郎十三載元宗苦雨潦閱六旬謂宰相非其人罷左相陳希烈詔楊國忠審擇大臣時吉溫得幸帝欲用之溫爲安祿山所厚國忠懼其進沮止之謀於中書舍人竇華宋昱皆以見素安雅易制國忠入白帝帝亦以相王府屬有舊恩遂拜武部尚書同中書門下平章事

肅宗至德二載大雨

按唐書肅宗本紀不載　按五行志至德二載三月癸卯大雨至甲戌乃止

按冊府元龜至德二年三月癸亥大雨至癸酉不止帝令恤獄緩刑詔三司條件疎理處分甲戌雨止

上元元年恆雨

按唐書肅宗本紀不載　按五行志上元元年四月雨訖閏月乃止

上元二年霖雨連月

按唐書肅宗本紀不載　按五行志二年秋霖雨連月渠竇生魚

按舊唐書五行志上元二年京師自七月霖雨八月盡方止京城宮寺廬舍多壞街市溝渠中漉得小魚

代宗廣德元年大雨水

按唐書代宗本紀不載　按五行志廣德元年九月大雨水平地數尺時吐蕃寇京畿以水自潰去

廣德二年東都大雨

按唐書代宗本紀二年五月洛水溢　按五行志二年五月東都大雨洛水溢漂二十餘坊

永泰元年大雨

按唐書代宗本紀不載　按五行志永泰元年九月丙午大雨至於丙寅

按舊唐書五行志永泰元年先旱後水九月大雨平地水數尺溝河漲溢時吐蕃寇京畿以水自潰去按新書志作廣德元年事互異

大曆四年恆雨

按唐書代宗本紀不載　按五行志大曆四年四月雨至於九月閉坊市北門置土臺臺上置壇立黃幡以祈晴

按冊府元龜大曆四年自四月雨連霖至秋京師米斗至八百官出米二萬石分場出糶貧人閉坊市門置土臺及黃幡以祈晴是日雨止

大曆五年大雨

按唐書代宗本紀不載　按舊唐書五行志五年夏大雨京城饑出太倉米減價以救人

大曆六年八月連雨害秋稼

按唐書代宗本紀不載　按五行志云云

大曆十一年京師澍雨

按唐書代宗本紀不載　按五行志十一年七月戊子夜澍雨京師平地水尺餘溝渠漲溢壞民居千餘家

大曆十二年大雨害稼

按唐書代宗本紀大曆十二年秋河溢　按五行志十二年秋京畿及宋亳滑三州大雨水害稼河南尤甚平地深五尺河溢　按韓休傳休子滉爲戶部侍郎判度支大曆十二年秋大雨害稼什八京兆尹黎幹言狀滉恐有所蠲貸固表不實代宗命御史行視實損田三萬餘頃始渭南令劉藻附滉言部田無害御史趙計按驗如藻言帝又遣御史朱敖覆實害田三千頃帝怒曰縣令所以養民而田損不問豈恤隱意邪貶南浦員外尉計亦斥爲豐州司戶員外參軍

德宗建中元年幽鎭魏博大雨水

按唐書德宗本紀建中元年冬黃河滹沱易水溢　按五行志元年幽鎭魏博大雨易水滹沱橫流自山而下轉石折樹水高丈餘苗稼蕩盡

貞元二年大雨

按唐書德宗本紀不載　按五行志貞元二年正月乙未大雨雪至於庚子平地數尺雪上黃黑如塵五月乙巳雨至於丙申時大饑至是麥將登復大雨霖衆心恐懼六月丁酉大風雨京城通衢水深數尺有溺死者

按舊唐書五行志貞元二年夏京師通衢水深數尺吏部侍郎崔縱自崇義里西門爲水漂浮行數十步街鋪卒救之僅免其日溺死者甚衆

貞元四年連雨

按唐書德宗本紀不載　按舊唐書五行志四年八月連雨灞水暴溢溺殺渡者百餘人

貞元八年秋大雨

按唐書德宗本紀不載　按舊唐書五行志八年秋大雨河南河北山南江淮凡四十餘州大水漂溺死者二萬餘人時幽州七月大雨平地水深二丈鄭涿薊檀平五州平地水深一丈二尺郭邑廬里屋宇田稼皆盡百姓皆登丘冢山原以避之

貞元十年恆雨

按唐書德宗本紀十年六月自春不雨至於是月辛未雨　按五行志十年春雨至閏四月間止不過一二日

按舊唐書德宗本紀十年春霖雨罕有晴日（按新紀云自春至六月不雨是旱也而五行志與舊紀俱作霖雨水旱二說逕庭至此疑新紀之譌）

貞元十一年秋大雨

按唐書德宗本紀不載　按五行志云云

貞元十二年夏四月嵐州暴雨水深二丈

按唐書德宗本紀不載　按五行志云云

貞元十九年大雨

按唐書德宗本紀十九年七月甲戌雨　按五行志十九年八月己未大霖雨

貞元二十一年秋連月陰霪

按唐書德宗本紀不載　按五行志云云

憲宗元和二年蔡州大雨

按唐書憲宗本紀不載　按五行志元和二年六月蔡州大雨水平地深數尺

元和四年四月常雨

按唐書憲宗本紀元和四年閏月己未雨丁卯立鄧王寧爲皇太子　按五行志四年四月冊皇太子寧以雨霑服罷十月再擇日冊又以雨霑服罷近常雨也

元和六年七月霖雨害稼

按唐書憲宗本紀不載　按五行志云云

元和八年五月大雨

按唐書憲宗本紀不載　按五行志八年五月陳州許州大雨大隗山摧水流出溺死者千餘人

按舊唐書五行志八年六月庚寅京師大風雨毀屋揚瓦人多壓死水積城南深處丈餘入明德門猶漸車輻時所在霖雨百源皆發川瀆不由故道辛丑出宮女二百車得人娶納以水害誠陰盈也

元和十一年夏秋連大風雨

按唐書憲宗本紀不載　按五行志十一年五月連雨八月壬申雨至於九月戊子　又按志五月京師大雨水昭應尤甚六月密州大風雨海溢毀城郭饒州浮梁樂平二縣暴雨水漂沒四千餘戶

按舊唐書五行志十一年五月京畿大雨害田四萬頃昭應尤甚漂沒居人

元和十二年大雨水

按唐書憲宗本紀不載　按五行志十二年六月乙酉京師大雨水含元殿一柱傾市中深三尺毀民居二千餘家

元和十五年正月穆宗卽位大雨

按唐書穆宗本紀不載　按五行志十五年二月癸未大雨八月久雨閉坊市北門宋滄景等州大雨自六月癸酉至於丁亥廬舍漂沒殆盡　又按志九月己酉大雨樹無風而摧者十五六近木自拔也

穆宗長慶二年大雨水

按唐書穆宗本紀不載　按五行志長慶二年七月處州大雨水平地深八尺壞城邑桑田大半

長慶四年正月敬宗卽位夏大雨水

按唐書敬宗本紀四年正月卽位夏漢水溢　按五行志四年夏蘇湖二州大雨水太湖決溢鄆曹濮三州雨水壞州城民居田稼略盡

按冊府元龜長慶四年六月辛巳詔曰近者夏麥垂熟霖雨稍多雖不甚損傷亦是陰陽小沴四徒之中或有冤濫宜令御史中丞刑部侍郎大理卿同疏理決遣訖聞奏其在內諸軍使囚徒亦委本司疏決聞奏

敬宗寶曆元年六月雨至於八月

按唐書敬宗本紀不載　按五行志云云

文宗太和四年大雨

按唐書文宗本紀不載　按五行志太和四年夏鄆曹濮等州雨壞城郭廬舍殆盡

太和六年大雨

按唐書文宗本紀不載　按五行志六年六月徐州大雨壞民居九百餘家

開成元年暴雨水

按唐書文宗本紀開成元年七月乙亥雨　按五行志開成元年夏鳳翔麟遊縣暴雨水毀九成宮壞民舍數百家死者百餘人

開成四年秋大雨

按唐書文宗本紀不載　按五行志四年秋西川滄景淄青大雨水害稼及民廬舍德州尤甚平地水深八尺

開成五年正月武宗即位七月霖雨

按唐書武宗本紀五年正月辛巳即位八月甲寅雨　按五行志五年七月霖雨葬文宗龍輴陷不能進

武宗會昌三年雨霖

按唐書武宗本紀會昌三年九月丁未以雨霖理四免京兆府秋稅

宣宗大中四年四月霖雨

按唐書宣宗本紀大中四年四月壬申以雨霖詔京師關輔理囚蠲度支鹽鐵戶部逋負

大中十年四月雨至於九月

按唐書宣宗本紀不載　按五行志云云

懿宗咸通九年久雨

按唐書懿宗本紀不載　按五行志咸通九年六月久雨禁明德門

僖宗乾符五年大霖雨

按唐書僖宗本紀不載　按五行志乾符五年秋大霖雨汾澮及河溢流害稼

廣明元年秋八月大霖雨

按唐書僖宗本紀不載　按五行志云云

昭宗乾寧元年七月以雨霖避正殿減膳

按唐書昭宗本紀云云

天復元年八月久雨

按唐書昭宗本紀不載　按五行志云云

天祐三年以久雨禁門

按唐書昭宗本紀不載　按冊府元龜天祐三年九月詔以久雨恐妨農事遣工部侍郎孔績禁定鼎門如不止止於三日

後梁

太祖開平三年久雨

按五代史梁太祖本紀不載　按冊府元龜開平三年六月己亥以久雨命官祈禱於神祠靈迹八月甲午以秋稼將登霖雨特甚命宰臣已下禱於社稷諸祠

開平四年久雨

按五代史梁太祖本紀不載　按冊府元龜開平四年五月己丑朔以連雨不止至壬辰御文明殿命宰臣分拜祠廟八月車駕西征己巳次陝府是時憫雨且命宰臣從官分禱靈迹既而雨霽日止帝大悅九月辛丑以久雨命宰臣薛貽矩禁門趙光逢祠嵩岳

後唐

莊宗同光二年八月大雨霖河溢

按五代史唐莊宗本紀云云

按冊府元龜同光二年八月乙未勅旬日霖雨恐傷秋稼須命祈止冀獲開晴可差官分禱祠廟

同光三年六月大雨霖

按五代史唐莊宗本紀不載　按通鑑同光三年六月雨七十五日始霽百川皆溢

按冊府元龜同光三年七月丁酉勅河南尹依法祈晴己亥勅淫雨稍甚宜差官分道祈禱九月辛卯朔勅霖雨未止恐傷苗稼及妨收穫宜令差官於諸寺觀神祠虔心祈禱仍令河南府差官應有靈迹處精虔祈止丙午勅霖雨未晴宜令宰臣尚書丞郎分於寺觀祈晴

明宗天成三年大霖雨

按五代史唐明宗本紀不載　按冊府元龜天成三年七月霖雨稍甚命宰臣散於寺觀祈晴八月汴州稍旱命丞相祈雨於寺觀

長興二年頻陰雨

按五代史唐明宗本紀不載　按冊府元龜長興二年八月丙子勅陰雨稍頻慮妨收穫宜令河南府依古法祈晴

長興三年春久雨

按五代史唐明宗本紀不載　按冊府元龜長興三年三月丙申帝以春雨稍頻慮妨耕種宜令河南府依古法祈晴帝問翰林參謀趙延文自春以來頻雨何故奏曰緣火犯井所以頻雨兼雷聲似夏並不益時乞寬刑獄從之壬寅司天奏以時雨過多請差官禱禜從之六月辛酉命文武百官應在京寺觀神祠祈晴又勅霖雨積旬尚未晴霽睠言刑獄慮在滯淹京城諸司繫囚並宜疎理釋放

按冊府元龜長興三年七月以久雨未晴分命禱禜勅天下州府見禁囚徒據事理疾速斷決不得滯淹久雨未晴恐至淹抑

廢帝清泰元年久雨

按五代史唐廢帝本紀不載　按冊府元龜清泰元年八月甲申詔曰霖雨稍頻慮妨收穫分命朝臣諸祠宇祈晴乙未詔曰苦雨連綿已踰浹旬差官祈禜尚未晴明宜令宰臣李愚劉昫盧文紀姚顗各於諸寺觀虔告自十一日後霖不止至是日稍霽九月己亥詔曰久雨未霽禮有祈禳禜都城門三日不止乃祈山川告宗廟社稷宜令太子賓客李延範等禜諸

城門太常卿李懌工部尚書崔居儉告宗廟社稷甲辰詔曰霖霪稍甚愆伏爲災朕燭理不明慮傷和氣都下諸獄委御史臺差官慮問西都差留守判官藩鎭差觀察判官刺史州委軍事判官諸縣委令錄據見繫罪人一一親自錄問恐姦吏逗遛致其淹抑晝時疎理如是大獄卽具奏聞癸卯司天監靈臺郎李德舟以霖雨爲災獻唐初太史令李淳風祈晴法天皇大帝北極北斗壽星九曜二十八宿天地水三官五嶽神又有陪位神五嶽判官五道將軍風伯雨師名山大川醮法用紙錢馳馬有差詔曰李德舟顯陳藝術特貢封章以霖雨之爲災恐衆盛之不稔請修祈醮以示消禳恭以天地星辰宗廟社稷雨師風伯皆遵祀典薦告不虧名山大川屢行祈禱今據德舟所陳所司嚴潔祠祭以表精虔

清泰二年以久雨祈晴於嵩山

按五代史唐廢帝本紀不載　按冊府元龜清泰二年七月戊辰以京師苦雨遣左武衛將軍穆延輝嵩山祈晴九月乙酉京師以大霖雨祈晴

後晉

高祖天福七年二月暴雨連日

按五代史晉高祖本紀不載　按十國春秋南唐烈祖本紀昇元六年晉天福七年六月常宣歙三州大雨漲溢

出帝開運三年秋七月大雨水河決

按五代史出帝本紀云云

遼

聖宗統和元年霖雨

按遼史聖宗本紀統和元年九月南京留守奏秋霖害稼請權停關征以通山西糴易從之

統和九年六月南京霖雨傷稼

按遼史聖宗本紀云云

統和二十七年秋霖雨

按遼史聖宗本紀統和二十七年秋七月甲寅朔霖雨潢土斡剌陰凉四河皆溢漂沒民舍

開泰六年大雨踰月

按遼史聖宗本紀開泰六年戊辰朔德妃蕭氏賜死葬兔兒山西後數日大風起塚上晝暝大雷電而雨不止者踰月

太平十一年大雨水

按遼史聖宗本紀太平十一年夏五月大雨水諸河橫流皆失故道

道宗咸雍四年秋七月南京霖雨

按遼史道宗本紀云云

太康七年七月南京霖雨

按遼史道宗本紀太康七年七月南京霖雨沙河溢永清歸義新城安次武清香河六縣傷稼

大安五年夏四月甲子霖雨

按遼史道宗本紀云云

宋一

太祖建隆元年大霖雨

按宋史太祖本紀不載　按五行志建隆元年十月蔡州大霖雨道路行舟

乾德三年大雨水

按宋史太祖本紀三年二月全州大水　按五行志乾德三年二月全州大雨水七月蘄州大雨水壞民廬舍

乾德四年八月衡州大雨水月餘

按宋史太祖本紀不載　按五行志云云

開寶元年大霖雨

按宋史太祖本紀開寶元年六月癸丑朔詔民田爲霖雨河水壞者免今年夏稅　按五行志開寶元年六月州府二十三大雨水壞民田廬舍八月集州霖雨河漲壞民廬舍及城壁公署

開寶二年大霖雨

按宋史太祖本紀不載　按五行志二年八月帝駐潞州積雨累日未止九月京師大霖雨

開寶五年京師及河南北諸州皆大霖雨

按宋史太祖本紀五年五月乙丑命近臣祈晴甲戌以霖雨出後宮五十餘人賜予以遣之丁亥河南北淫雨澶滑濟鄆曹濮六州大水六月詔淫雨河決沿河民田有爲水害者有司具聞除租　按五行志五年京師雨連旬不止河南河北諸州皆大霖雨

開寶六年七月單州濮州並大雨

按宋史太祖本紀不載　按五行志云云

開寶八年大雨水

按宋史太祖本紀八年五月辛巳祈晴　按五行志八年五月京師大雨水六月沂州大雨水入城壞民舍田苗

開寶九年大雨水

按宋史太祖本紀九年三月庚寅大雨分命近臣詣諸寺廟祈晴四月己亥雨霽秋七月丙戌命近臣祈

晴　按五行志九年三月京師大雨水淄州水害田
秋大霖雨

太宗太平興國二年道州大霖雨
按宋史太宗本紀不載　按五行志太平興國二年道州春夏霖雨不止平地二丈餘

太平興國四年三月泰州雨水害稼
按宋史太宗本紀不載　按五行志云云

太平興國五年京師連旬雨
按宋史太宗本紀五年五月癸卯朔大霖雨辛酉命宰相祈晴　按五行志五年五月京師連旬雨不止

太平興國七年齊州大風雨
按宋史太宗本紀不載　按五行志七年六月齊州淥捕臨邑尉王坦等六人繫獄未具一夕大風雨壞獄戶王坦等六人並壓死

太平興國八年河南府澍雨
按宋史太宗本紀不載　按五行志八年六月河南府澍雨洛水漲五丈餘壞鞏縣官署軍營民舍

太平興國九年淄州霖雨
按宋史太宗本紀不載　按五行志九年八月淄州霖雨孝婦河漲溢壞官寺民田

雍熙二年八月京師大霖雨
按宋史太宗本紀雍熙二年八月丁未大雨遣使禱岳瀆至夕雨止　按五行志云云

淳化元年隴城縣吉州大雨
按宋史太宗本紀不載　按五行志淳化元年六月隴城縣大雨壞官私廬舍殆盡溺死者百三十七人吉州大雨

淳化二年六月博州大雨七月泗州大雨十二月大雨
按宋史太宗本紀淳化二年十二月癸未大雨無冰　按五行志二年六月博州大霖雨河漲壞民廬舍八百七十區七月泗州招信縣大雨山河漲漂浸民田廬舍死者二十一人

淳化三年大雨水
按宋史太宗本紀淳化三年九月丙申遣官祈晴
按五行志三年九月京師霖雨十月上津縣大雨河水溢壞民舍溺者三十七人

淳化四年大雨
按宋史太宗本紀淳化四年七月丁酉大雨九月丙午自七月雨至是不止　按五行志四年六月隴城縣大雨牛頭河漲二十丈沒溺居人廬舍　又按志四年七月京師大雨十晝夜不止朱雀崇明門外積水九甚軍營廬舍多壞是秋陳潁宋亳許蔡徐濮澶博諸州霖雨秋稼多敗

淳化五年大雨水害稼
按宋史太宗本紀淳化五年夏四月癸卯大雨八月庚子大雨　按五行志五年秋開封府宋亳陳潁泗壽鄧蔡潤諸州雨水害稼

至道元年四月甲辰京師大雨
按宋史太宗本紀不載　按五行志云云

至道二年七月廣南諸州並大雨水
按宋史太宗本紀不載　按五行志云云

眞宗咸平元年昭州大霖雨
按宋史眞宗本紀不載　按五行志咸平元年五月昭州大霖雨害民田溺死者百五十七人

咸平五年京師大雨
按宋史眞宗本紀咸平五年六月都城大雨壞廬舍民有壓死者振恤其家秋七月戊戌幸啓聖院太平興國寺上清宮致禱雨霽遂幸龍衛營視所壞垣室勞賜有差　按五行志五年六月京師大雨漂壞廬舍民有壓死者積潦浸道路自朱雀門東抵宣化門九甚

景德三年八月青州大雨
按宋史眞宗本紀不載　按五行志三年八月青州大雨壞鼓角樓門壓死者四人

大中祥符二年無爲軍兗州霖雨
按宋史眞宗本紀大中祥符二年九月乙亥無爲軍言大風拔木壞城門營壘民舍壓溺者千餘人詔內臣恤視蠲來年租收瘞死者家賜米一斛冬十月甲辰兗州霖雨害稼賑恤其民

大中祥符三年四月昇州霖雨五月京師大雨
按宋史眞宗本紀三年五月辛丑京師大雨平地數尺壞廬舍民有壓死者賜布帛　按五行志三年四月昇州霖雨五月辛丑京師大雨平地數尺壞軍營民舍多壓者近畿積潦

大中祥符四年久雨
按宋史眞宗本紀大中祥符四年九月戊子幸太乙宮祈晴

大中祥符五年九月建安軍大霖雨害農事
按宋史眞宗本紀不載　按五行志云云

大中祥符六年保安軍積雨

按宋史眞宗本紀大中祥符六年六月癸酉保安軍雨河溢兵民溺死遣使振之　按五行志六年六月保安軍積雨河溢浸城壘壞廬舍判官趙震溺死又兵民溺死凡六百五十人

大中祥符八年坊州大雨

按宋史眞宗本紀云云　按五行志八年七月坊州大雨河溢民有溺死者

天禧元年秋七月丁未霖雨

按宋史眞宗本紀云云

天禧四年京師大雨

按宋史眞宗本紀四年秋七月辛酉京城大雨水壞廬舍大半丙寅以霖雨壞營舍賜諸軍緡錢九月乙未以久雨放朝十日甲辰減水災州縣秋租　按五行志四年七月京師連雨彌月甲子夜大雨流潦氾濫民舍軍營圮壞大半多壓死者自是頻雨及冬方止

乾興元年二月蘇湖秀州雨壞民田

按宋史眞宗本紀不載　按五行志云云

仁宗天聖四年大雨

按宋史仁宗本紀四年六月庚寅大雨震電京師平地水數尺辛卯避正殿減常膳　按五行志四年六月戊寅莫州大雨壞城壁

天聖七年春京師雨彌月

按宋史仁宗本紀不載　按五行志云云

天聖七年自春涉夏雨不止

按宋史仁宗本紀不載　按刑法志七年春京師雨彌月不止仁宗謂輔臣曰豈政事未當天心耶因言向者大辟覆奏州縣至於三京師至於五蓋重人命如此其戒有司決獄議罪毋或枉濫又曰赦不欲數然舍是無以名和氣遂命赦天下

明道二年六月癸丑京師雨壞軍營府庫

按宋史仁宗本紀不載　按五行志云云

景祐三年六月虔吉諸州久雨七月大雨

按宋史仁宗本紀景祐三年秋七月庚子大雨雷電　按五行志三年六月虔吉諸州久雨江溢壞城廬人多溺死

景祐四年杭州大風雨

按宋史仁宗本紀不載　按五行志四年六月乙亥杭州大風雨江潮溢岸高六尺壞堤千餘丈

寶元元年建州久雨

按宋史仁宗本紀不載　按五行志寶元元年建州自正月雨至四月不止谿水大漲入州城壞民廬舍溺死者甚衆

慶曆六年河東大雨

按宋史仁宗本紀慶曆六年秋七月庚寅河東經略司言雨壞忻代等州城壁

慶曆八年大霖雨

按宋史仁宗本紀八年三月壬戌以霖雨錄繫囚六月壬辰以久雨齋禱十二月乙丑朔以霖雨爲災頒德音改明年元減天下四罪一等徒以下釋之出內藏錢帛賜三司貿粟以濟河北流民所過官爲舍止之齎物毋收算　按五行志八年六月恆雨七月癸丑衞州大雨水諸軍走避數日絕食

皇祐二年八月深州大雨壞廬舍

按宋史仁宗本紀云云

皇祐四年京城大風雨

按宋史仁宗本紀不載　按五行志四年八月癸未京城大風雨民廬摧圮至有壓死者

嘉祐元年大雨水

按宋史仁宗本紀嘉祐元年四月大雨水注安上門門關折壞官私廬舍數萬區六月乙亥雨壞太社太稷壇己卯詔羣臣實封言時政闕失　按五行志嘉祐二年自五月大雨不止水冒安上門門關折壞官私廬舍數萬區城中繫栰渡人　又按志五月丁未晝夜大雨六月乙亥雨壞太社大稷壇八月河東沿邊久雨瀕河之民多流移（按紀作元年志作二年今照紀編次）

嘉祐三年八月霖雨害稼

按宋史仁宗本紀不載　按五行志云云

嘉祐六年霖雨

按宋史仁宗本紀不載　按五行志六年七月河北京西淮南兩浙江南東西淫雨爲災閏八月京師久雨是歲頻雨及冬方止

嘉祐七年六月代州大雨

按宋史仁宗本紀不載　按五行志七年六月代州大雨山水暴入城

英宗治平元年恆雨

按宋史英宗本紀治平元年八月庚寅京師大雨水癸巳賜被水諸軍米遣官視軍民水死者千五百八十人賜其家緡錢葬祭其無主者乙未以雨災詔責躬乞言初學士草詔曰執政大臣其惕思天變帝書其後曰雨災專以戒朕不德可更曰協德交修己亥

以水災罷樂宴九月壬戌雨罷大宴乙酉以久雨遣使禱於岳瀆名山大川　按五行志元年京師自夏歷秋久雨不止摧眞宗及穆獻懿三后陵臺

治平二年大雨

按宋史英宗本紀不載　按五行志二年八月庚寅大雨地上涌水壞官私廬舍漂人民畜產不可勝數是日御崇政殿宰相而下朝參者十數人而已詔開西華門以洩宮中積水水奔激殿侍班屋皆摧沒人畜多溺死官爲葬祭其無主者千五百八十八人

治平三年以水潦爲災命宰執各舉館職

按宋史英宗本紀不載　按選舉志治平三年命宰執舉館職各五人先是英宗謂中書曰水潦爲災言事者云咎在不能進賢何也歐陽修曰近年進賢路狹往時入館有三路今塞其二矣帝納之故有是命

神宗熙寧元年冀州大雨

按宋史神宗本紀不載　按五行志元年八月冀州大雨壞官私廬舍

熙寧二年泉州大風雨

按宋史神宗本紀不載　按五行志二年八月泉州大風雨水與潮相衝泛溢損田稼漂官私廬舍

熙寧七年大雨水

按宋史神宗本紀熙寧七年五月乙丑大雨水壞陝平陸二縣　按五行志七年六月熙州大雨洮河泛溢　又按志七年六月陝州大雨漂溺陝平陸二縣

熙寧九年七月太原府汾河夏秋霖雨水大漲

按宋史神宗本紀不載　按五行志云云

熙寧十年洛州滄衛霖雨

按宋史神宗本紀不載　按五行志十年七月洛州漳河決注城大雨水二丈河陽河水湍漲壞南倉溺居民滄衛霖雨不止河濼暴漲敗廬舍損田苗

元豐四年泰州大雨

按宋史神宗本紀不載　按五行志四年七月泰州海風駕大雨漂浸州城壞公私舍數千楹

元豐七年懷州大雨

按宋史神宗本紀不載　按五行志七年八月懷州黃沁河泛溢大雨水損稼壞廬舍城壁

哲宗元祐二年七月丁卯以雨罷集賢殿宴

按宋史哲宗本紀不載　按五行志云云

元祐四年夏秋霖雨

按宋史哲宗本紀不載　按五行志四年夏秋霖雨河流泛漲

元祐八年四月雨至八月

按宋史哲宗本紀八年丁未久雨禱山川　按五行志八年自四月雨至八月晝夜不息畿內京東西淮南河北諸路大水詔開京師宮觀五日所在州令長吏祈禱宰臣呂大防等待罪

紹聖元年京畿久雨

按宋史哲宗本紀不載　按五行志紹聖元年七月京畿久雨曹濮陳蔡諸州水害稼

元符元年九月丁未以霖雨罷秋宴

按宋史哲宗本紀云云

元符二年久雨

按宋史哲宗本紀不載　按五行志二年六月久雨陝西京西河北大水河溢漂人民壞廬舍九月以久雨罷秋宴

元符三年正月徽宗卽位七月久雨

按宋史徽宗本紀不載　按五行志三年七月久雨哲宗大昇轝在道陷泥中

徽宗建中靖國元年久雨

按宋史徽宗本紀不載　按五行志建中靖國元年二月久雨時欽聖憲肅皇后欽慈皇后二陵方用工詔京西祈晴

崇寧元年久雨

按宋史徽宗本紀崇寧元年以雨水壞民廬舍詔開封府賑恤壓溺者　按五行志元年七月久雨壞京城廬舍民多壓溺而死者

崇寧三年久雨

按宋史徽宗本紀三年八月壬寅大雨壞民廬舍令收瘞死者　按五行志三年六月久雨

崇寧四年恆雨

按宋史徽宗本紀崇寧四年冬十月自七月雨至是月不止　按五行志四年五月京師久雨又自七月至九月所在霖雨傷稼十月始霽

大觀三年階州久雨

按宋史徽宗本紀不載　按五行志三年七月階州久雨江溢

宣和元年大雨

按宋史徽宗本紀不載　按五行志宣和元年五月大雨水驟高十餘丈犯都城自西北牟駝岡連萬勝門外馬監居民盡沒前數日城中井皆渾宣和殿後井水溢蓋水信也至是詔都水使者決西城索河堤

殺其勢城南居民塚墓俱被浸遂壞籍田親耕之稼水至溢猛直冒安上南薰門城守凡半月已而入汴渠將溢於是募人決下流由城北入五丈河下通梁山濼乃平

宣和六年京畿恆雨

按宋史徽宗本紀不載　按五行志六年秋京畿恆雨河北京東兩浙水災民多流移

欽宗靖康元年大雨

按宋史欽宗本紀不載　按五行志靖康元年四月京師大雨天氣清寒又自五月甲申至六月暴雨傷麥夏行秋令

欽定古今圖書集成曆象彙編庶徵典

第七十八卷目錄

雨災部彙考四

庶徵典第七十八卷

雨災部彙考四

宋二

高宗建炎二年春淫雨

按宋史高宗本紀不載　按五行志云云

建炎三年春夏霖雨

按宋史高宗本紀建炎三年六月己酉以久雨名郎官已上言闕政呂頤浩請令實封以聞遂用司勳員外郎趙鼎言罷王安石配饗神宗廟庭以司馬光配辛酉以久陰下詔以四失罪己一曰昧經邦之大略二曰昧戡難之遠圖三曰無綏人之德四曰失馭臣之柄仍榜朝堂徧諭天下使知朕悔過之意　按五行志三年二月癸亥高宗初至杭州久霖雨占曰陰盛下有陰謀時苗傅劉正彥爲亂五月霖雨夏寒

按李陵傳陵遷中書舍人三年六月淫雨詔求直言陵言金人累歲侵軼生靈塗炭怨氣所積災異之來固不足怪惟先格王政厥事則在我者其可忽邪臣觀廟堂無擅命之臣惟將率之權太盛宮闈無女謁私惟宦寺之習未革今將帥擁兵自衞浸成跋扈苗劉竊發勤王之師一至凌轢官吏莫敢誰何此將帥之權太盛有以干陽也宦寺縱横上下共憤卒碎賊手可爲戒矣比聞復召藍珪黨與相賀聞者切齒此宦寺之習未革有以干陽也洪範休徵曰肅時雨若謀時寒若咎徵曰狂恆雨若急恆寒若自古天子之出必載廟主行示有尊也前日倉卒迎奉不能如禮既至錢塘寓太廟於道宮薦享有闕留神御於河滸安奉後時不肅之咎臣意宗廟當之比年盜賊例許招安未幾再叛反墮其計忠臣之憤不雪赤子之冤莫報不謀之咎臣意盜賊當之道路之言謂鑾輿不久居此自臣臆度決無是事假或有之不幾於狂乎軍興以來既結保甲又改巡社既招弓手又募民兵民力竭矣而猶誅求焉不幾於急乎此皆陰道太盛所致帝嘉納之

紹興元年行都婺州雨

按宋史高宗本紀不載　按五行志紹興元年行都雨壞城三百八十丈是歲婺州雨壞城

紹興三年霖雨

按宋史高宗本紀不載　按五行志三年雨自正月朔至于二月七月四川霖雨至于明年正月

紹興四年久雨

按宋史高宗本紀四年六月庚子以霖雨罷不急之役　按五行志四年六月淫雨害稼蘇湖二州爲甚九月久雨時劉豫連金人入寇十月高宗親征霽

紹興五年霖雨

按宋史高宗本紀不載　按五行志五年三月霖雨傷蠶麥行都雨甚九月雨至於明年正月

紹興六年久雨

按宋史高宗本紀不載　按五行志六年五月久雨不止冬饒州雨水壞城四百餘丈

紹興七年十月高宗如建康久雨

按宋史高宗本紀不載　按五行志云云

紹興八年久雨

按宋史高宗本紀不載　按五行志八年三月積雨至于四月傷蠶麥害稼

紹興二十一年襄陽大雨

按宋史高宗本紀不載　按五行志二十一年夏襄陽府大雨十餘日

紹興二十三年大雨

按宋史高宗本紀不載　按五行志二十三年六月大雨壞軍壘民田七月光澤縣大雨溪流暴湧平地高十餘丈人避不及者皆溺半時卽平

紹興二十八年大雨

按宋史高宗本紀不載　按五行志二十八年六月

丙申興利二州及大安軍大雨水流民廬壞橋棧死者甚衆

紹興三十年大雨

按宋史高宗本紀不載　按五行志三十年五月久雨傷蠶麥害稼八月施州大風雨

紹興三十一年久雨

按宋史高宗本紀三十一年四月丁巳以久雨傷蠶麥盜賊間發命侍從臺諫條上弭災除盜之策

紹興三十二年大雨

按宋史高宗本紀三十二年四月大雨淮水暴溢數百里漂沒廬舍人畜死者甚衆

孝宗隆興元年霖雨

按宋史孝宗本紀隆興元年三月庚申以久雨命有司振災傷察刑禁　按五行志元年三月霖雨行都壞城三百三十餘丈

隆興二年大雨

按宋史孝宗本紀隆興二年六月辛酉以淫雨詔州縣理滯囚九月辛丑以久雨出內庫白金四十萬兩糴米賑貧民　按五行志二年六月陰雨七月淮東郡大水越月積陰苦雨水患益甚浙西江東大雨害稼八月風雨踰月

乾道元年久雨

按宋史孝宗本紀乾道元年二月甲辰以久雨避殿減膳蠲兩淮災州縣身丁錢絹決繫囚　按五行志乾道元年二月行都及越湖常潤溫台明處九郡雨寒敗首種損蠶麥

乾道二年淫雨

按宋史孝宗本紀二年夏四月戊寅以久雨命侍從臺諫議刑政所宜以聞減大理三衙臨安府及浙西州縣雜犯死罪以下囚一等釋杖以下　按五行志二年正月淫雨至于四月夏寒江浙諸郡損稼蠶麥不登

乾道三年大雨

按宋史孝宗本紀三年八月甲寅以久雨命臨安府決繫囚　按五行志三年五月丙午泉州大雨晝夜不止者旬日八月淫雨江浙淮閩禾麻菽麥多腐

乾道四年陰雨彌月

按宋史孝宗本紀四年七月己丑以久雨御延和殿慮囚減臨安府三衙死罪以下囚釋杖以下　按五行志四年四月陰雨彌月

乾道六年久雨

按宋史孝宗本紀不載　按五行志六年五月連雨六十餘日十一月連雨辛巳郊祀雲開于圜丘百步外

乾道八年大雨水

按宋史孝宗本紀不載　按五行志八年四月四川陰雨七十餘日五月隆興府吉筠州臨江軍皆大雨水漂民廬壞城郭潰田害稼六月壬寅四川郡縣大雨徹晝夜至于己酉嘉眉邛蜀州永康軍及金堂縣尤甚漂民廬決田畝

乾道九年淫雨

按宋史孝宗本紀九年閏月戊申以久雨命大理三衙臨安府及兩浙州縣決繫囚減雜犯死罪以下一等釋杖以下　按五行志九年閏正月淫雨

淳熙元年久雨

按宋史孝宗本紀淳熙元年十月癸亥以積雨命中外決繫囚

淳熙二年夏建康府霖雨壞城郭

按宋史孝宗本紀不載　按五行志云云

淳熙三年久雨

按宋史孝宗本紀淳熙三年八月壬午以久雨命中外決繫囚冬十月甲戌以久雨命中外決繫囚　按五行志三年五月淮浙積雨損禾麥八月浙東西江東連雨癸未甲申行都大風雨九月久雨十月癸酉孝宗出手詔決獄援筆而風起開霽　又按志三年八月辛巳台州大風雨至于壬午海濤溪流合激為大水決江岸壞民廬溺死者甚衆癸未行都大雨水壞德勝江漲北新三橋及錢塘餘杭仁和縣田流入湖秀州害稼

淳熙四年大雨水

按宋史孝宗本紀淳熙四年福州建寧府雨振之

按五行志四年五月庚子建寧府福南劍州大雨水至于壬寅漂民廬數千家己亥夜錢塘江濤大溢九月丁酉戊戌大風雨駕海濤敗錢塘縣隄三百餘丈紹興府餘姚上虞二縣亦大風雨

淳熙五年階州暴雨

按宋史孝宗本紀不載　按五行志五年閏六月己亥階州暴雨至于戊申乙巳興化軍福州福清縣暴風雨夜作

淳熙六年霖雨

按宋史孝宗本紀不載　按五行志六年四月衢州

霖雨九月連雨己巳將郊而霽

淳熙八年久雨

按宋史孝宗本紀淳熙八年五月辛卯以久雨減京畿及兩浙囚罪一等釋杖以下貸貧民稻種錢　按五行志八年四月雨腐禾麥五月久雨敗首種

淳熙十年大霖雨

按宋史孝宗本紀不載　按五行志十年五月信州霖雨自甲戌至于辛巳八月福州大霖雨自乙未至于九月乙丑吉州亦如之　又按志十年九月乙丑福漳州大風雨水暴至長溪寧德縣瀕溪聚落廬舍人舟皆漂入海漳城半沒浸八百九十餘家丁卯吉州龍泉縣大水漂民廬壞田畝溺死者衆

淳熙十一年建康處州明州大雨

按宋史孝宗本紀不載　按五行志十一年四月淫雨戊寅建康府太平州大霖雨六月甲申處州龍泉縣暴雨七月壬辰明州大風雨山水暴出浸民市圮民廬覆舟殺人

淳熙十二年夏霖雨

按宋史孝宗本紀不載　按五行志十二年五月六月皆霖雨

淳熙十三年霖雨

按宋史孝宗本紀不載　按五行志十三年秋利州路雨霖敗禾稼穜稑金洋階成岷鳳六州亦如之

淳熙十五年大雨水

按宋史孝宗本紀不載　按五行志十五年五月荆淮郡國連雨戊午祁門縣霖雨　又按志五月淮甸大雨水淮水溢廬濠楚州無爲安豐高郵盱眙軍皆漂廬舍田稼廬州城圮

淳熙十六年霖雨

按宋史孝宗本紀不載　按五行志十六年四月西和州霖害禾麥五月浙西湖北福建淮東利西諸道霖雨六月庚寅鎮江府大雨水五日浸軍民壘舍二千餘

光宗紹熙元年久雨

按宋史光宗本紀紹熙元年三月庚午以久雨釋杖以下囚　按五行志紹熙元年春久陰連雨至於三月夏階成岷鳳四州霖雨傷麥

紹熙二年大雨

按宋史光宗本紀二年三月癸酉溫州大風雨雷雹田苗桑果俱盡十一月辛未有事於大廟皇后李氏殺皇貴妃以暴卒聞壬申合祭天地於圜丘以太祖太宗配大風雨不成禮而罷帝既聞貴妃薨又值此變震懼感疾稱賀肆赦不御樓壽皇聖帝及壽成皇后來視疾帝自是不視朝　按五行志二年二月贛州霖雨連春夏不止壞城四百九十丈圮城樓敵樓凡十五所四月福建路霖雨至於五月七月利州路久雨傷種麥癸亥興州暴雨

紹熙三年諸路大雨

按宋史光宗本紀不載　按五行志三年五月江東河北路連雨常德府大雨徹晝夜自壬辰至於庚子寧國府池州廣德軍自己亥至六月辛丑朔雨甚祁門縣至於庚戌七月壬申天台仙居二縣大雨連旬淮西路鎮江襄陽府皆害禾麥八月普州雨害稼

紹熙四年霖雨

按宋史光宗本紀不載　按五行志四年四月霖雨至於五月浙東西江東湖北郡縣壞圩田害蠶麥蔬稑紹興寧國府尤甚鎮江府大雨自辛未至於丙子淮西郡縣自丙子至於戊寅

紹熙五年七月內禪於寧宗十月久雨

按宋史寧宗本紀五年秋七月卽位冬十月庚子以久雨命大理三衙臨安府兩浙州縣決繫囚釋杖以下　按五行志五年八月霖雨畿縣浙東西皆害稼九月雨至於十月癸巳大雨三晝夜不止江東西福建郡縣皆苦雨

寧宗慶元元年久雨

按宋史寧宗本紀慶元元年春正月辛亥以久雨振給臨安貧民二月癸亥以久雨釋大理三衙臨安府兩浙路杖以下囚九月乙酉以久雨決繫囚　按五行志慶元元年正月霖雨甲辰帝蔬食露禱丙午霽二月又雨至於三月傷麥五月霖雨七月雨至於八月

慶元二年台州行都皆霖雨

按宋史寧宗本紀不載　按五行志二年六月壬申台州猋風暴雨連夕八月行都霖雨五十餘日

慶元三年七月雨連月

按宋史寧宗本紀不載　按五行志云云

慶元四年久雨

按宋史寧宗本紀慶元四年八月丁卯朔以久雨決繫囚

慶元五年行都浙東西皆霖雨

按宋史寧宗本紀五年夏五月戊申以久雨民多疫

命臨安府振恤之　按五行志五年五月行都雨壞城夜壓附郭民廬多死者六月浙東西霖雨至于八月

慶元六年嚴州霖雨

按宋史寧宗本紀不載　按五行志六年五月庚午嚴州霖雨連五晝夜不止

嘉泰二年福建路連雨

按宋史寧宗本紀不載　按五行志嘉泰二年六月福建路連雨至于七月丁未大風雨爲災

嘉泰三年八月久雨

按宋史寧宗本紀不載　按五行志云云

開禧元年利州盱眙軍行都皆大雨

按宋史寧宗本紀不載　按五行志開禧元年七月利州郡縣霖雨害稼閏月盱眙軍陰雨至于九月敗禾稼十月行都淫雨至于明年春

開禧二年春淫雨

按宋史寧宗本紀二年二月丁巳以久雨詔大理三衙臨安府及諸路決繫囚己卯復御正殿　按五行志二年春淫雨至于三月

嘉定二年連利等州霖雨

按宋史寧宗本紀不載　按五行志二年五月戊戌連州大雨連晝夜六月利閬成西和四州霖雨七月壬辰台州大風雨夜作

嘉定三年久雨

按宋史寧宗本紀三年三月丙辰以久雨釋兩浙州縣繫囚五月癸丑以久雨發米賑貧民　按五行志三年三月陰雨六十餘日五月淫雨至于六月首種多敗蠶麥不登　又按志三年五月嚴衢婺徽州富陽餘杭鹽官新城諸暨淳安大雨水溺死者衆圮田廬市郭首種皆腐

嘉定四年八月淫雨至于九月

按宋史寧宗本紀不載　按五行志云云

嘉定五年春淫雨十一月積陰

按宋史寧宗本紀五年春三月戊辰以久雨詔大理三衙臨安府兩浙州縣決繫囚　按五行志五年春淫雨至于三月傷蠶麥十一月甫雪積陰至于明年春

嘉定六年大霖雨

按宋史寧宗本紀不載　按五行志六年春淫雨至于二月丁亥雨雪集霰五月陰雨經日辛酉嚴州霖雨六月戊子紹興府大風雨浙東西雨至于七月

嘉定七年久雨

按宋史寧宗本紀七年九月丙戌以久雨釋大理三衙臨安府杖以下囚庚寅釋兩浙路杖以下囚　按五行志七年九月陰雨至于十月害禾麥

嘉定九年霖雨

按宋史寧宗本紀不載　按五行志九年四月六月大霖雨浙東西郡縣尤甚

嘉定十年久雨

按宋史寧宗本紀嘉定十年五月辛巳以久雨釋大理三衙臨安府杖以下囚冬十月乙巳朔以久雨釋大理三衙臨安府及兩浙諸州杖以下囚　按五行志十年三月連雨至于四月十月霖雨害稼

嘉定十一年霖雨

按宋史寧宗本紀不載　按五行志十一年六月霖雨浙西郡縣尤甚

嘉定十二年霖雨

按宋史寧宗本紀不載　按五行志十二年六月霖雨彌月

嘉定十五年久雨

按宋史寧宗本紀不載　按五行志十五年七月浙東西霖雨爲災　又按志十五年七月蕭山縣大水時久雨衢婺徽嚴暴流與江濤合圮田廬害稼

嘉定十六年霖雨

按宋史寧宗本紀不載　按五行志十六年五月霖雨浙西湖北江東淮東尤甚八月大風雨害稼

嘉定十七年八月霖雨

按宋史寧宗本紀不載　按五行志云云

理宗寶慶二年久雨

按宋史理宗本紀寶慶二年三月癸酉以久雨詔大理寺三衙兩浙運司臨安府諸屬縣榷酒所凡贓賞等錢罪已決者一切勿徵毋錮留妻子自是霖潦寒暑皆免

紹定五年久雨

按宋史理宗本紀紹定五年五月己丑詔臣僚言積陰霖淫歷夏徂秋疑必有致咎之徵比聞蘄州進士馮杰本儒家都大坑冶司抑爲爐戸誅求日增杰妻以憂死其女繼之弟大聲因赴愬死于道路杰知不免毒其二子一妾舉火自經而死民冤至此豈不上干陰陽之和詔都大坑冶魏峴罷職

端平三年大雨

按宋史理宗本紀端平三年秋七月丁巳祈晴　按五行志三年三月辛酉蘄州大雨水漂民居

嘉熙二年霖雨

按宋史理宗本紀嘉熙二年秋七月壬午以霖雨不止烈風大作詔避殿減膳徹樂令中外之臣極言闕失

寶祐三年五月久雨

按宋史理宗本紀云云

景定二年霖雨

按宋史理宗本紀景定二年六月乙未詔霖雨爲沴避殿減膳徹樂

度宗咸淳元年久雨

按宋史度宗本紀咸淳元年閏月己巳久雨京城減直糶米三萬石自是米價高卽發廩平糶以爲常

咸淳三年久雨

按宋史度宗本紀三年八月壬申久雨命在京三獄赤縣道司僉廳擇官審決獄訟毋滯

咸淳五年久雨

按宋史度宗本紀五年九月丙午祈晴

咸淳六年五月大雨水

按宋史度宗本紀不載　按五行志云云

咸淳七年六月丙申諸暨縣大雨

按宋史度宗本紀云云

咸淳十年七月恭帝卽位八月大霖雨

按宋史瀛國公本紀十年七月癸未度宗崩奉遺詔卽位八月癸丑大霖天目山崩水湧流安吉臨安餘杭民溺死者亡算

金

太宗天會二年霖雨

按金史太宗本紀不載　按五行志二年曷懶移鹿古水霖雨害稼

世宗大定二十七年大雨

按金史世宗本紀不載　按五行志二十七年七月大雨滹沱蘆溝水溢河決白溝

章宗明昌元年淫雨

按金史章宗本紀不載　按五行志明昌元年七月淫雨傷稼

明昌三年久雨

按金史章宗本紀明昌三年六月甲寅以久雨有司祈晴

明昌四年霖雨

按金史章宗本紀不載　按五行志四年五月霖雨命有司祈晴

承安四年久雨

按金史章宗本紀承安四年七月丙辰以久雨令大興府祈晴

承安五年久雨

按金史章宗本紀五年六月乙巳遣有司祈晴望祭嶽瀆七月乙卯朔以晴遣官望祭嶽鎭海瀆

衞紹王大安二年久雨

按金史衞紹王本紀不載　按五行志大安二年四月山東河北大旱六月雨復不止民間斗米至千餘錢

宣宗興定元年秋霖雨

按金史宣宗本紀興定元年十月丁未以霖雨詔寬農民輸稅之限

哀宗天興二年霖雨

按金史哀宗本紀不載　按五行志天興二年六月上遷蔡自發歸德連日暴雨平地水數尺軍士漂沒及蔡始晴

正大二年雨傷麥

按金史哀宗本紀正大二年夏四月丁酉宿鄭州雨傷麥

元

憲宗七年霖雨

按元史憲宗本紀七年九月樊城霖雨連月

世祖至元七年保定路霖雨

按元史世祖本紀至元七年八月辛卯保定路霖雨傷禾稼

至元九年大雨

按元史世祖本紀九年六月壬辰夜京師大雨壞牆屋壓死者衆癸巳敕以籍田所儲糧賑民不足又發近地官倉賑之　按五行志九年六月丁亥京師大雨九月南陽懷孟衞輝順天等郡洺磁泰安通灤等州淫雨河水並溢圮田廬害稼

至元十年霖雨

按元史世祖本紀十年諸路霖雨害稼九分

至元十二年霖雨

按元史世祖本紀十二年河間霖雨傷稼

至元十四年雨水害稼

按元史世祖本紀不載　按五行志十四年六月濟

寧路雨水平地丈餘損稼曹州定陶武清二縣濮州堂邑縣雨水沒禾稼

至元二十三年大雨

按元史世祖本紀二十三年九月乙丑太廟雨壞　按五行志二十三年安西路華州華陰縣大雨潼谷水湧平地三丈餘

至元二十四年霖雨

按元史世祖本紀二十四年六月乙亥霸州益津縣霖雨傷稼九月辛卯東京諮靜麟威遠婆娑等處大霖雨是歲保定太原河間般陽順德南京眞定河南等路霖雨害稼太原尤甚屋壞壓死者衆　按五行志二十九年九月太原河間河南等路霖雨害稼

至元二十五年諸路霖雨

按元史世祖本紀二十五年五月己丑汴梁大霖雨河決襄邑漂麥禾六月壬申睢陽霖雨河溢害稼免其租千六十石有奇癸未賓國富昌等一十六屯雨水害稼七月丙戌保定路霖雨害稼蠲今歲田租庚子霸鄚二州霖雨害稼免其今年田租八月丁丑嘉祥魚臺金鄉三縣霖雨害稼蠲其租五千石九月己丑獻莫二州霖雨害稼免田租八百餘石

至元二十六年諸路霖雨

按元史世祖本紀二十六年六月丁丑濟寧東平汴梁濟南順德平灤眞定霖雨害稼免田租十萬五千七百四十九石七月辛巳雨壞都城發兵民各萬人完之癸巳平灤屯田霖雨損稼八月辛酉大都路霖雨害稼免今歲租賦仍減價糶諸路倉糧九月丙申平灤昌國等屯田霖雨害稼

至元二十七年諸路霖雨

按元史世祖本紀二十七年二月癸巳晉陵無錫二縣霖雨害稼並免其田租四月辛巳芍陂屯田以霖雨害稼二萬二千四百八十畝有奇免其租七月終南等屯霖雨害稼萬九千六百餘畝免其租戊申江西霖雨贛吉袁瑞建昌撫水皆溢戊午鳳翔屯田霖雨害稼免其租

至元二十八年諸路霖雨

按元史世祖本紀二十八年二月壬辰雨壞太廟第一室奉遷神主別殿八月大名之清河南樂諸縣霖雨害稼免田租萬六千六百六十九石雨壞都城發兵二萬人築之九月景州河間等縣霖雨害稼免田租五萬六千五百九十五石

至元三十年霖雨

按元史世祖本紀三十年三月上都雨壞都城詔發侍衛軍三萬人完之仍命中書省給其傭直

成宗大德五年霖雨

按元史成宗本紀大德五年七月癸丑浙西積雨泛溢大傷民田詔役民夫二千人疏導河道俾復其故八月己巳平灤路霖雨灤漆肥汝河溢民死者衆免其今年田租仍賑粟二萬石是歲峽州隨州安陸荊門泰州光州揚州滁州高郵安豐霖雨

大德六年大雨

按元史成宗本紀大德六年十月壬午濟南濱棣泰安高唐州霖雨米價騰湧民多流移發粟賑之併給鈔三萬錠　按五行志六年五月歸德府徐州邳州睢寧縣雨五十日

大德七年霖雨

按元史成宗本紀七年六月浙西淫雨七月以順德恩州去歲霖雨免其民租四千餘石八月以大名高唐去歲霖雨免其田租二萬四千餘石　按五行志七年六月遼陽大寧平灤昌國瀋陽開元六郡雨水壞田廬男女死者百十有九人

大德八年霖雨

按元史成宗本紀八年五月大名之濬滑德州之濟河霖雨六月丁酉汴梁祥符開封陳州霖雨蠲其田租　按五行志八年五月滑州濬州雨水壞民田六百八十餘頃

大德九年霖雨

按元史成宗本紀九年六月甲午汴梁霖雨爲災潼川霖雨江溢沒民居溺死者衆　按五行志九年六月東昌博平堂邑二縣雨水

大德十年雨水

按元史成宗本紀十年三月乙未道州營道等處暴雨江溢山裂漂蕩民廬溺死者衆復其田租四月贛縣暴雨水溢六月壬戌景州霖雨　按五行志十年六月保定滿城清苑二縣雨水大名益都定興等路大水

大德十一年五月武宗即位九月霖雨

按元史武宗本紀十一年五月甲申即位九月襄陽霖雨

武宗至大元年淫雨

按元史武宗本紀至大元年七月辛卯濟寧大水己巳眞定淫雨水溢入自南門下及槀城溺死者百七

十七人　按五行志元年七月濟寧路雨水平地丈餘暴決入城漂廬舍死者十有八人眞定路淫雨大水入南門下注槀城死者百七十人彰德衛輝二郡水損稻田五千三百七十頃

至大三年大雨水

按元史武宗本紀不載　按五行志三年六月峽州大雨水溢死者萬餘人

至大四年二月仁宗卽位七月霖雨

按元史仁宗本紀至大四年三月庚寅卽位七月丁丑鞏昌寧遠縣暴雨山水流涌己亥太原河間眞定順德彰德大名廣平等路德濮恩通等州霖雨傷稼　按五行志四年六月大都三河縣潞縣河東祁縣懷仁縣未平豐盈屯雨水害稼

仁宗皇慶元年霖雨

按元史仁宗本紀皇慶元年四月庚寅隆興新建縣霖雨傷禾

皇慶二年雨水

按元史仁宗本紀不載　按五行志二年六月涿州范陽縣東安州宛平縣固安州霸州益津永清永安等縣雨水壞田稼七千六百九十餘頃

延祐元年雨水

按元史仁宗本紀不載　按五行志元年五月常德路武陵縣雨水壞廬舍溺死者五百人

延祐二年京師大雨

按元史仁宗本紀二年正月丙寅霖雨壞洋河堤堰沒民田發卒補之七月畿內大雨潭州永州全州永州路茶陵州霖雨江漲沒田稼　按五行志二年京師大雨鄭州昌平香河寶坻等縣水全州永州江水溢害稼

延祐三年婺源雨水

按元史仁宗本紀不載　按五行志三年婺源州雨水溺死者五千三百餘人

延祐四年雨水

按元史仁宗本紀不載　按五行志四年四月遼陽益州雨水害稼

延祐五年四月廬州合肥縣大雨水

按元史仁宗本紀不載　按五行志云云

延祐六年大雨水

按元史仁宗本紀不載　按五行志六年六月益都般陽濟南東昌東平濟寧等路曹濮泰安高唐等州大風水害稼汴梁歸德汝寧彰德眞定保定衛輝南陽等郡大雨水

延祐七年三月英宗卽位夏大雨水

按元史英宗本紀七年三月庚寅卽位五月辛巳汝寧府霖雨傷麥禾發粟五千石賑糶之十二月癸酉泰州成紀縣暴雨山崩朽壤墳起覆沒畜產　按五行志七年六月棣州德州大雨水壞田四千六百餘頃

英宗至治元年淫雨

按元史英宗本紀至治元年四月江州贛州臨江霖雨民皆告饑發米賑之五月壬寅開元路霖雨六月己未滁州霖雨傷稼蠲其租己巳通濟屯霖雨傷稼七月大雨渾河防決　按五行志元年四月江州贛州淫雨七月東平東昌二路高唐曹濮等州雨水害稼八月安陸府雨七日江水大溢被災者三千五百戶

至治二年淫雨

按元史英宗本紀二年閏五月壬戌安豐屬縣霖雨傷稼免其租七月廬州路六安縣大雨暴至平地深數尺民饑命有司賑糧一月

至治三年霖雨

按元史英宗本紀三年五月眞定修武武邑縣雨水害稼大名路魏縣霖雨七月漷州雨水害屯田稼是歲夏諸衛屯田及大都河間保定濟南濟寧五路屬縣霖雨傷稼　按五行志三年五月大名魏縣淫雨保定定興縣濟南無棣厭次縣濟寧碭山縣河間齊東縣霖雨害稼

泰定帝泰定元年霖雨

按元史泰定帝本紀泰定元年六月大都眞定晉州深州奉元諸路及甘肅河渠營田等處雨傷稼賑糧己卯大司農屯田諸衛屯田彰德汴梁等路雨傷稼宣德府鞏昌路及八番金石番等處雨七月戊申眞定廣平廬州等十一郡雨傷稼癸未泰州成紀縣大雨山崩水溢汴梁濟南屬縣雨水傷稼賑之九月奉元路長安縣大雨灃水溢　按五行志元年五月隴西縣大雨水漂死者五百餘家龍慶路雨水傷稼六月益都濟南般陽東昌東平濟寧等郡二十有二縣曹濮高唐德州等處十縣淫雨水深丈餘漂沒田廬陝汾順晉恩深六州雨水害稼陝西大雨渭水及黑水河溢損民廬舍七月眞定河間保定廣平等郡三十有七縣大雨水五十餘日害稼九月奉元長安縣

大雨澧水溢　又按志元年七月眞定廣平廬州十一郡雨傷稼八月汴梁考城儀封濟南沾化利津等縣霖雨損禾稼

泰定二年霖雨

按元史泰定帝本紀二年正月己卯雄州歸信諸縣大雨河溢被災者萬一千六百五十戶賑鈔三萬錠四月戊申鞏昌路伏羌縣大雨山崩五月浙西諸郡霖雨江湖水溢六月丁未通州三河縣大雨水丈餘奉元衛輝路及永平屯田豐贍昌國濟民等署雨傷稼蠲其租九月丁丑漢州道文州霖雨山崩　按五行志二年正月大都寶坻縣肇慶高要縣雨水二月甘州路大雨水渰沒行帳孳畜四月岷洮文階四州雨水六月衛輝汲縣歸德宿州雨水十月寧夏鳴沙州大雨水

泰定三年霖雨

按元史泰定帝本紀三年十一月己巳廣寧路屬縣霖雨傷稼賑鈔三萬錠　按五行志三年七月東安檀順漷四州雨渾河決

泰定四年雨水

按元史泰定帝本紀四年十月壬戌大都路諸州縣霖雨水溢壞民田廬是歲汴梁諸屬縣霖雨河決

按五行志四年六月大都東安固安通順薊檀漷七州永清良鄉等縣雨水七月上都雲州大雨北山黑水河溢十二月汴梁中牟開封陳留三縣歸德邳宿二州雨水

文宗天曆二年雨水

按元史文宗本紀不載　按五行志天曆二年六月大都東安通薊霸四州河間靖海縣雨水害稼

至順元年衛輝大雨

按元史文宗本紀至順元年二月衛輝路胙城新鄉縣大風雨災

至順二年霖雨

按元史文宗本紀二年六月庚午以揚州泰興江都二縣去歲雨害稼免今年租七月甲午歸德府雨傷稼免今年租九月庚辰湖州安吉縣久雨太湖溢漂民居二千八百九十戶溺死百五十七人十月辛酉吳江州大風雨太湖溢漂沒廬舍貲畜千九百七十家　按五行志二年四月潞州潞城縣大雨水

至順三年六月大雨八月寧宗卽位大雨水

按元史文宗本紀三年六月己丑益都濟寧大雨

按寧宗本紀三年秋八月文宗崩帝卽位是月高郵府之興化寶應二縣德安府之雲夢應城二縣大雨水

順帝元統元年霖雨

按元史順帝本紀至順四年六月己巳卽位是月大霖雨京畿水平地丈餘　按五行志元統元年六月京畿大霖雨平地丈餘涇河溢關中水災泉州霖雨溪水暴漲漂民居數百家

元統二年霖雨

按元史順帝本紀元統二年三月山東霖雨水湧民饑

至元元年霖雨

按元史順帝本紀至元元年六月庚辰大霖雨

至元二年霖雨

按元史順帝本紀至元二年夏五月乙卯南陽鄧州大霖雨自是日至於六月甲申湍河白河大溢水爲災六月庚子涇水溢秋八月戊寅大都至通州霖雨大水

至元三年霖雨

按元史順帝本紀三年六月辛巳大霖雨自是日至癸巳不止　按五行志三年六月衛輝路淫雨

至正二年霖雨

按元史順帝本紀不載　按五行志二年秋彰德路霖雨

至正三年霖雨

按元史順帝本紀至正三年七月河南自四月至是月霖雨不止　按五行志三年四月至七月汴梁路滎澤縣鈞州新鄭密縣霖雨害稼

至正四年霖雨

按元史順帝本紀至正四年八月丁卯山東霖雨民饑　按五行志四年夏汴梁蘭陽縣許州長葛郾城襄城睢州歸德府亳州之鹿邑濟寧之虞城淫雨害蠶麥禾皆不登八月益都霖雨饑民有相食者　又按志四年六月河南鞏縣大雨伊洛水溢漂民居數百家

至正五年霖雨

按元史順帝本紀不載　按五行志五年夏秋汴梁祥符尉氏洧州鈞州鄭州亳州久雨害稼二麥禾豆俱不登河間路淫雨妨害鹽課

至正六年霖雨

按元史順帝本紀不載　按五行志六年五月庚戌

處州松陽龍泉二縣積雨水漲入城中深丈餘溺死五百餘人遂昌縣尤甚平地三丈餘桃源鄉山崩壓民居五十三家死者三百六十餘人七月壬子延平南平縣淫雨水泛漲溺死百餘人損民居三百餘家壞民田二頃七十餘畝

至正八年霖雨

按元史順帝本紀至正八年五月丁酉朔大霖雨京城崩　按五行志八年五月京師大霖雨都城崩圮鈞州新鄭縣淫雨害麥六月己丑中興路松滋縣驟雨水暴漲平地深丈有五尺餘漂沒六十餘里死者一千五百人

至正九年大霖雨

按元史順帝本紀至正九年七月大霖雨水沒高唐州城江漢溢漂沒民居禾稼　按五行志九年七月高唐州大霖雨壞官署民居歸德府淫雨浹十旬

至正十年霖雨

按元史順帝本紀不載　按五行志十年二月彰德路大雨害麥　又按志十年六月乙未霍州靈巖縣雨水暴漲決堤堰漂民居甚衆

至正十一年雨水

按元史順帝本紀不載　按五行志十一年安慶桐城縣雨水泛漲衝決縣東大河漂民居四百餘家

至正十二年雨水

按元史順帝本紀不載　按五行志十二年六月中興路松滋縣雨水暴漲漂民居千餘家溺死七百人

至正十四年大雨

按元史順帝本紀不載　按五行志十四年夏六月河南府鞏縣大雨伊洛水溢漂沒民居溺死三百餘人

至正十七年六月暑雨漳河溢

按元史順帝本紀不載　按五行志云云

至正二十年大雨

按元史順帝本紀不載　按五行志二十年七月益都高苑縣陝州澠池縣大雨害稼

至正二十三年淫雨

按元史順帝本紀不載　按五行志二十三年七月懷慶路河內修武武陟三縣及孟州淫雨害稼

至正二十四年大雨

按元史順帝本紀不載　按五行志二十四年秋密州安丘縣大雨

至正二十五年淫雨

按元史順帝本紀不載　按五行志二十五年秋密州安丘縣潞州汴梁許州鈞州之密縣淫雨害稼

至正二十六年大霖雨

按元史順帝本紀不載　按五行志二十六年六月河南府大霖雨瀍水溢深四丈許漂東關居民數百家

至正二十七年淫雨

按元史順帝本紀不載　按五行志二十七年秋彰德路淫雨

欽定古今圖書集成曆象彙編庶徵典

第七十九卷目錄

庶徵典第七十九卷

雨災部彙考五

明

太祖洪武二年饒州霪雨

按江西通志云云

洪武八年溫州大雨

按浙江通志洪武八年七月溫州大風雨海溢平陽男女死者二千餘口永嘉樂清瑞安沿江皆渰沒

洪武十八年久雨

按大政紀洪武十八年二月甲辰上以當春久雨陰晦不解間雨雹雷諭中外百司下至編民卒伍苟有所見盡言無諱

洪武二十三年淫雨

按湖廣通志洪武二十三年秋八月淫雨漢水暴溢由郢以西廬舍人畜漂沒無算州城陷五日乃止

成祖永樂元年久雨

按名山藏永樂元年六月以久雨命侍郎李文郁等佐尚書夏原吉相度被水田堪種者趣種之後時者除今年租稅

永樂二年大雨

按吳江縣志永樂二年五月大雨吳江田禾盡沒農民忍饑車水救田仰天而哭子女呼父母索食繞車而哭男婦壯者相率以糠雜菱曹荇藻食之老幼入城行乞不能得多投於河六月詔賑濟民少蘇

永樂十年江西大雨邳州淫雨

按大政紀永樂十年五月甲辰江西寧縣大雨山水泛漲漂民舍事聞皇太子遣人撫恤

按名山藏永樂十年十二月邳州淫雨傷稼命御史賑之

永樂十二年秋八月淫雨害稼

按澤州志云云

永樂十四年淫雨

按大政紀永樂十四年江西南昌等府言自四月至五月淫雨江水泛漲壞廬舍沒田稼命戶部遣人撫視六月辛酉徐州沛縣淫雨傷稼六月戊子北京薊州遵化玉田通州漷縣及山東商河諸州縣雨水傷

稼命戶部遣人撫視七月壬寅河南開封府十四州縣淫雨決黃河堤崖沒居民田稼癸巳山東鄒縣淫雨暴水至壞民廬舍二百一十二戶丙申山東霑化縣暴雨傷田禾己酉永平府久雨灤漆二河溢壞民田禾廬舍命賑恤之

永樂十八年浙江霖雨

按浙江通志永樂十八年夏秋霖雨風潮壞仁和海寧二縣長安等塡海塘一千五百餘丈俱沒于海

宣宗宣德元年冬十月廣州大霖雨

按廣東通志云云

宣德五年廣平等府久雨

按大政紀宣德五年十一月直隸廣平大名等府縣奏久雨沒田稼無收命戶部蠲其稅

宣德十年久雨

按大政紀宣德十年四月因天久雨水潦蝗蝻勅諭吏部都察院考察在外布按二司及府州縣官不才者照例發遣有缺仍遵宣宗勅旨舉保不許故違有犯贓罪連坐舉者

英宗正統五年順寧大雨

按雲南通志正統五年秋七月順寧大雨彌旬山崩水溢衝沒田廬不可勝計

正統八年台州嘉興大雨

按浙江通志正統八年台州四月至八月連雨麥腐八月大風雨六種無收嘉興大風雨害稼

代宗景泰元年淫雨

按浙江通志景泰元年夏淫雨傷稼

按雲南通志景泰元年秋澂江淫雨害稼斗米四錢

景泰六年六月淫雨

按名山藏云云

憲宗成化二年平陽大雨

按浙江通志成化二年五月平陽颶風大雨三日夜山崩屋壞平地水高六尺人多渰死

成化四年六月大雨

按山西通志云云

成化五年五月大雨驟漲壞稻及民舍

按四川總志云云

成化九年直隸河南大雨水

按大政紀成化九年六月廣平順德大名眞定保定幷河南懷慶府大雨水

成化十六年大雨

按雲南通志成化十六年六月劍川大雷雨水湧衝沒民田二百餘畝

成化十八年久雨

按名山藏成化十八年八月久雨衛漳滹沱等河漲溢運河口岸多決河南城署廬舍壞人畜死亡不可勝計

按山西通志成化十八年六月翼城大風雨壞廬舍傷稼

按潞安府志成化十八年潞州大雨連旬高河水溢漂流民舍溺死人畜甚衆

按福建通志成化十八年七月永春大雨至于八月洪水泛濫瀨溪民居渰死甚衆

成化十九年大風雨

按福建通志成化十九年六月庚辰大風雨拔木發屋公署民廬盡壞城上敵樓頹毀一空福州九縣同日官私舡漂沒無算死者千餘人

成化二十一年久雨

按福建通志成化二十一年自春徂夏積雨連月田廬禾稼多壞

孝宗弘治十年秋太原府淫雨積旬

按山西通志云云

弘治十一年淫雨

按福建通志弘治十一年四月淫雨連日蛟龍爲孽山崩水溢有豹乘水至龜塘樹上牆垣廬舍皆壞五月大雨復作寧海橋拆壞

弘治十二年曲阜大雨

按山東通志弘治十二年夏六月夜曲阜縣大雨雷電有火自宣聖殿東北起焚毀殿廡一百二十間

弘治十四年雲南大雨

按雲南通志弘治十四年六月朔大理大雷雨點蒼白石二溪水漲漂沒民居五百七十餘溺死三百餘人七月二十五日夜河西縣大雪雨山崩水溢衝沒田廬無計浪穹淫雨山崩水溢衝圮民居溺死百餘人

弘治十五年秋七月榆次大雨害稼及民廬舍

按山西通志云云

武宗正德元年十二月台州大風雨壞民廬

按浙江通志云云

正德二年五月略陽大雨高家山崩壓死百九十餘人

按陝西通志云云

正德十一年河曲陽江淫雨
按山西通志正德十一年六月河曲淫雨水出縣西南民居淪圮無遺
按廣東通志十一年六月陽江淫雨山崩
正德十二年六月德平霖雨害稼
按山西通志云云
世宗嘉靖元年江寧暴雨江溢
按秣陵編年史嘉靖元年秋七月南京風雨暴至江水泛溢宮闕城垣民居多壞
嘉靖二年遼東澂江久雨
按全遼志嘉靖二年夏四月己卯至壬午大雨河水泛漲衝沒田禾金州等衛男女漂溺者共一百四十名口牛馬等畜四百五十有餘傾倒民舍城垣公館甚多是歲免田租之半
按雲南通志嘉靖二年六月澂江蒙化無雲而雨大水自五道河湧出有大木浮於上不知何來衝沒田廬
嘉靖三年萬州大雨
按廣東通志嘉靖三年萬州大風颶風大作雨下如注民居十僅存一舟飄陸二三里浮萋苴於木父老駭之謂從古未有云
嘉靖四年安寧大雨
按雲南通志嘉靖四年安寧大雨浹旬沒官民廬舍十之三
嘉靖五年福建大雨
按大政紀嘉靖五年三月福建大雨水福州府諸處自正月雨至於四月不絕平疇蕩爲巨浸且海澄山鳴旗鼓自葺知府汪文盛上其狀乞賜蠲賑且乞自罷以謝天譴章下戶部議賑從之
嘉靖八年垣曲翼城平陸大雨
按山西通志嘉靖八年垣曲大雨山水圮城西南翼城平陸大雨四十餘日傷禾
嘉靖十一年秋淫雨彌月蟲殺稼
按湖廣通志云云
嘉靖十四年大雨
按全遼志嘉靖十四年大雨連月自四月至六月不止河水泛漲平地深丈餘是年大饑
按陝西通志嘉靖十四年六月河州衛暴雨洪水河溢十數丈西東六十里渰溺軍民房屋牛羊無數
按浙江通志嘉靖十四年杭州自春及秋恆雨
按雲南通志嘉靖十四年夏大雨連月自四月至六月不止河水泛漲平地深丈餘禾盡沒是歲人饑
嘉靖十五年長興晝夜風雨壞民廬無算
按浙江通志云云
嘉靖十六年平陸景東大雨
按山西通志嘉靖十六年平陸大雨溺店頭村
按雲南通志嘉靖十六年八月景東淫雨害稼
嘉靖十七年穀城暴雨
按湖廣通志嘉靖十七年四月穀城暴雨沙河湧異物若龜水流殺人
嘉靖二十年榆次淫雨
按山西通志嘉靖二十年六月榆次淫雨涂水溢漫流四十里泊田居人多所墊溺詔免田租
嘉靖二十二年春郴州積雨
按湖廣通志云云
嘉靖二十六年同安大雨
按同安縣志嘉靖二十六年丁未七月初九日大雨達日溪流泛漲城不沒者三版識者曰水兵象也逮冬至前一日安溪流賊百餘人突至多所殺掠擄去索贖者甚衆
嘉靖二十八年武定淫雨水溢山崩
按雲南通志云云
嘉靖三十二年台州大風雨害稼
按浙江通志云云
嘉靖三十三年富民大雨漂沒田廬
按雲南通志云云
嘉靖三十六年台州雲南大雨
按浙江通志嘉靖三十六年台州大風雨害稼
按雲南通志嘉靖三十六年夏六月淫雨大水禾渰沒
嘉靖三十七年慶陽鶴慶淫雨
按陝西通志嘉靖三十七年七月慶陽淫雨如注秋禾盡損民廬市舍傾圮南城再崩死者甚衆
按雲南通志嘉靖三十七年七月鶴慶淫雨水溢越三十八日始消米粟騰價
嘉靖三十八年大霖雨
按大政紀嘉靖三十八年六月京師大霖雨帝令司禮監祈晴禁屠停刑
按雲南通志嘉靖三十八年六月二十五日夜鶴慶漁塘村雷雨大作山崩水溢壞民居一百餘所死者不可勝計

嘉靖三十九年夏四月惠州大雨
按廣東通志云云
嘉靖四十年七月姚安淫雨傷禾
按雲南通志云云
嘉靖四十二年平陸姚安淫雨
按山西通志嘉靖四十二年夏四月平陸淫雨連綿四月餘園圃皆淤
按雲南通志嘉靖四十二年八月姚安淫雨浹旬江水溢衝沒民田
嘉靖四十三年福建淫雨
按福建通志嘉靖四十三年五月淫雨不止大水入郡城鄉村皆浸人畜多死是年五月十七日德化暴雨黎明縣前水深丈餘冲激之聲若雷民居漂流過半男女逃縣後山須臾間街之南北不可相通東城崩壞無餘
穆宗隆慶元年久雨
按福建通志隆慶元年四月初八日雨至五月初一日乃止
隆慶二年大雨
按河南通志隆慶二年秋汴城大雨三日城中用水車撤水出城
隆慶四年汝寧大雨傷麥
按河南通志云云
神宗萬曆元年石屏淫雨
按雲南通志萬曆元年二月至八月石屏淫雨河水漲傾城堞田廬
萬曆二年山陰大雨
按山西通志萬曆二年山陰大雨七日夜平地水深丈餘禾稼盡沒歲大饑
萬曆三年大同久雨
按山西通志萬曆三年秋七月大同大雨馬邑雨四十日壞城垣廬舍千餘
萬曆七年大雨
按山東通志萬曆七年六月晦大雨山摧石崩淤田畝漂居民沒人畜無數
按吳江縣志萬曆七年五月久雨大水連天長洲吳江常熟崑山華亭諸縣一望無際禾苗渰盡
按廣西通志萬曆七年五月北流縣大雨漂沒城垣民舍溺死者男婦二十餘人
按雲南通志萬曆七年武定大雨溺死者甚衆
萬曆八年秋淫雨壞稼
按陝西通志云云
萬曆十一年興安州暴雨
按陝西通志萬曆十一年癸未夏四月興安州猛雨數日漢江漲溢傳有一龍橫塞黃洋河口永壅高城丈餘全城渰沒公署民舍一空溺死者五千餘人闔家全溺無稽者不計數城南民居高埠者于黎明時遙望江上大船旗旛擁衛若官府點查之狀
萬曆十四年二月瑞州大雷雨
按江西通志云云
萬曆十六年交城大雨水
按山西通志萬曆十六年交城大雨水沒田傷人畜甚衆趙城大雨冲沒廬舍城垣
萬曆二十五年嚴州大風雨壞田萬餘畝
按浙江通志云云
萬曆二十七年淫雨
按山西通志萬曆二十七年夏山陰淫雨壞官民廬舍
按陝西通志萬曆二十七年大雨晝夜十日土窯皆陷
萬曆二十九年永春金堂雨
按福建通志萬曆二十九年七月永春霖雨數日大水自山中發溢入郡城
按四川總志萬曆二十九年十一月朔金堂縣大雷雨
萬曆三十一年汝寧寧安淫雨
按河南通志萬曆三十一年春汝寧淫雨七旬
按雲南通志萬曆三十一年七月寧安雨六十餘日
萬曆三十三年馬邑霖雨
按馬邑縣志萬曆三十三年五月十五十七十九凡三日大雨震電壞民屋禾苗皆沒于水
萬曆三十四年束鹿大雨滹沱河溢午夜入城水深數尺
按畿輔通志云云
萬曆三十七年福建大雨
按福建通志萬曆三十七年八月大雨初六日烏石山崩山南有新立阮公祠近仁王寺是日暴雨山崩祠盡毀壓死者數人
萬曆四十一年大雨
按山東通志萬曆四十一年夏大旱七月七日大風雨越二日海溢

萬曆四十三年靜樂大雨

按山西通志萬曆四十三年秋八月靜樂大雨四十日水高丈餘壞屋舍禾稼甚廣

萬曆四十四年南安贛州淫雨

按江西通志萬曆四十四年五月南安贛州淫雨蛟蜃並出水湧丈餘

按贛州府志萬曆四十四年丙辰五月初一二三日淫雨不止蛟蜃並出一夜水高數丈初四日灌郡城東北街市及瀕河室廬六鄉田禾俱被渰沒男婦溺死者無算雩都信豐亦然部使者疏云簿筏于城垣之上繫纜于麗譙之間托寢處于屋脊寄櫬柩于棟梁高臥華胥而夢魂已汩沒於洪濤晨炊舉火而井臼倏推遷于巨浸蓋字字滴淚矣幸而朝廷俞三院之請贛寧二縣准南二米仍改折如四十二年例餘縣俱從寬恤

萬曆四十五年恭城大雨

按廣西通志萬曆四十五年丁巳八月初四日恭城縣陰雲密布雨下如注山澗水湧連崩一十三嶺樹木拔折緣江鱗介之物死者無算巨木散材河涯堆積如山人云有蛟龍出焉

萬曆四十七年成都大雨

按四川總志萬曆四十七年三月成都大雨連日夜江漲堤毀

熹宗天啓三年定遠大雨

按雲南通志天啓三年六月定遠大雨震電霧黃紅色水溢田禾廬舍溺三百餘人牲畜無算

天啓四年七月武定大雨

按雲南通志云云

愍帝崇禎三年大雨

按雲南通志崇禎三年秋七月白井大雨水溢壞官民廬舍漂沒人口千餘塡埋井口

崇禎五年淫雨

按山東通志崇禎五年秋蒲州芮城安邑垣曲淫雨四十餘日損屋害稼一望巨津魚產盈尺

崇禎八年五月暴雨鍾靈橋圮

按江西通志云云

崇禎十三年嚴州淫雨

按浙江通志云云

崇禎十四年秋淫雨

按潞安府志云云

皇清

康熙三十四年

六月十三日

上諭內閣時値久雨連綿乍止復雨將不利于田稼

朕甚憫焉亟宜祈晴其傳諭禮部速議以聞

雨災部藝文一

愁霖賦　魏文帝

脂余車而秣馬將言旋乎鄴都元雲黯其四塞雨濛濛而襲予塗漸洳以沈滯潦淫衍而橫湍豈在余之憚勞哀行旅之艱難仰皇天而太息悲白日之不暘思若木以照路假龍燭之末光

愁霖賦　曹植

迎朔風而爰邁兮雨微微而逮行悼朝陽之隱曜兮怨北辰之潛精車結轍以盤桓兮馬躑躅以悲鳴攀扶桑而仰觀兮假九日于天皇瞻沈雲之泱漭兮哀吾願之不將又曰夫季秋之淫雨兮旣彌日而成霖瞻元雲之晻晻兮聽長霤之淋淋中宵臥而歎息起飾帶而撫琴

愁霖賦　應瑒

聽屯雷之恆音兮聞左右之歎聲情慘憒而含欷兮起披衣而遊庭三辰幽而重關蒼曜隱而無形雲暧暧而周馳雨濛濛而霧零排房帳而北入振蓋服之沾衣還空牀而寢息夢白日之餘暉惕中寤而不效兮意悽悷而增悲

愁霖賦有序　晉陸雲

永寧三年夏六月鄴都大霖旬有奇日稼穡沈湮生民愁瘁時文雅之士煥然並作同僚見命乃作賦曰

在朱明之季月兮反極陽于重陰興介丘之膚寸兮墜崩雲而洪沈谷風扇而攸遂兮苦雨播而成淫天泱漭以懷慘兮民顰蹙而愁霖于是天地發揮陰陽交烈萬物混而同波兮元黃浩其無質雷憑虛以振

庭兮電凌爥而輝室霤鼎沸以駿奔兮潦風驅而競疾豈南山之暴隮兮將冥海之暫溢隱隱塡塡若降自天高岸渙其無崖兮平原蕩而爲淵遵渚回于凌河兮黍稷仆于中田囷多稼于億廩兮虛夙敬于祈年外薄郊甸內荒都城陰無晞景霤無輟聲纖波靡于前塗兮微津隔于峻庭紛雲擾而霧塞兮漫天穨而地盈于是愁音比屋歎發屢省陽堂乏暉朗室無景望會雲之萬仞兮想白日之寸脛感虛無而思深兮對寂寞而言靖毒其雨之未晞兮悲夏日之方永瞻大辰以頹息兮仰天衢而引領愁情沈疾明發哀吟永言有懷感物傷情結南枝之舊思兮詠莊舄之遺音羨弁彼之歸飛兮寄予思乎江陰渺天末以流目兮涕潺湲而沾襟何人生之倏忽痛存亡之無期方千歲于天壤兮吾固已陋夫靈龜矧百年之促節兮又莫登乎期頤哀感容之易感兮悲歡顏之難怡考傷懷于衆苦兮豈愁霖之足悲雲曇曇而疊結兮雨淫淫而未散晞朱陽于崇朝兮悲此日之屢晏劾豐隆于岳陽兮執赤松于神館命雲師以藏用兮繼乘龍于河漢照濛汜之清暉兮炳扶桑之始旦考幽明于人神兮妙萬物以達觀

患雨賦　傅咸

夫何遠寓之多懷患淫雨之有經自流火以迄今歷九旬而無寧庶太清之垂曜覩日月之光明雲乍披而旋合霤暫輟而復零將收雷之要月棄嘉穀于已成前渴焉而不降後患之而弗晴惟二儀之神化奚水旱之有并湯九陽于七載兮堯洪汎乎九齡天道且猶若茲況人事之不平

苦雨賦　潘尼

氣觸石而結蒸兮雲膚合而仰浮雨紛射而下注兮潦波湧而橫流豈信宿之云多乃踰月而成霖瞻中唐之浩汗聽長霤之涔涔始濛濩而徐墜終滂霈而難禁悲列宿之匿景悼太陽之幽沈雲暫披而驟合雨乍息而亟零旦縱縱以達暮夜淋淋以極明黿鼉遊于門闥蛙蝦嬉于中庭懼二源之并合畏黔首之爲魚處者含瘁于窮巷行者歎息于長衢

陰霖賦　成公綏

百川泛濫潢潦橫流沈竈生蛙中庭運舟

賀雨晴狀　唐張九齡

右今月十日高力士宣聖旨以霖雨淫滯有害稼穡之憂將親禱上陽三日內不坐精意朝發而重陰夕霽乃數日已來遂致開朗誰謂天遠其應甚速遂得麥秋有望蠶事且登則知至人無心與天地合契神功潛運豈陰陽不測伏惟陛下明德自廣兢業載懷所致休徵必加謙愼天聖相合福施羣生日用不知年和在此臣等無功翊佐徒忝近密每有大猷承奉不暇無任欣戴慶躍之至

潮州祈晴祭湖神文　韓愈

潮州刺史韓愈謹以清酌服修之奠祈于太湖神之靈曰稻既穟矣而雨不得熟以穫也蠶起且眠矣而雨不得老以簇也歲且盡矣稻不可以復種而蠶不可以復育也農夫桑婦將無以應賦稅繼衣食也非神之不愛人刺史失所職也百姓何罪使至極也神聰明而端一聽不可濫以惑也刺史不仁可坐以罪惟彼無辜惠以福也劃劃雲陰卷月日也幸身有衣口得食給神役也充上之須脫刑辟也還牲爲酒以報靈德也吹擊管鼓侑香潔也拜庭跪坐如法式也不信當治疾殃殛也神其尚饗

苦雨賦　李觀

帝何爲乎何論歲何爲乎何祥水何爲乎競火陰何爲乎乘陽易曰大人者與天地合其德日月合其明今則反矣所謂合德者變化合其序所謂合明者進退合其常今則反矣夫君德行乎下天德行乎上行乎上者下合行乎下者上讓今世則反矣謂之合德則非應謂之合明則迷嚮豈大人之德有時而不合天地之德有時而妄用堯之代九州淪胥湯之代天下焚如彼二后者帝矣王矣其所有不合者乎蓋所以天道遠人道邇不可以知約不可以知窮已乎客曰非也夫堯之德合天以仁天合亦以仁夫湯之德合天以時而天合亦以時故堯曰惟天爲大惟堯則之湯曰伊尹相湯代桀升自陑堯所以爲帝湯所以爲王其與天地合其德與日月合其明矣子誣聖人吾不取矣由是堯之水堯民不悲湯之旱湯民不饑故誥曰聖人在上雹不爲災其是之謂乎子何陋矣曰噫吾聞之存不忘亡安不忘危人君之知也又聞一夫不獲其所則曰時予之辜人君之仁也今淫雨彌月莫覩天將雨陰氣也陰疑于陽必戰其水乎其兵乎下民有不獲者乎予豈若商之患利農之憂苗而已乎誠有已念也夫堯之水而人不悲者舜禹稷契之在朝也夫湯之旱而民不饑者伊尹仲虺之爲臣也是雖八年之水賢乎三季七年之旱賢乎二世所謂有德者災非其眚無德者吾見其無災而爲害

也故神降于莘虢之災也熒惑守心宋之祥也二國猶然堯湯之德孰曰不動天地乎

雨災減放稅錢德音　編制

門下朕恭臨寶位祇嗣丕圖勤卹憂兢夙夜匪懈懼天下之目專專然以觀予動懼天下之耳顒顒然以聽予言何嘗發一言不遵祖宗之法制動一事不副卿士之羣心雖克己甚勞誠心無逸驅時風于朴素絕進取于爭馳使于人者無不爲厚于身者無不去然而惠化猶缺悉勸未行殘鹵在邊尚煩饋餉狂童叛涣猶擾干戈蓋不得已而用之事有違其志者顧惟寡昧慙歎方深今朝野叶心忠良同志共除氛祲日冀清平而秋雨經旬有妨收積雖云苗稼未害亦恐陰沴爲災慮生人之疾苦未蠲刑獄之滯冤未理勵堯舜敬天之意當夕興嗟虔禹湯罪己之心詰朝下詔兄畿甸差科終年無已百司取給供億寶多其京兆府秋稅及青苗錢其放八百萬便委張賈與諸縣令同商量各據所損多少作等減放更不用檢覆煩于申奏其合徵納物仍量與寬限容待路通後輸納如聞貧人未及種麥仍委每縣量人戶所要貸與種子寬限至麥熟日塡納如京兆府自無種子卽據數聞奏太倉給付其御史臺京兆府所有囚徒委宰臣一人與左僕射王起御史中丞李回就都省疏理如情狀可矜者便委決遣其諸州府囚徒亦委長吏親自疏理勿令冤滯於戲水旱之災陰陽定數實當非德合恤疲人施令布恩期于蘇息凡厥臣庶宜體朕懷會昌三年九月二十一日

謝晴青詞　宋王安石

伏以密雲作雨暘不時若蒙神賜祐菑沴用除奔走祓齋以謝靈貺祀儀有秩不敢怠忘

天地社稷宮觀祈晴祝文　前人

積陰爲沴淫雨勿止蕩決漂墊將爲民菑懼德不類以干咎罰是用齋祓宗祀明靈冀蒙垂矜遂獲開霽休嘉之錫實被含生

五嶽四瀆諸廟祈晴祝文　前人

淫雨弗止將爲民菑懼德不孚以罹咎罰是用奔走禱于明神惟神監觀惠以時暘非民獨蒙嘉福神亦永有休亨

奏乞放宣城縣零苗　眞德秀

臣一介疎庸誤蒙推擇將漕江左深惟連年入侍軒墀具見明天子惻怛愛民入境之初首務布德意以圖稱塞今有見之詞牒採之衆論民以爲困者不敢不以具聞臣照得寧國府宣城縣清流等九鄉水田及官民圩田去歲潦傷頗甚本司雖差迪功郎太平州司戶參軍趙汝儋同承奉郎知寧國府宣城縣尤爚于嘉定七年九月前去編行檢視統縣計放二分二釐四毫共米三萬一千二十七石四斗二升二合緣人戶薦饑之後生理未盡復舊遭此水患輸納必是費力兼目今水勢未蘇又當起催夏稅竊慮府縣催督零分苗欠無所從出以致重困臣今將本縣前項被潦鄉分殘零苗欠權與倚閣候秋成理納少寬目前外謹錄奏聞伏候勅旨

癸酉七月進故事一條論久雨　前人

高宗日曆建炎三年六月二日己酉宰執進呈文上曰太史奏久陰霖雨不止占爲陰盛下有陰謀霖雨者人怨所致早晚差寒天道不順寒陰反節朕觀晉史天文志備言其證恐失其當以名天變

臣聞災異者天地之戒也古先哲王嚴于自儆故其遇災也常以爲人事之所名後世之君樂于自恕故其遇災也常以爲天數之適然治亂存亡之分未有不基于此者恭惟高宗皇帝勤勞恭儉紹開中興憂閔元元力行仁政求諸當時未見闕失而久陰霖雨之變惕然自省遽以爲人怨之所致大哉聖言可謂深知天人相與之際矣臣伏觀春夏以來淫雨過度都城之內細民失業近畿諸邑山裂水涌淪胥以死者不可勝計仰惟陛下畏天敬民無愧前聖固宜殊祥異瑞史不絕書而譴告諄諄迺與事戾何耶臣伏而思之此殆吏刻急而民咨怨之所致也夫朝廷張官置吏凡以爲民改法易令亦以爲民而今長人之官能布宣德意勤卹民隱者何其甚寡而依勢作威依法以削者何其紛紛也假稱提楮幣之令而科斂齊民借推抑兼井之名而破壞富室期會峻于星火爭利極于錐刀于是掊斂與而民始怨矣不窮告訐之虛實而廣事株連不原情犯之重輕而例行拘籍甚而父子銜冤赴井相踵丘墳何罪亦沒縣官于是刑僇繁而民始怨矣夫天之與人本同一氣故有匹婦非辜而赤地千里者況民生嗷嗷如此天豈不爲之動乎臣願陛下以昊天孔明爲不可忽以皇祖有訓爲不可忘日與輔拂之臣講求寬大之政亟下明詔申勅有司蠲除煩苛與民休息若是而災害弗除嘉祥弗應者非所聞也臣不勝惓惓

庚午六月十五日輪對奏劄一　前人

臣恭惟陛下天資高明克自抑畏檢身約己敬天愛民有前代帝王之所不及者固宜至和之氣蟠塞穹壤而歲比旱蝗民以病告喁喁之望日俟有秋乃仲夏以來常陰爲沴淫雨連亙閱月彌旬閒嘗開霽旋復霧霪湖水暴漲溢入都城細民失業粒食翔貴近畿州縣被災者廣或頹城郭沒官寺毀廬舍溺人民決壞隄防渰沒田畝平疇沃壤浩如濤波是非小變也陛下亦嘗察其故乎蓋自柄臣擅政導諛成風更化以還餘習未殄旱暵酷矣或謂其不傷農螟蝗熾矣或謂其不食稼元元愁苦之狀有閭巷知之而士大夫不知者士大夫知之而廟堂不知者況陛下深居九五其能盡知之乎下情不通民隱莫訴故作淫雨京畿尤甚將以感悟宸衷亟圖維新之政天心仁愛蓋可見也陛下惕然祇懼禱祠賑卹細大畢舉休徵潛格雲陰洞開臣愚竊慮陛下狃于目前之應不復推原致異之由天意靡常尤足深懼臣謹按春秋莊公十一年宋大水董仲舒以爲陰盛之所致嘉祐水災歐陽修上疏曰水陰也兵亦陰也修之言蓋爲當時發若推類而言之則宮庭嚴密之地左右褻近之私陰也內而奸邪外而盜賊亦陰也人君者兼至陽之德以御衆陰故主道宣明則陽暢陰伏各由其序而弗爲災否則陰盛而忤陽咎徵之來未有不緣類而著見者天人相與之際甚可畏也陛下聖性濬然固無便嬖女謁之累然除授命令間頗特旨貧緣請託侵紊成憲倘或有之倖門既開奔走日衆豈所以杜幾微而窒萌漸乎此陰沴所爲而作也更化之初分別淑慝國論嘗一定矣衆正在庭元氣充實奸邪之黨尚肆窺覦一二年來俊賢耆艾引去相踵甚而二三近臣之進退倉猝皇遽或不知所從來于是善良之士寖不自安而窺伺者益衆矣朝廷紀綱寄于給舍維持法守政所當然聞諸道塗頗猶有不得其職者紀綱一廢何事不生臣恐憸人非類洋洋乎動心矣此陰沴所爲而作也弄兵之徒日益披猖彼其嘯聚之始非有跳梁不可制之勢也使陛下帥守得人監司得人撲其燄于未張一巡尉力耳奈何摧兵之帥或萌玩寇之心分土之臣各啓幸功之念養成癰疽馴致決潰乃始草薙而禽獮之世豈有斃千萬人于干戈而天不爲之變者或者幸其納降曲意招誘不知損威喪重適啓奸心二者蓋胥失矣寇虐肆行流毒甚慘嗸嗸之衆籲辜于天此又陰沴所爲而作也抑臣聞之滂于夏者其秋必旱陰盛之極陽必生焉漢儒之言厥有深指今庳下之田既厄于水設不幸七八月之間雨弗時至高田之稼復壞于垂成饑饉相仍愁歎滋甚豈獨峒丁逋卒能爲患哉比者三衙之事蓋可鑒已陛下誠能念災變之可畏思君道之當修秉持乾剛法象天德開公正之路窒邪枉之蹊使褻謁不忤于朝外言不納諸梱以絕近幸侵權之端尊信仁賢容受忠讜使正人端士得以行其志而憸邪巧佞不得售其私以抑小人道長之漸淮甸創殘之餘遴東良牧寄以赤子之命招輯流民咸俾奠居收瘞遺骸勿令暴露江湖之間寇孽方熾申敕帥守戮力同心仍遣王人銜命督護整齊師律激勵士心以挫羣盜方張之銳則積陰之沴庶乎其可銷方來之患庶乎其可弭也易之初六日履霜堅冰至古之聖人于陰之將盛不忘戒謹如此今災異頻仍證應甚著陛下可不亟加聖心乎臣以疎庸備位史館睿恩拔擢俾攝禁林惓惓愚忠冀一吐露久矣幸因進對敢竭罣罣之思意切言在惟陛下裁赦

求晴設醮青詞　前人

穡事方興咸切豐年之願梅霖不已復罹積潦之災慨念平疇悉爲巨浸露體塗足二時殫種蒔之功疾首痛心一旦墮渺茫之境惟德弗類上干至和彼民何辜使就死地願收陰沴亟煥陽明庶幾高卬之稼全尚或有無之相補于神特噓吸之易而民免溝壑之憂瀝懇投誠鞠躬請命

祈晴祝文　前人

旱蝗連歲民力已殫霖潦彌旬田功將廢顧眇躬之不德嗟有衆之何辜亟控精忱願祈休應掃除陰沴煥赫陽明庶寬暑雨之咨迄底豐年之慶

又　前人

首夏以來常陰爲沴昔既妨于蠶麥今復害于粢盛載循菲涼尤重兢惕冀蒼穹之垂憫俾白日之顯行免貽穡事之憂少慰農人之望

祈晴感應報謝祝文　前人

比以積陰干陽淫雨爲沴田疇告病閭巷興嗟祇露丹衷懇祈鴻覆大明有赫宿潦頓收仰賢善應之仁或濟倒垂之急敬伸報謝肅表精忱終祈大造之曲成庶或豐年之有望

祈晴設醮青詞　前人

伏以事天事地夙罄精忱時雨時暘未臻休應念茲

賢月重以麥秋詎意浹旬之間偶遭霖潦之變三盆將獻恐妨就簇之工五穀最先懼失食新之望況連歲旱荒之相踵而四方愁歎之未紓重罹此災一至斯極皇矣上帝本溥博以好生今此下民將困窮而阽死願回慈愍亟掃陰霾庶寬寒餒之憂少逭非凉之責無任懇禱之至

東嶽清源洞祈晴疏　文天祥

三農之望有秋亶云至切六月而得甘雨顧以爲憂蓋南邦田事之最先而閏歲天時之尤蚤瞻平疇之綺錯蔚多稼之雲連父老相誇謂積年之未覩妻孥共喜幸一飽之可期儻未息于霑霈將有妨于刈穫垂成而毀茲豈造物之心轉戚爲忻特煩彈指之力願賜兼旬之明霽庶償終歲之勤勞瀝懇輸誠鞠躬俟命

雨災部藝文二 詩

苦雨　晉傅休奕

徂暑未一旬重陽翳朝霞厥初月離畢積日遂滂沱屯雲結不解長溜周四阿霖雨如倒井黃潦起洪波湍深激牆隅門庭若決河炊爨不復舉竈中生蛙蝦

久雨　唐殷堯藩

雲影蔽遙空無端淡復濃兩旬綿密雨二月似深冬詩酒從教數簾幃一任重孰知春有地微露小桃紅

苦雨　姚合

江昏山半晴南阻絕人行葭菼連雲邑松杉共雨聲早秋仍燕舞深夜更䲡鳴爲報迷津客訛言未可輕

苦雨　林寬

霪霖翳日月窮巷變溝坑驟灑纖枝折奔傾壞堵平蒙蒼來客絕躍鶩噪蛙獰敗屐陰苔積摧簷濕菌生斜飛穿裂瓦迸落打空鐺葉底遲歸蝶林中滯出鶯濶侵書縫黑冷浸鬢絲明牖暗參差影踏寒斷續聲尺薪功比桂寸粒價高瓊遙想管絃裏無因識此情

次韻和君貢苦雨　宋沈遘

浩浩雨不止寥寥風且寒敢言裘褐具尚幸室廬完彌月天形晦無時轍跡乾田皐何處在誰復顧蕭蘭

其二

不見清秋月悠悠已過弦重陽初未解委照固無偏安得長風御都驅宿霧旋還當三五夕圓魄斷當天

其三

積潦高秋厚幽居病客心每憐荷折蓋猶愛菊包金獨坐有餘恨臨觴莫厭深多情省郎直未夜祇淸吟

久雨　李昭玘

苦雨經旬久溟濛勢未收細聲來短蓋橫點透重裘澗曲水流急峰深雲氣浮此生吾自喜所念老農憂

六月雨多害稼　明陳琛

野氣蒼忙曉半開轟轟地底又聞雷晴鳩報喜雨鳩到五月糶新六月來秕稼滿供和尚樂農夫盡作杜鵑哀書生才拙無經濟空坐吟風弄月臺

雨災部選句

晉陸機詩迅雷中宵激驚電光夜舒元雲拖朱閣振風薄綺疏豐注溢脩霤洪潦浸階除停陰結不解通衢化爲渠沈稼湮梁潁流民泝荆徐

張協詩霖瀝過二旬散漫亞九齡階下伏泉涌堂上水衣生洪潦浩方割人懷昏墊情沈液漱陳根綠葉腐秋莖

唐杜甫詩三日無行人二江聲怒號流惡邑里清矧茲遠江皐荒庭步鸛鶴隱几望波濤

雨災部紀事

述異記周穆王時天下連雨三月穆王乃吹笛其雨遂止

說苑宋大水魯人弔之曰天降淫雨谿谷滿盈延及君地以憂執政使臣敬弔宋人應之曰寡人不佞齋戒不謹邑封不修使人不時天加以殃又遺君憂拜命之辱君子聞之曰宋國其庶幾乎問曰何謂也曰昔者夏桀殷紂不任其過其亡也忽焉成湯文武知任其過其興也勃然夫過而改之是猶不過也故曰其庶幾乎宋人聞之夙興夜寐早朝晏退弔死問疾戮力宇內歲豐政平嚮使宋人不聞君子之語則年穀未豐而國未寧詩曰佛時仔肩示我顯德行此之謂也

後漢書任文公傳文公爲治中從事時大旱白刺史曰五月一日當有大水其變已至不可防救宜令吏人豫爲其備刺史不聽文公獨儲大船百姓或聞頗有爲防者到其日旱烈文公急命促載使白刺史刺史笑之日將中天北雲起須臾大雨至晡時湔水涌

起十餘丈突壞廬舍所害數千人文公遂以占術馳名

長沙耆舊傳文度字仲孺爲郡功曹吏時霖雨廢人業太守憂悒度補戶曹奉敎齋戒在社三日夜夢白頭翁謂曰爾何來遲翼且度具白夢于太守曰昔禹夢青繡文衣男子稱蒼水使者禹知水脈當若掾此夢將其比也明日果大霽

三國魏志楊阜傳阜遷將作大匠時初治宮室發美女以充後庭數出入弋獵秋大雨震電多殺鳥雀阜上疏曰臣聞明主在上羣下盡辭堯舜聖德求非索諫大禹勤功務卑宮室成湯遭旱歸咎責己周文刑于寡妻以御家邦漢文躬行節儉身衣弋綈此皆能昭令問貽厥孫謀者也伏惟陛下奉武皇帝開拓之大業守文皇帝克終之元緒誠宜思齊往古聖賢之善治總觀季世放盪之惡政所謂善治者務儉約重民力也所謂惡政者從心恣欲觸情而發也惟陛下稽古世代之初所以明赫及季世所以衰弱至于泯滅近覽漢末之變足以動心誡懼矣曩使桓靈不廢高祖之法文景之恭儉太祖雖有神武于何所施其能邪而陛下何由處斯尊哉今吳蜀未定軍旅在外願陛下動則三思慮而後行重慎出入以往鑒來言之若輕成敗甚重頃者大雨又多卒暴雷電非常至殺鳥雀天地神明以王者爲子也政有不當則見災譴克己內訟聖人所記惟陛下慮患無形之外愼明纖微之初法漢孝文出惠帝美人令得自嫁頃所調送小女遠聞不令宜爲後圖諸所繕治務持約節書曰九族旣睦協和萬國事思厥宜以從中道精心計謀省息費用吳蜀以定爾乃上安下樂九親熙熙如此以往祖宗心歡堯舜其猶病諸今宜開大信于天下以安衆庶以示遠人時雍丘王植怨于不齒藩國至親法禁峻密故阜又陳九族之義焉詔報曰間得密表先陳往古明王聖主以諷闇政切至之辭款誠篤實退思補過將順匡救備至悉矣覽思苦言吾甚嘉之

晉書苻堅載記堅討姚萇于北地斷其運水之路萇衆危懼人有渴死者俄而降雨於萇營營中水三尺周營百步之外寸餘而已于是萇軍大振堅方食去案怒曰天其無心何故降澤賊營

朝野僉載景雲中西京霖雨六十餘日有一僧名寶嚴自言有術法能止雨設壇場誦經呪其時禁屠宰寶嚴用羊二十口馬兩匹以祭祈晴經五十餘日其雨更盛于是逐僧其雨遂止

唐書楊國忠傳大雨敗稼帝憂之國忠擇善禾以進曰雨不爲災扶風太守房琯上郡災國忠怒遣御史按之後乃無敢以水旱聞皆前何國忠意乃敢啓

尚書故實牛相公僧孺鎭襄州日以久旱祈禱無應有處士不記名姓衆云豢龍者公請致雨處士曰江漢間無龍獨一湫泊中有之黑龍也强驅逐必慮爲災難制公固命之果有大雨漢水泛漲漂溺萬戶處士懼罪亦亡去十年前有人他處見猶在

西朝寶訓大中初京師嘗淫雨涉月將害粢盛分命禱告百無一應宣宗一日在內殿顧左右執鑪降堦踐泥焚香仰觀若自責者久之御服沾濕感動左右旋踵而急雨止翌日而凝陰開比秋而大有年

容齋四筆海內雨暘之數郡異而縣不同爲守爲令能以民事介心必自知以時禱祈不待上命也而省部衙案故例但視天府爲節下之諸道轉運司使巡內州縣各詣名山靈祠精潔致禱然固雖以一槩論乾道九年秋贛吉連雨暴漲予守贛方多備土囊壅諸城門以杜水入凡二日乃退而臺符令禱雨予格之不下但據實報之已而聞吉州於小廳設祈晴道場大廳祈雨問其故郡守曰請霽者本郡以淫潦爲災而請雨者朝旨也其不知變如此殆爲威侮神天幽冥之下將何所据憑哉俚語笑林謂兩商人入神廟其一路行欲晴許賽以豬頭其一水行欲雨許賽羊頭神顧小鬼言晴乾吃豬頭雨落吃羊頭有何不可正謂此耳坡詩云耕田欲雨刈欲晴去得順風來者怨若使人人禱輒遂造物應須日千變此意未易爲庸俗道也

明外史劉健傳武宗嗣位京師淫雨自六月至八月健等乃上言陛下登極詔出中外歡呼今兩月矣未聞汰冗員幾何省冗費幾何詔書所載徒爲空文此陰陽所以失調雨暘所以不若也如監局倉庫城門及四方守備內臣增至數倍朝廷養軍若匠費鉅萬計僅足供其役使寧可不汰文武臣曠職僨事虛糜廩祿者寧可不黜畫史工匠濫授官職者多至數百人寧可不罷內承運庫歲支銀百餘萬初無文簿司鑰庫錢數百萬未知有無寧可不勾校至如縱內苑珍禽奇獸放遺先朝宮人皆新政所當先而陛下悉牽制不行何以慰四海之望帝雖溫詔答之而狎近羣小左右宦豎日恣增益且日衆

鄧繼曾傳繼曾授行人世宗卽位之四月以久雨疏言明詔雖頒而廢閣大半大獄已定而進留尚多擬旨間出於中人奸諛漸倖於左右禮有所不遵孝有所偏重納諫如流施行則寡陛下修己親賢之誠漸不如始故天降霪雨以示警戒伏願出令必信斷獄不留事惟咨於輔臣寵勿啓於近習割恩以定禮稽古以崇孝則一念轉移可以消天災答天戒矣

王廷傳廷爲左都御史隆慶元年六月京師雨潦壞廬舍命廷督御史分行賑恤

見聞搜玉淮安壩上一婦人以賣奸爲生計其女將及笄恐出嫁則失利矣乃召徽商先汚之女知母意不良且不可違也紿之曰妾當終身侍奉汝可歸寓一點檢恐有乘機竊取者商信之比出門卽自刎商見而驚之忙奔回及旦其母恐壻家之索女也詐病死入殮了無覺之者天爲淫雨連月官司百禱不止理刑曰凡爲善而不得其死必有所以致之者東海殺孝婦而三年旱安知今日無類此者也宜速出令但爲旌善不記其他撫院乃懸榜招之其母以實報撫院率諸司往拜其墓天卽轟然大雷日出而雨止卽以上聞乃封其墓而立祠焉

欽定古今圖書集成曆象彙編庶徵典

第八十卷目錄

庶徵典第八十卷

雨異部彙考一

觀象玩占

雨異雜占

凡天雨下物非人間所見者皆大兵之兆其災見所主國分

天雨土君失封五行傳曰是謂黃眚土失其性也百姓勞苦而無功京房曰內淫亂百姓勞不肖者祿則天雨土天雨土下民叛民人負子東西莫知其鄉京房易飛候曰主不安外戚有謀一曰黃土臭如硫黃國亡

天雨石爲政者質信不施僞詐妄行國君死亡一曰天雨石民流兵起君憂甘氏曰無雲而雷墜石於地大及一丈形如雞子兩頭銳名曰天鼓其所下之邦必有大戰伏尸數萬不可救近期三年遠期七年

天雨沙民饑君失國

天雨灰君暴虐無道其國亡殷紂之時天雨灰

天雨禽獸是謂不祥不出三年其下兵起一曰民流亡有喪

天雨人是謂凶殃不出一紀天下易王

天雨魚鼈民流亡臣專國政有兵喪

天雨蟲傳曰人君暴虐不親骨肉而親他人蟲從天而墜其國兵災劉向曰刑罰暴虐貪饕無厭則天雨蟲

天雨骨是謂陽消王者德衰政令不行佞人進用不出三年有兵事京房易飛候曰師將破亡一曰其國大饑人相殺食

天雨膏將相敗國有急兵一曰君暴虐弼臣多貪賢士遠去

天雨肉天不享其德將易其君一曰君無道臣專政有兵亂國亡

天雨血是謂天見其妖不出三年兵起京房曰臨獄不解茲謂追非厥咎天罰故天雨血茲謂不親民有怨懟不出三年亡其宗人又曰功臣棄戮奸人用天雨血或曰天雨血不正之君不得久居其位又曰民勞苦則天雨血其君死於兵刃易妖占曰王者不親

九族則天雨血

天雨筋其國大饑

天雨毛邪臣進賢臣逃貴臣出走京房曰天雨毛貴人憂國易主征役煩興戶口離散國饑民流下人相食一曰大風爲災

天雨羽君德不道逆施天下天鏡曰天雨毛羽有喪不出九年兵起京房易飛候曰天雨毛羽大風爲災

天雨赤雪有兵起大戰有亡國

天雨水銀是謂水失其性不出三年兵喪並起國亡失地或曰天雨物如水銀兵將起失道之君當之

天雨金鐵是謂刑罰有餘人君殘酷賊殺無辜不出一年兵起於朝

天雨錢其國大饑有兵亂或雨於人家其家有大殃

天雨金銀鐵花兵將與失道之君當之

天雨絲綿天下有兵喪不出六年大亂

天雨絮兵起國將喪無後

天雨積狀如麻苧脆若地毛大饑人流有積骸

天雨布帛兵喪並起人流無所

天雨墨臣下有陰謀一曰君無道奸臣得志不出其年國亡

天雨杵臼其國饑

天雨如釜甑歲大豐稔其形如小錢許大或從地中出其中有如小麻黍稷粟大熟世人謂之蒸餅豐稔徵也

天雨笠國大饑

天雨戟不出三年兵起凡言天雨器物皆其形似非眞此物也曾見下黑雨落地皆成墨水麥遭之者皆腐此卽所謂雨墨者也

天雨五穀是謂禾不熟人君賦斂重數不出二年國乏糧食京房曰天雨五穀是謂惡祥不出一年民流亡又曰國君專祿失信去賢用佞民無所向則天雨五穀或曰天雨粟不肖食祿三公易位

天雨黍爲政者去大人出走他國有將相

天雨草其歲人多兵死墨子曰國君失位專祿去賢則天雨草京房曰君慢祿信讒臣德衰厥妖天雨草又曰火失其性則有草妖京房易飛候曰天雨草國有殃民破亡

天雨木君臣不和讒臣進用其歲多風五穀傷民多死一曰人多兵死

天雨花國有喪一曰淫佚大行國以亂亡

天雨藥其國君有咎

天雨冰水失其性有大疫

天雨木冰上陽施不下通下陰弛不上達故雨而木爲之冰劉向曰冰陰之盛而水滯木者少陽貴臣卿大夫之象陰氣脅木木先寒故得雨卽冰其占爲大臣死或謂之木介介者破甲之象也（按此占言或過當不必盡如所云雨異皆凶而雨釜甑何以獨爲豐年之兆禹時雨金三日豈必刑罰殘酷之應大抵人君遇變異而加修省可耳占書所云存其說可勿泥也）

雨異部彙考二

夏后氏

禹八年雨金

按史記夏本紀不載　按竹書紀年禹八年夏六月雨金於夏邑

按述異記夏禹時天雨金三日

商

帝辛五年雨土

按史記殷本紀不載　按竹書紀年帝辛五年夏雨土於亳

周

成王三十四年雨金於咸陽

按史記周本紀不載　按竹書紀年云云

按述異記周成王時咸陽雨金今咸陽有雨金原

襄王二十八年宋雨螽

按春秋魯文公三年秋雨螽於宋　按左傳墜而死也　按公羊傳雨螽者何死而墜也何以書記異也外異不書此何以書爲王者之後記異也　按穀梁傳外災不志此何以志也曰災甚也其甚奈何茅茨盡矣著於上見於下謂之雨

按漢書五行志文公三年秋雨螽於宋劉向以爲先是宋殺大夫而無罪有暴虐賦斂之應穀梁傳曰上下皆合言甚董仲舒以爲宋三世內取大夫專恣殺生不中故螽先死而至劉歆以爲螽爲穀災卒遇賊墜而死也

威烈王七年雨金

按史記周本紀不載　按封禪書櫟陽雨金秦獻公

鳥以爲得金瑞故作畦畤櫟陽而祀白帝（按文獻通考作獻王七年）

赧王三十一年雨血

按史記周本紀不載　按文獻通考赧王三十一年雨血齊千乘博昌之間方數百里雨血沾衣時燕將王伐齊齊湣王出奔爲楚將淖齒所弒

秦

二世元年雨金

按史記秦始皇本紀不載　按述異記二世元年宮中雨金既而項刻皆化爲石

漢

惠帝二年雨金

按漢書惠帝本紀不載　按述異記惠帝二年宮中雨黃金黑錫

三年桂宮陽翟雨米

按漢書惠帝本紀不載　按五色線伏虎古今注云惠帝三年桂宮陽翟俱雨稻米

四年雨血

按漢書惠帝本紀四年三月宜陽雨血　按五行志惠帝二年天雨血於宜陽一頃所劉向以爲赤眚也時諸呂用事讒口妄行殺三皇子建立非嗣及不當立之王退王陵趙堯周昌呂太后崩大臣共誅滅諸呂僵尸流血京房易傳曰歸獄不解茲謂追非厥咎天雨血茲謂不親民有怨心不出三年無其宗人又曰佞人祿功臣僇天雨血（按雨血宜陽紀作四年志作二年今從紀彌夫）

武帝建元四年天雨粟

按漢書武帝本紀不載　按博物志云云

天漢元年雨白毛

按漢書武帝本紀不載　按五行志天漢元年三月天雨白毛

天漢三年雨氂

按漢書武帝本紀不載　按五行志三年八月天雨白氂京房易傳曰前樂後憂厥妖天雨羽又曰邪人進賢人逃天雨毛

注師古曰凡言氂者毛之強曲者也音力之反

元帝永光二年天雨草

按漢書元帝本紀不載　按五行志永光二年八月天雨草而葉相摎結大如彈丸京房易傳曰君吝於祿信衰賢去厥妖天雨草

竟寧元年雨穀

按漢書元帝本紀不載　按博物志竟寧元年南陽郡雨穀小者如黍粟而青黑味苦大者如大豆赤黃豆如麥下三日生根葉狀如大豆初生時也

成帝鴻嘉四年雨魚

按漢書成帝本紀不載　按五行志鴻嘉四年雨魚於信都長五寸以下

哀帝建平四年雨血

按漢書哀帝本紀不載　按五行志建平四年四月山陽湖陵雨血廣三尺長五尺大者如錢小者如麻子後二年帝崩王莽擅朝誅貴戚丁傅大臣董賢等皆放徙遠方與諸呂同象誅死者少雨血亦少

平帝元始三年天雨草

按漢書平帝本紀不載　按五行志元始三年正月天雨草狀如永光時京房易傳曰君吝於祿信衰賢去厥妖天雨草

後漢

光武帝建武三十一年雨穀

按後漢書光武本紀建武三十一年陳留雨穀形如稗實

和帝永和　年長安雨綿

按後漢書和帝本紀不載　按五色線伏虎古今注漢帝永和年長安雨綿皆白

桓帝建和三年雨肉

按漢書桓帝本紀建和三年秋七月北地廉雨肉　按五行志建和三年秋七月北地廉雨肉似羊肋或大如手近赤祥也是時梁太后攝政兄梁冀專權枉誅漢良臣故太尉李固杜喬天下寃之其後梁氏誅滅

晉

武帝泰始八年雨白毛

按晉書武帝本紀不載　按五行志泰始八年五月蜀地雨白毛此白祥也是時益州刺史皇甫晏伐汶山胡從事何旅固諫不從牙門張弘等因衆之怨誣晏謀逆害之京房易傳曰前樂後憂厥妖天雨羽又曰邪人進賢人逃天雨毛易妖曰天雨毛羽貴人出走三占皆應

太康七年雨赤雪

按晉書武帝本紀太康七年十二月己亥河陰雨赤雪二頃

惠帝永康元年三月尉氏雨血

按晉書惠帝本紀云云　按五行志永康元年三月

尉氏雨血夫政刑舒緩則有常燠赤祥之妖此歲正月愍懷太子幽於許宮天戒若曰不宜緩恣姦人將使太子冤死惠帝愚眊不寤是月愍懷遂斃於是王室釁成禍流天下

愍帝建興元年十二月河東雨肉

按晉書愍帝本紀云云

穆帝永和五年趙國雨血

按晉書穆帝本紀不載　按石遵載記季龍以咸康元年僭位至永和五年凡十五歲於是世卽僞位石遵聞季龍死曜兵入鳳陽門升太武前殿假劉氏令以遵嗣位遵僞讓再三乃僭卽尊位雨血周徧鄴城

梁

武帝大同元年雨土

按梁書武帝本紀不載　按隋書五行志云云

大同三年天雨灰

按梁書武帝本紀大同三年正月壬寅天無雲雨灰黃色

按隋書五行志三年天雨灰其色黃近黃祥也京房易飛候曰聞善不及茲謂有知厥異黃厥咎聾厥災不嗣蔽賢絕道之咎也時帝自以爲聰明博達惡人勝己又篤信佛法捨身爲奴絕道蔽賢之罰也

簡文帝大寶元年雨沙

按梁書簡文帝本紀大寶元年丁未天雨黃沙

按隋書五行志大寶元年正月天雨黃沙二年簡文帝夢丸土而吞之尋爲侯景所廢以土囊壓之而斃諸子遇害不嗣之應也

後主至德三年雨赤物

按陳書後主本紀不載　按隋書五行志至德三年十二月有赤物隕於太極殿前初下時鐘皆鳴

北魏

世祖太延四年雨土

按魏書世祖本紀不載　按靈徵志太延四年正月庚子雨土如霧於洛陽

世宗景明四年雨土

按魏書世宗本紀不載　按靈徵志景明四年八月辛巳涼州雨土覆地如霧

正始二年雨土

按魏書世宗本紀不載　按靈徵志正始二年正月辛丑土霧四塞

北齊

武成帝河清二年雨血

按北齊書武成帝本紀河清二年十二月雨血於太原

按隋書五行志劉向曰血者陰之精傷害之象僵尸之類也明年周師與突厥入并州大戰城西伏屍百餘里京房易飛候曰天雨血染衣國亡君戮亦後主亡國之應

河清四年雨赤物如漆鼓

按北齊書武成帝本紀河清四年三月有物隕於殿庭如赤漆鼓帶小鈴

按隋書五行志河清四年有物隕於殿庭色赤形如數斗器衆星隨者如小鈴明年婁太后崩

北周

靜帝大象二年正月雨土

按周書靜帝本紀大象二年春正月戊申雨雪雪止又雨細黃土移時乃息

按隋書五行志大象二年正月天雨黃土移時乃息與大同元年同占時帝昏狂滋甚期年而崩至於靜帝用遜厥位絕道不嗣之應也

隋

高祖開皇二年雨土

按隋書高祖本紀開皇二年二月庚子京師雨土

按五行志開皇二年京師雨土是時帝懲周室諸侯微弱以亡天下故分封諸子並爲行臺專制方面失土之故有土氣之祥其後諸王各謀爲逆亂京房易飛候曰天雨土百姓勞苦而無功其時營都邑後起仁壽宮頹山堙谷丁匠死者大半

開皇六年雨毛

按隋書高祖本紀六年秋七月乙丑京師雨毛如馬鬉尾長者二尺餘短者六七寸　按五行志京房易飛候曰天雨毛其國大饑是時關中旱米粟湧貴

開皇七年雨石

按隋書高祖本紀七年五月己卯雨石於武安滏陽間十餘里（按志作十七年事今從本紀彌文）

唐

太宗貞觀七年雨土

按唐書太宗本紀貞觀七年二月丁卯雨土

高宗永徽三年雨土

按唐書高宗本紀永徽三年三月辛巳雨土

中宗嗣聖四年（卽武后垂拱三年）雨金

按唐書武后本紀不載　按五行志垂拱三年七月廣州雨金金位正秋爲刑爲兵占曰人君多殺無辜一年兵災於朝

嗣聖五年即武后垂拱四年雨桂子

按唐書武后本紀不載　按五行志垂拱四年三月雨桂子於台州旬餘乃止占曰天雨草木人多死

神龍二年雨毛

按唐書中宗本紀神龍二年四月己亥雨毛於鄮縣　按五行志占曰邪人進賢人遁

景龍元年雨土

按唐書中宗本紀景龍元年六月庚午雨土于陝州十二月丁丑雨土

元宗天寶十三載雨黃土又雨紅雨

按唐書元宗本紀十三載二月丁丑雨黃土

按瑯嬛記天寶十三載宮中下紅雨色若桃花太真喜甚命宮人各以椀杓承之用染衣裾天然鮮豔惟襟上色不入處若似馬字心甚惡之明年七月遂有馬嵬之變血汙衣裾與紅雨無二上甚傷之

代宗大曆七年雨土

按唐書代宗本紀七年十二月丙寅雨土

德宗貞元二年雨土

按唐書德宗本紀貞元二年四月甲戌雨土

貞元四年雨木雨豬

按唐書德宗本紀不載　按五行志四年正月雨木于陳留十餘里大如指長寸餘中空所下者立如植木生于下而自上隕者上下易位之象碎而中空者小人象如植者自立之象是歲宣州大雨震雷有物墮地如豬手足各兩指執赤班蛇食之頃之雲合不復見豕禍也

貞元八年雨土

按唐書德宗本紀貞元八年二月庚子雨土

貞元二十一年正月雨赤雪

按唐書德宗本紀不載　按五行志二十一年正月甲戌雨赤雪於京師

文宗太和八年十月甲子土霧晝昏至於十一月癸丑

按唐書文宗本紀不載　按五行志云云

開成元年七月雨土

按唐書文宗本紀云云

懿宗咸通八年雨湯

按唐書懿宗本紀咸通八年七月雨湯於下邳　按五行志八年七月泗州下邳雨湯殺鳥雀水沸於火則可以傷物近火沴水也雨者自上而降鳥雀民象

咸通十四年雨土

按唐書懿宗本紀咸通十四年三月癸巳雨土

僖宗乾符二年雨土

按唐書僖宗本紀不載　按五行志乾符二年二月宣武境內黑風雨土

廣明元年雨血於靖陵

按唐書僖宗本紀云云

中和元年雨土

按唐書僖宗本紀中和元年五月辛酉大風雨土

中和二年雨土

按唐書僖宗本紀不載　按五行志云云

光啓二年雨魚

按唐書僖宗本紀不載　按文獻通考光啓二年揚州雨魚

昭宗天復三年二月雨土天地昏霾

按唐書昭宗本紀不載　按五行志云云

天祐元年雨土

按唐書昭宗本紀天祐元年四月甲辰大風雨土　按五行志元年閏四月乙未朔大風雨土甲辰大風雨土

後梁

太祖乾化四年閩國雨豆

按五代史梁太祖本紀不載　按十國春秋閩太祖世家乾化四年天雨豆於境內

後周

太祖廣順二年蜀國雨毛

按五代史周太祖本紀不載　按十國春秋後蜀後主本紀廣政十五年十二月天雨毛

世宗顯德四年南唐國中雨沙

按五代史周世宗本紀不載　按陸游南唐書元宗保大十五年三月辛亥晝晦雨沙如霧

顯德五年蜀國雨血

按五代史周世宗本紀不載　按幸蜀記廣政二十一年十一月天雨血

遼

道宗清寧九年雨血

按遼史道宗本紀不載　按宗室列傳重元聖宗次子道宗即位冊爲皇太叔免拜不名爲天下兵馬大

元帥復賜金券四頂帽二色袍尊寵所未有淸寧九年車駕獵灤水以其子涅魯古素謀與同黨陳國王陳六知北院樞密事蕭胡覩等凡四百餘人誘脅弩手軍陣於帷宮外將戰其黨多悔過効順各自奔潰重元旣知失計北走大漠歎曰涅魯古使我至此遂自殺先是重元將起兵帳前雨赤如血識者謂敗亡之兆

咸雍四年雨穀

按遼史道宗本紀咸雍四年六月壬子西北路雨穀方三十里

宋

太宗淳化三年雨土

按宋史太宗本紀不載　按五行志淳化三年正月乙卯京師雨土占曰小人叛自後李順盜據益州

仁宗慶曆元年雨藥

按宋史仁宗本紀慶曆元年二月丙午京師雨藥

慶曆三年雨赤雪

按宋史仁宗本紀慶曆三年十二月丁巳河北雨赤雪　按五行志慶曆三年十二月二十六日天雄軍德博州天降紅雪盡血雨

英宗治平元年雨土

按宋史英宗本紀治平元年三月辛酉雨土十二月乙巳雨土　按五行志治平元年三月壬戌雨土十二月己亥雨黃土（紀志日干不符故並存之）

神宗熙寧元年雨毛

按宋史神宗本紀熙寧元年三月丁酉潭州雨毛

按五行志熙寧元年荊襄間天雨白氂如馬尾長者尺餘彌漫山谷三月丁酉潭州雨毛

熙寧五年雨土

按宋史神宗本紀熙寧五年十二月癸未雨土

熙寧七年雨土

按宋史神宗本紀不載　按五行志七年三月戊午雨黃土

熙寧八年雨土雨黃毛

按宋史神宗本紀熙寧八年五月丁丑雨土及黃毛

元豐二年雨豆雨土

按宋史神宗本紀元豐二年六月忠州雨豆秋七月南賓縣雨豆十一月丁亥雨土

元豐三年雨木子

按宋史神宗本紀不載　按五行志三年六月己未饒州長山雨木子數畝狀類如芋子味香而辛土人以爲桂子又曰菩提子明道中嘗有之是歲大稔

元豐五年雨土

按宋史神宗本紀五年三月丙午雨土（按志作乙巳）

元豐六年雨土

按宋史神宗本紀元豐六年夏四月辛未雨土

哲宗元祐三年雨黍

按宋史哲宗本紀元祐三年秋七月癸酉忠州言臨江塗井鎭雨黑黍　按五行志元祐三年六月臨江縣塗井鎭雨白黍七月又雨黑黍

元祐七年雨塵土

按宋史哲宗本紀不載　按五行志元祐七年正月戊午天雨塵土主民勞苦

徽宗大觀元年雨豆

按宋史徽宗本紀大觀元年廬州雨豆

宣和元年雨土

按宋史徽宗本紀不載　按五行志宣和元年三月庚午雨土著衣主不肖者食祿

高宗建炎二年雨紙錢

按宋史高宗本紀不載　按五行志建炎二年杜充爲北京留守天雨紙錢於營中厚盈寸明日與金人戰城下敗績紙白祥也

紹興二年雨錢

按宋史高宗本紀不載　按五行志二年七月天雨錢或從石甃中湧出有輪廓肉好不分明穿之碎若沙土

紹興八年雨冰龜

按宋史高宗本紀不載　按五行志八年五月汴京太康縣大雷雨下冰龜數十里隨大小皆龜形具手足卦文

紹興十一年雨黃沙

按宋史高宗本紀不載　按五行志紹興十一年三月庚申涇州雨黃沙

紹興十六年雨豆

按宋史高宗本紀不載　按五行志十六年正月辛未瀘州雨豆近草妖也

紹興二十六年七月雨水銀

按宋史高宗本紀云云

孝宗乾道四年雨土雨米

按宋史孝宗本紀不載　按五行志四年三月己丑雨土若塵春舒州雨黑米堅如鐵破之米心通黑

淳熙四年雨土
按宋史孝宗本紀四年二月戊戌雨土
淳熙五年雨土
按宋史孝宗本紀五年二月甲申雨土夏四月丁丑雨土按五行志作二月壬午
淳熙六年雨土
按宋史孝宗本紀六年十一月乙丑雨土
淳熙十一年雨土雨黑水
按宋史孝宗本紀淳熙十一年春正月辛卯朔雨土甲寅雨土　按五行志十一年二月臨安府新城縣深浦天雨黑水終夕
淳熙十三年雨土
按宋史孝宗本紀十三年正月壬寅雨土
光宗紹熙四年雨土
按宋史光宗本紀紹熙四年冬十月甲寅雨土
紹熙五年雨土雨木
按宋史光宗本紀五年四月癸卯雨土　按五行志四年十一月雨土是年行都雨木與唐志貞元四年陳留雨木同占木生於下而自上隕者將有上下易位之象
寧宗慶元元年雨土
按宋史寧宗本紀慶元元年十一月己丑雨土　按五行志慶元元年二月己卯十一月己丑天雨塵土
慶元三年雨土
按宋史寧宗本紀慶元三年夏四月丙午雨土十二月甲申雨土　按五行志三年正月丙子四月丙午十二月甲申天雨塵土

慶元六年雨土
按宋史寧宗本紀慶元六年二月己巳雨土丁未雨土五月壬申雨土冬十月辛丑雨土十二月辛卯雨土　按五行志六年正月己巳閏月丁未九月辛丑十月己丑十一月辛卯天雨塵土
嘉泰元年雨土
按宋史寧宗本紀嘉泰元年二月辛丑雨土九月己未雨土十二月辛丑雨土　按五行志嘉泰元年六月己卯九月己未十二月辛丑天雨塵土
嘉定三年雨土
按宋史寧宗本紀嘉定三年春正月丙午雨土
嘉定八年雨塵土
按宋史寧宗本紀不載　按五行志八年二月己未五月辛未天雨塵土
嘉定九年雨土
按宋史寧宗本紀不載　按五行志九年十二月癸巳天雨土
嘉定十年雨土
按宋史寧宗本紀嘉定十年春正月癸巳雨土
嘉定十二年雨土
按宋史寧宗本紀嘉定十二年三月癸巳雨土
嘉定十三年雨土
按宋史寧宗本紀嘉定十三年三月辛卯朔雨土
嘉定十六年雨土
按宋史寧宗本紀嘉定十六年二月戊子雨土
理宗紹定三年雨土
按宋史理宗本紀紹定三年三月丁酉雨土

端平三年雨血
按宋史理宗本紀端平三年秋七月甲申雨血
嘉熙二年雨土
按宋史理宗本紀嘉熙二年夏四月己酉雨土按志作四月甲申
嘉熙三年雨土
按宋史理宗本紀嘉熙三年三月辛卯雨土
淳祐五年雨土
按宋史理宗本紀淳祐五年二月丙寅朔雨土
淳祐十年雨土
按宋史理宗本紀十年二月乙卯雨土
淳祐十一年雨土
按宋史理宗本紀十一年三月乙亥雨土
寶祐三年雨土
按宋史理宗本紀寶祐三年三月乙未雨土
按通鑑時雨土侍御史洪天錫以其異爲蒙力言君子小人之辨又言蜀中地震閩浙大水上下窮困遠近嗟怨獨貴戚巨閹享富貴耳舉天下窮且怨陛下能獨與數十人保其天下乎會具民列愬宦官董宋臣奪其田天錫下其事有司而御前提舉所謂田屬御莊不當白臺儀鸞司亦牒常平天錫謂御史所以雪冤常平所以均役而中貴人得以控之則內外臺可廢猶謂國有紀綱乎乃申劾宋臣并盧允升疏六七上悉留中天錫遂去宗正寺丞趙崇嶓移書責丞相方叔不能正救而議者又曰天錫之論方叔意也於是監察御史朱應元論罷方叔及參知政事徐淸叟宋臣允升猶以爲未快厚賂人上書力詆天錫方

叔且乞誅之使天下明知宰臣臺諫之去出自獨斷於內侍初無預焉

寶祐六年雨土

按宋史理宗本紀六年二月壬辰雨土

開慶元年雨土

按宋史理宗本紀開慶元年三月辛酉雨土

景定五年雨土

按宋史理宗本紀景定五年二月辛未雨土

度宗咸淳十年雨土

按宋史度宗本紀咸淳十年春正月乙巳雨土

恭帝德祐元年雨土

按宋史瀛國公本紀德祐元年三月庚寅雨土　按五行志德祐元年三月辛巳終日黃沙蔽天或曰喪氛

金

世宗大定五年雨毛

按金史世宗本紀大定五年六月丙午雨毛

大定十二年三月庚寅雨土

按金史世宗本紀不載　按五行志云云

大定十六年雨豆

按金史世宗本紀十六年三月戊申雨豆於臨潢之境　按五行志十六年三月戊申雨豆於臨潢之境其形上銳而赤食之味頗苦

大定二十三年雨土

按金史世宗本紀不載　按五行志二十三年三月乙酉氛埃雨土四月庚子亦如之

哀宗天興三年雨血

按金史哀宗本紀不載　按五行志天興三年正月己酉京索之間雨血十餘里是日蔡城陷金亡

元

世祖至元二十四年雨土

按元史世祖本紀至元二十四年十二月諸王薛徹都等所駐之地雨土七晝夜羊畜死不可勝計以鈔暨幣帛綿布雜給之其直計鈔萬四百六十七錠

成宗元貞二年處州大雨水黑色

按元史成宗本紀不載　按續文獻通考云云

大德十年雨沙

按元史成宗本紀大德十年二月大同平地雨沙黑霾斃牛馬二千人亦有死者

仁宗皇慶元年天雨毛

按元史仁宗本紀皇慶元年六月丁卯天雨毛

皇慶二年雨毛

按元史仁宗本紀不載　按續文獻通考二年八月黃梅縣天雨毛

延祐七年英宗即位雨黑霜

按元史英宗本紀延祐七年三月庚寅即位十二月癸酉谷律縣雨黑霜

英宗至治元年雨鐵

按元史英宗本紀不載　按滇載記至治元年雨鐵民舍山石皆穿人物值之多斃諺俗號曰鐵雨

至治三年雨土

按元史英宗本紀不載　按五行志三年二月丙戌雨土

泰定帝致和元年雨霾

按元史泰定帝本紀致和元年三月壬申雨霾

文宗天曆二年雨土霾

按元史文宗本紀天曆二年三月丁亥雨土霾

至順二年三月雨土霾

按元史文宗本紀不載　按五行志云云

順帝元統二年雨血雨白毛

按元史順帝本紀元統二年正月庚寅朔雨血於汴梁著衣皆赤六月彰德雨白毛　按五行志元統二年正月庚寅朔河南省雨血是日衆官晨集忽聞燔柴烟氣既而黑霧四塞咫尺不辨腥穢逼人逾時方息及行禮畢日過午驟雨隨至霑灑至牆及衣裳皆赤六月彰德雨白毛俗呼云老君髯民謠曰天雨氂事不齊

至元三年雨線

按元史順帝本紀至元三年三月天雨線　按五行志至元三年三月彰德雨毛如綿而綠俗呼云菩薩線民謠云天雨線民起怨中原地事必變

至元四年雨沙

按元史順帝本紀四年四月辛未京師天雨紅沙晝晦

至元五年二月信州雨土

按元史順帝本紀不載　按五行志云云

至元六年雨毛

按元史順帝本紀不載　按五行志六年七月延安鄜州雨白毛如馬鬃所屬邑亦如之

至正元年雨鐵

按元史順帝本紀不載　按續文獻通考至正元年

磅嘉縣天雨鐵民舍山石皆穿人物遇之皆斃
至正五年雨紅霧雨土
按元史順帝本紀不載　按五行志五年四月鎮江丹陽縣雨紅霧草木葉及行人裳衣皆濡成紅色
按續文獻通考五年春庚寅信州雨土
至正十一年雨米雨黑子麻豆
按元史順帝本紀十一年十一月雨黑子於饒州
按五行志十一年十月衢州東北雨米如黍十一月建寧浦城縣雨黑子如稗實邵武大雨震電雨黑黍如蘆穄信州雨黑黍鄱陽縣雨菽豆郡邑多有民皆取而食之
至正十二年雨粉針
按元史順帝本紀不載　按續文獻通考十二年湖廣雨粉針民家門戶壁柱間有粉痕如針樣無數
至正十三年雨白絲白毛
按元史順帝本紀十三年七月丁卯泉州天雨白絲　按五行志十三年四月冀寧楡次縣雨白毛如馬鬃
至正十五年雨血
按元史順帝本紀十五年三月薊州雨血
至正十七年雨黑雨
按元史順帝本紀不載　按五行志十七年正月己丑杭州降黑雨河池水皆黑
至正十八年雨白毛
按元史順帝本紀十八年五月天雨白毛　按五行志十八年五月益都雨白毛
按續文獻通考十八年冬衢處等州雨黑黍內白如粉草木皆萌芽吐花
至正十九年雨氂
按元史順帝本紀不載　按五行志十九年三月遼化路連日雨氂按續文獻通考作興化路
至正二十一年雨鐵
按元史順帝本紀不載　按續文獻通考二十一年昆明縣天雨鐵傷禾稼民居半圮
至正二十五年雨氂雨魚
按元史順帝本紀二十五年五月甲子京師天雨氂長尺許或言於帝曰龍鬚也命拾而祀之　按五行志二十五年六月戊申京師大雨有魚隨雨而落長尺許人取而食之
至正二十六年隕魚
按元史順帝本紀不載　按續文獻通考丙午八月辛酉上海縣浦東俞店橋南牧羊兒三四聞上恰恰有聲仰視之流光中隕一魚刺成二創其狀不常見自首至尾根僅盈尺是日晴無陰雲亦無鶻鶴之類甚可怪也日將晡縣市人鬨然指流星自南投北即此時也橋下一細民家欲取烹食其妻鹽而藏之來者多就觀焉或曰志有之天隕魚人民失所之象
至正二十七年雨白氂
按元史順帝本紀二十七年夏五月山東雨白氂
按五行志二十七年五月益都雨白氂

明

太祖洪武六年雨米
按廣東通志洪武六年夏六月廣州天雨米舊志六月十九日未時廣州天雨米如早白穀米身粗小長黑色如火燒米炊烝之為飯甚柔軟人爭掃拾有取至二三斗者
洪武十年雨黑水
按江南通志洪武十年應天雨如墨汁
按湖廣通志洪武十年正月黃梅夜雨黑水如墨
洪武二十二年雨米
按湖廣通志洪武二十二年七月荊州雨米約二石餘形似小麥色淡黃炊爲飯香甜
憲宗成化元年雨黍
按續文獻通考成化元年二月天雨黑黍於襄陽按通紀作二年
成化二年雨米
按廣東通志成化二年夏六月順德天雨米舊志六月十七日辰時邑大澍雨雨雜以米米色黧黑形小而粒堅鳥鵲皆食人掃拾之有聚升斗者咸以爲時和歲豐之瑞也
成化六年雨霾
按名山藏成化六年三月庚辰京師雨霾晝晦
成化七年雨霾
按明昭代典則成化七年夏四月己卯雨土霾
成化十三年雨血雨錢
按大政紀成化十三年六月京師雨錢
按續文獻通考十三年春山陰雨血射人
孝宗弘治元年雨稷
按四川總志弘治元年富順縣雨稷若馬鬃然白縕色
弘治二年雨豆

按湖廣通志弘治二年三月漢陽應山雨豆種之蔓生不實

弘治三年雨石

按續文獻通考弘治庚戌歲三月陝西慶陽府雨石無數大者如鵝鴨卵小者如鷄頭實皆作人語說長短

弘治六年雨黑水

按浙江通志弘治六年蘭谿雨黑水

弘治七年雨紅雪雨豆

按江南通志弘治七年二月廬州雨雪色微紅又雨豆茶黑褐三色池州雨黑豆

弘治八年雨豆雨黃土

按續文獻通考八年六月黟縣雨豆

按浙江通志弘治八年蘭谿雨黃土

弘治十五年雨黑黍

按四川總志弘治十五年九月忠州雨黑黍白仁可食

弘治十八年雨粉

按江南通志弘治十八年蘇州雨粉

武宗正德三年雨黑黍雨黑子

按江西通志正德三年七月東鄉餘干雨黑黍

按湖廣通志正德三年九月咸陽雨黑子至積十日

正德四年雨魚雨黑穀雨桂子

按山西通志正德四年冬十月岢嵐州雨魚州南川口天雨小魚數千尾食之殺人

按江西通志正德四年高安縣雨黑穀

按湖廣通志正德四年興國旱天雨黑穀如棗核七月祁陽夜雨桂子狀如皂角子較大有糞草處獨多又云娑羅樹子取種之葉似橄欖長六七寸即壞

正德五年雨黍

按湖廣通志正德五年巴陵雨黍

正德八年雨魚雨黑子

按山西通志正德八年代州雨魚八角諸境雨魚色皆黑小者寸許大者二三尺

按湖廣通志正德八年九月祁陽雨黑子狀若皂角子堅如石

世宗嘉靖二年雨血

按廣東通志嘉靖二年新寧雨血

嘉靖六年雨錢雨血雨土雨桂子

按永陵編年史嘉靖六年五月甲午京師雨錢秋七月壬辰南京雨血

按山西通志嘉靖六年三月平定雨土越一日復雨土

按貴州通志六年省城雨桂子

嘉靖八年雨沙

按山西通志嘉靖八年春正月朔太平雨黃沙

嘉靖九年雨蕎子

按陝西通志嘉靖九年夏漢中雨如蕎子化爲蟲食禾

嘉靖十三年雨黑水

按湖廣通志嘉靖十三年二月昧爽安仁雨黑水

嘉靖十七年雨穀

按湖廣通志嘉靖十七年南漳雨穀細粒如五穀狀

嘉靖三十年雨石

按福建通志嘉靖三十年雨石於連江有聲如雷

嘉靖三十一年雨霰雨黑豆

按山東通志嘉靖三十一年四月府城近郭雨霰數寸

按江南通志嘉靖三十一年常州雨黑豆

嘉靖三十二年雨血

按廣東通志嘉靖三十二年冬十二月新會雨血

嘉靖三十四年雨黑子雨赤豆

按山西通志嘉靖三十四年澤州雨黑子如蠶沙

按太倉州志嘉靖三十四年天雨如赤豆又如椎碎瑪瑙或間青白

嘉靖三十五年雨黑水

按河南通志嘉靖三十五年南陽天雨黑水如墨

按浙江通志嘉靖三十五年慈谿雨黑水

嘉靖三十九年雨毛

按福建通志嘉靖三十九年夏五月興化府城中雨毛

嘉靖四十年雨黑水雨毛

按湖廣通志嘉靖四十年東陽雨黑水池魚死食之多殺人

按福建通志嘉靖四十年夏興化府雨毛

嘉靖四十一年雨麻子蕎麥

按河南通志嘉靖四十一年五月五日偃師雨麻子蕎麥

嘉靖四十二年雨粟豆蕎麥

按河南通志嘉靖四十二年南陽雨粟豆蕎麥著地能生牲畜不食

嘉靖四十四年雨蕎麥黑豆

按湖廣通志嘉靖四十四年秋襄陽大風雨蕎麥黑豆

嘉靖四十五年雨黑水

按山西通志嘉靖四十五年秋洪洞趙城大雷雨其色如墨日夜方止禾稼浥爛次年大饑

穆宗隆慶二年雨黑豆雨土

按明外史周弘祖傳弘祖麻城人嘉靖三十八年進士授御史隆慶改元之明年言近者天雨黑豆此陰盛之徵也陛下嗣位二年未嘗接見大臣咨訪治道邊患孔棘備禦無方事涉內庭輒見阻撓如閱馬核庫詔出復停皇莊則親收子粒太和則權取香錢織造之使累遣糾劾之疏留中內臣爵賞謝辭溫旨遠出六卿上尤祖宗朝所絕無者疏入不報

按續文獻通考隆慶二年四月御史周弘祖言天雨黑豆又漢中南鄭縣雨土

按湖廣通志隆慶二年南漳天雨子如豆人可食

隆慶三年雨桂子

按湖廣通志隆慶三年四月祁陽夜雨桂子狀如正德間所落

隆慶四年雨黑雨紅雨

按浙江通志隆慶四年象山降黑雨

按四川總志隆慶四年夏四月彭水縣天降紅雨點人衣盡赤

隆慶五年雨蕎豆

按河南通志隆慶五年春內鄉雨蕎豆

神宗萬曆四年雨米

按廣東通志萬曆四年天雨米於連州

萬曆五年雨黑穀

按江西通志萬曆五年奉新雨黑穀

萬曆六年雨黑水雨黑穀

按浙江通志萬曆六年衢州雨黑水

按江西通志萬曆六年寧州雨黑穀

萬曆十一年雨鹹水

按山東通志萬曆十一年秋雨鹹水殺禾稼

萬曆十四年雨沙

按山西通志萬曆十四年猗氏雨沙

萬曆十五年雨黑豆

按陝西通志萬曆十五年四月雨黑豆於鎮城地

萬曆十六年雨豆雨雪磚

按江西通志萬曆十六年南昌府雨豆或黑或斑味如銀杏

按湖廣通志萬曆十六年四月潛江雨雪磚

萬曆二十二年雨黑水

按同安縣志萬曆二十二年甲午二月初八日雨黑水

萬曆三十三年雨桂子

按貴州通志萬曆三十三年夏四月雨桂子

萬曆三十四年雨沙

按山西通志萬曆三十四年春聞喜雨沙其色黃

萬曆三十七年雨粟

按湖廣通志萬曆三十七年鍾祥天雨粟

萬曆三十九年五月雨毛

按福建通志云云

萬曆四十年雨毛

按福建通志萬曆四十年夏雨毛

熹宗天啓二年雨土

按浙江通志天啓二年瑞安雨土

愍帝崇禎元年雨豌豆粉

按陝西通志崇禎元年七月二十四日藍田綷村天雨如豌豆應手成粉

崇禎二年雨血

按福建通志崇禎二年七月二十日興化府雨血

崇禎四年雨土石

按山西通志崇禎四年春三月沁州雨土石初四日天忽暗天雨土石

崇禎五年雨粟雨黑穀雨黑水

按浙江通志崇禎五年遂昌雨粟形如黑黍

按江西通志崇禎五年六月二日袁州雨黑穀人爭拾之以食

按湖廣通志崇禎五年九月雨黑水

崇禎七年雨血雨泥雨黑豆

按綏寇紀略崇禎七年二月海豐雨血黃梅縣天雨黑子如粟

按陝西通志崇禎七年二月文縣雨泥

按湖廣通志崇禎七年二月京山雨黑豆四月雨血

崇禎八年雨灰

按陝西通志崇禎八年鳳翔縣雨灰三日

崇禎九年雨毛

按綏寇紀略崇禎九年松江繡野橋雨毛

崇禎十年八月雨血雨蟲

按綏寇紀略崇禎十年八月山東雨血黃州天雨蟲色黑大如菽蠕蠕動食苗俱盡

崇禎十一年雨土雨黑水

按浙江通志崇禎十一年處州雨土

按綏寇紀略崇禎十一年新鄉雨黑水

按湖廣通志崇禎十一年正月德安雨土地浸白

崇禎十二年雨豆

按福建通志崇禎十二年九月興化府雨豆

崇禎十三年雨魚雨麥雨土雨豆雨黑粟雨紅雨

按綏寇紀略崇禎十三年德安府天雨魚吳郡雨麥關中渭南郡天雨蕎麥

按湖廣通志崇禎十三年五月蘄州雨土黃霧四塞旬日始霽

按同安縣志崇禎十三年正月初七夜雷鳴雨注感化里及西南隅約二十里許雨豆扁而細或黑或黃里民有掃之盈升者按天雨五穀乃士失其職而天下侵象爲臣失其職而君下勞宜恐懼修省也

按福建通志崇禎十三年七月將樂天雨黑粟

按四川總志崇禎十三年六月安岳縣雨淡紅色著物亦俱紅

崇禎十四年雨土雨泥

按陝西通志崇禎十四年三月二十三日富平雨土

按福建通志崇禎十四年正月二十八日雨水如黃泥

崇禎十五年雨紅水

按福建通志崇禎十五年雨水如血紅白不一

崇禎十六年雨血雨綿雨黑黍雨絲

按綏寇紀略崇禎十六年繩野橋雨血仲夏京師大雨沾衣如血十月十五日汝寧光州雨綿如絮飛田野者殆遍

按山東通志崇禎十六年三月昌邑柳疃雨血甚腥

按江西通志崇禎十六年春德興雨黑黍形如苜蓿

按福建通志崇禎十六年五月興化府雨絲

崇禎十七年雨黑沙

按江西通志崇禎十七年臨江雨黑沙望之如霧撲人面目著物皆丹

雨異部總論

王充論衡

感虛

傳書言倉頡作書天雨粟鬼夜哭此言文章興而亂漸見故其妖變致天雨粟鬼夜哭也夫言天雨粟鬼夜哭實也言其應倉頡作書虛也夫河出圖洛出書聖帝明王之瑞應也圖書文章與倉頡所作字畫何以異天地爲圖書倉頡作文字業與天地同指與鬼神合何非何惡而致雨粟神哭之怪使天地鬼神惡人有書則其出圖書非也天不惡人有書作書何非而致此怪或時倉頡適作書天適雨粟鬼偶夜哭而雨粟鬼神哭自有所爲世見應書而至則謂作書生亂敗之象應事而動也天雨穀論者謂之從天而下變而生如以雲雨論之雨穀之變不足怪也何以驗之夫雲雨出於丘山降散則爲雨矣人見其從上而墜則謂之天雨水也夏日則雨水冬日天寒則雨凝而爲雪皆由雲氣發於丘山不從天上降集於地明矣夫穀之雨猶復雲布之亦從地起因與疾風俱飄參於天集於地人見其從天落也則謂之天雨穀建武三十一年中陳留雨穀穀下蔽地案視穀形若茨而黑有似於稗實也此或時夷狄之地生出此穀夷狄不粒食此穀生於草野之中成熟垂委於地遭疾風暴起吹揚與之俱飛風衰穀集墜於中國中國見之謂之雨穀何以效之野火燔山澤山澤之中草木皆燒其葉爲灰疾風暴起吹揚之參天而飛風衰葉下集於道路夫天雨穀者草木葉燒飛而集之類也而世以爲雨穀作傳書者以變怪天主施氣地主產物有葉實可啄食者皆地所生非天所爲也今穀非氣所生須土以成雖云怪變怪因類生地之物更從天集生天之物可從地出乎地之有萬物猶天之有列星也星不更生於地穀何獨生於天乎

雨異部紀事

淮南子蒼頡作書而天雨粟注書契成詐偽萌生天知其將餓故爲雨粟

述異記大禹時天雨稻古詩云安得天雨稻飼我天下民

新序武王勝殷得二俘而問焉曰而國有妖乎一俘答曰吾國有妖晝見星而雨血此吾國之妖也一俘答曰此則妖也雖然非其大者也吾國之妖其大者子不聽父弟不聽兄君令不行此妖之大者也

說苑趙簡子問於翟封荼曰吾聞翟雨穀三日信乎曰信又聞雨血三日信乎曰信又聞馬生牛牛生馬信乎曰信簡子曰大哉妖亦足以亡國矣對曰雨穀三日寅風之所飄也雨血三日鷙鳥擊於上也馬生牛牛生馬雜牧也此非翟之妖也簡子曰然則翟之妖奚也對曰其國數散其君幼弱其諸卿貨其大夫比黨以求祿爵其百官肆斷而無告其政令不竟而數化其士巧貪而有怨此其妖也

述異記古說雍州雨魚長八尺許

周時成陽雨錢終日而絕

者舊說周秦間河南雨酸棗遂生野棗今酸棗縣是也

呂太后三年天雨粟

漢武帝時廣陽縣雨麥

漢宣帝時江淮饑饉人相食雨穀三日秦魏地亡穀二十頃

漢成帝末年宮中雨一蒼鹿殺而食之其味甚美

王莽時未央宮中雨五銖錢既而至地悉爲龜兒

漢世翁仲儒家人貧力作居渭川一旦天雨金十斛於其家

河間有雨錢城漢世天雨鉛錫於此

漢世潁川民家雨金銖錢

吳桓王時金陵雨五穀於貧民家富者則不雨矣

魏武帝末年鄴中雨五色石

魏文帝安陽殿前天降朱李八枚啖一枚數日不食今李種有安陽李大而尤甘者即其種也

晉書劉聰載記聰改年建元雨血於其東宮延明殿徹瓦在地下深五寸後又雨血于東宮廣袤丈餘聰死粲嗣僞位晨夜烝淫于內誅其太宰上洛王劉景等靳準勒兵入宮執粲數而殺之劉氏男女無少長皆斬于市

石虎載記石遵自立雨血周遍鄴城

慕容超載記超敗在旦夕東萊雨血

異苑張仲舒爲司空在廣陵城北以元嘉十七年七月中晨夕間輒見門側有赤氣赫然後空中忽雨絳羅于其庭廣七八分長五六寸皆以箋紙繫之紙廣長亦與羅等紛紛甚駛仲舒惡而焚之猶自數生府州多相傳示張經宿暴疾而卒

述異記魏時河間王子元家雨中有小兒八九枚墮于庭前長六七寸許自言家在河東南爲風所飄而至于君庭與之言甚有所知如史傳所述

魏世河內冬雨棗

唐書突厥傳處羅可汗謀取并州會天雨血三日國中大夜羣號求之不見遂有疾

冊府元龜高駢爲淮南節度使僖宗光啓二年九月暴雨霽溝瀆中忽有小魚其大如指蓋雨魚也占者曰有兵喪駢果爲畢師鐸所殺

十國春秋吳越僧行修傳天寶時行修至四明山中獨棲松下說法天花紛雨

泊宅編宣和己亥夏吳中雨下如黑色明年乃有青溪之變

輟耕錄至正壬辰春自杭州避難居湖州三月二十三日黑氣亙天雷電以雨有物若果核與雨雜下五色間錯光瑩堅固破其實食之似松子仁人皆曰娑婆樹子閏月十二日復雨八月過杭州因知三月十八日亦雨如湖州郡人初不以爲異及九月十日紅巾犯省治雨核之地悉被兵火無有處屋宇如故余弗之信九月二十六日湖州陷儀鳳橋四向焚戮特甚追思雨核時橋四向爲最多信前言不誣也後聞池州亦然與杭日同池州之禍尤可慘也按白樂天詩集載月中嘗墜桂子於天竺寺葉石林玉澗雜書亦云仁宗天聖中七月八月兩月之望有桂子從空降如雨其大如豆雜黃白黑三色食之味辛寺僧道或取以種得二十五本二書豈盡妄耶此理殊不可曉但今又爲時讖尤可異也

癸辛雜識辛卯三月初六日甲辰黃霧四塞天雨塵土入人鼻皆辛酸几案瓦壟間如篩灰相去丈餘不可相覩日輪如未磨鏡翳翳無光采凡兩日夜是夜二鼓望仙橋東牛羊司前居民馮家失火其勢可畏凡燬路分火沿燒至初七日勢益盛而塵霧愈甚昏翳慘淡雖火光烟氣皆無所覩直至午刻方息南至太廟牆北至太平坊南街東至新門西至舊祕書省前東南至小堰門吳家府西南至宗正司吳山上嶽廟皮場星宿閣伍相公廟東北至通和坊西北至舊十三灣開元宮門樓所燒踰萬家至今恰一甲子矣客云漢武帝建始元年後周宣帝陳後主禎明中皆有黃霧之變未及考也

至元丙申三月十八日永嘉天雨黑米粒小而多飯可食泉州雨紅豆亦可爲飯其色如丹砂前未見也乙未歲江西歉甚時天亦雨米貧者得濟富家所雨則雪也此又異甚

太倉州志正德十一年三月三日張寅後園天雨紅雨開門見簷溜盡赤以甌盛色久不變數日寅母卒
同安縣志崇禎十六年紅雨降於從順里西塘張玠盛之色如朱是年獲雋其孫金友以是年誕

欽定古今圖書集成曆象彙編庶徵典

第八十一卷目錄

庶徵典第八十一卷

露異部彙考一

禮記

月令

季冬行秋令則白露蚤降

注 戊土之氣乘之也

禮運

天不愛其道故天降甘露

禮緯

斗威儀

君治政則軒轅之精散爲甘露

老子

聖德篇

天地相合以降甘露

注 侯王動作能與天相應合天即下甘露善瑞也

鶡冠子

脊露

聖德上及太清下及太寧中及萬林則脊露下

星經

天乳

天乳星在氐北主甘露

春秋繁露

五行逆順

恩及於火則火順人而甘露降

白虎通

封禪

甘露者美露也降則物無不盛者也

瑞應圖

甘露

甘露者神露之精也王者和風茂則降於草木食之令人壽

露色濃甘者謂之甘露王者施德惠則甘露降於草木

甘露者美露也神靈之精仁瑞之澤其凝如脂其甘如飴一名膏露一名天酒

王者德至於天和氣感則甘露降於松柏

宋書

符瑞志

甘露王者德至天和氣盛則降

柏受甘露王者耆老見敬則見

竹葦受甘露王者尊賢愛老不失細微則見

管窺集要

露

甘露亦名天酒王者布德惠愛則見如脂如膏

天作旱災則天高露不下降天氣不下施也君不恤民之應其占爲旱亦爲其地民災

不雨而大露潤物者歲亦收

觀象玩占

雨異雜占

天雨爵傷爲饑荒不出三年改易王者爵傷如甘露著樹白者甘露黃者爵傷

露異部彙考二

陶唐氏

陶唐之世甘露降

按史記五帝本紀不載　按通志云云

漢

宣帝元康元年甘露降未央宮

按漢書宣帝本紀元康元年三月詔曰迺者甘露降未央宮朕未能章先帝休烈協寧百姓承天順地調序四時獲蒙嘉瑞賜茲祉福夙夜兢兢靡有驕色內省匪懈永惟罔極其赦天下徙賜勤事吏中二千石以下至六百石爵自中郎吏至五大夫佐史以上二級民一級女子百戶牛酒加賜鰥寡孤獨三老孝弟力田帛所振貸勿收

神爵二年甘露

按漢書宣帝本紀神爵二年二月詔曰迺者正月乙丑甘露降其赦天下

神爵四年甘露降

按漢書宣帝本紀四年二月詔曰迺者甘露降其赦天下賜民爵一級女子百戶牛酒鰥寡孤獨及高年帛

五鳳三年甘露降京師

按漢書宣帝本紀三年三月詔曰正月甘露降已詔有司告祠上帝宗廟

甘露元年鑄承甘露鼎

按漢書宣帝本紀不載　按鼎錄宣帝甘露元年於華山僊掌鑄一鼎高五尺受四斗擬承甘露刻其文曰萬國伏貽長久鑄神鼎承天酒三尺小篆書

甘露二年以甘露降赦天下

按漢書宣帝本紀甘露二年春正月詔曰迺者鳳凰甘露降集黃龍登興醴泉滂流枯槁榮茂神光並見咸受禎祥其赦天下減民算三十賜諸侯王丞相將軍列侯中二千石金錢各有差賜民爵一級女子百戶牛酒鰥寡孤獨高年帛

成帝元延四年甘露降

按漢書成帝本紀元延四年三月甘露降京師

後漢

光武帝建武十二年甘露降

按後漢書光武帝本紀建武十二年夏甘露降南行唐

中元元年甘露降

按後漢書光武帝本紀中元元年夏六月郡國頻上甘露羣臣奏言地祇靈應而朱草萌生孝宣帝每有嘉瑞輒以改元神爵五鳳甘露黃龍列爲年紀蓋以感致神祇表彰德信是以化致升平稱爲中興今天下清寧靈物仍降陛下情存損挹推而不居豈可使祥符顯慶沒而無聞宜令太史撰集以傳來世帝不納

明帝永平十七年甘露降

按後漢書明帝本紀永平十七年春正月甘露降於甘陵是歲甘露仍降　按陰皇后紀明帝性孝愛十七年正月當謁原陵夜夢先帝太后如平生歡既寤悲不能寐即案歷明旦日吉遂率百官及故客上陵其日降甘露於陵樹帝令百官采取以薦

章帝建初四年甘露降

按後漢書章帝本紀建初四年甘露降泉陵洮陽二縣

按論衡建初四年甘露下泉陵零陵洮陽始安冷道五縣榆柏梅李葉皆洽溥威委流漉民噉吮之甘如飴蜜甘露之降往世一所今流五縣應土之數德布濩也

元和二年甘露降

按後漢書章帝本紀元和二年五月詔乃者白烏神雀甘露屢臻

按宋書符瑞志元和中甘露降郡國

章和元年甘露降

按後漢書章帝本紀章和元年七月詔乃者甘露宵降

安帝延光三年甘露降

按後漢書安帝本紀延光三年四月沛國言甘露降豐縣秋七月馮翊言甘露降頻陽衙

注頻陽故城在今雍州美原縣西南

桓帝延熹三年甘露降

按後漢書桓帝本紀延熹三年夏四月上郡言甘露降

永康元年甘露降

按後漢書桓帝本紀永康元年秋八月甘露降巴郡

魏

文帝時甘露頻降

按三國魏志文帝本紀不載　按宋書符瑞志魏文帝初郡國三十七言甘露降

高貴鄉公甘露元年甘露降

按魏志三少帝本紀甘露元年五月鄴及上洛並言甘露降

陳留王咸熙二年甘露降

按魏志三少帝本紀咸熙二年夏四月南深澤縣言甘露降

吳

大帝黃武二年甘露降

按三國吳志孫權傳黃武二年夏五月曲阿言甘露降

按宋書符瑞志吳孫權黃武前建業言甘露降

嘉禾五年甘露降

按吳志孫權傳嘉禾五年二月武昌言甘露降於禮賓殿

赤烏二年甘露降

按吳志孫權傳赤烏二年三月零陵言甘露降

赤烏九年甘露降

按吳志孫權傳赤烏九年夏四月武昌言甘露降

烏程侯甘露元年甘露降

按吳志孫晧傳甘露元年夏四月蔣陵言甘露降於是改元大赦

晉

武帝泰始十年甘露降

按晉書武帝本紀不載　按宋書符瑞志泰始十年四月乙亥甘露降西河離石

咸寧元年甘露降

按晉書武帝本紀不載　按宋書符瑞志咸寧元年四月丙戌甘露降張掖五月戊午甘露降淸河繹幕九月甘露降太原晉陽

咸寧二年甘露降

按晉書武帝本紀不載　按宋書符瑞志二年五月戊子甘露降元菟郡治

咸寧三年甘露降

按晉書武帝本紀不載　按宋書符瑞志三年六月戊申甘露降巴郡南充國

太康五年甘露降

按晉書武帝本紀不載　按宋書符瑞志太康五年三月乙卯甘露降東宮

太康七年甘露降

按晉書武帝本紀不載　按宋書符瑞志太康七年四月甘露降京兆杜陵五月甘露降魏郡鄴

惠帝元康四年甘露降

按晉書惠帝本紀不載　按宋書符瑞志元康四年五月甘露降樂陵郡

愍帝建興元年甘露降

按晉書愍帝本紀不載　按宋書符瑞志建興元年六月甘露降西平縣

建興三年甘露降

按晉書愍帝本紀不載　按宋書符瑞志建興三年八月己未甘露降新昌縣

元帝建武元年甘露降

按晉書元帝本紀不載　按宋書符瑞志建武元年六月丁丑甘露降壽春

太興三年甘露降

按晉書元帝本紀不載　按宋書符瑞志太興三年

四月甘露降琅琊費

明帝泰寧二年甘露降　按晉書明帝本紀不載　按宋書符瑞志泰寧二年正月巴郡言甘露降

成帝咸和四年甘露降　按晉書成帝本紀不載　按宋書符瑞志咸和四年四月甘露降武昌郡閤前柳樹太守詡以聞

咸和五年石勒國中甘露降　按晉書成帝本紀不載　按石勒載記建平元年甘露降苑鄉勒以休瑞赦三歲刑以下均百姓去年逋調

咸和六年甘露降　按晉書成帝本紀不載　按宋書符瑞志咸和六年三月甘露降寧州城內北園榛桃樹刺史以聞

咸和七年甘露降　按晉書成帝本紀不載　按宋書符瑞志七年四月癸巳甘露降京邑揚州刺史王導以聞

咸和八年甘露降　按晉書成帝本紀不載　按宋書符瑞志八年四月癸卯甘露降廬江襄安縣蔣冑家又降宣城宛陵縣之須里

咸和九年甘露降　按晉書成帝本紀不載　按宋書符瑞志九年四月甲寅甘露降吳國錢唐縣右鄉康巷之柳樹十二月丙辰甘露降建平陵丁酉甘露降武平陵

咸康元年甘露降　按晉書成帝本紀不載　按宋書符瑞志咸康元年四月癸卯甘露降西堂桃樹

咸康二年甘露降　按晉書成帝本紀不載　按宋書符瑞志二年三月甲戌甘露降鬱林城內四月甘露降西堂又降尚書都坐桃樹又降會稽永興縣衆官畢賀戊午甘露降會稽山陰又降吳興武康縣庚申又降武康

咸康三年甘露降　按晉書成帝本紀不載　按宋書符瑞志三年四月戊午甘露降殿後桃李樹五月甘露降義興陽羨縣柞樹東西十四步南北十五步

咸康七年甘露降　按晉書成帝本紀不載　按宋書符瑞志七年四月丙子甘露降彭城王紘第內衆官畢賀

穆帝永和元年甘露降　按晉書穆帝本紀不載　按宋書符瑞志永和元年三月甘露降廬江郡內桃李樹太守永以聞

永和五年甘露降　按晉書穆帝本紀不載　按宋書符瑞志五年十一月太常劉卻上崇平陵令王昂卽日奉行陵內甘露降於元宮前殿十二月己酉甘露降丹陽湖孰縣西界劉敷墓松樹縣令王恬以聞衆官畢賀

升平三年苻堅國中甘露降　按晉書穆帝本紀不載　按前秦錄甘露元年正月起明堂禪南北郊六月甘露降乃大赦改年卽升平三年

簡文帝咸安二年甘露降　按晉書簡文帝本紀不載　按宋書符瑞志咸安二年正月甘露降隨郡灄陽縣界桑木沾凝十餘里

孝武帝太元十二年甘露降　按晉書孝武帝本紀不載　按宋書符瑞志孝武帝太元十二年八月甘露降寧州界內刺史費統以聞

太元十三年甘露降　按晉書孝武帝本紀不載　按後涼錄呂光太安三年八月甘露降逍遙園卽太元十三年

太元十五年甘露降　按晉書孝武帝本紀不載　按宋書符瑞志十五年閏月甘露降永平陵

太元十六年甘露降　按晉書孝武帝本紀不載　按宋書符瑞志十六年十一月庚午甘露降句陽縣

太元十七年甘露降　按晉書孝武帝本紀不載　按宋書符瑞志十七年二月甘露降南海番禺縣楊樹

安帝元興二年甘露降　按晉書安帝本紀不載　按宋書符瑞志元興二年十月甘露降武昌王成基家竹

元興三年甘露降　按晉書安帝本紀不載　按宋書符瑞志元興三年三月己卯甘露降丹徒四月己酉甘露降蘭臺

宋

武帝永初元年甘露降　按宋書武帝本紀不載　按符瑞志永初元年九月庚辰甘露降丹徒峴山十月庚午甘露降興寧永寧二陵彌冠百餘里

文帝元嘉三年甘露降

按宋書文帝本紀不載　按符瑞志文帝元嘉三年閏正月己丑甘露降吳興烏程太守王韶之以聞

元嘉四年甘露降

按宋書文帝本紀不載　按符瑞志元嘉四年五月辛巳甘露降齊郡西安臨朐城十一月辛未朔甘露降初寧陵己丑甘露降南海熙安廣州刺史江桓以聞

元嘉八年甘露降

按宋書文帝本紀不載　按符瑞志元嘉八年五月甘露降南海番禺

元嘉九年甘露降

按宋書文帝本紀不載　按符瑞志九年十一月壬子甘露降初寧陵

元嘉十一年甘露降

按宋書文帝本紀不載　按符瑞志十一年八月甲辰甘露降費縣之沙里琅邪太守呂綽以聞

元嘉十三年甘露降

按宋書文帝本紀不載　按符瑞志十三年二月丁卯甘露降上明巴山又降吳縣武康董道益家園樹三月甲午甘露降初寧陵

元嘉十六年甘露降

按宋書文帝本紀不載　按符瑞志十六年三月己卯甘露降廣州城北門楊樹刺史陸徽以聞

元嘉十七年甘露降

按宋書文帝本紀不載　按符瑞志十七年四月丁丑甘露降廣陵永福里梁昌李家南兗州刺史江夏王義恭以聞又降高平金鄉富民郗方三十里中徐州刺史趙伯符以聞十一月乙酉甘露降樂游苑

元嘉十八年甘露降

按宋書文帝本紀不載　按符瑞志十八年五月甲申甘露降丹陽秣陵衛將軍臨川王義慶園揚州刺史始興王濬以聞六月甘露降廣陵孟玉秀家樹南兗州刺史臨川王義慶以聞

元嘉十九年甘露降

按宋書文帝本紀不載　按符瑞志十九年五月丁卯甘露降建康司徒參軍督護顧俊之宅竹柳乙亥甘露降馬頭濟陽宋慶之園樹太守荀預以聞

元嘉二十一年甘露降

按宋書文帝本紀不載　按符瑞志二十一年甘露降益州府內梨李樹刺史庾俊之以聞四月甘露頻降樂遊苑又降彭城綏輿里徐州刺史臧質以聞又降義陽平陽太守龐秀之以聞

元嘉二十二年甘露降

按宋書文帝本紀不載　按符瑞志二十二年十一月辛巳甘露降南郡江陵方城里荊州刺史南譙王義宣以聞十二月丁酉甘露降長寧陵陵令包誕以聞

元嘉二十三年甘露降

按宋書文帝本紀不載　按符瑞志二十三年二月丁未甘露降樂遊苑苑丞張寶以聞九月丙子甘露降長寧陵陵令華林以聞十二月庚子甘露降襄陽郡治雍州刺史武陵王以聞辛丑甘露頻降樂遊苑苑丞何道之以聞

元嘉二十四年甘露降

按宋書文帝本紀不載　按符瑞志二十四年二月己亥庚子甘露頻降景陽山山監張績以聞二月己亥癸卯三月丙辰甘露頻降景陽山華林園丞陳襲祖以聞三月甲寅甘露降潯陽松滋江州刺史廬陵王紹以聞四月癸未甘露降潯陽松滋丙申又降江州城內桐樹丁酉又降城北數里之中江州刺史廬陵王紹以聞七月乙卯甘露降京師揚州刺史始興王濬以聞又降襄城治下無量寺雍州刺史武陵王以聞十月甲午甘露降魏興郡內太守韋寧民以聞

又按志元嘉二十三年至二十四年十二月甘露頻降狀如細雪京都及郡國皆然不可稱紀

元嘉二十五年甘露降

按宋書文帝本紀不載　按符瑞志二十五年十一月庚辰甘露降南郡荊州刺史南譙王義宣以聞乙未甘露降丹陽秣陵巖山

元嘉二十六年甘露降

按宋書文帝本紀不載　按符瑞志二十六年三月壬午甘露降景陽山華林園丞梅道念以聞庚寅癸巳甘露頻降武昌江州刺史廬陵王紹以聞四月甲辰丙午戊申甘露頻降豫章南昌太守劉思考以聞七月甘露降南郡江陵荊州刺史南譙王義宣以聞

元嘉二十七年甘露降

按宋書文帝本紀不載　按符瑞志二十七年四月乙卯丙辰丁巳甘露頻降豫章南昌戊午午時天氣清明有綵霧映覆郡邑甘露又自雲降太守劉思考以聞五月甲戌甘露降東海丹徒南徐州刺史始興王濬以聞

元嘉二十八年甘露降
按宋書文帝本紀不載　按符瑞志二十八年二月戊辰甘露降鍾山延賢寺揚州刺史廬陵王紹以聞壬午甘露降徽音殿前果樹又降合歡殿後香花諸草

孝武帝孝建元年甘露降
按宋書孝武帝本紀不載　按符瑞志孝建元年三月丙辰甘露降華林園

孝建二年甘露降
按宋書孝武帝本紀不載　按符瑞志二年三月己酉甘露降丹陽秣陵中里路輿之墓樹辛亥甘露降長寧陵松樹又降襄陽民家梨樹戊午甘露降丹陽秣陵尚書謝莊園竹林莊以聞

大明元年甘露降
按宋書孝武帝本紀不載　按符瑞志大明元年四月癸卯甘露降華林園桐樹

大明三年甘露降
按宋書孝武帝本紀不載　按符瑞志三年二月己卯甘露降樂遊苑梅樹戊子甘露降宣城郡舍太守張辯以聞

大明四年甘露降
按宋書孝武帝本紀不載　按符瑞志四年正月壬辰甘露降初寧陵松樹二月丙申甘露降長寧陵松樹乙巳甘露降丹陽秣陵龍山丹陽尹孔靈符以聞

大明五年甘露降
按宋書孝武帝本紀不載　按符瑞志五年四月辛亥甘露降吳興安吉太守歷陽王子頊以聞乙卯甘露降吳興烏程太守歷陽王子頊以聞

大明六年甘露降
按宋書孝武帝本紀不載　按符瑞志六年二月戊午甘露降建康靈耀寺及諸苑園及秣陵龍山至於婁湖是日又降句容江寧二縣

大明七年甘露降
按宋書孝武帝本紀不載　按符瑞志七年三月丙申甘露降尋陽松滋太守劉瞻以聞四月己未甘露降荊州城內刺史臨海王子頊以聞十二月辛丑朔甘露降吳興烏程令苟卞之以聞

明帝泰始二年甘露降
按宋書明帝本紀不載　按符瑞志泰始二年四月己未甘露降上林苑苑令徐承道以獻庚申甘露降華林園園令臧延之以獻五月己未甘露降丹陽秣陵縣舍齋前竹丹陽尹王景文以獻

泰始三年甘露降
按宋書明帝本紀不載　按符瑞志三年十一月庚申甘露降晉陵晉陵太守王蘊以聞癸亥甘露降南東海丹徒建岡徐州刺史桂陽王休範以聞十二月壬午甘露降崇寧陵揚州刺史建安王休仁以聞

後廢帝元徽四年甘露降
按宋書後廢帝本紀不載　按符瑞志元徽四年十一月乙巳甘露降吳興烏程太守蕭惠明以聞

順帝昇明二年甘露降
按宋書順帝本紀不載　按符瑞志昇明二年十二月甘露降建康禁中里又降南東海武進彭山太守謝朏以聞甘露降吳興長城卞山太守王奐以聞
按南齊書祥瑞志宋末帝昇明二年十月甘露降建康縣十一月甘露降長山縣十二月甘露降彭山松樹至九日止按此條與符瑞志月及地名不符並存參考

南齊

高帝建元元年甘露降
按南齊書高帝本紀不載　按符瑞志建元元年九月甘露降淮南郡桃石榴二樹有司奏甘露降新汲縣王安世園樹

武帝永明二年甘露降
按南齊書武帝本紀不載　按祥瑞志永明二年四月甘露降南郡桐樹

永明四年甘露降
按南齊書武帝本紀不載　按祥瑞志四年二月甘露降臨湘縣李樹三月甘露降南郡桐樹四月甘露降雎陽縣桃樹

永明五年甘露降
按南齊書武帝本紀不載　按祥瑞志五年四月甘露降荊州府中閤外桐樹

永明六年甘露降
按南齊書武帝本紀不載　按祥瑞志六年甘露降芳林園故山堂桐樹

永明九年甘露降
按南齊書武帝本紀不載　按祥瑞志九年八月甘露降上定林寺佛堂庭中天如雨遍地如雪其氣芳其味甘耀日舞風至晡乃止爾後頻降鍾山松樹四十餘日乃止十月甘露降大安陵樹

和帝中興二年甘露降

按南齊書和帝本紀不載　按祥瑞志中興二年三月甘露降茅山彌漫數里

梁

武帝天監四年甘露降

按梁書武帝本紀天監四年夏四月甲寅至壬戌甘露連降華林園

天監七年甘露降

按梁書武帝本紀七年冬十一月辛巳鄮縣言甘露降

敬帝紹泰二年甘露降

按梁書敬帝本紀不載　按陳書高祖本紀紹泰二年自去冬至是甘露頻降於鍾山梅岡南澗及京口江寧縣境或至三數升大如奕棊子高祖表以獻

陳

武帝永定元年甘露降

按陳書高祖本紀永定元年十一月己亥甘露降於鍾山松林彌滿巖谷庚子開善寺沙門採之以獻勅頒賜羣臣

宣帝太建四年甘露降

按陳書宣帝本紀太建四年十二月壬寅甘露降樂遊苑甲辰輿駕幸樂遊苑採甘露宴羣臣

太建七年甘露降

按陳書宣帝本紀太建七年閏九月甘露頻降樂遊苑丁未輿駕幸樂遊苑採甘露宴羣臣詔於苑龍舟山立甘露亭

後主禎明二年甘露降

按南史陳後主本紀覆舟山及蔣山柏林冬月常多木醴後主以爲甘露之瑞

按建康實錄陳後主禎明二年初覆舟山及松柏林冬月出木醴後主以甘露之瑞俗呼爲雀餳

北魏

世祖始光四年甘露降

按魏書世祖本紀不載　按靈徵志始光四年六月甘露降於太學王者德至天和氣盛則降又王者敬老則柏受甘露王者尊賢愛老不失細微則竹葦受

神䴥元年甘露降

按魏書世祖本紀不載　按靈徵志神䴥元年二月甘露降於范陽郡

神䴥二年甘露降

按魏書世祖本紀不載　按靈徵志二年四月甘露降於鄴六月甘露降於平城宮

神䴥三年三月甘露降於鄴

按魏書世祖本紀不載　按靈徵志云云

神䴥四年五月甘露降於河西

按魏書世祖本紀不載　按靈徵志云云

太延元年甘露降

按魏書世祖本紀不載　按文獻通考太延元年甘露降於殿內

太平眞君元年甘露降

按魏書世祖本紀不載　按靈徵志太平眞君元年四月甘露降於平原郡

高宗太安二年甘露降

按魏書高宗本紀不載　按靈徵志太安二年七月甘露降於常山郡

和平二年甘露降

按魏書高宗本紀不載　按靈徵志和平二年七月甘露降於京師

世宗景明三年甘露降

按魏書世宗本紀不載　按靈徵志景明三年八月甘露降於青州新城縣

永平元年甘露降

按魏書世宗本紀不載　按靈徵志永平元年十月甘露降於青州益都縣

延昌二年甘露降

按魏書世宗本紀不載　按靈徵志延昌二年九月甘露降於齊州清河郡

延昌三年甘露降

按魏書世宗本紀不載　按靈徵志三年十月齊州上言甘露降

延昌四年甘露降

按魏書世宗本紀不載　按靈徵志四年七月甘露降於京師

肅宗正光三年甘露降

按魏書肅宗本紀不載　按靈徵志正光三年十月甘露降華林園柏樹

正光四年甘露降

按魏書肅宗本紀不載　按靈徵志四年八月甘露降顯美縣

孝靜帝元象二年甘露降

按魏書孝靜帝本紀不載　按靈徵志元象二年三月甘露降於京師

武定五年甘露降
按魏書孝靜帝本紀不載　按靈徵志五年十月甘露降齊文襄王第門柳樹
武定六年甘露降
按魏書孝靜帝本紀不載　按靈徵志六年三月甘露降於京師四月太山郡上言甘露降
按北齊書崔昂傳武定六年甘露降於宮闕文武官寮同賀顯陽殿魏帝問僕射崔暹尚書楊愔等曰自古甘露之瑞漢魏多少可各言往代所降之處德化感致所由次問昂昂曰按符瑞圖王者德致於天則甘露降吉凶兩門不由符瑞故桑雉爲戒實啓中興小鳥孕大未聞福感所願陛下雖休勿休允答天意帝爲斂容曰朕既無德何以當此

隋

文帝開皇六年甘露降
按隋書高祖本紀開皇六年冬十月甲子甘露降於華林園

唐

高祖武德二年甘露降
按唐書高祖本紀不載　按冊府元龜武德二年閏二月渝州言甘露降
武德三年甘露降
按唐書高祖本紀不載　按冊府元龜三年三月甘露降於華陰又甘露降於御史臺
武德四年甘露降
按唐書高祖本紀不載　按冊府元龜四年二月綿州言甘露降
武德六年甘露降
按唐書高祖本紀不載　按冊府元龜六年西沙州言甘露降彌漫一十五里
武德七年甘露降
按唐書高祖本紀不載　按冊府元龜武德七年萬年縣言甘露降
武德八年甘露降
按唐書高祖本紀不載　按冊府元龜武德八年四月連州言甘露降徧於城郭
武德九年甘露降
按唐書高祖本紀不載　按唐會要武德九年四月甘露降於中華殿之桐樹凝泫如冰霰以示羣臣
太宗貞觀元年甘露降
按唐書太宗本紀不載　按冊府元龜貞觀元年閏三月甘露降於長安縣
貞觀三年甘露降
按唐書太宗本紀不載　按冊府元龜貞觀三年四月甘露降於雍州七月宣州言甘露降
貞觀五年甘露降
按唐書太宗本紀不載　按冊府元龜貞觀五年四月甘露降於萬年縣
貞觀十七年甘露降
按唐書太宗本紀不載　按冊府元龜貞觀十七年五月湖州言甘露降
貞觀十八年甘露降
按唐書太宗本紀不載　按冊府元龜貞觀十八年正月台州言甘露降
貞觀二十年甘露降
按唐書太宗本紀不載　按冊府元龜貞觀二十年正月汝州言甘露降五月景申澤州言甘露降十月亳州言甘露降
元宗開元八年正月甘露降
按唐書元宗本紀不載　按冊府元龜云云
開元十三年甘露降
按唐書元宗本紀不載　按冊府元龜開元十三年五月代州甘露降
開元二十三年甘露降
按唐書元宗本紀不載　按冊府元龜開元二十三年十月庚戌朔州奏甘露降
開元二十九年甘露降
按唐書元宗本紀不載　按冊府元龜開元二十九年六月甘露降於司農寺
天寶五載甘露降
按唐書元宗本紀不載　按冊府元龜天寶五載五月丙戌鄱陽郡上言甘露降所部紫極宮松樹
天寶九載甘露降
按唐書元宗本紀不載　按冊府元龜天寶九載二月甲戌獻陵昭陵乾陵定陵橋陵等五陵柏樹盡垂甘露降大羅峰之醮壇請付史館從之
代宗大曆六年七月甘露降
按唐書代宗本紀不載　按冊府元龜大曆六年七月己丑華州言甘露降
大曆八年甘露降
按唐書代宗本紀不載　按冊府元龜大曆八年十

一月成都府上言甘露降

大曆九年甘露降

按唐書代宗本紀不載　按冊府元龜大曆九年四月庚戌攸州上言甘露降

大曆十二年甘露降

按唐書代宗本紀不載　按冊府元龜大曆十二年正月壬申常州上言甘露降潔白凝泫味同飴蜜十一月辛亥京兆府上言甘露降於城內靖恭坊之南街柳樹味如飴蜜

德宗貞元七年甘露降

按唐書德宗本紀不載　按冊府元龜貞元七年四月壬寅廣州言甘露降

貞元九年甘露降

按唐書德宗本紀不載　按冊府元龜貞元九年五月甲午鄆州言甘露降

貞元十年甘露降

按唐書德宗本紀不載　按文獻通考貞元十年正月西川奏當管甘露降松柏樹竹菓等二千四百四十二處

貞元十二年甘露降

按唐書德宗本紀不載　按冊府元龜貞元十二年五月通州奏九樹甘露降

貞元十三年甘露降

按唐書德宗本紀不載　按冊府元龜貞元十三年九月甲子幽州奏甘露降十二月婺州奏廳前松樹甘露降

貞元十四年甘露降

按唐書德宗本紀不載　按冊府元龜貞元十四年四月婺州奏甘露降

穆宗長慶三年甘露降

按唐書穆宗本紀不載　按冊府元龜長慶三年四月同州言文宣王廟甘露降

後梁

太祖開平元年蜀王建國中甘露降

按五代史梁太祖本紀不載　按蜀世家王建仍稱天復七年是歲諸州皆言甘露之瑞秋七月建乃即皇帝位

遼

穆宗應曆十四年甘露降

按遼史穆宗本紀應曆十四年夏四月黃龍府甘露降

聖宗統和九年東京甘露降

按遼史聖宗本紀云云

道宗大安九年甘露降

按遼史道宗本紀大安九年夏四月乙卯興中府甘露降遣使祠佛飯僧

宋

太祖乾德四年甘露降

按宋史太祖本紀不載　按五行志乾德四年二月長春節甘露降江寧府報恩院

乾德五年甘露降

按宋史太祖本紀不載　按五行志五年二月甘露降江寧府玉泉寺松樹

開寶元年甘露降

按宋史太祖本紀不載　按五行志開寶元年十二月甘露降蔡州僧院柏樹

太宗太平興國三年甘露降

按宋史太宗本紀太平興國三年春三月壽州甘露降

太平興國四年甘露降

按宋史太宗本紀不載　按五行志四年五月甘露降河東縣廨叢竹凡三日

太平興國七年甘露降

按宋史太宗本紀不載　按五行志七年四月丙戌知漢州安守亮獻柏葉上甘露一器

雍熙元年甘露降

按宋史太宗本紀雍熙元年三月甘露降太一宮庭（按五行志府西京太一宮新成）

雍熙二年甘露降

按宋史太宗本紀雍熙二年夏四月庚子甘露降後苑（按志作三年事）

雍熙四年甘露降

按宋史太宗本紀不載　按五行志四年十二月甘露降興化軍羅漢峰前五松

端拱二年甘露降

按宋史太宗本紀不載　按五行志端拱二年二月甘露降壽州廨園柏及資聖寺檜

淳化二年甘露降

按宋史太宗本紀不載　按五行志淳化二年十二月貴州廨及延壽觀德純寺甘露降松柏凡六日

淳化三年甘露降

按宋史太宗本紀不載　按五行志三年正月舒州二月衢州四月舒州甘露降

淳化四年六月舒州甘露降

按宋史太宗本紀不載　按五行志云云

至道二年四月蘄州甘露降

按宋史太宗本紀不載　按五行志云云

至道三年甘露降

按宋史太宗本紀不載　按五行志三年五月泉州六月蘇州甘露降

眞宗咸平元年甘露降

按宋史眞宗本紀不載　按五行志咸平元年四月甘露降平戎軍廨果樹凡九十餘本十一月甘露降亳州眞觀靈寶柏樹

按文獻通考咸平元年富順監有甘露降梅柳靡洒如珠

咸平二年甘露降

按宋史眞宗本紀不載　按五行志二年五月太平州潯州並甘露降

咸平三年甘露降

按宋史眞宗本紀不載　按五行志三年二月泉州十一月潯州並甘露降

咸平四年甘露降

按宋史眞宗本紀不載　按五行志四年二月龔州甘露降

咸平五年甘露降

按宋史眞宗本紀不載　按五行志五年正月桂州十一月許州並甘露降

按文獻通考三朝國史有符瑞志內述甘露自乾德而後州縣所上甚多咸平以來尤甚幾無歲無之

景德元年甘露降

按宋史眞宗本紀不載　按五行志景德元年義寧縣甘露降

按文獻通考景德元年九月甘露降桂州永寧縣桐樹如稻米色白

景德二年甘露降

按宋史眞宗本紀不載　按五行志二年正月鬱林州二月晉州及神山縣甘露降

景德三年甘露降

按宋史眞宗本紀不載　按五行志三年正月梓州四月遂州十二月榮州懷安軍甘露降

大中祥符元年甘露降

按宋史眞宗本紀不載　按五行志大中祥符元年十二月上饒縣信陽軍甘露降

大中祥符二年甘露降

按宋史眞宗本紀不載　按五行志二年正月信陽軍陳鄂二州三月陵昇梓三州並甘露降

大中祥符三年甘露降

按宋史眞宗本紀不載　按五行志三年二月柳州懷安軍閏二月富順監五月澤耀晉盆四州並甘露降

大中祥符四年甘露降

按宋史眞宗本紀不載　按五行志四年正月梓州三月澤州四月常州並甘露降

大中祥符五年甘露降

按宋史眞宗本紀不載　按五行志五年四月遂州五月無爲軍六月梓州七月眞定府十一月榮州開元寺並甘露降

大中祥符六年甘露降

按宋史眞宗本紀不載　按五行志六年三月梓州六月鄜州八月遂州九月信州十月亳州太清宮十一月潯州十二月榮州南儀州並甘露降

按續文獻通考祥符六年春三月鹿邑太清宮甘露降

大中祥符七年甘露降

按宋史眞宗本紀不載　按五行志七年二月鳳翔府天慶觀五月鄆州十月亳州太清宮十二月彭州天慶觀並甘露降

大中祥符八年甘露降

按宋史眞宗本紀不載　按五行志八年正月中江縣二月果州十月衢州並甘露降

大中祥符九年甘露降

按宋史眞宗本紀九年十一月會靈觀甘露降　按五行志九年十一月玉清昭應宮甘露降

天禧元年甘露降

按宋史眞宗本紀不載　按五行志天禧元年正月貴州天慶觀二月玉清昭應宮三月後苑四月會靈觀五月廬州通判廳及后土祠十二月昭州天慶觀並甘露降

天禧二年甘露降

按宋史眞宗本紀不載　按五行志二年十二月榮州開元寺懷安軍天慶觀並甘露降

天禧二年甘露降

按宋史眞宗本紀不載　按五行志三年四月舒州五月岳州並甘露降

天禧四年甘露降

按宋史眞宗本紀不載　按五行志四年三月邵武軍十二月平泉縣並甘露降

天禧五年甘露降

按宋史眞宗本紀不載　按五行志五年三月泉州十一月韶州並甘露降

仁宗天聖元年甘露降

按宋史仁宗本紀不載　按五行志天聖元年正月柳州十一月河南府並甘露降

天聖二年甘露降

按宋史仁宗本紀不載　按五行志二年五月鳳州十月涇州並甘露降

天聖四年甘露降

按宋史仁宗本紀不載　按五行志四年榮州懷安軍甘露降

天聖六年甘露降

按宋史仁宗本紀不載　按五行志六年太平州甘露降

天聖七年甘露降

按宋史仁宗本紀不載　按五行志七年正月岳州甘露降

天聖九年甘露降

按宋史仁宗本紀不載　按五行志九年正月榮州甘露降

明道元年甘露降

按宋史仁宗本紀不載　按五行志明道元年十一月韶州梓州甘露降

景祐四年甘露降

按宋史仁宗本紀不載　按五行志景祐四年十一月成德軍甘露降

慶曆四年甘露降

按宋史仁宗本紀不載　按五行志慶曆四年正月桂州甘露降

皇祐三年甘露降

按宋史仁宗本紀不載　按五行志皇祐三年十二月吉州甘露降

嘉祐七年甘露降

按宋史仁宗本紀不載　按五行志嘉祐七年三月眉州蓬州九月陵州並甘露降

神宗元豐元年甘露降

按宋史神宗本紀元豐元年秋七月辛丑夔州言甘露降九月河中府甘露降

元豐二年甘露降

按宋史神宗本紀元豐二年春正月潁州壽州甘露降夏四月南康軍甘露降六月南康軍甘露降秋七月瓊州甘露降十二月桂州甘露降　按五行志熙寧元年距元豐八年甘露降凡二十餘處

哲宗元祐元年甘露降

按宋史哲宗本紀元祐元年春正月戊午甘露降

按五行志元祐元年距元符三年甘露降凡二十餘處

徽宗大觀　年甘露降

按宋史徽宗本紀不載　按五行志大觀初甘露降於九成宮帝鼐室

大觀三年甘露降

按宋史徽宗本紀不載　按五行志三年冬降於尚書省及六曹御製七言四韻詩賜執政已下其後內自禁中及宣和殿延福宮神霄宮下至三學開封府大理寺宰臣私第皆有之歲歲拜表稱賀

宣和七年甘露降

按宋史徽宗本紀不載　按文獻通考建中靖國元年距宣和七年中外言甘露降多不可紀

按續文獻通考宣和七年甘露降

高宗紹興三年甘露降

按宋史高宗本紀不載　按續文獻通考紹興三年知撫州郡高衞言甘露降於撫州祥符觀爲圖上之

紹興十七年甘露降

按宋史高宗本紀紹興十七年冬十月己未臨安府甘露降

紹興十九年甘露降

按宋史高宗本紀紹興十九年夏四月戊寅湖廣江西路建康府並甘露降

紹興二十五年甘露降

按宋史高宗本紀不載　按玉海紹興二十五年秦檜孫禮部侍郎塤請以黎州甘露降草木圖之旗

金

熙宗天會十三年甘露降

按金史熙宗本紀不載　按五行志天會十三年五

月甘露降於盧州熊岳縣

元

順帝至正六年甘露降

按元史順帝本紀不載　按五行志至正六年八月龍興進賢縣甘露降

至正二十年甘露降

按元史順帝本紀至正二十年冬十月甲申朔甘露降於國子監大成殿柏木

明

太祖洪武二年甘露降

按續文獻通考二年己酉冬十月甲戌膏露降於乾清宮後苑蒼松之上光潤如酒凝結如珠肪白飴甘彌布松柯

洪武四年甘露降

按明寶訓四年十月甲戌甘露降於鍾山羣臣稱賀太祖曰休咎之徵雖各以類應朕德凉薄烏足以致斯翰林應奉睢稼對曰聖人之德上及太淸下及太寧中及萬靈則膏露降陛下恭敬天地輯和人民故嘉祥顯著起居注魏觀曰帝王恩及於物順於人而甘露降陛下寬租賦減徭役而百姓歡豫神應之至以此故也翰林侍讀學士危素曰王者敬養耆老則甘露降而松柏受之今甘露降於松柏乃陛下尊賢養老之所致也宜告於宗廟頒示史館以示萬億年無疆之休太祖曰卿等爰引載籍言非無徵然朕心存警惕惟恐不至烏敢當此一或忘鑑戒而生驕逸安知嘉祥不爲災異之兆乎告諸宗廟頒之史館非所以垂示於天下後世也羣臣皆頓首謝

洪武五年甘露降

按續文獻通考洪武五年冬十一月甘露又降鍾山越明年仍降如初

洪武七年甘露降

按大政紀洪武七年十一月壬戌甘露降於鍾山劉基作頌進洪武四年十月降於鍾山五年十一月又降今年仍降如初

洪武八年甘露降

按大政紀洪武八年十一月乙丑甘露降於圜丘青松之上上詣齋宮省視壇場親視甘露凝枝懸垂上下有若明珠命採而嘗之入口如飴糖詔羣臣從行者共採食之儒臣咸獻歌詩以頌德上曰人之常情好祥惡妖然天道幽微莫測若恃祥未必獲吉遇妖未必皆凶蓋聞災而懼或蒙見休見瑞而喜或以致咎何則凡人懼則戒心常存喜則侈心易縱朕德不逮惟圖修省之不暇豈敢以此爲己所致哉因著甘露論以示羣臣（按明昭代典則俱作十一月甲戌）

洪武十四年甘露降

按江南通志十四年十二月甘露降鍾山

成祖永樂四年甘露降

按大政紀永樂四年十一月己巳甘露降孝陵松柏醴泉出神樂觀羣臣上奏賀聖孝瑞應上以因祥思懼不宜忘忽申飭之上於十一月庚申修樂金籙齋法於朝天宮神樂觀洞神宮追薦皇考皇妣甲子慶雲見朝天宮乙丑甘露降於宮樹丙寅祥雲復見既訖事二日復有此禎祥侍臣楊士奇等俱有詩頌

按名山藏永樂四年十一月甘露降孝陵醴泉出神樂觀獻宗廟賜廷臣勅曰朕敬謹事天致孝皇考皇妣普及幽靈禎祥疊見爾羣臣表賀朕不敢當斯皆上天眷祐皇考皇妣聖靈垂陰及爾羣臣盡心輔朕協和神人之所感格朕觀自古有道之君祥瑞之來愈加警畏爾宜勉輔朕躬承天與朕皇考皇妣鑒臨之意

永樂十年甘露降

按名山藏永樂十年十月甲子甘露降方山獵於武岡山之陽羣臣表賀

永樂十七年甘露降

按大政紀永樂十七年十一月丁巳甘露降孝陵松柏三日儒臣進賀表

按續文獻通考永樂十七年十一月甘露降於孝陵之松柏凡四日凝爲玉脂融爲瓊液纍若垂珠聯若編貝其芳香之氣甘美之味旁達莫可擬倫時仁宗爲太子監國遣人採獻成祖祗薦宗廟頒賜百官

永樂十八年甘露降

按名山藏永樂十八年冬十月癸亥甘露降孝陵松柏

英宗正統五年甘露降

按雲南通志正統五年秋八月甘露降於石屏州學宮

天順八年甘露降

按山東通志天順八年青城縣甘露降於學宮

憲宗成化四年甘露降

按湖廣通志成化四年二月襄陽甘露降於學宮柏樹

成化六年甘露降

按名山藏成化六年正月壬戌甘露降於郊壇

按續文獻通考成化六年庚寅春甘露降於郊壇松柏上親御齋宮取以賜百官大學士彭時翰林學士尹直撰甘露頌以進

孝宗弘治二年甘露降

按山西通志弘治二年八月保德甘露降文廟柏樹味如蜜凡三日始乾

弘治五年甘露降

按江南通志弘治五年廬州甘露降

弘治六年甘露降

按山西通志弘治六年春屯留甘露降

弘治十七年甘露降

按福建通志弘治十七年順昌甘露降縣庭

武宗正德二年甘露降

按湖廣通志正德二年襄陽甘露降於柏樹

正德三年甘露降

按湖廣通志正德二年襄陽甘露降於鳳凰山松柏味如飴人爭取食之

正德八年甘露降

按浙江通志正德八年十二月石門甘露降

正德十年甘露降

按江南通志正德十年洞庭東山甘露降

按廣西通志正德十年梧州府有甘露降於學宮

正德十二年甘露降

按江西通志正德十二年甘露降於南昌府學宮

正德十六年甘露降

按陝西通志正德十六年四月鳳翔府甘露降

按四川總志正德十六年武降甘露降

世宗嘉靖三年甘露降

按福建通志嘉靖三年十月甘露降

嘉靖六年甘露降

按陝西通志嘉靖六年四月華陰甘露降縣前樹三日

按福建通志嘉靖六年三月甘露再降

嘉靖七年甘露降

按永陵編年史嘉靖七年春正月甲戌朔甘露降長泰縣三月南贛巡撫汪鋐言戊子元日長泰天降甘露皇上仁孝之道追隆舜武精一之心媲美湯文名號正而倫理明禮樂興而刑罰中至和感召天降禎祥帝曰甘露呈瑞以朕仁孝感格豈敢當惟奉天庇民以答靈貺耳其遣官祭告薦於宗廟頒賜羣臣

按福建通志嘉靖七年龍溪龍巖平和甘露降松柏上如霜飴食之甘

嘉靖八年甘露降

按山西通志嘉靖八年岢嵐州甘露降衛治前柳樹上露白如酥甘如蜜人爭食之三日而盡

嘉靖九年甘露降

按湖廣通志嘉靖八年冬十一月甘露降於顯陵

按大政紀嘉靖九年十二月己卯甘露降顯陵是歲除夕帝親製聞講詩御書賜夏言先是言講中庸至聖至誠章致望於帝故有是賜

按續文獻通考九年冬十二月己卯甘露降於顯陵守臣以聞明年正月辛卯上親製欽天記頌

嘉靖十二年甘露降

按湖廣通志嘉靖十二年二月德安甘露降於學宮柏上三月又降於吉陽山

嘉靖十七年甘露降

按大政紀嘉靖十七年正月壬寅帝祈穀於大祀殿甘露降龍溪縣三月巡按福建御史李元陽奏上甘露帝以頌賜內閣及文武

嘉靖十九年甘露降

按湖廣通志嘉靖十九年三月德安甘露降

嘉靖二十年甘露降

按潞安府志嘉靖二十年二月襄垣學宮甘露降

嘉靖三十二年甘露降

按陝西通志嘉靖三十二年甘露降啟聖祠柏樹滴如凝脂食之如蜜

嘉靖三十九年甘露降

按雲南通志嘉靖三十九年十二月永平甘露降

嘉靖四十一年甘露降

按續文獻通考嘉靖四十一年壬戌甘露降於承天皇陵之松樹時鎮守太監張方以獻世宗悅羣臣稱賀仍遣成國公朱希忠往承天祭告陵寢其承天分守參議及知府太監各賞銀有差

按湖廣通志嘉靖四十一年冬十月長至甘露降於顯陵山松

嘉靖四十二年甘露降

按湖廣通志嘉靖四十二年七月京山甘露降於學宮古柏

穆宗隆慶四年甘露降

按四川總志隆慶四年甘露降於滿江學宮柏樹

神宗萬曆十四年甘露降

按雲南通志萬曆十四年趙州甘露降

萬曆十八年甘露降

按浙江通志萬曆十八年湯谿甘露降

萬曆三十九年甘露降

按雲南通志萬曆三十九年雲南九峰山甘露降於松白如脂

萬曆四十二年甘露降

按四川總志萬曆四十二年除夕甘露降於通江縣向閣墓松上形味如脂飴元日復降

萬曆四十七年甘露降

按四川總志萬曆四十七年又三月成都中和門外有甘露降

萬曆四十八年甘露降

按湖廣通志萬曆四十八年安陸甘露降於寢園松柏

按雲南通志萬曆四十八年甘露降於雲龍

熹宗天啓二年甘露降

按雲南通志天啓二年冬甘露降於雲龍

天啓三年甘露降

按雲南通志天啓三年二月甘露降於大理圓瑩如珠

天啓七年甘露降

按吳縣志天啓七年丁卯八月二十四日至二十八日花山甘露降巖谷林木遍滿

欽定古今圖書集成曆象彙編庶徵典

第八十二卷目錄

庶徵典第八十二卷

露異部總論

王充論衡

講瑞

甘露和氣所生也露無故而甘和氣獨已至矣和氣至甘露降德洽而衆瑞湊案永平以來訖於章和甘露常降

是應

儒曰道至大者日月精明星辰不失其行翔風起甘露降雨濟而陰一者謂之甘雨非謂雨水之味甘也推此以論甘露必謂其降下時適潤養萬物未必露味甘也亦有露甘味如飴蜜者俱太平之應非養萬物之甘露也何以明之案甘露如飴蜜者著於樹木不著於五穀彼露味不甘者其下時土地滋潤流濕萬物洽沾濡溥由此言之爾雅且近得實緣爾雅之言驗之於物按味甘之露下著樹木察所著之樹不能茂於所不著之木然今之甘露殆異於爾雅之所謂甘露欲驗爾雅之甘露以萬物豐熟災害不生此則甘露降下之驗也甘露下是則醴泉矣

露異部藝文一

封禪頌　漢司馬相如

自我天覆雲之油油甘露時雨厥壤可游滋液滲漉何生不育嘉穀六穗我穡曷蓄非唯雨之又潤澤之非唯濡之汜布濩之萬物熙熙懷而慕思名山顯位望君之來君乎君乎侯不邁哉

甘露謳　魏曹植

元德洞幽飛化上承甘露以降蜜淳冰凝觀陽弗晞瓊爵是承獻之帝朝以明賈徵

謝賜甘露啓　梁沈約

約言左右徐儼宣勑垂賜法音寺松葉上甘露臣往年經見不過霑條而已時或凝結纔若輕霧未有玉聚珠聯光粲若是實由積仁上通冥德下降故能委華霄極雰被後彫慈旨曲洽頒此祥賚不任欣荷謹以啓事謝以聞

甘露頌　北齊邢卲

歷選列辟逖聽前聞三才易統五運相君皇極攸序庶類以分乃忠乃敬或質或文

赫矣景命蒸哉上聖大德莫名至道無競川停岳路雲臨水鏡望日齊明瞻天比映功深徵禹業隆作周英華內積文教外修廣輪四海提封十洲紫川北注赤水南流宸居兩楹恭己萬國聖敬日躋王猷允塞禮有大成樂無觸德用天之道順帝之則政平民豫歲稔時和九功惟敘九敘惟歌風輪躡漢毛舟沈河玉龜出洛鳴鳳在阿休徵屢動感極迥天流甘委素玉潤冰鮮蜜房下結珠琲上懸布濩林野灑散旌旃日月已明宇宙已廓鼓缶成詠抱水爲樂以爲元黃猶參沃若取慰天壤用忘溝壑

芳林園甘露頌　梁神淯

福以德彰慶沿業皎矧茲嘉露因祥特表翻潤星夕流甘月曉奇越彫氛珍逾素鳥至道伊融大化斯肇惟此大化寶感天眷降液丹墀飛津綺殿九服依風八荒改面敢述朦詞式旌舞忭

北齊爲百官賀甘露表　隋盧思道

竊以河榮洛變授祉於勳華元玉素鱗降靈于湯武其間徵禽弱草改狀移形夜宿朝雲星光動色皆以照臨下土發揮帝載千祀一致隔代同符伏惟陛下上總大維傍握河紀持欽翼之小心纂昇平之大業萬靈翹首應三台以西巡兩儀貞觀乘六氣而東指雲卿既出還聞百辟之歌河清可俟實得萬人之歎而上元乃顧神物荐委飛甘灑潤玉散珠連昔魏明仙掌竟無靈液漢武金盤空望雲表豈若神漿可挹流珠九月之前天酒自零凝照三階之下斯實曠代祥符前王罕遇休矣美矣皇哉唐哉臣等並邀昌運俱沐元造驟聞祕祉亟覩冥貺振鱗撫翼空馳魚鳥之心捧玉編金方待云亭之后

為皇太子賀甘露表　唐崔融

臣某言某至伏承某月日甘露降於金闕亭肅奉休徵不勝抃躍中賀臣聞五材並用天地合而凝津四序遞來陰陽和而灑潤望之成雪若墜崑崙之山嘗之則甘似降軒轅之國伏惟天皇部元氣平泰階正圭表于都畿考銅欄于宮室薦河圖而升洛範日載祥雲過竹苑而憩芝臺宵零瑞液南其塗塗被物滴滴流膏承以玉杯凌漢宮而擅美獻之瑣闥掩魏殿而稱珍可以致靈仙之寄可以延帝王之壽孝經援神契未足敘其和平春秋運斗樞不能議其清濁臣濫膺國本多慙人望仰宸遊而不及倍戀恒情聞帝澤而先驚慶深常位無任喜抃之至謹遣某官某奉表陳賀以聞

甘露記　符載

大唐壬午歲南陽張君宰上元之二年有甘露降于庭梧瀼瀼靄靄者如雨非雨者數日縣大夫謙不敢自道其美胥徒洎邑之緇黃幼艾以狀聞于連帥連帥表奏于天子天子嘉之優詔寵答煥然光曜癸未歲復降于庭梧夏四月余自淮南罷去丞相府將假以歸主人備勞餞之禮遂盛于杯器以示余余取前箸以嘗之卽薰喉淬齒液不及咽而腑臟塗然矣輒自揣大化之精而計之曰夫天地無私也至虛也寂然不動感而遂通若御物心誠萬人之氣和爲祥雲也甘露也或御物之心淫萬人之氣冤爲繁霜也苦雨也勤于此形于彼自開闢至于茲日無他理矣夫如是張君之政徭賦調歛倉廩實歛風俗厚歛人民樂歛不然則何嘉祥元貺鍾于邑也如此繇是言之二千石至于六百石主有上之教化操生人之性命正卽爲禎祥邪卽爲妖沴得不嚴心直志靜操理本上答神明之旨乎茂宰之時政也張君名集自某郡某里人也其餘風猷義行存乎碑頌此不書甲申歲十月一日記

甘露述　歐陽詹

甘露述昭孝德也貞元壬申歲福州福唐縣尉清源莆田邑人濟南林公贊太夫人終公每一痛至水漿不入口或三日或五日內外羸憊殆至殞滅癸酉歲將與先府君修合葬之禮公之于親事存既竭其力送終思盡其勤日含襚品章則有王度不敢越也塋域固護實在我功當懸而行之于是躬開坎室自埏磚甓與兄弟手攻肩負以壘以築雖率情性而無懟法度不違曲禮而有異常儀載考禮文而未之差春三月五日忽異氣自天氛氳下蒙非雲非煙冪冪綿綿綵耀光鮮馨香馥然起朝及暝徘徊不散先是繞壟已栽松柏洎曙枝葉間遍懸露滴其滴齊大如梧子公奇之與兄弟及鄉人時相慰者而嘗之其味甘異于人間之味日漸高不銷不晞轉堅轉明瑩然如珠鏗然玉聲如是者三日觀者爭取或食或翫噫天冥冥其間蓄靈地陳陳其間蓄神靈無形神無身無形無言無身無聲苟有可褒以物而旌苟無可褒物不虛行其德常其物常其德稀其物稀予聞甘露之說莫覩甘露之實其爲稀也不亦甚乎今天爲公而

降公之德豈常德與見殊香起途異彩相宣凝結珠圓光明月翻況堅者哉則其至誠所招又多矣子執弔禮幸獲而見珍發不足遂爲之述

五色露賦　白行簡

惟上天之陰騭至誠感通靈液肇吉能分五色之異以候一時之出祥風爍乎茂草瑞景晞乎朝日元黃錯雜綴玉樹以相鮮丹紺交輝映金盤而乍失旣能偶聖以呈貺寧有普天之不率飛液花塢流光蕙圃青熒玉綴燦爛珠吐露藥訝仙童捧來潤石疑女媧欲補花禽拂著宛如陳寶之鷄平野染成煥若徐方之土當其金烏戢耀玉兔騰光夜寂空知警鶴寒輕猶未爲霜徒想狀天酒類神漿豈辨彰施而披棘丸分雜錯以沾裳滿林嶺而霞駁遍莓苔而錦章自然贊爲天祚慶我皇唐何必徵勒畢之言以爲國泰驗吉雲之說乃辨時康加以風中煜爚空際浮爍綴瑤草以紛敷泫庭柯而照灼彼瀼瀼刺其感歎此湛湛歡其宴樂徒用典其詠歌會何覩其交錯未若含瑞表德耀彩逢時乍綺分於彼或星合於茲爲陰陽之純粹作花木之葳蕤喜氣度闕徒虛語耳榮光出水曷足方之是知天降休祥聖爲明證淡汪濊之仁澤得文質之善稱天何言哉國有感而善應

五色露賦　賈餗

露彩呈祥厥狀非一表四方之具變故五色而俱出間朱青以騰文雜元黃而成質則沐聖澤者疇敢不祇被湛恩者罔有不率大化式孚瑞物斯覩究其源兮則一分其色兮惟五曖空之際若麗非煙之祥潤塊之時如啓建侯之土神化無方至精宣光且見凝夫渥彩孰云晞以朝陽雖有本於三危三危不得不比諒無當於五色五色不得不彰豈直超絳雪掩元霜空挹瀼瀼之靈氣酌湑湑之神漿始也結以成形自東方而轉色今也出于協慶猶上天而降康則知時在中和何物不樂超飛走而爲瑞與風雨而咸若不奮揭以金莖寧假承於瓊爵鍊石初染狀媧皇之補天鸞瓦纔霑類彩鳳之巢閣在漢武時方朔陳詞涉吉雲之異境得五露之靈滋曷若我后統寰海之有截應天地之無私包衆瑞之備矣選列辟而觀之自然陰陽降祉天人合應吸沆瀣延楚客之情詠厭浥動詩人之興若以彼而方此曾不得侔色而揣稱

五色露賦　王起

露表嘉瑞國昭元吉發五色以斯呈掩百祥而非匹輝光駭目知泛灔之維新變化殊姿覺凄清之有失若非澤無不被化無不率則何以感之于寥天榮之于聖日爾其寂歷地表希微天宇無聲而零有色斯覩始曖空而雜糅俄泫草而周普露于衣也皆成黼黻之衣潤于土焉更謂苴茅之土且其白能受采朱則孔陽青瑛苔而轉麗元點漆而有光旣炫燿于衆彩終錯雜于中黃儻在琉璃味無忝于甘醴如浮葭葼色詎變于凝霜何湑兮之膏潤有煥乎之文章固可以扶壽而愈疾俗泰而時康徒觀夫泥泥未晞瀼瀼旣落珠彩點綴日華照灼無煩勒畢之求方成曼倩之樂散東陵之上乍混其瓜灑西山之中更迷其藥其凝厭浥其布葳蕤鶴將警而未測蟬欲飲而猶疑何紺霧而喻矣何卿雲而比之則知墜露成文休祥有證實我后之冥感掩前王之嘉應

五色露賦　袁兌

上帝宥密露滋貺吉青紫相宣元黃間出湛鮮輝以交透涵潤彩以爭溢搖泫泫於微風散離離於初日滴而成暈宜警鶴之偏聞感以無情勝舞獸之能率被萬物之咸覩表天心之以溥識瑞氣之非二辨方來之自五洗於石如披媧后之文遍于地似割封侯之土合德于唐成金之黃鳥晨散而翻墜烟晴籠而轉光旣柱成於重葉亦珠綴於垂芒契之斯來我則調玉燭而後致求之靡得彼則耀金莖而莫量是以其邦用昌其人用康誠可以爲飲不可以爲霜其離絢兮其濃沃若遐矚文象旁通綺錯狀郊祀之琮璧燦以芬敷擬霄漢之雲霓煥乎藹索固自天而同酒諒不醉而可樂其甘如飴其凝如脂苟叶于道不常厥期在春而衆葩皆麗或秋而羣蕪更滋彼露瀼矣我王則之接荷光兮渥蓂莢連碧砌兮滿堦墀旁沾兮對龍袞之彪炳芬映兮逼鸞鳳之葳蕤始縈於天臨之際終晞於日旰之時足使魏殿懷慙漢宮非勝多聞前後之仙術豈逮吾君之響應願濡翰於攻文之徒庶發揮於夢筆之興

甘露頌　明解縉

洪武年中天子聖養老尊賢崇孝敬御手調金鼎鼐披賜近臣賡歌洽四國龍章寶翰尚如新軒轅寶鼎咸陳迹海晏河清在今日未樂重華萬國賓繼志述事崇明禋亦知孝感由天造歌詠宣章屬縉紳甘露降鍾山陽丹墀潤靈草芳金光玉纈粲朝陽甘露降降冶城琳宮滿玉砌盈瓊林琪樹明華星甘露降自天天乳垂光五色鮮仁惠膏流通上元潛靈厭浥

敷紛紛飴蜜甘脂肪白竹葦瀼麗松柏天啓神明昭
聖德萬歲萬歲蒙聖澤

甘露賦 有序　楊士奇

臣聞武備國家不可一日忽忘者也自黃帝至于文武數聖人皆以之安天下易曰除戎器戒不虞書曰克詰爾戎兵詩曰以作六師若春秋禮所載講武之法尤備故武者所以保民禦侮安內攘外之大器也洪惟皇帝陛下臨御以來薄海內外咸歸德化尊卑大小安分循義耕食鑿飲朝恬夕嬉陛下聖仁之心宵旰惓惓謂天下雖安不可忘危時雖無事不可忘武陛下此心卽隆古帝王憂勤惕厲之心所以爲國家生民造太平無窮之福者也夫有至仁之德者必有至和之應乃永樂十年十月丁丑車駕狩于武岡之陽講武事也先夕甘露降兹山戊辰狩陽山甘露復降臣謹稽載籍有曰君治政平甘露降又曰帝王恩及于物順于人而甘露降又曰聖王之德上及太清下及太寧中及萬靈則膏露呈瑞凡此皆天地至和之應陛下至仁之所致也臣士奇幸叨侍從目覩盛事心切忻懌謹譔瑞應甘露賦一首上進賦曰

聖人膺乾符御九五溥帝澤肅皇度弘德化于萬方明威令于率土盛矣哉治平之世超漢唐而躋邃古也惟皇聖德同符舜禹功愈大而愈恭恆存戒于滿假肆服外以安內兼修文而講武蓋將奠斯民于衽席之安而壽宗社于磐石之固也于時寒霜既肅孟冬維敘百穀登場三農畢務順上天之時令考聖王之典故將簡閱于司徒而狩田之爰舉也吉日丁丑式啓鸞輅風伯警途雲師先御左翼青龍右衛白虎前導後從丹鳳元武千乘萬騎猋馳電騖至夫天璽之東武岡之陽翠華於是而駐焉粵兹山之先夕煥幄殿其夙具風淸泠兮淑穆月皎潔兮不霧直氐北之一星耿煌煌乎天乳旦而視之岡巒之表松柏之樹已厭浥乎甘露矣輕若霜凝濃若雪積散若玉屑圓若珠綴霏柯布條比比而是蓋芳飴不足以擬其甘醴醐不足以喩其味于是六軍驚異歡賀拜跽山呼谷應天子萬歲天子於是更龍袞乘飛黃從造父御王良升高眺遠周覽四方紛營隊其整列森部伍之分張震笳鼓兮遏雲凜戈戟兮飛霜布儲胥兮四合渺罝網兮彌岡乃有上公徹侯材官騎士分馳方攘環驅迤靡追奔載翔名霍迅駛于是金狸玉兎赤豹青兕麋鹿麞麂白鷳文雉倉皇怖懾氣奪魄褫或跳踉而未已或蒙茸其猶起矢不虛發一發五殪槊不虛擲應擲遄斃巧捷妙中鬪飜變態殺獲生縶蓋不可爲數計矣天子旣嘉雄武之士尤重三驅之義乃下詔止焉于是時也物不窮殺農不妨耕將悅騁志士樂獲盈羣情快適笑歡沸騰天子于是命衆撤營旋駕都城升金根之車鏘鸞和之聲揭日月之旗揚析羽之旌鳴鐃疊鼓條暢鏗鍧不亟不徐雍容安行歷東華登大廷御黼扆朝公卿文武濟濟介冑弁纓以及海外遐裔藩王陪臣莫不舞蹈上壽同聲一情皆以謂天子致勤武事篤在保民感至和之瑞而兆國家生民萬億年太平之慶也猗歟盛哉昔之子虛上林羽獵長楊馳騁浮詞以誇謝弋獵之樂殺獲之富游觀之奇而其實無所取徵者彼安知聖王至仁盛德上契乎天心天人協和靈瑞駢應者乎臣職詞苑躬覩嘉祥稽首陳賦繼以詩章詩曰天子仁聖保康兆民民之允懷皇天維親至和萃靈嘉祥駢臻介福穰穰天子聖仁又曰明明天子受福于天德威所被下竟八埏內固外順宗社奠安聖子神孫於千萬年

露異部藝文二 詩

詠採甘露應詔　陳江總

祥露曉氛氳上林朝晃朗千行珠樹出萬葉瓊枝長徐輪動仙駕淸宴留神賞丹水波濤汎黃山煙露上風亭翠旆開雲殿朱絃響徒知恩禮洽自憐名實爽

應詔甘露詩　北齊邢卲

膏露且漸洽凝液汭旂旗草木盡霑被玉散復珠霏誰謂穹昊遠道合若應機

尹相公京兆府中棠樹降甘露詩　唐岑參

相國尹京兆政成人不欺甘露降府庭上天表無私非無他人家豈少羣木枝被兹甘棠樹美掩名伯詩溥溥甜如蜜晶晶凝若脂千柯玉光碎萬葉珠顆垂崐崘何時來慶雲相逐飛魏宮銅盤貯漢帝金掌持王澤布人和精心動靈祇君臣日同德禎瑞方潛施何術令大臣感通能及兹忽驚政化理暗與神物期却笑趙張輩徒稱古今稀爲君下天酒麴糵將用時

甘露　朱文彥博

天德冥應仁澤載濡其甘如醴其凝若珠雲表潛結
顯英允數降於竹柏末昭瑞圖

甘露呈祥　明聞政

梟梟晴絲春日遲優游策蹇過黃陂烟棲石徑苔痕
滑雲出松門山色奇甘露當年曾降瑞都人今日尚
題詩遐思仙掌銅人事漢武英明亦近痴

甘露呈祥　向古

聖朝原不尚祥禎甘露何由釀結成自有民心流玉
液不勞仙掌貯金莖兒童飽嚼黃農飯長吏貪聽社
蜡笙古道自然還國史山山鋤雨種香秔

甘露　王鏊

一樹瓏璁凍欲流碎攢紅玉上枝頭香分醽醁春誰
釀光映珊瑚夜未收瑞謝仙人雲外掌恩霑唱者道
旁猴不知造化眞何意獨凭欄杆翫未休

露異部選句

漢王延壽魯靈光殿賦甘露被宇而下臻
魏曹植魏德論元德洞幽飛化上承甘露以降蜜淳
冰凝觀陽弗晞瓊爵是承獻之帝朝以明聖徵
宋謝莊請封禪表雕氣降霧於宮樹珍露呈味於禁
林
南齊書武帝本紀甘露凝暉於騶牧神爵騫翥於蘭
囿
梁書武帝本紀義師初踐芳露凝甘
簡文帝七勵金船漾寶銀甕呈甘
王筠開善寺碑熏風瑀露散馥流甘
陳徐陵傅大士碑四徹之中恒沍甘露六旬之內常
雨天酒　又孝義寺碑明星皎皎流半月之光甘露團
團酒如餳之味
北周庾信馬射賦竹葦兩草共垂甘露青赤二氣同
為景星
隋書樂志露甘泉白雲郁河清
宇文愷傳天符地寶吐醴飛甘
薛道衡老氏碑春泉如醴出自京師秋露凝甘遍于
行葦
宋晏殊兩朝祥瑞贊序露飴雲蔚泉湧河清
玉海露壇凝紫河宮湛碧
唐張說詩珠囊含瑞露金鏡抱還輪
王昌齡詩萬年甘露水晶盤
殷璠詩昨日鍾山甘露降玻璃滿賜出宮瓢
宋蘇軾詩瑞露酌天漿

露異部紀事

列子殷湯篇師文鼓琴將終命宮而總四絃則景風
翔慶雲浮甘露降澧泉涌
誠齋雜記吳郡沈豐為零陵太守到官一年甘露降
五縣流被山林膏草木時人歌之
水經注昌邑縣東北有金城城內有沇州刺史河東
薛棠像碑以郎中拜剡令甘露降園熹平四年遷州
明年甘露復降殿前樹從事馮巡主簿華操等相與
褒樹表勒棠政
汝南先賢傳新蔡鄭敬都尉高懿廳前槐樹有白露
類甘露懿問掾屬皆言是甘露敬曰明府德政未致
甘露但樹汁耳懿不悅稱疾而去
後賢志犍為楊彭敬宗弟遠訓宗各以德行稱同察
孝廉彭比蘇令甘露降其縣
晉書五行志海西公太和中百姓歌曰青青御路楊
白馬紫遊韁汝非皇太子�得甘露漿識者曰白者
金行馬者國族紫為奪正之色明以紫間朱也海西
公尋廢其三子並非海西公之子縊以馬韁死之明
日南方獻甘露焉
宋書符瑞志宋武帝居在丹徒始生之夜有甘露降
於墓樹
梁書昭明太子傳高祖大弘佛教親自講說太子亦
崇信三寶遍覽衆經乃於宮內別立慧義殿專為法
集之所招引名僧談論不絕太子自立三諦法身義
並有新意普通元年四月甘露降於慧義殿咸以為
至德所感焉
三國典略梁元帝初甘露降荊州皂莢樹
陳書徐伯陽傳伯陽徐司空侯安都府記室參軍事
安都素聞其名見之降席為禮甘露降樂遊苑詔賜
安都令伯陽為謝表世祖覽而奇之
北魏書明元密皇后杜氏傳初以良家子選入太子
宮有寵生世祖及太宗即位拜貴嬪泰常五年薨世
祖即位追尊號謚又立后廟於鄴刺史四時薦祀以
魏郡太后所生之邑復其調役後甘露降於廟庭高
宗時相州刺史高閭表修后廟
崔光傳光弟敬友敬友子鴻為散騎常侍領郎中延

昌三年鴻以父憂解任甘露降其廬前樹十一月世宗以本官徵鴻四年復有甘露降其京兆宅庭樹

北齊書邢卲傳世宗幸晉陽路中頻有甘露之瑞朝臣皆作甘露頌尚書符令卲爲之序

北史陽休之傳休之除中山太守在郡三年再致甘露之瑞

隋書孝義傳李德饒性至孝父母寢疾輒終日不食十旬不解衣及丁憂哀慟歐血數升送葬之日會仲冬積雪行四十餘里單縗徒跣號踴幾絕後甘露降於庭樹

唐書崔元暐傳元暐母亡哀毀甘露降庭樹

裴敬彝傳敬彝七歲能文章性謹敏宗族重之號甘露頂親亡自傷不得養即穿壙爲門晨夕汎掃廬墓左暗默三十年家人有所問書文以對會官改新道出廬前行旅見之皆爲流涕有甘露降塋木白兔馴擾縣令刊石記之

許法慎傳法慎滄州淸池人甫三歲已有知時母病不飲乳慘慘有憂色或以珍餌詭悅之輒不食還以進母後親喪常廬於塋有甘露嘉木靈芝木連理白兔之祥

大唐新語李遜爲貝州刺史甘露遍於庭中樹其邑人曰美政所致請以聞遜謙退

唐書獨孤及傳遷禮部員外郎歷濠舒二州刺史歲饑旱鄰郡庸亡什四以上舒人獨安以治課加檢校司封郎中賜金紫徙常州甘露降其庭

舊唐書文宗本紀太和九年十一月李訓鄭注謀誅內官詐言金吾仗舍石榴樹有甘露請上觀之內官先至金吾仗見幕下伏甲遽扶帝輦入內故訓等敗流血塗地京師大駭旬日稍安

茅亭客話聖宋戊申歲帝奉元符禮行泰嶽是時雨露之恩徧加率土應天下悉賜大酺其年冬十月知州樞密直學士任公中正於衙南樓前盛張妓樂雜戲以宴耆老遵詔旨也大酺之盛蜀民雖眉龐齒齯未曾見之可謂榮觀爾歡呼之聲傾動方隅皆稱往歲兩陷盜賊墜於塗炭豈知今日遇文明主作太平民得覩茲盛世耶是歲冬十二月甘露降於大聖慈寺甘露寺淨衆寺金繩院龍興觀靑羊宮及衙廨內道院凡八處竹柏之上自承天節日至二十日逐夜連綿不止葉無大小悉皆周徧士庶扶老攜幼奔馳於路以盤盂承接嘗飲之甘如飴蜜又里儒証瑞應圖曰夫甘露之降王者尊賢尚齒則竹柏受之聖人作爲道之休明德動乾坤而感者謂之瑞其是之謂乎

天中記祥符九年十一月五日賜玉淸昭應宮甘露歌曰名神漿稱天酒考祥圖兮嘉應之首降仁壽兮零未央觀舊史兮太平之祥

宋史彭乘傳乘知普州父卒既葬有甘露降於墓柏人以爲孝感

孝義列傳羅居通益州成都人母死廬墓三年有甘露降墳樹

鄧宗古簡州陽安人父死自培土爲墳廬其側晨夕號慟甘露降於墓木

郭義興化軍人早遊太學以操尚稱年四十餘客錢塘聞母喪徒跣奔喪每一慟輒嘔血家貧甚故人有所饋不受聚土爲墳手蒔松竹而廬於其旁甘露降於墓上

甲申雜記周仲元章作漕淮南謂余曰嘗爲衡陽宰一日邑云甘露降視松竹間光潔如珠因取一枝示劉貢父貢父曰速棄之此陰陽之戾氣所成其名爵餳飲之令人致疾古人蓋有說焉當求博識之君子求甘露爵餳之別 注 建康實錄陳末覆舟山及蔣山松柏林冬月常出木醴後主以爲甘露之瑞俗呼爲雀餳

談淵翰林侍講學士杜鎬博學有識都城外有墳莊一日若有甘露降布林木子姪輩驚喜白於鎬鎬咈之慘然不懌子姪啓請鎬曰此非甘露乃雀餳大非佳兆吾門其衰矣踰年鎬薨有八喪

明良錄略宋濂擢翰林學士時甘露屢降上問災祥之故對曰受命不於天於其人休符不於祥於其仁是以春秋不書祥而記異也

欽定古今圖書集成曆象彙編庶徵典

庶徵典第八十三卷

雹災部彙考一

禮記

月令

仲夏行冬令則雹凍傷穀

春秋緯

感精符

大臣擅法則雨雹

九月十月日邑青則寒有雪雹

考異郵

陰氣之專精凝合生雹雹之爲言合也以妾爲妻大尊重九女之妃闕而不御坐不離前無由相去之心同輿參駟房社之內歡欣之樂專政夫人施而不傳陰精凝而見滅

漢含孳

專以精并氣凝爲雹宋均注曰謂若魯僖公脅于齊以妾爲妻尊重齊媵無廻曲之心感陰水氣乃使結而不解散

管子

幼官

夏行冬政落重則雨雹

大戴禮記

曾子天圓

陽之專氣爲雹陰之專氣爲霰霰雹者一氣之所化也

淮南子

時則訓

孟春行冬令則水潦爲敗雨霜大雹首稼不入

洪範五行傳

雹霰

陰陽相脅而雹霰盛陰而雪凝滯而冰寒陽氣之不相入則散而爲霰盛陽雨水溫煖而湯熱陰氣脅之不相入則轉而爲雹霰者陽脅陰也雹者陰脅陽也人君妒賢嫉善在下謀上則日食而雹殺走獸

董仲舒春秋繁露

五行

水干火夏雹

水有變春夏雨雹救之者憂囹圄案姦宄誅有罪

探春歷記

立春占

己丑日立春春雨風雹庚寅日立春夏雨雪雹戊辰日立春秋雨風雹乙未日立春秋雨雪雹丙申日立春冬雹雪雷丁亥日立春夏雨風雹己亥日立春冬雨雪雹辛亥日立春秋雨雪雹

後漢書

五行志注

易讖曰凡雹者過由人君惡聞其過抑賢不易內與邪人通取財利蔽賢施之並當雨不雨故反雹下也易緯曰夏雹者治道煩苛繇役急促教令數變無有常法不救爲兵强臣逆謀蝗蟲傷穀救之舉賢良爵有功務寬大無誅罰則災除

許愼說文

雹

雨冰也從雨包聲

劉熙釋名

釋天

雹砲也其所中物皆摧折如人所盛咆也

風角占

雹占

徵動羽有雹霜

白虎通

災變

雹之爲言合也陰氣專精積合爲雹

觀象玩占

總叙

雹者陽盛而水溫熱陰氣脅之而成雹也五行傳以爲聽不聰之咎其占爲臣制君亦爲陰慘無恩之象故久雨而雹所起必有怨怒不平之事在國都則咎在君相在外則其方之長吏當之春秋感精符曰臣擅發則天雨雹一曰凡木再花夏有雹雹多大水之兆

占法

雹殺飛鳥君信讒刑于人京房占曰雹毁瓦破庫藏損殺馬者人君任小人爲政作威福也雹下剝木枝五穀者上以酷政賦斂而殺人也

雹下多如積雪者臣欲弑其君也如積冰者邊將臣爲逆也

雹下極而驛者君私邪人臣成之也

雹下生芒者人君縱欲害人也

雹下而大風者君罰過度也

兩軍相持而天雨雹者視風雨之所發者勝所逆者敗

師行而遇雨雹者天不順也不避必敗

正月雨雹臣逆君命大臣有暴死者二月雨雹大臣專政三月雨雹君威大猛四月雨雹民不安秋禾傷臣專命五月雨雹萬物風夭人災米貴六月雨雹殺雞鵝人主任小人臣不用命民不安七月八月雨雹殺物臣不忠九月雨雹不利牛馬至地不化臣爲姦冬雨雹臣逆命一曰大臣殃

天鏡曰夏多雨雹民饑

雹下如珠人君欲害人民之甚也雹下如藜實人君侮慢民庶

雹傷禾稼折木政在大臣天數頻雨雹亦兵之象也

本草綱目

雹釋名

時珍曰程子云雹者陰陽相搏之氣蓋沴氣也或云雹者砲也中物如砲也曾子云陽之專氣爲雹陰之專氣爲霰陸農師云陰包陽爲雹陽包陰爲霰雪六出而成花雹三出而成實陰陽之辨也五雷經云雹乃陰陽不順之氣結成亦有懶龍鱗甲之內寒凍生冰爲雷所發飛走墮落大者如斗升小者如彈丸又蜥蜴含水亦能做雹未審果否

氣味

鹹冷有毒時珍曰按五雷經云人食雹患疫疾大風顛邪之證藏器曰醬味不正者當時取一二升納入甕中卽還本味也

遵生八牋

四時調攝牋

正月朔忌雨雹主多瘡疥之疾

雹災部彙考二

周

孝王七年冬大雨雹江漢冰

按史記周本紀不載　按竹書紀年云云

十三年封非子爲附庸邑之秦大雨雹牛馬凍死江漢冰

按史記周本紀不載　按前編云云按前編所書即竹書七年事事同年異不知何據姑附存之以備考

夷王七年冬雨雹大如礪

按史記周本紀不載　按竹書紀年云云

襄王二十一年魯大雨雹

按春秋魯僖公二十九年秋大雨雹　按左傳爲災也

大全正蒙曰凡陰氣凝聚陽在內者不得出則奮擊而爲雷霆陽在外者不得入則周旋不舍而爲風和而散則爲霜雪雨露不和而散則爲戾氣曀霾陰常散緩受交于陽則風雨調寒暑正雹者戾氣也陰脅陽臣侵君之象當是時僖公即位日久季氏世卿公子遂專權政在大夫萌于此矣

按漢書五行志釐公二十九年秋大雨雹劉向以爲盛陽雨水溫煖而湯熱陰氣脅之不相入則轉而爲雹盛陰雨雪凝滯而冰寒陽氣薄之不相入則散而爲霰故沸湯之在閉器而湛于寒泉則爲冰及雪之銷亦冰解而散此其驗也故雹者陰脅陽也霰者陽薄陰也春秋不書霰者猶月食也釐公末年信用公子遂遂專權自恣將至于殺君故陰脅陽之象見釐公不寤遂終專權後二年殺子赤立宣公左氏傳曰聖人在上無雹雖有不爲災說曰凡物不爲災不書書大言爲災也凡雹皆冬之愆陽夏之伏陰也

景王六年魯大雨雹

按春秋魯昭公三年冬大雨雹

按漢書五行志昭公三年大雨雹是時季氏專權脅君之象見昭公不寤後季氏卒逐昭公

景王七年正月魯大雨雹

按春秋魯昭公四年大雨雹　按左傳季武子問于申豐曰雹可禦乎對曰聖人在上無雹雖有不爲災古者日在北陸而藏冰西陸朝覿而出之其藏冰也深山窮谷固陰沍寒于是乎取之其出之也朝之祿位賓客喪祭于是乎用之其藏之也黑牡秬黍以享司寒其出之也桃弧棘矢以除其災其出入也時食肉之祿冰皆與焉大夫命婦喪浴用冰祭寒而藏之獻羔而啓之公始用之火出而畢賦自命夫命婦至于老疾無不受冰山人取之縣人傳之輿人納之隸人藏之夫冰以風壯而以風出其藏之也周其用之也徧則冬無愆陽夏無伏陰春無淒風秋無苦雨雷出不震無菑霜雹癘疾不降民不夭札今藏川池之冰棄而不用風不越而殺雷不發而震雹之爲災誰能禦之七月之卒章藏冰之道也

胡傳陰陽之氣和而散則爲霜雪雨露不和而散則爲戾氣曀霾雹戾氣也陰脅陽臣侵君之象當是時季孫宿襲位世卿將毀中軍專執兵權以弱公室故數月之間再有大變申豐季氏之孚也不肯端言其事故暴揚于朝歸咎藏冰之失夫山谷之冰藏之也周用之也徧亦古者本末備舉變調之一事耳謂能使四時無愆伏淒苦之變雷出不震無菑霜雹則亦誣矣意者昭公遇災而懼以禮爲國行其政令無失其民雹之災也庶可禦也不然雖得藏冰之道合于豳風七月之詩其將能乎

按漢書五行志昭公四年正月大雨雹劉向以爲昭取于吳而爲同姓謂之吳孟子君行于上臣非于下又三家已彊皆賤公行慢侮之心生董仲舒以爲季孫宿任政陰氣盛也

漢

文帝後七年雨雹

按漢書文帝本紀不載　按風俗通文帝即位二十三年雨雹如桃李深者厚三尺

景帝二年雨雹

按史記景帝本紀二年秋衡山雨雹大者五寸深者二尺

中元年雨雹

按史記景帝本紀中元年衡山原都雨雹大者尺八寸

中六年三月雨雹

按史記景帝本紀云云

武帝元光元年雨雹

按漢書武帝本紀不載　按董膠西文集元光元年二月京師雨雹按西京雜記作七月

元鼎三年夏四月雨雹

按漢書武帝本紀云云

元封三年冬十二月雷雨雹大如馬頭

按漢書武帝本紀不載　按五行志云云

宣帝地節三年雨雹

按漢書宣帝本紀不載　按蕭望之傳望之爲大行治禮丞時大將軍光薨子禹復爲大司馬兄子山領尚書親屬皆宿衛內侍地節三年夏京師雨雹望之因是上疏願賜淸閒之宴口陳災異之意宣帝自在民間聞望之名曰此東海蕭生邪下少府宋畸問狀無有所諱望之對以爲春秋昭公三年大雨雹是時季氏專權卒逐昭公鄉使魯君察於天變宜亡此害今陛下以聖德居位思政求賢堯舜之用心也然而善祥未臻陰陽不和是大臣任政一姓擅執之所致也附枝大者賊本心私家盛者公室危唯明主躬萬機選同姓舉賢材以爲腹心與參政謀令公卿大臣朝見奏事明陳其職以考功能如是則庶事理公道立姦邪塞私權廢矣對奏天子拜望之爲謁者

地節四年雨雹

按漢書宣帝本紀不載　按五行志地節四年五月山陽濟陰雨雹如雞子深二尺五寸殺二十人蜚鳥皆死其十月大司馬霍禹宗族謀反誅霍皇后廢

成帝河平二年雨雹

按漢書成帝本紀不載　按五行志河平二年四月楚國雨雹大如斧蜚鳥死

後漢

光武帝建武十年十月戊辰樂浪上谷雨雹傷稼

十二年河南平陽雨雹大如杯壞敗吏民廬舍

十五年十二月乙卯鉅鹿雨雹傷稼

按後漢書光武帝本紀不載　按古今注云云

明帝永平三年八月郡國十二雨雹傷稼

十年郡國十八或雨雹蝗

按後漢書明帝本紀不載　按古今注云云

和帝永元五年雨雹

按後漢書和帝本紀永元五年六月丁酉郡國三雨雹　按五行志永元五年六月郡國三雨雹大如雞子是時和帝用酷吏周紆爲司隸校尉刑誅深刻

殤帝延平元年安帝即位雨雹

按後漢書安帝本紀延平元年秋八月癸丑即位冬十月四州大水雨雹詔以宿麥不下賑賜貧人

安帝永初元年雨雹

按後漢書安帝本紀永初元年郡國二十八雨雹

永初二年雨雹

按後漢書安帝本紀永初二年六月京師及郡國四十大風雨雹註雹大如芋魁雞子風拔樹發屋

永初三年雨雹

按後漢書安帝本紀永初三年京師及郡國四十一雨雹　按五行志永初三年雨雹大如鴈子傷稼劉向以爲雹陰脅陽也是時鄧太后以陰專陽政

元初四年雨雹

按後漢書安帝本紀元初四年六月戊辰三郡雨雹　按五行志元初四年六月戊辰郡國大雨雹大如杅杯及雞子殺六畜

元初六年雨雹

按後漢書安帝本紀元初六年夏四月沛國勃海雨雹

延光元年雨雹

按後漢書安帝本紀延光元年夏四月癸未京師郡國二十一雨雹　按五行志延光元年四月郡國二十一雨雹大如雞子傷稼是時安帝信讒無辜死者多　按孔僖傳僖子季彥延光元年河西大雨雹大者如斗安帝詔有道術之士極陳變眚乃召季彥見於德陽殿帝親問其故對曰此皆陰乘陽之徵也今貴臣擅權母后黨盛陛下宜修聖德慮此二者帝默然左右皆惡之

延光三年雨雹

按後漢書安帝本紀延光三年京師及諸郡國三十六雨雹　按五行志三年雨雹大如雞子

順帝永建三年郡國十二雨雹

六年郡國十二雨雹傷秋稼

按後漢書順帝本紀不載　按古今注云云

桓帝延熹四年雨雹

按後漢書桓帝本紀延熹四年五月己卯京師雨雹　按五行志四年五月己卯京師雨雹大如雞子是時桓帝誅殺過差又寵小人

延熹七年雨雹

按後漢書桓帝本紀延熹七年五月己丑京師雨雹　按五行志七年五月己丑京都雨雹是時皇后鄧氏僭侈驕恣專幸明年廢以憂死其家皆誅

延熹九年雨雹

按後漢書桓帝本紀不載　按襄楷傳延熹九年楷上疏曰自春夏以來連有霜雹及大雨雷而臣作威作福刑罰急刻之所感也太原太守劉瓆南陽太守成瑨志除姦邪其所誅翦皆合人望而陛下受閹豎之譖乃遠加考逮三公上書乞哀瓆等不見採察而

嚴被譴讓憂國之臣將遂杜口矣

靈帝建寧二年雨雹

按後漢書靈帝本紀建寧二年四月癸巳雨雹詔公卿以下各上封事　按張奐傳建寧元年奐遷少府明年夏大風雨雹詔使百寮各言災應奐上疏曰陰氣專用則凝精爲雹故大將軍竇武太傅陳蕃或志寧社稷或方直不囘前以讒勝並伏誅戮海內默默人懷震憤昔周公葬不如禮天乃動威今武蕃忠貞未被明宥妖眚之來皆爲此也宜急爲改葬徙還家屬其從坐禁錮一切蠲除又皇太后雖居南宮而恩禮不接朝臣莫言遠近失望宜思大義顧復之報帝深納奐言左右皆惡之帝不得自從

建寧三年雨雹

按後漢書靈帝本紀不載　按謝弼傳建寧三年詔舉有道之士弼對策除郎中時青蛇見前殿大風拔木詔公卿以下陳得失弼上封事曰臣聞爵賞之設必酬庸勳開國承家小人勿用今功臣久外未蒙爵秩阿母寵私乃享大封大風雨雹亦由於兹左右惡其言出爲廣陵府丞

建寧四年五月雨雹

按後漢書靈帝本紀云云

光和四年雨雹

按後漢書靈帝本紀光和四年六月庚辰雨雹　按五行志光和四年六月雨雹大如雞子是時常侍黃門用權

中平二年雨雹

按後漢書靈帝本紀中平二年夏四月庚戌雨雹

按五行志中平二年四月庚戌雨雹傷稼

獻帝初平四年雨雹

按後漢書獻帝本紀初平四年六月扶風雨雹　按五行志初平四年六月右扶風雹如斗

注袁山松書曰雹殺人前後雨雹此最爲大時天下潰亂

吳

大帝嘉禾四年雨雹

按吳志孫權傳嘉禾四年秋七月有雹

按晉書五行志吳孫權嘉禾四年七月雨雹又隕霜按劉向說雹者陰脅陽也是時呂壹作威用事詆毀重臣排陷無辜自太子登以下咸患毒之而壹反獲封侯寵異與春秋時公子遂專任雨雹同應也漢安帝信讒多殺無辜亦雨雹董仲舒曰凡雹皆爲有所脅行專壹之政故也

赤烏十一年雨雹

按吳志孫權傳赤烏十一年夏四月雨雹

按晉書五行志赤烏十一年四月雨雹是時權聽讒將危太子其後朱據屈晃以迕意黜辱陳正陳象以忠諫族誅而太子終廢此有德遭險誅罰過深之應也

景帝永安五年大雨雹

按吳志孫休傳不載　按宋書五行志孫休永安五年八月壬午大雨震雹

晉

武帝咸寧五年大雨雹

按晉書武帝本紀咸寧五年夏四月丁亥郡國八雨雹傷秋稼壞百姓廬舍　按五行志五年五月丁亥鉅鹿魏郡雨雹傷禾麥辛卯鴈門雨雹傷秋稼六月庚戌汲縣廣平陳留滎陽雨雹景辰又雨雹隕霜傷秋麥千三百餘頃壞屋百二十餘間癸亥安定雨雹七月景申魏郡又雨雹閏月壬子新興又雨雹八月庚子河南河東弘農又雨雹兼傷秋稼三豆

太康元年雨雹

按晉書武帝本紀太康元年夏四月河東高平雨雹傷秋稼三河魏郡弘農雨雹傷宿麥五月郡國六雹傷秋稼　按五行志太康元年三月河東高平霜雹傷桑麥四月河南河內河東魏郡弘農雨雹傷麥豆是月庚午畿內縣二及東平范陽雨雹癸酉畿內縣五又雨雹五月東平平陽上黨鴈門濟南雨雹傷禾麥三豆是時王濬有大功而權戚互加陷抑帝從容不斷陰脅陽之應也

太康二年大雨雹

按晉書武帝本紀二年夏六月郡國十六雨雹秋七月上黨又暴風雨雹傷秋稼　按五行志二月壬申琅琊雨雹五月庚寅河東樂安東平濟陰弘農濮陽齊國頓丘魏郡河內汲郡上黨雨雹傷禾稼六月郡國十七雨雹七月上黨雨雹

太康五年雨雹

按晉書武帝本紀五年七月戊申任城梁國中山雨雹傷秋稼減天下戶課三分之一　按五行志五年七月乙卯中山東平雨雹傷秋稼甲辰中山雨雹

太康六年六月滎陽汲郡鴈門雨雹

按晉書武帝本紀不載　按五行志云云

太康九年雨雹

按晉書武帝本紀不載　按五行志九年正月京師大風雨雹發屋拔木

惠帝元康二年八月沛及蕩陰雨雹

按晉書惠帝本紀二年沛國雨雹傷麥　按五行志云云

元康三年雨雹

按晉書惠帝本紀三年夏四月滎陽雨雹六月弘農郡雨雹深三尺　按五行志三年四月滎陽雨雹六月弘農湖城華陰又雨雹深三尺是時賈后凶淫專恣與春秋魯桓夫人同事陰氣盛也

元康五年雨雹

按晉書惠帝本紀元康五年六月東海雨雹深五寸十二月景戌丹陽雨雹（按志作二月丹陽建鄴雨雹）

元康七年五月魯國雨雹

按晉書惠帝本紀云云

元康九年雨雹

按晉書惠帝本紀不載　按五行志九年五月雨雹是時賈后凶躁滋甚及冬遂廢愍懷

永寧元年雨雹

按晉書惠帝本紀不載　按五行志永寧元年七月襄城河南雨雹十月襄城河南高平平陽又風雹折木傷稼

愍帝建興元年雨雹

按晉書愍帝本紀建興元年冬十月己巳大雨雹

元帝太興二年雨雹

按晉書元帝本紀不載　按五行志二年三月丁未成都風雹殺人

太興三年雨雹

按晉書元帝本紀不載　按五行志三年三月海鹽雨雹是時王敦陵上

明帝太寧二年雨雹

按晉書明帝本紀不載　按五行志二年四月庚子京都大雨雹燕雀死

太寧三年大雨雹

按晉書明帝本紀三年四月己亥雨雹　按五行志是年帝崩尋有蘇峻之亂

成帝咸和六年雨雹

按晉書成帝本紀不載　按五行志六年三月癸未雨雹是時帝幼弱政在大臣

咸和七年趙國雨雹

按晉書成帝本紀不載　按石勒載記勒建平三年雹起西河介山大如雞子平地三尺洿下丈餘行人禽獸死者萬數歷太原樂平武鄉趙郡廣平鉅鹿千餘里樹木摧折禾稼蕩然勒正服于東堂以問徐光曰歷代以來有斯災幾也光對曰周漢魏晉皆有之雖天地之常事然明主未始不為變所以敬天之怒也去年禁寒食介推帝鄉之神也歷代所尊或者以為未宜替也一人吁嗟王道尚為之虧況羣神怨憾而不怒動上帝乎縱不能令天下同爾介山左右晉文之所封也宜任百姓奉之勒下書曰寒食既并州之舊風朕生其俗不能異也前者外議以子推諸侯之臣王者不應為忌故從其議倘或由之而致斯災乎子推雖朕鄉之神非法食者亦不得亂也尚書其促檢舊典定議以聞有司奏以子推歷代攸尊請普復寒食更為植嘉樹立祠堂給戶奉祀勒黃門郎韋謏駁曰按春秋藏冰失道陰氣發洩為雹自子推已前雹者復何所致此自陰陽乖錯所為耳且子推賢者曷為暴害如此求之冥趣必不然矣今雖為冰室懼所藏之冰不在固陰沍寒之地多皆山川之側氣洩為雹也以子推忠賢令綿介之間奉之為允于天下則不通矣勒從之于是遷冰室于重陰凝寒之所并州復寒食如初

咸康二年雨雹

按晉書成帝本紀不載　按五行志二年正月丁巳皇后見於太廟其夕雨雹

穆帝永和五年雨雹

按晉書穆帝本紀不載　按五行志五年六月臨漳暴風震電雨雹大如升　按石遵載記遵僭即尊位震雷雨雹大如盂升

海西公太和三年雨雹

按晉書海西公本紀太和三年夏四月癸巳雨雹　按五行志海西公太和三年四月雨雹折木

孝武帝太元二年雨雹

按晉書孝武帝本紀太元二年夏四月己酉雨雹　按五行志是時帝幼政在將相陰之盛也

太元十二年雨雹

按晉書孝武帝本紀太元十二年四月己丑雨雹

太元二十年雨雹

按晉書孝武帝本紀不載　按五行志二十年五月癸卯上虞雨雹

太元二十一年雨雹
按晉書孝武帝本紀太元二十一年夏四月丁卯雨雹　按五行志二十一年四月丁亥雨雹是時張夫人專幸及帝暴崩兆庶尤之
安帝隆安二年雨雹
按晉書安帝本紀不載　按五行志隆安二年三月乙卯雨雹是秋王恭殷仲堪稱兵內侮終皆誅之
元興三年雨雹
按晉書安帝本紀不載　按五行志三年四月景午江陵雨雹是時安帝蒙塵
義熙元年雨雹
按晉書安帝本紀不載　按五行志義熙元年四月壬申雨雹是時四方未一鉦鼓日戒
義熙五年雨雹
按晉書安帝本紀不載　按五行志五年五月癸巳溧陽雨雹九月己丑廣陵雨雹明年盧循至蔡州
義熙六年雨雹
按晉書安帝本紀不載　按五行志六年五月壬申雨雹
按宋書徐廣傳義熙六年廣遷散騎常侍又領徐州大中正轉正員常侍時有風雹爲災廣獻書高祖曰風雹變未必爲災古之聖賢輒懼而修己所以興政化而隆德教也嘗忝服事宿眷未忘思竭塵露率誠于習明公初建義旗匡復宗社神武應運信宿平夷且恭謙儉約虛心匪懈來蘇之化功用若神頃事故旣多刑德並用戰功殷積報叙難盡萬機繁湊固應難速且小細煩密羣下多懼又穀帛豐賤而民情不勸禁司互設而劫盜多有誠由俗弊未易整而望深未易炳追思義熙之始如有不同何者安好願逸萬物之大趣習舊駭新凡識所不免要當俯順羣情抑揚隨俗則朝野歡泰具瞻允康矣言無可採願矜其愚款之志
義熙八年雨雹
按晉書安帝本紀不載　按五行志八年四月辛未朔雨雹六月癸亥雨雹是秋誅劉蕃等
義熙十年雨雹
按晉書安帝本紀不載　按五行志十年四月辛卯雨雹

宋

文帝元嘉九年雨雹
按宋書文帝本紀不載　按五行志元嘉九年春京都雨雹溧陽盱眙尤甚傷牛馬殺禽獸
元嘉十八年雨雹
按南史文帝本紀十八年三月庚子雨雹
按宋書五行志十八年三月雨雹二十五年鹵寇青州
元嘉二十九年雨雹
按宋書文帝本紀不載　按五行志二十九年五月盱眙雨雹大如雞卵三十年國家禍亂兵革大起
明帝泰始五年雨雹
按宋書明帝本紀不載　按五行志泰始五年四月壬辰京邑雨雹
後廢帝元徽三年雨雹
按宋書後廢帝本紀不載　按五行志元徽三年五月乙卯京邑雨雹

南齊

高帝建元四年雨雹
按南齊書高帝本紀不載　按五行志建元四年五月戊午朔雹
武帝永明元年雨雹
按南齊書武帝本紀不載　按五行志永明元年九月乙丑雹落大如蒜子須臾乃止
永明十一年雨雹
按南齊書武帝本紀不載　按五行志十一年四月辛亥雹落大如蒜子須臾滅

梁

武帝中大通元年大雨雹
按梁書武帝本紀不載　按隋書五行志中大通元年四月大雨雹洪範五行傳曰雹陰脅陽之象也時帝數捨身爲奴拘信佛法爲沙門所制
中大通二年夏四月庚申大雨雹
按南史梁武帝本紀云云

陳

宣帝太建二年雨雹
按陳書宣帝本紀太建二年六月辛卯大雨雹
太建十年雨雹
按陳書宣帝本紀十年四月庚申大雨雹
太建十二年雨雹
按陳書宣帝本紀十二年冬十月癸丑大雨雹震
太建十三年雨雹
按南史宣帝本紀十三年九月癸亥大雨雹

按隋書五行志時始興王叔陵驕恣陰結死士圖爲不逞帝又寵遇之故天三見變帝不悟及帝崩後叔陵果爲亂逆

北魏

高祖延興二年雨雹

按魏書高祖本紀延興二年六月安州民遭冰雹丐租賑恤

延興四年雨雹

按魏書高祖本紀不載　按靈徵志延興四年四月庚午涇州大雹傷稼

承明元年大風雹

按魏書高祖本紀不載　按靈徵志承明元年四月辛酉青齊徐兗大風雹八月庚申幷州鄉郡大雹平地尺草木禾稼皆盡癸未定州大雹殺人大者方圓二尺

世宗景明元年雨雹

按魏書世宗本紀不載　按靈徵志景明元年六月雍青二州大雨雹殺麞鹿

景明四年雨雹

按魏書世宗本紀不載　按靈徵志四年五月癸酉汾州大雨雹六月乙巳汾州大雨雹草木禾稼雉兔皆死七月甲戌暴風大雨雹起自汾州經幷相司兗至徐州而止廣十里所過草木無遺

正始二年雨雹

按魏書世宗本紀不載　按靈徵志正始二年三月丁丑齊濟二州大雹雨雪

永平三年雨雹

按魏書世宗本紀不載　按靈徵志永平三年五月庚子南秦廣業郡大雨雹殺鳥獸禾稼

唐

太宗貞觀四年雨雹

按唐書太宗本紀不載　按五行志貞觀四年秋丹延北永等州雹

高宗顯慶二年五月大雨雹

按唐書高宗本紀不載　按五行志顯慶二年五月滄州大雨雹中人有死者

咸亨元年大雨雹

按唐書高宗本紀咸亨元年夏四月庚午雍州大雨雹

咸亨二年雨雹

按唐書高宗本紀咸亨二年四月戊子大風雨雹　按五行志二年四月戊子大雨雹震電大風折木落則天門鴟尾三先儒以爲雹者陰脅陽也又曰人君惡聞其過抑賢用邪則雹與雨俱信讒殺無罪則雹下毀瓦破車殺牛馬

上元二年雨雹

按唐書高宗本紀上元二年十月庚辰雍州雨雹

永淳元年大雨雹

按唐書高宗本紀不載　按五行志永淳元年五月壬寅定州大雨雹害麥禾及桑

中宗嗣聖八年（即武后天授二年）雨雹

按唐書武后本紀不載　按五行志天授二年六月庚戌許州大雨雹

嗣聖十二年（即武后證聖元年）雨雹

按唐書武后本紀不載　按五行志證聖元年二月癸卯滑州大雨雹殺燕雀

嗣聖十四年（即武后神功元年）雨雹

按唐書武后本紀不載　按五行志神功元年媯檀二州雹

嗣聖十五年（即武后聖曆元年）雨雹

按唐書武后本紀不載　按五行志聖曆元年六月甲午曹州大雨雹

嗣聖十七年（即武后久視元年）雨雹

按唐書武后本紀不載　按五行志久視元年六月丁亥曹州大雨雹

嗣聖二十年（即武后長安三年）雨雹

按唐書武后本紀長安三年八月乙酉京師大雨雹　按五行志長安三年八月京師大雨雹人畜有凍死者

神龍元年雨雹

按唐書中宗本紀不載　按五行志神龍元年四月壬子雍州同官縣大雨雹殺鳥獸

景龍元年大雨雹

按唐書中宗本紀不載　按五行志景龍元年四月己巳曹州大雨雹

景龍二年雨雹

按唐書中宗本紀不載　按舊唐書本紀二年正月丙申滄州雨雹大如雞卵（按唐書五行志作正月己卯）

元宗開元八年大雨雹

按唐書元宗本紀不載　按五行志開元八年十二月丁未滑州大雨雹

開元二十二年大風雹

按唐書元宗本紀不載　按五行志二十二年五月戊辰京畿渭南等六縣大風雹傷麥

代宗大曆七年雨雹

按唐書代宗本紀大曆七年五月乙酉大雨雹

大曆十年大雨雹

按唐書代宗本紀大曆十年四月甲申大雨雹五月甲寅大雨雹

德宗建中二年五月京師雨雹

按唐書德宗本紀云云

貞元二年大雨雹

按唐書德宗本紀貞元二年八月丙子大雨雹（按志作六月）

貞元十七年大雨雹

按唐書德宗本紀貞元十七年二月丁酉戊申庚戌大雨雹　按五行志十七年二月丁酉雨雹己亥霜戊申夜震靂雨雹庚戌大雨雪而雹五月戊寅好畤縣風雹害麥

貞元十八年大雨雹

按唐書德宗本紀不載　按五行志十八年七月癸酉大雨雹

貞元二十年雨雹

按唐書德宗本紀貞元二十年二月庚戌大雨雹七月癸酉大雨雹

憲宗元和元年雨雹

按唐書憲宗本紀不載　按五行志元和元年鄜坊等州雹

元和十年風雹

按唐書憲宗本紀不載　按五行志十年秋鄜坊等州風雹害稼

元和十二年雨雹

按唐書憲宗本紀不載　按舊唐書本紀十二年四月甲戌渭南雨雹中人有死者（按唐書五行志作河南）

元和十五年穆宗即位雹

按唐書穆宗本紀元和十五年閏正月丙午即位三月戊辰大風雨雹　按五行志十五年三月京畿興平醴泉等縣雹傷麥

穆宗長慶三年雨雹

按唐書穆宗本紀長慶三年五月壬申京師雨雹

長慶四年雨雹

按唐書穆宗本紀不載　按五行志長慶四年六月庚寅京師雨雹如彈丸

文宗太和四年雨雹

按唐書文宗本紀不載　按五行志太和四年秋鄜坊等州雹

太和五年雨雹

按唐書文宗本紀不載　按五行志五年夏京畿奉先渭南等縣雨雹

開成二年雨雹

按唐書文宗本紀不載　按五行志開成二年秋河南雹害稼

開成四年風雹

按唐書文宗本紀不載　按五行志四年七月鄭滑等州風雹

開成五年雨雹

按唐書文宗本紀不載　按五行志五年六月濮州雨雹如拳殺人三十六牛馬甚衆

武宗會昌元年雨雹

按唐書武宗本紀不載　按五行志會昌元年秋登州雨雹文登尤甚破瓦害稼

會昌四年夏雨雹

按唐書武宗本紀不載　按五行志四年夏雨雹如彈丸

僖宗乾符二年十二月震電雨雹

按唐書僖宗本紀不載　按五行志云云

乾符五年雨雹

按唐書僖宗本紀乾符五年五月丁酉鄭畋盧攜罷翰林學士承旨戶部侍郎豆盧瑑爲兵部侍郎吏部侍郎崔沆爲戶部侍郎同中書門下平章事是日雨雹

按五行志乾符六年五月丁酉宣授宰臣豆盧瑑崔沆制殿庭氛霧四塞及百官班賀于政事堂雨雹如鶏卵大風雷雨拔木（按紀作五年志作六年互異）

廣明元年雨雹

按唐書僖宗本紀廣明元年四月甲申京師東都汝州雨雹大風拔木　按五行志廣明元年四月甲申朔雨雹大如杯鳥獸殪于川澤

後唐

廢帝清泰元年雨雹

按五代史唐廢帝本紀不載　按司天考清泰元年九月壬寅雨雹于京師

清泰二年蜀國雨雹

按五代史唐廢帝本紀不載　按十國春秋後蜀後主本紀明德二年（二年即清泰）七月閬州大雨雹如鷄子鳥雀皆死

後周

世宗顯德元年雨雹

按五代史周世宗本紀不載　按冊府元龜顯德元年五月辛卯風雲雨雹起于東北

遼

天祚帝乾統三年雨雹

按遼史天祚帝本紀乾統三年七月中京雨雹傷稼

欽定古今圖書集成曆象彙編庶徵典

第八十四卷目錄

雹災部彙考三

庶徵典第八十四卷

雹災部彙考三

宋

太祖建隆元年雨雹

按宋史太祖本紀不載　按五行志建隆元年十月臨淸縣雨雹傷稼

建隆二年大雨雹

按宋史太祖本紀二年十月辛丑丹州大雨雹　按五行志二年七月義川雲巖二縣大雨雹

建隆三年雨雹

按宋史太祖本紀三年七月丁卯潞州大雨雹

建隆四年七月海州風雹

按宋史太祖本紀不載　按五行志云云

乾德元年蜀雨雹

按宋史太祖本紀不載　按幸蜀記廣政二十六年（即乾德元年）四月遂州方義縣雨雹大如斗五十里內飛鳥六畜皆死

乾德二年雨雹

按宋史太祖本紀二年秋七月庚辰部陽雨雹九月戊子延州雨雹　按五行志乾德二年四月陽武縣雨雹宋州寧陵縣風雨雹傷民田六月潞州風雹七月同州郃陽縣雨雹害稼八月膚施縣風雹

乾德三年風雹

按宋史太祖本紀不載　按五行志三年四月尉氏扶溝二縣風雹害民田桑棗十損七八

乾德六年雨雹

按宋史太祖本紀不載　按文獻通考六年八月河南府河淸縣雨雹（是年十一月改元開寶故仍稱乾德）

開寶二年風雹害夏苗

按宋史太祖本紀不載　按五行志云云

開寶三年雨雹

按宋史太祖本紀不載　按文獻通考三年夏同州滑州大風雨雹害稼

開寶四年雨雹

按宋史太祖本紀不載　按文獻通考四年八月鄆州須城等三縣風雹

開寶八年雨雹

按宋史太祖本紀不載　按文獻通考八年五月邢磁州風雹害桑麥

太宗太平興國二年雨雹

按宋史太宗本紀太平興國二年秋八月景城縣雹　按五行志太平興國二年六月景城縣雨雹七月未定縣大風雹害稼

太平興國五年雨雹

按宋史太宗本紀五年夏四月壽州風雹冠氏縣雨雹　按五行志五年四月冠氏安豐二縣風雹

太平興國七年雨雹

按宋史太宗本紀七年五月蕪湖縣雨雹

太平興國八年風雹

按宋史太宗本紀八年五月相州風雹　按五行志風雹害民田

端拱元年雨雹

按宋史太宗本紀不載　按五行志端拱元年三月霸州大雨雹殺麥苗閏五月潤州雨雹傷麥

淳化元年雨雹

按宋史太宗本紀不載　按五行志淳化元年六月許州大風雹壞軍營民舍千一百五十六區魚臺縣風雹害稼

至道二年雨雹

按宋史太宗本紀不載　按五行志至道二年十一月代州風雹傷田稼

眞宗咸平元年雨雹

按宋史眞宗本紀咸平元年定州雹傷稼遣使振恤

除是年租　按五行志咸平元年九月定州北平等縣風雹傷稼

咸平三年雨雹

按宋史眞宗本紀不載　按五行志三年四月丁巳京師雨雹飛禽有隕者

咸平六年雨雹

按宋史眞宗本紀不載　按五行志六年四月甲申京師暴雨雹如彈丸

大中祥符二年雨雹

按宋史眞宗本紀不載　按五行志大中祥符三年丙申京師雨雹（按志不言月通考作八月丙辰）

大中祥符五年雨雹

按宋史眞宗本紀不載　按五行志五年八月丙辰京師雨雹

天禧元年風雹

按宋史眞宗本紀天禧元年鎭戎軍風雹害稼詔發廩賑之蠲租賦貸其種糧　按五行志天禧元年九月鎭戎軍彭城砦風雹害民田八百餘畝

仁宗天聖元年雨雹

按宋史仁宗本紀不載　按五行志天聖元年五月丙辰大雨雹

天聖二年雨雹

按宋史仁宗本紀不載　按五行志二年七月壬午大雨雹

天聖六年京師雨雹

按宋史仁宗本紀不載　按五行志云云

天聖八年五月丙辰大雨雹

按宋史仁宗本紀云云

慶曆元年雨雹

按宋史仁宗本紀慶曆元年七月壬午大雨雹

慶曆二年秋七月戊午大雨雹

按宋史仁宗本紀云云

慶曆六年五月甲申京師雨雹

按宋史仁宗本紀云云（按文獻通考作六年四月甲辰）

嘉祐四年雨雹

按宋史仁宗本紀嘉祐四年夏四月壬辰雨雹

神宗熙寧元年雨雹

按宋史神宗本紀不載　按五行志熙寧元年秋鄜州雨雹

熙寧三年雨雹

按宋史神宗本紀三年七月戊戌雨雹

熙寧七年雨雹

按宋史神宗本紀七年夏四月乙酉雨雹五月壬寅雨雹癸卯大雨雹

熙寧八年雨雹

按宋史神宗本紀不載　按五行志八年夏鄜州涇州雨雹

熙寧九年雨雹

按宋史神宗本紀熙寧九年二月乙卯雨雹

熙寧十年雨雹

按宋史神宗本紀不載　按五行志十年夏鄜州雨雹秦州大雨雹

哲宗紹聖三年雨雹

按宋史哲宗本紀紹聖三年十月辛未西南方雷聲雨雹

紹聖四年雨雹

按宋史哲宗本紀四年閏二月癸卯大雨雹　按五行志四年閏二月癸卯雨雹自辰至申

徽宗建中靖國元年雨雹

按宋史徽宗本紀建中靖國元年二月丙申雨雹五月辛酉朔大雨雹

崇寧三年雨雹

按宋史徽宗本紀崇寧三年二月辛未雨雹冬十月辛丑朔大雨雹

崇寧四年二月甲子雨雹

按宋史徽宗本紀云云

大觀元年雨雹

按宋史徽宗本紀大觀元年十月己巳大雨雹

大觀三年雨雹

按宋史徽宗本紀三年五月戊辰大雨雹（按志作戊申京師大雨雹）

政和七年雨雹

按宋史徽宗本紀不載　按五行志政和七年六月京師大雨雹皆如拳或如一升器凡兩時而止

宣和元年雨雹

按宋史徽宗本紀宣和元年十二月辛卯大雨雹

宣和四年雨雹

按宋史徽宗本紀四年二月癸卯雨雹

宣和七年雨雹

按宋史徽宗本紀七年三月癸酉朔雨雹

欽宗靖康元年雨雹

按宋史欽宗本紀靖康元年十二月庚辰雨雹按志作己卯庚辰京師雨雹

高宗建炎三年雨雹

按宋史高宗本紀不載　按五行志建炎三年八月甲戌大雨雹

按文獻通考劉向以爲盛陽雨水溫氣脅之不相入則轉而爲雹故雹者陰脅陽也一日人君惡聞其過朋邪爲利蔽賢施之則雹與雨俱信讒殺無罪則雹下毀瓦破車殺牛馬

紹興元年雨雹

按宋史高宗本紀紹興元年二月壬辰雨雹　按五行志紹興元年二月壬辰高宗在越州雨雹震雷

紹興二年雨雹

按宋史高宗本紀不載　按五行志二年二月丙子臨安府大雨雹

紹興三年雨雹

按宋史高宗本紀三年正月辛未震電雨雹

紹興四年雨雹

按宋史高宗本紀四年三月戊午雨雹　按五行志四年三月己未大雨雹傷稼按紀志日干互異

紹興五年雨雹

按宋史高宗本紀五年閏二月乙巳朔雨雹十二月戊辰夜雨雹　按五行志五年閏月乙巳朔雨雹而雪十月丁未夜秀州華亭縣大風電雨雹大如荔枝實壞舟覆屋十二月戊辰雨雹

紹興七年雨雹

按宋史高宗本紀七年二月癸丑雨雹　按五行志七年二月癸丑雨雹先一夕雷後一日雪癸丑雹

按文獻通考二月癸丑作癸卯時秦檜始大用是其應也

紹興八年雨雹

按宋史高宗本紀不載　按五行志八年六月丙辰大雨雹

按太康縣志紹興八年五月雨雹自汴至太康境大小皆龜形首足卦文解者曰氷兵也龜歸也釋兵而歸也秦檜主和議釋兵歸

紹興九年雨雹

按宋史高宗本紀不載　按五行志九年二月甲戌雨雹傷麥十二月辛未雨雹

紹興十年雨雹

按宋史高宗本紀十年二月辛亥大雨雹　按五行志十年二月辛亥大雨雹十二月庚辰雨雹

紹興十一年雨雹

按宋史高宗本紀不載　按五行志十一年正月辛酉雨雹

紹興十三年雨雹

按宋史高宗本紀十三年秋七月雨雹　按五行志十三年二月甲子雨雹傷麥五月戊午夜雹七月庚午壬申雹害稼十一月己未雨雹

紹興十七年雨雹

按宋史高宗本紀十七年五月乙丑雨雹　按五行志十七年正月庚辰雨雹五月丙寅又雹按本紀通考俱作乙丑志作丙寅互異

按軒渠錄紹興十七年五月初臨安大雨雹太學屋瓦皆碎

紹興二十一年雨雹

按宋史高宗本紀二十一年二月甲寅夜雨雹三月丁丑雨雹　按五行志二十一年三月己卯雹傷禾麥

紹興二十八年雨雹

按宋史高宗本紀二十八年四月辛亥雨雹

紹興二十九年雨雹

按宋史高宗本紀二十九年二月戊戌雨雹

孝宗隆興元年雨雹

按宋史孝宗本紀隆興元年三月丙申夜雨雹

隆興二年雨雹

按宋史孝宗本紀二年二月丁丑雨雹及雪七月丁未雨雹十二月己亥雨雹　按五行志二年二月丁丑雹與霰俱四月庚午雹六月雨雹七月丁未雨雹十月辛卯雨雹十二月己亥雨雪而雹閏月雨雹

乾道元年雨雹

按宋史孝宗本紀乾道元年二月庚寅雨雹

乾道二年雨雹

按宋史孝宗本紀二年十月辛卯雨雹

乾道三年雨雹

按宋史孝宗本紀三年二月癸未雨雹

乾道四年雨雹

按宋史孝宗本紀四年春正月癸未雨雹二月乙卯雨雹　按五行志四年正月癸未夜雹有霰二月丁酉癸丑雨雹乙卯雹而雪

乾道五年雨雹

按宋史孝宗本紀五年二月丙午雨雹

乾道六年雨雹

按宋史孝宗本紀不載　按五行志六年二月壬午雨雹損麥

乾道八年雨雹

按宋史孝宗本紀八年七月壬辰雨雹

淳熙三年雨雹

按宋史孝宗本紀淳熙三年夏四月丁亥雨雹　按五行志淳熙三年四月丁亥雨雹癸巳天台臨海二縣大風雹傷麥

淳熙四年雨雹

按宋史孝宗本紀四年春正月丙寅雨雹　按五行志四年正月建康府雨雹五月丙寅雨雹

淳熙五年雨雹

按宋史孝宗本紀不載　按五行志五年建康府雨雹者再

淳熙六年雨雹

按宋史孝宗本紀六年春正月丁丑雨雹三月壬申雨雹

淳熙八年雨雹

按宋史孝宗本紀八年十二月甲寅雨雹

淳熙十二年雨雹

按宋史孝宗本紀十二年二月辛酉雨雹

淳熙十三年雨雹

按宋史孝宗本紀十三年閏七月丙午朔雨雹

淳熙十五年雨雹

按宋史孝宗本紀十五年六月丁卯雨雹　按五行志十五年二月丁亥雨雪而雹六月丁卯雨雹

淳熙十六年雨雹

按宋史孝宗本紀不載　按五行志十六年二月己卯雹而雨

光宗紹熙元年雨雹

按宋史光宗本紀紹熙元年二月丁酉雨雹

紹熙二年雨雹

按宋史光宗本紀二年春正月戊寅雷電雨雹三月癸酉建寧府雨雹大如桃李壞民居五千餘家溫州大風雨雷雹田苗葉果蕩盡　按五行志二年正月戊寅大雨雹震雷電以雨至二月庚辰大雪連數日是月庚寅朔建寧府大風雨雹仆屋殺人三月癸酉大風雨雹大如桃李實平地盈尺壞廬舍五千餘家禾麻蔬果皆損瑞安縣亦如之壞屋殺人尤甚秋祐川縣大風雹壞粟麥

按文獻通考雷陽也雪陰也既雷則不當雪皆失節之應乙酉宰臣留正奏土木繁興傷禾之應上亟命停皇后家廟之役詔羣臣言闕政

紹熙四年雨雹

按宋史光宗本紀四年六月甲子雨雹秋七月丙寅大雨雹

寧宗慶元三年雨雹

按宋史寧宗本紀慶元三年四月乙丑雨雹　按五行志慶元三年二月己巳雨雹四月乙丑雨雹大如杯破瓦殺燕雀

嘉泰元年雨雹

按宋史寧宗本紀嘉泰元年三月丙寅雨雹戊辰復雨雹己巳雨雹五月丁丑雨雹七月癸亥雨雹

嘉泰二年雨雹

按宋史寧宗本紀二年夏四月庚寅雨雹六月庚子大雨雹

嘉泰四年雨雹

按宋史寧宗本紀四年春正月壬辰雨雹

開禧二年雨雹

按宋史寧宗本紀開禧二年春正月己酉雨雹（按志作雹而雨）

嘉定元年雨雹

按宋史寧宗本紀嘉定元年閏四月壬申雨雹

嘉定二年雨雹

按宋史寧宗本紀二年三月丙申雨雹（按志作乙未）

嘉定六年雨雹

按宋史寧宗本紀不載　按五行志六年夏江浙郡縣多雨雹害稼

嘉定十五年雨雹

按宋史寧宗本紀十五年九月癸丑大雨雹（按志作大震雨雹）

按文獻通考大震雨雹陽不閉陰脅陽皆君道弱臣道彊之象

嘉定十六年秋雨雹

按宋史寧宗本紀不載　按五行志云云

理宗紹定元年雨雹

按宋史理宗本紀不載　按五行志紹定元年五月丁酉雨雹

紹定五年雨雹

按宋史理宗本紀五年九月乙巳雨雹（按志作壬寅）

紹定六年雨雹

按宋史理宗本紀六年三月丙辰大雨雹

端平二年雨雹

按宋史理宗本紀端平二年五月乙未雨雹丙申大雨雹

端平三年雨雹

按宋史理宗本紀三年六月庚戌大雨雹

按齊東野語理宗丙申明禋大雷電雨雹詔求直言架閣韓祥疏曰四海之大誰無兄弟尊爲元首寧忍忘情宿草荒阡彼獨何辜二三臣子勸陛下絕巴陵之後則弗顧請陛下行徐傳之誅則弗忍焉知新城寃魂不日夜惻愴請命上帝乎司農丞鄭逢辰封章略曰妖由人興孽不虛發推原其故陛下撥天怒者其失有四一曰天倫未篤二曰朝綱未振三曰近習之勢寖張四曰後宮之寵寖盛何謂天倫未篤兄弟人之大倫也巴陵之死幽魂藁葬敗冢荒丘天陰鬼哭夜雨血腥行道之人見者隕涕太子申生之死猶能請命於帝巴陵亦先帝之子陛下之兄也雪川之變寔身不賓襟裾霑濡兇徒迫脅情實可憐今乃忝嘗之祀㷀婦無歸豈不撥天怒邪

嘉熙元年雨雹

按宋史理宗本紀嘉熙元年二月壬寅雨雹（按志作壬辰）

嘉熙三年雨雹

按宋史理宗本紀不載　按續文獻通考三年三月癸巳雨雹

淳祐二年雨雹

按宋史理宗本紀淳祐二年夏四月壬申雨雹

淳祐八年雨雹

按宋史理宗本紀八年二月癸巳雨雹三月乙丑雨雹（按志作二月壬辰）

淳祐九年雨雹

按宋史理宗本紀九年春正月乙丑雨雹

寶祐三年雨雹

按宋史理宗本紀寶祐三年五月辛酉嘉定府大雨雹

寶祐四年雨雹

按宋史理宗本紀四年二月戊辰雨雹

開慶元年雨雹

按宋史理宗本紀開慶元年五月辛亥雨雹

景定元年雨雹

按宋史理宗本紀景定元年二月庚申雨雹

景定三年雨雹

按宋史理宗本紀三年五月丙寅雨雹

金

世宗大定八年雨雹

按金史世宗本紀大定八年五月甲子北望淀大風雨雹廣十里長六十里

大定十一年大雨雹

按金史世宗本紀不載　按五行志十一年六月戊申西南路招討司苾里海水之地雨雹三十餘里小者如雞卵其一最大廣三尺長丈餘四五日始消

大定二十三年雨雹

按金史世宗本紀二十三年五月丁亥雷雨雹

章宗明昌六年大雨雹

按金史章宗本紀明昌六年春二月丁丑大雨雹晝晦

承安二年雨雹

按金史章宗本紀承安二年六月雨雹

承安四年雨雹

按金史章宗本紀四年三月戊午雨雹

泰和八年雨雹

按金史章宗本紀泰和八年閏四月甲午雨雹

宣宗興定元年雨雹

按金史宣宗本紀興定元年夏四月戊午單州雨雹傷稼五月壬辰延州原武縣雨雹傷稼詔官貸民種改蒔

哀宗正大二年雨雹

按金史哀宗本紀正大二年夏四月甲午鈞許州大雨雹

正大三年雨雹

按金史哀宗本紀正大三年夏四月癸卯河南大雨雹己酉遣使慮囚六月辛卯京東大雨雹

元

世祖中統二年雨雹

按元史世祖本紀不載　按五行志中統二年四月雨雹大如彈丸

中統三年雨雹

按元史世祖本紀三年五月順天平陽眞定河南等郡雨雹

中統四年雨雹

按元史世祖本紀四年七月燕京河間開平隆興四

路屬縣雨雹　按五行志四年七月燕京昌平縣景州脩縣開平路與松雲二州雨雹害稼

至元二年雨雹

按元史世祖本紀至元二年彰德大名南京河南府濟南淄萊太原弘州雨雹

至元四年雨雹

按元史世祖本紀四年三月辛丑夏津縣大雨雹

按續文獻通考四年五月衛地大雨雹六月中山大雨雹

至元五年雨雹

按元史世祖本紀五年六月甲申中山大雨雹

至元六年雨雹

按元史世祖本紀六年七月壬戌西京大雨雹（按志云西京大同縣）

按續文獻通考六年二月與國雨雹大如馬首殺禽獸七月西京大同縣雨雹

至元七年雨雹

按元史世祖本紀七年五月辛丑懷州河內縣大雨雹

至元十五年雨雹

按元史世祖本紀十五年十二月戊申海州贛榆縣雹傷稼免今年田租

至元十六年風雹

按元史世祖本紀十六年保定等二十餘路風雹害稼

至元十九年雨雹

按元史世祖本紀不載　按五行志十九年八月雨雹大如雞卵

至元二十年雨雹

按元史世祖本紀不載　按五行志二十年四月河南風雷雨雹害稼五月安西路風雷雨雹八月眞定元氏縣大風雹禾盡損

至元二十二年雨雹

按元史世祖本紀不載　按五行志二十二年七月冠州雨雹

至元二十四年雨雹

按元史世祖本紀二十四年九月辛卯大定金源高州武平興中等處霜雹傷稼戊申咸平懿州北京以霜雹爲災告饑詔以海運糧五萬石賑之西京北京隆興平灤南陽懷孟等路風雹害稼肇昌雨雹

至元二十五年雨雹

按元史世祖本紀二十五年三月己酉徐邳屯田及靈壁睢寧二屯雨雹如雞卵害麥五月辛亥孟州烏河川雨雹五寸大者如拳　按五行志二十五年三月靈壁虹縣雨雹如雞卵害麥十二月靈壽陽曲天成等縣雨雹

至元二十六年雨雹

按元史世祖本紀二十六年七月辛巳兩淮屯田雨雹害稼蠲今歲田租　按五行志二十六年夏平陽大同保定等郡大雨雹

至元二十七年風雹

按元史世祖本紀二十七年四月靈壽元氏二縣大雨雹並免其租六月己亥棣州厭次濟陽大風雹害稼免其租　按五行志二十七年四月靈壽縣大風雹六月棣州厭次濟陽二縣大風雹傷禾黍菽麥桑棗

至元二十九年雨雹

按元史世祖本紀二十九年閏六月丁酉遼陽瀋州廣寧開元等路雹害稼免田租七萬七千九百八十八石

至元三十年雨雹

按元史世祖本紀三十年六月壬子易州雨雹大如雞卵是歲眞定寧晉等處雹

至元三十一年成宗即位雨雹

按元史成宗本紀三十一年四月甲午即位即墨縣雨雹七月棣州陽信縣雹眞定路之南宮新河易州之淶水等縣雹八月安德縣大風雨雹

成宗元貞元年雨雹

按元史成宗本紀元貞元年五月丙申鞏昌府金州西和州會州雨雹無麥禾七月隆興路雹

元貞二年雨雹

按元史成宗本紀二年五月河中之猗氏縣雹六月大同隆興順德太原雹　按五行志二年五月河中猗氏縣雨雹六月隆興咸寧縣順德邢臺縣太原交河離石壽陽等縣雨雹八月懷孟武陟縣雨雹

大德元年雨雹

按元史成宗本紀大德元年六月太原風雹　按五行志大德元年六月太原崞州雨雹害稼

大德二年雨雹

按元史成宗本紀二年二月丙子大都檀州雨雹

按五行志二年八月彰德安陽雨雹

大德三年雨雹

按元史成宗本紀三年八月隆興平灤大同宣德等路雨雹

大德四年雨雹

按元史成宗本紀四年五月同州平灤隆興雹　按五行志四年三月宣州涇縣台州臨海縣風雹

大德五年雨雹

按元史成宗本紀五年七月戊戌朔雨雹東起通泰崇明西盡眞州民被災死者不可勝計以米八萬七千餘石賑之

大德八年雨雹

按元史成宗本紀八年五月蔚州之靈仙太原之陽曲隆興之天城懷安大同之白登大風雨雹傷稼人有死者八月太原之交城陽曲管州嵐州大同之懷仁雨雹　按五行志八年五月大寧路建州蔚州靈仙縣雨雹太原大同隆興屬縣陽曲天成懷安白登風雹害稼

大德九年雨雹

按元史成宗本紀九年六月桓州宣德雨雹　按五行志九年六月晉寧冀寧宣德隆興大同等郡大雨雹害稼

大德十年雨雹

按元史成宗本紀十年四月鄭州暴風雨雹大若雞卵麥及桑棗皆損蠲今年田租秋七月庚辰宣德等處雨雹害稼　按五行志十年四月鄭州管城縣風雹大如雞卵積厚五寸五月大雨雹七月宣德縣雨雹

大德十一年武宗卽位大雨雹

按元史武宗本紀十一年五月甲申卽位是月建州大雨雹

武宗至大元年雨雹

按元史武宗本紀至大元年五月己巳管城縣大雨雹癸未濟南般陽雨雹八月戊子大寧雨雹　按五行志至大元年四月般陽新城縣濟南厭次縣益都高苑縣風雹五月管城縣大雹深一尺無麥禾八月大寧縣雨雹害稼斃畜牧

至大二年雨雹

按元史武宗本紀二年三月己酉濟陰定陶雹六月金城峽州源州雨雹延安之神木碾谷鄜西神川等處大雨雹　按五行志云延安神木縣大雹一百餘里擊死人畜

至大三年雨雹

按元史武宗本紀三年四月丙子靈壽平陰二縣雨雹

至大四年仁宗卽位雨雹

按朱史仁宗本紀四年春三月庚寅卽位四月南陽等處風雹閏七月大同宣寧縣雨雹積五寸苗稼盡殞

仁宗皇慶元年雨雹

按元史仁宗本紀皇慶元年五月彰德河南隴西雹　按五行志皇慶元年四月大名濬州彰德安陽縣河南孟津縣雨雹六月開元路風雹害稼

皇慶二年雨雹

按元史仁宗本紀不載　按五行志二年七月冀寧平定州雨雹景州阜城縣風雹八月大同懷仁縣雨雹

延祐元年雨雹

按元史仁宗本紀延祐元年夏五月膚施縣大風雹損禾幷傷人畜六月宣平仁壽白登縣雹損稼傷人畜

延祐二年雨雹

按元史仁宗本紀二年五月乙丑疾風電雹　按五行志二年五月大同宣德等郡雷雹害稼

延祐三年雨雹

按元史仁宗本紀不載　按五行志三年五月薊州雹深一尺

延祐五年雨雹

按元史仁宗本紀五年九月丁亥大同路金城縣大雨雹　按五行志五年四月鳳翔府雹傷麥禾

延祐六年雨雹

按元史仁宗本紀六年六月庚戌大同縣雨雹大如雞卵丁丑晉陽西涼鈞等州陽翟新鄭密等縣大雨雹　按五行志六年七月鞏昌隴西縣雹害稼

延祐七年英宗卽位雨雹

按元史英宗本紀七年三月庚寅卽位十二月癸酉大同雨雹大者如雞卵

英宗至治元年雨雹

按元史英宗本紀至治元年六月戊午涇州雨雹丁卯大同路雨雹七月庚子順德大同等路雨雹　按五行志至治元年六月武州雨雹害稼永平路大雹深一尺害稼七月眞定順德等郡雨雹

至治二年雨雹

按元史英宗本紀二年四月辛亥涇州雨雹免被災者租甲寅南陽府西穰等屯風雹六月庚寅思州風雹賑之　按五行志二年四月涇州涇川縣雨雹六月思州大風雨雹

至治三年雨雹

按元史英宗本紀三年五月庚子大風雨雹拔柳林行宮內外大木二千七百

泰定帝泰定元年雨雹

按元史泰定帝本紀泰定元年六月宣德府鞏昌路及八番金石番等處雨雹七月戊申龍慶州雨雹大如雞子平地深三尺十二月乙亥延安路雹災賑糧一月　按五行志泰定元年五月冀寧陽曲縣雨雹傷稼思州龍泉平雨雹傷麥六月順元太平軍定西州雨雹七月龍慶路雨雹大如雞卵平地深三尺餘八月大同白登縣雨雹

泰定二年雨雹

按元史泰定帝本紀二年四月戊申奉元路白水縣雹五月丙子臨洮府雨雹七月壬申延安鄜州綏德鞏昌等處雨雹八月辛丑大都路檀州鞏昌府靜寧縣延安路安塞路雨雹九月丁丑檀州雨雹是歲陝西府雨雹　按五行志二年五月洮州路可當縣臨洮府狄邑縣雨雹六月興州鄜州靜寧州及成紀通渭白水膚施安塞等縣雨雹七月檀州雨雹

泰定三年雨雹

按元史泰定帝本紀三年六月己亥奉元鞏昌屬縣大雨雹中山安喜縣雨雹傷稼七月庚申永平大都諸屬縣水大風雨雹八月辛丑龍慶路雨雹一尺　按五行志三年六月鞏昌路大雨雹中山府安喜縣乾州永壽縣雨雹七月房山寶坻玉田永平等縣大風雹折木傷稼八月龍慶路雨雹一尺大風損稼

泰定四年雨雹

按元史泰定帝本紀四年五月丁卯常州淮安二路寧海州大雨雹六月乙未中山府雨雹　按五行志四年七月彰德湯陰縣冀寧定襄縣大同武應二州雨雹害稼

致和元年雨雹

按元史泰定帝本紀致和元年四月霊州潞州大雨雹五月冀寧廣平眞定諸路屬縣大雨雹六月彰德屬縣大雨雹　按五行志致和元年四月潞州涇州大雹傷麥禾五月冀寧陽曲縣威州井陘縣雨雹六月涇川湯陰等縣大雨雹大寧永平屬縣雨雹

文宗天曆二年雨雹

按元史文宗本紀天曆二年七月冀寧陽曲縣雨雹大者如雞卵至順元年正月永平路以去年八月雹災告　按五行志天曆二年七月大寧惠州雨雹八月冀寧陽曲縣大雹如雞卵害稼

至順元年雨雹

按元史文宗本紀至順元年秋七月辛酉眞定路之平棘廣平路之肥鄉保定路之曲陽行唐等縣大風雨雹傷稼丙寅大都之順州東安州大風雨雹傷稼庚午開平路雨雹傷稼　按五行志元年七月順州東安州及平棘肥鄉曲陽行唐等縣風雹害稼開元路雨雹

至順二年雨雹

按元史文宗本紀二年七月冀寧屬縣雨雹傷稼三年二月己酉德寧路去年霜雹民饑賑以粟三千石　按五行志至順二年十二月冀寧清源縣雨雹

至順三年雨雹

按元史文宗本紀三年五月丁酉甘州大雹

順帝元統元年雨雹

按元史順帝本紀不載　按五行志元統元年三月戊子紹興蕭山縣大風雨雹拔木仆屋殺麻麥斃傷人民

元統二年雨雹

按元史順帝本紀二年二月甲子塞北東凉亭雹民饑詔上都留守發倉廩賑之

至元元年雨雹

按元史順帝本紀至元元年七月西和徽州雨雹

至元二年雨雹

按元史順帝本紀二年八月高郵大雨雹　按五行志二年八月甲戌朔高郵寶應縣大雨雹是時淮浙皆旱唯本縣瀕河田禾可刈悉爲雹所害凡田之旱者無一雹及之

至元四年雨雹

按元史順帝本紀四年四月癸巳車駕薄暮至八里塘雨雹大如拳其狀有小兒環玦獅象龜卵之形　按五行志四年四月癸巳清州八里塘雨雹大過于拳其狀有如龜者有如小兒形者有如獅象者有如環玦者或橢如卵或圓如彈玲瓏有竅色白而堅長老云大者固常見之未有奇狀若是也

至正二年雨雹

按元史順帝本紀至正二年五月甲申東平雨雹如馬首　按五行志至正二年五月東平路東阿縣雨雹大者如馬首

至正三年六月雨雹

按元史順帝本紀不載　按五行志三年六月東平陽穀縣雨雹

至正六年雨雹

按元史順帝本紀六年二月辛未興國雨雹大者如馬首　按五行志六年二月辛未興國路雨雹大如馬首小者如雞子斃禽畜甚衆五月辛卯絳州雨雹大者二尺餘

至正八年雨雹

按元史順帝本紀八年八月己卯山東雨雹　按五行志八年四月庚辰鈞州密縣雨雹大如雞子傷麥禾龍興奉新縣大雨雹傷禾折木八月己卯益都臨淄縣雨雹大如杯盂野無青草赤地如赭

至正九年雨雹

按元史順帝本紀不載　按五行志至正九年二月龍興大雨雹

至正十年雨雹

按元史順帝本紀不載　按五行志至正十年五月汾州平遙縣雨雹

至正十一年雨雹

按元史順帝本紀十一年四月乙巳彰德路雨雹形如斧傷人畜五月癸丑文水縣雨雹　按五行志十一年四月乙巳彰德雨雹大者如斧時麥熟將刈頃刻亡失田疇堅如築塲無稭粒遺留者地廣三十里長百有餘里樹木皆如斧所劈傷行人斃禽畜甚衆五月癸丑文水縣雨雹

至正十三年雨雹

按元史順帝本紀不載　按五行志十三年四月益都高苑縣雨雹傷麥禾及桑

至正十四年雨雹

按元史順帝本紀十四年六月辛卯薊州雨雹

至正十七年大雨雹

按元史順帝本紀十七年八月丙寅慶陽府鎮原州大雨雹　按五行志十七年四月濟南大風雨雹

至正十九年雨雹

按元史順帝本紀不載　按五行志十九年夏四月莒州蒙陰縣雨雹五月通州及益都臨朐縣雨雹害稼

至正二十年雨雹

按元史順帝本紀二十年五月丁亥雨雹　按五行志二十年五月薊州遵化縣雨雹終日

至正二十一年雨雹

按元史順帝本紀不載　按五行志二十一年五月東平雨雹害稼

至正二十二年雨雹

按元史順帝本紀不載　按五行志二十二年八月南雄雨雹如桃李實

至正二十三年雨雹

按元史順帝本紀二十三年七月戊辰朔京師大雹傷禾　按五行志二十三年五月鄜州宜君縣雨雹大如雞子損豆麥七月京師及隰州永和縣大雨雹害稼

至正二十五年雨雹

按元史順帝本紀不載　按五行志二十五年五月東昌聊城縣雨雹大如拳小者如雞子二麥不登

至正二十六年雨雹

按元史順帝本紀二十六年六月壬子朔平遙縣大雨雹

至正二十七年大雨雹

按元史順帝本紀不載　按五行志二十七年二月乙丑永州城中晝晦雞棲於塒人舉燈而食既而大雨雹逾時方明五月益都大雷雨雹七月冀寧徐溝縣大風雨雹拔木害稼

至正二十八年雨雹

按元史順帝本紀不載　按五行志二十八年六月慶陽府雨雹大如盂小者如彈丸平地厚尺餘殺苗稼斃禽獸

明

太祖洪武三十一年雨雹

按江西通志洪武三十一年春大雨雹

成祖永樂十四年雨雹

按大政紀永樂十四年六月己巳眞定府獲鹿縣雨雹傷稼

按陝西通志永樂十四年夏五月庚申陝西雨雹傷麥

英宗正統八年雨雹

按浙江通志正統八年衢州大雹

代宗景泰五年雨雹

按續文獻通考景泰五年春京師大雹詔求直言御史鍾同疏請朝兩宮復太子下廷臣議會禮部郎中章綸亦上疏上怒逮綸考掠詞連同井炮烙刑逼認通謀南內終不服會大風雨沙下禁錮獄中復封巨梃六擇六壯士杖之竟斃

英宗天順元年雨雹

按明外史楊瑄傳瑄景泰五年進士授御史天順初印馬畿內至河間民進訴曹吉祥石亨奪其田瑄列二人怙寵專權狀未幾掌道御史張鵬劾亨吉祥諸違法事疏入帝大怒遂收鵬及瑄下獄論死會大風震雷拔木發屋須臾雨雹正陽門下馬牌飛擲郊外而亨吉祥家大木俱折雹尤甚二人亦懼掌欽天監禮部侍郎湯序本亨黨亦言上天示警宜恤刑獄於是帝感悟戍瑄鵬鐵嶺

按大政紀天順元年六月京城大風雹拔木壞屋走正陽門下馬牌於郊謫御史楊瑄張鵬戍遼東鐵嶺衛降大學士徐有貞為廣東叅政學士李賢為福建叅政右都御史耿九疇為江西右布政初有司附權姦文致罪案坐瑄鵬死十三掌道事皆坐戍餘多降黜奏上因災異示變曹吉祥之門老樹皆折石亨之宅水深尺餘於是獄皆從減後鵬瑄遇赦還

按名山藏天順元年六月大風雷雨雹發木壞屋奉天門東吻牌摧毀

按四川總志天順元年綿竹縣大雨雹

天順八年風雹

按明通紀天順八年五月五日大風雹飄瓦拔木壞郊壇

憲宗成化元年風雹

按名山藏成化元年五月丁巳大風雹飄瓦拔木壞郊壇

成化五年雨雹

按大政紀成化五年二月癸未夜廣東瓊山縣雨雹大如斗

成化六年雨雹

按山西通志成化六年雨雹太原府東雨雹大如雞子傷禾

成化八年雨雹

按續文獻通考成化八年七月丙午陝西隴州大風雨雹中有如牛者五長七八尺厚二四寸六日方消

按潞安府志成化八年三月雨雹大如雞卵

按山西通志成化八年雨雹榆次縣太谷壽陽祁縣遼州雨雹傷禾人相食五月初六日雨雹遼州大如雞子傷禾

按江西通志成化八年瑞州大雨雹其大如拳屋瓦皆碎

成化十七年雨雹

按貴州通志成化十七年夏四月省城大雨雹

成化二十年雨雹

按續文獻通考二十年三月甲申新建豐城高安三縣大風雨雷雹壞民舍宇民多壓死

成化二十一年雨雹

按廣東通志成化二十一年春三月順德雨雹

成化二十二年雨雹

按山西通志成化二十二年八月榆次五臺雨雹大如雞子傷禾人食草根樹皮

孝宗弘治元年風雹

按大政紀弘治元年四月天壽山大風雹上遣官祭告戒諭羣臣修省

按山西通志弘治元年高平寧鄉雨雹傷稼

弘治二年雨雹

按廣西通志弘治二年春三月二十日巳時賓州忽天色昏暗狂風作自西北走石折木尋驟雨迅雷大雹如雞子破屋害稼殺鳥鵲傷牛馬未時稍止

弘治四年雨雹

按江西通志弘治四年六月九江雨雹

弘治六年雨雹

按大政紀弘治六年七月京師大雨雹

按廣東通志弘治六年春正月順德雨雹大如彈丸

按江西通志弘治六年春三月貴溪大雨雹形如馬首重十餘觔屋樹鳥獸俱傷

弘治八年雨雹

按大政紀弘治八年十二月河南江西大雹電

按浙江通志弘治八年永嘉雨雹害苗麥

弘治十四年雨雹

按山西通志弘治十四年平定遼州大雨雹害稼

弘治十五年雨雹

按廣東通志弘治十五年春三月順德雨雹新志龍山堡雨雹大者如拳小者如雞卵壞民房五百餘家禽獸傷死甚衆

弘治十七年雨雹

按陝西通志弘治十七年雨雹傷稼
武宗正德二年雨雹
按山東通志正德二年秋八月德平大雨雹
正德三年雨雹
按山西通志正德三年五月平定州雨雹
正德四年雨雹
按江西通志正德四年南昌府大雨雹
按山西通志正德四年定州雨雹
按澤州志正德四年夏四月陽城雨雹如拳禾木盡毀民饑
正德五年雨雹
按山西通志正德五年陽城雨雹大如拳禾木盡毀民饑
正德六年雨雹
按浙江通志正德六年杭州大雨雹
正德八年雨雹
按畿輔通志正德八年五月薊州大雨雹厚七寸
正德九年雨雹
按湖廣通志正德九年秋七月應山雹殺禾菽
正德十一年雨雹
按山西通志正德十一年夏四月萬泉河曲雨雹大如雞子
正德十二年雨雹
按廣東通志正德十二年春正月潮州雨雹
按廣西通志正德丁丑夏四月十一日來賓縣大雨雹天忽迷冥風雨暴作雹落大如雞子破屋折木殺鳥雀遷江縣亦然

正德十三年雨雹
按湖廣通志正德十三年四月衡州善化雨雹大者如雞子如磚石城野瓦屋盡壞山嶺崩裂百處
按雲南通志正德十三年賓州大雨雹
正德十四年雨雹
按山西通志正德十四年秋末和大雨雹夜雹小者如拳大者如杵地積三尺漂流男女三十餘口禾稼盡滅
按湖廣通志正德十四年五月黃州雨雹
按廣東通志正德十四年春二月丁卯香山雨雹
正德十五年雨雹
按山西通志正德十五年秋七月陽和雨雹大者如杵
正德十六年雨雹
按廣東通志正德十六年秋高明大雨雹
世宗嘉靖二年雨雹
按山東通志嘉靖二年九月武定大雨雹
按山西通志嘉靖二年平定雨雹
按廣西通志嘉靖二年癸未夏月旱命祈禱雷雨而雹
嘉靖四年雨雹
按全遼志嘉靖四年秋七月錦州雨雹有物如龍橫空帶去莊房廟宇三百餘間林木無算
按山西通志嘉靖四年大谷雨雹大如雞子
按潞安府志嘉靖四年六月雹大如鵝卵傷麥殺秋禾歲饑
嘉靖五年雨雹

按廣東通志嘉靖五年南雄大雨雹
嘉靖六年雨雹
按潞安府志嘉靖六年六月屯留縣雹七月又雹傷稼
按湖廣通志嘉靖六年六月沔陽雨雹
嘉靖七年雨雹
按浙江通志嘉靖七年餘杭大風雨雹
嘉靖九年雨雹
按全遼志嘉靖九年夏五月河西大雨雹傷人畜甚衆禾盡損
按陝西通志嘉靖九年六月鞏昌府雨雹大如雞子傷禾稼
按廣西通志嘉靖九年四月容縣大雨雹
按雲南通志嘉靖九年夏五月河西大雨雹傷人畜甚衆禾盡損
嘉靖十年雨雹
按山西通志嘉靖十年岢嵐州大雨雹甚有碌軸大者房屋破毀牛羊斃死樹無遺枝赤地千里
按廣西通志嘉靖十年春二月全州雨雹如彈自辰至巳
嘉靖十三年雨雹
按陝西通志嘉靖十三年六月漢中雨冰雹
嘉靖十四年雨雹
按廣西通志嘉靖十四年三月容縣雨雹大者如梅小者如豆
嘉靖十五年雨雹
按全遼志嘉靖十五年秋七月大風雨雹損禾大半

按山西通志嘉靖十五年夏陽城太平雨雹平地盈尺麥傷民饑

嘉靖十六年雨雹

按山西通志嘉靖十六年臨晉雨雹如雞子大三十餘里

按陝西通志嘉靖十六年七月大雨雹傷稼

嘉靖十七年雨雹

按山西通志嘉靖十七年六月雨雹其大如斗

嘉靖十八年雨雹

按山西通志嘉靖十八年六月翼城大雨雹北鄉尤甚鄉民賈文進爲雹擊死翼日得屍於澮水中身有爪痕數孔里人稱其不孝

按湖廣通志嘉靖十八年正月均州大雨雹歲饑

嘉靖十九年雨雹

按廣東通志嘉靖十九年十一月臨高大雨雹大者如車輪小者如彈丸壓死人畜不可勝紀

嘉靖二十二年雨雹

按雲南通志嘉靖二十二年春三月順寧雨雹如卵

嘉靖二十三年雨雹

按湖廣通志嘉靖二十三年三月興國雨雹大者重四五斤劈視之中雜泥土椽瓦盡爲摧折殺鳥獸草木

嘉靖二十五年雨雹

按山西通志嘉靖二十五年夏五月太原雨雹大如拳殺人畜甚衆

嘉靖二十七年雨雹

按雲南通志嘉靖二十七年夏四月騰衝大雨雹昆明雨雹殺禾稼

嘉靖二十九年雨雹

按陝西通志嘉靖二十九年六月蒲城暴風冰雹有如斗大者數日不消樹屋人畜大傷

按江西通志嘉靖二十九年春瑞州雨雹傷稼四鄉稻秧俱盡

嘉靖三十二年雨雹

按雲南通志嘉靖三十二年騰越鳴雷雨雹如雞卵

嘉靖三十四年雨雹

按福建通志嘉靖三十四年六月大雨雹

嘉靖三十五年雨雹

按福建通志嘉靖三十五年正月大雨雹七月又雨雹

按雲南通志嘉靖三十五年四月霑益大雨雹如卵

嘉靖三十六年雨雹

按廣西通志嘉靖三十六年春橫州大雨雹是日未時州北三十里交椅銀水六村長寨等地忽震雷暴風雨雹大者如米升小者如雞卵有柄者三角至七八角者傷村民牧豎十餘人牲畜禽獸無算車輪若瓦飄散竹木枝葉如剷野草擊爛一室雹積壯地約二尺許

嘉靖三十七年雨雹

按大政紀嘉靖三十七年閏七月淳化諸縣雨雹

按湖廣通志嘉靖三十七年四月宜城縣東雨雹殺麥

按雲南通志嘉靖三十七年秋武定大雨雹傷稼

嘉靖三十八年雨雹

按雲南通志嘉靖三十八年九月騰越大雨雹害稼

嘉靖三十九年雨雹

按江西通志嘉靖三十九年撫州雨雹如石

按福建通志嘉靖三十九年五月大風雨雹拔木飄瓦

嘉靖四十年雨雹

按河南通志嘉靖四十年夏四月郾師大雨雹

嘉靖四十三年雨雹

按廣西通志嘉靖四十三年冬十一月夜月明而大雨雹

按雲南通志嘉靖四十三年夏五月金復州雨雹大如盤近袤百里

嘉靖四十四年雨雹

按福建通志嘉靖四十四年南靖永豐里雨雹大如鷄卵折樹碎瓦人畜俱傷

按雲南通志嘉靖四十四年冬大雨雹

嘉靖四十五年雨雹

按福建通志嘉靖四十五年正月十六日德化大雨雹七月初十日午德化晝暗如昏大風猛烈冰雹如彈人皆閉戶移時啓視四山盡白平地盈尺

按雲南通志嘉靖四十五年冬通海大雨雹

穆宗隆慶元年雨雹

按山西通志隆慶元年五月臨汾大雨雹如柿餅大大約半尺傷稼時端陽日也

按湖廣通志隆慶元年夏至日襄陽大雨雹

按貴州通志隆慶元年秋七月黃平大雹傷稼

隆慶二年雨雹

按湖廣通志隆慶二年五月光化大雨雹
隆慶三年雨雹
按山西通志隆慶三年交城代州大雨雹
隆慶五年雨雹
按明昭代典則隆慶五年四月戊午京師大雨雹
按山西通志隆慶五年秋平陸大雨雹
按湖廣通志隆慶五年蘄水大雨雹是歲大饑
隆慶六年雨雹
按山西通志隆慶六年六月朔雨雹
按江西通志隆慶六年德化彭澤雨雹
按湖廣通志隆慶六年二月黃梅雨雹破屋瓦殺禽獸
神宗萬曆元年雨雹
按貴州通志萬曆元年夏五月興隆大雨雹
萬曆二年雨雹
按浙江通志萬曆二年蘭谿大雨雹擊死三十餘人
萬曆三年雨雹
按山西通志萬曆三年六月靜安大雨雹圓如車輪片如門扇水集漂沒人物甚多
萬曆五年雨雹
按江西通志萬曆五年冬南安贛州大雷雨雹
按廣東通志萬曆五年春雹
萬曆九年雨雹
按河南通志萬曆九年七月汝寧雨雹傷稼
萬曆十年雨雹
按陝西通志萬曆十年華陰雨雹
萬曆十一年雨雹
按山西通志萬曆十一年太平大雨雹秋七月雨雹傷禾八月復雹
按河南通志萬曆十一年衛輝西南境大雨雹
萬曆十二年雨雹
按續文獻通考萬曆十二年夏五月蘇州松江等處大雨冰雹殺傷禾苗花豆不可勝計
按貴州通志萬曆十二年秋九月威青大雨雹傷稼
萬曆十三年雨雹
按山西通志萬曆十三年春正月廣昌雨雹是月十六日雨雹澤州雨雹如杵傷禾
按雲南通志萬曆十三年六月省城雨雹害稼
萬曆十六年雨雹
按山西通志萬曆十六年六月太谷朔州山陰壺關雨雹大如雞子傷禾
按雲南通志萬曆十六年二月曲靖雨雹晝晦自辰至午乃霽
萬曆十八年雨雹
按湖廣通志萬曆十八年夏四月黃岡雨雹如磚
萬曆十九年雨雹
按陝西通志萬曆十九年六月延安蘇帖里雨雹積三尺
萬曆二十年雨雹
按貴州通志萬曆二十年春三月大風雹
萬曆二十一年風雹
按山西通志萬曆二十一年秋七月榮河大雨雹大如雞卵內蝸殼草木之物自午至申大樹摧折無數禾稼盡壓地爲之赤八月洪洞大雨雹大如雞卵或如拳約二尺餘殺城東六村秋禾殆盡
按貴州通志萬曆二十一年春二月朔省城大風雹
萬曆二十二年雨雹
按山東通志萬曆二十二年八月大雨雹傷禾民大饑
按廣西通志萬曆二十二年懷集縣春雹秋旱
萬曆二十三年雨雹
按續文獻通考萬曆二十三年八月十五日寧遠地方冰雹大如雞卵擊死牛馬田禾等物
按山西通志萬曆二十三年趙城大雨雹傷稼
按陝西通志萬曆二十三年五月麟遊縣烽火臺雨雹大如斗
按廣西通志萬曆二十三年二月容縣雨雹如飛石秋旱是歲饑
萬曆二十四年雨雹
按潞安府志萬曆二十四年六月長子縣雨雹
萬曆二十五年雨雹
按山西通志萬曆二十五年春正月平陸大雨雹越明日大雨雪
按福建通志萬曆二十五年同安積善朔風等里雨雹大如瓜小如桃碎瓦損麥移時乃止
按同安縣志萬曆二十五年丁酉正月大雨雹三月初十又雨雹大者如雞卵破瓦傷稼澳頭沿海一帶尤甚
按雲南通志萬曆二十五年春三月省城雨雹殺麥秋鶴慶大雨雹損禾
萬曆二十六年雨雹

按山西通志萬曆二十六年六月垣曲大雨雹是月二十六日夜大雨雹平地水深五尺漂沒房屋不可勝紀圯城垣民有溺死者秋七月平遠衞高平雨雹殺禾壞屋歲饑

按澤州志萬曆二十六年高平陵川雨雹壞屋傷禾大饑

萬曆二十七年雨雹

按山西通志萬曆二十七年夏平陸大雨雹三汲澗暴雨異常潦水橫溢壅塞故道忽自正東冲突萬錦灘盡於茅津里爲冰雹傷禾稼殆盡

按貴州通志萬曆二十七年平壩等衞晝晦如夜大雷電雨雹如斗大

萬曆二十八年雨雹

按續文獻通考萬曆二十八年六月山東巡撫劉易從奏萊州府濰縣于四月十五日天降驟雨冰雹大作形如雞卵平地水深尺餘將所種大小麥苗并粟穀等項盡行傷壓無存打死男婦王立兒等十名口牛馱不計其數又兗州府鄆城縣地方東西長五十里南北闊七八里于二十三日未時大風自西北起拔樹飛瓦大雨如注冰雹如拳如斧如卵雜下有二時辰打死牧童趙差兒等十二名牲畜驢羊共五十九頭倒毀民居五百餘間二麥花木皆爲虀粉又濟南府淄川縣于二十四日冰雹如卵如椀怪風震雷黑氣冲天磚瓦飄空人皆抱頭閉戶頃刻間將廟宇司館士民房屋石牆牌坊盡行毀壞壓死多命大甕七個被風飄去離城五里不損毀壞民房二千四百七十五間壓死男婦劉溙等十二名被傷男婦王可智等六十名倒石坊六座廟宇司鋪公署十四處打傷麥田二百九十六頃八十九畝

按山西通志萬曆二十八年夏五月文水高平大雨雹大如拳積盈尺麥將熟盡壞

按雲南通志萬曆二十八年冬臨安大雨雹

萬曆二十九年雨雹

按續文獻通考二十九年延綏榆林二衞所八月雪雹相繼禾苗盡死

萬曆三十年雨雹

按四川總志萬曆三十年五月金堂縣大雨雹

萬曆三十二年雨雹

按山西通志萬曆三十二年夏六月忻州萬泉夏縣大雨雹萬泉獨大如雞子廣袤十里積如冢形傷禾

按潞安府志萬曆三十二年六月黎城縣雹如雞卵

按四川總志萬曆三十二年五月金堂縣大雨雹

按雲南通志萬曆三十二年秋七月臨安雨雹害稼

萬曆三十三年雨雹

按山西通志萬曆三十三年霍州雨雹傷禾稼絳州大雨雹井甘雹大如拳相傳店頭田間井水苦不可灌田每數十年一變若變甘則養苗變苦則殺苗

萬曆三十四年雨雹

按山西通志萬曆三十四年盂縣雨雹烈風迅雷暴雨冰雹傷稼

按雲南通志萬曆三十四年九月白崖迷渡雲南縣雨雹大如雞卵有稜入地深尺許禾稼盡傷人畜食敗禾者輒病死

萬曆三十五年雨雹

按山西通志萬曆三十五年五月稷山雨雹傷人大如拳人多斃在白池太陽二村

萬曆三十六年雨雹

按潞安府志萬曆三十六年五月長子縣雨雹

萬曆三十七年雨雹

按山西通志萬曆三十七年五月長子縣雨雹

萬曆三十九年雨雹

按廣西通志萬曆辛亥年二月大風起西北天色黃黑不移刻冰雹大如椀如盤壞官署民居屋瓦殆盡林麓鳥獸死者無算

萬曆四十年雨雹

按江西通志萬曆四十年瑞州大雨雹形似麒麟重一觔許

按福建通志萬曆四十年四月十二日興化府雨雹大如拳風雨大作折木飛瓦

萬曆四十一年雨雹

按陝西通志萬曆四十一年夏四月興安州雨雹如彈碎屋瓦漢江以北如雞卵牧牛馬者當之即死禾稼盡傷

萬曆四十二年雨雹

按河南通志萬曆四十二年浙川雨雹大如鵝卵

按廣西通志萬曆四十二年春昭平縣城中雹

萬曆四十三年雨雹

按山西通志萬曆四十三年四月安邑大雨雹傷禾

萬曆四十五年雨雹

按陝西通志萬曆四十五年富平冰雹

萬曆四十六年雨雹

按山西通志萬曆四十六年夏四月夏縣大雨雹傷麥禾

按廣東通志萬曆四十六年三月瓊州雨雹大如雞卵

萬曆四十八年雨雹

按山西通志萬曆四十八年夏五月高田大雨雹是月二十三日雹大如杵城內外房屋盡碎縣治內更大如升

熹宗天啓元年雨雹

按陝西通志天啓元年五月寧夏冰雹傷人

天啓二年雨雹

按福建通志天啓二年四月十一日雨雹

天啓七年雨雹

按山西通志天啓七年夏五月沁州大雨雹大如雞子

愍帝崇禎元年雨雹

按廣西通志崇禎元年懷集大雹

崇禎二年雨雹

按山西通志崇禎二年夏五月永和雨雹傷禾

崇禎三年雨雹

按廣西通志崇禎三年懷集大雹秋旱

崇禎四年雨雹

按山西通志崇禎四年夏五月雨雹大如雞卵方三十里折木傷禾擊死牛羊無數

崇禎五年雨雹

按福建通志崇禎五年三月大雨雹麥無粒收

崇禎六年雨雹

按山西通志崇禎六年閏四月沁州大雨雹大如牛如象禾稼盡傷

崇禎八年雨雹

按江西通志崇禎八年春三月上饒雨冰雹大如雞子

崇禎九年雨雹

按福建通志崇禎九年大雨雹牛羊擊死

崇禎十年雨雹

按山西通志崇禎十年夏隰州永和雨雹大如雞子傷禾

崇禎十三年雨雹

按山西通志崇禎十三年大寧雨雹大如雞子

崇禎十七年雨雹

按廣東通志崇禎十七年會同雨雹大如斗

欽定古今圖書集成曆象彙編庶徵典

第八十五卷目錄

庶徵典第八十五卷

雹災部總論

性理會通

雹

伊川說世間人說雹是蜥蜴做初恐無是理看來亦有之只謂之全是蜥蜴做則不可耳自有是上面結作成底也有是蜥蜴做的昔聞王參議云嘗登五臺山見蜥蜴含水吐之爲雹及夷堅志載劉法師嘗在隆興府西山見多蜥蜴如手臂大一日無限入井中飲水皆盡卽吐爲雹蓋蜥蜴形狀亦如龍是陰屬是這氣相感應使作得他如此正是陰陽交爭之時所以下雹時必寒今雹之兩頭皆尖有稜疑得初間圓上面陰陽交爭打得如此碎了雹字從雨從包是這氣包住所以爲雹也

又

雹者陰陽相搏之氣蓋沴氣也聖人在上無雹雖有不爲災

雹災部藝文一

雨雹對　漢董仲舒

元光元年二月京師雨雹鮑敞問董仲舒曰雹何物也何氣而生之仲舒曰陰氣脅陽氣天地之氣陰陽相半和氣周廻朝夕不息陽德用事則和氣皆陽建巳之月是也故謂之正陽之月陰德用事則和氣皆陰建亥之月是也故謂之正陰之月十月陰雖用事而陰不孤立此月純陰疑於無陽故謂之陽月詩人所謂日月陽止者也四月陽雖用事而陽不獨存此月純陽疑於無陰故亦謂之陰月自十月以後陽氣始生於地下漸冉流散故言息也陰氣轉收故言消也日夜滋生遂至四月純陽用事自四月以後陰氣始生於天上漸冉流散故云息也陽氣轉收故言消也日夜滋生遂至十月純陰用事二月八月陰陽正等無多少也以此推移無有差慝運動抑揚更相動薄則熏蒿歊蒸而風雨雲霧雷電雪雹生焉氣上薄爲雨下薄爲霧風其噫也雲其氣也雷其相擊之聲也電其相擊之光也二氣之初蒸也若有若無若實若虛若方若圓攢聚相合其體稍重故雨乘虛而墜風多則合速故雨大而疏風少則合遲故雨細而密其寒月則雨凝於上體尚輕微而因風相襲故成雪焉寒有高下上暖下寒則上合爲大雨下凝爲冰霰雪是也雹霰之流也陰氣暴上雨則凝結成雹焉太平之世則風不鳴條開甲散萌而已雨不破塊潤葉津莖而已雷不驚人號令啓發而已電不眩目宣示光耀而已霧不塞望浸淫被洎而已雪不封條凌殄毒害而已雲則五色而爲慶三色而成矞露則結味而成甘結潤而成膏此聖人之在上則陰陽和風雨時也政多紕繆則陰陽不調風發屋雨溢河雪至牛目雹殺驢馬此皆陰陽相蕩而爲祲沴之妖也

禦雹賦　唐張鼎

聖人嘗夕惕而不寐懼時令之有失欲禦雹於明年必藏冰于是日深山窮谷于是收桃弧棘矢而後出蓄所以息天時之暴沴成國家之元吉不然者當純陽之用事有伏陰之相烝炎雲際大而凍雨驟落芳草竟野而淒風暴興夫傷穀者莫大于雹禦雹者其

在乎冰俾四時之事不悖信七月之詩有徵日臨下土時在北陸乃命凌人出斯冰谷威剌剌而正切聲冲冲而轉速雖暫勞而無倦終未寧以多福今國家酌於故實考於先王雖雹可以禦亦冰其自藏等不仁於天地曾何咎於陰陽斯道可久百王不改苟或失之四方何罪周官之禮是具魯史之言斯在抑爲人者仰於食動於天者唯其德苟能用於天道自可忘其帝力夫如是用天與地自南自北寧有夭折之苦曾無凍餒之色若待反時而爲災其何禦之能得

論陰證狀　宋吳昌裔

竊見立秋以來常陰爲沴先一日大雨雹越翼日暴風至淫雨不止至於旬時旱禾壞於垂成晚稻傷於旣穎豐稼之候轉而凶荒將恐害於粢盛無以供我軍實又聞天目一帶洪浸漂流水冒近畿是殆爲兵爲饑之證占書曰雨雹陰脅陽也霪雨陰干陽也方金火之交而厥罰常雨此非陰盛陽微之兆乎夫臣者君之陰也妻者夫之陰也小人者君子之陰也且自聖上攬權之後固無昔日擅命之臣惟威令積弱不能以運掉三邊紀綱寖頹不能以操制諸將習强者方命怙寵者玩威第功賞者多肆于誕謾報軍書者輒輕于狎侮偏裨擅離部伍而不知有國法士卒敢陵州縣而不知有朝廷積是弱形漸不可長此非將帥之權太盛乎方國步艱難之日正君心恐懼之時而道路流言竊議聖德謂宮廷宴飲頻爲過差房闥妃嬪多著位號知書近侍以奇功而移上意私謁衷民以險陂而通外交甚至外廷之除授或倚于幽陰帥柄之請求輒通于中禁牽于柔道職是厲階此非女寵之謁太盛乎端平人才之盛藹然有小元祐之風不一二年初意漸變君子則厭薄以爲無益小人則愛惜以爲有才三凶竄托以潛歸二孽覬覦而再起不惟昔之所斥者復乘隙以求進而今之所擯者亦旋踵而得還旁起多門自塞正路此非舊人復用之漸乎凡此數端是皆陰類事形于下則變見于天證象孔昭警戒甚至陛下代天作子者也所宜昭德塞違以回渝怒之威大臣佐理陰陽者也所宜開誠布公以消乖沴之氣陽明勝則德性用陰濁勝則物欲行消長之幾正宜凜凜今大昕坐朝間有時不視事之文私第謁假或有時不入堂之報上有耽樂慆逸之漸下無協恭和衷之風在內則嬖御懷私以爲君心之蠹在外則弟子寡謹以爲朝政之累游言噂沓寵賂彰聞欲以此銷鑠羣慝呼吸太和得乎昔建炎三年六月陰雨不止高宗罪己求言宰執引咎求去郎官以上皆許言朝政得失時中書舍人李陵以三陰之說應詔謂能制將帥之謂剛能抑宦寺之謂正御史中丞張守亦以三陰之說抗疏願嚴恭寅畏以脩其德更選任輔弼以修其政上下動色祇畏明威卒扶炎精之光以基中興之盛皆自高宗君相一念抑畏中來也臣愚欲望陛下仰繩祖訓顧諟天命遠聲色戢宦寺以清宅心之源進忠良斥奸回以公用人之柄申明典章以重御將之法謹固封守以嚴備敵之防而二三大臣各一乃心各和乃政通宮中府中爲一體毋使陟罰之異同合在邊在廷爲一家毋使細大之偏重如此君臣合德中外革心未有不轉災眚而休祥易陰蒙而陽霽天下事變亦當陰消潛弭而不足憂矣

應詔上封事　虞儔

臣聞陽脅則爲雷爲電陰凝則爲雹爲雪方陰陽之相薄則雷雹皆至及陽爲陰所勝則雷止而雪作魯隱公九年三月自癸酉大雨震雷至庚辰大雨雪凡八日劉向以爲周三月今正月也雷電未可以發旣發則雪不當復降是皆失節故謂之異吳太平二年三月甲寅大雨震電至乙卯大雨雪纔一日耳史臣以爲先震電而後雨雪陰見間隙起而勝陽其後禍亂之應有若符節往牒具載良可畏也今正歲之始建寅之月三陽用事於卦爲泰自戊寅之庚申雷電雪雹俱作于三日之間視魯則數視吳則疏臣願陛下以往事之驗爲方來之警懼修省以答上天仁愛之意則災異塞于上禍亂伏于下在陛下一念之頃耳臣又聞朝廷者陽也宮禁者陰也日昱乎晝月昱乎夜而寒暑成天子理陽道后治陰德而後國家理若宮禁之中宴飲之不節則非所以崇毖聖躬賜予之不省則將至于空虛內藏女謁行乎內權勢行乎外尤不可不防其微而杜其漸也有一於此則雷雪之變乃上帝所叮嚀陛下之意也不求之身自無應天之實天怒愈深矣至于勳戚貴近時有濫賞倡優伎藝每蒙宣引宮門啓閉多不以時豈所謂嚴等威肅宸居哉臣願陛下畏天之威謹正始之道宗社幸甚臣又聞君子者陽也小人者陰也自古君子小人勢不兩立君子在內小人在外于卦爲泰小人在內君子在外于卦爲否今朝廷清明多士濟濟有官守者脩其職有言職者盡其忠乃建寅之月三陽在

內宜泰而否意者在外小人交結黨與潛謀進用如某人輩臣願陛下觀拔茅連茹之象以進君子戒履霜堅冰之漸以退小人毋使鴟鴞並棲薰蕕共器則天意解矣

大雨雹疏　明周宗文

臣一介草茅蒙恩拔居言路竊觀時事俯仰欷歔乃適逢亢旱苦無麥秋恭遇皇上齋居虔禱不數日而甘澍應之豈非一時快事哉乃風雷倏忽冰雹驟至如拳如砲砰轟排激飄忽震蕩人畜當之立斃麥苗遇之糜爛問諸黃髮鮐背之老皆曰所未經見者噫天又何示之以異也臣謹按五行志盛陽雨水溫暖陰脅陽不相入爲雹今當正陽之月陽極于乾一陰初生相妬之時也而迫脅相加乃至于此臣不諳靈臺占驗然以理度之天道貴陽賤陰故陽明爲治爲亨陰濁爲亂爲否天之譴告夫亦爲陽不勝陰之故耳而以類相屬意君子爲陽小人爲陰今鵷鴻有師濟之風忠直無川巖之歎似乎君子道長之時也而脈絡水火議論元黃附和雷同臭味即加諸膝獨行特立排擠將墜諸淵則骨鯁孤忠未必無睥睨側目是小人之陰反有以脅君子之陽天心無乃爲是歟又意皇躬龍德爲陽宮閫宦寺爲陰今皇上高拱紫微九五之尊有孑立孤危之勢佳冶柔媚皆伐性之斧斤駕馭固甚難言是宦寺之陰或有以脅皇躬之陽而天心無乃爲是歟天惟默騭變不虞生陰縣結轄須太陽之光照之重陰回護須陽剛之德振之臣望皇上深宮靜思日明日旦知懼知危如小人伏匿何以鏡察幾微蓋激濁揚清別白忠佞全藉言路之開如其言非也而見斥人誰憐之惟其關國是而亦爲仗下之叱則人皆結舌邪黨糾纏將縣延不可解請將近日遠斥諸臣爲公論所歸者悉行賜環令忠膽一舒朝陽再振庶不爲小人陰氣所脅乎如宮闈禁邃疎賤何由仰窺但皇上英齡沖聖適逢國步多艱乘此兢兢業業聖學日新無疆惟休正在今日之凝定請皇上獨奮乾斷牀帷几席凜若冰淵庶不爲宦寺之陰所脅乎夫陰亦陽助而陽妬陰則蒸爲太和陰脅陽則沴爲雨雹臣惟春秋書雨雹自魯僖公始迨漢武帝時雹大如馬首安帝延光時雹大如斗皆非昌明隆熾之徵然要惟僖公時不能仰體天心故竟于國運無補而寖衰寖微也詩云畏天之威書曰天難諶伏望皇上體天心之仁愛剖陰陽之微渺實事挽回毋但以撤樂減膳爲具文而謂燮理陰陽者尚有其人也

雹災部藝文二　詩

和張姑孰雹詩　陳陸瓊

惟徵動羽惟陰脅陽雨水作沴凝氣爲祥

六月十五日大雨雹行　元柳貫

日月相薄鶉火中晡時欲息雲埋空雨脚初來襍鳴雹雷驅電挾聲渢渢排檐拉檻揮霍入犀兵快馬難爲雄中休頗意絕奔迸轉橫更覺加銛鋒亂拋荊玉抵飛鵲忿擲桃核隨飄風坐移向壁防碎首急卷巾席何恩息上天號令豈輕出推殘長養皆元功陰凝陽爍鬼神著氣有相反成則同想當試手鼓萬物特欲振槁昭羣蒙齋心變貌謹天戒嗚呼生意無終窮

雹　鄧肅

黑雲壓山山欲頹阿香推車震不開廣寒宮中珠徑寸狂風傾下九天來高堂砰轟倒四壁萬瓦飛空如轉石燈火青熒不敢明世間誰有膽三尺年來蠢動敢爭豪鰍鱓起舞狐狸嗥一振天威百怪息夜半雲收北極高

大風發木雨雹交集　周霆震

大風西北來屋瓦去如走麗譙雙關壯關鍵決樞紐蒼蒼泮宮柏枝葉互紛糾移時折偃蹇功力無措手西禪鐵浮圖摧仆如拉朽臨江戰樓飛夾巷坊額剖恍疑會群龍奮發交怒吼泰山恐頹裂寧復計培塿老夫閉門臥雨雹散牕牖倉皇正衣冠力疾坐良久天威俄咫尺性命亦何有默悟費存心淵冰慎吾守

雹災部選句

晉王羲之與謝安書蜀中山水如峨眉山夏含霜雹

唐劉長卿冰賦苟藏之不周用之不徧則災霜害雹如有待而爲變

陳昌言先生正時令賦正得其序則而離而御乾時失其經則夏雹而冬震

宋蘇軾詩夜來雨雹如李梅紅殘綠暗吁可哀　又　忽驚飛雹穿戶牖迅駛不復容遮防

蘇轍詩旋凝細霧作飛雹

范成大詩風雹春天損桃李山中寒食尚冬衣
元吳師道詩怒雹時聞落驚雷夜轉多

雹災部紀事

春秋佐助期僖公九年秋三年冬並大雨雹時僖公專樂齊女綺畫珠璣之好掩月光陰精凝爲災異昭公事脅陰精用密故災

漢書李尋傳哀帝卽位召尋待詔黃門使侍中衞尉傳喜問尋尋對曰間者春三月治大獄時賊陰立逆恐歲小收季夏舉兵法時寒氣應恐後有霜雹之災秋月行封爵其月土溼奧恐後有雷雹之變夫以喜怒賞罰而不顧時禁雖有堯舜之心猶不能致和善言天者必有效于人設上農夫而欲冬田肉袒深耕汗出種之然猶不生者非人心不至天時不得也易曰時止則止時行則行動靜不失其時其道光明書曰敬授民時故古之王者尊天地重陰陽敬四時嚴月令順之以善政則和氣可立致猶枹鼓之相應也

風俗通成帝問劉向曰俗說文帝時天下斷獄三人米一斗一錢有此事否對曰不然後元年雨雹如桃李深三尺尋景帝代之不爲昇平

東觀漢記韓稜字伯師除爲下邳令親事未期吏民愛慕時鄰縣皆雹傷稼稜縣界獨不雹

後漢書鮮卑傳桓帝時鮮卑檀石槐者其父投鹿侯初從匈奴軍三年其妻在家生子投鹿侯歸怪欲殺之妻言嘗晝行聞雷震仰天視而雹入其口因吞之遂姙身十月而產此子必有奇異且宜長視投鹿侯不聽遂棄之妻私語家人令收養焉名檀石槐

晉書石季龍載記冀州八郡雨雹大傷秋稼下書深自咎責遣御史所在發水次倉麥以給秋種尤甚之處差復一年

後趙錄慕容儁斬石閔于遏陘山山左右七里草木悉枯蝗蟲大起自五月不雨至于十二月儁遣使者祀之謚曰武悼天王其日大雨雹是歲太和八年也

宋書徐廣傳義熙六年遷散騎常侍又領徐州大中正轉正員常侍時有風雹爲災廣獻書高祖曰風雹變未必爲災古之聖賢輒懼而修己所以興政化而隆德教也昔忝服事宿眷未忘思竭塵露率誠于習明公初建義旅匡復宗社神武應運信宿平夷且恭謙儉約虛心匪懈來蘇之化功用若神頃事故旣多刑德並用戰功殷積報敘難盡萬機繁湊固應難速且小細煩密羣下多懼又穀帛豐賤而民情不勸禁司互設而刼盜多有誠由俗弊未易整而望深未易炳追思義熙之始如有不同何者好安願逸萬物之大趣習舊駭新凡識所不免要當俯順羣情抑揚隨俗則朝野歡泰具瞻允康矣言無可採願矜其愚款之志

魏書崔挺傳挺除光州刺史州治舊掖城西北數里有斧山峰嶺高峻北臨滄海南望岱岳一邦遊觀之地也挺于頂上欲營觀宇故老曰此嶺秋夏之際常有暴雨迅風巖石盡落相傳云是龍道恐此觀不可久立挺曰人神相去何遠之有虬龍倏忽豈唯一路乎遂營之數年間果無風雨之異挺旣代卽爲風雹所毀于後作復尋壞遂莫能立衆以爲善化所感

王崇傳崇母喪始闋復丁父憂哀毀過禮是年陽夏風雹所過之處禽獸暴死草木摧折至崇田畔風雹便止禾麥十頃竟無損落及過崇地風雹如初咸稱至行所感

王叡傳叡子襲襲弟椿末熙中行冀州事尋除使持節散騎常侍車騎將軍瀛州刺史時有風雹之變詔書廣訪讜言椿乃上疏曰伏奉詔書以風雹厲威上動天聽訪讜辭於百辟詢輿誦於四海宸衷懇切備在絲綸祇承兢感心焉靡厝伏惟陛下啓籙應期馭宥萬物承綴旒之艱運纂纖絲之危緒忘發日昃求衣未明俾上帝下臨愍茲荼蓼永濟溝壑而滄浪降戾作害中秋上帝照臨義不虛變切惟風爲號令皇天所以示威雹者氣激陰陽有所交諍殆行令殊節舒急失中之所致也昔澍雨千里實緣教祀之誠炎精三舍寧非善言之力譴不空發徵豈謬應誰謂蓋高實符人事伏願陛下留心曲覽垂神遠察禮賢登士博舉審官擢申滯怨振窮省役使夫滋木沒川之彥畢居朝右儀表丹青之位末或虛加圖土絕五毒之民揆日息千門之費巖巖廊著無不遇之士忪忪慄獨荷酒帛之恩則物見昭蘇人知休泰徐奏薰風之曲無論鴻鴈之歌豈不天人幸甚鬼神咸忭

太平廣記元和初嵩山有五六客見一大蛇長數丈

射殺之時天色已陰須臾雲霧大合遠近晦冥雨雹如瀉飄風四捲折木走石雷雹激怒山川震蕩數人皆震死

唐書崔鉉傳乾符五年鉉以戶部侍郎同中書門下平章事昕旦告麻大霧塞庭中百僚就班修慶大風雨雹時謂不祥俄改中書侍郎兼工部尚書

劇談錄乾符六年夏五月巢寇自廣陵將及襄漢朝廷以王鐸令公爲南面都統崔相國豆盧相國同日策拜宣麻之際殿庭霧氣四塞及政事堂立班賀有雹大如雞卵（時五月二十三日）識者以爲鈞軸不祥之兆明年大寇攻陷京師二相俱及於難其天意乎非人事也

北夢瑣言王鐸年十六七歲疎瘦當與李匡威並轡之時雷雹忽起雨雹交下而屋瓦皆飛拔大木數株明日鐸但覺項痛乃因有力者所挾不勝其苦故也

唐書吐蕃傳吐蕃國多霆雹風雹積雪盛夏如中國春時

幸蜀記孟昶二十五年三月以趙延隱別墅爲崇勳園幅員十餘里臺榭亭沼窮極奢侈六月朔宴教坊俳優作灌口神隊二龍戰鬬之象須臾天地皆晦大雨雹明日灌口奏岷山大漲其夕大木漂城壞延秋門沈溺數千家摧司天監太廟令宰相范仁恕禱青羊觀又遣使往灌州下詔罪己

三水小牘廣明庚子歲余在汝墳溫泉之別業夏四月朔旦雲物暴起于西北隅瞬息間濃雲四塞大風壞屋拔木雨且雹雹有如杯棬者鳥獸盡殪被于山澤中至午方霽觀行潦之內蝦蟹甚衆明日余抵洛城自長夏門之北夾道古槐十拔去五六矣門之鴟吻亦失矣余以爲非吉徵也至八月汝州名募軍李迪光等一千五百人自鴈門回掠東都南市焚長夏門而去入蜀上天垂戒豈虛也哉

稽神錄國初楊汀自言天祐初在彭城避暑于佛寺雨雹方甚忽聞大聲震地走視門下乃下一大雹于街中其高廣與寺樓等入地可丈餘頃之雨止則炎風赫日經月雹乃消盡

續湘山野錄祖宗潛耀日嘗與一道士遊于關河無定姓名自御極不再見上已駕幸西沼生醉坐于岸太祖引至後掖見之上謂生曰我壽還得幾多生曰但今年十月二十日夜晴則可延一紀至所期之夕上御太清閣四望氣是夕果晴星斗明燦上心方喜俄而陰霾四起天氣陡變雪雹驟降移仗下閣急轉宮鑰開端門召開封王即太宗也

茅亭客話大中祥符癸丑歲龐末賢者寓居廣都縣夏四月日將暮烈風迅雷發屋拔樹雨雹繼之達曉方息詰朝詢諸行人云雹自縣東山橫布數十里西南沿江而下則更不知其遠邇也雨雹過處藩牆屋宇林木大者皆爲雹擊雷拔之牛馬犬豕皆驚仆地鳥鵲小禽中者俱斃時麥方實無有孑遺有一村人云某家是夜數雹穿屋而落大如斗盆甕鍋釜皆爲擊破其雹所至之處樹木屋瓦十不存二三焉夫雹者雨冰也皆陰陽相脅而成左傳曰凡雹冬之愆陽夏之伏陰聖人在上無雹雖有不爲災此蓋下民當豐稔收成使務奢侈以至于服玩衣裝車馬屋宇違越制度撒棄五穀曾無愛惜上天垂誡以懲之爾

于役志景祐三年六月癸亥夕與元均坐水次納涼已而大風雨震雹暴至丁卯隱甫來會登倉北偃上亭納涼暹客至遂及元均小飲舟中已而大風震雹遂宿舟中

夢溪筆談熙寧中河州雨雹大者如雞卵小者如蓮芡悉如人頭耳目口鼻皆具無異鐫刻次年王師平河州蕃戎授首者甚衆豈克勝之符豫告耶

揮麈後錄高宗幸海時金人破定海以舟絕洋劫昌國縣復欲攻象山縣至碕頭風雹大作遂回

癸辛雜識戊子五月初二日以來日光中有若柳絮如雪片者飛舞亂下人皆鬨傳以爲天花至初四日大雷雨飛雹大者如當三錢始知連日所謂天花者即雪也及飛下人則以爲雹耳

綿上火禁升平時禁七日喪亂以來猶三日相傳火焚不嚴則有風雹之變社長輩至日就人家以雞翎掠竈灰雞翎稍焦捲則罰香紙錢有疾及老者不能冷食就介公廟卜乞小火吉則然木炭取烟不吉則死不敢用火或以食暴日中或埋食器于羊馬糞窖中其嚴如此戊戌歲賈莊數少年以禁火日飲酒社樹下用柳木取火溫酒至四月風雹大作有如束箱柳根者在其中數日乃消又云火禁中雖冷食無致病者

金史馮延登傳延登泰和元年轉寧邊令大安元年秋七月雹害禾稼民艱于食延登發粟賑貸全活甚衆

無錫縣志洪武戊午夏四月雨雹橫山居人蕭天祐在城中三日後歸啓其室見階下有四石子一白如

玉隱起竹葉紋一深紅色一淺紅色皆如寶石有芒
采一最小者鴉青色王學士達題其居曰天寶
西墅雜記嘉靖戊戌四月八日未刻吳城風雷暴作
雨氷雹其大如李中有一眼而四圍皆紋麥菜大戕
其半西南山一境其大如斗塗人不及抵室有傷其
項聲其耳而死者余詰者老云自生平以來未之見
也
明外史周洪謨傳弘治元年四月天壽山震雷風雹
樓殿瓦獸多毀洪謨力勸修省帝深納之
嘉善縣志周宗文字開鴻萬曆丙辰進士令淸江擢
御史京師大雨雹疏請扶陽抑陰時宦寺伏莽故惓
惓以君子小人言之

雹災部雜錄

淮南子北方之極有九澤有積雪雹
京房易傳飛雹下盡樹木收害五谷者君賦斂也
焦氏易林陰風泥塞常氷不溫凌人怠惰大雹爲災
鹽鐵論雹霧夏隕萬物皆傷
白虎通自上而下曰雨雹
陳留風俗傳雍丘縣夏后衍祠有神井能興霧雹
伏琛齊地記安丘城南三十里雹都泉其雹或出或
否亦不爲災異
元中記東方有柴都焉在齊國有山山有泉水如井
狀深不測至春夏時雹從井中出常敗五穀人常以
柴塞之不柴塞則出焉故號爲柴都
譚子化書湯盎投井所以化雹也
酉陽雜俎木再花夏有雹
埤雅舊說蜥蜴嘔雹蓋龍善變蜥蜴善易
茅亭客話慈母池亦云慈茂池去永康軍入山七八
十里池水澄明莫測深淺每至秋風搖落未嘗有草
木飄泛其上或墜片葉纖介必有飛禽銜去之每晴
明水面有五色彩如舒錦焉或以木石投之卽起黑
氣雷電雨雹立至或水旱祈禱無不尋應
籟紀雹霰之流也陰氣暴上雨則凝結成雹故曰陰
之專氣爲雹
雞林類事方言雹曰霍
御龍子集雹其霰之類乎夫霰陰欲凝而微陽摶之
也其形丸雹之象也夏有伏陰陽不能制而戾于空
乃爲盛陽之所摶有不結之爲雹乎雹其霰之大者
爾蜥蜴含水能吐氷而不能多能乘雲而致之九州
耶
銷夏蜀中山木如蛾眉山夏含氷雹碑板之所閒崑
崙之伯仲也

雹災部外編

涼州異物志有一大人生于北邊在丁零北千五百
里偃臥于野其高如山頓脚成谷橫身塞川長萬餘
里頓脚之間乃是大谷近之有災銅雹擊之也唯可
遙看不可到下則雷電流銅鐵之丸爲雹以擊殺人

欽定古今圖書集成曆象彙編庶徵典

第八十六卷目錄

庶徵典第八十六卷

旱災部彙考一

書經

洪範

曰休徵曰乂時暘若曰咎徵曰僭恆暘若

大全朱子曰乂是整治便自有開明底意思所以便說時暘順應之陳氏大猷曰乂之反爲僭政不治則僭差也僭則亢故常暘若

禮記

月令

仲春行夏令則國乃大旱

注午火之氣所洩也

仲夏之月命有司爲民祈祀山川百源大雩

注山者水之源將欲禱雨故先祭其本源雩者吁嗟其聲以求雨之祭

孟秋行春令則其國乃旱

注寅中箕星好風能散雲雨故致旱

孟秋行夏令則國多火災

注巳火之氣所傷也 大全嚴陵方氏曰陽亢而陰莫能干爲旱方陰中之時而行陽中之令則陽亢矣故旱也

仲秋行夏令則其國乃旱

注午火之氣所傷也

仲冬行夏令則其國乃旱

注火氣乘之應於來年

大戴禮

夏小正

三月越有小旱越于也記是時恆有小旱

黃帝占書

大旱占

日中三足烏見者大旱赤地

山海經

南山經

雞山黑水出焉而南流注於海其中有鱄魚其狀如鮒而彘毛其音如豚見則天下大旱

令丘之山有鳥焉其狀如梟人面四目而有耳其名曰顒其鳴自號也見則天下大旱

西山經

太華之山有蛇焉名曰肥𧔥六足四翼見則天下大旱

鍾山其子曰鼓化爲鵕鳥其狀如鴟赤足而直喙黃文而白首其音如鵠見則其邑大旱

崦嵫之山有獸焉其狀馬身而鳥翼人面蛇尾是好舉人名曰孰湖有鳥焉其狀如鴞而人面蜼身犬尾其名自號也見則其邑大旱

北山經

渾夕之山有蛇一首兩身名曰肥遺見則其國大旱

錞于母逢之山北望雞號之山其風如飈西望幽都之山浴水出焉是有大蛇赤首白身其音如牛見則其邑大旱

東山經

栒狀之山有鳥焉其狀如雞而鼠毛其名曰蚩鼠見則其邑大旱

獨山末塗之水出焉而東南流注於沔其中多偹蟰

其狀如黃蛇魚翼出入有光見則其邑大旱

姑逢之山有獸焉其狀如狐而有翼其音如鴻鴈其名曰獙獙見則天下大旱

女烝之山石膏水出焉而西注於鬲水其中多薄魚其狀如鱣魚而一目其音如歐見則天下大旱

子桐之山子桐之水出焉而西流注於餘如之澤其中多鰨魚其狀如魚而鳥翼出入有光其音如鴛鴦見則天下大旱

中山經

鮮山鮮水出焉而北流注於伊水其中多鳴蛇其狀如蛇而四翼其音如磬見則其邑大旱

神異經

南荒經

南方有人長二三尺袒身而目在頂上走行如風名曰魃所見之國大旱一名格子善行市朝衆中遇之者投諸厠中乃死旱災消詩曰旱魃爲虐或曰生捕得殺之禍去福來

春秋繁露

求雨

春旱求雨令縣邑以水日令民禱社家祀戶無伐名木無斬山林暴巫聚蛇八日於邑東門外爲四通之壇方八尺植蒼繒八其神共工祭之以生魚八元酒具清酒膊脯擇巫之清潔辨言利辭者以祝祝齋三日服蒼衣先再拜乃跪陳陳已復再拜乃起祝曰昊天生五穀以養人今五穀病旱恐不成敬進清酒膊脯再拜請雨雨幸大澍奉牲禱以甲乙日爲大蒼龍一長八丈居中央爲小龍七各長四丈於東方皆東向其間相去八尺小童八人皆齋三日服青衣而舞之田嗇夫亦齋三日服青衣而立之諸里社通之於閭外之溝取五蝦蟆錯置池中方八尺深二尺置水蝦蟆焉具清酒膊脯祝齋三日服蒼衣拜跪陳祝如初取三歲雄雞三歲豭猪皆燔之於四通神宇令閭邑里南門置水其外開北門其豭猪一置之里北門之外市者亦置一豭猪聞鼓聲皆燒猪尾取死人骨埋之開山淵積薪而燔之決通道橋之壅塞不行者決瀆之幸而得雨以猪一酒鹽黍財足以茅爲席毋斷夏求雨令邑以水日家人祀竈無舉土功更大浚井暴釜於壇臼杵於術七日爲四通之壇於邑南門外方七尺植赤繒七其神蚩尤祭之以赤雄雞七元酒具清酒膊脯祝齋三日服赤衣拜跪陳祝如春辭以丙丁日爲大赤龍一長七丈居中央又爲小龍六各長三丈五尺於南方皆南鄉其間相去七尺壯者七人皆齋三日服赤衣而舞之司空嗇夫亦齋三日服赤衣而立之鑿而通之閭外之溝取五蝦蟆錯置里社之中池方七尺深一尺酒膊祝齋衣赤衣拜跪陳祝如初取三歲雄雞豭猪燔之四通神宇開陰閉陽如春季夏禱山陵以助之令縣邑壹徙市於邑南門之外五日禁男子無得行入市家人祠中霤無興土功聚巫市旁爲之結蓋爲四通之壇於中央植黃繒五其神后稷祭之以毋飩五元酒具清酒膊脯令名爲祝齋三日衣黃皆如春祠以戊己日爲大黃龍一長五丈居中央又爲小龍五各長二丈五尺於南方皆南鄉其間相去五尺丈夫五人齋三日服黃衣而舞之疑有缺字五人亦齋三日衣黃衣而立之亦通闕社中於閭外溝取蝦蟆池方五尺深一尺他皆如前神農求雨第十九日戊己不雨命爲黃龍又爲大龍社者舞之季立之又日東方小僮舞之南方牡者西方沾人北方闕人舞之秋暴巫至九日無舉火事煎金器家人祠門爲四通之壇於邑西門之外九尺植白繒九其神太昊祭之相木魚九元酒具清酒膊脯衣白衣他如春以庚辛日爲大白龍一長九丈居中央爲小龍八各長四丈五尺於西方皆西鄉其間相去九尺鰥者九人皆齋三日服白衣而舞之司馬亦齋三日衣白衣而立之蝦蟆池方九尺深一尺他皆如前冬儛龍六日禱於名山以助之家人祠井無壅水爲四通之壇於邑北門之外方六尺植黑繒六其神元冥祭之以黑狗子六元酒具清酒膊脯祝齋三日衣黑衣祝禮如春以壬癸日爲大黑龍一長六丈居中央爲小龍五各長三丈於北方皆北鄉其間相去六尺老者六人皆齋三日衣黑衣而舞之尉亦齋三日服黑衣而立之蝦蟆池如春四時皆以水爲龍必取潔土爲之結蓋龍成而發之四時皆以庚子之日令吏民夫婦皆偶處凡求雨之大體丈夫欲藏匿女子欲和而樂神書又曰開神山神淵積薪夜擊鼓譟而燔之爲其旱也

止雨

雨太多令縣邑以土日塞水瀆絕道蓋井禁婦人不得行入市令縣鄉里皆掃社下縣邑若丞令吏嗇夫三人以上祝一人鄉嗇夫若吏三人以上祝一人里正父老三人以上祝一人皆齋此下闕九十八字

年年之積一年不熟乃請

羅失君之職也〈圖〉犯始者省刑絕惡始也大夫盟於

澶淵刺大夫之專政也諸侯會同賢爲主賢賢也春

秋恐傷五穀輒止雨止雨之禮厭陰起陽書十七縣

八十離鄉及都官吏千石以下夫婦在官者咸遣婦

女子不得至市市無詣井蓋之勿令泄鼓用牲於社

祝之日雨以太多五穀不和敬進肥牲以請社靈社

靈幸爲止雨除民所苦無使陰滅陽陰滅陽不順於

天天意幸在於利民願止雨敢告鼓用牲於社皆壹

以辛亥之日書到即起縣社令長若丞尉官長各城

邑社嗇夫里吏正里人皆出至於社下顧西罷三日

而止未至三日天星亦止

漢書

五行志

傳曰言之不從是謂不乂厥咎僭厥罰恆暘厥極憂

從順也是謂不乂乂治也孔子曰君子居其室出其

言不善則千里之外違之況其邇者乎詩云如蜩如

螗如沸如羹言上號令不順民心虛譁憒亂則不能

治海內失在過差故其咎僭僭差也刑罰妄加羣陰

不附則陽氣勝故其罰常暘也旱傷百穀則有寇難

上下俱憂故其極憂也

庶徵之恆暘劉向以爲春秋大旱也其㫕旱雩祀謂

之大雩不傷二穀謂之不雨京房易傳曰欲德不用

茲謂張厥災荒荒旱也其旱陰雲不雨變而赤因而

除師出過時茲謂廣其旱不生上下皆蔽茲謂隔其

旱天赤三月時有雹殺飛禽上緣求妃茲謂僭其旱

三月大溫無雲居高臺府茲謂犯陰侵陽其旱萬物

根死數有火災庶位踰節茲謂僭其旱澤物枯爲火

所傷

淮南子

天文訓

丙子干戊子大旱苽封熯

孫氏瑞應圖

旱

遇旱責躬引咎理察枉退去貪殘側修惠政則降以

靈雨

唐書

五行志

雨少陰之氣其氣毀則不雨少陰者金也金爲刑爲

兵刑不辜兵不戢則金氣毀故常爲旱火爲盛陽陽

氣強悍故聖人制禮以節之禮失則僭而驕炕以導

盛陽火盛則金衰故亦旱於五行土實制水土功興

則水氣壅閼又常爲旱天官有東井主水事天漢天

江亦水祥也水與火讎而受制於土土火謫見若日

蝕過分而未至與七曜循中道之南皆旱祥也

旱災部彙考二

商

成湯十有八祀大旱

按史記殷本紀不載　按通鑑前編十有八祀伐夏

桀放之於南巢三月商王踐天子位是歲大旱

十有九祀大旱

按史記殷本紀不載　按竹書紀年云云

二十祀大旱

按史記殷本紀不載　按竹書紀年云云

二十有一祀大旱

按史記殷本紀不載　按竹書紀年二十一年大旱

鑄金幣

按管子天以時爲權地以財爲權人以力爲權君以

令爲權失天之權則人地之權亡湯七年旱民之無

檀賣子者湯以莊山之金鑄幣而贖民之無檀賣子

者

按漢書食貨志鼂錯說上曰聖王在上而民不凍饑

者非能耕而食之織而衣之也爲開其資財之道也

故堯禹有九年之水湯有七年之旱而國亡捐瘠者

以畜積多而備先具也

〈注〉捐謂民有饑相棄捐者或謂貧乞者爲捐

按大紀伊尹言於王發莊山之金鑄幣遍有無於四

方以賑救之民是以不困

二十二祀大旱

按史記殷本紀不載　按竹書紀年云云

二十三祀大旱

按史記殷本紀不載　按竹書紀年云云

二十有四祀大旱

按史記殷本紀不載　按莊子湯之時八年七旱而崖不爲之加損

按荀子湯旱而禱曰政不節與使民疾與何以不雨致斯極也宮室崇與女謁盛與何以不雨致斯極也苞苴行與讒夫昌與何以不雨致斯極也

按呂氏春秋順民篇湯克夏而正天下天大旱五年不收湯乃以身禱於桑林曰余一人有罪無及萬夫萬夫有罪在余一人無以一人之不敏使上帝鬼神傷民之命於是剪其髮劘其手以身爲犧牲用祈福於上帝民乃大悅雨乃大至

按竹書紀年二十四年大旱王禱於桑林雨

按說苑湯時大旱七年煎沙爛石於是使人以三足鼎祝山川教之祝曰政不節耶使民疾耶苞苴行耶讒夫昌耶宮室崇耶女謁盛耶何不雨之極也言未旣天大雨

按皇甫謐帝王世紀湯時大旱殷史曰卜當以人禱湯曰吾請自當遂齋戒剪髮斷爪己爲牲禱於桑林之野告於上天已而雨大至

按大紀禱於桑林之社天油然作雲沛然下雨歲則大熟天下讙洽作桑林之樂名曰大濩

按通鑑前編按說苑淮南子所載俱與荀子大同小異史記及東漢書注乃有剪髮斷爪身爲犧牲之說夫以湯之聖當極旱之時反躬自責禱於林野此其爲民籲天之誠自能格天致雨何以如史漢所云且人禱之占理所不通聖王豈信其說而剪髮斷爪毀傷父母遺體豈聖人所爲或出野史

周

周制舞師掌教皇舞小祝掌寧風旱師巫女巫皆職雩祭

按周禮地官舞師教皇舞帥而舞旱暵之事

注皇析五采羽爲之亦如帗旱暵之事謂雩也暵熱氣也 訂義鄭鍔曰旱暵出於非常故不言祭祀而言事偶有是事則染羽爲鳳皇之形以舞焉不象鳳者鳳雄而皇雌所以名陰而抑陽也

稻人旱暵共其雩斂

訂義項氏曰旱暵則共雩祭之所斂以稻所急者水也

春官小祝掌小祭祀逆時雨寧風旱

注逆迎也 訂義鄭鍔曰農民之望甘雨欲以時而至故逆之而來風之偃禾旱之爲災皆人所懼故寧之使不作　劉氏曰寧風旱謂恆風恆暘皆反休而爲咎故祭以寧之

司巫掌羣巫之政令若國大旱則帥巫而舞雩

注雩旱祭也 疏春秋緯云雩者呼嗟求雨之祭 訂義王昭禹曰陽亢在上阻陰而旱師巫而舞雩所以助達陰中之陽

女巫掌歲時祓除釁浴旱暵則舞雩

疏此謂五月以後修雩故有旱暵之事 訂義劉執中曰常暘則大旱矣帥女巫而舞助陰氣也

厲王二十二年至二十六年皆大旱

按史記周本紀不載　按竹書紀年厲王二十二年王亡奔彘國人圍王宮執召穆公之子殺之二十三年王在彘共伯和攝行天子事二十二年大旱二十三年大旱二十四年大旱二十五年大旱二十六年大旱王陟於彘周定公召穆公立太子靖爲王共伯和歸其國遂大雨

注大旱旣久廬舍俱焚會汾王崩卜於太陽兆曰厲王爲祟周公召公乃立太子靖共和遂歸國和有至德尊之不喜廢之不怒逍遙得志於共山之首

桓王十三年魯大雩

按春秋魯桓公五年秋魯大雩　按左傳書不時也

按公羊傳大雩者何旱祭也然則何以不言旱言雩則旱見言旱則雩不見何以書記災也

注雩旱請雨祭名君親之南郊以六事謝過自責曰政不一與民失職與宮室崇與女謁盛與苞苴行與讒夫昌與使童男女各八人舞而呼雩故謂之雩旱者政教不施之應先是桓公無王行比爲天子所聘得志益驕去國遠狩大城祝丘故致此旱

惠王十四年魯旱

按春秋魯莊公三十一年冬不雨　按公羊傳何以書記異也

按漢書五行志莊公三十一年冬不雨是歲一年而三築臺奢侈不恤民

十九年冬魯旱

按春秋魯僖公二年冬十月不雨　按公羊傳何以書記異也　按穀梁傳不雨者勤雨也

二十二年春夏魯不雨

按春秋魯僖公三年春王正月不雨夏四月不雨六

月雨　按公羊傳何以書記異也　按穀梁傳不雨者勤雨也一時言不雨者閔雨也閔雨者有志於民者也

大全高氏曰不雨八越月而不書旱何也凡書旱者雖有時而雨猶以不足爲旱若眞不雨則旱在其中矣

按漢書五行志釐公二年冬十月不雨三年春正月不雨夏四月不雨六月雨先是者嚴公夫人與公子慶父淫而殺二君國人攻之夫人遜於邾慶父奔莒釐公即位南敗邾東敗莒獲其大夫有炕陽之應

襄王三年魯大雩

按春秋魯僖公十一年秋八月大雩　按公羊傳注公與夫人出會不恤民之應　按穀梁傳雩月正也雩得雨曰雩不得雨曰旱

五年魯大雩

按春秋魯僖公十三年秋九月大雩　按公羊傳注由陽穀之會不恤民復會於鹹城緣陵煩擾之應

十三年魯大旱

按春秋魯僖公二十一年夏大旱　按左傳公欲焚巫尪臧文仲曰非旱備也修城郭貶食省用務穡勸分此其務也巫尪何爲天欲殺之則如勿生若能爲旱焚之滋甚公從之是歲也饑而不害　按公羊傳何以書記災也

注新作南門之所生

按穀梁傳旱時正也

疏釋曰旱必歷時非一月之事故書時爲正也

按漢書五行志釐公二十一年夏大旱董仲舒劉向以爲齊桓既死諸侯從楚釐尤得楚心楚來獻捷釋宋之執外倚彊楚亢陽失衆又作南門勞民興役諸雩旱不雨略皆同說

二十七年魯旱

按春秋魯文公二年自十有二月不雨至於秋七月

大全汪氏曰自十二月不雨至七月則陰陽之氣不和而恆陽爲災者八越月矣蓋旱爲災而不久則書旱爲災而久則書某月不雨至某月

按公羊傳何以書記異也大旱以災書此亦旱也曷爲以異書大旱之日短而云災故以災書此不雨之日長而無災故以異書也

注此祿去公室政在公子遂之所致也

按穀梁傳歷時而言不雨文不憂雨也不憂雨者無志乎民也

按漢書五行志文公二年自十有二月不雨至於秋七月文公即位天子使叔服會葬毛伯賜命又會晉侯於戚公子遂如齊納幣又與諸侯盟上得天子外得諸侯沛然自大躋釐公主大夫始顓事

頃王二年魯旱

按春秋魯文公十年自正月不雨至於秋七月　按公羊傳注公子遂之所招　按穀梁傳歷事而言不雨文不閔雨也不閔雨者無志乎民也

按漢書五行志十年自正月不雨至於秋七月先是公子遂會四國而救鄭楚使越椒來聘秦人歸禭有炕陽之應

五年魯旱

按春秋魯文公十三年自正月不雨至於秋七月

按漢書五行志文公十三年自正月不雨至於秋七月先是曹伯杞伯滕子來朝郕伯來犇秦伯使遂來聘季孫行父城諸及鄆二年之間五國趨之內城二邑炕陽失衆一曰不雨而五穀皆孰異也文公時大夫始顓盟會公孫敖會晉侯又會諸侯盟於垂隴故不雨而生者陰不出氣而私自行以象施不由上出臣下作福而私自成一曰不雨近常陰之罰君弱也

定王五年魯旱

按春秋魯宣公七年秋公至自伐萊大旱

大全公與齊侯俱不務德合黨連兵恃彊夌弱是以爲此舉也軍旅之後必有凶年言民以征役怨吝之氣感動天變而旱乾作矣其以大旱書者或不雩或雖雩而不雨也不雩則無恤民憂國之心雩而不雨格天之精意闕矣

按漢書五行志宣公七年秋大旱是夏宣與齊侯伐萊

十九年魯旱

按春秋魯成公三年秋大雩

簡王二年魯旱

按春秋魯成公七年冬大雩　按穀梁傳雩不月而時非之也冬無爲雩也

大全劉氏曰穀梁云冬無雩也非也周之十月今之八月若久不雨可不雩乎

靈王四年魯旱

按春秋魯襄公五年秋大雩　按左傳旱也

大全高氏曰因旱祭志僭也

按漢書五行志襄公五年秋大雩先是宋魚石奔楚

楚伐宋取彭城以封魚石鄭畔於中國而附楚襄與諸侯共圍彭城城鄭虎牢以禦楚是歲鄭伯使公子發來聘使大夫會吳於善道外結二國內得鄭聘有炕陽動衆之應

七年魯旱

按春秋魯襄公八年秋九月大雩　按左傳旱也

按漢書五行志襄公八年九月大雩時作三軍季氏盛

十五年魯旱

按春秋魯襄公十六年秋大雩　按公羊傳注先是伐許齊侯圍城動民之應

十六年魯旱

按春秋魯襄公十七年秋九月大雩　按公羊傳注比年仍見圍不暇恤民之應

二十七年魯旱

按春秋魯襄公二十八年秋大雩　按左傳旱也

大全高氏曰春無冰秋旱此皆人事所召而僭用大禮以祈之不亦悖乎

按公羊傳注公方久如楚先是豫賦於民之所致

按漢書五行志襄公二十八年八月大雩先是比年晉使荀吳齊使慶封來聘是夏邾子來朝襄有炕陽自大之應

景王六年魯旱

按春秋魯昭公三年八月大雩　按左傳旱也　按公羊傳注先是公季孫宿比如晉

按漢書五行志昭公三年八月大雩劉歆以爲昭公即位年十九矣猶有童心居喪不哀炕陽失衆

九年魯旱

按春秋魯昭公六年秋九月大雩　按左傳旱也

按公羊傳注先是季孫宿如晉是後叔弓與公比如楚有豫賦之煩也

按漢書五行志昭公六年九月大雩先是莒牟夷以二邑來奔莒怒伐魯叔弓帥師拒而敗之昭得入晉外和大國內獲二邑取勝鄰國有炕陽動衆之應

十一年魯旱

按春秋魯昭公八年秋大旱

大全杜氏曰秋雩過也

按公羊傳注先是公如楚半年乃歸費多賦重所致

十九年魯旱

按春秋魯昭公十六年九月大雩　按左傳旱也

按公羊傳注先是公數如晉

按漢書五行志昭公十六年九月大雩先是昭公母夫人歸氏薨昭不慼又大蒐於比蒲晉叔向曰魯有大喪而不廢蒐國不恤喪不忌君也君亡慼容不顧親也殆其失國與三年同占

敬王二年魯旱

按春秋魯昭公二十四年秋八月大雩　按左傳旱也　按公羊傳注先是公如晉仲孫貜卒民被其役是年叔倪出會故秋七月復大雩

按漢書五行志昭公二十四年八月大雩劉歆以爲左氏傳二十三年邾師城翼還經魯地魯襲取邾師獲其三大夫邾人愬於晉晉人執我行人叔孫婼是春迺歸之

三年魯大旱

按春秋魯昭公二十五年秋七月上辛大雩季辛又雩　按左傳秋書再雩旱甚也　按公羊傳又雩者何又雩者非雩也聚衆以逐季氏也

按穀梁傳季者有中之辭也又有繼之辭也

注不言中辛中辛無事緣有上辛大雩故言又也

按漢書五行志昭公二十五年七月上辛大雩季辛又雩旱甚也劉歆以爲時后氏與季氏有隙又季氏之族有淫妻爲讒使季平子與族人相惡皆共譖平子子家駒諫曰讒人以君徼倖不可昭公遂伐季氏爲所敗出奔齊

十一年魯旱

按春秋魯定公元年九月大雩　按公羊傳注定公得立尤喜而不恤民之應

十七年魯旱

按春秋魯定公七年秋大雩九月大雩

大全汪氏曰左氏以再雩爲旱甚經書雩祭二十有一惟昭二十五年及此年書再雩災之甚而變之大者也昭公不克自省而有陽州之孫定公又不知儆而有二玉之竊世卿之逆陪臣之橫其致一也故比事書之以爲後鑑

二十二年魯旱

按春秋魯定公十二年秋大雩　按公羊傳注承前費重不恤民又重之以齊師伐我我自救之役

按漢書五行志定公十年九月大雩先是定公自將侵鄭歸而城中城二大夫帥師圍鄆按左公穀三傳俱作定公十二年漢書十字下蓋脫二字

秦

始皇十二年大旱

按史記秦始皇本紀十二年天下大旱六月至八月乃雨

漢

按漢書舊儀舊制求雨太常禱天地宗廟社稷山川以賽各如其常祭牢禮四月立夏後旱乃求雨禱之七月畢寒之秋冬春三時不求雨

按杜佑通典漢承秦滅學雩禮廢旱太常禱天地宗廟

注劉歆致雨具作土龍

惠帝五年大旱

按漢書惠帝本紀云云　按五行志惠帝五年夏大旱江河水少谿谷絕先是發民男女十四萬六千人城長安是歲城乃成

文帝三年大旱

按漢書文帝本紀不載　按五行志文帝三年秋天下旱是歲夏匈奴右賢王寇侵上郡詔丞相灌嬰發車騎士八萬五千人詣高奴擊右賢王走出塞其秋濟北王興居反使大將軍討之皆伏誅

九年大旱

按漢書文帝本紀九年春大旱

後六年大旱

按漢書文帝本紀後六年夏四月大旱蝗令諸侯無入貢弛山澤減諸服御損郎吏員發倉庾以賑民民得賣爵　按五行志春天下大旱先是發車騎材官屯廣昌是歲二月復發材官屯隴西後匈奴大入上郡雲中烽火通長安三將軍屯邊又三將軍屯京師

景帝中三年秋大旱

按漢書景帝本紀不載　按五行志云云

後二年秋大旱

按漢書景帝本紀云云

武帝建元四年六月旱

按漢書武帝本紀云云

元光六年大旱

按漢書武帝本紀元光六年夏大旱蝗　按五行志是歲四將軍征匈奴

元朔五年大旱

按漢書武帝本紀元朔五年春大旱　按五行志是歲六將軍衆十餘萬征匈奴

元狩三年大旱

按漢書武帝本紀不載　按五行志元狩三年夏大旱是歲發天下故吏伐棘上林穿昆明池

元封二年旱

按漢書武帝本紀不載　按史記封禪書夏旱公孫卿曰黃帝時封則天旱乾封三年上乃下詔曰天旱意乾封乎

元封四年大旱

按漢書武帝本紀元封四年夏大旱民多暍死

元封六年秋大旱蝗

按漢書武帝本紀云云

天漢元年夏大旱

按漢書武帝本紀不載　按五行志云云

天漢三年夏大旱

按漢書武帝本紀不載　按五行志三年夏大旱先是貳師將軍征大宛還元年發謫民二年夏三將軍征匈奴李陵沒不還

太始二年秋旱

按漢書武帝本紀云云

征和元年大旱

按漢書武帝本紀不載　按五行志征和元年夏大旱是歲發三輔騎士閉長安城門大搜始治巫蠱明年衛皇后太子敗

昭帝始元六年大旱

按漢書昭帝本紀始元六年夏旱大雩不得舉火　按五行志始元六年大旱先是大鴻臚田廣明征益州暴師連年

元鳳五年夏大旱

按漢書昭帝本紀云云

宣帝本始三年大旱

按漢書宣帝本紀本始三年五月大旱郡國傷旱甚者民毋出租賦　按五行志本始三年夏大旱東西數千里先是五將軍衆二十萬征匈奴

神爵元年秋大旱

按漢書宣帝本紀不載　按五行志神爵元年秋大旱是歲後將軍趙充國征西羌

元帝初元三年夏旱

按漢書元帝本紀云云

成帝建始二年夏大旱

按漢書成帝本紀云云

鴻嘉三年夏旱

按漢書成帝本紀鴻嘉三年夏四月大旱

永始三年夏大旱

按漢書成帝本紀不載　按五行志云云

永始四年夏大旱

按漢書成帝本紀不載　按五行志云云

哀帝建平四年旱

按漢書哀帝本紀建平四年春大旱

平帝元始二年旱

按漢書平帝本紀元始二年四月郡國大旱蝗青州尤甚民流亡

後漢

後漢行雩禮求雨之制

按後漢書禮儀志自立春至立夏盡立秋郡國上雨澤若少府郡縣各掃除社稷其旱也公卿官長以次行雩禮求雨閉諸陽衣皁興土龍立土人舞僮二佾七日一變如故事反拘朱索社伐朱鼓禱賽以少牢如禮

光武帝建武三年大旱

按後漢書光武帝本紀不載　按五行志注古今注建武三年七月雒陽大旱帝至南郊求雨即日雨

建武五年夏四月旱蝗

按後漢書光武帝本紀五年夏四月旱蝗五月丙子詔曰久旱傷麥秋種未下朕甚憂之將殘吏未勝獄多冤結元元愁恨感動天地乎其令中都官三輔郡國出繫囚罪非犯殊死一切勿案見徒免爲庶人務進柔良退貪酷各正厥事焉　按五行志注方儲對策曰百姓苦士卒煩碎責租稅失中暴師外營經歷三時內有怨女外有曠夫王者孰推其祥揆合於天圖之事情旱災可除夫旱者過日天王無意於百姓恩德不行萬民煩擾故天應以無澤

建武六年旱

按後漢書光武帝本紀六年春正月辛酉詔曰往歲水旱蝗蟲爲災穀價騰躍人用困乏朕惟百姓無以自贍惻然愍之其命郡國有穀者給稟　按五行志注古今注建武六年六月旱

建武九年春旱

按後漢書光武帝本紀不載　按五行志注古今注云云

建武十二年五月旱

按後漢書光武帝本紀不載　按五行志注古今注云云

建武十八年旱

按後漢書光武帝本紀十八年五月旱

建武二十一年六月旱

按後漢書光武帝本紀不載　按五行志注古今注云云

明帝永平元年五月旱

按後漢書明帝本紀不載　按五行志注古今注云云

永平三年夏旱

按後漢書明帝本紀三年夏旱秋八月詔曰朕奉承祖業無有善政日月薄蝕彗孛見天水旱不節稼穡不成人無宿儲下生愁墊雖夙夜勤思而智能不逮昔楚莊無災以致戒懼魯哀禍大天不降譴今之動變儻尚可救有司勉思厥職以匡無德古者卿士獻詩百工箴諫其言事者靡有所諱　按鍾離意傳永平三年夏旱而大起北宮意詣闕免冠上疏曰伏見陛下以天時小旱憂念元元降避正殿躬自克責而比日密雲遂無大潤豈政有未得應天心者邪昔成湯遭旱以六事自責曰政不節邪使人疾邪宮室崇邪女謁盛邪苞苴行邪讒夫昌邪竊見北宮大作人失農時此所謂宮室崇也自古非苦宮室小狹但患人不安寧宜且罷止以應天心臣意以匹夫之才無有行能久食重祿擢備近臣比受厚賜喜懼相半不勝愚戇征營罪當萬死帝策詔報曰湯引六事咎在一人其冠履勿謝比上天降旱密雲數會朕戚然慚懼思獲嘉應故分布禱請闚候風雲北祈明堂南設雩場今又敕大匠止作諸宮減省不急庶消災譴詔因謝公卿百寮遂應時澍雨焉

永平八年冬旱

永平十一年八月旱

永平十五年八月旱

按以上後漢書明帝本紀不載　按五行志注古今注云云

永平十八年三月旱

按後漢書明帝本紀十八年夏四月己未詔曰自春已來時雨不降宿麥傷旱秋種未下政失厥中憂懼而已其賜天下男子爵人二級及流民無名數欲占者人一級鰥寡孤獨篤癃貧而不能自存者粟人三斛理冤獄錄輕繫二千石分禱五嶽四瀆郡界有名山大川能興雲致雨者長吏各潔齋禱請冀蒙嘉澍

按章帝本紀十八年八月即位是歲京師及三州大

旱詔勿收兗豫徐州田租芻稾其以見穀賑給貧人

按五行志注古今注永平十八年三月旱

章帝建初元年旱

按後漢書章帝本紀建初元年三月己巳詔曰朕以無德奉承大業夙夜慄慄不敢荒寧而災異仍見與政相應朕既不明涉道日寡又選舉乖實俗吏傷人官職耗亂刑罰不中可不憂與昔仲弓季氏之家臣子游武城之小宰孔子猶誨以賢才問以得人明政無大小以得人爲本夫鄉舉里選必累功勞今刺史守相不明眞僞茂才孝廉歲以百數既非能顯而當授之政事甚無謂也每尋前世舉人貢士或起甽畝不繫閥閱敷奏以言則文章可採明試以功則政有異迹文質彬彬朕甚嘉之其令太傅三公中二千石二千石郡國守相舉賢良方正能直言極諫之士各一人　按五行志注建初元年大旱天子憂之侍御史孔豐乃上疏曰臣聞爲不善而災報得其應也爲善而災至遭時運也陛下卽位日淺視民如傷而不幸耗旱時運之會耳非政教所致也昔成湯遭旱因自責省畋散積減御損食而大有年意者陛下未爲成湯之事典天子納其言而從之三日雨卽降轉拜黃門郎典東觀事　按楊終傳終拜校書郎建初元年大旱穀貴終以爲廣陵楚淮陽濟南之獄徙者萬數又遠屯絕域吏民怨曠乃上疏曰臣聞善善及子孫惡惡止其身百王常典不易之道也秦政酷烈違牾天心一人有罪延及三族高祖平亂約法三章太宗至仁除去收孥萬姓廓然蒙被更生澤及昆蟲功垂萬世陛下聖明德被四表今以比年久旱災疫未息躬自菲薄廣訪失得三代之隆無以加焉臣竊按春秋水旱之變皆應暴急惠不下流自永平以來仍連大獄有司窮考轉相牽引掠拷冤濫家屬徙邊加以北征匈奴西開三十六國頻年服役轉輸煩費又遠屯伊吾樓蘭車師戊己民懷土思怨結邊域傳曰安土重居謂之衆庶昔殷人近遷洛邑且猶怨望何况去中土之肥饒寄不毛之荒極乎且南方暑濕瘴毒互生愁困之民足以感動天地移變陰陽矣陛下留念省察以濟元元書奏肅宗下其章司空第五倫亦同終議太尉牟融司徒鮑昱校書郎班固等難倫以施行既久孝子無改父之道先帝所建不宜回異終復上書曰秦築長城功役繁興胡亥不革卒亡四海故孝元棄珠崖之郡光武絕西域之國不以介鱗易我衣裳魯文公毀泉臺春秋譏之曰先祖爲之而已毀之不如勿居而已以其無妨害於民也襄公作三軍昭公舍之君子大其復古以爲不舍則有害於民也今伊吾之役樓蘭之屯久而未還非天意也帝從之聽還徙者悉罷邊屯　按鮑昱傳昱代王敏爲司徒建初元年大旱穀貴肅宗召昱問曰旱既太甚將何以消復災眚對曰臣聞聖人理國三年有成今陛下始踐天位刑政未著如有失得何能致異但臣前在汝南典理楚事繫者千餘人恐未能盡當其罪先帝詔言大獄一起寃者過半又諸徙者骨肉離分孤魂不祀一人呼嗟王政爲虧宜一切還諸徙家屬蠲除禁錮興滅繼絕死生獲所如此和氣可致帝納其言

建初二年旱

按後漢書章帝本紀不載　按五行志注古今注二年夏雒陽旱　按馬后紀建初元年欲封爵諸舅太后不聽明年夏大旱言事者以爲不封外戚之故有司因此上奏宜依舊典太后詔曰凡言事者皆欲媚朕以要福耳昔王氏五侯同日俱封其時黃霧四塞不聞澍雨之應又田蚡竇嬰寵貴橫恣傾覆之禍爲世所傳故先帝防愼舅氏不令在樞機之位諸子之封裁令半楚淮陽諸國常謂我子不當與先帝子等今有司奈何欲以馬氏比陰氏乎固不許

建初四年夏旱

按後漢書章帝本紀不載　按五行志注古今注云云

建初五年旱

按後漢書章帝本紀五年春二月甲申詔曰春秋書無麥苗重之也去秋雨澤不適今時復旱如炎如焚凶年無時而爲備未至朕之不德上累三光震慄忉切痛心疾首前代聖君博思咨諏雖降災咎輒有開匱反風之應今予小子徒慘慘而已其令二千石理寃獄錄輕繫禱五嶽四瀆及名山能興雲致雨者冀蒙不崇朝徧雨天下之報務加肅敬焉

元和元年春旱

按後漢書章帝本紀不載　按五行志注古今注云云

元和二年旱

按後漢書章帝本紀不載　按陳寵傳肅宗時寵爲尚書漢舊事斷獄報重常盡三冬之月是時帝始改用冬初十月而已元和二年旱長水校尉賈宗等上

言以爲斷獄不盡三冬故陰氣微弱陽氣發泄招致災旱事在於此帝以其言下公卿議寵奏曰夫冬至之節陽氣始生故十一月有蘭射於芸荔之應時令曰諸生蕩安形體天以爲正周以爲春十二月陽氣上通雉雊雞乳地以爲正殷以爲春十三月陽氣已至天地已交萬物皆出蟄蟲始振人以爲正夏以爲春三微成著以通三統周以天元殷以地元夏以人元若以此時行刑則殷周歲首皆當流血不合人心不稽天意月令曰孟冬之月趣獄刑無留罪明大刑畢在立冬也又仲冬之月身欲寧事欲靜若以降威怒不可謂寧若以行大刑不可謂靜議者咸曰旱之所由咎在改律臣以爲殷周斷獄不以三微而化致康平無有災害自元和以前皆用三冬而水旱之異往往爲患由此言之災害自爲他應不以改律秦爲虐政四時行刑聖漢初興改從簡易蕭何草律季秋論囚俱避立春之月而不計天地之正二王之春實頗有違陛下探幽析微允執其中革百載之失建永年之功上有迎承之歡下有奉微之惠稽春秋之文當月令之意聖功美業不宜中疑書奏帝納之遂不復改

章和二年和帝卽位夏旱

按後漢書和帝本紀章和二年二月壬辰卽位五月京師旱　按五行志時章帝崩後竇太后兄弟用事奢僭

和帝永元二年郡國十四旱

按後漢書和帝本紀不載　按五行志注古今注云云

永元四年夏旱

按後漢書和帝本紀四年夏旱蝗十二月壬辰詔今年郡國秋稼爲旱蝗所傷其十四以上勿收田租芻藁有不滿者以實除之

永元六年秋七月京師旱

按後漢書和帝本紀六年七月京師旱詔中都官徒各除半刑謫其未竟五月以下皆免遣丁巳幸洛陽寺錄囚徒舉冤獄收洛陽令下獄抵罪司隸校尉河南尹皆左降未及還宮而澍雨　按張奮傳奮代劉方爲司空時歲災旱祈雨不應乃上表曰比年不登人用饑匱今復久旱秋稼未立陽氣垂盡歲月迫促夫國以民爲本民以穀爲命政之急務憂之重者也臣蒙恩尤深受職過任夙夜憂懼章奏不能敘心願對中常侍疏奏卽時引見復口陳時政之宜明日和帝召太尉司徒幸洛陽獄錄囚徒收洛陽令陳歆卽大雨三日

永元九年六月蝗旱

按後漢書和帝本紀云云

永元十二年春旱

按後漢書和帝本紀十二年二月詔貸被災諸郡民種糧三月丙申詔曰比年不登百姓虛匱京師去冬無宿雪今春無澍雨黎民流離困於道路朕痛心疾首靡知所濟瞻仰昊天何辜今人三公朕之腹心而未獲承天安民之策數詔有司務擇良吏今猶不改競爲苛暴侵愁小民以求虛名委任下吏假勢行邪是以令下而奸生禁至而詐起巧法析律飾文增辭貨行於官罪成乎手朕甚病焉公卿不思助明好惡將何以救其咎罰咎罰既至復令災及小民若上下同心庶或有瘳其賜天下男子爵人二級三老孝悌力田三級民無名數及流民欲占者人一級鰥寡孤獨篤癃貧不能自存者粟人三斛壬子賜博士員弟子在太學者布人三疋

永元十五年丹陽郡國二十二旱

按後漢書和帝本紀不載　按五行志注古今注云云

永元十六年旱

按後漢書和帝本紀十六年秋七月旱戊午詔曰今秋稼方穗而旱雲雨不霑疑吏行慘刻不宜恩澤妄拘無罪幽閉良善所致其一切囚徒於法疑者勿決以奉秋令方察煩苛之吏顯明其罰辛巳詔令天下皆半入今年田租芻藁其被災害者以實除之貧民受貸種糧及田租芻藁皆勿收責

安帝永初元年旱

按後漢書安帝本紀不載　按五行志注古今注永初元年郡國八旱分遣議郎請雨

永初二年夏旱

按後漢書安帝本紀二年五月旱丙寅皇太后幸洛陽寺及若盧獄錄囚徒賜河南尹廷尉卿及官屬以下各有差卽日降雨　按鄧皇后紀永初二年夏京師旱太后親幸洛陽寺錄冤獄有囚實不殺人而被考自誣羸困輿見畏吏不敢言將去舉頭若欲自訴太后察視覺之卽呼還問狀具得枉實卽時收洛陽令下獄抵罪行未還宮澍雨大降

永初三年郡國八旱

永初四年夏旱

永初五年夏旱

按後漢書安帝本紀俱不載　按五行志注古今注云云

永初六年旱

按後漢書安帝本紀六年五月旱詔令中二千石下至黃綬一切復秩還贖賜爵各有差皇太后幸雒陽寺錄囚徒理冤獄

永初七年夏旱

按後漢書安帝本紀七年五月庚子京師大雩八月詔賜民爵郡國被蝗傷稼十五以上勿收今年田租不滿者以實除之　按五行志七年夏旱

元初元年夏旱

按後漢書安帝本紀元初元年京師及郡國五旱蝗

元初二年夏旱

按後漢書安帝本紀二年五月京師旱

元初三年夏旱

按後漢書安帝本紀三年夏四月京師旱　按五行志注時西羌寇亂軍屯相繼連十餘年

元初五年旱

按後漢書安帝本紀五年京師及郡國五旱詔稟遺旱貧人

元初六年夏旱

按後漢書安帝本紀六年五月京師旱

建光元年郡國四旱

按後漢書安帝本紀不載　按五行志注古今注云云

延光元年旱

按後漢書安帝本紀不載　按五行志注古今注延光元年郡國五旱傷稼

順帝永建二年旱

按後漢書順帝本紀永建二年三月旱遣使者錄囚徒

永建三年旱

按後漢書順帝本紀三年六月旱遣使者錄囚徒理輕繫　按黃瓊傳永建三年大旱瓊上疏曰昔魯僖遇旱以六事自讓躬節儉閉女謁放讒佞者十三人誅稅民受貨者九人退舍南郊天立大雨今亦宜顧省政事有所損闕務存質儉以易民聽尚方御府息除煩費敕近臣使遵法度如有不移示以好惡數見公卿引納儒士訪以政化使陳得失又囚徒尚積多致死亡亦足以感傷和氣招降災旱若改敝從善擇用嘉謀則災消福至矣書奏引見德陽殿使中常侍以瓊奏書屬主者施行

永建五年旱

按後漢書順帝本紀五年四月京師旱詔郡國貧人被災者勿收責

陽嘉元年旱

按後漢書順帝本紀陽嘉元年春二月京師旱庚申敕郡國二千石各禱名山嶽瀆遣大夫謁者詣嵩高首陽山并祀河洛請雨戊辰雩以冀部比年水潦民食不贍詔案行稟貸勸農功賑乏絕甲戌詔曰政失厥和陰陽隔并冬鮮宿雪春無澍雨分禱祈請靡神不祭深恐在所慢違如在之義今遣侍中王輔等持節分詣岱山東海滎陽河洛盡心祈焉

陽嘉二年旱

按後漢書順帝本紀二年六月旱　按五行志夏旱時李固對策以爲奢僭所致也　按郎顗傳顗條便宜之事又條四事曰易傳曰陽無德則旱陰僭陽亦旱陽無德者人君恩澤不施於人也陰僭陽者祿去公室臣下專權也自冬涉春迄無嘉澤數有西風反逆時節朝廷勞心廣爲祈禱薦祭山川暴龍移市臣聞皇天感物不爲僞動災變應人要在責己若令雨可請降水可禳止則歲無隔并太平可待然而災害不息者患不在此也立春以來未見朝廷賞錄有功表顯有德存問孤寡賑卹貧弱而但見洛陽都官奔車東西收繫纖介牢獄充盈臣聞恭陵火處比有光耀明此天災非人之咎丁丑大風掩蔽天地風者號令天之威怒皆所以感悟人君忠厚之戒又連月無雨將害麥粟若一穀不登則饑者十三四矣陛下誠宜廣被恩澤貸贍元元昔堯遭九年之水人有十年之蓄者簡稅防災爲其方也願陛下早宜德澤以應天功若臣言不用朝政不改者立夏之後乃有澍雨於今之際未可望也若政變於朝而天不雨則臣爲誣上愚不知量分當鼎鑊書奏特詔拜郎中其夏大旱如顗言

陽嘉三年久旱

按後漢書順帝本紀三年春二月己丑詔以久旱京師諸獄無輕重皆且勿考竟須得澍雨夏五月戊戌制詔曰昔我太宗丕顯之德假於上下儉以恤民政致康乂朕秉事不明政失厥道天地譴怒大變仍見

春夏連旱寇賊彌繁元元被害朕甚愍之嘉與海內洗心更始其大赦天下自殊死以下謀反大逆諸犯不當得赦者皆赦除之賜民年八十以上米人一斛肉二十斤酒五斗九十以上加賜帛人二匹絮三斤

按周舉傳陽嘉三年司理校尉左雄薦舉徵拜尚書舉與僕射黃瓊同心輔政名重朝廷左右憚之是歲河南三輔大旱五穀災傷天子親自露坐德陽殿東廂請雨又下司隸河南禱祀河神名山大澤詔書以舉才學優深特下策問曰朕以不德仰承三統夙興夜寐思協大中頃年以來旱災屢應稼穡焦枯民食困乏五品不訓王澤未流羣司素餐據非其位審所貶黜變復之徵厥效何由分別具對勿有所諱舉對曰臣聞易稱天尊地卑乾坤定矣二儀交搆乃生萬物萬物之中以人爲貴故聖人養之以君成之以化順四時之宜適陰陽之和使男女婚娶不過其時包之以仁恩導之以德教示之以災異訓之以嘉祥此先聖承乾養物之始也夫陰陽閉隔則二氣否塞二氣否塞則人物不昌人物不昌則風雨不時風雨不時則水旱成災陛下處唐虞之位未行堯舜之政近廢文帝光武之法而循亡秦奢侈之欲內積怨女外有曠夫今皇嗣不興東宮未立傷和逆理斷絕人倫之所致也非但陛下行此而已豎宦之人亦復虛以形勢威侮良家取女閉之至有白首歿無配偶逆於天心昔武王入殷出傾宮之女成湯遭災以六事剋己魯僖遇旱而自責祈雨皆以精誠轉禍爲福自枯旱以來彌歷年歲未聞陛下改過之效徒勞至尊暴露風塵誠無益也又下州郡祈神致請昔齊有大旱景公欲祀河伯晏子諫曰不可夫河伯以水爲城國魚鱉爲民庶水盡魚枯豈不欲雨自是不能致也陛下所行但務其華不尋其實猶緣木求魚却行求前誠宜推信革政崇道變惑出後宮不御之女理天下冤枉之獄除大官重膳之費夫五品不訓責在司徒有非其位宜急黜斥臣自藩外擢典納言學薄智淺不足以對易傳曰陽感天不旋日惟陛下留神裁察因召見舉及尚書令成翊世僕射黃瓊問以得失舉等並對以爲宜慎官人去斥貪汙離遠佞邪循文帝之儉遵孝明之教則時雨必應帝曰百官貪汙佞邪者爲誰乎舉獨對曰臣從下州超備機密不足以別羣臣然公卿大臣數有直言者忠貞也阿諛苟容者佞邪也司徒視事六年未聞有忠言異謀愚心在此其後以事免司徒劉崎遷舉司隸校尉

陽嘉四年春旱

按後漢書順帝本紀四年二月自去冬旱至於是月

永和四年旱

按後漢書順帝本紀永和四年八月太原郡旱民庶流冗癸丑遣光祿大夫案行稟貸除更賦

中帝永嘉元年質帝卽位夏旱

按後漢書質帝本紀永嘉元年正月丁丑卽位夏四月壬申雩五月甲午太后詔曰朕以不德託母天下布政不明每失厥中自春涉夏大旱炎赫憂心京京故得禱祈明祀冀蒙潤澤前雖得雨而宿麥頗傷比日陰雲還復開霽寤寐永歎重懷慘結將二千石令長不崇寬和暴刻之爲乎其令中都官繫囚罪非殊死考未竟者一切任出以須立秋郡國有名山大澤能興雲雨者二千石長吏各潔齋請禱竭誠盡禮又兵役連年死亡流離或支骸不斂或停棺莫收朕甚愍焉昔文王葬枯骨人賴其德今遣使者案行若無家屬及貧無資者隨宜賜恤以慰孤魂　按五行志時沖帝初崩太尉李固勸太后及兄梁冀立嗣帝擇年長有德者天下賴之則功名不朽年幼未可知如後不善悔無所及時太后及冀貪立年幼欲久自專遂立質帝八歲此不用德

質帝本初元年旱

按後漢書質帝本紀不載　按五行志注古今注本初元年二月京師旱

桓帝建和元年旱

按後漢書桓帝本紀建和元年夏四月丙午詔曰比起陵塋彌歷時歲力役既廣徒隸尤勤頃雨澤不沾密雲復散儻或在茲其令徒作陵者減刑各六月

元嘉元年夏旱

按後漢書桓帝本紀元嘉元年夏四月京師旱任城梁國饑民相食　按五行志是時梁冀秉政妻子並受寵封踰節

延熹元年旱

按後漢書桓帝本紀延熹元年六月大雩　按五行志注陳蕃上疏宮女多聚不御憂悲之感以致水旱之困也

延熹四年秋旱

按後漢書桓帝本紀四年秋七月京師雩減公卿以下奉貸王侯半租占賣關內侯虎賁羽林緹騎營士五大夫錢各有差

靈帝熹平五年夏旱

按後漢書靈帝本紀熹平五年夏四月大雩使侍御史行詔獄亭部理冤枉原輕繫休囚徒　按五行志注蔡邕作伯夷叔齊碑曰熹平五年天下大旱禱請名山求獲答應時處士平陽蘇騰字元成夢陟首陽有神馬之使在道明覺而思之以其夢陟狀上聞天子開三府請雨使者與郡縣戶曹掾吏登山升祠手書要曰君況我聖主以洪澤之福天尋興雲卽降甘雨也

熹平六年夏四月大旱

按後漢書靈帝本紀云云

光和五年夏旱

按後漢書靈帝本紀云云

光和六年夏大旱

按後漢書靈帝本紀云云　按五行志是時常侍黃門僭作威福

獻帝興平元年大旱

按後漢書獻帝本紀興平元年秋七月三輔大旱自四月至於是月帝避正殿請雨遣使者洗囚徒原輕繫是歲穀一斛五十萬豆麥一斛二十萬人相食啖白骨委積帝使侍御史侯汶出太倉米豆爲饑人作糜粥經日而死者無筭帝疑賦恤有虛乃親於御座前量試作糜乃知非實使侍中劉艾出讓有司於是尚書令以下皆詣省閤謝奏收侯汶考實詔曰未忍致汶於理可杖五十自是之後多得全濟　按五行志是時李傕郭汜專權縱肆

興平二年夏四月大旱

按後漢書獻帝本紀云云

建安十九年夏四月旱

按後漢書獻帝本紀云云

欽定古今圖書集成曆象彙編庶徵典

第八十七卷目錄

旱災部彙考三

庶徵典第八十七卷

旱災部彙考三

魏

明帝太和二年大旱

按三國魏志明帝本紀云云

按晉書五行志明帝太和二年五月大旱元年以來崇廣宮府之應也又是春宣帝南擒孟達置二郡張郃西破諸葛亮斃馬謖亢陽自大又其應也

太和五年旱

按魏志明帝本紀太和五年三月自去冬十月至此月不雨辛巳大雩

齊王正始元年旱

按魏志三少帝本紀正始元年春二月自去冬十二月至此月不雨詔令獄官亟平冤枉理出輕微羣公卿士讜言嘉謀各悉乃心

按晉書五行志齊王正始元年二月自去冬十二月至此月不雨去歲正月明帝崩二月曹爽白嗣主轉宣帝爲太傅外示尊崇內實欲令事先由己是時宣帝功蓋魏朝欲德不用之應也

高貴鄉公甘露三年旱

按魏志三少帝本紀不載　按晉書五行志高貴鄉公甘露三年正月自去秋至此月旱是時文帝圍諸葛誕衆出過時之應也初壽春秋夏常雨淹城而此旱踰年城陷乃大雨咸以誕爲天亡

吳

大帝嘉禾五年旱

按吳志孫權傳嘉禾五年自十月不雨至于夏　按步騭傳時中書呂壹典校文書多所糾舉騭上疏曰天子父天母地故宮室百官動法列宿若施政令欽順時節官得其人則陰陽和平七曜循度至于今日官寮多闕雖有大臣復不信任如此天地焉得無變故頻年枯旱亢陽之應也

廢帝五鳳二年大旱

按吳志孫亮傳五鳳二年大旱

按晉書五行志吳孫亮五鳳二年大旱百姓饑是歲征役煩興軍士怨叛此亢陽自大勞役失衆之罰也其役彌歲故旱亦竟年

太平三年旱

按吳志孫亮傳太平三年自八月沈陰不雨四十餘日

烏程侯寶鼎元年旱

按吳志孫皓傳不載　按晉書五行志寶鼎元年春夏旱時孫皓遷都武昌勞役動衆之應也

晉

武帝泰始七年旱

按晉書武帝本紀不載　按五行志泰始七年五月閏月旱大雩

按宋書五行志是春孫皓出華里大司馬望帥衆次于淮北四月北地胡寇金城西平涼州刺史牽弘出戰敗沒

泰始八年旱

按晉書武帝本紀不載　按五行志八年五月旱是時帝納荀勖邪說留賈充不復西鎮而任愷漸疏上下皆蔽之應也及李憙魯芝李引等並在散職近厥

德不用之謂也
泰始九年旱
按晉書武帝本紀九年五月旱　按五行志九年正月旱至于六月祈宗廟社稷山川癸未雨
按宋書五行志去年九月吳西陵督步闡據城來降遣羊祜統楊肇等衆八萬救迎闡十二月陸抗大破肇軍攻闡滅之
泰始十年旱
按晉書武帝本紀不載　按五行志十年四月旱去年秋冬採擇卿校諸葛冲等女是春五十餘人入殿簡選又取小將吏女數十人母子號哭于宮中聲聞于外行人悲酸是殆積陰生陽上緣求妃之應也
咸寧二年旱
按晉書武帝本紀咸寧二年夏五月庚午大雩六月甲戌自春旱至于是月始雨　按禮志咸寧二年春分久旱四月丁巳詔曰諸旱處廣加祈請五月庚午始祈雨于社稷山川六月戊子獲澍雨此雩之舊典也
太康二年旱
按晉書武帝本紀不載　按五行志太康二年自去冬旱至此春平吳亢陽動衆自大之應也
太康三年旱
按晉書武帝本紀三年冬十二月景申詔四方旱甚者無出田租　按五行志四月旱乙酉詔司空齊王攸與尚書廷尉河南尹錄訊繫囚事從蠲宥
太康五年六月旱
按晉書武帝本紀不載　按五行志五年六月旱此年正月天陰解而復合劉毅上疏曰必有阿黨之臣姦以事君者當誅而不赦也帝不答是時荀勖馮紞僭作威福亂朝尤甚
太康六年旱
按晉書武帝本紀六年四月郡國四旱　按五行志六年三月青梁幽冀郡國旱六月濟陰武陵旱傷麥
太康七年大旱
按晉書武帝本紀七年夏五月郡國十三旱
太康八年四月冀州旱
按晉書武帝本紀不載　按五行志云云
太康九年旱
按晉書武帝本紀九年六月郡國三十三大旱傷麥
按五行志郡國三十三旱扶風始平京兆安定旱傷麥
按宋書五行志太康九年夏郡國三十二旱
太康十年二月旱
按晉書武帝本紀不載　按五行志云云
太熙元年旱
按晉書武帝本紀不載　按五行志太熙元年二月旱自太康以後雖正人滿朝不被親仗而賈充荀勖楊駿馮紞等迭居要重所以無年不旱者欲德不用上下皆蔽庶位踰節之罰也
惠帝元康元年大旱
按晉書惠帝本紀不載　按宋書五行志元康元年七月雍州大旱隕霜疾疫關中饑米斛萬錢
元康七年旱
按晉書惠帝本紀元康七年秋七月雍梁州大旱
按五行志元康七年七月秦雍二州大旱疾疫關中饑米斛萬錢因此氐羌反叛雍州刺史解系敗績而饑疫薦臻戎晉並困朝廷不能振詔聽相賣鬻其九月郡國五旱
永寧元年旱
按晉書惠帝本紀永寧元年郡國十二旱　按五行志永寧元年自夏及秋青徐幽幷四州旱十二月又郡國十二旱是年春三王討趙王倫六旬之中數十戰死者十餘萬人
懷帝永嘉三年大旱
按晉書懷帝本紀永嘉三年三月大旱江漢河洛皆竭可涉　按五行志永嘉三年五月大旱襄平縣梁水淡池竭河洛江漢皆可涉是年三月司馬越歸京都遣兵入京收中書令繆播等九人殺之皆僭踰之罰也又四方諸侯多懷無君之心劉元海石勒王彌李雄之徒賊害百姓流血成泥又其應也五年自去冬旱至此春去歲十一月司馬越以行臺自隨斥黜宮衛無君臣之節
永嘉五年旱
按晉書惠帝本紀不載　按宋書五行志永嘉五年自去冬旱至此春去歲十二月司馬越棄京都以大衆南出多將王公朝士及以行臺自隨斥黜禁衛代以國人宮省蕭然無復君臣之節矣
元帝建武元年旱
按晉書元帝本紀建武元年揚州大旱　按五行志建武元年六月揚州旱去年十二月淳于伯寃死其年即旱而太興元年又旱干寶曰殺淳于伯之後旱

三年是也刑罰妄加羣陰不附則陽氣勝之罰也

按宋書五行志按前漢殺孝婦則旱後漢有囚亦旱見謝見理並獲雨澍此其類也班固曰刑罰妄加羣陰不附則陽氣勝故其罰恆暘是年四月甸允等悉衆禦寇五月祖逖攻譙其冬周訪討杜曾又衆出之應也

按晉陽秋愍帝在西京旱傷薦臻無注記年月也

太興元年旱

按晉書元帝本紀太興元年六月旱帝親雩

太興二年大旱詔求讜言

按晉書元帝本紀不載　按虞預傳預除佐著作郎太興二年大旱詔求讜言直諫之士預上書諫曰大晉受命于今五十餘載自元康以來王德始闕戎翟及于中國宗廟焚爲灰燼千里無煙爨之氣華夏無冠帶之人自天地開闢書籍所載大亂之極未有若茲者也陛下以聖德先覺超然遠鑒作鎮東南聲教遐被上天眷顧人神贊謀雖云中興其實受命少康宣王誠未足喻然南風之歌可著而陵遲之俗未改者何也臣愚謂爲國之要在于得才得才之術在于抽引苟其可用讎賤必舉高宗文王思佐發夢拔巖徒以爲相載釣老而師之下至列國亦有斯事故燕重郭隗而三士競至魏式干木而秦兵退舍今天下雖弊人士雖寡十室之邑必有忠信世不乏驥求則可致而束帛未賁于丘園蒲輪頓轂而不駕所以大化不洽而雍熙有闕者也

太興四年旱

按晉書元帝本紀四年五月旱　按五行志是時王敦陵僭已著

按宋書五行志去歲蔡豹祖逖等並有征役

永昌元年大旱

按晉書元帝本紀永昌元年六月旱　按五行志是年三月王敦有石頭之變二宮陵辱大臣誅死僭踰無上故旱尤甚其閏十一月京都大旱川谷并竭

明帝太寧三年旱

按晉書明帝本紀太寧三年六月大旱自正月不雨至于是月

按宋書五行志去年秋滅王敦亢陽動衆自太之應也

成帝咸和元年旱

按晉書成帝本紀咸和元年九月旱十一月大旱自六月不雨至于是月　按五行志是時庾太后臨朝稱制言不從而僭踰之罰也　按虞預傳預遷祕書丞著作郎咸和初夏旱詔衆官各陳致雨之意預議曰臣聞天道貴信地道貴誠誠信者蓋二儀所以生植萬物人君所以保乂黎蒸是以殺伐擬于震電推恩象于雲雨刑罰在于必信慶賞貴于平均臣聞閒者以來刑獄轉繁多力者則廣牽連逮以稽年月無援者則嚴其楨楚期于入重是以百姓嗷然感傷和氣臣愚以爲輕刑耐罪宜速決遣殊死重囚重加以請寬徭息役務遵節儉砥礪朝臣使各知禁蓋老牛不犧禮有常制而自頃衆官拜授祖贈轉相夸尚屠殺牛犢動有十數醉酒沉湎無復限度傷財敗俗所虧不少昔殷宗修德以消桑穀之異宋景善言以退熒惑之變楚國無災莊王是懼盛德之君未嘗無眚應以信順天祐乃隆臣學見淺闇言不足採

咸和二年旱

按晉書成帝本紀咸和二年夏四月旱

咸和五年旱

按晉書成帝本紀咸和五年夏五月旱且饑疫

按宋書五行志去年殄蘇峻之黨此春又討郭默滅之亢陽動衆之應也

咸和六年旱

按晉書成帝本紀六年四月旱

按宋書五行志去年八月石勒遣郭敬寇襄陽南中郎將周撫奔武昌十月李雄使李壽寇建平建平太守楊謙奔宜都此正月劉徵略婁縣於是起衆警備

咸和八年秋七月旱

按晉書成帝本紀不載　按五行志云云

咸和九年旱

按晉書成帝本紀九年六月大旱詔太官徹膳省刑恤孤寡貶費節用秋八月大雩自五月不雨至於是月　按五行志自四月不雨至於八月

咸康元年六月旱

按晉書成帝本紀是歲大旱會稽餘姚尤甚米斗五百價人相賣　按五行志是時成帝沖弱未親萬機內外之政決之將相此僭踰之罰連歲旱也至四年王導固讓太傅復子明辟是後不旱殆其應也時天下普旱會稽餘姚特甚米斗直五百人有相鬻者

咸康二年旱

按晉書成帝本紀二年三月旱詔太官減膳免所旱郡縣繇役戊寅大雩

咸康三年六月旱

按晉書成帝本紀云云　按五行志時王導以天下新定務在遵養不任刑罰遂盜賊公行頻五年亢旱亦舒緩之應也

康帝建元元年五月旱

按晉書康帝本紀云云　按宋書五行志是時宰相專政方伯擅重兵又與咸康初同事也

穆帝永和元年旱

按晉書穆帝本紀永和元年五月戊寅大雩　按五行志是時帝在襁褓褚太后臨朝如明穆太后故事

按文獻通考穆帝永和時議制雩壇於國南郊之傍依郊壇近遠祈上帝百辟旱則祈雨大雩社稷山林川澤舞僮八佾凡六十四人皆元服持羽翳而歌雲漢之詩戴邈議云周冬春夏旱禮有禱舞雩夫旱日淺則災微日久則災甚微則祈小神社稷之屬甚乃大雩帝耳按春秋左傳之義春夏無雨未成災雩而得雨則書雩不得雨則書旱明災成也然則始雩未得便告饑饉之甚爲歌哭之請博士議雲漢之詩宣王承厲王撥亂遇災而懼故作是歌今晉中興奕葉重光豈比周人耗斁之辭乎漢魏之代別造新詩晉室太平不必因故司徒蔡謨議曰聖人迭興禮樂之制或因或革雲漢之詩興於宣王今歌之者取其修德禳災以和陰陽之義故因而用之

永和五年旱

按晉書穆帝本紀不載　按五行志五年七月不雨至於十月

按宋書五行志是年二月征北將軍褚裒遣軍伐沛納其民以歸六月又遣西中郎陳逵進據壽陽自以舟師二萬至於下邳喪其前驅而還逵亦退

永和六年夏旱

按晉書穆帝本紀不載　按五行志云云

按宋書五行志是春桓溫以大衆出夏口上疏欲以舟軍北伐朝廷駭之蕭敬盜涪西蠻校采壽敗績

永和八年旱

按晉書穆帝本紀八年秋七月大雩　按五行志八年夏旱　按冉閔載記冉閔敗爲慕容恪所擒送之于薊儁鞭之三百送於龍城告廆皝廟既至斬於遏陘山山左右七里草木悉枯蝗蟲大起自五月不雨至於十二月儁遣使者祀之諡曰武悼天王其日大雪是歲永和八年也

永和九年春旱

按晉書穆帝本紀九年三月旱

升平三年冬大旱

按晉書穆帝本紀不載　按五行志云云

按宋書五行志此冬十月北中郎將郗曇帥萬餘人出高平經略河兗又遣將軍諸葛悠以舟軍入河敗績西中郎將謝萬次下蔡衆潰而歸

升平四年冬大旱

按晉書穆帝本紀不載　按五行志云云

哀帝隆和元年夏旱

按晉書哀帝本紀隆和元年夏四月旱詔出輕繫振困乏　按五行志是時桓溫強恣權制朝廷僭踰之罰也

按宋書五行志去年慕容恪圍冀州刺史呂護桓溫大宛陵范汪袁眞並北伐衆出過時也

海西公太和元年夏旱

按晉書海西本紀太和元年夏四月旱

太和四年旱

按晉書海西本紀不載　按五行志四年冬旱涼州春旱至夏

簡文帝咸安二年大旱

按晉書簡文帝本紀不載　按五行志咸安二年十月大旱饑自永和至是嗣主幼冲桓溫陵僭用兵征伐百姓怨苦

孝武帝寧康元年旱

按晉書孝武帝本紀寧康元年夏五月旱　按五行志寧康元年三月旱是時桓溫入覲高平陵闓朝致拜踰僭之應也

寧康三年冬旱

按晉書孝武帝本紀三年十二月癸未皇太后詔曰頃日蝕告變水旱不適雖克己思救未盡其方其賜百姓窮者米人五斛

按宋書五行志三年冬旱先是氐賊破梁益州刺史楊亮周仲孫奔退明年威遠將軍桓石虔擊姚萇墊江破之退至五城益州刺史竺瑤帥衆戍巴東

太元四年旱

按晉書孝武帝本紀太元四年六月大旱

按宋書五行志去歲氐賊圍中郎將朱序於襄陽又圍揚威將軍戴遁於彭城桓嗣以江州之衆次郗援序北府發三州民配何謙救遁是春襄陽順陽魏興城皆沒賊遂略淮南向廣陵征虜將軍謝石率水軍

次涂中兗州刺史謝元督諸將破之

太元五年夏四月大旱

按晉書孝武帝本紀云云

太元八年旱

按晉書孝武帝本紀不載　按宋書五行志八年六月旱夏初桓沖征襄陽遣冠軍將軍桓石虔進據樊城朝廷又遣宣城內史胡彬大峽石爲沖聲勢也

太元十年七月旱饑

按晉書孝武帝本紀云云　按五行志初八年破苻堅九年諸將略地有事徐豫楊亮趙統攻討巴沔是年正月謝安又出鎭廣陵使子琰進戍彭城頻有軍役

太元十三年夏六月旱

按晉書孝武帝本紀云云　按五行志去歲北府遣戍胡陸荊州經略河南是年夏郭銓置戍野王又遣軍破黃淮

太元十五年七月旱

按晉書孝武帝本紀不載　按五行志云云

按宋書五行志是春丁零略兗豫鮮卑寇河上朱序桓不才等北至太行東至滑臺踰時攻討又戍石門

太元十七年旱

按晉書孝武帝本紀十七年自秋不雨至于冬　按五行志是時烈宗仁恕信任會稽王道子政事舒緩又茹千秋爲驃騎諮議竊弄主柄威福又丘尼乳母親黨及婢僕之子階緣近習臨部領衆又所在多上春竟囚不以其辜建康獄吏枉暴旣甚此又僭踰不從冤濫之罰

太元十八年旱

按晉書孝武帝本紀十八年秋七月旱

安帝隆安三年冬旱寒甚

按晉書安帝本紀不載　按五行志云云

隆安四年六月旱

按晉書安帝本紀云云　按五行志四年五月旱

按宋書五行志去冬桓元迫殺殷仲堪而朝廷卽授以荊州之任司馬元顯又諷百寮悉使敬己此皆陵僭之罰也

隆安五年旱

按晉書安帝本紀不載　按五行志五年夏秋大旱十二月不雨時孫恩作亂兵革煩興此皆陵僭憂愁之應也

按宋書五行志去年夏孫恩入會稽殺內史謝琰此年夏略吳又殺內史袁山松軍旅東討衆出過時

元興元年旱

按晉書安帝本紀不載　按五行志元興元年九月十月不雨泉水涸

按宋書五行志是年正月司馬元顯以大衆將討桓元旣而元至殺元顯五月又遣東征孫恩餘黨十月北討劉軌

元興二年旱

按晉書安帝本紀不載　按五行志二年六月不雨冬又旱時桓元奢僭十二月遂篡位

元興三年八月不雨

按晉書安帝本紀不載　按五行志云云

按宋書五行志是時王旅四伐西夏未平

義熙四年冬不雨

按晉書安帝本紀不載　按五行志云云

義熙六年九月不雨

按晉書安帝本紀不載　按五行志云云

按宋書五行志是時王師北討廣固疆理三州

義熙八年十月不雨

按晉書安帝本紀不載　按五行志云云

按宋書五行志是秋王師西討劉毅分遣伐蜀

義熙九年秋冬不雨

按晉書安帝本紀不載　按五行志云云

義熙十年旱

按晉書安帝本紀不載　按五行志十年九月旱十二月又旱井瀆多竭是時軍役煩興

宋

文帝元嘉二年夏旱

按宋書文帝本紀不載　按五行志云云　按范泰傳泰景平初加位特進致仕元嘉二年表賀元正幷陳旱災曰元正改律品物惟新陛下藉日新以畜德仰乾元以履祚吉祥集室百福來庭頃旱魃爲虐亢陽愆度通川燥流異井同竭老弱不堪遠汲貧寡單于負水租輸旣重賦稅無降百姓怨咨臣年過七十未見此旱陰陽幷隔則和氣不交豈惟凶荒必生疾疫其爲憂虞不可備序雩禁之典以誠會事巫祝常祈罕能有感上天之譴不可不察漢東海枉殺孝婦亢旱三年及祭其墓澍雨立降歲以有年是以衞人伐邢師興而雨伏願陛下式遵遠猷思隆高構推忠恕之愛矜冤枉之獄遊心下民之瘼暦思幽冥之紀

令謗木晉闕諫鼓鳴朝聚芻牧之言總統御之要如此則苞桑可繫危機無兆斯而災害不消未之有也故夏禹引百姓之罪殷湯甘萬方之過太戊資桑穀以進德宋景藉熒惑以修善斯皆因敗以轉成往事之昭晰也循末俗者難爲風就正路者易爲雅臣疾患日篤夕不謀朝會及歲慶得一聞達微誠少亮無恨泉壤承違聖顏拜表悲咽

按南史文帝本紀云云

元嘉三年秋旱

元嘉四年秋京都旱

按宋書文帝本紀不載　按五行志云云

元嘉八年旱

按宋書文帝本紀八年六月閏月揚州旱乙巳遣侍御史省獄訟申調役

按南史文帝本紀八年三月大雩夏六月乙丑大赦旱故又大雩

元嘉十九年旱

按宋書文帝本紀不載　按五行志十九年南兗豫州旱

元嘉二十年旱

按宋書文帝本紀元嘉二十年諸州郡旱傷稼民大饑遣使開倉賑䘏給賜糧種　按五行志二十年南兗豫州旱

元嘉二十七年旱

按宋書文帝本紀不載　按五行志二十七年八月不雨至二十八年三月時索虜南寇

元嘉二十八年旱

按南史文帝本紀元嘉二十八年三月大旱

孝武帝大明七年旱

按宋書孝武帝本紀七年八月詔曰昔匹婦含怨山燋北鄙嫠妻哀慟臺傾東國良以誠之所動在微必著感之所震雖厚必崩朕臨察九野志深待旦弗能使爛然成章各如其節遂令炎精損河陽偏不施歲云不稔咎實朕由太官供膳宜從貶撤近道刑獄當親料省其王畿內及神州所統可遣尚書與所在共訊畿外諸州委之刺史并訊省律令思存利民其考讁貿襲在大明七年以前一切勿治尤弊之家開倉賑給九月乙卯詔曰近炎精亢序苗稼多傷今二麥未晚甘澤頻降可下東境郡勤課墾植尤弊之家量貸麥種八年二月壬寅詔曰去歲東境偏旱田畝失收使命來者多至乏絕或下窮流穴頓伏街巷朕甚閔之可出倉米付建康秣陵二縣隨宜贍恤若溫拯不時以至捐棄者嚴加糾劾　按前廢帝本紀是歲東諸郡大旱甚者米一升數百京邑亦至百餘饑死者十有六七　按五行志孝武帝大明七年東諸郡大旱民饑死者十六七先是江左以來制度多闕孝武帝立明堂造五輅是時大發徒衆南巡校獵盛自矜大故致旱災

大明八年大旱

按南史宋前廢帝本紀大明八年閏五月即皇帝位去歲及是歲東諸郡大旱甚者米一斗數百都下亦至百餘餓死者十六七

後廢帝元徽元年八月京都旱

按宋書後廢帝本紀元徽元年八月京師旱甲寅詔日比亢序愆度留熏燿晷有傷秋稼方貽民瘼朕以眇疚未弘政道囹圄尚繁枉滯猶積夕厲晨矜每惻于懷尚書令可與執法以下就訊衆獄使冤訟洗遂困弊昭蘇頒下州郡咸令無壅

南齊

高帝建元三年大旱

按南齊書高帝本紀不載　按五行志建元三年大旱時有虜寇

武帝永明三年大旱

按南齊書武帝本紀永明三年琅邪郡旱　按五行志永明三年大旱明年唐寓之起

永明十一年旱

按南齊書武帝本紀十一年五月戊辰詔水旱成災京師二縣朱方姑熟權斷酒

明帝建武二年大旱

按南齊書明帝本紀不載　按五行志建武二年大旱時虜寇方盛皆動衆之應也　按禮志二年旱有司議雩祭

梁

梁遇旱雩祭之制

按隋書禮儀志春秋龍見而雩梁制不爲恆祀四月後旱則祈雨行七事一理冤獄及失職者二賑鰥寡孤獨者三省徭輕賦四舉進賢良五黜退貪邪六命會男女恤怨曠七撤膳羞弛樂懸而不作天子又降法服七日乃祈社稷七日乃祈山林川澤常典雲雨者七日乃祈羣廟之主于太廟七日乃祈古來百辟卿士有益於人者七日乃大雩祈上帝徧祈所有事

者大雩禮立圓壇於南郊之左祈五天帝及五人帝於其方以太祖配位於青帝之南五官配食于下七日乃去樂又徧祈社稷山林川澤就故地處大雩國南除地爲墠舞童六十四人祈百辟卿士於雩壇之左除地爲墠舞童六十四人皆袨服爲八列各執羽翳每列歌雲漢詩一章而畢旱而祈澍則報以太牢皆有司行事唯雩則不報若郡國縣旱請雨則五事同時並行一理冤獄失職二賑鰥寡孤獨三省繇役四進賢良五退貪邪守令皆潔齋三日乃祈社稷七日不雨更齋祈如初三變仍不雨復齋祈其界內山林川澤常興雲雨者祈而澍亦各有報

武帝天監元年大旱

按梁書武帝本紀天監元年大旱米斗五千人多餓死

按隋書五行志梁天監元年大旱米斗五千人多餓死洪範五行傳曰若持亢陽之節興師動衆勞人過度以起城邑不顧百姓臣下悲怨然而心不能從故陽氣盛而失度陰氣沉而不附陽氣盛旱災應也初帝起兵襄陽破張沖敗陳伯之及平建康前後連戰百姓勞斂及即位後復與魏交兵不止之應也

天監十一年旱

按南史梁武帝本紀天監十一年三月丁巳爲旱故曲赦揚徐二州

簡文帝大寶元年旱

按南史梁簡文帝本紀大寶元年自春迄夏大旱人相食都下尤甚

陳

武帝永定三年旱

按南史陳武帝本紀永定三年閏四月時久不雨丙午幸鍾山祭蔣帝廟是日降雨迄于月晦

宣帝太建十二年旱

按陳書宣帝本紀太建十二年夏四月己卯大雩壬午雨十一月己丑詔曰朕君臨四海日旰劬勞思弘至治未臻斯道而兵車驟出軍費尤煩芻漕控引不能徵賦夏中亢旱傷農畿內爲甚民失所資歲取無託此則政刑未理陰陽舛度黎元阻饑君孰與足靖言興念余責在躬宜布惠澤溥沾氓庶其丹陽吳興晉陵建興義興東海信義陳留江陵等十郡幷謝署即年田稅祿秩並各原半其丁租半申至來歲秋登

按隋書五行志陳太建十二年春不雨至四月先是周師掠淮北始與王叔陵等諸軍敗績淮北之地皆沒於周蓋其應也

北魏

高宗太安五年旱

按魏書高宗本紀太安五年冬十有二月戊申詔曰朕承洪業統御羣有思恢政化以濟兆民故薄賦斂以實其財輕徭役以紓其力欲令百姓修業人不匱乏而六鎮雲中高平二雍秦州徧遇災旱年穀不收其遣開倉廩以賑之有流徙者諭還桑梓欲市糴他界爲關旁郡通其交易之路若典司之官分職不均使上恩不達於下下民不贍於時加以重罪

和平元年旱

按魏書高宗本紀不載　按文獻通考和平元年四月旱詔州郡於其界內神無大小悉洒掃薦以酒脯年登之後各隨本秩祭以牲牢

和平五年旱

按魏書高宗本紀和平五年閏四月戊子帝以旱故減膳責躬是夜澍雨大降

顯祖天安元年旱

按魏書顯祖本紀天安元年州鎮十一旱民饑開倉賑恤

皇興二年旱

按魏書顯祖本紀皇興二年十一月以州鎮二十七水旱開倉賑恤

高祖延興三年旱

按魏書高祖本紀延興三年州鎮十一水旱丐民田租開倉賑恤相州民餓死者二千八百四十五人

太和元年旱

按魏書高祖本紀太和元年十二月丁未詔以州郡八水旱蝗民饑開倉賑恤

太和二年旱

按魏書高祖本紀太和二年州鎮二十餘旱民饑開倉賑恤　按禮志太和二年旱帝親祈皇天日月五星于苑中祭之夕大雨遂赦京師

按北史魏孝文帝本紀太和二年三月京師旱甲辰祈天災于北苑親自禮焉減膳避正殿景午澍雨大洽

太和三年旱

按魏書高祖本紀太和三年五月丁巳帝祈雨于北苑閉陽門是日澍雨大洽

太和四年旱

按魏書高祖本紀四年二月癸巳詔曰朕承乾緒君臨海內夙興昧旦如履薄冰今東作方興庶類萌動品物資生膏雨不降歲一不登百姓饑乏朕甚懼焉其敕天下祀山川羣神及能興雲雨者修飾祠堂薦以牲璧民有疾苦所在存問

太和五年旱

按魏書高祖本紀五年夏四月甲寅詔曰時雨不霑春苗萎悴諸有骸骨之處皆勅埋藏勿令露見有神祇之所悉可禱祈

太和八年旱

按魏書高祖本紀八年十二月詔以州鎮十五水旱民饑遣使者循行問所疾苦開倉賑恤

太和九年旱

按魏書高祖本紀九年京師及州鎮十三水旱傷稼

太和十一年旱

按魏書高祖本紀十一年六月辛巳秦州民饑開倉賑恤癸未詔曰春旱至今野無青草上天致譴實由匪德百姓無辜將羅饑饉寤寐思求罔知所益公卿內外股肱之臣謀猷所寄其極言無隱以救民瘼秋七月己丑詔曰今年穀不登聽民出關就食遣使者造籍分遣去留所在開倉賑恤九月庚戌詔曰去夏以歲旱民饑須遣就食舊籍雜亂難可分簡故依局割民閱戶造籍欲令去留得實賑貸平均然逌者以來猶有餓死衢路無人收識良由本部不明籍貫未實廩恤不周以至于此朕猥居民上聞用慨然可重遣精檢勿令遺漏

太和十四年以旱下詔求言

按魏書高祖本紀不載　按高閭傳十四年秋閭上表曰奉癸未詔書以春夏少雨憂饑饉之方臻愍黎元之傷瘁同禹湯罪己之誠齊堯舜引咎之德虞災致懼詢及卿士令各上書極陳損益深恩被于蒼生厚惠流于后土伏惟陛下天啟聖姿利見纂極欽若昊天光格宇宙太皇太后以叡哲贊世稽合三才高明柔克道被無外七政昭宣于上九功咸序于下君人之量逾高謙光之旨彌篤修復祭儀宗廟所以致敬飾正器服禮樂所以宣和增儒官以重文德簡勇士以昭武功慮獄訟之未息定刑書以理之懼蒸民之姦宄置鄰黨以穆之究庶官之勤劇班俸祿以優之知勞逸之難均分民土以齊之甄忠明孝矜貧恤獨開納讜言抑絕讒佞明訓以體率土移風雖未勝殘去殺成無爲之化足以仰答三靈者矣臣聞皇天無私降鑒在下休咎之徵咸由人召故帝道昌則九疇敘君德衰而彝倫斁休瑞並應享以五福則康於其邦咎徵屢臻罰以六極則害于其國斯乃洪範之實徵神祇之明驗及其厄運所纏世鍾陽九數乖于天理事違于人謀時則有之矣故堯湯逢歷年之災周漢遭水旱之患然立功修行終能弭息今考治則有如此之風計運未有如彼之害而陛下殷勤引過事邁前王從星澍雨之徵指辰可必消災滅禍之符灼然自見雖王畿之內頗爲少雨關外諸方禾稼仍茂苟動之以禮綏之以和一歲不收未爲大損但豫備不虞古之善政安不忘危有國常典竊以北鎮新徙家業未就思親戀本人有愁心一朝有事難以禦敵可寬其往來頗使欣慰開雲中馬城之食以賑恤之足以感德致力邊境矣明察畿甸之民饑甚者出靈丘下館之粟以救其乏可以安慰孤貧樂業保土使幽定安并四州之租隨運以溢其處開關弛禁薄賦賤糴以消其費清道路恣其東西隨豐逐食貧富相贍可以免度凶年不爲患苦又聞常士困則濫竊生匹婦餒則慈心薄凶儉之年民輕違犯可緩其使役急其禁令宜于未然之前申敕外牧又一夫幽枉王道爲虧京師之獄或恐未盡可集見囚于都曹使明折庶獄者重加究察輕者即可決遣重者定狀以聞能非急之作放無用之獸此乃救凶之常法且以見憂於百姓論語曰不患貧而患不安苟安而樂生雖遭凶年何傷於民庶也愚臣所見如此而已詔曰省表聞之當勑有司依此施行

太和十五年旱

按魏書高祖本紀十五年自正月不雨至于夏四月癸酉有司奏祈百神詔曰昔成湯遇旱齊景逢災並不由祈山川而致雨皆至誠發中澍潤千里萬方有罪在予一人今普天喪恃幽顯同哀神若有靈猶應未忍安享何宜四氣未周便欲祀事唯當考躬責己以待天譴

太和十七年旱

按魏書高祖本紀太和十有七年五月丁丑以旱撤膳

太和二十年旱

按魏書高祖本紀二十年秋七月帝以久旱咸秩羣神自癸未不食至于乙酉是夜澍雨大洽丁亥詔曰炎陽爽節秋零卷澍在予之責實深悚慄故輟膳三

晨以命上訴靈鑒誠款曲流雲液雖休勿休寧敢愆
怠將有賢人湛德高士凝棲雖加銓採未能招致其
精訪幽谷舉茲賢彥直言極諫匡予不及又邪佞毀
朝冏唯治蠹貪夫竊位大政以虧主者彈劾不肖明
黜盜祿又法爲治要民命尤重在京之囚悉命條奏
朕將親案以時議決又疾苦六極人神所矜宜時訪
恤以拯窮廢鰥寡困乏不能自存者明加矜恤令得
存濟又輕傜薄賦君人常理歲中恆役具以狀聞又
夫婦之道生民所先仲春奔會禮有達式男女失時
者以禮會之又京民始業農桑爲本田稼多少課督
不具以狀言十有二月甲子以西北州郡旱儉遣侍
臣循察開倉賑卹　按王肅傳二十年七月高祖以
久旱不雨輟膳三日百寮詣闕引在中書省高祖在
崇虛樓遣舍人問曰朕知卿等至不獲相見卿何爲
而來肅對曰伏承陛下輟膳已經三旦羣臣焦怖不
敢自寧臣聞堯水湯旱自然之數須聖人以濟世不
由聖以致災是以國儲九年以禦九年之變臣又聞
至於八月不雨然後君不舉膳昨四郊之外已蒙滂
澍唯京城之內微爲少澤蒸民未闕一餐陛下輟膳
三日臣庶惶惶無復情地高祖遣舍人答曰昔堯水
湯旱賴聖人以濟民朕雖居羣黎之上道謝前王今
日之旱無以救恤應待立秋克躬自咎但此月十日
已來炎熱焦酷人物同悴而連雲數日高風蕭條雖
不食數朝猶自無感朕誠心未至之所致也肅曰臣
聞聖人與凡同者五常異者神明昔姑射之神不食
五穀臣常謂矯今見陛下始知其驗且陛下自輟膳
以來若天全無應臣亦謂上天無知陛下無感一昨

之前外有滂澤此有密雲臣卽謂天有知陛下有感
矣高祖遣舍人答曰昨內外貴賤咸云四郊有雨朕
恐此輩皆勉勸之辭三覆之愼必欲使信而有徵比
當遣人往行若果雨也便命太官欣然進膳豈可以
近郊之內而慷慨要天乎若其無也朕之無感安用
朕身以擾民庶朕志確然死而後已是夜澍雨大降
世宗景明三年旱
按魏書世宗本紀景明三年春二月戊寅詔曰自比
陽旱積時農民廢殖寤言增愧在予良多申下州郡
有骸骨暴露者悉可埋瘞
景明四年大旱
按魏書世宗本紀四年夏四月戊戌詔曰酷吏爲禍
綿古同患孝婦淫刑東海燋壤今不雨十旬意者其
有冤獄乎尚書鞫京師見囚務盡聽察之理己亥帝
以旱減膳徹懸辛丑澍雨大洽
正始元年旱
按魏書世宗本紀正始元年六月以旱徹樂減膳癸
巳詔曰朕以匪德政刑多舛陽旱歷旬京甸枯瘁在
予之責夙宵疚懷有司可循案舊典祗行六事囹圄
寃滯平處決之庶尹廢職重加修舉鰥寡困窮在所
存恤役賦殷煩咸加蠲省賢良讜直以禮進之貪殘
佞諛時加屏黜男女怨曠務令媾會稱朕意焉甲午
帝以旱親薦享於太廟戊戌詔立周旦夷齊廟於首
陽山庚子以旱見公卿已下引咎責躬又錄京師見
囚殊死已下皆減一等鞭杖之坐悉皆原之
永平元年旱
按魏書世宗本紀永平元年三月丙午以去年旱儉

遣使者所在賙恤夏五月辛卯帝以旱故減膳撤樂
永平二年旱
按魏書世宗本紀二年五月辛丑帝以旱故減膳徹
懸禁斷屠殺甲辰幸華林都亭親錄囚徒犯死罪以
下降一等
永平三年夏五月旱
按魏書世宗本紀三年五月丁亥詔以冀定二州旱
儉開倉賑恤
延昌元年旱
按魏書世宗本紀延昌元年春正月乙巳以頻旱百
姓饑敝分遣使者開倉賑恤夏四月詔以旱故食粟
之畜皆斷之戊辰以旱詔尚書與羣司鞫理獄訟丁
丑帝以旱故減膳徹懸六月己卯詔曰去歲水災今
春炎旱百姓饑餒救命靡寄雖經蠶月不能養績今
秋輸將及郡縣期於責辦尚書可嚴勅諸州量民資
產明加檢校以救艱敝
肅宗熙平元年旱
按魏書肅宗本紀熙平元年五月丁卯朔詔曰炎旱
積辰苗稼萎悴比雖微澍猶未沾洽晚種不納企望
憂勞在予之責思自兢厲尚書可釐恤獄犴察其淹
枉簡量輕重隨事以聞無使一人怨嗟增傷和氣土
木作役權皆休罷勸農省務肆力田疇庶嘉澤近降
豐年可必
神龜元年旱
按魏書肅宗本紀神龜元年自正月不雨至於六月
辛卯澍雨乃降
神龜二年旱

按魏書肅宗本紀二年二月丁丑詔求直言諸有上書者聽密封通奏壬寅詔曰農要之月時澤弗應嘉穀未納二麥枯悴德之無感歎懼兼懷可勅內外依舊雩祈率從祀典察獄理冤掩骼埋胔冀瀛之境往經寇暴死者旣多白骨橫道可遣專令收葬賑窮恤寡救疾存老準訪前式務令周備三月甲辰澍雨大洽

正光元年旱

按魏書肅宗本紀正光元年夏五月辛巳詔曰朕以寡薄運膺寶圖雖未明求衣惕懼終日而闇昧多闕炎旱爲災在予之愧無忘寢食今刑獄繁多囹圄尚積宜敷仁惠以濟斯民八座可推鞫見囚務申枉濫癸未詔曰攘災招應修政爲本民乃神主實宜率先刺史守令與朕共治天下宜哀矜勿喜視民如傷兄今炎旱歷時萬姓彫敝而不撫恤窮寃理決庶獄可嚴勅州郡善加綏隱務盡聰明加之祇肅必使事允人神時致靈應其賦役不便於民者具以狀聞便當蠲罷

正光二年旱

按魏書肅宗本紀二年秋七月癸丑詔曰時澤弗降禾稼形損在予之責夙宵震懼雖克躬撤降仍無招感有司可修案舊典祗行六事囹圄淹枉隨速鞫決庶尹廢職量加修厲鰥獨困窮在所存恤役賦煩民咸加蠲省賢良讜直以時升進貪殘邪佞即就屏黜男女怨曠務令會偶庶革止徵遂有弭災沴

正光三年旱

按魏書肅宗本紀三年六月己巳詔曰朕以沖昧夙纂寶曆不能祗奉上靈感延和氣致令炎旱頻歲嘉雨弗洽百稼燋萎晚種未下將成災年秋稔莫覬在予之責憂懼震懷今可依舊分遣有司馳祈岳瀆及諸山川百神能興雲雨者盡其虔肅必令感降玉帛牲牢隨應薦享上下羣官側躬自厲理寃獄止土功減膳徹懸禁止屠殺

前廢帝普泰元年旱

按北史前廢帝本紀普泰元年秋七月景戌司徒尒朱彥伯以旱遜位

孝靜帝天平二年旱

按魏書孝靜帝本紀天平二年五月大旱勒城門殿門及省府寺署坊門澆人不簡王公無限日得雨乃止

按北史東魏孝靜帝本紀天平二年三月辛未以旱故詔京邑及諸州郡縣收瘞骸骨

天平四年旱

按魏書孝靜帝本紀不載　按北齊書神武本紀魏天平四年四月乙酉神武以并肆汾建晉東雍南汾秦陝九州霜旱人饑流散請所在開倉賑給

按隋書五行志東魏天平四年并肆汾建晉絳秦陝等諸州大旱人多流散是歲齊神武與西魏戰于沙苑敗績死者數萬

武定元年冬旱

按魏書孝靜帝本紀不載　按北齊書神武本紀魏武定二年三月癸巳神武巡行冀定二州因朝京師以冬春亢旱請蠲懸責賑窮乏宥死罪以下又請授老人板職各有差

武定二年旱

按北史東魏孝靜帝本紀二年三月以旱故宥死罪已下囚

按隋書五行志東魏二年冬春旱先是西魏師入洛陽神武親帥軍大戰于邙山死者數萬

武定五年冬旱

武定六年春旱

按魏書孝靜帝本紀六年三月辛亥以冬春亢旱赦罪人各有差

北齊

文宣帝天保九年夏大旱

按北齊書文宣帝本紀天保九年夏四月大旱帝以祈雨不應毀西門豹祠掘其冢七月詔趙燕瀛定南營五州及司州廣平淸河二郡去年螽澇損田兼春夏少雨苗稼薄者免今年租賦

按隋書五行志天保九年夏大旱先是大發卒築長城四百餘里勞役之應也　按禮儀志後齊祈禱者有九一曰雩二曰南郊三曰堯廟四曰孔顏廟五曰社稷六曰五岳七曰四瀆八曰滏口九曰豹祠水旱癘疫皆有事焉無牲皆以酒脯棗栗之饌若建午建未建申之月不雨則使三公祈五帝于雩壇禮用玉幣有燎不設金石之樂選伎工端潔善謳詠者使歌雲漢詩于壇南南郊則使三公祈五天帝于郊壇有燎坐位如雩五人帝各在天帝之左其儀如郊禮堯廟則遣使祈于平陽孔顏廟則遣使祈于國學如堯廟社稷如正祭五岳遣使祈于岳所四瀆如祈五岳滏口如祈堯廟豹祠如祈滏口

廢帝乾明元年春旱

按北齊書廢帝本紀不載　按隋書五行志乾明元年春旱先是發卒數十萬築金鳳聖應崇光三臺窮極侈麗不恤百姓亢陽之應也

武成帝河清二年旱

按北齊書武成帝本紀河清二年夏四月并汾京東雍南汾五州蟲旱傷稼遣使賑恤

按隋書五行志河清二年四月并晉以西五州旱是歲發卒築軹關突厥二十萬衆毀長城寇恒州

後主天統二年春旱

按北齊書後主本紀天統二年三月以旱故降禁囚

按隋書五行志天統二年春旱是時大發卒起大明宮

天統四年旱

按北齊書後主本紀四年自正月不雨至于五月六月甲子朔大雨

天統五年旱

按北史齊後主本紀天統五年秋七月戊申詔使巡省河北諸州無雨處境內偏旱者優免租調

武平五年大旱

按北齊書後主本紀武平五年五月大旱晉陽得死魃長二尺面頂各二目帝聞之使刻木爲其形以獻

北周

明帝二年旱

按周書明帝本紀二年二月自冬不雨至于是月方大雪

武帝保定元年旱

按周書武帝本紀保定元年秋七月戊申詔曰亢旱歷時嘉苗殄悴豈獄犴失理刑罰乖衷歟其所在見囚死以下一歲刑以上各降本罪一等百鞭以下悉原免之

保定二年旱

按周書武帝本紀二年二月以久不雨降宥罪人京城三十里內禁酒夏四月禁屠宰旱故也

保定三年旱

按周書武帝本紀三年夏四月壬戌詔百官及民庶上封事極言得失五月甲子朔避正寢不受朝旱故也甲戌雨

天和元年旱

按周書武帝本紀天和元年四月辛亥雩

建德元年旱

按周書武帝本紀建德元年五月壬戌帝以大旱集百官于庭詔之曰盛農之節亢陽不雨氣序愆度蓋不徒然豈朕德薄刑賞乖中歟將公卿大臣或非其人歟宜盡直言無得有隱公卿各引咎自責其夜澍雨

建德二年旱

按周書武帝本紀二年秋七月自春末不雨至于是月壬申集百僚于大德殿帝責躬罪己問以治政得失戊子雨

建德五年秋七月京師旱

按周書武帝本紀云云

宣帝大象二年旱

按北史周宣帝本紀大象二年夏四月己卯以旱故降見囚死罪已下壬午幸中山祈雨至咸陽宮雨降甲申還宮令京城士女于衢巷作音樂以迎候

隋

文帝開皇二年旱

按隋書文帝本紀開皇二年五月旱上親省囚徒其日大雨

開皇三年旱

按隋書文帝本紀三年四月甲申旱上親祈雨於國城之西南

按北史隋文帝本紀三年四月甲申以旱故上親祀雨師

開皇四年旱

按北史隋文帝本紀開皇四年六月以雍同華岐宜五州旱命無出今年租調

按隋書五行志開皇四年已後京師頻旱時遷都龍首建立宮室百姓勞敝亢陽之應也

開皇六年旱

按隋書文帝本紀六年八月關內七州旱免其賦稅

開皇十四年大旱

按隋書文帝本紀十四年五月關內諸州旱八月關中大旱人饑上率戶口就食于洛陽

開皇十五年旱

按隋書高祖本紀開皇十五年正月庚午上以歲旱祠泰山以謝愆咎大赦天下

煬帝大業四年旱

按隋書煬帝本紀不載　按五行志大業四年燕代緣邊諸郡旱時發卒百餘萬築長城帝親巡塞表百

姓失業道殣相望

大業八年旱

按北史隋煬帝本紀八年大旱疫人多死山東尤甚

按五行志八年天下旱百姓流亡時發四海兵帝親征高麗六軍凍餒死者十八九

大業十三年旱

按隋書煬帝本紀不載　按五行志十三年天下大旱時郡縣鄉邑悉遣築城發男女無少長皆就役

欽定古今圖書集成曆象彙編庶徵典

第八十八卷目錄

旱災部彙考四

庶徵典第八十八卷

旱災部彙考四

唐

高祖武德三年旱

按唐書高祖本紀不載　按五行志云云

按冊府元龜武德三年自夏不雨至于八月帝齋居稽顙四向拜遣治書侍御史孫伏伽告天地神曰某蒙聖明佑助得爲人主有何殃咎致使亢旱某若無罪使三日內雨某若有罪請殃某身無令兆民受饑饉應時大雨

武德四年旱

按唐書高祖本紀不載　按五行志四年自春不雨至於七月

按冊府元龜四年三月帝以旱故親錄囚徒俄而雨

武德七年旱

按唐書高祖本紀不載　按五行志七年秋關內河東旱

太宗貞觀元年旱

按唐書太宗本紀貞觀元年夏山東旱免今歲租

貞觀二年旱

按唐書太宗本紀二年三月庚午以旱蝗責躬大赦癸酉雨　按五行志春旱

貞觀三年旱

按唐書太宗本紀三年正月以旱避正殿六月戊寅以旱慮囚壬午詔文武官言事　按五行志春夏旱

按冊府元龜三年四月丙午以旱甚避正殿六月詔曰朕以眇身祗膺大寶託王公之上居億兆之尊勵志克己詳求至治兢兢業業四載於茲矣上不能使陰陽順序風雨以時下不能使禮樂興行家給人足而關輔之地連年不稔自春及夏亢陽爲虐雖復潔誠祈禱靡愛斯牲膏雨愆應田疇廢業斯乃上元貽譴在予一人元元何辜罹此災害朕是用食不甘味寢不安席瞻西郊而載惕仰雲漢而疚心內顧諸己永懷前載既明不自見德不被物豈賞罰不衷任用失所將奢侈未革苞苴尚行者乎文武百辟宜各上封事極言朕過勿有所隱是月遣開府儀同三司長孫無忌左僕射房元齡工部尚書段綸刑部尚書韓仲良祈雨於名山大川

貞觀四年旱

按唐書太宗本紀四年二月丁巳以旱詔公卿言事　按五行志四年自太上皇傳位至此而比年水旱

貞觀九年旱

按唐書太宗本紀不載　按五行志九年秋劍南關東州二十四旱

貞觀十二年冬旱

按唐書太宗本紀不載　按五行志云云

按冊府元龜十二年五月甲寅帝以旱避正殿自去冬不雨至是令文武官五品以上各上封事極言得失勿有所隱減膳罷役分遣使人賑恤寡乏理囚徒申冤屈司空長孫無忌以旱遜位不許自是澍雨應時歲大稔

貞觀十三年旱

按唐書太宗本紀十三年五月甲寅以旱避正殿詔五品以上官言事減膳罷役理囚賑乏乃雨　按五行志十二年吳楚巴蜀州二十六旱冬不雨至於明年五月　按魏徵傳十三年自去冬至五月不雨徵上疏極言曰臣奉侍幃幄十餘年陛下許臣以仁義之道守而不失儉約朴素終始弗渝德音在耳不敢忘也頃年以來寖不克終謹用條陳裨萬分一陛下在貞觀初清淨寡欲化被荒外今萬里遣使市索駿馬并訪怪珍昔漢文帝却千里馬晉武帝焚雉頭裘陛下居常論議遠希堯舜今所爲更欲處漢文晉武下乎此不克終一漸也子貢問治人孔子曰懍乎若

朽索之馭六馬子貢曰何畏哉對曰不以道導之則吾讎也若何不畏陛下在貞觀初護民之勞煦之如子不輕營爲頃既奢肆思用人力乃曰百姓無事則易驕勞役則易使自古未有百姓逸樂而致傾敗者何有逆畏其驕而爲勞役哉此不克終二漸也陛下在貞觀初役己以利物比來縱欲以勞人雖憂人之言不絕於口而樂身之事實切諸心無慮營構輒曰弗爲此不便我身推之人情誰敢復爭此不克終三漸也在貞觀初親君子斥小人比來輕褻小人禮重君子重君子也恭而遠之輕小人也狎而近之近之莫見其非遠之莫見其是莫見其是則不待間而疏莫見其非則有時而昵昵小人疏君子而欲致治非所聞也此不克終四漸也在貞觀初不貴異物不作無益而今難得之貨雜然並進玩好之作無時而息上奢靡而望下朴素力役廣而冀農業興不可得已此不克終五漸也貞觀之初求士如渴賢者所舉即信而任之取其所長常恐不及比來由心好惡以衆賢舉而用以一人毀而棄雖積年任而信或一朝疑而斥夫行有素履事有成迹一人之毀未可必信積年之行不應頓虧陛下不察其原以爲臧否使讒佞得行守道疏間此不克終六漸也在貞觀初高居深拱無田獵畢弋之好數年之後志不克固鷹犬之貢遠及四夷晨出夕返馳騁爲樂變起不測其及救乎此不克終七漸也在貞觀初遇下有禮羣情上達今外官奏事顏色不接間因所短詰其細過雖有忠款而不得申此不克終八漸也在貞觀初孜孜治道常若不足比恃功業之大負聖智之明長傲縱欲無事興兵問罪遠裔親狎者阿旨不肯諫疎遠者畏威不敢言積而不已所損非細此不克終九漸也貞觀初頻年霜旱畿內戶口並就關外攜老扶幼來往數年卒無一戶亡去此由陛下矜育撫寧故死不攜貳也比者疲于徭役關中之人勞敝尤甚雜匠當下顧而不遣正兵番上復別驅任市物繦屬于廛遞子背望於道脫有一穀不收百姓之心恐不能如前日之帖泰此不克終十漸也夫禍福無門惟人之名人無釁焉妖不妄作今旱熯之災遠被郡國凶醜之孽起於轂下此上天示戒乃陛下恐懼憂勤之日也千載休期時難再得明主可爲而不爲臣所以鬱結長歎者也疏奏帝曰朕今聞過矣願改之以終善道有違此言當何施顏而與公相見哉方以所上疏列爲屏障庶朝夕見之兼錄付史官使萬世知君臣之義因賜黃金十觔馬二匹

貞觀十七年旱

按唐書太宗本紀十七年三月甲子以旱遣使覆囚決獄六月甲午以旱避正殿減膳詔京官五品以上言事　按五行志十七年春夏旱

按冊府元龜十七年三月甲子以久旱詔曰去冬之間雪無盈尺今春之內雨不及時載想田疇恐乖豐稔農爲政本食乃人天百姓嗷然萬箱何冀昔頹城之婦隕霜之臣至誠所通感應天地今州縣獄訟常有冤滯者是以上天降鑒延及兆庶宜令覆囚使至州縣科簡刑獄以申枉屈務從寬宥以布朕懷庶使桑林自責不獨美於殷湯齊郡表墳豈自高於漢代六月癸巳以旱不視朝乙巳謂侍臣曰殷湯周宣求雨懇禱昔聞其語今見其心比望雲烝雨濃重於金膏玉液又詔曰朕以寡德祇膺寶命而政慚稽古誠闕動天和氣愆于陰陽亢旱涉于春夏靡愛斯牲莫降雲雨之澤詳思厥咎在予一人今避茲正殿以自尅責尚食常膳亦宜量減京官五品以上各進封事極言無隱朕將親覽以答天譴六月大旱甲午避正殿減常膳丁未雨降百寮奉賀請復常膳御正殿詔從之

貞觀二十一年旱

按唐書太宗本紀不載　按五行志二十一年秋陝絳蒲夔等州旱

貞觀二十二年旱

按唐書太宗本紀不載　按五行志二十二年秋開萬等州旱冬不雨至于明年三月

貞觀二十三年旱

按唐書太宗本紀二十三年三月己未自冬旱至是雨辛酉大赦

按冊府元龜二十三年三月自去冬亢旱至是始雨帝謂侍臣曰天生蒸民樹之人君以牧養而移時不雨自大亢旱菽麥不成春田未闢朕憂其窘罄無忘于懷將廩給之故不令乏絕是日雨降

高宗永徽元年旱

按唐書高宗本紀永徽元年七月辛酉以旱慮囚

按五行志永徽元年京畿雍同絳等十州旱

按冊府元龜永徽元年自夏不雨至七月詔在京諸司見禁囚宜并慮遍所司精加勘當速即斷決尋而降雨

永徽二年旱

按唐書高宗本紀二年冬無雪　按五行志九月不雨至于明年二月

永徽三年旱

按唐書高宗本紀三年正月甲子以旱避正殿減膳降囚罪徒以下原之三月辛巳雨

永徽四年旱

按唐書高宗本紀四年四月壬寅以旱慮囚遣使決天下獄減殿中太僕馬粟詔文武官言事甲辰避正殿減膳　按五行志四年夏秋旱光婺滁潁等州尤甚　按張行成傳行成拜尚書左僕射太子少傅永徽四年自三月不雨至五月行成懼以老乞身制答曰古者策免乖罪己之義此在朕寡德非宰相咎乃賜宮女黃金器敕勿復辭行成固請帝曰公朕之舊奈何舍朕去邪泫然流涕行成惶恐不得已復視事

永徽五年旱

按唐書高宗本紀五年正月丙寅以旱詔文武官朝集使言事

按冊府元龜五年正月以時旱手詔京官文武九品以上及朝集使各進封事極言厥咎

顯慶四年旱

按唐書高宗本紀顯慶四年七月己丑以旱避正殿壬辰慮囚

顯慶五年旱

按唐書高宗本紀不載　按五行志五年春河北州二十二旱

麟德元年旱

按唐書高宗本紀麟德元年五月丙寅以旱避正殿是冬無雪

按冊府元龜麟德元年五月丙寅以久旱遣使命禱名山大川避正殿御帳殿丹霄門外聽政凡三日而澍雨

乾封二年旱

按唐書高宗本紀乾封二年正月丁丑以旱避正殿減膳慮囚七月己卯以旱避正殿減膳遣使慮囚

按冊府元龜乾封二年正月丁丑以時旱避殿親錄囚徒令所司減膳其日雨降

總章元年旱

按唐書高宗本紀不載　按五行志總章元年京師及山東江淮大旱

總章二年旱

按唐書高宗本紀不載　按五行志二年七月劍南州十九旱冬無雪

按冊府元龜二年二月戊辰以旱親慮京城囚徒其天下見禁囚委當州長官慮之仍令所司分禱名山大川

咸亨元年旱

按唐書高宗本紀咸亨元年七月以雍華蒲同四州旱遣使慮囚減中御諸廐馬八月以旱避正殿減膳九月給復雍華同岐邠隴六州一年閏月癸卯皇后以旱請避位十月庚辰詔文武官言事是歲大饑

按冊府元龜咸亨元年三月以歲旱穀貴詔司成弘文崇賢館及書筭律醫胡書等諸色學生并別勅修撰寫經書官典及書手等官供食料者宜並權停其有職任者各還本司自餘放歸本貫秋熟已後更聽進止

咸亨二年旱

按唐書高宗本紀二年六月癸巳以旱慮囚

按冊府元龜咸亨八年以時旱親慮囚徒多有原宥仍令沛王賢慮諸司囚周王顯慮雍州及兩縣囚　按咸亨止有四年而沛王賢又以咸亨三年改封雍王則八年二字必有錯誤矣故附見于此

上元二年旱

按唐書高宗本紀上元二年四月丙戌以旱避正殿減膳徹樂詔百官言事

按冊府元龜上元二年四月久旱避正殿減膳徹懸兼令百官極言得失勿有所隱仍令禮部尚書楊思敬往中嶽以申祈禱

儀鳳二年旱

按唐書高宗本紀儀鳳二年冬無雪　按五行志儀鳳二年夏河南河北旱　按劉憲傳憲父思立在高宗時爲名御史於時河南北大旱詔遣御史中丞崔謐等分道賑贍思立建言蠶務未畢而遣使撫巡所至不能無勞使又賑給須立簿最稽出入往返停滯妨廢且廣若無驛處馬須預集以一馬勞數家今農事待雨興作較日役破歲計本欲安存更煩擾之望且責州縣給貸須秋遣使便詔聽罷

儀鳳三年旱

按唐書高宗本紀三年四月以旱避正殿慮囚

按冊府元龜三年四月朔以旱避正殿親慮京城繫囚悉原宥之

永隆二年旱

按唐書高宗本紀不載　按五行志云云
按冊府元龜永隆二年正月己亥詔曰朕聞受上天之命者其道在乎愛人處皇王之位者其功先於濟物然則所修在德池籞可以假貧人所實惟賢珍玩不足奉諸己自朕臨馭天下三十餘年未念黎元情深撫育頻頒制命猶未遵行所有差科尚多勞擾關中地狹衣食難周山東遭澇糧儲或少刺史縣令寄以字人長史司馬職惟毗贊若能恤隱求瘼清直無私則囹圄于是空虛鰥寡自然蘇息而在外官司罕能奉法志存苟且不舉綱維欲使訟息刑清家給人足無爲而化其路何繇今當勵精求政先身理物救乏賙無自邇及遠凡在寮庶宜識至懷其殿中太僕寺馬並令減送羣牧諸方貢獻物及供進口味百司支料並宜量事減省雍岐華同四州六等已下戶宜免兩年地稅河北澇損戶常式蠲放之外特免一年調其有屋宇遭水破壞及糧食乏絕者令州縣勸課助修并加給貸

永淳元年旱
按唐書高宗本紀不載　按五行志永淳元年關中大旱饑

永淳二年旱
按唐書高宗本紀不載　按五行志二年夏河南河北旱

中宗嗣聖二年（即武后垂拱元年）旱
按唐書武后本紀垂拱元年五月壬戌以旱慮囚

嗣聖三年（即武后垂拱二年）旱
按唐書武后本紀二年冬無雪

嗣聖四年（即武后垂拱三年）旱
按唐書武后本紀三年二月己亥以旱避正殿減膳四月癸丑以旱慮囚命京官九品以上言事

嗣聖六年（即武后永昌元年）旱
按唐書武后本紀不載　按五行志云云

嗣聖七年（即武后天授元年）旱
按唐書武后本紀天授元年三月乙酉以旱減膳

嗣聖十一年（即武后延載元年）旱
按唐書武后本紀延載元年二月乙亥以旱慮囚

嗣聖十四年（即武后神功元年）旱
按唐書武后本紀不載　按五行志云云

嗣聖十七年（即武后久視元年）旱
按唐書武后本紀不載　按五行志久視元年夏關內河東旱

嗣聖十九年（即武后長安二年）旱
按唐書武后本紀不載　按五行志長安二年春不雨至于六月

嗣聖二十年（即武后長安三年）旱
按唐書武后本紀三年四月以旱避正殿　按五行志三年冬無雪至于明年二月

神龍二年旱
按唐書中宗本紀神龍二年十二月京師旱河北水減膳罷土木工蘇瓌存撫河北　按五行志五月京師山東河北河南旱饑
按冊府元龜神龍二年正月以旱親錄囚徒多所原宥其東都及天下諸州委所在長官詳慮又遣使祭五嶽四瀆幷諸州名山大川能興雲雨者五月以旱避正殿尚食減膳

景龍元年旱
按唐書中宗本紀景龍元年正月丙辰以旱慮囚五月以旱避正殿減膳

景龍三年旱
按唐書中宗本紀三年六月以旱避正殿減膳徹樂壬寅慮囚

睿宗先天元年旱
按唐書睿宗本紀先天元年二月丁巳是春旱七月丙戌以旱減膳
按冊府元龜延和元年七月丙戌以炎旱命減膳囚徒並決斷勿使冤滯土木之功並停　又按冊府元龜裴漼爲中書舍人睿宗太極初炎旱寺觀興役漼上疏曰臣謹按禮經春令曰無聚大衆無起大役不可以興土工恐妨農事若號令乖度役使不時則人加疾疫之危國有水旱之變此五行之應也今自春將夏時雨愆期下人憂心莫知所出陛下雖降哀矜之旨兩都仍有寺觀之作時旱之應實此之繇近日已來雨雖不多僅得下種若不勸以農桑恐棄本者多故書云雖有鎡基不如待時言在乎時不可失也今春告期東作方始正是丁壯就工之日而土木方興臣恐所妨尤多所益尤少耕夫桑妾饑寒之源故春秋莊公三十一年冬不雨五行傳以爲是歲三築臺僖公二十一年夏大旱五行傳以爲不時作南門勞人興役陛下每以萬方爲念睿旨殷勤安國濟人防深慮遠伏願下明制發德音順天時副人望兩京公私營造等並請且停則蒼生幸甚若農桑失時戶

卩流散縱寺觀營搆豈假黎元饑寒之弊哉帝覽而善之（按睿宗太極元年五月改延和八月改先天）

元宗先天二年旱

按唐書元宗本紀不載　按冊府元龜先天二年三月甲戌帝以旱親往龍首池祈禱有赤虵自池而出雲霧四布應時澍雨

開元二年大旱

按唐書元宗本紀開元二年正月以關內旱求直諫停不急之務寬繫囚祠名山大川葬暴骸二月壬辰避正殿減膳徹樂　按五行志開元二年春大旱

按張廷珪傳開元初大旱關中饑詔求直言廷珪上疏曰古有多難興國殷憂啓聖蓋事危則志銳情苦則慮深故能轉禍爲福也景龍先天間凶黨搆亂陛下神武汎掃氛垢日月所燭無不濡澤明明上帝宜錫介福而頃陰陽愆候九穀失稔關輔尤劇臣思天意殆以陛下春秋鼎盛不崇朝有大功輕堯舜而不法思秦漢以自高故昭見咎異欲日慎一日永保太和是皇天于陛下眷顧深矣陛下得不奉若休旨而寅畏哉誠願約心削志考前王之書敦素朴之道登端士放佞人屏後宮減外廏場無蹴鞠之玩野絕從禽之樂促遠境罷縣戍矜惠惸獨薄徭賦去淫巧捐珠璧不見可欲使心不亂或謂天戒不足畏而上帝馮怒風雨迷錯荒饉日甚則無以濟下矣或謂人窮不足恤而億兆攜離愁苦昏墊則無以奉上矣斯安危所繫禍福之原奈何不察今受命伊始華夷百姓淸耳以聽刮目以視冀有聞見何遽孤其望哉

開元三年旱

按唐書元宗本紀三年五月丁未以旱錄京師囚戊申避正殿減膳

按冊府元龜三年五月戊申以旱故下詔曰司牧生人愛之如子曉茲災旱倍切憂勤將政理不明邪寃囚有滯邪疵癘道長邪陰陽氣隔邪何崇朝密雲布未洽也載加寅畏弗敢荒寧誠不動天歎深罪己思從避滅以塞愆尤俾月離有期星退何遠朕今避正殿減常膳仍令諸司長官各言時政得失以輔朕之不逮天下見禁囚徒中或以痛自誣者各令長官審加詳覆疑有寃濫隨事案理仍告於社稷備展誠祈諸州旱處有山川能興雲致雨者亦委州縣官長速加禱祀

開元六年旱

按唐書元宗本紀六年八月庚辰以旱慮囚

按冊府元龜六年七月帝以亢旱不御正殿於小殿視事詔曰皇天應人必有所謂此月少雨蓋非徒然深慮繫囚或有寃滯京城內諸司見禁囚徒並以來日過朕將親慮所司量准舊典其杖以下情不可恕者速決自餘卽放却

開元七年秋旱

按唐書元宗本紀七年閏七月辛巳以旱避正殿徹樂減膳甲申慮囚

按冊府元龜七年七月詔曰今月之初雖降時雨自此之後頗愆甘液如聞側近禾豆微致焦萎深用憂勞式賁祈請丘禱則久常典宜遵卽令禮部侍郎王丘太常少卿李暠分往華嶽河瀆祈雨甲申親慮囚於宣政殿事非切害悉原之詔曰朕以匪德嗣膺丕命雖日慎爲誠政期以康而天災流行誠或未感自孟秋在候雨澤愆足永念農畝用檟宵旰在予之責萬方何罪視人如傷一物增怵且夫修政之要恤刑之重雖得情勿喜寧僭無濫將恐此輩猶有寃人或傷於和而作此厲法惟明愼事藉躬親故爰加案省開其幽滯雖士師不寃時稱閱實而愚者自陷朕甚愍焉故屈常法特申寬典丙戌詔曰爰自春首頗愆甘澤眷茲近甸將損嘉苗人天謂何夙夜增怵豈刑罰莫省罪獄其紛儻致吁嗟是生炎亢故京師囚繫親慮原減而郡縣從牢將何愼恤平分之道載軫于懷天下諸州見繫囚徒宜令所繇長官便慮有司卽此類作條件處分

開元九年旱

按唐書元宗本紀九年冬無雪

開元十二年旱

按唐書元宗本紀不載　按五行志十二年七月河東河北旱帝親禱雨宮中設壇席暴立三日九月蒲同等州旱

按冊府元龜開元十二年七月河東河北旱命中書舍人寇泚宣慰河東道給事中李昇期宣慰河北道百姓有匱乏者量事賑給帝親禱於內壇場三日曝立

開元十四年旱

按唐書元宗本紀不載　按五行志十四年秋諸道州十五旱

按冊府元龜十四年六月丁未以久旱分命六卿祭山川詔曰五嶽視三公之位四瀆當諸侯之秩載於

祀典亦爲國章方屬農功頗增旱暵虔誠徙積神道未孚用申靡愛之勤冀通能潤之感宜令工部尚書盧從愿祭東嶽河南尹張敬忠祭中嶽御史中丞兼戸部侍郎宇文融祭西嶽及西海河瀆太常少卿張九齡祭南嶽及南海黃門侍郎李暠祭北嶽右庶子何鸞祭東海宗正少卿鄭繇祭淮瀆少詹事張晤祭江瀆河南少尹李暈祭北海及濟瀆且潤萬物者莫先乎雨動萬物者莫先乎風睠彼靈神是稱師伯雖有常祀今更陳祈宜令光祿卿孟溫祭風伯左庶子吳兢祭雨師各就壇壝務加崇敬但羞蘋藻不假牲牢應緣奠祭尤宜精潔壬戌以旱及風災命官及州縣長官上封事指言時政得失無有所隱　又按冊府元龜十四年六月丁未以久旱分命公卿祭山川己卯河北道及太原澤潞等州皆雨祭北嶽使李暠上言曰臣至邢州雨降盈尺切問野老皆云往十二年春夏大旱六月下旬方始降雨其歲河朔大熟粟斗五錢今年得雨雖晚猶早于前歲百姓欣然咸有秋望臣受命之日祈雨常山玉幣未陳明靈已應實陛下至誠元感先天不違

開元十五年旱

按唐書元宗本紀不載　按五行志十五年諸道州十七旱

開元十六年旱

按唐書元宗本紀不載　按五行志十六年東都河南宋亳等州旱

開元十七年旱

按唐書元宗本紀十七年冬無雪

開元十九年旱

按唐書元宗本紀不載　按冊府元龜十九年五月壬申京師旱帝親禱興慶池是夜大雨七月甲戌以久旱帝親禱于興慶池翼日大雨

開元二十一年旱

按唐書元宗本紀不載　按冊府元龜二十一年四月以久旱命太子少保陸象先戸部尚書杜暹等七人往諸道宣慰賑給仍令黜陟官吏疎決囚徒

開元二十四年旱

按唐書元宗本紀不載　按五行志二十四年夏旱

天寶二年旱

按唐書元宗本紀天寶二年冬無雪

天寶六載旱

按唐書元宗本紀六載七月乙酉以旱降死罪流以下原之

天寶九載旱

按唐書元宗本紀九載正月詔以十一月封華嶽三月辛亥華嶽廟災關內旱乃停封

天寶十四載旱

按唐書元宗本紀不載　按冊府元龜十四載三月丙戌勅頃緣少雨遍於致祭旋降甘澤實荷靈祇其先令中使祭者別有昭報京兆府比來應有祇請處井有畿內名山靈跡並令府縣長官各申賽祭　又按冊府元龜十四載三月詔曰近日以來時雨未降在於宿麥慮有所傷雖憂勤之心不忘於黎庶而精誠之至冀展於靈祇宜令太子太師陳希烈祭元冥光祿卿李憕祭風伯國子祭酒李麟祭雨師仍取今月二十三日各申誠請務令蠲潔如朕意焉又詔曰關輔郡邑霈澤屢施京城在近時雨未降是用軫慮匪寧于懷其諸郡壇雖已勤請攸資遍祭庶達誠心宜令吏部侍郎蔣烈今月二十五日祭天皇地祇給事中王維等分祭于五星壇務申虔潔以副朕懷

肅宗乾元元年旱

按唐書肅宗本紀不載　按冊府元龜乾元元年五月己亥亢旱陰陽人李奉先自大明宮出金龍及紙錢太常音樂迎之送於曲江池投龍祈雨宰相及禮官並於池所行祭禮畢奉先投龍於池

乾元二年旱

按唐書肅宗本紀二年三月丁亥以旱降死罪流以下原之流民還者給復三年

按冊府元龜二年三月癸亥以久旱徙東西二市於是祭風伯雨師修雩祀壇爲泥人土龍及望祭名山大川而祈雨

代宗永泰元年旱

按唐書代宗本紀永泰元年四月己巳自春不雨至于是月而雨　按五行志春夏旱

按冊府元龜永泰元年七月以久旱遣近臣分錄大理京兆囚徒　又按冊府元龜元年七月庚子以旱故禱諸神祠是日雨降盈尺

永泰二年關內大旱

按唐書代宗本紀不載　按五行志二年關內大旱自三月不雨至於六月

永泰三年旱

按唐書代宗本紀不載　按冊府元龜三年六月庚

子以大旱分遣左僕射裴冕等禱祀川瀆及徙市閉諸坊門祀風伯雨師是日乃雨

大曆元年冬無雪

按唐書代宗本紀云云

大曆六年旱

按唐書代宗本紀不載　按五行志六年春旱至於八月

大曆七年旱

按唐書代宗本紀七年五月以旱大赦減膳徹樂

大曆八年旱

按唐書代宗本紀不載　按黎幹傳八年幹爲京兆尹時大旱幹造土龍自興巫覡對舞彌月不應又禱孔子廟帝笑曰丘之禱久矣使毀土龍帝減膳節用旣而霔雨

大曆十二年旱

按唐書代宗本紀十二年六月丁未以旱降京師死罪流以下原之冬無雪

德宗建中元年旱

按唐書德宗本紀建中元年冬無雪

建中三年旱

按唐書德宗本紀不載　按五行志三年自五月不雨至於七月

興元元年冬大旱

按唐書德宗本紀不載　按五行志云云

貞元元年旱

按唐書德宗本紀貞元元年春旱七月灞滻竭八月甲子以旱避正殿減膳　按五行志元年春旱無麥苗至于八月旱甚灞滻將竭井皆無水

按冊府元龜貞元元年五月癸卯命右庶子裴諝殿中少監馬錫鴻臚少卿韋倪分禱終南秦嶺諸山以祈雨

貞元六年大旱

按唐書德宗本紀六年春旱閏四月乙卯詔常參官畿縣令言事免京兆府夏稅　按五行志六年春關輔大旱無麥苗夏淮南浙西福建等道大旱井泉竭人暍且疫死者甚衆

按冊府元龜六年三月以旱故遣使分禱山川是春京畿關輔河南大旱無麥苗

貞元七年旱

按唐書德宗本紀七年冬無雪　按五行志七年揚楚滁壽澧等州旱

貞元十年旱

按唐書德宗本紀十年六月自春不雨至於是月辛未雨

貞元十一年旱

按唐書德宗本紀不載　按冊府元龜十一年五月以旱故令禮部尚書董晉巡覆百司禁囚

貞元十二年旱

按唐書德宗本紀不載　按冊府元龜十二年四月以久旱令百司速決囚徒

貞元十三年旱

按唐書德宗本紀十三年四月辛酉以旱慮囚壬戌雩于興慶宮

按冊府元龜十三年四月自春以來時雨未降正陽之月可行雩祀遂幸興慶宮龍潭爲兆庶祈禱焉忽有白鸕鷀沉浮水際羣類翼從其後左右侍衛者咸驚異之俄然莫知所往方悟龍神之變化遂相率蹈舞稱慶至乙丑果大雨遠近滂沱

貞元十四年旱

按唐書德宗本紀十四年冬無雪　按五行志云云

按冊府元龜貞元十五年三月以久旱令李巘鄭雲逵於炭谷秦嶺祈雨四月以久旱令陰陽術士陳混常呂廣順及摩尼師祈雨

貞元十八年旱

按唐書德宗本紀不載　按五行志十八年申光蔡州旱

貞元十九年旱

按唐書德宗本紀十九年正月不雨至七月甲戌乃雨　按權德輿傳十九年大旱德輿因是上陳闕政曰陛下齋心減膳憫惻元元告於宗廟禱諸天地一物可祈必致其禮一士有請必聽其言憂人之心可謂至已臣聞銷天災者修政術感人心者流惠澤和氣洽則祥應至矣畿甸之內大率赤地而無所望轉徙之人斃踣道路慮種麥時種不得下宜詔在所裁留經用以種貸民今茲租賦及宿逋遠貸一切蠲除設不蠲除亦無可斂之理不如先事圖之則恩歸于上矣十四年夏旱吏趣常賦至縣令爲民毆辱者不可不察又言漕運本濟關中若轉東都以西緣道倉廩悉入京師督江淮所輸以備常數然後約太倉一歲計斥其餘者以糴於民則時價不踊而蓄藏者出矣又言大曆中一縑直錢四千今止八百稅入加舊

則出於民者五倍其初四方鋭於上獻爲國掊怨讟軍實之求而兵有虛籍剩取多方雖有心計巧曆能商功利其於割股啖口困人均也又言比經紬放者自謂技拭無期坐爲匪人以動和氣而冬薦官踰三年未受命衣食旣空溘然就斃此亦窮人之一端也近陛下洗宥紬放者或起爲二千石其徒更相勉知牽復可望惟因而弘之使人人自效帝頗采用之

按許孟容傳孟容爲給事中貞元十九年夏大旱上疏言陛下齋居損膳具牲玉走羣望而天意未答豈豐歉有定陰陽適然乎切惟天人交感之際繫敎令順民與否今戸部錢非度支歲計本備緩急若取一百萬緡代京兆一歲賦則京圻無流亡振災爲福又應省察流移征防當還未還役作禁錮當釋未釋負逋饋送當免免之沉滯鬱抑當伸伸之以順人奉天若是而神弗祐歲弗稔未之聞也先是爲裴延齡李齊運流斥者雖十年弗內移故孟容因旱及之帝始不悅改太常少卿

按冊府元龜十九年正月至於六月不雨分公卿望祈於嶽鎭海瀆名山大川精禱於太社太稷太廟天皇地祇及山川能出雲爲雨者六月詔曰京師近郊時雨未洽慮囹圄寃滯致傷和氣是用軫於朕心其御史臺大理寺及京兆府等諸司繫囚中書門下與有司亟議條理寃滯以聞又勅禮部舉人自春以來久愆時雨念其旅食京邑資用屢空其禮部舉人今年宜權停

貞元二十年旱

按唐書德宗本紀不載　按李實傳實擢拜京兆尹封嗣道王佶寵而愎不循法度貞元二十年旱關輔饑實方務聚斂以結恩民訴府上一不問德宗訪外疾苦實詭曰歲雖旱不害有秋乃峻責租調人窮無告至徹舍鬻苗輸於官

順宗永貞元年旱

按唐書順宗本紀不載　按五行志永貞元年秋江浙淮南荊南湖南鄂岳陳許等州二十六旱

憲宗元和三年旱

按唐書憲宗本紀不載　按五行志元和三年淮南江南江西湖南廣南山東西皆旱

元和四年旱

按唐書憲宗本紀四年正月壬午免山南東道淮南江西浙東湖南荊南今歲稅閏三月己酉以旱降京師死罪非殺人者禁刺史境內榷率諸道止條外進獻嶺南黔中福建掠良民爲奴婢者省飛龍廐馬己未雨　按五行志四年春夏大旱秋淮南浙西江西江東旱

元和七年旱

按唐書憲宗本紀不載　按五行志七年夏揚潤等州旱

按冊府元龜元和七年三月庚午以旱故詔京畿內禁囚徒據罪輕重宜疎理處分

元和八年旱

按唐書憲宗本紀不載　按五行志八年夏同華二州旱

元和九年旱

按唐書憲宗本紀九年五月癸酉以旱免京畿夏稅

元和十年旱

按唐書憲宗本紀二月自冬不雨至於是月丙午雩

元和十五年旱

按唐書憲宗本紀不載　按五行志云云

穆宗長慶二年旱

按唐書穆宗本紀不載　按冊府元龜長慶二年十二月己亥詔曰自冬以來甚少雨雪農耕方始災旱是虞慮有寃滯感傷和氣宜委御史臺大理寺及府縣長吏自錄囚徒仍速決遣除身犯罪應支證追呼近繫者一切並令放出須辨對者任其責保冀得克消沴氣延致休祥

長慶三年旱

按唐書穆宗本紀三年三月癸亥淮南浙東西江西宣歙旱遣使宣撫理繫囚察官吏

敬宗寶曆元年旱

按唐書敬宗本紀不載　按五行志寶曆元年秋荊南淮南浙西江西湖南及宣襄鄂等州旱

寶曆二年旱

按唐書敬宗本紀不載　按冊府元龜二年六月癸亥詔曰近日京城雖已得雨畿甸之內霑灑未周災歉是虞黎元重困救旱之備深所注懷宜令京兆府各勒諸縣令長疎理見禁囚徒除首罪外餘支證並責保放出其有法不得原情有可恕者府司一一條舉當爲蠲免御史臺大理寺亦委本司長官親自覆視准前處分炎熾方甚狴牢可矜京城及畿內諸獄亦宜並與除放冀得存活

文宗太和元年旱

按唐書文宗本紀太和元年六月乙卯以旱降京畿死罪以下　按五行志太和元年夏京畿河中同州旱

按册府元龜太和元年六月庚子詔緣自夏少雨慮見禁囚徒宜差清彊御史各就諸司巡勘速理聞奏無令寃滯是月以霖潦詔京城見禁囚徒慮有寃宜令御史臺府縣及諸司各量輕重疎決三日內聞奏

太和三年旱

按唐書文宗本紀三年八月辛酉以旱免京畿九縣今歲租

太和六年旱

按唐書文宗本紀不載　按五行志六年河東河南關輔旱　按李中敏傳中敏入拜侍御史鄭注誣逐宰相宋申錫天下以目太和六年大旱文宗內憂詔詢所以致雨者中敏時以司門員外郎上言雨不時降夏陽驕愆苗欲槁枯陛下憂勤降德音俾下得盡言臣聞昔東海誤殺一孝婦大旱三年臣頃爲御史臺推囚華封儒殺良家子三人陛下赦封儒死然三人者亦陛下赤子也神策士李秀殺平民法當死以禁衛刑止流宋申錫位宰相生平饋致一不受其道勁正姦人忌之陷不測之辜獄不參驗銜恨而沒天下士皆指目鄭注臣知數寃必列訴上帝天之降災殆有由然漢武帝國用空竭桑弘羊興筦榷之利然卜式請亨以致雨況申錫之枉天下知之何惜斬一注以快忠臣之魂則天且雨矣帝不省

按册府元龜六年七月壬寅詔曰秋稼方茂時稍愆亢慮有寃繫致傷和氣應內外諸司見禁囚徒各委本司長吏隨罪疎決務從寬典副我憂懷

太和七年旱

按唐書文宗本紀七年閏七月乙卯以旱避正殿減膳徹樂出宮女千人縱五坊鷹犬　按五行志七年大旱

按册府元龜七年七月己酉勅曰今緣稼穡方滋旬月少雨慮其寃滯或有感傷宜委左僕射李程及御史大夫鄭覃同就尚書省疎理諸司囚徒務從寬降限五日內畢聞奏其外州府爲有稍旱處委長吏速准此處分壬子以旱命吏部尚書令狐楚御史大夫鄭覃同疎決囚徒甲寅徙市閏七月乙卯詔曰朕嗣纂聖圖覆育生類兢業寅畏上承天休而陰陽失和膏澤愆候害我稼穡災于黔黎有過在予敢忘咎責是用避殿徹樂減膳省刑思惕慮以覃思庶薦誠而致雨時澤未降已來朕當避正殿減供膳太常教坊聲樂權停閱習飛龍廐馬量減食粟其百司官署廚饌亦且權減陰陽鬱堙繫傷害有柔和氣是乖燮調今放出宮人一千人其諸道今年合進鷹犬宜數內停減一百頭聯在五坊者宜減放一百頭聯京城囚徒慮有寃滯已委疎決務從寬降宜令鄭覃令狐楚速具條疏聞奏內外諸司先有修造稍非急切者並宜停省公卿百寮及戚里舊將相之家如有僭侈踰制委御史臺糾察聞奏諸州府長吏及縣令有貪縱苛暴者委御史臺訪察聞奏名山大川及能興雲致雨者各委長吏精誠祈禱於戲朕受天眷佑爲人父母暵旱作沴焦勞匪寧徧祀山川靡愛珪璧菲食菲己緩獄消災載深勤雨之心冀警納隍之戒凡百士庶宜諒予懷時以久無雨帝徧走羣望至是復有此詔旣而甘澤普霑人心大悅

太和八年旱

按唐書文宗本紀不載　按五行志八年夏江淮及陝華等州旱

按册府元龜八年六月甲午詔曰近者咎徵所集陽亢成災靡神不宗未獲嘉應豈刑政之尚乖其當將獄犴之未察其寃夙興以思庶答天譴宜令尚書右僕射李逢吉御史大夫鄭覃於尚書省疎理刑獄輕繫者咸從於決遣重條者議所以矜寬小大以情必詳必愼致誠無怠稱朕意焉丁酉詔曰時屬亢陽慮有寃滯應諸州府囚徒各委所在長吏疎理處分務從寬降其緣制獄未決遣者委刑部大理寺速立限奏覆稍涉留滯者仍令御史臺糾劾舉奏八月詔罷諸色選舉以歲旱故也

太和九年旱

按唐書文宗本紀不載　按五行志九年秋京兆河南河中陝華同等州旱

按册府元龜九年七月詔曲江雩土龍

開成元年旱

按唐書文宗本紀不載　按册府元龜開成元年二月庚申帝幸龍首池觀內人賽雨自春少雨帝孜孜憂勤徧禱羣望至是甘澤屢降中外咸悅帝賦暮春喜雨詩百官咸有唱和

開成二年旱

按唐書文宗本紀二年四月乙卯以旱避正殿　按

五行志二年春夏旱

按舊唐書天文志二年彗出東方文宗名欽天監朱子容問星變之由子容曰彗主兵旱是歲夏大旱

按冊府元龜開成二年四月戊申詔曰自春以來未降甘澤從來但以過時無雨議祈禱及至降洒已似後時今雖未旱亦要沾洽各宜差官精誠祈禱七月庚午詔曰農人徧野甘澤稍愆眷言時苗未保收穫齋心懇禱冀望有成各宜差長吏所在靈廟禱祈乙亥以久旱移市開坊市南門乙酉詔曰秋旱未雨慮有幽冤縲禁多時須議疎決京司刑獄宜令右僕射兼門下侍郎平章事鄭覃親往疎理乃分命宰臣祈雨於太廟太社白帝壇己丑遣侍御史崔虞孫範各往諸道巡覆蝗蟲并加宣慰

開成三年旱

按唐書文宗本紀不載　按鄭覃傳開成三年旱帝多出宮人李珏入賀曰漢制八月選人晉武帝平吳多采擇仲尼所謂未見好德者陛下以爲無益放之盛德也覃又推贊曰晉以采擇之失舉天下爲左衽宜陛下以爲殷鑒帝善其將美

按冊府元龜三年正月癸未以旱下詔放逋租及寬刑獄其日大雨乙亥京兆尹崔珙奏畿內去冬少雪宿麥未滋今欲差少尹於終南廣惠公廟祈禱諸縣各委令長於靈跡處精誠祈請從之癸未詔曰朕自守丕訓恭臨大寶兢兢業業十有三年何嘗不惠下以愛人克己以利物外無畋遊之樂內絕土木之工浣衣菲食宵興夕惕厚於身者無不去使於人者無不行損羣方之底貢驅時風於樸素將以弘祖宗法制致夷夏雍熙勤求理道曰冀平泰而去秋旱蝗所及稼穡卒瘁哀此蒸人懼罹艱食是用順時布令助煦育之深仁施惠覃恩法雨露之殊澤其淄青兗海鄆曹濮去秋蝗蟲害物偏甚其三道有去年上供錢及斛㪷在百姓腹內者並宜放免今年夏稅上供錢及斛㪷亦宜全放仍以當處常平義倉斛㪷速加賑救京兆府諸州府應有蝗蟲米穀貴處亦宜以常平義倉及側近官中所貯斛㪷量加賑賜閉糶禁錢爲時之蠹方將革弊尤藉通商其見錢及斛㪷所在方鎮州府輒不得擅有壅遏任其交易必使流行仍委出使郎官御史及所在度支鹽鐵巡院切加勾當兼委車運使設法般運江淮糙米於河陰貯積以備節級賑救應方鎮州府借使度支鹽鐵戶部錢物斛㪷經五年已上者並宜放免刑獄之重人命所懸將絕冤濫必資愼恤京城百司及畿內見禁囚徒委中書門下差官疎理無使滯冤於戲唯此凶災是彰菲德情敢忘於罪己惠所貴於及人施令布和期於蘇息凡厥臣庶宜體朕懷

開成四年旱

按唐書文宗本紀不載　按五行志四年夏旱浙東尤甚

按舊唐書天文志四年夏大旱禱祈無應文宗憂形於色宰臣進曰星官言天下時當爾乞不過勞聖慮帝改容言曰朕爲人主無德庇人比年旱災星文謫見若三日內不雨朕當退歸南內卿等自選賢明之君以安天下宰相楊嗣復等嗚咽流涕不已

按冊府元龜四年六月戊辰以久旱分命羣官徧祠祈禱帝自即位每歲有微旱即虔誠祈禱至是久旱帝於紫宸殿對宰臣憂形於色宰臣以星官所奏天時當爾乞無過勞聖慮帝憔然改容曰朕爲天下主無德及人致此災旱今又謫見於上若三日不雨當退歸南內更選賢明以主天下宰臣嗚咽流涕各請罪乞免相位是夜澍雨大洽

開成五年武宗即位旱

按唐書武宗本紀五年正月即位六月丙寅以旱避正殿理囚河北河南淮南浙東福建蝗疫州除其徭八月甲寅雨

武宗會昌五年旱

按唐書武宗本紀會昌五年三月旱

會昌六年旱

按唐書武宗本紀六年二月以旱降死罪以下免今歲夏稅　按五行志六年春不雨冬又不雨至明年二月

宣宗大中元年旱

按唐書宣宗本紀大中元年二月以旱避正殿減膳理京師囚罷太常教坊習樂損百官食出宮女五百人放五坊鷹犬停飛龍馬粟

大中四年大旱

按唐書宣宗本紀不載　按五行志云云

大中八年旱

按唐書宣宗本紀八年三月以旱理囚

大中九年旱

按唐書宣宗本紀九年七月以旱遣使巡撫淮南減上供饋運蠲逋租發粟賑民庚申罷淮南宣歙浙西

冬至元日常貢以代下戸租稅

大中十二年旱

按唐書宣宗本紀十二年自十月不雨至於二月

懿宗咸通二年旱

按唐書懿宗本紀不載　按五行志咸通二年秋淮南河南不雨至於明年六月

咸通九年旱

按唐書懿宗本紀不載　按五行志九年江淮旱

咸通十年旱

按唐書懿宗本紀十年六月戊戌以蝗旱理囚　按五行志十年夏旱

咸通十一年夏旱

按唐書懿宗本紀不載　按五行志云云

咸通十四年僖宗即位旱

按唐書僖宗本紀十四年七月即位十二月大赦免水旱州縣租賦

僖宗乾符元年旱

按唐書僖宗本紀乾符元年四月辛卯以旱理囚

乾符二年旱

按唐書僖宗本紀二年二月丙午以旱降死罪以下五月庚子以旱理囚免浙東西一歲稅是冬無雪

廣明元年大旱

按唐書僖宗本紀廣明元年三月辛未以旱避正殿減膳

中和四年旱

按唐書僖宗本紀不載　按五行志中和四年江南大旱饑人相食

昭宗景福二年秋大旱

按唐書昭宗本紀不載　按五行志云云

光化三年旱

按唐書昭宗本紀不載　按五行志光化三年冬京師旱至於明年春

光化四年旱

按唐書昭宗本紀不載　按五行志云云

天復元年旱

按唐書昭宗本紀天復元年二月甲寅以旱避正殿減膳

昭宣帝天祐二年旱

按唐書昭宣帝本紀天祐二年四月乙未以旱避正殿減膳

按冊府元龜哀帝天祐二年三月詔曰朕以宿麥未登時暘久亢慮闕粢盛之備軫予宵旰之憂所宜避正位於宸居減珍羞於常膳諒惟眇質深合罪躬庶其昭感之祥以致滂沱之澤今月八日以後不坐正殿及減常膳

欽定古今圖書集成曆象彙編庶徵典

第八十九卷目錄

旱災部彙考五

庶徵典第八十九卷

旱災部彙考五

後梁

太祖開平二年旱

按五代史梁太祖本紀不載　按冊府元龜開平二年二月自去冬少雪春深農事方興久無時雨兼慮有災疾帝深軫下民遂命庶官遍祀于羣望掩瘞暴露令近鎭案古法以禳祈旬日乃雨五月己丑令下諸州去年有蝗蟲下子處蓋前冬無雪今春亢陽致爲災沴實傷壠畝必慮今秋重困稼穡自知多在荒陂榛蕪之內所在長吏各須分配地界精加翦撲以絕根本六月辛亥以亢陽慮時政之闕乃詔曰邇者下民喪禮法吏舞文銓衡既失於選求州鎭又無其舉刺風俗未厚獄訟實繁職此之繇上貽天譴至是決遣囚徒及戒勵中外

乾化元年旱

按五代史梁太祖本紀不載　按冊府元龜乾化元年三月辛卯以久旱令宰臣分禱靈迹翌日大澍雨丙子復憫雨命宰臣分往嵩華祈禱十一月宣宰臣各赴望祠禱雨故事皆以兩省無功職事爲之帝憂民重農猶以足食足兵爲念爰自御極每愆陽積陰多命丞相躬其事辛丑大雨雪宰臣及文武師長各奉表賀焉十二月詔以時雪稍愆命丞相及三省官各於望祠祈禱

乾化二年旱

按五代史梁太祖本紀不載　按冊府元龜二年正月甲申以時雪稍愆命丞相及三省官羣望祈禱二月癸丑勅曰今載春寒頗盛雨澤仍愆司天監占以夏秋必多霖潦宜令所在郡縣告喩百姓備淫雨之患三月丙午帝北巡次及濟源縣詔曰淑律將遷亢陽頗甚宜令魏州差官攬龍祈禱戊申詔曰雨澤愆期祈禱未應宜令宰臣各於魏州靈祠精切祈禱五月辛卯詔曰亢陽滋甚農事已傷宜令宰臣于兢赴中嶽杜曉赴西嶽精切祈禱其近京靈廟宜委河南尹五帝壇風師雨師九宮貴人委中書各差官祈之

後唐

莊宗同光元年旱

按五代史唐莊宗本紀不載　按冊府元龜同光元年四月即位于魏州時正月不雨至是人心憂恐洎宣赦之夕降雨彌溥耒耜滿野上下歡康十二月庚寅自冬無雪差官分道禜於百神

同光二年旱

按五代史唐莊宗本紀不載　按冊府元龜二年二月自冬不雨命禱百神三月勅時雨稍愆差官祈禱十二月戊寅救節及杪冬稍愆時雪須命祈禱以濟農功宜令有司差官分命祈祭諸神廟

同光三年旱

按五代史唐莊宗本紀不載　按冊府元龜三年正月戊午時雨稍愆命興唐府差官分禱祠廟二月辛丑帝祈雨於郭伯神祠四月丁卯勅時雨稍愆恐妨農事須命祈禱冀遂豐登宜令差官分道祈禱百神癸酉祖庸院奏時雨少愆恐傷宿麥兼慮有妨耕稼請諸道州府依法祈禱從之辛巳勅亢陽稍甚祈禱未徵將致感通難避勞擾宜令河南府於府門造五方龍集巫禱祭徙市五月壬子勅時雨尚未沾足宜令河南府徙市閉坊門依法畫龍置水祈請令宰臣於諸寺燒香戊申帝幸龍門之廣化寺開佛塔請雨

明宗天成元年旱

按五代史唐明宗本紀不載　按冊府元龜天成元年五月辛未以時雨稍愆分命朝臣禱祠嶽瀆

天成二年旱

按五代史唐明宗本紀不載　按冊府元龜二年六月癸未宣宰臣於諸寺祈雨辛丑勅近以時雨稍愆

恐傷禾稼爰命祈禱果獲感通宜令本官各於本處賽謝

天成三年旱

按五代史唐明宗本紀不載　按冊府元龜三年十二月以十月至是月少雪命公卿散祈於祠廟

天成四年旱

按五代史唐明宗本紀不載　按冊府元龜四年二月甲子車駕歸京宿于中牟縣百官詣行宮起居各賜酒食上謂侍臣曰麥田稍旱朕以暗禱祈乙丑屆鄭州雨三日百辟稱賀十二月丙午中書舍人程遜奏三冬未降時雪請命臣僚虔申祈禱從之

長興元年旱

按五代史唐明宗本紀不載　按冊府元龜長興元年四月甲辰勅自夏以來稍愆時雨宜差官祈禱

長興二年旱

按五代史唐明宗本紀二年四月乙卯以旱赦流罪以下囚

按冊府元龜二年三月勅自春以來稍愆時雨宜分命朝臣祈禱四月乙巳帝幸龍門寺祈雨至晚還宮乙卯勅久愆時雨深疚予心雖遍虔祈猶未溥足宜廣推恩之道更敷恤物之懷貴獲感通必彰靈應宜令諸道州府各委長吏親問刑獄省察寃濫應見禁囚徒除犯死刑外餘盡時疎放除省司主持諸色人等見別指揮三司商量或有情可矜憫或非欺罔積年致有逋懸各具分析續行勅命幷公私債負放至秋熟塡納今年取者不在此限

按十國春秋楚衡陽王世家長興三年秋七月湖南大旱馬希聲命閉南嶽及境內諸神祠門竟不雨

長興四年旱

按五代史唐明宗本紀不載　按冊府元龜長興四年七月壬午勅時雨稍愆慮傷時稼分命朝臣禱禜諸神

廢帝淸泰元年旱

按五代史唐廢帝本紀淸泰元年十二月幸龍門旱

按冊府元龜元年六月丙子諸內外差官祈雨自去年秋不雨冬無雪帝初至至德宮雨數寸至是旱京師暍死十數人帝命韓昭裔開廣化寺三藏塔是夕雨至三寸丁酉以久旱京師酷熱自七日至十三日暍死者數百道路死者相望帝深憫惻日遣中使往龍門廣化寺禱雨百僚奔走祠宇至十三日雨四寸七月己亥分命宰臣百僚詣祠廟祈雨甲辰幸龍門佛寺禱雨至晚還宮又詔以京畿旱遣供奉官賀守圖湯王廟取聖水澤州西界有析城山山巔有池水側有湯廟土人遇旱取水禱雨多驗先是帝憂旱甚房暠言聖水可以致雨故也十一月辛亥詔曰朕君於人上燭理不明自冬初迄今未降密雪或虞愆伏災及黎民宜令宰臣百僚分詣諸祠壇祈告十二月戊子以自冬無雪詔宰臣盧文紀祈嵩嶽庚寅幸龍門廣化寺開無畏塔祈雪自卯至申時還宮又侍御史陳保極上疏元冬告謝密雪未零竊慮今夏龍德啓圖鑾旌赴闕擁十萬衆臨九重城讐怖龍神震驚方位致瘥札爲沴風雨失時請在京諸寺觀置迎年消災資福安土地龍神道場優詔從之甲午詔曰李元龜官處法司次當候對以稍愆於時雪請特降於優恩初則以貶謫官亡歿外州乞容歸葬次則以亡歿者兒孫絶嗣請本處瘞埋宜依所陳頒告諸道

淸泰二年旱

按五代史唐廢帝本紀不載　按冊府元龜二年三月丙申詔宰臣姚顗告嵩嶽右丞陳韜光告亳州太淸宮祈雨四月壬午以京畿旱命宰臣盧文紀告太微宮太廟姚顗告嵩嶽十二月癸未詔曰陰陽爽候時雪稍愆分命臣僚詣祠廟祈請　又按冊府元龜李愼儀爲考功員外郞淸泰二年上言今春已來稍愆雨澤陛下念稼穡之重深宵旰之憂倍軫聖心遍走羣望盈尺則告瑞於元朔如膏則潤浹於暮春可卜豐穰動諸嚮應請天下凡祠宇有益於人者下本處常令修飾冀集弘麻從之

淸泰三年旱

按五代史唐廢帝本紀不載　按冊府元龜三年正月戊戌以自去冬少雪幸龍門廣化寺開無畏師塔祈禱三月庚寅詔曰時雨稍愆宜分命朝臣祠廟祈禱五月庚午詔曰時雨稍愆頗傷農稼分命朝臣祈禱居數日以庶官禱請不虔乃命宰臣盧文紀禱太微宮姚顗崇道宮馬裔孫淸宮嵩嶽又無雨帝問宰臣愆伏之故文紀等奏曰愆伏之本洪範有其說若考較往代理義相違臣等思之此蓋時數若求於政失則兵戰之氣生陰霖擾攘之氣生蝗旱稍近理也自頃皇祚甫寧徵求過當雖宸念疚心事不獲已無足論其變沴也帝俯首而已七月丁亥同華言自夏不雨京畿旱遣供奉官杜紹懷往析城山取聖水

後晉

高祖天福元年旱

按五代史高祖本紀不載　按冊府元龜天福元年十二月辛卯以自秋不雨經冬無雪命羣官散禱山川

天福二年旱

按五代史晉高祖本紀不載　按冊府元龜二年十二月甲辰幸相國寺祈雪

天福三年旱

按五代史晉高祖本紀三年八月己丑蠲水旱民稅

天福四年旱

按五代史晉高祖本紀不載　按陸游南唐書烈祖本紀昇元三年自五月不雨至于閏七月

天福六年旱

按五代史晉高祖本紀不載　按陸游南唐書烈祖本紀昇元五年八月遣使振貸黃州旱傷戶口

天福七年旱

按五代史晉高祖本紀不載　按冊府元龜七年三月壬戌以春旱分命朝臣詣寺觀神祠禱雨丁丑詔宰臣馮道等於開元諸寺及紫極宮祈雨

出帝天福八年旱

按五代史晉出帝本紀不載　按冊府元龜少帝天福八年五月癸巳勅以久愆時雨遣宰臣馮道等諸寺觀虔禱其餘祠廟仍下開封府徧差官禱之甲辰勅以飛蝗作沴膏雨久愆應三京鄴都諸道州府見禁囚人除十惡行劫諸殺人者及僞行印信合造毒藥官吏犯贓外罪者減一等餘並放內有欠官錢者宜令三司酌量與限出監徵理乙巳幸相國寺祈雨

開運三年旱

按五代史晉出帝本紀不載　按冊府元龜開運三年二月壬戌勅令以漸及春農久愆時雨深慮囹圄或有滯淹宜卹刑章用召和氣其諸道州府見禁人等並須據罪輕重疾速斷遣仍限半月內有斷遣訖奏四月己未以久旱命宰臣趙瑩與羣官禱雨戊寅帝幸相國寺祈雨

後漢

高祖乾祐元年旱

按五代史漢高祖本紀不載　按冊府元龜乾祐元年四月庚辰朔以自春不雨勅青州收瘗用兵討楊光遠時骸骨丁亥以旱幸道宮佛寺禱雨賜僧道帛有差未時還宮五月丙辰以久旱幸道宮佛寺禱雨是日大澍戊午勅以旱分命羣官於諸寺觀神祠祈雨七月乙卯以久旱帝幸道宮佛寺禱雨仍分命羣官祈諸神祠賜僧道帛有差日晚還宮元雲四布猛風北至俄而澍雨尺餘人情熙熙

後周

太祖廣順二年旱

按五代史周太祖本紀不載　按冊府元龜廣順二年夏四月戊子勅以旱分命羣臣於諸祠廟祈雨

按陸游南唐書元宗本紀保大十年大旱

廣順三年旱

按五代史周太祖本紀不載　按冊府元龜廣順三年正月丁卯以自去冬京師無雪是日分命朝臣於祠廟祈禱

按陸游南唐書保大十一年夏六月不雨井泉涸竭淮流可涉旱蝗民饑流入周境

按十國春秋吳越忠懿王世家廣順三年十月境內大旱邊民有鬻男女者命出粟帛贖之歸其父母仍令所在開倉賑卹

世宗顯德元年旱

按五代史周世宗本紀不載　按十國春秋唐元宗本紀保大十二年三月自十一年六月不雨至于今年三月大饑疫命州縣鬻糜食餓者

遼

遼行瑟瑟儀禱雨之制

按遼史禮志瑟瑟儀若旱擇吉日行瑟瑟儀以祈雨前期置百柱天棚及期皇帝致奠於先帝御容乃射柳皇帝再射親王宰執以次各一射中柳者質誌柳者冠服不中者以冠服質之不勝者進飲於勝者然後各歸其冠服又翼日植柳天棚之東南巫以酒醴黍稗薦植柳祝之皇帝皇后祭東方畢子弟射柳皇族國舅羣臣與禮者賜物有差既三日雨則賜敵烈麻都馬四匹衣四襲否則以水沃之

穆宗應曆十二年旱

按遼史穆宗本紀應曆十二年五月以旱命左右以水相沃頃之果雨

應曆十六年旱

按遼史穆宗本紀十六年五月以歲旱泛舟于池禱雨不雨捨舟立水中而禱俄頃乃雨

景宗乾亨二年旱

按遼史景宗本紀乾亨二年夏四月庚辰祈雨

聖宗統和八年旱

按遼史聖宗本紀統和八年四月庚午以歲旱諸部艱食振之

統和十六年旱

按遼史聖宗本紀十六年夏四月己酉祈雨

道宗咸雍二年旱

按遼史道宗本紀咸雍二年秋七月丁卯以歲旱遣使振山後貧民

咸雍三年旱

按遼史道宗本紀三年是歲南京旱

咸雍十年旱

按遼史道宗本紀十年夏四月旱

太康六年旱

按遼史道宗本紀太康六年五月庚寅以旱禱雨命左右以水相沃俄而雨降

天祚帝乾統元年旱

按遼史天祚帝本紀乾統元年夏四月旱

宋一

太祖建隆元年旱

按宋史太祖本紀建隆元年八月甲戌命宰臣禱雨

建隆二年旱

按宋史太祖本紀建隆二年六月壬子祈雨　按五行志二年夏京師旱冬又旱

建隆三年旱

按宋史太祖本紀三年三月癸亥禱雨己巳大雨四月趙衛二州旱五月甲子幸相國寺禱雨癸未命使檢諸州旱甲申復幸相國寺禱雨乙酉齊博德相霸五州自春不雨以旱減膳撤樂七月檢河北旱　按五行志三年京師春夏旱河北大旱霸州苗皆焦仆又河南河中府孟津濮鄆齊濟滑延隰宿等州並春夏不雨

建隆四年旱

按宋史太祖本紀不載　按五行志四年京師夏秋旱又懷州旱

乾德元年旱

按宋史太祖本紀乾德元年夏四月旱甲申徧禱京城祠廟夕雨五月壬子朔禱雨京城甲寅遣使禱雨嶽瀆七月丁丑分命近臣禱雨十二月甲寅命近臣祈雪　按五行志冬京師旱

乾德二年旱

按宋史太祖本紀二年三月丁酉遣使祈雨于五嶽

按五行志正月京師旱夏不雨是歲河南府陝虢隣博靈州旱河中府旱甚

乾德四年旱

按宋史太祖本紀四年七月華州旱免今年租　按五行志春夏京師不雨江陵府華州漣水軍旱

乾德五年旱

按宋史太祖本紀五年七月己酉免水旱災戶今年租　按五行志正月京師旱秋復旱

按十國春秋南唐後主本紀乾德五年境內旱宋餉米麥十萬石

開寶元年旱

按宋史太祖本紀不載　按陸游南唐書後主本紀開寶元年境內旱太祖賜米麥十萬石

開寶二年旱

按宋史太祖本紀不載　按五行志開寶二年夏至七月京師不雨

開寶三年旱

按宋史太祖本紀三年四月丁亥幸寺觀禱雨　按五行志春夏京師旱邢州夏旱

開寶五年旱

按宋史太祖本紀五年十二月乙酉朔祈雪　按五行志春京師旱冬又旱

開寶六年旱

按宋史太祖本紀六年十二月壬午命近臣祈雪

按五行志冬京師旱

開寶七年旱

按宋史太祖本紀七年二月癸卯命近臣祈雨十一月丁亥秦晉旱十二月辛亥命近臣祈雪　按五行志七年京師春夏旱冬又旱河南府晉解州夏旱滑州秋旱

開寶八年旱

按宋史太祖本紀八年三月己丑命祈雨　按五行志八年春京師旱是歲關中饑旱甚

太宗太平興國二年旱

按宋史太宗本紀不載　按五行志太平興國二年正月京師旱

太平興國三年旱

按宋史太宗本紀太平興國三年春正月辛亥命羣臣禱雨夏四月乙卯朔命羣臣禱雨　按五行志三年春夏京師旱

太平興國四年冬京師旱

按宋史太宗本紀不載　按五行志云云

太平興國五年旱

按宋史太宗本紀不載　按五行志五年夏京師旱秋又旱

太平興國六年旱

按宋史太宗本紀六年二月己卯命宰臣禱雨夏四月辛未幸太平興國寺禱雨　按五行志六年春夏京師旱

太平興國七年旱

按宋史太宗本紀七年三月乙巳以旱分遣中黃門徧禱方岳　按五行志七年春京師旱孟號絳密瀛衞曹淄州旱

太平興國九年旱

按宋史太宗本紀不載　按五行志九年夏京師旱秋江南大旱

雍熙二年旱

按宋史太宗本紀雍熙二年十一月戊子禱雪　按五行志二年冬京師旱

雍熙三年旱

按宋史太宗本紀三年十一月丙戌幸建隆觀相國寺祈雪　按五行志三年冬京師旱

雍熙四年旱

按宋史太宗本紀四年十二月壬寅幸建隆觀相國寺祈雪　按五行志四年冬京師旱

端拱二年旱

按宋史太宗本紀端拱二年五月戊戌以旱慮囚遣使決諸道獄是夕雨十月以歲旱彗星謫見詔曰朕以身爲犧牲焚于烈火亦未足以答謝天譴當與卿等審刑政之闕失稼穡之艱難恤物安人以祈元祐　按五行志二年五月京師旱秋七月至十一月旱上憂形於色蔬食致禱是歲河南萊登深冀旱甚民多餓死詔發倉粟貸之

淳化元年旱

按宋史太宗本紀淳化元年四月庚戌遣中使詣五嶽禱雨慮囚遣使分決諸道獄七月開封陳留封丘酸棗鄢陵旱賜今年田租之半開封特給復一年京師貴糴遣使開廩減價分糶八月以京兆長安八縣旱賜今年租十之六十月以乾鄭二州河南壽安等十四縣旱州蠲今年租十之四縣蠲其秋是歲開封大名管內及許滄單汝乾鄭等州壽安長安天興等二十七縣旱　按五行志元年正月至四月不雨帝蔬食祈雨河南鳳翔大名京兆府許滄單汝乾鄭同等州旱

淳化二年旱

按宋史太宗本紀二年閏二月戊寅禱雨三月己巳以歲蝗旱禱雨弗應手詔宰臣呂蒙正等朕將自焚以答天譴翌日而雨蝗盡死十一月己酉幸建隆觀相國寺祈雪十二月癸未大雨是歲大名河中絳濮陝曹濟同淄單德徐晉輝磁博汝兗虢汾鄭亳慶許齊濱棣沂貝衞青霸等州旱　按五行志二年春京師大旱

淳化三年旱

按宋史太宗本紀三年五月己酉以旱遣使分行諸路決獄是夕雨　按五行志三年春京師大旱冬復大旱是歲河南府京東西河北河東陝西及亳建淮揚等三十六州軍旱

淳化四年旱

按宋史太宗本紀不載　按五行志四年夏京師不雨河南府許汝亳滑商州旱

淳化五年六月京師旱

按宋史太宗本紀不載　按五行志云云

至道元年旱

按宋史太宗本紀至道元年二月甲申命宰相禱雨令川峽諸州瘞暴骸戊戌以旱慮囚減流罪以下丙午雨　按五行志元年京師春旱

按文獻通考至道元年冬無雪

至道二年旱

按宋史太宗本紀二年三月丙寅以京師旱遣使禱雨戊辰命宰臣祀郊廟社稷禱雨十二月命宰相以下百官詣諸寺觀禱雪　按五行志二年春夏京師旱

按文獻通考二年冬無雪

眞宗咸平元年旱

按宋史眞宗本紀咸平元年夏四月旱壬辰禱白鹿山己酉遣使按天下吏民逋負悉除之五月甲子幸大相國寺祈雨升殿而雨六月丙辰以旱免開封府二十五州軍田租　按五行志元年春夏京畿旱又江浙淮南荆湖四十六軍州旱

咸平二年旱

按宋史眞宗本紀二年閏三月丁亥以久不雨帝諭宰相曰凡政有闕失宜相規以道毋惜直言詔天下

繫囚非十惡枉法及已殺人者死以下減一等詔兩京諸路收瘞暴骸營塞破塚戊子幸太一宮天清寺祈雨庚寅罷有司營繕之不急者詔中外臣直言極諫壬辰雨是歲江浙廣南荆湖旱　按五行志二年春京師旱甚又廣南西路江浙荆湖及曹單嵐州淮陽軍旱　按禮志二年旱詔有司祠雷師雨師內出李邕祈雨法以甲乙日擇東方地作壇取土造青龍長吏齋三日詣龍所汲流水設香案茗果餈餌率羣吏鄉老日再至祝酬不得用音樂巫覡雨足送龍水中餘四方皆如之飾以方色大凡日干及建壇取土之里數器之大小及龍之修廣皆以五行成數焉詔頒諸路

咸平三年旱

按宋史眞宗本紀三年二月戊辰京畿旱慮囚癸酉大雨是歲江南荆湖旱　按五行志三年春京師旱江南頻年旱

咸平四年旱

按宋史眞宗本紀四年二月丁未祈雨癸丑決天下獄丁巳幸大相國寺上清宮祈雨戊午雨帝方臨軒決事霑服不御蓋　按五行志京畿正月至四月不雨

景德元年旱

按宋史眞宗本紀景德元年六月壬午暑甚罷京城工役遣使賜暍者藥閏月壬申江南旱遣使決獄訪民疾苦祠境內山川　按五行志景德元年京師夏旱人多暍死

景德二年旱

按宋史眞宗本紀景德二年九月庚戌淮南旱

景德三年旱

按宋史眞宗本紀不載　按五行志景德三年京師旱　按禮志景德三年五月旱以畫龍祈雨法付有司刊行其法擇潭洞或湫濼林木深邃之所以庚辛壬癸日刺史守令師耆老齋潔先以酒脯告社令訖築方壇三級高二尺闊一丈三尺壇外二十步界以白繩壇上植竹枝張畫龍其圖以縑素上畫黑魚左顧環以元黿十星中為白龍吐雲黑色下畫水波有龜左顧吐黑氣如綫和金銀朱丹飾龍形又設皁旛刎鵝頸血置盤中柳枝洒水龍上俟雨足三日祭以一豭取畫龍投水中

大中祥符元年正月戊辰幽州旱求市麥種許之

按宋史眞宗本紀云云

大中祥符二年旱

按宋史眞宗本紀二年二月乙巳幸大相國寺上清宮祈雨戊申遣使祠太乙元冥己酉雨四月乙未河北旱遣使祠北岳五月陝西旱遣使禱太平宮后土西嶽河瀆諸祠　按五行志二年春夏京師旱河南府及陝西路潭邢州旱　按禮志二年旱遣司天少監史序祀元冥五星於北郊除地為壇望告已而雨足遣官報謝及社稷初學士院不設配位及是問禮官言祭必有配報如常祀當設配坐又諸神祠天齊五龍用中祠祆祠城隍用羊一八籩八豆舊制不祈四海帝曰百谷之長潤澤及物安可闕禮特命祭之

大中祥符三年旱

按宋史眞宗本紀大中祥符三年八月辛亥以江南旱詔轉運使決獄是歲淮南旱　按五行志三年夏京師旱江南諸路宿州潤州旱

大中祥符四年旱

按宋史眞宗本紀大中祥符四年五月辛卯京兆旱詔賑之

大中祥符五年旱

按宋史眞宗本紀五年五月辛未江淮兩浙旱給占城稻種教民種之八月庚戌淮南旱減運河水灌民田仍寬租限州縣不能存恤致民流亡者罪之

大中祥符八年旱

按宋史眞宗本紀八年二月癸酉祈雨　按五行志八年京師旱

大中祥符九年旱

按宋史眞宗本紀九年八月戊子以旱罷秋宴九月庚戌以不雨罷重陽宴丁巳詔以旱蝗得雨宜務稼省事及罷諸營造　按五行志九年秋京師旱大名府澶州相州旱

天禧元年旱

按宋史眞宗本紀天禧元年三月辛丑以不雨禱于四海壬寅不雨罷上巳宴　按五行志元年京師春旱秋又旱夏陝西旱

天禧二年旱

按宋史眞宗本紀二年陝西旱賑之

天禧四年旱

按宋史眞宗本紀不載　按五行志四年春利州路旱夏京師旱

天禧五年冬京師旱

按宋史眞宗本紀不載　按五行志云云

仁宗天聖二年春不雨

按宋史仁宗本紀不載　按五行志云云

按文獻通考八年辛未開封府言陽武等一十三縣大旱傷苗

按此條原本載於二年之後六年之前則非八年可知又年下無月恐係二年八月之事故附編於此元脫脫作宋史志多採通考此條不錄亦因其錯誤闕之也

天聖三年旱

按宋史仁宗本紀三年八月辛未蠲陝西州軍旱災租賦

天聖五年旱

按宋史仁宗本紀五年五月京畿旱六月甲戌祈雨於玉清昭應宮開寶寺丙子詔決畿內繫囚丁丑雨癸未罷諸營造之不急者十一月丁酉朔以陝西旱蝗減其民租賦是歲華州旱　按五行志五年夏秋大旱

天聖六年四月不雨

按宋史仁宗本紀不載　按五行志云云

天聖九年旱

按宋史仁宗本紀天聖九年十一月己丑祈雪於會靈觀

明道元年旱

按宋史仁宗本紀明道元年三月戊戌以江淮旱遣使與長吏錄繫囚流以下減一等杖笞釋之　按五行志元年五月畿縣久旱傷苗

明道二年旱

按宋史仁宗本紀二年七月戊子詔以蝗旱去尊號睿聖文武四字告天地宗廟仍令中外直言闕政

按文獻通考明道二年南方大旱種餉皆絕人多流亡因饑成疫死者十二三官作粥糜以飼之得食輒死

景祐三年旱

按宋史仁宗本紀不載　按五行志景祐三年六月河北久旱遣使詣北嶽祈雨

景祐四年旱

按宋史仁宗本紀四年五月乙卯以旱遣使決三京繫囚

慶曆元年旱

按宋史仁宗本紀不載　按五行志慶曆元年九月丁未朔遣官祈雨

慶曆二年旱

按宋史仁宗本紀不載　按五行志二年六月祈雨

慶曆三年旱

按宋史仁宗本紀三年四月丙辰以春夏不雨遣使祠禱於嶽瀆五月庚辰祈雨於相國寺會靈觀　按五行志三年遣使詣嶽瀆祈雨

慶曆四年旱

按宋史仁宗本紀四年三月癸亥以旱遣內侍祈雨　按五行志四年三月丙寅遣內侍兩浙淮南江南祠廟祈雨

慶曆五年旱

按宋史仁宗本紀五年二月癸卯以久旱詔州縣毋得淹繫刑獄辛亥祈雨于相國天清寺會靈祥源觀乙卯謝雨

慶曆六年旱

按宋史仁宗本紀六年六月丙寅以久旱民多暍死命京城增鑿井三百九十　按五行志六年四月壬申遣使祈雨

慶曆七年旱

按宋史仁宗本紀七年三月丁亥以旱罷大宴癸巳詔避正殿減常膳許中外臣僚實封條上三事辛丑祈雨于西太乙宮及還遂雨夏四月丁未謝雨　按五行志七年正月京師不雨二月丙寅遣官嶽瀆祈雨

按通鑑綱目七年二月大旱詔求直言三月賈昌朝吳育免昌朝吳育議不協論者多不直昌朝時方閔雨昌朝引漢冊免三公故事乞罷御史中丞高若訥上言大臣喧爭爲不肅故雨不時若于是昌朝出判大名育出知許州帝禱于西太乙宮是時日方炎赫帝却蓋不御及還而雨大浹

皇祐元年旱

按宋史仁宗本紀不載　按五行志皇祐元年五月丁未遣官祈雨

皇祐二年旱

按宋史仁宗本紀二年三月遣官祈雨

皇祐三年旱

按宋史仁宗本紀三年五月庚戌以恩冀州旱詔長吏決繫囚　按五行志三年恩冀諸州旱三月分遣朝臣詣天下名山大川祠廟祈雨

皇祐四年旱

按宋史仁宗本紀不載　按五行志四年十二月己丑雪初帝以愆亢責躬減膳每見輔臣憂形于色罷籍等因言臣等不能燮理陰陽而上煩陛下責躬引咎願守散秩以避賢路帝曰是朕誠不能感天而惠不能及民非卿等之過也是夕乃得雪

皇祐五年旱

按宋史仁宗本紀五年十月丁巳詔以蝗旱命監司諭親民官上民間利害

至和二年旱

按宋史仁宗本紀至和二年三月以旱除畿內民逋負及去年秋逋稅罷營繕諸役　按五行志至和二年四月甲午遣官祈雨

嘉祐二年旱

按宋史仁宗本紀嘉祐三年七月以夔州路旱遣使安撫

嘉祐五年旱

按宋史仁宗本紀不載　按五行志五年梓州路夏秋不雨

嘉祐七年旱

按宋史仁宗本紀七年三月甲子以旱罷大宴乙丑祈雨于西太乙宮

英宗治平元年旱

按宋史英宗本紀治平元年四月甲午祈雨于相國天清寺醴泉觀　按五行志元年春京師踰時不雨鄭滑蔡汝潁曹濮洺磁晉耀登等州河中府慶成軍旱

治平二年旱

按宋史英宗本紀不載　按五行志二年春不雨

治平四年神宗即位旱

按宋史神宗本紀治平四年正月即位五月辛巳以久旱命宰臣禱雨十一月戊子分命宰臣祈雪

神宗熙寧元年旱

按宋史神宗本紀熙寧元年春正月丁丑以旱減天下囚罪一等杖以下釋之壬辰幸寺觀祈雨夏四月戊申命宰臣禱雨十一月癸未命宰臣禱雪十二月己亥朔命宰臣禱雪　按禮志熙寧元年正月帝親幸寺觀祈雨仍令在京差官分禱各就本司先致齋三日然後行事諸路擇端誠修潔之士分禱海鎭嶽瀆名山大川潔齋行事毋得出謁宴飲賈販及諸煩擾令監司察訪以聞諸路神祠靈跡寺觀雖不係祀典祈求有應者並委州縣差官潔齋致禱已而雨足復幸西太乙宮報謝

熙寧二年旱

按宋史神宗本紀二年三月丙戌命宰臣禱雨乙未以旱慮囚四月戊申宰臣富弼曾公亮以旱上表待罪詔不允　按五行志二年三月旱甚

熙寧三年旱

按宋史神宗本紀三年八月丙寅以旱慮囚死罪以下遞減一等杖笞者釋之以衢州旱令轉運使賑恤仍蠲租賦是歲賑河北陝西旱饑除民租　按五行志三年諸路旱六月畿內旱八月衢州旱

熙寧四年旱

按宋史神宗本紀熙寧四年二月丁丑禱雨

熙寧五年旱

按宋史神宗本紀不載　按五行志五年五月北京自春至夏不雨

熙寧六年旱

按宋史神宗本紀六年五月戊申禱雨七月己酉禱雨九月戊辰詔禱雨決獄

熙寧七年旱

按宋史神宗本紀七年二月己丑禱雨三月癸卯以旱避殿減膳乙丑詔以災異求直言夏四月癸酉以旱罷方田是日雨　按五行志七年自春及夏河北河東陝西京東西淮南諸路久旱九月諸路復旱時新復洮河亦旱羌戸多殍死

熙寧八年旱

按宋史神宗本紀八年正月己未洮西安撫司以歲旱請為粥以食羌戸饑者　按五行志八年四月眞定府大旱八月淮南兩浙江南荊湖等路旱

熙寧九年旱

按宋史神宗本紀不載　按五行志九年八月河北京東京西河東陝西旱

熙寧十年旱

按宋史神宗本紀十年七月甲寅禱雨　按五行志十年春諸路旱　按禮志十年四月以夏旱內出蜥蜴祈雨法捕蜥蜴數十納甕中漬之以雜木葉擇童男十三歲下十歲上者二十八人分兩番衣青衣以青飾面及手足人持柳枝霑水散灑晝夜環繞呪曰蜥蜴蜥蜴興雲吐霧雨令滂沱令汝歸去雨足

按東軒筆錄熙寧十年京師旱上焦勞甚樞密副使

王部言昔桑弘羊爲漢武帝籠天下之利是時卜式乞烹弘羊以致雨今市易務裒剝民利倍于弘羊而比來官吏失于奉行者多至黜免今之大旱皆由呂嘉問作法害人以致和氣不召臣乞烹嘉問以謝天下宜甘澤之可致也

元豐二年旱

按宋史神宗本紀不載　按五行志元豐二年春河北陝西京東西諸郡旱　按梁燾傳燾歷檢詳樞密五方文字元豐時久旱上書論時政曰陛下日者閔雨靖惟政事之闕惕然自責丁卯發詔癸酉而雨是上天顧聽陛下之德言而喜其有及民之意也當四方仰雨十月之久民刻於新法嗷嗷如焦而京師尤甚閭閻細民罔不失職智愚相視日有大變之憂陛下旣惠以詔旨又施之行事講除刻文蠲損緡錢等一日之間歡聲四起距誕節三日而膏澤降是天以雨壽陛下之萬年感聖心於大寤有以遂其仁政也然法令乖戾爲毒於民者所變纔能萬一人心之不解故天意亦未釋而雨不再施陛下亦以此爲戒而夙夜應之乎今陛下之所知者市易事耳法之爲害豈特此耶曰靑苗錢也助役錢也方田也保甲也淤田也兼是數者而天下之民被其害靑苗之錢未及償而責以免役免役之錢未暇入而重以淤田淤田方下而復有方田方田未息而迫以保甲是徒擾百姓使不得少休於聖澤其爲害之實雖一有言之者必以下主吏主吏妄報以無是則從而信之恬不復問而反坐言者雖間遣使循行而苟且寵祿巧爲妄誕成就其事至請遍行其法上下相隱習以成風臣謂天下之患不患禍亂之不可去患朋黨蒙蔽之俗成使上不得聞所當聞故政日以敝而禍亂卒至也陛下可不深思其故乎疏入不報

元豐三年旱

按宋史神宗本紀三年二月丁巳命輔臣禱雨　按五行志三年春西北諸路旱

元豐五年旱

按宋史神宗本紀不載　按五行志云云

元豐六年旱

按宋史神宗本紀六年五月庚寅以旱慮囚　按五行志六年夏畿內旱

哲宗元祐元年旱

按宋史哲宗本紀元祐元年正月丙辰久旱幸相國寺祈雨夏四月辛卯詔諸路旱傷蠲其租壬辰以旱慮囚十二月戊申詔以冬溫無雪決繫囚　按五行志元祐元年春諸路旱正月帝及太皇太后車駕分日詣寺觀禱雨是冬復旱

元祐二年旱

按宋史哲宗本紀二年四月辛卯詔冬夏旱暵海內被災者廣避殿減膳責躬思過以圖消復己亥太皇太后以旱權罷受冊禮癸卯雨　按五行志二年春旱

元祐三年旱

按宋史哲宗本紀不載　按五行志三年秋諸路旱京西陝西尤甚

元祐四年旱

按宋史哲宗本紀四年三月丁亥以不雨罷春宴癸巳錄囚四月乙巳呂大防等以久旱求罷不允　按五行志四年春京師及東北旱罷春宴

元祐五年旱

按宋史哲宗本紀五年二月辛丑以旱罷修黃河癸卯禱雨嶽瀆夏四月甲辰呂大防等以旱求退不允丁巳詔以旱避殿減膳罷五月朔文德殿視朝是歲東北旱

元祐八年秋旱

按宋史哲宗本紀不載　按五行志云云

紹聖元年旱

按宋史哲宗本紀紹聖元年四月丙午以旱詔恤刑十一月壬子以冬溫無雪決繫囚十二月庚辰命諸路祈雪　按五行志元年春旱疎決四京畿繫囚

紹聖三年旱

按宋史哲宗本紀不載　按五行志紹聖三年江東大旱溪河涸竭

紹聖四年旱

按宋史哲宗本紀四年五月辛酉以皇太妃服藥及亢旱決四京囚是歲兩浙旱饑詔行荒政移粟賑貸出宮女二十四人　按五行志四年夏兩浙旱

元符元年東南旱

按宋史哲宗本紀不載　按五行志云云

元符二年旱

按宋史哲宗本紀二年三月乙丑祈雨四月丁亥以旱減四京囚罪一等杖以下釋之　按五行志二年春京畿旱

徽宗建中靖國元年旱

按宋史徽宗本紀建中靖國元年江淮兩浙湖南福建旱　按五行志元年衢信等州旱

崇寧元年旱

按宋史徽宗本紀崇寧元年江浙熙河漳泉潭衡郴州興化軍旱

大觀元年旱

按宋史徽宗本紀大觀元年秦鳳旱

大觀二年旱

按宋史徽宗本紀不載　按五行志二年淮南江東西諸路大旱自六月不雨至于十月

大觀三年旱

按宋史徽宗本紀三年江淮荆浙福建旱發粟賑之蠲其賦

政和元年旱

按宋史徽宗本紀政和元年四月丁巳以淮南旱降四罪一等徒以下釋之　按五行志元年淮南旱

政和三年江東旱

按宋史徽宗本紀云云

政和四年旱

按宋史徽宗本紀不載　按五行志四年旱詔賑德州流民

宣和元年旱

按宋史徽宗本紀宣和元年京西饑淮東大旱遣官賑濟　按五行志元年二月詔汝潁陳蔡州饑民流移常平官勸停秋淮南旱

宣和二年淮南旱

按宋史徽宗本紀云云

宣和四年旱

按宋史徽宗本紀四年二月丙申以旱禱于廣聖宮即日雨　按五行志四年東平府旱

宣和五年旱

按宋史徽宗本紀五年秦鳳旱河北京東淮南饑遣官賑濟　按五行志五年夏秦鳳路旱是歲燕山府路旱

欽定古今圖書集成曆象彙編庶徵典

第九十卷目錄

旱災部彙考六

庶徵典第九十卷

旱災部彙考六

宋二

高宗建炎二年旱

按宋史高宗本紀建炎二年七月辛丑以夏旱蝗詔監司郡守條上闕政州郡災甚者蠲田賦

按文獻通考建炎二年夏旱少陰之氣毀則不雨少陰者金也金爲刑爲兵刑不辜兵不戢則金之氣毀故爲旱火盛陽也陽氣强悍故聖人制禮以節之禮失則僭而驕炕以導盛陽火勝則金衰故亦旱土實制水土功興則水氣塞闕亦爲旱天官有東井主水天漢天江亦水祥也水與火讎而受制於土土火熇見若日蝕過分而未至與七曜循中道之南皆旱祥也

紹興二年旱

按宋史高宗本紀不載　按五行志紹興二年常州大旱帝問致旱之由中書舍人胡交修奏守臣周祀殘酷所致尋以屬吏坐贓及殺不辜竄嶺南

紹興三年旱

按宋史高宗本紀三年七月甲子以久旱償州縣和市民物之直癸酉呂頤浩等以旱乞罷政詔曰與其罷政曷若同寅協恭交修不逮思所以克厭天心者　按五行志三年四月旱至於七月帝蔬食露禱乃雨

紹興五年旱

按宋史高宗本紀五年六月癸丑以久旱減膳祈禱庚申以旱罷諸路檢察財用官　按五行志五年五月浙東西旱五十餘日六月江東湖南旱秋四川郡國旱甚

紹興六年旱

按宋史高宗本紀六年三月辛未蠲旱傷州縣民積欠錢帛租稅　按五行志六年夔潼成都郡縣及湖南衡州皆旱

紹興七年旱

按宋史高宗本紀七年二月辛丑以久旱命諸州慮囚七月癸酉以旱禱於天地宗廟社稷癸未以久旱命中外臣庶實封言事甲申蠲諸路民積年逋租　按五行志七年春旱七十餘日時帝將如建業隨所在分遣從臣有事於名山大川六月又旱江南尤甚

紹興八年冬不雨

按宋史高宗本紀不載　按五行志云云

紹興九年旱

按宋史高宗本紀不載　按五行志九年六月旱六十餘日有事於山川

紹興十一年旱

按宋史高宗本紀十一年七月庚子以旱減膳祈禱遣官決滯獄出繫囚癸亥大雨　按五行志十一年七月旱戊申有事于嶽瀆乙卯禱雨於圜丘方澤宗廟

紹興十二年旱

按宋史高宗本紀不載　按五行志十二年三月旱六十餘日秋京西淮東旱十二月陝西旱

紹興十八年旱

按宋史高宗本紀十八年夏浙東西淮南江東旱十二月戊辰蠲被災下戶積欠租稅　按五行志十八年浙東西旱紹興府大旱

紹興十九年旱

按宋史高宗本紀不載　按五行志十九年常州鎮江府旱

紹興二十四年旱

按宋史高宗本紀二十四年十月蠲旱傷州縣租賦　按五行志二十四年浙東西旱

紹興二十七年旱

按宋史高宗本紀紹興二十七年冬十月辛酉詔四川諸司察旱傷州縣捐其稅振其饑民

紹興二十九年旱

按宋史高宗本紀不載　按五行志二十九年二月旱七十餘日秋江浙郡國旱

紹興三十年旱

按宋史高宗本紀不載　按五行志三十年春階成鳳西和州旱秋江浙郡國旱浙東尤甚

孝宗隆興元年旱

按宋史孝宗本紀隆興元年七月乙巳以旱詔侍從臺諫兩省官條上時政闕失是歲以兩浙旱蠲其租　按五行志元年江浙郡國旱京西大旱

隆興二年旱

按宋史孝宗本紀不載　按五行志二年台州春旱興化軍漳福州大旱首種不入自春至於八月

乾道三年旱

按宋史孝宗本紀三年八月四川旱賜制置司度牒四百備振濟是歲四川旱振之　按五行志三年春四川郡縣旱至於秋七月綿劍漢州石泉軍尤甚

乾道四年旱

按宋史孝宗本紀四年五月乙丑以邛州安仁縣荒旱失於蠲放致饑民擾亂守貳縣令降罷追停有差　按五行志四年夏六月旱帝將徹蓋親禱於太乙宮而雨時襄陽隆興建寧亦旱八月詔頒皇祐祀龍法於郡縣

乾道五年旱

按宋史孝宗本紀不載　按五行志五年夏淮東旱盱眙淮陰爲甚

乾道六年旱

按宋史孝宗本紀六年兩浙江東西福建旱　按五行志六年夏浙東福建路旱溫台福漳建爲甚

乾道七年旱

按宋史孝宗本紀七年九月壬申朔以江西湖南旱命募民爲兵是歲湖南江東西路旱振之　按五行志七年春江西東湖南北淮南浙婺秀州皆旱夏秋江洪筠淳饒州南康興國臨江軍尤甚首種不入冬不雨

乾道八年旱

按宋史孝宗本紀八年隆興府江筠州臨江興國軍大旱

乾道九年旱

按宋史孝宗本紀九年二月壬申蠲江西旱傷五州逋負米是歲浙東江東西湖北旱　按五行志九年婺處溫台吉贛州臨江南諸軍江陵府皆久旱無麥苗

淳熙元年旱

按宋史孝宗本紀不載　按五行志淳熙元年浙東湖南郡國旱台處郴桂爲甚蜀關外四州旱

淳熙二年旱

按宋史孝宗本紀二年九月乙酉振恤淮南旱州縣　按五行志二年秋江淮浙皆旱紹興鎭江寧國建康府常和滁眞揚州盱眙廣德軍爲甚

淳熙三年旱

按宋史孝宗本紀三年春正月甲寅以常州旱寬其逋負之半是歲京西湖北諸州興元府金洋州旱並振之　按五行志三年夏常昭復隨郢金洋州江陵德安興元府荆門漢陽軍皆旱

淳熙四年旱

按宋史孝宗本紀不載　按五行志四年襄陽府旱

淳熙五年旱

按宋史孝宗本紀不載　按五行志五年常綿州鎭江府及淮南江東西郡國旱有事于山川羣望

淳熙七年旱

按宋史孝宗本紀七年秋七月丁卯以旱決繫囚分命羣臣禱雨於山川八月甲申以禱雨未應論輔臣欲令職事官以上各實封言事是夕雨戊戌雨　按五行志七年湖南春旱諸道自四月不雨行都自七月不雨皆至於九月紹興隆興建康江陵府台婺常潤江筠撫吉饒信徽池舒蘄黃和潯衡永州興國臨江南康無爲軍皆大旱江筠徽婺州廣德軍無錫縣尤甚禱雨於天地宗廟社稷山川羣望　按朱熹傳熹知南康軍明年夏大旱詔監司郡守條具民間利病遂上疏言天下之務莫大於恤民而恤民之本在人君正心術以立紀綱蓋天下之紀綱不能以自立必人主之心術公平正大無偏黨反側之私然後有所繫而立君心不能以自正必親賢臣遠小人講明義理之歸閉塞私邪之路然後乃可得而正今宰臣臺省師傅賓友諫諍之臣皆失其職而陛下所與親密謀議者不過一二近習之臣上以蠱惑陛下之心志使陛下不信先王之大道而悅於功利之卑說不樂莊士之讜言而安於私暬之鄙態下則招集天下之士大夫嗜利無恥者文武彙分各入其門所喜則陰爲引援擢寘清顯所惡則密行訾毀公肆擠排交通貨賂所盜者皆陛下之財命卿置將所竊者皆陛下之柄陛下所謂宰相師傅賓友諫諍之臣或反出其門牆承望其風旨其幸能自立者亦不過齷齪自守而未嘗敢一言以斥之其甚畏公論者乃能略警逐其徒黨之一二既不能深有所傷而終亦不敢正言以擣其囊橐窟穴之所在勢成威立中外靡然向之使陛下之號令黜陟不復出于朝廷而出于一二

人之門名爲陛下獨斷而實此一二人者陰執其柄莫大之禍必至之憂近在旦夕而陛下獨未之知上讀之大怒曰是以我爲亡也熹以疾請祠不報

淳熙八年諸路旱

按宋史孝宗本紀八年七月辛卯以不雨決囚八月丙午以旱罷招軍十一月甲戌以旱傷罷喜雪宴十二月辛亥蠲諸路旱傷州軍明年身丁錢物丙辰詔縣令有能舉荒政者監司郡守以名聞甲子下朱熹社倉法於諸路是歲江浙兩淮京西湖北潼川夔州等路水旱相繼發廩蠲租遣使按視民有流入江北者命所在振業之　按五行志八年正月甲戌積旱始雨七月不雨至於十一月臨安鎮江建康江陵德安府越婺嚴衢湖常饒信徽楚鄂復昌州江陰南康廣德興國漢陽信陽荊門長寧軍及京西淮郡皆旱

淳熙九年旱

按宋史孝宗本紀九年正月庚寅詔江浙兩淮旱傷州縣貸民稻種計度不足者貸以樁積錢九月辛卯以旱減恭渠昌州今年酒課十月甲子蠲諸路傷旱州軍　按五行志九年夏五月不雨至於秋七月江陵德安襄陽府潤婺溫處洪吉撫筠袁潭鄂復恭合昌普資渠利閬忠涪萬州臨江建昌漢陽荊門信陽南平廣安梁山軍江山定海象山上虞嵊縣皆旱

淳熙十年旱

按宋史孝宗本紀十年秋七月乙丑以不雨決繫囚丙寅幸明慶寺禱雨甲戌以夏秋旱暵避殿減膳令侍從臺諫兩省卿監郎官館職各陳朝政闕失分命羣臣禱雨於天地宗廟社稷山川左丞相王淮等以以旱乞罷不許丁丑詔除災傷州縣淳熙八年欠稅甲申雨是歲福漳台信吉州水京西金澧州南平荊門興國廣德軍江陵建康鎮江紹興寧國府旱　按五行志十年冬月旱至於七月江淮建康府和州興國軍恭涪瀘合金州南平軍旱

淳熙十一年諸路旱

按宋史孝宗本紀十一年三月甲午以上津潮陽旱蠲其稅是歲福建廣東吉贛州建昌軍興元府金洋西和州旱　按五行志十一年四月不雨至於八月興元府吉贛福泉汀漳潮梅循邕賓象金洋西和州建昌軍皆旱興元吉尤甚冬不雨至於明年二月

淳熙十三年旱

按宋史孝宗本紀十三年江西諸州旱

淳熙十四年旱

按宋史孝宗本紀十四年六月戊寅以久旱班畫龍祈雨法甲申幸太乙宮明慶寺禱雨癸巳王淮等以旱求罷不許秋七月丙午詔羣臣陳時政闕失及當今急務丁未以旱罷汀州經略詔監司條上州縣弊事民間疾苦辛亥避殿減膳徹樂癸丑命檢正都司看詳羣臣封事有可行者以聞是歲兩浙江西淮西福建旱振之　按五行志十四年五月旱六月戊寅有事於山川羣望甲申帝親禱于太乙宮七月己酉大雩于圜丘望於北郊有事嶽瀆海凡山川之神時臨安鎮江紹興隆興府嚴常湖秀衢婺處明台饒信江吉撫筠袁州臨江興國建昌軍皆旱越婺台處江州興國軍尤甚至於九月乃雨

淳熙十五年旱

按宋史孝宗本紀不載　按五行志十五年舒州旱

光宗紹熙元年旱

按宋史光宗本紀不載　按五行志紹熙元年重慶府蘄州池州旱

紹熙二年旱

按宋史光宗本紀二年十二月壬寅賚簡普榮四州及富順監旱是歲階成西和鳳四州及淮東旱振之　按五行志二年五月眞揚通泰楚滁和普隆涪渝遂高郵盱眙軍富順監皆旱簡資榮州大旱

紹熙三年旱

按宋史光宗本紀三年四月甲寅振四川旱傷郡縣五月乙亥蠲四川水旱郡縣租賦　按五行志三年夏郢揚和州大旱秋簡資普榮敘隆富順監亦大旱

紹熙四年旱

按宋史光宗本紀四年七月丙子以不雨命諸路提刑審斷滯獄戊寅命臨安府及三衙決繫囚釋杖以下八月癸丑詔三省議振恤郡縣旱戊午振江東浙西淮西旱傷貧民　按五行志四年綿州大旱亡麥簡資普渠合州廣安軍旱江浙自六月不雨至於八月鎮江江陵府婺台信州江東淮西旱

紹熙五年旱

按宋史光宗本紀五年四月壬寅以不雨命大理三衙臨安府及兩浙決繫囚釋杖以下　按寧宗本紀七月即皇帝位是歲兩浙淮南江東西路旱賑之仍蠲其稅　按五行志五年春浙東西自去冬不雨至於夏秋鎮江府常秀州江陰軍大旱廬和濠楚州爲甚江西七郡亦旱

寧宗慶元二年旱

按宋史寧宗本紀慶元二年五月辛巳以旱禱於天地宗廟社稷詔大理三衙臨安府西浙州縣決繫囚　按五行志二年五月不雨

慶元三年旱

按宋史寧宗本紀三年四月壬子以旱禱於天地宗廟社稷九月壬寅以四川旱詔蠲民賦　按五行志三年潼利夔路十五都旱自四月至於九月金蓬普州大旱四月壬子禱於天地宗廟社稷

慶元六年旱

按宋史寧宗本紀六年五月丙辰以旱決中外繫囚癸亥避正殿減膳丙寅詔大理三衙臨安府及諸路闕雨州縣釋杖以下囚戊辰詔侍從臺諫兩省卿監郎官館職疏陳闕失及當今急務辛未以久不雨詔中外陳朝廷過失及時政利害壬申雨是歲建康府常潤揚楚通泰和七州江陰軍旱振之　按五行志六年四月旱五月辛未禱於郊丘宗社鎮江府常州大旱水竭淮郡自春無雨首種不入及荊襄皆旱

嘉泰元年旱

按宋史寧宗本紀嘉泰元年五月戊午以旱禱於天地宗廟社稷詔大理三衙臨安府兩浙州縣決繫囚癸亥釋諸路杖以下囚丁卯命有司舉行寬恤之政十有六條丙子雨七月丁巳以旱復禱於天地宗廟社稷壬戌釋大理三衙臨安府及諸路闕雨州縣杖以下囚是歲浙西江東兩淮利州路旱振之仍蠲其賦　按五行志元年五月旱丙辰禱於郊丘宗社戊辰大雩於圜丘浙西郡縣及蜀十五郡皆大旱

嘉泰二年旱

按宋史寧宗本紀二年七月癸亥以旱釋諸路杖以下囚己巳命有司舉行寬恤之政七條庚午禱於天地宗廟是歲邵州旱振之　按五行志二年春旱至於夏秋七月庚午大雩於圜丘祈於宗社浙西湖南江東旱鎮江建康府常秀潭永州爲甚

嘉泰三年旱

按宋史寧宗本紀三年三月丁丑以久雨詔大理三衙臨安府決繫囚五月庚辰以旱詔大理三衙臨安府釋杖以下囚

嘉泰四年旱

按宋史寧宗本紀四年夏四月振恤江西旱州縣秋七月甲子以旱詔大理三衙臨安府兩浙及諸路決繫囚戊辰禱於天地宗廟社稷己巳命諸路提刑從宜斷疑獄蠲內外諸軍逋負營運息錢辛未蠲兩浙闕雨州縣逋租　按五行志四年五月不雨至於七月浙東西江西郡國旱

開禧元年旱

按宋史寧宗本紀開禧元年七月癸未以旱詔大理三衙臨安府兩浙州縣及諸路決繫囚八月丙戌朔蠲兩浙闕雨州縣贓賞錢癸巳雨十月甲子江州守臣陳鑄以歲旱圖獻瑞禾詔奪一官是歲江浙福建二廣諸州旱振之　按五行志元年夏浙東西不雨百餘日衢婺嚴越鼎澧忠涪州大旱

開禧二年旱

按宋史寧宗本紀二年七月辛巳罷旱傷州軍比較租賦一年　按五行志二年南康軍江西湖南北郡縣旱

開禧三年旱

按宋史寧宗本紀三年二月庚申以旱詔大理三衙臨安府決繫囚甲子振給旱傷州縣貧民命諸路提刑司從宜斷疑獄辛未以旱禱於天地宗廟社稷命有司舉行寬恤之政八條五月己丑以旱禱於天地宗廟社稷是歲浙西旱　按五行志三年二月不雨五月己丑禱於郊丘宗社

嘉定元年旱

按宋史寧宗本紀嘉定元年閏四月癸未詔大理三衙臨安府及諸路闕雨州縣決繫囚釋杖以下辛卯以旱禱於天地宗廟社稷癸巳減常膳乙未蠲兩浙闕雨州縣貧民逋賦命大理三衙臨安府兩浙州縣決繫囚丙申幸太乙宮明慶寺禱雨丁酉以旱詔求言　按五行志嘉定元年夏旱閏月辛卯禱於郊丘宗社

嘉定二年旱

按宋史寧宗本紀二年五月丁酉以旱詔諸路監司決繫囚劾守令之貪殘者己未以旱詔羣臣上封事庚申禱於天地宗廟社稷六月乙酉復禱雨於天地宗廟社稷是歲諸路旱　按五行志二年夏四月旱首種不入庚申禱於郊丘宗社六月乙酉又禱至於七月乃雨浙西大旱常潤爲甚淮東西江東湖北皆旱

嘉定四年旱

按宋史寧宗本紀四年四月己丑以吳曦沒官田租代輸關外四州旱傷秋稅　按五行志四年資普昌

合州旱

嘉定六年旱

按宋史寧宗本紀六年五月丁卯以旱命大理三衙臨安府決繫囚九月己丑詔湖北監司守令振恤旱傷　按五行志六年五月不雨至於七月江陵德安漢陽軍旱

嘉定七年旱

按宋史寧宗本紀七年六月辛丑以旱命諸路州軍禱雨詔諸路監司守臣速決滯訟

嘉定八年旱

按宋史寧宗本紀八年三月乙亥以旱命州縣禱雨丙戌釋江淮閩雨州縣杖以下囚四月乙未幸太乙宮明慶寺禱雨壬寅禱雨於天地宗廟社稷五月癸未復命有司禱雨乙酉發米振糶臨安府六月丙辰詔兩浙江淮路諭民雜種粟麥麻豆有司毋收其賦田主毋責其租八月丁未權罷旱傷州縣比較賞罰己酉禁州縣遏糴是歲兩浙江東西路旱蝗　按五行志八年春旱首種不入四月乙未禱於太乙宮庚子命輔臣分禱郊丘宗社五月庚申大雩於圜丘有事於嶽瀆海至於八月乃雨江浙淮閩皆旱建康寧國府衢婺溫台明徽池眞太平州廣德興國南康盱眙安豐軍爲甚行都百泉皆竭淮甸亦然

嘉定十年旱

按宋史寧宗本紀十年七月戊午以旱釋諸路杖以下囚　按五行志十年七月不雨帝日午曝立禱於宮中

嘉定十一年旱

按宋史寧宗本紀不載　按五行志十一年秋不雨至於冬淮郡及鎮江建寧府常州江陰廣德軍旱

嘉定十四年旱

按宋史寧宗本紀十四年浙東江西福建諸路旱振之　按五行志十四年浙閩廣江西旱明台衢婺溫福贛吉州建昌軍尤甚

嘉定十五年旱

按宋史寧宗本紀十五年三月丁巳詔江西提舉司振恤旱傷州縣　按五行志十五年五月不雨岳州旱

理宗嘉熙元年旱

按宋史理宗本紀嘉熙元年六月甲辰祈雨　按五行志元年夏建康府旱

嘉熙三年旱

按宋史理宗本紀三年夏四月壬寅祈雨　按五行志三年旱

嘉熙四年旱

按宋史理宗本紀四年六月甲午江浙福建大旱乙未祈雨七月乙丑詔今夏六月恆暘飛蝗爲孽朕德未修民瘼尤甚中外臣僚其直言闕失毋隱又詔有司振災恤刑　按五行志四年江浙福建旱

淳祐元年旱

按宋史理宗本紀淳祐元年秋七月壬辰祈雨

淳祐四年旱

按宋史理宗本紀四年夏四月乙未祈雨

淳祐五年旱

按宋史理宗本紀五年六月甲申祈雨七月旱辛丑鎮江常州亢旱甲辰祈雨

淳祐六年旱

按宋史理宗本紀淳祐六年六月丙午祈雨

淳祐七年旱

按宋史理宗本紀七年三月庚午祈雨五月甲寅祈雨乙亥詔求直言弭旱六月丙申以旱避殿減膳詔中外臣僚士民直陳過失毋有所諱戊申詔旱勢未釋兩淮襄蜀及江閩內地曾經兵州縣遺骸暴露感傷和氣所屬有司收瘞之　按五行志七年旱

淳祐十一年旱

按宋史理宗本紀不載　按五行志十一年閩廣及饒州旱

寶祐元年旱

按宋史理宗本紀寶祐元年六月戊申朔江湖閩廣旱庚申祈雨

寶祐五年旱

按宋史理宗本紀五年閏四月己酉祈雨六月丁酉祈雨秋七月丙辰祈雨

寶祐六年旱

按續文獻通考五年處州旱

按宋史理宗本紀六年三月辛亥朔祈雨四月庚辰朔詔自冬徂春天久不雨民失東作自四月一日始避殿減膳仰咎譴告癸未程元鳳等以久旱乞解機務詔不允甲申雨

景定元年旱

按宋史理宗本紀景定元年五月甲申祈雨

景定四年旱

按宋史理宗本紀四年六月壬子祈雨

景定五年旱

按宋史理宗本紀五年六月戊午祈雨

度宗咸淳二年旱

按宋史度宗本紀咸淳二年秋七月祈雨

咸淳五年旱

按宋史度宗本紀五年秋七月庚申祈雨

咸淳六年旱

按宋史度宗本紀不載　按五行志六年江南大旱

咸淳九年旱

按宋史度宗本紀九年十二月丁丑沿江制置使所轄四郡夏秋旱澇免屯田租二十五萬石

咸淳十年旱

按宋史度宗本紀不載　按五行志十年廬州旱長樂福清二縣大旱

金

熙宗皇統三年旱

按金史熙宗本紀不載　按五行志皇統三年陝西旱

世宗大定四年旱

按金史世宗本紀大定四年五月旱乙巳詔禮部尚書王競禱雨於北岳　按禮志大定四年五月不雨命禮部尚書王競祈雨北嶽以定州長貳官充亞終獻又卜日於都門北郊望祀嶽鎮海瀆有司行事禮用酒脯醢後七日不雨祈太社太稷又七日祈宗廟不雨仍從嶽鎮海瀆如初祈其設神座實樽罍如常儀其樽罍用瓢齊擇其瓠去底以爲樽祝版惟五岳宗廟社稷御署餘則否後十日不雨乃徙市禁屠殺斷繖扇造土龍以祈雨足則報祀送龍水中十七年夏六月京畿久雨遵祈雨儀命諸寺觀啓道場祈禱

大定五年旱

按金史世宗本紀五年正月辛未詔中外復命有司旱蝗水溢之處與免租賦

大定九年旱

按金史世宗本紀九年六月戊戌以久旱命宮中毋用扇庚子雨

大定十二年旱

按金史世宗本紀十二年正月丙申以旱免中都西京南京河北河東山西陝西去年租稅四月旱癸亥以久旱命禱祠山川

大定十六年旱

按金史世宗本紀十七年三月辛亥詔免河北山東陝西河東西京遼東等十路去年被旱蝗租稅賑東京婆速曷速館三路乙丑尚書省奏三路之粟不能周給上曰朕嘗語卿等遇豐年即廣糴以備凶歉卿等皆言天下倉廩盈溢今欲賑濟乃云不給自古帝王皆以畜積爲國家長計朕之積粟豈欲獨用之耶今既不給可於鄰道取之以濟自今預備當以爲常　按五行志十六年中都河北山東陝西河東遼東等十路旱蝗

大定二十三年旱

按金史世宗本紀二十三年三月壬戌敕有司爲民禱雨是夕雨

章宗明昌元年旱

按金史章宗本紀明昌元年五月不雨乙卯祈於北郊及太廟壬戌祈雨於社稷己巳復祈雨於太廟丙子以祈雨望祭嶽鎮海瀆於北郊　按五行志明昌元年夏旱

明昌二年旱

按金史章宗本紀不載　按五行志二年五月桓撫等州旱秋山東河北旱饑　按張萬公傳萬公拜參知政事踰年以母老乞就養詔不許賜告省親還上問山東河北粟貴賤今春苗稼萬公具以實對上謂宰臣曰隨處雖得雨尚未霑足奈何萬公進曰自陛下即位以來興利除害凡益國便民之事聖心孜孜無不舉行至於旱災皆由臣等若依漢典故皆當免官上曰卿等何罪殆朕所行有不逮者對曰天道雖遠實與人事相通唯聖人言行可以動天地昔成湯引六事自責周宣遇災而懼側身修行莫不脩飭人事今宜崇節儉不急之務無名之費可俱罷去上曰災異不可專言天道蓋必先盡人事耳故孟子謂王無罪歲左丞完顏守貞曰陛下引咎自責社稷之福也上由是以萬公所言下詔罪己　按守貞傳守貞進尚書左丞授上京世襲謀克明昌二年夏旱天子下詔罪己守貞惶恐表乞解職詔曰天嗇時雨薦歲爲災所以驚懼不遑方與二三輔弼圖回遺闕思有以助朕修政上答天戒消沴召和以康百姓卿達機務朕所親倚而引咎求去其如思助何守貞懇辭乃出知東平府事

明昌三年旱

按金史章宗本紀三年三月丁酉命有司祈雨望祀

嶽鎮海瀆於北郊四月甲辰祈雨於社稷丙辰旱災下詔責躬丁卯復以祈雨望祭嶽鎮海瀆山川於北郊戊辰遣御史中丞吳鼎樞等會決中都寃獄外路委提刑司處決左丞守貞以旱上表乞解職不允叅知政事夾谷衡張萬公皆入謝上曰前詔所謂罷不急之役省無名之費議冗官決滯獄四事其速行之五月甲戌祈雨於社稷是日雨戊寅出宮女百八十三人　按五行志三年秋綏德虸蚄虫生旱　按張萬公傳萬公拜參知政事初明昌間有司建議自西南西北路沿臨潢達泰州開築壕塹以備大兵役者三萬人連年未就御史臺言所開旋爲風沙所平無益於禦侮而徒勞民上因旱災問萬公所由致萬公對以勞民之久恐傷和氣宜從御史臺所言罷之爲便後丞相襄師還卒爲開築民甚苦之

承安元年旱

按金史章宗本紀承安元年三月丁酉不雨遣官望祭嶽鎮海瀆於北郊甲辰遣參知政事尼龐古鑑祈雨於社稷丁未復遣使就祈於東嶽四月辛亥命尚書右丞胥持國祈雨於太廟壬子遣使審決寃獄壬申命參知政事馬琪祈雨於太廟戊寅上以久不雨命禮部尚書張暐祈於北嶽己卯遣官望祭嶽鎮海瀆於北郊五月乙酉以久旱徙市庚寅詔復市如常

按五行志承安元年五月自正月不雨至是月雨

承安二年旱

按金史章宗本紀二年四月丙辰命有司祈雨望祭嶽鎮海瀆於北郊甲子祈雨於社稷五月庚辰以雨足報祭於社稷　按五行志二年自正月至四月不雨

承安四年旱

按金史章宗本紀四年五月壬辰朔以旱下詔責躬求直言避正殿減膳審理寃獄命奏事於太和殿戊戌命有司望祭嶽瀆禱雨己亥應奉翰林文字陳載言四事其一邊民苦於寇掠其二農民困於軍須其三審決寃滯一切從寬苟縱有罪其四行省官員例獲厚賞而沿邊司牧曾不霑及此亦干和氣致旱災之所由也上是之庚戌諭宰臣曰諸路旱或關執政今惟大興宛平兩縣不雨得非其守令之過歟司空襄平章政事萬公叅知政事揆上表待罪上以罪己答之令各還職壬子祈雨於太廟六月丁卯雨甲戌以雨足命有司報謝於太廟己卯以雨足報祭社稷十月庚戌命有司祈雪　按五行志四年五月旱

承安五年旱

按金史章宗本紀五年三月壬戌命有司禱雨癸亥雨五月乙卯朔以雨足遣使報祭社稷

泰和元年旱

按金史章宗本紀泰和元年六月辛卯祈雨於北郊

泰和二年旱

按金史章宗本紀二年冬無雪

泰和三年旱

按金史章宗本紀三年春正月癸酉遣官祈雪於北嶽四月丁巳勅有司祈雨仍頒土龍法　按五行志三年四月旱

泰和四年旱

按金史章宗本紀四年二月丁酉以山東河北旱詔祈雨東北二嶽三月癸酉命大興府祈雨壬辰祈雨於社稷夏四月己亥祈雨於太廟丙午以祈雨望祀嶽鎮海瀆於北郊癸丑祈雨於社稷甲寅以久旱下詔責躬求直言避正殿減膳徹樂省御廐馬免旱菑州縣徭役及今年夏稅遣使審繫囚理寃獄乙卯宰臣上表待罪詔答曰朕德有愆上天示異卿等各趨乃職思副朕懷庚申祈雨於太廟五月乙丑祈雨於北郊有司請雩詔三禱嶽瀆宗廟社稷不雨乃行之甲戌雨乙亥百官上表請御正殿復常儀乙酉謝雨於宗廟　按孟鑄傳鑄爲御史中丞泰和四年自春至夏諸郡少雨鑄奏今歲愆陽已近五月比至得雨恐失播種之期可依種麻菜法擇地形稍下處撥畦種穀穿土作井隨宜灌溉上從其言區種之法自此始

泰和五年夏旱

按金史章宗本紀不載　按五行志云云

衛紹王大安二年旱

按金史衛紹王本紀大安二年六月大旱下詔罪己振貧民闕食者曲赦西京太原兩路雜犯死罪減一等徒以下免　按五行志大安二年四月山東河北大旱至六月雨復不止民間斗米至千餘錢

大安三年旱

按金史衛紹王本紀不載　按五行志三年山東河北河東諸路大旱

崇慶元年旱

按金史衛紹王本紀崇慶元年三月大旱十一月賑河東南路南京路陝西東路山東西路衛州旱災

按五行志崇慶元年河東陝西山東南京諸路旱

至寧元年旱

按金史衞紹王本紀至寧元年五月陝西大旱　按五行志崇慶二年河東陝西大旱京兆斗米至八千錢　又按志至寧元年七月以河東陝西諸路旱遣工部尚書高朶剌祈雨於嶽瀆至是雨足時斗米有至錢萬二千者

宣宗貞祐三年旱

按金史宣宗本紀貞祐三年三月戊寅諭尚書省蔵旱議弛諸處碾磑以其水溉民田己卯雨自去冬不雨雪至是始雨　按五行志三年四月自去冬不雨至於是月

貞祐四年旱

按金史宣宗本紀四年六月癸卯詔有司祈雨壬子以旱詔叅知政事李革決京師寃獄　按五行志四年秋七月旱

興定二年旱

按金史宣宗本紀興定二年六月丁巳上以久旱諭宰臣治京獄寃囚癸亥遣高汝礪徙單思忠禱雨七月甲戌以旱災詔中外己卯遣官望祀嶽鎭海瀆於北郊享太廟祭太社太稷祭九宮貴神於東郊以禱雨遣太子太保阿不罕德剛禮部尚書楊雲翼分道審理寃獄　按五行志二年六月旱

興定三年夏旱

按金史宣宗本紀不載　按五行志云云

興定四年旱

按金史宣宗本紀四年六月京畿不雨勅有司閱獄雜犯死罪以下皆釋之己卯祈雨十二月甲戌祈雪

興定五年旱

按金史宣宗本紀五年二月癸酉以旱災曲赦河南路癸未以旱災詔中外三月丙戌上御仁安殿祈雨仍望祭於北郊省試經義進士考官於常額外多放喬松等十餘人有司奏請駁放上己允尋復遣諭松等曰汝等中選而復黜不能無動於心方今久旱恐傷和氣今特恩放汝矣丙午以旱築壇祀雷雨師壬子雨

元光元年旱

按金史宣宗本紀元光元年八月壬寅祈雨

按五行志元光元年四月京畿旱

哀宗正大二年旱

按金史哀宗本紀正大二年四月以京畿旱遣使慮囚五月丁丑以旱甚責己避正殿減常膳赦罪　按五行志正大二年四月旱

正大三年旱

按金史哀宗本紀三年三月陝西旱四月以旱遣官禱於濟瀆癸卯祈於大廟禁繖扇己酉遣使慮囚五月己未大雨乙丑大雨

正大五年旱

按金史哀宗本紀五年六月壬戌以旱赦雜犯死罪以下八月以旱遣使禱於上淸宮九月庚寅雨足始種麥　按五行志五年京畿旱

天興二年旱

按金史哀宗本紀不載　按五行志天興二年六月上遷蔡自發歸德連日暴雨平地水數尺軍漂沒及蔡始晴復大旱數月

欽定古今圖書集成曆象彙編庶徵典

第九十一卷目錄

庶徵典第九十一卷

旱災部彙考七

元

世祖中統元年旱

按元史世祖本紀不載　按續文獻通考中統元年澤州潞州旱

中統三年旱

按元史世祖本紀不載　按五行志三年五月濱棣二州旱

中統四年旱

按元史世祖本紀四年八月彰德路及洛磁二州旱免彰德今歲田租之半洛磁十之六壬申眞定路旱

按五行志四年八月眞定郡及洛磁等州旱

至元元年旱

按元史世祖本紀至元元年四月壬子東平太原平陽旱分遣西僧祈雨

至元二年旱

按元史世祖本紀二年西京北京益都眞定東平順德河間徐宿邳旱

至元三年旱

按元史世祖本紀三年京兆鳳翔旱

至元四年旱

按元史世祖本紀四年順天東鹿縣旱免其租

按續文獻通考四年秋八月邠武大旱

至元五年旱

按元史世祖本紀五年京兆大旱

按續文獻通考五年眞定旱

至元六年旱

按元史世祖本紀六年六月癸巳赦眞定等路旱其代輸築城役夫戶賦悉免之九月壬戌豐州雲內東勝旱免其租賦十月丁亥廣平路旱

至元七年旱

按元史世祖本紀七年三月戊午益都登萊旱詔減其今年包銀之半七月山東諸路旱免軍戶田租十月以南京河南兩路旱減今年差賦十之六

至元八年旱

按元史世祖本紀不載　按五行志八年四月蔚州靈仙廣靈二縣旱

至元九年旱

按元史世祖本紀不載　按五行志九年六月高麗旱

至元十二年旱

按元史世祖本紀十二年衛輝太原等路旱河間霖雨傷稼凡賑米三千七百四十八石粟二萬四千二百六石

至元十三年旱

按元史世祖本紀十三年平陽路旱免今年田租

至元十四年旱

按元史世祖本紀十四年五月辛亥以河南山東旱除河泊課聽民自漁

至元十五年旱

按元史世祖本紀十五年四月命行中書省左丞夏貴等分道撫治軍民檢覈錢穀察郡縣被旱災甚者吏廉能者舉以聞是歲西京奉聖州及彰德等處水旱民饑賑米八萬八百九十石粟三萬六千四十石鈔二萬四千八百八十錠

至元十六年旱

按元史世祖本紀十六年七月以趙州等處旱減今年租三千一百八十一石是歲保定等二十餘路旱

至元十七年旱

按元史世祖本紀十七年八月大都北京懷孟保定南京許州平陽旱

至元十八年旱

按元史世祖本紀十八年平陽路松山縣旱免今年租　按五行志十八年二月廣寧北京大定州旱

至元十九年旱

按元史世祖本紀十九年八月辛亥眞定以南旱民多流徙

至元二十年旱

按元史世祖本紀二十年正月壬申御史臺言燕南山東河北去年旱災按察司已嘗閱視而中書不爲奏免民何以堪請權停稅糧制曰可

至元二十二年旱
按元史世祖本紀二十二年五月戊寅廣平汴梁鈞鄭旱戊戌汴梁懷孟濮州東昌廣平平陽彰德衞輝旱

至元二十三年旱
按元史世祖本紀二十三年五月甲戌汴梁旱癸巳京畿旱十一月平灤太原汴梁水旱爲災免民租二萬五千六百石有奇

至元二十四年旱
按元史世祖本紀二十四年平陽春旱二麥枯死秋種不入土

至元二十五年旱
按元史世祖本紀二十五年二月甲戌蓋州旱民饑蠲其租四千七百石四月丙辰萊縣蒲臺旱饑出米下其值賑之九月癸未甘州旱饑免逋稅四千四百石　按五行志二十五年東平路須城等六縣安西路商耀乾華等十六州旱

至元二十六年旱
按元史世祖本紀二十六年六月桂陽路寇亂水旱下其估糶米八千七百二十石以賑之　按五行志二十六年絳州大旱

至元二十七年旱
按元史世祖本紀二十七年四月平山真定棗強三縣旱免其租秋七月滄州樂陵旱免田租三萬三百五十六石

至元二十九年旱
按元史世祖本紀二十九年二月壬辰山東廉訪司申棣州境內春旱六月丙子太寧路惠州連年旱澇

至元三十年旱
按元史世祖本紀三十年真定寧晉等處旱災

成宗元貞元年旱
按元史成宗本紀元貞元年六月鞏昌環州慶陽延安安西旱七月太原平陽安豐河間等路旱八月汴梁安西真定等路旱九月戊戌高郵府泗州賀州旱　按五行志元年六月環州葭州及咸寧伏羌通渭等縣旱七月河間肅寧樂壽二縣旱泗州賀州旱

元貞二年旱
按元史成宗本紀二年七月懷孟大名河間旱九月河間之莫州獻州旱是年太原開元河南芍陂旱蠲其田租　按五行志二年八月大名開州懷孟武陟縣河間肅寧旱九月莫州獻州旱十月化州旱十二月遼東開元二路旱

大德元年旱
按元史成宗本紀大德元年三月道州旱發粟賑之六月河間大名各路旱七月懷州武陟縣旱八月丁巳揚州淮安寧海州旱真定順德河間旱九月丙寅詔恤諸郡水旱疾疫之家論中書省衞輝路旱鎮江之丹陽金壇旱並以糧給之十月歷陽合肥梁縣及安豐之蒙城霍丘自春及秋不雨並賑之十一月常州路及宜興州旱並賑之是歲濟南及金復州水旱順德河間大名平陽旱　按五行志大德元年六月汴梁南陽大旱民鬻子女九月鎮江丹陽金壇二縣旱十二月平陽曲沃縣旱

大德二年旱
按元史成宗本紀二年春正月壬辰詔以水旱減郡縣田租十分之三傷甚者盡免之二月丙子浙西嘉興江陰江東建康溧陽池州水旱並賑恤之五月平灤路旱發米五百石減其直賑之衞輝順德旱免其田租一年十二月揚州淮安兩路旱蝗以糧十萬石賑之　按五行志二年五月衞輝順德平灤等路旱

大德三年旱
按元史成宗本紀三年五月鄂岳漢陽興國常澧潭衡辰沅寶慶常寧桂陽茶陵旱免其酒課夏稅江陵路旱弛湖泊之禁仍並以糧賑之九月揚州淮安旱免其田租十月淮安江陵沔陽揚廬隨黃旱免其田租十二月甘肅亦集乃路屯田旱並賑以糧　按五行志三年五月荊湖諸郡及桂陽寶慶興國三路旱

大德四年旱
按元史成宗本紀四年三月乙未寧國太平兩路旱以糧二萬石賑之五月揚州南陽順德東昌歸德濟寧徐濠芍陂旱八月甲子大名之白馬縣旱十一月壬寅真定路之平棘縣旱

大德五年旱
按元史成宗本紀五年六月汴梁南陽衞輝大名濮州旱九月丙辰江陵常德澧州皆旱並免其門攤酒醋課是歲汴梁之封丘武陽蘭陽中牟延津河南澠池蘄州之蘄春廣濟蘄水旱

大德六年旱
按元史成宗本紀六年正月陝西旱禁民醸酒三月丁酉以旱溢爲災詔赦天下大都平灤被災尤甚免其差稅三年其餘災傷之地已經賑恤者免一年今

年內郡包銀俸鈔江淮以南夏稅諸路鄉村人戶散辦門攤課程並蠲免之

大德八年旱

按元史成宗本紀八年六月扶風岐山寶雞諸縣旱　按五行志八年六月鳳翔扶風岐山寶雞三縣旱

大德九年旱

按元史成宗本紀九年五月大都旱遣使持香禱雨以陝西渭南櫟陽諸縣去歲旱蠲其田租道州旱六月甲午鳳翔扶風旱八月象州融州柳州旱　按五行志九年七月晉州饒陽縣漢陽漢川縣旱八月象州融州柳州屬縣旱

大德十年旱

按元史成宗本紀十年五月辛未大都旱遣使持香禱雨　按五行志十年五月京畿旱安西春夏大旱二麥枯死

武宗至大元年旱

按元史武宗本紀至大元年二月癸巳汝寧歸德二路旱民饑給鈔萬錠賑之五月渭源縣旱饑給糧一月

至大三年旱

按元史武宗本紀三年六月威州洺水肥鄉雞澤等縣旱七月壬寅磁州威州諸縣旱蝗十月山東徐邳等處水旱以御史臺沒入贓鈔四千餘錠賑之　按五行志至大三年夏廣平旱

至大四年仁宗即位旱

按元史仁宗本紀四年三月庚寅即位六月己巳河間陝西諸縣水旱傷稼命有司賑之仍免其租

仁宗皇慶元年旱

按元史仁宗本紀皇慶元年八月濱州旱民饑出利津倉米二萬石減價賑糶　按五行志皇慶元年六月濱棣德三州及蒲臺陽信等縣旱冬無雪詔禱嶽瀆

皇慶二年旱

按元史仁宗本紀二年二月壬子禿忽魯言臣等職專燮理去秋至春亢旱民間乏食而又隕霜雨沙天文示變皆由不能宣上恩澤致茲災異乞黜臣等以當天心帝曰事豈關汝輩耶其勿復言丙辰以亢旱既久帝於宮中焚香默禱遣官分禱諸祠甘雨大注詔敦諭勸課農桑九月京師大旱帝問弭災之道翰林學士程鉅夫舉湯禱桑林事帝獎諭之十二月甲申京師以久旱民多疾疫帝曰此皆朕之責也赤子何罪明日大雪　按五行志二年九月京畿大旱

延祐元年旱

按元史仁宗本紀不載　按五行志延祐元年大都檀薊等州冬無雪至春草木枯焦

延祐二年旱

按元史仁宗本紀二年正月御史臺臣言比年地震水旱民流盜起皆風憲顧忌失於糾察宰臣燮理有所未至或近侍蒙蔽賞罰失當或獄有寃濫賦役繁重以致乖和宜與老成共議所由詔明言其事當行者以聞六月辛丑以濟寧益都亢旱汰省宿衛士芻粟　按五行志延祐二年春檀薊濠三州旱夏鞏昌蘭州旱

延祐四年旱

按元史仁宗本紀四年四月德安府旱免屯田租帝常夜坐謂侍臣曰雨暘不時奈何蕭拜住對曰宰相之過也帝曰卿不在中書耶拜住惶愧頃之帝露香默禱既而大雨左右以雨衣進帝曰朕爲民祈雨何避焉　按五行志四年四月德安府旱

延祐五年旱

按元史仁宗本紀不載　按五行志五年七月眞定河間廣平中山大旱

延祐七年英宗即位旱

按元史英宗本紀七年三月即位四月左衛屯田旱六月丁丑荆門州旱九月癸巳瀋陽水旱害稼　按五行志七年六月黃蘄二郡及荆門軍旱

英宗至治元年旱

按元史英宗本紀至治元年四月袁州建昌旱民皆告饑發米四萬八千石賑之廣德路旱發米九千石減直賑糶五月高郵府旱六月臨江路旱免其租　按五行志至治元年六月大同路旱

至治二年旱

按元史英宗本紀二年二月戊申順德路九縣水旱三月河間河南陝西十二郡春旱民饑免其租之半四月丙寅松江府上海縣水仍旱閏五月乙卯南康路旱免其租六月戊辰揚州屬縣旱免其租丁亥淮安屬縣旱免其租九月甲子臨安河西縣春夏不雨種不入土居民流散命有司賑給十一月岷州旱賑之十二月辛卯河南及雲南烏蒙等處屯田旱　按五行志二年十一月岷州旱

至治三年三月旱八月泰定帝即位十一月旱

按元史英宗本紀三年五月戊午大同路鴈門屯田路旱損麥　按泰定帝本紀三年八月癸巳卽位十一月芍陂屯田旱賑之　按五行志三年夏順德眞定冀寧大旱

泰定帝泰定元年旱

按元史泰定帝本紀泰定元年三月癸丑臨洮狄道縣冀寧石州離石寧鄉縣旱饑賑米兩月六月己卯河間晉寧涇州揚州壽春等路湖廣河南諸屯田皆旱是歲兩浙及江東諸郡水旱壞田六萬四千三百餘頃　按五行志泰定元年六月景清滄莫等州臨汾涇州靈臺壽春六合等縣旱九月建昌郡旱

泰定二年旱

按元史泰定帝本紀二年三月乙亥荊門州旱五月丙子潭州興國屬縣旱六月丁未新州路旱七月壬申順德汴梁德安汝寧諸路旱免其租　按五行志二年五月潭州茶陵州興國永興縣旱七月隨州恩州旱

泰定三年旱

按元史泰定帝本紀三年三月乙巳朔帝以不雨自責命審決重囚遣使分祀五嶽四瀆名山大川及京城寺觀五月庚午廬州鬱林州及洪澤屯田旱六月戊戌中書省臣言比郡縣旱蝗由臣等不能調變故災異降戒今當恐懼儆省力行善政亦冀陛下敬慎修德憫恤生民帝嘉納之己亥峽州旱大寧廬州德安梧州中慶諸路屬縣水旱並蠲其租七月庚申大名永平奉元諸路屬縣旱九月戊辰南恩州旱民饑賑之十一月庚子懷慶修武縣旱免其租己巳沔陽府旱免其稅壬午敕以來年元夕搆燈山於內廷御史趙師魯以水旱請罷其事從之　按五行志三年夏燕南河南州縣十有四亢暘不雨七月關中旱

泰定四年旱

按元史泰定帝本紀四年五月大都南陽汝寧廬州等路屬縣旱六月乙未汝寧府旱七月延安屬縣旱免其租稅八月眞定晉寧延安河南等路屯田旱十月壬戌龍興路屬縣旱免其租十一月辛卯永平路水旱民饑蠲其賦十二月丙辰大都保定眞定東平濟南懷慶諸路旱免田租之半是歲汴梁延安汝寧峽州旱　按五行志四年二月奉元醴泉順德唐山邠州淳化等縣旱六月潞霍綏德三州旱八月藤州旱

致和元年旱文宗卽位改元天曆大旱

按元史泰定帝本紀致和元年五月涇州靈臺縣旱六月江陵路屬縣旱　按文宗本紀自泰定二年至是歲不雨大饑民相食　按五行志致和元年二月廣平彰德等郡旱天曆元年八月陝西大旱人相食

文宗天曆二年旱

按元史明宗本紀天曆二年五月西木鄰等四十三驛旱災命中書以糧賑之計八千二百石馬札罕部落旱民五萬五千四百口不能自存敕河東宣慰司賑糧兩月六月大忽禿之地鐵木兒補化以久旱啓於皇太子辭相位乞更選賢德委以變理皇太子遣使以聞帝諭闊兒吉思等曰修德應天乃君臣當爲之事鐵木兒補化所言良是天明可畏朕未嘗斯須忘於懷也皇太子來會當與共圖其可以澤民利物者行之卿等其以朕意諭羣臣　按文宗本紀二年三月壬申以去冬無雪今春不雨命中書及百司官分禱山川羣祀四月戊戌以陝西久旱遣使禱西嶽西鎭諸祠河南廉訪司言河南府路以兵旱民饑食人肉事覺者五十一人餓死者千九百五十人饑者二萬七千四百餘人乞弛山林川澤之禁聽民采食諸王忽剌答兒言黃河以西所部旱蝗凡千五百戶命賑糧兩月六月鐵木兒補化以旱乞避宰相位有旨諭之曰皇帝遠居沙漠未能卽至京師是以勉攝大位今亢陽爲災皆予闕失所致汝其勉修厥職祗修實政可以上答天變仍命馳奏於行在九月史惟良上疏言今天下郡邑被災者衆國家經費若此之繁帑藏空虛生民凋瘵此政更新百廢之時宜遵世祖成憲汰冗濫蠶食之人罷土木不急之役事有不便者咸釐正之如此則天災可弭禎祥可致不然將恐因循苟且其弊漸深治亂之由自此而分矣帝嘉納之丙子以衛輝路旱罷蘇門歲輸米二千石十月湖廣常德武昌澧州諸路旱饑出官粟賑糶之十一月戊午寇州旱甲子廬州旱饑發糧五千石賑之江西龍興南康撫瑞袁吉諸路旱十二月甲午冀寧路旱饑賑糧二千九百石癸卯蘄州路夏秋旱饑賑米五千石壬子黃州路及恩州旱並免其租　按五行志夏眞定河間大名廣平等四州四十一縣旱峽州二縣旱八月浙西湖州江東池州饒州旱十二月冀寧路旱

按通鑑天曆二年以張養浩爲西臺御史丞時關中大旱民相食旣聞命卽登車就道遇餓者賑之死者

瘞之縣華山禱雨獄祠泣拜不能起天忽陰翳一雨三日及到官復禱于社壇大雨如注水三尺乃止禾黍自生秦民大喜時斗米十三緡又率富商出粟及奏行納粟補官之令關民有殺子以啖母者爲之大慟出私錢濟之且命出其肉徧示闔府官屬責其不能賑貸

至順元年旱

按元史文宗本紀至順元年開元大同眞定冀寧廣平諸路及忠翊侍衛左右屯田自夏至於七月不雨九月鐵里干木鄰等三十二驛自夏秋不雨牧畜多死民大饑詔命嶺北行省人賑糧二石　按五行志至順元年七月肇州興州東勝州及楡次滏陽等十三縣旱

至順二年旱

按元史文宗本紀二年夏四月壬申晉寧冀寧大同河間諸路屬縣皆以旱不能種告饑六月晉寧亦集乃二路旱八月景州自六月至是月不雨金州及西和州頻年旱災民饑賑以陝西鹽課鈔五千錠是歲冀寧河南二路旱大饑　按五行志二年霍隰石三州阜城平地二縣旱

至順三年旱

按元史寧宗本紀三年八月文宗崩是月冀寧路之陽曲河曲二縣及荆門州旱九月河南府之洛陽縣旱

至順四年旱

按元史順帝本紀至順四年六月己巳順帝卽位是月兩淮旱

順帝元統元年旱

按元史順帝本紀六月兩淮旱民大饑十一月江浙旱饑發義倉糧募富人入粟以賑之　按五行志元統元年夏紹興旱自四月不雨至於七月淮東淮西皆旱

元統二年旱

按元史順帝本紀二年二月癸未安豐路旱饑敕有司賑糶麥萬六千七百石三月庚子杭州鎭江嘉興常州松江江陰水旱湖廣旱自是不雨至於八月四月成州旱饑詔出庫鈔及發常平倉米賑之河南旱自是月不雨至於八月六月大寧廣寧遼陽開元瀋陽懿州水旱八月南康路諸縣旱蝗　按五行志二年三月湖廣旱自是月不雨至於八月四月河南旱自是月不雨至於八月秋南康旱

至元元年旱

按元史順帝本紀至元元年三月益都路沂水日照蒙陰莒縣旱饑賑米一萬石四月河南旱賑恤芍陂屯軍糧兩月　按五行志至元元年夏河南及邵武大旱

至元二年旱

按元史順帝本紀二年三月陝西暴風旱無麥五月婺州不雨至於六月是歲江浙旱自春至於八月不雨民大饑　按五行志二年蘄州黄州浙東衢州婺州紹興江東信州江西瑞州等路及陝西皆旱是年四月黄州黄岡縣周氏婦產一男卽死狗頭人身咸以爲旱魃云

至元六年旱

按元史順帝本紀不載　按五行志六年夏廣東南雄路旱自二月不雨至於五月種不入土

至正二年旱

按元史順帝本紀不載　按五行志至正二年彰德大同二郡及冀寧平晉楡次徐溝縣汾州孝義縣沂州皆大旱自春至秋不雨人有相食者秋衞輝大旱京畿去年秋不雨冬無雪方春首月蝗生黄河水溢　按王思誠傳思誠至正二年拜監察御史上疏言蓋不雨者陽之亢水湧者陰之盛也嘗聞一婦銜寃三年大旱往歲伯顏專擅威福僇殺不辜郯王之獄燕鐵木兒宗黨死者不可勝數非直一婦之寃而已豈不感傷和氣耶宜雪其罪敕有司禱百神陳牲幣祭河伯發卒塞其缺被災之家死者給葬具庶幾可以名陰陽之和消水旱之變此應天以實不以文也

至正三年旱

按元史順帝本紀三年七月興國路大旱

至正四年旱

按元史順帝本紀不載　按五行志四年福州大旱自三月不雨至於八月興化邵武鎭江及湖南之桂陽皆旱

至正五年旱

按元史順帝本紀不載　按五行志五年曹州禹城縣大旱夏膠州高密縣旱

至正六年旱

按元史順帝本紀不載　按五行志六年鎭江及慶元奉化州旱

至正七年旱

按元史順帝本紀七年四月河東大旱民多饑死遣使賑之十一月遼北荒旱缺食遣使賑濟驛戶十二月丙子以連年水旱民多失業選臺閣名臣二十六人出爲郡守縣令仍許民間利害實封呈省　按五行志七年懷慶衛輝河東及鳳翔之岐山汴梁之祥符河南之孟津皆大旱

至正八年旱

按元史順帝本紀八年四月辛未河間等路以連年河決水旱相仍戶口消耗乞減鹽額詔從之五月丁巳四川旱饑禁酒　按五行志八年三月益都臨淄縣大旱五月四川旱

至正十年旱

按元史順帝本紀不載　按五行志十年夏秋彰德旱

至正十一年旱

按元史順帝本紀不載　按五行志十一年鎭江旱

至正十二年旱

按元史順帝本紀不載　按五行志十二年蘄州黃州大旱人相食浙東紹興台州自四月不雨至于七月

至正十三年旱

按元史順帝本紀十三年京師自六月不雨至于八月　按五行志十三年蘄州黃州及浙東慶元衢州婺州江東饒州江西龍興瑞州建昌吉安廣東南雄湖南永州桂陽皆大旱

至正十四年旱

按元史順帝本紀不載　按五行志十四年懷慶河內縣孟州汴梁祥符縣福建泉州湖南永州寶慶廣西梧州皆大旱祥符旱魃再見泉州種不入土人相食

至正十五年旱

按元史順帝本紀不載　按五行志十五年衛輝大旱

至正十六年旱

按元史順帝本紀不載　按五行志十六年婺州處州皆大旱

至正十八年旱

按元史順帝本紀不載　按五行志十八年春薊州旱莒州濱州般陽滋川縣霍川鄜州鳳翔岐山縣春夏皆大旱莒州家人自相食岐山人相食

至正十九年旱

按元史順帝本紀不載　按五行志十九年晉寧鳳翔廣西梧州象州皆大旱

至正二十年大旱

按元史順帝本紀不載　按五行志二十年通州旱汾州介休縣自四月至秋不雨廣西賀州大旱自閏五月不雨至於八月

至正二十二年大旱

按元史順帝本紀不載　按五行志二十二年河南洛陽孟津偃師三縣大旱人相食

至正二十三年大旱

按元史順帝本紀不載　按五行志二十三年山東濟南廣西賀州皆大旱

明一

太祖吳元年旱

按明寶訓吳元年六月戊辰大雨先是太祖因久旱日減膳素食宮中皆然俟天雨復膳既而雨羣臣請復膳太祖曰亢旱爲災實吾不德所致今雖得雨然苗稼焦損必多縱食肉奚能甘味廷臣對曰昔武王克商屢獲豐年詩人頌之曰綏萬邦屢豐年主上平海內拯生靈上順天心下慰民望而憂勤惕厲感玆甘雨豐年之祥其有兆矣太祖曰人事通天道遠得乎民心則得乎天心今欲弭災但當謹於修己誠以愛民庶可答天之眷乃詔免民今年田租

按浙江通志吳元年杭州自四月至六月不雨

洪武二年旱

按明昭代典則洪武二年春久不雨復告祭風雲雷雨嶽鎭海瀆山川城隍旗纛諸神祝曰朕代前王統世治民當去歲紀年建號之初首値天下災旱中原人民苦殃尤甚今年自孟春得雨之後中春再沾微雨至今又無雖未妨農務之急而氣候終未調順伏念去歲因旱民多顚危今又缺雨民生何賴實切憂惶夙夜靜思惟天地好生必不使下民至於失所然神無人何以享人無神何以祀朕不敢煩瀆天地惟衆神主司下土民物參贊天地化機願神以民庶之疾苦哀聞於上天厚地乞賜風雨以時以成歲豐養育民物各遂其生朕感不知報

洪武三年旱

按明寶訓洪武三年六月戊午朔先是久不雨太祖謂中書省臣曰君天下者不可一日無民養民者不可一日無食食之所恃在農農之所望在歲今仲夏

不雨實爲農憂禱祀之事禮所不廢朕已擇期詣山川壇躬爲禱之爾中書各官其代告諸祠且命皇后與諸妃親執爨爲昔日農家之食令太子諸王供饋於齋所至是日四鼓太祖素服草履徒步出詣山川壇設藁席露坐晝曝於日頃刻不移夜臥於地衣不解帶皇太子捧榼進蔬食雜麻麥菽粟凡三日既而大雨四郊霑足

洪武五年旱

按大政紀洪武五年五月戊午上憂天久不雨命皇后妃以下皆蔬食是夜大雨皇后具冠服賀曰妾侍陛下二十年每見愛民之心拳拳於念慮之間今茲天旱陛下誠言所孚天心感格遂致雨澤之應民得足食妾敢進賀上曰人君所以養民也民與君爲一體民食有缺吾心何安幸天垂念獲茲甘雨吾何德以堪皇后能同心憂勤天下國家所賴也

按明寶訓洪武五年五月戊午夏至祭皇地祇於方丘禮畢駕還乾清宮皇后妃嬪見太祖曰方農時天久不雨秧苗尚未入土朕恐民之失望也甚憂之汝等宜皆蔬食自今日始俟雨澤降復常膳如故於是宮中自后妃而下皆蔬食是夜大雨詰旦水深三尺

洪武八年旱

按大政紀洪武八年八月京師大旱

洪武十一年旱

按四川總志洪武十一年榮昌大旱饑莩盈路

洪武十四年旱

按續文獻通考洪武十四年金陵久不雨詔罰守城指揮俸罪其不祈雨也

洪武二十年旱

按福建通志洪武二十年大旱

洪武二十六年旱

按大政紀洪武二十六年夏四月京師大旱求直言錄囚徒

成祖永樂元年旱

按湖廣通志永樂元年安鄉大旱

按廣西通志永樂元年平樂大旱

永樂三年旱

按浙江通志永樂三年台州旱二麥無收

永樂十四年旱

按浙江通志永樂十四年夏大旱疫癘

永樂二十一年旱

按浙江通志永樂二十一年溫州旱饑死者盈路

宣宗宣德元年旱

按湖廣通志宣德元年夏嘉魚大旱

宣德二年旱

按名山藏宣德二年九月上曰比聞平陽夏秋亢旱稼穡不登他州縣皆不以聞有畏忌乎其勅山西布按二司察旱傷在所免其賦令有司加撫綏毋使流移十二月陝西旱命有司開倉賑濟出絹五萬匹綿布十萬匹給其尤艱食者止一切科徵作書媿詩示行在戶部尚書夏原吉詩曰關中歲屢歉民食無所資郡縣既上言能不軫恤之周禮十二政散賚首所宜給帛遣使者發粟飭有司臨軒戒將命遄往毋遲遲命下苟或後施濟安所期吾聞有道世民免寒與饑循己不遑寧因情書媿辭

宣德三年旱

按名山藏宣德三年六月太原大同沁汾諸州縣旱上曰郡縣告饑者衆朕發廩勸分無敢後其命有司熟講救荒政

按陝西通志宣德三年陝西大旱

宣德四年旱

按大政紀宣德四年九月丁巳山西萬泉縣丞王琦奏本縣旱饑稅糧無收命戶部量免其租稅

宣德八年旱

按大政紀宣德八年四月畿內及河南山東山西並奏自春及夏雨澤不降人民饑窘頒寬恤之詔賑恤之詔二十一條蠲免拖欠各項歲派課程及今年夏稅差役並失班人匠免罰工軍民乏食者所在官司驗口賑濟六月上以天久不雨禱祀未應憂之作閔旱之詩示羣臣

宣德九年旱

按明昭代典則宣德九年八月河南江西旱災敕諭巡撫侍郎于謙周忱撫恤兵民

按名山藏宣德九年八月揚鎮江蘇松常湖廣浙江江西諸州縣旱皆傳恤之

按江南通志宣德九年大旱江湖涸竭麥禾不收道殣相望

按浙江通志宣德九年金華台州大旱

按湖廣通志宣德九年安鄉慈利大旱

按廣西通志宣德九年夏五月南寧府不雨郡守李晟齋沐虔禱於天寧寺以副都統茂淨典厥職五日兙應黑雲蔽空雷電交作甘霖如注燈燭盡滅二刻

許雨晴天淨衆僧見殿前甎上有月明識三字非墨非粉傍有巨人足跡微濕人咸異之有碑存

宣德十年旱

按湖廣通志宣德十年夏慈利大旱疫

英宗正統元年旱

按名山藏正統元年四月天久不雨命考察羣吏方面及郡守有闕令遵宣宗皇帝敕旨保舉若犯贓罪幷坐舉者命三法司有犯罪卽會官覆審毋淹

正統三年旱

按浙江通志正統三年處州旱

正統五年旱

按大政紀正統五年三月畿輔大旱命刑部右侍郎何文淵說法救荒

正統七年旱

按大政紀正統七年四月大旱命右都御史王文同太監與安審成獄六月丙辰畿輔大旱命吏部右侍郎魏驥賑濟饑民

正統九年旱

按大政紀正統九年夏四月旱遣官禱雨岳鎭海瀆

正統十一年旱

按大政紀正統十一年五月禮部左侍郎王英奏京師去冬小雪今春徂夏雨澤不降種不入土小民缺食乞賜賑恤之恩幷臣等省愆戒飭以回天意從之

按湖廣通志正統十一年黃梅大旱

代宗景泰元年旱

按大政紀景泰元年四月丙子南京吏部尚書魏驥會法司因旱恤刑主決惡逆王剛翼日雨或以剛年少欲緩之驥曰此婦人之仁天道不時正爲此也遂決翼日而雨又戍卒四人牧馬三人互毆一人死之有司抑拷訊三人內一人當之驥曰罪一人則情可矜罪三人則律不合宜上請卒得旨三人各杖一百改戍邊城

按名山藏景泰元年五月旱不雨

景泰二年旱

按福建通志景泰二年春夏大旱斗米二百錢

景泰三年旱

按名山藏景泰三年十月鳳陽安慶浙江湖廣諸府旱

景泰四年旱

按名山藏景泰四年七月旱

按雲南通志景泰四年昆明姚安大旱民多饑死

景泰六年旱

按名山藏景泰六年五月旱

景泰七年旱

按名山藏景泰七年六月淮安揚州鳳陽三府大旱

按浙江通志景泰七年十月西湖水竭底成平陸

按湖廣通志景泰七年安鄕大旱

英宗天順元年旱

按浙江通志天順元年杭州嘉興旱

天順二年旱

按浙江通志天順二年嘉興大旱運河竭

按湖廣通志天順二年漢陽漢川大旱人相食慈利大旱自五月至九月不雨醴陵大旱饑

天順三年旱

按名山藏天順三年十一月湖廣旱饑命設策賑撫

按湖廣通志天順三年巴陵常德大旱

天順五年旱

按湖廣通志天順五年興寧大旱

天順十二年旱

按福建通志天順十二年夏秋旱

天順二十二年旱

按福建通志天順二十二年夏旱

憲宗成化元年旱

按大政紀成化元年三月以旱災免陝西延安等處稅糧八萬七千一百石有奇

按陝西通志成化元年三月陝西旱

成化二年旱

按明通紀成化二年二月江淮旱人相食

按陝西通志成化二年四月河州大旱人相食

成化三年旱

按江西通志成化三年夏南昌府屬三月不雨大無禾

成化四年旱

按大政紀成化四年五月京師大旱六月以旱災免江西南昌等府衛官民田幷山塘屯田秋糧子粒凡二百八十八萬六千三百餘石

按湖廣通志成化四年安陸旱

成化五年旱

按湖廣通志成化五年石門大旱

成化六年旱

按大政紀成化六年八月以旱災免山東濟南東昌

兗青登萊六府農桑絲絹十月以旱災免河南民田夏稅三十七萬七千七百石有奇軍屯子粒八千六百石有奇

按明外史毛弘傳弘字寬叔成化六年夏山東河南大旱弘請賑因言四方告災部臣拘成例必覆實始免上雖蠲租下鮮實惠請自今遇災撫按官勘實即與蠲除從之

按湖廣通志成化六年夏應山大旱民流於荆襄

成化七年旱

按大政紀成化七年二月上以雨澤不降令羣臣條陳闕失

按江南通志成化七年揚州大旱運河竭

成化八年旱

按大政紀成化八年四月京畿自二月至是月不雨運河水涸五月京畿大旱十二月以旱災免直隸順德眞定等府所屬幷河間衛秋糧九萬七千餘石穀草二百餘束綿花五十三萬餘斤

按名山藏成化八年四月京師自二月至是月不雨大風竟日運河水涸遣祭於天地社稷山川復分遣兩京侍郎祭告淮瀆東海山川之神

按山西通志成化八年沁州旱

按廣東通志成化八年春正月廣州旱

成化九年旱

按山西通志成化九年澤州旱

按湖廣通志成化九年靖及荆州大旱

成化十年旱

按大政紀成化十年三月以旱災免湖廣武昌漢陽黃州常德辰州衡州長沙七府成化九年秋糧五十三萬五百餘石武昌衡州常德靖州沅州五開茶陵黃州長沙銅鼓辰州十一衛子粒二萬九千六百餘石

成化十二年旱

按福建通志成化十二年大旱

成化十四年旱

按湖廣通志成化十四年夏嘉魚大旱通山漢陽大旱

成化十五年旱

按浙江通志成化十五年縉雲大旱

按湖廣通志成化十五年夏嘉魚旱

成化十九年旱

按大政紀成化十九年六月久旱漕河淤涸命戶部左侍郎潘榮督治濬通運舟

按山東通志成化十九年秋冠縣旱饑人相食

按雲南通志成化十九年夏六月武定大旱無秋

成化二十年旱

按大政紀成化二十年五月京畿陝西河南山東山西大旱六月畿內及陝西河南山東皆旱遣禮部侍郎徐溥代祀嶽鎮河瀆諸神

按明昭代典則成化二十年五月京畿陝西河南山東山西大旱時各省災傷禮部議令各處僧道關給度牒就彼納米給與賑濟湖廣鎮守太監韋貴議稱饑民南流數多日有萬口經過驅之則恐激變賑之糧有限欲行山陝河南北直隸巡撫都御史督令各該州縣將新舊流民著該管里長招撫復業內閣萬安等議令山陝二學生員有納米者廩膳納八十石增廣納一百石俱赴陝西缺糧倉廒上納本布政司起送國子監讀書挨次選用軍民舍餘人等有納米者授以軍職百戶納二百石副千戶二百五十石正千戶三百石指揮照例加米定與衛分帶俸又命侍郎耿裕徐溥祭告西岳西鎮西海大河之神南京兵部尚書王恕上疏曰臣惟陝西山西連年災傷閭閻小民貧難殷實者少雖奉上項恩例恐願納者寡焉能濟衆訪得南直隸浙江江西湖廣今年頗收合無請敕每處差給事中御史郎中等官二三員分定府縣令其馳驛前去會同彼處撫按督同分守分巡官分投出榜名募前項僧道生員軍民舍餘人等各照米數每石納銀一兩給與文憑關領度牒照闕選用入監讀書及爲指揮千百戶等項其銀就令原差領敕官南直隸湖廣銀送陝西浙江銀送山西江西銀送河南俱公同撫按等官差委能幹司府官員分投給散缺食人戶令其自行買米救濟其各流民之在荆襄者彼處鎮守等官既稱不可驅治又稱無糧賑濟要令該管里老招撫復業緣里老亦多流移料無可差之人就彼有人可差各戶家業已失田野無望又無口食豈能回還臣思流民缺食無計聊生拊循失策必爲盜賊勞師動衆所費益多合無將湖廣本年該起運南京各倉及兌軍秋糧量留一二十萬石又將河南該兌軍秋糧留一二十萬石俱運赴荆襄水次倉賑流民以銷後患仍敕各處撫按提督三司委官如有流民到於該管地方卽便加恩賙恤不許驅逐致令失所臣又深慮召募僧道生員人等銀兩

急不能得合無先出內帑銀二三十萬兩火速發去山陜河南賑濟如內帑不足請諭貴戚近臣及在京巨富之家那移前去切不可緩待後名募有銀之日照數酬還仍乞降詔將被災府縣今年稅糧買辦等項盡行蠲免如此庶幾全活生靈潛消後患易危就安轉禍爲福矣

按名山藏成化二十年九月以久旱遣吏部左侍郎耿裕禮部左侍郎兼翰林院學士徐溥祭告西嶽西鎭西海並中嶽大河之神

按山西通志成化二十年秋不雨次年六月始雨餓莩盈野人相食諸府州縣皆然

按湖廣通志成化二十年安陸大旱民多殍

成化二十一年旱

按大政紀成化二十一年十二月常州旱災免所屬武進等五縣秋糧十七萬二千一百餘石草六萬九千四百餘包

按山東通志成化二十一年秋莘縣等處旱人相食

按陜西通志成化二十一年關中連歲大旱百姓流亡殆盡人相食十七八九

按湖廣通志成化二十一年春均州旱

成化二十二年旱

按大政記成化二十二年十二月冬旱無雪詔吏部查傳奉官降四人黜九人下六人於獄厥明大雪先是鄭時論梁芳被謫陜西人皆哭送傳聞至京上知之頗厭芳所爲至是無雪百禱不應科道復交章論芳乃命中官袁琦傳旨今後內官傳奉除官不論有無敕書俱覆奏明白方行卽日詔吏部降黜其下獄者皆逃自軍囚者餘尚未斥而人已稱快厥明大雪人益歡謂納諫黜邪格天之應

按浙江通志成化二十二年台州奉化大旱

按陜西通志成化二十二年七月不雨西安大饑斗米萬錢死亾載道

按福建通志成化二十二年春夏連旱禾苗俱槁秋復旱民多流移

按潞安府志成化二十二年大旱禾盡槁人相食

成化二十三年大旱

按大政紀成化二十三年五月京師大旱詔亢旱踰時田苗枯槁已嘗寬恤刑獄條示合行事宜內外衙門著實舉行

按名山藏成化二十三年四月諭羣臣曰朕憂亢旱虔心祈禱自二十五日爲始各加祗愼毋或怠荒丁酉分遣勳臣告於天地社稷山川五月乙卯遣廷臣齋香帛分禱天下山川以祈雨丙辰敕諭文武羣臣曰上天示戒旱久田枯民庶驚惶朕甚愍之寬恤刑獄遍禱神祇雨尚未也寃未伸歟用未節歟困未蘇歟抑爾百官罔上而厲下歟朕已節減用度疎放宮人爾等各體朕心痛自修省紓朕憂憫元元之意

按浙江通志成化二十三年嘉興諸暨大旱

按湖廣通志成化二十三年祁陽大旱害稼山竹盡枯武昌大旱人相食常德大旱道殣枕籍

按福建通志成化二十三年春旱無麥秋大旱無禾

欽定古今圖書集成曆象彙編庶徵典

第九十二卷目錄

旱災部彙考八

明二 孝宗弘治十五則 武宗正德十五則
世宗嘉靖三十八則 穆宗隆慶三則
神宗萬曆二十七則 熹宗天啓六則 愍帝
崇禎十一則

庶徵典第九十二卷

旱災部彙考八

明二

孝宗弘治元年旱

按陝西通志弘治元年略陽夏大旱至冬人相食

按浙江通志弘治元年金華大旱

按湖廣通志弘治元年武昌漢陽辰州常德黃陂德安旱荆州慈利華容安鄉大旱人相食

弘治二年旱

按湖廣通志弘治二年夏沔陽大旱

按四川總志弘治二年綿竹大旱

弘治四年旱

按浙江通志弘治四年武義大旱

按湖廣通志弘治四年五月祁陽旱

弘治五年旱

按明外史李東陽傳弘治五年旱災求言東陽條摘孟子七篇大義附以時政得失累數千言上之帝稱善

按山東通志弘治五年春正月東昌府等處旱大饑

弘治六年旱

按大政紀弘治六年三月亢旱求直言

按明外史張悅傳弘治六年夏大旱求言陳遵舊章卹小民崇儉素裁冗食禁濫罰數事又上修德圖治二疏並嘉納

弘治七年旱

按浙江通志弘治七年會稽餘姚十月不雨至次年三月

弘治八年旱

按大政紀弘治八年七月西北諸省大旱

按山西通志弘治八年春潞州寧鄉大旱

按潞安府志弘治八年春夏大旱知州馬暾齋禱清獄斷刑茹素庖人以乾腊進揮去之曰欺人能自欺乎乃出就外是夕雨

弘治十年旱

按山西通志弘治十年臨晉旱

弘治十一年旱

按浙江通志弘治十一年台州衢州大旱

按江西通志弘治十一年袁州臨江旱

按廣東通志弘治十一年興寧大旱

按廣西通志弘治十一年夏六月至八月無雨大旱饑

弘治十二年旱

按福建通志弘治十二年夏秋冬三時不雨井塍溪塘皆涸是歲詔悉蠲田租

弘治十三年旱

按浙江通志弘治十三年餘姚三月不雨至五月

按雲南通志弘治十三年蒙自縣旱明年復大旱

弘治十四年旱

按福建通志弘治十四年大旱無禾

弘治十五年旱

按廣東通志弘治十五年旱

弘治十六年旱

按大政紀弘治十六年五月京師大旱兵部尚書劉大夏引言兵政弊端未能悉革求退上不允令開具弊端大夏陳十事一曰京軍苦於出錢供應二曰營軍困於私役做工三曰江南軍以漕運破家四曰江北軍困京操失業五曰漕運本難而濫食者妄費不貲六曰養馬固苦而私用者法禁不嚴七曰鎮守太監貪婪特甚八曰守備內臣占軍數多九曰陞賞多涉勢要十曰禁衛苞苴公行上覽奏嘉納命所司一一行之

按浙江通志弘治十六年杭州大旱斗米銀三錢

弘治十七年旱

按明外史李東陽傳弘治十七年重建闕里廟成奉命往祭還上疏言臣奉使遄行適遇亢旱天津一路夏麥已枯秋禾未種輓舟者無完衣荷鋤者有菜色盜賊縱橫青州尤甚南來人言淮揚諸府流亡載道掘齒而食江南浙東方數千里戶口消耗軍伍空虛庫無旬日之儲官缺累歲之俸東南財賦所出一歲之饑已至於此北地皆瘠素無積聚今秋再歉何以堪之事變之生恐不可測言及于斯可爲痛哭

按山東通志弘治十七年武定州自正月不雨至於

秋九月

按山西通志弘治十七年春榆次太谷蒲州不雨自春至秋不雨田禾枯死秋田不種赤地遍境米價騰湧民食不足有剝樹皮以充饑者卑鄉亦饑

武宗正德元年旱

按浙江通志正德元年夏餘姚上虞大旱

按江西通志正德元年夏瑞州旱

按湖廣通志正德元年黃州大旱

正德二年旱

按陝西通志正德二年大旱民皆流移

按湖廣通志正德二年夏衡陽旱

正德三年旱

按浙江通志正德三年湖州紹興處州金華台州大旱

按湖廣通志正德三年漢陽德安武昌襄陽黃州大旱

正德四年旱

按江西通志正德四年袁州臨江旱民饑

按湖廣通志正德四年五月武昌大旱衡州巴陵臨湘旱武昌漢陽黃州荊州旱興國旱寶慶大旱

正德五年旱

按大政紀正德五年六月京師旱霾大學士李東陽疏弭災四事不報東陽因旱霾上疏曰近時威令大行中外悚懼但霜雪之後必有陽春雷電之後必有甘雨此天道所當法也臣謹條上一曰寬逃軍拐馬之罪二曰實僉書職員之罪三曰寬查盤糧草之罪四曰禁官校羅織之罪疏上不報

按畿輔通志正德五年夏五月衡水大旱

按四川總志正德五年威州旱

正德六年旱

按湖廣通志正德六年興國大旱

正德七年旱

按山西通志正德七年長子大旱

正德八年旱

按江西通志正德八年南昌府大旱

按福建通志正德八年旱

正德九年旱

按湖廣通志正德九年衡陽旱

正德十年旱

按大政紀正德十年五月風霾大旱

正德十一年旱

按大政紀正德十一年五月大旱

按山東通志正德十一年秋七月德平不雨

按湖廣通志正德十一年靖州大旱

正德十二年旱

按廣西通志正德十二年鬱林興業大旱

正德十三年旱

按湖廣通志正德十三年秋辰州大旱

正德十五年旱

按浙江通志正德十五年餘杭旱饑

正德十六年旱

按浙江通志正德十六年杭州八月不雨至十二月

世宗嘉靖元年旱

按續文獻通考嘉靖元年久旱即位日大雨露足頃復開霽觀者皆慶爲中興之兆

嘉靖二年旱

按大政紀嘉靖二年五月大旱自去冬不雪入春風霾連日迨夏益甚四方災變奏報尤頻帝憂之敕大小羣臣同心匡輔毋事虛文時京師復有雷震城竿之異御史秦武上言陛下踐祚之初盡釐先朝變亂之章復祖宗畫一之法矣近日以來漸肆更張或以養子而嗣閹豎之封或以內臣而奪司寇之職吏部之銓除阻撓既多法司之律令更易殆盡敕自中出而政府不得質其辭法以私行而六曹不得據其志待臣之禮久衰納諫之心愈怠經筵則屢日告罷祠禱則不時修舉修身齊家之德罔聞押刑匪寵之行已著上違祖訓下拂人情多矣此天之所以屢示災變也帝怒其狂率切責之南京給事中彭汝實亦上言應天以實不以文感人以誠不以迹三王以還莫之能違也邇者黃風黑霧春旱冬雷天變於上者屢矣地震泉竭揚沙雨土地變於下者屢矣羣小漸張盜賊公行草妖木異非時失節人物之變亦屢矣昔人有言怒于之天猶可爲也忘于之天不可爲也皇上省災之誠或足以仰答天心矣而行政之可適用人之可間有不能無燕閒虛費于女寵腹心委託于貂璫二廖諸張乃得緩死李隆蘇縉猶得無恙鎮撫以報復而窘辱主事羅洪載內豎擕私鹽而執解巡檢程景貴崔文狐媚蓋羣枉之赤幟將輸狠貪爲戚里之谿壑凡若此者皆不銳意修革而望天意之回人心之感亦已難矣亦不報初太監李曇者往來淮揚間舟擕私鹽鬻賣巡檢程景貴率邏卒搜得之曇

怒誣訐于東廠太監芮景賢奏差官校逮繫景貴赴京而蔣輪者與國太后之弟也欲以其子榮奉安陸廟祀故汝實奏及之九月南畿大饑是歲北畿山東河南湖廣江西俱旱有災而應天蘇松淮揚徽池等一十四郡及徐滁等州爲甚千里盡赤殍殣載道姦盜因之叢起

按永陵編年史嘉靖二年九月南畿十四郡及北畿山東河南湖廣江西俱旱災赤地千里殍殣遍道盜起戶部孫交請留蘇松折兌銀粳白米兩浙鹽價淮墅關鈔課應天缺官薪皂贖鍰兼賑之又請發太倉銀二十萬折漕米九十萬往賑從之

按湖廣通志嘉靖二年湖廣大旱殍流無算

按廣西通志嘉靖二年癸未夏旱命祈禱雷雨而雹

按雲南通志嘉靖二年秋騰衝旱

嘉靖三年旱

按浙江通志嘉靖三年會稽上虞嵊縣大旱

按雲南通志嘉靖三年元江元謀大旱

嘉靖五年旱

按浙江通志嘉靖五年衢州溫州台州諸暨新昌縉雲松陽大旱

按江西通志嘉靖五年正月九江府赤氣見是年十三府大旱

按福建通志嘉靖五年夏大旱知府汪文盛奏蠲租賦永春五月不雨七月十七日忽有物如西瓜從天而下流轉於地有聲如雷不甚烈民駭不識須臾火發聲震衆皆昏眩仆地有震死者既而雨下如注

嘉靖六年旱

按浙江通志嘉靖六年處州大旱

嘉靖七年旱

按大政紀嘉靖七年五月北畿山東河南山西陝西大旱帝以災異頻仍敕羣臣同加修省直言得失又諭輔臣曰卿等亦各盡言仰體朕懷俯省己過於是言者頗衆不見采納大學士楊一淸上言諸臣條奏固多節財省費與民休息之意亦有拾陳言者祇充故事立奇論者有礙措置間有卹民數事又且報罷是皇上應天以實而羣臣之應詔以文也臣竊謂今日之務在省事不在多事在守法不在變法在安靜不在紛更在寬厚不在煩苛昔人有告其君曰爲國有不足懼者五深可畏者六三辰失行天象屢變小人訛言山川崩竭水旱蝗蟲不足懼也賢士藏匿四民遷業上下相循廉恥道消毀譽失眞直言不聞深可畏也以爲不足懼者非眞不足懼矣知其可懼而修德弭之則轉禍爲福深可畏者則以其變無形而禍甚烈勢若緩而伏最深今日之弊實恐墮此臣舉其急且要者曰舉賢才以充任使曰收人心以固邦本曰求直言以防壅蔽而已釋幽拔滯而登之要途任賢使能勿拘常格則賢才可致蠲夏稅踏秋傷停徵常賦省額外之征則民難紓弘量霽威取善而包荒未善則直言日聞天休滋至庶幾在此帝嘉納之降旨曰覽奏具見忠愛舉賢才固邦本二者誠爲急務吏戶二部卽查照議處以聞科道官以言爲職今後一切利弊務據實直言不得浮謬朕當采納施行

按陝西通志嘉靖七年五月陝西大旱人相食餓死無數

按湖廣通志嘉靖七年沔陽漢陽保康大旱襄陽大旱饑人相食御史張綠繪饑民十圖以獻請內帑數萬緡賑濟

按四川總志嘉靖七年夏秋全蜀大旱

嘉靖八年旱

按大政紀嘉靖八年二月不雨帝雩禱不應因製自咎說示羣臣使咸加警惕

按浙江通志嘉靖八年處州旱

嘉靖十一年旱

按山西通志嘉靖十一年平陽州縣大旱民多流亡

按陝西通志嘉靖十一年慶陽大旱天黃三日

按湖廣通志嘉靖十一年荊州旱自正月不雨至于五月

嘉靖十二年旱

按續文獻通考嘉靖十二年春二月不雨上祈禱不應因製自咎說示羣臣使知儆惕

按盛京通志嘉靖十二年河西大旱

按山西通志嘉靖十二年吉州翼城猗氏旱

嘉靖十三年旱

按湖廣通志嘉靖十三年武昌大旱

嘉靖十四年旱

按江南通志嘉靖十四年睢河竭

按江西通志嘉靖十四年臨江府大旱次年又旱

按湖廣通志嘉靖十四年蘄水大旱

嘉靖十五年旱

按福建通志嘉靖十五年旱

按廣東通志嘉靖十五年廣州肇慶南雄韶州大旱

嘉靖十六年旱
按福建通志嘉靖十六年旱饑
嘉靖十七年旱
按大政紀嘉靖十七年夏四月南北畿山東陝西福建湖廣大旱戸部上言各處饑民流聚京師宜令大興宛平二縣分地查覈錄名呈部人給太倉渼米三斗責令還籍給事中曾烶等上言諸路俱有旱災而順天永平爲甚饑民聞有大役匍匐就工乃今餓死城隅日數千人通會河側屍骸枕藉乞急發內帑救卹及行各處多方賑貸從之
按湖廣通志嘉靖十七年漢陽大旱
嘉靖十八年旱
按浙江通志嘉靖十八年杭州二月不雨至六月井泉皆竭
按湖廣通志嘉靖十八年七月襄陽穀城大旱
嘉靖十九年旱
按明外史楊爵傳爵擢御史歲頻旱帝日夕建齋醮修雷壇屢興工作經年不視朝而太僕卿楊最復諫死嘉靖二十年元日微雪大學士夏言尚書嚴嵩侍郎溫仁和張邦奇孫承恩張潮詹事陸深等作頌稱賀爵撫膺太息中宵不能寐踰月乃上疏極諫曰今天下大勢如人衰病已極內而腹心外而百骸莫不受患即欲拯之無措手地方且奔競成俗賕賂公行遇災變而不變非祥瑞而稱賀讒諂面諛流爲欺罔士風人心於此頹壞而國之所恃以爲國者掃地盡矣以危爲安以福爲利諍臣拂士日益遠而快情恣意之事無敢齟齬於其間此天下大憂也去年自夏入秋恆暘不雨畿輔千里已無秋禾既而一冬無雪元日微雪即止民失所望憂旱之心遠近相同此正撤樂減膳憂懼不寧之時而輔臣言等方以爲符瑞而稱頌之欺天罔人不已甚乎
按湖廣通志嘉靖十九年德安冬不雨至於明年四月
按貴州通志嘉靖十九年石阡旱
嘉靖二十年旱
按續文獻通考嘉靖二十年畿內旱蝗議發帑金賑之
按貴州通志嘉靖二十年石阡旱
嘉靖二十一年旱
按浙江通志嘉靖二十一年處州旱
嘉靖二十二年旱
按湖廣通志嘉靖二十二年郴夏旱
按廣東通志嘉靖二十二年秋興寧大旱八月不雨至於明年五月
嘉靖二十三年旱
按浙江通志嘉靖二十三年嘉興紹興衢州大旱
按江西通志嘉靖二十三年十三府旱大饑
按湖廣通志嘉靖二十三年五月至於九月不雨漢陽澧州沔陽石門黃岡黃梅大旱安陸旱
嘉靖二十四年旱
按浙江通志嘉靖二十四年嘉興湖州紹興台州大旱
按湖廣通志嘉靖二十四年武昌大旱地震
按福建通志嘉靖二十三年二十四年相繼大旱民饑死載路
嘉靖二十六年旱
按湖廣通志嘉靖二十六年辰州大旱
嘉靖二十九年旱
按浙江通志嘉靖二十九年處州大旱
嘉靖三十年旱
按湖廣通志嘉靖三十年辰州旱
嘉靖三十一年旱
按江西通志嘉靖三十一年南昌旱民饑
嘉靖三十二年旱
按陝西通志嘉靖三十二年大旱民移袋城
嘉靖三十三年旱
按湖廣通志嘉靖三十三年平江黃陂蘄水大旱
嘉靖三十五年旱
按雲南通志嘉靖三十五年順寧正月至五月不雨景東二月至六月不雨
嘉靖三十六年旱
按山西通志嘉靖三十六年平遙大旱
嘉靖三十七年旱
按大政紀嘉靖三十七年五月大雩乃雨時久旱禾欲立槁帝命齋祀高元忽雷電交至澍雨霑足羣臣表賀
按山西通志嘉靖三十七年平陸旱自夏至秋不雨次年夏又不雨
嘉靖三十八年旱
按雲南通志嘉靖三十八年雲南縣大旱減其租稅
嘉靖三十九年旱

按山東通志嘉靖三十九年三月三日晡時有赤氣自西北來晝暝如夜秋大旱民轉徙
按廣東通志嘉靖三十九年秋大旱
嘉靖四十年旱
按大政紀嘉靖四十年二月京師不雨帝禱雷壇得雨羣臣表賀
嘉靖四十一年旱
按大政紀嘉靖四十一年夏四月不雨帝諭輔臣祈雨
按山西通志嘉靖四十一年平陸旱春夏無麥流移載道
按河南通志嘉靖四十一年偃師夏大旱
按湖廣通志嘉靖四十一年江陵旱
嘉靖四十二年旱
按大政紀嘉靖四十二年夏六月不雨帝禱雷壇得之羣臣表賀
按湖廣通志嘉靖四十二年秋孝感大旱
嘉靖四十三年旱
按大政紀嘉靖四十三年三月不雨四月大雩帝以久旱大雩于郊廟社稷及各壇殿久之得雨羣臣表賀十一月旱風霾大計京師鄢懋卿削籍時旱暵經時風霾示異從言官之請大計兩京羣工四品以上自劾聽去留於是懋卿穢迹著矣猶得倖脫南京御史林潤上言懋卿自蔑憲典罔法行私所過郡縣掊尅無遺一運司取十萬兩黷貨無厭爲罪一也商民王鑾吳章被訟公行苞苴千有餘兩大喪名節爲罪二也恫喝淮揚巡撫劉景韶筵金巨萬始得驩顏往謁皇陵攜領俳優蠹役糜費無極反道悖禮爲罪三也輘轢有司暴虐百姓箠死揚官姚佩爵夫蔡經而平民斃杖下者二十二人殘忍酷毒爲罪四也北直山東饑莩枕藉揚州水災剝削流竄而勢必取盈無名派擾去歲鹽盜幾聚爲亂動搖國本斲喪元氣爲罪五也乞將懋卿速賜罷黜庶民怨消而士論快耳章下吏部覆奏從之南北商民歡舞於道
按續文獻通考四十三年因旱乃於正月二十七日致齋禱雨先是傳諭徐階等日今日風沙又作必嚴祈禱今旱固未必如前歲而黃霾土雨災疫或過之擬所舉行勿怠遂有是禱已而又傳諭云恰纔我樹幡竿徵雷安水缸雨零未移時大霧赤黃異於前日祈禱可緩乎朝天宮等處宜分遣官陪告行禮遂以五府六部正官輪至四月七日吏部尚書嚴訥奏云河間等縣聞已得雨初十日大學士徐階成國公朱希忠等率羣臣上表稱賀雲雨應期上喜批答天怒垂鑒大澤應祈朕心感仰
按山西通志嘉靖四十三年永和旱
按雲南通志嘉靖四十三年楚雄旱
嘉靖四十四年旱
按山西通志嘉靖四十四年太平旱
按湖廣通志嘉靖四十四年歸州大旱
嘉靖四十五年旱
按福建通志嘉靖四十五年秋冬大旱晚禾無收
穆宗隆慶元年旱
按雲南通志隆慶元年雲南縣旱
隆慶二年旱
按續文獻通考隆慶二年六月浙江福建四川陝西淮安鳳陽等處大旱
按山西通志隆慶二年臨汾太平岳陽蒲縣朔城大旱
按浙江通志隆慶二年金華五月至八月不雨
按江西通志隆慶二年南昌撫州旱民饑
隆慶六年旱
按陝西通志隆慶六年延安大旱饑人相食
神宗萬曆元年旱
按山東通志萬曆元年大旱七月始雨
按浙江通志萬曆元年處州旱
按湖廣通志萬曆元年咸寧廣濟大旱
萬曆三年旱
按浙江通志萬曆三年衢州處州金華海鹽大旱
按廣西通志萬曆三年懷集縣大旱民饑
萬曆四年旱
按雲南通志萬曆四年廣西府春夏不雨
萬曆五年旱
按雲南通志萬曆五年臨安春夏不雨斗米三錢民多殍
萬曆六年旱
按福建通志萬曆六年侯官懷安秋大旱
萬曆七年旱
按山西通志萬曆七年六月岳陽旱
按福建通志萬曆七年正月不雨大旱莆田大旱
萬曆九年旱
按浙江通志萬曆九年台州旱蝗

萬曆十年旱

按山西通志萬曆十年聞喜大旱

按陝西通志萬曆十年西安臨慶皆大旱人相食

按湖廣通志萬曆十年德安大旱

萬曆十一年旱

按山西通志萬曆十一年廣陵河竭壺流河竭自辰至未始流

萬曆十二年旱

按廣西通志萬曆十二年秋梧州大旱錫免蒼梧災米

萬曆十三年旱

按陝西通志萬曆十三年夏廣靈旱詔免租十之七平陽州縣大旱

萬曆十四年旱

按山西通志萬曆十四年大旱荒死者相枕道官賑濟

按河南通志萬曆十四年衞輝大旱

按陝西通志萬曆十四年陝西大旱

按福建通志萬曆十四年旱大無禾

萬曆十五年旱

按福建通志萬曆十五年旱大無禾

萬曆十六年旱

按續文獻通考萬曆十六年蘇松等處大旱

按江西通志萬曆十六年九江府旱

按湖廣通志萬曆十六年沔陽漢陽黃州郡縣皆大旱

按雲南通志萬曆十六年楚雄旱

萬曆十七年旱

按續文獻通考十七年蘇松又旱

按山西通志萬曆十七年安邑大旱

按江西通志萬曆十七年春撫州建昌袁州臨江瑞州五月不雨大饑

按湖廣通志萬曆十七年黃州郡縣復大旱

按興化縣志萬曆十七年十八年大旱下河茭葑之田盡成赤地有黑鼠無數匿蘆葑中食其根經野燒並為灰土不耕而墾者十得其一二（見舊志）揚州興化漕堤決

萬曆十八年旱

按浙江通志萬曆十八年台州大旱

按福建通志萬曆十八年正月不雨至秋八月

按雲南通志萬曆十八年澂江旱

萬曆十九年旱

按福建通志萬曆十九年夏大旱

按雲南通志萬曆十九年澂江旱民饑

萬曆二十一年旱

按浙江通志萬曆二十一年樂清旱饑

按貴州通志萬曆二十一年永寧旱

萬曆二十二年旱

按廣西通志萬曆二十二年懷集縣秋旱

萬曆二十三年旱

按山西通志萬曆二十三年臨晉大旱

按廣西通志萬曆二十三年秋旱

萬曆二十四年旱

按續文獻通考萬曆二十四年閏八月浙江巡撫劉元霖奏杭嘉湖三府自五月以來旱魃為虐禾苗失種秋成無望

按山西通志萬曆二十四年夏臨汾大旱

按廣東通志萬曆二十四年雷州大旱赤地千里

萬曆二十六年旱

按浙江通志萬曆二十六年紹興衢州金華台州大旱

萬曆二十七年旱

按山西通志萬曆二十七年春臨汾襄陵太平汾西沁州大旱

萬曆二十八年旱

按雲南通志萬曆二十八年秋尋甸旱民饑

萬曆二十九年旱

按續文獻通考萬曆二十九年五月初六日禮部奏二月至今畿輔內外半年不雨土脈焦枯河井乾涸二麥盡槁巡撫何爾健奏阜平縣丈水洞礦夫張世誠饑將自己六歲小兒殺死煑食請自五月初六日為始仍各青衣角帶於本衙辦事宿歇致齋益加乾惕諸司照例停刑禁屠五日遣官恭詣天地社稷山川風雲雷雨等壇黑龍潭廟祝文祭品行各該衙門撰進備辦仍行順天府官督率所屬于應祀神廟竭誠祈禱奉旨今歲旱暵異常雨澤未澍朕在宮中密禱夙夜惶惶依擬著百官再加修省務祈感格祭告南郊遣徐文璧北郊侯陳良弼山川尚書李戴社稷尚書陳渠風雲雷雨等壇侍郎馮琦黑龍潭廟真人張國祥各竭虔行禮仍行順天府官率屬祈禱

按湖廣通志萬曆二十九年京房大旱

按雲南通志萬曆二十九年省城夏秋不雨民大饑澂江自二月至六月不雨

按貴州通志萬曆二十九年夏四月不雨

萬曆三十三年旱

按浙江通志萬曆三十三年嘉興大旱台州旱蝗

萬曆三十四年旱

按浙江通志萬曆三十四年嘉興大旱

按福建通志萬曆三十四年興化府大旱斗米二百錢詔免田租十之一

萬曆三十五年旱

按山西通志萬曆三十五年夏臨汾夏縣平陸等旱

萬曆三十七年旱

按山西通志萬曆三十七年夏四月省鼓樓瓦獸吐烟是月初十日鼓樓瓦獸吐烟占主旱四月至次年五月不雨省郡及平陽屬汾遼沁大饑發內帑銀五萬臨清通州倉米四萬遣使賑濟省城二年火凡四見

按河南通志萬曆三十七年懷慶大旱

按陝西通志萬曆三十七年延安旱

按浙江通志萬曆三十七年台州連旱井泉皆竭

按湖廣通志萬曆三十七年沔陽大旱

萬曆三十八年旱

按山西通志萬曆三十八年夏省屬平陽屬汾遼沁旱災俱議賑濟

按雲南通志萬曆三十八年夏省城大旱

萬曆三十九年旱

按山西通志萬曆三十九年夏平陽三十四州縣旱蠲免秋夏稅

按浙江通志萬曆三十九年台州正月至五月不雨六月始插苗

萬曆四十一年旱

按山西通志萬曆四十一年秋蒲州臨晉猗氏榮河萬泉安邑平陸蒲縣大旱

按福建通志萬曆四十一年秋大旱

萬曆四十二年旱

按湖廣通志萬曆四十二年黃州大旱

按福建通志萬曆四十二年羅源縣大旱

萬曆四十三年旱

按山東通志萬曆四十三年大旱饑人相食

按山西通志萬曆四十三年春廣昌旱自春至夏不雨

按浙江通志萬曆四十三年衢州旱災

按福建通志萬曆四十三年夏旱

按雲南通志萬曆四十三年夏省城大旱

萬曆四十四年旱

按山西通志萬曆四十四年夏六月文水蒲州安邑聞喜稷山猗氏萬泉旱春夏不雨

萬曆四十五年旱

按江南通志萬曆四十五年呂梁洪水乾

按湖廣通志萬曆四十五年黃安大旱

萬曆四十六年旱

按湖廣通志萬曆四十六年黃安大旱

按廣西通志萬曆四十六年夏六月茶城縣諸溪不雨而涸伸家廖洞傳有龍鬬日夜不休山水若決率皆泥淖

按廣西通志萬曆四十六年全省大旱民饑南寧尤甚死者白骨壘丘

熹宗天啓元年旱

按雲南通志天啓元年省城自正月不雨至六月米價騰踊新興十八寨彌勒大旱

天啓二年旱

按湖廣通志天啓二年七月鄖陽旱

天啓三年旱

按江西通志天啓三年吉安府旱饑

天啓四年旱

按山西通志天啓四年靜樂大旱自春至夏不雨

按廣西通志天啓四年甲子陽朔縣旱饑民變

天啓五年旱

按山西通志天啓五年夏六月文水不雨

按浙江通志天啓五年紹興大旱

天啓六年旱

按陝西通志天啓六年富平旱

愍帝崇禎元年旱

按畿輔通志崇禎元年保定府大旱

按山西通志崇禎元年秋太平隰州永和蒲州旱

按湖廣通志崇禎元年鄖陽旱

按廣西通志崇禎元年懷集秋旱

崇禎二年旱

按陝西通志崇禎二年米脂大旱

崇禎五年旱

按浙江通志崇禎五年遂昌大旱自七月不雨至次

年二月

崇禎六年旱

按山西通志崇禎六年秋太平蒲縣安邑隰州汾西蒲州大旱

按陝西通志崇禎六年西安旱饑餓莩徧塗米脂大旱斗米千錢人相食

崇禎八年旱

按山西通志崇禎八年稷山垣曲旱

崇禎九年旱

按山西通志崇禎九年夏安邑大旱

按吳縣志崇禎九年夏大旱

按浙江通志崇禎九年金華新昌嵊縣大旱

崇禎十一年旱

按吳縣志崇禎十一年秋旱

崇禎十二年旱

按潞安府志崇禎十二年冬無雪

按湖廣通志崇禎十二年鍾祥旱

崇禎十三年旱

按山東通志崇禎十三年連歲大旱天下大饑人相食盜賊破城邑

按浙江通志崇禎十三年嘉興紹興旱蝗諸暨夏旱

崇禎十五年旱

按浙江通志崇禎十五年寧波旱

崇禎十六年旱

按浙江通志崇禎十六年寧波旱饑

按雲南通志崇禎十六年夏武定大旱

庶徵典第九十三卷

旱災部彙考九

皇清

康熙九年

三月二十二日

上諭吏部等衙門時已入夏雨澤愆期皆由部院大小臣工因循舊習不能精白乃心公廉盡職以致政務失當有干

天和爾等堂上官宜力圖修省靖共職業嚴督所屬司官凡事應秉公勤勵革除積弊勿瞻徇情面仍稽察胥吏作奸事有應結者速行完結勿得借端多駁圖遂己私其問刑等衙門一切獄訟務期平允得情速審速結勿得株累無辜久淹羇禁爾等大小各官須實心修省勿得視爲具文仍前怠玩有負朕委任責成之意著吏部通行申飭特諭

上諭禮部自閏二月以來天氣亢暘雨澤稀少農務方殷殊切朕懷著爾部堂上官同順天府官員竭誠祈禱其應斷屠宰照例行特諭

康熙十年

四月初七日

上諭禮部今已入夏亢暘不雨農事堪憂朕念切民生躬自刻責特頒嚴旨戒飭各官修省過愆祈求雨澤乃精誠未達霖雨尚稽朕心晝夜焦勞不遑啓處茲朕虔誠齋戒躬詣

天壇祭告懇祈甘霖速降以拯生民爾部作速擇吉其祭告儀物卽行備辦特諭

康熙十二年

三月十一日

上諭禮部民資粒食以生今當播種之時亢暘不雨農事堪憂皆由朕躬涼德政治有所未協未能仰格

天心用是夙夜靡寧實圖修省以感召休和爲民請命爾部卽虔誠祈禱雨澤以副朕勤恤民隱至意特諭

康熙十七年

六月十三日

上諭禮部朕惟天人感召理有固然人事失於下則天變應於上捷如影響豈曰罔稽今時値盛夏天氣亢暘雨澤維艱炎暑特甚禾苗枯槁農事堪憂朕用是夙夜靡寧力圖修省躬親齋戒虔禱甘霖務期精誠上達感格

天心爾部卽察例擇期具儀來奏特諭

康熙十八年

三月二十六日

上諭禮部時已入夏天氣亢暘農務方興雨澤未降恐麥禾不能及時長養朕心深爲惓切著爾部堂上官一員同順天府官員竭誠祈禱特諭

康熙十九年

四月十一日

上諭禮部農務爲國家之本粒食乃兆姓所資必雨暘時若而後秋成可期自去冬以來雨雪未降今時已入夏甘霖尚稽久旱傷麥秋種未布農事深爲可虞且失業之民饑饉流移尤堪憫惻或因政治未協致干

天和朕用是夙夜靡寧循省儆惕茲當虔誠齋戒躬詣

天壇親行祈禱爲民請命爾部卽擇吉具儀來奏特諭

五月十五日

上諭內閣九卿詹事科道朝廷致治惟在端本澄源臣子服官首宜奉公杜弊大臣爲小臣之表率京官乃外官之觀型大法則小廉源清則流潔此從來不易之理如大臣果能精白乃心恪遵法紀勤修職業公爾忘私小臣自有所顧畏不敢妄行在外督撫各官自應愼守功令潔己愛民乃大臣等每自謂清正無私粉飾空言至其所行往往營私作弊有玷官方深負委任之意科道係耳目之官凡有弊端自當據實參奏且居處甚近如此情弊豈無見聞乃瞻徇情面緘默不言卽有條奏多係繁文言官職掌殊爲未盡如肯從公糾舉孰敢恣行無忌朕以爲目今之弊莫大於此近因天氣亢旱朕夙夜焦思念慮所及無不舉行感格之道猶恐未盡故特召

爾等各面陳所見因宜諭朕意令爾等知之

又

上諭大學士勒德洪明珠李霨杜立德向以亢暘齋居虔禱雖雨澤薄降四野田疇尚未霑足今茲不雨爲時又久旱魃爲災朕甚懼焉意者政事之失宜者多歟不然天心仁愛下民何其宜雨而久不雨也日者以政理之故勤求言矣而言者文繁無益其集九卿詹事科道掌印不掌印各官問今有何事當行何事當革悉意以陳毋有所隱

康熙二十年

四月二十二日

上諭大學士明珠朕聞京城左右亢旱農事堪憂爾可傳諭禮部著行祈雨再傳諭內務府總管噶祿照前祈雨例於西山等處虔行致禱朕體甚佳皇長子亦安爾近住否爲此特諭

康熙二十一年

十二月十四日

上諭禮部農事爲民生之本必雨雪以時庶春耕不誤秋成可期今歲入冬以來尚未降雪愆陽日久時序失宜田畝暵乾恐妨明年東作應虔行祈禱爾部卽照例作速舉行特諭

康熙二十八年

四月十三日

上諭內閣頃者時已初夏雨澤雖降而猶未霑足其命禮部照前祈禱之禮三日禁止殺牲不理刑名事務虔恭齋祓以祈甘雨特諭

二十七日

上諭大學士伊桑阿今歲旱已久其傳諭九卿詹事科道朕與卿等靜處以俟之耶應行應革事有無耶抑何以禱祀而求之耶其會同詳議以聞

五月初六日

上諭禮部時已仲夏雨澤未霑農事堪憂已經遣官於
太歲
天神
地祇諸壇祈求未應朕衷夙夜靡寧今特遣官於
天壇
地壇
社稷虔行禱祀爾部卽察例擇期來奏特諭

六月初四日

上諭禮部自春徂夏時雨愆期朕念切民生躬自刻責祗祓齋居戒飭臣工共圖修省曾經遣官遍禱
天
地神祇徵雨雖降未沛祥霖今三伏屆期農事可慮朕心彌切焦勞不遑寧處茲仍潔誠齋戒特遣官於
天壇虔行禱祀尚期仰格
蒼昊下拯黔黎爾部卽察例擇日來奏特諭

十一月初七日

上諭今歲畿輔之地亢旱爲災田畝鮮穫小民無以資生雖已蠲免錢糧加恩賑給銀兩已購買米石仍慮艱於餬口邇者親詣
陵寢於所經過地方詢問民間疾苦目覩被災情形非僅米粟匱乏卽薪芻亦復無有以致饑寒交迫若不速行多方賑恤必且流離失所朕夙夜焦思不遑寧處遘此荒年歉歲應將內府屯莊及諸王以下大臣官員並饒裕之家莊田所積糧米酌量捐輸直隸紳衿富民有積穀者亦令其捐助以充賑濟其分賑銀兩仍行給與俾供柴薪之用以與饑民方有裨益爾部會同九卿詹事科道詳議具奏

康熙四十四年

四月初四日

上諭扈從大學士馬齊張玉書陳廷敬頃山東巡撫趙世顯奏三月初三日全省俱得雨二十州縣雨微小七十州縣俱霑足朕時時以農事爲念曾問京師來人云三月十六日二十四日兩日俱大雨想畿輔地方已皆霑足矣

康熙五十年

五月初七日

上諭大學士溫達等此間大學士等將朕口傳旨意令在京大學士齊集九卿詹事科道掌印不掌印官員通行曉諭伊等有可言之事在九卿前各親書奏聞朕自京偶爾違和至今扶掖未能行走又兼天時亢旱日夕憂慮寢食靡寧古來君臣之義最重必明良合德方能上格
天心感召和氣不在修飾虛名也今亢暘不雨君臣宜時相儆惕以萬民生計爲憂其間念切國家不乏其人而玩泄性成者亦未必全無凡爾臣工

理宜體朕孜孜憂民之念竭誠禱祀庶可望甘霖早沛耳

初八日

上諭大學士溫達等現在此處大學士等將朕手書諭旨發往京城會集滿漢大學士九卿詹事掌印不掌印科道官詳晰傳諭伊等有應陳奏之事各自親書奏摺即當九卿前交明具奏朕自京師抱恙而出今行步未健尚需人扶掖又兼天時亢旱早夜焦勞以致不安寢食自古君臣之義甚重必上下一德相成然後能感

上天之心名致和氣不在徒飾虛文務空名以從事也今當此亢旱之際我君臣應協同心力夙夜靡寧以為萬民籌畫生計大抵諸臣內實心以國家為念者固自不少而秉性奸惡亦不可謂無人惟爾諸臣仰體朕懷日存憂惕為羣黎竭誠祈禱庶幾甘霖可冀倖早獲也特諭

旱災部總論

春秋穀梁傳

定公元年

雩月雩之正也秋大雩非正也冬大雩非正也秋大雩雩之為非正何也毛澤未盡人力未竭未可以雩也雩月雩之正也月之為雩之正何也其時窮人力盡然後雩雩之正也何謂其時窮人力盡是月不雨則無及矣是年不艾則無食矣是謂其時窮人力盡也雩之必待其時窮人力盡何也雩者為旱求者也求者請也古之人重請何重乎請人之所以為人者讓也請道去讓也則是舍其所以為人也是以重之焉請哉請乎應上公古之神人有應上公者通乎陰陽君親帥諸大夫道之而以請焉夫請者非可詒託而往也必親之者也是以重之

王充論衡

明雩篇

變復之家以久雨為湛久暘為旱旱應亢陽湛應沈溺或難曰夫一歲之中十日者一雨五日者一風雨頗留湛之兆也暘頗久旱之漸也湛之時人君未必沈溺也旱之時未必亢陽也人君為政前後若一然而一湛一旱時氣也范蠡計然曰太歲在子水毀金穰木饑火旱夫如是水旱饑穰有歲運也歲直其運氣當其世變復之家指而名之人君用其言求過自改暘久自雨雨久自暘變復之家遂名其功人君然之遂信其術試使人君恬居安處不求己過天猶自雨雨猶自暘暘濟雨濟之時人君無事變復之家猶名其術是則陰陽之氣以人為主不說於天也夫人不能以行感天天亦不隨行而應人春秋魯大雩旱求雨之祭也旱久不雨禱祭求福若人之疾病祭神解禍矣此變復也詩云月離于畢俾滂沲矣書曰月之從星則以風雨然則風雨隨月所離從也房星四表三道日月之行出入三道出北則湛出南則旱或言出北則旱南則湛案月為天下占房為九州候月之南北非獨為魯也孔子出使子路齎雨具有頃天果大雨子路問其故孔子曰昨暮月離于畢後日月復離畢孔子出子路請齎雨具孔子不聽出果無雨子路問其故孔子曰昔日月離其陰故雨昨暮月離其陽故不雨夫如是魯雨自以月離豈以政哉如審以政令月離於畢為雨占天下共之魯雨天下亦宜皆雨六國之時政治不同人君所行賞罰異時必以雨為應政令月離六七畢星然後足也魯繆公之時歲旱繆公問縣子天旱不雨寡人欲暴巫奚如縣子不聽欲徙市奚如對曰天子崩巷市七日諸侯薨巷市五日為之徙市不亦可乎案縣子之言徙市得雨也案詩書之文月離星得雨日月之行有常節度肯為徙市故離畢之陰乎夫月畢天下占徙魯之市安耐移月月之行天三十日而周一月之中一過畢星離陽則陽假令徙市之感能令月離畢陽其時徙市而得雨乎夫如縣子言未可用也董仲舒求雨申春秋之義設虛立祀父不食於枝庶天不食於下地諸侯雩禮所祀未知何神如天神也唯王者天乃歆諸侯及今長吏天不享也神不歆享安耐得神如雲雨者氣也雲雨之氣何用歆享觸石而出膚寸而合不崇朝而遍雨天下泰山也泰山雨天下小山雨國邑然則大雩所祭豈祭山乎假令審然而不得也何以效之水異川而居相高分寸不決不流不鑿不合誠令人君禱祭水旁能令高分寸之水流而合乎夫見在之水相差無幾人君請之終不耐行況雨無形兆深藏高山人君雩祭安耐得之夫雨水在天地之間也猶夫涕泣在人形中也或齎酒食請於惠人之前求出其泣惠人終不為之隕涕夫泣不可請而出雨安可求而得雍門子悲哭孟嘗君為之流涕蘇秦張儀悲說坑中鬼谷先生泣下沾襟或者儻可為雍門

之聲出蘇張之說以感天乎天又耳目高遠音氣不通杞梁之妻又已悲哭天不雨而城反崩夫如是竟當何以致雨雩祭之家何用感天案月出北道離畢之陰希有不雨由此言之北道畢星之所在也北道星肯爲雩祭之故下其雨乎孔子出使子路齎雨具之時魯未必雩祭也不祭沛然自雨不求曠然自暘夫如是天之暘雨自有時也一歲之中暘雨連屬當其雨也誰求之者當其暘也誰止之者人君聽請以安民施恩必非賢也天至賢矣時未當雨僞請求之故妄下其雨人君聽請之類也變復之家不推類驗之空張法術惑人君或未當雨而賢君求之而不得或適當自雨惡君求之遭遇其時是使賢君受空責而惡君蒙虛名也世稱聖人純而賢者駁純則行操無非無非則政治無失然而世之聖君莫有如堯湯堯遭洪水湯遭大旱如謂政治所致堯湯惡君也如非政治是運氣也運氣有時安可請求世之論者猶謂堯湯水旱水旱者時也其小旱湛皆政也假令審然何用致湛審以政致之不修所以失之而從請求安耐復之世審稱堯湯水旱天之運氣非政所致夫天之運氣時當自然雖雩祭請求終無補益而世又稱湯以五過禱於桑林時立得雨夫言運氣則桑林之說絀稱桑林則運氣之論消世之說稱者竟當何由救水旱之術審當何用夫災變大抵有二有政治之災有無妄之變政治之災須耐求之求之雖不耐得而惠愍惻隱之恩不得已之意也慈父之於子孝子之於親知病不祀神疾痛不和藥又知病之必不可治治之無益然終不肯安坐待絕猶卜筮求祟召醫和藥者惻痛慇懃冀有驗也既死氣絕不可如何升屋之危以衣招復悲恨思慕冀其悟也雩祭者之用心慈父孝子之用意也無妄之災百民不知必歸於主爲政治者慰民之望故亦必雩問政治之災無妄之變何以別之曰德鄷政得災猶至者無妄也德衰政失變應來者政治也夫政治一有也治字則外雩而內改以復其虧無妄則內守舊政外修雩禮以慰民心故夫無妄之氣歷世時至當固自一不宜改政何以驗之周公爲成王陳立政之言曰時則物有間之自一話一言我則末維成德之彥以乂我受民周公立政可謂得矣知非常之物不賑不至故敕成王自一話一言政事無非毋敢變易然則非常之變無妄之氣間而至也水氣間堯旱氣間湯周宣以賢遭遇久旱建初孟季北州連旱牛死民乏放流就賤聖主寬明於上百官共職於下太平之明時也政無細非旱猶有氣間之也聖主知之不改政行轉穀賑贍損豐濟耗斯見之審明所以救赴之者得宜也魯文公間歲大旱臧文仲曰修城郭貶食省用務嗇勸分文仲知非政故徒修備不改政治變復之家見變輒歸於政不揆政之無非見異懼惑變易操行以不宜改而變祇取災焉何以言必當雩也曰春秋大雩傳家在宜公羊穀梁無譏之文當雩明矣曾晳對孔子言其志曰暮春者春服既成冠者五六人童子六七人浴乎沂風乎舞雩詠而歸孔子曰吾與點也魯設雩祭於沂水之上暮者晚也春謂四月也春服既成謂四月之服成也冠者童子雩祭樂人也浴乎沂涉沂水也象龍之從水中出也風乎舞雩風歌也詠而歸詠歌歸祭也歌詠而祭也說論之家以爲浴者浴沂水中也風乾身也周之四月正歲二月也尚寒安得浴而風乾身由此言之涉水不浴雩祭審矣春秋左氏傳曰啓蟄而雩又曰龍見而雩啓蟄龍見皆二月也春二月雩秋八月亦雩春祈穀雨秋祈穀實當今靈星秋之雩也春雩廢秋雩在故靈星之祀歲雩祭也孔子曰吾與點也善點之言欲以雩祭調和陰陽故與之也使雩失正點欲爲之孔子宜非不當與也樊遲從游感雩而問刺魯不能崇德而徒雩也夫雩古而有之故禮曰雩祭祭水旱也故有雩禮故孔子不譏而仲舒申之夫如是雩祭祀禮也雩祭得禮則大水鼓用牲於社亦古禮也得禮無非當雩一也禮祭也社報生萬物之功土地廣遠難得徧祭故立社爲位主心事之爲水旱者陰陽之氣也滿六合難得盡祀故修壇設位敬恭祈求效事社之義復災變之道也推生事死推人事鬼陰陽精氣倘如生人能飲食乎故共馨香奉進旨嘉區區惓惓冀見答享推祭社言之當雩二也歲氣調和災害不生尚猶而雩今有靈星古昔之禮也况歲氣有變水旱不時人君之懼必痛甚矣雖有靈星之祀猶復雩恐前不備形繹之義也冀復災變之虧獲豐穰之報三也禮之心悃愊樂之意歡忻悃愊以玉帛效心歡忻以鐘鼓驗意雩祭請祈人君精誠也精誠在內無以效外故雩祀盡己惶懼關納精心於雩祀之前玉帛鐘鼓之義四也臣得罪於君子獲過於父比自改更且當謝罪惶懼於旱如政治所致臣子得罪獲過之類也默改政治潛易操行不彰於外天怒不釋故必雩祭惶懼之

義五也漢立博士之官師弟子相訶難欲極道之深形是非之理也不出橫難不得從說不發苦詰不聞甘對導才低仰欲求裨也砥石劘厲欲求銛也推春秋之義求雩祭之說實孔子之心考仲舒之意孔子既歿仲舒已死世之論者孰當復問唯若孔子之徒仲舒之黨爲能說之

欽定古今圖書集成曆象彙編庶徵典

第九十四卷目錄

旱災部藝文一

庶徵典第九十四卷

旱災部藝文一

旱雲賦　漢賈誼

惟昊天之大旱兮失精和之正理遙望白雲之蓬勃兮滃澹澹而妄止運清濁之澒洞兮正重沓而並起嵬隆崇以崔巍兮時髣髴而有似屈卷輪而中天兮象虎驚與龍駭相搏據而俱興兮妄麗倚而時有遂積聚而合沓兮相紛薄而慷慨若飛翔而從橫兮揚波怒而澎濞正雲布而雷動兮相擊衝而破碎或窕電而四塞兮誠若雨而不墜陰陽分而不相得兮更惟貪婪而狠戾終風解而霧散兮遂陵遲而堵潰或深潛而閉藏兮爭離剌而竝逝廓蕩蕩其若滌兮日昭昭而無穢隆盛暑而無聊兮煎砂石而爛焆陽風吸習而熇熇兮群生悶懣而愁憒畎畝枯槁而失澤兮壤石相聚而爲害農夫垂拱而無事兮釋其耰鉏而下涕悲疇畔之遭禍痛皇天之靡惠惜稚稼之旱夭兮離天災而不遂懷怨心而不能已兮竊託咎於在位獨不聞唐虞之積烈兮與三代之風氣時俗殊而不還恐功久而壞敗何操行之不得兮政治失中而違節陰氣辟而留滯兮厭暴戾而沈沒嗟乎作孽大劇何辜於天恩澤弗宣嗇夫寡德群生不福來何暴也去何躁也孳孳望之其可悼也憭兮慄兮以鬱怫兮念思白雲腸如結兮終怨不雨甚不仁兮布而不下甚不信兮白雲何怼奈何人兮

江都王奏記　董仲舒

求雨之方損陽益陰願大王無收廣陵女子爲人祝者一月租賜諸巫者諸巫毋大小皆相聚於郭門爲

小壇以晡酒祭女獨擇寬大便處移市市使毋內丈夫丈夫毋得相從飲食令吏妻各往視其夫皆到卽起雨注而已

旱頌　東方朔

維昊天之大旱失精和之正理遙望白雲之鄧淳滃曈曨而亡止陽風吸習而熇熇羣生悶懣而愁憒隴畝枯槁而允布壤石相聚而爲害農夫垂拱而無爲釋其耰鉏而下涕悲壇畔之遭禍痛皇天之靡濟

與廣川長岑文瑜書　魏應璩

文瑜因時旱祈雨不能得璩書戲之

璩白頃者炎旱日更增甚沙礫銷鑠草木焦卷處涼臺而有鬱蒸之煩浴寒水而有灼爛之慘宇宙雖廣無陰以憩雲漢之詩何以過此土龍矯首於元寺泥人鶴立於闕里修之歷旬靜無徵效明勸教之術非致雨之備也知卹下民躬自暴露拜起靈壇勤亦至矣昔夏禹之解陽盱殷湯之禱桑林言未發而水旋流辭未卒而澤滂沛今者雲重積而復散雨垂落而復收得無賢聖殊品優劣異姿割髮宜及膚翦爪宜侵肌乎周征殷而年豐衛伐邢而致雨善否之應甚於影響未可以爲不然也想雅思所未及謹書起予應璩白

水旱上便宜五事疏　晉傅休奕

臣聞聖帝明王受命天時未必無災是以堯有九年之水湯有七年之旱惟能濟之以人事耳故洪水滔天而免沉溺野無生草而不困匱伏惟陛下聖德欽明時小水旱人未大饑下祇畏之詔求極意之言同禹湯之罪己侔周文之夕惕臣伏惟喜上便宜五事

其一曰耕夫務多種而耕暵不熟徒喪功力而無收又舊兵持官牛者官得六分士得四分自持私牛者與官中分施行來久衆心安之今一朝減持官牛者官得八分士得二分持私牛及無牛者官得七分士得三分人失其所必不歡樂臣愚以爲宜佃兵持官牛者與四分持私牛與官中分則天下兵作懽然悅樂愛惜成穀無有損棄之憂

其二曰以二千石雖奉務農之詔猶不勤心以盡地利昔漢氏以墾田不實徵殺二千石以十數臣愚以爲宜申漢氏舊典以警戒天下郡縣皆以死刑督之

其三曰以魏初未留意於水事先帝統百揆分河堤爲四部并水凡五謁者以水功至大與農事並興非一人所周故也今謁者一人之力行天下諸水無時得徧伏見河堤謁者車誼不知水勢轉爲他職更選知水者代之可分爲五部使各精其方宜

其四曰古以百步爲畝今以二百四十步爲一畝所覺過倍近魏初課田不務多其頃畝但務修其功力故白田收至十餘斛水田收數十斛自頃以來日增田頃畝之課而田兵益甚功不能修理至畝數斛已還或不足以償種非與曩時異天地橫遇災害也其病正在於務多頃畝而功不修耳竊見河堤謁者石恢甚精練水事及田事知其利害乞中書召恢委曲問其得失必有所補

其五曰鄧艾苟欲取一時之利不慮後患使鮮卑數萬散居人間此必爲害之勢也秦州刺史胡烈素有恩信於西方今宜更置一郡於高平川因安定西州都尉募樂徙民重其復除以充之以通北道漸以實邊詳議此二郡及新置郡皆使并屬秦州令烈得專御邊之宜

喜雨賦　宋傅亮

唯二儀之順動數有積而時偏塈襄陵於唐籍感雲漢於周篇匪叔葉之或遘在盛王其固然伊元嘉之初載肇休明於此季懿玉燭之方熙愠積陽之獨愆涸源泉於井谷委嘉穎於中田嗟我皇之翼翼悵臨朝而輟娛踵沖謙於禹湯協至誠於在余且東作之未晏庶雨露之夙濡遵懸子之從虛尤魯侯之焚巫祇桑林之六禱修季宰之再雩誠在幽其必貫感何遠而不孚聆晨鶴於高垤候宵畢於天隅發曾雲於觸石晦重陽於八區春霆殷以遠響輿雲霈而載塗灑豐浸於中疇覃餘潤於嘉蔬殷齊人於甾畝衍將繁於中衢嗣良頌於多稌兆嘉夢於樵漁矧其臣之逢運又均休而等虞陶曲成於暮稔念歸駕於董疎

謝勅示苦旱詩啓　梁簡文帝

伏以九年之水不傷堯政七載之旱無累湯朝歲弘則公田已修農勤則我庾惟億今者亢陽以來爲日未久將恐督郵不黜失在汝南之守曝背未收無傷河南之尹而載勞典居仰發歌詠無愛珪璧有事山川菲飲食矣加之以撤膳焉中夜不寢加之以申旦焉此唐虞之所闕如軒項之所不逮

請雨賽蔣王文　陸倕

陸周祚裔鍾嶽降精聰明正直得一居貞無方無體不疾不行化馳九縣位冠百靈東崦屢愆西郊已戢

偶龍矯首泥人鶴立神聽孔殷靈應揮霍儵覩翻伊俄聞倒洛樂周祈畢恩洽酒闌靈談抗袖鬼笑投枰推茲日引於萬斯歡

爲政事賀雨狀　唐蘇頲

頃者西郊不雨南陸愆陽上勤聖情下憂農事一人以禹湯罪己百姓以堯舜爲心知天人之合符非土龍之可致德音朝降纔出於巖廊膏澤晚飛已周於城闕麥宜早秀日助晴光禾欲潤成歲知秋穫惟皇建極天且弗違用爾作霖臣復何補旣叶夢魚之吉預占鳴鶴之春抃躍之誠萬萬恆品

賀祈雨有應狀　張九齡

右臣等昨面奉恩旨緣秋稼有望時雨暫愆念及黎元見於顏色方躬自祈請誠勤夙夜上靈昭鑒嘉瑞必臻昨日申酉之閒雲物果應初合五色正覆於壇場未及終宵更洒於城闕遂使炎埃宿潤虐暑暫清實冀膚寸之資必致普天之澤臣等多昧徒仰於成造蒼生何幸每及於聖私無任欣慶抃躍之至謹奉狀陳賀以聞旣有殊應仍望宣示史館

賑恤諸道遭旱百姓勑　編制

勑朕承上天之眷佑荷累聖之丕圖宵旰兢勞不敢暇逸思致康乂八年于今而水旱流行疾疫屢作兆庶艱食札瘥相仍蓋德未動天誠非感物一類失所有過在予載懷罪己之心深軫納蝗之歎宜敷惠澤式表憂勤如聞自去年以來河東關輔亢旱爲患秋稼不收百姓之中頗甚困窮今方春之時須務農事若無賑救恐至流亡其京兆河南河東河中等九州府宜賜粟五十六萬石京兆府賜粟十萬石河南府河中府絳州各賜粟七萬石同華陝虢晉等州各賜粟五萬石並以常平義倉及折糴斛斗充如無本色卽與運米折給仍委本州府官長明作等第差清强官吏對面宣賜先從貧下戶起給其京兆府太和六年靑苗榷酒錢在百姓腹內者並宜放免京兆河中河南同華陝虢晉絳等九州府自太和六年秋稅以前諸色逋懸除所由事戶已徵得外在百姓腹內者一切放免議獄恤刑前王攸重苟有冤滯卽傷陽和應在城諸司諸軍諸使應有囚徒速宜疎理限七日處分訖奏聞河南府等八州府勑到後亦宜准此處分諸色工役非灼然要切者並勒停省應久旱處管內名山大川能致風雨者亦委長吏精誠禱請水旱之數雖云常理導化失節亦致咎災顧惟寡昧敢忘克責常參官及外府州長吏如有規諫者各上封事極言得失俟有主正期於阜安咸啓乃誠用致於理無或有隱以忝在公內外官有貪暴殘虐蠹政害人者憲司宜糾察聞奏朕爲人父母虔奉丕業夕惕若厲夙夜匪寧減膳撤懸庶答天譴咨爾長吏實分予憂勉加撫綏用副惻隱庶切救災之義爰申爲上之懷中外臣寮宜體朕意

亢旱撫恤百姓德音　編制

勑承天理物莫尚於愛人謝譴彌災必先於咎己朕臨御萬國逮今五年亦嘗勵精罔敢暇逸誠雖勤而未妥於事澤雖布而未浹於人吳蜀建功關輔屢稔羣生咸若荒服會同將何以答昊穹之顧懷承宗社之眷佑固宜示以災眚警予增修自去冬以來時雪微降及此春暮積爲愆陽宿麥不滋首種未入東作處違於農候西成何望於歲儲爲人父母甚可憂惘況江淮之間歉饉相屬物力疲耗人心無聊雖存救之術已行而凋傷之弊猶切是用輟食而歎中夜以興得非刑獄之冤滯未申貨財之聚斂未息忠鯁之言未盡達不急之務未盡除有一于茲卽傷和氣居高莫喩愧悼是懷爰命禱祠豈咎神祇之望空勤惕厲豈爲恤隱之方莫若側身推誠循政務實法乾坤簡易之理贊天地茂育之仁將以塞違庶孚于道屬陽和之序品彙敷榮俯念縈縲俾從寬減其京城內見禁囚徒犯死罪非殺人降從流流以下罪遞降一等鹽鐵使下諸鹽院舊招商所由欠貞元二年四月已前鹽稅錢及未貞元年變法後新鹽利經貨折估錢共二十八萬七千七百五十六貫文並宜放免除此錢外諸色所由人戶及保人有積欠錢物或資產蕩盡未免禁身或身已死亡繫其妻子雖始於自沒而終可哀矜宜委鹽鐵轉運使卽據狀事疎理具可徵可放免數聞奏度支京西京北諸院榷鹽使幷糴內在城諸色所由人戶欠負從貞元十一年以後至貞元十五年終主保逃亡攤徵保人幷保人又逃亡及身在貧窮非家業見存姦猾延引者所欠錢物斛斗柴草等項亦宜放免亦委度支據具合放數聞奏諸道兩稅外據權率比來創制勑處分非不丁寧如聞或未遵行尚有此弊求言奉法事豈當然申飭長吏明加禁斷如刺史承使牒擅於界內榷率者先加懲責仍委御史臺及出使郎官御史察訪聞奏夫制事立程必根源本末有上敦節儉而下有田窮上好豐盈而下獲安輯顧財用之所出念耕織之爲勞自

中原宿兵調賦尢廣更修無名之貢獻必有無藝之徵求或稱出于羨餘或稱不破正稅相因慕效寖以成風革弊立防何切于此其諸道進獻除降誕端午冬至元正任以土貢修其慶賀其餘雜進除旨條所供及犬馬鷹隼時需滋味之外一切勒停如違越者所進物送納在藏庫仍委御史臺具名聞奏如諸道停進奉後尚務因循或有聚斂亦委出使郎官御史察訪聞奏政理之本在於節約由內及外以示率先聆者六宮內人量已放出猶慮內廐之馬其數稍多委飛龍使等條流減省續具聞奏嶺南黔中福建等道百姓雖處遐俗莫非吾人多羅掠奪之虞豈無親愛之戀以茲興念良用憫然應緣公私買賣奴婢宜令所在長吏切加捉搦并審細勘責委知非良人百姓然許交關有違犯者准法條處分朕理國濟人以義爲利務于當者必舉詢其弊者必除其在卿士叶心方岳宣力勉修爾職以惠黎元慎守彝章咸悉朕意

驕陽賦　田沉

維皇穹之造物何靈鑒之不昭寂然陰閉倏爾陽驕風行天而啓象水干土而成妖山蛇則四翼呈歲日烏則三足昇朝亭皐背春兮失色草木先秋兮欲凋螢飛火井蛙動陽飈嗟乎春之云滌山之方焦旱如何其農焉是恤雲祁祁而始布日杲杲而行出立齋夫於丙丁命小童於甲乙春雷無聞奮豫夜月罕當離畢阡陌之多稌不滋堯湯之下人斯疾是則墳封孝婦東海之守非才圄禁寃囚河南之尹未黜而明明我后罪己彤闈日中而御菲食昧爽而籠繡衣慨祥正兮無潤嗟土膏兮遠晞冠華秉翟郡縣襲舞雩之祭務農嗇用山川申祀鼎之祈出德號兮休力役鋪皇恩兮鑠帝輝于是驗靈圖稽祕籙封朽腐宥寃獄損有餘補不足躬籍田以率下遣皇華以問俗借如晉平老矣所好者音古樂侯文侯之睡希聲懵師曠之心德不足而自撫災無何而自侵赤地三年兮罕閼皇天一怒兮何深野無盈尺之潤山無膚寸之陰至如周宣中興視人如子旱魃爲虐於藩服羣元輟耕於耒耜饑饉薦臻炎焚未已畢祟奠瞞之設不絕郊宮之祀寧莫我聽憂心如把及夫下邳內史任在貢誠鍾亢陽之有悔毒殲殰之無生乾坤不交兮茲焉中否雷霆不動兮何時滿情求下哀於人瘼希通鑒於神明爾其廣漢從事捫衷自省藻洒不時奚能竝整地則未淪金穴天則全枯玉井走羣望而何階誓中隅而有請是以孫龍止矢誚梁君之射鴈臧文抗議非魯國之焚巫齊阻饑而問孔鄭有事而咨屠彼炎亢之爲患信古來而有乎昔者商罪貫盈邢爲不道周邦祀歲於龔罰衛文致疑於請討刬穢鬻兮泮奐伊將驕兮師老方按甲而天誅未廻戈而彗掃行看郅支之亂且見呼韓之保將覆油陰佇羞行潦是時也上方受釐宣室訪議雲臺所以仰乾封之兆稱時運之災濁河清兮龍馬出滄海晏兮鯨魚來山聲萬歲壇勢三陔式行和鸞之節常希法駕之廻皇乎備矣俟不遹哉

旱辭　周墀

元和九年旱不周畿斗位直午祝融權威焦金爍石火雲犇馳雄獸遁足棲鳥不飛太陰匿薄雨龍慵癡有泉涸源有木折枝有地文裂有草戕萎炎光鬱洞太陽赫曦田莫可牛稼莫可鎡彼雲漢萬民莫綏秋既罷矣奚療民饑行者燔趾居者焮肥迺命長吏分土之師暴巫于日徙地而市偶泥而龍歌鍾彈吹誕搜祠廟牲圖繁祀威巫虔祈以期是擬期而越應答巫不媚萬民首仰日瞻其尚渾碧萬里光蒸交盪於戲天胡不降原也燁烈極日一狀民罕求穀殍莫求葬拒饑而德困燠而瘴持頤訴天急聽而望於戲天胡不降汝南周子宇靡其間土靡其塵不稼不穡焉就口食祇寺蚤莽服惟滂滌天既不蒙我憂孔盆徙市縣巫揮時紛從俗宜此尚天其知庫汝南周子稽首謂曰大凡天地陽壯春夏陰結凝沍當陽之盛陰南施雨過而不時陰陽失序帝心既憂吏民亦苦命太史兆何失其所昔漢宣帝遭潤旱暵憂惟不寧退避正殿公卿大夫省宰損膳以藏民災以拯大難爲今效昔冀恕民患無使蒸庶倉忙胥亂於戲胡不爲滂荒莢之境不勞旻蒼施惠中國以綏大邦

祭城隍神祈雨文　杜牧

下土之人天實有之五穀豐實寒暑合節天實生之也苗方甲而水涸之苗方秀而旱莠之饑則必死天實殺之也天實有人生之孰敢言天之仁殺之孰敢言天之不仁刺史吏也三歲一交如彼管庫敢有其寶玉如彼傳舍敢治其居屋東海孝順（集作婦）吏寃殺之天實寃之殺吏可也東海之人於婦何辜而三年旱之刺史性愚治或不至癘其身可也絕其命可也吉福殃惡止當其身胡爲降旱毒彼百姓謹書誠懇本之於天神能格天爲我申（集作聞）

爲舍人絳郡公鄭州禱雨文　李商隱

年月日鄭州刺史李某謹請茅山道士馮角禱請於水府眞官伏以旱魃爲虐應龍不興困杲日於詩人苦密雲於易象生物斯瘁民食攸艱某叨此分憂俯慙無政爰求眞侶虔禱陰靈減哺表勤褰帷引咎伏乞下逼榮播上達天潢合爲膏澤之原用息蘊隆之患其於效信或敢逡巡暴露託詞焦勞結慮泉間候氣樹杪占風惟望玉女之披衣敢駭商羊之鼓舞竊希元感聽察丹誠

人旱解　盛均

涒灘歲越垠曠旱不雨或言有術人能捕退龍而誅之及名術人至而旱色如故太守怒命擒之遁矣其遺囊有書一幅目曰人旱有三天旱國旱人旱曷爲天旱蹇陽肆凶下土祇愼雖六七歲黎人不飢曷爲國旱君道熾災德涸仁枯貪風暴氣蒸爲時癘曷爲人旱邦爕其政吏賊其行千里人心燥不爲陰

上殿劄子　宋包拯

臣竊見冬春以來天下旱乾爲虐而陛下避殿徹膳累下詔書勤求直言疎理刑獄寬省民力雖古之聖帝明王責躬罪己無此之甚焉故詔音所至甘澤隨降和氣應於上民心悅於下天意聖德合若符契當上穹眷祐之如是則陛下尤宜勵精求治以答殊貺臣聞法令者人主之大柄而國家治亂安危之所繫焉不可不愼緣近歲以來賞罰之典或尚因循且人知法令之不足信則賞罰何以沮勸乎昔唐文宗問宰臣李石天下何以易治李石對以朝廷法令行則易治誠哉治道之要無大于此伏望陛下臨決大政信任正人賞者必當其功不可以恩進罰者必當其罪不可以幸免邪佞者雖近必黜忠直者雖遠必收法令既行紀律自正則無不治之國無不化之民在陛下力行而已亢旱之災天之常數固不足貽陛下深憂惟陛下留神省察

求直言詔　韓維

朕涉道日淺昧于政治政失厥中以干陰陽之和乃自冬迄春旱暵爲虐四海之內被災者廣間詔有司損常膳避正殿冀以塞責消變歷日滋久未蒙休應嗷嗷下民大命近止中夜以興震悸靡寧永惟其咎未知攸出意者朕之聽納不得于理歟獄訟非其情歟賦斂失其節歟忠謀讜言鬱于上聞而阿諛壅蔽以成其私者衆歟何嘉氣之久不效也應中外文武臣僚並許實封直言朝廷闕失朕將親覽考求其當以輔政理三事大夫其務悉心交儆成朕志焉

叅龍廟祈雨文　司馬光

昔者聖王設官分職畜擾神物以爲人用後世長業神寶繼之知龍嗜慾服事夏后王嘉神勞胙以此土歲祀超忽廟貌仍存閭縣奔走春秋薦獻却災祈福保佑斯人今大夏將盡而歷時不雨穀苗槁死不可復殖倉廩無儲民將何恃民實神主神實民依百姓不粒誰供神役邑長有罪神當罰之百姓無辜神當愛之天有甘澤龍實司之以時宣施神實使之槁者以榮死者以生旱氣消除化爲豐登然自邇及遠衆盛牲酒以承事神永永無斁伏惟尚饗

金明池上開啓祈雨粉壇道場齋文　王安石

伏以肅設祠壇宗祈解澤膏潤之祥甫兆赫炎之慶更深實恃靈明厚矜黎庶遂令霑足用格豐穰

金明池上開啓謝雨道場齋文　前人

伏以常暘告罰將害粢盛夙設靈場載祈膏澤神休既格昭報有儀尚惟孚祐之仁終保嘉生之享

泰山祈雨文　曾鞏

維神含德體仁鎭茲東夏興雲致雨澤施八紘今此齊邦近在山趾方夏久旱麥苗將萎吏思其繇奔走羣望而人微言賤不能上動頻陰復散忽已兼旬念此疲民弊於征斂方歲之富食常不足一遇災害必捐溝壑惟神威烈覆被羣生顧此比州宜先蒙賜豈伊靈眷獨忍遺之是用飭遣士民布誠祠下情窮詞急冀獲哀矜使一雨霈然則倒懸可解尚其降鑒無作神羞

常山祈雨文　蘇軾

洪維上帝以斯民屬于山川羣望亦如天子以斯民屬于守土之臣惟吏與神其職惟通殄民曠職其咎維均哀我邦人遭此凶旱流殍之餘其命如髮而飛蝗流毒遺種布野使其變躍飛騰則桑柘麥禾舉羅其災民其罔有孑遺吏將獲罪神且乏祀茲用慄慄危懼謹以四月初吉齋居蔬食至于閏月辛丑若時雨霑洽蝗不能生當與吏民躬執牲幣以答神休嗚呼我州之望不在神乎父老謂神求無不獲克有常德以名茲山其可不答以愧此名若曰歲之豐凶在天非神之所得專吏將亦曰民之休戚在朝廷我何知焉則誰任其責矣上帝與吾君愛民之心一也凡吏之可以請於朝者旣不敢不盡則神之可以謁於

帝者宜無所不爲尚饗

又　前人

比年以來蝗旱相屬中民以上舉無歲蓄量日計口斂不待熟秋禾未終引領新穀如行遠道百里一宿苟無舍館行旅夜哭自秋不雨霜露殺菽黃糜黑黍不滿囷籠麥田未耕狼顧相目道之云遠饑腸誰續五日不雨民在坑谷猗嗟我侯靈應響速帝用嘉之惟新命服祈而不獲厥愆在僕洗心祇載敢辭屢瀆庶哀斯民朝夕濡足

得雨祭常山文　前人

熙寧九年歲次丙辰七月某日詔封常山神爲潤民侯十月某日具位刺史蘇軾謹以清酌少牢之奠昭告於侯之廟曰旱蝗爲虐也三年于茲矣東南至于江海西北被于河漢饑饉疾疫靡有遺矣我瞻四方大川喬嶽之祐斯民者甚衆而受寵於吾君可謂巍巍矣許之而必聞求之而必獲惠我農而殄其災沴不爲倏雲驟雨苟以應禱之虛名而有膏澤積潤可以及民之實效卓然似侯幾希矣凡天子之爵命有德而致之則爲榮無功而享之則爲辱今則澤此一郡而施及於四鄰其受五等之爵而被七命之服也可謂無愧而有光輝矣願侯益修其德以克其名上以副天子之意下以塞吏民之望其舉祀有進無褻矣

五嶽四瀆等處祈雨祝文　前人

春年以來水旱作沴振廩同食冠蓋相望已責勸分公私並竭惟待一熟之麥以蘇垂死之民而冬不雨以徂春苗將秀而不實顧惟冲昧有失政刑感傷陰陽延及鰥寡既非下民之罪亦豈上帝之心惟神聰明毋愛膏澤則民有息肩之漸神無乏祀之憂

又　前人

天人之交應若影響雨暘不順咎在貌言失之戶庭害及寰宇求治雖切不當天意之中聽言雖多未聞民病之實刑罰有過賦役未平一人之愆百姓何罪避坐徹膳猶當許其自修悔禍轉災無或救之將墜于神蓋反掌之易而民免擠壑之憂仰瞻雲霓待命旦夕

禱雨磻溪文　前人

歲秋矣物之幾成者待雨而已穟者已秀待雨而實三日不雨則穟者不實矣莢者已孕待雨而秀五日不雨則莢者不秀矣野有餘土室有閒民待雨而耕且種七日不雨則餘土不耕閒民不種矣穟者不實莢者不秀餘土不耕而閒民不種則守土之臣將有不任職之誅而山川鬼神將乏其祀茲用不敢寧居齋戒擇日並走群望而精誠不款神不顧答吏民無所請命聞之曰有周文武之師太公其可以病告乃用大祓之禮禱而不祠穀梁子曰古之神人有應上公者通乎陰陽君親帥諸大夫道之而以請焉夫生而爲上公沒而爲神人非公其誰當之詩曰維師尚父時惟鷹揚涼彼武王肆伐大商會朝淸明公之仁且勇計其神靈無所不能爲也吏民既以雨望公公亦當任其責敢布腹心公實圖之尚饗

鳳翔太白山祈雨文　前人

維西方挺特英偉之氣結而爲此山惟山之陰威潤澤之氣又聚而爲湫潭瓶罌罐勺可以雨天下而況於一方乎乃者自冬徂春雨雪不至西民之所恃以爲生者麥禾而已今旬不雨即爲凶歲民食不繼盜賊且起豈惟守土之臣所任以爲憂亦非神之所當安坐而熟視也聖天子在上凡所以懷柔之禮莫不備至下至于愚夫小民奔走畏事者亦豈有他哉凡皆以爲今日也神其盍亦鑒之上以無負聖天子之意下以無失愚夫小民之望尚饗

乞修德政以弭天變狀　朱熹

臣昨爲本路旱傷祈禱不應累曾具奏及申尚書省乞爲數奏早作防備近準省劄已蒙聖慈特從所請支錢于明州置場糴米而又伏覩陛下發自宸衷特遣中使降香祈禱臣有以見陛下畏天恤民之心至深至切不勝感激願效愚忠顧恨官有常守無由瞻望淸光罄竭血誠庶裨萬一不勝犬馬螻蟻區區之情竊謂累年之旱譴告已深今日之災地分尤廣非惟官府民間儲備已竭而大農之積亦已無餘又當大禮年分戶部催督州縣積年欠負官物其勢不容少緩凡所以爲施舍賑恤之恩者竊恐又必不能如去年之厚臣竊不勝大懼以爲此實安危治亂之機非尋常小小災傷之比也爲今之計獨有斷自聖心沛然發號深以側身悔過之誠解謝高穹又以責躬求言之意敷告下土然後君臣相戒痛自省改以承皇天仁愛之心庶幾精神感通轉禍爲福其次則惟有盡出內庫之錢以供大禮之費爲收糴之本而詔戶部無得催理舊欠詔諸路漕臣遵依條限檢放稅租詔宰臣沙汰被災路分州軍監司守臣之無狀者遴選賢能責以荒政庶幾猶足以下結民心消其乘

時作亂之意如其不然臣恐所當憂者不止於餓殍而在於盜賊蒙其害者不止於官吏而上及於國家也臣蒙恩至深不知死所敢冒鈇鉞爲陛下言觸犯天威恭俟夷滅謹錄奏聞伏候敕旨（地分一作地里）

奏推廣御筆指揮二事狀　前人

具位臣朱熹伏覩本路安撫使司牒備奉御筆指揮頗聞雨澤愆期有妨農務仰本路帥守勤恤民隱決遣滯獄嚴禁屠宰精加祈禱若未感格即具奏聞當議降香前來期于必應俾雨澤霑足寬朕憂軫卿等各宛旃毋怠臣伏讀聖訓有以仰見陛下畏天之誠愛民之切雖成湯桑林之禱宣王雲漢之章無以過此甚盛德也臣幸以愚賤獲奉詔旨謹以牓寫播告質之幽明仰憑威靈屢獲感應但其雨澤不至浹洽均勻目今正是早禾吐穗結實之時尚多闕水去處又聞湖南湖北淮西等路例皆枯旱將來不幸或至荒歉即雖移民移粟之小惠亦無所施臣是以夙夜憂惕不遑起居竊以愚見推廣聖訓畫爲二策具以奏聞如有可採乞賜施行庶幾有以導迎和氣銷去旱災仰寬陛下宵旰之憂惟是不量卑鄙屢犯天威無任震懼隕越之至臣之所陳謹具如後

一臣伏讀聖詔有曰勤恤民隱臣謹已遵稟施行訖然臣竊聞陸贄有言民者邦之本財者民之心其心傷則其本傷其本傷則支幹凋瘁而根柢蹶拔矣推此言之則今日所以勤恤民隱莫若寬其稅賦弛其逋負然後可以慰悅其心而感召和氣也臣自去年到任之初即以本軍星子縣稅賦偏重嘗具奏聞乞賜蠲減及續體訪到三縣夏料木炭錢科紐太重亦嘗具申省部及提點司其木炭錢近得提點司保明條奏已蒙聖恩蠲減二千貫訖獨星子減稅一事雖蒙聖恩施行而戶部行下漕司漕司委官覈實近日方得回申戶部此事格以有司之法必是多方沮難未容便得蠲減所願聖慈深賜矜憐直降睿旨特依所乞則此縣之民庶幾復得樂生安土求爲王民不勝幸甚臣又竊見州縣積欠官物已準去年明堂赦書自淳熙三年以前並行除放而近者上司行下依舊催督至如本軍雖小而所催除虛額外凡一十三項計三萬四千七百三十三貫石匹兩其他大郡抑又可知其間所欠雖復名色多端然而皆是赦恩已放之物今日再行催理不唯仰虧帝王大信而其爲害有不可勝言者蓋若勒令州縣塡補則州縣無所從出必至額外巧作名色取之于民若但責之欠人則其間多已貧乏狼狽雖使賣妻鬻子不足塡納而監繫在官無復解脫之期鈞之二者皆不足以足用豐財而適足以傷和致沴爲害不輕臣愚欲望聖慈特推曠蕩之恩自淳熙三年以前但干欠負官物不問是何名色凡赦恩已放若已放而未盡者一切蠲除如有違詔輒行催理仰被受官司繳連具奏委自三省看詳將施行官司重作行遣其被苦人戶亦許徑赴登聞鼓院進狀陳理依此施行庶幾聖恩下達民情上通可以感格和平銷去災沴唯聖明留意則天下幸甚

一臣伏讀聖詔有曰決遣滯獄臣謹以遵稟施行訖然臣竊聞之易曰君子明謹用刑而不留獄此聖人觀象立教萬世不易之法也今州縣之獄勘結圓備情法相當者並皆即隨時決遣惟其刑名疑慮情理可閔者法當具案聞奏下之刑寺審閱輕重取自聖裁而州縣不敢以意決也此深得古人明謹用刑之意矣然奏案一上動涉年歲且如本軍昨於淳熙四年十一月內申樞密院乞奏劫賊倪敏忠罪案其罪狀明白初無可疑而凡經二年有半至今年三月內方準敕斷行下其他似此亦且非一竊計他州繁劇去處此類尤多若使皆是行劫殺人之賊倘有疑慮使之久幽囹圄亦何足恤其間蓋有法重情輕之人本爲有足憐憫冀得蒙被恩貸而反淹延禁繫不得早遂解釋則恐非聖人所謂不留獄之意也臣愚欲聖慈特詔大臣一員專督理官嚴立程限令將諸州奏案依先後資次排日結絕其合貸命從輕之人須當日便與行下其情理深重不該減降者即便寬與一限責令審覈然後行下庶幾輕者早得決遣釋放重者不至倉卒枉濫是亦導和弭災之一術惟聖明留意則天下幸甚

奏南康軍旱傷狀　前人

照會本軍并管屬星子都昌建昌縣自六月以來天色亢陽缺少雨澤田禾乾枯本軍恭依御筆處分嚴禁屠宰精意祈禱及行下逐縣精加祈禱去後今據星子都昌建昌縣申依應遍詣寺觀神祠及諸潭洞建壇祭祀請水精加祈禱雨澤並無感應今來諸鄉早禾多有乾損及備據稅戶陳得祥等狀披訴所有田禾緣雨水失時早禾多有乾槁不通收刈申乞委官檢視本軍今檢準淳熙令諸官私田災傷秋田以七月聽經縣陳訴至月終止本軍除已依條施行外

須至奏聞

乞放免租稅及撥錢米充軍糧賑濟狀　前人

臣伏覩本軍今爲久缺雨澤旱田旱損已依準令式具狀奏聞訖照對本軍地荒田瘠稅重民貧昨于乾道七年曾遭大旱伏蒙聖恩放免本年夏秋二稅錢米綢絹共八萬六千三百二十貫石匹及詔本路監司應副軍糧米四千石撥到糴軍糧米錢九千餘貫幷撥本軍未起米一萬一千七百餘石本軍借兌過乳香度牒錢一萬餘貫湊糴軍糧支遣官兵及撥到賑濟米五萬石又拖欠兩年上供折帛月樁等錢共九萬三千四百一十六貫石匹兩然後遺民復得存活以至今日今茲不幸復罹枯旱之災又蒙陛下親降御筆深詔守臣精加祈禱而臣奉職無狀無以感格幽明祈禱兩月殊無應效今則旱田什損七八晚田亦未可知正得薄收其數亦不能當旱田之一二訪聞耆老云乾道七年之旱雖不止于如此然當時承屢豐之後富家猶有蓄積人情未至驚憂又以朝廷散利薄征賑給之厚而人民猶不免于流移殍死閭井蕭條至今未復今民間蓄積不及往時人情已甚憂懼且下軍糧便闕支遣計料見管常平斛斗亦恐將來不足賑濟支用若不瀝懇先自奏聞竊恐將來流殍之禍及他意外之憂又有甚于前日欲望聖慈早降睿旨許依分數放免稅租外更令轉運常平兩司多撥錢米應副軍糧準備賑濟則一郡軍民庶幾不至大段狼狽冒犯天威臣無任恐懼待罪之至

再奏南康軍旱傷狀　前人

照對本軍管屬星子都昌建昌三縣管下諸鄉自春夏以來雨澤少愆尋行祈禱于五月中旬已獲感應稍稍霑足遂至高下之田皆以布種至六月上旬以來又闕雨澤及遍詣管屬靈跡寺觀神祠諸處淵潭取水建置壇場依法冊祭龍及修設醮筵禁止屠宰精加祈禱自後未獲感應其管下民戶陂塘所積水利雖車戽注蔭禾稻緣乾亢日久兼又風色滲漏是致民田多有乾槁不通收刈見又住據人戶投陳旱傷不絕本軍恭依御筆處分嚴禁屠宰精意祈禳及行下逐縣精加祈禱去後據星子都昌建昌縣申依應遍詣寺觀神祠及諸潭洞建壇祭祀請水精加祈禱雨澤並無感應今來諸鄉早禾多有乾損及備據稅戶陳得祥等狀披訴所有田禾緣雨水失時旱禾多有乾槁不通收刈申乞委官檢視本軍檢準淳熙令諸官私田災傷秋田以七月聽經縣陳訴至月終止具錄奏聞

乞施行饒信州旱傷（九月日發）　眞德秀

照得本路州縣今歲旱傷至甚除建康太平寧國徽池廣德南康七郡某已嘗節次同制置總領提舉奉申蒙朝廷特賜賑䘏外續體訪得饒信兩州旱亦不輕遂差委承務郎信州貴溪縣丞邵介前去饒州諸縣迪功郎饒州餘干縣主簿潘剛前去信州諸縣體訪旱傷輕重之實同各縣知縣連銜保明申今據各官申到事理及據知信州章奏議所申事理須至開具下項

一據知信州章奏議申（云云及部縣丞等所申云云今不錄）

右備據各官所申在前照對本路饒信兩州春夏之交不至闕雨可以隨宜栽種比之建康太平等七州自春一向乾涸種不入土事體輕重緩急不同所以昨來先具七州旱傷申乞亟加賑䘏續聞饒信兩州栽種之後六七月以來亦是一向缺雨緣未見旱傷淺深的實所以未致輕易一槩申陳遂分委各官體訪到前項事理某又朝夕咨訪參驗所聞委是後來正當苗穗茂實之時無雨霑活加之間被飛蝗爲患致使已栽種田畝反成枉費夫力種糧其被害乃甚于種不入土之處如此則饒信兩州旱傷雖大體比建康太平等七州爲輕而實不可謂非旱傷州郡兄其中如饒之鄱陽樂平信之永豐玉山旱傷至甚却又與七州無異兼日來體訪得各處米價亦已艱糴當收成時其價比春間反增三兩倍瀕河之民已有全食菱芡而不粒食者似此人情委難存濟既已審究得實若遂以前來止申七州之故隱而不言卽爲欺罔謹錄續次所審實到事理開具申聞欲望朝廷矜念兩州之民均被旱傷特賜詳酌幷垂恩䘏庶無一夫不被其澤之患實爲幸甚

禱雨說　前人

雲蒸雨降雖自于天其實從一念中流出故禱祈未效不可怠怠則不誠矣既效不可矜矜則不誠矣不效不可慍慍則不誠尤甚焉未效但當省己之未至曰此吾之誠淺也德薄也于神乎奚尤既效則感且懼曰我何以得此也不效則省己當彌甚曰神將罪我矣吾其能容身覆載間乎蓋天之水旱猶父母之譴怒也爲人子者見其親聲色一旦異常戒儆畏惕蓋如何邪方其未復當如大舜號泣于旻天時如伯

奇履霜中野時幸而復則喜而不敢忘敬而不敢弛惴惴焉恐親之復我怒也故曰仁人之事親如事天事天如事親紹定己丑中元前一日禱雨於仙遊山書此自警且以告親友之同致禱者

清源洞祈雨青詞　前人

歲以稔聞已拜高穹之賜雨弗及時又聞下土之吞輒恃至仁敢陳微悃臣聞詩播貽牟之頌史嚴無麥之書蓋于五穀之中此爲最重必備四時之氣乃克有成儻乖呂令之期雖擬崆峒之熟今者仲冬將屆嘉澤尚慳未耕者既阻於翻犁已種者又虞于焦巷秋收百畝僅腎眼下之瘠夏秀兩岐殆類中流之楫此而失望誠可深悲仰祈大造之慈俯拯細民之苦寸雲觸石冀亟示于威神三日爲霖庶均霑于膏潤控忱以請從欲是祈

清源洞設醮祈雨青詞　前人

愆陽頗甚慮二麥之失時法醮載陳爲三農而致禱方虔恭而俟命俄霡霂以逼宵豈愚誠足以動天繇聖造存乎濟物然而旱乾頗久既又潤澤未敷下田雖幸于霑濡高壤尚遲于播植敢辭再瀆游控一忱沛甘霔以及時願終大賜貽來牟而率育共戴洪恩

祈雨建醮青詞　前人

職玷撫摩難勝二千石之寄民憂旱暵莫如七八月之間敢瀝丹衷冒干洪覆睠此湖湘之凋瘵異乎江浙之富饒本乏蓋藏况加科配故雖豐稔猶或嗟吞或惟一穀之弗登立見羣生之告病幸自春而徂夏蒙賜雨之以時早稻既收晚苗亦茂正需嘉澤庶迄全功粤繇兩日以來忽苦常暘之沴懇祈雖切感格未能雲未合而倏離雨方霑而隨止夙宵自省震懼靡遑卽吉旦以陳儀籲高旻而致請願垂矜憫亟解焦枯當白露之將臨俾甘霖之遄應實穎實栗遂爲上熟之年成始成終敢忘大造之力

南嶽青詞　前人

旱太甚以如焚備罄禱祈之悃天不言而善應乞垂霑匃之仁仰戴隆恩敢忘祇謝伏念臣猥繇推擇繆任撫綏既分閫外之顧憂常軫民間之休戚顧慙舛政上干二氣之和驟致常暘幾遍三湘之境極夙宵而省咎如疾疢之在躬誕卽靈宮肅陳醮席爲列城而請命賴洪覆之垂休自入孟秋以來屢霑時雨之潤苗將枯而復茂粟方萌而浸平雖遐邇不同或有全虧之地然盈虛相補尚幾下熟之年既荷殊恩敢祈終惠蓋頊屬惔焚之際嘗嘿思賑卹之宜欲殫一己之勞期建百年之利必也豐穰之不失庶乎規畫之可行冀皇天后土之有臨亟成微志俾赤子黎元之得所盡出洪鈞

天慶青詞　前人

旱太甚以如焚備罄祈禱之懇天雖高而聽下迄成霑匃之恩仰戴隆慈敢忘祇謝伏念長沙之境越繇季夏以來蓋愆亢者久之亦焦熬之極矣臣忝任生靈之寄不勝朝夕之憂斐控愬于穹旻遂獲臻于浸潤始焉不雨所以示儆戒之威終則有秋又以昭仁愛之意仰化工之至妙訢民命之獲全顧已幸于蒙休尚有蘄于終惠蓋頊屬畝洋之際嘗嘿思惠養之宜在其閭閻則欲倣張詠賑民之法若時郊野則欲遵朱熹賑廩之規不辭一己之勞期建百年之利必也豐穰之不失庶乎規畫之可行冀皇天后土之有靈亟成微志俾赤子黎元之得所盡出洪鈞

江東祈雨青詞　前人

旱魃爲虐將貽卒歲之憂昊天曰明願軫斯民之苦敬憑法醮冀達微誠竊念江東實連淮甸開禧兵燹流徙最多嘉定年饑死亾相踵屬者豐穰之屢應居然凋瘵之未瘳迺自暮春以來久愆時雨之潤川源斷港阡陌揚塵宿麥既枯將奚續食新秧未藝敢望收成靜言盭氣之傷和端自微臣之失政凡有筍咎宜加不肖之軀忍使生靈重罹莫大之厄惟妙造斡旋之甚易幸至仁矜憫之亟施霈然三日之霖救茲一道之命控忱以告得請是期

祈雨青詞　前人

大田將稔忽罹旱暵之災上帝至仁忍棄生靈之命爰共殫于忱悃冀仰徹于穹旻睠茲浦城僻在閩嶠山谷多而膏腴之壤狹坡渠少而灌漑之備疎里居鮮甚裕之家蓋藏有幾鄰粟無可通之路轉販維艱故于歲事之成虧尤切民生之利病粤從季夏久苦常暘雖禳禬之具脩顧感通之殊邈雲方凝而復散雨欲作而驟休儻滂霈之澤少稽將饑饉之虞立至載念休戚之同體殆如焚灼之切身爰卽道宮敬陳法醮願下雷霆之詔申勅山川之神三日爲霖亟救倒垂之厄百穀皆熟遂爲大有之年

告斗祈雨表　前人

伏爲臣等所居建寧府浦城縣久闕雨澤虔申醮告者旱而望雨不勝怵迫之情窮則呼天冀徹穹窿之聽臣某等誠惶誠恐稽首頓首乃睠浦城之境越由

季夏以來甘霔久愆亢陽遂極協公私而共禱雖潤澤之屢霑泉乾而土弗濡未幾涸竭日炎而風亦爍有甚灼焚既高原下隰之皆枯將旱稼晚苗之俱瘁望雲霓而蹙頞瞻田壄以傷心痛惟貧窶之甿甫遭饑饉之厄幸去冬之一稔稍瀕死而復蘇正須保養之功庶有安全之望儻重罹于凶歉必立至于顛隮靖言何辜遽至斯極矧民情自古以難保且鄉俗在今而易搖苟生理之或窮恐禍機之適作蠢蠢黎元之命殆茂絲髮之危皇皇后帝之仁忍視塗炭之酷期鑒回于造化用哀籲于聖眞恭惟大聖北斗七元尊君斟酌一元紀綱七政念此土災傷之未久而斯人瘡痏之尚新申勅群靈大敷渥澤使欲槁之禾復活而垂成之穀獲登寶與函生均蒙再造臣某等竊循平昔積有愆尤顧省己之多慙甘以身而受罰若蠢愚之罔識祈赦宥而勿誅普推滌蕩之恩俾追流行之數賜以樂歲悉爲至人臣等祇荷曲成誓當加勉神明森列敢萌自昧之心貧富相資深戒不仁之習臣等無任瞻天仰聖激切屏營之至

清源洞祈雨疏　前人

歲以稔聞方惟多稼之喜雨弗時至又深無麥之憂蓋當播殖之期正賴霑濡之澤今高田欲種而無水以耕下田雖種而無水以溉戚休所係愁歎相聞況夫風高氣燥則居者用虞泉竭井枯則汲者告病皆民生之甚患豈守土之敢安是用奔走乞靈虔恭請命寸雲觸石願倏變于陰威三日爲霖庶均霑于德施

天慶觀祈雨靑詞　前人

臨民而思裕民莫急豐穰之願得雨而復望雨實由眞切之誠輒貢忱辭僭干洪造伏念臣猥叨謬渥擢守便州初無善政以慰羣情但有過舉以傷和氣故於涖事之始即致亢暘之菑朝夕省愆殆如焚灼雲霓在望何啻渴饑亟蒙覆物之仁洊降及時之澤平壤已聞於沾洽高田猶慮於焦枯爰即眞宮敬陳法醮冀垂矜憫更始滂沱百穀用成迄遂有年之喜烝民乃粒無貽艱食之憂

庶徵典第九十五卷

旱災部藝文二

郡守天池祈雨狀　金元好問

維太歲甲辰四月辛未朔二十四日甲午忻州某官等惶恐百拜獻狀天池龍君殿下惟神血食一方實潤千里靈應之迹著見有年某等食品凡陋德薄任重不能撫安閭里召迎和氣自開歲以來雖常被一溉之賜既雨而旱今已十旬夏苗欲枯秧稼無望民庶嗷嗷將遂逋播匪我神明則將疇訴乃涓吉日謹遣管內僧某道士某躬請靈湫奉迎甘澤某卑職所限止於道左顒俟雲輿風馬尚尋臨之不勝懇禱之至謹狀

欽崇天道疏　明鄒智

臣聞樂人之樂者憂人之憂而食人之食者亦事人之事頃者上天垂戒以警動我國家山上無雲地下無雨自正月至五月自北方至南方亦不可謂天地之小變矣而中外大小之臣拱手熟視無一人肯動一舌畫一計爲陛下一分憂者尚賴陛下克謹天戒

不違寧處下修政之令出罪己之言綸音朝發甘雨夕施天人交感信不可誣然臣因此方且爲陛下憂而未敢爲陛下賀也何者天之於君猶父之於子子有過父怒之爲之子者憂愁嚬抑痛自悔尤亦既稍釋其父之怒矣然猶未能改過遷善立身行道以大得其父之懽心以成大孝於天下而恃父之愛遽肆然於家庭之間爲之斷養者食其主之食衣其主之衣聽其主之使令略不思勸其主以爲長久計視其主之憂不憂樂不樂若秦人視越人之肥瘠也長此不已日復一日則父之所以愛之者又將轉而爲怒矣夫天天下之大父也陛下天之宗子也中外小大之臣陛下之斯養也今陛下方釋天之怒而中外小大之臣又不能建萬世之長策此臣所以寢不安席食不甘味爲陛下長太息而不能自已也臣筮仕未久識練未深不敢目舉以稽聖聽請獨以今日之急務爲陛下陳之惟陛下虛心留聽焉一曰任宰相以亮天工臣聞體元者人君之職調元者宰相之事宰相之不可不任不待智者後知也陛下於宰相有閒必備有事必咨有殊恩異數必加亦云任矣然或改革一政進退一人處分一軍國重事往往出自內批名爲陛下之獨斷其實一二小人者挈其柄是既任之而又疑之也夫任則不疑疑則不任陛下任之而又疑之者豈不欲推誠以待物哉臣竊意其進身之初多出於私門不由於正路既有以致陛下之厭薄矣至於議事之時又容容唯唯若不能然伈伈俔俔若不敢然甘於模稜恬於伴食反不如一二小人者明白果決足以了事此陛下所以一任之一疑之也臣竊以爲過矣宋之英主無出仁宗夏竦懷奸挾詐孤負任使則罷黜之呂夷簡痛改前非力圖後效則包容之杜衍韓琦范仲淹富弼抱才氣有重望則不次擢之而慶曆嘉祐之治號爲太平未聞一任一疑可以成天下之事也臣願陛下盡體元之職重調元之任孰爲夏竦吾黜之孰爲呂夷簡吾容之孰爲杜衍韓琦范仲淹富弼吾擢之凡宮中府中之事無一不屬其統領退朝之後召致便殿或賜坐或賜茶或給筆札使條陳治國平天下之道不使一二小人者得以參錯其間則天工於是乎亮矣二曰選諫官以開天聽臣聞天下之事惟宰相得以行之惟諫官得以言之諫官雖卑與宰相等苟非其人曷足以稱厥職哉宋神宗將定官制謂蒲宗孟曰御史大夫非司馬光不可古人慎重諫官有如此者今之諫官以軀體魁梧爲美以應對捷給爲賢以簿書刑獄爲職業羣居終日迹若鵷鷺間有以忠義激之者則曰吾舌非不能言吾心非不欲言吾官非不可言但言出而禍咎隨之其誰吾聽嗚呼既不盡言以稱其職而復引咎以歸於君有人心者何忍爲此而陛下亦安用之臣願陛下罷黜浮沈之輩廣求風節之臣或令對仗彈阿或令入閣參議或請對或輪對或非時召對接之以溫顏款之以厚語使得展底蘊無少顧忌言有可採則次第施行如不可採亦曲加優容而不之罪則天聽於是乎開矣三曰收人望以協天心臣聞汲黯在朝淮南寢謀正人君子之有益於人國也大矣夫以陛下之聰明豈不知天下事必得正人君子而後可任哉其所以不樂於正人君子而反屈折之者非有他也特以其所言所行利於公室而不利於私家故小人巧爲讒間以中傷之耳如以臣所知者言之如兵部尚書王恕元勳碩德撐柱天地顧削其爵而投之於桑梓之墟監察御史強珍忠肝義胆貫鑄金石顧褫其權而置之於田野之間他如章懋之直亮林俊之剛方張吉之純雅或落之於空山或疎之於部署或竄之於蠻烟瘴雨之鄉使其向日之誠技擠於中而不得以遂此豈天所以生賢之本心哉臣願陛下館王恕之蒲輪駕強珍之驄馬將林俊等分居要近之地使各盡其平生以圖來效則天心於是乎協矣四曰復祖憲以正天綱臣聞范祖禹有言自古國家之敗未有不繇輕變祖宗之舊也創業之君其得之也難故其防患也深其慮之也遠故其立法也密後世雖有聰明才智之君獨出羣臣之表然終不若祖宗更事之多也我太祖高皇帝監前古之迹識禍亂之原凡寺人之徒惟給事掃除之役不與一毫之政神謀雄斷誠萬世聖子神孫不易之法也頃年以來舊章日壞邪徑日開人主大權盡出此曹之手內倚之爲相外倚之爲將十三布政司倚之爲鎮撫倚人賤工倚之以作奇技淫巧法王佛子倚之以出入宮禁鎮國永昌等倚之以結怨於軍民其他耳目之所不加思慮之所不及不可勝言者歐陽修曰宦官之禍甚於女寵可不念哉可不畏哉臣願陛下以宰相爲股肱以諫官爲耳目以正人君子爲腹心然後深思極慮定宗社生靈長久之計則天綱於是乎正矣臣前所陳四事皆今日最急之務而不可少緩者然深究其本則在陛下之明理何如耳朱熹

曰人主之學當以明理爲先此萬古帝王之準的也陛下聖質高明聖學深遠豈不致力於明理之學而奚假於臣言哉然竊聞之侍臣之進講也指某章爲某書訓某字爲某義殊無反復論辯之功陛下之聽講也每歲有常月每月有常日殊無從容啓沃之益如此而欲明理以應事臣不信也臣願陛下摭難窮之義理惜易過之春秋考之於經驗之於史會之於心體之於身一歲之間無一月之不然一月之間無一日之不然則所當爲者不得不爲所不當爲者不得不去矣豈特四事之舉而已哉臣聞言切直則不用而身危不切直則不足以明道臣知急於明道固不暇於恤身惟陛下爲太祖十五年艱難辛苦之業一爾意焉則萬世幸甚臣干冒天威不勝恐懼待罪之至

旱災疏　汪文盛

臣竊聞古之牧民者務在四時守在倉廩天不生財地不出寶則田野荒無田野荒無則倉廩不盈倉廩不盈則民乃草菅將捐其地而走矣臣又聞能積於不涸之倉藏於不竭之府者可禦水旱之來當患而爲之備既災而爲之捍者可免流離之苦天災流行國家代有救災卹民古之道也臣謬以疎庸之才濫叨牧民之寄蒞郡以來勉思報稱夙夜兢惕未知所云爲照福州府地方所屬十縣濱依山海岩谷多而膏腴之壤狹陂渠少而灌溉之備疎居里無甚裕之家蓋藏有幾鄰粟無可通之路轉販尤難故於歲事之盈虧尤切民生之利害前年以來陰鬱尤甚雨水過多田地崩陷種穫不廣所產枝圓果木根苦久浸枝幹折拔於颶風子實垂結而殞落瓜菜薤芋虛名無補蕎麥麻豆鹹地匪宜嘉靖五年春正月至於夏四月連雨日夜不止平疇蕩爲巨浸者浹旬禾苗坐見淹沒者過半五月中旬至七月亢陽爲災顧茲平壤全無膚寸之滋瞻彼高原皆如卦兆之坼雲方凝而復散雨欲作而驟休雖祈禱之具修緣感通之殊邈早禾水淹未盡者或爲旱氣所傷多是白秕或爲螟蟲所食止有薄收況本地全賴晚禾大冬二項濟饑炎天毒熱土脈乾燥犂鋤不入赤地相望即今晚禾秧苗旱死全未布插大冬已插在田一切鞠爲枯草無泉源爲之灌輸有風日爲之炎鑠曠野難耕皆成槁白稍苗方秀頓覺萎黃節序已過原野如焚縱獲秋霖無益穡實臣忝司牧民日覩災旱民不得所咎必有由謹按去冬十二月以至今年夏秋日落之時赤紅異色蔽大西北方如火光凝薄或至經夜不散梅花鎮東地方海水忽赤經旦復清魚蝦可數省城左右旂鼓二山前後夜鳴各處井泉枯竭入夏以來耳不聞蟬蛙蚓不鳴臣之愚陋固不能仰測天文俯求地理旁究物情然推之於人事則有隱憂者矣何者赤紅之氣正當西北之方是陽德不順常當其下有兵荒之象也海之爲言晦也濁黑而晦乃其常性今清固反常赤又難委於吉矣山體本靜旂鼓宜偃仆今乃飛鳴是不靜而擾動者之職於法爲賊也井泉竭地道泄也夏無蟬鳴濕不能化蚹翼也土不反宅蛙蚓結也天告於上地告於下物告於中人有訛言野有謠諺稽諸數端恐不但旱荒而已揆厥所由匪降自天皆由臣不職不能慎身奉法平政名和以延民命徒爲民之牧食民之粟飲民之水以致上天降罰不罪於身反耗斁下土一郡之田盡受赤裂詩云泉之竭矣不云自中言禍亂有所由起也今臣待罪福州已及三年食不止福民數升之粟飲不止福民數杯之水爲民不利上干天和重傷國本如此則夫旱災之來其由臣身也必矣臣又聞古者三年耕有一年之積九年耕有三年之積閩版籍繁而食地淺爲者寡而用者多上農之夫中農之歲公私並用已有不及在昔如此況於今日乎小民廢於生穀牛謀轉輸之利腴田苦於兼併不知儲偫之法故一旦饑饉萬目睽睽衆口嗷嗷奔走告急乃其眞情昔管仲曰粟行於五百里則衆有饑色其稼亡三之一者命曰小凶小凶三年而大凶大凶則衆有遁去在昔如此又况於閩民今歲之旱乎將來之勢意外之患可以逆見臣所以不敢避斧鉞之誅而上瀆聖明之聽也伏望皇上軫念邊陲哀其困苦視萬民如密邇四方如邦畿乞勅戶部從長議處將該年稅糧盡免轉行鎮巡等官多方設法處置穀米以備賑濟料理邊防用兵不廣仍乞工禮二部將各年未完并本年坐派暫且停止候有收之年帶徵古人云所費者財用所收者人心是大有望於今日也竊又念臣恢郡既已無狀靦顏就列心甚不安乞將臣早賜罷斥以消天譴以謝人怨別選賢能官員前來拊循凋瘵之民舉行救荒之政地方幸甚人民幸甚

委勘通山秋災記　李元震

余自六月十一日蒞嘉魚即逢災旱越八日而踏荒之令下十九日躬親履畝遍歷鄉邑是時民方得微

雨僅以五分報尤望大澤時降繼而不雨者又三旬日民心皇皇聊生無計幸上臺軫恤諄摯有加無已余急以十分請命方沐俞允忽又委勘秋災於役通山力辭不能敦迫益切單騎減從由八月四日遍盡出縣東門十里至石幷十里至葉嶺回想六月間勘災至此彼時民間望雨如渴至今日而野色荒凉風景蕭瑟躊躇四顧何益增人酸楚也十五里至舒橋午炊民家望其民有菜色急以餱糧勞賚非做德竊粲亦貽誚漆洧已又十里由秦鍾山至洪水鋪崎嶇而前及嘉蒲接壤處嘉魚彈丸無數百頃之阪無千餘烟之族一交蒲界而人稠居廣景象頓殊截小路三十里有官廨積廪冷甑權宵於此黎明起程十六里至官驛旁有古寺行人駐足二十一里至丁泗橋餉午過橋爲咸寧界復截小路二十五里乘蔭徒梁間綠葉參差水聲淙淙徘徊久之土人引道十五里至馬家橋日暮策馬渡溪水止宿雞鳴戒途行二十里重山峻嶺鳥道紆廻人馬疲病徒步艱難至白沙鋪憩力停餐十五里至分水嶺過嶺爲通山界接通邑僅六里入境即一二三之里惟山口鋪有泉水一源稍濟一頃過此以往平蕪如焦災民望予有日扶老攜幼齊擁馬首几不得前十五里至西港倚巨橋欄眺望移時離邑尚五里許望見邑宰顏邑宰爲吾郡龔聞翁翁愛民若子潔己如冰民咸德之通邑無城郭下榻多寶寺次日同聞翁閱四五六之里民間擁道倍昨而藍縷之狀號泣之音几不忍聞見余兩人停馬花橋竭力綏慰定數九分例照十分蠲民戴邑侯因戴予噫此何事也而敢有德色予不欲久勞民八之日急於整轡歸途淋雨淒清金風四起黃花滿地蘆葉驚秋耳聞目送惟覺通山赤子依依聚泣於馬首間也薄暮宿白沙鋪九之日宿丁泗橋十之日入嘉魚境宿豐義里團聞民間近弊在科旱費隨路嚴稽晨與抵治是役也往返計八程而兩邑之顛連困苦狀恐監門圖猶有未盡繪者云

與人論旱荒　唐順之

蘇松常鎭並爲鄰郡而地利之高下水勢之淺深迥然不同或遇水荒則蘇松特甚而常鎭尚可或遇旱荒則常鎭爲劇而蘇松得利試以運河測之則常州水止尺許而蘇松尚有至於丈餘者此其地利水勢顯然可見恐明公以爲蘇松未嘗告荒而常州獨若嘵嘵然者不以民之僥倖於免稅則以爲有司之私於其民而其實旱與不旱有不同也是蘇松荒而得常州以相補常州荒而得蘇松以相補民實國稅兩相消息造化者亦有裁成之意云耳

答佟太守求雨　王守仁

昨楊李二丞來備傳尊教且詢致雨之術不勝慚悚今早謀節推辱臨復申前請尤爲懇至令人益增惶懼天道幽遠豈凡庸所能測識然執事憂勤爲民之意眞切如是僕亦何可以無一言之復孔子云丘之禱久矣蓋君子之禱不在於對越祈祝之際而在於日用操存之先執事之治吾越幾年於此矣凡所以爲民祛患除弊興利而致福者何莫非先事之禱而何俟於今日然而暑旱尚存而雨澤未之應者豈別有所以致此者歟古者歲旱則爲之主者減膳徹樂省獄薄賦修祀典問疾苦引咎賑乏爲民遍請於山川社稷故有叩天祈雨之祭有省咎自責之文有歸誠請改之禱蓋史記所載湯以六事自責禮謂大雩帝用盛樂春秋書秋九月大雩皆此類也僕之所聞於古如是未聞有所謂書符咒水而可以得雨者也惟後世方術之士或時有之然彼皆有高潔不汚之操特立堅忍之心雖其所爲不必合於中道而亦有以異於尋常是以或能致此然皆出於小說而不見於經傳君子猶以爲附會之談又況如今之方士之流曾不少殊於市井囂頑而欲望之以揮斥雷電呼吸風雨之事豈不難哉僕謂執事且宜出齋於廳事罷不急之務開省過之門洗簡寃滯禁抑奢繁淬誠滌慮痛自悔責以爲八邑之民請於山川社稷而彼方士之祈請者聽民間從便得自爲之但弗之禁而不專倚以爲重輕夫以執事平日之所操存苟誠無愧於神明而又臨事省惕躬帥僚屬致懇乞誠雖天道亢旱亦自有數使人事良修旬日之內自宜有應僕雖不肖無以自別於凡民使誠有可以致雨之術亦安忍坐視民患而恬不知顧乃勞執事之僕僕豈無人之心者耶一二日內僕亦將禱於南鎭以助執事之誠執事其但爲民悉心以請毋惑於邪說毋急於近名天道雖遠至誠而不動者未之有也

禱雨記前　屠隆

屠隆爲潁上之明年是爲萬曆戊寅四月有事壽春四之日大風明日人言潁上大雨雹傷麥苗隆方食憂懼食噎幾殆歸視東郊原野幾空稽顙謝過自傷爲令亡狀皇天嫁禍我民仰天而哭已入中庭對邑父老又哭父老曰天禍下民遠矣他郡邑雹災者汴

梁以北建業以南多有之寧獨潁上使君無爲自苦隆曰風雨不避灌壇乎余實不德以召此殃也奈何以他郡邑爲解至五月又大旱爲文禱於城隍又禱於張龍王之神會里人名村巫降神妄言禍福隆察其有異繫之而廉得其詐禱二日不雨隆曰天之困隆深矣而奄爲災民已重不堪而又加之歲旱寧有噍類者隆乃赤日暴中庭從朝至暮越二日又不雨博士諸生齊民心憐余環而涕泣者以百千數曰潁邑小不貧粟猶支一二年歲旱民不即至死也而胡以苦使君至此極爲隆謝曰隆不獨爲吾民且以盡吾心焉天降災吾邑而且泄泄然息陰就涼以自爲愉快吾愳重有戮辱繫獨爲民故吾暴日中蒼蒼涼涼處一室則怒焉如焚矣爲文告於神者三始頓首謝過乞憐其辭哀已而激切語涉不遜命遷神對暴日中日晡乃已即夕雲起詰朝而雨明日又雨然陰雲如黛雨不甚霑足隆又愳入禱元帝廟既出隆忽與同官曰盍與諸君返元帝廟待雨乎遂返入後殿俄見上帝像坐羣神東偏隆驚曰此何爲同官曰其上故有玉皇閣下神像修閣闕成而不上今且數年於玆矣隆曰天子祀上帝諸侯祀封內山川即神像下邑安得有之而又令居羣神東偏彼羣神奚而安也且記稱上帝所居常有紅雲擁護雖眞仙罕得見其面而令居湫隘近樵豎簡甚矣天之降罰無乃是乎即奚以專罪令爲也於是亟命上之隆與同官免冠頓首伏地不敢仰視先是嘗謀上神像聚三百人不能動而止至是才四十人耳如雲登焉異哉是時日向暝矣應時大雨竟夕四郊霑足自是連日大雨嗚呼又異哉夫上帝高拱上淸其靈氣當不在是乃維天聰明何不燭矣矧又百神在邪應時澍雨理或有之奄而旱旱而禱不得雨禱而得雨而又徵蓋至是而後大雨如響也入禱元帝廟即出矣復入何爲乎嗚呼可畏哉朝出禱夕還內舍窮日夜不休形容顦顇無人色家人謂隆遂駭相覷而泣婦心憐隆亦同隆夜匍伏稽首達旦期在必得雨乃已心又私計禱祠如此而神卒不應將遂謂窅冥不可詰嗟乎詎謂其如響也神理孔章可畏哉隆於此滋惴惴懼矣世之貪殘恣睢負心者豈誠爲天道神明遠哉隆謂此事可用自警亦可以警世也故記之

禱雨記後　　前人

始隆暴日以求雨也官師士民及家人咸曉之夫雨暘天也天積氣也隆隆高爾矣勿可梯也泬寥爾矣茫蕩爾矣呼弗聞也叩勿應也誤之勿喜也觸之勿怒也若頑焉當其潦也勿格之使倒流也當其旱也勿挽河漢而瀉之也大化獨運適焉爾矣遭其適也故潦於堯而旱於湯夫潦於堯而旱於湯堯勿知天也天亦勿知堯也湯勿知天也天亦勿知湯也何物而堯何物而湯何物而天適焉爾矣子暴而求必雨天且不雨而三日而五日而百日子即立槁穎木之上竟不雨也勿遭其適矣子如天何天如子何則無乃不惠乎何爲自苦隆應之曰非也子不聞精誠之極乎夫精誠之極者不惠也不惠所以精誠也精誠之極神明通焉無不可爲矣故不可以耳視而可以目聽也可以手行而足指也神可有而器可廢也粗而入精形殼蛻也闇而生光元照朗也故大荒可挾而六幕可遊也大鵬蚊蟲焦螟嵩山須彌芥子毫光六合秋毫泰山泰山秋毫小大一矣不知彭之爲殤不知殤之爲彭不知龍伯之爲僬僥不知僬僥之爲龍伯修短齊矣天卑邪地高邪日月闇邪深谷朗邪流而五岳邪九河峙邪齊州近邪眉睫遠邪夔蚿者飛邪翼而蜿蜒邪軒孔雖聖吾不知其聖夸父雖愚吾不知其愚黃屋左纛雖貴吾不知其貴被裘帶索雖賤吾不知其賤萬物之觀齊矣是皆不惠之道也不惠所以精誠也精誠則神一神一則物化物化則累釋神明通焉故風可反也日可回也月可捫也電可掉也霜可夏也陽可冬也水可蹈也石可遊也龍可下也馬可角也理也豈怪也哉夫六合廣矣何所有何所爲何所不有何所不爲有而有爲而爲無有而有無爲而爲有而無有爲而無爲無不有也無不爲也有而有爲而爲理也人之所信也無有而有無爲而爲亦理也人之所不信也人之所不信而怪名焉亦惑矣今夫員而方蒼蒼茫茫者何物蠕而煌煌朗照八方者何物嶾嶙而鬱蒼森而茫洋浩浩蕩蕩者何物發聲砰彭閃爍而有光者何物贅而淸揚顥而目眶須而吻張手攫而足蹢有聲郎郎者何物令此偶一見之斯不亦大怪乎六籍所載諸子所傳山海元經之所列齊諧夷堅之所志都是物矣昔北山愚公不自量欲移太行王屋二山聚族而運之河曲智叟啞然而咍之愚公不止也且世世子孫平焉操蛇之神聞之懼其不止也告之於帝帝感其誠夸蛾氏二子負二山遂移之也又有遺仙人山中者求其不死之術仙人畀一木令穿石焉石穿乃仙其人受

數無日夜寒暑饑寒垂四十年石穿而仙去矣夫山非可移也石非可穿也精誠之極也隆誠不惠無以謝諸公行休矣屠子語未畢而雨

弋陽仙姑潭禱雨記　李調鼎

邑北五十里有仙姑潭相傳爲胡公女生貞觀時姊妹二人餽食往父田所父方附桔槔曰父何苦爲兒請甕灌之父以爲兒戲不足信未幾舍食來視田已霑足矣他日浴於淵其舅見而呵之因沉於水母至見雙鶴立滌上下爲深潭土人因事之以爲仙云每遇歲旱禱輒應己未歲大旱令公子桑孫先生憂之卻騶屏翼跣行赤日中以禱於所謂仙潭者子實從未至三十里山若環連中包肥壤水貫其中人從缺中入如此者十五里乃得小徑石玦出或隤下如宇山勢徵轉雖有一綫終不使遠視者從玦中見隙光也又十五里乃至潭所水從高飛注潭中瀑之上路絕人區杳然天際潭可廣半畝許下莫得其底窺之正碧臨其上精爽搖搖先生再拜斂笏罄折立爲民默告所以來者投書潭中凡紙貼水爲木所鼓不即沉是其常也惟此潭書入水反卓竪類有物取之而下者且二姑異潭相距十餘里而此潭所投之書往往從彼潭中得之又不濡絕可怪也報之者從其類用釵環之屬而識其款有乞者往往浮水界之視其文二三百年物矣凡求雨必從水限伺物隨所得輒謝之曰此龍也奉以歸事之惟謹輒得雨既得雨謹護還之有妄男子浴於潭俄大雷雨五臟潰裂以死其靈異如此先生既投書更默禱餘人不復知再拜辭出出行道中炎晶如故抵縣望西北有雲如車蓋久之少女風動悲於異林至日晡大雨如注四郊霑足神有其靈侯有其誠矣雩而雨猶不雩而雨殆非仁人達理之言也先生曰天下事有可知有不可知達人高致不以理相格耳姑之生嘗爲父灌田離千載而下蓋卒以其心憫桔槔之勞矣此所謂君以此始亦以此終夫民於姑有子道焉然不以子感二姑而以姑之父母感二姑毋論而父幸同壤顧而父農也計姑不待其辭之畢凡力之所能爲者無辭爲之且姑應遠如響其於區區之弋水何有可無爲我記諸余不敏因書其事以示後人蓋欲弋之民德姑與先生俱無已矣

旱災部藝文三（詩）

王風中谷有蓷三章

（朱注）凶年飢饉室家相棄婦人覽物起興而自述其悲嘆之辭也

中谷有蓷暵其乾矣有女仳離嘅其歎矣嘅其歎矣遇人之艱難矣（興也）

中谷有蓷暵其修矣有女仳離條其歗矣條其歗矣遇人之不淑矣

中谷有蓷暵其濕矣有女仳離啜其泣矣啜其泣矣何嗟及矣

大雅雲漢八章

（朱注）舊說以爲宣王承厲王之烈內有撥亂之志遇災而懼側身修行欲消去之天下喜於王化復行百姓見憂故仍叔作此詩以美之

倬彼雲漢昭回于天王曰於乎何辜今之人天降喪亂饑饉薦臻靡神不舉靡愛斯牲圭璧既卒寧莫我聽（賦也）

旱既大甚蘊隆蟲蟲不殄禋祀自郊徂宮上下奠瘞靡神不宗后稷不克上帝不臨耗斁下土寧丁我躬

旱既大甚則不可推兢兢業業如霆如雷周餘黎民靡有孑遺昊天上帝則不我遺胡不相畏先祖于摧

旱既大甚則不可沮赫赫炎炎云我無所大命近止靡瞻靡顧羣公先正則不我助父母先祖胡寧忍予

旱既大甚滌滌山川旱魃爲虐如惔如焚我心憚暑憂心如熏羣公先正則不我聞昊天上帝寧俾我遯

旱既大甚黽勉畏去胡寧瘨我以旱憯不知其故祈年孔夙方社不莫昊天上帝則不我虞敬恭明神宜無悔怒

旱既大甚散無友紀鞫哉庶正疚哉冢宰趣馬師氏膳夫左右靡人不周無不能止瞻卬昊天云如何里

瞻卬昊天有嘒其星大夫君子昭假無贏大命近止無棄爾成何求爲我以戾庶正瞻卬昊天曷惠其寧

祈雨詩　漢祝良

長沙耆舊傳曰祝良字石卿爲洛陽令歲時亢旱天子祈雨不得良乃暴身階庭告誠引罪自晨至中紫雲沓起甘雨大降人爲之歌

天久不雨烝人失所天王自出祝令特苦精符感應滂沱下雨

經渦路作　晉李顒

言歸越東足逝將反上都後迫塡中路改轍修茲衢旦發石亭境夕宿桑首墟勁猋不興潤零雨莫能濡亢陽瀰十旬涓滴未暫舒泉流成平陸結駟可廻車

奉和武帝苦旱　梁庾肩吾

肇允相忘鱗翻爲涸池魚咫步不能移白日奄桑榆陽山蛇不蟄洳澤鳥猶攢暫息流膏雨將似怨祁寒文衣夜不臥蔬食晝忘餐潔誠同望祀惟馨等浴蘭江蘋享上帝荊璧奠高巒繁雲輿嶽立蒸穴動龍蟠渭渠還積水滮池更起瀾

效古二首　唐儲光羲

晨登涼風臺暮走邯鄲道曜靈何赫烈四野無靑草大軍北集燕天子西居鎬婦人役州縣丁男事征討老幼相別離哭泣無昏早稼穡旣殄絕川澤復枯槁曠哉遠此憂冥冥商山皓

東風吹大河河水如倒流河洲塵沙起有若黃雲浮賴霞燒廣澤洪曜赫高丘野老泣相語無地可蔭休翰林有客卿獨負蒼生憂中夜起躑躅思欲獻厥謀君門峻且深踠足空夷猶

奉和皇甫大夫祈雨應時雨降　嚴維

致和知必感歲旱未書災伯禹明靈降元戎禱請來九成陳夏樂三獻奉殷罍掣曳旗交電鏗鏘鼓應雷行雲依蓋轉飛雨逐車回欲識皇天意爲霖貺在哉

韋使君黃溪祈雨見召從行至祠下口號　柳宗元

驕陽怨歲事艮牧念菑畬列騎低殘月鳴笳度碧虛稍窮樵客路遙駐野人居谷口寒流淨叢祠古木疎焚香秋霧濕奠玉曉光初肸蠁巫言報精誠禮物餘惠風仍偃草靈雨會隨車俟罪非眞吏翻慙奉簡書

憂旱吟　張祜

炎熇肆蒸溽南薰日飄颺田疇苦焦烈龜坼無潤壤嘉禾䆉方實灌注期穰穰卓午火雲熾虐焰彌穹蒼桔槔置無用何計盈倉箱老農力耕耨捫心熱衷腸公租輿私稅焉得俱無傷今年已憔悴斗米百錢償富豪索高價閉廩幾絕糧引領望甘雨傾城禱林桑匹夫動天地奚俟暴巫尪浹旬竟弗驗神明果茫茫彼蒼豈降割以重吾民殃

所居永樂縣久旱縣宰祈禱得雨因賦詩　李商隱

甘膏滴滴是精誠晝夜如絲一尺盈祇怪閭閻喧鼓吹邑人同報束長生

閔雨　宋劉敞

伏見春首以來天久不雨曆官李用晦治大衍軌革太醫趙從古治黃帝六氣咸以謂風旱歲惡然陛下焦心勞意側躬修德審樂損膳議獄宥過以迎導善氣爰及言事得罪者唐介杜樞之徒復特見甄序小大之臣莫不欣然人情悅則天地和矣乃三月己巳日入而雨至於庚午詩不云乎益之以霢霂旣優旣渥旣霑旣足生我百穀以此見聖人之德與天相符言出而物應行發而神助雖水旱之災有常數者猶不能違之況其眇者乎竊觀詩書所載盛德之君至誠動天之速未有及陛下者也臣不勝鼓舞之至謹譔閔雨詩一十三章章六句投進以聞

堪輿絪縕一晦一明或沉而毀或亢而暘自古以然世習爲常

民生冥冥靡究靡知其幸而吉不幸而災猖狂妄行惟所遇之

天命降監在我元聖秉覆慶裕四方旣定惟民之恤無所疵病

伊年暮春旱久不雨人日時哉曆有常數禹湯之賢莫能弗遇

帝獨喟息是豈足言化育萬物若鎔以埏患在誠薄不能動天

退而齋心淵默以居鐘鼓不扗宴遊不娛左右肅然一懷瞿瞿

疎獄省刑與物更始內怨孔悲引咎在己爰及四海愚智咸喜

追悟讜直褒進淹滯聲氣無迕式序在位孌習權近攝威屏氣

己巳乃雨若有鬼神淒淒其風渰渰其雲自東徂西罄無不均

匪震匪拔匪溢匪洩生我百穀區萌畢達以亨以食小大胥悅

天子之德視雨之施肇自京師達於四裔無有蠻貊孚我君惠

天子之政視雨之時養老長幼速哉熙熙更化易俗而民不知

天子之慶視雨之積自天降康時萬時億眉壽無疆

以靖四國

水旱吟　邵雍

堯水九年湯旱七載調變之功此時安在
九年洪水七年大旱非堯與湯民死過半

憫旱　前人

正要雨時猶不雨已成災處更成災如何百穀欲焦爛遍地止存蒿與萊

久旱望雨　蘇軾

飢人忽夢飯甑溢夢中一飽百憂失只知夢飽本來空未悟真飢定何物我生無田食破硯爾來硯枯磨不出去年太歲空在酉傍舍壺漿不容乞今年旱勢復如此歲晚何以黔吾突青天蕩蕩呼不聞况欲稽首號泥佛甕中蜥蜴尤可笑跂跂脈脈何等秩陰陽有時雨有數民是天民天自卹我雖窮苦不如人要亦自是民之一形容可似喪家狗未肯弭耳爭投骨倒冠落幘謝朋友獨與蚊雷共圭蓽故人嗔我不開門君視我門誰肯屈可憐明月如潑水夜半清光翻我室風從南來非雨候且爲疲人洗蒸鬱褰裳一和快哉謠未暇飢寒念明日

立秋日禱雨宿靈隱寺同周徐二姓　前人

百重堆案掣身閒一葉秋聲對榻眠牀下雪霜侵戶月枕中琴筑落堦泉崎嶇世味嘗應遍寂寞山棲老漸便惟有問農心尚在起占雲漢更茫然

久旱微雨作　江公著

雲葉紛紛雨脚勻亂花柔草長精神雷車却碾前山過不洒原頭陌上塵

久旱新歲乃雨　朱松

高田土可簁下田不受犂遺蝗憂揷啄兒乃麥未齊赤子天自憐溝壑忍見擠雨逐新歲來停雲忽淒淒莫辭三日霖爲作一尺泥汪汪既沒膝澀澀仍拍隄漸看蓑笠山笑語喧畛畦我欲與寓目父老同攀躋此身羣萬生擾擾舞甕雞曾亦無幾求脫粟配羹藜永言故隴耕老眼路淒迷好收斂版手鋤稷歸自攜

憫旱　楊萬里

鳴鳩喚雨如喚晴水車夜啼聲徹明乖龍嬾睡未渠醒阿香推熱呼不譍下田半濕高全坼幼秧欲焦老差碧書生所向便四壁賣漿逢寒步逢棘還家淚作飽飯謀買田三歲兩無秋一門手指百二十萬斛量不盡窮愁小兒察我慘不樂旋沽村酒聊相酌更哦子美醉時歌焉知飢死捐溝壑木車啞啞止復作

掃晴婦井序　金李俊民

世俗爲掃晴婦者蓋假變理之手導陰陽之和使民間免乾溢之患也感其事而賦之

卷袖褰裳手持帚挂向陰空便搖手前推後却不辭勞欲動不動誰掣肘偶人相對木爲土神女但誇朝復暮龍宮不作本分事中間多少閒雲雨見說周人憂旱毋寧知東海無冤婦愍懃更倩封家姨一時斷送龍回首

撿旱　祝簡

草樹連雲綠草黃年飢邨落自荒凉晚蟬抱樹聲聲急野菊迎人細細香

五龍祠禱雨　李宴

麥槁禾焦厭火雲引觴潛禱五龍神君能借我青驄馬傾倒天瓢濟此民

僧傳古坐龍圖嚴東平所藏至元二年秋九月張簽省耀卿處觀七年閏十月甲戌公退馬上偶得時秋苦旱冬天無雪　元王惲

深山大澤物所蟄千丈懸淙挂青壁潭陰水黑不見底老雨初開元氣濕蒼龍何處行雨歸闔首踞坐紅雲堆山僧駭絕噤不語萬壑陰霧生緇衣咄哉傳古隱龍性隔戶寫影窺天機一從元化墮此筆飲海不復覩晴霓世間畫本萬尺蠖尾鬣一掃無晶輝比年一旱幾焚如牲幣空事山川雩羣龍凝睡洞府黑六合任使黃霾汚何當鐵匣出雷火衝屋而去騰天衢六丁奔命僕射御倒卷溟渤天瓢輸滂沱一洗乾坤淨却斂神功寂若無

禱雨龍洞山　趙孟頫

蒼山如犬牙細路入深谷絕壁千餘仞上有凌雲木陰崖不受日洞穴自成屋蕭森人跡少奇蔚獸攸伏雲林互隱映澗道相迴復翔禽薄穹霄鳴鳥響巖曲臨橋濯清颸汲井漱寒玉神物此淵潛悠陽有祈祝風濤勖善教吏愧恥厚祿暫懷塵外想獨往疑有梏過幽難久居濟勝乏高躅策馬尋故蹊歸樵相追逐

苦旱行　吳師道

五月苦旱今未休晴空烈火燔新秋雨師不仁龍失職百鬼廟食茫無謀我欲箋天訴時事只恐天公亦昏睡蒼生性命吁可哀風雲何日從天來

又

皇天不雨一百日千丈空潭斷餘濕連山出火槁葉黃大野揚塵烈風赤田家父子相對泣枯禾一莖血

一滴中夜起坐增百憂雲漢蒼蒼星歷歷

又

吳鄉白波田作湖越鄉赤日溪潭枯衾裯不換一斗米細民食貧衾已無連艘積廩射厚利烏乎此曹天不誅聞道閩中米價賤南望更塞悲長途

天師張太元祈雪歌　傅若金

至元二年冬不雪天子夙夜憂黎民官庭擇日詔方士臺官通天求百神留侯之孫住龍虎世領祠官列圭組鳧舄經時謁紫微鳳章半夜飛元武皇天愛民祈可必臘雪依微應三日望拜還聞在竹宮受釐忽報臨宣室天地杳默韶元功賜予紛紜恩數隆請和六氣輔元化常使九州歌歲豐

旱鄉田父言　宋无

疲牛病喘臥桑間碌碡閒眠麥地乾殘稅驅將兒子去豆畦却倩草人看

喜雨三十韻 并序　袁士元

重光大荒落之歲自春而夏不雨兼月東作幾廢郡幕有爲民憂者控辭力請嗇齋呂鍊師設壇致禱不三日甘澤沛然官吏交慶實五月一日也因以三十韻紀其事

仙術由來能致雨誠心所感可回天公家既盡祈禳禮洞府旋分造化權明處浙東雖大郡鄞居海右乏深淵每罹旱暵憂爲甚況歷饑荒恐復然春後一犂方欲動田無勺水絕堪憐木龍慢吼江頭月秧馬猶沈屋角煙病竭征夫心正折望霓農叟眼將穿此時奚啻千金直民命危如一線懸郡幕有官偏惻隱昊天無路莫飛緣遂才幾度詢諸老薦口咸推汝獨賢閉戶固辭徒至再下車力請寖勤拳一箋丹悃求嘉應卽喜元機妙斡旋衆覺但知惟兀兀神飛誰識自翩翩心香虎闥初無阻膏澤龍宮詎敢專蜥蜴捧符來洞口神祇森仗立雲顚頓驚百辟爭趨事始覺羣巫乃備員電逐劍光幾動處雷轟印令未施前天瓢乍滴終傾倒月額初開漸復連别院始看庭積霤前村已見水行田秧針被潤青而秀菜甲分甘綠且鮮壞畈田翁驚破塊井眢竈婢喜添泉乾禽操羽鳴雞樹涸鮒揚鱗躍澗川苧見桑麻還欝欝行吟花竹正娟娟槐邊市有新鳴屐柳下塘無久繫船已掃螟氛消毒暑漸清燕寢飽高眠童謠爭唱昇平曲祖帳高題志喜篇試術葛元應斂衽論功東皙可隨肩世人獨嘆重元祕眞宰多憐一念虔往歲作霖頻復見鉅公題石久會鐫誰知白首當今日猶爲蒼生作有年

喜雨　張翥

日氣如焚土氣腥黑雲當戶黑冥冥雨工分下旂千隊神姥攜來酒一瓶牛馬長河迷渚涘龍蛇平陸起雷霆快看一洗飛蝗盡猶及秋田晚稼靑

廣微天師祈雪有應詩以美之　貢師泰

九枝燈照碧壇空龍虎旂高滿殿風綠簡夜深朝玉陛素幢春淺拂珠宮一天凍色星河合萬里冰華陸海同明日內家應賜宴綵符爭取綴釵蟲

金華尉趙德夫祈雨有感　葉顒

暘烏赫赫明高穹火雲不雨天西東晴波渴飲千丈虹嘉穀槁死生蝱蟲金華趙宰亦憫農陳詞涕泣呼天公食天之祿因農功視農不救寧爲忠下人無罪天所容願以斯責歸微躬志誠直通龍伯宮須臾遣出雙玉龍利爪排空怒且雄阿香推車海若從鞭雲駕雨隨天風下與世人爲年豐要令饑旅顏回童少焉雲散天宇空神龍却歸潭水中廟閑山空鼓鼕鼕

天冠法師鄧均谷禱雨歌　貝瓊

至正辛丑秋七月官河無舟死魚鼈錢塘城中十萬室鑿井深通海鰌穴海底九烏朝並出流金鑠石氣愈烈我無快刃斫旱魃構孽爲妖降吳越老巫歌舞帝不悅眞宰之罪當何雪天冠法師與天通丹書鐵券呼龍公石壇晝晦羣神降金支翠旗來半空舉杯擲地霹靂從澍雨一日聲如洪三田白水禾芃芃兒童滿道歌年豐百金不顧歸空同師豈瑣瑣貪天功笑汝蜥蜴能爲龍

憫旱詩　明宣宗

亢暘久不雨夏景將及終禾稼紛欲槁望霓切三農祠神既無益老壯憂忡忡饘粥不得繼何以至歲窮予爲兆民主所憂與民同仰首瞻紫微籲天攄精忠天德在發育豈忍民瘵痌施霖貴及早其必昭感通翹跂望有渰冀以蘇疲癃

旱既甚張君闢化也君積功累行有禱而天應之　陶宗儀

旱既甚金石流苗患槁民煩憂疇能祈天致天雨曰惟張君驗之屢雩壇長跪恭進詞黑札元文啓雷祠閉陽縱陰理則然叱電鞭霆一何武暘烏斂光祝融奔淵龍起蟄商羊舞甘澤及我私田里長驩娛聲壤歌至正厥功匪君誰

女人憂旱作　唐順之

歲歲吳農事水耕朝朝占雨愁雲輕澤中不聞鳩語

合田除但見龜文生野老舐糠猶自得書生炊桂亦何情東南生計已如此聞道山西又點兵

丁丑五月大旱雩禱上齋居御講頒賜素蔬一盒　于慎行

雲漢憂歌歲事艱桑林虔禱聖心殫祈年不穀金華講減膳猶分玉箸飧始見仙盤疑沆露卻嘗寶饌是調饑崇朝膚寸紓宸想霖雨應驚四野歡

黑雲行苦旱遣悶　王叔承

去冬地動雪五尺中有黑花洒如墨春來陰霾晝為夕雪霰淋漓雷電逼識者已知今日災連年苦水旱復來農時竟月無滴雨困窮四海愁三台量田督課造苛法等閒歷盡蒼生血禍根雖斷冤未開毒沴堯空山斗裂膠乘猶然能赤族郿塢金珠散空谷折檻諸君歸具官傷哉不起劉安福死多枉殺生不生願調和氣廻昇平眼前得失倏已見當權可不憐勳名千秋事桂閒閻評短歌擊天鼓天澤何時普枯槔響千村青苗落焦釜人言旱荒悲還勝水荒苦水荒猶有草可食水荒猶有魚堪罟十家九家空若焚筋骨脂膏填赤土欲質無衣債無主富兒有米不能買此其何時急舊逋酷過亢陽猛於虎拋卻火浣衫為把龍鬚塵憑誰吐絲綸憑誰作霖雨安得甘霖銷詔相并來盡使枯氓醉天府醉天府歌且舞吁嗟嗟誰父母

旱災部選句

魏曹植誥咎文至若炎旱赫羲飈風扇發嘉卉以委良木以拔

南齊蕭子良密啓武帝頃土木之務甚為殷廣雖役未及民勤費已積炎旱致災或繇於此

唐李白詩龍怪潛溟波俟時救炎旱

李嶠詩積陽躔首夏隆旱屆徂秋

明吳兆詩舍有餘糧可接荒陂多積水能防旱

金大輿詩躬耕苦旱乾何以資朝暮

李約觀祈雨詩桑條無葉土生烟簫管迎龍水廟前朱門幾處耽歌舞猶恐春陰咽管絃

欽定古今圖書集成曆象彙編庶徵典

第九十六卷目錄

庶徵典第九十六卷

旱災部紀事

述異記關中有金魚神云周平王二年十旬不雨遣祭天神俄而生涌泉金魚躍出而雨降

史記趙世家晉獻公之十六年伐霍魏耿而趙夙爲將伐霍霍公求犇齊晉大旱卜之曰霍太山爲祟使趙夙名霍君於齊復之以奉霍太山之祀晉復穰

左傳僖公十有九年衛人伐邢以報菟圃之役於是衛大旱卜有事於山川不吉甯莊子曰昔周饑克殷而年豐今邢方無道諸侯無伯天其或者欲衛討邢乎從之師興而雨

二十有一年夏大旱公欲焚巫尪臧文仲曰非旱備也脩城郭貶食省用務穡勸分此其務也巫尪何爲天欲殺之則如勿生若能爲旱焚之滋甚公從之是歲也饑而不害

韓非子十過篇晉平公使師曠奏清徵師曠曰清徵不如清角平公曰清角可得聞乎師曠曰君德薄不足以聽之聽之將恐有敗公曰寡人老矣所好者音願遂聽之師曠不得已而鼓之一奏有雲從西方起再奏之大風至大雨隨之裂帷幕破俎豆墮廊瓦坐者散走平公恐懼伏於廊室晉國大旱赤地三年平公之身遂癃病

左傳昭公十六年九月大雩旱也鄭大旱使屠擊祝款豎柎有事於桑山斬其木不雨子產曰有事於山蓺山林也而斬其木其罪大矣奪之官邑

莊子宋景公時大旱三年卜之以人祀乃雨公下堂頓首曰吾所以求雨者爲人今殺人不可將自當之言未卒天大雨方千里

孔子家語孔子在齊齊大旱春饑景公問於孔子曰如之何孔子曰凶年則乘駑馬力役不興馳道不修祈以幣玉祭祀不懸祀以下牲此賢君自貶以救民之禮也

晏子齊大旱逾時景公召羣臣問曰天不雨久矣民且有饑色吾使人卜云祟在高山廣水寡人欲少賦斂以祠靈山可乎羣臣莫對晏子進曰不可祠此無益也夫靈山固以石爲身以草木爲髮天久不雨髮將焦身將熱彼獨不欲雨乎祠之無益公曰不然吾欲祠河伯可乎晏子曰不可河伯以水爲國以魚鼈爲民天久不雨泉將下百川竭國將亡民將滅矣彼獨不欲雨乎祠之何益景公曰今爲之奈何晏子曰君誠避宮殿暴露與靈山河伯共憂其幸而雨乎於是景公出野居暴露三日天果大雨民盡得種時景公曰善哉晏子之言可無用乎其維有德

禮記檀弓歲旱穆公召縣子而問然曰天久不雨吾欲暴尪而奚若曰天則不雨而暴人之疾子虐毋乃不可與然則吾欲暴巫而奚若曰天則不雨而望之愚婦人於以求之毋乃已疏乎徙市則奚若曰天子崩巷市七日諸侯薨巷市三日爲之徙市不亦可乎

莊子梁君出獵見白鴈羣君欲射之道有行者駭之君怒欲射行者其御公孫龍下車撫矢曰昔先公時大旱三年卜之以人祠乃雨公下堂頓首曰吾所以求雨爲民也吾自當之言未卒而天大雨方千里者何德於天而惠於民也今君王以白鴈而欲殺人乎

漢書郊祀志元封三年夏旱公孫卿曰黃帝時封則天旱乾封三年上乃下詔曰天旱意乾封乎其令天下尊祠靈星焉

食貨志桑弘羊爵左庶長是歲小旱上令百官求雨卜式言曰烹弘羊天乃雨

于定國傳定國父于公爲縣獄史郡決曹決獄平東海有少婦少寡養姑甚謹姑欲嫁之不肯姑謂鄰人曰孝婦事我勤苦哀其無子守寡我老累其芳年奈何姑遂自經姑女告孝婦殺其母吏捕驗治婦誣服太守竟論殺孝婦郡中枯旱三年後太守至卜筮其故于公曰孝婦不當死前太守强斷之咎在是乎於是太守殺牛祭孝婦冢表其墓天立大雨

高獲傳獲字敬公汝南新息人也三公爭辟不應後太守鮑昱請獲既至門令主簿就迎主簿曰但使騎吏迎之獲聞之即去昱遣追請獲獲顧曰府君但爲主簿所欺不足與談遂不留時郡境大旱獲素善天文曉遁甲能役使鬼神昱自往問何以致雨獲曰急罷三郡督郵明主當自北出到三十里亭雨可致也昱從之果得大雨

汝南先賢傳永平十三年楚王英謀爲逆事互相牽引拘繫者千餘人三年而獄不決坐掠幽而死者百餘人天用災旱赤地千里袁安拜楚郡太守即控轡而行既到決獄事人人具錄其辭狀本非首謀爲主所引應時理遣一旬之中活千人之命其時甘露滂霈歲大稔

東觀漢記百里嵩字景山爲徐州刺史境遭旱出巡處甘雨輒澍東海祝其合鄉等三縣父老訴曰人等是公百姓獨不澂降乃迴赴之雨隨車而下

謝承後漢書章和元年有詔以鄭弘爲太尉時旱朝廷百僚皆暴請雨夏炎熱小雨郡官即還舍弘獨曰不旋大雨注稼穡遂豐

後漢書楊厚傳厚父統善天文推步之數建初中爲彭城令一州大旱統推陰陽消伏縣界蒙澤太守宗湛使統爲郡求雨亦即降澍自是朝廷災異多以訪之

戴封傳封爲西華令其年大旱封禱請無獲乃積薪坐其上以自焚火起而大雨暴至於是遠近歎服

張奮傳奮代劉芳爲司空時歲災旱祈雨不應乃上表曰比年不登人用饑匱今復久旱秋稼未立陽氣垂盡歲月迫促夫國以民爲本民以穀爲命政之急務憂之重者也臣蒙恩尤深受職過任夙夜憂懼章奏不能敘心願對中常侍疏奏即時引見復口陳時政之宜明日和帝名太尉司徒走洛陽獄錄囚徒收洛陽令陳歆即大雨三日

曹褒傳褒出爲河內太守時春夏大旱糧穀踊貴褒到乃省吏并職退去姦殘澍雨數降其秋大熟百姓給足流冗皆還

周嘉傳嘉從弟暢爲河南尹永初二年夏旱久禱無應暢因收葬洛陽傍客死骸骨凡萬餘人應時澍雨

東觀漢記順帝陽嘉元年立順烈皇后是時自冬至春不雨拜后之日嘉澍沾渥

長沙耆舊傳太尉劉壽順帝時爲洛陽令歲時亢旱天子祈雨不得壽暴身階庭告誠引罪自晨至中紫雲沓起甘雨登降人爲之歌曰天久不雨烝人失所大王自出祝令特苦精符感應滂沱下雨

水經注長沙耆舊傳云祝良爲洛陽令歲時亢旱良乃暴身階庭告誠引罪自晨至午紫雲沓起甘雨登降

後漢書孟嘗傳嘗字伯周會稽上虞人也其先三世爲郡吏並伏節死難嘗少脩操行仕郡爲戶曹史上虞有寡婦至孝養姑姑年老壽終夫女弟先懷嫌忌乃誣婦厭苦供養加鴆其母列訟縣庭郡不加尋察遂結竟其罪嘗先知枉狀備言之於太守太守不爲理嘗哀泣外門因謝病去婦竟冤死自是郡中連旱二年禱請無所獲後太守殷丹到官訪問其故嘗詣府具陳寡婦冤誣之事因曰昔東海孝婦感天致旱于公一言甘澤時降宜戮訟者以謝冤魂庶幽枉獲申時雨可期丹從之即刑訟女而祭婦墓天應澍雨穀稼以登

謝承後漢書爰延轉議郎徐州遭旱延使持節到東海請雨澍雨與京師同日俱霈還拜五官中郎將

周暢性仁慈爲河南尹夏旱久禱無應因收葬洛城傍客死骸骨萬餘人應時澍雨歲乃豐稔

後漢書費長房傳東海君來見葛陂君因淫其夫人於是長房劾繫之三年而東海大旱長房至海上見其人請雨乃謂之曰東海君有罪吾前繫於葛陂今方出之使作雨也於是雨立注

諒輔傳輔字漢儒廣漢新都人也仕郡爲五官掾時夏大旱太守自出祈禱山川連日而無所降輔乃自暴庭中慷慨咒曰輔爲股肱不能進諫納忠薦賢退惡和調陰陽承順天意至令天地否隔萬物焦枯百姓喁喁無所訴告咎盡在輔今郡太守改服責己爲民祈福精誠懇到未有感徹輔今敢自祈請若至日中不雨乞以身塞無狀於是積薪柴聚茭茅以自環構火其旁將自焚焉未及日中時而天雲晦合須臾澍雨一郡沾潤世以此稱其至誠

山西通志漢石錘眞人芮城人隱於北山石室中一日有野鹿入洞晝則恣食木草夜則入洞同宿及來京鹿行李隨之一夕夢神人告曰仙籍有汝名字又贈汝符職當行雨此鹿即龍也今天下大旱收牓禱雨既覺驚異乃如言收牓入靜室中焚香默禱俄然雲布遠近霑足

益都耆舊傳趙瑤爲閬中令時西州遭旱瑤率掾吏齋戒於靈星池歸咎自責稽首流血應時大雨

搜神記孫策欲渡江襲許與于吉俱行時大旱所在熇厲催諸將士使速引船或身自早出督切見將吏多在吉許策因此激怒言吾爲不如于吉耶而先趨附之便收吉至呵問之曰天旱不雨道塗艱澀不時得過故自早出而卿不同憂戚安坐船中作鬼物態敗吾部伍今當相除令人縛置地上暴之使請雨若

能感天日中雨者當原赦不爾行誅俄而雲氣上蒸膚寸而合比至日中大雨總至溪澗盈溢將士喜悅以爲吉必見原並往慶慰策遂殺之將士哀惜共藏其屍天夜忽更興雲覆之明旦往視不知所在

蜀志簡雍傳先主拜雍昭德將軍時天旱禁酒釀者有刑吏于人家索得釀具論者欲令與作酒者同罰雍與先主遊觀見一男女行道謂先主曰彼人欲行淫何以不縛先主曰卿何以知之雍對曰彼有其具與欲釀者同先主大笑而原欲釀者

魏志毛玠傳魏國初建爲尚書僕射復典選舉有白玠者出見黥面反者其妻子沒爲官奴婢玠言曰使天不雨者蓋此也太祖大怒收玠付獄大理鍾繇詰玠曰自古聖帝明王罪及妻子書云左不共左右不共右予則孥戮女司寇之職男子入于罪隸女子入于舂槀漢律罪人妻子沒爲奴婢黥面漢法所行黥墨之刑存于古典今眞奴婢祖先有罪雖歷百世猶有黥面供官一以寬良民之命二以宥并罪之辜此何以負于神明之意而當致旱案典謨急恆寒若舒恆燠若寬則亢陽所以爲旱玠之吐言以爲寬邪以爲急也急當陰霖何以反旱成湯聖世野無生草周宣令主旱魃爲虐亢旱以來積三十年歸咎黥面爲相値不衞人伐邢師興而雨罪惡無徵何以應天玠譏謗之言流于下民不悅之聲上聞聖聽玠之吐言勢不獨語時見黥面凡爲幾人黥面奴婢所識知耶何緣得見對之嘆言時以語誰見答云何以何日月於何處所事已發露不得隱欺具以狀對玠曰臣垂齡執簡累勤取官職在機近人事所竄屬臣以私無勢不絕語臣以寃無細不理人情淫利爲法所禁法禁于利勢能害之青蠅橫生爲臣作謗臣不言此無有時人說臣此言必有徵要乞蒙宣子之辨而求王叔之對時桓階和洽進言救玠玠遂免黜卒于家

世說補管公明過清河時適大旱太守問何當有雨公明曰今夕當大雨至日向暮了無雲氣衆人並譏嗤公明言樹中已有少女微風陰鳥和鳴若少女反風陰鳥亂翔其應至矣須臾雲氣四起大雨傾注

晉書袁甫傳甫轉淮南國大農郎中令石珩問甫曰卿名能辨豈知壽陽以西何以恆旱壽陽以東何以恆水甫曰新平彊吳美寶皆入志盈心滿用長歡娛故致旱

束晳傳晳字廣微與兄璆俱知察孝廉舉茂才皆不就璆娶石鑒從女棄之鑒以爲憾諷州郡公府不得辟故晳等久不得調太康中郡界大旱晳爲邑人請雨三日而雨注衆爲晳誠感爲作歌曰束先生通神明請天三日甘雨零我黍以育我稷以生何以酬之報束長生

佛圖澄傳石季龍傾心事澄時天旱季龍遣其太子詣臨漳西滏口祈雨久而不降乃令澄自行卽有白龍二頭降於祠所其日大雨方數千里

冉閔載記慕容儁送閔龍城斬于遏陘山山左右七里草木悉枯蝗蟲大起五月不雨至于十二月儁遣使者祀之諡曰武悼天王其日大雪是歲永和八年也

蓮社高僧傳慧遠法師尋陽亢旱師詣池側讀龍王經忽有神蛇從池而出須臾大雨歲竟有秋

南史梁宗室傳安成康王秀文帝第七子也秀子推普通六年以王子封南浦侯歷淮南晉陵吳郡太守所臨必赤地大旱吳人號旱母焉

始興忠武王憺文帝第十一子也爲都督荊州刺史天監四年荊州大旱憺使祠於天井有巨蛇長二丈出遶祠壇俄而注雨歲大豐

北史裴叔業傳叔業兄子粲孝武初出爲驃騎大將軍膠州刺史屬時亢旱士人勸令禱於海神粲憚違衆人乃爲祈請直據胡牀舉盃曰僕白君左右云前後例皆拜謁粲曰五岳視三公四瀆視諸侯安有方伯致禮海神卒不肯拜

魏書禮志立太祖廟于白登山歲一祭具太牢帝親之亦無常月兼祀皇天上帝以山神配旱則禱之多有效

周書達奚武傳武之在同州也時屬天旱高祖勅武祀華岳岳廟舊在山下常所禱祈武謂僚屬曰吾備位三公不能燮理陰陽遂使盛農之月久絕甘雨天子勞心百姓惶懼忝寄既重憂責實深不可同於衆人在常祀之所必須登峯展誠尋其靈奧岳既高峻千仞壁立巖路嶮絕人跡罕通武年踰六十唯將數人攀藤援枝然後得上於是稽首祈請陳百姓懇誠晩不得還卽於岳上藉草而宿夢見一白衣人來執武手曰快辛苦甚相嘉尚武遂驚覺益用祗肅至旦雲霧四起俄而澍雨遠近霑洽高祖聞之璽書勞武曰公年尊德重弼諧朕躬比以陰陽愆序時雨不降命公求祈止言廟所不謂公不憚危險遂乃遠陟高峰但神道聰明無幽不燭感公至誠甘澤斯應聞之

嘉賓無忘于懷今賜公雜綵百疋公其善思嘉猷匡朕不逮念坐而論道之義勿復更煩筋力也

于翼傳建德二年出爲安隨等六州五防諸軍事安州總管時屬大旱涓水絕流舊俗每逢亢陽禱白兆山祈雨高祖先禁羣祀山廟已除翼遣主簿祭之卽日澍雨霑洽歲遂有年民庶感之聚會歌舞頌翼之德

唐書田仁會傳仁會爲平州刺史歲旱自暴以祈而雨大至穀遂登人歌曰父母育我兮田使君挺精誠兮上天聞中田致雨兮山出雲倉廩實兮禮義申願君常在兮不患貧五遷勝州都督

獨異志唐天后朝處士孫思邈居於嵩山修道時大旱有勅選洛陽德行僧徒數千百人於天宮寺講人王經以祈雨澤有二人在衆中鬚眉皓白講僧曇林遣人謂二老人曰罷後可過一院旣至問其所來二老人曰某伊洛二水龍也聞至言當得改化林曰講經祈雨二聖知之乎答曰安得不知然雨者須天符乃能致之居常何敢自施也林曰爲之奈何二老曰有修道人以章疏聞天因而滂沱某可力爲之林乃入啓則天發使嵩陽召思邈內殿飛章其夕天雨大降思邈亦不自明退詣講席語林曰吾修心五十年不爲天知何也因請問二老二老答曰非利濟生人豈得昇仙於是思邈歸蜀青城山撰千金方三十卷旣成而白日沖天

唐書裴漼傳漼進中書舍人睿宗造金仙玉眞二觀時旱甚役不止漼上言春夏毋聚大衆起大役不可興土功妨農事若役使乖度則有疾疫水旱之烖此天人常應也今自冬徂春雨不時降人心憔然莫知所出而土木方興時暵之孽職爲此發今東作云始丁壯就功妨多益少饑寒有漸春秋莊公三十一年冬不雨是時歲三築臺僖公二十一年夏大旱是時作南門陛下以四方爲念宜下明制令二京營作和市木石一切停止有如農桑失時戶口流散雖寺觀營立能救饑寒敝哉不報

柳氏舊聞元宗常幸東都天大旱且暑時聖善寺有天竺乾僧無畏號三藏善召龍致雨之術上遣高力士疾召無畏請雨無畏奏曰今旱數當然耳召龍必興烈風雷雨適足暴物不可爲之也上强使之曰人苦暑疾雖暴風疾雷亦足快意無畏不得已乃奉詔有司爲陳請雨之具幡像俱備無畏笑曰斯不足以致雨悉命去之獨盛一鉢水以小刀攪旋之胡言數百祝水須臾有如龍狀其大類指赤色首噉水上俄復沒于鉢中無畏復以刀攪水頃之白氣自鉢中興如爐烟上數尺稍稍引出講堂外無畏謂力士曰亟去雨至矣力士疾馳去顧見白氣疾起自講堂而西如一疋練旣而昏霾大風雷霆而雨力士纔及天津之南風雨亦隨馬而至馳至衢中大樹多拔力士比復奏衣盡霑濕

唐語林顏魯公眞卿爲監察御史充河西隴右軍試覆屯交兵馬使五原旱有寃獄決乃雨郡人呼御史雨

冊府元龜寶曆二年十月京兆尹劉栖楚奏術者數之妙苟利於時必以救患伏以前度甚雨閉門得晴臣請今後每雨五日卽令坊市閉北門以禳諸陰晴三日便令盡開門使啓閉有常永爲定式從之

唐書鮑防傳防進禮部侍郎封東海郡公貞元元年策賢良方正得穆質裴復柳公綽歸登崔邠韋綬魏弘簡熊執易等世美防知人時比歲旱策問陰陽祲沴質對漢故事免三公卜式請烹弘羊指當時輔政者右司郎中獨孤愐欲下質防不許曰使上聞所未聞不亦善乎卒置質高第帝見策嘉之

崔寧傳崔蕘爲陝虢觀察使不恤人疾苦或訴旱者指庭樹示之曰柯葉尚爾何旱爲卽榜笞之上下離心俄爲軍吏所執

馬璘傳璘爲邠寧節度使天大旱里巷爲土龍聚巫以禱璘曰旱由政不修卽命撤之明日雨歲大穰

裴諝傳諝拜河東租庸鹽鐵使時關輔旱諝入計帝名至便殿問榷酤利歲出內幾內諝久不對帝復問曰臣有所思帝曰何邪諝曰臣自河東來涉三百里而農人愁嘆穀菽未種誠謂陛下軫念元元先訪疾苦而乃責臣以利孟子曰治國者仁義而已何以利爲故未敢卽對帝曰微公言朕不聞此拜左司郎中

湖廣通志唐黃明遠睦州人居澧州龍潭寺善誦度人經每晚有一叟來聽經畢輒不見一日叟跪告曰吾潢山瀑水洞白龍也有過見責上帝藉托宅西小池一年矣旦夕荷君經功令得解脫復歸故洞明年當大旱有符篆一道以酬君德言已去次年果旱遠設壇祀禱持符篆往洞取水歸得大雨是夕夢叟謂曰今歲天旱上帝勅閉江河溪洞吾昨於官拔堰取水以應君求毋再瀆也覺視堰果涸

雲南通志唐壽海姓周氏唐時南詔三年不雨南詔

王請天竺神僧白湖師禱之雲佈無雨師以竿撥雲雨隨竿注不能遍及師曰汝國必有聖人盍往求之或告南天祠有一僧時在內禮拜王輿師往詣乃壽海也師因請於海願得雨救民海曰昔湯旱七年以身代犧六事自責天乃雨此人君有道格天之驗今王殺及無辜天地閉鬱不知悔罪何從得雨王乃悔懼誓不虐民已而果雨

十國春秋吳越武肅王世家王姓錢名鏐字具美杭州臨安人也唐大中六年二月十有六日生于邑臨水里先是邑中旱縣令命道士東方生起龍以祈雨生曰茅山前池中有龍起必大異令乃止明年復旱生乃指鏐所居曰池龍已生此家時鏐實誕數日矣

馬令南唐書齊王景達傳景達字子通烈祖第四子元宗之母弟也順義四年旱七月既望雩祀得雨景達以是日生因小字雨師

十國春秋前蜀僧子朗傳高祖時梁州大旱祈禱無驗子朗詣州言立能致雨乃具十石甕貯水身坐其中水滅頂者凡三日而雨足

幸蜀記王衍時五月不雨至九月林木皆枯赤地千里肥遺見王氏開國記以肥遺爲畢鬼唐英按肥遺蛇名角上有火見則大旱非鬼也

冊府元龜少帝初爲金吾上將軍天福三年從高祖幸大名其年天旱高祖遣祈雨白龍潭焚請未能有白龍見於潭中是日澍雨尺餘人甚異之

天福六年初爲太原節度使赴任晉陽大旱帝入境謂賓從及左右曰吾始衣繡還鄉甚有德色今一境大旱五稼將枯豈非薄德寡祐而致是邪帝乃際地設脯醴望山川而禱曰某本生此地濫鑑北方朝廷差來不敢違旨在上者無德而祿甘速身殃在下者以食爲天難加衆咎願興雲雨以救焦勞灑泣致拜其日大雨

遼史楊佶傳佶出爲武定軍節度使境內亢旱苗稼將槁視事之夕雨澤霑足百姓歌曰何以蘇我上天降雨誰其撫我楊公爲主

麈史朝奉郎杜球言赤熙幸佛寺塔廟禱雨至天慶三館起居因駐輦問曰天久不雨奈何或對天數或對至誠必有應一綠衣少年越次對曰刑政不修故也上頷之而行歸復駐輦名綠衣者問狀對曰某所守臣犯贓法當配宰相以親則不配某所守臣犯贓不當死宰相以嫌卒罪之翌日上爲罷宰相天卽大雨綠衣者卽寇萊公也

宋史郭贄傳贄知荆南府府俗尚淫祀屬久旱盛陳禱雨之具贄始至命悉撤去投之江不數日大雨

吳延祚傳延祚子元扆知定州屬歲旱吏白召巫以土龍請雨元扆曰巫本妖民龍止獸也安能格天惟精誠可以動天乃集道人設壇潔齋三日百拜祈禱澍雨霑洽

張士遜傳士遜爲射洪安撫使至梓州問屬吏能否知州張雍曰射洪令第一也改襄陽令爲祕書省著作佐郎知邵武縣以寬厚得民前治射洪以旱禱雨白崖山陸史君祠尋大雨士遜立庭中須雨足乃去至是邵武旱禱歐陽太守廟廟去城過一舍士遜徹蓋雨霑足始歸

聞見後錄仁皇帝慶曆年京師夏旱諫官王公素乞親行禱雨帝曰太史言月二日當雨一日欲出禱公言是日不雨帝問故公曰陛下幸其當雨以禱不誠也不誠不可動天故知不雨帝曰明日禱雨醴泉觀公曰醴泉之近猶外朝也豈憚暑不遠出耶帝每意動則耳赤耳已盡赤厲聲曰當西太乙宮公曰乞傳旨帝曰車駕出郊不豫告卿不知典故公曰國初以虞非常今久太平預告百姓但瞻望清光者衆耳無虞也諫官故不扈從明日特召王公以從日色甚熾埃霧漲天帝玉色不怡至瓊林苑回望西太乙宮上有雲氣如香煙起少時雷電雨甚至帝御逍遙輦御平輦徹蓋還宮又明日名公對帝喜曰朕自卿得雨幸甚又曰昨卽殿庭雨立百拜焚生龍腦香十七近至中夜舉體乃溫公曰陛下事天當恭畏然陰氣足以致疾亦當愼帝曰念不雨欲自以身爲犧牲何愼也

宋史呂夷簡傳夷簡子公綽爲侍讀學士徙河陽留侍經筵時久不雨帝顧問何以致雨曰獄久不決卽有寃者故多旱帝親慮囚已而大雨

富弼傳弼同平章事時久旱羣臣請上尊號及用樂帝不許而以同天節契丹使當上壽故未斷其請弼言此盛德事正當以此示之乞并罷上壽帝從之卽日雨弼又上疏願益畏天戒遠姦佞近忠良帝手詔褒答之

麈史鄭俠見荆公言靑苗之害不答久之得監在京安上門會大旱自十一月至於三月河東河北陝西流民大入京師與城外飢民市麻籸麥麩爲之糜或掘草根採木實以食俠上疏曰今天下憂苦質妻鬻

女父子不保拆屋伐桑爭貨於市輸官糴米皇皇不給之狀繪爲一圖此臣安上門日所見百不及一陛下觀臣之圖行臣之言十日不雨乞斬臣以正欺罔之罪

韓維傳維爲學士承旨入對帝曰天久不雨朕日夜焦勞奈何維曰陛下憂閔旱災損膳避殿此乃舉行故事恐不足以應天變當痛自責己廣求直言退又上疏曰近畿內諸縣督索青苗錢甚急往往鞭撻取足至伐桑爲薪以易錢貨旱災之際重羅此苦若夫動甲兵危士民匱財用於荒裔之地朝廷處之不疑行之甚銳至于蠲除稅租寬裕逋負以救愁苦之民則遲遲而不肯發望陛下奮自英斷行之過於養人猶愈過於殺人也上感悟卽命維草詔求直言其略曰意者聽納不得於理與獄訟非其情與賦斂失其節與忠言讜論鬱於上聞而阿諛壅蔽以成其私者衆與詔出人情大悅有旨體量市易免行利病權罷方田保甲是日乃雨

談圃神宗時旱一西僧呪水金明池雲氣蔽水加黑僧云羅叉神災刼重戢退天神不令下雨但可於某日內東門降雨數點而已果如其言

張日用知德清軍大旱民有爭水者日用曰今爲汝借水三寸三日內還汝乃于水中刻表爲記日用詣一廟爲文具述借水事立廟中以俟卽日大雨夜人視其表果及三寸而止

春渚紀聞李右轄公素大觀間公自工部郎中出典泗州是歲淮甸久不雨至於苗穀焦垂郡幕請以常例啓建道場禱於僧伽之塔公曰唯容作施行郡民憫雨之心晨夕爲遲而至旬日略無措置事件至父老扣馬而請及怨讟之言盈于道路往來親舊與僚屬乘間委曲言者再三公但笑答曰某忝領郡寄凶旱在某之不德無日不念也且容更少處之一日晨起視事畢呼郡吏只令告報塔下具佛盤啓建請雨道場仍報郡官俱詣行香且各令從人具雨衣從行一郡腹誹以爲狂率旣至塔下焚香致敬訖復令具素飯留郡官就食待雨而歸飯罷烈日如焚公再率郡寮詣僧伽前炷香默禱者久之休于僧寺須臾雷起南山甘澤傾注舉郡歡呼集香花迎擁公車還郡而散一雨三日千里之外蒙被其澤時郡倅曾紱師郡官密以前日公漫不省衆請而一出便致霈澤如宿約者何謂也公徐語之曰某自兩月前意念天久不雨必有秋田之害卽於治事廳後齋居飯素取僧伽像嚴潔致供晨夕祈禱非不盡誠前夕忽夢僧伽見過其言上帝以此方之民罪罰至重勅龍鎖水老僧晨夕享公誠禱特於帝前以公罪己憂歲之心陳於帝今已得請來日幸下訪當以隨車爲報也某拜謝再三旣覺知普照王非欺我者遂決意帥諸公同詣塔下焚禱俟之無他異也

宋史杜常傳常以龍圖閣學士知河陽軍苦旱及境而雨

林靈素傳京師大旱命靈素祈雨未應蔡京奏其妄上密名靈素曰朕諸事一聽卿且與祈三日大雨以塞大臣之謗靈素請急名建昌軍南豐道士王文卿乃神霄甲子之臣兼雨部與之同告上帝文卿旣至執簡勅水果得雨三日上大喜賜文卿神霄凝神殿侍宸

畫墁錄李氏所居一日大雨有物墮庭中如馬臺狀乃一皮幞頭也垢膩寸餘蚯蝪出入臭聞十餘步李氏子欲焚之長老曰不可然雷鳴不去在屋上丈餘觀者不少衆觀之少間黑雲如墨下庭中遂失去

宋史尤袤傳袤遷樞密院正兼左諭德輪對又申言民貧兵怨者甚切夏旱詔求闕失袤上封事大略言天地之氣宣通則和壅遏則乖人心舒暢則悅抑鬱則憤催科峻急而農民怨關征苛察而商旅怨差注留滯而士大夫有失職之怨廩給朘削而士卒有不足之怨奏讞不時報而久繫囚者怨幽枉不獲伸而負累者怨強暴殺人多特貸命使已死者怨有司買納不卽酬價負販者怨人心抑鬱所以感傷天和者豈特一事而已方今救荒之策莫急於勸分輸納旣多朝廷客於推賞乞詔有司檢舉行之

賢奕編紹興乙卯以旱禱雨諫議大夫趙霈上言自來祈禱斷屠止禁猪羊今後請幷禁鵝鴨時胡致堂在西掖見之笑曰可謂鵝鴨諫議矣聞虜中有龍虎大王當以鵝鴨諫議當之

宋史章誼傳誼知溫州連歲大旱米斗千錢誼用劉晏招商之法簀場增值以糴米商輻輳其價自平

劉珙傳珙同知樞密院事上嘗以久旱齋居禱雨一夕而應珙進言曰陛下誠心感格其應如響天人相與之際眞不容髮隱微纖芥之失其應豈不亦猶是乎臣願益謹其獨上竦然稱善

齊東野語阜陵在位上庠月書前列試卷時經御覽辛丑大旱七月私試閔雨有志乎民賦魁劉大譽第

六韻云雨暘固自于天感召豈有所主倘燮調得人則斯可有節而聚斂無度則亦能不雨此或未明閔之何補不見商霖未作相傳說于高宗漢旱欲蘇烹弘羊于孝武未幾趙溫叔能相

孝宗時嘗秋旱上問執政禱雨於天地宗廟社稷合用牲否周益公奏止用酒脯幣帛上曰雲漢詩云靡神不舉靡愛斯牲則是合用牲矣可更與禮官等考訂之

宋史趙方傳方知隨州南北初講和旱蝗相仍方親走四郊以禱一夕大雨蝗盡死歲大熟

蔡洸傳洸以戶部鎭總領淮東軍馬錢糧知鎭江府會西溪卒移屯建康舳艫相銜時久旱郡民築陂瀦水灌溉漕司檄郡決之父老泣訴洸曰吾不忍獲罪百姓也卻之已而大雨漕運通歲亦大熟民歌之曰我瀦我水以灌以溉俾我不奪蔡公是賴

黃榦傳榦知安慶府請城安慶以備戰守是歲大旱榦祈輒雨或未出晨與登郡閣望潛山再拜雨卽至

張洽傳洽運判池州獄有張德修者誤蹴人以死獄吏誣以故殺洽訊而疑之請再鞫守不聽會提點常平袁甫至時方大旱禱不應洽言于甫曰漢晉以來濫刑而致旱伸冤而得雨載於方冊可攷也今天大旱焉知非由德修事乎甫爲閱款狀於獄德修遂從徙罪復白郡請蠲征稅寬催科以名和氣守爲寬稅三日果大雨民甚悅

委巷叢談西湖雖有山泉而大旱之歲亦嘗龜坼宋嘉熙庚子西湖水涸茂草生焉官司祈雨無應李霜涯戲作一詞云平湖千頃生芳草芙蓉不照紅顚倒東坡道波光瀲灩晴偏好邏者廉捕之逝不知所往

金史移剌溫傳溫移鎭武定歲旱溫割指以血瀝酒中禱而酹之既而雨霑足由是歲熟人以爲至誠之感云

宗室傳衷授代州宣銳軍都指揮使歲旱州委禱雨於五臺臺潭步致其木雨隨下人爲刻石紀之

內族襄傳襄拜司空領左丞相時方旱命有司禱雨襄及平章政事張萬公參政僕散揆等上表待罪上召翰林學士党懷英草罪己詔仍慰諭襄等視事

張萬公傳萬公拜參知政事上問山東河北粟貴賤今春苗稼萬公具以實對上謂宰臣曰隨處雖得雨尚未霑足奈何萬公進曰自陛下卽位以來典利除害凡益國便民之事聖心孜孜無不舉行至於旱災皆由臣等若依漢典故皆當免官上曰卿等何罪殆朕所行有不逮者對曰天道雖遠實與人事相通唯聖人言行可以動天地昔成湯引六事自責周宣遇災而懼側身修行莫不修飾人事方今宜崇節儉不急之務無名之費可俱能去上曰災異不可專言天道蓋必先盡人事耳故孟子謂王無罪歲左丞完顏守貞曰陛下引咎自責社稷之福也上由是以萬公所言下詔罪己有司建議自西南西北路沿臨潢達泰州開築壕塹以備大兵役者三萬人連年未就御史臺言所開旋爲風沙所平無益于禦侮而徒勞民上因旱災問萬公所由致萬公對以勞民之久恐傷和氣宜從御史臺所言罷之爲便

馬琪傳琪行尚書省事還中大夫承安元年北邊用兵而連歲旱暵表乞致仕不許

續夷堅志陳大年字世德吉州人泰和中刺吾州時秋旱蝗自南而北世德祭於石嶺關遂不入境死囚馬白兒移勘更數州已三十年陳已決其死止待署字矣陳夜禱星下雖無復疑尚慮有冤今旱已極囚果不冤明當大雨如冤則雨且止以此卜之明日大雨遂決此囚是歲大熟

金史完顏伯嘉傳伯嘉以兵部尚書簽樞密院事宣宗憂旱伯嘉奏曰日者君之象陽之精旱暵乃人君自用亢極之象宰執以爲冤獄所致夫燮和陰陽宰相之職而猥歸咎于有司高琪武弁出身固不足論汝礪輩不知所職其罪大矣漢制災異策免三公顧歸之有司邪臣謂今日之旱聖主自用宰相諂諛百司失職實此之由高琪汝礪深怨之

陳規傳正大元年規充補闕二年四月以大旱詔規審理冤滯臨發上奏今河南一路便宜行院帥府從宜凡二十處陝西行尚書省二帥府五皆得以便宜殺人冤獄在此不在州縣又曰雨水不時則責審理然則職燮理者當何如上善其言而不能有爲也

元史廉希憲傳希憲爲京兆宣撫使有民妻與卜者厭詛其夫殺之獄成僚佐皆言方大旱卜者宜減死希憲議當伏法已而大雨立應

夾谷之奇傳之奇爲吏部郎中歲大旱有司議平穀價以遏騰涌之患之奇言莫若省經費輟土木之役庶足名和氣弭災變而有豐稔之期

禿忽魯傳禿忽魯遷江浙右丞適歲旱方至而雨民心大悅

田滋傳滋拜陝西行省參知政事時陝西不雨三年

道過西嶽因禱曰滋奉命來參省事而不雨者三年民饑而死滋將何歸願神降甘澤以福黎庶到官果大雨滋卽開倉以麥五千餘石給小民之無種者俾來歲收成以償官民大悅

劉秉直傳秉直爲衛輝路總管天不雨禾且槁秉直詣城北大行之蒼峪神祠具詞祈祝有青蛇蜿蜒而出觀者異之辭神而還行及數里雷雨大至

張養浩傳養浩進翰林學士不赴天曆二年關中大旱饑民相食特拜陝西行臺中丞既聞命卽散其家之所有與鄉里貧乏者登車就道遇餓者則賑之死者則葬之道經華山禱雨于嶽祠泣拜不能起天忽陰翳一雨二日及到官復禱于社壇大雨如注水三尺乃止禾黍自生秦人大喜

明外史趙元杲傳太祖駐兵於滁天大旱憂之元杲曰西南豐山中柏子潭龍祠禱輒應既禱或魚躍或黿鼉浮皆雨徵也太祖卽齋沐往禱立潭西壁久之無所見乃彎弓注矢祝曰神食茲土其可不恤吾民與神約三日必雨不雨則毀神祠因連發三矢潭中而還及期雨果澍元杲由是爲太祖所知

明典雜記洪武二十五年下度僧令吳僧末隆請焚身以救旱請者罪上勅中書以武士衛其龕至雨花臺出龕望闕拜辭取香瓣書風調雨順四字語侍中曰煩語陛下以此香祈雨必驗乃乘炬自焚骸骨不倒異香逼人羣鶴舞于龕頂乃宥三千人誅時大旱上命以所遺香至天禧寺禱雨夜雨大降上嘉曰此眞末隆雨也因御製落魄僧詩以美之永隆乃蘇州尹山寺僧也

異林張皮雀者名道修天亢旱太守朱勝求禱道修曰儒輩每毀我欲雨設壇于學宮太守不可然不得已遂强設于里塾又令黃冠輩之以行命置水于兩廡間呼羣兒侍諸笑滿前每作符遣一兒投水中則雲氣生其上滃合雷電轟烈大雨如注道修大呼曰請誅貪吏諸吏跪伏莫敢仰視良久曰霑足乎衆曰然雨乃止江陰旱富民周氏請禱道修往視困廩甚侈怒曰彼困求福已耳且爲之禱雷電大作道修曰彼爲富不仁請焚其廩火繞其廬焚之幾盡吳江旱王道會者禱之雨已作道修曰王道會亦禱雨乎今日邂逅誠幸相角法術何如衆驩然建雨壇道脩謂道會曰左右何居道會觀東郊已雲遂卽左道修在右有頃雲歸于西東望皎然雨忽大注道會大慚神驗甚衆不可測也

山西通志明麻衣仙姑汾州任氏女永樂初不願婚嫁被麻衣奔入石室山洞有聲殷殷如雷其壁合每歲旱禱雨輒應或以淨瓶乞水得水卽雨謂之偲姑雨

陝西通志安郁字從周臨潼人浦江典史正統中邑大旱郁齋沐籲天作柴樓于紫極觀誓不雨自焚至期大雨民謠曰安從周積薪樓感天雨天有秋昔無衣今有裘陞本縣知縣

湖廣通志劉諒景泰間監生授鹽城令歲旱禱輒雨雨不出境有一村雨不及廉其故得妻殺夫之冤人尤異之

魏銘字日新景泰辛未進士授景東倅改揚州時郡旱甚禱雨不應銘更率父老子弟步禱三日大雨若注有黃龍夭矯空中迅雷驚霆繞其前不爲動郡大熟

萊州府志天順間楊一正于山中得祈禱異書每遇旱請禱者不令置壇但書霹靂二字於役人手中令其急握開之卽雷轟雨霈凡所刻之期所限之里俱不爽言

贛州府志天順中寧都大旱縣令白艮輔齋宿禱于城隍夢神語曰必得靈山寺廚下僧乃雨白如言詣寺覓之僧不能辭遂研墨水數盂投井中須臾雲卽起大雨如注水盡墨色蓋黑龍精所化也僧亦異人哉

陝西通志鄒志義字宜之飭躬勵行有古人風成化己丑進士授評事進寺副奉命河南錄囚時方天旱志義定疑獄三十五人釋無辜者三百七十人取服罪者十人戮于市天乃雨

明外史張昺傳昺授鉛山知縣鉛山俗婦人夫死輒嫁有病未死先受聘供湯藥者昺欲變其俗令寡婦皆具牒受判署二木曰羞願嫁者跪之曰節願守者跪之民傳四妻祝不欲嫁舅姑紿受牒令跪羞木下昺判從之祝投後圃池中死邑大旱昺意有冤獄齋宿神祠夢婦人泣拜覺而識其里居姓氏往詰其狀及啓土貌如生昺哭之慟曰殺婦者吾也爲文以祭天遂大雨乃罪其舅姑改葬焉

戚賢傳賢字秀夫全椒人嘉靖五年進士授歸安知縣縣有蕭總管廟報賽無虛日會久旱賢禱不驗沈木偶於河居數日舟過其地木偶躍入舟舟中人皆驚賢徐笑曰是特未焚耳趣焚之潛令健隸入岸傍

甀誠之日水中人出械以來已果獲數人蓋奸民募善泅者爲之也

劉世揚傳世宗以久旱躬禱世揚言在獄繫囚及建言謫戍諸臣怨咨之氣上干天和請悉疏釋帝不能用

陝西通志楊爵補御史時恆暘不雨畿輔千里無禾民死者無算上方爲方士修雷壇竭貲役民爵疏請慰人心以隆治道言甚切直下詔獄考掠備至幾死復逮械繫五年得釋

明外史葉向高傳吳道南擢禮部右侍郎京師久旱疏言天下人情鬱而不散致成旱災如東宮天下本不使講明經術練習政務久寘深闈聰明隔塞鬱一也法司懸缺半載讞鞫無人囹圄充滿有入無出愁憤之氣上薄日星鬱二也內藏山積而閭閻半菽不充曾不發帑賑救坐視其死亡轉徙鬱三也纍臣滿朝薦十孔時時稱循吏因權璫搆陷一繫數年鬱四也廢棄諸臣實堪世用一斥不復山林終老鬱五也陛下誠渙發德音除此數鬱不崇朝而雨露遍天下矣帝不省

江南通志王在公字孟夙崑山人萬曆甲午鄉薦選高苑知縣嘗遇旱手疏虔禱明晨得雨雨不出境民歌頌之

明外史王錫爵傳錫爵嘗因旱災自陳言臣備位六載朝講日疎災異日告南北寇敵生心而太倉錢穀枵然請餉請賑迄無以應至冊立大典久稽不行豫敎急務亦且寢閣今京師亢旱風霾求召災故不得有妄傳宮廷舉動歸過君父者主德未光由臣失職乞亟賜罷免帝優詔留之

湖廣通志李若愚萬曆己未進士司理溫州遷刑部主事因天旱陳言請誅魏黨許顯純等七錦衣以慰忠魂不雨願治臣罪比顯臣等伏誅而甘霖大霈

貴州通志貴陽府張道人郡人逸其名有道行自幼不娶得禱雨祕術萬曆間旱巡撫郭子章招致之道人爲壇于城西縞衣披髮運五雷訣刻次日日中雨至時天無纖雲人皆誕之道人書符於童子掌握之令詣太守請迎雨童子至郡堂開掌忽霹靂一聲衆未至壇而霖雨大注

杭州府志明袾宏號蓮池乞食梵林見雲棲山水幽寂遂有終焉之志歲大旱擊木魚循田念佛雨隨足跡而注

山西通志太原府崞縣來雨亭在察院內明萬曆乙酉時天大旱侍御洪公按部至皁衣蔬食省刑禱神不遑寢處忽大雨霑足兵備道李時芳搆一亭曰來雨

廣東通志龔洪師逸其名從化人精五雷壬遁之法能名致風雷郡歲大旱官司祈禱不應乃懸重賞募有能致雨者師往應之容服樸野時人未之信也師曰姑試之爲壇郊外架層臺其上集諸司守令壇下戒之曰雷雨即大至勿動衆領之師乃登臺演法時官司跪烈日中皆汗流浹背良久見片雲起空中風雷遽作雨遂如注電光霹靂震繞臺端而師已失所在衆官懾服不敢動踰時雷收雨霽師仍在臺上而平地水深尺餘矣衆始神其術問之師曰此激雷法也震怒時吾已化身微渺隙中若有動即當其威矣於是厚歸之

陳楠字南木博羅人業盤櫳箍桶作盤櫳箍桶頌言下超悟後遇異人得景霄太雷琅書嘗用雷符以殺狐厭蒼梧苦旱楠執鞭下淵潭驅龍須臾雷雨交作境內霑足

旱災部雜錄

書經商書說命若歲大旱用汝作霖雨

春秋考異郵旱之言悍也陽驕蹇所致也

樂稽耀嘉凡求雨男女欲和而樂又曰開神山神淵積薪夜擊鼓譟而燔之

管子春不收枯骨朽齒伐枯木而去之則夏旱至矣

莊子大旱金石流土山焦而不熱

詩說雲漢宣王憂旱史籀美之賦也

淮南子天文訓陽氣勝則爲旱

焦氏易林久旱三年草木不生粢盛空乏無以供靈

黍稷禾稼垂秀方造中旱不雨傷風枯槁

師曠占歲欲旱旱草先生旱草者蒺藜也

京氏別對人君無施澤惠利於下則致旱也不救即蝗蟲殺穀其救也省讞罰行寬大惠兆民勞功吏賜鰥寡廩不足

洪範五行傳旱所謂常陽不爾常陽而謂旱者以爲災也旱之爲言乾萬物傷而乾不得水也君持亢陽之節暴虐于下興師旅勤衆勞民以起城邑臣下悲

怨而心不從故陽氣盛而失度故旱災應也

神異經南方有人長二三尺袒身而目在頂上行走如風名曰魃所之國大旱俗曰旱魃一名格子善行市朝衆中遇之者投著廁中乃死旱災消詩曰旱魃爲虐或曰生捕得殺之禍去福來

農家諺船棹風雲起旱魃深歡喜

韋曜毛詩問雲漢之詩旱魃爲虐傳曰魃天旱鬼也箋曰旱氣生魃天有常神人死爲鬼不審旱氣生魃奈何答曰魃鬼人形眼在頂上天生此物則將旱也天欲爲災何所不生而云有常神者耶

爾雅孫炎注曰攝木生江上有奇枝高二四丈生毛一名楓子天旱以泥塗之卽雨

典略舊制求雨大帝禱天地宗廟社稷山川已賽如其常祭牢禮四月立夏旱乃求雨立秋雖旱不禱求雨到七月畢賽之秋冬春三時不求雨

博物志止雨祝曰天生五穀以養人民今天雨不止用傷五穀如何如何靈而不幸殺牲以賽神靈雨則不止鳴鼓攻之朱絲繩縈而脅之

請雨曰皇皇上天照臨下土集地之靈神降甘雨庶物羣生咸得其所

荆州記臨賀界有臥石似人而色青黄隱起此鄉若旱祭之必雨

海山記煬帝遇害時司馬戡攜刃向帝帝復叱曰汝豈不知諸侯之血入地尚大旱況天子乎

尚書故實舒州灊山下有九井其實九眼泉也旱卽殺一犬投其中大雨必降犬亦流出

雲仙雜記甘塘社有一水方丈瑩潔春夏不竭旱則禱之應時雨下鄉民緣可救旱號祕密泉

寺塔記不空三藏塔前多老松歲旱則官伐其枝爲龍骨以祈雨蓋三藏役龍意其樹必有靈也

聞見後錄汾晉間祈雨裸袒叫呼奮臂爲反覆手狀又以水灑行道之人殆可笑按董仲舒傳註有閉陰縱陽以水灑人之說蓋其自也

可談世傳婦人有產鬼形者不能執而殺之則飛去夜復歸就乳多瘁其母俗呼爲旱魃亦分男女女魃竊其家物以出男魃竊外物以歸初虞世和甫名士善醫公卿爭邀致而性不可馴狎往往有忽權貴每貴人求治病必重誅求之至于不可堪其所得賂旋以施貧者最愛黄庭堅常言黄孝于其親吾愛重之每得佳墨精楮奇玩必歸魯直語朝士云初和甫于余正是一男旱魃時坐中有厭苦和甫者率爾對曰到吾家便是女旱魃

朱子語類祈雨之類亦是以誠感其氣如祈神佛之類亦是其所居山川之氣可感今之神佛所居皆是山川之勝而靈者雨亦近山者易至以多陰也

歲旱壽皇禁中祈雨有應一日引宰執入見恭父奏云此固陛下至誠感通然天人之際其近如此若他事一有不至則其應亦當如此願陛下深加聖慮則天下幸甚恭父斯語頗得大臣體

御龍子集嘆旱戾氣之所爲哉陰與陽其不相能耶亢烈之氣多而參和之無自耶

丹鉛總錄論衡旱火變也湛水異也又引天官書正月朔占四方之風風從南方來者旱從北方來者湛又曰一湛一旱時氣也又曰日月之行出入三道出北則湛出南則旱淮南子旱雲烟火涔雲波水又曰國有九年之畜雖涔旱災害之殃免困窮流亾也又曰涔水不能生魚鼈涔水行潦也湛涔音義同皆古字借用

崔後渠集豕田旱天忽興雲將雨農人不甚悅也太史氏曰爾不欲雨耶農人曰雲暴騰而無畜雖雨亦不洽雨陰陽之交也聚斯厚厚斯醞醞斯雨則霈然矣已而雨果不成太史氏曰畜之用大矣哉

攬茝微言蜥蜴求雨法以土實巨甕作木蜥蜴小童操青竹衣青衣以舞歌曰蜥蜴蜥蜴興雲吐霧雨若滂沱放汝歸去

虎苑南山久旱以長繩繫虎頭骨投潭中有龍處水掣不定俄頃雲起雨亦隨降

珍珠船安成記云羅霄山有石井天旱祠之以木投井中卽雨至井溢木出雨乃止也

山西通志太原縣東有崛山天旱士人燒此山以求雨俗傳崛山神娶河伯女故崛山火河伯必降雨救之今山上多生木草

紹興府志上虞戛磬山在縣西南三十里舊經云山有神曰白鵝旱時見則雨

瓊州府志龜石在文昌縣北五十里南溪都中有紅白二龜禱旱紅出則雨白出則否

雲南通志永昌府騰越州濟旱石在州北二里土山上石形如丸周丈許舊傳高僧摩迦陀所遺天旱禱雨以石浸龍池雷雨輒至

貴州通志銅仁府雲舍泉在省溪司七里歲旱磔犬投之卽雨

欽定古今圖書集成曆象彙編庶徵典

第九十七卷目錄

庶徵典第九十七卷

火災部彙考一

春秋緯

潛潭巴

火從井出有賢人從人起

漢書

五行志

傳曰棄法律逐功臣殺太子以妾爲妻則火不炎上

說曰火南方揚光煇爲明者也其主王者南面鄉明而治書云知人則哲能官人故堯舜舉羣賢而命之朝遠四佞而放諸野孔子曰浸潤之譖膚受之愬不行焉可謂明矣賢佞分別官人有序帥由舊章敬重功勳殊別嫡庶如此則火得其性矣若乃信道不篤或燿虛僞讒夫昌邪勝正則火失其性矣自上而降及濫炎妄起災宗廟燒宮館雖興師衆弗能救也是爲火不炎上

春秋繁露

占火

若人君惑於讒邪內離骨肉外疏忠臣咎及於火則大旱必有火災若火不炎上秋多電由王者視不明也

觀象玩占

雜占火災

天下火焚燒是謂大殃民人逃亡莫知其鄉

天火燒國郭門其地有謀將發兵

天火燒邑城門其邑圍

天火薦燒民舍大兵方起

天火燒山阜民不安其居

天火燒野五穀國將亡

天火燒木大奸兵起六月降霜

天火燒牛馬其邑有屠裂

天火燒宗廟社稷國將亡

天下火音如雷鼓臣下有謀國君凶

火雜變

地生火一曰地燃京房易妖占曰其國大火國君死一曰其民殘一曰有亂兵自相攻殺天文錄曰地燃者陰行陰政臣下自恣終自有害軍中地自生火軍敗將死

山出火熾人是謂鬼焚亡國之徵

火災部彙考二

周

桓王二十二年魯御廩災

按春秋魯桓公十有四年秋八月壬申御廩災　按公羊傳御廩者何粢盛委積之所藏也御廩災何以書記災也

按漢書五行志春秋桓公十四年八月壬申御廩災董仲舒以爲先是四國共伐魯大破之於龍門百姓傷者未瘳怨咎未復而君臣俱惰內怠政事外侮四鄰非能保守宗廟終其天年者也故天災御廩以戒之劉向以爲御廩夫人八妾所舂米之藏以奉宗廟者也時夫人有淫行挾逆心天戒若曰夫人不可以奉宗廟桓不寤與夫人俱會齊夫人譖桓公於齊侯齊侯殺桓公劉歆以爲御廩公所親耕耤田以奉粢盛者也棄法度亡禮之應也

襄王十二年魯西宮災

按春秋魯僖公二十年五月乙巳西宮災　按公羊傳西宮何小寢也小寢則曷爲謂之西宮有西宮則

有東宮矣魯子曰以有西宮亦知諸侯之有三宮也西宮災何以書記災也　按穀梁傳謂之西宮則近爲稱宮以諡言之則如疏之然以是爲閔宮也

按漢書五行志釐公二十年五月乙巳西宮災穀梁以爲愍公宮也以諡言之則若疏故謂之西宮劉向以爲釐立妾母爲夫人以入宗廟故天災愍宮若曰去其卑而親者將害宗廟之正禮董仲舒以爲釐娶於楚而齊媵之脅公使立以爲夫人西宮者小寢夫人之居也若曰妾何爲此宮誅去之意也以天災之故大之曰西宮也左氏以爲西宮者公宮也言西知有東東宮太子所居言宮舉區皆災也

定王十四年夏成周宣榭火

按春秋魯宣公十有六年夏成周宣榭火　按左傳人火之也凡火人火曰火天火曰災　按公羊傳成周者何東周也宣榭者何宣宮之榭也何言乎成周宣榭災樂器藏焉爾成周宣榭災何以書記災也外災不書此何以書新周也　按穀梁傳周災不志也其日宣榭何也以樂器之所藏目之也

大全宣榭宣王之廟也按呂大臨考古圖有郝敦者稱王格於宣榭呼內史策命郝是知宣榭者宣王之廟也古者爵有德祿有功必於太廟示不敢專也榭者射堂之制其堂無室以便射事故凡無室者皆謂之榭宣王之廟謂之榭者其廟制如榭也宣榭火何以書以宗廟之重書之也

按漢書五行志宣公十六年夏成周宣榭火榭者所以藏樂器宣其名也董仲舒劉向以爲十五年王札子殺召伯毛伯天子不能誅天戒若曰不能行政令何以禮樂爲而藏之左氏經曰成周宣榭火人火也人火曰火天火曰災榭者講武之坐屋

定王十九年魯新宮災

按春秋魯成公三年二月甲子新宮災三日哭　按公羊傳新宮者何宣公之宮也宣宮則曷爲謂之新宮不忍言也其言三日哭何廟災三日哭禮也新宮災何以書記災也　按穀梁傳新宮者禰宮也三日哭哀也其哀禮也迫近不敢稱諡恭也其辭恭且哀以成公爲無譏矣

按漢書五行志成公三年二月甲子新宮災穀梁以爲宣公不言諡恭也劉向以爲時魯三桓子孫始執國政宣公欲誅之恐不能使大夫公孫歸父如晉謀未反宣公死三家譖歸父於成公成公父喪未葬聽讒而逐其父之臣使奔齊故天災宣宮明不用父命之象也一曰三家親而亡禮猶宣公殺子赤而立亡禮而親大災宣廟欲示去三家也董仲舒以爲成居喪亡哀戚心數興兵戰伐故天災其父廟示失子道不能奉宗廟也一曰宣殺君而立不當列於羣祖也

靈王八年宋災

按春秋魯襄公九年春宋災　按左傳宋災樂喜爲司城以爲政使伯氏司里火所未至徹小屋塗大屋陳畚挶具綆缶備水器量輕重畜水潦積土塗巡丈城繕守備表火道使華臣具正徒令隧正納郊保奔火所使華閱討右官官庀其司向戌討左亦如之使樂遄庀刑器亦如之使皇鄖命校正出馬工正出車備甲兵庀武守使西鉏吾庀府守令司宮巷伯儆宮二師令四鄉正敬享祝宗用馬於四墉祀盤庚於西門之外晉侯問於士弱曰吾聞之宋災於是乎知有天道何故對曰古之火正或食於心或食於咮以出內火是故咮爲鶉火心爲大火陶唐氏之火正閼伯居商丘祀大火而火紀時焉相土因之故商主大火商人閱其禍敗之釁必始於火是以日知其有天道也公曰可必乎對曰在道國亂無象不可知也　按公羊傳曷爲或言災或言火大者曰災小者曰火然則內何以不言火內不言火者甚之也何以書記災也外災不書此何以書爲王者之後記災也　按穀梁傳外災不志此其志何也故宋也

高氏曰宋自昭文以來亂敗相屬三書宋災見人事之不修也　劉氏曰穀梁云故宋也非也齊大災又豈故齊乎　廬陵李氏曰公羊以爲爲王者之後記災也穀梁以爲故宋也范氏以宋者孔子之先也左氏以爲來告故書左氏得之左氏載宋司城樂喜救災之政纖悉備具又載晉侯士弱之問對則其來告必矣

按漢書五行志襄公九年春宋災劉向以爲先是宋公聽讒逐其大夫華弱出奔魯左氏傳曰宋災樂喜爲司城先使火所未至徹小屋塗大屋陳畚挶具綆缶備水器畜水潦積土塗繕守備表火道儲正徒郊保之民使奔火所又飭衆官各慎其職晉侯問之問士弱曰宋災於是乎知有天道何故對曰古之火正或食於心或食於咮以出入火是故咮爲鶉火心爲大火陶唐氏之火正閼伯居商丘祀大火而火紀時焉相土因之故商生大火商人閱其禍敗之釁必始於火是以有天道公曰可必乎對曰在道國亂亡象

不可知也說曰古之火正謂火官也掌祭火星行火政季春昏心星出東方而咮七星鳥首正在南方則用火季秋星入則止火以順天時救民疾帝嚳則有祝融堯時有閼伯民賴其德死則以爲火祖配祭火星故曰或食於心或食於咮也相土商祖契之曾孫代閼伯後主火星宋其後也世司其占故先知火災賢君見變能修道以除凶亂君亾象天不譴告故不可必也

景王二年宋災

按春秋魯襄公三十年五月甲午宋災宋伯姬卒

按左傳或叫於宋太廟曰譆譆出出鳥鳴於亳社如曰譆譆甲午宋大災宋伯姬卒待姆也君子謂宋共姬女而不婦女待人婦義事也　按穀梁傳取卒之日加之災上者見以災卒也其見以災卒奈何伯姬之舍失火左右曰夫人少辟火乎伯姬曰婦人之義傅姆不在宵不下堂左右又曰夫人少辟火乎伯姬曰婦人之義傅姆不在宵不下堂遂逮乎火而死婦人以貞爲行者也伯姬之婦道盡矣詳其事賢伯姬也

按漢書五行志襄公三十年五月甲午宋災董仲舒以爲伯姬如宋五年宋恭公卒伯姬幽居守節三十餘年又憂傷國家之患禍積陰生陽故火生災也劉向以爲先是宋公聽讒而殺太子痤應火不災上之罰也

九年鄭災

按春秋不書　按左傳昭公六年六月丙戌鄭災

按漢書五行志左氏傳昭公六年六月丙戌鄭災是春三月鄭人鑄刑書士文伯曰火見鄭其火乎未出而作火以鑄刑器藏爭辟焉火而象之不火何爲說曰火星出于周五月而鄭以三月作火鑄鼎刻刑辟書以爲民約是爲刑器爭辟故火星出與五行之火爭明爲災其象然也又棄法律之占也不書於經時不告魯也

十二年陳災

按春秋魯昭公九年夏四月陳災　按左傳陳災鄭裨竈曰五年陳將復封封五十二年而遂亡子產問其故對曰陳水屬也水火妃也而楚所相也今火出而火陳逐楚而建陳也妃以五成故曰五年歲五及鶉火而後陳卒亡楚克有之天之道也故曰五十二年　按公羊傳陳已滅矣其言陳火何存陳也曰存陳悕矣曷爲存陳滅人之國執人之罪人殺人之賊葬人之君若是則陳存悕矣　按穀梁傳國曰災邑曰火火不志此何以志閔陳而存之也

按漢書五行志昭公九年夏四月陳火董仲舒以爲陳夏徵舒殺君楚嚴王託欲爲陳討賊陳國闢門而待之至因滅陳陳臣子尤毒恨甚極陰生陽故致火災劉向以爲先是陳侯弟招殺陳太子偃師皆外事不因其宮館者略之也八年十月壬午楚師滅陳春秋不與蠻夷滅中國故復書陳火也左氏曰陳災傳曰鄭裨竈曰五年陳將復封封五十二年而遂亡子產問其故對曰陳水屬火水妃也而楚所相也今火出而火陳逐楚而建陳也妃以五成故曰五年歲五及鶉火而後陳卒亡楚克有之天之道也說曰顓頊以水王陳其族也今兹歲在星紀後五年在大梁大梁昴也金爲水宗得其宗而昌故曰五年陳將復封楚之先爲火正故曰楚所相也天以一生水地以二生火天以三生木地以四生金天以五生土五位皆以五而合而陰陽易位故曰五成然則水之大數六火七木八金九土十故水以天一爲火二牡木以天三爲土十牡土以天五爲水六牡火以天七爲金四牡金以天九爲木八牡陽奇爲牡陰耦爲妃故曰水火之牡也火水妃也於易坎爲水爲中男離爲火爲中女蓋取諸此也自大梁四歲而及鶉火四周四十八歲凡五及鶉火五十二年而陳卒亡火盛水衰故曰天之道也哀公十七年七月己卯楚滅陳

二十一年宋衛陳鄭災

按春秋魯昭公十有八年夏五月壬午宋衛陳鄭災

按左傳昭公十七年冬有星孛於大辰西及漢申須曰彗所以除舊布新也天事恆象今除於火火出必布焉諸侯其有火災乎梓慎曰往年吾見之是其徵也火出而見今兹火出而章必火入而伏其居火也久矣其與不然乎火出於夏爲三月於商爲四月於周爲五月夏數得天若火作其四國當之在宋衛陳鄭乎宋大辰之虛也陳大皞之虛也鄭祝融之虛也皆火房也星孛及漢漢水祥也衛顓頊之虛也故爲帝丘其星爲大水水火之牡也其以丙子若壬午作乎水火所以合也若火入而伏必以壬午不過其見之月鄭裨竈言於子產曰宋衛陳鄭將同日火若我用瓘斝玉瓚鄭必不火子產弗與十八年五月火始昏見丙子風梓慎曰是謂融風火之始也七日其火作平戊寅風甚壬午大甚宋衛陳鄭皆火梓慎登大

庭氏之庫以望之曰宋衛陳鄭也數日皆來告火裨竈曰不用吾言鄭又將火鄭人請用之子產不可子太叔曰寶以保民也若有火國幾亡可以救亡子何愛焉子產曰天道遠人道邇非所及也何以知之竈焉知天道是亦多言耳豈不或信遂不與亦不復火鄭之未災也里析告子產曰將有大祥民震動國幾亡吾身泯焉弗良及也國遷其可乎子產曰雖可吾不足以定遷矣及火里析死矣未葬子產使輿三十人遷其柩火作子產辭晉公子公孫於東門使司寇出新客禁舊客勿出於宮使子寬子上巡羣屏攝至於大宮使公孫登徙大龜使祝史徙主祏於周廟告十先君使府人庫人各儆其事商成公儆司宮出舊宮人寘諸火所不及司馬司寇列居火道行火所焮城下之人伍列登城明日使野司寇各保其徵郊人助祝史除於國北禳火於玄冥回祿祈於四鄘書焚室而寬其征與之材三日哭國不市使行人告於諸侯宋衛皆如是陳不救火許不弔災君子是以知陳許先亡也七月鄭子產爲火故大爲社祓禳於四方振除火災禮也乃簡兵大蒐將爲蒐除子太叔之廟在道南其寢在道北其庭小過期三日使除徒陳於道南廟北曰子產過女而命速除乃毀於而鄉子產朝過而怒之除者南毀子產及衝使從者止之曰毀於北方火之作也子產授兵登陴子太叔曰晉無乃討乎子產曰吾聞之小國忘守則危況有災乎國之不可小有備故也既晉之邊吏讓鄭曰鄭國有災晉君大夫不敢寧居卜筮走望不愛牲玉鄭之有災寡君之憂也今執事撊然授兵登陴將以誰罪邊人恐懼不敢不告子產對曰若吾子之言敝邑之災君之憂也敝邑失政天降之災又懼讒慝之間謀之以啟貪人荐爲敝邑不利以重君之憂幸而不亡猶可說也不幸而亡君雖憂之亦無及也鄭有他竟望走在晉既事晉矣其敢有二心　按公羊傳何以書記異也何異耳異其同日而俱災也外異不書此何以書爲天下記異也　按穀梁傳其志以同日也其日亦以同日也或曰人有謂鄭子產曰某日有災子產曰天者神子惡知之是人也同日爲四國災也

注　鄭災子產臨事而備至於書焚室而寬其征與之材三日哭國不市使行人告於諸侯宋衛皆如是陳不救火許不弔災君子以是知陳許之先亾也初裨竈言於子產宋衛陳鄭將同日火若我用瓘斝玉瓚鄭必不火子產弗與及鄭既災竈曰不用吾言鄭又將火鄭人請用之子產不可曰天道遠人道邇非所及也何以知之亦不復火裨竈所言蓋以象推非妄也而鄭不復火者子產當國方有令政此以德消變之驗矣是知吉凶禍福固有可移之理古人所以必先人事後言命也

按漢書五行志昭公十八年五月宋衛陳鄭災董仲舒以爲象王室將亂天下莫救故災四國言亡四方也又宋衛陳鄭之君皆荒淫於樂不恤國政與周室同行陽失節則火災出是以同日災也劉向以爲宋陳王者之後衛鄭周同姓也時周景王老劉子單子事王子猛尹氏召伯毛伯事王子鼂子鼂楚之出也及宋衛陳鄭亦皆外附於楚亾尊周室之心後三年景王崩王室亂故天災四國天戒若曰不救周反從楚廢世子立不正以害王室明同罪也

敬王十二年魯災

按春秋魯定公二年夏五月壬辰雉門及兩觀災

按公羊傳其言雉門及兩觀災何兩觀微也然則曷爲不言雉門災及兩觀主災者兩觀也主災者兩觀則曷爲後言之不以微及大也何以書記災也　按穀梁傳其不曰雉門災及兩觀何也災自兩觀始也不以尊者親災也先言雉門尊尊也

按漢書五行志定公二年五月雉門及兩觀災董仲舒劉向以爲此皆奢僭過度者也先是季氏逐昭公昭公死于外定公即位既不能誅季氏又用其邪說淫於女樂而退孔子天戒若曰去高顯而奢僭者一曰門闕號令所由出也今舍大聖而縱有罪亾以出號令矣京房易傳曰君不思道厥妖火燒宮

二十八年魯災

按春秋魯哀公三年五月桓宮僖宮災　按左傳三年夏五月辛卯司鐸火火踰公宮桓僖災救火者皆曰顧府南宮敬叔至命周人出御書俟于宮也曰庀女而不在死子服景伯至命宰人出禮書以待命命不共有常刑校人乘馬巾車脂轄百官官備府庫愼守宮人肅給濟濡帷幕鬱攸從之蒙葺公屋自太廟始外內以悛助所不給有不用命則有常刑無赦公父文伯至命校人駕乘車季桓子至御公立於象魏之外命救火者傷人則止財可爲也命藏象魏曰舊章不可亾也富父槐至曰無備而官辦者尤拾瀋也於是乎去表之槀道還公宮孔子在陳聞火曰其桓僖乎　按公羊傳此皆毀廟也其言災何復立也曷

爲乎言其復立春秋見者不復見也何以不言及敵也何以書記災也　按穀梁傳言及則祖有尊卑由我言之則一也

按漢書五行志哀公三年五月辛卯桓釐宮災董仲舒劉向以爲此二宮不當立違禮者也哀公又以季氏之故不用孔子孔子在陳聞魯災曰其桓釐之宮乎以爲桓季氏之所出釐使季氏世卿者也

二十九年魯災

按春秋魯哀公四年亳社災　按公羊傳蒲社者何亡國之社也社者封也其言災何亡國之社蓋揜之揜其上而柴其下蒲社災何以書記災也　按穀梁傳亳社者亳之社也亳亡國也亡國之社以爲廟屏戒也其屋亡國之社不得達上也

大全程子曰書曰湯既勝夏欲遷其社不可作夏社國既亡則社自當遷湯存之以爲後戒故但屋之則與遷之無異既爲亡國之社則自王都至國都皆有之使爲戒也記曰喪國之社屋之不受天陽也又曰亳社北牖使陰明也魯有亳社災屋之故有災此制計之必始於湯也　孔氏曰殷有天下作都於亳亳社殷社也蓋武王伐紂使諸侯各立其社以戒亡國其社有屋故火得焚之災天火也

茅堂胡氏曰天子大社必受霜露風雨以達天地之氣亡國之社屋之武王克商班其社於諸侯以爲廟屏其災者劉向以爲人君縱心不能警戒之象　汪氏曰亡國之社戒魯之危亡也七年左傳云以邾子來獻於亳社則新作亳社之屋可知矣不書新作亳社者以其當作故不志也

按漢書五行志哀公四年六月辛丑亳社災董仲舒劉向以爲亾國之社所以爲戒也天戒若曰國將危亡不用戒矣春秋火災屢於哀定之間不用聖人而縱驕臣將以亾國不明甚也一曰天生孔子非爲定哀也蓋失禮不明火災應之自然象也

漢

高后元年趙叢臺災

按漢書高后本紀不載　按五行志高后元年五月丙申趙叢臺災劉向以爲是時呂氏女爲趙王后嫉妒將爲讒口以害趙王王不寤焉卒見幽殺

惠帝四年未央宮凌室災織室災

按漢書惠帝本紀不載　按五行志惠帝四年十月乙亥未央宮凌室災丙子織室災劉向以爲元年呂太后殺趙王如意殘戮其母戚夫人是歲十月壬寅太后立帝姊魯元公主女爲皇后其乙亥凌室災明日織室災凌室所以供養飲食織室所以奉宗廟衣服與春秋御廩同義天戒若曰皇后亾奉宗廟之德將絕祭祀其後皇后亾子後宮美人有男太后使皇后名之而殺其母惠帝崩嗣子立有怨言太后廢之更立呂氏子弘爲少帝賴大臣共誅諸呂而立文帝惠后幽廢

文帝七年東闕罘罳災

按漢書文帝本紀七年六月癸酉未央宮東闕罘罳災　按五行志文帝七年六月癸酉未央宮東闕罘罳災劉向以爲東闕所以朝諸侯之門也罘罳在其外諸侯之象也漢興大封諸侯王連城數十文帝即位賈誼等以爲違古制度必將叛逆先是濟北淮南王皆謀反其後吳楚七國舉兵而誅

景帝中五年東闕災

按漢書景帝本紀中五年秋八月未央宮東闕災　按五行志中五年八月己酉未央宮東闕災先是栗太子廢爲臨江王以罪徵詣中尉自殺丞相條侯周亞夫以不合旨稱疾免後二年下獄死

武帝建元六年遼東高廟災高園便殿火

按漢書武帝本紀建元六年春二月乙未遼東高廟災夏四月壬子高園便殿火上素服五日　按五行志建元六年二月丁酉遼東高廟災四月壬子高園便殿火董仲舒對曰春秋之道舉往以明來是故天下有物視春秋所舉與同比者精微眇以存其意通倫類以貫其理天地之變國家之事粲然皆見無所疑矣按春秋魯定公哀公時季氏之惡已熟而孔子之聖方盛夫以盛聖而易熟惡季孫雖重魯君雖輕其勢可成也故定公二年五月兩觀災兩觀僭禮之物天災之者若曰僭禮之臣可以去已見辠徵而後告可去此天意也定公不知省至哀公三年五月桓宮釐宮災二者同事所爲一也若曰燔貴而去不義云爾哀公未能見故四年六月亳社災兩觀桓釐廟亳社四者皆不當立天皆燔其不當立者以示魯欲其去亂臣而用聖人也季氏亡道久矣前是天不見災者魯未有賢聖臣雖欲去季孫其力不能昭公是也至定哀乃見之其時可也不時不見天之道也今高廟不當居遼東高園殿不當居陵旁於禮亦不當立與魯所災同其不當立久矣至於陛下時天迺災之者殆亦其時可也昔秦受亾周之敝而無以化之

漢受亡秦之敝又亡以化之夫繼二敝之後承其下流兼受其猥難治甚矣又多兄弟親戚骨肉之連驕揚奢侈恣睢者衆所謂重難之時者也陛下正當大敝之後又遭重難之時甚可憂也故天災若語陛下當今之世雖敝而重難非以太平至公不能治也視親戚貴屬在諸侯遠正最甚者忍而誅之如吾燔遼東高廟迺可視近臣在國中處旁仄及貴而不正者忍而誅之如吾燔高園殿迺可云爾在外而不正者雖貴如高廟猶災燔之況諸侯乎在內而不正者雖貴如高園殿猶燔災之況大臣乎此天意也辠在外者天災外辠在內者天災內燔甚辠當重燔簡辠當輕承天意之道也先是淮南王安入朝始與帝舅太尉武安侯田蚡有逆言後膠西于王趙敬肅王常山憲王皆數犯法或至夷滅人家藥殺二千石而淮南衡山王遂謀反膠東江都王皆知其謀陰治兵弩欲以應之至元朔六年乃發覺而伏辜時田蚡已死不及誅上思仲舒前言使仲舒弟子呂步舒持斧鉞治淮南獄以春秋誼顓斷於外不請既還奏事上皆是之　按董仲舒傳仲舒爲中大夫先是遼東高廟長陵高園殿災仲舒居家推說其意草藁未上主父偃候仲舒私見嫉之竊其書而奏焉上召視諸儒仲舒弟子呂步舒不知其師書以爲大愚於是下仲舒吏當死詔赦之仲舒遂不敢復言災異

元鼎三年陽陵園火

按漢書武帝本紀元鼎三年正月戊子陽陵園火

太初元年柏梁臺災

按漢書武帝本紀太初元年冬十一月乙酉柏梁臺災　按五行志太初元年十一月乙酉未央宮柏梁臺災先是大風發其屋夏侯始昌先言其災日後有江充巫蠱衛太子事

按史記封禪書太初元年十一月乙酉柏梁裁十二月甲午朔上親禪高里祠后土臨勃海將以望祀蓬萊之屬冀至殊廷焉上還以柏梁裁故朝受計甘泉公孫卿曰黃帝就青靈臺十二日燒黃帝乃治明廷明廷甘泉也方士多言古帝王有都甘泉者其後天子又朝諸侯甘泉甘泉作諸侯邸勇之乃曰越俗有火裁復起屋必以大用勝服之於是作建章宮度爲千門萬戶前殿度高未央其東則鳳闕高二十餘丈其西則唐中數十里虎圈其北治大池漸臺高二十餘丈命曰太液池中有蓬萊方丈瀛洲壺梁象海中神山龜魚之屬其南有玉堂璧門大鳥之屬乃立神明臺井幹樓度五十丈輦道相屬焉

昭帝元鳳元年燕城南門災

按漢書昭帝本紀不載　按五行志元鳳元年燕城南門災劉向以爲時燕王使邪臣通於漢爲讒賊謀逆亂南門者通漢道也天戒若曰邪臣往來姦讒於漢絕亾之道也燕王不寤卒伏其辜

元鳳四年孝文廟災

按漢書昭帝本紀四年五月丁丑孝文廟正殿火上及羣臣皆素服發中二千石將五校作治六日成太常及廟令丞郎吏皆劾大不敬會赦太常轑陽侯德（文穎曰德江德也）免爲庶人六月赦天下　按五行志四年五月丁丑孝文廟正殿災劉向以爲孝文太宗之君與成周宣榭火同義先是皇后父車騎將軍上官安安父左將軍桀謀爲逆大將軍霍光誅之皇后以光外孫年少不知居位如故光欲后有子因上侍疾醫言禁內後宮皆不得進唯皇后顓寢皇后年六歲而立十三年而昭帝崩遂絕繼嗣光執朝政猶周公之攝也是歲正月上加元服通詩尚書有明哲之性光亡周公之德秉政九年久於周公上既已冠而不歸政將爲國害故正月加元服五月而災見古之廟皆在城中孝文廟始出居外天戒若曰夫貴而不正者宣帝既立光猶攝政驕溢過制至妻顯殺許皇后光聞而不討後遂誅滅

宣帝甘露元年太上皇廟孝文廟火

按漢書宣帝本紀甘露元年夏四月丙申太上皇廟火甲辰孝文廟火　按五行志甘露元年夏四月丙申中山太上皇廟災甲辰孝文廟災

甘露三年宣室閣火

按漢書宣帝本紀三年冬十月丁卯未央宮宣室閣火

元帝初元三年白鶴館災

按漢書元帝本紀初元三年夏四月乙未晦茂陵白鶴館災詔曰迺者火災降於孝武園館朕戰栗恐懼不燭變異咎在朕躬羣司又未肯極言朕過以至於斯將何以寤焉百姓仍遭凶阨無以相振加以煩擾乎苛吏拘牽乎微文不得永終性命朕甚閔焉其赦天下　按五行志初元三年乙未孝武園白鶴館災劉向以爲先是前將軍蕭望之光祿大夫周堪輔政爲佞臣石顯許章等所譖望之自殺堪廢黜明年白鶴館災園中五里馳逐走馬之館不當在山陵昭穆

之地天戒若曰去貴近逸遊不正之臣將害忠良後章坐走馬上林下烽馳逐免官　按翼奉傳初元二年二月戊午地震奉上言其法大水極陰生陽反爲大旱甚則有火災春秋宋伯姬是矣唯陛下財察明年夏四月乙未孝武園白鶴館災奉自以爲中上疏曰臣前上五際地震之效曰極陰生陽恐有火災不合明聽未見省答臣竊內不自信今白鶴館以四月乙未時加於卯月宿亢災與前地震同法臣奉迺深知道之可信也不勝拳拳願復賜間卒其終始上復延問以得失奉以爲祭天地於雲陽汾陰及諸寢廟不以親疏迭毀皆煩費違古制又宮室苑囿奢泰難供以故民困國虛亡累年之畜所由來久不改其本難以末正迺上疏曰臣聞昔者盤庚改邑以興殷道聖人美之竊聞漢德隆盛在於孝文皇帝躬行節儉外省繇役其時未有甘泉建章及上林中諸離宮館也未央宮又無高門武臺麒麟鳳皇白虎玉堂金華之殿獨有前殿曲臺漸臺宣室溫室承明耳孝文欲作一臺度用百金重民之財廢而不爲其積土基至今猶存又下遺詔不起山墳故其時天下太和百姓洽足德流後嗣如令處於當今因此制度必不能成功名天道有常王道亡常亡常者所以應有常也必有非常之主然後能立非常之功臣願陛下徙都於成周左據成皐右阻黽池前鄉崧高後介大河建滎陽扶河東南北千里以爲關而入敖倉地方百里者八九足以自娛東厭諸侯之權西遠羌胡之難陛下共己亡爲按成周之居兼盤庚之德萬歲之後長爲高宗漢家郊兆寢廟祭祀之禮多不應古臣奉誠難亶居而改作故願陛下遷都正本衆制皆定亡復繕治宮館不急之費歲可餘一年之畜臣聞三代之祖積德以王然皆不過數百年而絕周至成王有上賢之材因文武之業以周召爲輔有司各敬其事在位莫非其人天下甫二世耳然周公猶作詩書深戒成王以恐失天下書則曰王毋若殷王紂其詩則曰殷之未喪師克配上帝宜監于殷駿命不易今漢初取天下起於豐沛以兵征伐德化未洽後世奢侈國家之費當數代之用非直費財又乃費士孝武之世暴骨四夷不可勝數有天下雖未久至於陛下八世九主矣雖有成王之明然亡周召之佐今東方連年饑饉加之以疾疫百姓菜色或至相食地比震動天氣溷濁日光侵奪繇此言之執國政者豈可以不懷怵惕而戒萬分之一乎故臣願陛下因天變而徙都所謂與天下更始者也天道終而復始窮則反本故能延長而無窮也今漢道未終陛下本而始之於以永世延祚不亦優乎如因丙子之孟夏順太陰以東行到後七年之明歲必有五年之餘蓄然後大行考室之禮雖周之隆盛亡以加此惟陛下留神詳察萬世之策書奏天子異其意答曰問奉今園廟有七云東徙狀何如奉對曰昔成王徙洛盤庚遷殷其所避就皆陛下所明知也非有聖明不能一變天下之道臣奉愚戇狂惑唯陛下裁赦其後貢禹亦言當定迭毀禮上遂從之及匡衡爲丞相奏徙南北郊其議皆自奉發之

永光四年杜陵園災

按漢書元帝本紀四年夏六月甲戌孝宣園東闕災

按五行志四年六月甲戌孝宣杜陵園東闕南方災劉向以爲先是上復徵用周堪爲光祿勳及堪弟子張猛爲太中大夫石顯等復譖毀之皆出外遷是歲上復徵堪領尚書猛給事中石顯等終欲害之園陵小於朝廷闕在司馬門中內臣石顯之象也孝宣親而貴門闕法令所從出也天戒若曰去法令內臣親而貴者必爲國害後堪希得進見因顯言事事決顯口堪病不能言顯誣告張猛自殺於公車成帝即位顯卒伏辜

成帝建始元年春正月乙丑皇曾祖悼考廟災二月暴風火發

按漢書成帝本紀建始元年春正月乙丑曾祖悼考廟災二月詔曰迺者火災降於祖廟有星孛於東方始正而虧咎孰大焉書云惟先假王正厥事羣公孜孜帥先百寮輔朕不逮崇寬大長和睦凡事恕己毋行苛刻其大赦天下使得自新右將軍長史姚尹等使匈奴還去塞百餘里暴風火發燒殺尹等七人

按五行志建始元年正月乙丑皇考廟災初宣帝爲昭帝後而立父廟於禮不正是時大將軍王鳳專權擅朝甚於田蚡將害國家故天子元年正月而見象也其後浸盛五將世權遂以亡道

河平四年山陽火生石中

按漢書成帝本紀河平四年夏六月庚戌山陽火生石中改元爲陽朔

鴻嘉三年孝景廟災

按漢書成帝本紀鴻嘉三年八月乙卯孝景廟闕災

按五行志鴻嘉三年八月乙卯孝景廟闕災十一

月甲寅許皇后廢

永始元年大官凌室災戾后園災

按漢書成帝本紀永始元年春正月癸丑大官凌室火戊午戾后園闕火　按五行志永始元年正月癸丑大官凌室災戊午戾后園南闕災是時趙飛燕大幸許后既廢上將立之故天見象於凌室與惠帝四年同應戾后衞太子妾遭巫蠱之禍宣帝即位追加尊號於禮不正又戾后起於微賤與趙氏同應天戒若曰微賤亡德之人不可以奉宗廟將絕祭祀有凶惡之禍至其六月丙寅趙皇后遂立姊妹驕妒賊害皇子卒皆受誅

永始四年長樂未央霸陵災

按漢書成帝本紀四年夏四月癸未長樂臨華殿未央宮東司馬門皆災六月甲午霸陵園門闕災出杜陵諸未嘗御者歸家詔曰迺者地震京師火災屢降朕甚懼之有司其悉心明對厥咎朕將親覽焉又曰聖王明禮制以序尊卑異車服以章有德雖有其財而無其尊不得踰制故民興行上義而下利方今世俗奢僭罔極靡有厭足公卿列侯親屬近臣四方所則未聞修身遵禮同心憂國者也或迺奢侈逸豫務廣第宅治園池多畜奴婢被服綺縠設鐘鼓備女樂車服嫁娶葬埋過制吏民慕效寖以成俗而欲望百姓儉節家給人足豈不難哉詩不云乎赫赫師尹民具爾瞻其申飭有司以漸禁之青綠民所常服且勿止列侯近臣各自省改司隸校尉察不變者　按五行志四年四月癸未長樂宮臨華殿及未央宮東司馬門災六月甲午孝文霸陵園東闕南方災長樂宮成帝母王太后之所居也未央宮帝所居也霸陵太宗盛德園也是時太后三弟相續秉政舉宗居位充塞朝廷兩宮親屬將害國家故天象仍見明年成都侯商薨弟曲陽侯根代爲大司馬秉政後四年根乞骸骨薦兄子新都侯莽自代遂覆國焉

哀帝建平三年桂宮火

按漢書哀帝本紀建平三年春正月癸卯帝太后所居桂宮正殿火　按五行志建平三年正月癸卯桂宮鴻寧殿災帝祖母傅太后之所居也時傅太后欲與成帝母等號齊尊大臣孔光師丹等執政以爲不可太后皆免官爵遂稱尊號後三年帝崩傅氏誅滅

建平四年恭皇園災

按漢書哀帝本紀四年秋八月恭皇園北門災

平帝元始五年原廟災

按漢書平帝本紀不載　按五行志元始五年七月己亥高皇帝原廟殿門災盡高皇帝廟在長安城中後以叔孫通譏複道故復起原廟於渭北非正也是時平帝幼成帝母王太后臨朝委任王莽將篡絕漢墮高祖宗廟故天象見也其冬平帝崩明年莽居攝因以篡國後卒夷滅

後漢

光武帝建武　年潞縣火

按後漢書光武帝本紀不載　按五行志建武中漁陽太守彭寵被徵書至明日潞縣火災起城中飛出城外燔千餘家殺人京房易傳曰上不儉下不節盛火數起燔宮室儒說火以明爲德而主禮時寵與幽州牧朱浮有隙疑浮見浸譖故意狐疑其妻勸無應徵遂反叛攻浮卒誅滅

和帝永元八年宣室殿火

按後漢書和帝本紀永元八年十二月丁巳南宮宣室殿火　按五行志是時和帝幸北宮竇太后在南宮明年竇太后崩

永元十三年八月盛饌門閣火

按後漢書和帝本紀十三年八月己亥北宮盛饌門閣火　按五行志是時和帝幸鄧貴人陰后寵衰怨恨上有欲廢之意明年會得陰后挾僞道事遂廢遷於桐宮以憂死立鄧貴人爲皇后

永元十五年城固南城門災

按後漢書和帝本紀不載　按五行志十五年六月辛酉漢中城固南城門災此孝和皇帝將絕世之象也其後二年宮車晏駕殤帝及平原王皆早夭折和帝世絕

安帝永初二年漢陽河陽火

按後漢書安帝本紀永初二年夏四月甲寅漢陽城中火燒殺三千五百七十人　按五行志永初二年四月甲寅漢陽河陽城中失火燒殺三千五百七十人先是和帝崩有皇子二人皇子勝長鄧皇后貪殤帝少欲自養長立之延平元年殤帝崩勝有厥疾不篤羣臣咸欲立之太后以前既不立勝遂更立清河王子是爲安帝司空周章等心不厭服謀欲誅鄧氏廢太后安帝而更立勝元年十一月事覺章等被誅其後凉州叛羌爲害太甚凉州諸郡寄治馮翊扶風界及太后崩鄧氏被誅

永初四年三月戊子杜陵園火

按後漢書安帝本紀云云

元初四年二月壬戌武庫火

按後漢書安帝本紀云云　按五行志元初四年二月壬戌武庫火是時羌叛大爲寇害發天下兵以攻禦之積十餘年未已天下厭苦兵役

延光元年陽陵火

按後漢書安帝本紀延光元年八月戊子陽陵園寢殿火　按五行志延光元年八月戊子陽陵園寢殿火凡災發于先陵此太子將廢之象也若曰不當廢太子以自翦則火不當害先陵之寢也明年上以讒言廢皇太子爲濟陰王後二年宮車晏駕中黃門孫程等十九人起兵殿省誅賊臣立濟陰王

延光四年秋七月乙丑漁陽城門樓災

按後漢書安帝本紀不載　按五行志云云

順帝永建三年七月茂陵災

按後漢書順帝本紀永建三年秋七月丁酉茂陵園寢災帝縞素避正殿辛亥使太常王龔持節告祠茂陵

陽嘉元年恭陵災

按後漢書順帝本紀陽嘉元年十二月庚子恭陵百丈廡災　按五行志陽嘉元年恭陵廡災及東西莫府火太尉李固以爲奢僭所致陵之初造禍及枯骨規廣治之尤飾又上欲更造宮室益臺觀故火起莫府燒材木

永和元年承福殿火

按後漢書順帝本紀永和元年冬十月丁亥承福殿火帝避御雲臺　按五行志永和元年十月丁未承福殿火先是爵號阿母宋娥爲山陽君后父梁商本國侯又多益商封商長子冀當繼商爵以商生在復更封冀爲襄邑侯追號后母爲開封君皆過差非禮

漢安元年雒陽火

按後漢書順帝本紀不載　按五行志漢安元年三月甲午雒陽劉漢等百九十七家爲火所燒後四年宮車比三晏駕建和元年君位乃定

桓帝建和二年北宮火

按後漢書桓帝本紀建和二年五月癸丑北宮掖廷中德陽殿及左掖門火　按五行志建和二年五月癸丑北宮掖庭中德陽殿火及左掖門先是梁太后兄冀挾姦枉以故太尉李固杜喬正直恐害其事令人誣奏固喬而誅滅之是後梁太后崩而梁氏誅滅

延熹四年南宮丙署武庫原陵火

按後漢書桓帝本紀延熹四年春正月辛酉南宮嘉德殿火戊子丙署火二月壬辰武庫火五月丁卯原陵長壽門火　按五行志延熹四年正月辛酉南宮嘉德殿火戊子丙署火二月壬辰武庫火五月丁卯原陵長壽門火先是亳后因賤人得幸號貴人爲后上以后母宣爲長安君封其兄弟愛寵隆崇又多封無功者去年春白馬令李雲坐直諫死至此彗除心尾火連作

延熹五年春正月壬午南宮丙署火夏四月乙丑恭陵東闕火戊辰虎賁掖門火五月康陵園寢火甲申中藏府承祿署火秋七月己未南宮承善闥火

按後漢書桓帝本紀云云

延熹六年康陵平陵火

按後漢書桓帝本紀六年夏四月辛亥康陵東署火秋七月甲申平陵園寢火

延熹八年南宮安陵德陽殿災

按後漢書桓帝本紀八年二月己酉千秋萬歲殿火夏四月甲寅安陵園寢火閏五月甲午南宮長秋和歡殿後鉤楯掖庭朔平署火十一月壬子德陽殿西閤黃門北寺火延及廣義神虎門燒殺人

延熹九年京師火光見

按後漢書桓帝本紀九年三月癸巳京師有火光轉行人相驚譟

靈帝熹平四年延陵園災

按後漢書靈帝本紀熹平四年六月弘農延陵園災遣使者持節告祠延陵

註　成帝陵也在今武陽縣西

光和四年永巷署災

按後漢書靈帝本紀光和四年閏九月辛酉北宮東掖庭永巷署災

光和五年五月庚申永樂宮署災

按後漢書靈帝本紀云云　按五行志五年五月庚申德陽前殿西北入門內永樂太和宮署火

中平二年南宮災

按後漢書靈帝本紀中平二年二月己酉南宮大災火半月迺滅　按五行志中平二年二月己酉南宮雲臺災庚戌樂城門災延及北闕道西燒嘉德和歡殿案雲臺之災自上起榱題數百同時並然若就縣華鐙其日燒盡延及白虎威興門尚書符節蘭臺夫雲臺者乃周家之所造也圖書術籍珍玩寶怪皆所

藏在也京房易傳曰君不思道厥妖火燒宮是時黃巾作慝變亂天常七州二十八郡同時俱發命將出衆雖頗有所禽然宛廣宗曲陽尚未破壞役起負海杼柚空懸百姓死傷已過半矣而靈帝曾不克己復禮虐侈滋甚尺一雨布騶騎電激官非其人政以賄成內嬖鴻都並受封餌京都爲之語曰今茲諸侯歲也天戒若曰放賢賞淫何以舊典爲故焚其臺門祕府也其後三月靈帝暴崩續以董卓之亂火三日不絕京都爲丘墟矣

獻帝初平元年霸橋災

按後漢書獻帝本紀不載　按五行志初平元年八月霸橋災其後三年董卓見殺

欽定古今圖書集成曆象彙編庶徵典

第九十八卷目錄

火災部彙考三

庶徵典第九十八卷

火災部彙考三

魏

明帝太和五年清商殿災

按魏志明帝本紀不載　按宋書五行志魏明帝太和五年五月清商殿災初帝爲平原王納河南虞氏爲妃及即位不以爲后更立典虞車工卒毛嘉女是爲悼皇后后本仄微非所宜升以妾爲妻之罰也

青龍元年洛陽宮鞠室災

按魏志明帝本紀青龍元年六月洛陽宮鞠室災

按宋書五行志魏明帝青龍元年洛陽宮鞠室災二年崇華殿災延於南閣繕復之至三年七月此殿又災帝問高堂隆此何咎也於禮寧有祈禳之義乎對曰夫災變之發皆所以明教誡也惟率禮修德可以勝之易傳曰上不儉下不節孽火燒其室又曰君高其臺天火爲災此人君苟飾宮室不知百姓空竭故天應之以旱火從高殿起也按舊占災火之發皆以臺榭宮室爲誡今宜罷散民役務從節約清掃所災之處不敢於此有所營造萐莆嘉禾必生此地以報陛下虔恭之德不從遂復崇華殿改曰九龍以郡國前後言龍見者九故以爲名多棄法度疲民逞欲以妾爲妻之應也

青龍二年崇華殿火

按魏志明帝本紀二年夏四月崇華殿火

青龍三年魏崇華殿災

按魏志明帝本紀三年三月大治洛陽宮起昭陽太極殿築總章觀百姓失農時直臣楊阜高堂隆等各數切諫雖不能聽帝優容之秋七月洛陽崇華殿災詔問隆此何咎於禮寧有祈禳之義乎隆對曰夫災變之法皆所以明教戒也惟率禮脩德可以勝之易傳曰上不儉下不節孽火燒其室又曰君高其臺天火爲災此人君苟飾宮室不知百姓窮竭故天應之以旱火從高殿起也上天降鑒故譴告陛下陛下宜增崇人道以答天之意昔太戊有桑穀生於朝武丁有雊雉登於鼎皆聞災恐懼側身脩德三年之後遠夷朝貢故號之曰中宗高宗此前代之明鑒也今案舊史災火之發皆以臺榭宮室爲誡然今宮室之所以充廣者實由宮人猥多之故宜簡擇留其淑懿如周之制罷省其餘此則祖己之所以訓高宗高宗之所以享遠號也詔問隆吾聞漢武帝時柏梁災而大起宮殿以厭之其義云何隆對曰臣聞西京柏梁既災越巫陳方建章是經以厭火祥乃夷越之巫所爲非聖賢之明訓也五行志曰柏梁災其後有江充巫蠱衛太子事如志之言越巫建章無所厭也孔子曰災者脩類應行精祲相感以戒人君是以聖主覩災責躬退而脩德以消復之今宜罷散民役宮室之制務從約節內足以待風雨外足以講禮儀清埽所災之處不敢於此有所立作萐莆嘉禾必生此地以報陛下虔恭之德豈可疲民之力竭民之財實非所以致符瑞而懷遠人也帝遂復崇華殿時郡國有九龍見故改曰九龍殿

吳

廢帝建興元年武昌端門災

按吳志孫亮傳建興元年十二月天災武昌端門改作端門又災內殿　按宋書五行志吳孫亮建興元年十二月武昌端門災改作端門又災內殿按門者號令所出殿者聽政之所是時諸葛恪秉政而矜慢放肆孫峻總禁旅而險害終著武昌孫氏尊號所始天戒若曰宜除其貴要之首者恪果喪衆殄民峻授政於綝綝廢亮也或曰孫權毀徹武昌以增太初宮諸葛恪有遷都意更起門殿事非時宜故見災也京房易傳曰君不思道厥妖火燒宮

太平元年建業火

按吳志孫亮傳不載　按宋書五行志吳孫亮太平元年二月朔建業火人火之也是秋孫綝始秉政矯以亮詔殺呂據滕引明年又輒殺朱异棄法律遂功臣之罰也

景帝永安五年白虎門災

按吳志孫休傳永安五年春二月白虎門北樓災

按宋書五行志吳孫休永安五年二月白虎門北樓災

永安六年建業城火

按吳志孫休傳六年十月癸未建業石頭小城火燒西南百八十丈

按宋書五行志永安六年十月石頭小城火燒西南百八十丈是時嬖人張布專擅國執多行無禮而韋昭盛沖終斥不用衆逆蔡戰等爲使驚擾州郡致使交趾反亂是其咎也

烏程侯建衡二年火

按吳志孫晧傳建衡二年三月大火燒萬餘家

按宋書五行志吳孫晧建衡二年三月大火燒萬餘家死者七百人

按春秋齊火劉向以爲桓公好內聽女口妻妾數更之罰也晧制令詭暴蕩棄法度勞臣名士誅斥甚衆後宮萬餘女謁數行其中隆寵佩皇后璽綬者又多矣故有大火

晉

武帝太康八年春三月震災西閣

按晉書武帝本紀太康八年三月乙丑臨商觀震

按五行志太康八年三月乙丑震災西閣楚王所止坊及臨商觀窗

太康十年崇聖含章殿火

按晉書武帝本紀十年夏四月癸丑崇聖殿災十一月景辰含章殿鞠室火　按五行志十年四月癸丑崇賢殿災本紀作崇聖十月庚辰含章鞠室修成堂前廡景坊東屋暉章殿南閣火時有上書曰漢王氏五侯兄弟迭任今楊氏三公並在大位故天變屢見竊爲陛下憂之由是楊珧求退是時帝納馮紞之間廢張華之功聽楊駿之讒離衛瓘之寵此逐功臣之罰也明年宮車晏駕其後楚王承竊發之旨戮害二公身亦不免震災其坊又天意乎

惠帝元康五年武庫火

按晉書惠帝本紀元康五年十月武庫火焚累代之寶　按五行志元康五年閏月庚寅武庫火張華疑有亂先命固守然後救火是以累代異寶王莽頭孔子屐漢高祖斷白蛇劍及二百萬人器械一時蕩盡是後愍懷見殺殺太子之罰也天戒若曰夫設險擊柝所以固其國儲積戎器所以戒不虞今冢嗣將傾社稷將泯禁兵無所復施皇旅又將誰衞帝后不悟終喪四海是其應也張華閻纂皆曰武庫火而氐羌反太子見廢則四海可知

元康八年高原陵火

按晉書惠帝本紀不載　按五行志八年十月高原陵火是時賈后凶恣賈謐擅朝惡積罪稔宜見誅絕天戒若曰臣妾之不可者雖親貴莫比猶宜忍而誅之如吾燔高原陵也帝既眊弱而張華又不納裴頠劉卞之謀故后遂與謐殺太子也干寶以爲高原陵火太子廢之應漢武帝世高原便殿火董仲舒對與此占同

永康元年皇后羊氏衣中有火

按晉書惠帝本紀不載　按五行志永康元年帝納皇后羊氏后將入宮衣中忽有火衆咸怪之永興元年成都王遂廢后處之金墉城是後還立立而復廢者四又詔賜死荀藩表全之雖未還在位然憂逼折辱終古未聞此孽火之應

永興二年尚書省火

按晉書惠帝本紀永興二年秋七月甲午尚書諸曹火燒崇禮闥　按五行志永興二年七月甲午尚書諸曹火起延崇禮闥及閣道夫百揆王化之本王者棄法律之應也後清河王覃入嗣不終於位又殺太子之罰也

懷帝永嘉四年襄陽火

按晉書懷帝本紀不載　按五行志永嘉四年十一月襄陽火燒死者三千餘人是時王如自號大將軍

司雍二州牧衆四五萬攻略郡縣此下陵上陽失其節之應也

元帝太興　年武昌災

按晉書元帝本紀不載　按五行志太興中王敦鎮武昌武昌災火起興衆救之救於此而發於彼東西南北數十處俱應數日不絕舊說所謂濫災妄起雖興師衆不能救之之謂也干寶以爲此臣而君行亢陽失節是爲王敦陵上有無君之心故災也

明帝太寧元年京師饒安東光安陵火

按晉書明帝本紀太寧元年春正月癸巳京師火三月景戌饒安東光安陵三縣災燒七千餘家死者萬五千人　按五行志太寧元年正月京都火是時王敦威侮朝廷多行無禮內外臣下咸懷怨毒極陰生陽也

成帝咸和二年五月京師火

按晉書成帝本紀不載　按五行志云云

康帝建元元年七月庚申晉陵吳郡災

按晉書康帝本紀云云

穆帝永和五年石虎太武殿災

按晉書穆帝本紀不載　按五行志永和五年六月震災石季龍太武殿及兩廟端門震災月餘乃滅金石皆盡其後季龍死大亂遂滅亡

海西公太和　年會稽災

按晉書海西公本紀不載　按五行志太和中郗愔爲會稽太守六月大旱災火燒數千家延及山陰倉米數百萬斛炎煙蔽天不可撲滅此亦桓溫強盛將廢海西極陰生陽之應也

孝武帝寧康元年京師火

按晉書孝武帝本紀不載　按五行志寧康元年三月京師風火大起是時桓溫入朝志在陵上少主踐位人懷憂恐此與太寧火事同

寧康三年神獸門災

按晉書孝武帝本紀三年十二月甲申神獸門災

太元十年國子學火

按晉書孝武帝本紀不載　按五行志太元十年正月國子學生因風放火焚房百餘間是後考課不厲賞罰無章蓋有育才之名而無收賢之實此不哲之罰先兆也

太元十三年延賢堂螽斯堂客館驃騎庫災

按晉書孝武帝本紀十三年十二月乙未延賢堂災景申螽斯則百堂客館驃騎庫皆災　按五行志十三年十二月乙未延賢堂災是月景申螽斯則百堂及客館驃騎府庫皆災於時朝多弊政衰陵日兆不哲之罰皆有象類主相不悟終至亂亡會稽王道子寵幸尼及姏母各樹用親戚乃至出入宮掖禮見人主天戒若曰登延賢堂及客館者多非其人故災之也又孝武帝更不立皇后寵幸微賤張夫人夫人驕妒皇子不繁乖螽斯則百之道故災其殿焉道子復賞賜不節故府庫被災斯亦其罰也

太元十四年宣陽門災

按晉書孝武帝本紀十四年七月甲寅宣陽門四柱災

安帝隆安二年龍舟災

按晉書安帝本紀隆安二年春三月龍舟二災　按五行志隆安二年三月龍舟二乘災是水沴火也其後桓元篡位帝乃播越天戒若曰王者流遷不復御龍舟故災之耳

元興元年尚書省火

按晉書安帝本紀元興元年八月庚子尚書下舍災

按五行志元興元年八月庚子尚書下舍曹火時桓元遙錄尚書故天火示不復居也

元興三年廣州災

按晉書安帝本紀不載　按五行志三年盧循攻略廣州刺史吳隱之閉城固守其十月壬戌夜火起時百姓避寇盈滿城內隱之懼有應賊者但務嚴兵不先救火由是府舍焚蕩燒死者萬餘人因遂散潰悉爲賊擒

義熙四年秋七月丁酉尚書殿中吏部曹火

按晉書安帝本紀不載　按五行志云云

義熙九年京都大火燒數千家

按晉書安帝本紀不載　按五行志云云

義熙十一年京都火

按晉書安帝本紀不載　按五行志十一年京都所在大行火災吳界尤甚火防甚峻猶自不絕王弘時爲吳郡晝在廳事見天上有一赤物下狀如信幡遙集路南人家屋上火即大發弘知天爲之災故不罪火主此帝室衰微之應也

按宋書臧燾傳燾參高祖中軍軍事入補尚書度支郎改掌祠部襲封高陵侯時太廟鴟尾災燾謂著作郎徐廣曰昔孔子在齊聞魯廟災曰必桓僖也今征西京兆四府君宜在毀落而猶列廟饗此其徵乎乃

上議曰臣聞國之大事在祀與戎將營宮室宗廟為首古先哲王莫不致肅恭之誠心盡崇嚴乎祖考然後能流淳化於四海通幽感於神明固宜詳廢興於古典循情禮以求中者也禮天子七廟三昭三穆與太祖而七自考廟以至祖考五廟皆月祭之遠廟為祧有二祧享嘗乃止去祧為壇去壇為墠有禱然後祭之此宗廟之次親疎之序也鄭元以為祧者文王武王之廟王肅以為五世六世之祖尋去祧之言則祧非文武之廟矣周之宗祖何云去祧為壇乎明遠廟為祧者無服之祖也又遠廟則有享嘗之禮去祧則有壇墠之殊明世遠者其義彌疎也若祧是文武之廟宜同月祭於太祖雖推后稷以配天由功德之所始非尊崇之義每有差降也又禮有以多貴者故傳稱德厚者流光德薄者流卑又云自上以下降殺以兩禮也此則尊卑等級之典上下殊異之文而云天子諸侯俱祭五廟何哉又王祭嫡殤下及來孫而上祀之禮不過高祖推隆恩於下流替誠敬於尊屬亦非聖人制禮之意也是以秦始建廟從王氏議以禮父為士子為天子諸侯祭以天子諸侯其尸服以士服故上及征西以備六世之數宣皇雖為太祖尚在子孫之位至於敬祭之日未申東向之禮所謂子雖齊聖不先父食者矣今京兆以上既遷太祖始得居正議者以昭穆未足欲屈太祖於卑坐臣以為非禮典之旨所與太祖而七自是昭穆既足太祖在六世之外非為須滿七廟乃得居太祖也議者又以四府君神主宜永同於殷祫臣又以為不然傳所謂毀廟之主陳乎太祖謂太祖以下先君之主也故白虎通云禘祫祭遷廟者以其繼君之體持其統而不絕也豈如四府君在太祖之前非繼統之主無靈命之瑞非王業之基昔以世近而及今則情禮已遠而當長饗殷祫永虛太祖之位求之禮籍未見其可昔永和之初大議斯禮於時虞喜范宣並以淵儒碩學咸謂四府君神主無緣永存於百世或欲瘞之兩階或欲藏之石室或欲為之改築雖所秉小異而大歸是同若宣皇既居羣廟之上而四主禘祫不已則大晉殷祭長無太祖之位矣夫理貴有中不必過厚禮與世遷豈可順而不斷故臣子之情雖篤而靈厲之論彌彰追遠之懷雖切而遷毀之禮為用豈不有心於加厚顧禮制不可踰爾石室則藏於廟北改築則未知所處虞主所以依神神移則有瘞埋之禮四主若饗祀宜廢亦神之所不依也准傍事例宜同虞主之瘞埋然經典難詳羣言紛錯非臣卑淺所能折中時學者多從熹議竟未施行

宋

文帝元嘉五年京師火

按宋書文帝本紀元嘉五年正月戊子京師大火遣使巡慰賑賜

元嘉七年都下火

按南史宋文帝本紀七年十二月都下火延燒於太社北牆

元嘉二十九年都下火

按南史宋文帝本紀二十九年三月壬午都下火

後廢帝元徽三年京邑火

按宋書後廢帝本紀不載　按五行志元徽三年正月己巳京邑大火三月戊辰京邑大火火燒二岸數千家

南齊

武帝永明九年明堂災樂游正陽堂災

按南史齊武帝本紀永明九年三月癸巳明堂災夏五月己未樂游正陽堂災

東昏侯永元二年宮內災

按南史齊東昏侯本紀永元二年秋七月甲申夜宮內火唯東閣內明帝舊殿數區及太極以南得存餘皆蕩盡

按南齊書五行志永元二年八月宮內火燒西齋璿儀殿及昭陽顯陽等殿北至華林牆西及祕閣北屋三千餘間京房易傳曰君不思道厥妖火燒宮祕閣與春秋宣榭火同天意若曰既無紀綱何用典文為也

永元三年乾和殿火豫章火

按南史齊東昏侯本紀三年二月丙寅乾和殿西廂火合夕便發其時帝猶未還宮內諸房閤已閉內人不得出外人又不敢輒開比及開死者相枕領軍將軍王瑩率衆救火太極殿得全內外叫喚聲動天地帝三更中方還先至東宮慮有亂不敢便入參覘審無異乃歸其後出游火又燒璿儀曜靈等十餘殿及柏寢北至華林西至祕閣三千餘間皆盡左右趙鬼能讀西京賦云柏梁既災建章是營於是大起諸殿

按南齊書五行志三年正月豫章郡天火燒三千餘家京房易占曰天火下燒民屋是謂亂治殺兵作是年臺軍與義師偏衆相攻於南江諸郡二月乾和殿

西廂火燒屋三十間是時西齋旣火帝徙居東齋高宗所住殿也與燒宮占同

梁

武帝天監元年盜燒神武門總章觀

按梁書武帝本紀天監元年五月乙亥夜盜入南北掖燒神獸門總章觀害衞尉卿張弘策

按隋書五行志天監元年五月有盜入南北掖燒神武門總章觀時帝初卽位而火燒觀闕不祥之甚也旣而太子薨皇孫不得立及帝暮年惑於朱异之口果有侯景之亂宮室多被焚燒天誡所以先見也

普通二年琬琰殿火

按南史梁武帝本紀普通二年五月癸卯琬琰殿火延燒後宮屋三千間

中大通元年朱雀航華表災

按南史梁武帝本紀中大通元年秋九月辛巳朱雀航華表災

中大通二年同泰寺災

按梁書武帝本紀不載　按隋書五行志云云

大同三年朱雀門災

按南史梁武帝本紀大同三年春正月辛丑朱雀門災

按梁書何敬容傳大同三年正月朱雀門災高祖謂羣臣曰此門制卑狹我始欲構遂遭天火並相顧未有答敬容獨曰此所謂陛下先天而天不違時以爲名對

按隋書五行志普通二年五月琬琰殿火延燒後宮三千餘間中大通元年朱雀航華表災明年同泰寺災大同三年朱雀門災水沴火也是時帝崇尚佛道宗廟牲牷皆以麫代之又委萬乘之重數詣同泰寺捨身爲奴令王公以下贖之初陽爲不許後爲默許方始還宮天戒若曰梁武爲國主不遵先王之法而淫於佛道橫多糜費將使其社稷不得血食也天數見變而帝不悟後竟以亡及江陵之敗闔城爲賤隸焉卽捨身爲奴之應　按同泰寺災本紀在中大同元年志誤作中大通二年

中大同元年同泰寺火

按南史梁武帝本紀中大同元年三月庚戌幸同泰寺講金字三慧經仍施身夏四月丙戌皇太子以下奉贖仍於同泰寺解設法會大赦改元是夜同泰寺災

元帝承聖三年火

按南史梁元帝本紀承聖三年十月丁酉大風城內火燒居人數千家以爲失在婦人斬首尸之

陳

武帝永定元年京師火

按陳書武帝本紀永定元年十一月庚申京師大火

永定二年重雲殿出紫煙

按陳書武帝本紀二年四月戊辰重雲殿東鴟尾有紫煙屬天

永定三年文帝卽位重雲殿災

按南史陳文帝本紀三年六月卽皇帝位秋七月乙丑重雲殿災

文帝天嘉五年湓城火

按陳書文帝本紀天嘉五年春正月乙酉江州湓城火燒死者二百餘人

北魏

高祖太和八年沁縣澤自然

按魏書高祖本紀不載　按靈徵志太和八年五月戊寅河內沁縣澤自然稍增至百餘步五日乃滅

世宗景明元年三月乙巳恆岳祠焚

按魏書世宗本紀不載　按靈徵志云云

肅宗正光元年五月鉤盾禁災

按魏書肅宗本紀不載　按靈徵志云云

孝昌二年夏幽州道縣地然

按魏書肅宗本紀不載　按靈徵志云云

孝昌三年瀛洲火

按魏書肅宗本紀不載　按靈徵志三年春瀛洲州城內大火燒三千餘家

出帝永熙三年永寧寺浮圖災幷州三級寺南門災

按魏書出帝本紀不載　按靈徵志永熙三年二月永寧寺九層佛圖災旣而時人見佛圖飛入東海中永寧佛圖靈像所在天意若曰永寧見災魏不寧矣勃海齊獻武王之本封也神靈歸海則齊室將興之驗也三月幷州三級寺南門災

按北齊書神武本紀三年二月永寧寺九層浮圖災旣而人有從東萊至云及海上人咸見之於海中俄而霧起乃滅說者以爲天意若曰永寧見災魏不寧矣入飛東海勃海應矣

孝靜帝天平二年閶闔門災

按北史東魏孝靜帝本紀天平二年冬十月甲寅閶闔門災

按隋書五行志東魏天平二年十月閶闔門災是時

齊神武作宰而大野拔斬樊子鵠以州來降神武聽讒而殺之司空元暉㒄逐功臣大臣之罰也

天平四年鄴閶闔門災

按北史東魏孝靜帝本紀四年六月壬午閶闔門災

按靈徵志四年秋鄴閶闔門東闕災

武定二年地陷火出

按北史東魏孝靜帝本紀武定二年十一月西河地陷有火出

武定五年八月廣宗郡火燒數千家

按魏書孝靜帝本紀不載　按靈徵志云云

北齊

後主天統三年九龍殿災

按北齊書後主本紀天統三年正月鄴宮九龍殿災延燒西廊

天統四年昭陽殿災

按北史齊後主本紀四年夏四月辛未鄴宮昭陽殿災及宣光瑤華等殿

按隋書五行志後主天統三年九龍殿災延燒西廊四年昭陽宣光瑤華三殿災延燒龍舟是時讒言任用正士道消祖孝徵作歌謠斛律明月以誅死讒夫昌邪勝正之應也京房易傳曰君不思道厥妖火燒宮

隋

文帝開皇十四年泰山火燒石像

按隋書文帝本紀不載　按五行志開皇十四年將祠泰山令使者致石像神祠之所未至數里野火歘起燒像碎如小塊時帝頗信讒言猜阻骨肉滕王瓚失志而死創業功臣多被夷滅故天見變而帝不悟其後太子勇竟被廢黜

煬帝大業十二年四月丁巳顯陽門災

按隋書煬帝本紀不載　按五行志大業十二年顯陽門災舊名廣陽則帝之姓名也國門之崇顯號令之所由出也時帝不遵法度驕奢荒怠裴蘊虞世基之徒阿諛順旨掩塞聰明宇文述以讒邪顯進忠諫者咸被誅戮天戒若曰信讒害忠則除廣陽也

唐

太宗貞觀四年正月癸巳武德殿北院火

按唐書太宗本紀云云

貞觀十三年雲陽石燃

按唐書太宗本紀不載　按五行志十三年三月壬寅雲陽石燃方丈晝則如灰夜則有光投草木則焚歷年乃止火失其性而沴金也（按舊紀作四月壬寅）

貞觀二十三年三月甲弩庫火

按唐書太宗本紀不載　按五行志云云

高宗永徽五年十二月乙巳尚書司勳庫火

按唐書高宗本紀不載　按五行志云云

顯慶元年恩州吉州饒州火

按唐書高宗本紀不載　按五行志顯慶元年九月戊辰恩州吉州火焚倉廩甲仗民居二百餘家十一月己巳饒州火

中宗嗣聖十二年（即武后證聖元年）明堂火內庫災

按唐書武后本紀不載　按五行志證聖元年正月丙申夜明堂火武太后欲避正殿徹樂宰相姚璹以爲火因人非天災也不宜貶損后乃御端門觀酺引建章故事復作明堂以厭之是歲內庫災燔二百餘區　按韋承慶傳承慶出爲沂州刺史明堂災上疏諫以爲文明垂拱後執政者未滿歲率以罪去大抵皆惡逆不道夫構大廈濟巨川必擇文梓艅艎若亟毀而敗則是用朽木乘膠船也臣謂陛下求賢之意切而取人之路寬故一言有合而付大任夫以堯舉舜猶歷試諸艱況庸庸者可超處輔相以百揆萬機畀小人哉不報

嗣聖十三年（即武后萬歲登封元年）三月壬寅撫州火

按唐書武后本紀不載　按五行志云云

嗣聖十七年（即武后久視元年）八月壬子平州火燔千餘家

按唐書武后本紀不載　按五行志云云

景龍四年凌空觀災

按唐書中宗本紀不載　按五行志景龍四年二月東都凌空觀災

按舊唐書五行志景龍中東都凌空觀災火自東北來其金銅諸像銷鑠並盡

元宗開元四年定陵火

按唐書元宗本紀開元四年十二月乙卯定陵寢殿火

開元五年定陵火洪州潭州災

按唐書元宗本紀不載　按五行志五年十一月乙卯定陵寢殿火是歲洪州潭州災延燒州署州人見有物赤而暾暾飛來旋即火發（按定陵火紀作四年十二月志作五年十一月互異今兩存之）

開元十五年興教門災

按唐書元宗本紀十五年七月甲戌震興教門觀災

按五行志十五年七月甲戌興教門樓柱災是年衡州災延燒三百餘家州人見有物大如甕赤如燭籠所至火即發

開元十八年飛龍廄災

按唐書元宗本紀十八年二月丙戌大雨雷震左飛龍廄災　按五行志十八年二月丙寅大雨雪俄而雷震左飛龍廄災占曰天火燒廄兵大起十月乙丑東都宮佛光寺火

天寶二年應天門災

按唐書元宗本紀天寶二年六月甲戌震東京應天門觀災　按五行志天寶二年六月東都應天門觀災延燒左右延福門經日不滅京房易傳曰君不思道厥火燔其宮室

天寶九載華嶽廟災

按唐書元宗本紀九載三月辛亥華嶽廟災　按五行志九載三月華嶽廟災時帝將封西嶽以廟災乃止

天寶十載運船災武庫災

按唐書元宗本紀十載八月丙辰武庫災　按五行志十載八月丙辰武庫災燔兵器四十餘萬武庫甲兵之本也

按舊唐書五行志十載正月大風陝州運船火燒二百一十五隻損米一百萬石舟人死者六百人又燒商人船一百隻

肅宗寶應元年左藏庫災

按唐書肅宗本紀不載　按五行志寶應元年十二月己酉太府左藏庫災

按舊唐書五行志寶應元年十一月廻紇焚東都宜春院延及明堂甲子日而盡

代宗廣德元年鄂州火

按唐書代宗本紀不載　按五行志廣德元年十二月辛卯夜鄂州大風火發江中焚舟三千艘延及岸上民居二千餘家死者數千人

大曆十年浮圖災

按唐書代宗本紀不載　按五行志大曆十年二月莊嚴寺浮圖災初有疾風震電俄而火從浮圖中出

德宗貞元元年度支院火

按唐書德宗本紀不載　按五行志貞元元年江陵度支院火焚江東租賦百餘萬

貞元七年蘇州火

按唐書德宗本紀不載　按舊唐書五行志云云

貞元十三年尚書省火

按唐書德宗本紀不載　按五行志十三年正月東都尚書省火

貞元十九年四月家令寺火

按唐書德宗本紀不載　按五行志云云

貞元二十年開業寺火洪州火

按唐書德宗本紀不載　按五行志二十年七月洪州火燔民舍萬七千家

按舊唐書五行志二十年四月開業寺火

憲宗元和四年御史臺舍火

按唐書憲宗本紀不載　按舊唐書五行志云云

元和七年六月甲仗庫災

按唐書憲宗本紀不載　按五行志七年六月鎭州甲仗庫災主吏坐死者百餘人

按舊唐書五行志七年鎭州甲仗庫一十三間災節度使王承宗殺主守百餘人承宗方拒天軍而兵仗爲災所焚天意嫉惡也

元和八年江陵大火

按唐書憲宗本紀不載　按五行志云云

元和十年轉運院獻陵火

按唐書憲宗本紀十年十一月盜焚獻陵寢宮

按舊唐書五行志十年四月河陰轉運院火十一月獻陵寢宮永巷火

元和十一年十一月甲戌元陵火

按唐書憲宗本紀云云　按五行志十一年十一月甲戌元陵火李師道起宮室於鄆州將謀亂既成而火

按舊唐書五行志十一年十二月未央宮及飛龍草場火皆王承宗李師道謀撓用兵陰遣盜縱火也時李師道於鄆州起宮殿欲謀僭亂旣成是歲爲災並盡俄而族滅

文宗太和二年昭德寺火

按唐書文宗本紀太和二年十一月甲辰昭德寺火　按五行志太和二年十一月甲辰禁中昭德寺火延至宣政東垣及門下省宮人死者數百人

太和三年仗內火

按唐書文宗本紀三年十月癸丑仗內火

太和四年陳州許州浙西海陵火

按唐書文宗本紀不載　按五行志四年三月陳州許州火燒萬餘家十月浙西火十一月揚州海陵火

太和八年飛龍廐火
按唐書文宗本紀八年五月己巳飛龍神駒中廐火　按五行志八年三月揚州火燔民舍千區五月己巳飛龍神駒中廐火十月揚州市火燔民舍數千區十二月禁中昭成寺火

太和九年西市火
按唐書文宗本紀不載　按舊唐書五行志九年六月乙亥朔西市火

開成二年徐州火
按唐書文宗本紀不載　按五行志開成二年六月徐州火延燒民居三百餘家

開成四年乾陵火揚州火
按唐書文宗本紀四年十二月乙卯乾陵寢宮火
按五行志四年十二月乙卯乾陵火丁丑晦揚州市火燔民舍數千家

武宗會昌元年潞州市火
按唐書武宗本紀不載　按五行志云云

會昌三年神龍寺萬年縣火
按唐書武宗本紀三年六月西內神龍寺火　按五行志三年六月西內神龍寺火萬年縣東市火焚廬舍甚衆

會昌六年行宮幔城火
按唐書宣宗本紀六年八月辛未大行宮火　按五行志六年八月葬武宗辛未靈駕次三原縣夜大風行宮幔城火

僖宗乾符四年十月東都聖善寺火
按唐書僖宗本紀不載　按五行志云云

光啓元年幽州地有火
按唐書僖宗本紀不載　按五行志光啓元年正月幽州坊谷地常有火長慶三年夏遂積水爲池近水沴火也

昭宗大順二年幽州災相國寺災
按唐書昭宗本紀不載　按五行志大順二年六月乙酉幽州市樓災延及數百步七月癸丑甲夜汴州相國寺佛閣災是日暮微雨震電或見有赤塊轉門譙藤網中周而火作頃之赤塊北飛轉佛閣藤網中亦周而火作既而大雨暴至平地水深數尺火益甚延及民居三日不滅

後梁

太祖乾化四年蜀宮災
按五代史梁太祖本紀不載　按十國春秋蜀高祖本紀永平五年十一月己未夜宮中火

後唐

廢帝淸泰元年吳金陵火
按五代史唐廢帝本紀不載　按十國春秋吳睿帝本紀太和六年三月甲申金陵大火乙酉又火

後晉

高祖天福二年南唐廣濟倉災
按五代史晉高祖本紀不載　按陸游南唐書昇元二年夏五月丁卯廣濟倉災焚米二十萬石

天福六年吳越宮殿災
按五代史晉高祖本紀不載　按吳越世家錢鏐卒子元瓘立奢侈好治宮室天福六年杭州大火燒其宮室殆盡元瓘避之火輒隨發元瓘大懼因病狂是歲卒
按十國春秋吳越文穆王世家天福五年按五代史作六年秋七月甲戌麗春院火災延於內城燒燬宮室府庫幾盡穆王避之火輒隨發遂驚懼發狂疾遷居瑤臺院

天福七年南唐東都焚
按五代史晉高祖本紀不載　按陸游南唐書烈祖本紀昇元六年閏正月東都火焚數千家

後周

太祖廣順三年南唐金陵火
按五代史周太祖本紀不載　按陸游南唐書元宗本紀保大十一年春三月金陵火逾月焚官寺民廬數千間

世宗顯德三年吳越擊揚火
按五代史周世宗本紀不載　按十國春秋吳越忠懿王世家顯德三年春正月南擊揚門樓火

顯德四年南唐都下火
按五代史周世宗本紀不載　按陸游南唐書元宗本紀保大十五年十二月都城大火一日數發

顯德五年吳越火
按五代史周世宗本紀不載　按十國春秋吳越忠懿王世家顯德五年夏四月辛酉城南火延於內城官府廬舍幾盡王出居都城驛壬戌且火將及鎮國倉王親率左右至瑞石山命酒祝之曰不穀不德天降之災倉廩積儲實師旅之備也若盡焚之民命安仰乃命從官伐林木以絕其勢火遂止是時被火燬者凡一萬七千餘家王謂左右曰吾疾因災而愈衆

心頓安

遼

興宗重熙十八年慶陵火

按遼史興宗本紀重熙十八年十二月戊寅慶陵林木火

道宗太康元年祥州火

按遼史道宗本紀太康元年二月丁卯祥州火遣使恤災

大安七年端拱門災

按遼史道宗本紀大安七年六月丁未端拱殿門災

欽定古今圖書集成曆象彙編庶徵典

第九十九卷目錄

火災部彙考四

庶徵典第九十九卷

火災部彙考四

宋

太祖建隆元年宿州火

按宋史太祖本紀不載　按五行志建隆元年宿州火燔民舍萬餘區

建隆二年內酒坊火

按宋史太祖本紀二年三月丙申內酒坊火酒工死者三十餘人　按五行志燔舍百八十區

建隆三年滑州海州及相國寺災

按宋史太祖本紀三年五月乙亥海州火　按五行志三年正月滑州甲仗庫火燔儀門及軍資庫一百九十區兵器錢帛並盡開封府通許鎭民家火燔廬舍三百四十餘區二月安州牙吏施延業家火燔民舍井顯義軍營六百餘區五月京師相國寺火燔舍數百區海州火燔數百家死者十八人

乾德四年岳州陳州潭州衡州火

按宋史太祖本紀乾德四年二月甲子岳州火五月辛巳潭州火八月壬子衡州火閏八月己巳衡州火

按五行志四年岳州衙署廩庫火燔市肆民舍殆盡官吏踰城僅免三月陳州火燔民舍數十區潭州火燔民舍五百餘區踰月民周澤家火又燔倉廩民舍數百區死者三十六人是春諸州言火者甚衆八月衡州火燔公署倉庫民舍僅千餘區

乾德五年京師建隆觀火

按宋史太祖本紀不載　按五行志云云

開寶三年八月辰州廨火燔軍資庫

按宋史太祖本紀不載　按五行志云云　按文獻通考作二年

開寶五年七月忠州火倉庫殆盡

按宋史太祖本紀不載　按五行志云云

開寶七年永城縣火

按宋史太祖本紀不載　按五行志七年九月永城縣火燔民舍一千八百餘區

開寶八年洋州火永城縣火

按宋史太祖本紀不載　按五行志八年四月洋州火燔州廨民舍千七百區永城縣火燔軍營民舍千九百八十區死者九人

太宗太平興國三年西窑務藁聚焚

按宋史太宗本紀太平興國三年秋七月乙酉西窑務藁聚焚

太平興國七年八月益州西倉災

按宋史太宗本紀不載　按五行志云云

雍熙元年乾元文明殿災

按宋史太宗本紀雍熙元年五月丁丑乾元文明二殿災　按五行志雍熙元年五月丁丑乾元文明二殿災初夕陰雲雷震火起月華門翌日辰巳方止

雍熙二年楚王宮火

按宋史太宗本紀二年庚戌夕楚王宮火　按五行志二年九月庚寅夜楚王元佐宮火燔舍數百區王自是以疾廢于家

雍熙三年光化軍火

按宋史太宗本紀不載　按五行志三年光化軍民郤勳家火延燔軍廨舍庫

端拱元年雲安軍火

按宋史太宗本紀不載　按五行志端拱元年二月雲安軍威棹營火

端拱二年衡州火

按宋史太宗本紀不載　按五行志二年三月衡州火燔州縣官舍倉庫軍營三百餘區又崇賢坊有烏燔數十處七日不滅

淳化三年蔡州雄州火

按宋史太宗本紀淳化三年十一月蔡州建安大火十二月雄州言大火　按五行志淳化三年十月蔡

州懷慶軍營火燔汝河橋民居官舍三千餘區死者數人十二月建安軍城西火燔民舍官廨等殆盡

淳化四年永州火

按宋史太宗本紀不載　按五行志四年二月永州保安津舍火飛焰過江燒州門及民屋三百餘家

眞宗咸平二年池州火

按宋史眞宗本紀不載　按五行志咸平二年四月池州倉火燔米八萬七千斛

景德元年平虜軍火

按宋史眞宗本紀不載　按五行志景德元年正月平虜軍營火焚民居廬舍甚衆

景德四年郢州火

按宋史眞宗本紀不載　按五行志四年十一月郢州火燔倉庫並盡

大中祥符元年正月桂州甲仗庫災

按宋史眞宗本紀不載　按五行志云云

大中祥符二年昇州火

按宋史眞宗本紀大中祥符二年夏四月戊子昇州火遣御史訪民疾苦蠲被火屋稅　按五行志二年四月昇州火燔軍營民舍殆盡

大中祥符三年昇洪潤州火

按宋史眞宗本紀三年八月昇洪潤州屢火遣使臣撫祠境內山川

大中祥符四年徐鎭雄州火

按宋史眞宗本紀不載　按五行志四年八月徐州草場火十月鎭州城樓戰棚火七月雄州甲仗庫火

大中祥符七年雄州火

按宋史眞宗本紀大中祥符七年三月癸巳雄州甲仗庫火

大中祥符八年宗正寺火榮王宮火

按宋史眞宗本紀八年夏四月壬申榮王元儼宮火延及殿閣內庫　按五行志八年二月甲寅宗正寺火四月壬申夜榮王元儼宮火自三鼓北風甚癸酉亭午乃止延燔左承天祥符門內藏庫朝天殿乾元門崇文院祕閣天書法物內香藏庫　按錢惟演玉堂逢辰錄大中祥符八年四月二十三日夜榮王宮火時大風東北來五更後火益甚予起登樓觀之知是禁中遍夕不寐東宮六位一時蕩盡宮人多走上東華門樓有出不及者死百餘人東宮六位東行第一雍王第二相王第三南陽郡王西行第一兗王第二曹王第三榮王西即連御廚密近上臺二十四日左掖門東華門並不開朝者皆趨右掖門天明宰臣等並立于內東門廊廡之下既而火至承天門西燒儀鸞司復燒朝元殿後閤門長春殿南廊拆西北王廊以絕火勢火遂南燒內藏庫香藥庫又東廻燒左藏庫又西燒閟閣史館午時燒乾元門東角樓西至朝堂救之而止未時火出宮連燒中書省門下省鼓司審官院是夕燒屋舍計二千餘間救焚而死者千五百人火至夜不絕宰臣樞密兩制是夕並宿禁中是時救左藏庫人尤衆輦出金銀帛疋莫知其數積于城牆之上及燒角樓風忽廻東北又燒之烟焰蔽天救者不能措手初燒長春殿南廊火自屋內西行忽隔十餘間而發人皆奔走避之所存惟大內及中書樞密院以西而已二王時無居處寓於東華門樓夕上召入禁中明日出居于上源驛時焚諸庫香聞十餘里祕閣三館圖籍一時俱盡又火風中有飄書籍至汴水南者中夕風定火亦止二十五日詔知各王與中使閻文慶岑守素勘遺火之蹤中人說二十四日欲明火勢漸東來遂拆御廚主廊數百人登屋運水時望見宮人相壓死於煨燼中甚衆猶有手足能動者曹王夫人將投火中救之獲免宮人入火者不知其數禁中大樹焚之逮盡所餘者亦燋枯焉惟相王宮在東火自西北起四王更破東牆自率宿衛者運府庫等物出之十得七八矣五月三日榮王落遂州節度使降封端王（先領梓遂二州也）其日勘得掌茶酒宮人韓小姐稱與親事官孟貴私通多竊寶器以遺之後事泄王乳母決責之小姐乃謀放火因而奔出有琵琶伎人王木賽者知之受小姐金而不言二十三夜于佛堂前簾上乘炬爇之因風火遂大作

大中祥符九年五月甲子左天廐坊草場火

按宋史眞宗本紀云云

天禧二年北宅德雍宅火

按宋史眞宗本紀不載　按五行志天禧二年二月戊寅北宅蔡州團練使德雍火延燔數百區

天禧三年永州火

按宋史眞宗本紀不載　按五行志三年春京師多火六月永州軍營火延民舍數百餘區

天禧五年四月丁巳事材場火

按宋史眞宗本紀不載　按五行志云云

仁宗天聖三年二月丁卯蘄州榷貨務火

按宋史仁宗本紀不載　按五行志云云

天聖五年四月壬辰壽寧觀火

按宋史仁宗本紀云云

天聖七年玉清昭應宮災

按宋史仁宗本紀七年六月丁未玉清昭應宮災七月癸亥以玉清昭應宮災遣官告諸陵詔天下不復繕脩　按五行志七年六月丁未玉清昭應宮災初大中祥符元年詔建宮以藏天書七年宮始成凡二千六百一十楹至是火發夜中大雷雨至曉而盡

按王曙傳曙爲御史中丞玉清昭應宮災繫守衛者御史獄曙恐朝廷議脩復上言昔魯桓僖宮災孔子以爲桓僖親盡當毀者也遼東高廟及高園便殿災董仲舒以爲高廟不當居陵旁故災魏崇華殿災高堂隆以臺榭宮室爲戒宜罷之勿治文帝不聽明年復災今所建宮非應經義災變之來若有警者願除其地罷諸禱祠以應天變仁宗與太后感悟遂減守衛者罪已而詔以不復繕脩諭天下　按蘇舜欽傳舜欽調榮陽縣尉玉清昭應宮災舜欽年二十一詣登聞鼓院上疏曰烈士不避鈇鉞而進諫明君不諱過失而納忠是以懷策者必吐上前蓄寃者無至腹誹然言之難不如容之難容之難不如行之難有言之必容容之行之則三代之主也幸陛下留聽焉臣觀今歲自春徂夏霖雨陰晦未嘗少止農田被菑者幾於十九臣以謂任用失人政令多過賞罰勿中之所召也天之降災欲悟陛下而大臣歸咎於刑獄之濫陛下聽之故肆赦天下以爲禳救如此則是殺人者不死傷人者不抵罪而欲以合天意也古者斷決滯訟以平水旱不聞用赦故赦下之後陰雨及今前志曰積陰生陽陽生火災見焉乘夏之氣發洩於玉清宮震雨雜下烈焰四起樓觀萬疊數刻而盡非慢于火備乃天之垂戒也陛下當降服減膳避正寢責躬罪己下哀痛之詔罷非業之作拯失職之民察輔弼及左右無裨國體者罷之竊弄權威者去之念政刑之失收芻蕘之論庶幾所以變災爲祐浹日之間未聞爲此而將計工役以圖脩復都下之人聞者駭惑聚首横議咸謂非宜昔日章聖皇帝勤儉十餘年天下富庶帑府流衍乃作斯宮及其畢工海內虛竭陛下即位未及十年數遭水旱雖征賦減入而百姓困乏若大興土木則費用莫知紀極財力耗于內百姓勞于下內耗下勞何以爲國况天災之已違之是欲競天無省己之意逆天不祥安己難任欲祈厚貺其可得乎今爲陛下計莫若來吉士去佞人脩德以勤至治使百姓足給而征稅寬減則可以謝天意而安民情矣夫賢君見變脩道除凶亂世無象天不譴告今幸天見之變是陛下脩己之日豈可忽哉昔漢宣帝三年茂陵白鶴館災詔曰迺者火災降於孝武園館朕戰慄恐懼不燭變異罪在朕躬羣有司又不肯極言朕過以至於斯將何寤焉夫茂陵不及上都白鶴館又不及此宮彼尚降詔四方以求己過是知帝王憂危念治汲汲如此臣又按五行志賢佞分別官人有叙率由舊章禮重功勳則火得其性若信道不篤或耀虛僞讒夫昌邪勝正則火失其性自上而降及濫炎妄起燔宗廟燒宮室雖興師徒而不能救魯成公三年新宮災劉向謂成公信三桓子孫之讒逐父臣之應襄公九年春宋火劉向謂宋公聽讒逐其大夫華弱奔魯之應今宮災豈亦有是乎願陛下拱默內省而追革之罷再造之勞述前世之法天下之幸也又上書曰歷觀前代聖神之君好聞讜議蓋以四海之遠民有隱慝不可以徧照故無間愚賤之言而擇用之然後朝無遺政物無遁情雖有佞臣邪謀莫得而進也臣觀乙亥詔書戒越職言事播告四方無不驚惑往往竊議恐非出陛下之意蓋陛下即位以來屢詔羣下勤求直言使百僚轉對置匭函設直言極諫科今詔書頓異前事豈非大臣壅蔽陛下聰明杜塞忠良之口不惟虧損朝廷實亦自取覆亡之道夫納善進賢宰相之事蔽君自任未或不亡今諫官御史悉出其門但希旨意即獲美官多士盈庭噤不得語陛下拱默何由盡聞天下之事乎前孔道輔范仲淹剛直不撓致位臺諫後雖改他官不忘獻納二臣者非不知緘口數年坐得卿輔蓋不敢負陛下委注之意而皆罹中傷竄謫而去使正臣奪氣鯁士咋舌目覩時弊口不敢論昔晉侯問叔向曰國家之患孰爲大對曰大臣持祿而不極諫小臣畏罪而不敢言下情不能上通此患之大者故漢文感女子之說而肉刑是除武帝聽三老之議而江充以族肉刑古法江充近臣女子三老愚耄疎隔之至也蓋以義之所在賤不可忽二君從之後世稱聖况國家班設爵位陳列豪英固當責其公忠安可教之循默賞之使諫尚恐不言罪其敢言孰肯獻納物情閉塞上位孤危軫念于茲可爲驚怛覬望陛下發德音寢前詔勸於采納下及芻蕘可以常守隆平保全近輔

按退朝錄天聖七年玉清宮災遂罷輔臣爲觀察使

明道元年大內火

按宋史仁宗本紀明道元年八月壬戌大內火延八殿癸亥移御延福宮乙丑詔羣臣直言闕失丁卯大赦九月丙申皇太后出金銀器易左藏緡錢二十萬以助修內　按五行志明道元年八月壬戌修文德殿成是夜禁中火延燔崇德長春滋福會慶崇徽天和承明八殿　按滕宗諒傳宗諒字子京河南人遷殿中丞會禁中火詔劾火所從起宗諒與祕書丞劉越皆上疏諫宗諒曰伏見掖庭遺燼延熾宮闥雖沿人事實繫天時詔書亟下引咎滌瑕中外莫不感動然而詔獄未釋鞫訊尚嚴恐違上天垂戒之意累兩宮好生之德且婦人柔弱箠楚之下何求不可萬一懷冤足累和氣祥符中宮掖火先帝嘗索其類寘之法矣若防患以刑而止豈復有今日之應哉況變警之來近在禁掖誠願脩政以禳之思患以防之凡逮繫者特從原免庶災變可消而福祥來格也疏奏仁宗爲罷詔獄時章獻太后猶臨朝宗諒言國家以火德王天下火失其性由政失其本因請太后還政而越亦上疏太后崩擢嘗言還政者越已卒贈右司諫而除宗諒左正言

景祐三年秋七月庚子太平興國寺災

按宋史仁宗本紀云云　按五行志景祐三年七月庚子太平興國寺火起閣中延燔開先殿及寺舍數百楹是夕大雨雹十月己酉澶州橫龍水口西岸料物場火焚薪芻一百九十餘萬

寶元二年益州火

按宋史仁宗本紀寶元二年六月丁丑益州火焚民廬舍二千餘區

康定元年鴻慶宮火

按宋史仁宗本紀康定元年六月乙未南京鴻慶宮神御殿火

慶曆元年慶州火

按宋史仁宗本紀不載　按五行志慶曆元年五月癸亥慶州草場火延燔州城樓櫓

慶曆三年十一月丙寅上清宮火

按宋史仁宗本紀云云

慶曆四年三月丙戌夜代州五臺山寺火六月丁未開寶寺靈感塔災七月甲子燕王宮火

按宋史仁宗本紀不載　按五行志云云

慶曆六年七月辛丑洪福禪院火

按宋史仁宗本紀不載　按五行志云云

慶曆八年江寧火

按宋史仁宗本紀八年春正月壬午江寧府火　按五行志八年正月壬午江寧府火初李景江南大建宮室府寺其制多倣帝室至是一夕而焚唯燭殿獨存

皇祐五年正月丁巳會靈觀火

按宋史仁宗本紀云云

至和元年四月辛丑祥源觀火

按宋史仁宗本紀云云

至和二年幷州太宗神御殿火

按宋史仁宗本紀不載　按五行志云云

嘉祐二年四月夏己巳邕州火

按宋史仁宗本紀云云

嘉祐三年溫州火

按宋史仁宗本紀不載　按五行志嘉祐三年正月溫州火燔屋萬四千間死者五十人

英宗治平四年神宗即位睦親廣親宮火

按宋史神宗本紀不載　按五行志治平四年十二月壬子夜睦親宮火焚九百餘間甲寅廣親宮又火

神宗熙寧六年永昌陵火

按宋史神宗本紀熙寧六年二月丙申永昌陵上宮東門火

熙寧七年九月壬子三司火

按宋史神宗本紀云云　按五行志七年九月壬子三司火自巳至戌焚屋千八百楹案牘殆盡十一月洞眞宮火

熙寧九年十月魯王濮王宮火

按宋史神宗本紀不載　按五行志云云

熙寧十年仙韶院火

按宋史神宗本紀十年春正月戊辰仙韶院火不視朝　按五行志十年正月仙韶院火撤屋二百五十楹三月丙子開封府火

元豐元年邕州火

按宋史神宗本紀不載　按五行志元豐元年八月邕州火焚官舍千三百四十六區諸軍衣萬餘襲穀帛軍器百五十萬

元豐四年衡州火

按宋史神宗本紀不載　按五行志四年六月衡州火燒官舍民居七千二百楹欽州大雷震火焚城屋

元豐五年二月洞眞宮火

按宋史神宗本紀不載　按五行志云云

元豐八年開寶寺火

按宋史神宗本紀八年二月辛巳開寶寺貢院火

按五行志八年二月辛巳開寶寺火時寓禮部貢院于寺點校試卷官翟曼陳之方馬希孟焚死吏卒死者十四人

哲宗元祐元年三月宗室宮院火

按宋史哲宗本紀不載　按五行志云云

元祐六年十二月開封府火

按宋史哲宗本紀不載　按五行志云云

紹聖元年滑州火

按宋史哲宗本紀紹聖元年十二月丙戌滑州浮橋火

紹聖三年禁中火尚書省火

按宋史哲宗本紀三年三月壬辰以禁中慶火罷春宴丁酉尚書省火　按五行志三年三月七日丙尚書省火尋撲滅上諭執政禁中慶火方醮禳已罷春宴仍不御垂拱殿三日

紹聖四年七月甲子禁中火

按宋史哲宗本紀不載　按五行志云云

元符元年四月宗室宮院火

按宋史哲宗本紀不載　按五行志云云

徽宗建中靖國元年集禧觀火

按宋史徽宗本紀不載　按五行志建中靖國元年六月壬寅集禧觀火大雨中久而後滅

崇寧二年六月中太乙宮火秋七月己卯學士院火

按宋史徽宗本紀云云

崇寧三年二月辛丑大內火

按宋史徽宗本紀云云

政和二年成都火

按宋史徽宗本紀政和二年成都府蘇州火按成都府蘇州火志俱作三年事

政和三年大盈倉及溫封等州火

按宋史徽宗本紀三年五月庚子大盈倉火是歲溫封滋三州火　按五行志三年四月蘇州火延燒公私屋一百七十餘間五月封州火延燒公私屋六百八十二間五月辛丑京師大盈倉火是歲成都府大慈寺溫州絳州皆火

重和元年掖庭火

按宋史徽宗本紀不載　按五行志重和元年九月掖庭大火自甲夜達曉大雨如傾火益熾凡爇五千餘間後苑廣聖宮及宮人所居幾盡焚死者甚衆

欽宗靖康元年尚書省火

按宋史欽宗本紀靖康元年十二月丙子尚書省火　按五行志靖康元年十二月丙子夜尚書省火延燒禮祠工刑吏部拆尚書省牌擲火中禳之乃息

按哲宗昭慈聖獻孟皇后傳后居瑤華宮靖康初瑤華宮火徙居延寧宮又火出居相國寺前之私第

靖康二年陰雲中火光見天漢橋都亭驛康門火

按宋史欽宗本紀不載　按天文志靖康二年正月己亥夜西北方陰雲中有火光長二丈餘闊數尺時時見　按五行志二年戊戌天漢橋火焚百餘家頃之都亭驛又火己酉康門火

高宗紹興元年越州宣州臨安府行都火

按宋史高宗本紀不載　按五行志紹興元年十月乙酉臨安府越州大火民多露處十二月辛未越州火焚吏部文書乙酉移蹕錢塘

紹興二年臨安府屢災

按宋史高宗本紀紹興二年五月庚辰臨安府火八月丙申臨安府火十一月癸未臨安大火十二月甲午臨安府火丙申賑被火家　按五行志二年正月丁巳宣州火燔民居幾半五月庚辰臨安府大火亙六七里燔萬餘家十二月甲午行都大火燔吏部工部御史臺官府民居軍壘盡乙未旦乃熄

紹興三年臨安府屢災

按宋史高宗本紀紹興三年十一月庚午臨安府火十二月乙酉臨安府火戊子又火朱勝非以屢火求罷不允　按五行志三年九月庚申行都闕門外火多燔民居

紹興四年臨安府火

按宋史高宗本紀紹興四年春正月戊寅臨安府火　按五行志四年正月戊寅行都火燔數千家

紹興六年行都屢火

按宋史高宗本紀不載　按五行志六年二月行都屢火燔千餘家十二月行都大火燔萬餘家人有死者時高宗親征劉豫都民之暴露者多凍死

按文獻通考令留守秦檜發戶部米以賑

紹興七年平江府太平州鎮江府火

按宋史高宗本紀紹興七年春二月丙申太平州火丁酉鎮江府火　按五行志七年正月辛未平江府火二月辛丑鎮江府楚眞揚太平州火是歲臨安府

火　又按志八年二月丁酉太平府大火宣撫司及官舍民居帑藏文書皆盡死者甚衆錄事參軍呂應中嘗塗縣丞李致虛死焉按文獻通考本紀俱作七年志作八年疑有誤今仍照本紀附載七年下

紹興九年行都火

按宋史高宗本紀不載　按五行志九年二月己卯行都火七月壬寅又火

紹興十年行都火溫州火

按宋史高宗本紀不載　按五行志十年十月行都火燔民居延及省部十一月丁巳溫州大火燔州學酤征舶等務永嘉縣治及民居千餘

紹興十一年婺州建康火

按宋史高宗本紀十一年九月甲寅建康大火　按五行志十一年七月癸亥婺州大火燔州獄倉場寺觀暨民居幾半九月甲寅建康府火燔府治三十餘區民居三千餘家

紹興十二年鎮江太平行都火

按宋史高宗本紀不載　按五行志十二年二月辛巳鎮江府火燔倉米數萬石芻六萬束民居尤衆是月太平池州及蕪湖縣皆火三月丙申行都火四月行都又火

按文獻通考十二年九月甲子行都民居火經夕漸近太室而滅乙丑命有司撤火道周廟垣二十步

紹興十四年正月甲子行都火

按宋史高宗本紀不載　按五行志云云

紹興十五年大寧監行都火

按宋史高宗本紀不載　按五行志十五年大寧監火燔官舍帑藏文書九月丙子行都火經夕漸近太室而滅

紹興十七年建康靜江火

按宋史高宗本紀不載　按五行志十七年八月建康府火十二月辛亥靜江府火燔民舍甚衆

紹興二十年行都火

按宋史高宗本紀不載　按五行志二十年正月壬午行都火燔吏部文書皆盡

紹興二十五年汴京火

按宋史高宗本紀不載　按五行志二十五年汴京火宮室悉焚

紹興二十六年潭州南嶽廟火

按宋史高宗本紀不載　按五行志云云

按文獻通考卽令復作廟令有司給以緡粟

紹興二十九年鎮江夔州火

按宋史高宗本紀不載　按五行志二十九年四月鎮江府火焚軍壘民居十二月丙子夔州大火燔官舍民居寺觀人有死者

紹興三十二年新城縣孽火焚衣

按宋史高宗本紀不載　按文獻通考三十二年建昌軍新城縣有巨室篋中時有火光燔衣帛過半而篋不焚近孽火也

孝宗乾道元年泰州火德安火

按宋史孝宗本紀不載　按五行志乾道元年正月泰州火燔民舍幾盡是年春德安府應城縣廐驛火

乾道二年眞州婺州火

按宋史孝宗本紀不載　按五行志二年冬眞州六合縣武鋒軍壘火十二月婺州火自是火患不息人火之也

乾道三年五月泉州火

按宋史孝宗本紀不載　按五行志云云

乾道五年太室垣外火

按宋史孝宗本紀不載　按五行志五年十二月壬申太室東北垣外民舍火

乾道七年禁垣外火

按宋史孝宗本紀不載　按五行志七年十一月丁亥禁垣外閹人私舍火延及民居

乾道九年台州火

按宋史孝宗本紀不載　按五行志九年九月台州火經夕至於翌日晝漏半燔州獄縣治酒務及居民七千餘家

淳熙元年泉州潭州嚴州瀘州火

按宋史孝宗本紀不載　按五行志淳熙元年十二月丁巳泉州火燔城樓及五十餘家

淳熙二年潭州嶽廟嚴州瀘州麗正門火

按宋史孝宗本紀不載　按五行志二年六月戊午潭州南嶽廟火八月嚴州火十一月癸亥麗正門內東廡災是歲瀘州火坐上焚民居不實守臣貶秩

按文獻通考二年六月嶽廟災命有司給錢萬五千緡粟三千斛改作八月嚴州火命守臣恤之是歲瀘州火部上焚室之書不實部刺史坐貶

淳熙三年九月大內射殿災延及東宮門

按宋史孝宗本紀不載　按五行志云云

淳熙四年鄂州火

按宋史孝宗本紀不載　按五行志四年十一月辛酉鄂州南市火暴風通夕燔千餘家

淳熙五年興州火

按宋史孝宗本紀不載　按五行志五年四月庚寅興州沙市火燔三百四十餘家有死者十一月和州牧營火燔一百六十區

淳熙七年江陵溫州火

按宋史孝宗本紀不載　按五行志七年二月江陵府沙市大火燔數千家延及船艦死者甚衆八月溫州試士火作於貢闈

按文獻通考溫州貢闈火上命籍元卷姓名再試防其溢於外貫也

淳熙八年正月揚州火九月乙亥行都火

按宋史孝宗本紀不載　按五行志云云

淳熙九年合州火進奏院火

按宋史孝宗本紀九年十一月乙酉進奏院火　按五行志九年九月合州大火燔民居殆盡官舍僅有存者

淳熙十一年二月辛酉興元府義勝軍壘舍火

按宋史孝宗本紀不載　按五行志云云

淳熙十二年鄂州溫州火

按宋史孝宗本紀十二年十一月丁亥鄂州大火

按五行志十二年八月溫州火燔城樓及四百餘家十月鄂州大火燔萬餘家江風暴作結廬堤上泊舟岸下者焚溺無遺

按文獻通考十二年十月鄂州大火命守臣恤之且止民毋堤居

淳熙十三年福州火

按宋史孝宗本紀淳熙十三年冬十月甲戌朔福州火

淳熙十四年成都火臨安府火

按宋史孝宗本紀淳熙十四年五月乙巳成都火六月庚寅臨安府火　按五行志十四年五月大內武庫災戎器不害六月庚寅行都寶蓮山民居火延燒七百餘家救焚將校有死者五月成都府市火燔萬餘家

淳熙十六年光宗即位南劒州大火

按宋史光宗本紀淳熙十六年二月即位九月乙丑南劒州火降其守臣一官仍令優加賑濟　按五行志民居存者無幾

光宗紹熙元年處州建寧火

按宋史光宗本紀不載　按五行志紹熙元年八月壬寅處州火燔數百家十二月戊申建寧府浦城縣大火時查洞寇張海作亂焚五百餘家

紹熙二年徽州金州火

按宋史光宗本紀二年夏四月辛丑徽州火二日乃滅五月戊辰金州大火　按五行志二年四月行都傳法寺火延及居民言者以戚里土木爲孽火數起之應是月徽州大火夜燔州治譙樓官舍獄宇錢帑庫務凡十有九所五百二十餘區延燒千五百家自庚子至於壬寅乃熄五月己巳金州火燔州治官舍帑藏保勝軍器庫城內外民居甚衆

紹熙三年行都鄂州火

按宋史光宗本紀不載　按五行志三年正月己巳行都火通夕至於翌日闤闠焚者半十一月又火燔五百餘家十二月甲辰鄂州火至於翌日燔八百家

寧宗慶元二年永州火

按宋史寧宗本紀不載　按五行志慶元二年八月己酉永州火燔三百家

慶元三年金州紹興火

按宋史寧宗本紀不載　按五行志三年閏月甲申金州都統司中軍壘金火焚千三百餘區閏六月乙酉又火燔二千餘區是冬紹興府僧寺火延燒數百家

慶元六年徽州火

按宋史寧宗本紀不載　按五行志六年八月戊戌徽州火燔州獄官舍延及八百餘家

嘉泰元年行都火

按宋史寧宗本紀嘉泰元年三月戊寅臨安大火四日乃滅　按五行志嘉泰元年三月戊寅行都大火至於四月辛巳燔御史臺司農寺將作軍器監進奏文思御輦院太史局軍頭皇城司法物庫御廚班直諸軍壘延燒五萬八千九十七家城內外亙十餘里死者五十有九人踐死者不可計城中廬舍九燬其七百官多僦舟以居火作於寶蓮山御史臺胥楊浩家諫議大夫程松請戮浩以謝都民疏再上始黜配萬安軍猶免決自是民訛言相驚亡賴因縱火爲姦利

按文獻通考嘉泰元年三月行都大火四月壬午上降次貶食下哀痛之詔內出帑錢一十六萬三千五百七十餘緡米六萬五千一百九十餘石賑焚室

嘉泰二年臨安府火

按宋史寧宗本紀二年六月己卯臨安火辛卯禁都民以火說相驚者

嘉泰三年襄陽火福州火

按宋史寧宗本紀不載　按五行志三年正月丁酉襄陽府火作而風暴還鋒軍校于友直死於救焚止延燒六十餘家帥漕臣上其功贈二秩官其子二十一月甲午福州火燔四百餘家

嘉泰四年行都火臨安府楚天寺火盱眙軍火

按宋史寧宗本紀四年三月丁卯臨安大火　按五行志四年三月丁卯行都大火燔尚書中書省樞密院六部右丞相府制勅糧料院親兵營脩內司延及學士院內酒庫內宮門廡夜名禁旅救撲太室撤廟廡遷神主幷冊寶于壽慈宮翼日戊辰旦火及和寧門鴟吻禁卒張隆飛梯斧之門以不焚火作時分數道燔二千七十餘家又翌日己巳神主還太室時省部皆寓治驛寺四月丙申臨安府楚天寺火六月盱眙軍天長縣禁軍營火鎧械爲盡八月壬辰鄂州外南市火燔五百餘家

開禧二年壽慈宮災行都火

按宋史寧宗本紀開禧二年二月癸丑壽慈宮火甲寅太皇太后移居大內車駕月四朝乙卯以火災避正殿徹樂　按五行志二年四月壬子行都火燔數百家

按文獻通考二年四月行都火詔出封樁緡錢豐儲倉粟以賑

嘉定二年信州吉州瀘州建寧火

按宋史寧宗本紀不載　按五行志嘉定二年八月己巳信州火燔二百家九月丁酉吉州火燔五百餘家是歲瀘州火燔千餘家十一月丁亥建寧府政和縣火燔百餘家

嘉定四年嵊縣滁州撫州福州火

按宋史寧宗本紀不載　按五行志四年閏二月己卯紹興府嵊縣浦橋火燔百餘家三月滁州火燔民居甚多十月撫州火辛卯福州一夕再火燔城門僧寺延燒千餘家死者數人

嘉定五年和州火

按宋史寧宗本紀不載　按五行志五年五月己未和州火燔二千家

嘉定八年湖州火

按宋史寧宗本紀不載　按五行志八年八月辛丑湖州火燔寺觀延燒三百家

嘉定九年沙縣火

按宋史寧宗本紀不載　按五行志九年七月甲戌南劍州沙縣火燔縣門官舍及千一百餘家民有死者

嘉定十一年行都火

按宋史寧宗本紀不載　按五行志十一年二月行都火燔數百家九月己巳禁垣外萬松嶺民舍火燔四百八十餘家

嘉定十三年安豐軍慶元府行都火

按宋史寧宗本紀十三年十一月壬子臨安府火

按五行志十三年二月庚寅安豐軍故步鎮火燔千餘家死者五十餘人八月庚午慶元府火燔官舍第宅寺觀民居甚衆十一月壬子行都火燔城內外數萬家禁壘百二十區

嘉定十七年西和州岳州火

按宋史寧宗本紀不載　按五行志十七年四月丁卯西和州火焚軍壘及居民二千餘家人火之也守臣尚震午誤以爲金人至而遁六月丁亥岳州火燔岳陽樓州獄帑庫延及八十家己丑又火燔百餘家

理宗寶慶元年楚州火

按宋史理宗本紀寶慶元年二月丙辰楚州火

寶慶二年蘄州火

按宋史理宗本紀寶慶二年三月己卯蘄州火

紹定元年三月行都火燔六百餘家

按宋史理宗本紀不載　按五行志云云

紹定四年行都火延及太廟建昌軍火

按宋史理宗本紀四年九月丙戌夜臨安火延及太廟統制徐儀統領馬振遠坐救焚不力貶削有差上素服視朝減膳徹樂庚子建昌軍火十月戊午太常少卿度正國史院編脩官李心傳各疏言宗廟之制未合于古茲緣災異宜舉行之詔兩省侍從臺諫集議以聞五年二月壬寅新作太廟五月己丑詔昨鬱攸爲災延及太室罪在朕躬而二三執政引咎去職今宗廟崇成神御妥安薛極鄭淸之喬行簡並復元官　按蔣重珍傳重珍通判鎭江府辭會行都火應詔曰臣頃進本心外物界限之說蓋欲陛下親攬大柄不退託於人盡破恩私求無愧於己倘以富貴之私視之一言一動不忘其私則是以天下生靈社稷宗廟之事爲輕而以一身富貴之所從來爲重不惟

上負天命與先帝聖母至於公卿百執事之所以望陛下者亦不如此也昔周勃今日握璽授文帝是夜卽以宋昌領南北軍霍光今年定策立皇帝而明年稽首歸政今臨御八年未聞有所作爲進退人才興廢政事天下皆曰此丞相意一時恩怨雖歸廟堂異日治亂實在陛下焉有爲天之子爲人之主而自朝廷達於天下皆言相而不言君哉天之所以火宗廟火都城者殆以此臣所以痛心者九廟至重事如生存而徹小塗大不防於火之未至宰相之居華屋廣袤而焦頭爛額獨全於火之未然亦足以見人心陷溺知有權勢不知有君父矣他有變故何所倚仗陛下自視不亦孤乎昔史浩兩入相才五月或九月卽罷孝宗之報功寧有窮已顧如此其亟何哉保全功臣之道可厚以富貴不可久以權也上讀之感動

按吳潛傳紹定四年遷尚右郎官都城大火潛上疏論致災之由願陛下齋戒脩省恐懼對越非衣惡食必使國人信之毋徒減膳而已疎損聲色必使天下孚之毋徒徹樂而已閹官之竊弄威福者勿親女寵之根萌禍患者勿昵以暗室屋漏爲尊嚴之區而必敬必戒以恆舞酣歌爲亂亡之宅而不淫不泆使皇天后土知陛下有畏之之心使三軍百姓知陛下有憂之之心然後明詔二三大臣和衷竭慮力改絃轍收名賢哲選用忠良貪殘者屏迴衺者斥懷奸黨賊者誅賈怨誤國者黜毋並進君子小人以爲包荒毋兼容衺說正論以爲皇極以培國家一綫之脈以救生民一旦之命庶幾天意可回天災可息彌災爲祥易亂爲治

嘉熙元年京城火臨安府火

按宋史理宗本紀嘉熙元年五月壬申京城大火　按五行志元年六月臨安府火燔三萬家　按史彌鞏傳彌鞏入監都進奏院轉對嘉熙元年都城火彌鞏應詔上書謂脩省之未至者有五又曰天倫之變世孰無之陛下友愛之心亦每發見洪咨夔所以蒙陛下殊知者謂霅川之變非濟邸之本心濟邸之死非陛下之本心其言深有以契聖心耳矧以先帝之子陛下之兄乃使不能安其體魄於地下豈不干和氣名災異乎蒙蔽把握良有以也

淳祐元年徽州火

按宋史理宗本紀不載　按五行志云云

淳祐十二年臨安火

按宋史理宗本紀淳祐十二年十一月丙申夜臨安火丁酉夜火乃熄戊戌詔避殿減膳壬寅詔求直言

寶祐五年台州火京城火

按宋史理宗本紀寶祐五年八月丙戌台州火丙申京城火

景定三年紹興府火

按宋史理宗本紀景定三年閏九月戊申詔紹興府火給貸居民錢

景定四年嚴州京城福州紹興火

按宋史理宗本紀景定四年春正月己亥嚴州火六月乙卯京城火十一月己亥福州火　按五行志四年紹興火

景定五年京城火

按宋史理宗本紀景定五年秋七月甲戌京城大火　按五行志五年臨安府大火

度宗咸淳四年永州火

按宋史度宗本紀不載　按續文獻通考四年二月永州火越保安津舍火飛焰過江燔及民居三百餘家

恭帝德祐元年玉牒所災

按宋史瀛國公本紀德祐元年冬十月癸卯玉牒殿災

金

太祖天輔六年有火墜西京城

按金史太祖本紀不載　按五行志天輔六年三月師攻西京有火如斗墜其城中是月城降而復叛四月辛卯取之

熙宗皇統元年十一月己酉稽古殿火

按金史熙宗本紀不載　按五行志云云

皇統九年有火入帝寢燒帷幔

按金史熙宗本紀皇統九年四月壬申夜大風雷電震壞寢殿鴟尾有火入上寢燒帷幔帝趨別殿避之

海陵王貞元二年南京大內火

按金史海陵王本紀貞元二年五月癸丑南京大內火

世宗大定二年二月辛卯太和厚德殿火

按金史世宗本紀云云　按五行志世宗大定二年閏二月辛卯神龍殿十六位焚延及太和厚德殿

大定四年十一月辛丑尚書省火

按金史世宗本紀不載　按五行志云云

大定十六年宮中火南京宮殿火

按金史世宗本紀大定十六年正月戊辰宮中火
按五行志十六年五月戊申南京宮殿火

大定二十年四月己亥大寧宮門火
按金史世宗本紀不載　按五行志云云

大定二十三年正月辛巳廣樂園燈山焚延及熙春殿
按金史世宗本紀不載　按五行志云云

章宗泰和四年四月壬戌萬寧宮端門災
按金史章宗本紀云云

衞紹王大安二年十一月大悲閣東渠內火自出中都火
按金史衞紹王本紀大安二年十一月中都大悲閣東渠內火自出逾旬乃滅閣南刹幡竿下石罅中火自出人近之即滅俄復出如是者復旬日中都火燬民居　按五行志二年十一月京師民周修武宅前渠內火出高二尺焚其板橋又旬日大悲閣幡竿下石隙中火出高二三尺人近之即滅凡十餘日自是都城連夜燔爇二三十處

大安三年大悲閣災
按金史衞紹王本紀大安三年三月大悲閣災延及民居（按志作二月戊午）

宣宗貞祐二年南京寶鎮閣災
按金史宣宗本紀貞祐二年六月庚申南京行宮寶鎮閣災

興定二年京師屢火
按金史宣宗本紀不載　按五行志是歲京師屢火遣禮部尚書楊雲翼禁之

興定三年春吏部火
按金史宣宗本紀不載　按五行志云云

興定五年十一月壬寅相國寺火
按金史宣宗本紀云云

哀宗正大三年吏部火自出
按金史哀宗本紀不載　按五行志正大三年三月乙丑有火自吏部中出大如斛流行展轉人皆驚避踰時而滅

天興元年七月庚辰兵刃有火
按金史哀宗本紀不載　按五行志云云

欽定古今圖書集成曆象彙編庶徵典

第一百卷目錄

火災部彙考五

庶徵典第一百卷

火災部彙考五

元

定宗三年野草自焚

按元史定宗本紀不載 按五行志定宗三年戊申野草自焚牛馬十死八九民不聊生

世祖至元十一年淮西火

按元史世祖本紀不載 按五行志至元十一年十二月淮西正陽火廬舍鎧仗悉燬

至元十八年揚州火

按元史世祖本紀十八年三月乙亥揚州火發米七百八十三石賑被災之家

成宗元貞二年杭州火

按元史成宗本紀不載 按五行志元貞二年杭州火燔七百七十家

大德六年太廟災

按元史成宗本紀大德六年五月戊申太廟寢殿災

大德八年杭州火

按元史成宗本紀八年八月杭州火 按五行志燔四百家

大德九年三月宜黃縣火

按元史成宗本紀不載 按五行志云云

大德十年武昌路火

按元史成宗本紀十年十一月丁亥武昌路火四月壬戌雲南羅雄州軍火

仁宗延祐元年揚子縣火

按元史仁宗本紀不載 按五行志延祐元年二月眞州揚子縣火

延祐三年重慶路火

按元史仁宗本紀不載 按五行志三年八月重慶路火郡舍十焚八九

延祐六年揚州火

按元史仁宗本紀不載 按五行志六年四月揚州火燔官民廬舍一萬三千三百餘區

延祐七年英宗卽位諸王告任等部火

按元史英宗本紀七年三月庚寅卽位七月丁亥諸王告任等部火

英宗至治二年眞州杭州火

按元史英宗本紀至治二年四月壬寅眞州火十二月乙酉杭州火

至治三年奉元宮火利用庫火泰定帝卽位江都火

按元史英宗本紀三年五月戊午奉元行宮正殿災上都利用監庫火帝令衞士撲滅之因語羣臣曰世皇始建宮室於今安焉朕嗣登大寶而値此燬此朕不能圖治之故也 按泰定帝本紀至治三年八月癸巳卽位十月丙戌揚州江都縣火 按五行志三年五月奉元路行宮正殿火上都利用監庫火九月揚州江都縣火燔四百七十餘家紀作十月

泰定帝泰定元年袁州火

按元史泰定帝本紀不載 按五行志泰定元年五月江西袁州火燔五百餘家

泰定三年龍興辰州杭州火

按元史泰定帝本紀三年七月庚申龍興辰州二路火八月辛丑杭州火 按五行志三年六月龍興路寧州高市火燔五百餘家七月龍興奉新州辰州辰溪縣火八月杭州火燔四百七十餘家

泰定四年龍興路火杭州火

按元史泰定帝本紀不載 按五行志四年八月龍興路火十二月杭州火燔六百七十家

文宗天曆元年杭州火

按元史文宗本紀天曆元年十一月甲戌杭州火

天曆二年彭水縣重慶路江夏縣火

按元史文宗本紀不載 按五行志二年三月四川

紹慶彭水縣火四月重慶路火延二百四十餘家七月武昌路江夏縣火延四百家十二月江夏縣火燔四百餘家

天曆三年二月河內諸縣火

按元史文宗本紀不載　按五行志云云

至順元年杭州火

按元史文宗本紀至順元年二月辛亥杭州火

至順二年杭州火

按元史文宗本紀二年七月乙未杭州火十月甲寅杭州火

至順三年杭州池州火

按元史文宗本紀三年五月丁酉杭州火被災九十一戸池州火被災七十三戸

順帝元統元年杭州火

按元史順帝本紀不載　按五行志元統元年六月甲申杭州火

至正元年台州杭州火

按元史順帝本紀不載　按五行志至正元年四月辛卯台州火乙未杭州火燔官舍民居公廨寺觀凡一萬五千七百餘間死者七十有四人

至正二年杭州火

按元史順帝本紀二年三月戊子杭州路火災　按別兒怯不花傳至正二年拜江浙行省左丞相行至淮東聞杭城大火燬官廨民廬幾盡仰天揮涕曰杭浙省所治吾被命出鎭而火如此是我不德累杭人也疾馳赴鎭卽下令錄被災者二萬三千餘戸戸給鈔一錠焚死者亦如之人給月米二斗幼稚給其半又請日減酒課爲錢千二百五十緡織坊減元額之半軍器漆器權停一年泛稅皆停事聞朝廷從之

至正六年延平路火

按元史順帝本紀不載　按五行志六年八月己巳延平路火燔官舍民居八百餘區死者五人

至正十年興國路火

按元史順帝本紀不載　按五行志十年興國路自春及夏城中火災不絕日數十起

至正十三年有火降自天

按元史順帝本紀十三年十二月庚戌京城天無雲而雷鳴少頃有火見於東南　按五行志十三年三月丙戌彰德路西南有火自天而下如在城外覔之無有十二月庚戌潞州襄垣縣有火墜於東南

至正十八年遍地有火

按元史順帝本紀十八年三月辛未大同路夜黑氣蔽西方有聲如雷少頃東北方有雲如火交射中天遍地俱有火空中有兵戈之聲

至正二十年惠州路火

按元史順帝本紀不載　按五行志二十年惠州路城中火災屢見

至正二十一年槍生火

按元史順帝本紀至正二十一年正月癸酉民所持槍忽生火焰抹之卽無搖之卽有

至正二十三年廣西貴州火

按五行志二十三年正月乙卯夜廣西貴州火同知州事韓帖木不花判官高萬章及家人九口俱死焉居民死者三百餘人牛五十頭馬九匹公署倉庫案牘焚燒皆盡

至正二十八年武庫災張昃弼軍營災萬安寺災

按元史順帝本紀至正二十八年六月甲寅雷雨中有火自天墜焚大聖壽萬安寺　按五行志二十八年二月癸卯京師武器庫災己巳陝西有飛火自華山下流入張良弼營中焚兵庫器仗六月甲寅大都大聖壽萬安寺災是日未時雷雨中有火自空而下其殿脊東鰲魚口火焰出佛身上亦火起帝聞之泣下亟命百官救護唯東西二影堂神主及寶玩器物得免餘皆焚燬此寺舊名白塔自世祖以來爲百官習儀之所其殿陛闌楯一如內廷之制成宗時置世祖影堂於殿之西裕宗影堂於殿之東月遣大臣致祭

明

太祖洪武元年京師火

按明寶訓洪武元年八月壬申太祖謂中書省臣曰近京師火四方水旱相仍朕夙夜不遑寧處豈刑罰失中武事未息徭役屢興賦斂不時以致陰陽乖戾而然耶卿等同國休戚宜輔朕修省以消天譴參政傅瓛對曰古人有言天心仁愛人君則必出災異以譴告之使知變自省人君遇災而能警懼則天變可弭今陛下修德省愆憂形於色居高聽卑天實鑒之顧臣等待罪宰輔有戾調燮貽憂聖衷咎在臣等太祖曰君臣一體苟知警懼天心可回卿等其盡心力以匡不逮

洪武三十一年惠宗卽位土庫焚

按名山藏燕王還北平傳檄天下曰太孫卽位十月

火焚其土庫占書曰天火焚土庫者賞罰不明也燒宮室者君不思道厥妖火燒宮也

惠宗建文二年承天門災乙字庫災

按大政紀洪武三十三年八月承天門災詔求直言未幾乙字庫災按洪武三十三年即建文二年

成祖永樂十六年杭州火

按浙江通志永樂十六年杭州府學廟災

永樂十九年三殿災

按大政紀永樂十九年四月庚子夜奉天謹身華蓋三殿災大學士楊榮直入麾衛士遷御書圖籍於東華門上諭曰昨夜火發在目前幾人卿能收拾圖籍可謂歲寒松柏也榮謝曰職分當然賜銀酒鍾古銅器鈔幣諸物詔天下求直言大學士楊榮條陳除雜辦金銀課及禁重獄引例十餘事從之翰林院侍講李時勉侍講鄒緝等上封事從之其略曰天下有司官吏不能皆賢屢蒙監察御史按察司考覈黜陟而所司不加詳察其重厚廉介不能逢迎阿附者多考平常而貪墨姦詭善於趨媚者多考稱職人無懲勸宜歲勅按察司廉正官徧歷郡縣察其治行仍命監察御史復覈具奏果勤慎廉能政績顯著者請加賚增秩以勵其志貪黷掊尅怠政廢事者請即時黜罰以警其餘如有善不舉有惡不糾致賢否混淆他日廉勘得出罪坐所考之官又言連年四方蠻夷朝貢之使相望於道實罷敝中國宜明詔海外諸國近者三年遠者五年一來朝貢庶幾官民兩便又言江西浙江湖廣并直隸應天等府縣秋糧每年運赴北京道路險遠困敝不堪宜於淮安徐州濟寧濱河置立倉廒量地遠近分撥運納別設法運至北京少紓民力又言近年營建北京官軍悉力赴工役及餘丁不得生理衣食不給有可矜憫宜勅軍官加意撫恤增給月糧寬餘丁差徭使給其家又言比來兵政不脩武備廢弛宜勅內外武臣各整部伍以時操練備不虞從之勅吏部尚書蹇義等二十六人巡行天下安撫軍民應天則吏部尚書蹇義四川則禮部尚書金純陝西則左都御史劉觀河南則右都御史王彰湖廣則吏部侍郎師逵畿甸則禮部侍郎郭敦福建則刑部侍郎楊勉江西則工部侍郎郭璡山東則工部侍郎鄭剛浙江則副都御史虞謙廣西則通政參議朱侃山西則大理寺丞孫時廣東則大理寺丞郭瑄并給事中馬俊艾廣陶衎等十三人戶部尚書夏原吉言愛民所以敬天蠲逋負罰糧採辦金銀程課優恤流移以回天意從之都察院右副都御史虞謙巡視浙江上言便民事上命行之丙午萬壽聖誕以災異詔免慶賀

按名山藏永樂十九年四月庚子奉天華蓋謹身三殿災勅曰朕倣古建二京三殿同災朕心惶懼意者敬天事神禮有怠歟祖法戾歟政務乖歟小人在位賢士隱遯歟刑部獄冤歟讒慝交作歟削剝掊尅及田里歟蠹財妄費用無度歟租稅太重徭役不均歟軍旅未息征調無方饋餉乏歟工作過度民力敝歟姦人附勢羣吏弄法抑有闒茸不治而致然歟朕之寡昧未究所由爾文武羣臣宜陳無隱朕圖悛改以回天意停止中外之不便不急者勅曰上天垂戒監寐不遑禮部以朕初度請賀甚非所以畏天而徙益不德焉其止

永樂二十二年天津倉糧災

按大政紀永樂二十二年十月乙巳天津衛倉災焚糧數十萬石御史劾主典者侵盜故縱火自蓋大理寺卿虞謙白其冤命減論

仁宗洪熙元年蘇松嘉湖災

按名山藏洪熙元年十月命蘇松嘉湖等府被火災處今歲秋糧悉折輸布鈔如永樂五年故事石輸布六疋鈔六錠

英宗正統三年順天貢院災

按明昭代典則正統三年秋八月順天貢院災翰林侍講學士曾鶴齡主考順天鄉試初試之夕場屋火試卷有燬缺者有司懼罪不敢以更試爲言惟欲請葺場屋以終後兩試鶴齡曰必更試然後滌百弊以昭至公不然雖無所私此心亦欺朝廷何惜一日之費不成此盛舉哉有司具二說以進命下悉如鶴齡所言人皆憚服是科稱得士云

按名山藏云云

正統七年正月南京西安門火

正統十一年武昌火

按湖廣通志正統十一年七月武昌火燔公署民居無筭

正統十四年南京宮殿災

按大政紀正統十四年六月丙辰南京宮殿災詔赦天下是夜雷電大震風雨驟作謹身殿火起延及奉天華蓋二殿奉天諸門皆盡燬自王振擅權上干天象災異疊見振略不警畏很恣愈甚且諱言災異時

浙江紹興山移於平地民告於官不敢聞又地動白毛徧生奏之如常又陝西二處山崩壓沒人家數十戶一處山移有聲吼三日移數里不敢詳奏又黃河改往東流於海淹沒人家千餘戶又振宅新起於內府乾方未踰時一火而盡又南京殿宇一火而盡是夜大雨明日殿基上生荆棘二尺高始下詔赦盜不可遏蝗不可滅天意不可回矣

代宗景泰四年草場火

按大政紀景泰四年正月草場火朝廷欲置典守者罪大理寺卿薛瑄力辯其無辜宥之

英宗天順元年承天門災遼東西門災

按大政紀天順元年六月丙寅承天門災上下詔責躬大赦天下詔係岳正代草歷陳弊政詞極切直天下傳之

按名山藏天順元年七月丙寅承天門夜災丁卯上躬禱昊天上帝后土皇祇曰恭惟皇眷命臣承統即位以來星變不消烈風震雷拔樹壞屋午門吻牌摧毀承天門樓被災屢見變異深懼不勝意者事天法祖未盡誠歟爵賞刑罰未當歟忠良未盡用姦邪未盡去歟所見不明信讒佞歟節儉不崇侈財用歟徵斂掊尅之未息而刑獄寃濫之未雪歟思過省躬仰體仁恩大赦天下伏祈曲賜洪原用寧邦家臣不勝待罪惶懼之至復遣告於太廟社稷山川勅諭羣臣曰朕以菲德膺乾復祚圖治雖殷應天無效六月丙寅承天門災朕心震驚罔知所措意者敬事天神有未盡歟善惡不分用舍乖歟曲直不辨刑獄寃歟征調多方軍旅勞歟賞賚亡度府庫空歟請謁不息官爵濫歟賄賂公行政事廢歟朋姦欺罔附權勢歟郡吏弄法擅威福歟徵斂徭役之太重閭閻田里靡寧歟讒諂奔競之倖進忠言正士不用歟抑文武有司闒茸酷吏貪冒無厭致軍民失所歟此皆所由傷和致災而朕或未明也爾文武羣臣股肱耳目休戚惟均果有直言必當無隱其或躬蹈前非亦宜洗心改之遂下詔大赦天下

按明昭代典則天順元年秋七月承天門災詔曰朕以菲德早承大統中罹多難復登宸極夙夜兢惕罔敢怠荒乃天順元年七月初六日承天門災此誠上天示譴莫究其由朕甚驚惶省躬思咎務新其德永惟奉承天意必以施惠爲先其大赦天下咸與維新

按全遼志天順元年西關火起延燒居民房舍及東北關王廟松檜數百殆盡廟貌依然人咸異之

天順三年肅州火

按名山藏天順三年九月肅州火延燒五千餘家死者六十餘人

天順七年會試場屋火

按名山藏天順七年二月會試天下舉人試院火死者九十餘上憫之命無物色者有司具木瘞之朝陽門外爲六大冢題曰天下英才之墓

憲宗成化二年義烏火

按浙江通志云云

成化九年東直門火南京安徽池等府火

按大政紀成化九年八月東直門火以火災勅應天池州安慶徽州四府所屬上元休寧等十九縣去年秋糧九萬四千八百餘石

成化十年杭州湖廣火

按浙江通志成化十年杭州大火燔六七里民居三千餘家

按湖廣通志成化十年春大火燔官民廨舍殆盡

成化十三年福州火

按福建通志成化十三年火燬還珠門及民廬數百家

成化十九年興國火

按湖廣通志成化十九年興國火

孝宗弘治三年開原火鵶墜

按全遼志弘治三年春三月開原火化爲鵶火墜城中俄化鵶百餘沿城旋遶次日災人畜死者甚衆

弘治四年金華火

按浙江通志弘治四年金華縣治火

弘治七年福州火

按福建通志弘治七年正月還珠門火延居民二百餘家

弘治八年孝陵災龍泉火

按大政紀弘治八年八月孝陵災給事中呂獻指摘弊政上嘉納之

按浙江通志弘治八年龍泉大火燔民居二千餘家

弘治九年蘭谿火

按浙江通志弘治九年蘭谿大火

弘治十一年乾淸宮災

按大政紀弘治十一年六月京師西門有熊入城兵部尚書馬文升謂野獸不宜入城奏飭守衞因乞嚴武備以防不虞兵部郎中何孟春謂同列曰熊之爲

兆既當備盜亦宜愼火同列莫曉未幾城內在處有火災禮部焚既而禁中亦火乾清宮焚或問孟春此出何占書孟春曰予不曉占書曾記宋人紀紹興己酉未嘉災前數日有熊至城下州守高世則謂其倅趙允紹曰熊於字能火郡中宜愼火果延燒官民舍十七八予憶此事而云耳不意其亦驗也冬十一月清寧宮災求直言

按明昭代典則弘治十一年冬十月乾清坤寧宮災詔求直言朕惟天道人事相與之機捷於影響甚可畏也邇者上天示戒災異頻仍乃弘治十一年十月十二日清寧宮災中夜達旦朕心驚懼寢食靡寧慮有愆違上干和氣修省數日莫究所由茲特齋心竭誠遣官祭告天地太廟社稷山川爾文武羣臣有官守言責皆與朕共天職者宜各省躬思咎去垢滌汚殫心効力毋得因循怠玩若罔聞知凡百司弊政奸貪顯迹及一應軍民利病皆直切指陳無有所隱以助朕勵精之治答上天仁愛之心綿國家億萬載隆長之祚欽哉故諭內閣大學士李東陽等上疏曰近年以來災異頻仍內府火災尤甚或以爲天道茫昧變不足畏此乃慢天之說或以爲天下太平患不足慮此乃誤國之言或以齋醮祈禱爲弭災此爲邪妄之術或以縱囚釋罪爲修德此乃姑息之計熒惑聖聽莫此爲甚薟賄賂公行賞罰失當紀綱廢弛賢否混淆工役繁興軍民困憊下情不達上澤不宣愁嘆之聲上干和氣災異之積正此之由也

按福建通志弘治十一年七月南平縣吏舍火延燒縣署儒學民居

弘治十二年闕里災浮梁興國火

按大政紀弘治十二年六月曲阜孔廟災遣學士李傑祭告南科給事中楊廉因闕里災請更立木主以華夷敎下部格之

按江西通志弘治十二年正月浮梁火文廟譙樓皆燬

按湖廣通志弘治十二年秋興國火

弘治十三年餘姚火

按浙江通志弘治十三年餘姚縣江寒火焚民居三千餘家渡至江北焚二百餘家死者百有八人

弘治十四年馬邑火墜

按馬邑縣志弘治十四年縣西有火塊自天而墜有聲如雷入地三尺化爲青石

弘治十六年騰衝火

按雲南通志弘治十六年春正月騰衝火巡撫副都御史陳金疏奏上特遣重臣一人至滇勅命略曰雲南僻在萬里災應有由特命爾前去廣詢博訪旌賢艮黜貪碁閱軍馬脩城池振舉廢墜通達幽隱興利革弊務期軍民安靖邊境寧乂少紓朕西顧之憂

弘治十七年武昌黃州漢陽高安分宜火

按異林弘治庚戌歲武昌城中飛鴉銜一囊市人競逐之囊墜啓視之火礫五枚欻然躍出是歲武昌災者三黃州災漢陽災

按江西通志弘治十七年冬高安縣火十二月分宜縣火延燒儒學前坊及安仁驛

武宗正德元年武寧火

按江西通志正德元年武寧縣火城內民居幾盡

正德三年河南湖廣台州福州火

按大政紀正德三年六月河南湖廣災命南京工部右侍郎畢亨僉都御史巡視之

按浙江通志正德三年台州大火燔府廨民居幾盡

按福建通志正德三年遠珠門火延居民廬舍百餘家

正德五年瑞州火

按江西通志正德五年三月瑞州府城火

正德七年廣州石出火思州火

按廣東通志正德七年冬十一月廣州石出火長至節藩省前有火如龍起於石人馬皆辟易

按貴州通志正德七年思州府火

正德八年豐城霑益火

按江西通志正德八年夏六月豐城縣西南火作累日燬官民廬舍死者三十餘人

按雲南通志正德八年霑益西關災燬二百餘家

正德九年乾清宮災

按大政紀正德九年正月乾清宮災吏部尙書楊一清言時弊五事不報一謂視朝太遲二謂郊祀太慢三謂不宜創梵宇於西內四謂不宜調邊兵於禁地五謂不當置皇莊皇店及織造等事言皆剴切御史張士隆上疏時弊不報士隆言陛下前有逆瑾之橫後遭蓟盜之亂旣不知警方且興居無度暱近匪人積戎醜於禁中戲干戈於臥內徹夜燕遊外見煙燎內廷土木胥競華侈親信內臣取貸於外又护軍糧皆名進貢織造龍幄科害靡極鄙猥無聞使之巡撫納銀指揮授之政事盜伏而宼發民竭而兵罷守法

御史如劉天和則就逮張璞則死詔獄閭閻之苦禍機之畜皆不知也今宜痛懲前弊更宜克慢絕淫早朝親政講官說經師保論道究精一之傳考典亡之故天下裒衣博帶之雅孰與市井役穢之羣廣厦細旃之樂孰與邊徼凶危之隙大學士楊廷和疏請更易弊政不從廷和上疏請早親朝御經筵罷邊兵西僧市肆等項即奉聖旨早朝深居朕自處治經筵等項已有成規邊兵只照前旨市肆常理西僧舊制俱不必動郎中吳巖疏乞不事虛文以弭災變不報巖因廷和上疏諫止時弊奉市肆常理西僧舊制之旨遂言求言之旨雖下而納言之實未聞陛下若曰常理曰舊制豈有他哉不越三孤九卿以至科道各陳所謂誠格九廟也孝奉兩宮也早朝晏罷也經筵日講也建皇儲也遠義子也接儒臣也絕番僧也革中市也遣邊兵也是則所謂常理也是則所謂舊制也舍此數者而別求常理定制抑末矣中書舍人何景明應詔陳言弊政不報景明因寢宮被災上言聖躬單立皇儲未建后妃不得常御公輔不得通謁乃日與邊軍並出入番僧義子同起居此皆今日創見前朝未聞也且甲馬之場不如廣厦細旃之上邪穢之教不如儒道談諷於前樂彼厭此臣所未喻若義子尤宜早爲裁抑巡撫四川都御史王縝疏弭災四事不報一曰正大本以安天下一曰省內臣以慰民望一曰處驛遞以蘇民困一曰廣延納以開壅蔽皆切時弊

按明昭代典則正德九年春正月乾清宮災勅曰朕恭承天命嗣守祖宗成業夙夜孜孜圖勉治理乃正德九年正月十六日乾清宮災朕心驚惶莫知攸措殆以敬天事神之禮有未能盡祖宗列聖之法有未能守用舍或有未當刑賞或有未公征斂太重有傷民財工役繁興有勞民力讒諛並進而直言不聞賄賂公行而政體乖謬奸貪弄法而職業多未能修撫勦失宜而盜賊尚未見息有一於此皆足以傷和致災靜言思之悔悟方切爾文武羣臣受朕委任義均休戚各洗心改過痛加脩省事關朕躬及時政闕失軍民利病宜直言無隱庶俾朕有所脩以答上天仁愛譴告之意故諭越日復下寬恤之詔曰朕躬承天命統治萬民夙夜孜孜恪遵祖訓惟以敬天勤民爲首務期於民物康阜天休滋至顧以宴安易溺舉措乖方未合天心致生災變五行愆度千里飛蝗隕霜雨雹之非時地震天鳴之迭見水旱相繼饑饉薦臻人民困窮盜賊充斥兵馬之調發騷動遠近芻粟之轉輸役及婦人疲羸餓莩塡委溝壑戰鬬死亡身膏草野勤勞或未盡甄賞義烈或未盡表揚邑井蕭條室廬焚蕩流者無所寄命歸者無所安居加之奸吏舞文貪官黷貨優恤之旨每下而廢革不行蠲免之令屢頒而催科如故朕處深宮之中念慮有所未周見聞有所不及以致民隱不能上達恩澤不能下流官民乖隔道路怨咨禍變可虞上天示警乃於正德九年正月十六日復有乾清宮之災累朝經營一旦煨燼望之璧額言之痛心九廟震驚兩宮憂戚凡我臣民罔不疑懼咎徵所自實在朕躬虔禱天地宗廟社稷山川跼蹐敬畏圖惟自新復諭令羣臣同加修省極陳時政以冀消弭禍端仰答天譴尤念天之視聽皆自我民民心獲安天意乃順特稽舊典用布新恩以惠下民固我邦本將以延宗社萬年無疆之休

按明外史潘塤傳塤授工科給事中乾清宮災塤上疏曰陛下涖阼九年治效未臻災禍迭見臣願非安宅不居非大道不由非正人不親非儒術不崇非大閱不觀兵非執法不成獄非骨肉之親不干政非汗馬之勞不濫賞臣聞陛下好戲謔矣臣以爲入而內庭琴瑟鼓鐘人倫之樂不必遊離宮以爲權押羣小以爲快也出而外廷華裔一統莫非臣妾不必收朝官爲私人集遠人爲勇士也聞陛下好佛矣臣以爲南郊有天地太廟有祖宗錫祉迎庥佛於何有番僧可逐而度僧可止也聞陛下好勇好貨好土木矣臣以爲誅奸遏亂大勇也不須馳馬試劍以自勞三軍六師大武也不須邊將邊軍以自擁任土作貢皇店奚爲闤闠駢闐內市安用阿房壯麗古以爲金塊珠礫也况養豹乎金碧熒煌古以爲塗膏釁血也况供佛乎是數者之好皆可已而不已者也疏入報聞

正德十年江西藩司署災

按大政紀正德十年八月江西藩司大災延燒

正德十一年金華公安火

按浙江通志正德十一年金華縣大火

按湖廣通志正德十一年冬公安城樓災旗杆震

正德十二年南昌火

按江西通志正德十二年六月南昌有火自空而隕光焰長有丈餘秋八月南昌火燬民居三百餘家

正德十三年處州彝陵火

按浙江通志正德十三年處州火

按湖廣通志正德十三年彝陵火火三日燬民居無筭

正德十六年日精門災

按明外史鄧繼曾傳嘉靖改元掖庭火繼曾言去年五月日精門災

世宗嘉靖元年長安榜廊災清寧宮小室災都勻火

按大政紀嘉靖元年正月己未郊清寧宮小室火考孝宗皇帝母慈壽皇太后時郊祀甫畢清寧宮小室火風急不可撲滅大學士楊廷和等因上言火起風烈殆爲天意況迫清寧後殿豈非興獻帝后之加稱祖宗神靈容有未悅者乎給事中鄧繼曾上言五行火主禮今日之禮名紊言逆陰極變災臣雖愚知爲廢禮之應也主事高尚賢上言郊祀甫畢卽有清寧後宮之災意者興獻帝后之稱於禮不能無疑後以皇字稱之尤爲過越鄭佐亦言鬱攸之災不於他宮而於清寧之後不在他日而在郊祀之餘變豈虛生災有由名帝覽之心動乃從廷和等議稱孝宗爲皇考慈壽皇太后爲聖母興獻帝后爲本生父母而皇字不復加矣

按永陵編年史嘉靖元年壬午春正月己未郊郊祀甫畢清寧宮小室火楊廷和言火發風迅且迫清寧後殿豈興獻帝后加稱祖宗神靈或有未協者乎給事中鄧繼曾言五行于火主禮火失其正廢禮之應也主事高尚賢等亦各上疏帝心動乃俛從廷議稱孝宗爲皇考慈壽皇太后爲聖母興獻帝后爲本生父母不稱皇而給事中朱鳴陽因災陳言清寧火災揆厥咎徵典禮失中實爲厲階蓋禮旣徇私直言者始不見用希進者恃藩邸之私而冐濫始多亂政者恃調護之私而大法始壞戚畹恃宮掖之私始得妄求貴近恃逢迎之私始敢干預孔子名不正之語無一不驗惟皇上仰畏天變俯恤人言以端本而釐弊焉不報是時興邸僚役夤緣冐濫太后家邵喜請乞無厭而舊閹蕭敬仍留大內近習亦多更異所撤寺觀仍命存葺羣臣章疏留中不下故疏及之

按明外史鄧繼曾傳嘉靖改元帝欲尊所生爲帝后會掖庭火廷臣多言咎在大禮繼曾亦言去年五月日精門災今月二日長安榜廊災及今郊祀日內廷小房又災天有五行火實主禮人有五事火實主言名不正則言不順言不順則禮不興今歲未期而災者三廢禮失言之效也　按程啓充傳嘉靖元年正月郊祀方畢清寧宮小房火啓充言災及內寢剝牀以膚也良由徇情之禮有戾天常僭逼之名深乖典則輔臣執議禮臣建明不能敵經生之邪說佞倖之諛辭動假母后以箝天下之口臣謂不正大禮不黜邪說所謂修省皆具文也况邇者國事漸搖勸學已廢旨由中出而內閣不知奸黨獄成而曲爲庇護諫臣斥逐耳目有壅蔽之虞大臣疎遠股肱有痿痹之患司禮之權重於宰相樞機之地委之宦官邇臣貪濁頻有遷除邊帥僨師不聞譴斥莊田之賞賚過多潛邸之乞恩未已伏望陛下仰畏天明俯察衆聽敦一本之孝齊宮府之體親大臣肅庶政以回災變報聞

按貴州通志嘉靖元年都勻火

嘉靖二年永安火

按福建通志嘉靖二年三月永安火災延燒民居千餘六月又災七月初四夜火光見東北隅良久乃散

嘉靖四年仁壽宮災

按大政紀嘉靖四年仁壽宮災昭聖皇太后所居也至是焚爇玉德安喜景福等殿俱燼帝爲減膳徹樂素衣避殿告於天地宗社敕諭羣臣同心修省於是給事中楊言等上言臣聞變不虛生感召有自近者仁壽宮災皇上特諭羣臣同加修省陛下之心成湯高宗警懼之心也天變奚宜至哉蓋責在公卿有司而不在陛下罪在諫官而不在聖躬朝廷設六科給事中所以舉正欺弊而欺弊日積天譴曷逃吏部失職致陛下賢否混淆進退失當林俊蔣冕豐熙張漢卿等見幾引去抗諫謫死而張璁桂萼始捷徑以獵清秩終怙勢以誣重臣戶科失職致陛下儉朴不聞而陽和土田張崙等請索無厭鹽商邗引崔和等饕餮亡忌禮科失職致陛下享祀未孚而廟社精靈無栟幪之庇兵科失職致陛下法度廢弛而錦衣衛多濫職山海關榷分匠役增收五百奏帶陞授員多刑科失職致陛下刑罰不中而元惡如藍華等脫籍沒之法諍臣如郭楠等施杻械之刑工科失職致陛下工作不常而局官陸宣等乞全支俸薪內監陳林等請榷取木植凡此數端乃時弊之重且大者所以拂天理逆人心傷和氣者多矣故皇天赫怒示以大變以顯諫官不職之罪也伏望陛下益崇敬畏之心克念災變之由進君子退小人還謫戍之官卹箠死之後鹽課土田蘇商民之困榷分押解免征市之貪嘗籍沒者正其法加杻械者亮其忠濫帶冐賞者明

其罪乞陛下俾者削其官將臣等罷斥以彰不職別選賢能以充任使如此而天變不弭治理不臻臣未之聞矣御史涂敬等上言最易罔者天之心最易感者人之心最不可欺者己之心人主欲知其過惟求諸己心而已矣心無愧則人心可感而天意可囘矣皇上有帝王之仁帝王之慶帝王之勤帝王之明天下翹首跂足以爲太平之期期月可致而災異頻仍果何自而然哉比年以來元老大臣相繼而去羣臣抗疏戍謫徧發呂柟馬卿等之降過在可原王相王思等之死情尤可憫張璁等倖取於捷徑郭柟等遠逮於道塗莊田地土紛紛奏索鹽商籍引往往欽依錦衣衞之冒濫弗覈御用監之匠役增收陳林等之榷木陸宣等之乞倖先朝弊政漸次踵行此皆臣等學不足以格君心誠不足以動天聽以致政多闕失上干天和乞將臣等罷黜別選賢能以充任使則職業修而天變可囘也帝覽奏原之俱報聞先是郭柟以抗言被逮人心危懼而太監白懷奏凳山海關廣寧遼陽房屋榷取租利給事中黃重疏諫不報太監李能奏榷山海關商稅御史劉穎疏諫不報故言等及之

按末陵編年史嘉靖四年正月昭聖太后所居仁壽宮災玉德安喜景福等殿俱燼帝減膳撤樂素衣避殿告於天地宗社勅諭羣臣修省給事中楊言御史余敬上疏自陳俱報聞

嘉靖六年開原有火

按全遼志嘉靖六年春開原空中有火大如車輪

嘉靖七年沁源臨湘火

按山西通志嘉靖七年沁源火由東關起延燒民房五百餘間文廟僅存

按湖廣通志嘉靖七年臨湘縣火頻發火發莫知所從其煙綠其氣似硫黃旬日乃息

嘉靖八年思南火

按貴州通志嘉靖八年思南田中火燎禾雨乃止

嘉靖十年浙東火

按浙江通志嘉靖十年瑞安義烏仙居大火

嘉靖十二年南京太廟災萬載火光燭天

按大政紀嘉靖十二年六月南京太廟災帝意欲勿建九廟勅庭臣議夏言上言京師宗廟行將復古而南京太廟遽罹回祿皇上建德之意聖祖啓後之靈不可不默會於昭昭之表也帝喜令亟起新廟南京太廟不復建遺址築周垣焉時祀併入南京奉先殿

按明外史劉世龍傳世龍遷南京兵部主事嘉靖十二年南京太廟災世龍應詔陳三事一杜諂諛以正風俗天下風俗之不正由於人心之壞人心之壞患得患失使然也今天下刻薄相尚變詐相高諂媚相師阿比相倚仕者日壞於上學者日壞於下彼倡此和靡然成風惟陛下赫然矯正勿以詭隨阿比者爲賢勿以正直骨鯁者爲不肖勿以私好有所賞勿以私惡有所罰虛心以防邪佞謙受以來忠讜更勅大小臣工協恭圖治無權勢相軋朋黨相傾則風俗正矣二廣容納以開言路陛下臨御之初犯顏敢諫之臣比先朝爲盛所言或傷於激切而放逐既久悔悟日深當宥其既往以次錄用死者則恤之仍令大小臣工直言時政以作忠義之氣三愼舉動以存大體立國者在敬大臣不遺故舊蓋任之既重則禮之宜優今或忽然去之忽然名之甚至嬰三木被箠楚何以勵臣節哉臣愚以爲陛下歷試之餘其人果無足取則宜因事託辭以禮使退如素行無缺偶以一時喜怒輒從而顚倒之陛下固付之無心而天下有以窺陛下也至如張延齡馮寵爲非法難容假側聞長老之言孝宗時待之過厚遂釀今日之禍顧區區腐鼠何足深惜獨念孝廟在天之靈太皇太后垂老之景乃至不能自庇其骨肉於情忍乎恐陛下孝養兩宮亦不能不爲一動心也頃刱造神御閣啓祥宮特令大臣督理其事臣以爲南京太廟方被災工役之急當無過此今興作頻年四方凋敝正特紬舉嬴之會亦宜量酌緩急而爲之以漸此皆應天以實之道也疏入帝震怒謂世龍訕上庇逆械繫至京下詔獄拷掠獄具復廷杖八十斥爲民

按江西通志嘉靖十三年春正月夜萬載火光燭天數刻乃滅

嘉靖十四年大興隆寺災上虞廣寧火

按大政紀嘉靖十四年四月大興隆寺災御史諸演因請順天心絕異端乞勅禮部申明禁約盡毀天下佛像革僧錄司下禮部夏言覆奏改僧錄司於大隆善寺併移姚廣孝神位散遣僧徒隨住各寺還俗者聽

按浙江通志嘉靖十四年上虞大火

按雲南通志嘉靖十四年廣寧會府災延及文廟

嘉靖十五年南寧貴州火

按廣西通志嘉靖十五年九月南寧府火燔民居四

百餘家
按貴州通志嘉靖十五年冬閏十二月省城火
嘉靖十七年陰火焚益都民夫婦義烏火
按青州府志嘉靖十七年益都城醫人梁伯載弟普新娶婦郇氏月餘自其母家歸夫妻闔戶而寢比曉不出呼之弗應毀戶入視之夫婦並寢婦已焚爲燼止餘一足夫寢其旁死而不焦身止數泡耳席被依然無少焦灼闔邑聚觀莫有解者郡志稱陰火亦意見耳
按浙江通志嘉靖十七年義烏大火
嘉靖十八年衛輝行宮災興化火
按大政紀嘉靖十八年二月丁卯帝次衛輝汝王來朝行宮災初帝勑止汝王勿出遠迓及帝至衛輝御行宮王乃來朝王帝父行也由東閤入御前行朝見禮帝避座受之時彰德知府王旒失朝有旨逮治戶部侍郎高韶以闕供奉俸半年河南巡撫易瓚巡按馮震俱怒旨切責之是夕有火燄起延爇及御寢帝倉卒起避莫知所之錦衣衛指揮陸炳排闥入負帝出煙火中宮婢內臣焚死者十數人法物鹵簿爇燬殆半帝命尚書王廷相檢括遺物三日乃去
按福建通志嘉靖十八年九月興化府城火災
嘉靖十九年永昌火
按雲南通志嘉靖十九年春二月永昌城災燬者三百餘家
嘉靖二十年九廟災處州火
按大政紀嘉靖二十年四月辛酉九廟災詔天下時久暘不雨是日初昏陰雨驟至大雷雹以風忽震火起仁廟烈風嘘之宿衛官吏人役相視顧天無計可拯須臾燬其主供延及成祖主亦燬遂及太祖昭穆羣廟一時爇燬都盡獻廟獨存帝奉列聖於景神殿遣大臣入長陵獻陵告題成祖仁宗各帝后主亦奉景神殿乃下詔曰朕奉天位十有七載思報祖德先正太祖南面之尊備建九廟之制加薦尊謚用磬追崇賴二三大臣協恭力贊非朕變更成典實本信任古道自謂少盡報本之情詎意有今日之變也朕一聞奏報若墜深淵欲赴火中思無濟事謹力疾奉慰祖宗於景神殿奏謝上帝皇祇告於大社稷遣官徧祭百神書報宗藩詔示天下臣庶使知一人之重罪致延九廟之御棲按厥咎原無可容已爰將寬恤之文預示圖復之力都御史胡守中上言非常災變病切心骨恨不能赴火中撲滅耳所幸獻廟巍然獨存姑俟休養之餘大臻富庶之效再建九廟光復舊物將見庶民之來不日成之矣章下禮部停止工作禮部以非常火災上疏奉慰帝命一切工作俱暫停止惟諸殿仍舊修營
按明外史周怡傳胡汝霖緜州人由庶吉士除戶科給事中二十年四月九廟災偕同官聶靜御史李乘雲劾文武大臣救火緩慢者二十六人嚴嵩與焉帝怒所劾不盡下獄訊治俱鐫級調外汝霖得太平府經歷　按楊爵傳周天佐字宇弼晉江人嘉靖十四年進士授戶部主事屢分司倉場以清操聞二十年四月九廟災詔百官言時政得失天佐上書曰陛下以宗廟災變痛自修省許諸臣直言闕失此轉災爲祥之會也乃今闕政不之而忠言未盡聞蓋示人以言不若示人以政求言之詔示人以言耳御史楊爵繫獄數月聖怒彌甚一則曰小人一則曰罪人夫以盡言直諫爲小人則爲緘默逢迎之君子不難也以秉直納忠爲罪人又孰不能爲容悅將順之功臣哉人君一喜一怒上帝臨之陛下所以怒爵果合於天心否耶爵身非木石命且不測萬一溘先朝露使詳臣飲恨直士寒心損聖德不細願旋爵忠以風天下帝覽奏大怒杖之六十下詔獄天佐體素弱不任楚獄吏絕其飲食不三日即死年甫三十一比屍出獄皦日中雷忽震人皆失色
按浙江通志嘉靖二十年處州大火
嘉靖二十二年袁州鐵嶺火
按江西通志嘉靖二十二年秋袁州城火延焚宜化樓
按雲南通志嘉靖二十二年鐵嶺火降空中燒燬民房數百間
嘉靖二十三年袁州福州火
按江西通志嘉靖二十三年正月火焚袁州秀江樓
按福建通志嘉靖二十三年五月南門橋十字街火燒民居三百七十餘間
嘉靖二十五年榆次災
按山西通志嘉靖二十五年榆次南門災經夕不滅樓櫓皆燼
嘉靖二十六年縉雲泰順火
按浙江通志嘉靖二十六年縉雲泰順大火
嘉靖二十八年平陽火

按浙江通志嘉靖二十八年平陽大火
嘉靖三十年汾州火
按山西通志嘉靖三十年春三月汾州火東關火延數百家關民廬舍減半
嘉靖三十五年杭州火
按大政紀嘉靖三十五年九月杭州火府城東南隅及郭外大火官民廬舍焚燬數千區死者甚衆
按浙江通志嘉靖三十五年杭州大火燔官民廬舍一萬餘間
嘉靖三十六年奉天謹身華蓋奉天午門災
按大政紀嘉靖三十六年夏四月丙申奉天謹身華蓋及奉天午門災是日晡時大雷雨至戌不絕忽火起奉天殿及謹身華蓋二殿奉天午門一時俱災次日羣臣各上疏慰問帝命各加修省
按明昭代典則嘉靖三十六年夏四月奉天華蓋謹身三殿及午門災
嘉靖三十七年光祿火楚雄火
按大政紀嘉靖三十七年正月光祿火帝諭司禮監曰寺火非天災自馬從謙以來邪黨日多故爾
按雲南通志嘉靖三十七年三月楚雄城中火燬民居數百家
嘉靖三十八年處州火
按浙江通志嘉靖三十八年處州大火
嘉靖四十年萬壽宮災楚雄火
按明昭代典則嘉靖四十年萬壽宮災
按雲南通志嘉靖四十年楚雄火
嘉靖四十一年落馬井諾鄧井災
按雲南通志嘉靖四十一年落馬井有火自空而下大如斗聲若雷十二月諾鄧井災燬民居百餘家
嘉靖四十二年平壩火
按貴州通志嘉靖四十二年春二月平壩火
嘉靖四十三年遼陽廣寧災
按雲南通志嘉靖四十三年春二月遼陽文廟災閏二月廣寧大風火延燒南新城西房幾二百餘間
嘉靖四十四年西千步廊火
按大政紀嘉靖四十四年三月西千步廊火帝諭徐階曰昨火處乃文積近地他日纂修何稽焉當預計之階上言據宮監左祿云正德十六年以來內外題奏及四方番文計八十三萬二千餘本俱貯六科廊內其千步廊所積乃先朝遺疏已經纂修者不必別有計處帝然之
嘉靖四十五年沙縣岑溪縣火
按福建通志嘉靖四十五年十一月沙縣大州坊災
按廣西通志嘉靖四十五年九月火燒城內外民房并縣廨悉燬岑溪縣火
穆宗隆慶二年杭州紹興普安火
按浙江通志隆慶二年杭州山陰諸暨大火
按貴州通志隆慶二年春二月普安火五日焚民居五千餘戶死者六十餘人
隆慶三年福州火
按福建通志隆慶三年十二月福州府郡內災
隆慶六年興寧縣火
按湖廣通志隆慶六年興寧縣西關火延燔延聖祠西廡并城樓民舍煨燼殆半死者十六人
神宗萬曆元年漢陽宜城火
按湖廣通志萬曆元年漢陽南紀樓火十月夜有火起於宜城龍象橋水中自東徂西有聲如雷
萬曆五年杭州漢陽火
按浙江通志萬曆五年杭州火
按湖廣通志萬曆五年三月漢陽南紀樓火
萬曆七年霍州崇仁火
按山西通志萬曆七年六月霍州火延燒鋪面百十餘間
按江西通志萬曆七年秋崇仁縣火延燬學宮三日始息
萬曆十一年永昌火
按雲南通志萬曆十一年二月永昌市火燬民居八十餘所
萬曆十二年彭澤出火
按江西通志萬曆十二年彭澤塌毛洲出火熒烈有聲以物投之卽燃
萬曆十三年黃州火
按湖廣通志萬曆十三年黃州清源門災
萬曆十五年交城火
按山西通志萬曆十五年交城隕火大如斗
萬曆十八年宣寧王府鴟吻吐火義烏福州火
按澤州志萬曆十八年宣寧王府房獸內吐火尺許踰時方息
按浙江通志萬曆十八年義烏大火
按福建通志萬曆十八年九月福州府城火災
萬曆十九年忻州火墜安寧火

按山西通志萬曆十九年春三月忻州隕火自東南流墜西北

按雲南通志萬曆十九年安寧火

萬曆二十一年高平雷火

按澤州志萬曆二十一年高平煤窑雷震火光上騰高二丈

萬曆二十二年平陽鄖陽廣西府火襄陵有火瑞

按山西通志萬曆二十二年夏四月平陽火焚東南城樓五月又火焚大教場及堯廟光天閣襄陵火瑞儒學啓聖祠夜四更有火光自簷下出遶繞祠宇忽有聲如雷其光自敬一亭流入尊經閣前楊樹內光芒上灼約丈許黎明方已次日官民來視祠宇樹葉依然無損人以爲文明之象

按湖廣通志萬曆二十二年鄖陽府治災

按雲南通志萬曆二十二年正月廣西府火官署民舍俱燬

萬曆二十三年衢州火

按浙江通志萬曆二十三年衢州大火先是有拾錢一文四面皆火字

萬曆二十四年黄州姚安火

按湖廣通志萬曆二十四年黄州府文廟災

按雲南通志萬曆二十四年姚安火燬民居百餘死者甚多

萬曆三十一年處州火

按浙江通志萬曆三十一年處州大火

萬曆三十三年澤州窑火開封南昌福州松潘火

按山西通志萬曆三十三年十二月澤州煤窑火綿數年不滅

按河南通志萬曆三十三年開封府學文廟火

按江西通志萬曆三十三年春正月南昌府火延及布政司譙樓并南昌縣治燬民居千有餘家夏五月雷火焚德勝門城樓

按福建通志萬曆三十三年十二月福州南街頭火發延燒百餘家

按四川總志萬曆三十三年五月三十日申時松潘衛天火墜落於谷粟屯城牆外

萬曆三十四年晉宮殿災黄州火

按山西通志萬曆三十四年冬十二月晉宮殿災寶物盡燼

按湖廣通志萬曆三十四年黄州府治災

萬曆三十五年山陰火

按山西通志萬曆三十五年秋山陰降火燒屋有火自空中降燒城廬舍五十餘間

萬曆三十六年福建藩司火藥庫火

按福建通志萬曆三十六年十二月十七日巳時布政司火藥庫火庫四傍皆隙地鎖扃甚嚴中有佛狼機大銃數門忽火自內出奔突冲擊人皆驚仆滿城屋瓦盡震

萬曆三十八年資縣火

按四川總志萬曆三十八年三月十四日資縣火延燒公署民舍合一千一百八十三戶城外居民移至江濱避火適江漲悉皆漂沒

萬曆三十九年蜀世子府災

按四川總志萬曆三十九年九月初九日蜀世子府災傷子女各一寶玉書畫歷朝所貯盡焚宮人死者甚衆

萬曆四十年火光見福州

按福建通志萬曆四十年正月晦火光見府城中光耀異常是夜四鼓又見

萬曆四十一年蜀府災

按四川總志萬曆四十一年五月初七日夜蜀府右順門災延及承運殿存心殿及東西廊殿角門俱盡

萬曆四十二年文水臨邑長樂火

按山東通志萬曆丁巳臨邑異火出如斗煙直上二三丈遇行人即逐至近即止

按山西通志萬曆四十二年春正月朔文水火在縣東

按福建通志萬曆四十二年九月長樂縣后山民房發火有龍起於鼓尾潭大雨火滅

光宗泰昌元年松潘梧州火

按四川總志泰昌元年十二月松潘衛西林莽中火燒數十里人皆炎熱雪木俱化松人懼祈天禱禳遂降大雪

按廣西通志泰昌元年九月梧州城大火被災八百餘家知府同知各捐俸恤之

熹宗天啓二年雲南火

按雲南通志天啓二年五月京城旗纛廟火

天啓三年漢口南安火

按湖廣通志天啓三年正月漢口大火傷人無數有一家焚死五十三口者

按福建通志天啓六年三月南安邑治前火東西兩

岸不踰時盡燬至眞人廟止

天啓七年遂昌火

按浙江通志天啓七年遂昌大火

愍帝崇禎元年嚴州火

按浙江通志崇禎元年嚴州大火

崇禎二年饒州火

按江西通志崇禎二年饒州府城火日數十發知府張有譽開水巷及西門以壓之

崇禎三年義烏火

按浙江通志崇禎三年義烏縣治火

崇禎五年交城處州火

按山西通志崇禎五年夏五月交城火是月初四日夜防兵謀不軌於東關店內忽有火入店謀者皆燒之店無恙鄉民傳狐廟放太平火因祭之

按浙江通志崇禎五年處州大火

崇禎七年蘇州火

按江南通志崇禎七年蘇州城外野火四起始一二炬倏變數百隱隱人馬戈甲狀入民舍中粟米一空民操械鳴金禦之

崇禎八年福建火

按福建通志崇禎八年七月初六日巳時災燬四門城樓及公署神廟共十四所民居三千餘知縣王道焜賑之復捐金三十兩置威武樓坊火牆一扇以禦後患

崇禎九年順寧地中出火

按雲南通志崇禎九年正月順寧卡思凹夜半地中忽起火方廣丈餘上升北過枯柯壩隕於沙窩寨後是歲瘴疾大作

崇禎十二年同安火

按同安縣志崇禎十二年元旦城南大火時令吳應恂謁關廟聞失火即趨役抱神像去俄火烈不可過民舍燬者數百貨貲灰蕩無計人有欲擠失火以死者令曰此天災耳昨余已徵夢吾乍聞即知有此故抱像去也并爲誦夢中題廟聯句義起當年刀力大忠留此日陣雲長民情乃定

皇清

康熙十八年

十二月十八日

奉

天承運

皇帝詔曰朕躬膺天眷統御寰區夙夜祇承罔敢怠忽期於陰陽順序中外敉寧共樂昇平之化乃於康熙十八年十二月初三日太和殿災朕心惶懼莫究所由固朕不德之所致歟抑用人失當而致然歟茲以力圖修省挽回

天意爰稽典制特布詔款消咎徵於既往迓福祉於將來所有事宜開列於後　一凡官吏兵民人等有犯除謀反叛逆子孫殺祖父母父母內亂妻妾殺夫告夫奴婢殺家長殺一家非死罪三人採生折割人謀殺故殺蠱毒魘魅毒藥殺人強盜妖言十惡等眞正死罪不赦外及修造宮殿陵寢冒破錢糧工程不固修築河工不行堅固製造戰船軍器等項不堪應用糜費錢糧失陷城池軍機獲罪貪官衙役犯贓監守自盜拖欠錢糧漕糧侵盜漕糧騷擾驛遞奸細光棍誣告叛逆放火因姦殺死人命出征人妻犯姦並姦夫罪犯各項死罪亦在不赦其餘軍流以下罪犯自康熙十八年十二月十八日昧爽以前已發覺未發覺已結正未結正咸赦除之有以赦前事告訐者以其罪罪之　一各處叛逆爲首者如能悔罪投誠俱各免罪仍論功敘用　一陷賊從逆官員兵民人等有能棄邪歸正自拔投誠者俱行免罪仍與敘錄有能擒斬巨魁及帶領兵馬獻城納款仍論功優加賞賚　於戲

朝乾夕惕答上天仁愛之心錫極綏猷慰下土瞻依之望布告天下咸使聞知

康熙二十六年

二月十二日

上諭大學士勒德洪明珠學士禪布吳喇岱額爾赫圖吳興祖徐廷璽昨夜正陽門外失火漢官皆不事撲滅但袖手旁觀今八旗都統副都統五旗護軍統領向不預直宿可於要地分班輪直若偶遇火即爲撲滅儻有傳集之事亦易齊聚方今時際昇平並無効力之地分班直宿以盡勤勞分所宜然令滿洲蒙古漢軍都統副都統五旗護軍統領會議以聞

康熙三十四年

二月二十四日

上諭內閣朕昨幸五龍亭因往視火延燒處守巡官員兵丁盡皆曠設凡諸守視之地以有關係始

設官員兵丁若此怠忽將來流弊其何底止可
勅八旗滿洲蒙古漢軍都統副都統等此後各
於本旗官員兵丁守視處身往不時巡察有曠
誤者當參奏則參奏當笞責者則笞責之步軍
統領等巡察該管官員步兵之便其馬兵守視
處並令巡察至於米倉所繫重要尤宜謹慎儻
有疎虞守視官員兵丁必戮無赦其下八旗都
統副都統遵行無怠

庶徵典第一百一卷

火災部總論

春秋四傳

宣公十六年

春秋夏成周宣榭災

公羊傳成周者何東周也宣榭者何宣宮之榭也何言乎成周宣榭災樂器藏焉爾成周宣榭災何以書記災也外災不書此何以書新周也

胡傳宣榭火何以書宗廟之重書之也貴戚擅殺大臣而天子不討王室不復能中興矣大火之天所以見戒乎

成公三年

春秋二月甲子新宮災三日哭

公羊傳新宮者何宣公之宮也宣宮則曷爲謂之新宮不忍言也

注親之精神所依而災孝子隱痛不忍正言也謂之新宮者因新入宮易其西北角示昭穆相繼代有所改更也

其言三日哭何

注据桓僖宮災不言三日哭

廟災三日哭禮也

注善得禮痛傷鬼神無所依歸故君臣素縞哭之

新宮災何以書記災也

注此象宣公篡立當誅絕不宜列昭穆成公幼少臣威大重結怨彊齊將不得久承宗廟之應

穀梁傳新宮者禰宮也

注謂宣公廟也三年喪畢宣公神主新入廟故謂之新宮

三日哭哀也其哀禮也

注廟親之神靈所憑居而遇災故以哀哭爲禮

迫近不敢稱謚恭也

注迫近言親禰也桓僖遠祖則稱謚

其辭恭且哀以成公爲無譏矣

胡傳廟災而哭禮也得禮爲常事則何以書緣氏曰新宮者宣宮也不曰宣宮者神主未遷也知然者丹楹刻桷皆稱桓宮此不舉謚故知其未遷也宮成而主未入遇災而哭何禮哉宣公薨至是二十有八月緩於遷主可知矣言災則不恭之致亦自見矣此說據經爲合或曰禮稱有焚其先人之室則三日哭新宮將以安神主也雖未遷而哭不亦可乎曰先人之室蓋嘗寢於斯食於斯會族屬於斯其居處笑語之所在皆可想也事死如生故有焚其室則哭之禮也神主未遷而哭於人情何居

襄公九年

春秋春宋災

公羊傳曷爲或言災或言火大者曰災小者曰火

注大者謂正寢社稷宗廟朝廷也下此則小矣災者離本辭故可以見火

然則內何以不言火

注据西宮災不言火

內不言火者甚之也

注春秋以內爲天下法動作當先自克責故小有火大有災

何以書記災也外災不書此何以書爲王者之後記

災也

注 是時周樂已毀先聖法度浸疏遠不用之應

穀梁傳外災不志此其志何也故宋也

注 故猶先也孔子之先宋人

定公二年

春秋夏五月壬辰雉門及兩觀災

穀梁傳其不曰雉門災及兩觀何也災自兩觀始也不以尊者親災也先言雉門尊尊也

火災部藝文一

高廟園災對　漢董仲舒

春秋之道舉往以明來是故天下有物視春秋所舉與同比者精微眇以存其意通倫類以貫其理天地之變國家之事粲然皆見亡所疑矣按春秋魯定公哀公時季氏之惡已熟而孔子之聖方盛夫以盛聖而易熟惡季孫雖重魯君雖輕其勢可成也故定公二年五月兩觀災兩觀僭禮之物天災之者若曰僭禮之臣可以去已見罪徵而後告可去此天意也定公不知省至哀公三年五月桓宮釐宮災二者同事所為一也若曰燔貴而去不義云爾哀公未能見故四年六月亳社災兩觀桓釐廟亳社四者皆不當立天皆燔其不當立者以示魯欲其去亂臣而用聖人也季氏亡道久矣前是天不見災者魯未有賢聖臣雖欲去季孫其力不能昭公是也至定哀迺見之其時可也不時不見天之道也今高廟不當居遼東高園殿不當居陵旁于禮亦不當立與魯所災同其不當立久矣至於陛下時天迺災之者殆亦其時可也昔秦受亡周之敝而亡以化之漢受亡秦之敝又亡以化之夫繼二敝之後承其下流兼受其很難治甚矣又多兄弟親戚骨肉之連驕揚奢侈恣睢者衆所謂重難之時者也陛下正當大敝之後又遭重難之時甚可憂也故天災若語陛下當今之世雖敝而重難非以太平至公不能治也視親戚貴屬在諸侯遠正最甚者忍而誅之如吾燔遼東高廟迺可視近臣在國中處旁仄及貴而不正者忍而誅之如吾燔高園殿乃可云爾在外而不正者雖貴如高廟猶災燔之況諸侯乎在內而不正者雖貴如高園殿猶災燔之況大臣乎此天意也罪在外者天災外罪在內者天災內燔甚罪當重燔簡罪當輕承天意之道也

戒火文　晉成公綏

余家遭火屋宇焚盡器用廓然乃造於四鄰以為戒火文曰經籍為灰篇章為炭

賀進士王參元失火書　唐柳宗元

得楊八書知足下遇火災家無餘儲僕始聞而駭中而疑終乃大喜蓋將弔而更以賀也道遠言略猶未能究知其狀若果能蕩焉泯焉而悉無有乃吾所以尤賀者也足下勤奉養樂朝夕惟恬安無事是望也今乃有焚煬赫烈之虞以震駭左右而脂膏滫瀡之具或以不給吾是以始而駭也凡人之言皆曰盈虛倚伏去來之不可常或將大有為也乃始厄困震悸于是有水火之孽有羣小之慍勞苦變動而後能光明古之人皆然斯道遼闊誕漫雖聖人不能以是必信是故中而疑也以足下讀古人書為文章善小學其為多能若是而進不能出羣士之上以取顯貴者蓋無他焉京城人多言足下家有積貨士之好廉名者皆畏忌不敢道足下之善獨自得之心蓄之銜忍而不出諸口以公道之難明而世之多嫌也一出口則嗤嗤者以為得重賂僕自貞元十五年見足下之文章蓄之者蓋六七年未嘗言是僕私一身而負公道矣非特負足下也及為御史尚書郎自以幸為天子近臣得奮其舌思以發明足下之鬱塞然時稱道于行列猶有顧視而竊笑者僕良恨修己之不亮素譽之不立而為世嫌之所加常與孟幾道言而痛之乃今幸為天火之所滌盪凡衆之疑慮舉為灰埃黔其廬赭其垣以示其無有而足下之才能乃可顯白而不汚其實出矣是祝融回祿之相吾子也則僕與幾道十年之相知不若茲火一夕之為足下譽也宥而彰之使夫蓄於心者咸得開其喙發策決科者授子而不慄雖欲如嚮之蓄縮受侮其可得乎於茲吾有望於子是以終乃大喜也古者列國有災同位者皆相弔許不弔災君子惡之今吾之所陳若是有以異乎古故將弔而更以賀也顏曾之養其為樂也大矣又何闕焉足下前要僕文章古書極不忘候得數十幅乃併往耳吳二十一武陵來言足下為醉賦及對問大善可寄一本僕近亦好作文與在京城時頗異思與足下輩言之桎梏甚固未可得也因人南來致書訪死生不悉宗元白

逐畢方文 并序　前人

永州元和七年夏多火災日夜數十發少尚五六發過三月乃止八年夏又如之人咸無安處老弱燔死晨不爨夜不燭皆列坐屋上左右視罷不得

休蓋類物爲之者訛言相驚云有怪鳥莫實其狀山海經云章義之山有鳥如鶴一足赤文白喙其名曰畢方見則其邑有譌火若今火者其可謂譌歟而人有以鳥傳者其畢方歟遂狀而圖之禳而磔之爲之文而逐之

后皇庇人兮敬授羣材大施棟宇兮小蔽草萊各有攸宅兮時闔而開火炎爲用兮化食生（一作先）財胡今茲之怪戾兮日十熱而窮災朝儲清以聯逢兮夕蕩覆而爲灰焚傷羸老兮炭死童孩叫號隳突兮戶駭人哀袒夫狂走兮倏忽往來鬱攸孽暴（音剝）兮混合恢臭民氣不舒兮儼踣顛頹休炊息燎兮仄伏煨煤門甍睒黑兮啓伺姦回若墜之天兮若生之鬼令行不訛兮國恐盍已聞之禹書畢方是祟嗟爾畢方兮胡肆其志皇亶聰明兮念此下地災皇所愛兮僇死無貳幽形煽毒兮陰險詭異汝今不懲兮衆懟咸至皇斯震怒兮殄絕汝類祝融悔禍兮回祿屏氣太陰施威兮元冥行事汝雖赤其文隻其趾逞工衒巧莫救汝死黠知急去兮愚乃止此高飛兮翺翔遠伏兮無傷海之南兮天之裔汝優游兮可卒歲皇不怒兮永汝世日之良兮今逑逝急急如律令

請不修上清宮　宋包拯

臣伏見十一月初二日夜上清宮火謹按春秋傳例曰人火曰火天火曰災漢書五行志曰人火天火同爲災異皆以朝廷政令參驗得失而勸戒焉說者曰賢佞分別官人有序則火得其性若信道不篤或耀虛僞則火失其性自上而降濫焰妄起爲災火不炎上今上清宮者乃祖宗修建以崇無爲之德今火燔之者豈焚修之人不務精潔以副陛下嚴奉之旨乎不然其天意垂誡於陛下乎固宜勵精治道謹修人事以答天變可也風聞道路云陛下存留道衆似有繕修之意未辨虛實咸懷危懼況天下多事調發旁午帑藏未實邊鄙未寧豈可先不急之務重無名之率哉且宮觀之興自於唐室非古制也若謂先聖眞容理當欽奉則景靈宮會靈觀殿宇宏壯可以奉安願陛下推仁慈之德念疲敝之俗且務安之安之之理豈忍重困之也然外議紛紛頗甚惑衆欲乞特降詔告諭以安衆心

江浙廉訪司弭菑記　元楊維楨

至正二年四月一日杭城火菑作於車橋火流如烏宇如牿衝所指卽炎勢且偪西湖書院在官士徒奔走莫遑救肅政司在院東於是憲副高昌幹奕公覃懷李公憲僉大名韓公知事廣平張公照磨睢陽張公齊而火叩首曰寧焚予躬勿民災也言一脫口風從西北轉東南若有神幟煽而返者鬱攸焰及院北垣卽銷滅沈去若金支赤蓋渡河而溺也繇是院與司皆安堵如故而城郭郊保賴以安全院之山長眺陵錢瓊偕城中高年壽於西湖之陰請紀其事辭弗獲則爲之言曰甚矣哉天之以火警人也敏矣哉人之以心迴天也當鬱攸之勢捲土而至雖木犀百萬之兵莫能敵也而憲府官併心一念辜及於躬㬥及乎民而反風息火之應捷於影響子產曰天道遠人道邇人遂以天爲虛無曠邈不與人接不知其遠者在其道之邇者耳吾觀劉昆一念之仁返風滅火宋璟都督廣州民居無延燬且爲紀頌今風紀者之德爲出政之本足以迴天弭變於是乎知有天道固宜謹錄其官氏登諸貞石以風勵有民社者使知人之感天者至敏而天之應人者至近不遠也於是乎書

修省以回天變疏　明喬宇

切惟天心仁愛人君常示以災不常示之以福人君克謹天戒當應以實不當應之以文蓋天人感應之理捷於影響歷觀往昔治亂與衰之迹明效大驗昭彰簡冊甚可畏也近見邸報獲知乾清宮災兩宮及陛下皆爲震恐累朝列聖起居寢息之所一旦蕩爲煙燼臣聞之不勝惶懼歷考前代如魯新宮災漢凌室災未央宮罘罳災其他不可悉舉史猶書之以示警戒今日之災誠有出於尋常變異之上者又況正陽之月適郊祀慶成之後宜乎靈貺饗答福祉駢臻而乃不踰數日值此大異臣伏望陛下深思其故曰果何以致此歟臣謹按五行傳曰王者嚮明而治賢佞分別官人有序率由舊章禮重功勳則火得其性若信道不篤或耀虛僞讒夫昌邪勝正則火失其性自上而降乃濫炎妄起燔宗廟燒宮室京房易傳曰君不思道厥妖火燒宮故災變之發皆所以明教誡也惟率禮修德可以勝之若諉諸氣數漫然無所警省則變不虛生天下之事將日就於敝而不可救矣仰惟陛下體上天警戒之心思列聖付託之重當此大變必有恐懼修省之諭以示臣工然臣過慮以爲若但以言而不以行以文而不以實竊恐天意或未可回也伏見近年以來四方多事災異疊見陛下視朝勤政之禮尚爾疎闊經筵講學之典未見頻繁國本當建而宗藩之簡注不聞名分當正而義子之寵

榮益盛番僧異端常留禁寺優伶賤役猶侍起居皇店設立盈耳嗟怨之聲邊兵拘留馳心戰鬪之事京師土木之繁興困民極矣南京織造以供費糜財甚矣凡此十事皆有關君心國體在今日之至重且急者陛下所以思維以消弭天變者宜莫先於此也臣伏願陛下自茲以往精明一德總覽萬幾復視朝之常規以親政事御經筵之舊典以絕逸遊遴選宗藩之親賢以備眘注革去義子之名爵以別嫌疑異端番僧則逐之賤役優伶則斥之革罷皇店以公民利遣還邊兵以壯軍威停止京師土木之役則民困可蘇取回南京織造之官則民財可省而擇簡賢能以修舉職業若臣遭逢盛世愧乏贊襄之功玩愒歲時難免曠瘝之罪乞賜首加罷斥以謝天譴如此則陛下有畏天之實心有愛民之實惠上可以安祖宗在天之靈下可以慰中外臣庶之望可以變災而為祥轉禍而為福實宗社億萬年無疆之休也犬馬懇切之忠憤不知所裁觸冒天威無任隕越待罪之至

廟災疏　　劉綸

戶科給事中臣劉綸謹題為贊元化廣詔赦以回天變事臣仰見陛下運太始之元精抱乾坤之元契纘用五福祿合萬壽此宗社臣民之至願也邇因雷雹示變九廟罹災萬分祗懼憂勞神形雖在違和之中勉強奏謝視事至本月十日都禮部欽奉聖諭朕近日奏謝天地因前疾未盡脫與中弗穩痰火又動脾虛而牙疼胃熱而作渴火攻頂痛難轉兩耳如聞鼓聲睡臥不安心神驚跳蓋前日因食閒變致加諸病欽此中外臣民仰見莫不痛徹胷臆驚魂飛越計不知所措矣聖諭又云必族全復之日方可視事經筵且罷十四日御西角門二十日御殿頒詔臣愚仰陛下敬上天之明命體皇祖之盛節至哉欽明仁孝無以加矣臣惟前古帝王雖極治大順未有無災變者是以風雷交大麓而舜弗迷黃龍負江舟而禹不變亦惟應受之神求諸心消回之道求諸政而已如心存於敬天政加於仁民陛下高居法宮之中而四海可致雍熙矣再覩聖諭中謂逆來順受識者可與言時此陛下神知協於上下靈契洞於舜禹臣極蠕蠢亡識不勝欣躍自幸食祿神聖之朝備員禁闥之數前應詔上書未蒙加戮茲復陳八事以備詔赦采擇伏惟勑下該司看臣所奏果有一得之愚略見施行庶盡犬馬獻納之微誠也不勝待罪隕越之至計開八事其一臣讀大易傳曰天垂象見吉凶聖人則之故天心仁愛人主雖災祥不同而同示其意爾箕子對武王雒書之意首列五行金木水火土各有事應惟聖人能察之火在宗廟宜察天意在宗廟者春秋舉往明來推見至精眇矣昔魯有兩觀災亳社災桓僖二廟災識者謂於禮制有不當故災是以漢武帝時遼東高廟災高園殿災武帝以問董仲舒仲舒乃引春秋四災謂遼東不宜有高廟又不宜居陵旁此天意也方今陛下聖神議定廟制至精明仁孝也但禮制義意皆出天心明則人幽則鬼神精當無二始合德天地也周公致太平其制亦以數年定其著書多先後不同臣願詔下會集羣臣再博考古今廟制規度堂室同異儀文繁簡略為更易務令新廟奕奕氣象宏遠足妥神靈以求合皇天皇祖至意此係度天意以立新廟則天人悅災可熄矣其二臣讀易傳曰政悖德隱頻致災異解者以為國之將興至言數聞故宜重賢良方正之選俾危言極諫不絕於朝也陛下登進忠直明目達聰遐邇共戴下無異議於科道并各衙門言事者盡廣納並容羣庶咸仰仁同天地明兼日月其有一二狂瞽小臣學術淺薄智識庸劣未達事君之義暗於進言之道至忤聖意繫詔獄者臣願陛下憫其愚直詔下法司論輕重定罪俾得生全而戇拙之士免於謗訕之誅此繫廣皇恩以清詔獄則易傳所論災變可釋矣其三臣讀雒書傳曰棄法律刑罰顛濆火不炎上今天下軍民冤抑咸赴訴所在官司伸理自郡縣有司達三司撫按往往各自尊嚴勢若鬼神而存心百姓者百無一二深刻者罔能理順人情暗柔者失於隨事決斷以致百姓因罵詈之故而傾產業鬬毆之爭而殘性命淹禁若棄灰之蛇敲扑如待制之牲湮鬱之氣蒸而為災理信有之臣願詔下法司行各省撫按官司於罪疑可輕者自嘉靖二十年五月以前訟獄已未發覺咸赦除之此繫寬赦宥以布新恩則雒書無棄法律之咎矣其四臣讀洪範傳有謂耀虛偽讒夫昌邪勝正則火失其性災宗廟燒宮館濫炎妄起雖興師旅不能救也邇者銓司用人科道論劾雖循舊法中間私議橫生請託淆雜以致賄賂侈奔競熾法大壞也其有不肖者或藉勢而驁騰賢能者因無援而頓滯以是人心憤懣鬱塞弗鬯多招災害臣願詔下吏部用人并科道論劾此後一據公道勿蹈舊習通同權近以自結好令資深有次序之遷望重有超歷之顯此繫清

仕路以宣公議則京房謂賢佞分別官人有序率由舊章火得其性矣其五臣讀周詩曰爗爗震電不令不寧序以周宣王初輔佐大臣多有不良其詩曰日月告凶不用其行致皇父播美以招羣小其詩曰皇父卿士番維司徒家伯冢宰仲允膳夫以是老成去位黨類焰盛其詩曰擇三有事亶侯多藏不慭遺一老俾守我王今左右大臣其有恃寵貪橫有乖臣節致生天變以示其兆者臣願詔下吏部都察院并六科十三道清查當樞軸大臣有此傲慢專橫及黨附之臣致上蔽聖明下擅威福公同指名參劾以伐其罪無令招致災害此繫簡輔弼以肅朝政可以釋變答天意也其六臣讀春秋御廩災董仲舒以爲百姓傷者未瘳怨咎未復天意若曰百姓鬱苦宜有惠政朝廷仁恤窮民數下明詔令天下有司開倉賑濟以捄饑荒郡縣守令負國殘民罔宣德意徒虛應文移終鮮實政今畿輔之地近在輦轂之下連年旱暵野無靑草良鄉涿州昌平通州等處尤爲苦甚百姓逃移男女掘草根剝樹皮殆盡道路多餓死暴露壯健輕俠往往結聚探丸以事摽掠漸不可解宜深慮也臣願詔下戶部轉行各省查饑荒地方蠲免今歲租稅其京畿八府仍行各守令自今五月中起作速開倉大行賑濟設法煑粥務在存活俾皇恩四溢勿徒事虛文也此繫宣實惠以固根本則百姓傷者可平而怨咎釋矣其七臣讀春秋見魯雉門災董仲舒劉向皆以爲奢僭過度也臣惟今天下乂安風俗奢靡凡金珠羽翠綺縠輿馬不辨上下無別貴賤非所以崇恭儉裕財植也陛下恭嘿道化乾坤易簡固宜垂拱而宇內稱太平矣然而致化災異皆貴近大臣侈靡漸盛而莫知所禁爾臣惟京師者四方之表大臣者羣僚之師今公卿之室衣文供帳多爲奇服杯斝器玩多積寶玉爭相誇尚此貪墨橫索淫濫無度所由興也臣請詔下諭貴近大臣務崇清約椎朴若先朝大臣有受藤枕文席者事聞朝廷其侈僭不悛事發加罪則京師翼翼四方維則古道興而臣紀肅矣此繫嚴王制以抑奢僭化理可清也其八臣讀左氏載宋衞陳鄭同日災說者謂諸侯之國荒淫於樂不恤國政陽道失節則火災出今各王府宗室卽成周諸侯封國也祖宗於府制田園皆預有定制官校軍辦預有額數宗室宜坐享天祿以爲藩屏至安且貴也近乃有爲左右僉小營利之徒妄生貪縱生財之說或有以子貸錢行於地方名爲王府錢帳又自置莊田外宅與百姓交爭其利中間因有兇人橫攘侵僉令租稅拋累小民不安其業流離破滅者不少深爲不便陛下在嘉靖初禁革畿輔皇莊至今百姓安寧臣願詔下嚴禁各王府如有奸人指引生財放帳另致莊田與小民爭利因而拋糧侵奪者撫按衙門嚴加訪察輕則擒拏奸人問罪重則參奏請旨定奪則各王府安享富貴此繫明王章以親宗室傳所謂荒淫無節生災眚者不睹於聖朝矣

應詔陳言以弭災變疏　呂柟

臣聞乾清宮災十八日聞陛下側席求言臣憂喜交集莫知所措化災爲祥正在今日臣雖臥病義不容默臣維變不虛生實由人召數年以來陛下日事游豫致使左右羣小蒙蔽聰明廷臣隱默不肯直言政事顚倒上干天怒災出非常海內震驚而陛下始形悔悟然此誠改過圖新之機君臣交修之日也夫今陛下所當修者有六一曰逐日臨朝聽政用防壅蔽不宜怠事慢遊以曠萬機二曰還處宮寢豫圖儲貳繫屬天下人心不宜日夜昵近讒邪耗蠹精神以忘大本三曰郊社禘嘗祇肅欽承以祈感格不宜輕褻宗廟神祇使邊戍小卒或得驍騎震驚四曰日朝兩宮承顏順志化天下以孝道不宜廢略定省經旬忘返五曰遣去義子番僧邊軍令各寧業以清禁院不宜雜處混行忘貴賤分以損神威六曰各處鎭守官貪婪取囘別用不宜導之侵漁上下交徵重爲民困六者舉具君道立矣臣之所當修者有九宜先令翰林侍從諸臣日輪數人佐以科道二員侍直文華殿凡前代興廢之由及天下利病及祖宗創業艱難之狀令明白直說不許含糊推避雖陛下燕游之地亦使逐日隨從應時承弼其或言不盡意仍令該官具疏以資啓沃此臣之當修者一也其吏部用舍人材則當升進清介骨鯁恬退之輩用作士風其僥利奔競以賂得官者不拘大小俱宜察實擯斥下逮納粟胥吏之官雖或幹濟頗長然學術實疎反淹科貢正途亦宜豫爲消長抑揚之計以清選法此臣之當修者二也至若戶部之事民病尤劇如各處官吏因民貧富上下其差或大戶起稅淪及乞丐小戶存留不論千金或邊稅京稅積歲弗易或荒熟互隱科免任情或布縷折稅徇情多寡修短或秋稅官糧偏重貧民不與處分或戶口附籍增減失實或煢獨力役影射者衆或民自鬻鹽復輸米鈔況在內者皇店以阻

商賈包攬以勒取民財勢要種鹽者以侵奪民利故困苦無告借盜偷生俱宜遍行改正此臣當修者三也禮部本以求賢輔治宜通行各提學官遵法祖宗成法凡生員入學入試先令里鄰結勘良善無過惡者方聽試驗文理不可因襲近年各立陋規直取浮詞不論行檢以壞化源況其旌表節義或不實收官監賞玉帶蟒衣或太濫是皆宜令執奏改定此臣之當修者四也都督坐府大任也半用儉人當擇團營軍士禁旅也多役私門當革錦衣之官費以鉅萬半出冒功當汰邊塞之將倚以長城多因賄舉當察不然一有驚棘內何以捍禦外何以攻守司兵者將誰委咎此臣之當修者五也讒諂一入輒收風憲威福既行險有盜竊司寇不能執臺諫不能劾棘寺不敢評是尚為有刑賞乎此臣之當修者六也工部財耗班匠半逋其鎮國府豹房新寺酒店之作猶爾也況織造之繁蘭綵竭揚越之蠶氈帳罄關隴之羔民興詛怨家思為盜未聞執藝諫止乃方鬻爵以贊浪費遣使以剝逃丁不知將置民何地而後已也此臣之當修者七也祖宗設立科道本寄耳目之司今或依違不封駁懾懦不振厲間有直士又以罪譴是以言者不切切者不言彈劾者或緣讎辟舉者或計恩伏閣本朝近侍官員交通外官者禁臣愚謂一應時行問遺請名俱宜革絕然後可以糾肅百僚振立綱紀此臣之當修者八也百姓之命係守令守令賢否係監司撫按監司撫按之於守令也宜勿取諂佞乖滑勿抑篤實剛正勿以資格高下枉其薦黜其諸犯既明者當即時同結不許委官容其貪緣其罷輭貪酷者雖在四五品例得實即與奏黜勿俟遲久遺憂地方其各該撫按官又宜令該衙門推用平日廉正剛方之人不宜挨輪以為故事脫或撫按官到任未洽滿期不職著聞該衙門即使具奏取回別用另行推補緣此大責不宜苟且取具此臣之當修者九也九者或舉臣職盡矣夫能上下交修同心一德若此臣見百政舉萬民安和氣可召天心可格災變可弭祖業可守然其要又在陛下從事問學正心修身然後起居得宜用舍不錯不然臣恐帝天震怒之甚非浮言之可欺祖宗構造之業將自是而不忍言矣臣久病生死未可知行將與草木俱朽誠不忍負陛下恩寵之至悔悟之誠是以昧死直言仰答聖心伏惟陛下矜察采用天下幸甚臣不勝俟罪隕越之至

禦火災說　闕名見杭州志

火災杭城所時有民居稠密一家失火旁舍不救至火勢漸盛遂難撲滅向總督劉公於城守營練習兵丁四十供救火之用都司僉書親董之選彊壯便捷者為之每人置號衣一件背縫白布一方上書杭協營救火兵丁某字取粗大明顯該協蓋以印文首戴藍布盔襯一頂以此為識杜奸宄假冒滋害之弊更製火鉤火索撓鉤麻搭短梯鐵鋸之類一聞火發即戴號帽披號衣手執火具都司率以前行觀風勢所向相機拆救期於立時滅息不得生事害人不許虛應故事不許乘機偷搶物件不許任意擊傷居民有一於此定當重處如各兵丁盡力拆救隨到隨滅沿燒不至數家者各兵俱有獎賞內有技能出衆善於救火屢見勤勞者許該都司呈報拔以百總示勸或臨時不到使居民延燒至五十家以上者查究懲治不輕恕其置備火具號衣等項移會布政司動支本部院項下官銀二十兩給發該營以免借名尅餉茁至善矣

火災私識　沈蘭彧

杭城火災說者謂鳳山地形類火龍之脉杭城犯之故多火災此未必然也由居民皆編竹為壁久則乾燥易於發火又有用板壁者夫竹木皆釀火之具而週廻無牆垣之隔宜乎比屋延燒勢不可止此事理之必然於火龍何與焉往歲庚子之災以數萬室丙午之災以數十萬室其餘以數十百計者比歲而有嘗見江以北地少林木民居大率壘磚為之四壁皆磚罕被火患間有被者不過一家及數家而止其茅舍則不然亦最易焚燎又下鄉之民用泥坯名曰土墼略用膠泥粘之亦能辟火宮室固土木之工也以木架屋以土為垣火之蔓延得木則熾遇土則不能入夫何疑焉人情安常習故地少磚瓦遂不知用慈惠之牧留心民瘼宜禁民以竹編壁并有板壁者違者許地方舉出罰修學署或官舍以漸易之今後若有火患其用磚者必不燬其延燒者必竹木者也久之習俗既變人不知有火患矣此萬年之利也

火災部藝文二 詩

武陵觀火詩　唐劉禹錫

楚鄉祝融分炎火常爲虞是時直突煙發自晨炊徒肓風扇其威白晝曛陽烏操綆不暇汲循牆還一作寧避踰怒如列缺光迅與芬一作棼輪俱聯延掩四遠一作達赫奕成洪鑪洶疑雲濤翻颯若鬼神趨當前迎焮赩是物同膏腴金烏入梵天赤龍遊元都騰煙透窗戶飛焰生欒櫨火山摧半空星雨灑中衢瑤壇被髹漆寶樹攢珊瑚光一作花縣與琴焦一作焦琴旗亭無酒濡市人委百貨邑令遺雙鳧餘勢下隈隩長熛烘舳艫吹焚一作焚照水府炙浪愁天吳災罷雲日晚心驚視聽殊高灰辨廪庾黑土連閭閻衆爐合星羅遊氛鑠人膚厚地藏宿爇遂林呈驟枯火德資生人庸可一日無御之失其道敲石彌天隅晉庫走龍劍吳宮傷燕雛五行有沴氣先哲垂訏謨宋鄭同日起時當賢大夫無苛自可樂彌患非所圖賢守恤人瘼臨煙駐驪駒弔場一作傷邑慘怛一作怚顏一作晤失詞勖愉下令蠲里布指期輕市租閈垣適未立苫蓋自相娛山木行剪伐江泥宜墐塗一作塗邑一作郡臣不必曾一作其何用徵越巫

陸渾山火和皇甫湜用其韻　韓愈

皇甫補官古賁渾時當元冬澤乾源山狂谷很相吐吞風怒不休何軒軒擺磨出火以自燔有聲夜中驚莫原天跳地踔顛乾坤赫赫上照窮崖垠截然高周燒四垣神焦鬼爛無逃門三光弛隳不復暾虎熊麋豬逮猴猿水龍鼉龜魚與黿鴉鴟鷹雉鵠鵾燖炰煨爊孰飛奔祝融告休酌卑尊錯陳齊玫闢華園芙磬披猖塞鮮繁千鐘萬鼓咽耳喧攢雜啾嚄沸篪塤形幢絳旃紫纛旛炎官熱屬朱冠褌髹其肉皮通髀臀頹胷垤腹車掀轅緹顏韎股豹兩鞬霞車虹靷日轂轓丹蕤縓蓋緋繙紅帷赤幕羅脤膰缶池波風肉陵屯谿谺鉅壑頗黎盆豆登五山瀛四罇熙熙醻酢笑語言雷公擘山海水翻齒牙嚼齧舌腭反電光磯磹頳目暖項冥收威避元根斥棄輿馬背厥孫縮身潛喘拳肩跟君臣相憐加愛恩命黑螭偵焚其元天闕悠悠不可援夢通上帝血面論側身欲進叱於閽帝賜九河湔涕痕又詔巫陽反其魂徐命之前問何冤火行於冬古所存我如禁之絕其飧女丁婦壬傳世婚一朝結讎奈後昆時行當反慎藏蹲視桃著花可小騫月及申酉利復怨助汝五龍從九鯤溺厥邑囚之崑崙皇甫作詩止睡昏辭誇出眞遂上焚要余和增怪又煩雖欲悔舌不可捫

火災部紀事

史記周本紀武王東觀兵至於孟津既渡有火自上復於下至於王屋流爲烏其色赤其聲魄云

韓詩外傳晉平公之時藏寶之臺燒士大夫聞皆趨車馳馬救火三日三夜乃勝之公子晏子獨束帛而賀曰甚善矣平公勃然作色曰珠玉之所藏也國之重寶也而天火之士大夫皆趨車走馬而救之子獨束帛而賀何也有說則生無說則死公子晏子曰何敢無說臣聞之王者藏於天下諸侯藏於百姓商賈藏於篋匱今百姓之於外裋褐不蔽形糟糠不充口虛耗而賦斂無已收大半而藏之臺是以天火之且臣聞之昔者桀殘賊海內賦斂無度萬民甚苦是故湯誅之爲天下戮笑今皇天降災於藏臺是君之福也而不自知變悟亦恐君之爲鄰國笑矣公曰善自今已往請藏於百姓之間詩曰稼穡維寶代食維好

左傳襄公三十年或叫於宋太廟曰譆譆出出鳥鳴於亳社如曰譆譆甲午宋大災宋伯姬卒待姆也

昭公九年夏四月陳災鄭裨竈曰五年陳將復封封五十二年而遂亡子產問其故對曰陳水屬也火水妃也而楚所相也今火出而火陳逐楚而建陳也妃以五成故曰五年

哀公三年夏五月辛卯司鐸火火踰公宮桓僖災救火者皆曰顧府南宮敬叔至命周人出御書俟於宮曰庀女而不在死子服景伯至命宰人出禮書以待命命不共有常刑校人乘馬巾車脂轄百官官備府庫慎守官人肅給濟濡帷幕鬱攸從之蒙葺公屋自太廟始外內以悛助所不給有不用命則有常刑無赦公父文伯至命校人駕乘車季桓子至御公立於象魏之外命救火者傷人則止財可爲也命藏象魏曰舊章不可亡也富父槐至曰無備而官辦者猶拾瀋也於是乎去表之槀道還公宮孔子在陳聞火曰其桓僖乎

孔子家語孔子在齊舍於外館景公造焉賓主之辭既接而左右白曰周使適至言先王廟災景公復問災何王之廟也孔子曰此必釐王之廟公曰何以知之孔子曰詩云皇皇上天其命不忒天之以善必報

其德禍亦如之夫釐王變文武之制而作玄黃華麗之飾宮室崇峻輿馬奢侈而弗可振故天殃所宜加其廟焉以是占之爲然公曰天何不殃其身而加罰其廟也孔子曰蓋以文武故也若殃其身則文武之嗣無乃殄乎故當殃其廟以彰其過俄頃左右報曰所災者釐王之廟也景公驚起再拜曰善哉聖人之智過人遠矣

孔子在陳陳侯就之燕遊焉行路之人云魯司鐸災及宗廟以告孔子子曰所及者其桓僖之廟陳侯曰何以知之子曰禮祖有功而宗有德故不毀其廟焉今桓僖之親盡矣又功德不足以存其廟而不毀是以天災加之三日魯使至問焉則桓僖也陳侯謂子貢曰吾乃今知聖人之可貴對曰君今知之可矣未若專其道而行其化之善也

孔子爲大司寇國廄焚子退朝而之火所鄉人有自爲火來者則拜之士一大夫再子貢曰敢問何也孔子曰其來者亦相弔之道也吾爲有司故拜之

韓子魯燒積澤天大風火南倚恐燒國哀公懼自將衆趣而救火左右無人盡逐獸不救火乃召問仲尼仲尼曰夫逐獸者樂而無罰救火者苦而無賞此火所以不救也事急不及以罰救火者盡賞之則舉國不足以賞於民請徒行罰乃下令曰不救火者比降火之罪令下未遍火已滅矣

說苑魏文侯御廩災文侯素服辟正殿五日羣臣皆素服而弔公子成父獨不弔文侯復殿公子成父趨而入賀曰甚大善矣夫御廩之災也文侯作色不悅曰夫御廩者寡人寶之所藏也今火災寡人素服辟正殿羣臣皆素服而弔至於子大夫而不弔今已復辟矣猶入賀何爲公子成父曰臣聞之天子藏於四海之內諸侯藏於境內大夫藏於其家士庶人藏於篋櫝非其所藏者不有天災必有人患今幸無人患乃有天災不亦善乎文侯喟然歎曰善

漢書汲黯傳黯爲謁者河內失火燒千餘家上使黯往視之還報曰家人失火屋比延燒不足憂臣過河內河內貧人傷水旱萬餘家或父子相食臣謹以便宜持節發河內倉粟以賑貧民請歸節伏矯制辠上賢而釋之

武帝內傳太初元年十一月乙酉天火燒柏梁臺眞形圖靈飛經錄十二事靈光經及自撰所受凡十四卷并函並失王母當知武帝既不從訓故火災耳

漢書王莽傳霸橋災數千人以水沃救不滅莽惡之下書曰夫三皇象春五帝象夏三王象秋五伯象冬皇王德運也伯者繼空續乏以成歷數故其道駁惟長安御道多以所近爲名迺二月癸巳之夜甲午之辰火燒霸橋從東方西行至甲午夕橋盡火滅大司空行視考問或云寒民舍居橋下疑以火自燎爲此災也其明旦即乙未立春之日也予以神明聖祖黃虞遺統受命至於地皇四年爲十五年正以三年終冬絕滅霸駁之橋欲以興成新室統壹長存之道也又戒此橋空東方之道今東方歲荒民饑道路不通東嶽太師亟科條開東方諸倉賑貸窮乏以施仁道其更名霸館爲長存館霸橋爲長存橋孝平后王莽女有節操及漢兵誅莽燔燒未央宮后曰何面見漢家因自投火而死漢兵圍王莽城中少年房朱張魚等恐見虜掠私燒作室門呼曰反虜王莽何不出火及掖庭莽避火宣室前殿火輒隨之

列女傳梁節姑其室失火兄子與己子在內欲取兄子輒得己子火盛不得復入婦人曰梁國豈可戶告人曉耶被不義之名何面目以見兄弟家人哉遂赴火而死

後漢書劉昆傳昆爲江陵令時縣連年火災昆輒向火叩頭多能降雨止風徵拜議郎稍遷侍中弘農太守先是崤黽驛道多虎災行旅不通昆爲政三年仁化大行虎皆負子渡河帝聞而異之二十二年徵代杜林爲光祿勳詔問昆曰前在江陵反風滅火後守弘農虎北渡河行何德政而致是事昆對曰偶然耳左右皆笑其質訥帝歎曰此乃長者之言也顧命書諸策焉

廉范傳范遷蜀郡太守其俗尚文辯好相持短長范每厲以淳厚不受偷薄之說成都民物豐盛邑宇逼側舊制禁民夜作以防火災而更相隱蔽燒者日屬范乃毀削先令但嚴使儲水而已百姓爲便乃歌之曰廉叔度來何暮不禁火民安作平生無襦今五絝

郅惲傳惲再遷長沙太守先是長沙有孝子古初遭父喪未葬鄰人失火初匍匐柩上以身扞火火爲之滅惲甄異之以爲首舉

郭憲傳憲建武七年代張堪爲光祿勳從駕南郊憲在位忽面向東北含酒三潠執法奏爲不敬詔問其故憲對曰齊國失火故以此厭之後齊果上火災與郊同日

樊英傳英字季齊南陽魯陽人也少受業三輔習京

氏易兼明五經又善風角筭河洛七緯推步災異隱於壺山之陽受業者四方而至州郡前後禮請不應公卿舉賢良方正有道皆不行嘗有暴風從西方起英謂學者曰成都市火甚盛因含水西向漱之乃令記其日時客後有從蜀來云是日大火有黑雲卒從東起須臾大雨火遂得滅於是天下稱其藝術

東觀漢記梁鴻牧豕長安上林苑中失火延及人家問所燒財物悉推豕償之其主言少鴻願以身作躬執其勤

後漢書孝義傳蔡順母年九十以壽終未及得葬里中災火將逼其舍順抱伏棺柩號哭叫天火遂越燒他室

郎顗傳顗字雅光北海安丘人也父宗字仲綏學京氏易善風角星筭六日七分能望氣占候吉凶常賣卜自奉安帝徵之對策爲諸儒表後拜吳令時卒有暴風宗占之京師當有大火記識時日遣人參候果如其言諸公聞而表上以博士徵之宗恥以占驗見知聞徵書到夜懸印綬於縣庭而遁去遂終身不仕

鄭元別傳元年十七在家見大風起詣縣曰某時當有火災宜祭爟禳廣設禁備時火果起而不爲害

異苑中書令紀元龍管輅鄉里人也輅在田舍嘗候遠鄰主人苦頻失火輅卜教使明日於南陌上當有一角巾諸生駕黑牛故車來必引留爲設賓主此能消之後果有此生來元龍因留之宿生有急求去不聽遂留當宿意大不安以爲圖己主人能入生乃持刀出門外倚兩薪積間側立假寐忽有一物直來過前狀如獸手中持火以口吹之生驚舉刀斫便死視之則狐自是主人不復有災

拾遺記糜竺用陶朱計術日益億萬之利貨擬王家有寶庫千間竺性能賑生䘏死家內馬屋仄有古塚有伏尸夜聞涕泣聲竺乃尋其泣聲之處忽見一婦人袒背而來訴云昔漢末妾爲赤眉所害叩棺見剝今袒在地羞晝見人垂二百年今就將軍乞深埋幷弊衣以掩形體竺許之即命爲棺槨以青布爲衣衫置於塚中設祭既畢歷一年餘行於路西忽見前婦人所著衣皆是青布語竺曰君財寶可支一世合遭火厄今以青蘆杖一枝長九尺報君棺槨衣服之惠竺挾杖而歸所住鄰中常見竺家有青氣如龍蛇之形或有人謂竺曰將非怪也竺乃疑此異問其家僮云時見青蘆杖自出門間疑其神不敢言也竺爲性多忌信厭術之事有言中忤即加刑戮故家僮不敢言竺貨財如山不可筭計內以方諸盆缾設大珠如卵散滿於庭謂之寶庭而外人不得窺數日忽青衣童子數十人來云糜竺家當有火厄萬不遺一賴君能恤斂枯骨天道不辜君德故來禳卻此火當使財物不盡自今已後亦宜防衞竺乃掘溝渠周繞其庫旬日火從庫內起燒其珠玉十分之一皆是陽燧旱燥自能燒物火盛之時見數十童子來撲火有青氣如雲覆於火上即滅童子又云多聚鸛鳥之類以禳火災鸛能巢於水上也家乃收鵁鶄數千頭養於池渠中以厭火竺歎曰人生財限不得盈溢懼爲身之患害時三國交鋒軍用萬倍乃輸其寶物車服以助先主黃金一億斤錦繡氈罽積如丘壟駿馬萬疋及蜀破後無復所有飲恨而終

晉書愍懷太子傳太子遹字熙祖惠帝長子也宮中嘗夜失火武帝登樓望之太子時年五歲牽帝裾入闇中帝問其故太子曰暮夜倉卒宜備非常不宜令照見人也由是奇之

張華傳華字茂先武庫火華懼因此變作列兵固守然後救之累代之寶及漢高斬蛇劍王莽頭孔子履等盡焚焉

劉聰載記聰所居螽斯則百堂災焚其子會稽王衷已下二十有一人聰聞之自投於牀哀塞氣絕良久乃蘇

石季龍載記季龍死石遵殺石世而自立暴風拔樹震雷雨雹大如盂升太武暉華殿災諸門觀閣蕩然其乘輿服御燒者大半光燄照天金石皆盡火月餘乃滅

何琦傳琦丁母憂居喪泣血杖而後起停柩在殯爲鄰火所逼煙焰已交家乏僮使計無從出乃匍匐撫棺號哭俄而風止火息堂屋一間免燒其精誠所感如此

佛圖澄傳澄嘗與季龍升中臺澄忽驚曰變變幽州當大災仍取酒噀之久而笑曰救已得矣季龍遣驗幽州云爾日火從四門起西南有黑雲來驟雨滅之雨亦頗有酒氣

前趙錄劉殷曾祖母柩在殯西鄰失火風飆甚盛殷夫婦叩頭火遂燒東家

晉書庾亮傳亮鎮武昌夜半望之見城內有數炬火從城上出如大車狀白布幔覆與火俱出城東北行至江乃滅

後趙錄石勒禁火百姓苦之燃火者鞭之一百火延燒一家斬五部都督

異苑隆安中吳興有人年可二十自號聖公姓謝死已百年忽詣陳氏宅言是己舊宅可見還不爾燒汝一夕火發蕩盡因有鳥毛插地繞宅周匝數重百姓乃起廟

幽明錄義熙五年彭城劉澄常見鬼及爲左衞司馬與將軍巢營廨宇相接澄夜相就坐語見一小兒赭衣手執赤幟團團似芙蓉花數日巢大遭火

異苑晉義熙十一年京都火災大行吳界尤甚火防甚峻猶自不絕時王弘守吳郡晝坐廳視事忽見天上有一赤物下狀如信幡遙集南人家屋上須臾火遂大發弘知天之災故不罪始火之家識者知晉室微弱之象也

南齊書永元二年冬京師民間相驚云當行火災南岸人家往往於籬間得布火纏者云公家以此禳之

褚淵傳淵性和雅有器度不妄舉動宅嘗失火煙焰甚逼左右驚擾淵神色怡然索轝來徐去

傳琰傳琰遷尚書右丞遭母喪居南岸鄰家失火延燒琰屋琰抱柩不動鄰人競來赴救乃得俱全琰股髀之間已被烟焰

梁書樂藹傳藹性公強居憲臺甚稱職長沙宣武王將葬而車府忽於庫火油絡欲推主者藹曰昔晉武庫火張華以積油萬石必然今庫若有灰非吏罪也既而檢之果有積灰時稱其博物弘恕焉

南史陳武帝本紀永定二年初侯景之平也太極殿被焚承聖中議欲營之獨闕一柱秋七月有樟木大十八圍長四丈五尺流泊陶家後諸監軍鄒子度以聞詔中書令沈衆兼起部尚書搆太極殿

陳後主本紀後主荒於酒色坐牀頭而火起乃自賣於佛寺爲奴以禳之於郭內大皇佛寺起七層塔未畢火從中起飛至石頭燒死者甚衆

魏書靈徵志高宗五年春三月肥如城內大火官私廬舍焚燒略盡唯有東西二寺佛圖像舍火獨不及

孝靜武定二年冬汾州西河北山有火潛行地下熱氣上出

伽藍記廣陵王卽皇帝位封長廣爲東海王世隆加儀同三司尚書令樂平王餘官如故贈太原王相國晉王加九錫立廟於芒嶺首陽上舊有周公廟世隆欲以太原王功比周公故立此廟廟成爲火所災有一柱焚之不盡後三日雷雨震電霹靂擊爲數段柱下石及廟瓦皆碎於山下

舊唐書五行志則天時建昌王武攸寧置內庫長五百步二百餘間別貯財物以求媚一夕爲天災所燔玩好並盡

唐書武承嗣傳自承嗣三思罷政事間一年攸寧三思復當國置勾使苛取民貲產毀族者凡十七八呼天自寃業築大庫百餘舍聚所得財一昔火不遺一錢

姚璹傳證聖初加秋官尚書明堂火后欲避正殿應天變璹奏此人火非天災也昔宣榭火周世延建章焚漢業昌且彌勒成佛七寶臺須臾散壞聖人之道隨物示化况明堂布政之宮非宗廟不宜避正殿貶常禮左拾遺劉承慶曰明堂所以宗祀爲天所焚當側身思過振除前犯璹挾前語以傾后意后乃更御端門大酺燕羣臣與相娛樂遂造大樞著己功德命璹爲使董督之功費浩廣見金不足乃斂天下農器璹以功賜爵一級

耳目記唐開元二年衡州五月頻有火災其時人盡皆見物大如甕赤如燈籠所指之處尋而火起百姓咸謂之火殃

劇談錄朱泚之亂德宗皇帝車駕出幸奉天是時汾邊藩鎭皆已舉兵扈蹕泚自率兇渠直至城下有西明寺僧陷在賊中性甚機巧敎泚造攻城雲梯其高九十餘尺上施板屋樓櫓可以下瞰城中渾中令李司徒奏曰賊鋒既盛雲梯又壯若縱之誠恐不能禦及其尚遠請以銳兵挫之遂率王師五千列陣而出於時東蕴居後約戰酣而燎風勢不便火不能舉二公酹酒抗詞拜空而祝天道助順至聖感神泚賊包藏禍心竊弄凶器敢以狂孽來犯乘輿今擁衆脅君將逼城壘城等誓輸忠節志殄妖氛若社稷再興威靈未泯當使雲梯就爇逆黨冰銷於是詞情慷慨人百其勇俄而風勢遽廻鼓譟而進火烈飆駭煙埃漲天梯爐卒奔賊遂退衄德宗皇帝御樓以覩中外咸稱萬歲及尅復京國二公勳績爲首寵錫茅土銘鏤鐘鼎匡扶社稷終始一致其後李司徒有子四人皆至部節制忠烈榮耀於今藹然

陸游南唐書烈祖紀吳越國大火焚其宮室帑藏甲兵殆盡將帥皆言乘其弊可以得志帝一切不聽遣使厚持金幣唁之

盧文進傳潤州市大火文進使馬步使救之益熾文

進怒自出府門斬馬步使傳聲而火止人皆異之

五代史鍾傳傳唐以洪州爲鎮南軍拜傳節度使江夏伶人杜洪者亦據鄂州楊行密屢攻之洪頗倚傳爲首尾久之洪敗死是時危全諷韓師德等分據撫吉諸州傳皆不能節度以兵攻之稍聽命獨全諷不能下乃自率兵圍其城城中夜光起諸將請急攻之傳曰吾聞君子不迫人之危乃掃地祭天禱城再拜祝曰全諷不降非民之罪願天止火全諷聞之明日乃亦聽命請以女妻傳子匡時

南唐近事周業爲左街使信州刺史本之子也與劉郎素有隙劉郎長公主壻時爲禁帥無何昇元中金陵告災業方酒飲人家醉不能起有聞上者上顧親信施仁望曰率衞士十人詣災所見其馳救則釋不然就戮於牀仁望既往亟使召業家語之業大怖衣女服奔見仁望仁望恕之洎火息復命會劉郎先至亦將白災事仁望揣劉意不能蔽業又懼與之偕罪計出倉卒遽排劉越次見上曰火不爲災業誠如聖旨上曰戮之乎仁望曰業父本方臨敵境臣未敢即時奉詔上撫几大悅曰幾誤我事仁望自此大獲獎用業乃全恕

冊府元龜王殷爲鄴都留守入覲有震主之勢太祖乃命殺之是歲鄴城寺鐘懸絕而落火光出幡竿之上

史弘肇爲侍衞親軍都督指揮使其第數有怪異嘗一日於堦砌隟中有煙氣蓬勃而出禍前二日昧爽有星落於弘肇前三數步如迸火而散俄而被誅

十國春秋呂師道傳師道嫁女於揚都資裝甚厚使家人送之夜泊竹篠江上有道人忽躍入舟中穿舟而過隨其所經火即大發復越後舫火亦從之惟一婢燎髮尺許人與舟了無所損道士亦復不見

楚高郁傳辰州民向氏者因爇火燒起一龍四面風雷急雨不能撲滅尋爲煨燼而角不化瑩白如玉向氏寶而藏之郁以價強取之有術士曰高司馬其禍乎安用不祥之物以速戾未幾遂被誅郁後於陰晦之日多見形爲祟

宋史吳越錢氏世家周顯德五年夏四月杭州災府舍悉爲煨燼將延及倉庾俶命酒祝曰食爲民天若盡焚之民命安仰火遂止世宗聞之遣內侍齎詔恤問

楚王元佐傳元佐進封楚王初秦王廷美遷涪陵元佐獨申救之廷美死元佐遂發狂至以小過操梃刃傷侍人雍熙二年疾少間帝喜爲赦天下重陽日內宴元佐疾新愈不與諸王宴歸暮過元佐元佐恚曰若等侍上宴我獨不與是棄我也遂發忿被酒夜縱火焚宮詔遣御史捕元佐詣中書劾問廢爲庶人均州安置宰相宋琪率百官三上表請留元佐京師行至黃山召還廢居南宮

錢氏世家太平興國三年俶再入覲惟治又權國事一夕廐中火惟治率兵臨高下視令親信十數輩仗劍申令敢後顧者斬頃之火息

石林燕語陳希夷將終密封一緘付其弟子使候其死上之既死弟子如其言入獻眞宗發視無他言但有愼火停木四字而已或者以爲道家養生之言而當時皆以爲意在國事無以是解者已而祥符間禁中諸處數有大火遂以爲先告之驗上以軍營所聚居九所當戒乃令諸校悉書之門故今軍營皆揭此四字

宋史王旦傳宮禁火災旦馳入帝曰兩朝所積朕不妄費一朝殆盡誠可惜也旦對曰陛下富有天下財帛不足憂所慮者政令賞罰之不當臣備位宰府天災如此臣當罷免繼上表待罪帝乃降詔罪己許中外封事言得失後有言榮王宮火所延非天災請置獄劾當坐死者百餘人旦獨請曰始火時陛下已罪己詔天下臣等皆上章待罪今反歸咎於人何以示信且火雖有迹寧知非天譴耶當坐者皆免

國老談苑王旦在中書祥符末內帑災縑帛幾罄三司使林特請和市於河外草三上旦悉抑之頃而特率屬僚訴於宰府旦徐曰瑣微之帛固應自至奈何彰國弱於四方居數日外貢併集受帛四百萬疋旦先以密符督之也

宋史蔣堂傳堂爲御史禁中火有司請究所起多引宮人屬吏堂言火起無迹安知非天意也陛下宜修德應變有司乃欲歸咎宮人以屬吏何求不可而遂賜之死是重天譴也詔原之

范雍傳雍遷給事中玉清昭應宮災章獻太后泣對大臣曰先帝竭力成此宮一夕延燎幾盡惟一二小殿存留雍抗言曰不若悉燔之也先朝以此竭天下之力遽爲灰燼非出人意如因其所存又將葺之則民不堪命非所以畏天戒也時王曾亦止之遂詔勿葺

陳希亮傳希亮知鄠縣巫覡歲斂民財祭鬼謂之春

齋否則有火災民訛言有緋衣三老人行火希亮禁之民不敢犯火亦不作毀淫祠數百區勒巫爲農者七十餘家及罷去父老送之出境泣曰公去我緋衣老人復出矣

劉永年傳未年知代州契丹取西山木積十餘里輦載相屬於路前守不敢過永年遣人焚之一夕盡上其事帝稱善契丹移檄捕縱火盜永年曰盜固有罪然發在我境何預汝事乃不敢復言

張美傳美爲大內部署一日方假寐忽覺心動遽驚起行視宮城中少頃內醞署火起旣有備卽撲滅之

李淸臣傳淸臣字邦直魏人也七歲知讀書日數千言暫經目輒誦稍能戲爲文章客有從京師來者與其兄談佛寺火淸臣從傍應曰此所謂災也或者其蠹民已甚天固儆之耶因作浮圖災解兄驚曰是必大吾門

呂夷簡傳夷簡同中書門下平章事集賢殿大學士景靈宮使玉淸昭應宮災太后泣謂大臣曰先帝尊道奉天而爲此今何以稱遺旨哉夷簡意其將復營構也乃推洪範災異以諫太后默然

遵堯錄天聖七年玉淸昭應宮災帝以守衞者不謹所致詔付御史臺推劾皆欲戮之御史中丞王曉上疏曰昔魯僖二宮災孔子以爲僖等親盡當毀漢遼東高廟災及高園便殿災董仲舒曰高廟不當居陵旁故天災今玉淸之興不合經義先帝信方士邪巧之說蠹耗財用無祀今天焚之乃戒其侈而不經也願思有以上應天變帝感悟遂薄守衞者罪

宋史王琪傳琪知江寧先是府多火災或託以鬼神人不敢救琪召令廂邏具爲作賞捕之法未幾得姦人誅之火患遂息

王守規傳明道時守規爲小黃門禁中夜半火守規先覺自寢殿至後苑皆擊去其鎖乃奉仁宗及皇太后至延福宮囘視所經處已成煨燼翊日執政候起居帝曰非王守規導朕至此幾不與卿等相見

聞見近錄仁宗廟禁中夜火執政趍詣東華門閉而不納遍詣諸門皆然王沂公語呂許公曰可斬關而入許公曰不可自東而南而北周旋叩關至日高方啓東華門有旨百官皆步而入殿宇多灰燼上御昇平樓垂簾呼班喝拜如常儀自沂公以下皆拜許公獨挺然而立上遣使問之許公曰昨夕宮中災今日未面天顏臣不敢拜於是卷簾上臨軒陛許公卽再拜或問其然曰禁中火方擾攘復斬關而入不惟上益驚豈不防他變也垂簾之下未見天子萬一誤拜其將奈何

宋史章惇傳惇知制誥直學士院判軍器監三司火神宗御樓觀之惇部役兵奔救過樓下神宗問知爲惇明日命爲三司使

徐的傳的攝江陵府事城中多惡少年欲爲盜輒夜縱火火一夜十數發的籍其惡少年姓名使相保任日爾輩遞相察不然皆爾罪也火遂息

東軒筆錄熙寧七年元絳爲三司使宋迪爲判官迪一日遣使煑藥而遺火延燒計府自午至申焚傷殆盡方火熾神宗御西角樓以觀是時章惇以知制誥判軍器監遽部本監役兵往救火經由角樓以過上顧問左右以惇爲對翊日迪奪官勒停絳罷使以章惇代之

冷齋夜話龔德莊罷官河朔居京師新門劉野夫上元夕以書約德莊曰今夜欲與君語令閤必盡室出觀燈當淸淨身心相候德莊雅敬其爲人危坐三鼓矣家人輩未還野夫亦竟不至俄火自門而燒德莊窘持誥牒犯烈焰而出頃刻數百舍爲瓦礫之場明日野夫來弔且欣曰令閤不出是吾憂幸出可賀也德莊心異野夫然不欲詰之也

淸波雜志元祐間寶文閣直學士中大夫李文純知開封府廨宇遺火降左中散大夫近歲臨安府偶失所戒守臣自列貶秩免所居官其亦用此故事耶

宋史忠義傳李政爲河北將官冀州駐劄金兵攻城甚急有登城者政呼曰事急矣有能躍火而過者有重賞於是有十數人皆以濕氈裹身持仗躍火而過大呼力戰金人驚駭有失仗者遂敗走政大喜皆厚賞之

何執中傳執中爲太學博士以母憂去寓蘇州比鄰夜半火執中方索居遑遑不能去拊柩號慟誓與俱焚觀者悲其孝而危其難有頃火卻柩得存

楓牕小牘余始寓京師於紹興二年五月大火僅挈母妻出避湖上此時被燬者一萬三千餘家及家山中六年十二月京師復火更一萬餘家人皆以爲中興之始改元建炎致此然周顯德五年夏四月辛酉城南火作延於內城忠懿王避居都城驛詰旦且焚鎭國倉王泣禱而滅計一萬九千餘家但臨安撲救視汴都爲疎東京每坊三百步有軍巡鋪又於高處有望火樓上有人探望下屯軍百人及水桶灑帚鉤

鋸斧叉梯索之類每遇生發撲救須臾便滅

異聞總錄莆田葉元瀞子昂丞相之姪趙州士㣧也僉書惠州判官乳媼嘗出外門與兒戲見一朱衣人持杖量地適至其側引手畫之曰到此住遂去媼訝郡內昔日無此人歸告葉葉呼吏卒尋訪無所見明日城中火延燒屋廬甚多及僉判廳前而止

宋史湯璹傳璹歷官大理少卿進直徽猷閣生平奉祠間居之日多於歷其在禮曹例掌三省奏記臨安大火寧宗遇災避正殿中書三表請復不許璹屬辭務持大體不爲阿曲言者摭其語涉訕上而朝廷實知無他故起復制詞有清風峻節之語

宋德之傳德之遷編修樞密院時兵釁有萌會赤眚見太陰犯權星未浹日內北門鴟尾災延及三省六部詔求言德之奏離爲火爲日爲甲冑坎爲水爲月爲盜爲隱伏故火失其性赤氣見憂在甲兵水失其性太陰失度憂在隱伏因疏七事皆當今至切之患乃曰人火小變不足慮天象之變臣竊危之

陳自强傳自强爲韓侂冑童子師從官交薦其才除太學錄遷博士數月轉國子博士又遷祕書郎入館半載擢右正言諫議大夫御史中丞入臺未踰月遂登樞府由選人至兩地財四年嘉泰三年拜右丞相歷封祁衞秦國公韓侂冑顓朝權苞苴盛行自强尤貪鄙四方致書饋必題其緘云某物并獻凡書題無并字則不開縱子弟親戚關通貨賄仕進干請必諧價而後予日押空名刺劄送侂冑家須用乃塡三省不與也都城火自强所貯一夕爲煨燼侂冑首遺之萬緡執政及列郡聞之莫不有助不數月得六十萬緡遂倍所失之數

括異志嘉興府德化鄕第一都鈕七者農田爲業常恃頑抵賴主家租米嘉泰辛酉歲種早禾八十畝悉已成就收割囤穀於柴積之側遮隱無蹤依然入官訴傷而柴與穀半夜一火焚盡壬戌歲秋其弟鈕十二亦種早稻八十畝藏穀於家又且怨天尤地忽日午間天宇昏暗大風捲地其家一火灰燼無餘

海鹽縣倪生每用雜木碎剉炒磨爲末號曰印香發販貨賣一夜燒薰蚊蟲藥爆少火入印香籮內遂起煙焰事急用水澆之旁有切香亦見焚燬又用水澆之磨上印香又然倪見火勢難遏卽欲出戶逃命奈何遍室煙迷而不能出須臾人屋一火而盡

宋史徐鹿卿傳鹿卿辟福建安撫司幹辦公事會都城火鹿卿應詔上封事言積陰之極其微爲火指言惑嬖寵溺宴私用小人三事尤切眞德秀稱其氣平論正有憂愛之誠心

括異志淳祐甲申春余館於沈氏書塾因寓宿焉一夕夢婦人著紅衣至其家廳廡下轎無侍女手執黃羅裙直入其堂且與諸生言之皆莫曉所謂次夕方篝燈披閱卷帙忽有人報街外鼓聲甚急倉皇使人視之乃市樓失火烟焰燭天衆力撲救僅免延燎止拽倒小屋數間方知婦人之怪也

張道人福州福淸人生以樵採爲給一日樵歸於山道遇二道人對棊弛擔就觀棊者忽顧之而語曰子頗憶與吾二人同學之勤否我亦以子沈滯人間未能遠引也今子困躓亦已至矣復能從我學乎張忽醒然悟解通知宿命且語之曰我安能從爾學神仙也我將學大乘法爲浮圖氏不久吾師至矣棊者問子師爲誰曰今勅住秀州崇德福嚴寺眞覺大師志濟是也卽負樵還家翌日入城市以相字爲名而言人禍福率皆如見歲餘黃八座裳自明守移鎭至郡實攜志濟而來張卽投之祝髮郡人但以道人呼之每擇佛宇敝壞者輒入居之不俟遣化而施者雲集至鼎新而遷他所福人甚欽敬之一夕郡城火自郡將監司而下環視無策或有言何不呼張道人也郡官曰張道人何知鬱攸之事而須呼之也既而火郡署至取郡額投火以從厭勝之說其烈愈熾不得已使名之應呼而至卽長揖郡官曰俱面火致敬曷音誦心火滅凡火滅六字張乃擔瓶水上屋層簷騰踔如飛亦大稱誦六字水所過處火不復延須臾遂止今尚存所傳異事不止此也

遂昌雜錄故老言賈相當國時內後門火飛報已至葛嶺賈曰火近太廟乃來報言竟後至者曰火已近太廟賈乘兩人小肩輿四力士以椎劍護轎里許卽易轎人倏忽至太廟臨安府以爲具賞犒數勇士陞轎離地五六尺前樹皁纛列劍手皆立具於呼吸間賈下令肅然不過曰火到太廟斬殿帥令甫下火沿太廟八風兩殿前卒肩一卒飛上斬八風板落火卽止驗姓名轉十官就給金銀賞與賈才局若此類亦可喜傳景文云

癸辛雜識壬午歲忽有海鰍長十餘丈閣於江浙潮沙之上惡少年皆以梯升其背臠割而食之未幾大火人以爲此鰍之示妖其說無根辛卯歲十二月二十二三間又有海鰍復大於前者死於江浙亭之沙

上於是閧傳將有火災然越二日於二十四日之夜火作於天井巷回回大師家行省開元宮盡在煨燼中凡毀數千家然則謠傳有時可信也此火考耳此即於五行志中云海魚臨市必主大災行省印宋秘書省書并板甚多故時人云昔之木天今之火地也

四明延壽寺在城大剎也三十年前僧艮月溪者爲知客一夕夢本寺所奉四明尊者告之曰三十年後當使瓦礫化爲黃金適符吉夢至明年正月初四日乃四明尊者忌辰作會次日戴覺民家火作延燎寺中一椽不留其應乃如此先是一月前有汪氏子名信道者夢其祖宗云火災當起於汝家吾力告免於神今已得一同姓名者代矣及火作乃起於戴氏闔人汪信之家與信道僅有一字之異所毀幾萬家凡壬午年火所不及者皆不得免其新舊界址截然若有神所司者此尤可怪云

金史五行志穆宗攻阿踈日辰巳間忽暴雨昏曀雷電環阿踈所居是夕有巨火如雷墜阿踈城中遂攻下之

宗雍傳西京既降復叛時糧餉垂盡議欲罷攻宗雍曰西京都會也若委而去之則降者離心遼之餘黨與夏人得以窺伺矣乃立重賞以激士心旣而夜中有火大如斗墜於城中宗雍曰此城破之象也及克西京賜宗雍黃金百兩衣十襲及奴婢等

元史李茂傳茂大名人徙家揚州父興壽臨卒語茂曰吾病且死爾善事母茂泣受命奉母孟氏益謹母嘗病目失明茂禱於泰安山三年復明又願母壽每夕祝天乞損己年益母孟氏竟年八十四而歿居喪哀慟聞者傷之大德九年揚州再火延燒千餘家火及茂廬皆風返而滅事聞旌之

余丙傳丙建德遂安人幼喪母泣血成疾父亡不忍葬結廬古山下殯其中日閉戸守視有牧童遺火延殯廬丙與子慈亟撲不止欲投身火中與柩俱焚俄暴雨火滅

王結傳結拜中書左丞中官命僧尼於慈福殿作佛事已而殿災結言僧尼褻瀆當坐罪

輟耕錄至正辛巳莫春之初江浙行省平章政事只理瓦台入城之任之日衣紅兒童謠曰火殃來矣至四月十九日杭州災燬官民房屋公廨寺觀一萬五千七百五十五間燒死七十四人明年壬午四月一日又災尤甚於先自昔所未有也數百年浩繁之地日就凋弊實甚基於此

古杭雜錄項羽廟在臨安近郡三衢十八里頭樟戴市市人失火延及斯廟人有詩曰嬴秦久矣酷斯民羽入關中又火秦父老莫嗟遺廟毀咸陽三月是何人

明通紀建文二年八月承天門成詔改爲皐門先是承天門災詔營建之至是告成工部尚書鄭賜請更易門名以應天變方孝儒乃考周制改承天門爲皐門端門爲應門午門爲端門謹身殿爲正心殿帝從之

無錫縣志陳文剛世居州巷和豐坊爲里中學究積善不求人知天順四年某月縣西街郭悫家火文剛居其左僅障一土牆而火不入飛越右鄰延燒三百餘家陳之檐霤棟宇獨無少損

濯纓亭筆記天順庚辰春闈火起監察御史焦顯因鎖其門不容出入死者數十人焦頭爛額折肢傷體者不可勝計不久孔林亦災衍聖公某被奏不法得重譴

合肥縣志成化乙巳歲除日郡城火災連焚數百餘家有朱震者家素孝義火忽飛越其居巋然獨存太守朱鏞甚慰藉之鄉士夫賀之者有孝行格天天監德當年飛火過鄰家之句

湖廣通志楊遇春咸寧人父早喪事母盡孝母卒值火災乃伏棺痛哭欲與俱燼衆强扶之出曰母柩不能全吾何以身爲因投河衆又挽之須臾宅燬無遺而母棺與題旌俱存

明外史吳世忠傳世忠弘治三年進士授兵科給事中闕里文廟災陳八事請起謝鐸陳獻章張元楨周瑛名還王恕戴珊何喬新劉大夏時不能盡用

明昭代典則弘治十一年十月清寧宮災有謂亭建年月不利犯坐殺向太歲故有此災太皇太后怒云今日李廣明日李廣興工動土致此災禍累朝所積一旦灰燼廣懼飲鴆死

列朝詩集韓邦靖字汝慶陝西朝邑人南京兵部尚書邦奇字汝節之弟也汝慶生三歲能哦詩百餘首十四舉鄉試二十一與汝節同舉正德三年進士爲工部都水司員外郎乾清宮災詔求直言汝慶上言朝政不修盤遊無度狎近羣儉閉塞諫諍百度乖違閭閻流散危亂之形已成社稷之憂方大上震怒繫錦衣獄奪官爲民

明外史喬宇傳武宗嗣位拜南京禮部尚書乾清宮

災率同列言視朝不勤經筵久徹國本未建義子僭多番僧處禁寺優伶侍起居立皇店留邊兵習戰鬪土木繁興織造不息凡十事帝不省

王縝傳縝巡撫蘇松乾清宮災疏請養宗室子宮中定根本去南京新增內官召還建言被黜諸臣不報

王思傳正德九年春乾清宮災思應詔上疏曰天下之治賴紀綱紀綱之立係君身而已私恩不偏於近習政柄不移於左右則紀綱立而宰輔得行其志六卿得專其職今者不然內閣執奏方堅而或撓於傳奉六卿擬議已定而或阻於內批此紀綱所由廢也惟陛下抑私恩端政本用舍不以議移刑賞不以私拒則體統正而朝廷尊矣祖宗故事正朝之外日奏事左順門又不時召對便殿今每月御朝不過三五日每朝進奏不踰一二事其養德之功求治之實宰輔不得而知也聞見之非嗜好之過宰輔不得而知也天下之大四海之遠生民愁苦之狀盜賊縱橫之由豈能一一上達伏願陛下悉遵舊典凡遇宴閒少賜名問勿以遇災而懼災過而弛然後可以享天心保天命

湖廣通志王疇崇陽人爲南大理評事武宗時內殿災以四事規諫詞出忠悃幾逆天威

大政紀正德六年二月工部尚書李璲疏弭災弊政不報璲因乾清宮災言非常之災必有非常之變今土木叢興如修建鎮國府及新寺豹房凝翠大素諸役皆不經而徙勞民傷財宜少貶損以答天戒

湖廣通志張璧早擢春闈辛未成進士選庶吉士授編修乾清宮災上修德勤政講學三事

郝經江陵人嘉靖壬辰春沙市火災日數起經月方息一日薄暮火發經自外來見已及舍急奔入救母母年八十驚悸不及出遂同死於火

明外史楊言傳言嘉靖四年擢禮科給事中閱數日即上言邇者仁壽宮災諭羣臣修省臣以爲責在公卿而不在陛下罪在諫官而不在聖躬朝廷設六科所以舉正欺蔽也今吏科失職致陛下賢否混淆進退失當大臣蔣冕林俊輩去矣小臣王相張漢卿輩皆得禍矣而張璁桂萼始由捷徑以竊清秩終怙威勢以賊善良戶科失職致陛下儉德不聞而張侖輩請索無厭崔和輩敢亂舊章禮科失職致陛下享祀未格於神而廟社無帡幪之庇兵科失職致陛下紀綱廢弛而錦衣多冒濫之官山海攘抽分之利匠役增收而不禁奏帶踰額而不裁刑科失職致陛下刑罰不中元惡如藍華輩得寬籍沒之法諍臣如郭楠輩反施杻械之刑工科失職致陛下興作不常局官陸宣輩支俸踰於常制內監陳林輩抽解及於蕪湖凡此皆時弊之急且大而足以拂天意者願陛下勤修庶政而罷臣等以警有位庶可格天心弭災變帝以浮誇責之

楊爵傳爵擢御史帝好祥瑞爵疏詆符瑞且詞過切直帝震怒立下詔獄踰年工部員外郎劉魁再踰年給事中周怡皆以言事同繫歷五年不釋至二十六年十一月大高元殿災帝禱於露臺火光中若有呼三人忠臣者遂傳詔急釋之

祐山雜說嘉靖癸丑嘉興宣公橋失火延燒甚衆士人黃湛泉偶至郡舟泊橋下望見火中一物如猫火愈熾其物愈大少頃即成一大紅人湛泉歸數日家亦失火蓋先兆云

明外史朱能傳能五世孫希忠嗣世宗南巡掌行在左府事至衞輝行宮夜火侍衞倉卒不知駕所在希忠與都督陸炳翼帝出由是被恩遇入直西苑

鄒守益傳守益改南京祭酒九廟災守益陳上下交修之道言殷中宗高宗反妖爲祥享國長久帝大怒落職

泰寧縣志梁月湖與鄉之葉生友善萬曆甲申年葉之學塾在丹霞巖月湖訪之葉云有行脚僧在此坐定三年頗善知識吾二人試以未來事往叩之僧搖手以謝強之再三遂示以偈曰犬銜紅嘴入金鄉二七由來不自強李勣燎鬚因混事天章閣下五雲殃二人莫測其旨次早又往叩已於雞鳴時行矣曾囑住持曰吾去後昨二人必復至煩寄語云梁君陰騭差勝耳追躡不及迄丙戌八月十四日晚大街火二人同詣學宮文昌閣望火勢登閣者衆不意木橋被惡少抽去二人昧從橋出蹈空而墜葉斃焉月湖則折其足因憶偈所云犬者戌也紅嘴者丙也金鄉者八月也二七者十四日也燎鬚者火也混事者看火也天章閣即文昌閣也始悟前偈之驗如此昔忠定公丹霞院記亦謂宗本禪師道未來事多驗信名山中每有神僧迹耶

贛州府志萬曆十九年辛卯督撫王敬民采形家言謂貢水東山形如火燄郡城多災坐此遂檄有司徧山栽揷松樹數萬株建萬松亭於上表以碑仍募夫看守歲給工食有枯折者責令揷補

湖廣通志何天申字德錫黃岡人萬曆辛卯鄉舉授廬州判三載名判順天時乾淸宮災歷代珍寶殘盡上按籍名商買補申抗論明王不貴異物今珠寶價凡一千一百四十萬有奇取之太倉則不足取之加派則厲民惟宜加意修弭以回天變不當伐山窮海搜求瑰異疏入落三級外補無爲州判

陝西通志劉絡字績卿萬曆辛亥隆坊火延燒數十百家衆洶懼祝天曰城中人千家顧無一陰德人火當自其地止移時火止火止處則絡寓舍也

湖廣通志唐治黃岡人以掾授冠帶循循退讓若儒者父卒未葬鄰家火舉室奔避治抱柩不去於時左右數百家俱燬治室巋然獨存以薰炙死伏柩上面色如生萬曆間詔建坊旌之

陝西通志楊光訓選山東道御史時三殿災上書極陳時政闕失言多批逆尋改巡漕長陵明樓災再上修省實政言更剴切攷績遷順天府丞

湖廣通志李軫天啓丁卯鄉舉任戶部主事督海運會新太倉火兵衞馳救焰熾莫敢逼軫至出袖中書冊傳語市民有以一器水來者領一字有能齎運撲滅數字次日重賞於是水器湊集而焰息人服其敏

春明夢餘錄崇禎十六年癸未六月二十三日立秋是夜大雷雨奉先殿內滿殿皆火自殿東而上擊壞獸吻次早上御中極殿名輔臣面論昨夜雷擊奉先殿東獸吻深懷警戒業視行恭慰禮卿等可傳禮部議上祭告修省事宜輔臣公疏請遇災策免上慰留仍親書諭旨頒示中外

火災部雜錄

國語王孫圉曰珠足以禦火災則寶之註珠水精故以禦火災

漢書魏勃傳魏勃曰失火之家豈暇先言而後救火

焦氏易林屯之晉烏鵲嘻嘻天火將起燔我室屋災及后妃

張衡西京賦柏梁既災建章是營

雞肋編沈存中筆談載雷火鎔寶劍而鞘不斷與王冰注素問謂龍火得水而熾投火而滅皆非世情可料余守南雄州紹興丙辰八月二十四日視事是日大雷破樹者數處而福惠寺普賢像亦裂其所乘獅子凡金所飾與像面悉皆銷釋而其餘采色如故與沈所書蓋相符也

珍珠船屋棟之間爲井形而加水藻之飾所以厭火災也故靈光殿賦圜淵方井反植荷渠也

火災部外編

黃憲外史洛陽元眞宮災天皇與太乙眞人方祠浮圖老子火闔宮苑煙焰蔽空宮女悲泣相枕而焚天皇幾不得脫太乙眞人豬以符呪祝之火迫亦奔而出見百官擁列於銅駝陌惶懼掩面京師爲之語曰元宮火不得出太乙眞人焦頭爛額又訛言董氏以兵權劫天皇天皇憂懣問於相國王允允對曰臣聞老子善用兵雖有匪臣老子必爲陛下却之陛下益宜躬修元默勿以爲憂又問曰朕之敬神可謂露心矣何以致災允對曰宮闈之火實陛下輝光之德所致兄聖澤以火德王此中興之象也天皇大悅王允少有雅望善屬文時輩皆以允有國士之風及爲相舉動猥陋雅與時浮沈外飾體貌而內懷奸妒又交通宦官以固寵祿百官有司進士皆倚其門有稱允爲父令妻妾問寢饋養一如家人禮以此樹黨凡考績所去者皆貪祿而進天下士大夫始壞廉恥而鼓舞於聲利矣故一時寵渥者若太乙眞人次及董氏其次及相國王允權勢黨類分爲三穴播聞蠻夷是以豪傑益解體而議漢室匈奴累歲紛擾邊境以誅一邪二佞爲名東南盧匪海內罷敝雖桓帝荒於游畋國步多艱未有極於此者也是歲太子驟疾中外頗疑天皇乃殺閹官七人以塞其咎

異苑有鸚鵡飛集他山山中禽獸輒相貴重鸚鵡自念雖樂不可久也便去後數月山中大火鸚鵡遙見便入水濡羽飛而灑之天神言汝雖有志意何足云也對曰雖知不能救然嘗僑居是山禽獸行善皆爲兄弟不忍見耳天神嘉感即爲滅火

欽定古今圖書集成曆象彙編庶徵典

第一百二卷目錄

光異部紀事

庶徵典第一百二卷

光異部彙考一

春秋緯

合誠圖

五光垂彩天下大嘉

符瑞圖

光雜占

玉燭者瑞光也見則四時之色洞如燭也

景者光也亦曰象也光而可象應行而臻故茂德內彰則瑞光外燭

昌光者瑞光也見于天漢高受命昌光出

榮光者瑞光也其色五彩焉出于水上

五彩光者天見五色三光重輝暉于地也

光異部彙考二

陶唐氏

帝堯時榮光出

按尚書中候堯沉璧於河榮光出

周

昭王　年五色光貫紫微

按史記周本紀不載　按竹書紀年周昭王末年夜清五色光貫紫微其年王南巡不返

漢

武帝元鼎五年立泰畤于甘泉有神光見

按漢書武帝本紀元鼎五年十一月辛巳朔旦冬至立泰畤于甘泉天子親郊見朝日夕月詔曰朕以眇身託于王侯之上德未能綏民民或饑寒故巡祭后土以祈豐年冀州脽壤迺顯文鼎獲薦于廟渥洼水出馬朕其御焉戰戰兢兢懼不克任思昭天地內惟自新詩云四牡翼翼以征不服親省邊垂用事所極望見泰一修天文襢辛卯夜若景光十有二明易曰先甲三日後甲三日朕甚念年歲未咸登飭躬齋戒丁酉拜況于郊

元封四年中都宮殿有光見

按漢書武帝本紀元封四年春三月祠后土詔曰朕躬祭后土地祇見光集于靈壇一夜三燭幸中都宮殿上見光其赦汾陰夏陽中都死罪已下賜三縣及楊氏皆無出今年租賦

元封六年祀后土有光見

按漢書武帝本紀六年三月行幸河東祠后土詔曰朕禮首山昆田出珍物化或爲黃金祭后土神光三

燭其赦汾陰殊死已下賜天下貧民布帛人一匹

太初二年介山有光見

按漢書武帝本紀太初二年夏四月詔曰朕用事介山祭后土皆有光應其赦汾陰安邑殊死以下

宣帝神爵四年神光見

按漢書宣帝本紀神爵四年春二月詔曰迺者鳳皇甘露降集京師嘉瑞並見修興泰一五帝后土之祠祈爲百姓蒙祉福鸞鳳萬舉蜚覽翺翔集止于旁齋戒之暮神光顯著薦鬯之夕神光交錯或降于天或登于地或從四方來集于壇上帝嘉享海內承福其赦天下賜民爵一級女子百戶牛酒鰥寡孤獨高年帛

成帝永始四年春正月郊泰畤以神光見赦天下

按漢書成帝本紀永始四年春正月行幸甘泉郊泰畤神光降集紫殿大赦天下賜雲陽吏民爵女子百戶牛酒鰥寡孤獨高年帛

元延元年有光四下

按漢書成帝本紀元延元年夏四月丁酉無雲有雷聲光耀耀四面下至地昏止

晉

惠帝永興元年戈戟夜有火光

按晉書惠帝本紀不載　按五行志永興元年成都伐長沙每夜戈戟鋒有火光如懸燭此輕人命好攻戰金失其性而爲光變也天戒若曰兵猶火也不戢將自焚成都不悟終以敗亡

宋

文帝元嘉十八年有黃光照地

按宋書文帝本紀不載　按五行志元嘉十八年秋七月天有黃光洞照于地太子率更令何承天謂之榮光太平之祥上表稱慶

齊

武帝永明八年黃光竟天

按南史齊武帝本紀永明八年六月丙申大雷雨黃光竟天照地狀如金

梁

武帝中大通五年神光見郊壇上

按梁書武帝本紀中大通五年春正月辛卯輿駕親祀南郊大赦天下孝悌力田賜爵一級先是一日東南郊令解滌之等到郊所履行忽聞空中有異香三隨風至及將行事奏樂迎神畢有神光滿壇上朱紫黃白雜色食頃方滅兼太宰武陵王紀等以聞

北魏

世祖太平眞君二年天有黃光

按魏書世祖本紀不載　按靈徵志世祖太平眞君二年七月天有黃光洞照議者僉謂榮光也

唐

元宗開元十一年河出榮光

按唐書元宗本紀不載　按冊府元龜開元十一年二月祠后土于汾陰之脽上太史奏榮光出河休氣四塞

天寶十二載李林甫家夜有火光

按唐書元宗本紀不載　按五行志天寶十二載李林甫第東北隅每夜火光起或有如小兒持火出入者近赤祥也

代宗寶應元年赤光亙天

按唐書代宗本紀不載　按五行志寶應元年八月庚午夜有赤光亙天貫紫微漸移東北彌漫半天

按舊唐書天文志上元三年改元寶應肅宗崩代宗即位其月壬子夜西北方有赤光見炎赫亙天貫紫微漸流于東彌漫北方照耀數十里久之乃散辛未夜江陵見赤光貫北斗俄僕固懷恩叛明年十月吐蕃陷長安代宗幸陝州

宋

眞宗大中祥符元年昊天玉冊上光見

按宋史眞宗本紀大中祥符元年冬十月辛丑駐蹕鄆州光起昊天玉冊上

欽宗靖康二年陰雲中火光見

按宋史欽宗本紀靖康二年春正月己亥夜西北陰雲中有如火光

高宗建炎元年雲中有火光

按宋史高宗本紀不載　按五行志建炎元年正月辛卯夜西北陰雲中有如火光

元

順帝至正二十四年天有紅光

按元史順帝本紀至正二十四年九月癸酉夜天西北有紅光至東而散

至正二十八年彰德路塔有紅光

按元史順帝本紀不載　按五行志二十八年六月壬寅彰德路天寧寺塔忽變紅色自頂至踵表裏透徹如煆鐵初出于爐頂上有光焰迸發自二更至五更乃止癸卯甲辰亦如之先是河北有童謠云塔兒

黑北人作主南人客搭兒紅朱衣人作主人公

明

太祖洪武七年冬十月廣州黑色亙天

按廣東通志云云

成祖永樂八年兵器有火光

按名山藏永樂八年四月庚子行營刀戟中夜皆有火光

孝宗弘治十七年五色光焰

按廣東通志弘治十七年閏四月瓊州卿雲見于郡之西北五色光焰經時黑雲擁散

武宗正德二年秋八月有赤光騰起靈壽河畔

按畿輔通志云云

世宗嘉靖二年火光見

按福建通志嘉靖二年七月初四夜火光見東北隅良久乃散

嘉靖四年有光五色見于龍鳳山

按雲南通志嘉靖四年二月江川有光五色復見于龍鳳山至暮乃散

嘉靖七年有氣如火光

按畿輔通志嘉靖七年四月四日五鼓有氣如火光龍形自空至地直立于西南數刻方散

嘉靖三十七年五色光見

按雲南通志嘉靖三十七年四月二十六日江川縣有光五色見于就龍山

嘉靖四十三年刀刃有火光

按河南通志嘉靖四十三年三月三日午時歸德黑氣晝晦對面不能辨貌執鎗刀以防不虞刃頭皆有火光至次日天明始復舊

神宗萬曆二十五年鄞縣丁祭燭光相交

按浙江通志云云

萬曆二十六年八月祥光發于聖殿

按常熟縣志云云

萬曆四十年火光見

按福建通志萬曆四十年正月晦火光見興化府城中光耀異常是夜四鼓又見

愍帝崇禎十一年晃山光見戈矛有火光

按江西通志崇禎十一年冬餘干晃山夜有光如火次年復見

按湖廣通志崇禎十一年流賊薄城下遍戈矛出有火光

光異部藝文一

漢皇竹宮望拜神光賦　唐令狐楚

大事在祀吉日惟辛偉漢皇之光宅禮太一之威神既賜位叙彝倫青旌既載蒼璧斯陳帝德惟馨虔精誠而上感天心不昧發神光而下臻斯所以昭乎望拜之地肅爾侍祠之人懿玆珍神寔曰靈貺奪月之魂韜雲之狀集于祠側照此壇上神實臨下以無私君亦當仁而不讓是時也神光未動遠靄初收天宇清而舉動和肅帝座正而萬靈懷柔倏爾電埏熠若星流謂珠蚌之初剖疑燭龍而暫游武皇於是委玉佩俛翠旒自竹宮望圜丘拜上帝之賜擁明神之休退徵所聞以此爲異歌童不吳以奏曲從臣勿褻而在位奉其道永肩一心答其祥敢有二事光之降也帶燿火兮侵燎煙臨仙仗以增煥映靈丘而乍圓帝之望也爇香肅兮奠元酒布清意而不倦儼威儀而方久善行無轍跡搏之乃無盛德有形容視之而有神旣格思人皆見之助逮暗之祭彰燭幽之時詎比夫望于觀臺而爲備坐彼宣室而受釐故能飛扇英聲騰乎茂實笑魯郊麟鼠之告僭鄙秦祀野雞而獲吉來或從東似合序於春令至常以夜若避明於朝日今國家成功巍乎明德猗歟鋪鴻猷而前王所羨崇嚴祀而左史宜書備禮告天帝旣踰於孝武觀光獻賦愚竊慕夫相如

竹宮望拜神光賦　張餘慶

洪惟漢后有事郊禋感流光之委照爰拜賜於上神初自竹宮覩殊祥之溢目俄低玉佩方致敬而俯身有以見感而必應孰謂其尊而不親徒想夫宸宇肅清齋庭夜敞辛日惟吉明神是饗德馨而祀事精愨福降而禎祥歸往彼靈輝之自天若有答於吉蠲下雲路而暫爾照祠壇而烱然冥感而來狀如虹之炳耀齋莊前致配明火以昭宜武皇自以爲備物展禮儲精告虔苟降鑒之不昧宜受賜於上元仰而望之初奪目以爛爛俯而見也且鞠躬以拳拳若然者豈不以蒼璧儼陳圜丘宿設帝心精一祀物豐潔夫瑞聖而爲光委靈壇而不滅不然則何以煌煌熒熒發自杳冥于以表異於焉效靈臨燿火以助耀照俎豆

而分形者乎跡彼光臨寔惟冥報宜望拜以俯僂表至精而懇到是知君德允臧天道孔彰崇嚴祀而神降之吉潔齊心而物効其祥初電娗以散色忽星流以耀芒降自彼天豈惑於紫氣不資于水且異於榮光國家德邁炎靈時稱玉燭擁神光而先敬修祀禮而將績有客觀光歎美不足何待時而就列庶餘光之可矚

光異部藝文二 詩

望禁苑祥光　唐蔣防

佳氣生天苑葱蘢茂效祥樹搖三殿側日映九城傍山霧今同色卿雲未可章眺汾疑鼎氣臨渭想榮光當並春陵發應開聖曆長微臣時一望短羽欲翱翔

河出榮光　張良器

引派崑山峻朝宗海路長千齡逢聖主五色瑞榮光隱映浮中國晶明助太陽坤維連浩漫天漢接微茫丹闕清氛裏函關紫氣傍位尊常守伯道泰每呈祥習坎靈逾久居卑德有常龍門如可涉忠信是舟梁

河出榮光　郃嫗

符命自陶唐吾君應會昌千年清德水九折滿榮光極岸浮佳氣微波照夕陽澄輝明貝闕散彩入龍堂近帶關雲紫遙連日道黃馮夷矜海若漢武貴宣房漸沒孤槎影仍分一葦杭撫躬悲未濟作頌喜時康

光異部紀事

漢書郊祀志武帝祀汾陰汾傍有光如絳上遂立后土祠於汾陰

郊太一祠上有光

宣帝祀世宗神光興殿旁如燭狀

後漢書光武本紀始起兵還舂陵遠望舍南火光赫然屬天有頃不見

應奉傳中興初有應嫗者生四子而寡見神光照社試探之乃得黃金自是諸子宦學並有才名至瑒七世通顯

風俗通太尉梁國橋元公祖爲司徒長史五月末所於中門外臥夜半後見東壁正白如開門明呼問左右左右莫見因起自往手收摸之壁白如故還牀復見之心大悸動其旦予適往候之語次相告因爲說鄉人有董彥興者卽許季山外孫也其探賾索隱窮神知化雖眭孟京房無以過也然天性褊狹羞於卜術間來候師王叔茂請起往迎須臾便與俱還公祖虛禮盛饌下席行觴彥興自陳下士諸生無他異分幣重言甘誠有踧踖頗能別者願得從事公祖辭讓再三爾乃聽之曰府君當有怪白光如門明者然不爲害也六月上旬雞鳴時南家哭聲吉也到秋節遷北行郡以金爲名位至將軍三公公祖曰怪異如此救族不暇何能致望於所不圖此相饒耳到六月九日未明太尉楊秉暴薨七月二日拜鉅鹿太守鉅邊有金後爲度遼將軍歷登三事今妖見此而應在彼猶趙鞅夢童子裸歌而吳入郢也

東觀漢記李軼等讖言劉氏當復起李氏爲輔遂市兵弩絳衣赤幘歸舊廬望見廬南有若火光以爲人持火呼之光遂盛曈曈上屬天有頃不見上異之

異苑清河王經字君備去官還家管輅與相見經曰近有一怪大不喜之欲煩作卦卦成輅曰爻吉不爲怪也君夜在堂戶前有一流光如燕雀者入君懷中殷殷有聲內神不安解衣彷徉招呼婦人覓索餘光經大笑曰適如君言輅曰吉遷官之徵也頃之爲江夏太守

晉惠帝永康元年帝納皇后羊氏后將入宮衣中忽有火光衆咸怪之自是蕃臣構兵洛陽失御后爲劉曜所嬪

晉書姚萇載記萇隨楊安伐蜀嘗晝寢水旁上有神光煥然左右咸異之

張祚傳祚僭稱帝改建興四十二年爲和平元年其夜天有光如車蓋聲若雷霆震動城邑祚篡立三年而亡

南史宋武帝本紀帝以晉哀帝興寧元年歲在癸亥三月壬寅夜生神光照室盡明

宋書五行志明帝泰始二年五月丙午南琅邪臨沂黃城山道士盛道度堂屋一柱自然夜光照室內此木火失其性也或云木腐自光

南史宋孝武帝本紀帝諱駿字休龍小字道人文帝第三子也元嘉七年八月庚午夜生有光照室

南齊書陸澄傳東海王摛亦史學博聞歷尚書左丞竟陵王子良校試諸學士唯摛問無不對永明中天忽黃色照地衆莫能解摛云是榮光世祖大悅用爲永陽郡

南史梁武帝本紀帝以宋孝武大明元年生於秣陵縣同夏里三橋宅帝生而有異光狀貌殊特日角龍顏項有浮光

陰子春傳子春父智伯與梁武帝鄰居少相善常入帝臥內見有異光成五色因握帝手曰公後必大貴非人臣也天下方亂安蒼生者其在君乎帝曰幸勿多言於是情好轉密帝每有求如外府焉及帝踐祚官至梁秦二州刺史

陳武帝本紀帝又嘗獨坐胡牀於閣下忽有神光滿閤廡之間並得相見趙知禮侍側怪而問帝帝笑而不答

宣帝本紀帝諱頊字紹世小字師與昭烈王第二子也梁中大通二年七月辛酉生有赤光滿室

北史魏道武帝本紀帝諱珪昭成皇帝之嫡孫獻明帝之子也母曰獻明賀皇后初因遷徙游於雲澤寢夢日出室內寤而見光自牖屬天歘然有感以建國三十四年七月七日生帝於參合陂北其夜復有光明昭成大悅羣臣稱慶

魏書太祖武皇帝本紀帝母曰獻明賀皇后夢日出室內寤而光明屬天歘然有感及生於參合陂北其夜復有光明

北史魏孝文帝本紀帝獻文皇帝之太子也母曰李夫人皇興元年八月戊申生於平城紫宮神光照室天地氛氳和氣充塞

孝明帝本紀帝母胡充華末平三年三月景戌生於宣光殿之東北有光照於庭中

齊神武本紀皇考住居白道南數有赤光紫氣之異鄰人以爲怪勸徙居以避之皇考曰安知非吉居之自若

文宣本紀武明太后初孕帝每夜有赤光照室太后私怪之及產命之曰侯尼于鮮卑言有相子也帝自居晉陽寢室每夜有光如晝帝所寢至夜曾有光巨細可察后驚告帝曰慎勿妄言自此唯與后寢侍御皆令出外

周武帝本紀帝魏大統九年生於同州有神光照室

創業起居注大業十三年正月丙子夜晉陽宮西北有光夜明自地屬天若大燒火飛燄炎赫正當城西龍山上直指西南極望竟天

唐書劉武周傳武周母趙嘗夜坐庭中見若雄雞光燭地飛投其懷起振衣無有感而娠生武周

董昌傳昌即僞位先是州寢有赤光長十餘丈虺長尺餘金色見思道亭昌署寢曰明光殿亭曰黃龍殿以自神

十國春秋吳越曹仲達傳達圭之子也生於臨平當母坐蓐時室有紫光家人咸異之

吳太子妃李氏傳年二十四歲無疾坐亡有光如剪長丈餘自口而出凡五夕始滅至斂溫輭如生

幸蜀記孟知祥字保引邢州龍岡人爲郡衛吏以咸通十五年甲午歲四月二十一日生有火光照室鄰里皆異之有僧見而拊曰此武臺山靈也

遼史高模翰傳會同元年三月勅虎官楊草赴乾寧軍爲滄州節度使田武名所圍模翰與趙延壽聚議往救俄有光自模翰目中出縈繞旗矛燄燄如流星久之模翰喜曰此天贊之祥遂進兵殺獲甚衆以功加侍中

默記王樸仕周爲樞密使五代自朱梁以用武得天下政事皆歸樞密院至今言二府當時宰相但行文書而已況樸之得君所以世宗才四年間取淮南下三關所向成功時緣用兵樸多宿禁中一日謁見世宗屏人擘歷且倉皇歎嗟曰禍起不久矣世宗因問之曰臣觀元象大異所以不敢不言世宗云如何曰事在宗社陛下不能免而臣亦先當之今夕請陛下觀之可以自見是夜與世宗微行自厚載門同出至野夫止於五丈河旁中夜後指謂世宗曰陛下見隔河如漁燈者否世宗隨亦見之一燈熒熒然迤邐甚近則漸大至隔岸火如車輪矣其間一小兒如三數歲引手相指既近岸樸曰陛下速拜之既拜漸遠而沒樸泣曰陛下既見無可復言後數日樸於李穀坐上得疾而死世宗既伐幽燕道被病而崩至明年而天授我宋矣火輪小兒蓋聖朝火德之兆夫豈偶然

宋史太宗本紀太宗母曰昭憲皇后杜氏初后夢神人捧日以授已而有娠遂生帝於浚儀官舍是夜赤光上騰如火閭巷聞有異香時晉天福四年十月十七日甲辰也

哲宗本紀熙寧九年十二月七日己丑生于宮中赤光照室元豐八年三月甲午朔皇太后垂簾於福寧殿遂奉制立爲皇太子宮中常有赤光至是光益熾如火

括異志蔡元度適餘杭舟次泗州僧伽吐光射其舟萬人仰瞻士大夫知元度不起矣至高郵而沒世言元度乃木义後身云

名臣言行錄外集尹和靖曰伊川門人馬理字聖先曰二十年聞先生教誨今有一奇特事先生問之理曰夜間燕坐室中有光先生曰頤亦有一奇特事理請問之先生曰每食必飽

夢溪筆談盧中甫家吳中嘗未明而起牆柱之下有光熠然就視之似水而動急以油紙扇挹之其物在扇中滉漾正如水銀而光艷爛然以火燭之則了無一物又魏國大主家亦嘗見此物李團練評嘗言予與中甫所見無少異不知何異也予昔年在海州曾夜煑鹽鴨卵其間一卵爛然通明如玉熒熒然屋中盡明置之器中十餘日臭腐幾盡愈明不已蘇州錢僧孺家煑一鴨卵亦如是物有相似者必自是一類

宋史理宗本紀開禧元年正月癸亥生於邑中虹橋里第前一夕榮王夢一紫衣金帽人來謁比寤夜漏未盡十刻室中五采爛然赤光屬天如日正中既誕三日家人聞戶有車馬聲亟出無所睹

金史太祖本紀太祖進軍寧江州次唐括帶斡甲之地諸軍禳射介而立有光如烈火起於人足及戈矛之上人以為兵祥明日次扎只水光見如初

收國元年正月丙子上率兵趨達魯古城次寧江州西遼使僧家奴來議和國書斥上名且使為屬國庚子進師有火光正圓自空而墜上曰此祥徵殆天助也酹白水而拜將士莫不喜躍

世宗本紀正隆六年五月居貞懿皇后喪一日方寢有紅光照室

元史巴而朮阿而忒的斤傳巴而朮阿而忒的斤亦都護亦都護者高昌國主號也先世居畏兀兒之地有和林山二水出焉禿忽剌曰薛靈哥一夕有神光降於樹在兩河之間人即其所而候之樹乃生瘻若懷姙狀自是光常見越九月又十日而樹瘻裂得嬰兒者五土人收養之其最稚者曰不可罕既壯遂能有其民人土田而為之君長

閻復傳復字子靖其先平陽和州人祖衍仕金叒王事父忠避兵山東之高唐遂家焉復始生有奇光照室

名山藏景泰元年四月上皇居豐州伯顏帖木兒妻使使女問銘等曰今已夏煖何得炙薪皆言不也我輩數人同一氈帳何地炙薪使女曰我謂薪焰也氈帳上乃有火光歸語伯顏帖木兒妻妻以告伯顏帖木兒皇帝帳上夜見光必有大福

憲宗純皇帝母周太后生時紅光滿室其歲天下大稔

山西通志浮山縣西南之任張村有僊人張果墓在本村西嶺之半名柏林坡即月山東麓也丘壟宛然土人禁樵牧不得入其後裔見居本村溝南莊去壟可二里許云係果冢之舊址故老相傳其壟恆有異光多於夜分時見遇太平則皎若曙星謂之萬年燈五代迄明屢起屢驗洪末至成弘間光最盛自後漸希土人以年久無徵遂不復信其事及萬曆乙卯忽又復見不踰紀復隱識者以為科甲興起之兆謂舉人高捷自陳孜登第後百餘年至乙卯始發科故也

欽定古今圖書集成曆象彙編庶徵典

第一百三卷目錄

庶徵典第一百三卷

寒暑異部彙考一

書經

周書洪範

曰咎徵曰豫恆燠若曰急恆寒若

蔡傳 豫怠急迫也 大全 陳氏大猷曰哲之反則猶豫不明故爲豫豫則解緩故常燠謀之反則不深密而急躁急則縮栗故常寒

禮記

月令

孟春行冬令雪霜大摯首種不入

注 摯傷折也與摯獸鷙蟲之義同

仲春行秋令寒氣總至行夏令煖氣早來

季春行冬令則寒氣時發

季夏行冬令則風寒不時

孟秋行夏令則寒熱不節

季秋行春令則煖風來至

孟冬行春令則凍閉不密行夏令方冬不寒行秋令雪霜不時

季冬行夏令則時雪不降冰凍消釋

樂記

天地之道寒暑不時則疾風雨不節則饑

易緯

飛候

有雪大如車蓋十餘此陽火之氣必暑有暍者

通卦驗

乾得坎之蹇則當夏雨雪

春秋緯

感精符

霜殺伐之表秋季霜始降鷹隼擊王者順天行誅以成肅殺之威若政令苛則夏下霜誅伐不行則冬霜不殺草

管子

四時篇

春凋秋榮冬雷夏有霜雪此氣之賊也刑德易節失次則賊氣遬至賊氣遬至則國多菑殃故聖王務時

而寄政焉作教而寄武作祀而寄德焉此三者聖王所以合於天地之行也

淮南子

墬形訓

暑氣多夭寒氣多壽　南方有不死之草北方有不釋之冰

時則訓

三月失政九月不下霜四月失政十月不凍七月失政正月大寒不解十一月失政五月下雹霜

春秋繁露

治亂五行

水干土夏寒雨霜

金干水則冬大寒

夏失政則冬不凍冰大寒不解

五行變政

火有變冬溫夏寒此王者不明善者不賞惡者不絀不肖在位賢者伏匿則寒暑失序而民疾疫

博雅

月衡

正月不溫七月不凉二月不風八月雷不藏三月風不衰九月無降霜四月雷不見十月蟄蟲行五月陽暑不蒸十一月不合凍六月浮雲不布十二月草不衰七月白露不降正月有微霜八月浮雲不歸二月雷不行九月物不凋三月草木傷十月流火不定四月蚀蟲不育十一月寒不降五月雨雹十二月萌類不見六月五穀不實

漢書

五行志

傳曰視之不明是謂不悊厥咎舒厥罰恆奧

視之不明是謂不悊悊知也詩云爾德不明以亡陪亡卿不明爾德以亡背亡仄言上不明暗昧蔽惑則不能知善惡親近習長同類亡功者受賞有罪者不殺百官廢亂失在舒緩故其咎舒也盛夏日長暑以養物政弛緩故其罰常奧也

庶徵之恆奧劉向以爲春秋亡冰也小奧不書無冰然後書舉其大者也京房易傳曰祿不遂行茲謂欺厥咎奧雨雪四至而溫臣安祿樂逸茲謂亂奧而生蟲知罪不誅茲謂舒其奧夏則暑殺人冬則物華實重過不誅茲謂亡徵其咎當寒而奧六日也

傳曰聽之不聰是謂不謀厥咎急厥罰恆寒

聽之不聰是謂不謀言上偏聽不聰下情隔塞則不能謀慮利害失在嚴急故其咎急也盛冬日短寒以殺物政促迫故其罰常寒也

劉歆以爲大雨雪及未當雨雪而雨雪及大雨雹隕霜殺菽草皆常寒之罰也劉向以爲常雨屬貌不恭京房易傳曰有德遭險茲謂逆命厥異寒誅過深當奧而寒盡六日亦爲雹害正不誅茲謂養賊寒七十二日殺蜚禽道人始去茲謂傷其寒物無霜而死涌水出戰不量敵茲謂辱命其寒雖雨物不茂聞善不予厥咎聾

魏書

靈徵志

京房易傳曰興兵妄誅茲謂亡法厥災霜夏殺五穀冬殺麥誅不原情茲謂不仁夏先大霜

鴻範論曰春秋之大雨雪猶庶徵之恆雨也然尤甚焉夫雨陰也雪又陰也大雪者陰之稽積盛甚也一曰與大水同冬故爲雪耳

宋書

天文志

六甲星不明則寒暑易節

觀象玩占

霜總叙

天氣下降而爲露清風薄之而爲霜霜所以肅萬物消稜沴當降而不降當殺物而不殺物者政弛而慢不當降而降與不當殺物而殺者政急殘故隕霜不殺草與隕霜殺菽春秋皆書以記異在國則戒在君相在外郡則戒在守土之官京房曰人君誅非辜則非時隕霜

占法

京房曰霜所以威萬物刑罰所以誅不仁人君刑罰不當妄行誅殺則天應之以隕霜於春夏臣依公結私誅殺無罪則霜下在土依公結私以緩有罪則霜附木殺罰不由其上則霜見風而飛此皆刑罰不法所致也霜見日而不消人君執法堅不可犯也未見日而消以喜怒行刑罰也

天陰不見星而霜臣擅誅罰也一日晝夜不明而隕霜君欲行刑有疑於心徑行之也

隕霜殺五穀刑罰慘酷也

隕霜不殺草君威不行也天鏡曰霜不殺物來年蟲五穀傷大飢

霜止樹頭而不下者決罪而上不下也

霜有芒堅賢遭害也霜芒向下人君專以法繩下霜芒旁指君以旁言刑殺人也霜無芒人君刑罰行而哀其人也

霜下翩翩其狀如雪者人君知其所信任爲邪而不以爲意也

霜不下而物自寒死邪臣握法陰中人而人不知也

春霜人病京房曰春霜殺草木是謂陰隆君弱臣强下不事上又曰春下霜七日七年聖人滅

夏霜君死國亡

正月霜下著物見日不消小人在位君子在野五穀百物不實牛馬多疫死著樹凍損木枝君聽讒傷賢人臣災疫京房曰欲候霜下早晚者正月一日有雷則七月有霜二月一日有雷則八月有霜

地鏡曰視古屋無人居其屋上獨無霜則其下有寶藏

軍中霜芒角遍於旂鎗之上師不可動

天霜晝下刑罰妄行

霜下有聲外兵來伐

管窺輯要

霜占

霜者季秋始降陽氣育物陰氣殺伐霜者天地之刑殺也

霜在草根土隙而不著木葉高處者刑罰專施於下賤而無所伸也

冬三月無霜蟲不蟄來年蝗蟲蟺蟦傷害五穀萬物不成人災疫

冬霜不殺草木夏而降主政令苛誅伐不行

霜附草木不下誅伐不原

霜反在草木下不教而誅

霜傷穀誅伐不由君出在臣下夏殺五穀必興兵妄誅亡法身災

冬霜殺麥茲謂不仁誅伐不原

霜附草木至地佞人依刑爲私賊

霜在草根上下間隙不教而誅虐也

霜傷桑不祥

霜非時殺草木人大飢三月大傷草木其夏有兵歲多水人飢

年中桃再花夏有霜李再花春有大霜

凡春霜傷葉花夏霜傷苗秋霜傷實冬霜傷根傷花葉則傷小兒傷苗則傷壯者傷實則傷老人傷根則婦人多死

冬無霜雪不出一年人民相食

霜未罷而重已霜人君緩德而嚴於刑

日中霜未釋見日而反爲霜此臣行刑不避君

霜不殺物臣假君威或不星而有霜此臣擅行誅伐

雪總叙

雪本雨也寒甚而空中風結之以成雪或過多或非時則皆爲害

占法

冬雪盈尺來歲有年八節占曰冬有積雪歲美人和

京房曰雪附木不著地人君聽讒言殺忠臣也雪未至地而復上久而復下人君欲寬死罪也雪而溫者人君脫有罪也

春雪不消妻黨專政擅權執主威天下饑民流亡

正月雪三日內消或至地即化者歲成人安七日不消大臣下獄秋穀不成亦臣有不奉主命者

二月雪七日不消百果不實臣專政大臣死牛馬傷夏秋民不安

三月雪經日不消秋禾不成米貴民饑大臣憂

夏雨雪大喪大兵起違天紀絕人倫君死國亡京房曰司馬爲亂

秋雨雪大喪民多死兵起大饑乙巳占曰八月雪宮中不安多疾病亦爲有奸賊

冬三月無雪來年無麥五穀不成蟲傷人疾疫

凡非時雨雪皆爲刑罰慘酷奸邪得志兵革將興國敗亡

天鏡曰雪者陰氣盛也小人依公結私以協主而專政故三月雪不止九月而即下厚則爲旱薄則爲水皆期半年

雪深三尺鳥獸大半死者權臣奸佞凍死人馬不祥之兆

雪地屋上先有消者下有金寶

遵生八牋

四時調攝箋

八月秋分後忌多霜主病

婁元禮田五家行

論霜

每年初下只一朝謂之孤霜主來年歉連得兩朝以上主熟上有鎗芒者吉平者凶春多主旱

論雪

下雪而不消名曰等伴主再有雪久經日脁而不消

亦是來年多水之兆也

寒暑異部彙考二

有虞氏

帝舜四十七年冬隕霜不殺草木

按史記五帝本紀不載　按竹書紀年云云

夏

帝履癸時夏霜而冬露

按史記夏本紀不載　按路史云云注命曆敘外紀云六月降霜

周

孝王七年冬江漢冰

按竹書紀年云云

十三年牛馬凍死江漢冰

按通鑑前編云云

平王四十一年春大雨雪

按史記周本紀不載　按竹書紀年云云

桓王六年大雨雪

按春秋魯隱公九年三月癸酉大雨震電庚辰大雨雪　按左傳三月癸酉大雨霖以震書始也庚辰大雨雪亦如之書時失也凡雨自三日以往爲霖平地尺爲大雪　按公羊傳何以書記異也何異爾俶甚也　按穀梁傳志疏數也八日之間再有大變陰陽錯行故謹而日之也雨月志正也

按漢書五行志隱公九年三月癸酉大雨震電庚辰大雨雪大雨雨水也震雷也劉歆以爲三月癸酉於歷數春分後一日始震電之時也當雨而不當大雨大雨常雨之罰也於始震電八日之間而大雨雪常寒之罰也劉向以爲周三月今正月也當雨水雪雜雨雷電未可以發也既已發也則雪不當復降皆失節故謂之異於易雷以二月出其卦曰豫言萬物隨雷出地皆逸豫也以八月入其卦曰歸妹言雷復歸入地則孕毓根荄保藏蟄蟲避盛陰之害出地則養長華實發揚隱伏宣盛陽之德入能除害出能與利人君之象也是時隱以弟桓幼入而攝立公子翬見隱居位已久勸之遂立隱既不許翬懼而易其辭遂與桓共殺隱天見其將然故正月大雨水而雷電是陽不閉陰出涉危難而害萬物天戒若曰爲君失時賊弟佞臣將作亂矣後八日大雨雪陰見間隙而勝陽篡殺之禍將成也公不寤後二年而殺

十六年冬十月魯雨雪

按春秋魯桓公八年冬十月雨雪　按公羊傳何以書記異也何異爾不時也

大全建酉之月未霜而雪書異也王氏曰陰陽方中而寒氣先至此積陰侵陽之象

按漢書五行志桓公八年十月雨雪周十月今八月也未可以雪劉向以爲時夫人有淫齊之行而桓有妒媢之心夫人將殺其象見也桓不覺寤後與夫人俱如齊而殺死凡雨陰也雪又雨之陰也出非其時迫近象也董仲舒以爲象夫人專恣陰氣盛也

二十二年春無冰

按春秋魯桓公十四年春無冰　按公羊傳何以書記異也　按穀梁傳時燠也

按漢書五行志桓公十五年春亡冰劉向以爲周春今冬也先是連兵鄰國三戰而再敗也內失百姓外失諸侯不敢行誅罰鄭伯突篡兄而立公與相親長養同類不明善惡之罰也董仲舒以爲象夫人不正陰失節也按春秋桓公十四年漢書誤作十五年

惠王十九年十月魯隕霜不殺草

按春秋不書　按漢書五行志釐公二年十月隕霜不殺草爲嗣君微失秉事之象也其後卒在臣下則災爲之生矣異故言草災故言菽重殺穀一曰菽草之難殺者也言殺菽知草皆死也言不殺草知菽亦不死也董仲舒以爲菽草之強者天戒若曰加誅于强臣言菽以微見季氏之罰也

襄王二年冬魯大雨雪

按春秋魯僖公十年冬大雨雪　按公羊傳何以書記異也

大全高氏曰春秋書大雨雪者三隱以日書桓以月書此以時書申酉戌月皆非大雨雪之時也故此尤爲異

按漢書五行志釐公十年冬大雨雪劉向以爲先是釐公立妾爲夫人陰居陽位陰氣盛也公羊經曰大雨雹董仲舒以爲公脅於齊桓公立妾爲夫人不敢

進羣妾故專壹之象見諸雹皆爲有所漸脅也行專壹之政云

二十五年冬十二月魯隕霜不殺草李梅實

按春秋魯僖公三十三年冬十二月隕霜不殺草李梅實

胡傳 哀公問於仲尼曰春秋記隕霜不殺草何爲記之也曰此言可殺也夫宜殺而不殺則李梅冬實天失其道草木猶干犯之而况君乎

按公羊傳何以書記異也何異爾不時也

按穀梁傳未可殺而殺舉重也可殺而不殺舉輕也實之爲言猶實也

按漢書五行志僖公三十三年十二月隕霜不殺草劉歆以爲草妖也劉向以爲今十月周十二月於易五爲天位爲君位九月陰氣至五通於天位其卦爲剝剝落萬物始大殺矣明陰從陽命臣受君令而後殺也今十月隕霜而不能殺草此君誅不行舒緩之應也是時公子遂顓權三桓始世官天戒若曰自此之後將皆爲亂矣文公不寤其後遂殺子赤三家逐昭公董仲舒指略同京房易傳曰臣有緩茲謂不順厥異霜不殺也

定王十七年春二月魯無冰

按春秋魯成公元年春二月無冰　按穀梁傳終時無冰則志此未終時而言無冰何也終無冰矣加之寒之辭也

大全 杜氏曰周二月今之十二月而無冰書冬溫

按漢書五行志成公元年二月無冰董仲舒以爲方有宣公之喪君臣無悲哀之心而炕陽作丘甲劉向以爲時公幼弱政舒緩也

靈王二十七年春魯無冰

按春秋魯襄公二十八年春無冰　按左傳梓愼曰今茲宋鄭其饑乎歲在星紀而淫於元枵以有時菑陰不堪陽蛇乘龍龍宋鄭之星也宋鄭必饑元枵虛中也枵耗名也土虛而民耗不饑何爲

按漢書五行志襄公二十八年春無冰劉向以爲先是公作三軍有侵陵用武之意於是鄰國不和伐其三鄙被兵十有餘年因之以饑饉百姓怨望臣下心離公懼而弛緩不敢行誅罰楚有夷狄行公有從楚心不明善惡之應董仲舒指略同一曰水旱之災寒暑之變天下皆同故曰無冰天下異也桓公殺兄弒君外成宋亂與鄭易邑背畔周室成公時楚橫行中國王札子殺召伯毛伯晉敗天子之師於貿戎天子皆不能討襄公時天下諸侯之大夫皆執國權君不能制漸將日甚善惡不明誅罰不行周失之舒秦失之急故周衰亡寒歲秦滅亡奧年

敬王十一年冬十月魯隕霜殺菽

按春秋魯定公元年冬十月隕霜殺菽　按公羊傳何以書記異也此災菽也曷以爲異書異大乎災也

按穀梁傳未可以殺而殺舉重可殺而不殺舉輕其曰菽舉重也

按漢書五行志定公元年十月隕霜殺菽劉向以爲周十月今八月也於卦爲觀陰氣未至君位而殺誅罰不由君出在臣下之象也是時季氏逐昭公公死於外定公得立故天見災以視公也

考王六年六月秦雨雪

按史記六國表秦躁公八年六月雨雪

秦

始皇九年夏四月寒凍有死者

按史記始皇本紀云云

按漢書五行志庶徵之恆寒劉向以爲春秋無其應周之末世舒緩微弱政在臣下奧煖而已故籍秦以爲驗秦始皇帝卽位尚幼委政太后太后淫於呂不韋及嫪毐封毐爲長信侯以太原郡爲毐國宮室苑囿自恣政事斷焉故天冬雷以見陽不禁閉以涉危害舒奧迫近之變也始皇既冠毐懼誅作亂始皇誅之斬首數百級大臣二十人皆車裂以徇夷滅其宗遷四千餘家于房陵是歲四月寒民有凍死者數年之間緩急如此寒奧輒應此其效也

二十一年大雨雪深二尺五寸

按史記始皇本紀云云

漢

文帝四年夏六月大雨雪

按漢書文帝本紀不載　按五行志文帝四年六月大雨雪後三歲淮南王長謀反發覺遷道死京房易傳曰夏雨雪戒臣爲亂

景帝中六年春三月雨雪

按漢書景帝本紀云云　按五行志中六年雨雪其六月匈奴入上郡取苑馬吏卒戰死者二千餘人明年條侯周亞夫下獄死

武帝元光四年夏隕霜

按漢書武帝本紀四年夏四月隕霜殺草　按五行志武帝元光四年四月隕霜殺草木先是二年遣五

將軍三十萬衆伏馬邑下欲襲單于單于覺之而去自是始征伐四夷師出三十餘年天下戶口減半京房易傳曰興兵妄誅茲謂亡法厥災霜下殺五穀冬殺麥誅不原情茲謂不仁其霜夏先大雷風冬先雨迺隕霜有芒角賢聖遭害其霜附木不下地佞人依刑茲謂私賊其霜在草根土隙間不敎而誅茲謂虐其霜反在草下

元狩元年冬十二月大雨雪民多凍死

按漢書武帝本紀元狩元年冬十二月大雨雪民凍死　按五行志元狩元年十二月大雨雪民多凍死是歲淮南衡山王謀反發覺皆自殺使者行郡國治黨與坐死者數萬人

元狩六年冬十月雨水亡冰

按漢書武帝本紀云云　按五行志六年冬亡冰先是比年遣大將軍衞青霍去病攻祁連絕大幕窮追單于斬首十餘萬級還大行慶賞乃閔海內勤勞是歲遣博士褚大等六人持節巡行天下存賜鰥寡假與乏困舉遺逸獨行君子詣行在所郡國有以爲便宜者上丞相御史以聞天下咸喜

元鼎二年三月大雨雪

按漢書武帝本紀云云　按五行志元鼎二年三月雪平地厚五尺是歲御史大夫張湯有罪自殺丞相嚴青翟坐與三長史謀陷湯青翟自殺三長史皆棄市

元鼎三年春三月水冰夏四月雨雹

按漢書武帝本紀夏四月雨雹關東郡國十餘饑人相食　按五行志元鼎三年三月水冰四月雨雪關東十餘郡人相食是歲民不占緡錢有告者以半畀之

元封二年大寒雪民凍死

按漢書武帝本紀不載　按西京雜記元封二年大寒雪深五尺野鳥獸皆死牛馬皆蜷蹜如蝟三輔人民凍死者十有二三

元封四年夏民多暍死

按漢書武帝本紀云云

昭帝始元元年冬無冰

按漢書昭帝本紀云云

元帝永光元年三月雨雪隕霜傷麥稼秋罷

按漢書元帝本紀云云　按五行志永光元年三月隕霜殺桑九月二日隕霜殺稼天下大饑是時中書令石顯用事專權與春秋定公時隕霜同應成帝卽位顯坐作威福誅

建昭二年十一月大雨雪

按漢書元帝本紀云云　按五行志建昭二年十一月齊楚地大雪深五尺是歲魏郡太守京房爲石顯所告坐與妻父淮陽王舅張博博弟光勸視淮陽王上以不義博要斬光房棄市御史大夫鄭弘坐免爲庶人成帝卽位顯伏辜淮陽王上書寃博辭語增加家屬徙者復得還

建昭四年三月雨雪

按漢書元帝本紀不載　按五行志四年三月雨雪燕多死谷永對曰皇后桑蠶以治祭服共事天地宗廟正以是日疾風自西北大寒雨雪壞敗其功以章不鄉安齋戒辟寢以深自責請皇后就宮鬲閉門戶毋得擅上且令衆妾人人更進以時博施皇天說喜庶幾可以得賢明之嗣卽不行臣言災異愈甚天變成形臣雖欲復捐身關策不及事已其後許后坐呪詛廢

成帝建始四年夏四月雨雪

按漢書成帝本紀云云

陽朔二年春寒

按漢書成帝本紀陽朔二年春寒詔曰昔在帝堯立羲和之官命以四時之事令不失其序故書云黎民於變時雍明以陰陽爲本也今公卿大夫或不信陰陽薄而小之所奏請多違時政傳以不知周行天下而欲望陰陽和調豈不繆哉其務順四時月令

陽朔四年夏四月雨雪

按漢書成帝本紀不載　按五行志四年四月雨雪燕雀死後十六年許皇后自殺

後漢

章帝建初　年夏寒

按後漢書章帝本紀不載　按韋彪傳彪拜大鴻臚以世承二帝更化之後多以苛刻爲能又置官選職不必以才因盛夏多寒上疏諫曰臣聞政化之本必順陰陽伏見立夏以來當暑而寒殆以刑罰刻急郡國不奉時令之所致也農人急於務而苛吏奪其時賦發充常調而貪吏割其財此其巨患也夫欲急人所務當先除其所患天下樞要在於尚書尚書之選豈可不重而間者多從郎官超升此位雖曉習文法長於應對然察察小慧類無大能宜簡嘗歷州宰素有名者雖進退舒遲時有不逮然端心向公奉職周

審宜鑒啻夫捷急之對深思絳侯木訥之功也往時楚獄大起故置令史以助郎職而類多小人好爲奸利今者務簡可皆停省又諫議之職應用公直之士通才謇正有補益於朝者今或從徵試輩爲大夫又御史外遷動據州郡並宜清選其任責以言績其二千石視事雖久而爲吏民所便安者宜增秩重賞勿妄遷徙惟留聖心書奏帝納之

順帝陽嘉二年春寒

按後漢書順帝本紀不載　按郎顗傳陽嘉二年正月公車徵顗逎詣闕拜章曰頃前數日寒過其節冰旣解釋還復凝合夫寒往則暑來暑往則寒來此言日月相推寒暑相避以成物也今立春之後火卦用事當溫而寒違反時節由功賞不至而刑罰必加也宜須立秋順氣行罰臣伏案飛候參察衆政以爲立夏之後當有震裂湧水之害

桓帝延熹七年冬大寒

按後漢書桓帝本紀不載　按襄楷傳延熹九年楷上疏曰前七年冬大寒殺鳥獸害魚鼈城旁竹柏之葉有傷枯者臣聞於師曰柏傷竹枯不出三年天子當之

靈帝光和六年冬大寒

按後漢書靈帝本紀光和六年冬東海東萊琅邪井中冰厚尺餘

獻帝初平四年六月寒風如冬時

按後漢書獻帝本紀不載　按五行志云云

魏

文帝黃初六年大寒

按魏志文帝本紀黃初六年冬十月行幸廣陵故城臨江觀兵戎卒十餘萬旌旗數百里是歲大寒水道冰舟不得入江乃引還

吳

大帝嘉禾三年九月隕霜傷穀

按吳志孫權傳嘉禾三年九月朔隕霜傷穀

按晉書五行志吳孫權嘉禾三年九月朔隕霜傷穀案劉向說誅罰不由君出在臣下之象也是時校事呂壹專作威福與漢元帝時石顯用事隕霜同應班固書九月二日陳壽言朔皆明未可以傷穀也壹後亦伏誅京房易傳曰興兵妄誅茲謂亡法厥災霜夏殺五穀冬殺麥誅不原情茲謂不仁其霜夏先大雷風冬先雨乃隕霜有芒角賢聖遭害其霜附木不下地佞人依刑茲謂私賊其霜在草根土隙間不教而誅茲謂虐其霜反在草下

赤烏四年正月吳大雪

按吳志孫權傳赤烏四年春正月大雪平地深三尺鳥獸死者大半

按晉書五行志孫權赤烏四年正月大雪平地深三尺鳥獸死者大半是年夏全琮等四將軍攻略淮南襄陽戰死者千餘人其後權以讒邪數責讓陸議議憤恚致卒與漢景武大雪同事

廢帝太平二年春寒

按吳志孫亮傳太平二年春二月乙卯雪大寒

按晉書五行志吳孫亮太平二年二月甲寅大雨震電乙卯雪大寒按劉歆說此時當雨而不當大雨恆雨之罰也於始震電之明日而雪大寒又常寒之罰也劉向以爲旣已雷電則雪不復當降皆失時之異也天戒若曰爲君失時賊臣將起先震電而後雪者陰見間隙而勝陽逆弑之禍將成也亮不悟尋見廢此與春秋魯隱同

晉

武帝泰始六年冬大雪

按晉書武帝本紀不載　按五行志云云

泰始七年五月雪十二月大雪

按晉書武帝本紀七年閏月（閏五月）大雪大官減膳

按五行志七年十二月大雪明年有步闡楊肇之敗死傷甚衆不聽之罰也

泰始九年四月辛未隕霜

按晉書武帝本紀不載　按五行志九年四月辛未隕霜是時賈充親黨比周用事與魯定公漢元帝時隕霜同應也

咸寧三年八月大寒

按晉書武帝本紀咸寧三年八月暴寒且冰郡國五隕霜傷穀　按五行志三年八月平原安平上黨泰山四郡霜害三豆是月河間暴風寒冰郡國五隕霜傷穀是後大舉征吳馬隆又帥精勇討涼州（一作梁）

太康元年三月河東高平霜雹傷桑麥

按晉書武帝本紀不載　按五行志云云

太康二年春隕霜

按晉書武帝本紀不載　按五行志二年二月辛酉隕霜於濟南琅邪傷麥三月甲午河東隕霜害桑

太康三年十二月大雪

按晉書武帝本紀不載　按五行志云云

太康五年九月大霜雪

按晉書武帝本紀五年九月郡國五大水隕霜傷秋稼　按五行志五年九月南安大雪折木

太康六年春隕霜

按晉書武帝本紀六年三月郡國六隕霜傷桑麥　按五行志六年二月東海隕霜傷桑麥三月戊辰齊郡臨淄長廣不其等四縣樂安梁鄒等八縣琅琊臨沂等八縣河間易城等六縣高陽北陽新城等四縣隕霜傷桑麥

太康七年雨赤雪

按晉書武帝本紀七年十二月己亥河陰雨赤雪二頃　按五行志此赤祥也是後四載而帝崩

太康八年夏隕霜冬大雪

按晉書武帝本紀八年夏四月隕霜傷麥　按五行志八年四月齊國天水二郡隕霜十二月大雪

太康九年四月隴西隕霜傷麥

按晉書武帝本紀云云

太康十年四月郡國八隕霜

按晉書武帝本紀云云

惠帝元康元年七月雍州大旱隕霜

按晉書惠帝本紀不載　按宋書五行志云云

元康五年丹陽建鄴大雪

按晉書惠帝本紀不載　按五行志云云

元康六年三月隕霜

按晉書惠帝本紀六年三月東海隕霜傷桑麥按五行志作隕雪疑誤

元康七年七月隕霜

按晉書惠帝本紀七年秋七月隕霜殺秋稼　按五行志秦雍二州隕霜殺稼也

元康九年三月隕霜

按晉書惠帝本紀不載　按五行志九年三月旬有八日河南滎陽潁川隕霜傷禾是時賈后凶躁滋甚及冬遂廢愍懷

光熙元年八月雪

按晉書惠帝本紀不載　按五行志光熙元年閏八月甲申朔霰雪劉向曰盛陽雨水湯熱陰氣脅之則轉而為雹盛陰雨雪凝滯陽氣薄之則散而為霰今雪非其時此聽不聰之應是年帝崩

懷帝永嘉元年十二月冬雪平地三尺

按晉書懷帝本紀不載　按五行志云云

永嘉七年十月庚午大雪

按晉書懷帝本紀不載　按五行志云云

愍帝建興元年冬十月庚午大雪

按晉書愍帝本紀云云

明帝太寧元年二月三月隕霜十二月幽冀并三州大雪

按晉書明帝本紀太寧元年二月丙寅隕霜壬申又隕霜殺穀三月丙戌隕霜殺草　按五行志元年十二月幽冀并三州大雪

太寧三年三月雨雪隕霜

按晉書明帝本紀不載　按五行志三年三月乙丑雨雪癸巳隕霜是年帝崩尋有蘇峻之亂

成帝咸和六年八月大雪

按晉書成帝本紀不載　按五行志咸和六年八月成都大雪是歲李雄死

康帝建元元年八月大雪

按晉書康帝本紀不載　按五行志建元元年八月大雪是時政在將相陰氣盛也劉向曰凡雨陰也雪又雨之陰也出非其時迫近象也

穆帝永和三年八月大雪

按晉書穆帝本紀不載　按五行志永和三年八月冀方大雪人馬多凍死

永和十年五月雪

按晉書穆帝本紀不載　按五行志十年五月涼州雪明年八月張祚枹罕護軍張瓘帥宋混等攻滅祚更立張耀靈弟元靚京房易傳曰夏雪戒臣為亂此其亂之應也

永和十一年四月霜十二月雷雪

按晉書穆帝本紀十一年四月壬申隕霜　按五行志十一年四月壬申朔霜十二月戊午雷己未雪是時帝幼母后稱制政在大臣陰盛故也

升平二年正月大雪

按晉書穆帝本紀不載　按五行志云云

孝武帝太元二年冬大雪

按晉書孝武帝本紀不載　按五行志二年十二月大雪是時帝幼政在將相陰之盛也

太元二十一年安帝即位冬大雪

按晉書安帝本紀二十一年冬十月甲申葬孝武皇帝於隆平陵大雪　按五行志二十一年十二月連雪二十三日是時嗣主幼沖冢宰專政

安帝隆安二年冬旱寒甚

按晉書安帝本紀不載　按五行志云云

元興二年冬十二月酷寒

按晉書安帝本紀不載　按五行志元興二年十二月酷寒過甚是時桓元簒位政事煩苛識者以爲朝政失在舒緩元則反之以酷按劉向曰周衰無寒歲秦滅無燠年此之謂也

元興三年正月甲申霰雪又雷

按晉書安帝本紀不載　按五行志三年正月甲申霰雪又雷雷霰同時皆失節之應也

義熙五年三月大雪

按晉書安帝本紀義熙五年三月乙亥大雪平地數尺

義熙六年正月丙寅雪又雷

按晉書安帝本紀不載　按五行志云云

宋

文帝元嘉六年正月丙寅雷且雪

按宋書文帝本紀不載　按五行志云云

元嘉七年二月雪且雷

按宋書文帝本紀不載　按元經云云

元嘉九年十一月甲戌雷且雪

按宋書文帝本紀不載　按五行志云云

元嘉二十五年正月積雪冰寒

按宋書文帝本紀二十五年春正月戊辰詔曰比者冰雪經旬薪粒貴踊貧弊之室多有窘罄可檢行京邑二縣及營署賜以柴米　按五行志二十五年正月積雪冰寒

孝武帝大明元年冬大雪

按宋書孝武帝本紀不載　按五行志大明元年十二月庚寅大雪平地三尺餘明年虜侵冀州遣羽林軍北討

明帝泰始三年閏正月大雨雪

按宋書明帝本紀泰始三年閏月庚午京師大雨雪遣使巡行賑賜各有差

南齊

高帝建元二年閏月己丑雨雪

按南齊書高帝本紀不載　按五行志云云

建元三年十一月雨雪

按南齊書高帝本紀不載　按五行志三年十一月雨雪或陰或晦八十餘日至四年二月乃止

梁

武帝天監元年大雪

按南史梁武帝本紀天監元年十二月大雪深三尺

天監三年三月隕霜殺草

按梁書武帝本紀云云

天監六年三月庚申朔隕霜殺草

按梁書武帝本紀云云

按隋書五行志三年三月六年三月並隕霜殺草京房易傳曰興兵妄誅茲謂亡法厥罰霜是時大發卒拒魏軍於鍾離連兵數歲

普通二年三月庚寅大雪平地三尺

按梁書武帝本紀云云

按隋書五行志普通二年三月大雪平地三尺洪範五行傳曰庶徵之常雨也然尤甚焉雨陰也雪又陰畜積甚盛也皆妾不妾臣不臣之應時義州刺史文僧朗以州叛於魏臣不臣之應也

大同三年六月霜七月雪

按梁書武帝本紀大同三年六月青州朐山境隕霜七月青州雪害苗稼

按隋書五行志大同三年六月朐山隕霜七月青州雪害苗稼是時交州刺史李賁舉兵反僭尊號置百官擊之不能克

大同十年十二月大雪平地三尺

按梁書武帝本紀云云

按隋書五行志十年十二月大雪平地三尺是時邵陵王綸湘東王繹武陵王紀並權侔人主頗爲驕恣皇太子甚惡之帝不能抑損上天見變帝又不悟及侯景之亂諸王各擁彊兵外有赴援之名內無勤王之實委棄君父自相屠滅國竟以亡

陳

高祖永定三年正月丁酉大雪

按陳書高祖本紀云云

宣帝太建十年八月戊寅隕霜殺稻菽

按陳書宣帝本紀云云

按隋書五行志太建十年八月隕霜殺稻菽是時大興師選衆遣將吳明徹與周相拒於呂梁

欽定古今圖書集成曆象彙編庶徵典

第一百四卷目錄

寒暑異部彙考三

庶徵典第一百四卷

寒暑異部彙考三

北魏

太祖天賜五年七月冀州霣霜

按魏書太祖本紀不載　按靈徵志云云

太宗神瑞二年詔賑恤霜旱

按魏書太宗本紀神瑞二年冬十月丙寅詔曰頃者以來頻遇霜旱年穀不登百姓饑寒不能自存者甚衆其出布帛倉穀以賑貧窮

世祖始光三年冬暴寒

按北史魏世祖始光三年冬十月天暴寒數日冰合

太延元年七月庚辰大霣霜殺草木

按魏書世祖本紀不載　按靈徵志云云

太平眞君八年五月雪寒

按魏書世祖本紀不載　按靈徵志太平眞君八年五月北鎭寒雪人畜凍死是時爲政嚴急

高宗和平四年霣霜傷稼

按北史魏高宗本紀和平四年冬十月以定相二州霣霜傷稼免其田租

和平六年四月乙丑霣霜

按魏書高宗本紀不載　按靈徵志云云

高祖太和三年霜殺禾豆

按魏書高祖本紀不載　按靈徵志太和三年七月雍朔二州及枹罕吐京薄骨律敦煌仇池鎭並大霜禾豆盡死

太和四年九月大雪

按魏書高祖本紀不載　按靈徵志四年九月甲子朔京師大風雪三尺

太和六年四月潁州郡霣霜

按魏書高祖本紀不載　按靈徵志云云

太和七年三月肆州風霜殺菽

按魏書高祖本紀不載　按靈徵志云云

太和九年夏霜

按魏書高祖本紀不載　按靈徵志九年四月雍青二州霣霜六月洛肆相三州及司州靈丘廣昌鎭霣霜

太和十四年八月乙未汾州霣霜

按魏書高祖本紀不載　按靈徵志云云

太和二十年五月鄴凍死十數人

按魏書高祖本紀不載　按南安王楨傳楨出爲鎭北大將軍相州刺史太和二十年五月至鄴入治日暴風大雨凍死者十數人楨又以旱祈雨於羣神鄴城有石虎廟人奉祀之楨告虎神像云三日不雨當加鞭罰請雨不驗遂鞭像一百是月疽發背薨

世宗景明元年夏秋霣霜

按魏書世宗本紀不載　按靈徵志景明元年四月丙子夏州隕霜殺草六月丁亥建興郡隕霜殺草八月乙亥雍并朔夏汾五州司州之正平平陽頻暴風霣霜

景明二年春霣霜

按魏書世宗本紀不載　按靈徵志二年三月辛亥齊州霣霜殺桑麥

景明四年春霣霜

按魏書世宗本紀不載　按靈徵志四年三月壬戌雍州隕霜殺桑麥辛巳青州隕霜殺桑麥

正始元年夏秋隕霜

按魏書世宗本紀不載　按靈徵志正始元年五月壬戌武川鎭霣霜六月辛卯懷朔鎭隕霜七月戊辰東秦州隕霜八月庚子河州隕霜殺稼

正始二年夏秋隕霜

按魏書世宗本紀不載　按靈徵志二年四月齊州隕霜五月壬申恆汾二州隕霜殺稼七月辛巳幽岐二州隕霜乙未敦煌隕霜戊戌恆州隕霜

正始三年夏隕霜

按魏書世宗本紀不載　按靈徵志三年六月丙申安州隕霜

正始四年二月九月大雨雪春夏秋頻隕霜

按魏書世宗本紀不載　按靈徵志四年二月乙卯司相二州暴風大雨雪三月乙丑幽州頻隕霜四月乙卯敦煌頻隕霜八月河州隕霜九月壬申大雪

永平元年春夏隕霜

按魏書世宗本紀不載　按靈徵志永平元年三月乙酉岐幽二州隕霜己丑并州隕霜四月戊午敦煌隕霜

永平二年夏隕霜

按魏書世宗本紀不載　按靈徵志二年四月辛亥武川鎭隕霜

延昌四年春隕霜

按魏書世宗本紀不載　按靈徵志延昌四年三月癸亥河南八州隕霜

肅宗熙平元年秋隕霜

按魏書肅宗本紀不載　按靈徵志熙平元年七月河南北十一州隕霜

正光二年四月雪

按魏書肅宗本紀不載　按靈徵志正光二年四月柔元鎭大雪

孝靜帝天平三年八月霜

按魏書孝靜帝本紀天平三年八月并肆汾建四州隕霜大饑

天平四年隕霜傷稼

按魏書孝靜帝本紀不載　按北齊書神武本紀天平四年八月乙酉神武以并肆汾建晉東雍南汾泰陝九州霜旱請所在賑給

興和二年五月大雪

按魏書孝靜帝本紀不載　按隋書五行志興和二年五月大雪時後齊神武作宰發卒十餘萬築鄴城百姓怨思之徵也

興和四年十二月大雪

按魏書孝靜帝本紀不載　按北齊書神武本紀四年十二月癸未神武以大雪士卒多死乃班師

武定四年春二月大雪寒

按魏書孝靜帝本紀不載　按隋書五行志東魏武定四年二月大寒人畜凍死者相望於道京房易飛候曰誅過深當燠而寒是時後齊神武作相先是尒朱文暢等謀害神武事泄伏誅諸與交通者多有濫死　又按志四年二月大雪人畜凍死道路相望時後齊霸政而步落稽舉兵反寇亂數州人多死亡

北齊

文宣帝天保八年春三月大熱人或暍死

按北齊書文宣帝本紀云云

按隋書五行志後齊天保八年三月大熱人或暍死劉向五行傳視不明用近習賢者不進不肖不退百職廢壞庶事不從其過在政教舒緩時帝狂躁荒淫無度之應

武成帝河清元年大寒

按北齊書武成帝本紀不載　按隋書五行志河清元年歲大寒京房易傳曰有德遭險茲謂逆命厥異寒讖曰殺無罪其寒必異是時帝淫於文宣李后因生子后愧恨不舉之帝大怒於后前殺其子太原王紹德后大哭帝倮后而撻殺之投於水中良久乃蘇寃酷之應

河清二年冬大雨雪霜晝下

按北史齊武成帝本紀二年冬十二月大雨雪連月南北千餘里平地數尺霜晝下

按隋書五行志後齊河清二年二月大雪連雨南北千餘里平地數尺繁霜晝下是時突厥木杅可汗與

周師入并州殺掠吏人不可勝紀

後主天統二年大雪

按北史齊後主本紀天統二年十一月大雨雪

天統三年春大雪

按北史齊後主本紀三年春正月乙未大雪平地二尺

武平三年春大雪

按北齊書後主本紀不載　按隋書五行志天統二年十一月大雪三年正月又大雪平地二尺武平三年正月又大雪是時馮淑妃陸令萱內制朝政陰氣盛積故天變屢見

武平四年六月大熱

按北齊書後主本紀四年六月壬子幸南苑從官暍死者六十人

北周

宣帝大象二年春正月雨雪雪止又雨細黃土

按周書宣帝本紀云云

隋

文帝開皇二十年大風雪

按隋書文帝本紀開皇二十年十一月戊子京師大風雪

煬帝大業五年六月風霰

按隋書煬帝本紀大業五年六月鬭吐谷渾主癸卯經大斗拔谷山路隘險魚貫而出風霰晦冥與從官相失士卒凍死者大半

大業八年大寒

按隋書煬帝本紀不載　按五行志八年帝親征高麗六軍凍死者十八九

唐

太宗貞觀元年秋霜殺稼

按唐書太宗本紀貞觀元年河南隴右邊州霜　按五行志貞觀元年秋霜殺稼京房易傳曰人君刑罰妄行則天應之以隕霜

按冊府元龜貞觀元年七月關東河南隴右及緣邊諸州霜害秋稼九月辛酉詔曰蟲霜爲害風雨不時政道未康咎徵斯在朕祗奉明命撫育黔黎憂愍之至實切懷抱輕徭薄賦務本勸農必望民殷物阜家給人足而陰陽不和氣候乖舛永言菲己撫心多愧河北燕趙之際山西幷潞所管及蒲虞之郊豳延以北或春逢亢旱秋遇霜淫或蟊賊成災嚴凝早降有致饑饉惻惕無忘特宜矜恤救其疾苦可令中書侍郎溫彥博尚書右丞相魏徵治書侍御史孫伏伽簡較中書舍人辛諝等分往諸州馳驛檢行其苗稼不熟之處使知損耗多少戶口乏糧之家存問若爲支計必當細勘速以奏聞待使人還京量行賑濟

貞觀三年霜殺稼

按唐書太宗本紀不載　按五行志三年北邊霜殺稼

貞觀二十三年高宗卽位冬無雪

按唐書高宗本紀二十三年五月卽位冬無雪

高宗永徽二年霜殺稼冬無雪

按唐書高宗本紀永徽二年冬無雪　按五行志永徽二年綏延等州霜殺稼

顯慶元年八月霜且雨至於十一月

按唐書高宗本紀云云

顯慶四年二月大雪

按唐書高宗本紀不載　按五行志四年二月壬子大雨雪方春少陽用事而寒氣脅之古占以爲人君刑罰暴濫之象近常寒也

麟德元年冬無雪

按唐書高宗本紀云云

總章二年冬無雪

按唐書高宗本紀不載　按五行志云云

咸亨元年十月大雪

按唐書高宗本紀不載　按舊唐書本紀咸亨元年十月癸酉大雪平地三尺餘行人凍死者贈帛給棺木

儀鳳二年冬無雪

按唐書高宗本紀云云

儀鳳三年五月大寒

按唐書高宗本紀不載　按五行志三年五月丙寅高宗在九成宮霖雨大寒兵衛有凍死者

調露元年八月隕霜

按唐書高宗本紀不載　按五行志調露元年八月邠涇寧慶原五州霜

永隆二年關中旱霜

按唐書高宗本紀不載　按五行志云云

開耀元年冬大寒

按唐書高宗本紀不載　按五行志云云

中宗嗣聖二年（卽武后垂拱二年）冬無雪

按唐書武后本紀云云

嗣聖十二年卽武后證聖元年六月隕霜殺草

按唐書武后本紀不載　按五行志證聖元年六月睦州隕霜殺草吳越地燠而盛夏隕霜昔所未有

嗣聖十七年卽武后久視元年三月大雪

按唐書武后本紀不載　按五行志云云

嗣聖十八年卽武后久視二年三月大雨雪

按唐書武后本紀不載　按王求禮傳求禮爲監察御史久視二年三月大雨雪鳳閣侍郎蘇味道等以爲瑞率羣臣入賀求禮讓曰燮和陰陽而季春雨雪乃災也果以爲瑞則冬月雷詎爲瑞雷邪味道不從旣賀者入求禮卽厲言今陽氣僨升而陰冰激射此大災也主荒臣佞寒暑失序正官少僞官多百司非賄不入使天有瑞何感而來哉羣臣震恐后爲罷朝

嗣聖二十年卽武后長安三年京師大雨雹人有凍死者

按唐書武后本紀不載　按舊唐書五行志云云

嗣聖二十一年卽武后長安四年大雨雪四月霜

按唐書武后本紀不載　按舊唐書五行志四年大雨雪都中人畜有餓凍者令開倉賑恤

按五行志四年四月延州霜殺草四月純陽用事象人君當布惠於天下而反隕霜是無陽也按此條志載證聖四年後考證聖無四年而證聖後之有四年者惟長安故編於此

元宗開元九年冬無雪

按唐書元宗本紀云云

開元十一年十一月大雪

按唐書元宗本紀不載　按舊唐書本紀十一年十一月自京師至於山東淮南大雪平地三尺餘

開元十二年霜殺稼

按唐書元宗本紀不載　按五行志開元十二年八月潞綏等州霜殺稼

開元十四年秋十五州霜

按唐書元宗本紀不載　按舊唐書本紀十四年秋十五州言旱及霜

開元十五年秋十七州霜

按唐書元宗本紀不載　按五行志十五年天下州十七霜殺稼

開元十七年冬無雪

按唐書元宗本紀云云

開元十八年二月丙寅大雨雪

按唐書元宗本紀不載　按舊唐書本紀云云

開元二十四年夏大熱道路有暍死者

按唐書元宗本紀不載　按舊唐書本紀云云

開元二十七年春正月乙巳大雨雪

按唐書元宗本紀不載　按舊唐書本紀云云

開元二十九年大雨雪

按唐書元宗本紀不載　按舊唐書本紀二十九年九月大雨雪稻禾偃折

天寶元年冬無冰

按唐書元宗本紀云云　按五行志天寶元年冬無冰先儒以爲陰失節也又曰知罪不誅其罰燠夏則暑殺人冬則物華實蓋當寒反燠象宜刑而賞之也

天寶二年冬無雪

按唐書元宗本紀云云

代宗永泰元年三月霜

按唐書代宗本紀不載　按五行志永泰元年三月庚子夜霜木有冰

大曆元年春大雪

按唐書代宗本紀不載　按舊唐書本紀大曆元年春正月丁巳朔大雪平地二尺

大曆四年正月大雪六月伏日寒

按唐書代宗本紀不載　按五行志云云

大曆八年冬無雪

按唐書代宗本紀不載　按舊唐書本紀云云

大曆九年大雪

按唐書代宗本紀不載　按舊唐書本紀九年十一月戊戌大雪平地盈尺

大曆十二年冬無雪

按唐書代宗本紀云云

德宗建中元年冬無雪

按唐書德宗本紀云云

按舊唐書本紀建中元年自十月無雪至二年正月甲申方雨雪

貞元元年正月雪寒

按唐書德宗本紀不載　按舊唐書本紀貞元元年正月戊戌大風雪寒甚民饑凍死者踣於路

貞元二年正月大雪

按唐書德宗本紀不載　按五行志二年正月乙未大雨雪至於庚子平地數尺雪上黃黑如塵

貞元六年正月戊申大雪

按唐書德宗本紀不載　按舊唐書本紀云云

貞元七年冬無雪

按唐書德宗本紀云云

貞元十二年十二月大雪寒
按唐書德宗本紀不載　按五行志十二年十二月大雪甚寒竹柏柿多死占曰有德遭險厥災暴寒
貞元十三年夏四月乙丑大雪
按唐書德宗本紀不載　按舊唐書本紀云云
貞元十四年夏大燠冬無雪
按唐書德宗本紀十四年冬無雪　按五行志十四年夏大燠
貞元十七年春霜雹秋霜殺菽
按唐書德宗本紀十七年二月己亥霜庚戌霜雹七月隕霜殺菽
貞元十八年春大雪
按唐書德宗本紀不載　按舊唐書本紀十八年春正月戊午朔大雨雪
貞元十九年三月大雪
按唐書德宗本紀不載　按五行志云云
貞元二十年二月雷而雪
按唐書德宗本紀不載　按五行志二十年二月庚戌始雷大雨雹震電大雨雪既雷則不當雪陰脅陽也如魯隱公之九年
貞元二十一年雨赤雪
按唐書德宗本紀不載　按五行志二十一年正月甲戌雨赤雪於京師
憲宗元和二年七月霜殺稼
按唐書憲宗本紀不載　按五行志元和二年七月邠寧等州霜殺稼
元和六年十二月大寒
按唐書憲宗本紀不載　按五行志云云
元和八年十月大寒
按唐書憲宗本紀不載　按舊唐書本紀冬十月丙申以大雪放朝人有凍踣者雀鼠多死
元和九年三月丁卯隕霜殺桑
按唐書憲宗本紀云云
元和十二年九月己丑雨雪人有凍死者
按唐書憲宗本紀不載　按五行志云云
元和十四年四月隕霜
按唐書憲宗本紀不載　按五行志十四年四月淄青隕霜殺惡草及荊棘而不害嘉穀
元和十五年八月己卯同州雨雪害稼
按唐書憲宗本紀不載　按五行志云云
穆宗長慶元年春二月海水冰秋八月雨雪害稼
按唐書穆宗本紀不載　按五行志長慶元年二月海州海水冰南北二百里東望無際
按舊唐書本紀元年八月巳卯同州雨雪害秋稼
長慶二年春正月海冰冬少雪無冰
按唐書穆宗本紀長慶二年正月海州海冰冬無冰草木萌　按五行志長慶二年冬少雪水不冰凍草木萌茂如正月
按舊唐書本紀二年正月青州奏海凍二百里十月頻雪其後恆燠水無冰凍草木萌發如正月之後
敬宗寶曆元年八月霜殺稼
按唐書敬宗本紀不載　按五行志寶曆元年八月邠州霜殺稼
文宗太和三年霜殺稼
按唐書文宗本紀不載　按五行志太和三年秋京畿奉先等八縣早霜殺稼
太和四年十一月淮南霜傷稼
按唐書文宗本紀不載　按舊唐書本紀云云
太和五年正月京城陰雪彌旬冬京師大雨雪
按唐書文宗本紀不載　按舊唐書本紀五年正月庚子朔以積陰浹旬罷元會冬京師大雨雪
太和六年正月久雪寒甚詔賑赦有差
按唐書文宗本紀不載　按舊唐書本紀六年春正月乙未朔以久雪廢元會壬子詔朕聞天聽自我人聽天視自我人視朕之菲德涉道未明不能調序四時導迎和氣自去冬以來踰月雨雪寒風尤甚頗傷於和念茲庶甿或羅凍餒無所假貸莫能自存中宵載懷旰食興歎怵惕若厲時予之辜思弘惠澤以順時令天下死罪囚除官典犯贓故意殺人外并降徒流流巳下遞降一等應京畿諸縣宜令以常平義倉斛斗賑恤京城內鰥寡癃殘無告不能自存者委京兆尹量事濟恤具數以聞言念赤子視之如傷天或警予示此陰沴撫躬夕惕予甚悼焉
太和九年十二月京師苦寒
按唐書文宗本紀不載　按五行志云云
開成三年正月癸未大雪
按唐書文宗本紀不載　按舊唐書本紀云云
開成四年九月辛丑雨雪木冰十月己巳亦如之
按唐書文宗本紀不載　按五行志云云
武宗會昌二年春大雨雪
按唐書武宗本紀云云　按五行志會昌二年春寒

大雪江左尤甚民有凍死者
宣宗大中三年春隕霜殺桑
按唐書宣宗本紀云云
懿宗咸通五年冬大雨雪
按唐書懿宗本紀不載　按五行志咸通五年冬隰石汾等州大雨雪平地深三尺
僖宗乾符二年冬無雪
按唐書僖宗本紀云云
廣明元年冬暖
按唐書僖宗本紀不載　按五行志廣明元年十一月暖如仲春
中和元年霜
按唐書僖宗本紀中和元年九月是秋河東霜殺禾
按五行志中和元年春霜
中和二年七月大雪甚寒
按唐書僖宗本紀不載　按舊唐書本紀二年七月黃巢賊將尚讓攻宜君砦雨雪盈尺甚寒賊兵凍死者十二三
光啓二年冬大雪寒
按唐書僖宗本紀不載　按舊唐書本紀光啓二年十二月辛酉王行瑜斬朱玫及其黨與數百人縱兵大掠是冬苦寒九衢積雪兵入之夜寒冽尤劇民吏剽剝之後僵凍而死蔽地
昭宗景福二年大雪
按唐書昭宗本紀不載　按五行志景福二年二月辛巳曹州大雪平地二尺
乾寧二年四月蘇州大雨雪
按唐書昭宗本紀云云
乾寧四年十一月大雪寒
按唐書昭宗本紀不載　按舊唐書本紀四年十一月癸酉淮南大將朱瑾潛出舟師襲汴軍於清口殺傷溺死殆盡唯牛存節一軍先渡獲免比至潁州大雪寒凍死者十五六
天復三年三月浙西大雨雪十二月又大雪
按唐書昭宗本紀天復三年三月乙卯浙西大雨雪
按五行志天復三年三月浙西大雪平地三尺餘其氣如烟其味苦十二月又大雪江海冰
哀帝天祐元年九月大風寒
按唐書哀帝本紀不載　按五行志天祐元年九月壬戌朔大風寒如仲冬是冬浙東浙西大雪吳越地氣常燠而積雪近常寒也
天祐三年十二月乙亥震雷雨雪
按唐書哀帝本紀云云

後晉

高祖天福四年大雪
按五代史晉高祖本紀不載　按冊府元龜天福四年十二月丁巳帝御便殿謂馮道曰大雪害民五旬不止京城之下十八神祠六寺二觀悉令祈禱了無其驗得非朕之涼德不儲神休者乎道對曰陛下克己恭儉無荒無怠推恩四海必合天心但愛民慎刑始終如一雖星宿之變水旱之沴亦將警聖人而成其德也帝曰朕聽斷有誤卿當再三正之安靜小心共相保守因令出薪炭米粟給軍士貧民等

後周

世宗顯德五年大雪
按五代史周世宗本紀不載　按十國春秋北漢睿宗本紀天會二年十二月國中大雪

遼

太宗會同二年六月丁丑雨雪
按遼史太宗本紀云云
興宗重熙十六年春大雪
按遼史興宗本紀重熙十六年二月壬寅大雪
道宗清寧十年恆燠
按遼史道宗本紀清寧十年南京西京大熱
太康三年恆燠
按遼史道宗本紀太康三年南京大熱
太康八年九月大風雪
按遼史道宗本紀八年九月丁未駐蹕藕絲淀大風雪牛馬多死
太康九年夏雨雪
按遼史道宗本紀九年夏四月丙午朔大雪平地丈餘馬死者十六七
大安三年春大雪
按遼史道宗本紀大安三年春正月己卯大雪
天祚帝乾統二年春寒
按遼史天祚帝本紀乾統二年三月大寒冰復合
乾統九年秋霜
按遼史天祚帝本紀九年秋七月隕霜傷稼

宋

太祖建隆三年大雪霜
按宋史太祖本紀建隆三年三月戊午朔獻大隕霜

殺桑夏四月乙未延州大雨雪丙申寧州大雨雪溝洫冰壬寅丹州雪二尺

乾德二年正月京師雨雪八月霜冬無雪

按宋史太祖本紀乾德二年正月辛巳京師雨雪雷　按五行志乾德二年八月肩施縣霜害民田冬無雪

乾德五年冬無雪

按宋史太祖本紀不載　按五行志云云

開寶元年冬京師無雪

按宋史太祖本紀不載　按五行志云云

開寶二年冬無雪

按宋史太祖本紀不載　按五行志云云

開寶五年十二月乙卯大雨雪

按宋史太祖本紀云云

太宗太平興國七年三月宣州霜雪害桑稼

按宋史太宗本紀云云

雍熙元年十二月戊戌大雨雪

按宋史太宗本紀云云

雍熙二年冬大雪

按宋史太宗本紀二年癸卯南康軍言雪降三尺大江冰合可勝重載

端拱元年閏五月鄆州風雪傷麥

按宋史太宗本紀不載　按五行志云云

端拱二年冬大雨雪

按宋史太宗本紀二年十二月丙辰大雨雪

淳化二年冬京師無冰

按宋史太宗本紀淳化二年十二月大雨無冰　按五行志云云

淳化三年大雪霜

按宋史太宗本紀三年九月京兆大雪害苗稼

淳化四年大雪

按宋史太宗本紀四年春正月乙未大雨雪二月壬戌雨雪大寒遣中使賜孤老貧窮人千錢米炭是月商州大雨雪十二月辛丑大雨雪　按五行志四年商州大雪民多凍死

淳化五年十一月大寒賜禁衛諸軍緡錢有差

按宋史太宗本紀云云

至道元年六月大熱冬無雪

按宋史太宗本紀至道元年六月大熱民有暍死者　按五行志至道元年冬無雪

至道二年十二月甲寅雨雪

按宋史太宗本紀云云

眞宗咸平二年嵐州春霜害稼分使發粟賑之

按宋史眞宗本紀云云

咸平四年三月丁丑風雪

按宋史眞宗本紀云云　按五行志四年三月丁丑京師及近畿諸州雪損桑

咸平六年十一月苦寒令諸路休役兵

按宋史眞宗本紀云云

景德元年以夏暑休兵罷役

按宋史眞宗本紀景德元年四月丁卯以隆暑休北邊役兵六月壬午暑甚罷京城工役遣使賜暍者藥　按五行志景德四年七月渭州瓦亭砦早霜傷稼

大中祥符元年正月大雪

按宋史眞宗本紀大中祥符元年正月甲戌大雪停汴口蔡河夫役

大中祥符二年冬溫

按宋史眞宗本紀不載　按五行志二年京師冬溫無冰

大中祥符五年大寒

按宋史眞宗本紀五年十二月京師大寒鬻官炭四十萬減市直之半以濟貧民

大中祥符九年霜害稼

按宋史眞宗本紀九年諸州有隕霜害稼者遣使賑恤除其租　按五行志九年十二月大名澶相州並霜害稼

天禧元年大雪寒

按宋史眞宗本紀天禧元年十一月乙卯大雪帝謂宰相曰雪固豐稔之兆第民力未充慮失播種卿等其務振勸毋遺地利十二月丙寅京城雪寒給貧民粥并瘞死者丙子嚴寒　按五行志天禧元年十一月京師大雪苦寒人多凍死路有僵尸遣中使埋之四郊

天禧二年正月大雪

按宋史眞宗本紀不載　按五行志二年正月永州大雪六晝夜方止江陵溪魚皆凍死

仁宗天聖五年夏秋大暑毒氣中人

按宋史仁宗本紀不載　按五行志云云

慶曆三年大雨雪雨赤雪

按宋史仁宗本紀慶曆三年十二月丁巳大雨雪河北雨赤雪　按五行志慶曆三年十二月丁巳大雨

雪十二月二十六日天雄軍德博州天降紅雪盡血
雨　按周恭肅王元儼傳慶曆三年冬大雨雪木冰陳楚之地尤甚占者曰憂在大臣旣而元儼病甚上憂形於色親至臥內手調藥屏人與語久之所對多忠言賜白金五千兩固辭不受明年正月薨

慶曆四年春雪寒

按宋史仁宗本紀四年春正月庚午京城雪寒詔三司減價出薪米以濟之

慶曆六年六月大熱

按宋史仁宗本紀六年六月丙寅以久旱民多暍死命京城增鑿井三百九十

皇祐四年十二月己丑雪

按宋史仁宗本紀不載　按五行志皇祐四年十二月己丑雪初帝以愆亢責躬減膳每見輔臣憂形於色龐籍等因言臣等不能燮理陰陽而上煩陛下責躬引咎願守散秩以避賢路帝曰是朕誠不能感天而惠不能及民非卿等之過也是夕乃得雪

至和元年正月大雪寒

按宋史仁宗本紀至和元年春正月辛未詔京師大寒民多凍餒死者有司其瘞埋之

至和二年河東自春隕霜殺桑

按宋史仁宗本紀不載　按五行志云云

嘉祐元年正月大雨雪

按宋史仁宗本紀云云　按五行志嘉祐元年正月甲寅朔御大慶殿受朝前一夕殿庭設仗衛旣具而大雨雪折宮架是日帝因感風眩促禮行而罷壬午大雨雪泥塗盡冰都民寒餓死者甚衆

嘉祐四年春正月雨雪

按宋史仁宗本紀四年春正月以自冬雨雪不止遣官分行京師賜孤窮老疾錢畿縣委令佐爲糜粥濟饑

嘉祐六年冬無冰

按宋史仁宗本紀云云

嘉祐七年冬無冰

按宋史仁宗本紀云云

英宗治平四年神宗卽位霜傷穀冬無雪

按宋史神宗本紀治平四年命羅穀賑霜旱州縣

按五行志四年冬無雪

神宗熙寧六年十一月大雪

按宋史神宗本紀熙寧六年十一月丙寅大雪詔京畿收養老弱凍餒者

元豐八年冬無雪

按宋史神宗本紀不載　按五行志云云

哲宗元祐元年冬無雪

按宋史哲宗本紀不載　按五行志云云

元祐二年大雪寒

按宋史哲宗本紀元祐二年十一月乙亥大雪甚民凍多死詔加振恤死無親屬者官瘞之十二月己丑大寒罷集英殿宴　按五行志二年冬京師大雪連月至春不止久陰恆寒罷上元節游幸降德音諸道

元祐三年春正月雪寒

按宋史哲宗本紀三年春正月庚申雪寒發京西穀五十餘萬石損其直以糶民二月丙戌詔河東苦寒量度存卹

元祐四年冬京師無雪

按宋史哲宗本紀不載　按五行志云云

元祐五年冬無冰雪

按宋史哲宗本紀不載　按五行志云云

元祐八年十一月大雪

按宋史哲宗本紀八年十一月乙未以雪寒振京城民饑　按五行志八年十一月京師大雪多流民

紹聖元年冬溫

按宋史哲宗本紀紹聖元年十一月壬子以冬溫無雪決繫囚

元符二年正月朔雪

按宋史哲宗本紀元符二年正月甲辰朔御大慶殿以雪罷朝

元符三年秋暑

按宋史哲宗本紀三年七月乙巳盛暑中外決繫囚丁未放在京工役

徽宗崇寧二年春寒

按宋史徽宗本紀崇寧二年正月丙午以沍寒令監司分部決獄

政和三年大雨雪

按宋史徽宗本紀不載　按五行志政和三年十一月大雨雪連十餘日不止平地八尺餘冰滑人馬不能行詔百官乘轎入朝飛鳥多死

政和七年大雪

按宋史徽宗本紀不載　按五行志七年十二月大雪詔收養内外乞丐老幼

欽宗靖康元年冬大雪寒

按宋史欽宗本紀靖康元年閏十一月癸巳京師苦寒甲午雨雪交作甲辰大雨雪乙巳大寒士卒禁戰不能執兵有僵仆者甲寅大雨雪連日夜不止十二月癸未大雪寒　按五行志靖康元年閏十一月大雪盈三尺不止天地晦冥或雪未下時陰雲中有雪絲長數寸墮地

靖康二年正月大雪四月大寒

按宋史欽宗本紀二年四月辛酉北風大起苦寒　按五行志二年正月丁酉大雪天寒甚地冰如鏡行者不能定立是月乙卯車駕在青城大雪數尺人多凍死

高宗建炎三年夏寒

按宋史高宗本紀不載　按五行志建炎三年六月霖雨夏寒

紹興元年二月雪

按宋史高宗本紀不載　按五行志紹興元年二月寒食日雪

紹興五年二月雪五月大燠

按宋史高宗本紀五年二月戊申雪　按五行志五年二月乙巳雨雪五月大燠四十餘日草木焦槁山石灼人暍死者甚衆（按雨雪日干紀志互異）

紹興六年二月壬寅雨雪

按宋史高宗本紀云云　按五行志作二月癸卯雪

紹興七年春霜

按宋史高宗本紀不載　按五行志七年二月庚申霜殺桑稼

紹興十三年三月雪

按宋史高宗本紀不載　按五行志十三年三月癸丑雨雪

紹興十七年二月雪

按宋史高宗本紀不載　按五行志十七年二月丙申雪

紹興十八年二月雪

按宋史高宗本紀不載　按五行志十八年二月癸卯雪

紹興二十年十一月大風雪

按宋史高宗本紀不載　按五行志二十年十一月建昌軍新城縣永安村大風雪夜半若數百千人行聲語笑雜擾忽遽而凝寒陰黑咫尺莫辨明旦雪中有人畜鳥獸蹄跡流血汚染十餘里入山乃絕

紹興二十八年三月丙寅雨雪

按宋史高宗本紀云云

紹興二十九年二月戊戌大雪

按宋史高宗本紀云云

紹興三十一年正月大雨雪冬無雪

按宋史高宗本紀三十一年正月丁亥夜風雷雨雪交作丙申大雨雪給三衙衞士行在貧民錢及薪炭命常平振給輔郡細民諸路監司決獄　按五行志三十一年正月戊子大雨雪至於己亥禁旅壘舍有壓者寒甚　又按志三十一年冬無雪

孝宗隆興二年二月丁丑雨雪

按宋史孝宗本紀云云

乾道元年春雪寒

按宋史孝宗本紀不載　按五行志乾道元年二月大雪三月暴寒損苗稼

乾道二年春雪寒

按宋史孝宗本紀不載　按五行志二年春大雨寒至於三月損蠶麥二月丙申雪

乾道三年冬溫

按宋史孝宗本紀不載　按五行志三年冬溫少雪無冰

乾道四年二月乙卯雪

按宋史孝宗本紀云云　按五行志四年二月癸丑大雪

乾道五年二月戊子雪冬溫無雪

按宋史孝宗本紀不載　按五行志云云

乾道六年夏寒冬溫

按宋史孝宗本紀不載　按五行志六年五月大風雨寒傷稼冬溫無雪冰

乾道七年二月丙辰雨雪

按宋史孝宗本紀不載　按五行志云云

淳熙十二年淮水冰大雪

按宋史孝宗本紀不載　按五行志淳熙十二年淮水冰斷流是冬大雪自十二月至明年正月或雪或霰或雹或雨水冰沍尺餘連日不解台州雪深丈餘凍死者甚衆

淳熙十三年十二月賜軍士雪寒錢

按宋史孝宗本紀云云

淳熙十六年四月雪七月霜

按宋史孝宗本紀不載　按五行志十六年四月戊子天水縣大雨雪傷麥七月階城鳳泗和州霜殺稼

殘盡

光宗紹熙元年二月寒雪十二月大雪

按宋史光宗本紀不載　按五行志紹熙元年二月留寒至立夏不退十二月建寧府大雪深數尺查源洞寇張海起民避入山者多凍死　又按志二月丙申雪

紹熙二年雨雪

按宋史光宗本紀二年二月庚辰朔大雨雪二月乙酉詔以陰陽失時雷雪交作令侍從臺諫兩省卿監郎官館職各具時政闕失以聞　按五行志二年正月行都大雪積冱河冰厚尺餘寒甚是春雷雪相繼凍雨彌月　又按志二月庚辰大雪數日　按林大中傳紹熙二年春雷雪交作大中乃上疏曰仲春雷雹大雪繼作以類求之則陰勝陽之明驗也蓋男爲陽而女爲陰君子爲陽而小人爲陰當辨邪正毋使小人得以間當思正始之道毋使女謁之得行

紹熙三年霜殺稼冬燠

按宋史光宗本紀不載　按五行志三年九月丁未和州隕霜連三日殺稼是月淮西郡國稼皆傷冬潼川路不雨氣燠如仲夏日月皆赤榮州尤甚

紹熙四年二月己未雪

按宋史光宗本紀不載　按五行志云云

寧宗慶元元年冬無雪

按宋史寧宗本紀不載　按五行志云云

慶元二年冬無雪

按宋史寧宗本紀不載　按五行志云云

慶元四年冬無雪越歲春燠而雷

慶元五年二月庚午雪

按宋史寧宗本紀不載　按五行志云云

慶元六年二月雪五月寒冬燠

按宋史寧宗本紀不載　按五行志六年二月乙酉雪五月亡暑氣凜如秋冬燠無雪桃李華蟲不蟄

開禧三年二月戊申雪冬少雪

按宋史寧宗本紀不載　按五行志云云

嘉定元年二月甲寅雪春燠如夏

按宋史寧宗本紀不載　按五行志云云

嘉定四年二月丙子雪

按宋史寧宗本紀不載　按五行志云云

嘉定六年二月雪六月寒冬燠

按宋史寧宗本紀不載　按五行志六年二月丁亥雪六月亡暑夜寒冬燠而雷無冰蟲不蟄

嘉定八年夏大燠

按宋史寧宗本紀不載　按五行志八年夏五月大燠草木枯槁百泉皆竭行都斛水百錢江淮杯水數十錢暍死者甚衆

嘉定九年二月乙酉丙申雪冬無雪

按宋史寧宗本紀不載　按五行志云云

嘉定十年二月庚申壬戌雪

按宋史寧宗本紀不載　按五行志云云

嘉定十三年冬燠

按宋史寧宗本紀不載　按五行志十三年冬無冰雪越歲春暴燠土燥泉竭

嘉定十四年正月朔雪寒

按宋史寧宗本紀十四年春正月丙戌朔以雪寒釋大理三衙臨安兩浙諸州杖以下囚

嘉定十五年十二月雪寒

按宋史寧宗本紀十五年十二月丙子以雪寒釋京畿及兩浙諸州杖以下囚

嘉定十七年三月雪閏八月理宗即位十二月雪寒

按宋史寧宗本紀十七年三月癸丑雪　按理宗本紀十七年閏月即位十二月甲午雪寒免京城官私房賃地門稅等錢自是祥慶災異寒暑皆免

理宗寶慶元年四月雪十一月雪寒

按宋史理宗本紀寶慶元年十一月壬午雪寒在京諸軍給緡錢有差出戍之家倍之自是祥慶災異霪雨雪寒咸給　按五行志寶慶元年四月辛卯雪

紹定四年二月己巳雨雪

按宋史理宗本紀不載　按五行志云云

紹定六年三月壬子雨雪

按宋史理宗本紀不載　按五行志云云

端平元年二月癸酉雨雪

按宋史理宗本紀不載　按五行志云云

端平二年三月乙未雨雪

按宋史理宗本紀不載　按五行志云云

嘉熙元年三月霜

按宋史理宗本紀不載　按五行志云云

淳祐六年二月壬申雨雪

按宋史理宗本紀不載　按五行志云云

寶祐元年二月壬子雨雪

按宋史理宗本紀不載　按五行志云云

寶祐二年三月戊子雨雪

按宋史理宗本紀云云

寶祐六年二月雨雪

按宋史理宗本紀不載　按五行志云云

開慶元年二月庚辰雨雪

按宋史理宗本紀不載　按五行志云云

景定五年二月辛亥雨雪

按宋史理宗本紀不載　按五行志云云

度宗咸淳六年十一月寒

按宋史度宗本紀咸淳六年十一月庚辰詔襄郢屯戍將士隆寒可閔其賜錢二百萬犒師

咸淳七年六月大熱

按宋史度宗本紀七年六月癸丑以隆暑給錢二百萬賜襄郢屯戍將士

金

熙宗皇統二年三月辛丑大雪

按金史熙宗本紀云云

海陵正隆四年十一月庚寅霜附木

按金史海陵本紀不載　按五行志云云

世宗大定二十九年章宗即位冬無雪

按金史章宗本紀大定二十九年春正月癸巳即位是冬無雪

章宗明昌三年冬無雪

按金史章宗本紀明昌三年十二月辛亥諭有司祈雪

承安元年冬無雪

按金史章宗本紀承安元年十一月癸卯命有司祈雪仍遣官祈於東嶽

承安二年十月大雪

按金史章宗本紀二年十月甲午大雪以米千石賜普濟院令爲粥以食貧民

承安三年大風寒

按金史章宗本紀三年十二月甲子朔大風寒凍死者九百餘人

承安五年陰霜附木

按金史章宗本紀不載　按五行志五年十月癸卯晨陰霜附木至日入亦如之

泰和二年冬無雪

按金史章宗本紀云云

泰和五年春正月己未朔大雪十一月戊戌大雪免朝參

按金史章宗本紀云云

宣宗興定五年十二月丁丑霜附木

按金史宣宗本紀不載　按五行志云云

哀宗正大三年春大寒

按金史哀宗本紀不載　按五行志云云

正大四年霜損禾

按金史哀宗本紀正大四年八月己巳隕霜禾盡損（志作癸亥）

正大五年春冬大寒

按金史哀宗本紀五年春二月乙巳朔大寒雷雨雪木之華者盡死冬十一月以陝西大寒賜軍士柴炭銀有差

天興元年雪寒

按金史哀宗本紀天興元年正月丁酉大雪二月戊午又大雪五月辛卯大寒如冬　按五行志天興元年正月丁酉大雪二月癸丑又雪戊午又雪是時鈞州陽邑盧氏兵皆大敗

欽定古今圖書集成曆象彙編庶徵典

第一百五卷目錄

寒暑異部彙考四

庶徵典第一百五卷

寒暑異部彙考四

元

太宗四年春正月丙申大雪丁酉又雪

按元史太宗本紀云云

世祖中統二年五月隕霜七月隕霜雨雪

按元史世祖本紀中統二年秋七月庚辰西京宣德隕霜殺稼乙酉以牛驛雨雪道塗泥濘改立水驛

按五行志中統二年五月西京隕霜殺禾

中統三年五月甲申隕霜八月隕霜害稼

按元史世祖本紀三年五月西京宣德咸寧龍門霜八月戊申河間平灤廣寧西京宣德北京隕霜害稼

中統四年四月隕霜

按元史世祖本紀四年四月丙寅西京武州隕霜殺稼

至元二年十二月己丑太原霜災

按元史世祖本紀云云

至元七年四月隕黑霜

按元史世祖本紀七年四月壬午檀州隕黑霜二夕

按五行志七年四月檀州隕霜

至元八年七月霜殺禾

按元史世祖本紀八年七月乙亥鞏昌臨洮平涼府會蘭等州隕霜殺禾

至元十七年四月庚子寧海益都等四郡霜

按元史世祖本紀云云

至元二十一年三月隕霜

按元史世祖本紀不載　按五行志二十一年三月山東隕霜殺桑蠶盡死被災者三萬餘家

至元二十四年九月霜害稼

按元史世祖本紀二十四年九月辛卯大定金源高州武平興中等處霜雹害稼戊申咸平懿州北京以霜雹為災詔以海運糧五萬石賑之

至元二十五年三月大雪

按元史世祖本紀二十五年三月乙未以往歲北邊大風雪拔突古倫所部牛馬多死賜米千石

至元二十六年十一月霜殺稼

按元史世祖本紀二十六年十一月庚寅禿木合之地霜殺稼給九十日糧

至元二十七年夏秋隕霜殺稼

按元史世祖本紀二十七年五月庚戌陝西南市屯田隕霜殺稼免其租十一月辛丑興松二州隕霜殺禾免其租辛酉隆興路隕霜殺稼免其田租五千七百二十三石　按五行志二十七年七月大同平陽太原隕霜殺禾

至元二十九年三月九月隕霜殺稼

按元史世祖本紀二十九年九月丁丑平灤路霜殺田租二萬四千四十一石　按五行志二十九年三月濟南般陽等郡及恩州屬縣霜殺桑

成宗元貞元年隕霜殺禾

按元史成宗本紀元貞元年九月武衛屯及延安路隕霜殺禾

元貞二年隕霜殺禾

按元史成宗本紀二年八月咸寧縣金復州隆興路隕霜殺禾

大德五年二月五月隕霜殺麥七月大雪

按元史成宗本紀大德五年五月商州隕霜殺麥七月稱海至北境十二站大雪馬牛多死賜鈔一萬一千餘錠　按五行志大德五年二月湯陰縣霜殺麥

大德六年八月大同太原霜殺禾

按元史成宗本紀不載　按五行志云云

大德七年夏隕霜

按元史成宗本紀七年四月丁亥濟南路隕霜殺麥五月乙卯般陽路隕霜

大德八年三月八月隕霜

按元史成宗本紀八年三月濼城濟陽等縣隕霜殺桑八月太原之交城陽曲管州嵐州大同之懷仁隕霜殺禾

大德九年三月隕霜殺桑

按元史成宗本紀九年三月戊午河間益都般陽屬縣隕霜殺桑　按五行志九年三月清莫滄獻四州霜殺桑一百四十一萬七千餘本壞蠶一萬二千七百餘箔

大德十年二月大雪秋隕霜殺禾

按元史成宗本紀十年二月大同路暴風大雪壞民廬舍秋七月大同之渾源隕霜殺禾　按五行志十年八月綏德州米脂縣霜殺禾二百八十頃

武宗至大元年霜殺禾

按元史武宗本紀至大元年八月大同隕霜殺禾

至大二年霜殺禾

按元史武宗本紀二年八月丁丑永平路隕霜殺禾

至大四年仁宗卽位七月霜

按元史仁宗本紀四年七月大寧等路隕霜敕有司賑恤

仁宗皇慶二年三月壬子隕霜

按元史仁宗本紀云云　按五行志二年三月濟寧霜殺桑

延祐元年三月大雨雪閏月霜殺桑七月霜殺稼

按元史仁宗本紀延祐元年閏月汴梁濟寧東昌等路隴州開州青城齊東渭源東明長垣等縣隕霜殺桑果禾苗　按五行志延祐元年三月東平般陽等郡泰安曹濮等州大雨雪三日隕霜殺桑閏三月濟寧汴梁等路及隴州開州青城渭源諸縣霜殺桑無蠶七月冀寧隕霜殺稼

延祐四年夏霜傷稼

按元史仁宗本紀不載　按五行志四年夏六月盤山隕霜殺稼五百餘頃

延祐五年五月雄州歸信縣隕霜

按元史仁宗本紀不載　按五行志云云

延祐六年三月奉元路同州隕霜

按元史仁宗本紀不載　按五行志云云

延祐七年三月英宗卽位八月益津雨黑霜十二月霜害稼

按元史英宗本紀七年十二月癸酉諸衛屯田隕霜害稼益津縣雨黑霜

英宗至治元年霜殺禾

按元史英宗本紀至治二年五月乙卯以去歲遼陽路隕霜殺禾免其租

至治三年泰定帝卽位秋隕霜害稼

按元史英宗本紀三年七月丙辰冀寧興和大同三路屬縣隕霜　按泰定帝本紀三年八月癸巳卽皇帝位是歲大寧蒙古大千戸部風雪斃畜牧賑米十五萬石秋忻州定襄縣及忠翊侍衛屯田所營田象食屯田所隕霜殺禾　按五行志三年七月冀寧曲陽縣大同路大同縣興和路咸寧縣隕霜八月袁州宜春縣隕霜害稼

泰定帝泰定二年三月大雪七月霜殺禾

按元史泰定帝本紀泰定二年七月壬申宗仁衛屯田隕霜殺禾　按五行志泰定二年三月雲需府大雪民饑

泰定三年秋霜

按元史泰定帝本紀三年秋七月乙巳怯憐口屯田霜賑糧二月

致和元年六月風雪

按元史泰定帝本紀致和元年六月諸王喃荅失徹禿火沙乃馬台諸郡風雪斃畜牧士卒饑賑糧五萬石鈔四十萬錠

文宗至順元年二月閏七月諸路隕霜

按元史文宗本紀至順元年二月甲午自庚寅至是日京師大霜晝霿癸卯汴梁路封丘祥符縣霜災閏七月丙戌忠翊衛左右屯田隕霜殺禾寧夏奉元鞏昌鳳翔大同晉寧諸路屬縣隕霜殺稼　按五行志天曆三年二月京師大霜晝霿按是年五月改元至順　又按志至順元年閏七月奉元西和州寧夏應理州鳴沙州鞏昌靜寧邠會等州鳳翔麟遊大同山陰晉寧潞城隰川等縣隕霜殺稼

至順二年四月十一月大雪

按元史文宗本紀二年夏四月鎭寧王那海部曲以風雪損孳畜命嶺北行省賑糧兩月八月以去年寧夏霜爲災免今年田租十一月丁丑興和路鷹坊及蒙古民萬一千一百餘戸大雪畜牧凍死賑米五千石

至順三年寧宗卽位霜殺禾

按元史寧宗本紀三年八月文宗崩渾源雲內二州隕霜殺禾十月帝卽位

順帝至元元年三月大雪

按元史順帝本紀至元元年三月壬辰河州路大雪十日深八尺牛羊駝馬凍死者十九民大饑

至元五年五月大風雪

按元史順帝本紀五年五月晃火兒不剌賽禿不剌紐阿迭烈孫三十剌等處六愛馬大風雪民饑

至元六年春秋雨雪

按元史順帝本紀六年三月丁巳大斡耳朶思風雪爲災馬多死以鈔八萬錠賑之七月庚辰達達之地

大風雪羊馬皆死賑軍士鈔一百萬錠十二月寶慶路大雪深四尺五寸

至正六年秋雨雪

按元史順帝本紀不載　按五行志六年九月彰德雨雪結凍如琉璃

至正七年春正月大寒秋隕霜

按元史順帝本紀七年春正月大寒九月甲辰遼陽霜旱傷禾　按五行志七年八月衞輝隕霜殺稼

至正八年正月大雪

按元史順帝本紀八年正月甲子木憐等處大雪羊馬凍死賑之

至正九年三月溫州大雪

按元史順帝本紀不載　按五行志云云

至正十年春大寒雨雪

按元史順帝本紀不載　按五行志十年春彰德大寒近清明節雨雪三尺民多凍餒而死

至正十一年三月雷雪

按元史順帝本紀不載　按五行志十一年三月汴梁路鈞州大雷雨雪密縣平地雪深三尺餘

至正十三年秋霜殺稼

按元史順帝本紀不載　按五行志十三年秋邵武光澤縣隕霜殺稼

至正二十三年三月隕霜殺桑八月隕霜殺菽

按元史順帝本紀不載　按五行志二十三年三月東平路須城東阿陽穀三縣隕霜殺桑廢蠶事八月鈞州密縣隕霜殺菽

至正二十七年春三月風雪大寒夏隕霜殺麥秋雨雪冬井水氷

按元史順帝本紀至正二十七年三月丁丑朔萊州大風五月丙子以去歲霜災嚴禁酒辛巳大同隕霜殺麥　按五行志至正二十七年三月彰德大雪寒甚於冬民多凍死五月辛巳大同隕霜殺麥秋冀寧路徐溝介休二縣雨雪十二月奉元路咸寧縣井水氷

至正二十八年四月丙午隕霜殺菽

按元史順帝本紀云云　按五行志二十八年四月奉元隕霜殺菽

明

太祖吳元年二月大雪

按雲南通志吳元年二月昆明雪深七尺人畜多斃

洪武十七年梧州大雪

按廣西通志洪武十七年梧城漫天大雪不殊北方

英宗正統八年三月霜殺草木

按浙江通志正統八年三月台州大霜如雪殺草木蠶無食葉

代宗景泰元年正月雨黑雪秋霜殺穀

按澤州志景泰元年隕霜殺穀

按浙江通志景泰元年正月嘉興大雪二旬深丈許後雨黑雪

景泰四年大雨雪

按江西通志景泰四年春饒州廣信大雨雪積四十日白封山谷民絕樵採

景泰五年大雪

按大政紀景泰五年正月積雪恆陰詔求直言

按名山藏景泰五年二月淮徐蘇松等府積雪小民餓凍死者甚多

按明通紀五年春積雪詔求直言五月下禮部章綸監察御史鍾同於獄時所立皇太子見濟遘疾殤廼鍾同手疏請朝南宮復沂王爲皇太子未上以示都御史劉廣衡止之以諷禮部尚書胡濙濙縮不敢對曰作死作死同不聽竟上之下禮部會多官議適章綸疏陳修德弭災十四事其一謂太上皇帝臨天下十有四年是天下之父也陛下嘗受冊封是上皇之臣也伏望時節率羣臣朝見於南宮以敦同氣之情以隆尊崇之禮而又復汪后於中宮以正天下之母儀復沂王於儲宮以定天下之大本如此則和氣可致天意可回災沴可消矣疏入巳晡時帝覽畢大怒日巳暝宮門閉乃傳旨自門隙中出命錦衣衞卽刻逮捕入獄拷訊又二日幷鍾同逮治日加拷掠流血被體逼令誣引大臣幷南宮通謀不伏復加炮烙之刑窮治慘酷瀕死卒無一語他及會天大風雨黃沙四塞乃密勅錦衣衞緩其獄令四禁終身

按江南通志景泰五年揚州大雪氷三尺海水亦凍

按浙江通志景泰五年正月杭州嘉興金華大雪深六七尺覆壓民居鳥雀俱死

英宗天順二年冬無雪

按名山藏天順二年十一月分遣大臣禱雪於天地社稷山川

憲宗成化五年冬無雪

按明昭代典則成化五年十二月無雪內閣彭時上疏言自古旱災皆由下民愁苦感動天變近日光祿

寺買辦各城門抽分捂尅太甚而獻珍珠寶石者倍佑增值規取府庫以萬民膏血充奸佞囊橐伏望懲華以惠生民
成化十年夏霜
按雲南通志成化十年夏四月順寧嚴霜成凍
成化十三年秋隕霜傷稼
按大政紀成化十三年七月陝西鞏昌平涼府諸州縣隕霜傷稼
成化二十二年八月大雨雪
按山西通志成化二十二年八月望吉州大雨雪深三四尺
孝宗弘治六年四月霜冬大雪
按山西通志弘治六年四月屯留隕霜殺桑
按江西通志弘治六年冬十二月南昌撫州大雨雪樹木凍折
弘治十一年夏寒
按雲南通志弘治十一年夏六月朔五日臨安大風雨寒劇樵蘇死於道者數十人鳥雀僵死無計
弘治十二年大寒
按浙江通志弘治十二年餘姚大寒姚江冰合
弘治十五年江水冰
按湖廣通志弘治十五年祁陽江水凍合
武宗正德元年雪
按瓊州府志正德元年冬萬州雨雪
正德四年雪
按廣東通志正德四年冬十月潮州隕雪厚尺許
正德六年四月霜
按潞安府志正德六年四月屯留縣隕霜殺桑
正德十一年八月雨雪
按山西通志正德十一年秋八月萬泉雨雪
正德十七年二月霜
按雲南通志正德十七年雲南縣嚴霜成凍
世宗嘉靖四年冬大雪
按全遼志嘉靖四年冬遼陽金州復州大雪深丈餘畜凍死
嘉靖八年七月霜八月雪
按山西通志嘉靖八年秋七月石樓隕霜
按浙江通志嘉靖八年衢州八月雨雪
嘉靖十二年霜
按山西通志嘉靖十二年八月石樓未和隕霜
嘉靖十八年秋雪成冰
按山西通志嘉靖十八年秋九月洪洞雨雪大雪三日平地深數尺化水成河一夕大風盡合成冰至春始消
嘉靖三十五年十一月大雨雪
按福建通志云云
嘉靖三十六年冬無雪
按大政紀嘉靖三十六年十二月無雪帝命祈雪於雷殿諸祠逾月雪降羣臣表賀
嘉靖三十七年大雨雪
按山西通志嘉靖三十七年八月靜樂大雨雪深尺殺苗
嘉靖三十九年無雪
按大政紀嘉靖三十九年十一月無雪帝以入冬無雪躬禱於雷壇久之雪降時以為靈雪羣臣表賀
嘉靖四十年春大雪冬無雪
按山西通志嘉靖四十年春三月大雨雪冬平陸無雪麥枯死
嘉靖四十一年夏四月大雪
按潞安府志嘉靖四十一年春二月雷已發聲夏四月大雪殺桑民失蠶花果不實
嘉靖四十四年冬大雨雪
按福建通志嘉靖四十四年十二月初六日大雪山村雪厚至三四尺四五日消人以為異
嘉靖四十五年大雪
按湖廣通志嘉靖四十五年冬武昌大雪連月
穆宗隆慶三年大雪
按廣東通志隆慶三年冬十二月西樵山大雪林木皆氷二日乃解
隆慶六年冬無冰
按山西通志隆慶六年冬趙城無冰
神宗萬曆二年大雪
按雲南通志萬曆二年曲靖大雨雪
萬曆四年九月大雪
按陝西通志萬曆四年九月初七日漢中大雪盈尺殺禾稼
萬曆五年大暑
按江西通志萬曆五年十月南安贛州大暑
萬曆六年霜傷稼冬大雪寒
按山西通志萬曆六年秋七月岳陽隕霜傷禾稼冬趙城大雨雪人畜凍死者甚衆樹木死者大半

按陝西通志萬曆六年冬朝邑井凍

按廣東通志萬曆六年冬大雪

萬曆八年霜殺稼

按山西通志萬曆八年九月臨晉猗氏隕霜殺稼

萬曆九年夏霜八月霜殺稼

按山西通志萬曆九年八月朔遼州隕霜殺稼

按福建通志萬曆九年立夏日連城縣雨霜三晨

萬曆十一年六月霜

按山西通志萬曆十一年六月靜樂隕霜殺禾

萬曆十三年夏霜冬無雪

按山西通志萬曆十三年夏平陽州縣隕霜

按潞安府志萬曆十三年冬無雪

萬曆十五年秋霜傷禾

按山西通志萬曆十五年秋七月岢嵐隕霜

按江西通志萬曆十五年秋七月寧州大霜三日禾盡萎死

萬曆十六年六月霜七月雪八月大雪

按山西通志萬曆十六年六月太谷朔州山陰壺關隕霜八月絳縣鄉寧大雪

按江西通志萬曆十六年秋七月武寧縣雨雪

萬曆二十年春大雨雪

按山西通志萬曆二十年三月臨晉榮河猗氏寧鄉大雨雪是月二十七日大雪三尺不害麥人以爲瑞

萬曆二十三年春寒夏雪

按山西通志萬曆二十三年夏四月山陰大雨雪

按河南通志萬曆二十三年正月初八日夜分汝寧雷電大雨是時嚴寒浹旬禽獸斃者十之七

按浙江通志萬曆二十三年金華四縣雨雪四十餘日

萬曆二十四年夏雪

按潞安府志萬曆二十四年四月黎城縣大雪

萬曆二十六年夏雪秋霜殺禾

按山西通志萬曆二十六年秋七月沁源隕霜殺禾稼

按浙江通志萬曆二十六年金華立夏有飛雪

萬曆二十八年春大雪

按山西通志萬曆二十八年正月臨汾大雨雪是月望後平地數尺傷樹

萬曆二十九年九月大雨雪

按雲南通志萬曆二十九年秋九月省城大雨雪

萬曆三十三年秋霜殺禾冬大雪

按山西通志萬曆三十三年八月臨汾隕霜殺禾稼

按潞安府志萬曆三十三年冬大雪

萬曆四十六年春寒冬大雪

按四川總志萬曆四十六年三月昭化學櫺星門爲大樹所仆時候寒若嚴冬苗盡死

按廣東通志萬曆四十六年冬十二月大雪時洊陰寒甚雪晝下如珠次日復下如鵝毛六日至八日乃已山谷之中峯盡壁立林皆瓊挺父老俱言從來未有此後連歲皆稔

光宗泰昌元年大雨雪

按山西通志泰昌元年冬蒲州大雨雪數日河凍車馬可渡

按陝西通志泰昌元年冬大雪至仲春始霽人多凍死

熹宗天啓二年春大雪

按雲南通志天啓二年春三月龍井涸大雨雪

天啓三年夏雪

按四川通志天啓三年夏五月天降大雪積深尺許樹枝禾莖盡折

天啓四年夏雪秋霜殺禾冬溫潞安大雪

按山西通志天啓四年秋八月靜樂文水隕霜殺禾

按潞安府志天啓四年冬大雪三晝夜樹枝多折

按江南通志天啓四年六月初五日鎮江大寒夜徹雪十一月初八日大暑人裸體三日

愍帝崇禎二年夏雪

按山西通志崇禎二年夏五月岢嵐雨雪

崇禎四年冬大雪

按陝西通志崇禎四年冬大雪兩月深丈餘

崇禎五年冬大雪

按山西通志崇禎五年冬末和大雪連綿一十三日深丈餘

崇禎十二年秋霜殺稼

按山西通志崇禎十二年秋八月永和望日隕霜殺稼

崇禎十三年春大雪

按江西通志崇禎十三年春正月大雨雪凝冰樹木凍折四山震響

庶徵典第一百六卷

寒暑異部總論

春秋四傳

僖公三十三年

春秋十有二月隕霜不殺草李梅實

公羊傳何以書記異也何異爾不時也

注周之十二月夏之十月也易中孚記曰陰假陽威之應也早隕霜而不殺萬物至當隕霜之時根生之物復榮不死斯陽假與陰威陰威列索故陽自隕霜而反不能殺也此祿去公室政在公子遂之應也

穀梁傳未可殺而殺舉重也可殺而不殺舉輕也

注重謂菽也輕謂草也輕者不死則重者不死可知

成公元年

春秋無冰

穀梁傳終時無冰則志此未終時而言無冰何也

注言終寒時無冰當志之耳今方建丑之月是寒時未終

終無冰矣加之寒之辭也

注周二月建丑之月夏之十二月也此月既是常寒之月於寒之中又如加甚常年遇此無冰終無復冰矣

胡傳寒極而無冰者常燠也按洪範傳曰豫恆燠若此政事舒緩紀綱縱弛之象成公幼弱政在三家公室不張其象已見故當涸陰沍寒而常燠應之古者日在北陸而藏冰獻羔而啓亦燮調愆伏之一事也今旣寒而燠遂廢凌人之職然策書所載皆經邦大訓人有微而不登其姓名事有小而不記其本末雨雹冰雪何以悉書天人一理也萬物一氣也觀於陰陽寒暑之變以察其消息盈虛此制治於未亂愼於微之意也每愼於微然後王事備矣

定公元年

春秋冬十月隕霜殺菽

穀梁傳未可以殺而殺舉重可殺而不殺舉輕其曰菽舉重也

禮記

樂記

天地之道寒暑不時則疾

韓非子

內儲說

魯哀公問於仲尼曰春秋之記曰冬十二月隕霜不殺菽何爲記此仲尼對曰此言可以殺而不殺也夫宜殺而不殺梅李冬實天失道草木猶犯干之而況於君人乎

董仲舒春秋繁露

王道通

人主立於生殺之位與天共持變化之勢物莫不應天化天地之化如四時所好之風出則爲煖氣而有生於俗所惡之風出則爲淸氣而有殺於俗喜則有暑氣而有養長也怒則爲寒氣而有閉塞也人主以好惡喜怒變俗習而天以煖淸寒暑化草木喜樂時而當則歲美不時而妄則歲惡天地人主一也然則人主之好惡喜怒乃天之煖淸寒暑也不可不審其

處而出也當暑而寒當寒而暑必爲惡歲也人主當喜而怒當怒而喜必爲亂世矣是故人主之大守在於謹藏而禁內使好惡喜怒必當義乃出若煖清寒暑之必當其時乃發也

王充論衡

寒溫篇

說寒溫者曰人君喜則溫怒則寒何則喜怒發於胷中然後行出於外外成賞罰賞罰喜怒之效故寒溫渥盛凋物傷人夫寒溫之代至也在數日之間人君未必有喜怒之氣發胷中然後渥盛於外見外寒溫則知胷中之氣也當人君喜怒之時胷中之氣未必更寒溫也胷中之氣何以異於境內之氣胷中之氣不爲喜怒變境內寒溫何所生起六國之時秦漢之際諸侯相伐兵革滿道國有相攻之怒將有相勝之志夫有相殺之氣當時天下未必常寒也太平之世唐虞之時政得民安人君常喜絃歌鼓舞比屋而有當時天下未必常溫也豈喜怒之氣爲小發不爲大動邪何其不與行事相中得也夫近水則寒近火則溫遠之漸微何則氣之所加遠近有差也成事火位在南水位在北北邊則寒南極則熱火之在爐水之在溝氣之在軀其實一也當人君喜怒之時寒溫之氣閨門宜甚境外宜微今按寒溫外內均等殆非人君喜怒之所致世儒說稱妄處之也王者之變在天下諸侯之變在境內卿大夫之變在其位庶人之變在其家夫家人之能致變則喜怒亦能致氣父子相怒夫妻相督若當怒反喜縱過飾非一室之中宜有寒溫由此言之變非喜怒所生明矣或曰以類相招致也喜者和溫和溫賞賜陽道施予陽氣溫故溫氣應之怒者慍恚慍恚誅殺陰道肅殺陰氣寒故寒氣應之虎嘯而谷風至龍興而景雲起同氣共類動相招致故曰以形逐影以龍致雨雨應龍而來影應形而去天地之性自然之道也秋冬斷刑小獄微原大辟盛寒寒隨刑至相招審矣夫比寒溫於風雲齊喜怒於龍虎同氣共類動相招致可矣虎嘯之時風從谷中起龍興之時雲起百里內他谷異境無有風雲今寒溫之變並時皆然百里用刑千里皆寒殆非其驗齊魯接境賞罰同時設齊賞魯罰所致宜殊當時可齊國溫魯地寒乎案前世用刑者蚩尤亡秦甚矣蚩尤之民湎湎紛紛亡秦之路赤衣比肩當時天下未必常寒也帝都之市屠殺牛羊日以百數刑人殺牲皆有賊心帝都之市氣不能寒或曰人貴於物唯人動氣夫用刑者動氣乎用受刑者爲變也如用刑者刑人殺禽同一心也如用受刑者人禽皆物也俱爲萬物百賤不能當一貴乎或曰唯人君動氣衆庶不能夫氣感必須人君世何稱於鄒衍鄒衍匹夫一人感氣世又然之刑一人而氣輒寒生一人而氣輒溫乎赦令四下萬刑並除當時歲月之氣不溫往年萬戶失火煙焱參天河決千里四望無垠火與溫氣同水與寒氣類失火河決之時不寒不溫然則寒溫之至殆非政治所致然而寒溫之至遭與賞罰同時變復之家因緣名之矣春溫夏暑秋涼冬寒人君無事四時自然夫四時非政所爲而謂寒溫獨應政治正月之始正月之後立春之際百刑皆斷囹圄空虛然而一寒一溫當其寒也何刑所斷當其溫也何賞所施由此言之寒溫天地節氣非人所爲明矣人有寒溫之病非操行之所及也遭風逢氣身生寒溫變操易行寒溫不除夫身近而猶不能變除其疾國邑遠矣安能調和其氣人中於寒飲藥行解所苦稍衰轉爲溫疾吞發汗之丸而應愈燕有寒谷不生五穀鄒衍吹律寒谷可種燕人種黍其中號曰黍谷如審有之寒溫之災復以吹律之事調和其氣變政易行何能滅除是故寒溫之疾非藥不愈黍谷之氣非律不調堯遭洪水使禹治之寒溫與堯之洪水同一實也堯不變政易行知夫洪水非政行所致洪水非政行所致亦知寒溫非政治所招或難曰洪範庶徵曰急恆寒若舒恆燠若若順燠溫恆常也人君急則常寒順之舒則常溫順之寒溫應急舒謂之非政如何夫豈謂急不寒舒不溫哉人君急舒而寒溫遞至偶適自然若故相應猶卜之得兆筮之得數也人謂天地應令問其實適然夫寒溫之應急舒猶兆數之應令問也外若相應其實偶然何以驗之夫天道自然自然無爲二令參偶遭適逢會人事始作天氣已有故曰道也使應政事是有非自然也易京氏布六十四卦於一歲中六日七分一卦用事卦有陰陽氣有升降陽升則溫陰升則寒由此言之寒溫隨卦而至不應政治也案易無妄之應水旱之至自有期節百災萬變殆同一曲變復之家疑且失實何以爲疑夫大人與天地合德先天而天不違後天而奉天時洪範曰急恆寒若舒恆燠若如洪範之言天氣隨人易徙當先天而天不違耳何故復言後天而奉天時乎後者天已寒溫於前而人賞罰於後也由此言之人

言與尚書不合一疑也京氏占寒溫以陰陽升降變復之家以刑罰喜怒兩家乖迹二疑也民間占寒溫今日寒而明日溫朝有繁霜夕有列光且雨氣溫且暘氣寒夫雨者陰暘者陽也寒者陰而溫者陽也雨且暘反寒暘且雨反溫不以類相應三疑也三疑不定自然之說亦未立也

寒暑異部藝文一

雨雪賑濟百姓德音　唐編制

勅朕聞天聽自我人聽天視自我人視朕之非德涉道未明不能調序四時導迎和氣乃自去冬以來踰月雨雪寒氣尤甚頗傷天和念茲庶甿或罹凍餒無所假貸莫能自存宵寢載懷旰食興嘆怵惕若厲在余之辜思弘惠澤以順時令其天下犯死罪已下除官吏犯贓及故殺人者餘並特降從流流罪已下遞降一等應京兆府諸縣宜令以常平義倉斛斗量事賑濟仍先從貧下戶給其京城內鰥寡孤獨不能自濟痞聾跛躃窮無告者亦與京兆尹兩縣令量加賑恤甿具數聞奏朕自省閱務令均贍其諸道雨雪過多處亦委所在長吏量事優恤嗚呼天生蒸民君以牧之朕夙勤政經思致於理言念赤子視之如傷天或儆余示此陰沴撫躬夕惕余甚悼焉布告遐邇明悉朕意

論冬溫無冰劄子　宋蘇轍

臣伏見前年冬溫不雪聖心焦勞請禱備至而天意不順宿麥不蕃去冬此災復甚而加以無冰二年之間天氣如一若非政事過差上干陰陽理不至此謹案常燠之罰載於周書而無冰之災書於春秋聖人之言必不徒設臣謹推原經意而驗以時事惟陛下擇之蓋洪範庶徵哲則時燠豫則常燠謀則時寒急則常寒哲之爲言明也豫之爲言舒也故漢儒釋之曰上德不明暗昧蔽惑不能知善惡無功者受賞有罪者不殺百官廢禮失在舒緩盛夏日長暑以養物政既弛緩故其罰常燠周失之舒秦失之急故周亡無寒歲而秦滅無燠年今連年冬溫無冰可謂常燠矣刑政弛廢善惡不分可謂舒緩矣臣非敢妄詆時政以惑聖聽請爲陛下具數其實然事在歲月之前不能盡言請言其近者凡有罪不誅者七無功受賞者四陸佃爲禮部侍郎所部有訟而其兄子宇乃與訟者酒食交通獄既具而有司當宇無罪此有罪而不誅者一也石麟之爲開封推官與訴訟者私相往來傳達言語獄上而罷吏爲郎官此有罪而不誅者二也李偉建言乞回奪大河朝廷信之爲起夫役費用不貲今黃河北流如故漲水既退東流淤塡遂成道路臣屢乞正偉欺罔誤國之罪不蒙采納任偉如故此有罪而不誅者三也開封推官王詔故入徒罪雖該德音法當衝替而詔仍得守郡至今經營差遣遷延不去此有罪而不誅者四也知祥符張亞之爲官戶理索積年租課至勘決不當償債之人估賣欠人田產及欠人見被枷錮而田主毆擊至死身死之後監督其家不爲少止本臺按發其罪而朝廷除亞之眞州欲令以去官免罪此有罪而不誅者五也孫述知長垣縣決殺訴災無罪之人臺官以言然後罷任雖行推勘而縱其抵欺指望恩赦此有罪而不誅者六也秀州倚郭嘉興縣人訴災州縣昏虐不時受理臨以鞭扑使民相騰自相踏藉死者四十餘人雖加按治而知州章衡反得美職擢守大郡此有罪而不誅者七也近日差除戶部尚書以下十餘人其間人材粗允公議者不過二三人其它多老病之餘及執政所厚善耳臣與僚佐共議以爲不可勝言是以置而不論獨取其尤不可者杜常王子韶二人論之然皆不蒙施行夫杜常在熙寧間諂事呂惠卿兄弟註解惠卿所撰手實文字分配五常比之經典及其所至謬妄傳笑四方其在都司希合時忱任未壽等旨意施之政事前後屢爲臺官所劾衆其人物凡猥學術荒謬而置之太常禮樂之地命下之日士人無不掩口竊笑此無功受賞者一也王子韶昔在三司條例司諂事王安石創立青苗助役之法臣特與之共事實所親見及呂公著爲御史中丞舉爲臺官公著以言新政罷去而子韶隱忍不言先帝覺其奸妄親批聖語指其罪狀自是以來士人不復比數但以善事權要子弟故前後多得美官今又擢之祕書指日循例當得侍從公議所惜實在於此此無功而受賞者二也張淳資凡才下從第二任知縣擢爲開封司錄會未數月厭其繁劇求爲寺監丞卽得將作又數月令權開封推官意欲因權卽眞迤邐遷上此無功而受賞者三也丁洵罷少府簿經年不得差遣一爲韓維女壻卽時擢爲將作監丞此無功而受賞者四也其因緣親舊馳騖請謁特從常調與之堂除以

至除目很多待闕久遠孤寒失望中外嗟怨者尚不可勝數凡上件事皆刑政不修紀綱敗壞之實也大率近歲所爲類多如此譬如天時有春夏而無秋冬萬物雖得生育而不堅成天之應人類以類至安指揮大臣令已行者即加改正未行者無踵前失勉强修飾以答天變臣伏見去年歲在庚午世俗所傳本非善歲徒以二聖至仁無私德及上下故此凶歲化爲有年然事有過差猶不免常煖無氷之異由此觀之天地雖遠得失之應無一可欺若更能恐懼修省戒飭在位相勉爲善則太平之功庶幾可致也臣備位執法實欲使陛下比隆堯舜無缺可指無災可救是以區區獻言不覺煩多死罪死罪取進止

寒暑異部藝文二 詩

寒苦謠　晉夏侯湛

惟立冬之初夜天慘凜以降寒霜皚皚以被庭冰溏瀕於井幹草槭槭以疎葉木蕭蕭以零殘松隕葉於翠條竹摧柯於綠竿

旱熱　唐白居易

勃勃旱塵氣炎炎赤日光飛禽颭將墮行人渴欲狂壯者不耐饑饑火燒其腸肥者不禁熱喘急汗如漿到此方自悟老瘦亦何妨肉輕足健逸髮少頭清涼薄食不饑渴端居省衣裳數匙粱飯冷一領絹衫香持此聊過日焉知畏景長

苦寒吟　孟郊

天色寒青蒼北風叫枯桑厚冰無裂文短日有冷光敲石不得火壯陰正奪陽苦調竟何言凍吟成此章

大熱　宋戴復古

左手遮赤日右手招清風揮汗不能已扇笠競要功南山龍吐雲騰騰滿虛空一雨變清凉萬物隨疏通向人無德色大哉造化工

春寒偶書　劉子翬

浮雲匿晨暉雨雹驚春晝天公號令乖陰晴變何驟小徑賤芳泥通渠走寒溜風顛萬木偃氣凜重闈透鵁鶄護巢翔奈此孳雛幼擁爐鳥薪然雙手慵出袖褰帷望空明屋角見遠岫良朋不可招塊處慚孤陋青青桃葉長奕奕蘭花秀長吟曷吝嗟佳辰去難又

癸酉歲大熱　金王琢

似動不動雲蒸空欲雨未雨天無風時時日脚蹴雲破一射萬土紅爐中纖絺掛體劇重鎧大屋僅可爲樊籠積冰爲丘坐自潰輕箑況得微涼通山林亦聞有暍死城市偪側宜無容吾生于熱亦屢度此熱盡可幷前鎔雖然一氣播常令頓作駭異疑非公會聞天南有祝融出入毒霧騎雙龍自從鼎去昧神怪無乃煽處行心胷手搖斗柄酌炎海力逐熛怒乘離宮喜爲欝蒸怒爲火流爍金石乾河洪熾目自欲弄朱夏驕蹇未肯官炎農霞煙灼灼燦昏曉鳥獸喘喘茫西東此而不制滿三伏遂恐百物隨枯蓬太白之兵攢萬鋒銀河之浪滔無窮可洗虐焰夷姦凶我欲呼愬煩神功珑珑九虎天關重

大暑　趙元

旱雲飛火燎長空白日渾如坐甑中不到廣寒冰雪窟扇頭能有幾多風

五月二十六日大寒二十二韻　元袁桷

地界幽都正風傳委羽來陰機堅積沍空竅起荒埃炎帝辭施設元神擅展裁氣疑翻溟涬勢欲壓恢台北戶嚴雲結中衢宿霧霾䨴流驚炙轂吻咽訝銜枚野曠狐歸穴林荒雀下臺趁虛人瑟縮走驛吏徘徊舊篋裘頻索殘罏火易灰當暘紈扇棄薄莫酒尊催牛喘猶瞻月龍藏敢挾雷曉吟肩峭直午睡髮毰毸絺綌聊增襲簾幃莫浪開鼎溫延上客竈煬集羣孩鳥認南枝宿駝鳴北路回泬寥河漢接慘淡雪霜堆重甲身僵仆銖衣說詭詼已知鄒子的更覺杜生哀澤國朝曦赫畬田溽雨催鴻鈞陶石爍金鑑賁木摧舊俗慚卑窘新聞騁博該廣寒今已到姑射不須陪

清明大雪三日　方回

半月雕粱燕子歸怯寒著盡舊綿衣何人醉眼西湖路錯認楊花作雪飛

寒暑異部紀事

尚書帝命期桀無道夏出霜

春秋佐助期繆公即位仲夏大寒冰錯亂也

山陵雜記魏惠王死葬日天大雨雪至于牛目壞城郭

漢書高祖本紀七年冬十月上自將擊韓王信於銅鞮信亡走匈奴與匈奴共距漢上從晉陽連戰乘勝逐北至樓煩會大寒士卒墮指者什二三遂至平城爲匈奴所圍七日用陳平祕計得出

京房傳上令陽平侯鳳承制詔房止無乘傳奏事房意愈恐去至新豐因郵上封事曰臣以六月中言遯卦不效法曰道人始去寒涌水爲災至其七月涌水出臣弟子姚平謂臣曰房可謂知道未可謂信道也房言災異未嘗不中今涌水已出道人當逐死尚復何言臣曰陛下至仁於臣尤厚雖言而死臣猶言也平又曰房可謂小忠未可謂大忠也昔秦時趙高用事有正先者非刺高而死高威自此成故秦之亂正先趣之今臣得出守郡自詭效功恐未效而死惟陛下毋使臣塞涌水之異當正先之死爲姚平所笑

漢書王嘉傳初廷尉梁相雜治東平王雲獄時天子以相等無討賊之意制詔免相等爲庶人後數月嘉奏封事薦相等明習治獄書奏上不能平名嘉詣廷尉尉未信少府張猛等十人以爲嘉本以相等爲罪罪惡雖著大臣括髮關械裸躬就笞非所以重國褒宗廟也今春月寒氣錯繆霜露數降宜示天下以寬和臣等不知大義惟陛下察焉

劉向傳向本名更生使其外親上變事言前弘恭奏蕭望之等獄決三月地大震恭移病出後復視事天陰雨雪由是言之地動殆爲恭等臣愚以爲宜退恭顯以章蔽善之罰進望之等以通賢者之路如此太平之門開災異之原塞矣

王莽傳莽親之南郊鑄作威斗威斗者以五石銅爲之若北斗長二尺五寸欲以厭勝衆兵既成令司命負之莽出在前入在御旁鑄斗日大寒百官人馬有凍死者

後漢書劉盆子傳盆子入安定北地至陽城番須中逢大雪坑谷皆滿士多凍死乃復還發掘諸陵

陳忠傳季夏大暑消息不協寒氣錯時水涌爲變天之降異必有其故所舉有道之士可策問國典所務王事過差令處煖氣不效之意庶有讜言以承天誡

拾遺記魏明帝起凌雲臺躬自掘土羣臣皆負畚鍤天陰凍死者相枕

吳志江表傳曰初丹陽刁元使蜀得司馬徽與劉廙論運命歷數事元詐增其文以誑國人曰黃旗紫蓋見於東南終有天下者荊揚之君乎又得國中降人言壽春下有童謠曰吳天子當上皓聞之喜曰此天命也卽載其母妻子及後宮數千人從牛渚陸道西上云靑蓋入洛陽以順天命行遇大雪道塗陷壞兵士被甲持仗百人共引一車寒凍殆死兵人不堪皆曰若遇敵便當倒戈耳皓聞之乃還

鄴中記石虎以五月發五百里內萬人營華林苑至八月天暴雨雪雪深三尺作者凍死數千人太史奏作役非時天降此變虎誅起戶部尚書以塞天災

前梁錄張駿十四年五月雨雪降霜駿避正殿素服命羣僚極言得失

晉中興書桓元入建康宮逆風迅激旌旗不立法章儀飾一皆傾偃是月酷寒

宋書蔡廓傳廓少子興宗徐州刺史薛安都據彭城反後遣使歸順太始元年冬遣張永率軍迎之興宗曰安都遣使歸順此誠不虛今宜撫之以和卽安所莅乃遣須單使及咫尺書耳若以重兵迎之勢必疑懼或能招引北虜爲患不測叛臣釁重必宜翦戮則比者所有亦已宏矣況安都外據彊地密邇邊關考之國計尤宜馴養如其遂叛將生旰食之憂彭城險固兵强將勇圍之旣難攻不可拔疆塞之虞二三宜慮臣爲朝廷憂之時張永已行不見從安都聞大軍過淮嬰城自守要取索虜永戰大敗又値寒雪死者十八九遂失淮北四州其先見如此

魏書世祖本紀始光三年冬十月丁巳車駕西伐幸雲中臨君子津會天暴寒數日冰結十有一月戊寅帝率輕騎二萬襲赫連昌壬午至其城下徙萬餘家而還

李靈傳靈弟均均子璨天安初劉彧徐州刺史薛安都舉彭城降詔鎭南大將軍博陵公尉元鎭東將軍陽城公孔伯恭等率衆迎之顯祖復以璨爲二府軍事軍達九里山安都率文武出迎元不加禮接安都還城使遂不至時劉彧將張永沈攸之等率衆先屯下礚元令璨與中書郎高閭入彭城說安都安都卽與俱載赴軍元等入城收管籥其夜永攻南門不克退還時永輜重在武原璨勸元乘永之失據攻永米船大破之斬首數千級時大雪寒永軍凍死者萬計

於是遂定淮北加槩寧朔將軍
孔伯恭傳伯恭爲散騎常侍顯祖初劉彧徐州刺史薛安都以彭城內附彧遣將張永沈攸之等擊安都安都上表請援顯祖進伯恭號鎮東將軍副尚書尉元救之軍次於秺賊將周凱聞伯恭等軍至棄衆遁走張永仍屯下磕永輜重在武原伯恭等攻而尅之永計無所出引師而退時皇興元年正月天大寒雪泗水冰合永與攸之棄船而走伯恭等進擊首虜及凍死者甚衆
薛安都傳安都從祖弟眞度景明初豫州大饑眞度表曰去歲不收饑饉十五今又災雪三尺民人萎餒無以濟之臣輙日別出州倉米五十斛爲粥救其甚者詔曰眞度所表甚有憂濟百姓之意宜在拯恤陳郡儲粟雖復不多亦可分贍尚書量賑以聞
趙遐傳遐出爲滎陽太守時蕭衍將馬仙琕率衆攻圍朐城戍主傅文驥嬰城固守以遐持節假平東將軍爲別將與劉思祖等救之都督盧昶率大軍繼之未幾而文驥力竭以城降賊衆軍大崩昶棄其節傳輕騎而走惟遐獨握節而還時仲冬寒盛兵士凍死者朐山至于郯城二百里間僵尸相屬
張安祖傳安祖河陽人也襲世爵山北侯時有元承貴曾爲河陽令家貧且赴尚書求選逢天寒甚遂凍死路側一子年幼停屍門巷棺殮無託安祖悲哭盡禮買木爲棺手自營作殮殯周給朝野嘉嘆尚書聞奏標其門閭
元熙傳熙授相州刺史熙以七月入治其日大風寒雨凍死者二十餘人驢馬數十匹

冊府元龜後魏南安王禎爲湘州刺史五月至鄴入治日暴風大雨凍死者十數人禎以旱祈雨于羣神鄴城有石虎廟人奉祀之禎告虎神像云三日不雨當加鞭罰請雨不驗遂鞭像一百是月疽發背薨禎孫中山王熙後爲相州刺史以七月入治其日大風寒雨凍死者二十餘人驢馬數十匹熙聞其祖父前事心惡之又有蛆生其庭後果兵敗而死焉
隋書煬帝本紀太子勇廢立上爲皇太子其夜烈風大雪
唐書李密傳義寧二年王世充復營洛北爲浮梁絕水以戰密以千騎迎擊不勝世充進薄其壘密提敢死士數百邀之世充大潰士爭橋溺死者數萬洛水爲不流殺大將六人獨世充脫會夜大雨雪士卒僵死且盡密乘銳拔偃師修金墉城居之
王綝傳綝字方慶后欲季冬講武有司不時辦遂用明年孟春方慶曰按月令孟冬天子命將帥講武習射御角力此乃三時務農一時講武安不忘危之道孟春不可以稱兵兵金也金勝木方春木生而舉金以害盛德逆生氣孟春行冬令則水潦爲敗雪霜大摯首種不入今孟春講武以陰政犯陽氣害發生之德臣恐水潦敗物霜雪損稼夏麥不登願陛下不違時令前及孟冬以順天道手制褒允
酉陽雜俎天寶初命王天運將四萬人兼統諸蕃兵伐勃律勃律君長恐懼請罪悉出寶玉願歲貢獻天運不許卽屠城虜三千人及其珠璣而還勃律中有術者言將軍無義不祥天將大風雪矣行數百里忽大風四起雪花如翼風激小海水成冰柱起而復摧經半日小海漲湧四萬人一時凍死唯蕃漢各一人得還具奏元宗大驚異卽令中使隨二人驗之至小海側冰猶崢嶸如山隔冰見兵士屍立者坐者瑩徹可數中使將返冰忽稍釋衆屍亦不復見
唐書李石傳石同中書門下平章事時大臣新族死歲苦寒外情不安帝曰人心未舒何也石曰刑殺太甚則致陰沴比鄭注多募鳳翔兵至今誅索不已臣恐緣以生變請下詔慰安之帝曰善
冊府元龜高駢爲淮南節度使光啓二年十一月雨雪昏霧不解或日下謀其上是時糧食騰貴殆逾十倍寒僵餒仆者日有數千棄之郊外及霽而遠坊靜巷爲之一空至三月駢果爲畢師鐸所殺
五代史王敬蕘傳梁兵攻吳龐師古死淸口敗兵亡歸過潁大雪士卒饑凍敬蕘乃沿淮積薪爲燎爲作糜粥餔之亡卒多賴以全活
契丹傳阿保機攻幽州未克又攻涿州陷之聞王處直廢而都立遂攻中山渡沙河都告急於莊宗莊宗自將鐵騎五千遇契丹前鋒於新城晉兵自桑林馳出人馬精甲光明燭日虜騎愕然稍却晉軍乘之虜遂散走而沙河冰薄虜皆陷沒阿保機退保望都會天大雪契丹人馬饑寒多死阿保機顧盧文進以手指天曰天未使我至此乃引兵去
李茂貞傳天復元年崔引名梁太祖以西梁軍至同州韓全誨等懼與李繼筠刼昭宗幸鳳翔梁軍圍之逾年茂貞每戰輒敗閉壁不敢出城中薪食俱盡自冬涉春雨雪不止民凍餓死者日以千數
晉臣吳巒傳巒善撫士卒會天大寒裂其帷幄以衣

士卒士卒皆斃之

土渾傳契丹與晉相距于河白承福以其兵從出帝禦虜是歲大熱吐渾多疾死

五代史安重榮傳重榮之反也聚饑民數萬驅以嚮鄴其兵皆潰去是冬大寒潰兵饑凍及見殺無孑遺

北漢世家劉旻遣樞密直學士王得中聘於遼律求兵以攻周遼律遣蕭禹厥率兵五萬助旻旻出陰地攻晉州爲王峻所敗是歲大寒旻軍凍餒亡失過半

宋史食貨志英宗詔州縣長吏遇大雨雪蠲僦舍錢三日歲毋過九日著爲令熙寧二年京師雪寒詔老幼貧疾無依丐者聽於四福田院額外給錢收養至春稍煖則止

東軒筆錄熙寧三年京輔猛風大雪草木皆稼厚者冰及數寸既而華山震阜頭谷圮折數十百丈蕩搖十餘里覆壓甚重唐天寶中木稼而寧王死故當時諺曰冬凌樹稼達官怕又詩有泰山其頹哲人其萎之說衆謂大臣當之未數年而司徒侍中魏國韓公琦薨王荆公作挽詞略曰冰稼嘗聞達官怕山頹今見哲人萎蓋謂是也

名臣言行錄外集呂希哲拜右諫議請名講官便殿訪以治道遷給事中有詔幸後苑賞花釣魚宴羣臣會春寒公請罷宴以祇天戒

宋史豐稷傳元祐八年春多雪稷言今嘉祥未臻沴氣交作豈應天之實未充事天之禮未備畏天之誠未孚歟宮掖之臣有關預政事如天聖之羅崇勛江德明治平之任守忠者歟願陛下昭聖德祗天戒總正萬事以消災祥

賢奕紹興中金趨京所過城邑欲立取之會天大寒城池皆凍金人藉冰梯城不攻而入張魏公在大名聞之先弛濠漁之禁人爭出魚冰不得合虜至城下睥睨久之歎息而去

眞德秀文集顯謨閣學士袁燮行狀淳熙十二年冬時雪雖應俄頃即止公謂此洪範庶證所謂豫常燠若者也陛下蚤朝晏罷不殉貨色不盤游田無逸豫之失而有逸豫之災其故何歟以臣觀之所謂逸豫者非必貨色游畋之謂邊烽未息戎事方殷而優游恬愉若四方無虞之日眞才未用宿弊未革浸浸焉入于頹弊之域即所謂逸豫也因言時雪未降惟陛下致誠感假庶幾亟回天意上曰朕日在禁中致禱公言古人應天以實須要修明政事登進忠良屏去邪佞此乃應天之實

桯史紹熙甲寅春道偕入北內坐榻前日今日六月也好大雪侍璫咸笑顧曰尒滿身皆雪而笑我狂耶相與罔測亦莫以爲意至季夏八日而至尊厭代矣縞素如言焉

容齋五筆慶元四年饒州盛夏中時雨頻降六七月之間未嘗請禱農家水車龍具倚之于壁父老以爲所未見指其西成有秋當倍常歲而低下之田遂以潦告餘干安仁乃於八月罹地火之厄地火者蓋苗根及心孽蟲生之莖幹焦枯如火烈烈正古之所謂蟊賊也九月十四日嚴霜連降晚稻未實者皆爲所薄不能復生諸縣多然有常產者訴于郡縣郡守孜孜愛民有意蠲租然僚吏多云在法無此兩項又云九月正是霜降節不足爲異案白樂天諷諫杜陵叟一篇曰九月霜降秋早寒禾穗未熟皆青乾長吏明知不申破急斂暴征求考課此明證也予因記元祐五年蘇公守杭日與宰相呂汲公書論浙西災傷曰賢哲一聞此言理無不行但恐世俗諂薄成風揣所樂聞與所忌諱爭言無災或有災而不甚損八月之末秀州數千人訴風災吏以爲法有訴水旱而無訴風災閉拒不納老幼相騰踐死者十一人由此言之吏不喜言災者蓋十人而九不可不察也蘇公及此可謂仁人之言豈非昔人立法之初如所謂風災所謂旱霜之類非如水旱之田可以稽考懼貪民乘時或成冒濫故不可輕啓其端今日之計固難添創條式但凡有災傷出于水旱之外者專委良守令推而行之則實惠及民可以救其流亡之禍仁政之上也

金史世紀遼咸雍八年五國沒撚部謝野勃菫叛遼鷹路不通景祖伐之謝野來禦兵敗走拔里邁濼時方十月冰忽解謝野不能軍衆皆潰去乃旋師

太祖本紀溫都部跋忒殺唐括部跋葛穆宗命太祖伐之是歲大雪寒甚與烏古論部兵沿土溫水過末鄰鄉追及跋忒於阿斯溫山北濼之間殺之

胥鼎傳興定五年三月上遣近侍諭鼎及左丞賈益謙曰自去冬至今雨雪殊少民心不安軍用或闕爲害甚重卿等皆名臣故老今當何以處之

康公弼傳公弼爲寧遠令縣中隕霜殺禾稼漕司督賦急繫之獄公弼上書朝廷乃釋之因免縣中租縣人爲立生祠

癸辛雜識至元庚寅正月二十九日癸酉是年二月三日春分余送女子嫁吳氏至博陸早雪作至未時

電光繼以大雷雪下如傾而雷不止天地爲之陡黑余生平所未見爲驚懼者終日客云記得春秋魯隱公九年三月三國吳主孫亮太平二年二月晉安帝元興三年正月義熙六年正月皆有雷雪之變未及考也

委巷叢談元至正間西湖冰合故老云六十年前曾有此異張仲舉賦詩云西湖雪厚冰徹底行人徑度如長川風吹鹽地結陰鹵日射玉田生煖煙魚龍穴裏寒更縮鷗鷺沙頭饑可憐安得長冰通滄海我欲三島求神仙

福建通志大元庚寅季冬長樂雨雪數寸荔枝木皆凍死遍山連野彌望盡成枯至後年春始於舊根株漸抽芽蘖又數年始復繁盛是三百五十年間未有此寒也

元史耶律楚材傳己卯夏六月帝西討回回國禡旗之日雨雪三尺帝疑之楚材曰玄冥之氣見於盛夏克敵之徵也庚辰冬大雷復問之對曰回回國主當死於野後皆驗

明外史李文忠傳文忠子景隆拜征虜大將軍將兵北伐進圍北平築壘九門自督軍攻麗正門垂拔而城中投瓦石下擊軍驟退時都督瞿能已破張掖門後軍不繼景隆忌能功使人止之於是城中汲水灌城天寒冰堅遂不可拔城中數絕兵夜襲景隆軍軍輒驚擾乃却營十里爲長圍以困之士卒膰而執戟晝夜立風雪中多凍死者

苹野纂聞正德己巳冬十二月吳中大雪凍死者塞塗自胥門河以及震澤水不流漸或有事輒涉冰以行偶從來者問湖海冰山之狀或告曰尚有木介焉曰何以言之瀕海有樹其水激而飛集樹皆冰也是之謂木介識者以爲兵兆云

韓城縣志党孟輸千谷里人嘉靖乙卯歲秋霜殺禾冬地又震輸有粟二百石貸者不能償輸悉出券焚之曰歲厄如此不忍相迫也鄉黨聞之共頌其義

寒暑異部雜錄

國語太子晉曰天無伏陰地無散陽注伏陰夏有霜雹

莊子漁父篇陰陽不和寒暑不時天子有司之憂也

揚雄反離騷遭季夏之凝霜兮慶夭顇而喪榮慶讀與羌同

中論天壽篇天道迂闊闇昧難明聖人取大略以爲成法亦安能委曲不失毫芒無差跌乎且夫信無過於四時而春或不華夏或隕霜秋或雨雪冬或無冰豈復以爲難哉

容齋五筆孫思邈曰寒暑不時其蒸否也

讀書雜鈔傳三十三年十有二月隕霜不殺草李梅實注書時失也周十一月今九月霜當微而重重而不能殺草所以爲災正義杜以長曆校之此爲十一月云云定元年冬十月隕霜殺菽穀梁傳曰未可殺而殺成元年二月無冰注今之十二月書冬溫

緗素雜記舒王作韓魏公挽詩云木稼嘗聞達官怕蓋用舊唐史寧王臥疾引諺語曰木稼達官怕必大臣當之吾其死矣此用故事誠工也然木稼之說齊世知爲木冰而不解其義余嘗讀班史五行志而得其說蓋自春秋成公十六年雨木冰劉歆以爲上陽施不下通下陰施不上達故雨而木爲之冰雰氣寒木不曲直也劉向以爲冰者陰之盛而水滯者也木者少陽貴臣卿大夫之象也此人將有害則陰氣脅木木先寒故得雨而冰也是時叔孫僑如出奔公子偃誅死一曰時晉執季孫行父又執公此執辱之異或曰今之長老名木冰爲木介介者甲甲兵象也是歲晉有鄢陵之戰楚王傷目而敗屬常雨也由是知木稼當爲木介明矣蓋唐之諺語謬也按唐史五行志直書曰雨木冰乃引劉向之言爲証又云亦謂之樹介介兵象也是眞得春秋書災異之意矣又公羊傳云雨木冰者何雨而木冰也何以書記異也何休云木者少陽幼君大臣之象冰者凝陰兵之類也冰脅木者君臣將執於兵之徵也然何氏此說蓋亦自於歆向云

野客叢談白樂天詩曰元和歲在卯六年春二月晦寒食天陰夜飛雪連宵復竟日浩浩殊未歇以見元和六年二月晦爲寒食當和煖之時而雱霈大雪其氣候乖謬如此又詩曰八年十二月五日雪紛紛竹柏皆凍死况彼無衣民又見元和八年十二月大雪寒凍民不聊生如此按東漢書延熹間大寒洛陽竹柏凍死襄楷曰聞之師曰柏傷竹槁不出三年天子當之樂天此語正所以紀異也又觀韓退之辛卯年雪詩亦曰元和六年春寒甚不肯歸河南二月末雪花一尺圍此說正與樂天同

幷觀瑣言綱目書齊主游南苑殺其從官六十人據北史從官自暍死耳尹氏發明曰雖非以兵刃殺之是亦以暍死殺之此孟子所謂殺人以政者也劉氏書法亦本其說徐昭文考証謂當從史書從官暍死且譏尹氏附會其說以求合所誤之文愚謂徐說固甚直截然綱目無書暍死之例其文當分注于齊主遊南苑之下以從謹嚴之體

綱目疑誤北齊高緯以六月遊南苑從官暍死者六十人見本紀通鑑書曰賜死賜乃暍之訛耳綱目乃直書曰殺其從官六十人而不言其故其誤甚矣尹起莘乃爲之說曰此朱文公書法所寓且引孟子殺人以梃與刃與政之說固善矣然則其實通鑑誤之于前綱目承之於後耳緯荒遊無時不避寒暑於從官死者尚六十人則其餘可知矣據事直書其罪自見何必沒其實哉

路史徵動羽而霜雹夏零

嬀景錄元成宗大德九年三月隕霜殺桑般陽益都河間諸路計二百四十一萬七千餘株夫三月隕霜誠異事而所殺桑株歷有數必當時形諸奏牘遂載國史古以農桑課民所失之數明志簡策其重可知

寒暑異部外編

拾遺記周靈王時有萇弘能招致神異王乃登臺望雲氣蓊欝忽見二人乘雲而至鬚髮皆黃非世俗之類也乘遊龍飛鳳之輦駕以青螭其衣皆縫緝毛羽也王即迎之上席時天下大旱地裂木燃一人先唱能爲霜雪引氣一噴則雲起雪飛坐者皆凜然宮中池井堅冰可琢又設狐腋素裘紫羆文褥是西域所獻也施於臺上坐者皆溫又有一人唱能使即席爲炎乃以指彈席上而暄風入室裘褥皆棄於臺下時有容成子諫曰大王以天下爲家而染異術使變夏改寒以誣百姓文武周公之所不取也王乃疎萇弘而求正諫之士

西京雜記淮南王好方士方士皆以術見噓吸爲寒暑

欽定古今圖書集成曆象彙編庶徵典

第一百七卷目錄

庶徵典第一百七卷

豐歉部彙考一

書經

周書洪範

歲月日時無易百穀用成

蔡傳 歲月日三者雨暘燠寒風不失其時則其效如此休徵所感也

日月歲時既易百穀用不成

蔡傳 日月歲三者雨暘燠寒風既失其時則其害如此咎徵所致也

禮記

曲禮

歲凶年穀不登君膳不祭肺馬不食穀馳道不除祭事不懸大夫不食粱士飲酒不樂

注 登成也君大夫士皆爲歲凶自貶損憂民也禮食殺牲則祭先有虞氏以首夏后氏以心殷人以肝周人以肺不祭肺則不殺也天子食日少牢朔月太牢諸侯食日特牲朔月少牢除治也不治道爲妨民取蔬食也懸樂器鐘磬之屬粱加食也不樂去琴瑟 疏 此一節明凶荒人君憂民自貶退禮也歲凶水旱災害也鄭注太史職中數曰歲朔數曰年釋者云年是據有氣之初歲是舉年中之稱今謂歲既凶荒而年中穀稼不登也膳美食名盛食必祭周人重肺故食先祭肺歲凶飢不殺牲也年豐則馬食穀馳道如今御路君馳走車馬之處不除爲不治其草萊也凶年雖祭而不作樂樂有縣鐘磬因曰縣也大夫食黍稷以粱爲加故凶年去之士平常飲酒奏樂今凶年猶許飲酒但不奏樂也君大夫士各舉一邊而言其實互而相通君尊舉大者而言大夫士卑舉小者言耳 集說 藍田呂氏曰仁者以天下爲一身者也疾痛疴癢所以感吾憯怛怵惕之心非有知力與乎其間也以天下爲一身者一民一物莫非吾體故舉天下所以同吾愛也故歲凶年穀不登民有飢色國君大夫士均與其憂君非不能玉食大夫士非無田祿仁人之心與民同之雖食不能飽也馬不食穀則芻秣而已公明儀曰庖有肥肉廄有肥馬民有飢色野有餓莩此率獸而食人也奪人食而食馬與牲仁人所不爲也凡此皆與民同憂自貶之道也及乎有九年之畜雖凶旱水溢民無菜色然後天子食日舉以樂則與之同其憂者無不同其樂也 嚴陵方氏曰馬不食穀者雜記言凶年乘駑馬以駑馬之賤不必秣之也士之賤必飲酒然後用樂故以飲酒言之曰膳不祭肺則燕食可知馬不食穀則牲牢可知馳道不除則常行之道可知祭祀不

縣則賓客之事可知凡此皆舉重以明輕也大夫不食粱則不祭可知士飲酒不樂則不縣可知凡此皆舉小以見大也然君之所以自貶者其類爲多臣之所以自貶者其類爲少豈非位有貴賤故責有輕重歟　馬氏曰大司徒以荒政言弛力眚禮蕃樂則馳道不除弛力也膳不祭肺馬不食穀大夫不食粱眚禮也祭事不縣士飲酒不樂蕃樂也大司樂大凶令弛縣則不縣不特祭事而已于祭事言不縣則膳可知也雜記凶年祀以下牲則祭不特不縣而已言縣則牲可知也司服言大荒則素服玉藻言年不順成君衣布則君不特不祭肺而已言膳則衣可知也大夫以粱爲加食君膳不祭肺故大夫不敢食粱士無故不去琴瑟君弛縣故士不敢飲酒以樂凡此皆去備也先王之于凶荒也有珍圭以恤之有委積以待之于關市則無征于刑貶則有慮大至于移民通財糾守小至於舍禁多昏殺禮猶以爲未也故膳不祭肺不食粱不樂而損於自養馬不食穀馳道不除而損於自奉凡欲與民同患而已司徒荒政索鬼神大祝天烖彌祀社稷禱祠祭法雩禜祭水旱詩之雲漢靡神不舉則歲凶莫不祭也司巫大旱則舞雩女巫大烖歌哭而請則祭莫有樂也然祭則有禱而無祀樂則有歌舞而無縣有禱而無祀郊特牲所謂年不順成八蜡不通穀梁所謂禱而不祀是也有歌舞而無縣曲禮所謂祭事不縣大司樂所謂凡國之大憂令弛縣是也樂者所以薦鬼神也凶年君膳不祭肺可也祭事不縣以虧祭可乎蓋樂所以薦鬼神亦所以崇己之德也凶年不祭失德之效也苟失其德安取于樂乎記曰五穀時熟然後賓之以樂　長樂陳氏曰君子以得爲在人以失爲在己故吉事則推先于神凶事則責先於身方其爲宮室則先宗廟後宮室爲器則先祭器後燕器推先於神也歲凶則先膳不祭肺而後祭事不縣責先於身也大蜡之禮年之順成而通則曰報神而不可以爲人功年不順成而不通則曰謹民財而不以爲神羞亦此意也　盱江李氏曰掌客凡禮賓客國新殺禮凶荒殺禮札喪殺禮禍烖殺禮在野在外殺禮由是觀之非直以歲之凶則殺邦用若新建國及札喪禍烖在外在野皆殺禮也禮許儉不許無安得重困於無聊之民求備乎籩豆之事也人主所宜動心矣膳夫大荒則不舉大札則不舉天地有烖則不舉邦有大故則不舉由是觀之非直於外事殺禮若王膳亦爲之貶也譬如父母其子之不哺而日飫膏粱可哉人主所宜動心矣如此經所云皆自貶損憂民之道也如之感人心爲之悅用度不足海内不安未之前聞也

月令

仲春行冬令麥乃不熟

孟夏行秋令五穀不滋行冬令秀草不實

仲夏行冬令則雹凍傷穀行春令則五穀晚熟其國乃饑

疏春主生夏行春令則生之日長生之日長故熟之時晚

季夏行春令則穀實鮮落行秋令禾稼不熟

孟秋行春令五穀無實

仲冬行秋令瓜瓠不成

注瓜瓠不成酉之氣乘之也子宿值虛危虛危內有瓜瓠

郊特牲

八蜡以記四方四方年不順成八蜡不通以謹民財也順成之方其蜡乃通以移民也既蜡而收民息已故既蜡君子不興功

注四方方有祭也其方穀不熟則不通于蜡使民謹於用財也移之言羨也詩頌豐年曰爲酒爲醴烝畀祖妣以洽百禮此其羨之與　疏四方之內年穀不得和順成熟則當方八蜡之神不得與諸方通祭所以然者欲使不熟之方萬民謹慎財物也有順成之方其蜡之八神乃與諸方通祭以蜡祭豐饒皆醉飽酒食使民歆羨也　集說長樂劉氏曰九州之諸侯保育其民者也各視其年之豐凶則蜡之祭有行與不行焉所以謹民財不以祭祀傷其衣食也易之損曰曷之用二簋可用享言凶年而約其禮也順謂五氣時若成謂九穀皆登順成之方其蜡乃通者以答百神所以致豐穰之勞也以移民也者民底厥勤以至京坻之積必因祭報以燕勞之所以勸而移之也易其不勤以爲勤移其心也易其不足以就有餘移其身也大司徒之職曰大荒大札則令邦國移民通財舍禁弛力薄征緩刑然則蜡之通不通皆聽命於司徒矣　沙隨程氏曰聖人治神人之道以爲苟曠其職如神者

亦不敢不致罰也然則四方年不順成之所八蜡不通者亦變置社稷之意非區區爲民財不足而謹之也唐禮蜡祭年不順成則紬其方守之神也此古禮之存者猶可考也

樂記

天地之道風雨不節則饑

雜記

孔子曰凶年則乘駑馬祀以下牲

注 自貶損亦取易供也駑馬六種最下者下牲少牢若特豕特豚也 疏 此一節明凶荒君自貶損也校人馬有六種種馬戎馬齊馬道馬田馬此五路所乘駑馬負重載遠所乘凶年人君自貶乘駑馬也天子諸侯常祭太牢凶荒則用少牢諸侯之卿大夫常祭用少牢降用特豕士常祭用特豕降用特豚如此之屬皆爲下牲

周禮

地官

均人凡均力政以歲上下豐年則公旬用三日焉中年則公旬用二日焉無年則公旬用一日焉

注 豐年人食四鬴之歲也人食三鬴爲中歲人食二鬴爲無歲公事也旬均也

凶札則無力政無財賦不收地守地職不均地政三年大比則大均

注 無力政恤其勞也無財賦恤其乏困也不收山澤及地稅亦不平計地稅也 訂義 鄭鍔曰凶札不均特權時之變耳久而不修則法浸以壞三年大比時則大均不以一時之變廢萬世之常也

司關國凶札則無關門之征猶幾

注 凶謂凶年饑荒無關市之征者出入無租稅

廩人以歲之上下數邦用以知足否以詔國用以治年之凶豐凡萬民之食食者人四鬴上也人三鬴中也人二鬴下也

注 皆謂一月食米也 疏 上謂大豐年中謂中豐年下謂少儉年

春官

大宗伯以荒禮哀凶札

肆師之職國有大故則令國人祭

注 大故謂水旱凶荒所令祭者社及禜酺

天府季冬陳玉以貞來歲之媺惡

注 問事之正曰貞 訂義 鄭鍔曰先王防患遠憂民深故每長慮却顧以爲災害之防嘗之日卜芟彌之日卜戒社之日卜稼猶以爲未足以知來歲之休咎又於季冬之月歲且更始之時而預卜之方其問龜則天府之官陳玉以禮神玉之爲物陽精之純將以交三靈而通之故必用玉也問龜者太卜之職天府掌出玉而陳之

司服掌王之服大荒素服

注 大荒饑饉

大司樂凡大凶令弛縣

注 凶凶年也

籥章凡國祈年於田祖龡豳雅擊土鼓以樂田畯

注 祈年祈豐年也 訂義 王昭禹曰豐年雖本於天時順而祈之亦成乎人事爾

大祝掌六祝之辭一曰順祝二曰年祝

注 順豐年也 訂義 鄭鍔曰祈豐年也順成之方蜡祭乃通年無必豐之理祝其順成載芟之詩之類劉執中曰二曰年祝謂所祈五氣時若常大有年

保章氏以五雲之物辨吉凶水旱降豐荒之祲象

注 降下也知水旱所下之國 訂義 王昭禹曰事未至而使之備患未生而使之防先王仁民厚矣

秋官

士師若邦凶荒則以荒辯之法治之

訂義 劉迎曰荒辯之法所以別其荒歲之輕重而知其中年凶年無年欲爲移民通財糾守緩刑之備使凶札而無辯安知食二鬴與不能食二鬴者哉

爾雅

釋天

穀不熟爲饑蔬不熟爲饉果不熟爲荒仍饑爲薦

疏 此釋歲凶災荒之名也穀梁傳曰一穀不升謂之歉二穀不升謂之饑三穀不升謂之饉四穀不升謂之荒五穀不升謂之大饑又謂之大侵彼以五穀熟之多少立差等之名其實五者皆是饑也

禮緯

稽命徵

天子祭天地宗廟六宗五岳得其宜則五穀豐雷雨時至

斗威儀

臣專政私其君位則草木不生禾穀不實

山海經

西山經

泰器之山觀水出焉西流注于流沙是多文鰩魚狀

如鯉魚身而鳥翼蒼文而白首赤喙常行西海遊于東海以夜飛其音如鸞雞其味酸甘食之已狂見則天下大穰

玉山有獸焉其狀如犬而豹文其角如牛其名曰狡其音如吠犬見則其國大穰

東山經

欽山有獸焉其狀如豚而有牙其名曰當康其鳴自叫見則天下大穰

史記

天官書

杵臼四星在危南

注正義曰杵臼三星在丈人星旁主軍糧占正下直臼吉與臼不相當軍糧絕也臼星在南主舂其占覆則歲大饑仰則大熟也

匏瓜有青黑星守之魚鹽貴

索隱曰荊州占云匏瓜一名天雞在河鼓東匏瓜明則歲大熟也正義曰匏音白包反匏瓜五星在離珠北天子果園占明大光潤歲熟不則包果之實不登客守魚鹽貴也

凡候歲美惡謹候歲始歲始或冬至日產氣始萌臘明日人衆卒歲一會飲食發陽氣故曰初歲正月旦王者歲首立春日四時之卒始也

索隱曰謂立春日是去年四時之終卒今年之始也

四始者候之日

正義曰謂正月旦歲之始時之始日之始月之始故云四始言以四時之日候歲吉凶也

而漢魏鮮

孟康曰人姓名作占候者

集臘明正月旦決八風風從南方來大旱西南小旱西方有兵西北戎菽爲

孟康曰戎菽胡豆也爲成也索隱曰韋昭云戎菽大豆也又郭璞註爾雅亦云胡豆與孟康同

小雨

徐廣曰一無此上兩字

趣兵

索隱曰趣音促謂風從西北來則戎菽成而又有小雨則其國趣兵起也

北方爲中歲東北爲上歲

韋昭曰歲大穰

東方大水東南民有疾疫歲惡故八風各與其衝對課多者爲勝多勝少久勝亟疾勝徐旦至食爲麥食至日昳爲稷昳至餔爲黍餔至下餔爲菽下餔至日入爲麻欲終日有雨有雲有風有日

正義曰正月旦欲其終一日有風有日則一歲之中無災害也

日當其時者深而多實無雲有風日當其時淺而多實有雲風無日當其時深而少實有日無雲不風當其時者稼有敗如食頃小敗熟五斗米頃大敗則風復起有雲其稼復起各以其時用雲色占種其所宜其雨雪若寒歲惡是日光明聽都邑人民之聲聲宮則歲善吉商則有兵徵旱羽水角歲惡或從正月旦比數雨

索隱曰比音鼻律反數音疎㪍反謂以比數日以候一歲之雨以知豐穰也

率日食一升至七升而極

孟康曰月一日雨民有一升之食二日雨民有二升之食如此至七日

過之不占數至十二日日直其月占水旱

孟康曰月一日雨正月水

爲其環城千里內占則其爲天下候竟正月

孟康曰月三十日周天歷二十八宿然後可占天下正義曰按月列宿日風雲有變占其國并太歲所在則知其歲豐稔水旱饑饉也

月所離列宿

索隱曰韋昭云離歷也

日風雲占其國然必察太歲所在在金穰水毀木饑火旱此其大經也正月上甲風從東方宜蠶風從西方若旦黃雲惡冬至短極縣土炭

孟康曰先冬至三日縣土炭於衡兩端輕重適均冬至日陽氣至則炭重夏至日陰氣至則土重晉灼曰蔡邕律曆記候鍾律權土炭冬至陽氣應黃鍾通土炭輕而衡仰夏至陰氣應蕤賓通土炭重而衡低進退先後五日之中

炭動鹿解角蘭根出泉水躍略以知日至要決晷景歲星所在五穀逢昌其對爲衝歲乃有殃

正義曰言晷景歲星行不失次則無災異五穀逢其昌盛若晷景歲星行而失舍有所衝則歲乃有殃禍災變也

淮南子

天文訓

歲星之所居五穀豐昌十二歲而一康
庚子干戊子五穀有殃
戊子干庚子歲或存或亡
攝提格之歲歲早水晚旱稻疾蠶不登菽麥昌民食四升
單閼之歲歲和稻菽麥蠶昌民食五升
執徐之歲歲早旱晚水小饑蠶閉麥熟民食三升
大荒落之歲歲蠶小登麥昌菽疾民食二升
敦牂之歲歲大旱蠶登稻菽麥昌禾不爲民食二升
協洽之歲蠶登稻昌菽麥不爲民食三升
涒灘之歲歲和小雨行蠶登菽麥昌民食三升
作鄂之歲蠶不登菽麥不爲禾蟲民食五升
掩茂之歲歲小饑蠶不登麥不爲菽昌民食七升
大淵獻之歲歲大饑蠶開菽麥不爲禾蟲民食三升
困敦之歲歲大霧起大水出蠶稻菽麥昌民食三升
赤奮若之歲歲早水蠶不出稻疾菽不爲麥昌民食一升

漢書

天文志

太白在南歲在北名曰牝牡年穀大熟太白在北歲在南年或有或亡

五行志

傳曰治宮室飾臺榭內淫亂犯親戚侮父兄則稼穡不成說曰土中央生萬物者也其于王者爲內事宮室夫婦親屬亦相生者也古者天子諸侯宮廟大小高卑有制后夫人媵妾多少進退有度九族親疏長幼有序孔子曰禮與其奢也寧儉故禹卑宮室文王刑于寡妻此聖人之所以昭教化也如此則土得其性矣若乃奢淫驕慢則土失其性有水旱之災而草木百穀不熟是爲稼穡不成

京房易飛候

青雲占

視四方常有青雲主豊

玉曆通政經

占歲

冬至之日見雲送迎從下鄉來歲美無雲送迎德薄歲惡

齊民要術

雜說

師曠占五穀貴賤法常以十月朔日占春糶貴賤風從東來春賤逆此者貴以四月朔占秋糶風從南來西來者秋皆賤逆此者貴以正月朔占夏糶風從南來東來者皆賤逆此者貴

師曠占五穀曰正月甲戌日大風東來折樹者穀熟甲寅日大風西北來者貴庚寅日風從西來者皆貴二月甲戌日風從南來者稻熟乙卯日不雨晴明稻上塲不熟四月四日雨稻熟日月珥天下喜十五日十六日雨晚稻善日月蝕

師曠占五穀早晚曰粟米常以九月爲本若貴賤不時以最賤之月爲本粟以秋得本貴在來夏以冬得本貴在來秋此收穀遠近之期也早晚以其時差之粟米春夏貴去年秋冬什七到夏復貴秋冬什九者是陽道之極也急糴之勿留留則大賤也

物理論曰正月望夜占陰陽陽長卽旱陰長卽水立表以測其長短審其水旱表長二尺月影長二尺以上大旱二尺五寸至三尺小旱三尺五寸至四尺調適高下皆熟四尺五寸至五尺小水五尺五寸至六尺大水月影所極則正面也立表中正乃得其定又曰正月朔旦四面有黃氣其歲大豐此黃帝用事土氣黃均四方並熟有青氣雜黃有螟蟲赤氣大旱黑氣大水正朔占歲星上有青氣宜桑赤氣宜豆黃氣宜稻

師曠占曰黃帝問曰吾欲占藥善一心可知不對曰歲欲甘甘草先生薺歲欲苦苦草先生葶藶歲欲雨雨草先生藕歲欲旱旱草先生蒺藜歲欲荒荒草先生蓬歲欲病病草先生艾

宋史

天文志

八穀八星在華蓋西五車北一曰在諸王西武密曰主候歲豐儉一稻二黍三大麥四小麥五大豆六小豆七粟八麻甘氏曰八穀在宮北門之右司親耕司候歲司尚食星明吉一星亡一穀不登八星不見大饑客星入穀貴彗星入爲水黑雲氣犯之八穀不收

天廚六星在扶筐北一曰在東北維外主盛饌今光祿廚也星亡則饑不見爲凶客星流星犯之亦爲饑

糠一星在箕舌前杵西北明則豐熟暗則民饑流亡

杵三星在箕南主給庖舂動則人失釜甑縱則豐橫則大饑亡則歲荒移徙則人失業熒惑守民流客星犯守歲饑彗孛犯天下有急兵

農丈人一星在南斗西南老農主稼穡者又主先農農正宮星明歲豐暗則民失業移徙歲饑客星彗星

守之民失耕歲荒

天錞三星在五諸侯南一日在東井北錞器也主盛饘粥以給貧餒明爲豐暗則歲惡

五色綫

歲星占

歲守心則年豐歲爲重華故主豐年

婁元禮田家五行

論草

五穀草占稻色草有五穗近本莖爲早色腰末爲晚禾隨其穗之美惡以斷豐歉未必極驗但其草每年根根相似

論花

草花雜占云薺菜先生歲欲甘葶藶先生歲欲苦藕先生歲欲雨蒺藜先生歲欲旱蓬先生歲欲荒水藻先生歲欲惡艾先生歲欲病皆以孟春占之係江南農事云

論走獸

鼠咬麥苗主不見收咬稻苗亦然

論祥瑞

兩岐麥謂一稈而秀兩穗也主時年祥瑞又主其田秋必倍收

珍珠船

杏花占

師曠占衛杏花多者不蟲者來年秋禾善

豐歉部彙考二

周

桓王三年京師饑

按左傳魯隱公六年冬京師來告饑公爲之請糴於宋衛齊鄭禮也

惠王十一年魯大無麥禾

按春秋魯莊公二十八年大無麥禾　按公羊傳冬旣見無麥禾矣曷爲先言築郿而後言無麥禾諱以凶年造邑也　按穀梁傳大者有顧之辭也于無禾及無麥也

按漢書五行志嚴公二十八年冬大水亡麥禾董仲舒謂夫人哀姜淫亂逆陰氣故大水也劉向謂水旱當書不書水旱而曰大亡麥禾者土氣不養稼穡不成者也是時夫人淫於二叔內外亡別又因凶饑一年而三築臺故應是而稼穡不成飾臺榭內淫亂之罰云遂不改寤四年而死禍流二世奢淫之患也

襄王五年晉饑

按左傳魯僖公十三年冬晉薦饑使乞糴于秦

六年秦饑

按左傳魯僖公十四年冬秦饑使乞糴于晉

七年晉饑

按左傳魯僖公十五年晉饑秦輸之粟

十三年魯饑

按左傳魯僖公二十一年夏大旱是歲也饑而不害

匡王二年宋饑

按左傳魯文公十六年秋八月宋公子鮑禮于國人宋饑竭其粟而貸之

定王十四年冬魯大有年

按春秋魯宣公十有六年冬大有年　按穀梁傳五穀大熟爲大有年

大全程氏曰大有年記異也旱乾水溢饑饉薦臻者災也山崩地震彗孛飛流者異也景星甘露醴泉芝草百穀順成者祥也大有年上瑞矣何以爲記異乎凡災異慶祥皆人爲所感而天以其類應之者也人事順于下則天氣和于上宣公弒立逆理亂倫水旱螽螟饑饉之變相繼而作史不絕書宜也獨于是冬乃大有年所以爲異乎夫有年大有年一耳古史書之則爲祥仲尼筆之則爲異此言外微旨非聖人莫能脩之者也

景王元年鄭宋饑

按左傳魯襄公二十九年鄭饑而未及麥民病子皮餼國人粟戶一鍾子罕聞之曰鄰于善民之望也宋亦饑請于平公出公粟以貸

靈王十三年冬魯大饑

按春秋魯襄公二十四年冬大饑　按穀梁傳五穀不升爲大饑一穀不升謂之歉二穀不升謂之饑三穀不升謂之饉四穀不升謂之康五穀不升謂之大祲大祲之禮君食不兼味臺榭不塗弛侯廷道不除百官布而不制鬼神禱而不祀此大祲之禮也

敬王十五年蔡饑

大全何氏曰有死傷曰大饑無死傷曰饑

按左傳魯定公五年夏歸粟於蔡以周亟矜無資

秦

始皇三年歲大饑

按史記秦始皇本紀云云

十九年上谷大饑

按史記秦始皇本紀云云

漢

高祖二年關中大饑

按漢書高祖本紀二年六月關中大饑米斛萬錢人相食令民就食蜀漢　按食貨志漢興接秦之敝諸侯並起民失作業而大饑饉凡米石五千人相食死者過半

景帝元年詔以比歲不登聽民徙寬大地

按漢書景帝本紀元年春正月詔曰間者歲比不登民多乏食夭絕天年朕甚痛之郡國或磽陿無所農桑毄畜或地饒廣薦草莽水泉利而不得徙其議民欲徙寬大地者聽之

後二年饑

按漢書景帝本紀後二年春以歲不登禁內郡食馬粟沒入之

後三年歲比不登

按漢書景帝本紀三年春正月詔曰間歲或不登意爲末者衆農民寡也其令郡國務勸農桑益種樹可得衣食物

武帝建元三年春大饑

按漢書武帝本紀建元三年春大饑人相食

元狩三年山東饑

按漢書武帝本紀元狩三年秋遣謁者勸有水災郡種宿麥舉吏民能假貸貧民者以名聞　按食貨志山東被水災民多饑乏

元鼎二年饑

按漢書武帝本紀元鼎二年夏大水關東餓死者以千數

昭帝始元四年歲比不登

按漢書昭帝本紀四年秋七月詔曰比歲不登民匱於食流庸未盡還往時令民共出馬其止勿出

元鳳三年饑

按漢書昭帝本紀元鳳三年春正月詔曰迺者民被水災頗匱於食朕虛倉廩使使者振困乏

宣帝本始四年歲不登

按漢書宣帝本紀本始四年春詔今歲不登遣使者賑貸困乏　按食貨志宣帝卽位用吏多選賢良百姓安土歲數豐穰穀至石五錢

元帝初元元年歲不登

按漢書元帝本紀初元元年夏四月詔關東今年穀不登民多困乏其令郡國被災害甚者毋出租賦九月關東郡國十一饑或人相食　按貢禹傳元帝初卽位徵禹爲諫議大夫數虛己問以政事是時年歲不登郡國多困禹奏言古者宮室有制宮女不過九人秣馬不過八匹牆塗而不琱木摩而不刻車輿器物不文畫苑囿不過數十里與民共之任賢使能什一而稅亡它賦斂繇戍之役使民歲不過三日千里之內自給千里之外各置貢職而已故天下家給人足頌聲並作至高祖孝文孝景皇帝循古節儉宮女不過十餘廄馬百餘匹孝文皇帝衣綈履革器亡琱文金銀之飾後世爭爲奢侈轉轉益甚臣下亦相放效衣服履絝刀劍亂於主上主上時臨朝入廟衆人不能別異甚非其宜然非自知奢僭也猶魯昭公曰吾何僭矣今大夫僭諸侯諸侯僭天子天子過天道其日久矣承衰救亂矯復古人在於陛下臣愚以爲盡如太古難宜少放古以自節焉論語曰君子樂節禮樂方今宮室已定亡可奈何矣其餘盡可減損故時齊三服官輸物不過十笥方今齊三服官作工各數千人一歲費數鉅萬蜀廣漢主金銀器歲各用五百萬三工官官費五千萬東西織室亦然廄馬食粟將萬匹臣禹嘗從之東宮見賜杯案盡文畫金銀飾非當所以賜食臣下也東宮之費亦不可勝計天下之民所爲饑餓死者是也今民大饑而死死又不葬犬豬所食人至相食而廄馬食粟苦其大肥氣盛怒至乃日步作之王者受命於天爲民父母固當若此乎天不見邪武帝時又多取好女至數千人以塡後宮及棄天下昭帝幼弱霍光專事不知禮正妄多臧金銀財物鳥獸魚鼈牛馬虎豹生禽凡百九十物盡瘞臧之又皆以後宮女置於園陵大失禮逆天心又未必稱武帝意也昭帝晏駕光復行之至孝宣皇帝時陛下惡有所言羣臣亦隨故事甚可痛也故使天下承化取女皆大過度諸侯妻妾或至數百人豪富吏民畜歌者至數十人是以內多怨女外多曠夫及衆庶葬埋皆虛地上以實地下其過自上生皆在大臣循故事之辠也唯陛下深察古道從其儉者大減損乘輿服御器物三分去二子產多少有命審察後宮擇其賢者留二十人餘悉歸之及諸陵園女亡子者宜悉遣獨杜陵宮人數百誠可哀憐也廄馬可亡過數十匹獨舍長安城南苑地以爲田獵之囿自城

西南至山西至鄠皆復其田以與貧民方今天下饑饉可亡大自減損以救之稱天意乎天生聖人蓋爲萬民非獨使自娛樂而已也故詩曰天難諶斯不易惟王上帝臨女毋貳爾心當仁不讓獨可以聖心參諸天地揆之往古不可與臣下議也若其阿意順指隨君上下臣禹不勝拳拳不敢不盡愚心天子納善其忠乃下詔令大僕減食穀馬水衡減食肉獸省宜春下苑以與貧民又罷角抵諸戲及齊三服官遷禹爲光祿大夫

初元二年饑

按漢書元帝本紀二年三月詔曰間者歲數不登元元困乏不勝饑寒以陷刑辟朕甚憫之六月關東饑齊地人相食秋七月詔曰歲比災害民有菜色慘怛于心已詔吏虛倉廩開府庫賑救今秋禾麥頗傷其各安在公卿其悉陳朕過靡有所諱　按食貨志元帝即位天下大水關東郡十一尤甚二年齊地饑穀石三百餘民多餓死琅琊郡人相食

初元五年關東饑

按漢書元帝本紀五年夏四月詔曰迺者關東連遭災害饑寒疾疫夭不終命

永光元年大饑

按漢書元帝本紀永光元年三月隕霜傷麥稼秋罷

注晉灼曰五行志永光元年三月隕霜殺桑九月二日隕霜殺稼天下大饑師古曰秋罷者言秋時無所收也

永光二年饑

按漢書元帝本紀二年夏六月詔曰間者連年不收四方咸困元元之民勞於耕耘又亡成功困于饑饉亡以相救朕爲民父母德不能覆而有其刑甚自傷焉其赦天下

建昭四年饑

按漢書元帝本紀建昭四年夏四月詔曰間者陰陽不調五行失序百姓饑饉烝庶失業

成帝永始二年饑

按漢書成帝本紀永始二年二月乙酉詔曰關東比歲不登吏民以義收食貧民入穀物助縣官賑贍

按食貨志永始二年梁國平原郡比歲傷水災人相食刺史守相坐免

後漢

光武帝建武二年關中饑民食野穀

按後漢書光武帝本紀建武二年九月關中饑人相食初王莽末天下旱蝗黃金一斤易粟一斛至是野穀旅生麻尗尤盛野蠶成繭被於山阜人收其利焉

明帝永平五年歲稔

按後漢書明帝本紀不載　按晉書食貨志顯宗即位天下安寧民無橫徭歲比登稔永平五年作常滿倉立粟市於城東粟斛直錢二十草樹殷阜牛羊彌望作貢尤輕府廩還積姦回不用禮義專行於時傳曰三統之元有陰陽之九爲蓋天地之恆數也

永平九年大有年

按後漢書明帝本紀云云

永平十二年歲屢豐

按後漢書明帝本紀十二年歲比登稔百姓殷富粟斛三十牛羊被野

章帝建初元年饑

按後漢書章帝本紀不載　按東平王蒼傳建初元年蒼上便宜帝報書曰災異之降緣政而見今改元之後年饑人流此朕之不德感應所致

建初二年饑

按後漢書章帝本紀二年春三月詔曰比年陰陽不調饑饉屢臻深惟先帝憂人之本

和帝永元五年饑

按後漢書和帝本紀永元五年三月遣使者分行貧民舉實流冗開倉賑廩三十餘郡　按樊準傳永元之初連年水旱災異郡國多被饑困

永元六年饑

按後漢書和帝本紀六年三月詔流民所過郡國皆實稟之丙寅詔以濟河之域凶饉流亡其令舉賢良方正能直言極諫之士各一人

安帝永初二年大饑

按後漢書安帝本紀永初二年春正月稟河南下邳東萊河內貧民

注古今注曰時州郡大饑米石二千人相食老弱相棄道路

二月乙丑遣光祿大夫樊準呂倉分行冀兗二州稟貸流民秋七月戊辰詔曰昔在帝王承天理民莫不據璇璣玉衡以齊七政朕以不德遵奉大業而陰陽差越變異互見萬民饑流羌貊叛戾夙宿克己憂心京京間令公卿郡國舉賢良方正遠求博選開不諱之路冀得至謀以鑒不逮而所對皆循尚浮言無卓爾異聞其百僚及郡國吏人有道術明習災異陰陽

之度璇璣之數者各使指變以聞二千石長吏明以詔書博衍幽隱朕將親覽待以不次冀獲嘉謀以承天誡

永初三年大饑

按後漢書安帝本紀三年三月京師大饑民相食壬辰公卿詣闕謝詔曰朕以幼沖奉承鴻業不能宣流風化而感逆陰陽至令百姓饑荒更相噉食永懷悼歎若墜淵冰咎在朕躬非羣司之責而過自貶引重朝廷之不德其務思變復以助不逮是歲幷涼二州大饑人相食　按續漢書四年詔比年饑加有軍旅且勿設戲作樂正旦無充庭車也

永初七年南陽等郡饑

按後漢書安帝本紀七年九月調零陵桂陽丹陽豫章會稽租米賑給南陽廣陵下邳彭城山陽廬江九江饑民

順帝陽嘉二年吳郡饑

按後漢書順帝本紀陽嘉二年春二月詔以吳郡會稽饑荒貸人種糧

桓帝建和元年饑

按後漢書桓帝本紀建和元年二月荆揚二州人多餓死

永興元年饑

按後漢書桓帝本紀永興元年秋七月百姓饑窮流冗道路至有數十萬戶冀州尤甚

永興二年饑

按後漢書桓帝本紀二年九月詔饑饉薦臻其不被害郡縣當爲饑餧者儲

永壽元年冀州饑

按後漢書桓帝本紀永壽元年二月司隸冀州饑人相食敕州郡賑給貧弱

延熹九年豫州饑

按後漢書桓帝本紀延熹九年三月司隸豫州饑死者什四五至有滅戶者遣三府掾賑廩之

獻帝興平元年饑

按後漢書獻帝紀興平元年穀一斛五十萬豆麥一斛二十萬人相食啖白骨委積帝使侍御史侯汶出太倉米豆爲饑人作糜粥經日而死者無數

建安二年江淮饑

按後漢書獻帝本紀建安二年歲饑江淮間民相食

魏

文帝黃初三年饑

按魏志文帝本紀黃初三年秋七月冀州民饑

黃初五年冀州饑

按魏志文帝本紀五年十一月庚寅以冀州饑遣使者開倉廩賑之

明帝青龍三年關東饑

按魏志明帝本紀不載　按晉書宣帝本紀青龍三年關東饑

齊王芳嘉平四年關中饑

按魏志三少帝本紀不載　按晉書食貨志云云

吳

大帝嘉禾三年歲不登

按吳志孫權傳嘉禾三年春正月詔曰兵久不輟民困於役歲或不登其寬諸逋勿復督課

赤烏三年冬十一月民饑

按吳志孫權傳云云

烏程侯　年稼穡不成饑

按晉書五行志吳孫皓時常歲無水旱苗稼豐美而實不成百姓以饑闔境皆然連歲不已吳人以爲傷露非也按劉向春秋說曰水旱當書不書水旱而曰大無麥禾者土氣不養稼穡不成此其義也皓初還都武昌尋還建業又起新館綴飾珠玉壯麗過甚破壞諸營增廣苑囿犯暑妨農官私疲怠月令季夏不可以興土功皓皆冒之此修宮室飾臺榭之罰也

晉

武帝泰始七年雍涼秦饑

按晉書武帝本紀泰始七年五月雍涼秦三州饑赦其境內殊死以下

咸寧五年饑

按晉書武帝本紀咸寧五年二月乙亥以百姓饑饉減御膳之半

太康六年屢年不登

按晉書武帝本紀太康六年春正月庚申朔以比歲不登免租貸宿負

惠帝元康四年饑

按晉書惠帝本紀元康四年秋八月大饑

元康六年饑

按晉書惠帝本紀六年關中饑

元康七年饑

按晉書惠帝本紀七年秋七月關中饑米斛萬錢

元康八年春雍州饑秋有年

按晉書惠帝本紀八年春正月詔發倉廩賑雍州饑人秋九月雍州有年

愍帝建興四年饑

按晉書愍帝本紀建興四年冬十月京師饑甚米斗金二兩人相食死者大半

元帝太興元年江東饑

按晉書元帝本紀太興元年十二月江東三郡饑遣使賑給之

太興二年三吳饑

按晉書元帝本紀二年五月吳郡大饑是歲三吳大饑

明帝太寧元年饑

按晉書明帝本紀太寧元年冬十一月以軍國饑乏調刺史以下米各有差

成帝咸和四年饑

按晉書成帝本紀咸和四年春正月城中大饑米斗萬錢

咸和五年大饑

按晉書成帝本紀不載　按五行志咸和五年無麥禾天下大饑

咸康元年揚州諸郡饑

按晉書成帝本紀咸康元年二月揚州諸郡饑遣使賑給

孝武帝太元六年大饑

按晉書孝武帝本紀太元六年秋七月甲午交州平大饑　按五行志六年無麥禾天下大饑

安帝隆安五年饑

按晉書安帝本紀隆安五年是歲饑

元興元年無麥禾天下大饑

按晉書安帝本紀不載　按五行志云云

欽定古今圖書集成曆象彙編庶徵典

第一百八卷目錄

豐歉部彙考三

庶徵典第一百八卷

豐歉部彙考三

宋

文帝元嘉十二年饑

按宋書文帝本紀不載　按沈演之傳演之除司徒元嘉十二年東諸郡大水民人饑饉吳義興及吳郡之錢唐升米三百

元嘉二十年民大饑

按宋書文帝本紀云云

元嘉二十一年饑

按宋書文帝本紀二十一年夏四月晉陵延陵民徐耕以米千斛助恤饑民

元嘉二十三年大有年

按宋書文帝本紀云云

元嘉三十年青徐饑

按宋書文帝本紀三十年春正月徐青州饑二月壬子遣運部賑䘏

孝武帝孝建二年三吳飢

按南史宋孝武帝本紀孝建二年八月三吳饑詔所在賑貸

大明元年饑

按宋書孝武帝本紀大明元年五月吳興義興大水民饑

大明三年饑

按宋書孝武帝本紀三年二月甲子荆州饑

南齊

武帝永明三年秋枯苗再熟

按南齊書武帝本紀永明三年夏琅邪郡旱百姓芟除枯苗至秋擢穎大熟

永明四年麥再秀

按南齊書武帝本紀四年四月臨沂縣麥不登刈爲馬芻至夏更苗秀

梁

武帝天監元年大饑

按南史梁武帝本紀天監元年米斗五千民多餓死

天監四年大穰

按南史梁武帝本紀四年大穰米斛三十

大同三年饑

按梁書武帝本紀大同三年九月北徐州境內旅生稻稗二千許頃南兗州大饑冬十月京師饑

大同四年饑

按南史梁武帝本紀四年八月甲辰詔南兗等十二州旣經饑饉曲赦逋租宿債勿收今年三調

太清三年簡文帝卽位七月大饑

按南史梁簡文帝本紀太清三年五月辛巳卽皇帝位七月九江大饑人相食者十四五

簡文帝大寶元年大饑

按梁書簡文帝本紀大寶元年五月自春迄夏大饑人相食京師尤甚

北魏

太宗神瑞二年饑

按魏書太宗本紀神瑞二年九月京師民饑聽出山東就食冬十月丙寅詔曰古人有言百姓足則君有餘未有民富而國貧者也頃者以來頻遇霜旱年穀

不登百姓饑寒不能自存者甚衆其出布帛倉穀以振貧窮　按食貨志二年不熟京畿之內路有行饉帝以饑將遷都於鄴用博士崔浩計乃止

泰常八年饑

按北史魏太宗本紀泰常八年歲饑詔所在開倉振給

世祖神䴥四年饑

按北史魏太武帝本紀神䴥四年二月定州人饑詔開倉以振之

太平眞君元年饑

按魏書世祖本紀太平眞君元年州鎭十五民饑開倉振恤

太平眞君九年饑

按魏書世祖本紀九年二月癸卯山東民饑詔開倉振之

高宗太安三年饑

按魏書高宗本紀太安三年十有二月以州鎭五蝗民饑使使者開倉以振之

太安五年饑

按北史魏高宗本紀五年冬十二月戊申詔以六鎭雲中高平二雍秦州徧遇災旱年穀不收開倉振乏有徙流者喩還桑梓

顯祖天安元年饑

按魏書顯祖本紀天安元年州鎭十一旱民饑開倉振恤

皇興四年饑

按魏書顯祖本紀皇興四年州鎭十一民饑

高祖延興三年饑

按魏書高祖本紀延興三年相州民饑死者二千八百四十五人

延興四年饑

按北史魏高祖本紀四年州鎭十三大饑丐人田租開倉振之

太和元年饑

按魏書高祖本紀太和元年春正月己酉雲中饑開倉振恤十有二月丁未州郡八水旱蝗民饑

太和二年饑

按北史魏高祖本紀二年州鎭二十餘水旱人饑詔開倉振恤

太和三年饑

按魏書高祖本紀三年六月辛未以雍州民饑開倉振恤

太和四年饑

按北史魏高祖本紀四年郡鎭十八水旱人饑詔開倉振恤

太和五年饑

按北史魏高祖本紀五年十二月癸巳州鎭十二饑詔開倉振恤

太和七年饑

按北史魏高祖本紀七年三月甲戌以冀定二州饑詔郡縣爲粥於路以食之六月定州上言爲粥所活九十四萬七千餘口九月冀州上言爲粥所活七十三萬一千七百餘口十二月州鎭十三饑詔開倉振恤

太和八年饑

按北史魏高祖本紀八年十二月州鎭十五水旱人饑詔使者開倉振恤

太和九年饑

按北史魏高祖本紀九年八月庚申詔曰數州災水饑饉荐臻民有賣鬻男女者天譴在予一人百姓橫罹艱毒今自太和六年已來買定冀幽相四州饑人良口者盡還所親雖聘爲妻妾遇之非理情不樂者亦離之是歲京師及州鎭十三水旱傷稼

太和十年饑

按魏書高祖本紀十年十有二月乙酉詔以汝南潁川大饑丐民田租開倉振恤

太和十一年饑

按魏書高祖本紀十有一年二月甲子詔以肆州之鴈門及代郡民饑開倉振恤六月辛巳秦州民饑開倉振恤秋七月己丑詔曰今年穀不登聽民出關就食遣使者造籍分遣去留所在開倉振恤是歲大饑詔所在開倉振恤　按韓麒麟傳麒麟除冠軍將軍齊州刺史太和十一年京都大饑麒麟表陳時務曰古先哲王經國立治積儲九稔謂之太平故躬籍千畝以勵百姓用能衣食滋茂禮敎興行逮於中代亦崇斯業入粟者與斬敵同爵力田者與孝悌均賞實百王之常軌爲治之所先今京師民庶不田者多遊食之口三分居二蓋一夫不耕或受其饑況於今者動以萬計故頃年山東遭水而民有餧終今秋京都遇旱穀價踊貴實由農人不勸素無儲積故也伏惟陛下天縱欽明道高三五昧旦憂勤思恤民瘼雖帝

虞一日萬幾周文昃不暇食蔑以爲喻上垂覆載之澤下有凍餒之人皆由有司不爲明制長吏不恤其本自承平日久豐穰積年競相矜夸遂成侈俗車服第宅奢僭無限喪葬婚娶爲費實多貴富之家童妾袨服工商之族玉食錦衣農夫餔糟糠蠶婦乏短褐故令耕者日少田有荒蕪穀帛罄于府庫寶貨盈于市里衣食匱于室麗服溢于路饑寒之本實在于斯愚謂凡珍玩之物皆宜禁斷吉凶之禮備爲格式令貴賤有别民歸朴素制天下男女計口受田宰司四時巡行臺使歲一按檢勤相勸課嚴加賞罰數年之中必有盈贍雖遇災凶免于流亡矣往年校比戸貫租賦輕少臣所統齊州租粟纔可給俸略無入倉雖於民爲利而不可長久脫有戎役或遭天災恐供給之方無所取濟可減絹布增益穀租年豐多積歲儉出賑所謂私民之穀寄積於官官有宿積則民無荒年矣

太和十二年饑

按北史魏高祖本紀十二年十一月雍豫二州人饑詔開倉振恤

太和十三年饑

按魏書高祖本紀十有三年夏四月己丑州鎮十五大饑詔所在開倉振恤　按高閭傳太和十四年秋閭上表曰奉詔以春夏少雨憂饑饉之方臻愍黎元之傷瘁同禹湯罪己之誠齊堯舜引咎之德虞災致懼詢及卿士令各上書極陳損益臣聞皇天無私降鑒在下休咎之徵咸由人召故帝道昌則九疇叙君德衰而彝倫斁休瑞並應享以五福則康于其邦咎徵屢臻罰以六極則害于其國斯乃洪範之實徵神祇之明驗及其厄運所纏世鍾陽九數乖于天理事違于人謀時則有之矣故堯湯逢歷年之災周漢遭水旱之患然立功修行終能弭息

太和二十年歲儉

按北史魏高祖本紀二十年十二月甲子以西北州郡旱儉遣侍臣巡察開倉振恤

太和二十三年世宗即位饑

按北史魏世宗本紀二十三年四月即皇帝位是歲州鎮十八水饑分遣使者開倉振恤

世宗景明元年饑

按魏書世宗本紀景明元年五月甲寅以北鎮大饑遣兼侍中楊播巡撫賑恤是歲十七州大饑分遣使者開倉賑恤　按薛安都傳安都從祖弟眞度爲豫州刺史景明初豫州大饑眞度表曰去歲不收饑饉十五今又災雪三尺民人萎餒

景明二年饑

按魏書世宗本紀二年三月青齊徐兗四州大饑民死者萬餘口

景明三年饑

按魏書世宗本紀三年河州大饑死者二千餘口

正始四年饑

按北史魏世宗本紀正始四年秋八月辛丑敦煌人饑詔開倉賑恤九月景戌司州人饑詔開倉賑恤永平元年春三月景午以去年旱儉遣使者所在賑恤

永平二年饑

按魏書世宗本紀永平二年夏四月己酉詔以武川鎭饑開倉賑恤

永平三年歲儉

按北史魏世宗本紀三年五月丁亥冀定二州旱儉詔開倉賑恤

永平四年饑

按魏書世宗本紀四年二月壬午青齊徐兗四州民饑甚遣使賑恤

延昌元年饑

按魏書世宗本紀延昌元年夏四月戊辰詔河北民就穀燕恆二州辛未詔饑民就穀六鎭五月丙午詔天下有粟之家供年之外悉貸饑民六月庚辰詔出太倉粟五十萬石以賑京師及州郡饑民

延昌二年饑

按魏書世宗本紀二年二月丙辰朔賑恤京師貧民甲戌以六鎭大饑開倉賑贍是春民饑餓死者數萬口夏四月庚子以絹十五萬匹賑恤河南郡饑民六月乙酉青州民饑詔使者開倉賑恤

延昌三年饑

按魏書世宗本紀三年夏四月青州民饑辛巳開倉賑恤

肅宗熙平元年饑

按魏書肅宗本紀熙平元年夏四月戊戌以瀛州民饑開倉賑恤五月丁卯朔詔曰炎旱積辰苗稼萎悴比雖微澍猶未霑洽晚種不納企望憂勞在予之責思自兢厲尚書可釐恤獄犴察其淹枉簡諒輕重隨事以聞無使一人怨嗟增傷和氣土木作役權皆休罷勸農省務肆力田疇庶嘉澤近降豐年可必

熙平二年饑

按魏書肅宗本紀二年冬十月幽冀滄瀛四州大饑光州饑敝

神龜元年饑

按魏書肅宗本紀神龜元年春正月乙酉幽州大饑民死者二千七百九十九人詔刺史趙邕開倉賑恤

出帝太昌元年饑

按魏書出帝本紀太昌元年五月詔西土年饑百姓流徙其有露屍令所在埋覆

孝靜帝天平三年饑

按魏書孝靜帝本紀天平三年冬十一月戊申詔遣使巡檢河北流移饑人

天平四年饑

按魏書孝靜帝本紀不載　按北史齊神武本紀四年二月乙酉神武以并肆汾建晉東雍南汾泰陝九州霜旱人饑流散請所在開倉賑給

文帝大統二年大饑

按北史魏文帝本紀大統二年關中大饑人相食死者十七八

恭帝四年浙州饑

按魏書恭帝本紀不載　按周書孝閔帝本紀元年即西魏恭帝四年三月壬子詔曰浙州去歲不登厥民饑饉朕用愍焉

北齊

武成帝河清三年饑

按北齊書武成本紀河清三年是歲山東大水饑死者不可勝計詔發賑給事竟不行

河清四年年穀不登

按北史齊武成本紀四年二月壬申以年穀不登禁酤酒

後主武平四年山東饑

按北齊書後主本紀不載　按隋書五行志齊後主武平四年山東饑是時大興土木之功於仙都苑又起宮於邯鄲窮侈極麗後宮侍御千餘人皆寶衣玉食逆中氣之咎也

武平六年饑

按北齊書後主本紀七年春正月壬辰詔去秋以來水潦人饑不自立者所在付大寺及諸富戶濟其性命

北周

武帝天和六年饑

按周書武帝本紀建德元年三月詔去秋年穀不登民有散亡家空杼軸朕每日恭己夕惕兢懷自今正調以外無妄徵發庶時俗殷阜稱朕意焉

建德三年饑

按周書武帝本紀三年春正月丙子詔以往歲年穀不登民多乏絕令公私道俗凡有積貯粟麥者皆準口聽留以外盡糶

建德四年饑

按周書武帝本紀四年岐寧二州民饑　按邵惠公顥傳顥子導導子椿建德初除岐州刺史四年關中民饑椿表陳其狀璽書勞慰

隋

文帝開皇十四年饑

按隋書文帝本紀開皇十四年八月關中大饑

煬帝大業五年大饑

按隋書煬帝本紀不載　按五行志大業五年燕代齊魯諸郡饑先是建立東都制度崇侈又宗室諸王多遠徙邊郡

唐

太宗貞觀元年饑

按唐書太宗本紀貞觀元年十月丁酉以歲饑減膳

按五行志貞觀元年關內饑

貞觀二年饑

按唐書太宗本紀二年三月己巳遣使巡關內出金寶贖饑民鬻子者還之

按舊唐書本紀二年八月河南河北大霜人饑

貞觀八年饑

按唐書太宗本紀不載　按虞世南傳貞觀八年山東及江淮大水帝憂之以問世南對曰山東淫雨江淮大水恐有冤獄枉繫帝然之於是遣使賑饑民申挺獄訟多所原赦

高宗永徽五年大稔

按唐書高宗本紀不載　按冊府元龜永徽五年大稔雒米斛至兩錢半粳米斗至十一文

顯慶元年以民饑減膳

按唐書高宗本紀不載　按冊府元龜顯慶元年二月上封人奏稱去歲粟麥不登百姓有食糟糠者帝命取所食物視之鸞嘆手詔曰上封人所進食極惡情之憂灼中宵輟寐未言給足取愧良深夫國以人爲本人以食爲天百姓不足君孰與足朕臨御天下

於今七年每雷心庶績軫慮農畝而政道未凝仁風猶缺致令九年無備四氣有乖遂使去秋霖滯便即磬竭所以行西郊而結念眷東作以勞懷豈下之農夫上甘珍饌宜令所司常進之食三分減二羣臣奏言伏見手詔以近畿諸州百姓少食特爲減膳去年雖不善熟未是大饑陛下憂勞情深發使賑給復爲減膳在外黎庶不勝喜慶帝曰比日亦聞百姓食少不謂至是今所見者乃非人所食物朕聞天子以百姓心爲心豈有見有如此一身獨供豐饌自見此食憂歎不能已也三月澍雨百僚請復常膳許之

總章二年饑

按唐書高宗本紀不載　按五行志總章二年諸州四十餘饑關中尤甚

咸亨元年饑

按唐書高宗本紀咸亨元年八月庚戌以穀貴禁酒是歲大饑

咸亨三年饑

按唐書高宗本紀不載　按唐會要三年關中饑

儀鳳三年饑

按唐書高宗本紀不載　按冊府元龜三年四月以同州饑沙苑及長春宮並許百姓樵採漁獵

儀鳳四年春東都饑

按唐書高宗本紀不載　按五行志云云

調露元年秋關中饑

按唐書高宗本紀不載　按五行志云云

永隆元年饑

按唐書高宗本紀不載　按五行志永隆元年冬東都饑

按舊唐書本紀永隆元年十一月洛州饑減價官糶以救饑人

永淳元年饑

按唐書高宗本紀永淳元年六月大蝗人相食　按五行志永淳元年關中及山南州二十六饑京師人相食

按冊府元龜永淳元年正月朔以年饑受朝賀而不設會放雍州諸府兵士於鄧綏等州就穀

弘道元年饑

按唐書高宗本紀不載　按舊唐書本紀永淳二年（是年改元弘道）天后自封岱之後勸上封中岳每下詔草儀注以歲饑而止

中宗嗣聖四年（即武后垂拱三年）饑

按唐書武后本紀不載　按五行志垂拱三年天下饑

嗣聖五年（即武后垂拱四年）饑

按唐書武后本紀不載　按舊唐書本紀垂拱四年春二月山東河南甚饑乏

嗣聖十八年（即武后大足元年）饑

按唐書中宗本紀不載　按五行志大足元年春河南諸州饑

神龍二年饑

按唐書中宗本紀不載　按舊唐書本紀二年河北水大饑

景龍元年饑

按唐書中宗本紀不載　按舊唐書本紀神龍三年（是年改元景龍）夏山東河北二十餘州旱饑饉疾疫死者數千計

景龍二年春饑

按唐書中宗本紀不載　按五行志云云

按冊府元龜二年二月以河朔諸州多饑乏命張知泰巡問賑恤

景龍三年饑

按唐書中宗本紀不載　按五行志三年三月饑

按冊府元龜三年三月制發倉廩賑饑人

睿宗先天二年饑

按唐書睿宗本紀不載　按五行志先天二年冬京師岐隴幽州饑

元宗開元二年饑

按唐書元宗本紀不載　按張廷珪傳開元初大旱關中饑詔求直言廷珪上疏曰古有多難興國殷憂啓聖蓋事危則志銳情苦則慮深故能轉禍爲福也景龍先天間凶黨構亂陛下神武汎埽氛垢日月所燭無不濡澤明明上帝宜錫介福而頃陰陽愆候九穀失稔關輔尤劇臣思天意殆以陛下春秋鼎盛不崇朝有大功輕堯舜而不法思秦漢以自高故昭見咎異欲日慎一日永保天和是皇天於陛下睠顧深矣陛下得不奉若休旨而寅畏哉誠願約心削志考前王之書敦素樸之道登端士放佞人屏後宮減外廄埸無賦鞠之玩野絕從禽之樂促遠境罷縣戍矜惠窮悖鰥薄徭賦去淫巧捐珠璧不見可欲使心不亂或謂天戒不足畏而上帝憑怒風雨迷錯荒饉日甚則無以濟下矣或謂人窮不足恤而億兆攜離愁

苦昏墊則無以奉上矣斯安危所係禍福之原柰何不察

按冊府元龜開元二年正月關中饑下詔曰朕聞諸易曰先天而天不違後天而奉天時天且不違況於人乎因斯而言則君事於天養於人行月令順時物也朕以不德恭膺斯運靜言詢政每用憂勞屬獻歲發春東風解凍土膏脉散草木自樂而天久不雨元元何辜孰可以授農事拯彼饑者豈布德利施慶惠尚不及輿豈掩骼埋胔無麛無卵尚不及歟豈名山大川修祭命祀尚不及歟欽若令典惟增所懼緬懷大猷思補其缺有司可稽春令以稱朕心其有直諫昌言弘益政理者朕將親覽罔或隱避不急之務一切停息見禁囚徒速令處置宜從寬大勿使稱冤本州本軍刺史軍將境內所有名山大川能興雲致雨者並宜祈祭其有僵屍暴骸無主收斂者亦仰埋掩量致祭祀各具狀奏聞應須酒脯宜用官物古者雩寃嬬於東海問刑人於北寺則以旱之故應時如響至於山不童澤不竭使霈然以降輿而致之復何遠也將達精誠務修蠲潔俾幽坎遂性飛走從宜則彝天之愛人月離於畢顒顒之望感而遂通布告遐邇令知此意二月帝親慮囚徒宰臣等奏曰陛下亢旱親降德音減膳徹樂朝野之人無任欣感然食粟之馬在廐尤多臣請馬料日減其半迴給饑戸則人畜偕濟兇供之乏許之

開元五年饑

按唐書元宗本紀不載　按冊府元龜五年五月詔河南河北去年不熟今春亢旱全無麥苗所在饑歉特異尋常

開元十五年饑

按唐書元宗本紀不載　按舊唐書本紀十五年秋河北饑

開元十六年河北饑

按唐書元宗本紀不載　按五行志云云

按舊唐書食貨志十六年十月敕自今歲普熟穀價至賤按此所載與唐書五行志互異而舊紀作十五年河北饑亦並存之

開元二十年饑

按唐書元宗本紀不載　按盧從愿傳從愿開元十八年遷太子賓客二十年河北饑詔爲宣撫處置使

開元二十一年饑

按唐書元宗本紀不載　按裴耀卿傳耀卿字煥之開元二十年遷京兆尹明年秋京師饑

開元二十五年有年

按唐書元宗本紀不載　按冊府元龜二十五年九月戊子敕今歲秋苗遠近豐熟

開元二十七年有年

按唐書元宗本紀不載　按冊府元龜二十七年九月敕今歲物已秋成農郊大稔豈但京坻之積有同水火之饒宜因豐穰預爲收貯

天寶十四載饑

按唐書元宗本紀不載　按冊府元龜十四載正月歲饑乏

肅宗乾元元年饑

按唐書肅宗本紀不載　按舊唐書本紀乾元元年三月辛卯以歲饑禁酤酒麥依常式

按荒政考略肅宗時百姓殘於兵盜米斗至錢七千鬻籸爲糧民行乞食者屬路

乾元三年饑

按唐書肅宗本紀不載　按五行志三年春饑米斗錢千五百

代宗廣德二年饑

按唐書代宗本紀不載　按五行志廣德二年秋關輔饑米斗千錢

永泰元年饑

按唐書代宗本紀不載　按五行志永泰元年饑京師米斗千錢

大曆八年大稔

按唐書代宗本紀不載　按冊府元龜大曆八年時京師大稔穀價騤賤大麥斗至八錢粟斗至二十錢

德宗貞元元年饑

按唐書德宗本紀不載　按五行志貞元元年春大饑東都河南河北米斗千錢死者相枕

按舊唐書本紀貞元元年關東大饑賦調不入關中饑民烝蝗蟲而食之

貞元二年饑

按唐書德宗本紀二年正月丙申詔減御膳之半

按五行志二年五月麥將登而雨霖米斗千錢

按舊唐書本紀二年春正月壬辰朔以歲饑罷元會禮丙申詔以民饑御膳之費減半宮人月共糧米減一千五百石飛龍馬減半料

按冊府元龜二年正月以關輔荒饉停朝賀之禮詔曰朕以薄德託居人上勵精思理期致雍熙而蘗之

不明百度都缺傷痍未瘳而征役薦起流亡旣甚而賦斂彌繁人怨上聞天災下降連歲蝗旱蕩無農收

貞元十四年京師及河北饑

按唐書德宗本紀十四年京師饑　按五行志十四年京師及河南饑

貞元十五年饑

按唐書德宗本紀不載　按舊唐書本紀十五年二月罷中和節宴會年凶故也癸卯罷三月羣臣宴賞歲饑也

貞元十九年饑

按唐書德宗本紀不載　按五行志十九年秋關輔饑

按舊唐書本紀十九年秋七月戊午以關輔饑罷吏部選禮部貢舉

貞元二十年饑

按唐書德宗本紀不載　按舊唐書本紀二十年二月丙午朔罷中和節宴歲儉也

憲宗元和元年有年

按唐書憲宗本紀不載　按食貨志憲宗卽位之初有司以歲豐熟請畿內和糴

元和七年春饑

按唐書憲宗本紀不載　按五行志云云

元和八年廣州饑

按唐書憲宗本紀不載　按五行志云云

元和九年饑

按唐書憲宗本紀不載　按五行志九年春關內饑

元和十一年饑

按唐書憲宗本紀不載　按五行志十一年東都陳許州饑

按舊唐書本紀十一年夏四月丁巳以徐宿饑賑粟八萬石

元和十二年饑

按唐書憲宗本紀不載　按舊唐書本紀十二年秋七月壬辰詔以定州饑募人入粟授官及減選超資

元和十四年饑

按唐書憲宗本紀不載　按冊府元龜十四年七月東都留守上言河南府汝州百姓饑

穆宗長慶二年江淮饑

按唐書穆宗本紀不載　按五行志云云

按舊唐書本紀二年十二月癸巳淮南奏和州饑烏江百姓殺縣令以取官米

敬宗寶曆元年大稔

按唐書敬宗本紀不載　按冊府元龜寶曆元年敕度支於兩畿及鳳州邠涇鄜坊同華河中陝州河陽等道共和糴折糴聚二百萬斛以是歲大稔故也十二月戊辰敕如聞河東振武今年熟令博糴米收貯

文宗太和四年饑

按唐書文宗本紀不載　按五行志四年河北及太原饑

按舊唐書本紀四年秋七月乙酉太原饑

太和六年饑

按唐書文宗本紀不載　按五行志六年春劍南饑

太和九年饑

按唐書文宗本紀不載　按五行志九年春饑河北九甚

開成四年饑

按唐書文宗本紀不載　按五行志四年滄台明等州饑

宣宗大中五年饑

按唐書宣宗本紀大中五年十二月湖南饑　按五行志大中五年冬湖南饑

大中六年饑

按唐書宣宗本紀大中六年十一月淮南饑　按五行志六年夏淮南饑海陵高郵民於官河中漉得異米號聖米

大中九年秋淮南饑

按唐書宣宗本紀不載　按五行志云云

懿宗咸通三年饑

按唐書懿宗本紀不載　按五行志咸通三年夏淮南河南饑

咸通九年饑

按唐書懿宗本紀不載　按五行志咸通九年秋江左及關內饑東都九甚

僖宗乾符三年春京師饑

按唐書僖宗本紀不載　按五行志云云

中和二年關內大饑

按唐書僖宗本紀不載　按五行志云云

中和四年饑

按唐書僖宗本紀不載　按五行志四年關內大饑

光啓二年大饑

按唐書僖宗本紀不載　按五行志光啓二年二月

荆襄大饑米斗三千錢人相食

光啓三年饑

按唐書僖宗本紀不載　按五行志三年揚州大饑米斗萬錢

昭宗大順二年饑

按唐書昭宗本紀大順二年春淮南饑　按五行志大順二年春淮南大饑

天祐元年大饑

按唐書昭宗本紀不載　按五行志天祐元年十月京師大饑

後唐

莊宗同光四年饑

按五代史莊宗本紀不載　按冊府元龜同光四年正月己卯明宗奏深冀諸州縣流亡饑饉戶一千四百

後晉

高祖天福六年饑

按五代史晉高祖本紀不載　按冊府元龜六年四月齊魯民饑

出帝天福八年大饑

按五代史晉出帝本紀八年天下饑河南穀價暴加人多餓殍

開運元年大饑

按五代史晉出帝本紀云云　按冊府元龜開運元年九月詔曰朕虔承顧命獲嗣丕基常懼顛危不克負荷宵分日昃罔敢怠荒夕惕晨興每懷祗畏但以恩信未著德教未敷理道不明咎徵斯至向者頻年災沴稼穡不登萬姓饑荒道殣相望上天垂譴涼德所招言念於此寢食何安得不省過興懷側身罪己載深減損思名和平非理費用一切禁止於戲繼聖承祧握樞臨極昧於至道若履春冰屬以天災流行國步多梗因時致懼引咎推誠期於將來庶幾有補更賴王公將相貴戚豪宗各啓乃心率由茲道共臻富庶以致康寧凡百臣僚宜體朕意

後周

太祖廣順元年饑

按五代史周太祖本紀不載　按陸游南唐書元宗本紀保大九年三月淮南饑

按十國春秋楚恭孝王世家保大九年十月湖南饑鎬大發倉粟賑之楚人大悅

世宗顯德元年荐饑

按五代史周世宗本紀不載　按陸游南唐書保大十二年自十一年六月至今年三月大饑疫命州縣鬻粥食餓者

按冊府元龜顯德元年正月乙酉分命朝臣杜聘等五人往潁亳濮宋城固河口開倉減價出糶以濟饑民

顯德四年饑

按五代史周世宗本紀不載　按冊府元龜四年三月命左諫議大夫尹日就於壽州開倉賑其饑民又命供奉官田處嵓等於壽州煮粥以救饑民

顯德六年饑

按五代史周世宗本紀不載　按冊府元龜六年濠州楚州和州壽州饑

按文獻通考六年淮南饑

遼

太宗會同四年大稔

按遼史太宗本紀會同四年冬十月辛丑有司奏燕薊大熟

聖宗統和四年饑

按遼史聖宗本紀不載　按耶律隆運傳統和四年隆運加守司空上言西州數被兵加以歲饑宜輕賦稅以來流民從之

統和六年饑

按遼史聖宗本紀六年八月大同軍節度使耶律抹只奏今歲霜旱乏食　按食貨志六年霜旱災民饑

統和八年饑

按遼史聖宗本紀八年十一月庚寅以吐谷渾民饑賑之

統和二十五年饑

按遼史聖宗本紀二十五年十二月己酉賑饒州饑民

統和二十八年饑

按遼史聖宗本紀二十八年八月戊申賑平州饑民

開泰元年饑

按遼史聖宗本紀開泰元年十二月壬申賑奉聖州饑民

開泰六年饑

按遼史聖宗本紀六年十月丁卯南京路饑輓雲應朔弘等州粟賑之

開泰七年饑

按遼史聖宗本紀七年夏四月丙寅賑川饒二州饑辛未賑中京貧乏

太平五年歲豐

按遼史聖宗本紀太平五年燕民以年穀豐熟車駕臨幸爭以土物來獻上禮高年惠鰥寡賜酺飲至夕六街燈火如晝士庶嬉遊上亦微行觀之

太平九年饑

按遼史聖宗本紀九年八月燕仍歲大饑

興宗景福元年歲豐

按遼史興宗本紀景福元年秋七月庚戌薊州民饑乙卯以比歲豐稔罷給東京統軍司糧冬十月丁卯賑黃龍府饑民

重熙十二年歲儉

按遼史興宗本紀重熙十二年十一月上京歲儉

道宗清寧四年饑

按遼史道宗本紀不載　按耶律獨攧傳獨攧爲寧遠軍節度使東路饑奏賑之

清寧十年歲熟

按遼史道宗本紀十年南京西京大熟

咸雍四年饑

按遼史道宗本紀咸雍四年春正月辛卯遣使賑西京饑民三月甲申賑應州饑民庚寅賑朔州饑民

咸雍七年饑

按遼史道宗本紀七年十一月己丑賑饒州饑民是歲壽州斗粟六錢

咸雍八年饑

按遼史道宗本紀咸雍八年二月戊辰歲饑免武安州租稅賑恩蔚順惠等州饑民夏四月壬子賑義饒二州民六月甲寅賑易州貧民己未賑中京甲子賑中興府七月丙申賑饒州饑民

太康元年饑

按遼史道宗本紀太康元年雲州饑平州饑平灤二州饑南州饑

太康二年饑

按遼史道宗本紀二年黃龍府饑南京路饑

太康三年中京饑南京熟

按遼史道宗本紀三年三月辛卯中京饑罷巡幸是歲南京大熟

太康四年饑

按遼史道宗本紀四年春正月甲午賑東京饑

太安三年饑

按遼史道宗本紀太安三年二月中京饑夏四月義州饑

太安四年饑

按遼史道宗本紀四年三月上京及平錦來三州饑

太安八年饑

按遼史道宗本紀八年冬十月西北路饑

壽隆五年饑

按遼史道宗本紀壽隆五年冬十月遼州饑

壽隆六年饑

按遼史道宗本紀六年冬十月平州饑

天祚帝乾統十年饑

按遼史天祚帝本紀乾統十年是歲大饑

天慶八年大饑

按遼史天祚帝本紀天慶八年十二月山前諸路大饑乾顯宜錦興中等路斗粟直數縑民削榆皮食之旣而人相食

欽定古今圖書集成曆象彙編庶徵典

第一百九卷目錄

豐歉部彙考四

庶徵典第一百九卷

豐歉部彙考四

宋

太祖建隆元年河南饑河北豐

按宋史太祖本紀建隆元年夏四月乙酉遣使分詣京城門賜饑民粥　按五行志建隆元年河南諸州乏食　按食貨志建隆初河北連歲大稔

按玉海元年正月詔河北歲豐穀賤命使置場增價以糴

建隆二年饑

按宋史太祖本紀二年閏三月丁丑金商房三州饑振之

建隆三年饑

按宋史太祖本紀三年春正月己巳淮南饑振之十二月戊戌蒲晉慈隰相衛六州饑賑之　按沈倫傳倫奉使吳越道出揚泗歲饑民多死郡中軍儲尚餘萬斛公還具以白朝太祖卽命發廩貸民

按十國春秋吳越忠懿王世家建隆三年夏五月婺衢睦三州民災戊辰王遣使賑䘏

乾德元年饑

按宋史太祖本紀乾德元年二月辛亥澶滑衞魏晉絳蒲孟八州饑命發廩賑之　按五行志乾德元年齊隰等州饑

乾德二年饑

按宋史太祖本紀二年二月癸丑遣使賑陝州饑夏四月戊申賑河中饑己巳靈武饑轉涇粟以饟　按五行志二年州府二十二饑

開寶元年饑

按宋史太祖本紀開寶元年春正月甲午陝之集津絳之垣曲懷之武陟饑賑之

開寶四年饑

按宋史太祖本紀不載　按五行志四年府州六水一旱諸州民乏食

開寶五年大饑

按宋史太祖本紀五年歲大饑

開寶六年饑

按宋史太祖本紀六年二月丙申曹州饑

按十國春秋唐後主本紀六年江南饑宋餽米麥十萬斛

開寶七年饑

按宋史太祖本紀七年六月丙申河中府饑發粟三萬石賑之

開寶八年饑

按宋史太祖本紀不載　按文獻通考八年江南平詔出米十萬石賑城中饑民

開寶九年饑

按宋史太祖本紀不載　按五行志九年州府十二饑

太宗太平興國四年饑

按宋史太宗本紀不載　按五行志太平興國四年太平州饑

太平興國八年饑

按宋史太宗本紀不載　按文獻通考八年同州饑

雍熙二年饑

按宋史太宗本紀雍熙二年三月江南民饑夏四月乙亥朔遣使行江南諸州賑饑民

雍熙三年饑

按宋史太宗本紀三年八月丁未劒州民饑遣使賑之

端拱二年饑

按宋史太宗本紀端拱二年二月戊午以太倉粟貸京畿饑民　按王禹偁傳二年冬京城旱禹偁疏云一穀不收謂之饉五穀不收謂之饑饉則大夫以下

皆損其祿饑則盡無祿廩食而已今旱雲未霑宿麥未苗旣無積蓄民饑可憂望下詔直云君臣之間政教有闕自乘輿服御下至百官奉料非宿衛軍士邊庭將帥悉第減之上荅天譴下厭人心俟雨足復故外則停歲市之物內則罷工巧之伎近城掘土侵冢墓者瘞之外州配隸之衆非贓盜者釋之然後以古者猛虎渡河飛蝗越境之事戒敕州縣官吏其餘軍民刑政之弊非臣所知者望委宰臣裁議頒行但感人心必召和氣

淳化元年饑

按宋史太宗本紀淳化元年深冀二州文登牟平兩縣饑　按五行志淳化元年開封河南等九州饑

淳化二年饑

按宋史太宗本紀二年夏四月虞鄉等七縣民饑秋七月己亥陝西緣邊諸州饑民鬻男女入近界部落者官贖之

淳化三年潤州饑京畿大穰

按宋史太宗本紀三年潤州丹徒縣饑死者三百戶

按食貨志三年京師大穰

淳化四年饑

按宋史太宗本紀四年二月己卯詔以江浙淮陝饑遣使巡撫詔分遣近臣巡撫諸道有可惠民者得便宜行事吏罷軟苛刻者上之詔令有未便者附傳以聞

淳化五年饑

按宋史太宗本紀五年春正月己巳遣使振宋亳陳潁州饑民　按五行志五年京東西淮南陝西水潦民饑

至道元年饑

按宋史太宗本紀至道元年二月丙午賑亳州房州光化軍饑遣使貸之

至道二年有年

按宋史太宗本紀二年大有年處州稻再熟

按玉海二年八月以歲豐糴於江浙淮

眞宗咸平二年饑

按宋史眞宗本紀咸平二年三月丙辰江浙發廩賑饑閏三月丙午詔江浙饑民入城池漁採勿禁

咸平四年饑

按宋史眞宗本紀四年閏十二月庚寅河北饑

咸平五年饑

按宋史眞宗本紀五年河北鄭曹滑州饑賑之

咸平六年饑

按宋史眞宗本紀六年河北興元府遂鄭州大熟

景德元年饑

按宋史眞宗本紀景德元年江南東西路饑

景德二年饑

按宋史眞宗本紀二年春正月乙卯賑河北饑甲子詔淮南以上供軍儲賑饑民是歲淮南兩浙荆湖北路饑

景德三年饑

按宋史眞宗本紀三年京東西河北陝西饑賑之

景德四年諸路豐稔雄州安肅廣信饑

按宋史眞宗本紀四年諸路豐稔淮蔡間麥斗十錢粳米斛二百雄州安肅廣信饑

大中祥符元年諸路稔夏州饑

按宋史眞宗本紀大中祥符元年春正月戊辰夏州饑請易粟許之

按玉海大中祥符元年諸路言歲稔米斗七八錢

大中祥符二年饑

按宋史眞宗本紀二年春正月乙酉以陝西民饑遣使巡撫夏四月丁未賑陝西民饑

大中祥符三年饑

按宋史眞宗本紀三年六月庚戌邊臣言契丹饑來市糴詔雄州糴粟二萬石賑之

大中祥符四年饑

按宋史眞宗本紀四年河北陝西劍南饑

大中祥符五年饑

按宋史眞宗本紀五年十二月乙酉賑泗州饑是歲京城河北淮南饑減直糶穀以濟流民

大中祥符六年饑

按宋史眞宗本紀六年夏四月庚辰詔淮南給饑民粥麥登乃止

按杭州府志大中祥符六年冬十月杭州奉詔發廩賤糶以濟饑民

大中祥符七年饑

按宋史眞宗本紀七年三月辛丑發粟賑儀州饑淮南江浙饑除其租

大中祥符八年饑

按宋史眞宗本紀八年陝西饑

大中祥符九年饑

按宋史眞宗本紀九年夏四月丙申賑延州蕃族饑

天禧元年饑

按宋史眞宗本紀天禧元年五月戊戌詔所在安卹流民是歲諸路蝗民饑

天禧二年饑

按宋史眞宗本紀二年春正月壬寅賑河北京東饑

天禧三年饑

按宋史眞宗本紀三年利州路饑詔賑之

天禧四年饑

按宋史眞宗本紀四年二月癸未遣使安撫淮南江浙利州饑民辛丑發唐鄧八州常平倉賑貧民三月戊午以淄州民饑貸牛糧己亥賑益梓民饑五月丁巳發粟賑秦隴是歲京西陝西江淮荆湖諸州稔

天禧五年稔

按宋史眞宗本紀五年京東河北兩川荆湘稔

乾興元年饑

按宋史眞宗本紀乾興元年二月癸卯詔蘇湖秀州民饑貸以廩粟庚戌詔徐州賑貧民

仁宗天聖三年饑

按宋史仁宗本紀天聖三年十一月辛卯晉絳陝解州饑發粟賑之

天聖四年畿內饑

按宋史仁宗本紀云云

天聖六年京西稔河北京師饑

按宋史仁宗本紀六年十一月戊午京西言穀斗十錢　按鞠詠傳詠爲三司鹽鐵判官天聖六年河北京師旱饑奏請出太倉米十萬石賑饑民

天聖七年饑

按宋史仁宗本紀七年三月辛巳詔契丹饑民所過給米分送唐鄧等州以閒田處之

明道元年饑

按宋史仁宗本紀明道元年冬十月丁巳詔漢陽軍發廩粟以賑饑民是歲京東淮南江東饑

明道二年饑

按宋史仁宗本紀二年春正月賑江淮饑民遣使督視二月庚子詔江淮民饑死者官爲之葬祭十二月京東饑是歲淮南江東兩川饑遣使安撫

景祐元年饑

按宋史仁宗本紀景祐元年正月甲子發江淮漕米賑京東饑民丙寅詔開封府界諸縣作糜粥以濟饑民甲申淮南饑二月戊申詔麟府州賑蕃漢饑民

景祐二年饑

按宋史仁宗本紀二年以鎭戎軍薦饑貸弓箭手粟麥六萬石

寶元二年饑

按宋史仁宗本紀寶元二年九月乙卯出內庫銀四萬兩易粟賑益梓利夔路饑民十月甲申詔兩川饑民出劍門關者勿禁

慶曆四年饑

按宋史仁宗本紀慶曆四年二月丙辰出奉宸庫銀三萬兩賑陝西饑民五月戊寅詔募人納粟賑淮南饑

慶曆八年饑

按宋史仁宗本紀八年二月己卯賜瀛莫恩冀州緡錢二萬贖還饑民鬻子秋七月戊戌以河北水令州縣募饑民爲軍

皇祐元年饑

按宋史仁宗本紀皇祐元年春正月己未詔以緡錢二十萬市穀種分給河北貧民

皇祐二年饑

按宋史仁宗本紀二年春正月癸卯以歲饑罷上元觀燈

皇祐三年饑

按宋史仁宗本紀三年八月丙戌遣使安撫京東淮南兩浙荆湖江南饑民

皇祐四年饑

按宋史仁宗本紀四年冬十月丁亥以諸路饑并征徭科調之煩令轉運使提點刑獄親民官條陳救恤之術以聞

皇祐五年饑

按宋史仁宗本紀五年六月詔河北薦饑轉運使察州縣長吏能招輯勞來者上其狀不稱職者舉劾之

至和元年饑

按宋史仁宗本紀至和元年四月乙酉詔京西民饑宜令所在勸富人納粟以賑之

嘉祐三年饑

按宋史仁宗本紀嘉祐三年夔州路旱　按五行志嘉祐三年夔州旱饑

嘉祐四年饑

按宋史仁宗本紀四年春正月遣官爲糜粥濟饑

神宗熙寧元年饑

按宋史神宗本紀熙寧元年二月壬戌貸河東饑民

粟五月甲戌募饑民補廂軍
熙寧三年饑
按宋史神宗本紀三年十一月戊子賑河北饑民徙
京西者是歲賑河北陝西旱饑除民租
熙寧四年饑
按宋史神宗本紀不載　按五行志四年河北旱饑
熙寧六年饑
按宋史神宗本紀六年冬十月丙戌兩浙江淮饑
按五行志六年淮南江東劍南西川閬州饑
熙寧七年饑
按宋史神宗本紀七年二月賑河陽饑民八月賑漢
蕃饑民冬十月賑常潤州饑　按五行志七年京畿
河北京東西淮西成都利州延常潤府州威勝保安
軍饑
熙寧八年饑
按宋史神宗本紀八年春正月己未詔西安撫司請
爲粥以食羌戶饑者三月賑潤州饑癸丑賑常潤饑
民五月己丑遣使賑鄜延環慶饑　按五行志八年
兩河陝西江南淮浙饑
熙寧九年饑
按宋史神宗本紀不載　按五行志九年雄州饑
熙寧十年饑
按宋史神宗本紀不載　按五行志十年漳泉州興
化軍饑
元豐元年饑
按宋史神宗本紀不載　按五行志元豐元年河北
饑

元豐二年饑
按宋史神宗本紀二年二月乙丑滄州饑發倉粟賑
之
元豐四年饑
按宋史神宗本紀不載　按五行志四年鳳翔府鳳
階州饑
元豐七年饑
按宋史神宗本紀七年河東饑
哲宗元祐三年饑
按宋史哲宗本紀元祐三年二月乙酉詔流民饑貧
量與應付
元祐八年饑
按宋史哲宗本紀八年十一月乙未以雪寒賑京城
民饑
紹聖元年饑
按宋史哲宗本紀紹聖元年十一月詔河北賑饑諸
路恤流亡
紹聖二年饑
按宋史哲宗本紀二年二月河北饑
紹聖四年饑
按宋史哲宗本紀四年兩浙旱饑
元符二年饑
按宋史哲宗本紀不載　按五行志云云
元符三年徽宗即位饑
按宋史徽宗本紀元符三年正月即位五月癸巳河
北河東陝西饑詔帥臣計度賑恤
徽宗崇寧元年饑

按宋史徽宗本紀不載　按五行志崇寧元年江浙
熙河饑
崇寧二年稔
按宋史徽宗本紀不載　按食貨志二年諸路歲稔
大觀三年饑
按宋史徽宗本紀大觀三年秦鳳階成饑發粟賑之
蠲其賦
大觀四年饑
按宋史徽宗本紀四年三月庚子募饑民補禁卒甲
寅敕所在賑恤流民
政和三年稔
按宋史徽宗本紀不載　按食貨志政和三年以歲
稔諸路推行均糴
宣和元年饑
按宋史徽宗本紀宣和元年十一月淮甸旱饑是歲
京西饑
宣和二年饑
按宋史徽宗本紀二年六月癸酉詔開封府賑濟饑
民
宣和五年饑
按宋史徽宗本紀五年河北京東淮南饑遣官賑濟
高宗建炎元年饑
按宋史高宗本紀不載　按五行志建炎元年汴京
大饑米升錢三百一鼠直數百錢人食水藻椿槐葉
道殣骼無餘胔
建炎二年饑
按宋史高宗本紀二年春正月丁亥錄兩河流亡吏

上沿河給流民官田牛種

建炎三年饑

按宋史高宗本紀不載　按五行志三年山東郡國大饑人相食時金人陷京東路諸郡民聚爲盜至車載乾尸爲糧

紹興元年饑

按宋史高宗本紀紹興元年三月乙丑賑淮南京東西流民　按五行志紹興元年行在越州及東南諸路郡國饑淮南京東西民流常州平江府者多殍死

紹興二年饑

按宋史高宗本紀二年八月賑福建饑民　按五行志二年春兩浙福建饑米斗千錢時餫餉繁急民益艱食

紹興三年饑

按宋史高宗本紀不載　按五行志三年吉郴道州桂陽監饑

紹興五年饑

按宋史高宗本紀不載　按五行志五年湖南大饑殍死流亡者衆夏潼川路饑米斗二千人食糟糠興元饑民流於果閬秋溫處州饑

紹興六年饑

按宋史高宗本紀六年春正月甲午賑江湖福建浙東饑民　按五行志六年春浙東福建饑湖南江西大饑殍死甚衆民多流徙郡邑盜起夏蜀亦大饑米斗二千利路倍之道殣枕藉是歲果州守臣宇文彬獻禾粟九穗圖吏部侍郎晏敦復言果遂饑民未蘇不宜導諛坐黜爵

紹興七年饑

按宋史高宗本紀七年閏十月乙丑發米二萬石賑京西湖北饑民　按五行志七年夏欽廉邕州饑

紹興九年饑

按宋史高宗本紀不載　按五行志九年江東西浙東饑米斗千錢饒信州尤甚

紹興十年饑

按宋史高宗本紀不載　按五行志十年浙東江南薦饑人食草木

紹興十三年饑荆湖稔

按宋史高宗本紀十三年三月丙午振淮南饑民仍禁遏糴　按食貨志三年荆湖歲稔斗米六七錢

紹興十八年饑

按宋史高宗本紀十八年十一月辛亥振紹興府饑十二月乙卯朔振明越秀潤徽婺饒信諸州流民　按五行志十八年冬浙東江淮郡國多饑紹興尤甚民之仰哺于官者二十八萬六千人不給乃食糟糠草木殍死殆半

紹興十九年饑

按宋史高宗本紀不載　按五行志十九年春夏紹興府大饑明婺州亦如之

紹興二十四年饑

按宋史高宗本紀不載　按五行志二十四年衢州饑

紹興二十八年饑

按宋史高宗本紀二十八年八月振貸饑民　按五行志二十八年平江府饑

紹興二十九年饑

按宋史高宗本紀二十九年春二月庚午振湖秀諸州饑民　按五行志二十九年紹興府薦饑

紹興三十二年饑

按宋史高宗本紀三十二年二月庚子振兩淮饑民

孝宗隆興元年饑

按宋史孝宗本紀隆興元年二月己卯振兩淮流民　按五行志隆興元年紹興府大饑四川尤甚平江襄陽府隨郢州襄陽盱眙軍大饑隨棗間米斗六七千

隆興二年饑

按宋史孝宗本紀二年賑貧民

乾道元年饑

按宋史孝宗本紀乾道元年二月乙酉遣官檢兩淮州縣振濟饑民　按五行志乾道元年春行都平江鎭江紹興府湖常秀州大饑殍徙者不可勝計是歲台州江東諸郡皆饑夏亡麥

乾道二年饑

按宋史孝宗本紀二年二月丁丑振兩浙江東饑　按五行志二年夏亡麥平江府常秀州饑華亭縣人食粃糠行都及鎭江府興化軍台徽州亦艱食淮民流徙江南者數十萬

乾道三年麥不登

按宋史孝宗本紀不載　按五行志三年九月不雨麥種不入

乾道四年饑

按宋史孝宗本紀四年夏四月癸卯遣使撫邛蜀二

州饑民爲亂者是月振綿漢等州饑五月乙丑以邛州安仁縣荒旱失於蠲放致饑民擾亂守貳縣令降罷追停有差丁亥以饒信二州建寧府饑民嘯聚遣官措置振濟　按五行志四年春蜀邛綿劍漢州石泉軍大饑邛爲甚盜延八郡漢饑民至九萬餘

按玉海四年戊子建人大饑

乾道五年饑

按宋史孝宗本紀五年夏四月辛亥振恤衢婺饒信四州流民　按五行志五年夏饒信州薦饑民多流徙徽州大饑人食蕨葛台楚州盱眙軍亦饑秋冬不雨淮郡麥種不入

乾道六年饑

按宋史孝宗本紀不載　按五行志六年冬寧國府廣德軍太平湖秀池徽和州皆饑

乾道七年饑

按宋史孝宗本紀不載　按五行志七年江東西湖南十餘郡饑江筠州隆興府爲甚人食草是流徙淮甸詔出內帑收育棄孩淮郡亦薦饑金人運麥於淮北岸易南岸銅錢斗錢八千江西饑民流光濠安豐間皆效淮人私糴錢爲之耗荆南亦饑

乾道八年饑

按宋史孝宗本紀不載　按五行志八年江西亾麥隆興府薦饑南昌新建縣饑民仰給者二萬八千餘

乾道九年饑

按宋史孝宗本紀不載　按五行志九年春成都永康邛三州饑秋台州饑溫婺州亦饑

按續文獻通考九年楚州饑台州饑饒州饑

淳熙元年饑

按宋史孝宗本紀不載　按五行志淳熙元年浙東湖南廣西江西蜀關外皆饑台處郴桂昭賀尤甚

淳熙二年饑

按宋史孝宗本紀不載　按五行志二年淮東西江東饑滁眞揚州盱眙軍建康府爲甚是歲鎮江寧國府常州廣德軍亦艱食詔獎建康留守劉珙振濟有方

按江南通志二年秋寧國大旱民饑

淳熙三年饑

按宋史孝宗本紀三年淮東饑　按五行志三年淮甸饑夏台州亡麥冬復施隨郢州荆門軍襄陽江陵德安府大饑

淳熙四年饑

按宋史孝宗本紀四年三月壬子貸隨郢二州饑民

按五行志四年春尤饑

淳熙五年歲豐

按宋史孝宗本紀五年秋七月丁亥以歲豐命沿江糴米以廣邊儲

淳熙六年饑

按宋史孝宗本紀六年春正月戊辰振淮東饑三月辛未再振淮東饑民　按五行志六年冬和州饑通泰楚州高郵軍大饑人食草木

淳熙七年饑

按宋史孝宗本紀七年十一月詔邊吏存恤江西過淮饑民　按五行志七年鎭江府台州無爲廣德軍民大饑是歲江浙荆湘淮郡皆饑

淳熙八年饑

按宋史孝宗本紀八年十一月己亥振臨安府及嚴州府饑民庚子再詔臨安府爲粥食饑民　按五行志八年春江州饑人采葛而食詔罷守臣章騂冬行都寧國建康府嚴婺太平州廣德軍饑徽饒州大饑流淮郡者萬餘人浙東常平使者朱熹進對論荒政請蠲田賦身丁錢詔江浙淮湖北三十八郡並究之

淳熙九年饑

按宋史孝宗本紀九年十一月庚午振夔路饑　按五行志九年春大亡麥行都饑於潛昌化縣人食草木紹興府衢婺嚴明台湖州饑徽州大饑穜稑亦絕湖北七郡薦饑蜀潼利夔三州郡國十八皆饑流徙者數千人

按續文獻通考九年賑兩浙饒州饑

淳熙十年饑

按宋史孝宗本紀不載　按五行志十年合昌州薦饑民就賑相蹂死者三千餘人

按續文獻通考十年賑京師饑

淳熙十一年饑

按宋史孝宗本紀不載　按五行志十一年泉汀漳州興化軍亡禾邕賓象州饑

淳熙十二年饑

按宋史孝宗本紀不載　按五行志十二年福建饑亡麥江西廣東西饑金州饑有流徙者

淳熙十三年饑

按宋史孝宗本紀十三年利州路饑

淳熙十四年饑

按宋史孝宗本紀十四年春正月癸亥出四川樁積米貸濟金洋州及關外四州饑民七月江西湖南饑　按五行志十四年金洋階成鳳西和州人乏食七月秀州饑有流徙者臨安府九縣饑

光宗紹熙二年饑

按宋史光宗本紀不載　按五行志紹熙二年蘄州饑夔路五郡饑渝涪爲甚階成鳳西和州亡麥

紹熙三年饑

按宋史光宗本紀不載　按五行志三年資榮州亡麥普敘簡隆州富順監皆大饑亡麥殍死者衆民流成都府至千餘人威遠縣棄兒且六百人揚州亦多饑

紹熙四年饑

按宋史光宗本紀四年二月丙寅振江陵饑民　按五行志四年簡資普州饑縣州亡麥夏紹興府亡麥安豐軍大亡麥

紹熙五年寧宗即位饑

按宋史寧宗本紀不載　按五行志五年冬亡麥苗行都淮浙西東江東郡國皆饑常明州寧國鎮江府廬滁和州爲甚人食草木

寧宗慶元元年饑

按宋史寧宗本紀慶元元年春正月乙巳詔兩浙淮南江東路荒歉收養遺棄小兒　按五行志慶元元年春常州饑民之死徙者衆楚州饑人食糟粕淮浙民流行都　按食貨志慶元元年二月上以歲凶百姓饑病詔曰朕德菲薄饑饉薦臻使民阽於死亡夙夜慘怛寧敢諉過於下耶

按續文獻通考慶元初趙汝勣知當塗時歲饑穀貴乃開倉散米萬斛

慶元三年饑

按宋史寧宗本紀不載　按五行志三年浙東郡國亡麥台州大亡麥民饑多殍襄蜀亦饑

慶元四年饑

按宋史寧宗本紀四年春正月丁卯詔有司寬恤兩浙江淮荊湘四川流民　按五行志四年秋浙東西薦饑多道殣

慶元六年饑

按宋史寧宗本紀不載　按五行志六年冬常州大饑仰哺者六十萬人潤揚通泰州建康府江陰軍亦乏食

嘉泰元年饑

按宋史寧宗本紀不載　按五行志嘉泰元年浙西郡國薦饑常州鎮江嘉興尤甚

嘉泰二年饑

按宋史寧宗本紀不載　按五行志二年四川饑廣安淮安軍潼川府大亡麥衡郴州武岡桂陽軍乏食

嘉泰三年饑

按宋史寧宗本紀不載　按五行志三年春邵永州大饑死徙者衆民多剽盜夏行都艱食

嘉泰四年饑

按宋史寧宗本紀四年十一月己未朔詔兩淮荊襄諸州值荒歉奏請不及者聽先發廩以聞　按五行志四年春撫袁州隆興府臨江軍大饑殍死者不可勝瘞有舉家二十七人同赴水死者

開禧二年饑

按宋史寧宗本紀不載　按五行志開禧二年紹興府衢婺州亡麥湖北京西淮東西郡國饑民聚爲剽盜南康軍忠涪州皆饑

嘉定元年饑

按宋史寧宗本紀嘉定元年九月壬子出安邊所錢一百萬緡命江淮制置大使司糴米振饑民　按五行志嘉定元年淮民大饑食草木流于江浙者百萬人先是淮郡罹兵農久失業米斗二千殍死者十三四炮人肉馬矢食之詔所至郡國振恤歸業時邦儲既匱郡計不支去者多死亦有俘掠而北者是歲行都亦饑米斗千錢

嘉定二年饑

按宋史寧宗本紀二年八月丙戌振兩淮饑民十二月乙未以歲饑罷雪宴　按五行志二年春兩淮荊襄建康府大饑米斗錢數千人食草木淮民刲道殣食盡發瘞胔繼之人相搤噬流於揚州者數千家度江者聚建康殍死日八九十人是秋諸路復大歉常潤尤甚冬行都大饑殍者橫市道多棄兒

嘉定三年饑

按宋史寧宗本紀三年十二月丙辰詔江淮諸司嚴飭守令安集流民　按五行志三年春建康府大饑人相食五月衢州饑頗聚爲剽盜

嘉定七年亾麥

按宋史寧宗本紀不載　按五行志七年台州大亾麥

嘉定八年饑

按宋史寧宗本紀八年振江東饑民　按五行志八年淮浙江東西饑都昌縣爲盜者三十六黨

嘉定九年饑

按宋史寧宗本紀不載　按五行志九年行都饑閭巷有殍

嘉定十年饑

按宋史寧宗本紀不載　按五行志十年台衢婺饒信州饑剽盜起台爲甚蜀石泉軍殍死殆萬餘人

嘉定十一年饑

按宋史寧宗本紀不載　按五行志十一年淮浙江東饑饉亡麥苗

嘉定十二年饑

按宋史寧宗本紀不載　按五行志十二年春漳川府饑而不害

嘉定十三年饑

按宋史寧宗本紀不載　按五行志十三年春福州饑人食草根

嘉定十六年饑

按宋史寧宗本紀十六年三月丁卯以道州民饑詔發米賑之　按五行志十六年春海州新附山東民饑京北河北路新附山西民亦饑湖南永道州大饑是歲行都江淮閩浙郡國皆亡麥禾

嘉定十七年饑

按宋史寧宗本紀十七年夏四月辛卯詔廬州賑糴饑民　按五行志十七年春餘杭錢塘仁和三縣饑鎮江府饑眞鄂州亦乏食

理宗嘉熙四年饑

按宋史理宗本紀不載　按五行志嘉熙四年紹興府薦饑臨安府大饑嚴州饑

寶祐六年饑

按宋史理宗本紀寶祐六年冬十月辛卯詔常州江陰鎮江發米賑贍淮民

度宗咸淳二年饑

按宋史度宗本紀咸淳二年六月壬午以衢州饑命守令勸分諸藩邸發廩助之

咸淳七年饑

按宋史度宗本紀七年三月戊寅發屯田租穀十萬石賑和州無爲鎮巢安慶諸州饑乙酉平江府饑吉州饑戊子發米乙萬石往建德府濟糶五月壬辰發米二萬石詣衢州賑糶六月戊午紹興府饑

咸淳八年冬襄陽饑人相食

按宋史度宗本紀不載　按五行志云云

恭帝德祐二年饑

按宋史二王本紀不載　按五行志帝㬎德祐二年正月揚州饑三月揚州穀價騰踴民相食

金

太宗天會六年冬移懶路饑

按金史太宗本紀不載　按五行志云云

天會十年饑

按金史太宗本紀不載　按五行志十年冬移懶曷懶等路饑

熙宗皇統二年大熟熙河路饑

按金史熙宗本紀不載　按五行志皇統二年大熟熙河路饑秋燕西東二京河東河北山東汴平州大熟

世宗大定三年饑

按金史世宗本紀大定三年二月庚午上謂宰臣曰灤州饑民流散逐食甚可矜恤移于山西富民贍濟仍于道路計口給食四月乙酉賑山西路猛安謀克貧民給六十日糧

大定四年有年

按金史世宗本紀大定四年是歲大有年

大定十二年饑

按金史世宗本紀十二年五月甲戌命賑山東東路胡剌溫猛安民饑

大定十七年饑

按金史世宗本紀十七年三月辛亥詔免河北山東陝西河東西京遼東等十路去年被旱蝗租稅賑東京婆速曷速館三路乙丑尚書省奏三路之粟不能周給上曰朕嘗語卿等遇豐年卽廣糴以備凶歉卿等皆言天下倉廩盈溢今賑濟乃云不給自古帝王皆以蓄積爲國家長計朕之積粟豈欲獨用之耶今旣不給可于鄰道取之以濟自今預備當以爲常

大定二十年饑

按金史世宗本紀二十年二月上初聞薊平灤等民乏食命有司發粟糶之貧不能糴者貸之有司以貸貧民恐不能償止貸有戶籍者上至長春宮聞之更遣人閱實賑貸以監察御史石抹元禮鄭大卿不糾舉各笞四十前所遣官皆論罪

章宗明昌三年饑

按金史章宗本紀明昌三年六月乙丑有司言河州

災傷民之食而租稅有未輸詔免之諭戶部可預給百官冬季俸令就倉以時直糶與貧民秋成各以其貧糴之其所得必多矣而上下便之其承應人不願者聽秋七月戊寅勅尚書省曰饑民如至遼東恐難遽得食必有餓死者其令散糧官問其所欲居止給以文書命隨處官長計口分散令富者出粟養之限以兩月其粟充秋稅之數

明昌四年有年河州饑

按金史章宗本紀四年四月丁巳賑河州饑是歲大有年

泰和四年饑

按金史章宗本紀泰和四年十二月辛丑勅陝西河南饑民所鬻男女官爲贖之

衞紹王大安二年饑

按金史衞紹王本紀大安二年歲大饑

崇慶元年饑

按金史衞紹王本紀崇慶元年五月河東陝西大饑斗米錢數千流莩滿野

至寧元年饑

按金史衞紹王本紀至寧元年正月賑河東陝西饑

欽定古今圖書集成曆象彙編庶徵典

第一百十卷目錄

豐歉部彙考五

庶徵典第一百十卷

豐歉部彙考五

元

世祖中統元年饑

按元史世祖本紀中統元年八月澤州潞州旱饑十一月賑益都濟南濱棣饑民　按五行志中統元年五月澤州益州饑

中統二年饑

按元史世祖本紀不載　按五行志二年六月塔察兒部饑七月桓州饑

中統三年饑

按元史世祖本紀三年七月甘州饑閏九月沙肅二州乏食濟南民饑　按五行志三年五月甘州饑閏九月濟南郡饑

至元二年饑

按元史世祖本紀至元二年三月乙未遼東饑

至元三年饑

按元史世祖本紀三年三月戊戌賑水達達民戶饑

至元五年饑

按元史世祖本紀五年九月己丑益都路饑

至元六年饑

按元史世祖本紀六年正月恩州饑二月開元等路饑三月曹州饑大名等路饑五月東平路饑六月東昌路饑十一月濟南饑十二月高唐固安二州饑

至元七年饑

按元史世祖本紀七年八月應昌府饑九月西京饑太原山東饑十月山東淄萊路饑　按五行志七年五月東京饑七月山東淄萊等州饑

至元八年饑

按元史世祖本紀八年正月北京益都饑二月西京饑三月益都等路饑五月蔚州饑　按五行志八年正月西京益都饑

至元九年饑

按元史世祖本紀九年三月濟南路饑四月大都路饑九月益都路饑　按五行志九年四月京師饑七月水達達部饑

至元十三年饑

按元史世祖本紀十三年四月戊辰開元路民饑是歲東平濟南泰安德州漣海清河平灤西京三州以水旱缺食

至元十四年饑

按元史世祖本紀十四年賑東平濟南等郡民饑

至元十五年饑

按元史世祖本紀十五年春正月西京饑二月咸淳府等郡及艮平民戶饑

至元十七年饑

按元史世祖本紀十七年十二月賑鞏昌常德等路饑　按五行志十七年二月高郵郡饑

至元十八年饑

按元史世祖本紀十八年三月浙東饑四月通泰二州饑五月瓜沙州饑九月上都饑　按五行志十八年二月浙東饑四月通泰崇明等州饑

至元十九年饑

按元史世祖本紀十九年四月戊申寧國路太平縣饑民採竹實爲糧活者三百餘戶九月丁巳賑眞定饑民其流移江南者官給之糧使還鄉里　按五行志十九年九月眞定路饑民流徙鄂州

至元二十二年饑

按元史世祖本紀二十二年十月戊午合刺禾州民饑

至元二十三年饑

按元史世祖本紀二十三年七月平陽饑八月甘州饑十一月涿易二州艮鄉寶坻縣饑十二月遼東開元饑　按五行志二十三年七月宣寧路饑

至元二十四年饑

按元史世祖本紀二十四年閏二月大都饑三月遼東饑六月北京饑八月濼州饑九月西京平灤路饑　按五行志二十四年九月平灤路饑十二月蘇常湖秀四州饑

至元二十五年饑

按元史世祖本紀二十五年二月懿州饑六月桂陽路饑八月安西省管內大饑十一月鞏昌路薦饑

按五行志二十五年十一月兀良合部饑

至元二十六年饑

按元史世祖本紀二十六年三月安西饑甘州饑四月遼陽省管內饑寶慶路饑八月台婺二州饑十月平灤河間保定等路饑閏十一月通州河西務饑十一月大都饑平灤昌國屯戶饑文安縣饑桓州等驛饑十二月蠡州饑河間保定二路饑　按五行志二十六年二月合禾裏部饑三月安西甘州等路饑四月遼陽路饑閏十月武平路饑

至元二十七年饑

按元史世祖本紀二十七年二月戊寅開元路寧遠等縣饑　按五行志二十七年二月開元路寧遠縣饑四月浙東婺州饑河間任丘保定定興二縣饑九月河東山西道饑

至元二十八年饑

按元史世祖本紀二十八年三月己亥眞定河間保定平灤饑壬戌杭州平江等五路饑溧陽太平徽州廣德鎭江五路亦饑四月江南饑五月辛亥太原及杭州饑六月湖廣饑七月乙巳大都饑八月撫州路饑十月癸巳武平路饑十一月武平平灤諸州饑

按五行志二十八年三月眞定河間保定平灤太原平陽等路饑杭州平江鎭江廣德太平徽州饑九月武平路饑十二月洪寬女直部饑大都內郡饑

至元二十九年饑

按元史世祖本紀二十九年二月壬辰棣州境內春旱且霜夏復霖潦饑民啖藜藿木葉　按五行志二十九年正月淸州興州饑三月輝州龍山縣里州和中縣饑東安固安薊棣四州饑二月威寧昌州饑閏六月南陽懷孟衛輝等路饑

至元三十年饑

按元史世祖本紀三十年五月甲申眞定路深州靜安縣民饑九月辛巳登州恩州百姓闕食冬十月壬寅敕減米直糶京師饑民

至元三十一年成宗卽位饑

按元史成宗本紀三十一年夏四月甲午卽皇帝位七月諸王出伯所部四百餘戶乏食十月遼陽行省所屬九處民饑十二月乙未伯遙帶忽剌出所隸一千戶饑

成宗元貞元年饑

按元史成宗本紀元貞元年六月乙卯江西行省所轄郡大水無禾民乏食九月宣德府軍民乏食　按食貨志元貞元年諸王阿難答部民饑六月隆興府饑七月遼陽民饑

元貞二年饑

按元史成宗本紀二年二月賜安西王米以賑饑民三月壬申怯魯剌駐夏民饑癸巳合伯及塔塔剌所部民饑夏四月己亥平陽之絳州台州路之黃巖州饑六月海南民饑秋七月辛未甘肅兩州驛戶饑癸巳福建廣西兩江道饑　按五行志二年四月太原陽曲饑

大德元年饑

按元史成宗本紀大德元年春正月辛卯木鄰等九站饑三月庚寅遼陽饑岳木忽而及兀魯思不花所部民饑五月亦乞列等二站饑六月廣平路饑（按志作廣德）鐵里干等四站饑秋七月丁亥寧海州饑冬十月戊午揚州淮安路饑閏十二月己卯淮東饑甲申般陽路饑　按五行志大德元年七月文登牟平等縣饑　按食貨志元年以饑賑遼陽水達達等戶是年臨江等路亦饑

大德二年饑

按元史成宗本紀二年夏四月慶元饑五月淮西諸郡饑秋七月江西江浙水賑饑民　按食貨志二年隆興臨江兩路饑

大德三年饑

按元史成宗本紀三年十二月癸酉淮安揚州饑

按五行志三年八月揚州淮安等郡饑

按杭州府志三年秋七月杭州饑

大德四年饑

按元史成宗本紀四年二月賑湖北饑九月建康常州江陵饑十二月癸巳賑建康平江浙東等處饑

按五行志四年三月寧國太平二路饑　按食貨志四年鄂州等處民饑

大德五年饑

按元史成宗本紀五年冬十月丙辰以畿內歲饑增明年海運糧百二十萬石

大德六年饑

按元史成宗本紀六年春正月京畿二十一站闕食夏四月上都民饑五月丁巳福州路饑六月甲申湖州嘉興杭州廣德饒州太平婺州慶元紹興寧國等路饑大同路寧海州饑秋七月建康民饑十二月保定等路饑

大德七年饑

按元史成宗本紀七年二月太原大同平灤路饑眞定路饑三月保定路饑遼陽等路饑五月太原龍興南康袁瑞撫等路高唐南豐等州饑閏五月平江等十五路民饑六月武岡路饑浙西民饑秋七月辛酉常德路饑　按食貨志七年歸德饑

大德八年饑

按元史成宗本紀八年春正月辛巳駙馬也列千住所部民饑六月烏撒烏蒙益州忙部東川等路饑

大德九年饑

按元史成宗本紀九年三月寧州饑夏四月潭州郴州桂陽東平等路饑七月潭郴衡雷峽滕沂寧海諸郡饑　按五行志九年五月寶慶路饑八月揚州饑

大德十年饑

按元史成宗本紀十年春正月奉聖州懷來縣民饑閏正月曹之禹城去歲雨害稼民饑二月鞏西武靖王搠思班所部民饑三月乙未濟州任城縣民饑夏四月廣東諸郡吉州龍興道州柳州漢陽淮安民饑五月遼陽益都民饑秋七月道州之武昌永州之興國黃州沅州饑八月成都等縣饑十一月益都揚州辰州歲饑

按山東通志十年冬十二月山東饑

大德十一年武宗卽位饑

按元史武宗本紀十一年五月甲申皇帝卽位六月江浙民饑秋七月浙江湖廣江西屬郡饑山東河北蒙古軍饑安西等郡旱饑河南南淮屬郡饑八月甲午浙東浙西湖北江東郡縣饑江南饑東昌汴梁唐州延安潭沅歸澧興國諸郡饑九月江浙饑襄陽霖雨民饑十月杭州平江民饑十一月盧龍灤河遷安昌黎撫寧等縣民饑建康路屬州縣饑杭州平江等處大饑十二月山東河南江浙饑　按食貨志十一年以饑賑安州高陽漷州奉符兩浙江東等處又賑紹興慶元台州三路饑民

武宗至大元年饑

按元史武宗本紀至大元年春正月己巳紹興台州慶元廣德建康鎭江六路饑死者甚衆二月癸巳汝寧歸德二路民饑甲午益都濟寧般陽濟南東平泰安大饑丙申淮安等處饑甲寅和林饑五月甲申渭源縣旱饑六月戊戌大都饑江淮大饑益都饑采草根樹皮以食己酉河南山東大饑有父食其子者九月中書省臣言江浙饑荒之餘疫癘大作死者相枕藉父賣其子夫鬻其妻哭聲震野有不忍聞臣等不才猥當大任雖欲竭盡心力而聞見淺狹思慮不廣以致政事多舛有乖陰陽之和百姓被其災殃願退位以避賢路帝曰災害事有由來非爾所致汝等但當愼其所行

至大二年饑

按元史武宗本紀二年二月眞定路饑十一月東平濟寧饑　按五行志二年七月徐州邳州饑

至大三年饑

按元史武宗本紀三年五月癸巳東平饑九月己卯內郡饑庚子上都民饑十一月戊寅濟寧東平等路饑戊子益都寧海等處連歲饑

至大四年仁宗卽位饑

按元史仁宗本紀四年三月卽皇帝位八月己巳楚王牙忽都所部乏食

仁宗皇慶元年饑

按元史仁宗本紀皇慶元年二月通漷州饑夏四月趙王汝安郡告饑六月丁亥鞏昌河州等路饑八月辛卯濱州民饑十二月壬申晉王也孫鐵木兒所部告饑　按食貨志元年寧國饑

皇慶二年饑

按元史仁宗本紀二年二月庚辰冀寧路饑庚子晉寧大同大寧四川鞏昌甘肅饑夏四月乙酉眞定保定河間大寧路饑五月辛丑順德冀寧路饑六月甲申上都民饑

延祐元年饑

按元史仁宗本紀延祐元年春正月丙申興元鳳翔涇州邠州歲荒三月戊戌眞定保定河間民饑閏三月丁丑畿內及諸衛屯軍饑歸州告饑夏四月己酉武昌路饑五月潭州漢陽思州民饑六月甲辰衡州郴州興國永州路耒陽州饑十一月戊寅靜安路饑十二月沔陽歸德汝寧安豐等處饑　按五行志元年七月台州饑

延祐二年饑

按元史仁宗本紀二年春正月戊午懷孟衛輝等處饑戊辰晉寧等處民饑二月宣德饑夏四月丙午潭州江州建昌沅州饑五月奉元龍興吉安南康臨江袁州撫州江州建昌贛州南安梅州辰州興國澧州岳州常德武昌等路南豐州澧州等處饑　按五行志二年十二月漢陽路饑

延祐三年饑

按元史仁宗本紀三年春正月漢陽路饑眞定保定薦饑二月戊寅河間濟南濱棣等處饑夏四月庚子遼陽蓋州及南豐州饑五月庚午潭永寶慶桂陽澧道袁等路饑六月蓋州饑冬十月丁酉甘州肅州等路饑

延祐四年饑

按元史仁宗本紀四年春正月庚子帝謂左右曰中書比奏百姓乏食宜加賑恤朕默思之民饑若此豈政有過差以致然歟向詔百司務遵世祖成憲宜勉力奉行輔朕不逮然嘗思之惟省刑薄賦庶使百姓各遂其生也閏月壬辰汴梁揚州河南淮安重慶順慶襄陽民皆饑　按五行志四年正月汴梁饑

延祐五年饑

按元史仁宗本紀五年夏四月遼陽饑十一月壬戌山後民饑

延祐六年饑

按元史仁宗本紀六年夏四月蒙古饑九月濟寧東平東昌高唐德州濟南益都般陽揚州等路饑十月癸亥上都民饑十一月庚子河間民饑

延祐七年英宗即位饑

按元史英宗本紀六年十月受玉冊委天下事七年二月壬午大同豐州諸驛饑三月陳州嘉定州饑庚寅帝即位壬寅寧夏路軍民饑甲午木憐渾都兒等十一驛饑夏四月乙卯那懷渾都兒驛戶饑己巳河間眞定濟南等處蒙古軍饑五月己丑大同雲內豐勝諸郡縣饑甲午瀋陽軍民饑六月乙卯昌王阿失部饑北邊饑秋七月丁亥晉王也孫鐵木兒部饑八月乙卯諸王木南即部饑廣東新州饑十一月宣德蒙古驛饑十二月河南饑帝問其故羣臣莫能對帝曰良由朕治道未洽卿等又不盡心乃職委任失人致陰陽失和災害薦至自今各務勤恪以應天心毋使吾民重困

英宗至治元年饑

按元史英宗本紀至治元年春正月癸巳諸王斡羅思部饑蘄州蘄水縣饑奉元路饑二月汴梁歸德饑河南安豐饑三月庚子寧國路饑癸卯益都般陽饑夏四月庚戌江州贛州臨江袁州建昌民饑五月丙子益都膠州饑庚辰濮州大饑庚寅女直蠻赤興等十九驛饑秋七月南恩新州饑八月癸卯膠州饑九月乙亥京師饑十一月戊戌鞏昌成州饑十二月癸卯慶遠路饑己未眞定保定大名順德等路民饑甲子河間路饑

至治二年饑

按元史英宗本紀二年春正月壬申保定雄州饑己卯山東保定河南汴梁歸德襄陽汝寧等處饑癸巳潮州饑壬子河間路饑戊午眞定等路饑癸亥遼陽等路饑甲子恩州饑三月壬申臨安路河西諸縣饑癸酉河南兩淮諸郡饑丙子延安路饑河間河南陝西十二郡民饑癸未遼陽女直漢軍等戶饑庚寅曹州滑州饑甲午遼陽哈里賓民饑丁酉奉元路饑夏四月己亥嶺北蒙古軍饑庚子彰德路饑壬寅徽州饑丙辰恩州饑丙寅東昌霸州饑五月彰德府饑固安州饑夏津永清二縣饑乙酉京師饑庚寅河南陝西河間保定彰德等路饑甲午鞏昌階州饑閏月睢陽縣亳社屯饑戊申奉元路鄜縣及成州饑壬戌興元褒城縣饑甲子眞定山東諸路饑六月廣元路綿谷昭化二縣饑秋七月淮安路饑廬州六安縣饑八月瑞州高安縣饑九月淮東泰興等縣饑十二月甲子南康建昌州饑　按五行志二年九月臨安河西縣饑

至治三年饑泰定帝即位饑

按元史英宗本紀三年春正月甲辰嶺西武寧王部饑二月丙戌京師饑三月平江路嘉定州饑戊戌安豐芍陂屯田女直戶饑庚子崇明諸州饑甲辰台州路黃巖州饑丙辰諸王火魯灰部軍驛戶饑夏四月丙寅察罕腦兒蒙古軍驛戶饑己卯北邊軍饑戊子南豐州民及鞏昌蒙古軍饑秋七月眞定路驛戶饑丙辰東路蒙古萬戶府饑　按泰定帝本紀三年九月淮安揚州屬縣饑十一月丁巳袁州路宜春縣鎭江路丹徒縣饑沅州黔陽縣饑十二月平江嘉定州澧州歸州饑

泰定帝泰定元年饑

按元史泰定帝本紀泰定元年春正月丙辰廣德信州岳州惠州南恩州民饑二月癸未紹興慶元延安岳州潮州五路及鎭遠府河州集州饑三月臨洮狄道縣冀寧石州離石寧鄉縣饑夏四月木憐撒兒蠻部及北邊蒙古戶饑五月癸丑龍慶延安吉安杭州大都諸路屬縣民饑六月庚申蒙古饑延安路饑晉寧鞏昌常德龍興等處饑戊申大都延安冀寧饑八月杭州潭州等十二郡及諸王哈伯等部饑九月建

昌紹興二路饑冬十月延安路饑廣東道及武昌路江夏縣饑庚戌河間路饑汴梁信州泉州南安贛州等路饑嘉定路龍興縣饑大都上都興和等路十三驛饑十二月乙亥察罕腦兒千戶部饑溫州路樂清縣饑　按五行志泰定元年正月新州饑二月綏德州米脂清澗二縣饑四月江陵荆門軍監利縣饑五月贛州臨江等郡崑山南恩等州饑八月冀寧延安江州安陸全州桂陽辰州南安等路屬州縣饑九月南康路饑十一月中牟延津二縣饑

泰定二年饑

按元史泰定帝本紀二年春正月乙未以畿甸不登罷春畋庚戌肇慶韋昌延安贛州南安英德新州梅州等處饑閏月己卯河間眞定保定瑞州四路饑南濱州棣州饑衡州衡陽民饑瑞州蒙山銀場丁饑二月漷潮二州饑薊州寶坻慶元路象山諸縣饑甘州蒙古驛戶饑大都鳳翔寶慶衡州潭州全州諸路饑三月漷州薊州鳳州延安歸德等處民及山東蒙古軍饑肇慶富州惠州袁州江州諸路及南恩州梅州饑夏四月鎮江寧國瑞州桂州南安寧海南豐潭州涿州等處饑隴西漢中秦州饑五月龍興平江等十二郡饑鞏昌路臨洮府饑六月濟寧興元寧夏南康歸州等十二郡饑遼陽水達達路饑秋七月慶遠谿洞民饑梅州饒州鎮江郴州諸路饑八月南恩州瓊州饑臨江路歸德府饑衛州建昌岳州饑瓊州南安德慶諸路饑冬十月霸州衛州路饑庚戌旭邁傑以歲饑請罷皇后上都營繕從之壬申京師饑內郡饑常德路民饑十二月大寧路鳳翔府饑濟南延州二路饑惠州杭州等處饑

泰定三年饑

按元史泰定帝本紀三年春正月戊辰大都路屬縣饑二月歸德府屬縣饑河間保定眞定饑建昌路饑三月辛未永平衛輝中山順德諸路饑寧夏奉元建昌諸路饑大都河間保定永平濟南常德諸路饑五月乙巳涇州饑庚午雄州饑六月萊蕪等處冶戶饑秋七月濠州饑八月甲戌兀伯都剌許師敬並以災變饑歉乞解政柄不允河中府永平建昌印都中慶太平諸路及廣西兩江饑九月南恩州饑冬十月癸酉京師饑十一月瀋陽遼陽大寧等路及金復州饑寧夏路萬戶府慶遠安撫司饑汴梁建康太平池州諸路及甘肅亦集乃路饑保定路饑懷慶路饑遼陽路饑

泰定四年饑

按元史泰定帝本紀四年春正月遼陽行省諸郡饑彰德淮安揚州諸路饑二月奉元廬州淮安諸路及白登部饑永平路饑三月大寧廣平二路屬縣饑河南行省諸州縣及建康屬縣饑夏四月河南奉元二路及通順檀薊等州漁陽寶坻香河等縣饑河間揚州建康太平衛州常州諸路屬縣及雲南烏撒武定二路饑永平路饑五月江陵屬縣饑汴梁屬縣饑六月鹽官州廬州路饑鎮江興國二路饑秋七月右衛率部饑九月保定眞定二路饑閏月建昌贛州惠州諸路饑土蕃階州饑奉元慶遠延安諸路饑冬十月衛輝獲嘉等縣饑大名河間二路屬縣饑十一月永平路水旱民饑諸王塔思不花部衛士饑十二月河南河間延安鳳翔屬縣饑

致和元年饑

按元史泰定帝本紀致和元年春正月己卯帝將畋柳林御史王獻等以歲饑諫帝曰其禁衛士毋擾民家命御史二人巡察之諸王星吉班部饑河間眞定順德諸路饑大都路東安州大名路白馬縣饑二月陝西諸路饑河間汴梁二路屬縣及開城乾州蒙古軍饑三月晉寧衛輝二路及泰安州饑冀寧路平定州饑陝西四川及河南府等處饑夏四月大都東昌大寧汴梁懷慶之屬州縣饑保定冠州德州般陽彰德濟南屬州縣饑五月燕南山東東道及奉元大同河間河南東平濮州等處饑峽州屬縣饑六月奉元延安二路饑

按山東通志致和元年三月定陶饑五月沂州饑

文宗天曆二年春正月明宗即位饑秋八月文宗復位饑

按元史明宗本紀二年正月丙戌帝即位于和寧之北六月庚寅陝西行省告饑　按文宗本紀二年春正月己巳陝西告饑大都路涿州房山范陽等縣饑二月丙辰奉元臨潼咸陽二縣及畏兀兒八百餘戶告饑永平大同二路上都雲需兩府貴赤衛皆告饑夏四月德安府屯田饑常德澧州慈利州饑衛輝路饑池州廣德寧國太平建康鎮江常州湖州慶元諸路及江陰州饑大都興和順德大名彰德懷慶衛輝汴梁中興諸路泰安高唐曹冠徐邳諸州饑五月鳳翔府饑豐樂八屯軍士饑六月紹興慶元台州婺州諸路饑八月己亥帝復即位於上都己酉冀寧饑莒

密沂諸州饑晉寧路饑九月乙亥史惟良上疏言天下郡邑被災生民凋瘵此正更新百廢之時宜遵世祖成憲事有不便咸釐正之如此則天災可弭禎祥可致不然將恐因循苟且其弊漸深治亂之由自此而分矣帝嘉納之冬十月湖廣常德武昌澧州諸路旱饑陝西鳳翔府饑十一月廬州饑十二月冀寧路饑蘄州路饑　按五行志二年正月大同及東勝州饑四月奉元耀州乾州華州及延安邠寧諸縣饑流民數十萬江東浙西二道饑八月忻州饑十月漢陽路饑

至順元年饑

按元史文宗本紀至順元年春正月丙辰懷慶路饑壬戌中興路饑芍陂屯及廬坊軍士饑寧海州文登牟平縣饑衛州路饑揚州安豐廬州等路饑眞定蘄黃等路汝寧府鄭州饑帖麥赤驛戶及建康廣德鎭江諸路饑衛輝江州二路饑寧國路饑乙未中書省言江浙民饑土蕃等處民饑阿剌忒納失禮所部千六百餘人饑二月淮安路民饑茶陵州民饑迤西蒙古驛戶饑泰安州饑眞定南宮縣饑松江府饑濟寧路饑察罕等衛饑三月東平路須城縣饑安慶安豐蘄黃廬五路饑東昌饑濮州臨清館陶二縣饑光州光山縣饑信陽息州及光之固始縣饑河南登封偃師孟津諸縣饑鞏昌臨洮蘭州定西州饑沂莒膠密寧海五州饑中興峽州歸州安陸沔陽饑四月廣平路饑廣德太平集慶等路饑汴梁懷慶彰德大名興和衛輝順德歸德及高唐泰安徐邳曹冠等州饑陝西饑敕有司作佛事七日沿邊部落蒙古饑天臨之醴陵湘陰等州台州之臨海等縣饑晉寧建昌二路民饑芍陂屯饑土蕃等處脫思麻民饑五月癸亥德州饑武昌路饑衛輝大名廬州饑開元路胡里該萬戶府寧夏路哈赤千戶所軍士饑六月鎭江饒州饑朶思麻蒙古民饑閏七月魯王阿剌哥識里所部三萬餘人告饑八月河南府路新安澠池等十五驛饑九月鐵里干木鄰等三十二驛饑十一月曹州濟陰等縣饑　按五行志天曆三年（五月改元至順）二月河南大饑三月堂邑縣饑臨海五州臨清定陶光山等縣饑四月清平縣饑

至順二年饑

按元史文宗本紀二年春正月寧海州饑二月膠州饑三月察罕腦兒蒙古饑沙淨德寧等處蒙古部民饑登萊饑保昌饑浙西諸路饑雲內州饑遼陽境內蒙古饑大同路累歲民饑檀順昌平等處饑夏四月博興州饑泰興縣饑孛羅部內蒙古饑五月膠州饑遼陽東路蒙古萬戶府饑河間屬縣饑六月興和屬縣饑秋七月龍興路饑八月沅州饑九月興和寶昌州饑思州鎭遠府饑十一月左右欽察衛軍士饑

按五行志二年二月集慶嘉興二郡及江陰州饑檀順薊密昌平五州饑六月興和路高原咸平等縣饑十二月河南大饑

至順三年饑

按元史文宗本紀三年春正月宜山縣饑肇慶路高要縣饑夏四月安州饑五月雲南大理中慶等路大饑常寧州饑秋七月滕州民饑慶都縣大饑八月大都寶坻縣饑

順帝元統元年饑

按元史順帝本紀元統元年九月寧夏饑十一月江浙旱饑　按五行志元統元年夏兩淮大饑

元統二年饑

按元史順帝本紀二年春正月東平須城縣濟寧濟州曹州濟陰縣饑二月安豐路饑三月淮西饑夏四月成州饑五月江浙大饑大寧廣寧遼陽開元瀋陽懿州大饑秋七月池州青陽銅陵饑八月南康路諸縣民饑九月吉安路饑十一月戊子濟南萊蕪縣饑

按五行志二年春淮西饑

至元元年饑

按元史順帝本紀至元元年三月龍興路饑益都路沂水日照蒙陰莒縣饑夏五月京畿民饑末新州饑秋七月西和州徽州民饑八月沅州等處民饑九月耒陽常寧道州民饑十二月寶慶路饑是年江西民饑　按五行志至元元年邵武建寧饑

至元二年饑

按元史順帝本紀二年三月順州民饑九月台州路饑沅州路盧陽縣饑冬十月撫州袁州瑞州諸路饑十一月松江府上海縣饑安豐路饑十二月江州諸縣饑慈溪縣饑　按五行志二年淮西安豐浙西浙東台州饑

至元三年饑

按元史順帝本紀三年春正月臨江路新淦州新喻州瑞州民饑二月江浙等處饑蘄州紹興饑三月大都寶坻饑大都饑溧陽州饑龍興路南昌新建縣饑五月興州松州民饑八月濟南饑

至元四年饑

按元史順帝本紀四年二月南昌州饑

至元五年饑

按元史順帝本紀五年春正月濮州鄄城范縣饑冀寧路交城等縣饑桓州饑雲需府饑開平縣饑興和寶昌等處饑六月沂莒二州民饑九月丁巳瀋陽饑民食木皮冬十月衞州饑遼陽饑文登牟平二縣饑十一月八番順元等處饑是歲京州饑膠密莒濰等州饑

至元六年饑

按元史順帝本紀六年春正月邳州饑三月益都般陽等處饑淮安路山陽縣饑順德路邢臺縣饑五月濟南饑六月濟南路歷城縣饑冬十月庚寅奉符長清元城清平四縣饑十一月處州婺州饑十二月東平路民饑

至正元年饑

按元史順帝本紀至正元年春正月湖南諸路饑二月濟南濱州沾化等縣饑是月大都寶坻縣饑河間莫州滄州等處饑晉州饒陽阜平安喜靈壽四縣饑三月大都路涿州范陽房山饑般陽路長山等縣饑彰德路安陽等縣饑夏四月河西務彰德饑　按五行志至正元年湖南溫州饑

至正二年饑

按元史順帝本紀二年春正月大同饑順寧保安饑廣平磁威州饑二月彰德路安陽臨漳等縣饑大同路渾源州饑大名河間路饑三月冀寧路饑順德路平鄉縣衞輝路饑八月冀寧路饑九月歸德府睢寧縣饑　按五行志二年保德州大饑

至正三年饑

按元史順帝本紀三年二月寶慶路饑十二月河南等處民饑　按五行志三年衞輝冀寧忻州大饑人相食

至正四年饑

按元史順帝本紀四年閏二月永平灃州等路饑六月鞏昌隴西縣饑八月山東民饑相食十一月保定路河南民饑十二月東昌濟南般陽慶元撫州饑

按五行志四年霸州大饑人相食東平路東阿陽穀汶上平陰四縣皆大饑

至正五年饑

按元史順帝本紀五年三月大都永平鞏昌興國安陸等處并桃溫萬戶府各翼人民饑夏四月汴梁濟南邠州瑞州等處民饑　按五行志五年春東平路須城東阿陽穀三縣及徐州大饑人相食夏邵武饑

至正六年饑

按元史順帝本紀六年五月陝西饑

至正七年饑

按元史順帝本紀七年夏四月河東民多饑死十二月晉寧東昌東平恩州高唐等處民饑　按五行志七年彰德懷慶饑

至正八年饑

按元史順帝本紀八年五月四川饑六月山東饑秋七月西北邊軍民饑

至正九年饑

按元史順帝本紀不載　按五行志九年春膠州大饑人相食鈞州新鄭密縣饑

至正十二年饑

按元史順帝本紀十二年六月丙午中書省臣言大名路開滑濬三州元城十一縣饑

至正十四年饑

按元史順帝本紀不載　按五行志十四年春浙東台州江東饒州閩海福州邵武汀州江西龍興建昌吉安臨江廣西靜江等郡皆大饑人相食

按明昭代典則至正十四年夏四月江西湖廣大饑十月蒙古大都大饑民有父子相食者

至正十五年饑

按元史順帝本紀十五年春正月上都饑大同路饑

至正十七年饑

按元史順帝本紀不載　按五行志十七年河南大饑

至正十八年饑

按元史順帝本紀不載　按五行志十八年春莒州蒙陰縣大饑斗米金一斤冬京師大饑人相食彰德山東亦如之

至正十九年饑

按元史順帝本紀不載　按五行志十九年正月至五月京師大饑銀一錠得米僅八斗死者無算通州民劉五殺其子而食之保定路莩死盈道軍士掠孱弱以爲食濟南及益都之高苑莒之蒙陰河南之孟津新安澠池等縣大饑人相食

至元二十一年饑

按元史順帝本紀不載　按五行志二十一年霸州

餓民多莩死

明一

太祖洪武二年饑

按陝西通志洪武二年陝西大饑

洪武十年歲災

按大政紀洪武十年九月丙申紹興金華衢州大災命振給之

洪武二十年歲豐

按明通紀洪武二十年各省大豐民安事治上甚喜之令光祿寺設豐年宴以享太平盛事

洪武二十三年湖南大有年德慶州饑

按湖廣通志洪武二十三年湖南大有年

按廣東通志洪武二十三年德慶州大饑知州孫彬勸有積者貸之民乃安

成祖永樂元年

按河南通志永樂元年廣城產嘉禾五月汝寧山中野蠶成繭

永樂四年饑

按浙江通志永樂四年嘉興水民饑

永樂八年饑

按名山藏永樂八年三月潁川縣饑皇太子命賑之七月安慶徽州鎮江鳳陽諸郡縣饑皇太子命安撫賑恤之八月賑鞏昌諸府饑

永樂九年饑

按名山藏永樂九年六月賑龍游縣饑七月賑臨城縣饑

永樂十年饑

按名山藏永樂十年正月賑隴州饑山西諸縣饑有司不以聞械治之

按大政紀永樂十年四月辛巳山東萊州府民饑命戶部遣官發粟賑之計粟五十八萬三千八十石

永樂十一年饑

按名山藏永樂十一年正月上謂通政司曰朕令來朝有司言民利病率云田穀豐稔比聞山西民乃食樹皮草根自今悉記之境內災傷已不自言他人言者必罪徐州饑寬其逋稅

永樂十二年饑

按名山藏永樂十二年三月直隸河南山陝湖廣諸縣饑皇太子命賑之六月皇太子賑常熟縣饑七月皇太子賑河南湖廣浙江諸縣饑

永樂十三年饑

按名山藏永樂十三年八月賑山東河南順天等府饑

永樂十四年饑

按大政紀永樂十四年正月己酉北京河南山東民饑免永樂十二年逋租悉停買不急之物仍命戶部遣官賑濟饑民九十九萬九千三百八十口給糧百七十七萬九千九百石有奇六月壬申命賑山西平陽大同所屬州縣饑民

按名山藏永樂十四年五月賑六安英山碭嵩西安諸縣饑

按福建通志永樂十四年大饑

永樂二十年大有年

按湖廣通志永樂二十年湖南大有年

永樂二十二年饑

按大政紀永樂二十二年十月浙江於潛樂清二縣民饑命發預備倉粟賑之

仁宗洪熙元年饑

按大政紀洪熙元年二月舞陽縣奏民饑請發本縣倉粟賑貸從之清河縣民饑命發本縣倉粟賑之三月山東泰安州及萊陽縣民饑命發本處倉粟賑之乙未山東平度州及蓬萊縣民饑命戶部發粟賑之樂亭縣民饑命戶部發縣倉粟賑之四月山東昌邑縣及直隸邢臺縣各奏民饑命發縣倉穀賑之直隸大名府所屬民饑命發長垣倉粟賑之六月河南新安知縣陶鎔奏民饑危急已先借驛糧一千七百二十八石賑救俟秋成還官命戶部宥之上謂夏原吉曰知縣所行良是朕聞近年有司不體人情苟有饑荒必須申報展轉勘實賑濟失時民多饑死陶鎔先給後聞能稱任使毋拘文法責其專擅

按湖廣通志洪熙元年新化大饑

宣宗宣德三年饑

按大政紀宣德三年三月諭戶部遣官往山西河南同布政司及府縣官賑濟饑民不許捕治工部侍郎李新自河南還言山西民饑流徙至南陽諸郡不下十餘萬口有司軍衛各遣人捕逐民死亡者多上諭戶部尚書夏原吉曰民饑流移豈其得已仁人君子所宜矜念昔富弼知青州飲食起居處醫藥皆爲區畫山林湖泊之利聽民取之不禁所活至五十餘萬人今乃驅逐使之失所不仁甚矣其即遣官往同布政司及府縣官加意撫綏發倉廩給之隨所至居住

有捕治者罪之十月辛巳常州府進秈米諭禮部尚書胡濙以各處水災更加勉之常州言今歲雨暘順調田穀茂盛上諭尚書胡濙曰今年各處多奏水災深慮百姓艱食常州獨言豐稔頗慰朕心濙對曰陛下愛民常願豐熟聖心所欲天必從之上曰天果從之豈有他處水潦之患亦是爲善未至不能格天也自今朕與卿等更當勉之

按名山藏宣德三年四月山西饑禁逐流民五月復勸賑於富民

按陝西通志宣德三年陝西大饑

按浙江通志宣德三年六月臨安新城二縣饑

宣德四年饑

按浙江通志宣德四年臨安於潛饑

宣德五年饑

按大政紀宣德五年三月淮安郡饑江西饑

按廣東通志宣德五年南海饑

宣德九年饑

按江西通志宣德九年南昌瑞州臨江袁州撫州旱民饑

按廣東通志宣德九年瓊州大饑

宣德十年大饑

按江西通志云云

英宗正統五年山西饑大名熟

按名山藏正統五年四月以山西荒下寬卹詔六月宜川縣饑

按畿輔通志正統五年大名府大熟

正統六年饑

按名山藏正統六年九月賑豐沛二縣饑

按浙江通志正統六年杭州饑

正統七年饑

按潞安府志正統七年潞州歲饑斗粟銀三錢

正統八年饑

按廣東通志正統八年秋廣州饑

正統九年饑

按貴州通志正統九年夏六月賑苗民饑

正統十年饑

按名山藏正統十年三月勅鎮守陝西右都御史陳鎰巡撫河南山西左少卿于謙曰近得御史馬恭奏陝西遠近居民求食日有二千餘人餓死數多咸陽渭南富平等縣閉門塞戶逃竄趂食及爾謙奏祥符境內饑民屯聚男婦千餘原武亦如之朕即位以來輕徭寬賦詔書屢矣今歲歉未甚流散若此豈非府州縣官侵暴之耶又聞衛所官亦往往剝害諸軍士方面風憲與同流汙疾苦不在心是皆不可原今姑予自新其各飭令正佐能幹官分巡所屬量發廩或勸富家賑貸不急之務悉爲停止有所不便具實以聞逃移至境者設法安插之爾等爲國重臣宜盡心區畫有司官貪暴闒茸者起送赴京軍官具奏處治欽哉

正統十二年饑

按名山藏正統十二年六月命戶部移文山東布政司民逃移者設法招撫饑饉者驗口賑濟

按浙江通志正統十二年鄞縣饑

正統十四年饑

按貴州通志正統十四年夏清平衛饑

代宗景泰元年饑

按山東通志景泰元年濟南德平饑

景泰二年夏大饑

按貴州通志云云

景泰三年饑

按山東通志景泰三年曹縣定陶大饑

景泰七年饑

按浙江通志景泰七年會稽淫雨害稼饑奉化天台大饑餓莩載道

庶徵典第一百十一卷

豐歉部彙考六

明二

英宗天順元年饑

按名山藏天順元年三月命左僉都御史林聰賑饑於山東五月命都御史馬昂賑饑山西以民饑減歲辦物料之半

天順二年饑

按廣東通志天順二年廉州饑

天順六年饑

按澤州志天順六年大饑

天順八年饑

按山東通志天順八年卽墨大饑

憲宗成化元年饑

按名山藏成化元年七月兩畿河南浙江雨水傷稼命撫按賑民九月發銀四萬賑鳳陽徐州饑大學士李賢等言山西大同饑

按湖廣通志成化元年隨州大饑

成化二年饑

按山西通志成化二年代州大饑人相食

成化三年饑

按廣東通志成化三年秋饑

成化四年饑

按湖廣通志成化四年德安饑黃陂大饑

成化五年饑

按湖廣通志成化五年石門饑

按福建通志成化五年將樂饑光明陽岸都民强發富民倉

成化六年饑

按山東通志成化六年掖濰卽墨大饑昌邑尤甚

成化八年饑

按畿輔通志成化八年順德大饑

成化九年饑

按名山藏成化九年五月以山東旱饑命河南等處巡撫等官分發其流民於諸州縣所在區畫屋舍驗口給糧秋成遣之吏弛山東徵役之賦

按山東通志成化九年夏六月濮州博平旱大饑

成化十年濟南稔

按山東通志成化十年濟南大稔斗米七錢

成化十二年饑

按福建通志成化十二年南平順昌沙縣民饑守巡藩臬以聞

成化十四年稔

按畿輔通志成化十四年大有年

成化十五年稔

按山東通志成化十五年莒州大稔麥一莖兩穗穀一莖六七穗

按廣東通志成化十五年冬靈山石城大有年

成化十六年大饑

按山西通志成化十六年崞縣大饑大風折禾民多相食文水縣亦饑

成化十七年饑

按山東通志成化十七年平度大饑人相食

成化十八年饑

按名山藏成化十八年三月賑濟蘇松淮揚山西大同饑民

成化十九年饑

按潞安府志成化十九年大饑

成化二十年饑

按名山藏成化二十年九月巡撫左僉都御史葉琪奏山西連年災傷平陽一府逃移者五萬七千八百餘戶內西邑縣饑餓死男婦六千七百餘口蒲解等州臨晉等縣餓莩盈途不可數計父棄其子夫賣其

妻甚有全家聚哭投河而死者棄子女市井而逃者
按畿輔通志成化二十年七月燕南饑
按澤州志成化二十年大饑民多疫死至相食詔遣官賑卹免租半
按河南通志成化二十年大饑
成化二十一年饑
按山西通志成化二十一年大饑人相食
按湖廣通志成化二十一年春均州饑僵屍載道
按廣東通志成化二十一年冬順德大饑
成化二十二年饑
按大政紀成化二十二年十月淮北山東大饑
按名山藏成化二十二年正月辛酉勅河南按察僉事傳希說兼理鳳陽等府賑濟饑民二月以所在饑荒賜巡撫官勅令其撫安軍民
按山西通志成化二十二年秋無禾嵩嵐萬泉潞州人相食
成化二十三年河間趙城熟潞州陝西饑
按畿輔通志成化二十三年河間大熟
按山西通志成化二十三年夏趙城大有年潞州饑
按陝西通志成化二十三年冬大饑民死亾半過大疫餓莩盈野遣官賑濟
孝宗弘治元年饑
按浙江通志弘治元年新城昌化大饑
按湖廣通志弘治元年安陸饑
弘治二年蒲州有年應山饑
按山西通志弘治二年蒲州大有年斗米錢二十文
按湖廣通志弘治二年春應山大饑道殣相望

弘治三年饑
按浙江通志弘治三年溫州大饑
弘治四年饑
按浙江通志弘治四年龍泉大饑
弘治五年饑
按山東通志弘治五年濟南大饑河決黃龍岡昌邑大饑
按廣東通志弘治五年南海饑海南基圍振潰禾稼蕩盡有司命工築補賑濟流民一萬餘人
弘治六年有秋
按福建通志弘治六年大有秋
弘治七年稔
按山東通志弘治七年濟南大稔
按福建通志弘治七年麥大熟
弘治十一年稔
按河南通志弘治十一年斗米十錢
弘治十二年饑
按湖廣通志弘治十二年安陸饑
按福建通志弘治十二年南平順昌沙縣民饑守巡藩臬以聞
按廣東通志弘治十二年南海番禺大饑東莞増城亦饑
弘治十三年台州饑靈山有年
按浙江通志弘治十三年台州大饑
按廣東通志弘治十三年靈山縣大有年斗米四錢
弘治十四年饑
按畿輔通志弘治十四年夏永平府大水秋饑

按浙江通志弘治十四年餘姚大饑會稽新昌亦饑
弘治十五年饑
按大政紀弘治十五年五月兩浙大饑命副都御史王璟巡視
弘治十七年饑
按山西通志弘治十七年萬泉秋無禾
按浙江通志弘治十七年寧波大饑
弘治十八年饑
按湖廣通志弘治十八年春安陸饑
武宗正德元年石樓興寧有年德安饑
按山西通志正德元年石樓大有年
按湖廣通志正德元年德安饑
按廣東通志正德元年興寧大有年
正德二年饑
按湖廣通志正德二年夏衡陽大饑
按雲南通志正德二年騰衝饑
正德三年饑
按山東通志正德三年昌邑大饑
按湖廣通志正德三年保康大饑
正德四年饑
按浙江通志正德四年衢州大饑
按湖廣通志正德四年夏衡州巴陵臨湘大饑茶陵饑郴州大饑
正德五年饑清平有年
按浙江通志正德五年永嘉大饑
按江西通志正德五年奉新靖安大饑時因華林瑪瑙寨盜起

按湖廣通志正德五年荆州大饑

按貴州通志正德五年清平大有年

正德六年饑

按大政紀正德六年四月順天府屬縣大饑

按山西通志正德六年石州大饑

正德八年饑

按畿輔通志正德八年秋永平府饑

正德十年饑

按貴州通志正德十年都勻饑

正德十一年饑

按山西通志正德十一年寧鄉饑

按湖廣通志正德十一年荆州饑

正德十二年饑

按大政紀正德十二年四月畿內饑

按湖廣通志正德十二年靖州饑八月湖廣饑

按貴州通志正德十二年秋八月清平饑

正德十三年饑

按湖廣通志正德十三年漢陽饑應城稻田土黑起煙苗半灼死

按廣西通志正德十三年武緣縣大饑民食薇蕨死者無數

正德十四年饑太平有年

按山西通志正德十四年太平大有年秋禾一本三穗者三之二兩穗者半石樓民饑西北鄉四里村落爲墟大同饑

按浙江通志正德十四年杭州大饑

按廣東通志正德十四年新會饑

正德十六年饑

按山西通志正德十六年春大同大饑

世宗嘉靖元年霍汾清平有年太平饑

按山西通志嘉靖元年霍州汾州大有年

按江南通志嘉靖元年太平縣大饑黃山竹生米人爭采食

按貴州通志嘉靖元年清平大有年

嘉靖二年饑

按永陵編年史嘉靖二年閏四月給事鄭一鵬言臣巡光祿見通者禱祀繁興費用漸廣而經筵供費祇爲靡文一醮之費至金錢一萬八千以月計之不知幾百萬矣今天災時變月無虛日京師之民裹席行乞母子裸而餓死而州縣徵發繁擾貧者轉爲盜賊強者靡於兵刃邊境之民日夜荷戈執戟而不得食奈何徇佞幸之言而飽僧道之腹哉願改西天廠爲寶訓廠以貯祖訓西番廠爲古訓廠以貯奏疏經筵之暇游息其中壽何以不若堯舜治何以不若唐虞帝曰天時饑饉齋祀其暫輟之

按畿輔通志嘉靖二年無麥米

按湖廣通志嘉靖二年柳州饑

按貴州通志嘉靖二年新安所大饑

嘉靖三年饑

按大政紀嘉靖三年二月時南京畿饑甚人相食巡按淮揚御史朱衣上言人民爲饑所迫父子兄弟夫婦之間多相殘賊婺婦劉氏食四歲小兒百戶姚臣王堂以子鬻母軍餘曹洪以弟殺兄王明以子弑父無復人理且地震霧塞旱彌千里災變之來莫此爲甚是時四方俱歉盜賊蜂起閩廣青齊豫楚之間所在成羣而廬鳳爲甚泗州洪澤嘯聚衆千人江洋出沒尤多盜艘給事中張原疏奏乞遣官督勦從之仍特勅操江都御史伍文定防禦擒捕

按山東通志嘉靖三年三月武定大風起沙害麰麥平度大饑

按浙江通志嘉靖三年杭州昌化湖州衢州大饑

按雲南通志嘉靖三年永昌騰越大饑

嘉靖四年饑

按江西通志嘉靖四年南昌府屬饑

嘉靖五年饑

按大政紀嘉靖五年二月畿內饑巡按順天御史張珩言畿內凶荒乞賑下戶部覆議從之是時災異衆多禮部類聞帝降諭曰四方災異非常朕心憂懼此非下民之辜皆朕之失云南京御史仲選上言陛下此論禹湯罪己之言周宣憂懼之心也有君如此何忍負之臣聞之應天以實不以虛動民以行不以言今之災異或者聖學之未敦政權之下移小人之未遠忠直之未錄百官之未勵民生之日蹙武備之廢弛與有一於此皆干天和陛下用一人而制行材器未必盡知議一事而始終利害未必盡知是亦聖學之未敦也或以姦黨而復其官或以巨惡而宥其罪或奏逮職官或陳乞勅命無不立遂人言嘖嘖皆謂陛下左右乘其喜怒陰爲之地是亦政權之下移也崔文以邪術侍左右璁萼以讒夫而預經筵劉棨以白衣而厠館閣蔡亨蔡銘吳大田以匪人而居華職是小人之未遠也或覆庇匪人或玩愒公事或私通

關節公納賄賂文雖麗而大節有虧外可觀而內行不足是臣職之未勵也謫戍如豐熙等削籍如馬明衡等遠遷如馬卿陳逅等外補如呂柟等不幸而死如王思裴紹宗等皆抑鬱而不得其志是忠直之未錄也水旱癘疫民死什五加之榷姦煽毒酷吏肆威十室九空而征徭日增催科日煩是民困之未蘇也承平日久民不知兵軍職皆驕子不識戰陳士卒皆市人莫辨什伍精壯者私役於守備府營之家輪番上直操備者木刀竹矢全無犀利是武備之不振也臣待罪言官不能隨事納忠致有災異皆臣等不職之所召萬一讜言可採少賜施行仍將臣罷黜以應天變報聞

嘉靖六年饑

按浙江通志嘉靖六年景寧大饑

按貴州通志嘉靖六年都勻興隆饑

嘉靖七年饑

按山東通志嘉靖七年大饑

按垣曲縣志嘉靖七年大饑

按湖廣通志嘉靖七年黃陂大荒

按廣東通志嘉靖七年海豐碣石大饑死者枕藉

嘉靖八年饑趙城有年

按大政紀嘉靖八年二月湖廣大饑巡按御史張祿見歲凶民饑繪圖以獻六月山西大饑山西連歲荒歉饑莩在道參政王尚絅上救荒八議一曰愍饑饉乞遣使行部問民疾苦二曰恤暴露乞有司祭瘞消釋厲氣三曰救災民乞支散庾積秋成補還四曰停徵斂乞截日住徵以俟豐年五日信告令乞勸分裁粟後必償補七日謹預備乞申明舊例措處積貯勿使庾廩空虛八日恤流亡乞所過州縣加意存恤勿使羣聚思亂下戶部覆議從之十一月河南陝西大饑陝西僉事齊之鸞上言臣承乏寧夏自七月中由舒霍逾汝寧目擊光息蔡潁間蝗食禾穗殆盡及經陝閿潼關晚禾無遺流民載道迨入關中重以秋潦環慶而北驕陽五載臣崎嶇沙磧間見居民刈穫喜名問之答曰蓬也其類有綿刺二種有子可麪饑民仰此五年矣臣尚意其可食也及至韋州復遇民食蓬子麪取而啖之螫口澀腹嘔逆移日乃知小民食此豈得已邪今將二蓬子親封題識稽首齋獻伏望皇上示諸大臣使知民瘼臣惟皇上即位九年矣議禮考文日不暇給而治安未臻且有大可憂之事三深可惜之癖四敢為陛下陳之國家貢賦輓運上游脫或道途有梃鋤之梗而東南之漕一再歲不至何以處之此大可憂一也天潢日衍祿食匱乏而憚於改弦不思尾大之患此大可憂二也邊疆歲擾將驕卒惰而大同甘肅之變屢事姑息異日有患必自邊境此大可憂三也八九年間大禮一議蔓引不休好惡予奪一主乎是其不合者擠之如四凶檮杌永不收錄其合者擢之如伊尹傅說驟至台鼎此可惜之癖一也大臣之不肖諂諛為甚今佞祥衒異見之章疏啓惰導慾漸不可長此可惜之癖二也初革冗濫歲省萬計貪祿日久聽其陳請戚里漸復佞倖日親此可惜之癖三也內臣鎮守非太祖立法之意天下臣民以為陛下御極當不旋踵拔去病根乃今因循久而不議此可惜之癖四也帝下其章於各部

按山西通志嘉靖八年聞喜夏縣無禾民食樹皮殆盡曲沃萬泉榮河稷山寧鄉大饑羣寇大起剽掠攻城秋趙城大有年

按四川總志嘉靖八年春疫保順潼三郡民大饑

按廣東通志嘉靖八年三月興寧歸善大饑斗米百五十錢

嘉靖九年饑

按大政紀嘉靖九年四月北畿河南山西湖廣陝西大饑時行人楊僔有事湖廣山西還言畿內及河南湖廣山西俱復大饑乞徐議郊祀以省勞費給事中孫應奎亦言延綏榆林諸處凶歉連歲人煙幾絕至有研木屑石以食者帝勅六部都察院曰邇來遠近之民饑莩載道聞諸奏牘實用憂戚內外臣工皆有分理之責而部院大臣又百司庶僚之首不可不佐朕安民其各列諮議會奏以聞於是吏部尚書方獻夫等會陳重守令廣儲蓄索鬼神卹陣亡慎刑獄及蠲免救濟諸條帝采納之夏言以榆林重鎮尤當加意存卹上言乞發帑金十五萬遣僉都御史李如圭親往和糴輓輸邊鎮以全民命帝從之特召如圭至御前面賜訓諭責其成功

按永陵編年史嘉靖九年四月行人楊僔有事湖廣還言畿內湖南湖廣山西大饑乞寢郊祀以省勞費而科臣亦言延綏榆林凶歉人煙殆絕帝命部詳議安民之道以聞

按浙江通志嘉靖九年衢州大饑

按福建通志嘉靖九年漳浦饑其春麥熟山竹生實如米採數百石饑民賴以供食

嘉靖十年饑

按福建通志嘉靖十年夏將樂大饑隆安長源等都民張庚光等强劈富民倉

嘉靖十一年饑

按澤州志嘉靖十一年歲大饑

按陝西通志嘉靖十一年華陰大饑

嘉靖十二年稷山等縣有年太原等府饑

按山西通志嘉靖十二年夏稷山萬泉聞喜大有年太原汾州諸處饑交城文水徐溝太谷汾州野多餓殍

嘉靖十三年饑

按山西通志嘉靖十三年大饑平陽澤沁諸州流亡載道人相食

嘉靖十四年饑汾西霍州有年

按山西通志嘉靖十四年汾西霍州大有年

按廣東通志嘉靖十四年夏五月廣肇南韶四郡大水殺稼民饑斗穀百錢百年所未見云御史戴景賑活甚衆奏蠲民租

按廣西通志嘉靖十四年四月懷集凶荒民饑

嘉靖十五年饑榆次等縣有年

按山西通志嘉靖十五年榆次汾西霍州大有年榆次斗米錢二十文

按福建通志嘉靖十五年饑

按雲南通志嘉靖十五年夏秋永昌順寧大饑

嘉靖十六年饑

按浙江通志嘉靖十六年嘉興饑

嘉靖十七年饑

按山東通志嘉靖十七年昌邑高密卽墨大饑

按河南通志嘉靖十七年春大饑

按貴州通志嘉靖十七年義州饑斗粟銀一錢

嘉靖十八年饑

按大政紀嘉靖十八年十二月河南饑巡撫都御史王杲奏聞

按山西通志嘉靖十八年六月沁源隕霜殺禾民饑

按湖廣通志嘉靖十八年正月均州饑

嘉靖十九年饑

按江西通志嘉靖十九年瑞州民饑

按貴州通志嘉靖十九年清平興隆饑

嘉靖二十年饑

按山西通志嘉靖二十年春大同饑八月大同隕霜殺稼

按雲南通志嘉靖二十年饑

嘉靖二十一年饑

按福建通志嘉靖二十一年長樂饑疫

按廣西通志嘉靖二十一年懷集大饑

嘉靖二十二年饑

按江西通志嘉靖二十二年春正月吉安府大饑

按湖廣通志嘉靖二十二年秋郴州大饑

按廣西通志嘉靖二十二年富川縣竹結實如米其年饑民採而食之

嘉靖二十三年饑

按浙江通志嘉靖二十三年杭州諸暨大無禾麥

按福建通志嘉靖二十三年大饑

嘉靖二十四年饑

按浙江通志嘉靖二十四年杭州寧波處州溫州大饑民多殍

按湖廣通志嘉靖二十四年夏衡州安陸大饑

按福建通志嘉靖二十三年二十四年相繼大旱民饑死載路

嘉靖二十六年饑

按雲南通志嘉靖二十六年騰越饑

嘉靖二十七年文水大同有年普定饑

按山西通志嘉靖二十七年九月文水大同大有年

按貴州通志嘉靖二十七年普定大饑斗米銀四錢

嘉靖二十八年饑

按陝西通志嘉靖二十八年臨洮饑

嘉靖三十年饑

按貴州通志嘉靖三十年夏思州府饑

嘉靖三十一年饑

按雲南通志嘉靖三十一年騰越饑

嘉靖三十二年饑貴州有年

按畿輔通志嘉靖三十二年春保定府大饑人相食

按山西通志嘉靖三十二年太谷隕霜殺稼潞安大饑

按河南通志嘉靖三十二年大饑

按貴州通志嘉靖三十二年大有年

嘉靖三十五年饑霍汾有年

按山西通志嘉靖三十五年霍州汾州大有年

按福建通志嘉靖三十五年夏饑

嘉靖三十六年沁州饑霍汾稔

按山西通志嘉靖三十六年秋沁州隕霜殺稼民食

蓬子及苗霍州汾西大稔
嘉靖三十七年饑霍汾有年
按山東通志嘉靖三十七年大饑糴於遼
按山西通志嘉靖三十七年霍州汾州西大有年
嘉靖三十八年饑
按湖廣通志嘉靖三十八年五月通山饑民採蒻實食之
嘉靖三十九年饑
按大政紀嘉靖三十九年夏四月賑順天饑
按山西通志嘉靖三十九年太原屬石州寧鄉遼沁大饑民亡餓莩盈野
按貴州通志嘉靖三十九年大饑米價差踊於三十七年
嘉靖四十年饑
按山東通志嘉靖四十年大饑四月六日晝晦赤光南下如電
按山西通志嘉靖四十年五臺趙城末和大饑
按雲南通志嘉靖四十年北勝大饑
嘉靖四十一年山東饑徐溝稔
按山東通志嘉靖四十一年大饑
按山西通志嘉靖四十一年徐溝大稔米三斗價銀一錢
嘉靖四十二年饑
按山西通志嘉靖四十二年武鄉饑賊牛大等蜂起寇掠知縣帥兵勦捕被劫越一日釋歸
按湖廣通志嘉靖四十二年春孝感饑
嘉靖四十三年饑
按大政紀嘉靖四十三年十二月北畿山東大饑連年荒歉是歲尤甚
嘉靖四十四年饑
按湖廣通志嘉靖四十四年襄陽大饑
嘉靖四十五年饑
按雲南通志嘉靖四十五年新安所饑
穆宗隆慶元年饑
按山西通志隆慶元年榮河聞喜稷山大祲稷山免田租之半
隆慶二年山陝饑福建熟
按山西通志隆慶二年陽城饑萬泉無禾
按陝西通志隆慶二年大饑
按福建通志隆慶二年春麥禾大熟
隆慶三年饑
按山東通志隆慶三年掖平膠昌濰大水昌邑尤甚民大饑
按山西通志隆慶三年吉州大饑死者枕藉於道
按湖廣通志隆慶三年穀城大饑
隆慶四年饑
按湖廣通志隆慶四年竹谿大饑
隆慶六年饑福建熟
按湖廣通志隆慶六年桂陽縣饑
按福建通志隆慶元年至六年禾麻被野石米三錢
按廣東通志隆慶六年春三月廣州饑
神宗萬曆元年饑閩廣有年
按湖廣通志萬曆元年八月靖州大饑
按福建通志萬曆元年大有年
按廣東通志萬曆元年秋大有年
按雲南通志萬曆元年楚雄饑
萬曆二年饑
按湖廣通志萬曆二年七月銅鼓衛大饑
萬曆三年饑
按福建通志萬曆三年秋八月大饑
按廣西通志萬曆三年懷集縣民饑
萬曆四年饑
按山東通志萬曆四年秋大饑
萬曆六年有年
按畿輔通志萬曆六年大有年
按廣東通志萬曆六年大有年
萬曆七年饑
按山東通志萬曆七年諸城四月大霜二麥俱壞七月大水百日田廬盡沒
按福建通志萬曆七年民饑饉
萬曆十年有年
按貴州通志萬曆十年興隆大有年
萬曆十一年饑
按山西通志萬曆十一年太平饑
萬曆十二年饑代州有年
按山東通志萬曆十二年春掖縣地震饑昌邑地震大饑
按山西通志萬曆十二年代州大有年
萬曆十三年饑
按山西通志萬曆十三年太原州縣遼州大饑馬邑縣歲大饑升米值銀一錢二分

按陝西通志萬曆十三年陝西鳳翔大饑

萬曆十四年饑

按潞安府志萬曆十四年春霾經旬五月方雨民始播百穀八月即霜歲大饑先是襄垣黎城二縣連歲歉至是斗米銀二錢死者相枕藉事聞遣官賑濟

按廣東通志萬曆十四年大饑斗米二百文

萬曆十五年饑

按山西通志萬曆十五年太原平澤沁遼大饑自十三年至十六年諸州縣民死者無算甚有棄嬰兒於原野朝廷發帑銀賑之

按陝西通志萬曆十五年四月西鄉大饑

按雲南通志萬曆十五年騰越饑

萬曆十六年饑遼絳安邑有年

按山西通志萬曆十六年遼州絳縣安邑大有年絳縣臺城里穀有二穗至四穗者安邑麥石銀三錢穀黍石銀二錢

按浙江通志萬曆十六年湖州嘉興蕭山大饑浙東大饑金華荐饑

按湖廣通志萬曆十六年德安大祲人採木皮以食饑死者甚衆京山大饑

萬曆十七年有年

按畿輔通志萬曆十七年大有年

按山西通志萬曆十七年解州稷山大有年穀麥價如安邑

萬曆十八年有年東莞饑

按畿輔通志萬曆十八年大有年

按四川總志萬曆十八年綦江斗米三分

按廣東通志萬曆十八年東莞黑眚見連年大饑

萬曆十九年慶陽饑黃岡福建熟

按陝西通志萬曆十九年慶陽饑

按湖廣通志萬曆十九年黃岡大有年

按福建通志萬曆十九年歲大熟

萬曆二十年饑

按雲南通志萬曆二十年騰越大饑

萬曆二十一年饑

按湖廣通志萬曆二十一年鄖房饑

萬曆二十二年趙城有年福建興隆饑

按山西通志萬曆二十二年趙城大有年

按福建通志萬曆二十二年二月不雨至夏五月穀涌貴饑民大譟掠劫城中越三日乃定先是連歲不登三四月間每石穀價至五錢閩城米肆盡閉東門李章家故饒倉多陳朽列米於肆故高其價令糴者鱗次陳七往糴自辰至午次未及大譁於門李毆之衆乘機遂亂盡掠其米入焚其倉烈焰亘天巡撫李孚遠聞變遣坐營古應科提兵往捕之兇首盡逸去所縛者收拾灰燼之饑民而已次日解赴軍府孚遠陳兵於門出旗牌欲立梟之布政使管大勳兵備僉事張喬松入見立求寬解始細打割耳以徇是夜鄧三鼓衆攻焚古應科之屋爲兵所擒吳和尚挾讎刼燒北門蔡審理家城內外聞風搶掠者十餘處巡撫李孚遠始部浙兵分布城中固守各巷口閘門戒人勿夜出又次日大發倉廩亂遂定後巡撫金學曾至奉旨斬鄧三於市

按貴州通志萬曆二十二年興隆大饑

萬曆二十三年饑

按廣西通志萬曆二十三年饑

萬曆二十四年饑

按福建通志萬曆二十四年大饑

按廣東通志萬曆二十四年春大饑斗米銀二錢饑莩載道

按雲南通志萬曆二十四年賓川大水饑民食竹實

萬曆二十六年饑

按山西通志萬曆二十六年九月稷山無禾絳縣大饑道殣相望

萬曆二十七年饑馬邑有年

按山東通志萬曆二十七年庚戌饑

按山西通志萬曆二十七年春臨汾襄陵太平汾西沁州大旱饑山川草木無有寸遺至母子夫妻有相抱立斃者

按馬邑縣志萬曆二十七年秋大有年

萬曆二十八年饑

按山東通志萬曆二十八年饑

按山西通志萬曆二十八年八月解州蒲縣大饑多殍

按雲南通志萬曆二十八年賓州饑

萬曆二十九年饑

按山西通志萬曆二十九年秋七月汾西汾州諸縣及遼州大饑

按貴州通志萬曆二十九年五月大饑斗米銀四錢雨桂子於貴陽

按雲南通志萬曆二十九年永昌螟人饑

萬曆三十年崞縣饑汾西有年
按山西通志萬曆三十年崞縣大饑汾西大有年
萬曆三十一年遼州大有年
按山西通志云云
萬曆三十二年大有年
按貴州通志云云
萬曆三十三年解州饑興化有年
按山西通志萬曆三十三年夏解州無禾
按福建通志萬曆三十三年興化府大有年
萬曆三十四年饑
按山西通志萬曆三十四年夏臨汾猗氏解州夏縣平陸無禾
按福建通志萬曆三十四年饑大旱斗米二百錢詔免田租十之一
萬曆三十五年平陽諸州縣有年鍾祥饑
按山西通志萬曆三十五年平陽三十四州縣大有年
按湖廣通志萬曆三十五年鍾祥大饑
萬曆三十六年饑鍾祥有年
按江南通志萬曆三十六年江南大水麥禾皆無民大饑
按湖廣通志萬曆三十六年鍾祥大有年
按福建通志萬曆三十六年五月大饑時連年荒旱巡撫徐公學聚給引招商聽其興販於是商賈轉運鱗集江干穀價雖騰民鮮餓色故江淮蘇松之米浮海入閩自徐公始民受其賜大矣
萬曆三十七年饑
按陝西通志萬曆三十七年延安饑
萬曆三十八年饑興化有年
按馬邑縣志萬曆三十八年春大饑
按福建通志萬曆三十八年興化府大有年
按四川總志萬曆三十八年全蜀荒旱殍死無數
萬曆三十九年大有年慶陽饑
按馬邑縣志萬曆三十九年歲大有
按陝西通志萬曆三十九年慶陽大饑
按湖廣通志萬曆三十九年沔陽秋大有
按福建通志萬曆三十九年大有年
萬曆四十二年交城有年雲南饑
按山西通志萬曆四十二年交城大有年
按雲南通志萬曆四十二年雲南縣大饑
萬曆四十三年交城有年青州饑
按山西通志萬曆四十三年交城有年
按山東通志萬曆四十三年青州大饑人相食諸城舉人陳其猷上流民圖遣御史賑之
萬曆四十四年日照霍州有年襄陽饑
按山東通志萬曆四十四年日照大有年
按山西通志萬曆四十四年霍州有年
按湖廣通志萬曆四十四年襄陽蝗食稼民饑
按福建通志萬曆四十四年大荒米貴
萬曆四十五年饑
按山西通志萬曆四十五年秋河津無禾夏旱秋澇人相食
按廣東通志萬曆四十五年惠州大饑
萬曆四十六年有年
按山西通志萬曆四十六年安邑聞喜大有年
萬曆四十七年饑
按澤州志萬曆四十七年陽城大饑
萬曆四十八年饑
按山西通志萬曆四十八年夏縣饑
按陝西通志萬曆四十八年關中大饑十歲兒易一斗粟
光宗泰昌元年饑
按貴州通志泰昌元年都勻饑
熹宗天啓元年有年
按山西通志天啓元年安邑有年
按廣東通志天啓元年大有年
天啓四年饑
按浙江通志天啓四年湖州一歲兩荒
天啓五年饑
按山西通志天啓五年夏六月交城饑
天啓六年饑
按陝西通志天啓六年富平饑
按廣東通志天啓六年歲大饑
愍帝崇禎元年饑
按福建通志崇禎元年南平饑
崇禎二年饑汾西有年
按山西通志崇禎二年夏五月汾西有年
按江西通志崇禎二年饒州府大饑
按湖廣通志崇禎二年蘄水京山大饑
崇禎三年饑
按山西通志崇禎三年河曲饑死亡殆盡

崇禎四年饑
按山西通志崇禎四年太平大里饑
崇禎五年饑
按山西通志崇禎五年冬河曲饑人相食
崇禎六年饑
按山西通志崇禎六年春芮城縣絳州饑斗米銀六
錢夏蒲州無麥
崇禎七年饑
按山西通志崇禎七年太平蒲縣安邑萬泉絳州陽
城隰州垣曲蒲州饑人相食
崇禎八年饑
按山西通志崇禎八年萬泉安邑聞喜大饑人相食
按福建通志崇禎八年壽寧縣竹生米秋成禾稼大
歉
崇禎九年饑
按江西通志崇禎九年南昌及各府大饑米穀騰踴
鄉城爭相搶奪巡撫解學龍禁之弗得後殺數人方
止府縣戒嚴
按福建通志崇禎九年四月大饑
按山西通志崇禎九年聞喜絳州夏縣饑是年正月
聞喜人相食撫院題奏拨入疏內發帑二萬遣中官
同撫院賑濟
崇禎十年饑
按山西通志崇禎十年文水饑
按浙江通志崇禎十年處州大饑
崇禎十一年曲陽饑恭城豐
按山西通志崇禎十一年陽曲大饑斗米銀七錢
按廣西通志崇禎十一年戊寅恭城縣禾秀兩岐大
豐
崇禎十三年饑
按畿輔通志崇禎十三年大饑人相食
按山東通志崇禎十三年自六月不雨至八月蝗大
饑羣盜蜂起人相食草根木皮俱盡益都沂水臨淄
昌樂蒙陰斗粟二千文奇荒連歲斗米萬錢土寇蜂
起路無行人男女不生育尤爲奇變泗水縣全屬俱
見火光大饑赤地千里土寇四起
按山西通志崇禎十三年襄垣大饑
按馬邑縣志崇禎十三年歲大饑升米値銀一錢二
分
按澤州志崇禎十三年夏無麥秋無禾人相食骸骨
遍野
按陝西通志崇禎十三年秋全陝大旱饑十月粟價
騰踴日貴一日斗米三錢至次年春十倍其値絕糶
罷市木皮石麪皆食盡父子夫婦相割啖道殣相望
十死八九
按江西通志崇禎十三年夏大水民饑
按湖廣通志崇禎十三年鄖陽大饑
崇禎十四年饑陝西熟
按畿輔通志崇禎十四年大饑疫人相食
按山東通志崇禎十四年城武大饑疫村絕人煙麥
熟無主鼠生遍野白晝往來見人不避嗣是城屢破
按山西通志崇禎十四年春大饑自十三年大饑到
處木皮草根剝掘既盡復食人至有父子夫婦兄弟
相食者
按河南通志崇禎十四年汝寧春大饑夏大疫人相
食
按陝西通志崇禎十四年夏大熟
崇禎十五年饑
按山西通志崇禎十五年六月陽曲文水饑斗米銀
七錢
按浙江通志崇禎十五年嘉興大饑斗米四錢道殣
相望

皇清

康熙三十一年
九月十四日
上諭大學士伊桑阿阿蘭泰學士傅繼祖席喇達瑚
戴通聞西安所屬驛站凋敝可交該督撫整頓
之彼土民生近日情形比前如何田禾收穫豐
歉如何秋麥已播種乎抑猶未也可令詳明踏
看來奏
康熙四十六年
七月二十八日
上諭大學士馬齊等江浙被旱災事王然於六月二
十八日具奏郃穆布於七月初十日具題伊等
題報之後有雨無雨著問江南浙江大小諸臣
或有伊等家信或問之南方來人著即陳奏雖
有錯誤亦不較也至江西湖廣兩省雨水米穀
何如亦著問明與九卿所議另具摺來奏江西
湖廣雨水調和米穀有收尚無妨礙倘雨水不
調關係甚大不可不預爲籌畫也

豐歉部總論

春秋四傳

隱公六年

左傳冬京師來告饑公爲之請糴於宋衛齊鄭禮也

注 告饑不以王命故傳言京師而不書於經也雖非王命而公共以稱命己國不足旁請鄰國故曰禮也

桓公三年

春秋冬有年

公羊傳有年何以書以喜書也大有年何以書亦以喜書也此其曰有年何僅有年也彼其曰大有年何大豐年也僅有年亦足以當喜乎恃有年也

注 僅猶劣也謂五穀多少皆有不能大成熟恃賴也

穀梁傳五穀皆熟爲有年也

疏 凡書有年者冬五穀畢入計用豐足然後書之不可繫以日月故例時也

胡傳舊史災異與慶祥並記故有年大有年得見於經若舊史不記聖人亦不能附益之也然十二公多歷年所務農重穀閔雨而書雨者豈無豐年而不見于經是仲尼于他公皆削之矣獨桓有年宣大有年則存而不削者緣此二公獲罪于天宜得水旱凶災之譴今乃有年則是反常也故以爲異特存耳然則他年之歉可知也而天理不差信矣此一事也在不修春秋則爲慶祥君子修之則爲變異是聖人因魯史舊文能立典王之新法也有年大有年先儒說經多列于慶瑞之門至程氏發明奧旨然後以爲記異此得于意言之表者也

大全 伊川曰記異也異反同者也大常爲同小變爲異每歲凶饉此有年則爲異矣

宣公十六年

春秋冬大有年

穀梁傳五穀大熟爲大有年

胡傳程氏曰大有年記異也旱乾水溢饑饉荐臻者災也山崩地震彗孛飛流者異也景星甘露醴泉芝草百穀順成者祥也大有年上瑞矣何以爲記異乎凡災異慶祥皆人爲所感而天以其類應之者也人事順于下則天氣和于上宣公弒立逆理亂倫水旱螽蝝饑饉之變相繼而作史不絕書宜也獨於是冬乃大有年所以爲異乎夫有年大有年一耳古史書之則爲祥仲尼筆之則爲異此言外微旨非聖人莫能修之者也

襄公二十有四年

春秋冬大饑

穀梁傳五穀不升爲大饑一穀不升謂之嗛二穀不升謂之饑三穀不升謂之饉四穀不升謂之康五穀不升謂之大侵大侵之禮君食不兼味臺榭不塗弛侯廷道不除百官布而不制鬼神禱而不祀此大侵之禮也

禮記

樂記

天地之道風雨不節則饑

管子

八觀

粟行於三百里

注 賦重則粟賤故人遠行而糶之或遠人來糴也則國無一年之積粟行于四百里則國無二年之積粟行于五百里則衆有饑色其稼亾三之一者命曰小凶

三分常稼而亡其一時有凶災故也故謂小凶

小凶三年而大凶

比三年不熟故曰大凶也

大凶則衆有大遺苞矣

時既大凶無復畜積雖相賑濟但苞裹升斗以相遺也

什一之師什三毋事則稼亡三之一

師法也什一而稅周禮之通今乃什三而稅無事于舊稼亡三之一也師師役也謂與師役一分則相違者衆而爲三分是十分中有三分無事農之人而亡稅三之一矣

稼亡三之一而非有故蓋積也則道有損瘠矣

既已亡三之一又無故積則道之人有毀損羸瘠者也

什一之師三年不解非有餘食也則民有鬻子矣

既師什一三年而不解此當有餘食而不餘則以遇歲凶故也所以人有鬻子者緒按別本注什三之稅三年不解弛若非畜積有餘不遇歲凶則民必鬻于矣若連師三年不解比于小凶三年

墨子

七患

五穀盡收則五味盡御于主不盡收則不盡御一穀不收謂之饉二穀不收謂之旱三穀不收謂之凶四穀不收謂之餽五穀不收謂之饑歲饉則仕者大夫以下皆損祿五分之一旱則損五分之二凶則損五分之三餽則損五分之四饑則盡無祿稟食而已矣故凶饑存乎國人君徹鼎食五分之五大夫徹縣士不入學君朝之衣不革制諸侯之客四鄰之使雍食而不盛徹驂騑塗不芸馬不食粟婢妾不衣帛此告不足之至也

時年歲善則民仁且良時年歲凶則民吝且惡夫民何常此之有爲者寡食者衆則歲無豐故曰財不足則反之時食不足則反之用故先民以時生財固本而用財則財足故雖上世之聖主豈能使五穀常收而旱水不至哉然而無凍餓之民者何也其力時急而自養儉也故夏書曰禹七年水殷書曰湯五年旱此其離凶餓甚矣然而民不凍餓者何也其生財密其用之節也

田家五行

論霜

每年初下只一朝謂之孤霜主來年歉連得兩朝以上主熟

欽定古今圖書集成曆象彙編庶徵典

第一百十二卷目錄

庶徵典第一百十二卷

豐歉部藝文一

郡荒帖　晉王羲之

知郡荒吾前東周旋五千里所在皆尔可歎江東自有大頓勢不知何方以救其弊民事自欲歎復爲意卿示聊及

論關中饑疏　唐張延珪

臣聞古有艱難興王殷憂啓聖者皆以事危則志遠情迫則思深故能自下登高轉禍爲福者也伏見景龍之末中宗遘禍先天之際兇黨構謀社稷有危于倒懸國朝始均于絕紐陛下神武超代精誠動天再掃氛沴六合清朗而後上順皇旨俯念黔黎高運璿衡光膺寶籙日月所燭之地書軌未通之鄉無不霑霑渥恩被服元化十堯九舜未足稱也明明上帝照臨下土宜錫介祉以答鴻庥然屬頃歲以來陰陽愆候九穀失稔萬姓阻飢關輔之間吏爲九劇至有樵蘇莫爨糠麧靡資不暇聊生方憂轉死偶會昌運遘茲艱否者臣竊思之皇天之意將恐陛下春秋鼎盛神聖在躬不崇朝而建大功自藩邸而陟元后或簡下濟之道獨滿雄圖之志輕虞舜而不法思漢武以自高是故昭見咎徵載加善誘將欲大君日愼一日雖休勿休永保大和以固邦本也斯則皇天之於陛下睠顧深矣陛下爲可不奉若休旨而寅畏哉臣愚誠願陛下約心削志澄思勵精考羲農之書敦朴素之道登庸端士放黜佞人屏退後宮減徹外廄場無蹴鞠之翫野絕從禽之賞促石田之遠境罷金甲之懸軍惠恤惸嫠蠲薄徭賦去奇伎淫巧捐和璧隨珠不見可欲使心不亂自然波清四海塵銷九域農夫樂其業餘糧棲其畝則和氣上通于天雖五星連珠兩曜合璧未足多也禎祥下降于地雖鳳凰巢閣麒麟在郊未足奇也或謂天之譴戒不足畏者則將上帝憑怒風雨迷錯荒饉尤甚無以濟下矣或謂人之窮之不足恤者則將齊甿沮志億兆攜離愁苦怨極無以奉上矣斯蓋安危所係禍福之源奈何朝廷曾不是察況今陛下受命伊始敷政維新卿士百寮華夷萬族莫不清耳以聽刮目以視延頸企踵冀有所

闓顒顒如也何可息棄典則坐孤其望哉

賀麥登狀　張九齡

右今日高力士宣垂示臣等皇太子表以嘉麥有成陛下躬執勞事率先兆庶皇太子以下繼美聖功臣聞勤於稼穡必有辨麥之慶著在春秋則非他穀之比伏惟陛下致敬宗廟屬意黎元春郊順時則千畝在御禁園測候則萬寓皆豐況云立訓天人降尊農務上靈昭德已聞瑞日增輝當夏不疲則有祥雲自覆是彰教本之化式旌造物之功人謠在茲天意可鑒且禹之盡力堯實用心史冊美談帝王成範未有休徵神應若斯之盛者也以今況古千載未聞請付史官天下幸甚臣等叨榮近侍倍百恆情無任感戴抃躍之至

爲政事賀苗稼狀　蘇頲

右臣等昨面奉聖旨以近日暴風雨恐麥有損陛下務農在候輟膳終朝憂勞之甚起居不懌臣等聞重華之德昌發用心夏禹則爲人先成湯自以身禱求諸往事未或前聞天與聖符風將雨止杲杲之日吐扶桑而已霽芃芃之野合岐麥而皆秋仍滋北里之禾更潤南山之豆京城可望不知日用之功旒扆往懷尚切在予之念臣叨陪近侍親奉德音上聖慮於納隍下增憂于折鼎無任惶悚之至

多稼如雲賦　王棨

暇日聞望秋田遠分彼盈疇之多稼乃極目以如雲墾隴畝以青連乍疑散漫罨留畬而綠合長帶氤氳豈不以膏澤調勻薰風順適致南畝以豐稔若西郊之重積芒既抽而散紫花已飛而帶白幾多嘉穗高低稍類于垂天無限芳田遠近有同于抱石傍觀夫蔓衍平川綿延大田接層阜而如從岫出極低空而若與天連農夫既惬于望歲野老咸欣其有年滿原隰以蒼蒼遙迷曉霧被溝塍而彧彧常混晴煙有地皆勻無川不徧何秋成之色可羨疑暮斂之容斯見似能扶日帝堯之日上臨如欲隨風后稷之風傍扇故得邨落心泰田家景閒競秀發于郊坰之外同垂陰于疆理之間生因桀溺之耕寧由觸石起自樊遲之學豈肯思山匝高下以鮮若羃東西而波委苞含穎以斯在諒無心而若此不稂不莠同玉葉以紛敷彌阜彌岡異奇峯之邐迤是知黍翼翼以相雜麥芃芃而不如誠匪揠苗之後猶疑荷鍤之初若昧躬親奚百畝以斯盛將其刈穫千箱而有餘且君之寶以穀而爲人之寶惟食是假觀稼盛于五地若雲凝乎四野若不屬此以歌謠終慮取嗤于樵者

請救濟江淮饑民節　宋包拯

臣聞天以五星爲府人以九穀爲命五星紊于上則災異起于下九穀絕于野則盜賊興于外天之于人上下相應故天變于其上則人亂于其下是天人相與之際甚可畏也若變異上著則恐懼修省以謝於下年穀不登則賑貸予賚而恤其困蓋不使天有大變而民有饑色則君獲富壽國享安寧矣

內中後殿設醮祈禱豐稔歲康保國安民青詞　眞德秀

伏以天作之君實司民物之命政失於下斯盭陰陽之和迺者春夏以來雨暘弗節行都地震駭變異之非常近甸水災痛生靈之何辜靜言咎證實儆渺躬既克己以勵省修之誠且多方以行寬恤之令庶盡弭災之實塵回眷命之祥更演沖科冀垂景貺五風十雨長消乾溢之虞四海九州共洽豐穰之樂控忱以禱得請是期無任虔禱之至

饑民圖說疏節　明楊東明

刑科右給事中臣楊東明謹題爲中土民窮已甚時事萬分可虞懇乞大溥皇仁以奠民生以培邦本事蓋自中州被災以來諸當事臣所徼惠于皇上者不啻渥矣臣亦何容置喙哉顧臣河南人也離家未久聞見頗眞欲默默無言實戚戚在念欲勉强言之則洒泣而筆不能下恐皇上覽之當亦潸焉出涕也近廷臣自南來者所傳光景益惡而其禍將不獨在民已也臣爲蒼赤抱痛復爲宗社懷憂謹披瀝爲皇上陳之粤惟去年五月二麥已見垂成忽經大雨數旬平地水深三尺麥禾既已朽爛秋苗亦復殘傷且河決隄潰衝舍漂廬沃野變爲江湖陸地通行舟楫水天無際雨樹含愁民乃既無充腹之資又鮮安身之地于是扶老攜幼東走西奔饑餓不前流離萬狀夫妻不能相顧割愛離分母子不能兩全絕裾拋棄老羸方行而輒仆頃刻身亡弱嬰在抱而忽遺伶仃待斃跋涉千里若旅舍之難容匍匐歸來嘆故園之無倚投河者葬身魚腹自縊者棄命園林凡此皆臣居鄉時聞且見者也迨至今日更不忍言斷草萊以聊生刮樹皮以充腹枯容黧面人人俱是鬼形恨天怨地个个求歸陰路向焉猶賣兒女今則割兒女之尸體昔也但棄親身今則食亡親之骨肉道路警急行旅戒嚴村落蕭條烟火斷絕雖支歲月乃相約以捐

生無耐饑寒遂結聚而爲盜晝則揭竿城市橫搶貨財夜則舉火郊原強掠女子據此洶洶靡寧之勢已有岌岌起變之形此臣近日所聞甚于昔日所見過此又不知何如也臣聞君爲民之父母民爲君之赤子今赤子既已無聊矣而君父何忍坐視哉且民者君所恃以富貴者也欲保富貴不可使民饑而死使民饑而死欲保富貴得乎故保民所以保社稷棄民所以棄國家今日保民之政非大破拘攣之見弘敷曠蕩之恩必無以拯阽危之民而消隱伏之禍也宜下勅書一道極言軫念之情更遣近臣一員授以宜達之寄然或委用不當又徒騷擾地方臣博採輿論之公衆所才品之當有光祿寺寺丞鍾化民者一任縣令兩任按差到處皆能救荒至今人猶頌德如令奉命而往必于荒政有裨尤須假以便宜方可展其才略蓄發帑金以緩須臾之死道使臣以聯攜貳之心弭變恤民莫切于此嗟嗟臣秉筆屬草之時皆饑民寮寮待斃之際早一日則多活數千萬之生遲一日則多斃數千萬之命臣望皇上速留意焉臣識短才疎不能盡寫饑民之狀因繪而爲圖附之以說用塵乙夜之觀庶知萬民之苦臣言有限臣慮無窮臣之臨毫一字一淚臣之伏闕萬懇萬哀伏乞勅下該部速議施行萬民生死之關邦家安危之本在此舉也臣不勝涕血顙鳴激切祈請之至

固邦本疏　　楊爵

題爲弭災變安黎庶以固邦本事臣於嘉靖八年十月內承制往湖廣公幹卽今事完回還臣知陛下哀憫斯民之心懸于閭閻之下凡四民利病民間休戚必欲聞之故今謹述所過地方災傷生民可痛之狀爲陛下言之南北直隸河南山西陝西等處地方當禾苗成熟之日蝗蝻盛生彌空蔽日積于地者至三四寸厚將禾根食之皆盡居民往往率婦子將蝗蝻所食禾苗痛哭收割以爲草芻之用其他蝗蝻稍少之地禾苗食有未盡者頗有秋成之望矣未及成熟嚴霜大降一時盡皆枯槁遭此災變民失依倚去年冬月民所資以爲食者皆其先時所捕曬之蝗蝻與木葉木皮等物當此之時民之形色顚悴雖甚可哀而死于道路者尚未多見比及今春臣復經此地每見餓死屍骸積于道路者不可勝數又見行者往往割死者之肉卽道旁烹食之又聞有父子相食者幷陘縣一日而縣官獲殺人食者三人臣聞之拊膺大痛食不下咽自謂有司必能具奏聖明在上聞有是事必至流涕比臣到京聞廟堂之上救民之死非其所急而所議者郊社之禮耳微臣憂國愛民之心切于中而不能不有所言也昔者漢文帝之時家給人足海內富庶賈誼上書猶曰可爲痛哭謂抱火厝之積薪之下而寢其上不可謂安况于今日時勢當何如也古賢王之治天下也生養遂而後教化行教化行而禮樂興方今災傷之地生民死亾十有六七存者起而爲盜賊雖稍有積蓄之家亦難保於自食其勢渙散不可收拾朝廷之上舍此不之憂而議合祀分祀之禮是所謂不能三年之喪而緦小功之察放飯流歠而問無齒決也夫民惟邦本本固邦寧民心離散邦本不固土崩之勢可以立待縱使周公所制禮文盡行于今日亦何補于天下之亂乎深念及此可爲寒心不知陛下宵旰之際亦嘗慮及于此乎左右謀國之臣亦嘗言及于此乎且南北分祀以復先王之禮非不可也但今日救民死亡之日而非興禮樂之時也自古國家衰亂未有不由民窮盜起而爲上者不知憂恤遂至人心離叛而天命亦去宗社不可復保矣故臣之所憂者不在府庫之財不能徧濟天下而但恐陛下無憂勤斯民之心也夫憂民卽所以憂國治民卽所以治國也陛下日事經筵雖隆寒盛暑未嘗少息臣知陛下銳志太平而欲爲堯舜之君矣蓋堯舜之心急于救民一民饑曰我饑之也一民寒曰我寒之也假使當時饑死之民滿于溝壑有如今日堯舜之心當何如哉臣願陛下上畏天心之儆戒下憫斯民之死亾不遑他務專廣仁恩移此議禮之心區畫賑濟之策以長沃民生則皇恩浩蕩究不頌明明天子深仁廣被在在戴生我父母向之枵腹待哺者今有飽食之慶矣向之妻子散離者今有室家之樂矣民心已渙而復收邦本雖搖而轉固縱値天時之災鮮不以人力勝之也海宇蒼生享太平之福聖子神孫纘萬年之緒者端在此臣不勝戰慄儆惕恐懼之至

豐歉部藝文二

王風中谷有蓷三章

凶年饑饉室家相棄婦人覽物起興而自述其悲嘆之詞也

中谷有蓷暵其乾矣有女仳離嘅其歎矣嘅其歎矣遇人之艱難矣 興也

中谷有蓷暵其修矣有女仳離條其歗矣條其歗矣遇人之不淑矣

中谷有蓷暵其濕矣有女仳離啜其泣矣啜其泣矣何嗟及矣

小雅苕之華三章

詩人自以身逢周室之衰如苕附物而生雖榮不久故以爲比而自言其心之憂傷也

苕之華芸其黃矣心之憂矣維其傷矣 比也

苕之華其葉青青知我如此不如無生

牂羊墳首三星在罶人可以食鮮可以飽 賦也

朱注 牂羊牝羊也墳大也羊瘠則首大也罶笱也罶中無魚而水靜但見三星之光而已言饑饉之餘百物彫耗如此苟且得食足矣豈可望其飽哉

奉和聖製豐年多慶九日示懷　唐權德輿

寒露應秋節清光澄曙空澤均行葦厚年慶華黍豐聲名暢八表宴喜陶九功交麗日月合樂和天地同聖言在推誠臣職惟匪躬瑣細何以報翾飛淳化中

前題　武元衡

合節寰宇泰神都佳氣濃賡歌禹功盛擊壤堯年豐九奏碧霄裏千官皇澤中南山澹疑黛曲水淸涵空金玉美王度歗康謠國風睿文垂日月未與天無窮

膏澤多豐年　闕名

帝德方多澤莓莓井逕同八方甘雨佈四遠報年豐廒庾千箱在幽流萬壑通候時勤稼穡擊壤樂農功畎畝人無惰田廬歲不空何須憂伏臘千載賀堯風

秋稼如雲　蔣防

肆目如雲處三田大有秋葱蘢初蔽野散漫正盈疇稍混從龍勢寧同觸石幽紫芒紛冪冪青穎澹油油始惬倉箱望終無滅裂憂西成知不遠雨露復何酬

會昌丙寅豐歲歌　溫庭筠

丙寅歲休牛馬風如吹烟日如渥赭九重天子調天下春綠將年到西野西野翁生兒童門前好樹青芊芊芊芊單衣麥田路村南娶婦桃花紅新姑車右及門柱粉項韓憑雙扇中喜氣自能成歲豐農祥爾勿來爭功

歲豐　邵謁

皇天降豐年本憂貧士食貧士無良疇安能得稼穡工傭輸富家日落長嘆息爲供豪者糧役盡匹夫力天地莫施恩施恩強者得

歲儉吟　宋邵雍

歲儉心非儉家貧道不貧誰知天地外別有好乾坤

安樂窩銘　前人

安莫安於王政平樂莫樂于年穀登王政不平年不登窩中何由得康寧

豐年謠五首　王炎

滿箔春蠶得繭絲家家机杼換新衣五風十雨天時好又見西郊稻秫肥縱橫南陌接東阡婦餉夫耕望有年前此丁黃飢欲死今年米賤不論錢

洞丁猺戶盡歸耕篁竹無人弄寸兵要識一一天恩德廣黃雲千里見秋成

睡鴨陂塘木漫流離離禾稼滿平疇共言官府催科緩飽飯渾家百不憂

稻如馬尾覆溝塍桑柘陰中雞犬鳴收穫登場便無事輸租人不入州城

被牒行縣因書所見呈寮友　歐陽修

周禮恤凶荒軺車出四方土龍朝祀雨田火夜驅蝗木落孤村迥原高百草黃亂鴉鳴古堞寒雀聚空倉桑野人行饁魚陂鳥下梁晚煙茅店月初日棗林霜墐戶催寒候叢祠禱歲穰不妨行覽物山水正蒼茫

歌豐年　姜特立

稔歲非常歲時時霧雨并陂塘留夜月澗谷瀉秋聲臥袂驚宵冷披紗怯曉清水泉俱自足阡陌更無爭荷鍤疏餘浸腰鐮候小晴秋材寒眼富酒興老逆生便覺糟牀注還欣庾粟盈新君鍾瑞慶舊俗迓昇平賽社雞豚具迎神簫鼓鳴支離徒受粟一飽愧斯氓

上元侍宴樓上三首呈同列 選一首　蘇軾

薄雪初消野未耕賣薪買米看昇平吾君勤儉倡優拙自是豐年有笑聲

豐年　范成大

村村籬落總新收處處田疇盡有秋一段農家好風景稻堆高出屋山頭

衢孫謠　許方

白頭老翁髮垂領牽孫與客摩孫頂翁年八十死無

恤憐汝童年困饑饉去年苦旱穀未熟今年飛霜先殺菽去年饑饉猶一粥今年饑饉無餘粟客謝老翁牽孫去淚下如珠不能語零丁老病惟一身獨臥茅簷深夜雨夢回猶自誤呼孫縣吏催租正打門

集民謠 二首　元陳泰

苗青青東陌西陌苗如雲經年不雨過秋牛苗穗不實空輪囷田家留苗見霜雪兒使糶歲勞耕耘縣官催租吏胥急糶粟輸官莫論值勸農使不汝恤

蕨澄澄新春食蕨茵蕨根凌晨斷根暮春杵澈澈大變流黃潭常年春寒粉始凍誰信秋暑霜翻盆窮逼有數今已識爲死爲生尚難測獨立蒼茫面如雪

人咲人歌　明張明弼

庚辛之際答有爲予言齊魯中州咲人之事者因歌以言哭

泰山飛黃河塵天子明聖人咲人野草無根木無穀煮石作糜石難鑿五日不食頤空嚼飢兒語父飢媳語姑我死他人定我剩餘骨鳥鴉相歡噱他人何親父姑何疎願以吾肉存爾軀所嗟餒久徒存膚不能充爾三日餔父姑若念我願將殘骨沈溝渠勿令人磨碎供夕餔前時流賊殺人三千一埒一孃怨爾壺漿昨來土寇掠人作糧朝炊肋脇暮膾膀胱析間懸頭髮到地磔底斷指如葱長但延頭頷腹誰將滋味詳稿人怯食如針鎗囚人慣食同牛羊天下太平好異味烹男炮女請君嘗餓鬼嚬眉出湯火鬼身刻劃聯刀剸人食百物還食人相生相咲誰能躲天地無人亦清彝死不穿土壙生不鋤土皮但恐寂寞天地悲高山大澤盈狐狸朝中夔契知不知猶議催科法未奇

山西大飢人相食哀歎之餘漫成一律　何喬新

春風不入野人家白骨如丘事可嗟小甕滿儲彭越醢輕車穩載德光羓頭顱無復歸黃壤腥腐猶能飽暮鴉立馬郵亭倍惆悵幾行老淚灑煙霞

憫荒　范弘嗣

道旁山積是枯骸鎮日烏啼瘦似柴西伯于今難再得髑髏滿地少人埋

爺娘子婦競相吞齒頰餘腥帶血痕天道于今眞大變坐令梟獍出家門

豐年　徐夢豹

春深桑密正蠶肥雲捲橫橋水拍扉煖日花開鶯巧語輕風簾下燕初歸

豐歉部紀事

書經金縢秋大熟未穫天大雷電以風禾盡偃大木斯拔邦人大恐王與大夫盡弁以啓金縢之書乃得周公所自以爲功代武王之說王執書以泣曰其勿穆卜惟朕小子其新逆王出郊天乃雨反風禾則盡起歲則大熟

左傳僖公十三年冬晉薦飢使乞糴于秦秦伯謂子桑與諸乎對曰重施而報君將何求重施而不報其民必攜攜而討焉無衆必敗謂百里與諸乎對曰天災流行國家代有救災恤鄰道也行道有福丕鄭之子豹在秦請伐晉秦伯曰其君是惡其民何罪秦于是乎輸粟于晉自雍及絳相繼命之曰汎舟之役

十四年秦飢使乞糴于晉晉人弗與慶鄭曰背施無親幸災不仁貪愛不祥怒鄰不義四德皆失何以守國虢射曰皮之不存毛將安傅慶鄭曰棄信背鄰患孰恤之無信患作失援必斃是則然矣虢射曰無損于怨而厚于寇不如勿與慶鄭曰背施幸災民所棄也近猶讎之況怨敵乎弗聽退曰君其悔是哉

十五年是歲晉又饑秦伯又餼之粟曰吾怨其君而矜其民且吾聞唐叔之封也箕子曰其後必大晉其庸可冀乎

文公十有六年楚大饑戎伐其西南至于阜山師于大林又伐其東南至于陽丘以侵訾枝庸人率羣蠻以叛楚麇人率百濮聚于選將伐楚于是申息之北門不啓楚人謀徙于阪高蔿賈曰不可我能往寇亦能往不如伐庸夫麇與百濮謂我饑不能師故伐我也若我出師必懼而歸百濮離居將各走其邑誰暇謀人乃出師旬有五日百濮乃罷自廬以往振廩同食次于句澨使廬戢黎侵庸及庸方城庸人逐之囚于揚窗三宿而逸曰庸師衆羣蠻聚焉不如復大師且起王卒合而後進師叔曰不可姑又與之遇以驕之彼驕我怒而後可克先君蚡冒所以服陘隰也又與之遇七遇皆北唯裨鯈魚人實逐之庸人曰楚不足與戰矣遂不設備楚子乘馹會師于臨品分爲二隊子越自石溪子貝自仞以伐庸秦人巴人從楚師羣蠻從楚子盟遂滅庸

襄公二十九年鄭子展卒子皮卽位于是鄭饑而未及麥民病子皮以子展之命餼國人粟戶一鍾是以得鄭國之民故罕氏常掌國政以爲上卿宋司城子罕聞之曰鄰於善民之望也宋亦饑請于平公出公粟以貸使大夫皆貸司城氏貸而不書爲大夫之無者貸宋無饑人叔向聞之曰鄭之罕宋之樂其後亡者也二者其皆得國乎民之歸也施而不德樂氏加焉其以宋升降乎

禮記檀弓公叔文子卒其子戍請謚于君君曰昔者衞國凶饑夫子爲粥與國之餓者是不亦惠乎

齊大饑黔敖爲食於路以待餓者而食之有餓者蒙袂輯屨貿貿然來黔敖左奉食右執飲曰嗟來食揚其目而視之曰予唯不食嗟來之食以至於斯也從而謝焉終不食而死曾子聞之曰微與其嗟也可去其謝也可食

漢書嚴助傳建元三年閩越舉兵圍東甌告急於漢武帝遣兩將軍將兵誅閩越淮南王安上書曰臣聞軍旅之後必有凶年言民之各以其愁苦之氣薄陰陽之和感天地之精而災氣爲之生也

茹草紀事東觀漢記曰王莽末南方枯旱民多餓羣入野澤掘鳧茨食之

後漢書光武本紀建武二年初王莽末天下旱蝗黃金一斤易粟一斛至是野穀旅生麻尗尤盛野蠶成繭被於山阜人收其利焉

明帝本紀永平十二年天下安平人無徭役歲比登稔百姓殷富粟斛三十牛羊被野

異苑漢興平元年九月桑再椹時劉元德軍於沛年荒穀貴士衆皆餓仰以爲糧

述異記漢末大饑江淮間童謠云太岳如市人死如林持金易粟貴於黃金

洛中童謠曰雖有千黃金無如我斗粟斗粟自可飽千金何所直

耆舊說桓靈之世汝穎間桑麻爲蒿莠桃李不實花而復落落而復花而官倉有朽粟

袁紹在冀州時滿市黃金而無斗粟餓者相食人爲之語曰虎豹之口不如饑人劉備在荆州時粟與金同價

錄異記袁起者後漢時湘中人在鄉忽醉三日始醒起吐皆鬪酒氣自云起與天人共飲後任漢陽令逆說豐儉有驗

宋書五行志吳孫皓時嘗歲無水旱苗稼豐美而實不成百姓以饑闔境皆然連歲不已吳人以爲傷露非也按劉向春秋說曰水旱當書水旱而曰大無麥禾者土氣不養稼穡不成此其義也皓初遷都武昌尋還建業又起新館綴飾珠玉壯麗過甚破壞諸宮增修苑囿犯暑妨農官民疲怠月令季夏不可以興土功皓皆冒之此治宮室飾臺榭之罰與春秋魯莊公三築臺同應也班固曰無水旱之災而草木百穀不熟皆爲稼穡不成晉穆帝永和十年三麥不登至關西亦然自去秋至是夏無水旱無麥者如劉向說也又俗云多苗而不實爲傷又其義也

述異記永嘉之亂洛中饑荒懷帝遣人觀市珠玉金銀闕委市中而無粟麥袁宏表云田畝由是丘墟都市化爲珠玉是也

晉書高密文獻王泰傳子南陽王模進爵南陽王永嘉初轉征西大將軍開府都督秦雍梁益諸軍事代河間王顒鎭關中模感丁邵之德勑國人爲邵生立碑時關中饑荒百姓相噉加以疾癘盜賊公行模力不能制乃鑄銅人鐘鼎爲釜器以易穀議者非之

石季龍載記時衆役煩興軍旅不息加以久旱穀貴金一斤直米二斗百姓嗷然無生賴矣又納解飛之說於鄴正南投石於河以起飛橋功費數千億萬橋竟不成役夫饑甚乃止使令長率丁壯隨山澤采橡捕魚以濟老弱而復爲權豪所奪人無所得焉又料殷富之家配饑人以食之公卿以下出穀以助振給姦吏因之侵割無已雖有貸贍之名而無其實

搜神後記廬陵巴丘人文晃者世以田作爲業年常田數十頃家漸富晉太和初秋收已過刈穫都畢明旦至田禾悉復滿湛然如初卽便更穫所穫盈倉於此遂爲巨富

世說補劉凝之隱居荆州適歲儉衡陽王餉錢十萬凝之大喜持錢至市門見有饑色者悉分與之俄頃都盡

明山賓初臨青州所部平陸縣歲儉啓倉出米以贍貧民後刺史以山賓爲耗闕有司追責籍其宅入官山賓默不爲理更市地造宅

南史梁宗室傳始興忠武王憺文帝第十一子也憺子暎爲吳興太守郡累不稔中大通三年野穀生武康凡二十二處自此豐穰暎製嘉穀頌以聞中詔稱美

梁書昭明太子傳普通中大軍北討京師穀貴太子

因命菲衣減膳改常饌爲小食

南史吳明徹傳明徹字通照秦郡人也父樹梁右軍將軍明徹幼孤性至孝年十四感墳塋未修家貧無以取給乃勤力耕種時天下亢旱苗稼焦枯明徹哀憤每之田中號泣仰天自訴居數日有自田還者云苗已更生明徹疑其紿己及往如言秋而大獲足充葬用

北史趙逸傳逸兄子琰皇輿中京師儉婢簡粟糶之琰遇見切責勅留輕粃

房法壽傳法壽族子景遠好施與頻歲凶儉贍宗親又於道衢以飼饑者存濟甚衆平原劉郁經行齊兗之境忽遇劫賊已殺十餘人次至郁呼曰與君鄉近何忍見殺賊曰若言鄉里親親是誰郁曰齊州主簿房陽是我姨兄陽是景遠小字賊曰我食其粥得活何得殺其親遂還衣服蒙活者二十餘人

鄭祚傳祚轉青州刺史逢歲不稔闔境饑饉矜傷愛下多所振恤

崔光傳光子勔修身厲節自景明已降頻歲不登饑寒請乞者皆取足而去

裴延儁傳延儁從祖弟良良從子慶孫明帝末立郃郡因以慶孫爲太守在郡日逢歲饑凶四方遊客恆有百餘慶孫自以家糧贍之

羊祉傳祉弟子敦性清儉屬歲饑家餽未至使人外尋陂澤採藕根食之遇有疾苦家人解衣質米以供之

李靈傳靈曾孫元忠元忠女曰法行幼好道遂爲尼齊亡後遺時大儉施糜粥於路

唐書王方翼傳方翼遷肅州刺史儀鳳間河西蝗獨不至方翼境而他郡民或餒死皆重繭走方翼治下乃出私錢作水磑簿其羸以濟饑瘵全活甚衆

南楚新聞德宗播遷人多乏食無釀酒者後京師稍寧有一醉人聚觀以爲祥瑞

世說補陽城歲饑屏跡不過鄰里屑榆爲粥講論不輟有奴都兒化其德亦方介自約或哀其餒與之食不納後致糠覈數杯乃受

傳載略唐光啓中潤州大荒亂有居民家蓄米絕多可一斗五百文先定價後人擁併開倉倉中悉化爲小螺子人皆驚怪有收盛分去者至今有收得此螺子余曾見

北夢瑣言黃巢自長安遁歸與其衆屯於陳蔡間瀕河下寨連絡號八山營於是蔡州秦宗權懼巢以城降之時既饑乏野無所掠唯捕人爲食肉盡繼之以骨或碓擣或磑磨咸用充饑天軍合攻巢軍不利其黨駭散頻爲雷電大雨掩浸其營乃與妻孥昆弟奔於泰山狼虎谷爲外甥林言斬首送徐州時溥下裨將李師悅函首送成都行在也

括異志天復中隴右大饑其年秋稼甚豐將刈之間大半無穗有就田畔斸鼠穴求之所獲甚多於是家家窮穴有獲五七斛者相傳謂之劫鼠倉饑民皆出求食濟獲甚衆

五代史馮道傳明宗拜道端明殿學士遷兵部侍郎歲餘拜中書侍郎同中書門下平章事天成長興之間歲屢豐熟中國無事嘗戒明宗曰臣爲河東掌書記時奉使中山過井陘之險懼爲蹶失不敢怠於銜轡及至平地謂無足慮遽跌而傷凡蹈危者慮深而獲全居安者患生於所忽此人情之常也明宗問曰天下雖豐百姓濟否道曰穀貴餓農穀賤傷農因誦文士聶夷中田家詩其言近而易曉明宗顧左右錄其詩常以自誦

珍珠船荆南孫儒之亂米斗四十千持金寶換易纔得一撮一合謂之通腸米言饑人不可食他物惟煎米飲之可以稍通腸胃

遼史聖宗本紀太平九年八月東京舍利軍詳穩大延琳僭位號其國爲興遼年爲天慶初燕仍歲大饑戶部副使王嘉獻計造船使其民諳海事者漕粟以賑燕民水路艱險多至覆沒民怨思亂故延琳乘之殺嘉以快其衆

食貨志太平初幸燕燕民以年豐進土產珍異上禮高年惠鰥寡賜酺連日

耶律唐古傳西番來侵詔議守禦計命唐古勸督耕稼以給西軍田於臚朐河側是歲大熟明年移屯鎮州凡十四稔積粟數十萬斛斗米數錢

食貨志道宗初年西北雨穀三十里春州斗粟六錢時西番多叛唐古率衆田臚朐側歲登上熟移屯鎮州凡十四稔積粟數十萬斛

劉伸傳伸致仕適燕薊民饑伸與致仕趙徽韓造日濟以糜粥所活不勝筭

天祚帝本紀天慶八年時山前諸路大饑乾顯宜錦興中等路斗粟直數縑民削榆皮食之既而人相食

馬人望傳人望遷保靜軍節度使是歲諸處饑乏惟人望所治粒食不闕路不鳴桴

宋史宋瑫傳瑫知陝州淳化中三吳歲饑疾病民多死擇長吏養治之命瑫知蘇州瑫體豐碩素病足至州地卑濕疾益甚人或勸其謝疾北歸瑫曰天子以民病俾我綏撫我以身病而辭焉非臣子之義也旣而太白犯南斗曰斗爲吳分民方饑天象如此長吏得無咎乎四年卒

高瓊傳瓊子繼勳知瀛州時歲饑募富人出粟以給貧者明年大稔木生連理者四郡人上治狀請留

王沿傳沿子鼎知深州明年河北大饑人相食鼎經營賑救頗盡力

聞見前錄文路公爲成都日多宴會歲旱公尚出游有村民持焦穀苗來訴公罷宴齋居三日禱於廟中卽日雨歲大稔

宋史李中師傳中師爲淮南轉運使兩浙饑移淮粟振贍僚屬議勿與中師曰朝廷視民淮浙等爾卒與之

浙江通志宋熙寧末浙西荒杭州境內產物如珠可炊作飯木產蔬如菌可以爲菹民賴以充饑

宋史范純仁傳純仁加直龍圖閣知慶州泰中方饑擅發常平粟賑貸僚屬請奏而須報純仁曰報至無及矣吾當獨任其責或謗其所全活不實詔遣使按視會秋大稔民讙曰公實活我忍累公邪晝夜爭輸還之使者至已無所負

甲申雜記潤州金壇縣藤亢熙寧八年餓殍無數作萬人坑每一屍設飯一甌席一領紙四帖藏屍不可紀是歲生廓又生度皆爲監司孫登仕者相繼可談黃州董助教甚富大觀己丑歲歉董爲飯以食饑者又爲糗餌飼小兒輩方羅列分俵饑人如牆而進不復可制董仆於地頗被毆踐家人咸咎之董不介意明日又爲具但設欄楯以序進退時或紛然迄了餘日無倦邑黃岡村氓閭丘十五多積穀每幸凶歲卽騰價細民苦之老年病且亟不復飲食但食羊屎家人憐之以米餌作羊屎狀紿之入手便投去唯食眞者數月方死此氓媚佛多施廬山僧供迹亦內懼禍至冀事佛少逭責此尤不可也

雞肋編唐初賊朱粲以人爲糧置碓磨寨謂啖醉人如食糟豚每覽前史爲之傷嘆而自靖康丙午歲金狄亂華六七年間山東京西淮南等路荆榛千里米斗至數十千且不可得盜賊官兵至以居民更互相食人肉之價賤於犬豕壯者一枚不過十五斤軀暴以臘登州范溫率忠義之人紹興癸丑歲汎海到錢塘有至行在猶食者老嫂男子婦女更爲之饒把火婦人少艾者名之下羹羊小兒呼爲和骨爛又通目爲兩脚羊唐止朱粲一賊今百倍於前數殺戮焚溺饑餓疾疫陷墮其死已衆又加之以相食杜少陵謂喪亂死多門信矣不意以老眼親見此時嗚呼痛哉

揮麈前錄張逸字天隱鄭州人知益州歲饑民多殺耕牛食之犯者皆配關中逸奏民殺牛以活將斃稽事今歲小稔請一切放還復其業報可

宋史宗室善譽傳善譽字靜之太宗之裔也累遷大理丞湖北常平茶鹽提舉會大旱善譽通融諸郡常平計戶賑貸嗣歲麥禾倍收民爭負以償

近異錄宋慶元二年十月二十夜三更後月初出時臨安嘉興兩郡人未寢者皆見其團圓如望夕太史奏是爲上瑞其地當十歲大稔其冬不雪明春無雨民稼以爲憂下詔惻怛懇祈中夏雨足繼此必有望也

山家清供董眞君未仙時多種杏歲稔則以杏易穀歲歉則以穀賤糶時得活者甚衆後白日升仙

金史石土門傳石土門耶懶路完顏部人耶懶歲饑景祖與之牛馬爲助糴費使世祖往致之會世祖有疾石土門日夕不離左右世祖疾愈辭歸與握手爲別約他日無相忘

烏春傳烏春阿跋斯水溫都部人以鍛鐵爲業因歲歉策杖負擔與其族屬來歸景祖與之處以本業自給旣而知其果敢善斷命爲本部長

時立愛傳立愛父承謙以財雄鄉里歲饑發倉廩賑貧乏假貸者與之折券

紇石烈良弼傳良弼拜平章政事封宗國公上問宰臣曰堯有九年之水湯有七年之旱而民不病饑今一二歲不登而人民乏食何也良弼對曰古者地廣人淳崇尚節儉而又惟農是務故蓄積多而無饑饉之患也今地狹民衆又多棄本逐末耕之者少食之者衆故一遇凶荒而民已病矣上深然之於是命有司懲戒荒縱不務生業者

宗道傳宗道知京兆府事時夏旱俾長安令取太白湫水步迎於遠郊及城而雨是歲大稔人以爲精意所感刊石紀之

續夷堅志河東縣舜祠出麥顆粒如常麥而無縫又色稍白每斗得麪十三斤此地二頃餘農民數家主之驗如今歲東家舜麥成至明歲西家成熟無有定

處然終不出二頃之外也定襄周夢卿說

燕南安州白洋淀南北四十里東七十里舊爲水所占近甲午歲忽乾涸淀中所有蛙黽悉化黑鼠齧茭草根盡土脈虛鬆不待耕墾投麥種即成熟其生民不勝舉聽客戶收穫但取課而已此地山草根膠固不受耕其因鼠化得麥亦異事也淀有石刻云天荒地亂莫離此淀有水食魚無水食麪是則前此亦嘗得麥乎

元史劉正傳正拜榮祿大夫平章政事歲大旱野無麥穀種不入土臺臣言燮理非其人姦邪蒙蔽民多冤滯感傷和氣所致有旨會議平章李孟曰燮理之責儒臣獨孟一人請避賢路平章忽都不丁曰臺臣不能明察奸邪臧否時政可還詰之正言臺省一家當同心獻替擇善而行豈容分異耶孟搖首竟如忽都不丁言

輟耕錄王義士天爵字仁傑夏縣人家饒於財有善行以粟貸人不圖重息年豐僅取十之二三稍饑但收其本大凶則皆已之鄉里不知字咸稱義士云每值生身之辰寢苫一月以報父母

杜楊父友開江陰人隱居教授妻吳辟纑以貲之大曆間浙右菑荒米價騰踴學徒散去困於饑餓吳之兄弟屢勸斬丘木鬻基地以少延餘息楊父堅持不可繼欲挈吳歸吳曰夫既盡孝妾獨以不義自處寧不食若粟遂相枕籍而卒

後至元間同知兩浙都轉運鹽使司事趙君伯常休日與書吏談官府政事因曰吾曩爲中書提控掾史時夜坐私第一室忽有兩隸來前傳都堂鈞旨呼喚遂即上馬隸前導至一官府樹木陰翳大官危坐聽事上問曰河南饑省咨至乃緩七日不報彼處死者甚衆汝知之乎吾答曰某提控耳該掾稽遲之罪已嘗呈舉官沈思良久曰非汝過也汝退又命前隸曰可急追該掾某人來吾遂夢覺也明日晨起令人覘之夜暴死矣人命至重爾輩愼之

明外史太祖孝慈高皇后傳后遇歲凶則設麥飯野羹帝或告以賑卹后曰賑卹不如蓄積之先備也

明通紀宣德三年三月工部尚書李新自河南還言山西民饑流徙至南陽諸郡不下十萬餘口有司軍衞各遣人捕逐民死亡者多上諭戶部尚書夏原吉曰民饑流移豈其得已仁人君子所宜軫念昔富弼知青州飲食居處醫藥皆爲區畫山林湖泊之利聽民取之不禁所活至五十餘萬人今乃驅逐使之失所不仁甚矣可即遣官各往布政司及府縣官加意撫綏發廩給之隨所至居住有捕治者罪之

明外史劉天和傳天和加工部右侍郎故事河南八府歲役民治河不赴役者人出銀三兩天和因歲饑請蠲旁河受役者課遠河未役者半之詔可

齊之鸞傳之鸞遷寧夏僉事饑民採蓬子爲食之鸞爲取二封一進於帝一以貽閣臣且言時可憂者三可惜者四語極切帝付之所司

魏元傳康永韶爲御史有直聲及是見帝惑左道權倖用事乃更迎合取寵占候多隱諱甚者以災爲祥陝西大饑永韶言今春星變當有大眚賴秦民饑死足當之誠國家無疆福帝甚悅中旨擢禮部右侍郎仍掌監事

吳儼傳正德十二年武宗北巡儼抗疏切諫明年復偕諸大臣上疏曰臣等初聞駕幸昌平會異疏極論不蒙採納既聞出居庸幸宣大宰輔不及知羣臣不及從三軍之士不及衞京師內外人心動搖徐淮以南荒饉千里去冬雨雪爲災民無衣食安保其不爲盜所慮之寇尚遠隔陰山而不虞之禍或卒起於肘掖臣所大懼也不報

虎奮嘉靖丙午杭之屬縣有山處虎成羣白日入民家傷人道路獨不敢行雖附城之市井亦至也死者不可計且不可獵餘杭尤盛地名上阜有土神徐令公每附人言禍福最靈縣尉許賽猪羊捕之句日得六虎嵩遂宰牲以祭然牲既殺而毛不能去衆方駭之巫忽作神語曰上天降災吾爲民逆天遣譴本所甘心部下壯士寧不使一飽耶牲禮非數百斤不可也於是復益而後享予意連荒二年丙午秋少熟又多虎災觀令公之言豈非其數乎

青州府志萬曆二十二年安丘大荒民皆絕食米貴如珠盜賊蜂起本年二月內海水退十里居民下海拾取海菜謠云拾海

湖廣通志任遇隆字衡雲蒲圻人以歲薦授長沙司訓日與諸生坐論嶽麓書院遷臨武諭以詩上太守云苜蓿羞年儉石魚衡歲豐太守問之曰昨泛湘江見二石魚一銜萱草一銜蓮花知歲豐矣後果然太守異之

鎮江府志天啓丁卯冬江南大饑有道士過嘉山指道旁石曰此觀音粉也碎之和以麥屑或糯粉可作餅充饑焉畢道士忽不見衆如言取之果可食明年

麥熟即堅不可食矣

廣平府志末年姚御史三讓按陝西時値歲荒淳化山有老翁取石授採蔬婦曰是可煮食忽不見婦從之傳者四訖人競披山取石以療飢三讓乃獻石於朝以爲神異

豐歉部雜錄

詩經小雅雨無正章降喪饑饉斬伐四國𠬝成不退饑成不遂

楚茨章我黍與與我稷翼翼

信南山章疆埸翼翼黍稷彧彧

甫田章倬彼甫田歲取十千我取其陳食我農人自古有年今適南畝或耘或耔黍稷薿薿

我田既臧農夫之慶

禾易長畝終善且有

曾孫之稼如茨如梁曾孫之庾如坻如京乃求千斯倉乃求萬斯箱黍稷稻粱農夫之慶報以介福萬壽無疆

大田章播厥百穀既庭且碩曾孫是若

既方既皁既堅既好

苕之華章牂羊墳首三星在罶人可以食鮮可以飽

注言饑饉之餘百物凋耗如此苟且得食足矣豈可望其飽哉

大雅雲漢章天降喪亂饑饉薦臻

名旻章瘨我饑饉民卒流亡我居圉卒荒

周頌臣工章於皇來牟將受厥明明昭上帝迄用康年

豐年章豐年多黍多稌亦有高廩萬億及秭爲酒爲醴烝畀祖妣以洽百禮降福孔皆

載芟章播厥百穀實函斯活驛驛其達有厭其傑厭厭其苗綿綿其麃載穫濟濟有實其積萬億及秭匪且有且匪今斯今振古如茲

良耜章其崇如墉其比如櫛以開百室

桓章綏萬邦屢豐年注大軍之後必有凶年而武王克商則除害以安天下故屢獲豐年之祥傳所謂周饑克殷而年豐是也

商頌烈祖章自天降康豐年穰穰

禮記王制祭豐年不奢凶年不儉

樂記天子之爲樂也以賞諸侯之有德也五穀時熟然後賞之以樂

寒暑不時則疾風雨不節則饑

民有德而五穀昌

周禮春官天府祭天之司祿而獻穀數則受而藏之

註司祿主年穀凶登之神

左傳桓公六年隨季梁曰奉盛以告曰絜粢豐盛謂其三時不害而民和年豐也

僖公十九年甯莊子曰昔周饑克殷而年豐

譬如農夫是穮是蔉雖有饑饉必有豐年

國無道而年穀和熟天贊之也鮮不五稔

管子立政篇決水潦通溝瀆使時水雖過度無害於五穀歲雖凶旱有所秎穫司空之事也

五輔篇纖嗇省用以備饑饉

樞言篇一日不食比歲歉三日不食比歲饑五日不食比歲荒七日不食無國土十日不食無儔類盡死矣

老子上篇大軍之後必有凶年

關尹子二柱篇五雲之變可以卜當年之豐歉

墨子辭過篇夫婦節而天地和風雨節而五穀熟

韓非子六反篇相憐以衣食相惠以佚樂天饑歲荒嫁妻賣子者必是家也

詩小序中谷有蓷閔周也夫婦日以衰薄凶年饑饉室家相棄爾

華黍時和歲豐宜黍稷也有其義而亡其辭

楚茨刺幽王也政煩賦重田萊多荒饑饉降喪民卒流亡祭祀不饗故君子思古焉

詩說中谷民饑而流夫婦不保君子閔之而作是詩興也

詩傳京師饑民流而怨賦中谷

焦氏易林蒙之震陽淫旱病傷害稼穡喪刈病來農人無食

需之咸旱霜晚雪傷害禾麥損功棄力饑無所食

師之坎國亂不安兵革爲患掠我妻子家中饑寒

鹽鐵論散不足篇凶年不備豐年補敗仍舊貫而不改作

古聖人勞躬養神節欲適情尊天敬地履德行仁是以上天歆焉永其世而豐其年

論菑篇霜雪晚至五穀猶成

非鞅篇夫李梅實多者來年爲之衰新穀熟者舊穀

爲之虧自天地不能兩盈而況於人事乎

潛夫論本政篇天心慰則陰陽和陰陽和則五穀豐而民眉壽

愛日篇穀之所以豐殖者以有人功也

論衡治期篇世稱五帝之時天下太平家有十年之蓄人有君子之行或時不然世增其美亦時政致何以審之夫世之所以爲亂者不以賊盜衆多兵革並起民棄禮義負畔其上乎若此者由穀食乏絕不能忍饑寒夫饑寒並至而能無爲非者寡然則溫飽並至而能不爲善者希傳曰倉廩實民知禮節衣食足民知榮辱讓生於有餘爭起於不足穀足食多禮義之心生禮豐義重平安之基立矣故饑歲之春不食親戚穰歲之秋召及四鄰不食親戚惡行也召及四鄰善義也爲善惡之行不在人質性在於歲之饑穰由此言之禮義之行在穀足也案穀成敗自有年歲年歲水旱五穀不成非政所致時數然也必謂水旱政治所致不能爲政者莫過桀紂桀紂之時宜常水旱案桀紂之時無饑耗之災災至自數或時反在聖君之世

五穀生地一豐一耗穀糴在市一貴一賤豐者未必賤耗者未必貴豐耗有歲貴賤有時時當貴豐穀價增時當賤耗穀直減夫穀之貴賤不在豐耗猶國之治亂不在善惡

卹斷太祝掌六祝順祝順豐年也

劉子貴農篇假使天下瓦礫悉化爲和璞砂石皆變爲隋珠如值水旱之歲瓊粒之年則璧不可以禦寒珠不可以充饑也

齊諧記吳興故鄣縣東三十里有梅溪山山根直豎一石可高百餘丈至青而圓如兩間屋大四面斗絕仰之干雲外無登陟之理其上復有盤石圓如車蓋恆轉如磨聲若風雨土人號爲石磨轉快則年豐轉遲則歲儉欲知年之豐儉驗之無失

文中子魏相篇子曰年不豐兵不息吾已矣夫

譚子鉛丹術有火鍊鉛丹以代穀食者其必然也然歲豐則能飽歲儉則能饑是非丹之恩蓋由人之誠也

遵堯錄太宗嘗語近臣曰國之上瑞惟在豐年頃來五穀屢登人無疾疫朕求治雖切然而德化未孚天貺若此能勿懼乎

迂書迂叟曰天之所不能爲而人能之者人也人之所不能爲而天能之者天也稼穡人也豐歉天也

卜記鳥卜者隋書曰女國在葱嶺之南其國俗事阿修羅神及樹神歲初以人祭或用獼猴祭畢入山祝之有一鳥如雌雉來集掌上破其腹而視之有粟則年豐沙石則有災謂之鳥卜開皇六年遣使朝貢其後遂絕

竹卜者荆楚歲時記曰秋分以牲祠社其供帳盛於仲春之月社之餘胙悉貢饋鄉里周於族社餘之會其在茲乎此其會也擲筊於社神以占來歲豐歉或折竹以卜楚詞曰索瓊茅以筳篿人折竹結草以卜謂爲篿也

雞肋編按天官歷曆日中治水龍數乃自元日之後逢辰爲支節是得寅卯在六日爲豐年之兆

容齋三筆自古凶年饑歲民無以食往往隨所值以爲命如范蠡謂吳人就蒲嬴於東海之濱蘇子卿掘野鼠齧雪與旃毛幷咽之王莽教民煮木爲酪南方人饑餓羣入野澤掘鳧茨鄧禹軍士食藻菜建安中咸陽人拔取酸棗藜藿以給食晉郗鑒在鄒山兗州百姓掘野鼠蟄燕幽州人以桑椹爲糧魏道武亦以供軍岷蜀食芋如此而已吾州外邑嶸峽山在樂平德興境李羅萬斛山在浮梁樂平鄱陽境皆綿亙百餘里山出蕨萁乾道辛卯紹熙癸丑歲旱村民無食爭往取其根率以昧旦荷鉏往掘深至四五尺壯者日可得六十斤持歸搗取粉水澄細者煮食之如粔粉狀每根二斤可充一夫一日之食多晴且暖田野間無不出者或不遠數十里多至數千人自九月至二月終蕨抽拳則根無力於是始止蓋救餓羸者半年天之生物爲人世之利至矣古人不知用之傳記亦不載豈他邦不產此乎

農田餘話吳下大水歲饑多是納音屬土之歲如至順庚午至元戊寅至正丁亥洪武丙辰理不可曉

范竹溪集師曠曰歲欲豐甘草先生甘草薺也歲欲苦苦草先生苦草葶藶也歲欲惡惡草先生惡草水藻也歲欲旱旱草先生旱草蒺藜也歲欲疫病草先生病草艾也歲欲流流草先生流草蓬也

家則一遇凶歉之歲田租既難取盈國賦又不可負自非大損侈用浮文恐不足支凡家之用度及交際禮儀非大不得已者悉宜簡節蓋古者凶年殺禮所以慎天懼災與上下同其苦厄亦消眚保福之一道也

欽定古今圖書集成曆象彙編庶徵典

第一百十三卷目錄

庶徵典第一百十三卷

疫災部彙考一

禮記

月令

孟春行秋令則其民大疫

季春之月命國難九門磔攘以畢春氣

注此難難陰氣也陰寒至此不止害將及人也所以及人者陰氣右行此月之中日行歷昴昴有大陵積尸之氣氣佚則厲鬼隨而出行命方相氏帥百隸索室毆疫以逐之又磔牲以攘于四方之神所以畢止其災也王居明堂禮曰季春出疫于郊以攘春氣　疏天氣左轉故斗建左行謂之陽氣日月右行比天爲陰故曰陰氣右行此月初日在胃月中從胃歷昴元命包云大陵主尸石氏星經大陵主死喪　集說嚴陵方氏曰難所以難陰慝而毆之周官方相氏帥百隸而時難以狂夫爲之則狂疾以陽有餘唯陽有餘足以勝陰慝故也裂牲謂之磔除禍謂之攘必于九門則欲陰慝之出故也凡此皆慮春氣之不得其終也故曰以畢春氣此之所難則難陰慝之作于春者也仲秋又難則難陰慝之作于秋者也季冬又難則難陰慝之作于冬者也獨夏不難則以陽盛之時陰慝不能作故也春曰以畢春氣者言畢其功于前也故于季月秋以仲月言達者言達其道于外也冬曰以送寒氣者以一歲之往故以送言之亦行之于季月不曰冬氣而曰寒氣者以時言曰冬以氣言曰寒而積陰之所成也一歲陰慝之盛未有甚于此時者故本其積陰之氣而言之其難特謂之大蓋所難而毆之者邪氣也達之送之者正氣也曰畢曰達曰送言雖不同皆不過遂其正氣而已春曰磔攘冬曰旁磔者以大難故旁又磔焉不特九門故也秋難不言從可知矣春曰命國秋曰天子冬曰命有司又何也蓋天子之難爲國而已非自爲之也委之有司而已故言之序如此且互相備矣山陰陸氏曰言國則九門不在郊之外明矣

季春行夏令則民多疾疫

仲夏行秋令民殃於疫

注民疫大陵之氣來爲害也

季夏行春令國多風欬

集說山陰陸氏曰國多風欬變民言國國通于上若多疾病多瘧疾多鼽嚏多疥癘於言民爲宜

孟秋行夏令民多瘧疾

集說延平黃氏曰癘疾之作或感四時之邪氣或自養之失素問曰夏傷暑其病在秋爲痎瘧秋傷濕則病在冬爲咳嗽此自養之失行夏令民多瘧疾

此感四時之邪氣先王之于時氣不能使之無邪而有以裁成之不能使萬民無癘疾而有以養之疾殤之醫所以養萬民之疾爲禮義之政所以裁成其時氣而又爲之膳膏齊和使膂放焉所以維持其五藏六腑仁民之政也

仲秋之月天子乃難以達秋氣

注 此難難陽氣也陽暑至此不衰害亦將及人所以及人者陽氣左行此月宿直昴畢昴畢亦得大陵積尸之氣氣佚則厲鬼亦隨而出行于是亦命方相氏帥百隸而難之王居明堂禮曰仲秋九門磔攘以發陳氣禦止疾疫 疏 天左旋星辰與斗建循天而行此月斗建在酉是昴畢本位故鄭云宿直昴畢之星于時在寅也明堂禮云發陳氣者秋時凉氣新至發去陽之陳氣也明堂禮磔攘則此亦然文不備耳季冬云大難明九門磔攘稱大則貴賤皆爲也季春云國難熊氏云唯天子諸侯有國爲難此云天子乃難唯天子得難以其難陽氣陽是君象則諸侯以下不得難陽氣也按陰氣陽氣至大陵俱致積尸疫氣十一月陽氣至于危虛而不難十二月陰氣至于危虛而爲難者以十一月陽氣初起未能與陰相競故無疫疾可難六月宿直柳鬼陰氣至微陰始動未能與陽相競故無疾害可難也季冬亦陽初起而爲難者以陰氣在虛危又是一歲之終總除疫氣故爲難也其磔攘之牲案小司徒職云小祭祀奉牛牲牧人云凡毀事用尨可也是則用牛也羊人云凡沈辜侯禳共其牲犬人云凡幾珥沈辜用尨可也雞人云面禳共其雞牲是則用羊用犬用雞也盎大難用牛其餘禳大者用羊用犬小者用雞也

仲冬之月命有司曰土事毋作愼毋發蓋毋發室屋及起大衆以固而閉地氣沮泄是謂發天地之房諸蟄則死民必疾疫

仲冬行春令民多疥癘

季冬之月命有司大難旁磔出土牛以送寒氣

注 此難難陰氣也難陰始于此者陰氣右行此月之中日歷虛危虛危有墳墓四司之氣爲厲鬼將隨强陰出害人也旁磔于四方之門磔攘也出猶作也作土牛者丑爲牛牛可牽止也送猶畢也 疏 言大者以季春唯國家之難仲秋唯天子之難此則下及庶人故云大難旁磔者旁謂四方之門皆披磔其牲以禳除陰氣出土牛者此時强陰旣盛年歲已終若不去凶邪恐來歲爲人害其時月建丑又土能尅水特木之陰氣故特作土牛以畢送寒氣也鄭注此月之中謂此月之內也石氏星經云司命二星在虛北司祿二星在司命北司危二星在司祿北司中二星在司危北史遷云四司鬼官之長又云墳四星在危東南是危虛有墳墓四司之氣也此時寒實未畢而注云畢者意欲其畢爾 集說 馬氏曰時難皆以難陰慝而除之也于季春之畢春氣仲秋之達秋氣則曰難而已至季冬之送寒氣則稱大難者陰慝之盛未有甚于此時故也以大難故旁磔旁磔則所磔非一方不特九門而已

樂記

天地之道寒暑不時則疾

周禮

天官

疾醫掌養萬民之疾病四時皆有癘疾春時有痟首疾夏時有痒疥疾秋時有瘧寒疾冬時有嗽上氣疾

注 癘疾氣不和之疾五行傳曰大癘作見 疏 癘謂癘疫人君政教失所則有五行相尅氣敘不和癘疫起故云氣不和之疾 訂義 史氏曰四時皆有癘氣人感之者謂之癘疾

地官

大司徒大札則令邦國移民通財舍禁弛力薄征緩刑

注 大札大疫病也

司救凡歲時有天患民病則以節巡國中及郊野而以王命施惠

訂義 史氏曰天患災眚民病札瘥也以旌節表之使民知施惠出於天命也

司關國凶札則無關門之征猶幾

注 鄭司農云札謂疾疫死亾無關市之征者出入無租稅

春官

大宗伯以荒禮哀凶札

注 札讀爲截謂疫癘

司服掌王之衣服大札素服

大司樂凡大札令弛縣

占夢令始難毆疫

注 令令方相氏也難謂執兵以有難卻也 訂義 李嘉

會曰季春仲秋季冬皆有儺今曰始儺者蓋在上始行儺禮則諸侯萬民斯可儺也

夏官

方相氏狂夫四人

訂義王昭禹曰方相氏者以其相視而攻疫者非一方也月令於季冬命有司大儺則曰旁磔亦以方之所在非一方　鄭鍔曰康成謂方相猶放想可畏怖之貌義無所考殆猖狂之意也因四方而驅疫必狂夫爲之蓋陽勝則爲狂陰慝則爲疫狂夫陽之太過者也夏則陽盛而火王陽盛而太過則爲狂矣使之索陰慝之鬼亦厭勝之術

掌蒙熊皮黃金四目元衣朱裳執戈揚盾帥百隸而時難乃多反以索室毆疫

訂義鄭鍔曰熊之爲物猛而有威百獸畏之蒙熊皮所以爲威也金陽剛而有制用爲四目以見剛明能視四方疫癘所在無不見也

禮緯

稽命徵

顓頊有三子生而亡去爲疫鬼一居江水是爲瘧鬼一居若水爲魍魎鬼一居宮室區隅善驚人小兒爲小鬼于是常以正歲十二月令禮官方相氏掌熊羆黃金四目元衣纁裳執戈揚盾帥百隸及童子而時儺以索室而驅疫鬼以桃弧葦矢鼓工且射之以赤丸五穀等洒掃以祛除疾疫

山海經

西山經

英山有鳥其狀如鶉黃身而赤喙其名曰肥遺食之已癘

注癘疫病也

浮山有草名曰薰草麻葉而方莖赤華而黑實臭如蘼蕪佩之可以已癘

玉山西王母所居也西王母司天之癘及五殘

北山經

咸山條菅之木出焉而西南流注于長澤其中多器酸三歲一成食之已癘

東山經

栒狀之山泚水出焉而北流注于湖水其中多箴魚其狀如儵其喙如箴食之無疫疾

葛山澧水出焉其中多珠蟞魚其狀如肺而有目六足有珠其味酸甘食之無癘

䃌山有鳥焉其狀如鳧而鼠尾善登木其名絜鉤見則其國多疫

泰山有獸焉其狀如牛而白首一目而蛇尾其名曰蜚行水則竭行草則死見則天下大疫

中山經

復州之山有鳥焉其狀如鴞而一足彘尾其名曰跂踵見則其國大疫

堇理之山有鳥焉其狀如鵲青身白喙白目白尾名曰青耕可以禦疫其鳴自叫

從山從水出于其上潛于其下其中多三足鼈枝尾食之無蠱疫

樂馬之山有獸焉其狀如彙赤如丹火其名曰𤟤見則其國大疫

史記

天官書

氐爲天根主疫

正義曰星經云氐四星爲露寢聽朝所居其占明大則臣下奉度合誠圖云氐爲宿宮也索隱曰爾雅云天根氐也孫炎以爲角亢下繫於氐若木之有根宋均云疫疾也三月榆莢落故主疫疾也然此時物雖生而日宿在奎行毒氣故有疫疾也正義曰氐房心三宿爲災於辰在卯宋之分野

劉熙釋名

釋天

厲疾氣也中人如磨厲傷物也

疫役也言有鬼行疫也

札截也氣傷人如斷截也

蔡邕獨斷

疫神

帝顓頊有三子生而亡去爲鬼其一者居江水是爲瘟鬼其一者居若水是爲魍魎其一者居人宮室樞隅處善驚小兒於是命方相氏黃金四目蒙以熊皮元衣朱裳執戈揚盾常以歲竟十二月從百隸及童兒而時儺以索宮中毆疫鬼也桃弧棘矢土鼓鼓且射之以赤丸五穀播洒之以除疾殃已而立桃人葦索儋牙虎神荼鬱壘以執之儋牙虎神荼鬱壘二神海中有度朔之山上有桃木蟠屈三千里卑枝東北有鬼門萬鬼所出入也神荼與鬱壘二神居其門主閱領諸鬼其惡害之鬼執以葦索食虎故十二月歲竟常以先臘之夜逐除之也乃畫荼壘并懸葦索於門戶以禦凶也

周

惠王三年夏齊大災

按春秋魯莊公二十年云云　按公羊傳大災者何大瘠也大瘠者何痢也何以書記災也外災不書此何以書及我也　按穀梁傳其志以甚也杜氏曰來告故書天火曰災

按漢書五行志嚴公二十年夏齊大災劉向以爲齊桓好色聽女口以妾爲妻適庶數更故致大災桓公不寤及死適庶分爭九月不得葬公羊傳曰大災疫也董仲舒以爲魯夫人淫於齊齊桓姊妹不嫁者七人國君民之父母夫婦生化之本本傷則末夭故天災所予也

秦

始皇四年十月天下疫

按史記秦始皇本紀云云

後漢

光武帝建武十三年楊徐部大疾疫

按後漢書光武本紀不載　按五行志注云云

建武十四年會稽大疫

按後漢書光武帝本紀云云

建武二十六年郡國七大疫

按後漢書光武帝本紀不載　按五行志注古今注曰光武建武十三年楊徐部大疾疫會稽江左甚案傳鍾離意爲督郵十四年會稽大疫案此則頻歲也

古今注曰二十六年郡國七大疫

安帝元初六年大疫

按後漢書安帝本紀元初六年夏四月會稽大疫遣光祿大夫將太醫循行疾病賜棺木

延光四年順帝即位大疫

按後漢書順帝本紀延光四年三月乙酉即位是冬京師大疫　按五行志注張衡明年上封事臣竊見京師爲害兼所及民多病死死有滅戶人人恐懼朝廷燋心以爲至憂臣官在於考變禳災思任防救未知所由夙夜征營臣聞國之大事在祀祀莫大於郊天奉祖方今道路流言僉曰孝安皇帝南巡路崩從駕左右行慝之臣欲徼諸國二子故不發喪衣車還宮僞遣大臣並禱請命臣處外官不知其審然尊靈見罔豈能無怨且凡夫私小有不蠲猶爲譴謫況以大穢用禮郊廟孔子曰曾謂泰山不如林放乎天地明察降禍見災乃其理也又間者有司正以冬至之後奏開恭陵神道陛下至孝不忍距逆或發冢移尸月令仲冬土事無作愼無發蓋及起大衆以固而閉地氣上泄是謂發天地之房諸蟄則死民必疾疫又隨以喪厲氣未息恐其殆此二年欲使知過改悔五行傳曰六沴作見若時共禦帝用不差神則不怒萬福乃降用章于下臣愚以爲可使公卿處議所以陳術改過取媚神祇自求多福也

順帝永建元年疫

按後漢書順帝本紀永建元年春正月甲寅詔曰先帝聖德享祚未永早棄鴻烈姦慝緣間人庶怨讟上干和氣疫癘爲災朕奉承大業未能寧濟蓋至理之本稽弘德惠蕩滌宿惡與人更始其大赦天下賜男子爵人二級爲父後三老孝悌力田人三級流民欲自占者一級鰥寡孤獨篤癃貧不能自存者粟人五斛貞婦帛人三匹坐法當徙勿徙亡徒當傳勿傳宗室以罪絕皆復屬籍其與閻顯江京等交通者悉勿考勉修厥職以康我民

桓帝元嘉元年疫

按後漢書桓帝本紀元嘉元年春正月京師疾疫使光祿大夫將醫藥案行癸酉大赦天下改元元嘉二月九江廬江大疫

延熹四年春正月大疫

按後漢書桓帝本紀云云

靈帝建寧四年大疫

按後漢書靈帝本紀建寧四年三月大疫使中謁者巡行致醫藥

熹平二年大疫

按後漢書靈帝本紀熹平二年春正月大疫使使者巡行致醫藥

光和二年春大疫

按後漢書靈帝本紀光和二年春大疫使常侍中謁者巡行致醫藥

中平二年正月大疫

按後漢書靈帝本紀云云

獻帝建安二十二年大疫

按後漢書獻帝本紀云云

魏

文帝黃初四年大疫

按魏志文帝本紀黃初四年三月大疫

明帝青龍二年疫

按魏志明帝本紀青龍二年夏四月大疫
青龍三年疫
按魏志明帝本紀青龍三年正月京都大疫

吳

大帝赤烏五年疫
按吳志孫權傳赤烏五年是歲大疫
烏程侯鳳皇三年疫
按吳志孫晧傳鳳皇三年自改元及是歲連大疫

晉

武帝咸寧元年大疫
按晉書武帝本紀咸寧元年十二月大疫洛陽死者大半
咸寧二年疫
按晉書武帝本紀咸寧二年春正月以疾疫廢朝二月帝不豫及瘳羣臣上壽詔曰每念頃遇疫氣死亡爲之愴然豈以一身之休息忘百姓之艱耶諸上禮者皆絕之
惠帝元康二年大疫
按晉書惠帝本紀元康二年冬十一月大疫
元康六年大疫
按晉書惠帝本紀六年關中大疫
元康七年疫
按晉書惠帝本紀七年秋七月雍梁州疫
懷帝永嘉四年疫
按晉書懷帝本紀永嘉四年十一月襄陽大疫死者三千餘人
永嘉六年疫
按晉書懷帝本紀永嘉六年大疫
元帝永昌元年大疫
按晉書元帝本紀永昌元年冬十月大疫死者十二三
成帝咸和五年疫
按晉書成帝本紀咸和五年夏五月旱且饑疫
穆帝永和六年大疫
按晉書穆帝本紀云云
永和九年大疫
按晉書穆帝本紀云云
孝武帝太元四年三月大疫
按晉書孝武帝本紀云云

宋

文帝元嘉四年大疫
按宋書文帝本紀元嘉四年夏五月京師疾疫甲午遣使存問給醫藥死者若無家屬賜以棺器
元嘉五年以疾疫詔求言
按宋書文帝本紀五年春正月乙亥詔曰朕恭承洪業臨享四海風化未弘治道多昧求之人事鑒寐惟憂加頃陰陽違序旱疫成患仰惟災戒責深在予思所以側身剋念議獄詳刑上答天譴下恤民瘼羣后百司其各獻讜言指陳得失勿有所諱　按范泰傳時旱災未已加以疾疫泰上表曰頃亢旱歷時疾疫未已方之常災實爲過差古以爲王澤不流之徵陛下昧旦臨朝無懈治道躬自菲薄勞心民庶以理而言不應致此意以爲上天之于賢君正自殷勤無已陛下同規禹湯引百姓之過言動于心道敷自遠桑穀生朝而殞熒惑犯心而退非唯消災弭患乃所以大啟聖明靈雨立降百姓改瞻應感之來有同影響陛下近當仰推天意俯察人謀升平之化尚存舊典顧思與不思行與不行耳大宋雖揖讓受終未積有虞之道先帝登遐之日便是道消之初至乃嗣主被殺哲藩嬰禍九服徘徊有心喪氣佐命託孤之臣俄爲戎首天下蕩蕩王道已淪自非神英撥亂反正則宗祉非復宋有革命之與隨時其義尤大是以古今異用循方必壅大道隱於小成欲速或未必達深根固蔕之術未洽于愚心是用猖狂妄作而不能緘默者也臣既頑且鄙不達治宜加之以篤疾重之以惛耄言或非言而復不能無言陛下錄其一毫之誠則臣不知厝身之所
元嘉二十四年疫
按宋書文帝本紀元嘉二十四年六月京邑疫癘丙戌使郡縣及營署部司普加履行給以醫藥
元嘉二十八年疫
按南史文帝本紀元嘉二十八年四月都下疾疫使巡省給醫藥
孝武帝大明元年疾疫
按宋書孝武帝本紀大明元年夏四月京邑疾疫丙申遣使按行賜給醫藥死而無收斂者官爲斂埋
大明四年以大疫下詔卹贍
按宋書孝武帝本紀四年夏四月辛酉詔曰都邑節氣未調癘疫尤衆言念民瘼情有矜傷可遣使存問幷給醫藥其死亡者隨宜卹贍
明帝泰始四年大疫

按宋書明帝本紀不載　按天文志泰始四年六月壬寅太白犯輿鬼占曰民大疾死不收其年普天大疫

梁

武帝天監二年疫

按南史梁武帝本紀天監二年夏多癘疫

天監三年多疾疫

按梁書武帝本紀云云

中大通元年疫

按南史梁武帝本紀中大通元年六月都下疫甚帝於重雲殿爲百姓設救苦齋以身爲禱

北魏

太祖皇始二年大疫

按北史魏太祖本紀皇始二年八月景寅朔帝進軍九門時大疫人馬牛死者十五六

太宗泰常八年大疫

按北史魏太宗本紀泰常八年春正月司空奚斤既平兗豫還圍武牢閏月武牢潰士衆大疫死者十二三

高宗和平元年疫

按北史魏高宗本紀和平元年六月甲午詔征西大將軍陽平王新成等討吐谷渾什寅九月諸軍濟河追什寅遇瘴氣多病疫乃引還

顯祖皇興二年疫

按魏書顯祖本紀不載　按靈徵志皇興二年十月豫州疫民死十四五萬

高祖太和元年以疫後詔勸農

按魏書高祖本紀太和元年三月丙午詔曰朕政治多闕災眚屢興去年生疫死傷大半耕墾之利當有虧損今東作旣興人須肆業其勑在所督課田農有牛者加勤于常歲無牛者倍庸于餘年一夫制治田四十畝中男二十畝無令人有餘力地有遺利

世宗永平三年大疫

按魏書世宗本紀永平三年夏四月平陽郡之禽昌襄陵二縣大疫自正月至此月死者二千七百三十人

北齊

後主天統元年河南大疫

按北齊書後主本紀云云

隋

開皇十八年疾疫

按北史隋文帝本紀開皇十八年二月乙巳以漢王諒爲行軍元帥水陸三十萬伐高麗六月景寅詔黜高麗王官爵九月己丑漢王諒師遇疾疫而旋死者十二三

煬帝大業八年疾疫

按隋書煬帝本紀大業八年是歲大旱疫人多死山東尤甚

唐

太宗貞觀十年大疫

按唐書太宗本紀不載　按五行志貞觀十年關內河東大疫

貞觀十五年疫

按唐書太宗本紀不載　按五行志十五年三月澤州疫

貞觀十六年疫

按唐書太宗本紀不載　按五行志十六年夏穀涇徐戴虢五州疫

貞觀十七年疫

按唐書太宗本紀不載　按五行志十七年夏潭濠廬三州疫

貞觀十八年疫

按唐書太宗本紀不載　按五行志十八年廬濠巴普郴五州疫

貞觀二十二年大疫

按唐書太宗本紀不載　按五行志二十二年卿州大疫

高宗永徽六年大疫

按唐書高宗本紀不載　按五行志永徽六年三月楚州大疫

永淳元年大疫

按唐書高宗本紀不載　按五行志永淳元年冬大疫兩京死者相枕于路占曰國將有恤則邪亂之氣先被于民故疫

中宗景龍元年疫

按唐書中宗本紀不載　按五行志景龍元年夏自京師至山東河北疫死者千數

肅宗寶應元年大疫

按唐書肅宗本紀不載　按五行志寶應元年江東大疫死者過半

德宗貞元六年疫

按唐書德宗本紀不載　按五行志貞元六年夏淮南浙西福建道疫

憲宗元和元年大疫

按唐書憲宗本紀不載　按五行志元和元年夏浙東大疫死者大半

文宗太和六年大疫

按唐書文宗本紀不載　按五行志太和六年春自劍南至浙西大疫

按冊府元龜太和六年五月庚申詔曰朕聞王者之理天下一物失所與納隍之咎一失不獲歎時予之辜雖饑疫凶荒國家代有而陰陽祲沴儆戒朕躬自諸道水旱害人疫疾相繼宵旰罪己興寢疚懷屢降詔書俾副勤恤發廩蠲賦救患賑貧亦謂至矣今長吏申奏札瘥猶甚蓋敎化未感於蒸人精誠未格於天地法令之或爽官吏之或非百姓稱冤稅役多弊姦贓未去農業失時有一於茲皆傷和氣並委內外文武常參官一一條疏各具所見聞奏必當親覽無憚直言其諸道應災荒處疾疫之家有一門盡歿者官給凶具隨事瘞藏一家如有口累疫死一半者量事與本戶稅錢三分中減一分死一半已上者與減一半本戶稅其疫未定處並委長吏差官巡撫量給醫藥詢問救療之術各加拯濟事畢條疏奏來其有一家長大者皆死所餘孩稚十二至襁褓者不能自活必致夭傷長吏勸其近親收養仍官中給兩月糧亦具都數聞奏江南諸道既有凶荒賦入上供悉多蠲減國用嘗限或慮不充宗廟切急所須外所有舊例市買貯備雜物一事已上並仰權停待歲熟時和則舉處分於戲朕自臨御于今七年兢兢乾乾不敢自逸而沖昧寡德未能變調艱旱水災或罹於藩郡夭亾疾苦或害於生人悼於厥心省己自責其州府長吏各奉詔條勉加拯卹

開成五年疫

按唐書文宗本紀不載　按五行志開成五年夏福建台明四州疫

懿宗咸通十五年疫

按唐書懿宗本紀不載　按五行志咸通十五年宣歙兩浙疫

昭宗大順二年疫

按唐書昭宗本紀不載　按五行志大順二年春淮南疫死者十三四

景福元年疫

按唐書昭宗本紀不載　按十國春秋吳太祖世家景福元年五月士卒大疫

宋

太祖乾德元年疫

按宋史太祖本紀乾德元年秋七月癸亥湖南疫賜行營將校藥

太宗淳化五年疫

按宋史太宗本紀淳化五年六月都城大疫分遣醫官煑藥給病者

至道二年江南頻年多疫疾

按宋史太宗本紀不載　按五行志云云

眞宗咸平六年疫

按宋史眞宗本紀咸平六年五月癸丑京城疫分遣內臣賜藥

大中祥符三年疫

按宋史眞宗本紀大中祥符三年夏四月乙卯陜西民疫遣使齎藥賜之五月壬午以西涼覓諾族瘴疫賜藥

仁宗皇祐元年疫

按宋史仁宗本紀皇祐元年二月戊辰以河北疫遣使頒藥秋七月己未詔諸州歲市藥以療民疾

皇祐四年疫

按宋史仁宗本紀四年冬十月丁亥以諸路疫幷征徭科調之煩令轉運使提點刑獄親民官條陳救卹之術以聞

至和元年疫

按宋史仁宗本紀至和元年春正月壬申碎通天犀和藥以療民疫

嘉祐五年疫

按宋史仁宗本紀嘉祐五年五月戊子朔京師民疫選醫給藥以療之

哲宗紹聖元年疫

按宋史哲宗本紀紹聖元年夏四月庚戌詔有司具醫藥治京師民疾是歲京師疫

徽宗大觀三年江東疫

按宋史徽宗本紀不載　按五行志云云

高宗建炎元年疫

按宋史高宗本紀不載　按五行志建炎元年三月金人圍汴京城中疫死者幾半

紹興元年大疫

按宋史高宗本紀不載　按五行志紹興元年六月浙西大疫平江府以北流屍無算秋冬紹興府連年大疫官募人能服粥藥之勞活及百人者度爲僧

紹興三年二月永州疫

按宋史高宗本紀不載　按五行志云云

紹興六年四川疫

按宋史高宗本紀不載　按五行志云云

紹興十六年夏行都疫

按宋史高宗本紀不載　按五行志云云

紹興二十六年行都又疫

按宋史高宗本紀不載　按五行志二十六年夏行都又疫高宗出柴胡製藥活者甚衆

孝宗隆興二年疫

按宋史孝宗本紀不載　按五行志二年冬淮甸流民二三十萬避亂江南結草舍遍山谷暴露凍餒疫死者半僅有還者亦死是歲浙之饑民疫者尤衆

乾道元年大疫

按宋史孝宗本紀不載　按五行志乾道元年行都及紹興府飢民大疫浙東西亦如之

乾道六年疫

按宋史孝宗本紀不載　按五行志六年春民以冬燠疫作

乾道八年大疫

按宋史孝宗本紀不載　按五行志八年夏行都民疫及秋未息江西饑民大疫隆興府民疫遭水患多死

淳熙四年眞州大疫

按宋史孝宗本紀不載　按五行志云云

淳熙八年大疫

按宋史孝宗本紀淳熙八年夏四月丙辰以臨安疫分命醫官胗視軍民　按五行志八年行都大疫禁旅多死寧國府民疫死者尤衆

淳熙十四年大疫

按宋史孝宗本紀不載　按五行志十四年春都民禁旅大疫浙西郡國亦疫

淳熙十六年潭州疫

按宋史孝宗本紀不載　按五行志云云

光宗紹熙二年疫

按宋史光宗本紀不載　按五行志紹熙二年春涪州疫死數千人

紹熙三年資榮二州大疫

按宋史光宗本紀不載　按五行志云云

寧宗慶元元年大疫

按宋史寧宗本紀慶元元年夏四月戊辰臨安大疫出內帑錢爲貧民醫藥棺斂費及賜諸軍疫死者家　按五行志慶元元年行都疫

慶元二年五月行都疫

按宋史寧宗本紀不載　按五行志云云

慶元三年疫

按宋史寧宗本紀不載　按五行志三年三月行都及淮浙郡縣疫

慶元五年疫

按宋史寧宗本紀五年夏五月以久雨民多疫命臨安府振恤之

嘉泰三年五月行都疫

按宋史寧宗本紀不載　按五行志云云

嘉定元年大疫

按宋史寧宗本紀不載　按五行志嘉定元年夏淮甸大疫官募掩骼及二百人者度爲僧是歲浙民亦疫

嘉定二年疫

按宋史寧宗本紀不載　按五行志二年夏都民疫死甚衆淮民流江南者饑與暑并多疫死

嘉定三年疫

按宋史寧宗本紀不載　按五行志三年四月都民多疫死

嘉定四年疫

按宋史寧宗本紀四年三月己未臨安府振給病民死者賜棺錢夏四月戊申出內庫錢瘞疫死者貧民

嘉定十五年疫

按宋史寧宗本紀不載　按五行志十五年贛州疫

嘉定十六年疫

按宋史寧宗本紀不載　按五行志十六年永道二州疫

恭帝德祐元年疫

按宋史瀛國公本紀不載　按五行志德祐元年六月庚子是日四城遷徙流民患疫而死者不可勝計天寧寺死者尤衆

德祐二年大疫

按宋史瀛國公本紀不載　按五行志二年閏三月數月間城中疫氣薰蒸人之病死者不可以數計

欽定古今圖書集成曆象彙編庶徵典

第一百十四卷目錄

庶徵典第一百十四卷

疫災部彙考三

金

哀宗天興元年汴京大疫

按金史哀宗本紀天興元年五月汴京大疫凡五十日諸門出死者九十餘萬人貧不能葬者不在是數

元

成宗大德元年疫

按元史成宗本紀大德元年八月丁巳眞定河間順德旱疫是歲河間之樂壽交河疫死六千五百餘人

大德八年疫

按元史成宗本紀大德八年六月丁酉烏撒烏蒙益州忙部東川等路饑疫

武宗至大元年大疫

按元史武宗本紀不載　按五行志至大元年春紹興慶元台州疫死者二萬六千餘人

仁宗皇慶二年大疫

按元史仁宗本紀皇慶二年京師以久旱民多疾疫帝曰此皆朕之責也赤子何罪明日大雪　按五行志唐志云國將有恤則邪亂之氣先被於民故疫

延祐七年三月英宗卽位六月疫

按元史英宗本紀延祐七年三月庚寅卽位六月甲寅京師疫

英宗至治元年疫

按元史英宗本紀至治元年十二月辛丑眞定路疫

至治二年疫

按元史英宗本紀二年二月甲子恩州水民饑疫十一月戊申岷州旱疫

至治三年泰定帝卽位疫

按元史泰定帝本紀至治三年八月癸巳卽位是歲番岷春疫

文宗至順二年疫

按元史文宗本紀至順二年四月壬申衡州路屬縣比歲旱蝗仍大水民食草木殆盡又疫癘死者十九

至順三年疫

按元史文宗本紀三年正月壬午宜山縣饑疫死者衆

順帝元統二年疫

按元史順帝本紀元統二年三月庚子杭州鎭江嘉興常州松江江陰水旱疾疫

至正四年疫

按元史順帝本紀不載　按五行志至正四年福州邵武延平汀州四郡夏秋大疫

至正五年大疫

按元史順帝本紀不載　按五行志五年春夏濟南大疫

至正十二年大疫

按元史順帝本紀不載　按五行志十二年正月冀寧保德州大疫夏龍興大疫

至正十三年大疫

按元史順帝本紀十三年十二月大同路疫死者大半　按五行志十三年黃州饒州大疫

至正十四年大疫

按元史順帝本紀十四年十二月京師大饑加以疫

竊民有父子相食者
按明昭代典則至正十四年夏四月江西湖廣大疫十月蒙古大都大疫
至正十六年大疫
按元史順帝本紀不載　按五行志十六年春河南大疫
至正十七年大疫
按元史順帝本紀不載　按五行志十七年六月莒州蒙陽縣大疫
至正十八年大疫
按元史順帝本紀十八年六月汾州大疫
按明昭代典則至正十八年十二月蒙古大都饑疫時兩河被兵之民攜老幼流入京師重以饑疫死者枕籍宦者樸不花請市地收葬之前後凡二十餘萬人
至正十九年大疫
按元史順帝本紀不載　按五行志十九年春夏鄜州幷原縣莒州沂水日照二縣及廣東南雄大疫
至正二十年大疫
按元史順帝本紀不載　按五行志二十年夏紹興山陰會稽二縣大疫
至正二十二年大疫
按元史順帝本紀二十二年四月紹興路大疫

明

太祖洪武二年大疫
按福建通志洪武二年大疫死者相枕籍
洪武十三年大疫
按浙江通志洪武十三年嘉興大疫
成祖永樂二年疫
按大政紀永樂二年三月己丑天下工匠集京師者疫死左都御史陳瑛劾工部尚書黃福有罪勿問
永樂五年疫
按湖廣通志永樂五年鄖縣冬大疫
永樂八年疫
按大政紀永樂八年十月丁巳戶部言江西廣昌縣民疫死八百餘戶乞蠲稅皇太子從之
按名山藏永樂八年登州府所屬諸縣疫皇太子命安撫賑恤之
永樂十二年疫
按名山藏永樂十二年三月直隸河南山陝湖廣諸縣疫皇太子命賑之
英宗正統十年疫
按大政紀正統十年五月浙江寧波等府民遭疫死甚衆命禮部左侍郎王英代祀南鎮以禳民厲時浙江久旱英至紹興大雨水深二尺灌獻之夕雨止星見明日又大雨田野沾足人皆喜曰此侍郎雨也布政使孫原貞等陪祀請作御祭感應記刻石於廟而還
按名山藏正統十年六月以西安紹興寧波台州諸府大疫遣祭於西嶽南鎮之神爲民祈福死者蠲其租疾賑卹之
按福建通志正統中興化縣大疫
代宗景泰五年疫
按名山藏景泰五年二月建昌武昌漢陽疫
景泰六年疫
按浙江通志景泰六年嘉興大疫
英宗天順五年疫
按湖廣通志天順五年興寧大疫
憲宗成化七年疫
按名山藏成化七年五月以民疫多死置漏澤園於京師外
按貴州通志成化七年青平疫
成化十六年大疫
按福建通志成化十六年長樂縣十八都昆由田突起小阜高三四尺踐之輒陷明年復於其左湧起一山廣袤五丈餘是年大疫民多死
成化十七年大疫
按江西通志成化十七年彭澤縣大疫
按貴州通志成化十七年都勻大疫
成化二十二年大疫
按福建通志成化二十二年古田連江大疫
孝宗弘治二年大疫
按湖廣通志弘治二年春正月華容大疫有闔門無一存者
弘治五年大疫
按浙江通志弘治五年嘉興大疫
弘治八年大疫
按大政紀弘治八年五月東南諸省大疫
弘治十三年大疫
按廣西通志弘治十三年九月民大疫
弘治十七年疫

按山西通志弘治十七年滎河聞喜瘟疫

武宗正德六年大疫

按浙江通志正德六年嘉興大疫

正德九年大疫

按雲南通志正德九年鶴慶麗江大疫死者不可勝計

正德十一年大疫

按湖廣通志正德十一年荆州春疫冬大疫

正德十四年大疫

按畿輔通志正德十四年春保定大疫

按山東通志正德十四年武定大疫

按浙江通志正德十四年台州大疫

世宗嘉靖四年疫

按浙江通志嘉靖四年餘姚疫

嘉靖七年大疫

按山西通志嘉靖七年代州大疫

嘉靖八年大疫

按湖廣通志嘉靖八年春襄陽大疫

按四川總志嘉靖八年春疫

按貴州通志嘉靖八年永寧大疫

嘉靖十一年大疫

按陝西通志嘉靖十一年民大疫

嘉靖十二年疫

按湖廣通志嘉靖十二年秋大疫

嘉靖十三年大疫

按浙江通志嘉靖十三年台州奉化大疫

按湖廣通志嘉靖十三年夏穀城民多疫

嘉靖十四年大疫

按福建通志嘉靖十四年十月大疫道殣相望

嘉靖十七年大疫

按廣西通志嘉靖十七年秋九月至冬十二月全州大疫

嘉靖二十二年大疫

按山西通志嘉靖二十二年夏榆次大疫死者數百人

嘉靖二十三年大疫

按山西通志嘉靖二十三年文水大疫

按湖廣通志嘉靖二十三年郴州大疫

嘉靖二十四年大疫

按福建通志嘉靖二十四年大疫死者萬計

嘉靖三十五年大疫

按福建通志嘉靖三十五年秋大疫

嘉靖三十七年大疫

按貴州通志嘉靖三十七年大饑人相食大疫有闔門死者

嘉靖三十九年疫

按山西通志嘉靖三十九年石州疫大作十室九空

嘉靖四十年大疫

按湖廣通志嘉靖四十年春荆州大疫死萬餘人

嘉靖四十一年大疫

按福建通志嘉靖四十一年瘟疫人死十之七市肆寺觀屍相枕藉有闔戶無一人存市門俱閉至無敢出春興化城中大疫

嘉靖四十二年大疫

按江西通志嘉靖四十二年春二月建昌大疫

嘉靖四十四年大疫

按浙江通志嘉靖四十四年台州大疫

穆宗隆慶五年疫

按山西通志隆慶五年祁縣疫傷者甚衆

神宗萬曆元年大疫

按湖廣通志萬曆元年襄陽大疫

萬曆七年大疫

按山西通志萬曆七年孝義大疫死者甚衆

萬曆八年大疫

按山西通志萬曆八年太原縣太谷忻州岢嵐平定大同遼州大疫

萬曆九年大疫

按山西通志萬曆九年平定潞安大疫是月初一潞安北門無故自闔既而大疫相染不敢弔問

萬曆十年大疫

按畿輔通志萬曆十年霸州大疫成安大疫

按山東通志萬曆十年大疫

按山西通志萬曆十年聞喜大疫沁州大疫有一家全疫者

萬曆十二年大疫

按湖廣通志萬曆十二年春德安大疫

萬曆十三年大疫

按垣曲縣志萬曆十三年瘟疫大行傳染傷人親識不相弔問

萬曆十五年大疫

按潞安府志萬曆十五年春大疫死者更衆七月長

治縣疫
按江西通志萬曆十五年民多疫
萬曆十六年大疫
按浙江通志萬曆十六年湖州嘉興蕭山大疫嚴州大疫
按山西通志萬曆十六年三月澤州大疫民有全家死者夏臨津平陸滎河稷山禾登時民疫死甚衆二麥雖登至無人收刈饑民偶獲飽食死者復十之三四
按河南通志萬曆十六年汴城西至河南北大疫死者相枕衛輝大旱
萬曆十八年大疫
按湖廣通志萬曆十八年夏郡縣復大疫
萬曆二十二年大疫
按雲南通志萬曆二十二年姚安大疫
萬曆二十五年大疫
按雲南通志萬曆二十五年大理大疫
萬曆二十六年大疫
按四川總志萬曆二十六年全蜀諸郡邑大疫
萬曆二十九年大疫
按貴州通志萬曆二十九年秋七月大疫
萬曆三十一年大疫
按浙江通志萬曆三十一年嘉興大疫
萬曆三十四年大疫
按浙江通志萬曆三十四年衢州大疫
萬曆三十六年大疫
按雲南通志萬曆三十六年武定大疫

萬曆三十七年大疫
按福建通志萬曆三十七年邵武大疫
萬曆三十八年大疫
按山西通志萬曆三十八年陽曲大疫撫院魏知府關各發積貯遣醫施藥救之
按陝西通志萬曆三十八年秋八月不雨至次年夏四月民多疫死
萬曆三十九年大疫
按山西通志萬曆三十九年夏沁州大疫俗語黍穀等症挨門傳染
萬曆四十年大疫
按浙江通志萬曆四十年嘉興大疫
按陝西通志萬曆四十年西安春夏大疫
萬曆四十一年大疫
按福建通志云云
萬曆四十五年大疫
按福建通志云云
萬曆四十六年大疫
按山西通志萬曆四十六年安邑大疫死亡相繼
按湖廣通志萬曆四十六年靖州大疫
按貴州通志萬曆四十六年貴陽大疫
熹宗天啓元年大疫
按湖廣通志天啓元年鄖縣大疫
天啓二年疫
按雲南通志天啓二年新興疫
天啓三年大疫
按雲南通志天啓三年江川通海河西大疫廣西府疫
天啓四年疫
按雲南通志天啓四年大理疫
天啓七年大疫
按湖廣通志天啓七年襄陽大疫作
愍帝崇禎六年大疫
按山西通志崇禎六年垣曲陽城沁水大疫道殣相望高平遼州大疫死者甚多
崇禎八年大疫
按臨晉縣志崇禎八年大疫三四兩月尤甚
崇禎十三年大疫
按畿輔通志崇禎十三年大疫
按浙江通志崇禎十三年嚴州大疫
崇禎十四年疫
按畿輔通志崇禎十四年大疫
按山東通志崇禎十四年益都瘟疫盛行盜殺通州捕盜通判李茂實
按山西通志崇禎十四年稷山疫死者相枕籍
崇禎十六年疫
按陝西通志崇禎十六年七月米脂大疫
崇禎十七年大疫
按山西通志崇禎十七年潞安大疫病者生一核或吐痰血不敢弔問有闔家死絕不敢葬者
按吳江縣志崇禎十七年春疫癘大作有無病而口噴血即斃者或全家或一巷士民枕籍而死相率哀祈鬼神各家設香案燃天燈演劇賽會窮極瑰奇舉國若狂費以萬萬計廟宇中吏卒皆以生人充之時

聞神語呵喝空中有枷鎖搥撻之聲如是將一月

皇清

康熙三十一年

五月二十四日

上諭大學士伊桑阿阿蘭泰學士傅繼祖達瑚溫保王國昌戴通西安巡撫布哈疏稱雨水未足人民患病者頗多夫雨水不足則秋收難望若何拯濟其疾病若何救治可下九卿科道會議以

聞

康熙四十四年

禮部則例康熙四十四年五月吏部覆偏撫趙疏查趙申喬任爲封疆大臣今有瘟疫並不確

查奏

聞奉

旨行查之後始行查奏殊屬不合應將巡撫趙申喬降二級調用有紀錄六次應銷去紀錄四次抵

降一級仍降一級調用奉

旨趙申喬紀錄俱著削去降一級從寬免調用

疫災部總論

朱子大全集

答陳安卿

問鄉人儺古人所以爲此禮者只爲疫癘乃陰陽一帶不和之氣游焉非有形象附著人乃天地精氣所夯故至誠作威嚴以驅之則志帥充實精氣强壯自無疑忌怯懾而有可勝之理否但古人此禮節目不可考想模樣亦非後世俚俗之所爲者曰後漢志中有此想亦近古之遺法

明吳有性溫疫論

雜氣論

日月星辰天之有象可睹水火土石地之有形可求昆蟲草木動植之物可見寒熱溫凉四時之氣往來可覺至於山嵐瘴氣嶺南毒霧咸得地之濁氣猶或可察而惟天地之雜氣種種不一亦猶天之有日月星辰地之有水火土石氣交之中有昆蟲草木之不一也草木有野葛巴豆星辰有羅計熒惑昆蟲有毒蛇猛獸土石有雄硫硇信萬物各有善惡不等是知雜氣之毒亦有優劣也然氣無形可求無象可見况無聲復無臭何能得睹得聞人惡得而知氣又惡得而知其氣之不一也是氣也其來無時其著無方人有觸之者各隨其氣而爲諸病焉其爲病也或時中人發頤或時中人頭面浮腫俗名爲大頭瘟是也或時中人咽痛或時音啞俗名爲蝦蟆瘟是也或時中人瘧痢或爲痹氣或爲痘瘡或爲斑疹或爲瘡疥疔瘇或時中人目赤腫痛或時中人嘔血暴下俗名爲瓜瓤瘟探頭瘟是也或時中人瘿痎名爲疙瘩瘟是也爲病種種難以枚舉大約病偏於一方延門合戶人相同者皆行時之氣即雜氣爲病也爲病種種是知氣之不一也蓋當時適有某氣專人某臟腑某經絡專發爲某病故人之病相同是知氣之不一非關臟腑經絡或爲之症也夫病不可以年歲四時爲拘蓋非五運六氣所即定者是知氣之所至無時也或發於城市或發於村落他處安然無有是知氣之所著無方也疫氣者亦雜氣中之一但有甚於他氣故爲病頗重因名之癘氣雖多寡不同然無歲不有至于瓜瓤瘟疙瘩瘟緩者朝發夕死急者頃刻而亡此在諸疫之最重者幸而幾百年來罕有之症不可以常疫並論也至於發頤咽痛目赤斑疹之類其時村落中偶有一二人所患者雖不與衆人等然考其症甚合某年某處衆人所患之病纖悉相同治法無異此即當年之雜氣但目今所鍾不厚所患者希少耳此又不可以衆人無有斷爲非雜氣也况雜氣爲病最多然舉世皆誤認爲六氣假如誤認爲風者如大麻風鶴膝風痛風歷節風老人中風腸風癘風癇風之類槩用風藥未嘗一效實非風也皆雜氣爲病耳至又誤認爲火者如疔瘡發背癰疽流毒流注流火丹毒與夫發斑痘疹之類以爲痛痒瘡瘍皆屬心火投芩連梔柏未嘗一效實非火也亦雜氣之所爲耳至於誤認爲暑者如霍亂吐瀉瘧痢暴注腹痛絞腸沙之類皆誤認爲暑因作暑症治之未嘗一效與暑何與焉至於一切雜證無因而生者並皆雜氣所成從古未聞者何耶蓋因諸氣來而不知感而不覺惟向風寒暑濕所見之氣求之是舍無聲無臭不睹

不聞之氣推察旣錯認病原未免誤投他藥大易所謂或繫之牛行人之得邑人之災也劉河間作原病式蓋祖五運六氣百病皆原於風寒暑濕燥火是無出此六氣爲病實不知雜氣爲病更多於六氣爲病者百倍不知六氣有根現在可測雜氣無窮茫然不可測也專務六氣不言雜氣烏能包括天下之病歟

論氣盛衰

其年疫氣盛行所患皆重最能傳染卽童輩皆知言其爲疫至於微疫反覺無有蓋毒氣鍾厚也

其年疫氣衰少閭里所患者不過幾人且不能傳染時師皆以傷寒爲名不知者固不言疫知亦不便言疫然則何以知其爲疫蓋脈證與盛行之年所患之證纖悉相同至於用藥取效毫無差別是以知瘟疫四時皆有常年不斷但有多寡輕重耳

疫氣不行之年微疫轉有衆人皆以感冒爲名實不知其爲疫也設用發散之劑雖不合病然亦無大害疫自愈實非藥也卽不藥亦自愈至有稍重者誤投發散其害尚淺若誤用補劑及寒凉反成痼疾不可不辨

論氣所傷不同

所謂雜氣者雖曰天地之氣實由方土之氣也蓋其氣從地而起有是氣則有是病辟如所言天地生萬物然亦由方土之產也但植物藉雨露而滋生動物藉飮食而頤養蓋先有是氣然後有是物推而廣之有無限之氣因有無限之物也但二五之精未免生尅制化是有萬物各有宜忌宜者益而忌者損損者制也故萬物各有所制如猫制鼠如鼠制象之類旣知以物制物卽知以氣制物矣以氣制物者蟹得霧則死棗得霧則枯之類此有形之氣動植之物所制也至於無形之氣偏中於動物者如牛瘟雞瘟鴨瘟豈但人瘟而已哉然牛病而羊不病雞病而鴨不病人病而禽獸不病究其所傷不同因其氣各異也知其氣各異故謂之雜氣夫物者氣之化也氣者物之變也氣卽是物物卽是氣知氣可以制物則知物之可以制氣矣夫物之可以制氣者藥物也如蜒蚰解蜈蚣之毒猫肉治鼠瘻之潰此受物氣之爲病是以物之氣制物之氣猶或可測至於受無形雜氣爲病莫知何物之能制矣惟其不知何物之能制故勉用汗吐下三法以決之嗟乎卽三法且不能盡善況乃知物乎能知以物制氣一病只有一藥之制病已不煩君臣佐使品味加減之勞矣

疫災部藝文一

說疫氣　魏曹植

建安二十二年癘氣流行家家有僵尸之痛室室有號泣之哀或闔門而殪或覆族而喪或以爲疫者鬼神所作夫罹此者悉被褐茹藿之子荆室蓬戶之人耳若夫殿處鼎食之家重貂累蓐之門若是者鮮焉此乃陰陽失位寒暑錯時是故生疫而愚民懸符厭之亦可笑也

爲民祈安設醮靑詞　宋眞德秀

天命或愆騆致札瘥之害民生何辜重罹夭閼之傷念忝任於撫摩殆不勝其憂惻遣醫餽藥常切關心遺粟散緡曾無虛日雖勉修於人事終未弭於天災是用虔抒丹誠仰干淵聽以仁救厄願推慈憫之恩變沴爲和亟賜噓呵之力

禳疫告城隍文　周希曜

帝心傳鑰病敬修貽世以安王道切如傷家法求民之莫赤子如聞疾痛難逭辜黔黎尚有疥痍全需神力惟神參贊化育表裏陰陽代大造而敷仁固其本職冀僻壤以長治允所優爲某不揣梼才謬當屬邑朔望與神相對沐競徒有此心念連歲之豐登一飯皆屬明賜幸郊原之寧謐三年迄有成功民卽銜恩予亦戴德邇者疫魔爲祟纏染實多死喪聞之遠村不下什伯流行亦及城郭未免二三惟此啼號之民實出亂離之後甫辭湯火那堪問藥求醫無計漁樵忍覩兒悲婦哭聞之酸鼻見者寒心詎飽煖無知示以創艾抑父母有過怒及愚頑內省無慚顧呼實切當此春搖如雲之際恐以病而妨農念茲愧悔有日之餘庶幾懲而得戒沐薰薦命想上徹乎高天福祉旁通應下甦乎大地或施甘雨和風而灑潤或驅迅雷疾電而除魔不事刀圭全消瘴癘人登壽域一聯聿奏平康世躋春臺四郊咸游井鑿不則耗斁下土寧丁我躬天或爲予而齊威神則何辭於溺職言雖過激鑒蟻忱之無他祭則必躬望鸞輿而至止豈誠以將恭祈照宥

疫災部藝文二 詩

時儺　元吳萊

古人重儺疫時俗事禬禳歲陽欲改律輿鬼寖燿鋌
厲人乃恣肆魃蜮并猖狂侲僮幸成列巫覡陳禁方
虎頭眩金目元製炳赤裳桃弧毆莔沴豆礫斃瘴剛
八靈悉震慴六合高褰張清寧信不害動靜維吾常
世途頗險盭人魅更跳梁狐鼠戴介幘䕸魖竊香囊
煎熬到骨髓擊剝成疕瘍乘風作國蠹抵隙爲民殃
自從九鼎沒誰使百怪藏瘃寒服褫帛饑窶食間糧
蘆花蔽汝體橡栗餽吾腸地脣竟卷去天孽俱彫傷
神荼欲呀㗛蟠木蔓不長蒙倛强面貌枯竹無耿光
聖言謂近戲吾祀徒驚惶惜哉六典廢述此時儺章

疫災部紀事

史記曆書堯復遂重黎之後立羲和之官明時正度
則陰陽調風雨節茂氣至民無夭疫
左傳楚子西曰闔廬在國天有菑癘親巡其孤寡而
共其乏困
史記南越佗傳太史公曰隆慮離濕疫佗得以益驕
甌駱相攻南越搖動注高后遣將軍隆慮侯往擊之
會暑濕大疫兵不能踰嶺
後漢書禮儀志黃門令奏曰侲子備請逐疫因作方
相與十二獸儛嚾呼周徧前後省三過持炬火送疫
出端門
荆楚歲時記顓頊氏三子俱亡處人宮室善驚小兒
漢世以五營千騎自端門傳炬送疫棄洛水中
會稽典錄夏方字文正家遭疫癘父母伯叔一時死
凡十三喪方年十四晝則負土哀號暮則扶棺哭泣
比葬年十七鳥鳥聚集猛獸乳其側
三國志朱桓傳桓字休穆吳郡吳人也孫權爲將軍
桓給事幕府除餘姚長往遇疫癘穀食荒貴桓分部
良吏隱親醫藥餐粥相繼士民感戴之
晉書庾袞傳袞字叔褒明穆皇后伯父也少履勤儉
篤學好問事親以孝稱咸寧中大疫二兄俱亡次兄
毗復殆癘氣方熾父母諸弟皆出於外袞獨留不去
諸父兄强之乃曰袞性不畏病遂親自扶持晝夜不
眠其間復撫柩哀臨不輟如此十有餘旬疫勢旣歇
毗病得差袞亦無恙父老咸曰異哉此子守人所不
能守行人所不能行歲寒然後知松柏之後凋始疑
疫癘之不相染也
王彪之傳永和末多疾疫舊制朝臣家有時疾染易
三人以上者身雖無病百日不得入宮至是百官多
列家疾不入彪之又言疾疫之年家無不染若以之
不復入宮則直侍頓闕王者宮省空矣朝廷從之
高僧傳安慧則晉末嘉中天下疫病則晝夜祈誠願
天神降藥以愈萬民一日出寺門見兩石形如甕則
疑是異物取看之果有神水在內病者飲服莫不皆
愈
異苑晉義熙五年盧循自廣州下泊船江西衆多疫
死事平之後人往蔡州見死人髮鬖而爲鱣
南史梁武帝本紀帝命王茂蕭穎達等逼郢城城主
程茂薛元嗣遣參軍朱曉求降初郢城之閉將佐文
武男女口十餘萬人疾疫流腫死者十七八及城開
帝並加隱卹其死者命給棺槥
魏書世祖本紀太延元年六月詔曰有鄗婦人持方
寸玉印詣潞縣侯孫家印有三字爲龍鳥之形要妙
奇巧不類人迹文曰旱疫平推尋其理蓋神靈之報
應也
馬令南唐書嗣主傳保大二年夏閩人朱文進連重
遇弒其君曦重遇立文進使來告亂囚其使議伐閩
以民疫釋閩使遣之
查文徽傳文徽拜中書舍人保大中閩人連重遇朱
文進弒其君曦遣使告亂馮延己請執其使以伐閩
俄以民疫寢其議文徽獨以爲可討
潮州府志城西一里有曾井南漢時程鄉令曾芳因
民苦瘴給藥愈之來者接踵乃以大囊投藥井中民
汲水飲之皆愈宋皇祐五年秋青征儂智高經此禱
於井泉溢出軍士不苦疫癘青凱還具奏仁宗降制
封芳忠孝公賜飛白書曾氏忠孝泉五大字旌之
遵堯錄至和初京師大疫帝出犀二株付太醫合藥
以療民解之其一則通天犀也內侍李舜舉馳奏曰
此犀之美者請以爲御所服帶帝曰朕以爲帶曷若
以療民疾乎命立碎之
夢溪筆談熙寧七年嘉興僧道親號通照大師爲秀
州副僧正因遊溫州鴈蕩山自天龍湫回欲至瑞鹿
院見一人衣布襦行澗邊身輕若飛履木葉而過葉

皆不動心疑其異人乃下澗中揖之遂相與坐於石上問其氏族閭里年齒皆不答鬚髮皓白面色如少年謂道親曰明年歲當大疫吳越尤甚汝名已在死籍今食吾藥勉修善業當免此患探囊中取一柏葉與之道親即時食之老人曰定免矣南方大疫兩浙無貧富皆病死者十有五六道親殊無恙

聞見前錄建中靖國初田承君入爲大中丞宰相曾布欲收置門下不能屈除提舉常平亦辭請知淮揚軍以去吏民畏愛之歲大疫承君日自挾醫戶問病者藥之良勤一日小疾不出正晝一軍之人盡見承君擁騎從騰空而去就問之死矣或爲淮陽土神云

遯齋閒覽南人信巫有疫癘不召醫惟命巫使行呪禁辛巳年臨江大疫羣巫盡死餘人不治多自瘥然則俗巫豈足恃乎

盧谷閒抄蜀中有一道人賣自然羹人試買之盌中二魚鱗鬣腸胃皆具鱗間有黑紋如一圓月味如澹水食者旋剔去鱗腸其味香美有問魚上何故有月道人從盌中傾出皆是荔枝仁初未嘗有魚井月則笑而急走回顧云蓬萊月也不識明年時疫食羹人皆免道人不復見

異聞總錄紹興三十一年湖州漁人吳一因捕魚繫舟新城柵界民舍外夜過半聞岸上人相語曰我曹寓是家已久當爲去計移入此舟如何或應曰此乃漁艇爾又他處人何可登也明日東南上當有船來其中有兩朱紅合及赤泥酒數缾者是可隨以往渠乃病人家親戚來相問訊又其家頗富足稱我所須皆曰然言終而寂吳生怪之天欲明起訪其事乃此民舍正病疫所謀者鬼也遂徑往東南數里外艤泊將驗之果遇小舟來望其中物色同鬼言急呼止告以夜所聞大駭曰乃吾壻家今正欲往視其病非君相救一家且入鬼籙矣盡以所攜酒炙爲贈致謝而反

旌異志慶元元年五月湖州南門外一婦人顏色潔白著皂弓鞋踽踽獨行呼賃小船欲從何山路往易村既登舟未幾即偃臥自取葦席以蔽舟纔一葉展轉聲欬必相聞寂然無聲舟人訝焉舉席視之乃見小烏蛇可長尺許凡數千條蟠繞成聚驚怛流汗復以席覆之凡行六十里始抵岸乃扣舷驚之奮而起儼然人矣與初下船不小異腰間解錢二百爲僱值舟人不敢受婦問其故曰我適見汝若此何敢受笑曰莫說與人我從城裏來此行蛇瘟一箇月後却歸矣徐行入竹林數步而沒彼村居人七百家是夏死者大半初湖常秀三州自春初夏疫癘大作湖州尤甚獨五月稍寧六月復然當是蛇婦再還也

眞德秀賑救封慧應大師後記建寧府浦城縣景祐南豐院故淨空禪師嘉定十五年汀邵劍三州疫者各以萬計將及外境時既十月矣而炎鬱不少衰知縣亟詣師禱焉風雨旋至瑞雲繼之浹旬之間癘氣如洗

金史赤盞暉傳大軍過江寧徙其官民北渡時暑多疾疫老弱轉死道路其知府陳邦光者訴於宗弼怒將殺之暉曰此義士也力營救之竟得免

張浩傳浩拜尚書右丞天德三年廣燕京城營建宮室浩與燕京留守劉筈大名尹盧彥倫監護工作命浩就擬差除既而暑月工役多疾疫詔發燕京五百里內醫者使治療官給藥物全活多者與官其次給賞下者轉運司舉察以聞

完顏匡傳匡權尚書右丞行省事右副元帥詔匡先取襄陽匡久圍襄陽士卒疾疫會宗浩至汴匡乃放軍朝京師

續夷堅志何信叔許州人承安中進士崇慶初以父憂居鄉里庭中嘗夜見光怪信叔曰此寶氣也率僮僕掘之深丈餘得丹塊一如盆盎大家人大駭亟命埋之信叔尋以疫亡妻及家屬十餘人相繼沒識者謂丹塊太歲也禍將發故光怪先見

曲陽醫者郭彥達曾居大明川間一田夫董成者掃地至門限地即高起以鍤鏟平之已而復高如是三四疑而掘之先得一卵如椀許殼膜中見有二蛇一黑一斑又掘得一卵比前差大彥達曉之曰神物不可觸祭拜而送之成如言送眞河中是歲川下上雷雨拔大木數千樹人以疫死者數百

元史月舉連赤海牙傳月舉連赤海牙畏兀兒從憲宗征釣魚山奉命修麴藥以療師疫賞白金五十兩

史天澤傳戊午秋從憲宗伐宋由西蜀以入己未夏駐合州之釣魚山軍中大疫方議班師宋將呂文德以艨艟千餘泝嘉陵江而上北軍迎戰不利帝命天澤禦之乃分軍爲兩翼跨江注射親率舟師順流縱擊三戰三捷奪其戰艦百餘艘追至重慶而還

鐵哥朮傳鐵哥朮子義堅亞禮至元十五年爲中書省宣使嘗使河南適汴鄭大疫義堅亞禮命所在村郭構室廬備醫藥以畜病者由是軍民全活者衆

輟耕錄丙戌冬十一月耶律文正王從太祖下靈武諸將爭掠子女玉帛王獨取書籍數部大黃兩駝而已既而軍中病疫惟得大黃可愈所活幾萬人吁廉而不貪此固清慎者能之若其先見之明則有非人之所可及者

元史昔汝道傳汝道以孝聞里中嘗大疫有食瓜得汗而愈者汝道卽多市瓜及攜米歷戶饋之或曰癘氣能染人勿入也不聽益周行問所苦然卒無恙有死者復贈以棺槥人咸感之

明通記高皇帝年十七時値旱疫父母三兄相繼病沒上孤立無依乃遵先志遂托身皇覺寺

廣西通志湯有容字載行新會人少年能文章勇於爲義不擇利害爲趨舍時輩多推服之洪武間任廣西恭城教諭又歷興安以兄死具疏棄官歸後復官容縣値縣大疫皆謂疫能染人人莫敢出雖縣門無行者知縣彭清中其病煢然一身自分必死有容日令家人具湯粥而自節宣之晝夜不離其側清得不死時人以爲難

名山藏永樂六年三月勅新城侯張輔等曰朕命爾班師今天氣已熱瘴癘方作善撫視之有一死瘴不名全功

湖廣通志余甯粥宜都人力學好問居家孝友能傾己濟人里嘗大疫與諸兄煑粥食之人懷其惠

鎭江府志正統中丹陽大疫令某夢迎詔開讀止一語曰獨舍蔣宗海醒而異之令値朔旦往謁文廟語敎諭高璉璉夜亦有是夢素與宗海善駭其相符令人視之果汗而蘇矣

明外史項忠傳劉通黨李原亂僞稱平王成化六年詔忠總督軍務招流民五十萬忠乃戶選一丁充戍其發戍者舟行多疫死給事中梁璟因劾忠妄殺帝不聽

山西通志任榮雲中世醫有陰德活人甚多弘治間年六十無疾而終後一年鄉人陳守至河南於陳州市見之其曾孫服遠幼紹祖父業庚辰歲瘟疫大行得疾者親友不相訪問染之卽不起服遠軫念之夢祖謂曰何不取松黃岡普濟消毒飮服之醒覺卽檢閱果得是方依方投劑身親診視全活數千人

處州府志趙儀字懷仁縉雲人萬曆戊子東南祲疫餓死者無算神廟詔有司施藥發粟知縣龔庭賓請儀尸其政夙夜殫心調度全活者數百戶給冠帶旌額辭不拜縣義而異之

李繼澤縉雲人應秋試偶與南京潘商人同舟潘主僕染疫僕病且死同舟友皆棄去澤曰潘有重貲我在彼未必死苟舍之寧禁他人不利其有而速之斃乎調以藥餌踰旬潘霍然潘有金七百欲分半謝之堅卻不受

德安府志程慥司李程德良之父也幼孤卽不妄語不棄小善尤至孝友事繼母二兄分甘茹苦時里中大疫門無往來慥走長子徧食其憊者竟得全活人咸稱爲石羊程夫子云

安慶府志江思忠字盡吾性孝友仲兄思悌未及壯卽卒藐孤僅三齡撫之成立生平慷慨好施濟貧賑乏其不能償者卽焚券弗取且素履端方偶疫疾大行親朋僕婢或染時症每闖思忠登堂入室咸云其祟畏正人遠匿矣藉以護庇得痊者多

吳江縣志崇禎辛巳年邑大疫嘗一家數十人闔門相枕籍死無遺類者偶觸其氣必死諸生王玉錫字來宣其師陳君山一門父子妻奴五人一夜死親鄰無一人敢窺其門無論棺殮也玉錫獨毅然直入曰平日師弟之謂何忍坐視耶乃率數丐者至屍所一一棺殮之止有一襁褓子亦已死猶略有微息親抱出藥乳得生陳氏賴以有後

疫災部雜錄

左傳申豐曰古者藏冰其藏之也周其用之也徧則癘疾不降 註 癘惡氣也 疏 寒暑失時則民多癘疾癘疾天氣爲之故云降也

汲冢周書伐亂伐疾伐疫武之順也

漢書刑法志諺曰鬻棺者欲歲之疫非憎人欲殺之利在於人死也

新書修政語下篇聖王在上則使民有時而用之有節則民無癘疾故聖王在上則民免於四死而得四生矣

焦氏易林師之大有鴻鴈翩翩始若勞苦災疫病民飢寡愁憂

張衡集東京賦煌火馳而星流逐赤疫於四裔

岳陽風土記岳州端午民之有疾病者多就水際設神盤以祀神爲酒肉以犒櫂鼓者或爲草船泛之謂之送瘟

文心雕龍祝祕祝移過異於成湯之心侲子毆疫同乎越巫之祝

酉陽雜俎俗好于門上畫虎頭書聻字謂陰刀鬼名可息疫癘也予讀漢舊儀說儺逐疫鬼又立桃人葦索儋牙虎等聻爲合儋牙

景龍文館記唐制上巳祓禊賜侍臣細柳圈云帶之免蠆毒瘟疫

名香譜鷹觜香番國出焚之辟疫

彥周詩話柳子厚守柳州日築龍城得白石微辨刻畫日龍城柳神所守驅厲鬼左山首福土氓制九醜此子厚自記也退之作羅池廟碑云福我兮壽我驅厲鬼兮山之左蓋用此事

辯惑論世俗以疾咎鬼神者衆矣至疫氣流行則曰有主疾之神家至而戶守之妖由巫興互相煽惑是故病疫之家人皆惱惱焉無敢躡其門而問者甚而父子兄弟亦不相救傷風敗俗莫甚於斯故述此於死生之後以曉之

物類相感志屈茨川丘茲國西北大山中有如膏者流出成川行數里入地狀如醍醐其臭如柏服之人齒髮已落者能令再生癘人服之皆愈也

青耕鳥生董襄山鳥狀如鵲靑身白喙白目白尾其鳴自叫得之可禦時疫

居家宜忌疫氣時行用管仲置水缸內食水不染十二月除夕同此

除日以合家頭髮燒灰同脚底泥包投井中却五瘟疫鬼

正月上寅日取女靑草末三合絳囊盛掛帳中能辟瘟疫

五日以艾縛一人形懸於門上以辟邪氣以五綵絲繫於臂上辟兵厭鬼且能令人不染瘟疾

一統志救疫井在大理府點蒼山下有疫癘者飲之卽愈

楊升庵文集游點蒼山記西上里許有寺曰點蒼山泉甘冽疫則飲之可以已病寺因得名

吳有性溫疫論發熱而渴不惡寒者爲溫病後人省氵加疒爲瘟卽溫也又名疫者以其延門合戶如徭役之役衆人均等之謂也今省文作殳加疒爲疫又爲時疫時氣者因其感時行戾氣所發也因其惡厲又謂之疫癘

福建通志端午競渡鼓聲喧闐用以逐疫

疫災部外編

異苑黃州治下有黃父鬼出則爲祟所著衣袷皆黃至人家張口而笑必得疫癘長短無定隨籬高下自不出已十餘年土俗畏怖惶恐不絕廬陵人郭慶之有家生婢名採薇年少有美色宋孝建年中忽有一人自稱山靈如人裸身形長丈餘臂胛皆有黃色膚貌端潔言音周正呼爲黃父鬼來通此婢婢云意事如人鬼遂數來常隱其身時或露形形變無常乍大乍小或似烟氣或爲石或爲小鬼或爲婦人或如鳥獸足跡或如人長二尺許或似鵝跡掌大如盤開戶閉牖其入如神與婢戲笑如人也

除恐災患經聞如是一時佛遊王舍城竹林精舍與四部弟子大衆俱會說上妙法爾時維耶離國癘氣疫疾威猛赫赫猶如熾火死亡無數無所歸趣無方療救國王大臣長者居士婆羅門集會博議國遭災患非邪所摧疫火所燒死亡無數當以何設設何方便以除災害婆羅門議言當於諸城門設祠祀壇或有議言當於城中四衢路頭立祠祀禳却害氣或有議言當用白馬白駝白牛白羊白雞白狗種種百頭而以祠祀鎭厭解除以禳却之時衆會中有一長者名曰彈尼才（此言才明）奉佛五戒修行十善爲淸信士諦證道跡時發議曰惟聽所言國遭災患死亡無數如仁等議害生救命豈得然乎以先世行所行不善今遭斯厄當設方便以善禳惡末無苦別如何反倒行害求安長夜受苦無有出期時諸大會問才明曰當設何設才明對曰世有大怙三千世界天人之師一切覆護慈愍衆生號曰爲佛獨步三界若能降致光臨國者災害可除大衆聞之皆然其議莫不稱善

異聞總錄樂平耕民植稻歸爲人呼出見數輩在外形貌怪惡叱令負擔經由數村疃歷洪源石村何衛諸里每一村必先詣社神所言欲行疫皆拒却不聽怪黨自云然則獨有劉村劉十九郎家可往爾遂往徑入趨廳下客房宿無飲食枕席之具明日劉氏子出怪魁告其徒曰擊此人右足杖纔下子卽仆地繼老嫗過之令擊左足嫗仆地連害三人矣然但守一房不浪出有偵者窖白一虎從前躍而來甚可畏魁

邑不動遣兩鬼持杖待之日至則雙擊其兩足俄報虎斃於杖下經兩日偵者急報北方火作斯須間焰勢已及房山水又大至怪相覷窘慴不暇取行李單身亟奔怒耕民不致力推墮田坎中蹶然起則身乃在牀臥妻子環哭已三日鄉人訪其事於劉氏云二子一婢同時疫困呼巫治之及門而死復邀致一巫巫懲前事欲掩鬼不備乃從後門施法持刀吹角誦水火輪呪而入病者卽日皆安

香案牘鬼谷秦時疫死者有鳥如烏銜草覆其面遂活有司上聞始皇遣使齎草以問先生云此瓊田中養神芝其葉似菰而不叢生一葉能起一人

欽定古今圖書集成曆象彙編庶徵典

第一百十五卷目錄

庶徵典第一百十五卷

地異部彙考一

禮記

月令

季秋行冬令土地分裂

集說嚴陵方氏曰土地分裂則爲嚴凝之氣所坼故也

書緯

考靈曜

地常移動而人不知譬如人在大舟中閉牖而坐舟行不覺也

淮南子

天文訓

甲子干丙子地動

汲冢周書

時訓解

立冬又五日地始凍地不始凍咎徵之咎

小雪又五日天氣上騰地氣下降天氣不上騰地氣不下降君臣相嫉

宋史

天文志

北方南斗六星填星逆行入之地動

觀象玩占

地震

地者積陰以靜爲體地動者陰有餘也主弱臣強外戚擅權后妃專政陽伏而不能出陰迫而不能入陰陽相播故地震動民不安春秋潛潭巴曰地震下謀上君憂劉向曰地動臣不與君京房曰地動教令從臣下出必有饑荒血流

地震以六癸陰極之干或在巳亥陰陽氣窮之日皆主兵起殺戮之事震於陽歲則熟震於陰歲則火災不熟震於陰極亥日則兵饑震於陽極巳日則有兵而歲熟君弱臣強則地震於春夏臣欲篡叛則地震於秋冬皆陽火而陰盛之兆也

地震驚鳥獸京房易妖占曰天子失位一曰米貴物不收盜賊起不出三年

地震壞城郭京房曰天下亡地

地動厥窒天下兵行

地動有赤水出司馬戮

地動搖木震水波臣專政

地動於宗廟朝廷國有亂臣

地動殺人賊臣爲暴

地動三年其國民流

地動以春三歲凶夏動人主憂五穀不熟秋動兵起冬動其邑有土工一日大水

地動有聲其地大亂開元占曰地春動有聲歲不昌夏動有音人主喪四月動有音五穀不熟民饑五月動有音人主喪民流亡六月動有音老少多死歲惡動有音兵起九月則殃大夫冬動有音人愁主有喪兵十月地動有音邑有土工十一月動有音其邑火兵喪人饑亡十二月動有音邑兵行動十日以上天下起兵

地東西動連十日其地有兵民流地動千里是謂陰盛陽衰國有大喪易妖曰不出三年民流地動者民

擾也

軍中地動有大戰有反軍易妖曰軍中地動往彼軍食以攻擊震於我軍宜固守

地動而折有急令近臣謀兵華興

正月動主兵事二月動水災三月動人病旱災五月動兵華起蝗蟲六月動疫病流行七月動牛羊疫死八月動大雪冰凍冷損麥九月動民不安穩十月動來年穀貴十一月動來年人災十二月動來年五月疫

從乾至巽動主吳國兵起從坎至離動中兵起從艮至坤動秦國大亂從巽至坤動魏國兵起小災從兌至震動韓國大亂從震至兌動趙國人災從艮至離動魯國大熱殺人從坤至坎動大水從離至坤動趙國人災從離至坤動宋國大亂須審其起止占之

地裂

地裂傳曰地坼裂者士庶分離大臣專恣地裂有聲天下不寧四方兵起其國易主京房曰地裂陰背陽臣叛君之象也又曰地坼者臣不相附國以喪亡又曰地裂父子分離羌夷叛海中占曰主信讒女子為政刑殺不當則地坼京房曰陰（闕二字）則地坼此人君不親上下不原刑政不修則骨肉相殘夷狄背叛又曰地坼者臣下相分天下分離之象也春秋潛潭巴曰地裂下分威一曰大水溢一曰五穀貴

地劈於邑京房曰城毀廢

地劈於朝天下有兵其邑亡春秋無傷又曰地劈於朝廷邑分離為數鄉地劈於宮殿社稷亡

地劈於丘塚人民死亡

地劈於市邑其分有殃

地劈見水兵起國亡主災

地劈於社稷及大祠其下邑有大災殃一曰天下大兵

地鏡曰地劈臣下有分離若在城門驕臣從中起有謀兵在邑社稷天下有大兵市里人居不出三年兵起國憂大道中盜王道中絕有分地而居者一曰天下不遍

地劈見雜物皆為兵起

地秋裂民流亡冬裂其國邑亡京房曰易妖占曰地春劈無傷二月三月劈歲熟四月五月劈五穀豐登人主昌六月劈無傷七月劈有驚駭兵起八月劈兵大作民亡九月劈殺兵行人主憂亡十月劈兵起有亡邑十一月劈兵起民大動十二月劈將死君亡

軍中地坼急徙之不則有大敗

地劈而鳴君不任政臣行令

地劈有音洶洶天下動搖驛傳相從

地陷

地陷五行傳曰地陷者臣下專政人民分離君失其地天鏡曰地有陷天子亡地一曰陰吞陽下相屠一曰主勢奪地鏡占曰地無故自陷天下兵亂大水京房易妖占曰地陷君亡又曰地陷沒人君為臣下所擒一曰地陷人君以重賄結怨不出三年有逆臣

地陷成坑或為池不出一年兵興

人家地自陷其主人亡

地春陷大水魚行人道夏陷其分國有兵亦為非常之水秋陷大兵冬陷有大水一曰地冬春陷民饑京房易妖占曰地自陷下正月國有大事三月大水且至五月天下有兵民離其鄉六月大水猝至七月天下兵大行八月天下動民多流九月天下動民多流十月天下有兵十一月有水兵且行十二月大水民流傷

軍中地忽自陷主將憂死急宜徙之

地陷生火其地有兵

地鳴

地鳴天下起兵相攻春秋潛潭巴曰地鳴天子不利國政在婦寺大亂將起

地中洶洶有聲京房曰是謂凶祥所愛之子死其地有殃一曰地中洶洶其邑亡

地生異物

地生火亦曰地燃京房易妖占曰火出地其國天火國君死一曰地出自燃其民殘一曰地燃有亂民自相攻殺天文錄曰地燃者陰行陽政臣下自恣終自有害故地出火自然終以為災也

軍中地自生火軍敗將死

地生毛天下亂民起京房曰地生毛百姓勞五行傳曰金失其性則地生毛亡國之徵易姓之象也

地生血京房易妖占曰功臣戮厥妖地生血天鏡占曰地出血亂兵起國為墟京房占曰地生血急去之

地無故色赤如火燃兵大起河圖祕徵曰地赤如丹血流洸洸

地生光地鏡曰地忽生光如火照人其國危亡春秋潛潭巴曰地生光女謁行又曰小人進賢人滅京房易妖占曰王者不顧骨肉厥德衰則地生光開元占

日散暉桓彥範被逐之時洛陽城水白馬寺側地光如鏡行人見鏡影此小人用事賢滅之驗也

地無故出水成澤地鏡日天下亂兵大起且有大水

地無故生泉其邑有兵年中米貴京房易妖占曰天不雨而地自出泉其國從中亂起地鏡日湧泉忽出臣爲害不過三年國有大憂喪

人家中庭無故湧泉忽出其家有喪

地無故生雜色國亂兵大起且有大水米貴

地生卵將軍凶

地忽生赤黃石及黃色物將軍吉戰勝得地

地忽生石礫急徙去之

地生肉其國滅亡

地生麪人將饑

地生錢有兵來相攻急去之勿留

地忽生磐石其地可居吉

軍地忽生鐵將軍士卒死

軍地忽生塵有大戰

軍地忽生荆棘軍破將死

軍中地生土錢下有謀

地長

地自長地鏡曰地忽自長在大道中天下不通

地長邑下其邑治毀

地長市中國有利

地長社稷王者益地

地長洲島失地

地自長如丘壠其上生草木其國失土亡民在春秋夏月則吉一日夏長歲熟秋長有亡君易地一曰殺六畜冬長兵動人不安

地長而生樹天下受福一曰有生樹國安死樹失地

地土卒踊下人將起

軍地暴長主將戰勝有功封爵邑

街若無故道路自踴高起國有逆臣若賊不出三年敵國來侵民散

營壘占

軍營中地忽生磐石其地可久居吉軍營既立地中忽生碎石無數則將軍失勢

營內地忽高起得敵地吉

營地忽生黃毛得地有喜

軍營中氣出滿寨戰大勝

軍營地上忽生水泉潤軍大捷

營地上無故忽生灰塵急宜徙之

營寨地上忽有血跡大凶

地上忽生艾軍中有疾罷兵

軍中地赤如血當徙營

營中如有震聲宜罷兵

軍營中地出[illegible]大將軍死

軍營中忽聞鈴鐸聲吉

軍中沸如刀杖攪者士衆懼戰軍散宜行賞之吉

陵墓雜占

冢鳴天下兵起

冢自動天下破

冢樹自死天下易主庶人亾家

管窺輯要

地震

地德至靜欲其長安不欲動搖若主弱臣强后妃專政臣下擅權則土爲之不寧而變怪生焉陽伏而不能出陰迫而不能入陰陽相激地必震動故曰地動陰有餘又曰地震主女盛臣制命人不安兵且起京房易傳曰臣事雖正專必震其震於水則波於木則搖於屋則瓦落地動而驚牛馬者邑有叛臣動於宗廟宫庭者人君失位國無忠臣又曰地動辟不辟臣下謀逆兵革數動歲饑又曰無德專祿茲謂不順厥震動丘陵湧水出

地震動四墟災國害政

地震雞雉羣分國改號天下不寧

地動搖驚禽獸不出二年米貴物不收兵盜並興

地動三年萬姓不安

天鳴地動天子失政大臣有陰謀

地震攻戰大勝不出三日賊來自應謀反者不利一曰凡軍地忽震動搖震往他軍利以攻擊入我軍利以固守後勝

地裂

地裂陰背陽也父子分離民人叛去之兆一曰臣不從君天下將裂一曰地裂大臣專恣不任事女子爲政刑罰妄施賢者退不肖者進厥妖地裂凡地裂世主災不出年內

大道中忽折裂不出一年有大風雨地裂千里巳上或山阜破成蹊谷爲大水

軍地忽折裂敗之兆急移之

地生異物

地生毛金失其性兵起一日地生白毛兵起國不失

生赤黑毛血流千里國飢黃毛兵起青毛兵起疫一曰地生白毛人勞苦

地生錢花兵在外不戰而回

軍地忽生石礫當有禍生急移之吉

軍地忽生土錢士亡將死之兆急去之

軍地忽生五穀將得天道仁勇所感

軍地忽生蠅蟲及荊棘軍破將死

地或生泉有戰必敗守城城陷國弱將危

地或汗出赤者凶

地生光如火照國危亡小人進賢人滅火發於夜妖怪並興庶民離亡

地長

宮中地長婦人進賢人滅

水中嶼長其分益土一日失土

土踴下人將起

地自忽長有道塞不通大人將起

地長市中國有分裂

地卒長生樹木臣下弛

地忽有佛神見像湧出者天下易主人民流亡五穀不生蟲蝗爲害

冢墓

冢墓自作音聲天下大兵起

冢墓自陷民流亡

冢樹自死民多疾

冢墓中鬼哭及夜行呼嘆不出一年民棄其居而散

地異部彙考二

上古

黃帝一百年地裂

按史記五帝本紀不載　按竹書紀年黃帝一百年地裂帝陟 注 帝王之崩皆曰陟書稱新陟王謂新崩也帝以土德王應地裂而陟葬羣臣有左徹者感思帝德取衣冠几杖而廟饗之諸侯大夫歲時朝焉

周

幽王二年三川震

按史記周本紀幽王二年西州三川皆震

注 徐廣曰涇渭洛也駰案韋昭曰西州鎬京地震動故三川亦動

按漢書五行志史記周幽王二年周三川皆震劉向以爲金木水火沴土者伯陽甫曰周將亡矣天地之氣不過其序若過其序民亂之也陽伏而不能出陰迫而不能升於是有地震今三川實震是陽失其所而填陰也陽失而在陰原必塞原塞國必亡夫水土演而民用也土無所演而民乏財用不亡何待昔伊雒竭而夏亡河竭而商亡今周德如二代之季其原又塞塞必竭川竭山必崩夫國必依山川山崩川竭亡之徵也若國亡不過十年數之紀也是歲三川竭岐山崩劉向以爲陽失在陰者謂火氣來煎枯水故川竭也山川連體下竭上崩事埶然也時幽王暴虐妄誅伐不聽諫迷於褒姒廢其正后廢后之父申侯與犬戎共攻殺幽王一曰其在天文水爲辰星辰星爲蠻夷月蝕辰星國以女亡幽王之敗女亂其內夷攻其外京房易傳曰君臣相背厥異名水絕

頃王元年魯地震

按春秋魯文公九年秋九月癸酉地震　按公羊傳地震何動地也何以書記異也　按穀梁傳震動也地不震者也震故謹而日之也

按漢書五行志文公九年九月癸酉地震劉向以爲先是時齊桓晉文魯釐二伯賢君新沒楚穆王殺父諸侯皆不肖權傾於下天戒若曰臣下強盛者將動爲害後宋魯晉莒鄭陳齊皆殺君諸震略皆從董仲舒說也京房易傳曰臣事雖正專必震其震於水則波於木則搖於屋則瓦落大經在辟而易臣茲謂陰動厥震搖政宮大經搖政茲謂不陰厥震搖山山出涌水嗣子無德專祿茲謂不順厥震動丘陵涌水出

靈王十五年魯地震

按春秋魯襄公十六年夏五月甲子地震

大全 茅堂胡氏曰漢安帝時京師地震其日戊辰楊震以爲三者皆土位在中宮此近臣恃權踰法之象也是秋齊侯伐北鄙圍成明年又圍桃高厚又圍防魯之北鄙連歲受兵震恐甚矣地動之變殆爲是發

按漢書五行志襄公十六年五月甲子地震劉向以爲先是雞澤之會諸侯盟大夫又盟是歲三月諸侯爲溴梁之會而大夫獨相與盟五月地震矣其後崔氏專齊欒盈亂晉良霄傾鄭閽殺吳子燕逐其君楚滅陳蔡

景王二十二年魯地震

按春秋魯昭公十九年五月己卯地震

大全 汪氏曰經書地震者五昭公之世再見此年及

二十三年是也夫地道安靜以震動爲反常之異臣道恭愼以悖逆爲犯上之惡是時季孫强僭已甚天之示變欲人君之有所警而以德銷之也昭公漫不知省遂及於難悲夫

按漢書五行志昭公十九年五月己卯地震劉向以爲是時季氏將有逐君之變其後宋三臣曹會皆以地叛蔡莒逐其君吳敗中國殺二君

敬王元年地震

按春秋魯昭公二十三年秋八月乙未地震

按左傳八月丁酉南宮極震萇弘謂劉文公曰君其勉之先君之力可濟也周之亡也其三川震今西王之大臣亦震天棄之矣東王必大克

大全杜氏曰經書地震魯地也南宮極爲屋所壓而死周地亦震也

按漢書五行志昭公二十三年八月乙未地震劉向以爲是時周景王崩劉單立王子猛尹氏立子朝其後季氏逐昭公黑肱叛邾吳殺其君僚宋五大夫晉二大夫皆以地叛

二十八年魯地震

按春秋魯哀公三年夏四月甲午地震

按漢書五行志哀公三年四月甲午地震劉向以爲是時諸侯皆信邪臣莫能用仲尼盜殺蔡侯齊陳乞弒君

秦

始皇帝十五年地動

按史記秦始皇本紀云云

漢

惠帝二年地震

按漢書惠帝本紀二年隴西地震　按五行志惠帝二年正月地震隴西厭四百餘家

高后二年地震

按漢書高后本紀二年春正月地震羌道武都山崩

按五行志高后二年正月武都山崩殺七百六十人地震至八月迺止

文帝元年地震

按漢書文帝本紀元年夏四月齊楚地震二十九山同日崩大水潰出　按五行志文帝元年四月齊楚地山二十九所同日俱大發水潰出劉向以爲近水沴土也天戒若曰勿盛齊楚之君今失制度將爲亂後十六年帝庶兄齊悼惠王之孫文王則薨無子帝分其地立悼惠王庶子六人皆爲王賈誼鼂錯諫以爲違古制恐爲亂至景帝三年齊楚七國起兵百餘萬漢皆破之春秋四國同日災漢七國同日衆山潰咸被其害不畏天威之明效也

五年春二月地震

按漢書文帝本紀云云

景帝後元年五月地震

按漢書景帝本紀云云

武帝建元四年地動

按漢書武帝本紀云云　按天文志建元三年四月有星孛於天紀占曰天紀爲地震四年十月而地動

元光四年地震

按漢書武帝本紀元光四年五月地震赦天下

征和二年地震

按漢書武帝本紀征和二年八月癸亥地震

後元元年地震

按漢書武帝本紀後元元年秋七月地震往往涌泉出

宣帝本始四年地震

按漢書宣帝本紀本始四年夏四月壬寅郡國四十九地震或山崩水出詔曰蓋災異者天地之戒也朕承洪業奉宗廟託於士民之上未能和羣生乃者地震北海琅邪壞祖宗廟朕甚懼焉丞相御史其與列侯中二千石博問經學之士有以應變輔朕之不逮毋有所諱令三輔太常內郡國舉賢良方正各一人律令有可蠲除以安百姓條奏被地震壞敗甚者勿收租賦大赦天下上以宗廟墮素服避正殿五日

按五行志本始四年四月壬寅地震河南以東四十九郡北海琅邪壞祖宗廟城郭殺六千餘人

地節三年地震

按漢書宣帝本紀地節三年冬十月詔曰乃者九月壬申地震朕甚懼焉有能箴朕過失及賢良方正直言極諫之士以匡朕之不逮毋諱有司朕既不德不能附遠是以邊境屯戍未息今復飭兵重屯久勞百姓非所以綏天下也其罷車騎將軍右將軍屯兵又詔池籞未御幸者假與貧民郡國宮館勿復修治流民還歸者假公田貸種食且勿算事

元帝初元二年地震

按漢書元帝本紀初元二年春二月隴西地震三月詔曰蓋聞賢聖在位陰陽和風雨時日月光星辰靜黎庶康寧考終厥命今朕恭承天地託於公侯之上

明不能燭德不能綏災異並臻連年不息乃二月戊午地震於隴西郡毀落太上皇廟殿壁木飾壞敗豲道縣城郭官寺及民室屋壓殺人衆山崩地裂水泉涌出天惟降災震驚朕師治有大虧咎至於斯夙夜兢兢不通大變深惟鬱悼未知其序間者歲數不登元元困乏不勝饑寒以陷刑辟朕甚閔之郡國被地動災甚者無出租賦赦天下有可蠲除減省以便萬姓者條奏毋有所諱丞相御史中二千石舉茂材異等直言極諫之士朕將親覽焉　按翼奉傳奉爲中郎明年二月戊午地震其夏齊地人相食七月己酉地復震詔舉直言極諫之士奉奏封事曰臣聞之於師曰天地設位懸日月布星辰分陰陽定四時列五行以視聖人名之曰道聖人見道然後知王治之象故畫州土建君臣立律歷陳成敗以視賢者名之曰經賢者見經然後知人道之務則詩書易春秋禮樂是也易有陰陽詩有五序春秋有災異皆列終始推得失考天心以言王道之安危至秦乃不說傷之以法是以大道不通至於滅亡今陛下明聖深懷要道燭臨萬方布德流惠靡有闕遺罷省不急之用振救困貧賦醫藥賜官錢恩澤甚厚又舉直言求過失盛德純備天下幸甚臣奉竊學齊詩聞五際之要十月之交篇知日蝕地震之效昭然可明猶巢居知風穴處知雨亦不足多適所習耳臣聞人氣內逆則感動天地天變見於星氣日蝕地變見於奇物震動所以然者陽用其精陰用其形猶人之有五臧六體五臧象天六體象地故臧病則氣色發於面體病則欠申動於貌今年太陰建於甲戌律以庚寅初用事歷以甲午從春歷中甲庚律得參陽性中仁義情得公正貞廉百年之精歲也正以精歲本以王位日臨終時接律而地大震其後連月久陰雖有大令猶不能復陰氣盛矣古者朝廷必有同姓以明親親必有異姓以明賢賢此聖王之所以大通天下也同姓親而易進異姓疎而難通故同姓一異姓五迺爲平均今左右亡同姓獨以舅后之家爲親異姓之臣又疎二后之黨滿朝非特處位勢尤奢僭過度呂霍上官足以卜之甚非愛人之道又非後嗣之長策也陰氣之盛不亦宜乎臣又聞未央建章甘泉宮才人各以百數皆不得天性若杜陵園其已御見者臣子不敢有言雖然太皇太后之事也及諸侯王園與其後宮宜爲設員出其過制者此損陰氣應天救邪之道也今異至不應災將隨之其法大水極陰生陽反爲大旱甚則有火災春秋宋伯姬是矣唯陛下財察明年夏四月乙未孝武園白鶴館災

永光三年地震

按漢書元帝本紀永光三年冬十一月地震詔曰乃者己丑地動中冬雨水大霧盜賊並起吏何不以時禁各悉意對　按劉向傳元帝初即位太傅蕭望之爲前將軍少傅周堪爲諸吏光祿大夫皆領尚書事甚見尊任更生年少於望之堪然二人重之薦更生宗室忠直明經有行擢爲散騎宗正給事中與侍中金敞拾遺於左右四人同心輔政患苦外戚許史在位放縱而中書宦官弘恭石顯弄權望之堪更生議欲白罷退之未白而語泄遂爲許史及恭顯所譖愬堪更生下獄及望之皆免官語在望之傳其春地震夏客星見昴卷舌間上感悟下詔賜望之爵關內侯奉朝請秋徵堪向欲以爲諫大夫恭顯白皆爲中郎冬地復震時恭顯許史子弟侍中諸曹皆側目於望之等更生懼焉乃使其外親上變事言竊聞故前將軍蕭望之等皆中正無私欲致大治忤於貴戚尚書今道路人聞望之等復進以爲且復見毀讒必曰嘗有過之臣不宜復用是大不然臣聞春秋地震爲在位執政太盛也不爲三獨夫動亦已明矣且往者高皇帝時季布有罪至於夷滅後赦以爲將軍高后孝文之間卒爲名臣孝武帝時兒寬有重罪繫按道侯韓說諫曰前吾丘壽王死陛下至今恨之今殺寬後將復大恨矣上感其言遂貰寬復用之位至御史大夫御史大夫未有及寬者也董仲舒坐私爲災異書主父偃取奏之下吏罪至不道幸蒙不誅復爲大中大夫膠西相以老病免歸漢有所欲興常有詔問仲舒爲世儒宗定議有益天下孝宣皇帝時夏侯勝坐誹謗繫獄三年免爲庶人宣帝復用勝至長信少府太子太傅名敢直言天下美之若乃羣臣多此比類難一一記有過之臣無負國家有益天下此四臣者足以觀矣前弘恭奏望之等獄決三月地大震恭移病出後復視事天陰雨雪由是言之地動殆爲恭等臣愚以爲宜退恭顯以彰蔽善之罰進望之等以通賢者之路如此太平之門開災異之原塞矣書奏恭顯疑其更生所爲白請考奸詐辭果服遂逮更生繫獄下太傅韋元成諫大夫貢禹與廷尉雜考劾更生前爲九卿坐與望之堪謀排車騎將軍高許史氏侍中者毀離親戚欲退去之而獨專權爲臣不忠幸不

伏誅復蒙恩徵用不悔前過而教令人言變事誣罔不道更生坐免爲庶人而望之亦坐使子上書自寃前事恭顯白令詣獄置對望之自殺天子甚悼恨之乃擢周堪爲光祿勳堪弟子張猛光祿大夫給事中大見信任恭顯憚之數譖毀焉

建昭二年地震

按漢書元帝本紀建昭二年冬十一月齊楚地震

建昭四年岸崩

按漢書元帝本紀四年六月甲申藍田地沙石雍霸水安陵岸崩雍涇水逆流

成帝建始三年地震

按漢書成帝本紀建始三年冬十二月戊申朔日有蝕之夜地震未央宮殿中詔曰蓋聞天生衆民不能相治爲之立君以統理之君道得則草木昆蟲咸得其所人君不德謫見天地災異屢發以告不治朕涉道日寡舉錯不中乃戊申日蝕地震朕甚懼焉公卿其各思朕過失明白陳之女無面從退有後言丞相御史與將軍列侯中二千石及內郡國舉賢良方正能直言極諫之士詣公車朕將覽焉

河平三年地震

按漢書成帝本紀河平三年春二月丙戌犍爲地震山崩雍（雍音壅）江水水逆流　按五行志成帝河平三年二月丙戌犍爲柏江山崩捐江山崩皆廱江水江水逆流壞城殺十二人地震積二十一日百二十四動

綏和二年三月哀帝即位地震

按漢書哀帝本紀綏和二年三月即位詔曰朕承宗廟之重戰戰兢兢懼失天心間者比比地動朕之不德民反蒙辜朕甚懼焉　按五行志二年九月丙辰地震自京師至北邊郡國三十餘壞城郭凡殺四百一十五人

新莽元鳳三年地震

按漢書王莽傳元鳳三年二月乙酉地震大雨雪關東尤甚深者一丈竹柏或枯大司空王邑上書言視事八年功業不效司空之職尤獨廢頓至乃有地震之變願乞骸骨莽曰夫地有動有震震者有害動者不害春秋記地震易繫坤動動靜辟脅萬物生焉災異之變各有云爲天地動威以戒予躬公何辜焉而乞骸骨非所以助予者也使諸吏散騎司祿大衛修寧男遵諭予意焉

後漢

光武帝建武二十二年地震

按後漢書光武帝本紀建武二十二年秋九月戊辰地震裂制詔曰日者地震南陽尤甚夫地者任物至重靜而不動者也而今震裂咎在君上鬼神不順無德災殃將及吏人朕甚懼焉其令南陽勿輸今年田租芻藁遣謁者案行其死罪繫囚在戊辰以前減死罪一等徒皆弛解鉗衣絲絮賜郡中居人壓死者棺錢人三千其口賦逋稅而廬宅尤破壞者勿收責吏人死亡或在壞垣毀屋之下而家羸弱不能收拾者其以見錢穀取傭爲尋求之　按五行志建武二十二年九月郡國四十二地震南陽尤甚地裂壓殺人其後武谿蠻夷反爲寇害至南郡發荊州諸郡兵遣武威將軍劉尚擊之爲夷所圍後發兵赴之尚遂爲所沒

章帝建初元年地震

按後漢書章帝本紀建初元年春三月甲寅山陽東平地震己巳詔曰朕以無德奉承大業夙夜慄慄不敢荒寧而災異仍見與政相應朕既不明涉道日寡又選舉乖實俗吏傷人官職耗亂刑罰不中可不憂歟昔仲弓季氏之家臣子游武城之小宰孔子猶誨以賢才問以得人明政無大小以得人爲本夫鄉舉里選必累功勞今刺史守相不明眞僞茂才孝廉歲以百數既非能顯而當授之政事甚無謂也每尋前世舉人貢士或起甽畝不繫閥閱敷奏以言則文章可採明試以功則政有異迹文質彬彬朕甚嘉之其令太傅三公中二千石二千石郡國守相舉賢良方正能直言極諫之士各一人（按志甲寅作甲申）　按東平王蒼傳建初元年地震蒼上便宜其事留中帝報書曰丙寅所上便宜三事朕親自覽讀反覆數周心開目明曠然發矇間吏人奏事亦有此言但明智淺短或謂儻是復慮爲非何者災異之降緣政而見今改元之後年饑人流此朕之不德咸應所致又冬春旱甚所被尤廣雖內用克責而不知所定得王深策快然意解詩不云乎未見君子憂心忡忡既見君子我心則降思惟嘉謀以次奉行冀蒙福應彰報至德特賜王錢五百萬

和帝永元四年地震

按後漢書和帝本紀永元四年夏六月丙辰郡國十三地震　按五行志永元四年六月丙辰郡國十三地震春秋漢含孳曰女主盛臣制命則地動坼畔震

挫山崩淪是時竇太后攝政兄竇憲專權將以是受禍也後五日詔收憲印綬兄弟就國逼迫皆自殺

永元五年二月戊午隴西地震

按後漢書和帝本紀云云　按五行志五年二月戊午隴西地震儒說民安土者也將大動行大震九月匈奴單于於除鞬叛遣使發邊郡兵討之

永元七年七月地裂九月地震

按後漢書和帝本紀七年七月乙巳易陽地裂九月癸卯京師地震　按五行志七年七月趙國易陽地裂京房易傳曰地裂者臣下分離不肯相從也是時南單于衆乖離漢軍追討九月癸卯京都地震儒說奄官無陽施九婦人也是時和帝與中常侍鄭衆謀奪竇氏權德之因任用之及幸常侍蔡倫二人始並用權

永元九年地震

按後漢書和帝本紀九年三月庚辰隴西地震　按五行志九年三月隴西地震閏月塞外羌犯塞殺略吏民使征西將軍劉尚擊之

元興元年五月癸酉雍地裂

按後漢書和帝本紀云云　按五行志元興元年五月癸酉右扶風雍地裂是後西羌大寇涼州

安帝永初元年地陷地震

按後漢書安帝本紀永初元年六月丁巳河東楊地陷郡國是歲十八地震　按五行志永初元年六月河東楊地陷東西百四十步南北百二十步深三丈五尺　又按志永初元年郡國十八地震李固曰地者陰也法當安靜今乃越陰之職專陽之政故應以震動是時鄧太后攝政專事訖建光中太后崩安帝乃得制政於是陰類並勝西羌亂夏連十餘年

永初二年地震

按後漢書安帝本紀二年郡國十二地震

永初三年地震

按後漢書安帝本紀三年十二月辛酉郡國九地震

永初四年地震

按後漢書安帝本紀四年三月癸巳郡國九地震九志作酉九月甲申益州郡地震

永初五年地震

按後漢書安帝本紀五年春正月丙戌郡國十二地震十二志作十

永初七年地震

按後漢書安帝本紀七年二月丙午郡國十八地震　按五行志七年正月壬寅二月丙午郡國十八地震

元初元年地震

按後漢書安帝本紀元初元年正月己卯日南地坼六月丁巳河東地陷是歲郡國十五地震　按五行志元年三月己卯日南地坼長百八十二里其後三年蒼梧鬱林合浦盜賊羣起刧略吏民

元初二年地震

按後漢書安帝本紀二年六月丙戌洛陽新城地震裂十一月庚申郡國十地震

元初三年地震

按後漢書安帝本紀三年二月郡國十地震十一月癸卯郡國九地震

元初四年地震

按後漢書安帝本紀四年郡國十三地震

元初五年地震

按後漢書安帝本紀五年郡國十四地震

元初六年地震

按後漢書安帝本紀六年春二月乙巳京師及郡國四十二地震或坼裂水泉湧出十二月郡國八地震

永寧元年地震

按後漢書安帝本紀永寧元年郡國二十三地震

建光元年地震

按後漢書安帝本紀建光元年冬十一月己丑郡國三十五地震或坼裂詔三公已下各上封事陳得失遣光祿大夫案行賜死者錢人二千除今年田租其被災甚者勿收口賦　按五行志建光元年九月己丑郡國三十五地震或地坼裂壞城郭室屋壓殺人是時安帝不能明察信宮人及阿母聖等讒云破壞鄧太后家於是專聽信聖及宦者中常侍江京樊豐等皆得擅權

延光元年地震

按後漢書安帝本紀延光元年秋七月癸卯京師及郡國十三地震九月甲戌郡國二十七地震

延光二年地震

按後漢書安帝本紀二年京師及郡國三地震

延光三年地震

按後漢書安帝本紀三年京師及諸郡國二十三地震　按五行志是時以讒免太尉楊震廢太子

延光四年九月順帝即位十月地震

按後漢書順帝本紀不載　按五行志四年十月丁巳京都郡國十六地震時安帝既崩閻太后攝政兄弟閻顯等並用事遂斥安帝子更徵諸國王子未至中黃門遂誅顯兄弟

順帝永建三年地震

按後漢書順帝本紀永建三年春正月丙子京師地震　按五行志永建三年正月丙子京都漢陽地震漢陽屋壞殺人地坼涌水出是時順帝阿母宋娥及中常侍張昉等用權

陽嘉二年京師地震詔求直言

按後漢書順帝本紀陽嘉二年夏四月己亥京師地震五月庚子詔曰朕以不德統奉鴻業無以奉順乾坤協序陰陽災眚屢見咎徵仍臻地動之異發自京師矜矜祗畏不知所裁羣公卿士將何以匡輔不逮奉答戒異異不空設必有所應其各悉心直言厥咎靡有所諱六月丁丑洛陽地陷　按五行志陽嘉二年四月己亥京都地震是時爵號宋娥爲山陽君六月丁丑雒陽宣德亭地坼長八十五丈近郊地時李固對策以爲陰類專恣將有分離之象所以附郊城者是上帝示象以誡陛下也是時宋娥及中常侍各用權分爭後中常侍張逵蘧政與大將軍梁商爭權爲商作飛語欲陷之　按李固傳固司徒郃之子也郡舉孝廉辟司空掾皆不就陽嘉二年有地動山崩火災之異公卿舉固對策詔又特問當世之敝爲政所宜固對曰臣聞王者父天母地寶有山川王道得則陰陽和穆政化乖則崩震爲災斯皆關之天心效於成事者也夫化以職成官由能理古之進者有德有命今之進者唯財與力伏聞詔書務求寬博疾惡嚴暴而今長吏多殺伐致聲名者必加遷賞其存寬和無黨援者輒見斥逐是以淳厚之風不宣彫薄之俗未革雖繁刑重禁何能有益前孝安皇帝變亂舊典封爵阿母因造妖孽使樊豐之徒乘權放恣侵奪主威改亂嫡嗣至令聖躬狼狽親遇其艱既拔自困殆龍興即位天下喁喁屬望風政積敝之後易致中興誠當沛然思惟善道而論者猶云方今之事復同於前臣伏從山草痛心傷臆實以漢興已來三百餘年賢聖相繼十有八主豈無阿乳之恩豈忘爵賞之寵然上畏天威俯案經典知義不可故不封也今宋阿母雖有大功勤謹之德但加賞賜足以酬其勞苦至於裂土開國實乖舊典聞阿母體性謙虛必有遜讓陛下宜許其辭國之高使成萬安之福夫妃后之家所以少完全者豈天性當然但以爵祿尊顯專總權柄天道惡盈不知自損故至顛仆先帝寵遇閻氏位號太疾故其受禍曾不旋時老子曰其進銳其退速也今梁氏戚爲椒房禮所不臣尊以高爵尚可然也而子弟羣從榮顯兼加永平建初故事殆不如此宜令步兵校尉冀及諸侍中還居黃門之官使權去外戚政歸國家豈不休乎又詔書所以禁侍中尚書中臣子弟不得爲吏察孝廉者以其秉威權容請託故也而中常侍在日月之側聲勢振天下子弟祿仕曾無限極雖外託謙默不干州郡而諂僞之徒望風進舉今可爲設常禁同之中臣昔館陶公主爲子求郎明帝不許賜錢千萬所以輕厚賜重薄位者爲官人失才害及百姓也竊聞長水司馬武宣開陽城門候羊迪等無他功德初拜便真此雖小失而漸壞舊章先聖法度所宜堅守政教一跌百年不復詩云上帝板板下民卒癉刺周王變祖法度故使下民將盡病也今陛下之有尚書猶天之有北斗也斗爲天喉舌尚書亦爲陛下喉舌斗斟酌元氣運乎四時尚書出納王命賦政四海權尊勢重責之所歸若不平心災眚必至誠宜審擇其人以毗聖政今與陛下共理天下者外則公卿尚書內則常侍黃門譬猶一門之內一家之事安則共其福慶危則通其禍敗刺史二千石外統職事內受法則夫表曲者景必邪源清者流必潔猶叩樹本百枝皆動也周頌曰薄言振之莫不震疊此言動之於內而應於外者也由此言之本朝號令豈可蹉跌間隙一開則邪人動心利競暫啓則仁義道塞刑罰不能復禁化導以之寖壞此天下之紀綱當今之急務陛下宜開石室陳圖書招會羣儒引問得失指擿變象以求天意其言有中理即時施行顯拔其人以表能者則聖聽日有所聞忠臣盡其所知又宜罷退宦官去其權重裁置常侍二人方直有德者省事左右小黃門五人才智閑雅者給事殿中如此則論者厭塞升平可致也臣所以敢陳愚瞽冒昧自聞者儻或皇天欲令微臣覺悟陛下陛下宜熟察臣言憐赦臣死順帝覽其對多所納用即時出阿母還舍諸常侍悉叩頭謝罪朝廷肅然以固爲議郎而阿母宦者疾固言直因詐飛章以陷其罪事從中下大司農黃向等請之於大將軍梁商又僕射黃瓊救明固事久乃得拜議郎　按郎顗傳顗少傳父宗業兼明經典隱居海畔延致學徒常數百人晝

研精義夜占象度勤心鋭思朝夕無倦州郡辟名舉有道方正不就順帝時災異屢見陽嘉二年正月公車徵顗乃詣闕拜章曰臣聞天垂妖象地見災符所以譴告人主責躬修德使正機平衡流化興政也土者地祇陰性澄靜宜以施化之時敬而弗擾竊見正月以來陰闇連日易內傳曰久陰不雨亂氣也蒙之比也蒙者君臣上下相冒亂也又曰賢德不用厥異常陰夫賢者化之本雲者雨之具也得賢而不用猶久陰而不雨也又頃前數日寒過其節冰既解釋還復凝合夫寒往則暑來暑往則寒來此言日月相推寒暑相避以成物也今立春之後火卦用事當溫而寒違反時節由功賞不至而刑罰必加也宜須立秋順氣行罰臣伏案飛候參察衆政以爲立夏之後當有震裂涌水之害書奏特詔拜郎中辭病不就即去歸家至四月京師地震遂陷皆如顗言後復公車徵不行

陽嘉四年地震

按後漢書順帝本紀四年十二月甲寅京師地震

永和元年地震

按後漢書順帝本紀永和元年春正月乙卯詔曰朕秉政不明災眚屢臻典籍所忌震食爲重今日變方遠地搖京師咎徵不虛必有所應羣公百僚其各上封事指陳得失靡有所諱

永和二年地震

按後漢書順帝本紀二年夏四月丙申京師地震十一月丁卯京師地震　按五行志二年四月庚申京都地震是時宋娥構姦誣罔五月事覺收印綬歸田里十一月丁卯京師地震是時太尉王龔以中常侍張昉等專弄國權欲奏誅之時龔宗親有以楊震行事諫之止云

永和三年地震

按後漢書順帝本紀三年春二月乙亥京師及金城隴西地震二郡山岸崩地陷夏四月戊戌遣光祿大夫案行金城隴西賜壓死者年七歲以上錢人二千一家皆被害爲收斂之除今年田租尤甚者勿收口賦己酉京師地震　按五行志二月乙亥京師金城隴西地震裂城郭室屋多壞壓殺人閏月己酉京都地震十月西羌二千餘騎入金城塞爲涼州害

永和四年地震

按後漢書順帝本紀四年三月乙亥京師地震

永和五年地震

按後漢書順帝本紀五年春二月戊申京師地震

漢安二年地震

按後漢書順帝本紀漢安二年涼州地百八十震

建康元年地震

按後漢書順帝本紀建康元年春正月辛丑詔曰隴西漢陽張掖北地武威武都自去年九月巳來地百八十震山谷坼裂壞敗城市殺害民庶賦役重數內外怨曠惟咎歎息其遣光祿大夫案行宣暢恩澤惠此下民勿爲煩擾　按五行志建康元年正月涼州都郡六地震從去年九月以來至四月凡百八十日震山谷坼裂壞敗城寺傷害人物三月護羌校尉趙沖爲叛胡所殺九月丙午京都地震是時順帝崩梁太后攝政欲爲順帝作陵制度奢廣多壞吏民冢尚書欒巴諫爭太后怒癸卯詔書收巴下獄欲殺之丙午地震於是太后乃出巴免爲庶人

桓帝建和元年地震

按後漢書桓帝本紀建和元年夏四月庚寅京師地震詔大將軍公卿校尉舉賢良方正能直言極諫者各一人又命列侯將大夫御史謁者千石六百石博士議郎郎官各上封事指陳得失又詔大將軍公卿郡國舉至孝篤行之士各一人是月郡國六地震地裂水涌井溢九月丁卯京師地震　按五行志建和元年四月庚寅京都地震九月丁卯京都地震是時梁太后攝政兄冀持權至和平元年太后崩然冀猶秉政專事至延熹二年乃誅滅　又按志是年四月郡國六地裂水涌出井溢壞寺屋殺人時梁太后攝政兄冀枉殺李固杜喬

建和三年地震

按後漢書桓帝本紀三年九月己卯地震庚寅地又震

元嘉元年地震

按後漢書桓帝本紀元嘉元年十一月辛巳京師地震

元嘉二年地震

按後漢書桓帝本紀二年正月丙辰京師地震冬十月乙亥京師地震

永興二年地震

按後漢書桓帝本紀永興二年二月癸卯地震詔公卿校尉舉賢良方正能直言極諫者各一人詔曰比者星辰謬越坤靈震動災異之降必不空發敕己修

政庶望有補其輿服制度有踰侈長飾者皆宜損省郡縣務存儉約申明舊令如永平故事

永壽二年地震

按後漢書桓帝本紀永壽二年十二月京師地震

永壽三年地震

按後漢書桓帝本紀三年秋七月河東地裂　按五行志三年七月河東地裂時梁皇后兄冀秉政桓帝欲自由內患之

延熹元年地裂

按後漢書桓帝本紀延熹元年秋七月己巳雲陽地裂　按五行志延熹元年七月己巳左馮翊雲陽地裂是時上寵恣中常侍單超等

延熹四年地震

按後漢書桓帝本紀延熹四年六月京兆扶風及涼州地震

延熹五年京都地震

按後漢書桓帝本紀五年五月乙亥京師地震詔公卿各上封事　按五行志五年五月乙亥京都地震是時桓帝與中常侍單超等謀誅除梁冀驕之並使用事專權又鄧皇后本小人性行無恆苟有顏色立以爲后後卒坐執左道廢以憂死

延熹八年六月地裂九月地震

按後漢書桓帝本紀八年五月丙辰緱氏地裂　按五行志八年九月丁未京都地震

永康元年五月地裂

按後漢書桓帝本紀永康元年五月丙申京師及上黨地裂　按五行志永康元年五月丙午雒陽高平永壽亭上黨泫氏地各裂是時朝臣患中常侍王甫等專恣冬桓帝崩明氏竇氏等欲誅常侍黃門不果更爲所誅

靈帝建寧四年地震

按後漢書靈帝本紀建寧四年春二月癸卯地震五月河東地裂　按五行志建寧四年二月癸卯地震是時中常侍曹節王甫等皆專權五月河東地裂十二處裂合長十里百七十步廣者三十餘步深不見底

熹平二年六月北海地震

按後漢書靈帝本紀云云

熹平六年冬十月辛丑京師地震

按後漢書靈帝本紀云云

光和元年地震

按後漢書靈帝本紀光和元年夏四月丙辰地震

按五行志光和元年二月辛未地震四月丙辰地震靈帝時宦者專恣

光和二年三月京兆地震

按後漢書靈帝本紀云云

光和三年酒泉地震

按後漢書靈帝本紀三年六月地震涌水出　按五行志三年自秋至明年春酒泉表氏地八十餘動涌水出城中官寺民舍皆頓縣易處更築城郭

獻帝初平二年地震

按後漢書獻帝本紀初平二年六月丙戌地震

初平四年地震

按後漢書獻帝本紀四年冬十月辛丑京師地震十二月辛丑地震

興平元年地震

按後漢書獻帝本紀興平元年夏六月丁丑地震戊寅又震

建安十四年地震

按後漢書獻帝本紀建安十四年冬十月荊州地震

後主炎興元年蜀地震

按蜀志後主傳不載　按晉書五行志蜀劉禪炎興元年蜀地震是時宦人黃皓專權按司馬彪說閹官無陽施猶婦人也皓見任之應與漢和帝時同事也是冬蜀亡

欽定古今圖書集成曆象彙編庶徵典
第一百十六卷目錄
地異部彙考三

庶徵典第一百十六卷

地異部彙考三

魏

明帝青龍二年地震

按魏志明帝本紀青龍二年十一月京師地震從東南來隱隱有聲搖動屋瓦

景初元年地震

按魏志明帝本紀景初元年六月戊申京師地震

按晉書五行志景初元年六月戊申京都地震是秋吳將朱然圍江夏荊州刺史胡質擊退之又公孫文懿叛自立爲燕王改年置百官明年討平之

齊王芳正始二年地震

按魏志三少帝本紀正始二年冬十二月南安郡地震

正始三年地震

按魏志三少帝本紀三年秋七月甲申南安郡地震

按晉書五行志三年魏郡地震

正始六年地震

按魏志三少帝本紀六年春二月丁卯南安郡地震

按晉書五行志六年二月丁卯南安郡地震是時曹爽專政遷太后於永寧宮太后與帝相泣而別連年地震是其應也

吳

大帝黃武四年地震

按吳志孫權傳黃武四年是歲地連震

按晉書五行志黃武四年江東地連震是時權受魏爵命爲大將軍吳王改元專制不修臣跡京房易傳曰臣事雖正專必震其震於木則波於木則搖於屋則瓦落大經在辟而易臣茲謂陰動厥震搖政宮大經搖政茲謂不陰厥震搖山出涌水嗣子無德專祿茲謂不順厥震動丘陵涌水出劉向並云臣下強盛將動而爲害之應也

嘉禾六年地震

按晉書五行志嘉禾六年五月江東地震

赤烏二年地震

按吳志步騭傳騭拜驃騎將軍領冀州牧上疏曰天子父天母地故宮室百官動法列宿若施政令欽順時節官得其人則陰陽和平七曜循度至于今日官僚多闕雖有大臣復不信任如此天地焉得無變故頻年枯旱亢陽之應也又嘉禾六年五月十四日赤烏二年正月一日及二十七日地皆震動地陰類臣之象陰氣盛故動臣下專政之故也夫天地見異所以警悟人主可不深思其意哉

按晉書五行志赤烏二年正月地再震是時呂壹專政步騭上疏曰伏聞校事吹毛求瑕趣欲陷人成其威福無罪無辜橫受重刑雖有大臣不見信任如此天地焉得無變故地連震動臣下專政之應也冀所警悟人主可不深思其意哉壹後卒敗

赤烏十一年地震

按吳志孫權傳赤烏十一年二月地仍震　注　江表傳權詔曰朕以寡德過奉先祀莅事不聰獲譴靈祇夙夜祇戒若不終日羣僚其各厲精思朕過失勿有所諱

按晉書五行志赤烏十一年二月江東地仍震是時權聽讒譖黜朱據廢太子

烏程侯天璽元年臨平湖忽開

按吳志孫晧傳天璽元年吳郡言臨平湖自漢末草穢壅塞今更開通長老相傳此湖塞天下亂此湖開天下平

晉

武帝泰始五年地震

按晉書武帝本紀泰始五年夏四月地震　按五行志泰始五年四月辛酉地震是年冬新平氐羌叛明

年孫皓遣大衆入渦口

泰始七年六月地震

按晉書武帝本紀不載　按五行志云云

泰始八年蜀地生毛

按晉書武帝本紀不載　按華陽國志八年三蜀地生毛如白毫三夕長七八寸生數里

咸寧二年地震

按晉書武帝本紀咸寧二年八月庚辰河東平陽地震

咸寧四年六月地震

按晉書武帝本紀四年六月丁未陰平廣武地震甲子又震

太康二年二月淮南丹陽地震

按晉書武帝本紀云云

太康五年二月壬辰地震

按晉書武帝本紀云云　按五行志五年正月朔壬辰京師地震宣帝廟地陷（按紀志月分互異）

太康六年七月己酉地震

按晉書武帝本紀云云

太康七年地震

按晉書武帝本紀七年七月南安犍爲地震八月京兆地震

太康八年地陷地震

按晉書武帝本紀八年春正月戊申太廟殿陷秋七月前殿地陷深數丈中有破船郡國五地震

按五行志八年五月壬子建安地震七月陰平地震九月丹陽地震

太康九年地震

按晉書武帝本紀九年春正月江東四郡地震夏四月江南郡國八地震　按五行志九年正月會稽丹陽吳興地震四月辛酉長沙南海等郡國八地震七月至於八月地又四震其三有聲如雷九月臨賀地震十二月又震

太康十年地震

按晉書武帝本紀不載　按五行志十年十二月己亥丹陽地震

太熙元年地震

按晉書武帝本紀不載　按五行志太熙元年正月地震武帝世始於賈充終於楊駿阿党昧利竊朝權至於末年所任轉弊故頻年地震過其序也終喪天下

惠帝元康元年地震

按晉書惠帝本紀元康元年冬十二月辛酉京師地震　按五行志元康元年十二月辛酉京都地震此夏賈后使楚王瑋殺汝南王亮及太保衛瓘此陰道盛陽道微故也

元康四年地陷裂地震

按晉書惠帝本紀四年六月壽春地大震死者二十餘家秋八月上谷居庸上庸並地陷裂水泉湧出人有死者九月景辰赦諸州之遭地災者是歲京師及郡國八地震　按五行志四年二月上谷上庸遼東地震五月蜀郡山移淮南壽春洪水出山崩地陷壞府城八月上谷地震水出殺百餘人十月京都地震十一月滎陽襄城汝陰梁國南陽地皆震十二月京都又震是時賈后亂朝終至禍敗之應也漢鄧太后攝政時郡國地震李固以爲地陰也法當安靜今乃越陰之職專陽之政故應以震此同事也京房易傳曰小人剝廬厥妖山崩茲爲陰乘陽弱勝强又曰陰背陽則地裂父子分離夷羌叛去

元康五年地震

按晉書惠帝本紀五年六月金城地震　按五行志五年五月丁丑地震六月金城地震

元康六年正月丁丑地震

按晉書惠帝本紀云云

元康八年正月景辰地震

按晉書惠帝本紀云云

元康九年賈謐齋屋柱陷入地

按晉書惠帝本紀不載　按五行志九年六月夜暴雷雨賈謐齋屋柱陷入地壓謐牀帳此木沴土土失其性不能載也明年謐誅焉

太安元年冬十月地震

按晉書惠帝本紀云云　按五行志太安元年十二月地震時齊王冏專政之應（按紀志月日互異）

太安二年地震

按晉書惠帝本紀云云　按五行志二年十二月景辰地震是時長沙王乂專政之應也

光熙元年地燃

按晉書惠帝本紀不載　按五行志光熙元年五月范陽國地燃可以爨此火沴土也是時禮樂征伐自諸侯出

懷帝永嘉元年地陷

按晉書懷帝本紀永嘉元年夏五月洛陽步廣里地陷有二鵝出色蒼者冲天白者不能飛

永嘉三年地震地裂

按晉書懷帝本紀三年秋七月戊辰當陽地裂三所各廣三丈長三百餘步九月荆襄二州地震　按天文志三年塡星久守南斗口其年十一月地動陳卓以爲是地動應也　按五行志三年十月荆襄二州地震時司馬越專政　又按志三年七月戊辰當陽地裂廣三丈長三百餘步京房易傳曰地坼裂者臣下分離不肯相從也其後司馬越苟晞交惡四方牧伯莫不離散王室遂亡

永嘉四年地震

按晉書懷帝本紀四年夏四月兗州地震五月地震　按五行志四年四月兗州地震五月石勒寇汲郡執太守胡寵遂南濟河是其應也

愍帝建興元年地震

按晉書愍帝本紀建興元年十二月河東地震

建興二年四月甲辰地震

按晉書愍帝本紀云云

建興三年地震

按晉書愍帝本紀三年六月丁卯地震　按五行志三年六月丁卯長安又地震是時主幼權傾於下四方雲擾兵亂不息之應也

元帝太興元年地震

按晉書元帝本紀太興元年夏四月乙酉西平地震　按五行志太興元年四月西平地震湧水出十二月廬陵豫章武昌西陵地震湧水出山崩干寶以爲王敦陵上之應也

太興二年地震

按晉書元帝本紀不載　按五行志二年五月己丑祁山地震山崩殺人是時相國南陽王保在祁山稱晉王不終之象也

太興三年地震

按晉書元帝本紀三年五月庚寅地震　按五行志三年四月庚寅丹陽吳郡晉陵又地震

成帝咸和二年地震

按晉書成帝本紀咸和二年三月益州地震己未豫章地震　按五行志是年蘇峻作亂

咸和九年地震

按晉書成帝本紀九年三月丁酉會稽地震

咸康　年地生毛

按晉書成帝本紀不載　按五行志咸康初地生毛近白祥也孫盛以爲人勞之異也是後石季龍滅而中原向化將相皆甘心焉於是方鎭屢革邊戍仍遷皆擁帶部曲動有萬數其間征伐徵賦役無寧歲天下大勞擾百姓疲怨

咸康三年六月地生毛

按晉書成帝本紀不載　按五行志云云

穆帝永和元年地震

按晉書穆帝本紀永和元年六月癸亥地震　按五行志是時嗣主幼冲母后稱制政在臣下所以連年地震

永和二年地震

按晉書穆帝本紀二年冬十月地震（按志作十二月）

永和三年地震

按晉書穆帝本紀三年夏四月地震九月地震（按志作正月丙辰）

永和四年地震

按晉書穆帝本紀四年冬十月己未地震

永和五年地震

按晉書穆帝本紀五年春正月庚寅地震　按五行志是時石季龍僭卽皇帝位亦過其序也

永和九年地震

按晉書穆帝本紀九年秋七月丁酉地震有聲如雷

永和十年地震

按晉書穆帝本紀十年春正月丁卯地震有聲如雷

永和十一年地震

按晉書穆帝本紀十一年夏四月乙酉地震五月丁未地又震

升平二年地震

按晉書穆帝本紀升平二年十一月辛酉地震

升平五年哀帝卽位八月地震

按晉書哀帝本紀不載　按五行志五年八月涼州地震

哀帝隆和元年地震

按晉書哀帝本紀隆和元年夏四月丁丑涼州地震　按五行志隆和元年四月甲戌地震是時政在將相人主南面而已

興寧元年地震

按晉書哀帝本紀興寧元年夏四月甲戌揚州地震

興寧二年地震

按晉書哀帝本紀二年春二月庚寅江陵地震　按五行志二年三月庚寅江陵地震是時桓溫專政紀作二月志作三月疑志有訛

海西公太和元年地震

按晉書海西公本紀不載　按五行志海西公太和元年二月涼州地震水涌是海西將廢之應也

簡文帝咸安二年七月孝武帝立十月地震

按晉書孝武帝本紀不載　按五行志咸安二年十月辛未安成地震是年帝崩

孝武帝寧康元年十月辛未地震

按晉書孝武帝本紀不載　按五行志云云

寧康二年地震

按晉書孝武帝本紀二年秋七月涼州地震　按五行志二年二月丁巳地震七月甲午涼州地震又山崩是時嗣主幼沖權在將相陰盛之感

太元元年地震

按晉書孝武帝本紀太元元年夏五月癸丑地震甲寅詔曰頃者上天垂鑒譴告屢彰朕有懼焉震惕於心思所以議獄緩死赦過宥罪庶囘大變與之更始於是大赦增文武位各一等

太元二年地震地生毛

按晉書孝武帝本紀二年閏三月壬午地震五月丁丑地震　按五行志太元二年五月京都地生毛至次年而氐賊次襄國圍彭城向廣陵征伐仍出兵連年不解

太元十一年地震

按晉書孝武帝本紀十一年六月己卯地震　按五行志十一年六月己卯地震是後緣河諸將連歲兵役人勞之應也

太元十四年京師地生毛

按晉書孝武帝本紀不載　按五行志十四年四月京都地生毛是時苻堅滅後經略多事人勞之應也

太元十五年地震

按晉書孝武帝本紀十五年三月己酉朔地震八月己丑京師地震冬十二月己未地震

太元十七年地震

按晉書孝武帝本紀十七年六月癸卯京師地震十二月己未地震　按五行志十七年四月地生毛是時羣小弄權天下側目

太元十八年地震

按晉書孝武帝本紀十八年春正月癸卯朔地震二月己未又地震

安帝隆安四年地震生毛

按晉書安帝本紀隆安四年夏四月地震九月癸丑地震　按五行志隆安四年四月己未地生毛或白或黑是時幼主沖昧政在臣下

元興三年江陵地生毛

按晉書安帝本紀不載　按五行志元興三年五月江陵地生毛是後江陵見襲交戰者數矣

義熙二年地沸

按晉書安帝本紀不載　按姚興載記義熙二年華山郡地湧沸廣袤百餘步燒生物皆熟歷五月乃止

義熙三年三月地生毛

按晉書安帝本紀不載　按五行志云云

義熙四年地震

按晉書安帝本紀不載　按五行志四年正月壬子夜地震有聲十月癸亥地震

義熙五年地震

按晉書安帝本紀五年春正月戊戌尋陽地震　按五行志五年正月戊戌夜尋陽地震有聲如雷明年盧循下

義熙八年地陷地震

按晉書安帝本紀八年三月甲寅山陰地陷四尺尺志作丈有聲如雷是歲廬陵南康地四震　按五行志八年自正月至四月南康廬陵地四震明年王旅西討荊益

義熙十年地震

按晉書安帝本紀十年春三月戊寅地震　按五行志十年五月戊寅西明門地穿湧水出毀門扇及限此水沴土也

按宋書符瑞志十年五月西明門地陷水湧出毀門扇閫西者金鄉之門爲水所毀此金德將衰水德方興之象也

義熙十三年地生毛岸崩

按晉書安帝本紀不載　按五行志十三年三月地生毛七月漢中城固水岸崩明年王旅西討司馬休之又明年北掃河洛　又按志十三年七月漢中城固縣水崖有聲若雷旣而岸崩出銅鐘十有二枚

宋

武帝永初二年秋七月己巳地震

按宋史武帝本紀云云

文帝元嘉七年地震

按宋書文帝本紀不載　按五行志元嘉七年四月丙辰地震時遣軍經略司兗

元嘉十二年地震

按宋書文帝本紀十二年夏四月丙辰夜京師地震

元嘉十五年地震

按宋書文帝本紀十五年秋七月辛未地震

元嘉十六年地震

按宋書文帝本紀不載　按五行志云云

元嘉二十五年青州地見影

按南史文帝本紀二十五年冬青州城南遠望見地中如水有影謂之地鏡　按五行志二十五年青州城南地遠望見地中如水有影人馬百物皆見影中積年乃滅

孝武帝大明二年地震

按宋書孝武帝本紀大明二年四月辛丑地震

大明六年地震

按南史宋孝武帝本紀六年秋七月甲申地震有聲如雷兗州尤甚於是魯郡山搖者二　按五行志六年七月甲申地震有聲自河北來魯郡山搖地動彭城女牆四百八十丈墜落屋宇傾倒兗州地裂泉湧二年不已其後魏主死兗州刺史夏侯祖權卒

南齊

明帝建武二年二月丁巳地震

按南齊書明帝本紀不載　按五行志云云

東昏侯永元元年地震

按南史齊東昏侯本紀永元元年秋七月地震自此至來歲晝夜不止小屋多壞

按南齊書五行志永元元年七月地日夜十八震九月十九日地五震

梁

武帝天監五年地震

按南史梁武帝本紀天監五年冬十一月甲子都下地震生白毛

按隋書五行志天監五年十一月京師地震木金水火沴土也洪範五行傳曰臣下盛將動而為害京房易飛候曰地動以十一月者其邑饑亡時交州刺史李凱舉兵反明年霜歲儉人饑

普通二年地裂成井

按梁書武帝本紀普通二年六月丁亥始平郡中石鼓村地自開成井方六尺深三十二丈

普通三年地震

按梁書武帝本紀三年春正月庚戌京師地震

按隋書五行志三年正月建寧地震是時義州刺史文僧朗以州叛

普通六年地震

按南史梁武帝本紀六年十二月壬辰都下地震

按隋書五行志六年十二月地震京房易飛候曰地冬動有音以十二月者其邑有行兵是時帝令豫章王綜將兵北伐

中大通五年地震

按梁書武帝本紀中大通五年春正月戊申京師地震

按隋書五行志中大通五年正月建康地震京房易飛候曰地以春動歲不昌是歲大水百姓饑饉

大同二年地震生白毛

按南史梁武帝本紀大同二年十一月辛亥都下地震生白毛長二尺

按隋書五行志大同二年十一月建康地震京房易飛候曰地震以十一月邑有大喪及饑亡明年霜為災百姓饑　又按志是年地生白毛長二尺近白祥也孫盛以為勞人之異先是大發卒築浮山堰功費鉅億功垂就而復潰者數矣百姓厭役吁嗟滿道

大同三年地震

按梁書武帝本紀三年冬十月景辰京師地震

按隋書五行志三年十月建康地震是歲會稽山賊起

大同七年地震

按梁書武帝本紀七年二月乙卯京師地震

按隋書五行志七年二月建康地震是歲交州人李賁舉兵逐刺史蕭諮

大同九年地震

按梁書武帝本紀九年春閏月景申地震生毛

按隋書五行志九年閏正月地震李賁自稱皇帝署置百官

大同十一年地震

按南史梁武帝本紀十一年春正月震華林閣光嚴殿重雲閣帝自貶拜謝上天累刻乃止

太清二年地震

按南史梁武帝本紀太清二年九月戊辰地震江左尤甚壞屋殺人地生白毛長二尺

太清三年地震簡文帝卽位地又震

按梁書武帝本紀三年夏四月己丑京師地震丙申地又震

按南史梁簡文帝本紀三年五月辛巳卽皇帝位冬十月丁未地震

按隋書五行志三年四月建康地再震時侯景自爲大丞相錄尚書帝所須不給是月以憂憤崩

陳

武帝永定二年地震

按陳書武帝本紀永定二年五月乙未京師地震

按隋書五行志永定二年五月建康地震時王琳立蕭莊於郢州

宣帝太建四年地震

按南史陳宣帝本紀太建四年十一月己亥地震

按隋書五行志太建四年十一月地震陳寶應反閩中

後主禎明元年地震

按陳書後主本紀禎明元年乙未地震

按隋書五行志禎明元年正月地震施文慶沈客卿專恣之應也

北魏

太宗泰常四年地震

按魏書太宗本紀不載　按靈徵志泰常四年二月甲子司州地震屋室盡搖動

世祖太延二年地震

按魏書世祖本紀不載　按靈徵志太延二年十一月丁卯幷州地震

太延四年地震

按魏書世祖本紀不載　按靈徵志四年三月乙未京師地震十一月丁亥幽兗二州地震

太平眞君元年五月丙午河東地震

按魏書世祖本紀不載　按靈徵志云云

高祖延興四年地震

按魏書高祖本紀不載　按靈徵志延興四年五月鴈門崎城有聲如雷自上西引十餘聲聲止地震十月己亥京師地震

太和元年地震

按魏書高祖本紀不載　按靈徵志太和元年四月辛酉京師地震五月統萬鎭地震有聲如雷閏月秦州地震殷殷有聲四年正月雍州氐民齊男王反

太和二年地震

按魏書高祖本紀不載　按靈徵志二年二月丙子兗州地震四年十月蘭陵民桓富反殺其縣令七月丁卯幷州地震有聲

太和三年地震

按魏書高祖本紀不載　按靈徵志三年三月戊辰平州地震有聲如雷野雉皆雊十月丁卯京師地震五年二月沙門法秀謀反

太和四年五月己酉幷州地震

按魏書高祖本紀不載　按靈徵志云云

太和五年二月戊戌秦州地震

按魏書高祖本紀不載　按靈徵志云云

太和六年地震

按魏書高祖本紀不載　按靈徵志六年五月癸未秦州地震有聲八月甲午秦州地震有聲如雷乙未又震

太和七年地震

按魏書高祖本紀不載　按靈徵志七年三月甲子秦州地震有聲四月丁卯肆州地震有聲六月甲子東雍州地震有聲

太和八年地震

按魏書高祖本紀不載　按靈徵志八年十一月丙申幷州地震

太和十年地震

按魏書高祖本紀不載　按靈徵志十年正月辛未幷州地震殷殷有聲閏月丙午秦州地震二月甲子京師地震丙寅又震丙午秦州地震有聲三月壬子京師及營州地震十二年三月中散梁衆保謀反

太和十九年地震

按魏書高祖本紀不載　按靈徵志十九年二月己未光州地震東萊之牟平虞丘山陷五所一處有水

太和二十年地震

按魏書高祖本紀不載　按靈徵志二十年正月辛未幷州地震四月乙未營州地震十二月桓州刺史穆泰等在州謀反誅

太和二十二年地震

按魏書高祖本紀不載　按靈徵志二十二年三月癸未營州地震八月戊子兗州地震九月辛卯幷州地震

太和二十三年地震

按魏書高祖本紀不載　按靈徵志二十三年六月

乙未京師地震

世宗景明元年地震

按魏書世宗本紀不載　按靈徵志景明元年六月庚午秦州地震

景明四年地震

按魏書世宗本紀不載　按靈徵志四年正月辛酉涼州地震壬申幷州地震六月丁亥秦州地震十二月辛巳秦州地震正始三年正月秦州民王智等聚衆二千自號王公尋推秦州主簿呂苟兒爲主

正始元年地震

按魏書世宗本紀不載　按靈徵志正始元年四月庚辰京師地震六月乙巳京師地震

正始二年地震

按魏書世宗本紀不載　按靈徵志二年九月己丑恆州地震

正始三年地震

按魏書世宗本紀不載　按靈徵志三年七月己丑涼州地震殷殷有聲城門崩八月庚申秦州地震三年九月夏州長史曹明謀反

永平元年地震

按魏書世宗本紀不載　按靈徵志永平元年春正月庚寅秦州地震九月壬辰青州地震殷殷有聲三年二月秦州沙門劉光秀謀反

永平二年地震

按魏書世宗本紀不載　按靈徵志二年正月壬寅青州地震

永平四年地震

按魏書世宗本紀不載　按靈徵志四年五月庚戌恆定二州地震殷殷有聲十月己巳恆州地震有聲如雷

延昌元年地震

按魏書世宗本紀延昌元年四月癸未詔曰肆州地震陷裂死傷甚多言念毀沒有酸懷抱亡者不可復追生病之徒宜加療救可遣太醫折傷醫幷給所須之藥就治之　按靈徵志延昌元年四月庚辰京師及幷朔相冀定瀛六州地震恆州之繁畤桑乾靈丘肆州之秀容鴈門地震陷裂山崩泉湧殺人五千三百一十人傷者二千七百二十二人牛馬雜畜死傷者三千餘後尒朱榮强擅之徵也十月壬申秦州地震有聲十一月己酉定肆二州地震十二月辛未京師地震東北有聲

延昌二年地震

按魏書世宗本紀二年冬有詔以恆肆地震民多死傷蠲兩河一年租賦十有二月乙巳詔以恆肆地震民多罹災其有課丁沒盡老幼單辛家無受復者各賜廩以接來稔　按靈徵志二年三月己未濟州地震有聲[illegible]月丙戌京師地震

延昌三年地震

按魏書世宗本紀三年春二月乙未詔曰肆州秀容郡敷城縣鴈門郡原平縣並自去年四月以來山鳴地震於今不已告譴彰咎朕甚懼焉祗畏兢兢若臨淵谷可恤瘼寬刑以答災譴　按靈徵志三年正月辛亥有司奏肆州言秀容郡敷城縣自延昌二年四月地震於今不止尒朱榮徵也

延昌四年地震

按魏書世宗本紀不載　按靈徵志四年正月癸丑華州地震十一月甲午地震從西北來殷殷有聲丁酉又地震從東北來

肅宗熙平二年地震

按魏書肅宗本紀不載　按靈徵志熙平二年十二月乙巳秦州地震有聲

正光二年地震

按魏書肅宗本紀不載　按靈徵志正光二年六月秦州地震有聲東北引五年莫折念生反

正光三年地震

按魏書肅宗本紀不載　按靈徵志三年六月庚辰徐州地震孝昌元年元法僧反

孝靜帝武定二年地陷且然

按魏書孝靜帝本紀武定二年十有一月西河地陷有火出

按隋書五行志東魏武定二年十一月西河地陷而且然京房易妖占曰地自陷其君亡祖暅曰火陽精也地土者陰主也地然越陰之道行陽之政臣下擅恣終以自害時後齊神武作宰而侯景專擅河南後二歲神武果崩景遂作亂而自取敗亡之應

武定三年地震

按魏書孝靜帝本紀不載　按靈徵志武定三年冬幷州地震

武定七年地震

按魏書孝靜帝本紀不載　按靈徵志武定七年夏幷州鄉郡地震

欽定古今圖書集成曆象彙編庶徵典

第一百十七卷目錄

地異部彙考四

庶徵典第一百十七卷

地異部彙考四

北齊

武成帝河清元年地生白毛

按北齊書武成帝本紀不載　按隋書五行志齊河清元年九月滄洲及長城之下地多生毛或白或黑長四五寸近白祥也時北築長城內興三臺人苦勞役

河清二年地震

按北齊書武成帝本紀不載　按隋書五行志後齊河清二年并州地震和士開專恣之應

後主武平四年祈皇祠壇中忽有車轍

按北齊書後主本紀武平四年夏四月癸丑祈皇祠壇壝蕝之內忽有車軌之轍按驗傍無人跡不知車所從來乙卯詔以為大慶班告天下

北周

武帝天和二年地震

按周書武帝本紀天和二年閏六月庚午地震

建德三年地震

按周書武帝本紀建德三年十二月癸卯澤涼州比年地震壞城郭地裂湧泉出

按隋書五行志後周建德三年涼州地頻震城郭多壞地裂出泉京房易妖占曰地分裂羌夷叛時吐谷渾頻寇河西

建德五年地震

按周書武帝本紀五年十一月己卯河東地震

隋

文帝開皇十四年地震

按隋書文帝本紀開皇十四年五月辛酉京師地震

按五行志開皇十四年五月京師地震京房易飛候曰地動以夏五月人流亡是歲關中饑帝令百姓就糧於關東

開皇二十年地震

按北史隋文帝本紀二十年十一月戊子以晉王廣為皇太子天下地震

仁壽二年地震

按隋書文帝本紀仁壽二年四月庚戌岐雍二州地震九月乙未隴西地震　按五行志仁壽二年四月岐雍地震京房易飛候曰地動以夏四月五穀不熟人大饑

唐

高祖武德二年地震

按唐書高祖本紀武德二年九月乙未京師地震

武德七年地震

按唐書高祖本紀七年七月甲午巂州地震山崩遏江水

太宗貞觀十二年地震

按唐書太宗本紀貞觀十二年正月乙未叢州地震癸卯松州地震

貞觀二十年地震

按唐書太宗本紀二十年九月辛亥靈州地震

高宗永徽元年地震

按唐書高宗本紀永徽元年四月己巳晉州地震六月庚辰晉州地震詔五品以上言事

永徽二年地震
按唐書高祖本紀二年十月辛卯晉州地震十一月戊寅忻州地震
咸亨二年九月地震
按唐書高宗本紀云云
儀鳳二年地震
按唐書高宗本紀儀鳳二年正月庚辰京師地震
永淳元年地震
按唐書高宗本紀永淳元年十月甲子京師地震
中宗嗣聖四年（即武后垂拱三年）地震
按唐書武后本紀垂拱三年七月乙亥京師地震
嗣聖五年（即武后垂拱四年）地震
按唐書武后本紀四年七月戊午京師地震八月戊戌神都地震
嗣聖十一年（即武后延載元年）地震
按唐書武后本紀延載元年四月壬戌常州地震
嗣聖十八年（即武后長安元年）地震
按唐書武后本紀長安元年七月乙亥揚楚常潤蘇五州地震
嗣聖十九年（即武后長安二年）地震
按唐書武后本紀長安二年八月辛亥劍南六州地震
景龍四年地震
按唐書中宗本紀景龍四年五月丁丑剡縣地震
睿宗先天元年地震
按唐書睿宗本紀先天元年正月甲戌幷汾絳三州地震

元宗開元十二年地震
按唐書元宗本紀開元二十二年二月壬寅秦州地震
開元二十四年地震
按唐書元宗本紀二十四年十月戊申京師地震十一月辛丑東都地震
開元二十六年地震
按唐書元宗本紀二十六年三月癸巳京師地震
肅宗至德元載地震
按唐書肅宗本紀至德元載十一月辛卯河西地震
代宗大曆二年地震
按唐書代宗本紀大曆二年十一月壬申京師地震
大曆三年地震
按唐書代宗本紀三年五月癸亥地震
大曆四年地震
按唐書代宗本紀四年二月丙辰京師地震五月丙戌又震
大曆十二年地震
按唐書代宗本紀十二年恆定趙三州地震
德宗建中三年地震
按唐書德宗本紀建中三年六月甲子京師地震
建中四年地震
按唐書德宗本紀四年四月甲子京師地震生毛五月辛巳京師地震
貞元二年地震
按唐書德宗本紀貞元二年五月己酉地震
貞元三年地震
按唐書德宗本紀三年十一月己卯京師東都河中地震
貞元四年地震
按唐書德宗本紀四年正月庚戌朔京師地震金房二州地震江溢山裂是歲京師地震二十四月河南淮海地生毛
貞元九年地震
按唐書德宗本紀九年四月辛酉關輔河中地震
貞元十年地震
按唐書德宗本紀十年四月戊申地震癸丑又震
貞元十三年地震
按唐書德宗本紀十三年七月乙未京師地震
憲宗元和七年地震
按唐書憲宗本紀元和七年九月京師地震
元和九年地震
按唐書憲宗本紀九年三月丙辰巂州地震
元和十年十月地震
按唐書憲宗本紀云云
元和十一年地震
按唐書憲宗本紀十一年二月乙丑地震
元和十二年地震
按唐書憲宗本紀十二年正月丁丑地震
元和十五年穆宗即位地震
按唐書穆宗本紀十五年閏正月丙午即位戊辰京師地震
文宗開成元年地震
按唐書文宗本紀開成元年三月京師地震

開成二年地震

按唐書文宗本紀二年十一月乙丑京師地震

開成四年地震

按唐書文宗本紀四年十月甲戌地震

太和二年地震

按唐書文宗本紀太和二年正月壬申地震

太和六年地震

按唐書文宗本紀六年二月蘇州地震生白毛

太和七年地震

按唐書文宗本紀七年六月甲戌地震

太和八年震定陵

按唐書文宗本紀八年七月辛酉震定陵寢宮

太和九年地震

按唐書文宗本紀九年三月乙卯京師地震

武宗會昌二年地震

按唐書武宗本紀會昌二年正月宋亳二州地震十二月癸未京師地震

宣宗大中三年地震

按唐書宣宗本紀大中三年十月辛巳京師地震振武及天德靈武鹽夏二州地震

大中十二年地震

按唐書宣宗本紀十二年八月丁巳太原地震

懿宗咸通八年地震

按唐書懿宗本紀八年正月丁未河中府晉絳二州地震

咸通十三年地震

按唐書懿宗本紀十三年四月庚子浙江東西道地震

僖宗乾符三年地震

按唐書僖宗本紀乾符三年六月乙丑雄州地震七月辛巳又震十二月京師地震

乾符四年地震

按唐書僖宗本紀四年六月庚寅雄州地震

中和三年地震

按唐書僖宗本紀中和三年秋晉州地震

光啓二年地震

按唐書僖宗本紀光啓二年春成都地震十二月魏州地震

昭宗乾寧二年地震

按唐書昭宗本紀乾寧二年三月庚午河東地震

後梁

太祖開平三年夏四月地震

按五代史梁太祖本紀不載　按司天考云云

後唐

莊宗同光二年十一月丁巳地震

按五代史唐莊宗本紀不載　按司天考云云

同光三年十月地震

按五代史唐莊宗本紀不載　按冊府元龜同光四年正月諸道各奏准宣爲去年十月地震命僧道置消災道場

明宗天成二年地震

按五代史明宗本紀不載　按司天考天成二年冬十月癸未地震十一月辛未地震壬申地震十二月癸未地震

按十國春秋荆南武信王世家天成二年冬十月癸未地震

長興元年吳越地震

按五代史唐明宗本紀不載　按十國春秋吳越武肅王世家寶正五年（即長興元年）所在地震居人有壞廬舍者

長興四年地震

按五代史唐明宗本紀不載　按十國春秋閩惠宗本紀龍啓元年（即長興四年）五月福州地震帝避位修道

長興六年六月壬午地震

按五代史唐明宗本紀不載　按司天考云云

廢帝清泰三年地震

按五代史唐廢帝本紀不載　按十國春秋後蜀後主本紀明德三年（即清泰三年）三月地震

後晉

高祖天福二年地震

按五代史晉高祖本紀不載　按幸蜀記廣政元年（即天福二年）十一月地震屋柱皆搖三日而後止

天福三年地震

按五代史晉高祖本紀不載　按幸蜀記廣政二年（即天福三年）六月地震洶洶有聲

天福四年地震

按五代史晉高祖本紀不載　按十國春秋後蜀後主本紀廣政三年（即天福四年）五月地震帝問羣臣曰頃年地何頻震羣臣對曰地道靜而屢動此必强臣陰謀之事願以爲慮冬十月地震從西北來聲如暴風急雨之狀

天福六年地震

按五代史晉高祖本紀不載　按十國春秋後蜀後主本紀廣政五年（即天福六年）春正月地震十月地震摧民居百數

後周

太祖廣順元年蜀地震

按五代史周太祖本紀不載　按幸蜀記孟昶十四年春周太祖即位改元廣順十月地震摧民居者百數

廣順二年蜀地震

按五代史周太祖本紀不載　按十國春秋後蜀後主本紀廣政十五年（即廣順二年）十一月地震

廣順三年蜀地震

按五代史周太祖本紀不載　按十國春秋後蜀後主本紀廣政十六年（即廣順三年）春三月地震

遼

太宗天顯十二年夏四月甲申地震

按遼史太宗本紀云云

穆宗應曆二年十一月己巳地震

按遼史穆宗本紀云云

聖宗統和九年地震

按遼史聖宗本紀統和九年九月己酉南京地震

太平二年地震

按遼史聖宗本紀太平二年三月地震雲應二州屋摧地陷嵬白山崩數百步泉湧成流

道宗清寧三年地震

按遼史道宗本紀清寧三年秋七月甲申南京地震赦其境內

咸雍四年地震

按遼史道宗本紀咸雍四年秋七月南京地震

宋一

太祖建隆三年地震

按宋史太祖本紀不載　按十國春秋吳越忠懿王世家建隆三年九月庚戌夜所在地震響如雷

乾德三年地震

按宋史太祖本紀不載　按五行志乾德三年京師地震史失日月

太宗至道二年地震

按宋史太宗本紀至道二年九月丙戌秦晉諸州地晝夜十二震　按五行志至道二年十月潼關西至靈州夏州環慶等州地震城郭廬舍多壞占云兵饑是時西夏寇靈州明年遣將率兵援糧以救之關西民饑

眞宗咸平四年地震

按宋史眞宗本紀咸平四年九月慶州地震

景德元年地震

按宋史眞宗本紀景德元年春正月丙申京師地震辛丑京師地再震丁未京師地復震二月戊寅冀益黎雅州地震夏四月丙辰邢州地震不止丁卯瀛州地震五月甲申邢州地連震不止十一月戊辰石州地震

景德四年地震

按宋史眞宗本紀四年八月己酉益州地震丙辰涇原路言瓦亭砦地震

大中祥符二年地震

按宋史眞宗本紀大中祥符二年五月庚辰代州地震

大中祥符四年地震

按宋史眞宗本紀四年秋七月壬午鎭眉昌等州地震

天禧三年地震

按宋史眞宗本紀天禧三年二月乙未河南府地震

仁宗天聖五年地震

按宋史仁宗本紀天聖五年三月戊申秦州地震

天聖七年地震

按宋史仁宗本紀七年冬十月丙午京師地震

景祐四年地震

按宋史仁宗本紀景祐四年十二月甲申幷代忻州並言地震吏民壓死者三萬二千三百六十人傷五千六百人畜擾死者五萬餘遣使撫存其民賜死傷之家錢有差

寶元元年地震

按宋史仁宗本紀寶元元年春正月丙辰以地震及雷發不時詔轉運使提舉刑獄按所部官吏除幷代忻州壓死民家去年秋糧十二月甲子京師地震

按葉清臣傳清臣判三司鹽鐵勾院進直史館是冬京師地震上疏曰天以陽動君之道也地以陰靜臣之道也天動地靜主尊臣卑易此則亂地爲之震乃十二月二日丙夜京師地震移刻而止定襄同日震至五日不止壞廬寺殺人畜凡十之六大河之東彌千五百里而及都下誠大异也屬者熒惑犯南斗治

曆者相顧而駭陛下憂勤庶政方夏泰寧而一歲之中災變仍見必有下失民望上戾天意者故垂戒以啓迪清衷而陛下泰然不以爲異徒使內侍走四方治佛事修道科非所謂消復之實也頃范仲淹余靖以言事被黜天下之人齰舌不敢議朝政者行將二年願陛下深自咎責許延忠直敢言之士庶幾明威降鑒而善應來集也書奏數日仲淹等皆得近徙

康定　年河東地震

按宋史仁宗本紀不載　按蘇舜欽傳舜欽遷大理評事監在京店宅務康定中河東地震舜欽詣匭通疏曰臣聞河東地大震裂涌水壞屋廬城堞殺民畜幾十萬歷旬不止始聞惶駭疑惑竊思自編策所紀前代衰微喪亂之世亦嘗有此大變今四聖接統內外平寧戎夷交歡兵革偃息固與夫衰微喪亂之世異何災變之作反過之耶且妖祥之興神實尸之各以類告未嘗妄也天人之應古今之鑒大可恐懼豈王者安於逸豫信任近臣而不省政事乎廟堂之上有非才苟祿竊弄威福而侵上事者乎又豈施設之政有不便民者乎深宮之中有陰教不謹以媚道進者乎西北羌夷有背盟犯順之心乎臣從遠方來不知近事心疑而口不敢道也所怪者朝廷見此大異不修闕政以厭天戒安民心默然不恤如無事之時諫官御史不聞進牘鋪白災異之端以開上心然民情洶洶聚首橫議咸有憂悸之色臣世受君祿身齒國命涵濡惠澤以長此驅目覩心思驚怛流汗欲盡吐肝膽以拜封奏又見范仲淹以剛直忤奸臣言不用而身竄前降詔天下不許越職言事臣不避權右必恐橫罹中傷無補於國因自悲嗟不知所措旣而孟春之初雷震數作臣以爲國家闕失衆臣莫敢爲陛下言者唯天丁寧以告陛下果能沛發明詔許羣臣皆得獻言臣初聞之踴躍欣抃旬月間頗有言事者其間豈無切中時病而未聞朝廷舉而行之是亦收虛言而不根實效也臣聞唯誠可以應天唯實可以安民今應天不以誠安民不以實徒布空文增人太息將何以謝神靈而救弊亂也豈大臣蒙塞天聽不爲陛下行之豈言事迂闊無所取不足行也臣竊見綱紀隳敗政化闕失其事甚衆不可槩舉謹舉大者二事以聞一曰正心夫治國如治家治家者先脩己脩己者先正心心正則神明集而萬務理今民間傳陛下比年稍邇俳優賤人燕樂踰節賜予過度燕樂踰節則蕩賜予過度則侈蕩則政事不親侈則用度不足臣竊觀國史見祖宗日視朝旰昃方罷猶坐於後苑門有白事者立得召對委曲詢訪小善必納眞宗末年不豫始間日視事今陛下春秋鼎盛實宵衣旰食求治之秋而乃隔日御殿此政事不親也又府庫匱竭民鮮蓋藏誅斂科率殆無虛日計度經費二十倍於祖宗時此用度不足也政事不親用度不足誠國大憂臣望陛下脩己以御人洗心以鑒物勤聽斷舍燕安放弃優諧近習之纖人親近剛明鯁直之良士因此災變以思永圖則天下幸甚其二曰擇賢夫明主勞於求賢而逸於任使然盈庭之士不須盡擇在擇一二輔臣及御史諫官而已陛下用人尚未愼擇昨王隨自吏部侍郎遷門下侍郎平章事超越十資復爲上相此乃非常之恩必待非常之才而隨虛庸邪諂非輔相之器降麻之後物論沸騰故疾辨其身災仍於國此亦天意愛惜我朝陛下鑒之哉且石中立頃在朝行以詼諧自任士人或有宴集必置席間聽其語言以資笑噱今處之近輔不聞嘉謀物望甚輕人情所忽使災害累降而朝廷不尊蓋近臣多非才者陛下左右尚如此天下官吏可知也實恐遠人輕笑中國宜卽行罷免別選賢才又張觀爲御史中丞高若訥爲司諫二人者皆登高第頗以文詞進而溫和軟懦無剛蹇敢言之氣斯皆執政引拔建置欲其順默不敢舉揚其私時有所言則必暗相關說旁人窺之甚可笑也故御史諫官之任臣欲陛下親擇之不令出執政門下臺諫官既得其人則近臣不敢爲過乃馭下之策也臣以爲陛下身旣勤儉輔弼臺諫又皆得人則天下何憂不治災異何由而生唯陛下少留意焉

慶曆三年地震

按宋史仁宗本紀慶曆三年五月忻州地大震　按五行志慶曆三年五月九日忻州地大震說者曰地道貴靜今數震搖兵輿民勞之象也

慶曆四年地震

按宋史仁宗本紀四年五月乙酉忻州言地震有聲如雷

慶曆五年地震

按宋史仁宗本紀五年秋七月戊申廣州地震八月庚午荆南府岳州地震

慶曆六年地震

按宋史仁宗本紀六年二月戊寅青州地震三月庚

寅登州地震岠嵎山摧自是屢震輒海底有聲如雷
五月甲申京師地震　按胡宿傳宿知制誥慶曆六
年京東兩河地震登萊尤甚宿兼通陰陽五行災異
之學乃上疏曰明年丁亥歲之刑德皆在北宮陰生
於午而極於亥然陰猶强而未卽伏陽猶微而不能
勝此所以震也是謂龍戰之會其位在乾若西北二
邊不動恐有內盜起於河朔又登萊視京師爲東北
少陽之位今二州置金坑多聚民鑿山谷陽氣耗泄
故陰乘而動宜卽禁止以寧地道時以爲迂闊明年
王則果以貝州叛

慶曆七年地震

按宋史仁宗本紀七年冬十月乙丑河陽許州地震

皇祐二年地震

按宋史仁宗本紀皇祐二年十一月丙寅秀州地震
有聲如雷（志作丁酉夜）

嘉祐二年地震

按宋史仁宗本紀嘉祐二年春二月雄霸州地震夏
四月丁未以河北地數震遣安撫丙寅幽州地大震
壞城郭覆壓死者數萬人

嘉祐五年地震

按宋史仁宗本紀五年五月己丑京師地震

嘉祐七年地生麪

按宋史仁宗本紀七年三月壬申徐州彭城縣白鶴
鄉地生麪占曰地生麪民將饑五月鍾離縣地生麪

英宗治平四年神宗卽位地震

按宋史神宗本紀治平四年正月卽位八月己巳京
師地震　按五行志治平四年秋漳泉建州邵武興
化軍等處皆地震潮州尤甚拆裂泉涌壓覆州郭及
兩縣屋宇士民軍兵死者甚衆八月己巳京師地震

神宗熙寧元年地震

按宋史神宗本紀熙寧元年秋七月甲申京師地震
乙酉又震辛卯以河朔地大震賜壓死者緡錢京師
地再震八月壬寅京師地震九月戊子莫州地震有
聲如雷十一月乙未京師及莫州地震十二月癸卯
瀛州地大震　按五行志熙寧元年秋七月甲申地
震乙酉辛卯再震八月壬寅甲辰又震是月須城東
阿二縣地震終日滄州清池莫州亦震壞官私廬舍
城壁是時河北復大震或數刻不止有聲如雷樓櫓
民居多摧覆壓死者甚衆九月戊子莫州地震有聲
如雷十一月乙未京師及莫州地震十二月癸卯瀛
州地大震丁巳冀州地震辛酉滄州地震涌出沙泥
船版胡桃螺蚌之屬是月潮州地再震是歲數路地
震有一日十數震有踰半年震不止者

元豐八年哲宗卽位地震

按宋史哲宗本紀元豐八年三月卽位五月丙午京
師地震

哲宗元祐二年地震

按宋史哲宗本紀元祐二年二月代州地震

元祐七年地震

按宋史哲宗本紀七年九月己酉末興軍蘭州鎮戎
軍地震冬十月庚戌朔環州地震

紹聖元年地震

按宋史哲宗本紀紹聖元年十一月丙戌太原地震

紹聖二年地震

按宋史哲宗本紀二年冬十月辛卯河南府地震是
歲蘇州夏秋地震

紹聖三年地震

按宋史哲宗本紀三年三月戊午（志作戊戌）劍南東川地
震九月己酉滁沂二州地震

紹聖四年地震

按宋史哲宗本紀四年六月己酉太原地震

元符元年地震

按宋史哲宗本紀元符元年秋七月壬申京師地震

元符二年地震

按宋史哲宗本紀不載　按五行志二年正月壬申
恩州地震八月甲戌太原府地震

元符三年地震

按宋史哲宗本紀不載　按五行志三年五月己巳
太原府地又震

徽宗建中靖國元年地震

按宋史徽宗本紀建中靖國元年河東地震　按五
行志建中靖國元年十一月辛亥太原府潞晉隰代
石嵐等州岢嵐威勝保化寧化軍地震彌旬晝夜不
止壞城壁屋宇人畜多死自後有司方言祥瑞郡國
地震多抑而不奏

崇寧元年地震

按宋史徽宗本紀崇寧元年春正月丁丑太原等十
一郡地震詔死者家賜錢有差

大觀元年地震

按宋史徽宗本紀大觀元年冬十月辛酉蘇州地震

政和七年地震

按宋史徽宗本紀政和七年秋七月壬辰熙河環慶涇原地震　按五行志政和七年六月詔曰熙河環慶涇原路地震經旬城砦關堡城壁樓櫓官私廬舍並皆摧塌居民覆壓死傷甚衆而有司不以聞其遣官按視之

宣和四年地震

按宋史徽宗本紀不載　按五行志宣和四年北方用兵雄州地大震元武見於州之正寢有龜大如錢蛇若硃漆筯相逐而行宣撫司使焚香再拜以銀奩貯二物俄俱死

宣和六年地震

按宋史徽宗本紀六年京師河東陝西地大震

按程史宣和六年春東都地震後三月又震宮殿門皆動有聲既而蘭州地及山之草木悉沒入地而山下麥苗乃在山上驛書聞朝廷徽宗爲之側席時方得燕兵端數日侈上心向闌遇災而懼臨朝謂羣臣曰大觀彗星之异張商英勸朕畏天戒更政事雖復作輟朕常不忘五月壬寅遂罷經撫房於是時事危一變矣會遣右司郎中黃潛善按視回乃沒其實以不害聞天意遽回六月詔天下起免夫錢圖卒困燕黃騤遷戶部侍郎建炎中興復以扳附致鼎軸殺陳東歐陽徹逐李忠定綱撤備納寇皆其爲也維揚渡江以覆餗賜罷迹其媕阿患得之心蓋已見於在庶僚時矣遺臭千載言之拊膺

宣和七年地震

按宋史徽宗本紀七年秋七月河東路地震　按五行志七年七月己亥熙河路地震有裂數十丈者蘭州尤甚陷數百家倉庫俱沒河東諸郡或震裂

欽定古今圖書集成曆象彙編庶徵典

第一百十八卷目錄

地異部彙考五

庶徵典第一百十八卷

地異部彙考五

宋二

高宗建炎二年地震

按宋史高宗本紀不載　按五行志建炎二年正月戊戌長安地大震金將婁宿圍城彌旬無外援乘地震而入城遂陷

紹興三年地震

按宋史高宗本紀紹興三年秋七月四川地震八月甲辰蘇湖地震求直言　按五行志紹興三年八月甲申地震平江府湖州尤甚是歲劉豫陷鄧隨等州金人犯蜀

紹興四年四月地震

按宋史高宗本紀不載　按五行志云云　按禮志四年知樞密院張浚言四川自七月以來霖雨地震乞製文祀名山大川祈禱上曰霖雨地震之災豈非兵久在蜀徵發供饋民怨所致當脩德以應之又可禱乎

紹興五年地震

按宋史高宗本紀不載　按五行志五年五月行都地震

紹興六年地震

按宋史高宗本紀六年六月乙巳朔夜地震己酉求直言　按五行志六年六月乙巳夜地震自西北有聲如雷餘杭縣爲甚是冬劉麟猊犯順寇濠壽州

紹興七年地震

按宋史高宗本紀不載　按五行志云云

紹興二十四年地震

按宋史高宗本紀不載　按五行志二十四年正月戊寅地震

紹興二十五年地震

按宋史高宗本紀二十五年三月壬申地震

紹興二十八年地震

按宋史高宗本紀二十八年八月甲寅地震

紹興三十一年地震

按宋史高宗本紀三十一年三月壬辰地震

紹興三十二年孝宗即位地震

按宋史孝宗本紀三十二年五月即位秋七月戊申夜地震

孝宗隆興元年地震

按宋史孝宗本紀隆興元年五月成都地震冬十月丁丑地震　按五行志隆興元年十月丁丑地震六月甲寅又震

隆興二年地震

按宋史孝宗本紀二年春正月福建諸州地震

乾道二年地震

按宋史孝宗本紀不載　按五行志乾道二年九月丙午地震自西北方

乾道四年地震

按宋史孝宗本紀不載　按五行志四年十二月壬子石泉軍地震三日有聲如雷屋瓦皆落時綿竹有寃獄云

淳熙元年地震

按宋史孝宗本紀不載　按五行志淳熙元年十二月戊辰地震自東北方

淳熙八年地震

按宋史孝宗本紀八年九月己酉地震

淳熙九年地震

按宋史孝宗本紀不載　按五行志九年十二月壬寅夜地震

淳熙十年地震

按宋史孝宗本紀不載　按五行志十年十二月丙寅地震

淳熙十二年地震

按宋史孝宗本紀十二年五月庚寅地震辛卯福州地震　按楊萬里傳萬里爲尚左郎官淳熙十二年五月以地震應詔上書曰臣聞言有事於無事之時不害其爲忠言無事於有事之時其爲姦也大矣南北和好踰二十年一旦絕使敵情不測而或者曰彼有五單于爭立之禍又曰彼有匈奴困於東方之禍旣而皆不驗道塗相傳繕汴京城池開海州漕渠又於河南北簽民兵增驛騎製馬櫪籍井泉而吾之間諜不得以入此何爲者耶臣所謂言有事於無事之時者一也或謂金主北歸可爲中國之賀臣以中國之憂正在乎此此人北歸蓋懲創於逆亮之空國而南侵也將欲南之必固北之或者以身鎭撫其北而以其子與壻經營其南也臣所謂言有事於無事之時者二也臣竊聞論者或謂緩急淮不可守則棄淮而守江是大不然昔者吳與魏力爭而得合肥然後吳始安李煜失滁揚二州自此南唐始蹙今日棄淮而保江旣無淮矣江可得而保乎臣所謂言有事於無事之時者三也今淮東西凡十五郡所謂守帥不知陛下使宰相擇之乎使樞廷擇之乎使宰相擇之宰相未必爲樞廷慮也使樞廷擇之則除授不自己出也一則不爲之慮一則不自己出緩急敗事則曰非我也陛下將責之誰乎臣所謂言有事於無事之時者四也且南北各有長技若騎若射北之長技也若舟若步南之長技也今爲北之計者日繕治其海舟而南之海舟則不聞繕治焉或曰吾舟素具也或曰舟雖未具而憚於擾也紹興辛巳之戰山東采石之功不以騎也不以射也不以步焉舟焉而已當時之舟今可復用乎且夫斯民一日之擾與社稷百世之安危孰輕孰重事固有大於擾者也臣所謂言有事於無事之時者五也陛下以今日爲何等時耶金人日逼疆場日擾而未聞防金人者何策保疆場者何道但聞某日修某禮文也某日進某書史也是以鄉飲理軍以干羽解圍也臣所謂言有事於無事之時者六也臣聞古者人君人不能悟之則天地能悟之今也國家之事敵情不測如此而君臣上下處之如太平無事之時是人不能悟之矣故上天見災異異時熒惑犯南斗邇日鎭星犯端門熒惑守羽林臣書生不曉天文未敢以爲必然也至於春正月日青無光若有兩日相摩者茲不曰大異乎然天猶恐陛下不信也至於春日載陽復有雨雪殺物茲不曰大異乎然天又猶恐陛下又不信也乃五月庚寅又有地震茲又不曰大異乎且夫天變在遠臣子不敢奏也不信可也地震在外州郡不敢聞也不信可也今也天變頻仍地震輦轂而君臣不聞警懼朝廷不聞咨訪人不能悟之則天地能悟之臣不知陛下於此悟乎否乎臣所謂言有事於無事之時者七也自頻年以來兩浙最近則先旱江淮則又旱湖廣則又旱流徙者相續道殣相枕而常平之積名存而實亡入粟之令上行而下慢靜而無事未知所以振救之動而有事將何以爲賁耶臣所謂言有事於無事之時者八也古者足國裕民惟食與貨今之所謂錢者富商巨賈閹宦權貴皆盈室以藏之至於百姓三軍之用惟破楮券爾萬一如唐涇原之師因怨糲食蹴而覆之出不遜語遂起朱泚之亂可不爲寒心哉臣所謂言有事於無事之時者九也古者立國必有可畏非畏其國也畏其人也故苻堅欲圖晉而王猛以爲不可謂謝安桓沖江左之望是存晉者二人而已異時名相如趙鼎張浚名將如岳飛韓世忠此金人所憚也近時劉珙可用則早死張栻可用則沮死萬一有緩急不知可以將諸軍者何人可以當一面者何人而金人之所素憚者又何人而或者謂人之有才用而後見臣聞之記曰苟有車必見其軾苟有言必聞其聲今曰有其人而未聞其可將可相是有車而無軾有言而無聲也且夫用而後見非臨之以大安危試之以大勝負則莫見其用也平居無以知其人必待大安危大勝負而後見成事幸矣萬一敗事悔何及耶昔者謝元之北禦苻堅而郗超知其必勝桓溫之西伐李勢而劉惔知其必敗蓋元於履屐之間無不當其任溫於蒱博不必得則不爲二子於平居無事之日蓋必有以察其小而後信其大也豈必大用而後見哉臣所謂言有事於無事之時者十也願陛下超然遠覽昭然遠寤勿矜聖德之崇高而增其所未能勿恃中國之生聚而嚴其所未備勿以天地之變異爲適然而法宣王之懼災勿以臣下之苦言爲逆耳而體太宗之導諫勿以女謁近習之害政爲細故而監漢唐季世致亂之由勿以仇讎之包藏爲無他而懲宣政晚年受禍之酷責大臣以通知邊事軍務如富弼之請勿以東西二府異其心委大臣以薦進謀臣良將如蕭何所奇勿以文武兩途而殊其轍勿使賂宦者而得旄節如唐大曆之弊勿使貨近

幸而得招討如梁段凝之敗以重蜀之心而重荊襄使東西形勢之相接以保江之心而保兩淮使表裏脣齒之相依勿以海道為無虞勿以大江為可恃增屯聚糧治艦扼險君臣之所咨訪朝夕之所講求姑置不急之務精專備敵之策庶幾上可消於天變下不墮於敵奸然天下之事有本根有枝葉臣前所陳枝葉而已所謂本根則人主不可以自用人主自用則人臣不任責然猶未害也至於軍事而猶曰誰當憂此吾當自憂今日之事將無類此傳曰木水有本原聖學高明願益思其所本原者

光宗紹熙四年地震

按宋史光宗本紀紹熙四年冬十月己酉夜地震庚戌夜地又震十一月癸酉地生毛

寧宗慶元六年地震

按宋史寧宗本紀慶元六年十一月丙寅東北地震

按五行志慶元六年九月東北地震十一月甲子地震東北方

嘉定六年地震

按宋史寧宗本紀不載　按五行志嘉定六年四月行都地震六月丙子淳安縣地震

嘉定九年地震

按宋史寧宗本紀嘉定九年二月辛亥東西兩川地大震三月乙卯又震甲子又震丁卯又震壬申又震六月辛卯西川地震壬辰又震冬十月癸亥西川地震甲子又震

嘉定十年地震

按宋史寧宗本紀十年二月庚申地震

嘉定十四年地震

按宋史寧宗本紀十四年春正月乙未地震五月丙申西川地震

理宗寶慶元年地震

按宋史理宗本紀寶慶元年八月己酉地震

嘉熙四年地震

按宋史理宗本紀嘉熙四年十二月丙辰地震己未詔求直言

淳祐元年地震

按宋史理宗本紀不載　按五行志淳祐元年十二月庚辰夜地震

寶祐三年地震

按宋史理宗本紀寶祐三年五月辛酉嘉定大雨雹與敘南同日地震　按五行志寶祐三年蜀地震

度宗咸淳七年地震

按宋史度宗本紀咸淳七年秋七月壬午嘉定地震者再

咸淳九年地生白毛

按宋史度宗本紀不載　按五行志九年江南平地產白毛臨安尤多

咸淳十年恭帝即位地震

按宋史瀛國公本紀咸淳十年七月即位冬十月己巳閩中地震

恭帝德祐元年地震

按宋史瀛國公本紀德祐元年三月乙亥閩中地大震

金

熙宗天會十五年地震

按金史熙宗本紀天會十五年七月丙戌夜京師地震

天眷三年地震

按金史熙宗本紀天眷三年十二月丁丑地震

皇統四年地震

按金史熙宗本紀皇統四年十一月甲辰以河朔諸郡地震詔復百姓一年其壓死無人收葬者官為斂藏之

海陵正隆五年地震

按金史海陵本紀正隆五年二月辛未河東陝西地震鎮戎德順軍大風壞廬舍人多壓死　按五行志五年二月辛未河東陝西地震鎮戎德順等軍大風壞廬舍民多壓死海陵問司天馬貴中對曰伏陽逼陰所致又問震而大風何也對曰土失其性則地以震風為號令人君嚴急則有烈風及物之災

世宗大定四年地震

按金史世宗本紀大定四年三月庚子京師地震

大定五年地震

按金史世宗本紀五年六月丙午京師地震七月戊申朔京師地復震十月丁丑朔地震

大定七年地震

按金史世宗本紀七年九月庚辰地震

大定二十年地震

按金史世宗本紀二十年五月丙寅京師地震生黑白毛

大定二十三年地生白毛

按金史世宗本紀二十三年三月癸丑地生白毛五月丁亥地生白毛

大定二十七年地震

按金史世宗本紀二十七年四月辛丑京師地震

大定二十九年章宗即位地生白毛

按金史章宗本紀二十九年春正月癸巳即位五月丁未地生白毛

章宗明昌元年地生白毛

按金史章宗本紀明昌元年二月癸丑地生白毛

明昌四年三月京師地震

按金史章宗本紀不載　按五行志云云

明昌六年地震

按金史章宗本紀六年二月丁丑京師地震

承安元年地震

按金史章宗本紀承安元年十一月平陽地震有聲如雷自西北來十二月詔平陽地震人戶三人死者免租稅一年二人及傷者免一年貧民死者給葬錢五千傷者二千　按五行志承安元年十一月丙申平陽地震有聲自西北來戊戌夜又震自此時復震動浮山縣尤劇城廓民居圮者十七八死者凡二三千人

承安二年地震

按金史章宗本紀二年二月地大震有聲如雷六月丙寅地震七月地震八月地震九月地大震乙未詔求直言　按五行志二年二月乙酉地大震有聲殷殷然六月七月至九月晦其震不一

承安五年五月庚辰地震

按金史章宗本紀云云

宣宗興定三年地震

按金史宣宗本紀興定三年癸未陝西地大震六月平涼等處地震七月庚子以地震曲赦陝西路丁巳遣從單思忠以地震祭地祇於上清宮　按五行志三年四月癸未陝右黑風晝起有聲如雷頃之地大震平涼鎮戎德順尤甚廬舍傾壓死者以萬計雜畜倍之　按把胡魯傳三年六月平涼等處地震胡魯因上言皇天不言以象告人災害之生必有其故乞明諭有司敬畏天戒上嘉納之遣右司諫郭著往閱其迹撫諭軍民焉

哀宗正大四年地震

按金史哀宗本紀正大四年六月丙辰地震

元

世祖至元二十一年地震

按元史世祖本紀至元二十一年九月甲申京師地震　按五行志至元二十一年九月戊子京師地震

按傳云陽伏而不能出陰迫而不能升于是有地震

至元二十六年地震

按元史世祖本紀二十六年春正月丙戌地震

至元二十七年地震

按元史世祖本紀二十七年二月癸未泉州地震丙戌復震八月癸巳地大震武平尤甚壓死按察司官及總管府官王連等及民七千二百二十人壞倉庫局四百八十間民居不可勝計己亥帝聞武平地震盧乃顏黨入寇遣平章政事鐵木兒樞密院塔魯忽帶引兵五百人往視九月戊申武平地震　按五行志二十七年二月癸未泉州地震丙戌泉州地復震八月癸未武平路地大震　按商挺傳挺子琥至元二十七年徵拜中臺監察御史屬地震琥上書言漢文帝有此异而無其應蓋以躬行德化之道在立法任人二者而已法不徒立須人而行人不濫用惟賢是擇因舉天下名士十餘人帝從之皆召用待以不次

至元二十八年地震

按元史世祖本紀二十八年八月乙丑朔平陽地震壞民廬舍萬有八百二十六區壓死者百五十人

按五行志二十八年八月己丑平陽路地震壞廬舍萬八百區

至元二十九年地震

按元史世祖本紀二十九年正月壬寅午平地震

成宗元貞元年三月壬戌地震

按元史成宗本紀不載　按五行志云云

大德六年地震

按元史成宗本紀大德六年十二月辛酉雲南地震戊辰又震

大德七年地震

按元史成宗本紀七年八月辛卯夜地震平陽太原尤甚村堡移徙地裂成渠人民壓死者不可勝計九月平陽地震　按五行志七年八月辛卯夕地震太原平陽尤甚壞官民廬舍十萬計平陽趙城縣范宜義郇堡徙十餘里太原徐溝祁縣及汾州平遙介休西河孝義等縣地震成渠泉湧黑沙汾州北城陷長一里東城陷七十餘步

大德八年地震

按元史成宗本紀八年正月平陽地震不止已修民屋復壞　按陳天祥傳天祥拜集賢大學士商議中書省事八月地震河東尤甚詔問弭災之道天祥上章極言陰陽不和天地不位皆人事失宜所致執政者以其言切直抑不以聞天祥自被名還京至是且一歲未嘗得見帝言事常鬱鬱不自釋又不欲苟縻廩祿八年正月移疾謝去　按呂彧傳大德中河東關隴地震月餘不止彧與集賢學士蕭𣂏各設問答數千言以究其理且移書廟堂陳救災弭患之道　按愛薛傳愛薛授平章政事八年京師地震上弗豫中宮召問災異殆下民所致耶對曰天地示警民何與焉　按鄭鼎傳鼎子制宜授大都留守大德八年晉地大震平陽尤甚壓死者衆制宜承命存恤懼緩不及事晝夜倍道兼行至則親入里巷撫瘡痍給粟帛存者賴之

大德九年地震

按元史成宗本紀九年二月平陽太原地震四月乙酉大同路地震有聲如雷壞官民廬舍五千餘間壓死者二千餘人懷仁縣地裂二所湧水盡黑漂出松柏朽木十二月丙子西威地震　按五行志九年四月己酉（紀作乙酉）大同路地震壞廬舍五千八百壓死者一千四百餘人懷仁縣地震二所湧水盡黑其一廣十八步深十五丈其一廣六十六步深一丈五月癸亥以地震改平陽路爲晉寧太原路爲冀寧十一月壬子大同地震

大德十年地震

按元史成宗本紀十年閏正月甲午晉寧冀寧地震不止八月壬寅開成路地震王宮及官民廬舍皆壞壓死故秦王妃也里完等五千餘人

大德十一年武宗卽位地震

按元史武宗本紀十一年五月甲申卽位八月戊午冀寧路地震　按五行志十一年八月壬寅開城路地震

武宗至大元年地震

按元史武宗本紀至大元年六月丁酉鞏昌府隴西寧遠縣地震雲南烏撒烏蒙三日之中地大震者六九月丙辰中書省臣言夏秋之間鞏昌地震歸德暴風雨泰安濟寧眞定大水廬舍蕩析人畜俱被其災江浙饑荒之餘疫癘大作死者相枕籍父賣其子夫鬻其妻哭聲振野有不忍聞臣等不才猥當大任雖竭盡心力而聞見淺狹思慮不廣以致政事多舛有乖陰陽之和百姓被其災殃願退位以避賢路帝曰災害事有由來非爾所致汝等但當愼其所行十月癸巳蒲縣陵縣地震

至大二年地震

按元史武宗本紀二年十二月壬戌陽曲縣地震有聲如雷

至大三年地震

按元史武宗本紀三年十二月戊申冀寧路地震

至大四年仁宗卽位地震

按元史仁宗本紀四年三月庚寅卽位寧夏縣地震七月癸未甘州地震大風有聲如雷閏七月甲子寧夏地震　按五行志四年三月己亥寧夏路地震七月癸未甘州地震大風有聲如雷閏七月庚子寧夏地震

仁宗皇慶二年地震

按元史仁宗本紀皇慶二年六月己未朔京師地震癸亥禿忽魯等以災異乞賜放黜不允丙寅京師地震七月壬寅京師地震

延祐元年地震

按元史仁宗本紀延祐元年二月戊辰大寧路地震四月甲申朔大寧路地震有聲如雷八月丁未冀寧汴梁及武安涉縣地震壞官民廬舍武安死者十四人涉縣三百二十六人十一月辛未大寧路地震有聲如雷

延祐二年地突陷

按元史仁宗本紀延祐二年五月乙丑秦州成紀縣山移是夜疾風電雹北山南移至夕河川次日再移平地突出土阜高者二三丈陷沒民居敕遣官驗賑恤

延祐三年地震

按元史仁宗本紀三年九月己未冀寧晉寧路地震十月壬午河南路地震

延祐四年地震

按元史仁宗本紀四年正月壬戌冀寧路地震　按五行志四年正月壬戌冀寧地震辛卯冀寧地震九月嶺北地震三日

延祐五年地震

按元史仁宗本紀延祐五年正月甲戌懿州地震二月癸巳和寧路地震五月己卯德慶路地震　按五

行志同

英宗至治二年地震

按元史英宗本紀至治二年十一月己亥御史李端言近者京師地震日月薄蝕皆臣下失職所致帝自責曰是朕思慮不及致然因敕群臣亦當修飭以謹天戒癸卯地震乙卯宣德府宣德縣地屢震帝性堅剛明嘗以地震減膳徹樂避正殿有近臣稱觴以賀問何爲賀朕方修德不暇汝爲大臣不能匡輔反爲詔耶斥出之拜住進曰地震乃臣等失職宜求賢以代曰毋多遜此朕之過也　按五行志二年九月癸亥地震

泰定帝泰定元年地震

按元史泰定帝本紀泰定元年四月庚辰以地震手詔戒飭百官十二月庚申同州地震有聲如雷　按五行志泰定元年十二月庚申奉元路同州地震有聲如雷　按宋本傳泰定元年春除監察御史首言逆賊鐵失等雖伏誅其黨樞密副使阿散身親弒逆以告變得不死竄嶺南乞早正天討國制範黃金爲太宗神主仁宗室盜竟竊去本言在法民間失盜捕之違期不獲猶治罪太常失典守及在京應捕官皆當罷去又言中書宰執日趨禁中固寵苟安兼旬不至中堂壅滯機務乞戒飭臣僚自非入宿衛日必詣所署治事皆不報踰月調國子監丞夏風烈地震有旨集百官雜議弭災之道時宿衛士自北方來者復遣歸乃百十爲羣剽刼殺人桓州道中既逮捕旭滅傑奏釋之蒙古千戶使京師宿邸中適民間朱甲妻女車過邸門千戶悅之并從者奪以入朱泣訴于中書旭滅傑庇不問本適與議本復抗言鐵失餘黨未誅仁廟神主盜未得桓州盜未治朱甲寃未伸刑政失度民憤天怨災異之見職此之由辭氣激奮衆皆聳聽

泰定二年地震

按元史泰定帝本紀二年正月庚戌詔論宰臣曰向者卓兒罕察苦魯及山後皆地震內郡大小民饑朕自卽位以來惟太祖開創之艱世祖混一之盛期與人民共樂常懷祗懼災沴之至莫測其由豈朕思慮有所不及而事或僭差天故以此示儆卿等其與諸司集議便民之事其思自死罪始議定以聞朕將肆赦以詔天下

泰定三年地震

按元史泰定帝本紀三年十一月丁亥寧夏路地震有聲如雷連震者四

泰定四年地震

按元史泰定帝本紀四年三月癸卯和寧地震有聲如雷十一月辛卯冀寧路曲陽縣地震　按五行志四年三月癸卯和寧路地震如雷八月碉門地震有聲如雷晝晦鳳翔興元成都陝州江陵等郡地同日震九月壬寅寧夏地震

致和元年地震

按元史泰定帝本紀致和元年七月辛酉朔寧夏地震　按五行志致和元年十月壬寅大寧路地震

文宗天曆二年地震

按元史文宗本紀天曆二年二月辛亥廬州路合肥縣地震十月壬寅大寧路地震

至順元年地震

按元史文宗本紀至順元年九月庚辰大寧路地震

至順二年地震

按元史文宗本紀二年四月甲戌眞定武陟縣地震逾月不止

至順三年地震

按元史文宗本紀三年四月戊申大寧路地震五月戊寅京師地震有聲八月己酉隴西地震九月辛己是夜地震有聲來自北

至順四年地震

按元史文宗本紀不載　按五行志四年四月戊申大寧路地震五月戊寅京師地震有聲八月己酉隴西地震

順帝元統元年地裂地震

按元史順帝本紀不載　按五行志元統元年十一月丙申鞏昌成紀縣地裂癸卯安慶潛山縣地震辛亥泰州地裂十二月饒州德興縣餘干樂平二州地震

元統二年地震

按元史順帝本紀二年八月辛未京師地震

至元元年地震

按元史順帝本紀至元元年十二月丙子安慶蘄黃地震　按五行志至元元年十一月壬寅興國路地震十二月丙子安慶路地震所屬宿松太湖潛山三縣同時俱震廬州蘄州黃州亦如之是月饒州亦地震

至元二年正月乙丑宿松地震

按元史順帝本紀不載　按五行志云云

至元三年地震

按元史順帝本紀三年八月壬午京師地大震太廟梁柱裂各室牆壁皆壞壓損儀物文宗神主及御牀盡碎西湖寺神御殿壁仆壓損祭器自是累震至丁亥方止所損人民甚衆癸未河南地震　按五行志三年八月辛亥夜京師地震壬午又大震損太廟神主西湖寺神御殿壁傾祭器皆壞順州龍慶州及懷來縣皆以辛巳夜地震壞官民房舍傷人及畜牧宣德府亦如之遂改爲順寧云

至元四年地震

按元史順帝本紀四年正月丙申以地震赦天下二月乙酉奉聖州地震七月己酉奉聖州地大震損壞人民廬舍八月辛未宣德府地大震丙子京師地震日二三次至乙酉乃止　按五行志四年春保安州及瑞州路新昌州地震七月己酉保安州地大震八月丙子京師地震日凡二三至乙酉乃止密州安丘縣地震

至元六年地裂

按元史順帝本紀不載　按五行志六年六月己亥秦州成紀縣地裂

至正元年地震

按元史順帝本紀至正元年三月己未汴梁地震

至正二年地震裂

按元史順帝本紀二年四月辛丑冀寧路平晉縣地震聲如雷鳴裂地尺餘民居皆傾仆十二月乙酉京師地震

至正三年地震

按元史順帝本紀三年二月汴梁路新鄭密二縣地震十二月膠州及屬邑高密地震　按五行志三年二月鈞州新鄭密縣地震十二月膠州及屬邑高密地震

至正四年地震

按元史順帝本紀四年七月戊子朔溫州颶風大作海水溢地震八月莒州蒙陰縣地震

至正五年地震

按元史順帝本紀不載　按五行志五年春薊州地震所領四縣及東平汶上縣亦如之十二月乙丑鎮江地震

至正六年地震

按元史順帝本紀六年二月山東地震九月戊子邵武地震有聲如鼓至夜復鳴　按五行志六年二月益都路益都昌樂壽光三縣濰州北海縣膠州卽墨縣地震三月高苑縣地震壞民居九月戊午邵武地震翌日地中有聲如鼓夜復如之

至正七年地震

按元史順帝本紀七年二月己卯山東地震五月臨淄地震七日乃止　按五行志七年二月益都臨淄臨朐濰州之昌邑膠州之高密濟南之棣州地震三月東平路東阿陽穀平陰三縣地震河水動搖五月臨淄地又震七日乃止河東地坼泉湧崩城陷屋傷人民十一月鎭江丹陽縣地震

至正九年六月台州地震

按元史順帝本紀不載　按五行志云云

至正十一年地震

按元史順帝本紀十一年四月冀寧路屬縣多地震半月乃止丁酉孟州地震　按五行志十一年四月冀寧路汾忻二州文水平晉榆次壽陽四縣晉寧遼州之榆社懷慶河內脩武二縣及孟州皆地震聲如雷霆圮房屋壓死者甚衆八月丁丑中興路公安松滋枝江三縣峽州荆門二州地震

至正十二年地震

按元史順帝本紀十二年二月丙戌霍州靈石縣地震三月隴西地震　按五行志十二年二月丙戌霍州靈石縣地震閏三月丁丑陝西地震莊浪定西靜寧會州尤甚移山堙谷陷沒廬舍有不見其跡者會州公廨牆圮得弩五百餘張長丈餘短者九尺人莫能開挽

至正十三年地震

按元史順帝本紀十三年三月會州定西靜寧莊浪等州地震

至正十四年地震

按元史順帝本紀十四年夏四月癸巳朔汾州介休縣地震泉湧七月汾州孝義縣地震十二月己酉紹興路地震　按五行志十四年十一月寧國路地震所領寧國旌德二縣亦如之淮安路海州地震

至正十五年地震

按元史順帝本紀十五年六月丁丑保德州地震

至正十六年地震

按元史順帝本紀十六年正月薊州地震　按五行志十六年春薊州地震凡十日所領四縣亦如之六

月雷州地大震

至正十七年地陷

按元史順帝本紀不載　按五行志十七年十月靜江路東門地陷

至正十八年地震

按元史順帝本紀十八年五月山東地震　按五行志十八年二月乙亥冀寧臨州地震五月益都地震

至正十九年地震

按元史順帝本紀不載　按五行志十九年正月甲午慶元地震

至正二十年地震

按元史順帝本紀不載　按五行志二十年二月延平順昌縣地震

至正二十二年地震

按元史順帝本紀不載　按五行志二十二年三月南雄路地震

至正二十三年地震

按元史順帝本紀不載　按五行志二十三年十二月丁巳台州地震

至正二十五年地震

按元史順帝本紀不載　按五行志二十五年十月壬申興化路地震有聲如雷

至正二十六年地震

按元史順帝本紀二十六年六月壬子朔汾州介休縣地震秋七月徐溝縣地震　按五行志二十六年三月海州地震如雷七月辛亥冀寧路徐溝縣石忻臨三州汾之孝義平遙二縣同日地震有壓死者是月河南府鞏縣大霖雨地震十一月辛丑華州蒲城縣洛岸崩壅水絕流三日

至正二十七年地震

按元史順帝本紀二十七年五月山東地震　按五行志二十七年十月丙辰福州雷雨地震十二月庚午又震有聲如雷

至正二十八年地震

按元史順帝本紀二十八年六月庚子朔徐溝縣地震壬戌臨州保德州地震五日不止　按五行志二十八年六月冀寧文水徐溝二縣汾州孝義介休二縣臨州保德州隰之石樓縣及陝西皆地震十月辛巳陝西地又震

欽定古今圖書集成曆象彙編庶徵典

第一百十九卷目錄

地異部彙考六

庶徵典第一百十九卷

地異部彙考六

明一

太祖吳元年冬十月福州地震

按明昭代典則云云

洪武元年夏六月瑞州府地震

按江西通志云云

洪武五年地震

按明昭代典則洪武五年八月太原府徐溝縣西北地震自癸未至乙酉日

按廣東通志洪武五年四月廣州地震舊志四月二十一日辰時地震是年八月二十日卯時又震有聲如雷地拆二三里許

惠宗建文元年京師地震

按正氣紀惠宗本紀建文元年三月京師地震求直言監察御史尹昌隆言奸臣專政陰盛陽微讁見於天帝惡之故貶徐曰求直言而以直棄之人將不食吾餘復原職既而昌隆復上疏觸忌御史金焦劾其放言肆害斥昌隆爲福寧知縣

按名山藏燕王還北平傳檄天下曰太孫即位京師地震占書曰地德至靜不宜動搖若主弱臣強則必震動臣下擅權則土不寧變怪生焉陽伏不能出陰出不能入陰陽相激地必震動動於宗廟宮殿者人君失信國無忠臣誅伐不以禮上下不相親也

建文二年會稽地震

按浙江通志云云

成祖永樂元年地震

按名山藏永樂元年十一月上顧侍臣曰北京山西寧夏一時地震朕心惕然爾言其故侍臣對曰兵戈土木應也上曰比年兵旅饑饉民困甚矣朕夙夜圖之朕避暑樓居武門端門而已後宮墊隘不敢增修應土木也若云兵戈政當勑邊修備

按湖廣通志永樂元年施州地大震以民奏設帥辟王宣撫等七十餘處隨相攻害

按廣東通志永樂元年八月辛未潮州地震

永樂二年地震

按大政紀永樂二年十一月甲寅京師地震諭文武羣臣宜戒謹修職共回天意凡軍民有不便之事當速改之

按江南通志永樂二年應天地震

永樂六年地屢震

按山東通志云云

永樂十四年九月癸卯京師地震

按大政紀云云

仁宗洪熙元年地震

按大政紀洪熙元年三月甲戌南京地震者二

宣宗宣德元年秋七月北京地震

按大政紀云云

宣德二年二月南京地屢震

按大政紀云云

宣德四年春正月南京地震

按大政紀云云

英宗正統五年地震

按名山藏正統五年十月蘭縣莊浪同以月朔地震十日乃止壞城堡官民廬舍壓死男女二百餘人勅三司修葺賑䘏之

正統十年地震

按山東通志正統十年地大震

按福建通志正統十年十一月癸未地震連日夜凡九次鳥獸之屬皆辟易飛走山崩石墜地裂木湧公私屋宇摧壓者多凡百餘日乃止

代宗景泰二年地震

按名山藏景泰二年八月壬申南京地震

景泰三年地震

按名山藏景泰三年九月南京地震

英宗天順二年地震

按雲南通志天順二年七月地震金齒司東南城郭兵器俱燬

天順四年地震

按浙江通志天順四年十二月會稽地震

憲宗成化元年地震

按大政紀成化元年二月大雨黑黍於襄陽地震屋

字搖動轟轟有聲四月河南鈞州地震有聲至二十三日方止

按湖廣通志成化元年襄陽地震有聲

成化四年地震

按大政紀成化四年八月癸巳辰刻京師地震有聲九月壬午京師地震御史康永韶奏考察兩京官命吏部都察院會各堂上官考察

成化五年地震

按湖廣通志成化五年冬十月朔安陸地震有聲城垣傾者數丈

成化六年地震

按大政紀成化六年正月丁亥河南地震兵科給事中郭鏜乞禁約天下今後不許獻言祥瑞置不問鏜言今年正月河南布政司奏地震既而掌太常寺事李希安奏甘露降俱下禮部尚書鄒幹等卽以甘露事上聞臣備位諫官適覩二事不敢不言蓋遇災異則懼心起悅休祥則驕心萌懼則修德驕則怠政故聖人不貴祥瑞春秋獨記災異商之中宗高宗一則桑穀生一則雊雉鼎耳二君因巫咸祖乙之言恐懼修省變災爲祥故能享國長久商道益隆漢文景之時日食地震山崩川湧星變之異未易遽數二君恐懼修省今年下詔勸農桑明年下詔免租稅以致民和氣應海內富安惟遇災而不知懼然後亂亡隨之皇上踐祚於茲六載凡列位大臣職居典禮者宜如巫咸之告君祖乙之正事鄒幹等乃以先奏地震遲留不言顧以後奏甘露詔言瑞應跡其所存實懷容悅之私伏願皇上以年豐爲瑞以民安爲祥以賢才爲寶遇災而懼聞瑞不喜仍罷幹希安二人以謝天下及禁約天下今後不許獻言祥瑞仍以地震天旱因災求言博訪政事缺失民間疾苦以次施行使天下後世知皇上不愛祥瑞不近諂諛懼災修德其爲瑞應豈不大哉上曰朕未嘗以此怠於德政郭鏜安得爲此言姑置之以湖廣地震遣官祭告境內山川八月己巳廣東高雷二府地震有聲

成化七年地震

按雲南通志成化七年春正月順寧地震聲如雷踰日始寧

成化八年地震

按山西通志成化八年地震太原府境內七月再震有聲如雷

按貴州通志成化八年冬十一月地震

成化九年地震

按山西通志成化九年三月石樓縣地震七月又震有聲

成化十一年地震地裂

按江南通志成化十一年蘇州松江地震生白毛

按浙江通志成化十一年諸暨地震

成化十二年地震地湧血

按大政紀成化十二年正月辛亥南京地震有聲正月南京六科十三道各奏南京陰霾遮日地震有聲乞加修省下所司知之四月庚寅夜山西太原府地震有聲十月辛巳京師井薊州等處地震有聲

按浙江通志成化十二年嘉興地震山陰地湧血

成化十五年地震

按大政紀成化十五年五月乙丑直隸常州府地震有聲生白毛九月丙子直隸無錫常熟二縣地震有聲

按浙江通志成化十五年九月嘉興地震

按湖廣通志成化十五年九月黃梅地震

成化十六年地突起地震

按大政紀成化十六年六月長樂縣昆田里平地突起小阜闊三四尺人畜踐之輒陷尋復於其左湧一山廣袤五丈餘其占女主爲男之兆唐武后時有此但今異幸小耳九月辛丑四川威州地震有聲

按山東通志成化十六年九月鄒平地震

按廣東通志成化十六年夏五月香山地震

成化十七年地震

按大政紀成化十七年三月禮部尚書周洪謨等奏災變修省事宜從之禮部以二月初十日南京及江北四府山東河南等府州縣俱同日地震有聲奏言考之傳記地動千里有大災又云春動者歲凶二月動者水災今所動不止千里又况鳳陽南京皆祖宗根本之地宗廟社稷所在關係九重乞行各處守臣理冤抑恤孤寡以消變異廣儲畜省費用以備歲凶濬溝渠築河堤以防水患毋徒事虛文四月南京六科給事中周紘等十三道御史陳金等因災異劾南京禮部侍郎李本兵部侍郎馬顯工部侍郎劉俊國子監祭酒王㒜左副都御史胡拱辰鴻臚寺卿李鍩俱不職乞罷黜上下部悉留之金等言南京地震有聲白毛頓長猛虎近城傷人且當陽春和煦之時而寒風淒雨有類秋冬臣惟根本重地災異獨甚皆大

臣不職所致
成化十八年山陰地震
按浙江通志云云
成化十九年地震
按畿輔通志成化十九年春三月宣府地震
按山東通志成化十九年夏四月兗州鉅野等處地震有聲
成化二十年地震
按名山藏成化二十年正月庚寅京師地震是日永平諸府及宣府大同遼東地皆震動宣府地裂湧水天壽山密雲古北口居庸關一帶城垣墩臺驛堡多至潰裂人有壓死者壬辰敕諭文武群臣曰朕夙夜政理治効未著地震京師天戒至矣齋心滌慮省徭修德尒文武群臣宜各痛加省改懋稱厥職以毗朕志
按福建通志成化二十年十二月戊寅地震有聲如雷
成化二十一年地震
按山西通志成化二十一年正月地震洪洞趙城震者三蒲州大震壞民廬舍房屋牆垣無數至五十日而後始止
按蒲州志成化二十一年正月地大震有聲牆屋傾覆五十日始止
按洪洞縣志成化二十一年正月地震者三
成化二十二年地裂地震
按陝西通志成化二十二年五月商州地裂六月咸寧縣地裂傾陷民房屋牆垣無數
按福建通志成化二十二年九月地震三次
成化二十三年地震
按山東通志成化二十三年三月德平地震
按陝西通志成化二十三年七月二十二日關中地震如雷山多崩圮屋舍壞男女死者千九百餘人
按湖廣通志成化二十三年九月衡陽德安地震
按廣東通志成化二十三年五月庚申廣州地震
孝宗弘治元年地震
按雲南通志弘治元年大姚地震白塔裂再震復合
弘治四年地震
按明外史彭韶傳弘治四年南京地震御史宗彝等言韶喬新强珍謝鐸陳獻章章懋彭程俱宜召用不報
弘治五年地震
按山東通志弘治五年夏五月濮州地震
弘治六年地震
按山西通志弘治六年榆次地震有聲如雷
弘治七年地震
按江西通志弘治七年十一月地震有聲
弘治八年地震
按大政紀弘治八年十月南京地震十一月陝西地震
按廣東通志弘治八年夏六月高明地震
弘治九年地震
按四川總志弘治九年綿竹地震自東南而西北房屋掣動
弘治十年地震
按大政紀弘治十年五月各省地震詔求直言
按浙江通志弘治十年九月杭州地震
弘治十一年地震
按雲南通志弘治十一年十月浪穹地震有聲如雷
弘治十二年地震生白毛
按浙江通志弘治十二年樂淸地震生白毛
按雲南通志弘治十二年雲南縣地震夏六月景東地震十日夜蒙化地大震民屋多圮厥明地生白毛長寸許文廟獨無冬宜良地震有聲自西南來如雷民居盡圮壓死以萬計旬月常震越四年始寧十二月澂江地震官民廬舍傾壞人多壓死月餘乃止
弘治十三年地震
按福建通志弘治十三年三月地震有聲
弘治十四年地震
按大政紀弘治十四年正月朔陝西地震時西安延安慶陽潼關等處地震有聲韓城縣尤甚聲響如雷傾倒官民房五千餘間壓死男婦一百五十自朔至望震猶未息縣東安昌八里徧地決破湧水有裂開地長一二丈或四五丈者湧出溢流如河陝西地震水湧林俊上疏謂變不虛生必有其應歷述漢晉以來宮闈內侍柄臣之禍且乞減齋醮淸役占汰冗食止工作省供應節賞賜戒逸欲遠佞幸親賢人兵部尚書馬文升上疏弭災急務上嘉納之文升言地道主靜動則失常考古典凡言地震者乃坤不承乾臣不承君之兆然亦未有震于元旦者亦未有裂地成河者此乃非常之異古今之所罕見也陝西四鄰邊境而延慶二府又密邇河套地震未已而外國乘之

侵凌之兆亦已明矣值兹民困財竭兵衰將懦之時而欲安内以攘外修德以弭災亦甚乎其難矣伏望陛下祗畏變異痛加修省節金帛以備緊急罷齋醮以省浪費止傳奉之官禁奏討之地將陝西織造絨褐内臣早取回京以蘇軍民之困宗社生靈庶幾有賴上日覽奏具見忠愛所司即便施行

按山西通志弘治十四年正月朔蒲州地震有聲如雷形勢閃蕩如舟在浪中官民牆屋傾頹壓死人畜甚多

按江南通志弘治十四年松江地震屋宇動搖

按雲南通志弘治十四年正月十六日劍川州地震聲如雷土城官民廬舍皆圮

按異林弘治辛酉元日朝邑地震如雷城宇摵落者五千三百餘所徧地竅發如甕口或裂長一二尋湧泉泛溢幾成川河迄望夕猶震搖不息人民逃散

弘治十五年地震

按山東通志弘治十五年汶上地震有聲如雷秋九月七日戌時濮州等處地震湧水四出民居傾壞者千餘壓死者五十餘人一日三十餘震

按山西通志弘治十五年保德地震有聲如雷

按河南通志弘治十五年考城地震

按雲南通志弘治十五年八月騰衝地震

弘治十六年地震

按江西通志弘治十六年八月樂平地震

弘治十七年地震

按山東通志弘治十七年秋九月金鄉地震越十日復震

按山西通志弘治十七年萬泉地震

按陝西通志弘治十七年地震二次正月華陰地震

弘治十八年地震

按江南通志弘治十八年松江地震有聲如雷

按浙江通志弘治十八年兩浙地震生白毛

武宗正德元年地震

按大政紀正德元年春正月地震

按陝西通志正德元年二月郃陽縣地連震六次

按浙江通志正德元年十二月溫州地震生白毛

按江西通志正德元年九月餘干地震

按雲南通志正德元年雲南縣地震生白毛

正德二年武强地震生白毛

按畿輔通志云云

正德四年地震地裂

按畿輔通志正德四年武强地震生白毛

按浙江通志正德四年德清新昌地震

按廣東通志正德四年冬十月惠州地震

按湖廣通志正德四年春棗陽地震鄖陽地裂泉溢七月江夏地震生白毛冬十月靖州地震一日三次

按福建通志正德四年連江地生白毛焚之有髮氣

按廣東通志正德四年秋七月興寧地震九月高州地震

正德五年地震

按明昭代典則正德五年秋七月四川威茂地震有聲如雷漳川樂至州縣皆震

按畿輔通志正德五年夏五月衡水地震

按浙江通志正德五年湖州地震生白毛

按湖廣通志正德五年五月靖州地震

按廣東通志正德五年秋七月地震

按廣西通志正德五年六月蒼梧地震次日生白毛

正德六年地震

按大政紀正德六年十一月京師地震

按浙江通志正德六年杭州地震

按江西通志正德六年春正月朔東鄉進賢地震

按雲南通志正德六年騰衝地震楚雄北勝州地震有聲自西北來牆屋俱圮五月六日地大震城傾西北圮民居千餘所

按貴州通志正德六年秋九月都勻地震

正德七年地震

按陝西通志正德七年三月渭南縣地震

按江南通志正德七年蘇州地震有聲生白毛

按浙江通志正德七年杭州連月地震生白毛

按廣西通志正德七年六月北流地震

按雲南通志正德七年八月庚午金齒騰衝地震辛未大震有聲城堞官署民居傾壞死傷者甚多

正德八年地震

按廣西通志正德八年秋八月宣化縣地震聲隱隱如雷

按雲南通志正德八年臨安地震有聲如雷三日乃止

正德九年地震

按山西通志正德九年壽陽地震聲如雷日三次

正德十年地震

按山東通志正德十年十一月沂州地震

按浙江通志正德十年遂昌地震
按湖廣通志正德十年荊州地震有聲十一月復震常德澧州南漳地震
按雲南通志正德十年蒙化地大震池中水立景東地大震民居半圮五月六日武定祿豐鶴慶姚安麗江大姚同日地震官民廬舍傾圮殆盡鄧州地大震六月又震八月又震九月太和地震屋牆盡塌壓死數百人日每小震踰旬始寧
正德十一年地震地裂
按浙江通志正德十一年松陽地震
按湖廣通志正德十一年江夏地震八月武昌地裂
按福建通志正德十一年八月地大震
正德十二年地震
按浙江通志正德十二年杭州永嘉樂清地震
按江西通志正德十二年夏四月豐城地震
按福建通志正德十二年四月十九日沙縣地震是年將樂董旭等爲亂又是年地生毛一夜長二三寸有白有黑民驚駭者兩閱月乃沒
正德十四年地震
按江西通志正德十四年春九江地震黑氣彌月始散
按廣東通志正德十四年增城博羅地震
正德十五年地震
按山東通志正德十五年八月夏津縣地震
按浙江通志正德十五年寧波地震
按福建通志正德十五年三月二十五日安溪地大震聲如雷
按廣東通志正德十五年秋八月澄邁山移隅都民曾攻石窟出下丘連苗移疊上丘高近尺
按廣西通志正德十五年六月二十七日夜蒼梧地震
正德十六年地震
按浙江通志正德十六年冬至松陽地震遂昌地吼其聲如虎
世宗嘉靖元年地震
按山西通志嘉靖元年秋八月陽曲榆次寧鄉地震
按陝西通志嘉靖元年夏寧夏地震有聲如雷
按江西通志嘉靖元年九月建昌地震有聲
按湖廣通志嘉靖元年三月黃陂地震棗强穀城亦震沿江地震至嶽麓江而定城郭多沒
嘉靖二年地震
按大政紀嘉靖二年正月應天鳳陽山東河南陝西地震南畿青齊雍豫諸州同時地震給事中黃臣上言太監蕭敬久竊重柄復開傳乞之門地震之變斯人致之宜加竄斥不報十二月南京地震大雷雹以雪是月下弦地震雷雪連日夜不絕至明歲元日地復大震南京禮部侍郎劉瑞上言地震不于他所而獨于南京不于他日而于立春元旦凡有耳目莫不駭愕蓋南都天下之本而軍民又南都之本也本安則天下安矣謹條六事以聞一曰多發帑藏二曰嚴督逋負三曰督祭賑濟四曰修祭告五曰謹戒備六曰端大本帝嘉納之
按陝西通志嘉靖二年正月陝西地震
按廣東通志嘉靖二年秋樂會地震聲響如雷民謂大軍將至奔走數日乃定
嘉靖三年地震
按陝西通志嘉靖三年九月會寧縣地震是月河州衛地震
按浙江通志嘉靖三年嘉興山陰地震
按湖廣通志嘉靖三年襄陽宜城均州地大震
嘉靖四年地震
按全遼志嘉靖四年夏五月遼陽地震者三
按廣西通志嘉靖四年冬十二月都司地陷大門左旂纛廟前忽有聲如雷陷地一穴闊二丈五尺深一丈次日離前穴三丈許復陷一丈闊二丈深二丈有青氣一道上冲數丈良久始散
嘉靖五年地震
按山西通志嘉靖五年澤州高平陽城地震
按雲南通志嘉靖五年八月通海地震自東南來有聲如雷壞城堞官署民居壓死者甚多
嘉靖六年地震
按山西通志嘉靖六年春萬泉地震
按雲南通志嘉靖六年霑益地震壞民居
嘉靖七年地震
按浙江通志嘉靖七年嘉興地震
按湖廣通志嘉靖七年二月新化地震有聲如雷八月復震
按雲南通志嘉靖七年雲南縣地震
嘉靖九年地震
按廣東通志嘉靖九年夏四月德慶地震其聲如雷九月廉州地震

嘉靖十年地震

按畿輔通志嘉靖十年夏六月宣府地震

按浙江通志嘉靖十年湖州地陷數十丈

按四川總志嘉靖十年冬十月岳州地震

按貴州通志嘉靖十年冬十一月晦普定地震

嘉靖十一年地震

按大政紀嘉靖十一年正月靑州地震

按畿輔通志嘉靖十一年夏六月宣府地震

嘉靖十二年地震

按大政紀嘉靖十二年正月甲寅懷來地震

嘉靖十三年地震

按陝西通志嘉靖十三年閏二月洮泯州地震同州地震若雷數日方止連震十五次

按江西通志嘉靖十三年閏二月瑞州府地震

按廣東通志嘉靖十三年冬十月平陽地震有聲如雷

嘉靖十四年地震

按廣西通志嘉靖十四年四月容縣地大震者二次

嘉靖十五年地震

按蜀都雜抄嘉靖十五年丙申春二月二十八日癸丑四更點將盡地震者三初震房屋有聲雞犬皆鳴隨以天鼓自西北而南後數日得報惟建昌尤甚城郭廨宇皆傾死者數千人都司李某亦與焉

按四川總志嘉靖十五年三月岳池地復震建昌寧番尤甚有聲如雷地裂陷四五尺

按貴州通志嘉靖十五年秋七月思南地震

嘉靖十六年地震

按山西通志嘉靖十六年春正月文水地震

按陝西通志嘉靖十六年二月略陽地震

按雲南通志嘉靖十六年曲靖霑益陸凉馬龍羅雄地震

嘉靖十七年地震

按畿輔通志嘉靖十七年深州地震

按山西通志嘉靖十七年陽曲太谷地震屋瓦皆鳴

按雲南通志嘉靖十七年昆明地震數日乃止

嘉靖十八年地震

按山西通志嘉靖十八年陽曲地震

按陝西通志嘉靖十八年三月新安地震二次房屋動搖

嘉靖二十年地震裂

按湖廣通志嘉靖二十年五月隨州大雨三日黃連村地裂爲壑有聲如雷周五里皆震再越月乃止

嘉靖二十一年地震

按山西通志嘉靖二十一年保德地大震房屋傾頹

按湖廣通志嘉靖二十一年五月益陽地震

嘉靖二十三年地震

按貴州通志嘉靖二十三年興隆地震

嘉靖二十四年地震

按山西通志嘉靖二十四年大同地震

嘉靖二十六年地震

按大政紀嘉靖二十六年七月京師地震八月京師地屢震求言

嘉靖二十七年地震地鳴

按明昭代典則嘉靖二十七年秋七月八月京師地震

按全遼志嘉靖二十七年秋七月復州地鳴如雷八月金州地大震有聲

按山東通志嘉靖二十七年八月地大震城崩益都地震

按陝西通志嘉靖二十七年鄜延等處地震有聲是時地屢震

嘉靖二十八年地震

按山西通志嘉靖二十八年介休地震民舍多毀

嘉靖二十九年地震

按湖廣通志嘉靖二十九年正月武陵龍陽地震有聲

按福建通志嘉靖二十九年地大震海賊入長樂

按廣東通志嘉靖二十九年八月博羅地震

嘉靖三十年地震

按福建通志嘉靖三十年福州地震

嘉靖三十一年地震

按貴州通志嘉靖三十一年蓋州地動有聲

嘉靖三十二年地震

按湖廣通志嘉靖三十二年十二月均州地大震

按雲南通志嘉靖三十二年閏三月永昌騰越地震明日復震

嘉靖三十三年地震

按湖廣通志嘉靖三十三年十二月澧州德安襄陽鄖陽地震鍾祥穀城地震有聲

按雲南通志嘉靖三十三年碍嘉地震

嘉靖三十四年地震

按大政紀嘉靖三十四年十二月秦晉地震山移陝西地震山移數里平地坼裂水溢出西安鳳翔慶陽諸府州縣城皆陷沒人民壓死數十萬連震數月人心惶恐夜露宿里間不敢近廬舍山西平陽河南河洛諸郡縣皆連及之

按山西通志嘉靖三十四年十二月地大震太原平陽汾潞遼同日地震有聲如雷惟蒲州爲甚地裂水湧城垣屋舍殆盡人民壓溺死者不可勝計

按陝西通志嘉靖三十四年十二月西安鳳翔慶陽諸郡邑地震如雷城陷壓死者數十萬人

按浙江通志嘉靖三十四年嘉興地生白毛

按廣西通志嘉靖三十四年三月初七日太平府地震屋宇有聲

按臨晉縣志嘉靖三十四年十二月十二日夜半地大震有聲如雷初自西北來轟轟然七氣沖天地裂成渠井水外溢城郭祠宇官民廬舍盡傾壓死人畜無算嗣是微震不止天寒民露處搶掠大起

嘉靖三十五年地震

按明昭代典則嘉靖三十五年山西陝西地大震官署民屋盡倒壓死者以數萬計

按山西通志嘉靖三十五年秋澤州岳陽地震有聲如雷

按河南通志嘉靖三十五年十二月南陽地震有聲

嘉靖三十六年地震

按大政紀嘉靖三十六年十二月兗州地震

按畿輔通志嘉靖三十六年三月永平地震

按浙江通志嘉靖三十六年永嘉地生白毛

按四川總志嘉靖三十六年安岳地生白毛長四寸如馬尾

嘉靖三十七年地震出血

按大政紀嘉靖三十七年三月河南地震有聲四月密雲地震有聲總督侍郎王忬以聞五月蒲州潮州各地震東陽縣地出血浙江東陽縣湖城地坼湧四三處各湧血若綫凝結片起巡按御史王本固總督侍郎胡宗憲各上其狀因言往歲慈谿曾有此異未幾有海寇之殃今諸寇未息而東陽復爾可爲寒心乞勅大小臣工一體警備從之七月河南南陽地震

按河南通志嘉靖三十七年新野地震聲自東北來鳥獸皆驚

按廣東通志嘉靖三十七年夏五月潮州地震

嘉靖三十八年地震

按浙江通志嘉靖三十八年嘉興地震

嘉靖三十九年地震出血

按大政紀嘉靖三十九年二月竹谿縣地震出血四月寧夏地震六月香山新會等縣地震有聲

按浙江通志嘉靖三十九年嘉興湖州山陰地震

按湖廣通志嘉靖三十九年九月岳州地震

按廣東通志嘉靖三十九年六月廣州地震有聲

按雲南通志嘉靖三十九年通海湖外北關村地震有聲如雷民居傾圮壓死數十人

嘉靖四十年地震

按山西通志嘉靖四十年夏六月吉州地震是月十四日屋瓦皆有聲

按陝西通志嘉靖四十年寧夏地震三十日

嘉靖四十一年地震

按福建通志嘉靖四十一年正月朔地震有聲三月三衛軍郭天養作亂

按湖廣通志嘉靖四十一年九月鍾祥地震有聲

按雲南通志嘉靖四十一年十一月河西地震

嘉靖四十二年地震

按山西通志嘉靖四十二年九月武鄉地震人民有壓死者

按雲南通志嘉靖四十二年正月永平地震自西方聲聞百里二月霑益陸梁地震

按貴州通志嘉靖四十二年三月威青地震

嘉靖四十三年地震

按雲南通志嘉靖四十三年江川縣大雷雨地震晝夜十餘次浹旬乃止

嘉靖四十四年地震

按浙江通志嘉靖四十四年溫州地震生白毛

按雲南通志嘉靖四十四年冬地震

按貴州通志嘉靖四十四年都勻地震

嘉靖四十五年地震

按湖廣通志嘉靖四十五年十二月沔陽鄖陽地震

按福建通志嘉靖四十五年正月朔日地震

按雲南通志嘉靖四十五年冬通海復地震

按貴州通志嘉靖四十五年秋七月都勻地震

欽定古今圖書集成曆象彙編庶徵典

第一百二十卷目錄

庶徵典第一百二十卷

地異部彙考七

明二

穆宗隆慶元年地震

按福建通志隆慶元年正月二十九日酉刻地震二月二十一日未時小震四月初三日酉時又震

隆慶二年地震地裂

按畿輔通志隆慶二年春三月戊子地震有聲經旬乃止欒亭地裂三丈遷安灤河岸裂得龍蛻長二十五丈餘大二十餘圍

按山西通志隆慶二年秋七月陵川地裂二十餘丈寬尺許

按湖廣通志隆慶二年三月襄陽地動四月光化地震

隆慶三年地震

按浙江通志隆慶三年嘉興地震

隆慶四年地震

按明昭代典則隆慶四年夏四月京師因有地震之變詔釋尚寶司丞鄭履淳及內官李芳等于獄刑科給事中舒化等以熱審届期請釋繫獄鄭履淳李芳等三十五人時瘐死者已六人而餧瘠者居半詔釋爲民芳等四人充南京淨軍餘繫如故

按浙江通志隆慶四年象山地震

隆慶五年地震地陷

按明昭代典則隆慶五年六月辛卯朔京師地震者三

按廣西通志隆慶五年布政司地陷

隆慶六年地震

按山西通志隆慶六年祁縣地震有聲

按廣西通志隆慶六年武緣縣地震

神宗萬曆元年地震

按四川總志萬曆元年四月初五日亥時叙州府地大震十三日戌時復震八月初七初八初九及十八日叙州府雅州俱地震有聲

萬曆二年地震

按浙江通志萬曆二年瑞安山崩地震壓死人畜

按湖廣通志萬曆二年公安天木地震

按福建通志萬曆二年八月地大震

按廣西通志萬曆二年七月朔懷集縣地震望日又震

萬曆三年地震

按江西通志萬曆三年南昌地震

按湖廣通志萬曆三年二月黃岡等縣地震常德岳州武昌地震有聲

萬曆四年地震

按山東通志萬曆四年春二月樂安地震

按雲南通志萬曆四年九月騰越地震

萬曆五年地震

按廣東通志萬曆五年秋七月廣州地震

萬曆六年地震陷

按廣西通志萬曆六年春正月臨桂東鄉洽水村地崩陷震如雷周廣約十丈深不可測

按雲南通志萬曆六年十二月庚午永昌地震三賢祠屋瓦蕩盡祠內外死傷者十餘人

萬曆七年地震

按貴州通志萬曆七年秋九月興隆黃平地震

萬曆八年地震

按山西通志萬曆八年秋八月文水岳陽地震有聲自北而南

按潞安府志萬曆八年九月二十七日夜五鼓地震未刻又震

按浙江通志萬曆八年象山地震

萬曆九年地震

按山西通志萬曆九年夏四月廣陵地震有聲如雷摧毀岩崖垣屋
按雲南通志萬曆九年二月騰越地震
萬曆十年地震裂
按畿輔通志萬曆十年各州縣相繼地震重輕不等
按山西通志萬曆十年春二月高平地裂換馬鎮北山數處地裂寬尺餘長數丈大同地震壞官民廬舍
萬曆十一年地震
按山西通志萬曆十一年靜樂地大震崩廣陵地震
按江南通志萬曆十一年松江地震器相軋有聲
萬曆十二年地震
按畿輔通志萬曆十二年各州縣相繼地震重輕不等
按山西通志萬曆十二年山陰地震月餘方止
按廣東通志萬曆十二年夏六月地震秋七月又震
萬曆十三年地震
按山西通志萬曆十三年春正月廣昌地震十七日高平地震自午至夜大震三次
按湖廣通志萬曆十三年蘄水地震
按廣東通志萬曆十三年新寧地震有聲
萬曆十四年地裂地震
按畿輔通志萬曆十四年春地裂於雞澤吳官營闊二丈長四十步
按陝西通志萬曆十四年冬澄城地震
按浙江通志萬曆十四年餘姚地震
按福建通志萬曆十四年莆田孝義里地裂丈餘水湧出黑沙味如硫黃沙上多牛跡
按廣西通志萬曆十四年十二月十八日平樂府地震瓦房俱響
按雲南通志萬曆十四年二月蒙化地震城堞官民居皆圮死傷二十餘人
萬曆十五年地震
按澤州志萬曆十五年陵川地震
按雲南通志萬曆十五年騰越地震
萬曆十六年地震
按山西通志萬曆十六年春三月陵川地震九月猗氏地震
按浙江通志萬曆十六年嘉興地震
按雲南通志萬曆十六年澂江元江地震閏六月臨安通海曲江同日地震有聲如雷山木摧折河水噎流通海城垣公署民居皆圮壓死者衆曲江尤甚
萬曆十七年地震
按山西通志萬曆十七年太原地震晝數十次夜尤甚
按浙江通志萬曆十七年嘉興餘姚地震
按廣東通志萬曆十七年冬十一月歸善地震
按雲南通志萬曆十七年省城地震
萬曆十九年地震
按雲南通志萬曆十九年七月騰越地震城圮數十丈軍民廬舍皆壞
萬曆二十年地震
按浙江通志萬曆二十年嘉興地震
按雲南通志萬曆二十年大理地震
萬曆二十一年地震
按浙江通志萬曆二十一年寧波地震
按雲南通志萬曆二十一年十二月省城地震
萬曆二十二年地震
按浙江通志萬曆二十二年嚴州地震
按福建通志萬曆二十二年四月惠安地震如雷聲從東方來漸從西去
萬曆二十三年地震
按陝西通志萬曆二十三年鳳翔地震
按浙江通志萬曆二十三年嘉興地震
萬曆二十四年地震
按福建通志萬曆二十四年九月地大震
按雲南通志萬曆二十四年八月省城澂江路南陽宗鎮南地震姚安定遠景東地震
萬曆二十五年地生毛湧水地震
按福建通志萬曆二十五年春遍地生毛八月二十八日溪水自湧水溢數尺
按山東通志萬曆二十五年冬地震有聲哼哼如車音良久乃止
萬曆二十七年地震
按陝西通志萬曆二十七年藍田地震
按雲南通志萬曆二十七年八月二十八日嵩明路南曲靖地震嵩明壞民居曲靖有聲如雷九月永昌地震
萬曆二十八年地震
按福建通志萬曆二十八年八月同安地大震
按雲南通志萬曆二十八年尋甸地震經旬乃息鎮南地震有聲十月雲南州縣同日地震

萬曆二十九年地震

按雲南通志萬曆二十九年七月晦尋甸地震

按貴州通志萬曆二十九年夏六月定番州地震

萬曆三十一年地震生毛

按福建通志萬曆三十一年七月惠安地大震十月地生毛

萬曆三十二年地震地裂

按山西通志萬曆三十二年絳州大水地裂辛雷諸村雨雷異常水深數尺忽地裂水注之水盡復合又諸裂處外隔而中通有穀麥及人或陷於此而漂出於他處者

按浙江通志萬曆三十二年兩浙地震

按湖廣通志萬曆三十二年安陸漢川地震

按福建通志萬曆三十二年十一月初八日地震初九日夜大震自東北向西南是夜連震十餘次山石海水皆動地裂數次郡城更甚興化府地大震城崩數處田地皆裂出黑沙味如硫黃水盡涸又開元東鎮國塔第一層尖石墜第二層第三層扶欄因之併碎城內外廬舍圮覆舟甚多

按四川總志萬曆三十二年閏九月龍安保寧松茂地震

按廣西通志萬曆三十二年夏五月二十八日亥時地震六月初四日再震八月二十六日亥時震十一月又震

萬曆三十三年地震

按浙江通志萬曆三十三年溫州衢州地震

按湖廣通志萬曆三十三年黃岡地震

按廣東通志萬曆三十三年夏五月瓊州地震自東北起聲響如雷公署民房傾倒殆盡郡城中壓死者數千人

按廣西通志萬曆三十三年容縣地震自東而西聲如霹靂是歲米貴

萬曆三十四年滎河岸崩地震

按山西通志萬曆三十四年滎河岸崩近城老岸盡崩或謂有碑文風平陽地窟因建文昌祠掘見一窟雲氣中起滃然有聲穴深丈餘周甃甎中一碣有萬物遂昌之文或說主文明是年得第者數人

按雲南通志萬曆三十四年十一月丙寅朔寧安地震日晡時起殷殷如雷聲城垣梵宇官署民廬傾圮殆盡死者數千人

萬曆三十五年地震

按陝西通志萬曆三十五年八月十二日夜半地震屋瓦皆裂

按福建通志萬曆三十五年正月地震

按雲南通志萬曆三十五年五月武定地震

萬曆三十六年地震

按四川總志萬曆三十六年閏六月十三日合江縣民程日清胡志安等家房地大震頃之房屋坐墓俱翻沒疆界盡無損田糧二石六斗有奇巡撫喬璧星題准豁免賑恤十一月朔午時建武所地震有聲自北而南

按雲南通志萬曆三十六年十二月癸未永昌府地震乙卯騰越地震

萬曆三十七年地震

按山西通志萬曆三十七年夏四月省城地震是月十二日晚地震七月初二日又震

按福建通志萬曆三十七年五月初六日地震

按雲南通志萬曆三十七年正月甲申朔永昌地震

萬曆三十八年地震

按四川總志萬曆三十八年春正月寅時馬湖敘州沐川建武地震聲如雷鳴房屋掣動慶符縣城垣崩壞十餘丈三月十九日酉時石泉壩底等處地震門扉自闔六月十七日巳時松潘漳臘小河平番地震聲大如鼓

按雲南通志萬曆三十八年十二月定遠地震

萬曆三十九年地震

按廣東通志萬曆三十九年長樂地震經月方止

按雲南通志萬曆三十九年姚安定遠地震三月姚州大理地震賓川地震有聲如雷迷渡地震如蕩舟猛印地震聲如雷裂城垣一綫

萬曆四十年地震

按雲南通志萬曆四十年二月省城羅次木密曲靖同日地震木密城圮六十餘丈

萬曆四十一年地震

按江西通志萬曆四十一年秋八月貴溪地震冬十二月寧都地震有聲

萬曆四十二年地震

按山西通志萬曆四十二年太原平陽沁州武鄉高平地震武鄉爲甚人民有壓死者

按湖廣通志萬曆四十二年夏四月黃州地震

按雲南通志萬曆四十二年六月朔永昌地震二十

三日聲如雷鼓

萬曆四十三年地震地裂

按畿輔通志萬曆四十三年地裂於永平劉營村闊五丈深無底

按山西通志萬曆四十三年九月平遙地震壞屋舍甚多

按雲南通志萬曆四十三年夏景東地震八月朔楚雄姚安鎭南定遠地震楚雄城圮十餘丈

按貴州通志萬曆四十三年都勻地震

萬曆四十四年地震

按江南通志萬曆四十四年秋淮徐地震

按雲南通志萬曆四十四年正月省城地震

萬曆四十五年地震

按四川總志萬曆四十五年十月初一日戌時成都地震

按雲南通志萬曆四十五年七月晉寧地震

萬曆四十六年地震

按陝西通志萬曆四十六年清水地震四十餘日

按四川總志萬曆四十六年九月十八日子時地震有聲如雷屋宇蕩搖林鴉皆鳴十九日巳時至子時二十日寅時二十一日子時二十八日卯時連數日皆震如前

萬曆四十七年地震

按四川總志萬曆四十七年川東地震三月五日地震六月二十六日未初地震

萬曆四十八年地震地陷

按雲南通志萬曆四十八年廣通鎭南洱海地震七月庚子易門老塲西岳街地陷五十餘丈傾民居死者二百餘人

光宗泰昌元年地震

按雲南通志泰昌元年十一月曲靖尋甸地震

熹宗天啓元年地震

按山東通志天啓元年臨淄樂安地震

按陝西通志天啓元年正月初一日夜半寧夏地震如雷初九日又震五月寧夏地裂數處闊三四尺長五六尺中有氣人不敢下視

按雲南通志天啓元年元謀地震聲如雷六月猛卯地震有聲十月羅次富民地震十二月省城地震

天啓二年地震

按山東通志天啓二年三月地震

按雲南通志天啓二年四月省城地震

天啓三年地震出血

按山東通志天啓三年地震夏地出血

按江南通志天啓三年十二月二十一日申時淮安地震淮湖水翻房屋俱動江南蘇松等處同時

按浙江通志天啓三年嘉興寧波蕭山地震

按雲南通志天啓三年四月雲南縣地震傾樓櫓雉堞壞民居五百餘所大理地震聲如吼地裂五區十一月壬戌師宗地震

天啓四年地震

按山西通志天啓四年春忻州地震多毀廬舍

按浙江通志天啓四年上虞地震

按雲南通志天啓四年十八寨地震六月麗江地震如雷傾廬舍

天啓六年地震

按畿輔通志天啓六年五月初六日巳時京師地震王恭廠災六月初六日丑時地大震千餘里

按山西通志天啓六年六月大同府州縣地震朔野紀聞云大同府六月初五日丑時地震從西北起東南而去其聲如雷搖塌城樓城牆二十八處渾源州從西起城撼山搖聲如巨雷將城垣大牆并四面官牆震倒甚多王家莊堡天飛雲氣一塊明如星色從乾地起聲如巨雷之狀連振二十餘頃至辰時仍不時搖動本堡男婦群集涕泣之聲遍野搖動內外女牆及裏大牆二十餘丈倉庫公署軍民廬舍十傾八九壓死多命積尸匝地穢氣冲天慘惻不忍見聞靈丘亦然廣昌同日四鼓地震搖倒城垣開三大縫有大小妖魔日夜爲祟民心驚怖知縣齋戒沐浴請僧道百人于關帝廟城隍廟娘娘廟誦經設醮旬日漸息

天啓七年地震

按山西通志天啓七年河曲地震壞屋甚多經二三月方息

按陝西通志天啓七年米脂地震

按浙江通志天啓七年八月處州地震

愍帝崇禎二年地震

按湖廣通志崇禎二年湖廣地震有聲如雷夏又震十月又震

崇禎三年地震

按湖廣通志崇禎三年七月沔陽地震九月又震十二月襄陽地震有聲

按福建通志崇禎三年十月武平磜坑高家鍋地出血明年流寇大作將士死殆盡督撫熊文燦會勦直搗其穴

崇禎四年地震

按江西通志崇禎四年七月十八日南昌及各府地震十月十六日又震

按湖廣通志崇禎四年元夜辰州長沙二郡地震有聲五月黃梅地震一月十月初八日長沙地大震

按福建通志崇禎四年十二月二十一日丑時地震

崇禎五年地裂地震

按山西通志崇禎五年秋汾州地裂如圜村地裂百丈餘月餘方合所裂之井皆竭

按湖廣通志崇禎五年房山等處地震七月七日夜半長沙衡州地大震十月地復震冬襄陽南漳地震十二月二十五日襄陽地震

按福建通志崇禎五年二月初二日地震

按廣東通志崇禎五年連州地震有聲

崇禎六年地震

按湖廣通志崇禎六年二月黃州郡縣皆地震

崇禎七年地震

按陝西通志崇禎七年冬全省地大震壞屋傷人不計其數

按江西通志崇禎七年三月地震

崇禎八年地震

按浙江通志崇禎八年處州台州餘姚地震

按湖廣通志崇禎八年三月廣濟地震有聲冬黃州郡縣地大震嗣是屢震

崇禎九年地震

按浙江通志崇禎九年山陰會稽地震

崇禎十一年地震

按河南通志崇禎十一年九月十七日洛陽卯時地震從西北起隱隱有聲

按浙江通志崇禎十一年寧波地震

崇禎十二年地震地裂

按畿輔通志崇禎十二年地裂於末年北汪村

按湖廣通志崇禎十六年三月沔陽地震

按福建通志崇禎十二年連江浦口地裂出血噴激丈餘

崇禎十三年地震

按河南通志崇禎十三年三月洛陽地震從西北起良久乃止

按束鹿縣志崇禎十三年冬城西張家莊迤東地裂一縫南北長約三十餘丈闊尺許以繩測之莫竟其底鄉人醮禳之乃漸合

崇禎十五年地震

按山東通志崇禎十五年七月地震有聲

按山西通志崇禎十五年六月安邑地震官民廬舍俱傾數日方止

按浙江通志崇禎十五年浦江地震

崇禎十六年地震

按福建通志崇禎十六年冬地大震有聲如雷

按雲南通志崇禎十六年十一月姚安地震有聲民居傾圮無數

崇禎十七年地震

按江西通志崇禎十七年春二月袁州地震

皇淸

康熙十八年

七月二十八日

上諭吏部等衙門自古帝王撫御萬方兢兢業業勤求治理必期陰陽順序和氣凝庥或遇災異示儆務省愆思過實修人事挽回

天心茲者本月二十八日巳時地震之變譴告非常反覆思維深切悚惕蓋由朕躬不德敷治未均用人行政多未允符內外臣工不能精白乃心恪盡職掌或罔上行私或貪縱無忌或因循推諉或恣肆虐民是非顚倒措置乖方大臣不法小臣不廉上干

天和召斯災眚若不洗心滌慮痛除積習無以昭感格而致嘉祥朕茲力勤政務實圖修省目今應行應革事宜著部院三品以上官及科道在外各該督撫明白條奏直言無隱其在京三品以上官并督撫提鎮俱著據實自陳毋得浮泛塞責爾部即遵行仍通行曉諭內外軍民人等咸使

聞知特諭

上諭戶工二部朕御極以來孜孜求治期於上合天心下安黎庶夙夜兢惕不敢怠荒乃于本月二十八日巳時地忽大震變出非常皆因朕躬不德政治未協大小臣工弗能恪共職業以致陰陽不和災異示儆深思愆咎悚息靡寧茲當力圖修省以迓天庥念京城內外軍民房屋多有傾倒無力修葺恐致失業壓倒人口不能棺殮良可憫惻作何加恩軫恤著速議具奏仍通行曉諭咸使聞知特諭

上諭內閣九卿詹事科道滿漢各官茲者異常地震爾九卿大臣各官其意若何朕每念及甚爲悚惕豈非皆由朕躬料理幾務未當大小臣工所行不公不法科道各官不直行糸奏無以仰合天意以致變生耶今朕躬力圖修省務期挽回天意爾各官亦各宜洗滌肺腸公忠自矢痛改前非存心愛民爲國且爾等自被任用以來家計頗已饒裕乃全無爲國報効之心爾等所善之人即以爲善而奏聞爾等所不合之人即不行奏請此等不公事情朕聞見最確欲即行處分猶望改過雖知之而不令議罪也今見所行愈加貪黷習以爲常且從前遇此等災變之事朕亦屢曾申飭但在朕前云欽遵申飭之旨究竟全不奉行前此大奸大惡之人朕重加處分爾等亦所明知此即榜樣也再科道各官向來於大奸大惡之人未見糾糸或因事體曖昧未有憑據難於舉發此後科道各官如有確見即行據實糸奏若依然虛飾如前所行奸惡巧爲遮蓋不加省改或事情發覺或經朕訪出雖欲寬宥國法具在決不饒恕著即傳諭齊集諸臣咸令知悉

上諭大學士明珠李霨尚書宋德宜左都御史魏象樞學士佛倫地震示警災及軍民朕居高御物勤恤民隱遇茲變異惻怛彌殷其摧塌房屋壓傷人口惟恐五城御史不能逐戶細察止憑司坊官員總甲人等開報未盡詳確不得均霑實惠應分遣不在五城滿漢御史詳加稽察著都察院遵行

上諭大學士明珠地震傾倒民居朕心憫念至於窮苦兵丁出征在外房屋毀壞妻子露處無力修葺更堪惻然可勅該部行令八旗各佐領下官員殷實者共相存恤出貲修助俾貧困之家早獲寧居該旗都統副都統糸領親行詳察毋致遺漏使窮困之人妻子無棲息之所朕亦時加訪問若有玩忽該旗都統副都統糸領佐領驍騎校小撥什庫俱從重治罪

上諭大學士明珠茲因地震五城地方房屋傾頹貧苦小民不能補葺朕心特爲軫念兩鄰十家戶有互相存恤之義可協助修理如官紳富民願捐貲爲貧民修理房屋者該管官酌量獎勵其令都察院行五城御史遵行

三十日

上諭吏部等衙門朕薄德寡識愆尤實多邇此地震大變中夜撫膺自思如臨冰淵兢惕悚惶益加修省仍宜布朕心使爾諸大臣總督巡撫司道有司各官咸共聞知務期洗心滌慮實意爲國爲民斯於國家有所裨益即爾等亦並受其福庶幾天和可致若仍虛文掩飾致負朕意詢訪得實決不爲爾等姑容也一民生困苦已極而大臣長吏之家日益富饒民間情形雖未昭著近因家無衣食將子女入京賤鬻者不可勝數非其明驗乎此皆地方官吏諂媚上官苛派百姓總督巡撫司道又轉而餽送在京大臣以天生有限之物力民間易盡之脂膏盡歸貪吏私橐小民愁怨之氣上干天和以致召水旱日食星變地震泉涸之異一大臣朋比徇私者甚多每遇會推選用時皆舉其平素往來交好之人但云辦事有能並不問其操守清正如此而謂不上干天和者未之有也一用兵地方諸王將軍大臣於攻城克敵之時不思安民定難以立功名但志在肥己多掠占小民子女或借爲通賊每將良民廬舍焚燬子女俘獲財物攘取名雖救民於水火實乃陷民於水火之中也如此有不上干天和者乎一外官於民生疾苦不使上聞朝廷一切爲民詔旨亦不使下達雖遇水旱災荒奏聞部覆或則蠲免錢糧分數或則給散銀米賑濟皆地方官吏苟且侵漁捏報虛數以致百姓不霑實惠是使窮民而益窮也如此有不上干天和者乎一大小問刑官員將刑獄供招不得速結使

良民久羈囹圄改造口供草率定案証據無憑枉坐人罪其間又有衙門蠹役恐嚇索詐致一事而破數家之産如此而有不上干
天和者乎一包衣下人及諸王貝勒大臣家人侵占小民生理所在指稱名色以網市利干預詞訟肆行非法有司不敢犯其鋒反行財賄甚且身爲奴僕而鮮衣良馬遠勝仕宦之人如此貴賤倒置爲害不淺以上數條事雖異而原則同總之大臣廉則總督巡撫有所畏憚不敢枉法以行私總督巡撫清正則屬下官吏操守自潔雖有一二不肖有司亦必改心易慮不致大爲民害此等事朕非不素知但以正在用兵之際每示寬容今
上天屢垂警戒敢不昭布朕心嚴行誡飭以勉思共回
天意作何立法嚴禁務期盡除積弊著九卿詹事科道會同詳議具奏特諭

八月初二日

上諭大學士索額圖明珠戸部尚書伊桑阿官員兵丁房屋牆垣頃因地震塌毁甚多一時不能修葺四品官員以下原有半俸此一次仍行全給其明甲撥什庫披甲當差人役錢糧幷原增銀一兩著即支與兩月令其修理

十八日

上諭戸部侍郎薩木哈通州三河等處地震災變壓傷人口無人收瘞殊爲可憫戸工二部會同將旗下及民人房屋幷各寺廟内有見被壓埋者作何察明數目速議具奏

九月十三日

上諭禮部前以地震示警朕恐懼修省夙夜靡寧已經遣官虔告
郊壇乃精誠未達迄今時復震動未已朕心益用悚惕玆當虔誠齋戒躬詣
天壇親行祈禱爾部即擇期具儀來奏特諭

十月十五日

上諭大學士索額圖明珠李霨杜立德馮溥學士噶爾圖佛倫項景襄李天馥地震以來修葺破壞工費甚多時値用兵軍需孔亟度支浩繁各處工役或有遲延浮冒侵蝕等弊除
奉先殿皇太子宮幷總管内務府監造工程外其各處修造著都察院逐一詳察

康熙三十四年

四月二十五日

上諭戸部頃緣山西巡撫噶爾圖同太原總兵周復興奏報平陽府地震房屋倒塌人民損傷隨經特遣司官星馳前往察勘情形比復傳問往來經過及本籍人員具述屋宇盡皆傾毁人口多被傷斃受災甚重朕心深切軫恤應作何恩卹著速詳議具奏爾部即遵諭行特諭

五月二十八日

上諭大學士伊桑阿阿蘭泰平陽府城垣樓堞衙署倉庫頃因地震悉皆傾圮異日所必修者今西安所貯銀兩多可發二十萬兩速令修葺及時營造城堞既可即完災黎餬口亦賫其益其下工部具議以聞

地異部總論

坤輿圖說

地震

或問地震曷故曰古之論者甚繁或謂地含生氣自爲震動或謂地體猶舟浮海中遇風波即動或謂地體亦有剝朽乃剝朽者裂分全體而墜于内空之地當墜落時無不搖動全體而致聲響者又有謂地内有蛟龍或鰲魚轉奮而致震也凡此無稽之言不足深辨惟取理之至正者而姑論其數端及其性情之自然者如左其一地震者因内所含熱氣所致也蓋地外有太陽恆照内有火氣恆燃則所生熱氣漸多而注射于空隙中是氣愈積愈重不能合納勢必奮怒欲出乃倖不得路則或進或退旋轉鬱勃潰圍破裂而出故致震動且聲響也正如火藥充塞于礮銃内火一燃而衝突奮裂乃必破諸阻礙而發大響也或疑氣似不能動地須知氣之力堅猛莫禦試觀夫風初亦莫非微氣所發積而至于走石拔樹頹屋覆舟夫氣之困鬱于地其奮發必力奮而震搖乎地體理之自然者也何足異哉欲証其所由然則有二端可以明之一震之時率在春秋之月蓋因此二時氣最易生也一震之所必在土理疎燥及多空竅之地以其易容多氣故山崩之處内多洞穴者其震猶更密也若地有空竅向天而可以噓散所蘊之氣者則終不致震耳又海中之島亦多震者因外圍之海水與内所含之硝礦多致生熱氣熱氣既熾必發震也所以本土之人每多掘井欲其氣透而易散以免地震故也大凡地震之或先或後必久屬亢旱或井多

風肆暴而致總之氣之爲烈耳其氣爲烈之故蓋有三焉其一凡地內之有空洞氣既充盈而又生新氣以增益之勢難並容不勝其鬱勃而奮力求出故致震撼也其二凡地被寒氣侵閼必自收縮乃致其內所含熱氣自爲流通而遂亂相衝擊其地也其三地內所藏熱氣一被外之冷氣侵閼則必退而斂約斂約愈極其力愈長而質愈稀清愈稀清亦愈欲舒放而得廣所斯乃搖動觸震地體也夫震之久暫首係氣勢凡氣之厚且多者緩消薄與寡者速散次係地勢凡地之疎鬆者易開密且硬者難出因其久爲衝奮或連或斷而復續竟致久動矣其寔一動非能久也凡致地震之烈氣積在地內不過數十百丈之深則遇低窪之處如江海山谷等易出而散因而震動不越一郡縣或一山谷之地而止若猛烈之氣藏于地內至數十百里之深則既難發洩必致四面衝奮尋其所出之路因而震數省之地致數千里之遠也

兼明書

論地震

莊子云海水周流相薄則地震明曰莊子之言失之矣按春秋之時地震者五伯陽父曰陽伏而不能出陰迫而不能遂于是有地震其意言陰氣盛于上陽氣衰于下陰迫于陽而陽不能遂出故地震也或曰莊子之言亦有其理安知其失乎答曰若大地俱震則可謂之海水相薄而爲地震之時不同率土或秦寧而楚震或蜀動而吳安由是而論則水非而氣是也

地異部藝文一

伯陽父論三川震　國語

幽王三年西周三川皆震伯陽父曰周將亾矣夫天地之氣不失其序若過其序民之亂也陽伏而不能出陰遁而不能烝於是有地震今三川實震是陽失其所而鎮陰也陽失而在陰川源必塞夫水土演而民用也水土無演民乏財用不亾何待昔伊洛竭而夏亾河竭而商亾今周德若二代之季矣其川源又塞塞必竭山崩川竭亾之徵也川竭山必崩若國亡不過十年數之紀也夫天之所棄不過其紀是歲也三川竭岐山崩十一年幽王乃滅周乃東遷

論地震　宋包拯

臣近聞登州地震山摧今又鎮陽雄州五月朔日地震北京貝州諸處蝗蝻蟲生皆天意先事示變必不虛發也謹按漢五行志曰地之戒莫重于震動謂地者陰也法當安靜今乃越陰之職專陽之政其異孰甚焉又邊裔者中國之陰也今震於陰長之月臣恐有謀中國者且雄州控扼北鄙登州密邇東陲今繼以地震山摧不可不深思而預備之也頃歲幷代地震尋以吳賊拒命近者廣南英連等州亦震而蠻寇內侵皆必然已應之兆耳臣近曾上言沿邊將帥尢在得人乞委執政大臣精選素習邊事之人以爲守將俾訓練卒伍廣爲積聚以大警備之不然懼貽陛下之深憂也況災變之作未有無其應者惟陛下特留聖意

北嶽廟爲定州地震開啓祭禱道場靑詞　王安石

恭以地職持載靜惟其常今茲震搖以警不德涉河而北又用驚騷惟岳有神庇綏厥壤祓除祠館按用祈儀請命上靈冀蒙孚祐敢忘寅畏以答眷歆

滄瀛州地震設醮靑詞　前人

伏以地德安靜震非其常陰陽厥愆以告咎罰禬禳有典仰賴監歆所冀方隅具膺庇貺

二　前人

伏以自河以北坤載不寧敷置淨筵以祈後福仰惟皇覺敷祐羣生監此齋精俯垂庇貺

定州北岳爲地震祭禱祝文　前人

伏以自河以北陽出鎮陰人用不寧咎由非德未惟聰直庇祐一方祇飭使人齋精以禱尚蒙歆鑒無有後艱

地震應詔上書　楊萬里

臣聞言有事于無事之時不害其爲忠言無事於有事之時其爲奸也大矣南北和好踰二十年一旦絕使敵情不測而或者曰彼有五單于爭立之端又曰彼有匈奴困於東胡之禍既而皆不驗塗道相傳繕汴京城池開海州漕渠又於河南北簽民兵增驛騎製馬櫪籍井泉而吾之間諜不得以入此何爲者耶臣所謂言有事於無事之時者一也或謂金主北歸可謂中國之賀臣以中國之憂正在此此人北歸蓋懲創於逆亮之空國而南侵也將欲南之必固北之或者以身鎮撫其北而以子與姪經營其南也臣所謂言有事於無事之時者二也臣竊聞論者或謂緩急淮不可守則棄淮而守江是大不然昔者吳與魏力爭而得合肥然後吳始安李煜失滁揚二州自此

南唐始蹙今日棄淮而保江既無淮矣江可得而保乎臣所謂言有事于無事之時者三也今淮東西凡十五郡所謂守帥不知陛下使宰相擇之乎使樞密擇之乎使宰相擇之宰相未必爲樞廷慮也使樞廷擇之則除授不自己出也一則不爲之慮一則不自己出緩急敗事陛下將責之誰乎臣所謂言有事于無事之時者四也且南北各有長技若騎若射北之長技也若舟若步南之長技也今爲北之計者日繕治其海舟而南之海舟則不聞繕治焉或曰吾舟素具也或曰舟雖未具而憚于擾也夫斯民一日之擾與社稷百世之安危孰輕孰重事固有大于擾者也臣所謂言有事于無事之時者五也陛下以今日爲何等時耶金人日逼疆埸日擾而未聞防金人者何策保疆埸者何道但聞某日修某禮文也某日進某書史也是以鄉飲理軍以干羽解圍也臣所謂言有事於無事之時者六也臣聞古者人君人不能悟之則天地能悟之今也國家之事敵情不測如此而君臣上下處之如太平無事之時是人不能悟之矣故上天見災異異時熒惑犯南斗邇日鎮星犯端門熒惑守羽林臣書生不曉天文未敢以爲必然也至于春正月日青無光若有兩日相摩者茲不曰大異乎然天猶恐陛下不信也至于春日載陽復有雨雪殺物茲不曰大異乎然天恐陛下又不信也乃五月庚寅又有地震茲不曰大異乎臣不知陛下于此悟乎否乎臣所謂言有事于無事之時者七也自頻年以來兩浙最近則先旱江淮則又旱湖廣則又旱流徙者相續道殣相枕而常平之積名存而實亾入粟之命上行而下慢靜而無事未知所以賑救之動而有事將何仰以爲資耶臣所謂言有事于無事之時者八也古者足國裕民惟食與貨今之所謂錢者富商巨賈奄宦權貴皆盈室以藏之至于百姓三軍之用惟破楮券爾萬一如唐涇原之師因怒糲食蹴而覆之出不遜語遂起朱泚之亂可不爲寒心哉臣所謂言有事于無事之時者九也古者立國必有可畏非畏其國也畏其人也故苻堅欲圖晉而王猛以爲不可謂謝安桓冲江左之望是存晉者二人而已異時名相如趙鼎張浚名將如岳飛韓世忠此金人所憚也近時劉珙可用則早死張栻可用則沮死萬一有緩急不知可以督諸軍者何人可以當一面者何人而金人之所素憚者又何人臣所謂言有事于無事之時者十也願陛下姑置不急之務專精備敵之策庶幾上可消于天變下不墮于敵奸然天下之事有本根有枝葉臣前所陳枝葉而已所謂本根則人主不可以自用聖學高明願益思其所以本源者也

庶徵典第一百二十一卷

地異部藝文二　詩

地動聯句　叔才舜元舊字也　宋蘇舜欽元

大荒孟冬月叔才末旬高舂時日腹昏盲偃子美風口鳴鳴咿萬靈困陰慼叔才百植嗟陽衰濃寒有勝氣子美大凍無敗期六指忽搖拽叔才羣蹠初奔馳丸銅落蟾吻子美始異張渾儀列宿犯天紀叔才預驗漢志辭民甕函鼓舞子美禁堞彊崩離坐駭市聲死叔才立怖人足蹄坦途重車僨子美急傳壯馬䟦陵阜動撫手叔才礫塊當揚箕停汙有亂浪子美僵木無靜枝衆豕不暇息叔才沓嶂驚欲飛踊塔搣鋒碎子美安流蕩舟疲倒甕喪午漏叔才顛巢駭眠鴟居人眩眸子子美行客勞觸兕南北頓儵忽叔才西東播戎夷四鎮一毛重子美百川寸涔微斗藪不知大叔才軒輊主者誰共工豈復愁子美富媪安得爲寧無折軸患叔才頓易崩山悲衆蟄不安土子美羣毛難麗皮驚者去靡所叔才仆或如見擠轟雷下簷瓦子美決玉傾倉桑鼗顛太室吻叔才四躍宸庭蟎萬宇變旋室子美百城如轉機念此大菑患叔才必由政瘕疵勝社勇厭氣子美孤陽病其慼傳是下乘上叔才亦曰尊屈卑夫惟至靜者子美猶不可保之況乃易動物叔才何以能自持高者恐顛墜子美下者當鎮綏天戒豈得慢叔才肉食宜自思變省孽可息子美損降禍可違願進小臣語叔才兼爲丹扆規偉哉聰明主子美勿遺地動詩叔才

地異部紀事

晏子景公問太卜曰汝之道何能對曰臣能動地公名晏子而告之曰寡人問太卜曰汝之道何能對曰能動地地可動乎晏子默然不對出見太卜曰昔吾見鉤星在駟心之間地其動乎太卜曰然晏子曰吾言之恐子之死也默然不對恐君之惶也子言君臣俱得焉忠於君者豈必傷人哉晏子出太卜走入見公曰臣非能動地地固將動也陳子陽聞之曰晏子默而不對者不欲太卜之死也往見太卜者恐君之惶也晏子仁人也可謂忠上而惠下也

搜神記周隱王二年四月齊地暴長丈餘高一尺五寸京房易妖曰地四時暴長占春夏多吉秋冬多凶歷陽之郡一夕淪入地中而爲水澤今麻湖是也不知何時運斗樞曰邑之淪陰吞陽下相屠焉　按周無隱王姑仍其紀載附于周末

異苑晉武太康五年五月宣帝廟地陷裂梁無故自折凡宗廟所以承祖先嗣永世不刊安居摧陷是禋絕之祥也

前趙錄劉曜光初二年地震長安尤甚時曜后羊氏有殊寵頗與政事陰有餘之徵也

晉書戴洋傳祖約表洋爲下邑長約府內地忽赤如丹洋曰按河圖徵云地赤如丹血丸丸當有下犯上者恐十月二十七日胡馬當來飲淮水至時石勒騎大至攻城大戰其日西風兵火俱發約大懼會風迴賊退時傳言勒遣騎向壽陽約欲送其家還江東洋曰必無此事尋而傳言果妄

苻堅載記自堅之建元十七年四月長安有水影遠觀若水視地則見人至是則止堅惡之上林竹死洛陽地陷

馮跋載記跋境地震山崩洪光門鸛雀折又地震右寢壞跋問閔尚曰比年屢有地動之變卿可明言其故尚曰地陰也主百姓震有左右比震皆尚右臣懼百姓將西移跋曰吾亦甚慮之分遣使者巡行郡國問所疾苦孤老不能自存者賜以穀帛有差

南史栢道濟傳道濟死日建鄴地震白毛生

張興世傳興世累遷右軍將軍封作唐縣侯歷雍州刺史左衞將軍以疾徙光祿大夫尋卒興世居臨沔水自襄陽以下至于江二千里先無洲嶼興世初生當其門前水中一旦忽生洲年年漸大及興世爲方伯而洲上遂十餘頃

齊高帝本紀昇明二年冬延陵縣季子廟沸井之北忽聞金石聲疑其異鑿深三尺得沸井奔涌若浪其地又響即復鑿之復得一井涌沸亦然井中得一木簡長一尺廣二分上有隱起字曰廬山道人張陵再拜詣闕起居簡文堅白字色乃黃瑞應圖云浪井不

臺自成王者清靜則仙人主之

梁元帝本紀江陵先有九十九洲古老相承云洲滿百當出天子桓元之爲荆州刺史內懷篡逆之心乃遣鑿破一洲以應百數隨而崩散竟無所成宋文帝爲宜都王在藩一洲自立俄而文帝纂統後遇元凶之禍此洲還沒太清末枝江楊之閣浦復生一洲羣公上疏稱慶明年而帝卽位承聖末其洲與大岸相通惟九十九云

述異記地生毛京房以爲人勞之應北齊武成河清中徐州及長安地生毛長七尺時北築長城內築三臺人苦勞役之應

隋書煬帝本紀太子勇廢立上爲皇太子是月當受冊高祖曰吾以大興公成帝業令上出舍大興縣其夜地震山崩民舍多壞壓死者百餘口

唐書張行成傳行成遷侍中兼刑部尚書高宗卽位封北平縣公監修國史時晉州地震不息帝問之對曰天陽也君象地陰也臣象君宜動臣宜靜今靜者頻動恐女謁用事人臣陰謀又諸王公主參承起居或伺間隙宜明設防閑且晉陛下本封應不虛發伏願深思以杜未萌帝然之詔五品以上極言得失

朱滔傳滔與王武俊田悅李納爲壇祀天各僭爲王與武俊等三讓乃就位滔爲盟主稱孤武俊悅及納稱寡人是日三叛軍上有雲氣頗異馬燧望笑曰是雲無知乃爲賊瑞邪先是其地土忽高三尺魏人韋稔佞悅以爲益土之兆後二年滔等冊墤正値其所

十國春秋楚文昭王世家開運四年王命修長沙城開壕畢忽得一物長十餘丈狀若土山無頭尾手足自北出沫游水上久之入南岸而沒謂之土龍

閩景宗本紀先是太祖克福州桃林村中一夕地震有聲如鳴鼓數百面比旦視之禾稻皆倒插土下厥後奄有全閩之地至是桃林復有鼓聲禾稻亦倒懸土下不數日遇禍而王氏隨滅興亡之兆如一轍焉

幸蜀記孟昶時地震昶問大臣曰頃年地頻震此何祥也對曰地道靜而屢動此必强臣陰謀之事願以爲慮

宋史漳泉陳氏世家陳洪進爲統軍使與副使張漢思同領兵柄累立戰功漢思年老醇謹不能治軍務事皆決于洪進漢思諸子並爲衙將頗不平洪進圖欲害之漢思亦患其專明年夏四月漢思大享將吏伏甲于內將害洪進酒數行地忽大震棟宇皆傾坐立者不自持同謀者以告洪進洪進亟去衆驚悸而散

遵堯錄景德元年邢州地震眞宗問宰相知州爲誰或以上官正對帝曰郡國災沴民不寧居尤在牧守以道鎭靜則封疆無事正累典藩郡以知兵自許但未知其能以鎭靜欽恤爲意否天下之廣未免焦勞正爲此爾

宋史李迪傳肅之字公儀迪弟子也以迪蔭監大名府軍資庫累遷右諫議大夫知慶州數日徙瀛州大雨地震官舍民廬摧陷肅之出入泥潦中結草囷以儲庾粟之暴露者爲茇舍以居民啓廩賑給嚴備盜竊一以軍法從事天子聞而嘉之遣使勞賜

韓億傳億參知政事會忻州地大震諫官韓琦言宰相王隨陳堯佐非輔弼才又言億子綜爲羣牧判官不當自請以兄綱代之遂與宰相皆罷知應天府

孫甫傳甫爲右正言時河東地震五六年不止甫推洪範五傳及前代變驗上疏曰地震者陰之盛也陰象臣也後宮也四夷也三者不可過盛過盛則陰爲變而動矣忻州趙分地震六年每震則聲如雷前代地震未有如此之久者惟唐高祖本封于晉及卽位晉州經歲地震宰相張行成言恐女謁用事大臣陰謀宜制于未萌其後武昭儀專恣幾移唐祚天地災變固不虛應陛下救紓緩之失莫若自主威福時出英斷以懾奸邪以肅天下救陰盛之變莫若外謹戒備內制後宮謹戒備則切責大臣使之預圖兵防熟計成敗制後宮則凡掖庭非典掌御幸者盡出之且裁節其恩使無過分此應天之實也時契丹西夏稍强後宮張修媛寵幸大臣專政甫以此諫焉

馬默傳默爲監察御史裏行會地震河東陝西郡默以爲陰盛慮爲邊患宜備之後數月西夏果來侵

睽車志治平丁未歲漳州地震裂長數十丈闊丈餘有狗自中出視其底皆林木枝葉蔚然

宋史孫長卿傳長卿以龍圖閣直學士知定州熙寧元年河北地大震城郭倉庾皆隤長卿盡力繕補神宗知其能轉兵部侍郎留再任

黃潛善傳潛善宣和初爲左司郎陝西河東地大震陵谷易處徽宗命潛善察訪陝西因往視潛善歸不以實聞但言震而已擢戶部侍郎坐事謫亳州

程史宣和六年春東都地震後三月又震宮殿門皆動有聲旣而蘭州地及山之草木悉沒入地而山下麥苗乃在山上驛書聞朝廷徽祖爲之側席時方得

燕兵端嚮日侈上心向闌遇災而懼臨朝謂羣臣曰大觀彗星之異張商英勸朕畏天戒更政事雖復作輟朕常不忘五月壬寅遂罷經撫房於是時事爲一變矣會遣右司郎中黃潛善按視回乃沒其實以不害聞天意遂回六月詔天下起免夫錢圖卒固燕黃縣遷戶部侍郎

雞肋編紹興三年八月浙右地震地生白毛韌不可斷時平江童謠言地上白毛生老少一齊行臺臣論其事因下求言之詔宰相呂頤浩由此以罪罷按晉志武帝咸康初孝武太元二年十四年地皆生毛近白祥孫盛以爲人勞之異其後征伐代徵斂賦役無寧歲天下勞擾百姓疾怨焉時軍卒多擄掠婦人有母子每隨軍而行謂之老少軍方韓劉自建康鎭江更戍既而敕移屯池州韓復分軍江寧王𤪌往湖南岳飛赴江外行在卽至九江郭仲荀赴明州老少之行已數十萬人也

宋史列女傳張氏羅江士人女其母楊氏寡居一日親黨有婚會母女皆往其典庫雍乙者從行既就坐乙先歸會罷楊氏歸則乙死于庫莫知殺者主名提點成都府路刑獄張文饒疑楊有私懼爲人知殺乙以滅口遂命石泉軍劾治楊言與女同榻實無他遂逮其女考掠無實吏乃掘地爲坑縛母於其內旁列熾火間以水沃之絕而復蘇者屢辭終不服一日女謂獄吏曰我不勝苦毒將死矣願一見母而絕吏憐而許之既見謂母曰母以清潔聞奈何受此汚辱寧死箠楚不可自誣女今死死將訟冤於天言終而絕於是石泉連三日地大震有聲如雷天雨雪屋瓦皆落邦人震恐李志寧疑其獄夕具冠蔕于天俄假寢坐廳事恍有猿墜前驚寤呼吏卒索之不見志寧自念夢兆非殺人者袁姓乎有門卒袁言張氏饋食之夫曰袁大明日袁至使吏執之曰殺人者汝也袁色動遽曰吾憐之久矣願就死問之云適盜庫金會雍歸遂殺之楊乃得免時女死才數日也獄上郡牓其所居曰孝感坊

纂異記嘉禾志頤亭林庵中有忠烈二祠近歲忽地裂數尺常有風濤聲以物引之應手火起至今尚然

括異志當湖在今縣北五十里南北十二里東西六里古老相傳地初陷時有婦人逢一物若蛟蜃狀濯于水遂陷一方

金史把胡魯傳興定二年拜參知政事三年六月平涼等處地震胡魯因上言皇天不言以象告人災害之生必有其故乞明諭有司敬畏天戒上嘉納之遣右司諫郭著往閱其迹撫諭軍民焉

癸辛雜識至元二十五年戊子歲冬十月二十四日丙子夜正中地大震始如暴風駕海潮之聲自西南來雞犬皆鳴窻戶磔磔有聲繼而屋瓦皆搖勢若掀其余初聞是聲大驚以爲大寇至懼甚噤不敢出息繼而覺悟榻撼如乘舟迎海潮始悟爲地震也遠近皆喧呼或以爲火凡兩茶頃甫定次日親朋皆相勞問互言所聞至十一月初九日庚辰之辰時又震余向于庚子歲時先子留富沙曾經此變乃晡時杭嘗則在二鼓後此理不可曉

元史李冶傳冶欒城人登金進士第世祖在潛邸聞其賢遣使召之問昨地震何如對曰天裂爲陽不足地震爲陰有餘夫地道陰也陰太盛則變常今之地震或奸邪在側或女謁盛行或讒慝交至或刑罰失中或征伐驟舉五者必有一於此矣夫天之愛君如愛其子故示此以警之耳苟能辨奸邪去女謁屏讒慝省刑罰愼征討上當天心下協人意則可轉咎爲休矣世祖嘉納之

張孔孫傳孔孫拜集賢大學士中奉大夫商議中書省事禿相完澤卒孔孫與陳天祥上封事薦和禮霍孫可爲相會地震詔問弭災之道孔孫條對八事其略曰蠻夷諸國不可窮兵遠討濫官放譴不可復加任用賞善罰惡不可數赦宥獻鬻寶貨不可不爲禁絕供佛無益不可虛費財用上下奢侈不可不從儉約官冗吏繁不可不爲裁減太廟神主不可不備祭享帝悉嘉納之賜鈔五千貫

愛薛傳大德元年愛薛授平章政事八年京師地震上弗豫中宮召問災異殆下民所致耶對曰天地示警民何與焉

李忠傳忠晉寧人幼孤事母至孝大德七年地大震郇保山移所過居民廬舍皆摧壓傾圮將近忠家分爲二行五十餘步復合忠家獨完

鄭鼎傳鼎子制宜授大都留守領少府監兼武衛親軍都指揮使知屯田事大德八年晉地大震平陽尤甚壓死者衆制宜承命存恤懼緩不及事晝夜倍道兼行至則親入里巷撫瘡痍給粟帛存者賴之

阿魯渾薩里傳桑哥奏立徵利司理天下逋欠使者相望于道所在囹圄皆滿道路側目無敢言者會地震北京阿魯渾請罷徵利司以塞天變詔下之日百

姓皆慶

明外史胡深傳深字仲淵處州龍泉人父玉行省員外郎深穎拔有智略通經史百家曉術數元末兵亂嘆曰浙水東地氣盡白禍將及矣

襄桓王遜㷆傳遜㷆宗人俊㷆字若訥博學有盛名姊陵川縣君適裴禹卿地震城崩禹卿死焉縣君以首觸棺嘔血死年二十有一詔旌爲貞節縣君

明通紀洪熙元年命太子往南京謁祭皇陵孝陵因留南京監國時南京屢奏地震羣臣或請親王及重臣往守之上曰非皇太子不可遂有是命

明外史毛弘傳丘弘字寬叔成化二年寧夏地震上修德弭災七事

林俊傳弘治十四年正月朔陝西山西地震水涌疏述古宮闈外戚內侍柄臣之禍乞罷齋醮減織造清役占汰冗員止工作省供應節賞賜戒逸欲遠佞幸親賢人

馬文升傳弘治十四年陝西大震文升言此外寇侵陵之兆今邊寇方跳梁而海內民困財竭將懦兵弱紀綱未振法令久弛宜側身修省行仁政以養民講武備以固圉節財用停齋醮止傳奉冗員禁奏乞間地日視二朝以勤庶政且撤還陝西織造內臣賑恤被災者家帝納其言

李東陽傳正德七年東陽等以京師及山西陝西雲南福建相繼地震而帝講筵不舉視朝久曠宗社祭享不親禁門出入無度谷大用仍開西廠屢上疏極諫帝亦終不聽也

王軏傳軏開平衞人嘉靖初入爲順天府尹房山地震軏言名災有由語多指斥忤旨切責

王宗茂傳宗茂字時育京山人嘉靖三十一年擢南京御史時先後劾嚴嵩者皆得禍宗茂積不平甫拜官三月上疏曰邇者四方地震其占爲臣下專權試問今日之專權者寧有出於嵩右乎

臨晉縣志嘉靖三十五年六月黑眚見時有黑氣其疾如風或自戶牖入雖密室亦無不至至則人皆昏迷或手足面眉被傷卽出黃水徧城驚擾夜間鳴鑼擊鼓各持兵刃見人形或彼此誤傷亦卒無眞跡說者謂地震壓死強魂理或然也

列朝詩集李攀龍字于鱗擢陝西提學副使西土數地動心悸念母移疾歸用何景明例予告凡十年起浙江副使

陝西通志王命字子將同州人嘉靖乙酉舉人膽略過人適秦地大震同州城郭廬舍蕩然壓者萬人橫民倖生者攘臂大呼先劫庾糧以讐州守守莫敢誰何於是郊外劫殺四起橫屍塞野人人自危命時家居慨然曰地維絕人紀亂在位者不能禁我以不在其位坐視之古人秀才時以天下爲己任者非耶於是集壯士百餘人申明約束列隊捕盜躬提劍躍馬以先之遂擒械致州守前與衆撾殺之四境帖然

眉公見聞錄徐文貞公拜首揆癸未元旦地震疑之者曰是何祥也得無屬於大臣耶亡何公遂薨

陝西通志南逢吉渭南人嘉靖乙卯關中地大震兇徒乘機四掠勢如燎原糾邑壯士得數百人激以大義擒殺倡亂者四境以寧

呂應祥選吏科給事京師地震上書言汰冗賑貧倡勇恤獄節賞五事

湖廣通志夏雲鼎字四雲石首人甲子鄉舉爲人挩落無繩尺下筆數千言立就常試地動賦援引漢儒洪範五行及歷代災異故實不假思索頃刻成

太平府志荻港岸未崩之先居民夜聞有聲雜沓如車馬叢集者已而又如官府勾稽公事檢閱民籍者然數日岸崩死者甚衆崩之夕有監司宋之屏泊舟其下夢神促之解纜遂移舟西岸不與其難說者以爲陰德所感又有一瞽者善卜寄寓城隍廟垂數十年自來不宿於家一日早起自占云我今日二鼓水孛過宮因具三物回家禳之至二更岸崩瞽者與焉

地異部雜錄

詩經小雅十月之交章高岸爲谷深谷爲陵

老子下篇地無以寧將恐發

玉曆通政經陰陽太甚作雨日久不爲星變則爲地震或大風作而爲地震地寒甚則裂風盛則震也

齊東野語張衡有候風地震之器曰地動儀者無傳焉按漢張衡傳此儀以精銅爲之其器圓徑八尺形似酒罇中有都柱旁行八道施關發機外有八龍首銜銅丸每龍作一蟾蜍仰首張口而承之機關巧製

昔在繻中龍必致九州地分如遇某州分地動則龍銜之丸即墜蟾蜍口中乃鏗然有聲司候者占之則知某地分震動矣隋臨孝恭嘗著地動遺經一卷今皆傳焉然以理揆之天文有常度可尋時刻所至不差分毫以渾天測之可也若地震則出於不測蓋陰陽相薄使然亦猶人之一身血氣或有順逆因而肉瞤目動耳氣之所至則動氣所不至則不動而此儀置之京都與地震之所了不相關氣數何由相薄能使銅龍驤首吐丸也細尋其理了不可得更當訪之識者可也

物類相感志地動應鉤鈐地之將動鉤鈐開鈐即房星上垂二星若礫開則始震盛張大則動漸合則止五行志云地者積陰之氣主定主靜陽伏不能出陰道不能入陰陽相擊地故震動又莊子云海水三歲一週流波相薄故地動又河圖云地常動不止譬如人在大舟閉牖而坐舟行人不之覺也元命苞云地所以右轉者濁氣精所舍隱而赴故右轉迎天左道也後漢張衡造地動儀以精銅鑄成圓徑八尺合蓋隆起形似酒樽飾以篆文山龜鳥獸之形中設都柱旁行八柱道施機關八有八龍首銜銅丸下有蟾蜍張口承之牙機巧製皆有中樽覆之蓋周密無際如地動樽即震龍機發吐丸而落蟾蜍之口震動聲揚激因此覺知雖一龍發機七龍首不動尋其方面乃知震之所以契合事若神會龍發機地不動怪其無徵數日驛至果地動也

田家五行長墩忽然門內泥土自然墳起成墩者謂之長墩主其家長進余嘗記幼時曾見東郊有一村店始於賣酒營生僅以自給忽門內泥土自然墳起店主謂其祥瑞愛護不鋤日見漸高家亦日益遂添賣香燭麩麪之類踰年愈高成墩不勝添進人口積蓄米麥乃大興販京果海錯南貨等物無所不有雖百里之外或富室或寺院咸來垂顧動以千緡每歲年及春季日有千緡交易長夏間亦如市四方馳名自爲巨富三十年後墩漸平家亦暗消

地異部外編

法苑珠林地動部依佛般泥洹經云阿難叉手問佛欲知地動幾事佛語阿難有三因緣一爲地倚水上水倚於風風倚於空大風起則水擾水擾則地動二爲得道沙門及神妙天欲現感應故以地動三爲佛力自我作佛前後已動三千日月萬三千天地無不感發天人鬼神多得聞解又大方等大集念佛三昧經云一切大地六種震動一動遍動等遍動二震遍震等遍震三涌遍涌等遍涌四吼遍吼等遍吼五起遍起等遍起六覺遍覺等遍覺是六各三合十八相如是東涌西沒西涌東沒南涌北沒北涌南沒中涌邊沒邊涌中沒又立世阿毗曇論云佛告富樓那復有大神通威德諸天若欲震動大地即能令動若諸比丘有大神通及大威德觀地大相令小小相令大欲令地動亦能震動令地動有風名鞞嵐婆此風常吹俱動不息風力上昇有風下吹亦有傍動是風平等圓轉相持又智度論云地動有四種一火二龍三金翅鳥四天二十八宿等又諸羅漢諸天等亦能地動又增一阿含經云佛在舍衛城告諸比丘有八因緣而地大動此地深六十八千由延爲水所持水依虛空或復是時虛空風動而水亦動水動地便大動是初動也若比丘得神足所欲自在觀地如掌能使地大動是二動也若復諸天有大神足有大威力能使地動是三動也若復菩薩在兜術天欲降神下生是時地動是四動也若菩薩自知在母胞中地爲大動是五動也若菩薩知滿十月當出母胎地爲大動是六動也若菩薩出家於道場坐降伏魔怨終成等覺地爲大動是七動也若未來於無餘涅槃界而般涅槃地爲大動是八動也依經地動亦有多種或有地動聖人出世有山動四果聖人出世或有諸佛菩薩出世或動一世界多世界亦有薄福衆生感得地動損破依正兩報具如經說

欽定古今圖書集成曆象彙編庶徵典

第一百二十二卷目錄

庶徵典第一百二十二卷

山異部彙考一

周禮

春官

大司樂凡四鎭五嶽崩令去樂

注四鎭山之重大者謂揚州之會稽青州之沂山幽州之醫無閭冀州之霍山五嶽岱在兗州衡在荆州嵩在豫州華在雍州恆在并州

春秋緯

感精符

山冬大霧十日已上不除者山崩之候

山海經

中山經

熊山有穴焉恆出神人夏啓而冬閉是穴也冬啓乃必有兵

注今鄴西北有鼓山下有石鼓象懸著山旁鳴則有軍事與此穴殊象而同應

婁元禮田家五行

論山

久雨在半山之上山水暴發一月則主山崩却非尋常之水

觀象玩占

山崩

山崩五行傳曰陰乘陽弱勝强厥妖山崩山崩者離散之象災異書曰山者宰相之位山崩者宰相失職也劉向曰山崩者臣下皆叛散落不事其上之象春秋運斗樞曰山崩者陰毀失墓春秋考異郵曰山者

君之位崩者毀也君失其道爲臣所陵尚書中候曰山崩水潰納小人也地鏡曰山崩人君位消不出三年有兵集之京房曰山崩人辟亡又曰其國山崩君失政女戚擅權五年敗又曰邑山崩邑有戮主亡有大水

山春崩其國有伐城夏崩天下大水國主亡秋崩有大兵冬崩大饑京房易妖占曰春山崩國有亡邑有拔城夏崩亡君大水秋崩人主有殃冬崩兵起人饑一曰山崩臣去又曰山以二月崩其邑有兵戮八月崩兵起十一月崩國主降民流亡

山雜變

山無故自陷其地有兵大水

山徙傳曰臣不用道祿去公室賞罰自下女主專政是謂皇之不極厥妖山徙不出五年有走王地鏡曰山徙直臣亡佞臣用政出私門不出五年天下有兵社稷亡

山鳴其地大亂賊起

山有聲如哭有大兵死喪

山作聲如雷不出一年賊起

山有光臣子不良

山忽生於石上其邑有賊人暴貴

山上忽生大石其邑喪至

山出火熾人是謂鬼焚亡國之徵

山石自動其地有暴兵

山徙動其地有兵亂起

山見篠江於邑有兵狀如人頭赤邑

無故壅土如山是謂陽反陰也人君好淫爲女子所謀不出一年有易君

管窺輯要

山

山春崩有征伐傷五穀夏崩有大兵火災秋崩有大兵又曰物不收冬崩大饑凡山崩臣下背叛弱勝强也

山自亡人主失政

國中山分君臣相背一曰山分裂女主有謀君臣奪

山中見物類非人曾見者各有形名音聲其占爲大水或饑或兵邑亡

山忽自動及生樹木井象物類及大小移動或濕或血皆天下亂

山忽生大石邑有喪

山石忽化爲人形及六畜飛鳥皆爲國虛

山穴作雷聲不出一年有賊

山忽生光臣下不吉

山忽赤如血諸侯逆

山異部彙考二

夏后氏

帝癸七年泰山震

按史記夏本紀不載　按竹書紀年云云

商

帝辛四十三年嶢山崩

按史記殷本紀不載　按竹書紀年云云

周

襄王六年晉沙鹿崩

按春秋魯僖公十四年秋八月辛卯沙鹿崩　按左傳晉卜偃曰期年將有大咎幾亡國　按公羊傳沙鹿者何河上之邑也此邑也其言崩何襲邑也沙鹿崩何以書記異也外異不書此何以書爲天下記異也　按穀梁傳林屬於山爲鹿沙山名也無崩道而崩故志之也其日重其變也

按漢書五行志釐公十四年秋八月辛卯沙鹿崩穀梁傳曰林屬於山曰鹿沙其名也劉向以爲臣下背叛散落不事上之象也先是齊桓行伯道會諸侯事周室管仲既死桓德日衰天戒若曰伯道將廢諸侯散落政逮大夫陪臣執命臣下不事上矣桓公不寤天子蔽晦及桓死天下散而從楚王札子殺二大夫晉敗天子之師莫能征討從是陵遲公羊以爲沙鹿河上邑也董仲舒說略同一曰河大川象齊大國桓德衰伯道將移於晉文故河爲徙也左氏以爲沙鹿晉地沙山名也地震而鹿崩不書震舉重者也伯陽甫所謂國必依山川山崩川竭亡之徵也不過十年數之紀也至二十四年晉懷公殺於高梁京房易傳曰小人剝廬厥妖山崩兹謂陰乘陽弱勝强

定王二十一年晉梁山崩

按春秋魯成公五年夏梁山崩　按左傳梁山崩晉侯以傳名伯宗伯宗辟重曰辟傳重人曰待我不如捷之速也問其所曰絳人也問絳事曰梁山崩將召伯宗謀之問將若之何曰山有朽壤而崩可若何國主山川故山崩川竭君爲之不舉降服乘縵徹樂出次祝幣史辭以禮焉如此而已雖伯宗若之何伯宗請見之不可遂告而從之　按公羊傳梁山者何河

上之山也梁山崩何以書記異也何異爾大也何大爾梁山崩壅河三日不流外異不書此何以書爲天下記異也　按穀梁傳不日何也高者有崩道也有崩道則何以書也曰梁山崩壅遏河三日不流晉君召伯尊而問焉伯尊來遇輦者輦者不辟使車右下而鞭之輦者曰所以鞭我者其取道遠矣伯尊下車而問焉曰子有聞乎對曰梁山崩壅遏河三日不流伯尊曰君爲此召我也爲之奈何輦者曰天有山天崩之天有河天壅之雖召伯尊如之何伯尊由忠問焉輦者曰君親素縞帥羣臣而哭之既而祠焉斯流矣伯尊至君問之曰梁山崩壅遏河三日不流爲之奈何伯尊曰君親素縞帥羣臣而哭之既而祠焉斯流矣孔子聞之曰伯尊其無績乎攘善也

大全梁山韓國也詩曰奕奕梁山韓侯受命而謂之韓奕者言奕然高大爲韓國之鎮也後爲晉所滅而大夫韓氏以爲邑焉書而不繫國者爲天記異是以不言晉也左氏載絳人之語於禮文備矣而未記其實也夫降服乘縵徹樂出次祝幣史辭六禮之文也古之遭變異而外爲此文者必有恐懼修省之心主於內若成湯六事檢身高宗克正厥事宣王側身修行欲銷去之是也徒舉其文而無實以先之何足以弭災變乎夫國主山川至於崩竭當時諸侯未聞有戒心而修德也故自是而後六十年間弑君十有四亡國三十有二其應亦憯矣春秋不明著其事應而事應具存其可忽諸

按漢書五行志成公五年夏梁山崩穀梁傳曰壅河三日不流晉君帥羣臣而哭之迺流劉向以爲山陽君也水陰民也天戒若曰君道崩壞下亂百姓將失其所矣哭然後流喪亡象也梁山在晉地自晉始而及天下也後晉暴殺三卿厲公以弑溴梁之會天下大夫皆執國政其後孫甯出衛獻三家逐魯昭單尹亂王室董仲舒說略同劉歆以爲梁山晉望也崩弛崩也古者三代命祀祭不越望吉凶禍福不是過也國主山川山崩川竭亡之徵也美惡周必復是歲歲在鶉火至十七年復在鶉火欒書中行偃殺厲公而立悼公

漢

高后二年武都山崩

按漢書高后本紀二年春正月乙卯地震羌道武都道山崩　按五行志高后二年正月武都山崩殺七百六十人地震至八月乃止

文帝元年齊楚山崩

按漢書文帝本紀元年四月齊楚地震二十九山同日崩大水潰出　按五行志文帝元年四月齊楚地山二十九所同日俱大發水潰出劉向以爲近水沴土也天戒若曰勿盛齊楚之君今失制度將爲亂後十六年帝庶兄齊悼惠王之孫文王則薨無子帝分齊地立悼惠王庶子六人皆爲王賈誼鼂錯諫以爲違古制恐爲亂至景帝三年齊楚七國起兵百餘萬漢皆破之春秋四國同日災漢七國同日衆山潰咸被其害不畏天威之明效也

成帝建始三年山崩

按漢書成帝本紀建始三年十二月越巂山崩

河平三年犍爲山崩

按漢書成帝本紀河平三年春二月丙戌犍爲山崩壅江水逆流　按五行志河平三年二月丙戌犍爲柏江山崩捐江山崩皆壅江水江水逆流壞城

元延三年岷山崩

按漢書成帝本紀元延三年春正月丙寅蜀郡岷山崩　按五行志元延三年正月丙寅蜀郡岷山崩壅江江水逆流三日迺通劉向以爲周時岐山崩三川竭而幽王亡岐山者周所興也漢家本起於蜀漢今所起之地山崩川竭星孛又及攝提大角從參至辰殆必亡矣其後三世亡嗣王莽篡位

後漢

和帝永元元年會稽山崩

按後漢書和帝本紀永元元年七月乙未會稽山崩　按五行志永元元年七月會稽山崩會稽南方大名山也京房易傳曰山崩陰乘陽弱勝強也劉向以爲山陽君也水陰民也君道崩壞百姓失所也劉歆以爲崩猶㢮地也是時竇太后攝政兄竇憲專權

永元十二年秭歸山崩

按後漢書和帝本紀云云　按五行志十二年閏四月戊辰南郡秭歸山高四百丈崩填谿殺百餘人明年冬巫蠻夷反遣使募荊州吏民萬餘人擊之

殤帝延平元年恆山崩

按後漢書殤帝本紀延平元年五月壬辰河東恆山崩

註恆縣今絳州縣也古今注曰山崩長七丈廣四丈

按五行志延平元年五月壬辰河東恆山崩是時鄧

太后專政秋八月殤帝崩
安帝永初六年豫章山崩
按後漢書安帝本紀永初六年六月壬辰豫章員谿原山崩
延光二年丹陽山崩
按後漢書安帝本紀云云　按五行志延光二年七月丹陽山崩四十七所
延光三年巴郡山崩
按後漢書安帝本紀延光三年六月庚午巴郡閬中山崩
延光四年順帝即位越巂山崩
按後漢書順帝本紀延光四年三月乙酉即位冬十月丙午越巂山崩　按五行志四年十月丙午蜀郡越巂山崩殺四百餘人丙午天子會日也是時閻太后攝政其十一月中黃門孫程等殺江京立順帝誅閻后兄弟明年閻后崩
桓帝建和三年郡國五山崩
按後漢書桓帝本紀云云
和平元年廣漢梓潼山崩
按後漢書桓帝本紀云云
永興二年東海山崩
按後漢書桓帝本紀永興二年六月東海朐山崩
按五行志永興二年六月東海朐山崩冬十二月泰山琅邪盜賊羣起
永壽元年六月巴郡益州郡山崩
按後漢書桓帝本紀云云
延熹三年夏五月甲戌漢中山崩
按後漢書桓帝本紀云云　按五行志延熹三年五月戊申漢中山崩是時上寵恣中常侍單超等
延熹四年岱山山解
按後漢書桓帝本紀四年六月庚子岱山及博尤來山並頹裂
靈帝光和六年五原山崩
按後漢書靈帝本紀光和六年秋五原山岸崩
獻帝初平四年華山裂
按後漢書獻帝本紀初平四年六月華山崩裂
建安七年醴陵縣山鳴
按後漢書獻帝本紀不載　按五行志建安七八年長沙醴陵縣有大山常大鳴如牛呴聲積數年後豫章賊攻沒醴陵縣殺略吏民
注干寶曰論語擿輔象曰山土崩川閉塞漂淪移山鼓哭閉衡夷庶桀合兵王作時天下尚亂豪傑並爭曹操事二袁於河北孫吳創基於江外劉表阻亂衆於襄陽南招零桂北割漢川又以黃祖爲爪牙而祖與孫氏爲深讎兵革歲交十年曹操破袁譚於南皮十一年走袁尚於遼東十三年吳禽黃祖是歲劉表死曹操略荆州逐劉備於當陽十四年吳破曹操於赤壁是三雄者卒共三分天下成帝王之業是所謂庶桀合兵王作者也十六年劉備入蜀與吳再爭荆州於時戰爭四分五裂之地荆州爲劇故山鳴之異作其域也

魏

陳留王咸熙二年太行山崩
按魏志三少帝本紀不載　按晉書五行志咸熙二年二月太行山崩此魏亡之徵也其冬晉有天下

吳

大帝赤烏十三年丹陽等郡山崩
按吳志孫權傳赤烏十三年八月丹陽句容及故鄣寧國諸山崩
按晉書五行志赤烏十三年八月丹陽句容及故鄣寧國諸山崩鴻水溢按劉向說山陽君也水陰百姓也天戒若曰君道崩壞百姓將失其所與春秋梁山崩漢齊楚衆山發水同事也夫三代命祀祭不越望吉凶禍福不是過也吳雖稱帝其實列國災發丹陽其天意矣劉歆以爲國主山川山崩川竭亡之徵也後二年而權薨又二十六年而吳亡

晉

武帝泰始三年三月太山石崩
按晉書武帝本紀云云
泰始四年秋七月泰山石崩
按晉書武帝本紀云云　按五行志泰始三年三月戊午太山石崩四年七月泰山崩墜三里京房易傳曰自上下者爲崩厥應泰山之石顛而下聖王受命人君虜及帝晏駕而祿去王室惠皇懷愍二帝俱辱虜庭淪胥於北元帝中興於南此其應也
太康六年冬十月南安山崩
按晉書武帝本紀云云　按五行志太康六年十月南安新興山崩湧水出
太康七年朱提山崩
按晉書武帝本紀太康七年秋七月朱提山崩　按五行志七年二月朱提之大瀘山崩震壞郡舍陰平

之仇池崖隕

惠帝元康四年蜀郡壽春上庸諸郡山崩

按晉書惠帝本紀元康四年夏五月蜀郡山移淮南壽春洪水出山崩地陷壞城府及百姓廬舍六月上庸郡山崩殺二十餘人　按五行志元康四年蜀郡山崩殺人五月壽春山崩洪水出城壞地陷方三十丈殺人六月壽春大雷山崩地坼人家陷死上庸郡亦如之八月居庸地裂廣三十六丈長八十四丈水出大饑上庸四處山崩地墜廣三十丈長百三十丈水出殺人皆賈后亂朝之應也

懷帝永嘉三年九月宜都夷道山崩

按晉書懷帝本紀云云

永嘉四年四月湘東黑石山崩

按晉書懷帝本紀不載　按五行志云云

元帝太興元年山崩

按晉書元帝本紀不載　按五行志太興元年十二月廬陵豫章武昌西陽地震山崩

太興二年祁山崩

按晉書元帝本紀不載　按五行志二年五月祁山地震山崩殺人

太興三年南平山崩

按晉書元帝本紀不載　按五行志三年十二月南平郡山崩出雄黃數千斤時王敦陵傲帝優容之示含養禍萌也

太興四年八月常山崩

按晉書元帝本紀云云　按五行志四年八月常山崩水出滹沱盈溢大木傾拔

成帝咸和四年十月廬山崩

按晉書成帝本紀云云　按五行志咸和四年十月柴桑廬山西北崖崩十二月劉引爲郭默所殺

穆帝永和七年秋九月峻平崇陽二陵崩

按晉書穆帝本紀不載　按五行志云云

永和十二年峻平陵埏道崩

按晉書穆帝本紀不載　按五行志永和十二年十一月遣散騎常侍車灌修峻平陵開埏道崩壓殺數十人

哀帝隆和元年浩亹山崩

按晉書哀帝本紀云云　按五行志隆和元年四月丁丑浩亹山崩張天錫亾徵也

孝武帝寧康二年秋七月涼州山崩

按晉書孝武帝本紀云云

安帝義熙十一年五月己酉霍山崩

按晉書安帝本紀云云　按五行志義熙十一年五月霍山崩出銅鐘六枚

南齊

高帝建元二年夏廬陵山崩

按南齊書高帝本紀不載　按五行志建元二年廬陵石陽縣長溪水衝激山麓崩長六七丈下得柱千餘口皆十圍長者一丈短者八九尺頭題有古文字不可識江淹以問王儉儉云江東不閑隸書此秦漢時柱也後年宮車晏駕世變之象也

武帝永明二年秋始興曲江縣山崩

按南齊書武帝本紀不載　按五行志永明二年秋始興曲江縣山崩壅底溪水成陂京房占山崩人主惡之

北魏

太祖天賜六年春三月恆山崩

按魏書太祖本紀不載　按靈徵志云云

世祖太延四年華山崩

按魏書世祖本紀不載　按靈徵志太延四年四月己酉華山崩占曰山岳配天猶諸侯之係天子山岳崩諸侯有亡者沮渠牧犍將滅之應

世宗景明元年太陰山崩

按魏書世宗本紀不載　按靈徵志景明元年五月乙丑齊州山茌縣太陰山崩飛泉湧出殺一百五十九人

景明四年十一月丁巳恆山崩

按魏書世宗本紀不載　按靈徵志云云

正始元年十一月癸亥恆山崩

按魏書世宗本紀不載　按靈徵志云云

延昌三年肆州鴈門郡山鳴泰山崩

按北史魏世宗本紀延昌三年春二月乙未詔曰肆州秀容郡敷城縣鴈門郡原平縣並自去年四月以來山鳴地震於今不已告譴彰咎朕甚懼焉可恤瘼寬刑以答災譴

按魏書靈徵志延昌三年八月辛巳兗州上言泰山崩頹石湧泉十七處泰山帝王告成封禪之所也而山崩泉湧陽黜而陰盛岱又齊地也天意若曰當有繼齊而興受禪讓者齊代魏之徵也

隋

文帝開皇十三年連雲山鳴

按隋書文帝本紀不載　按北史慕容紹宗傳紹宗子三藏隋開皇元年授吳州刺史後遷廓州十三年州界連雲山響稱萬歲者三詔頒郡國仍遣使醮山所其日景雲浮於上雉兔馴墻側使還以聞上大悅改封河內縣男

仁壽三年梁州就谷山崩

按隋書文帝本紀不載　按五行志三年梁州就谷山崩洪範五行傳曰崩散落背叛不事上之類也梁州爲漢地明年漢王諒舉兵反

煬帝大業七年底柱山崩

按隋書煬帝本紀大業七年冬十月乙卯底柱山崩　按五行志大業七年砥柱山崩壅河逆流數十里劉向洪範五行傳曰山者君之象水者陰之表人之類也天戒若曰君人擁威重將崩壞百姓不得其所時帝興遼東之師百姓不堪其役四海怨叛帝不能悟卒以滅亾

唐

高祖武德七年嶲州山崩

按唐書高祖本紀武德七年七月甲午嶲州地震山崩遏江水（按舊五行志作六年事）

太宗貞觀八年山崩

按唐書太宗本紀貞觀八年七月隴右山崩

按舊唐書五行志貞觀八年七月七日隴右山崩太宗問祕書監虞世南曰是何災異對曰春秋時梁山崩晉侯名宗伯而問焉對曰國主山川故山崩川竭君爲之不舉降服出次祝幣以禮焉晉侯從之卒亦無害漢文帝元年齊楚地二十九山同日崩文帝出令郡國無來獻施惠於天下遠近歡洽亦不爲災今唯修德可以消變

中宗嗣聖三年（即武后垂拱二年）新豐縣有山踊出

按唐書武后本紀垂拱二年十月己巳有山出於新豐縣改新豐爲慶山　按舊唐書五行志則天時新豐縣東南露臺鄉因大風雨雹震有山踊出高二百尺有池周三頃池中有龍鳳之形禾麥之異則天以爲休徵名爲慶山荊州人俞文俊詣闕上書曰臣聞天氣不和而寒暑隔人氣不和而贅疣生地氣不和而堆阜出今陛下以女主居陽位反易剛柔故地氣隔塞山變爲災陛下以爲慶山臣以爲非慶也

嗣聖六年（即武后永昌元年）華州山徙

按唐書武后本紀不載　按舊唐書五行志永昌中華州敷水店西南坡白晝飛四五里直抵赤水其坡上樹木禾黍宛然無損

按文獻通考永昌中華州赤水南岸大山晝日忽風昏有聲隱隱如雷頃之移東數百步擁赤水壓張村民三十餘家山高二百餘丈水深三十丈坡上草木宛然金縢曰山徙者人君不用道祿去公室賞罰不由君佞人執政政在女主不出五年有走王

元宗開元十七年山崩

按唐書元宗本紀開元十七年四月乙亥大風震藍田山崩

按文獻通考藍田畿內山也國主山川山摧川竭亾之證也占曰人君德消政易則然

天寶十三載女媧墓移

按唐書元宗本紀不載　按舊唐書五行志乾元二年六月虢州閿鄉縣界黃河內女媧墓天寶十三載因天雨晦冥失其所在至今年六月一日夜河濱人家聞風雨聲曉見其墓踊出上有雙柳樹下有二巨石二柳各長丈餘郡守圖畫以聞今號風陵堆

按文獻通考占曰塚墓自移天下破

代宗大曆九年山徙

按唐書代宗本紀不載　按文獻通考大曆九年十一月戊戌同州夏陽有山徙於河上聲如雷

大曆十三年山崩

按唐書代宗本紀大曆十三年是歲郴州黃岑山崩

德宗建中二年霍山裂

按唐書德宗本紀不載　按文獻通考云云

建中　年魏縣土長

按唐書德宗本紀不載　按舊唐書五行志建中初魏州魏縣西四十里忽然土長四五尺數畝里人駭異之明年魏博田悅反德宗命河東馬燧潞州李抱眞討之營於陘山幽州朱滔恆州王武俊帥兵救田悅王師退保魏縣西朱滔武俊田悅引軍與王師對壘三年十一月朱滔僭稱冀王武俊稱趙王田悅稱魏王悅時壘正當土長之所及僭署告天乃因其長土爲壇以祭魏州功曹韋稔爲益土頌以媚悅馬燧聞之笑曰田悅異常賊也

憲宗元和八年山崩

按唐書憲宗本紀元和八年五月丁丑大隗山崩

元和十五年土山崩

按唐書憲宗本紀不載　按文獻通考十五年丁未苑中土山摧壓死二十人

僖宗光啓三年維州山崩

按唐書僖宗本紀云云　按文獻通考光啓三年四月維州山崩累日不止塵坌亙天壅江水逆流占曰國破

後唐

明宗長興三年赤甲山崩

按五代史唐明宗本紀不載　按文獻通考長興三年七月夔州奏赤甲山崩

後周

太祖廣順二年蜀青城山崩

按五代史周太祖本紀不載　按十國春秋後蜀後主本紀廣政十五年（即廣順二年）七月青城縣鬼城山崩

世宗顯德五年山闢

按五代史周世宗本紀不載　按冊府元龜顯德五年十二月丁丑朔朗州上言醴陵縣玉仙觀山門中舊有田二萬餘頃久爲山石閉塞昨於七月十七日夜有暴雷霹開其路復通詔褒之

遼

聖宗太平二年嵬白山裂

按遼史聖宗本紀太平二年三月嵬白山裂數百步泉湧成流

宋

太宗雍熙三年常峽山圮

按宋史太宗本紀不載　按五行志雍熙三年階州福津縣常峽山圮壅白江水逆流高十丈許壞民田數百里

淳化二年登遼山崩

按宋史太宗本紀淳化二年八月己丑雅州言登遼山崩　按五行志淳化二年五月名山縣大風雨登遼山圮壅江水逆流入民田害稼

眞宗咸平元年寧化軍山圮

按宋史眞宗本紀不載　按五行志咸平元年七月庚午寧化軍汾水漲壞北水門山石摧圮軍士有壓死者

咸平二年靈寶山崕圮

按宋史眞宗本紀不載　按五行志二年七月庚寅靈寶縣暴雨崖圮壓居民死者二十二戸

咸平三年三陽砦崖摧

按宋史眞宗本紀不載　按五行志三年三月辛丑夜大澤縣三陽砦大雨崖摧壓死者六十二人

咸平四年成紀縣山摧

按宋史眞宗本紀不載　按五行志四年正月成紀縣山摧壓死者六十餘人

景德四年成紀縣山崖圮

按宋史眞宗本紀不載　按五行志景德四年七月成紀縣崖圮壓死居民

天禧五年襄州道土湧起

按宋史眞宗本紀不載　按文獻通考天禧五年五月襄州鳳林鎭道側地湧起高三尺許長三丈闊八尺知州夏竦以聞

神宗熙寧元年山裂

按宋史神宗本紀不載　按文獻通考熙寧元年潭州益陽縣雷震山裂出米

熙寧五年少華山崩

按宋史神宗本紀五年九月丙寅少華山崩詔壓死者賜錢貧者官爲葬祭　按五行志五年九月丙寅華州少華山前阜頭峰越八盤嶺及谷摧陷於石子坡東西五里南北十里潰散墳裂湧起堆阜各高數丈長若堤岸至陷居民六七社凡數百戸林木廬舍亦無存者並山之民言數年以來峰上常有雲每遇風雨即隱隱有聲是夜初昏略無風雨山上忽霧起有聲漸大地遂震動不及食頃而山摧（按華山崩通考作熙寧五年事）

按聞見後錄熙寧中少華山崩壓七村之人不可勝計先是穴居虎豹之屬盡避去人獨不知遂罹禍山以夜崩聲震百里外州距山才二十里初不聞其異如此

哲宗元祐元年十二月戊戌華州鄭縣小敷谷山崩

按宋史哲宗本紀云云

光宗紹熙四年祝融峰劍門關山摧

按宋史光宗本紀不載　按五行志紹熙四年秋南岳祝融峰山自摧劍門關山摧

紹熙五年南高峯摧

按宋史光宗本紀不載　按五行志五年十二月臨安府南高峰山自摧

寧宗慶元二年黃巖山徙臨海清潭山移

按宋史寧宗本紀不載　按五行志慶元二年六月辛未台州黃巖縣大雨水有山自徙五十餘里其聲如雷草木冢墓皆不動而故址潰爲淵潭時臨海縣清潭山亦自移

按文獻通考唐志載金滕曰山徙者君不用道祿去

公室賞罰不由君侯人執政也此韓侂胄擅朝之應

嘉泰二年建安縣山摧

按宋史寧宗本紀不載　按五行志嘉泰二年七月丁未閩建安縣山摧民廬之壓者六十餘家

嘉定六年淳安縣山摧

按宋史寧宗本紀不載　按五行志嘉定六年嚴州淳安縣長樂鄉山摧水湧

嘉定九年馬湖黎州山崩

按宋史寧宗本紀嘉定九年二月甲子馬湖夷界山崩八十里江水不通六月乙未黎州山崩

理宗寶慶二年遂安休寧山裂

按宋史理宗本紀寶慶二年秋七月戊辰遂安休寧兩縣界山裂洪水壞公宇民居田疇

度宗咸淳十年恭帝即位天目山崩

按宋史瀛國公本紀咸淳十年七月即位八月癸丑天目山崩水涌流

元

世祖至元六年奉化州桃源山崩

按元史世祖本紀不載　按續文獻通考至元六年九月奉化州山崩水湧出平地溺死人甚衆松陽龍泉二縣水漲入城中深丈餘溺死五百餘人遂昌縣尤甚平地三丈餘桃源鄉山崩壓溺民居五十三家死者三百六十餘人

至元九年龍興靖安山裂

按元史世祖本紀不載　按五行志至元九年龍興靖安縣山石迸裂湧水人多死者

至元二十七年沂州靈川縣山崖崩

按元史世祖本紀不載　按五行志二十七年六月丁卯沂州東蒼山有巨石大如屋崩裂墜地聲震如雷七月丙戌廣西靈川縣臨江石崖崩

成宗大德元年衡州酃縣山崩

按元史成宗本紀云云

大德十一年營道縣山裂

按元史成宗本紀不載　按五行志十一年三月道州營道縣暴雨山裂百三十餘處

武宗至大三年荆門州山崩

按元史武宗本紀至大三年六月襄陽峽州路荆門州大水山崩壞官廨民居二萬一千八百二十九間死者三千四百六十六人

仁宗延祐二年成紀縣山移

按元史仁宗本紀延祐二年五月乙丑秦州成紀縣山移是夜疾風電雹北山南移至夕河川次日再移平地突出土阜高者二三丈陷沒民居敕遣官覈驗賑恤　按馬祖常傳秦州山移祖常言山不動之物今而動焉由在野有當用不用之賢在官有當言不言之佞故致然爾疏聞大臣皆家居待罪

延祐四年成紀縣山崩

按元史仁宗本紀四年七月己丑成紀縣山崩土石潰徙壞田稼廬舍壓死居民

延祐五年秦安隴西寧遠山崩

按元史仁宗本紀五年二月秦安縣山崩五月己卯鞏昌隴西大雨南土山崩壓死居民給糧賑之七月戊子鞏昌路寧遠山崩

延祐六年八月伏羌縣山崩

按元史仁宗本紀云云

延祐七年英宗即位成紀縣山崩

按元史英宗本紀七年三月庚寅即位是歲秦州成紀縣暴雨山崩朽壤墳起覆沒畜產

英宗至治元年成紀縣山崩

按元史英宗本紀至治元年八月壬戌秦州成紀縣山崩

至治二年建昌山崩

按元史英宗本紀二年十二月甲子朔南康建昌州大水山崩死者四十七人

泰定帝泰定元年定州成紀縣山崩

按元史泰定帝本紀泰定元年七月戊申定州山崩八月癸未秦州成紀縣大雨山崩水溢壅土至來谷河成丘阜

泰定二年奉安山移

按元史泰定帝本紀二年六月丁未秦州奉安山移

泰定四年天全道通渭縣山崩

按元史泰定帝本紀四年八月鞏昌府通渭縣山崩　按五行志四年八月天全道山崩飛石擊人中者輒死

文宗至順元年通渭山崩

按元史文宗本紀至順元年七月己未通渭山崩壓民舍

至順四年順帝即位山崩

按元史順帝本紀四年六月己巳即位八月鞏昌徽州山崩九月庚申秦州山崩十月丙寅鳳州山崩十一月丙申鞏昌成紀縣地裂山崩辛亥秦州地裂山

崩

順帝元統二年雞鳴山崩

按元史順帝本紀二年八月辛未雞鳴山崩陷爲池方百里人死者衆

至元二年秦州山崩宿松山裂

按元史順帝本紀至元二年春正月乙丑宿松縣山裂五月壬申秦州山崩

至元四年信州山裂鞏昌山崩

按元史順帝本紀四年六月信州路靈山裂　按五行志四年七月丙辰鞏昌府山崩

至元六年成紀山崩

按元史順帝本紀六年六月己亥秦州成紀縣山崩地裂

至正二年濟南惠州山崩

按元史順帝本紀至正二年六月壬子濟南山崩水湧七月庚午惠州路羅浮山崩　按五行志至正二年七月惠州雨水羅浮山崩凡二十七處壞民居塞田澗

至正三年秦州鞏昌山崩

按元史順帝本紀至正三年二月秦州成紀縣鞏昌府寧遠伏羌縣山崩水涌溺死人無算　按五行志三年六月乙巳秦州秦安縣南坡崩裂壓死人畜七月戊辰鞏昌山崩人畜死者衆

至正六年羅浮山崩

按元史順帝本紀不載　按五行志六年六月廣州增城縣羅浮山崩水湧溢溺死百餘人

至正八年廣西山崩

按元史順帝本紀八年五月庚子廣西山崩水涌

至正九年七月靖海寧州山裂耒春縣象山崩

按元史順帝本紀不載　按五行志九年七月庚寅泉州大風雨耒春縣南象山崩壓死者甚衆

按續文獻通考九年靖海寧州山巖俱裂湧水人多死者

至正十年寧州瑞州山崩泉州山鳴

按元史順帝本紀不載　按五行志十年五月甲子龍興寧州大雨山崩數十處丙寅瑞州上高縣蒙山崩十一月乙酉泉州安溪縣侯山鳴

至正十二年霍山崩

按元史順帝本紀不載　按五行志十二年十月丙午霍州趙城縣霍山崩湧石數里前三日山鳴如雷禽獸驚散

至正十三年七月汾州白彪山坼

按元史順帝本紀不載　按五行志云云

至正十五年四月寧國敬亭麻姑華陽諸山崩

按元史順帝本紀不載　按五行志云云

至正十七年鷄鼻山崩

按元史順帝本紀十七年十月靜江路山崩地陷大水十二月丁酉慶元路象山縣鷄鼻山崩

至正二十六年巢山臥龍山沂水山三秀山鞏縣山蒲城洛岸和順崖俱崩

按元史順帝本紀二十六年六月壬子紹興路山陰縣臥龍山裂　按五行志二十六年三月贛榆縣巢山崩丙辰泉州同安縣大雷雨三秀山崩是月河南府鞏縣大霖雨地震山崩十一月辛丑華州蒲城縣洛岸崩壅水絕流三日十二月庚午華州之蒲城縣洛水和順崖崩其崖戴石有岩穴可居是日壓死辟亂者七十餘人

按續文獻通考二十六年六月沂水山崩

至正二十七年沂州山大藏山崩

按元史順帝本紀二十七年六月丁卯沂州山崩

按五行志二十七年六月沂州山石崩裂有聲如雷七月丙戌靜江靈川縣大藏山石崖崩

至正二十八年靜安忻州靈川山石崩裂

按元史順帝本紀不載　按續文獻通考二十八年龍興靜安縣山石迸裂湧水人多死者六月忻州蒙昌山有巨石大如屋崩裂墜地聲震如雷七月廣西靈川縣臨江石巖崩

明

成祖永樂十三年大岩山呼

按明昭代典則永樂十三年貴州布政使蔣廷讚言去年北征班師詔至思南府婺川縣大岩山有聲連呼萬歲者三咸謂皇上恩威遠加山川效靈之徵呂震請率諸臣上表賀上曰人臣事君當以道阿諛取容非賢人君子所爲呼譟山谷空虛之聲相應理或有之布政司不察以爲祥爾爲國大臣不能辯其非又欲進表媚朕非君子事君之道也

英宗正統八年紹興山移陝西山崩

按續文獻通考正統八年冬十一月浙江紹興山移於平田是年陝西二處山崩壓人家數千戶山叫三日移數里時畏王振不敢奏

正統十四年貢山鬬鐘山裂

按江南通志正統十四年太湖中大貢小貢二山鬬開合數次共沈於水起復鬬踰時乃止

按江西通志正統十四年湖口縣鐘山裂

天順二年瑞州山崩

按江西通志天順二年夏四月瑞州山多崩

天順五年南山崩

按陝西通志天順五年七月南山崩大夏河水數日不流

憲宗成化二年小孤山崩

按江西通志成化二年小孤山北岸崩約三里餘壞民居數百

成化六年霍山崩

按山西通志成化六年霍山土谷崩

成化八年山吼

按續文獻通考成化八年七月陝西隴州大雹州北有山吼三日裂成溝長半里

成化十六年白石山裂移江中長樂平地山起鍾山崩

按續文獻通考成化庚子五月雲南麗江軍民府巨津州白石山約長四百餘丈去金沙江二里一日山忽裂分其半走金沙江中山上木石依舊江水壅塞淹田漂廬府州具報察院以聞時滇中邊報日急識者以爲山徙之兆六月長樂縣平地起小阜人畜踐之輙陷明年尋湧起一高山占者云武后時會有此異乃女主爲男之兆時裕陵宮人萬氏冊爲貴妃每侍宸遊戎服男飾以從此其應與

按明昭代典則成化十六年夏四月雲南麗江白石雲山裂半移金沙江中水溢沒田苗六月福建長樂平地山起

按江西通志成化十六年湖口縣上鍾山崩

成化十八年半占山崩

按福建通志成化十八年長樂半占山崩壓居民廬舍有死者

成化二十一年泰山震

按山東通志成化二十一年二月三月泰山屢震遣官祭之

孝宗弘治元年虞山鳴

按江南通志云云

弘治三年施州山崩

按湖廣通志弘治三年春二月施州山崩怪石出江塞石信山崩有大石二類人形卓立路旁距五里清江南岸山崩大石塞江水爲不流遂壅爲灘

弘治六年龍泉縣山崩

按浙江通志云云

弘治十年榆次山崩安溪山崩

按山西通志弘治十年榆次縣孫家山移南移二十里許

按福建通志弘治十年安溪縣三公峰崩如雷

弘治十四年午山崩

按福建通志弘治十四年安溪縣午山崩

弘治　年太湖小山移

按吳縣志弘治間太湖濱小山自移初緩漸急望湖而趨一村民見之大呼衆皆錯愕山亦隨止離舊址約數畝

武宗正德元年太原山移袁州山崩

按山西通志正德元年太原山移太原閑居寺口山移數十步土人見有物如羊一目一角雲霧數日方散

按江西通志正德元年秋七月袁州山崩

正德十一年馬攔寺山午山崩

按湖廣通志正德十一年夏四月馬攔寺山崩

按福建通志正德十一年八月安溪午山大崩

世宗嘉靖元年全州山崩

按廣西通志嘉靖元年夏五月全州大水萬鄉四都山崩水涌陷田數百頃

嘉靖三年太谷山崩

按山西通志嘉靖三年秋八月太谷山崩民居翻沒

嘉靖六年高明山崩雲南山崩

按廣東通志嘉靖六年夏四月高明山崩凡二百丈壞民田四十頃

按雲南通志嘉靖六年雲南縣久霖山崩

嘉靖八年陽朔山崩

按廣西通志嘉靖八年陽朔縣邑山崩白面山崩壓死民人張鳳銀妻女三口屋宇牛羊俱碎

嘉靖九年大常山鳴漳浦山有變

按福建通志嘉靖九年四月長樂大常山鳴漳浦四都有海嶼三峰並列其日忽沒於海不見頃之三山並爲一峰屹立騰空有樓臺巍煥之狀變態不常浮沈不一如是者凡三日識者以爲蜃氣見云

嘉靖十四年滁州山鳴

按江南通志嘉靖十四年滁州西諸山夜鳴如雷

嘉靖十六年松陽山裂
按浙江通志云云
嘉靖二十一年羅源清溪山崩
按福建通志嘉靖二十一年羅源山崩沙壓田
按四川總志嘉靖二十一年武隆清溪左山崩
嘉靖二十三年雞山崩移
按陝西通志嘉靖二十三年秋八月雞山崩移塞雞川水不流年餘
嘉靖二十五年恭門山裂
按陝西通志嘉靖二十五年夏清水縣恭門山裂深二百丈
嘉靖二十六年澄城山裂
按明昭代典則嘉靖二十六年冬十一月澄城山裂東南移四五里
按續文獻通考嘉靖二十六年十二月十四日陝西澄城縣麻陂山界頭嶺晝夜大吼如雷至二十七日夜山忽中斷百丈移走東西三里南北五里
嘉靖二十七年全州山裂
按廣西通志嘉靖二十七年夏六月全州萬鄉四都山裂水三道汎衝民屋土田成河
嘉靖二十九年澄城山崩
按陝西通志嘉靖二十九年十月澄城山崩東西分馳三四里遺址平陷
嘉靖三十一年山產珠山鳴
按福建通志嘉靖三十一年二月烏石九仙二山土中產珠郡人競取之著手輒碎
按山西通志嘉靖三十一年六月中條麓介谷夜半山鳴如雷
嘉靖三十六年樂清蓋竹山崩
按浙江通志云云
嘉靖三十九年羅浮山崩
按廣東通志嘉靖三十九年夏四月羅浮山崩凡三十餘丈
嘉靖四十年南安山鳴
按雲南通志嘉靖四十年南安安竜山鳴聲聞數里明年有嘯聚焚掠之變
嘉靖四十一年紫帽山鳴
按福建通志嘉靖四十一年八月初旬紫帽山鳴三夜
嘉靖四十三年大帽山鳴龍隱山崩
按福建通志嘉靖四十三年六月南靖縣北大帽山鳴三夜及移縣於此山之麓人以爲遷建之兆
按廣西通志嘉靖四十三年龍隱山崩十二月古田賊首韋銀豹越城
嘉靖四十四年武康山移
按浙江通志嘉靖四十四年武康山移數百步
穆宗隆慶元年岐山崩
按福建通志隆慶元年末春四五都岐山崩
隆慶三年延安山崩
按陝西通志隆慶三年延安黃土坬二山崩裂成湫
隆慶四年湖州山崩
按明昭代典則隆慶四年八月浙江湖州府山崩成湖
隆慶五年黔陽獨秀山崩
按湖廣通志隆慶五年黔陽山崩水涌出漂沒民居無算
按廣西通志隆慶五年獨秀山崩石約一丈餘布政司地陷
隆慶六年堯山崩
按廣西通志云云
神宗萬曆六年黃巖小樊山崩
按浙江通志云云
萬曆十一年武鄉山崩
按山西通志萬曆十一年武鄉山崩李莊北石山夜崩數十丈
萬曆十四年三黃嶺岳山麓崩
按江西通志萬曆十四年三黃嶺迸裂
按廣西通志萬曆十四年三月懷集古城大水岳山麓崩魚鱉盡絕人涉水多生疽
萬曆二十五年黃陂坡忽平
按湖廣通志萬曆二十五年七月荆門災黃陂坡山高數尋一夕平地
萬曆二十七年秋道山崩
按續文獻通考萬曆二十七年九月秋道山崩成坑更於平地湧出大小山五座
萬曆二十八年臨洮楚雄山崩
按陝西通志萬曆二十八年臨洮鸚哥山崩
按雲南通志萬曆二十八年楚雄西山崩
萬曆二十九年羅漢山崩
按雲南通志萬曆二十九年冬十一月昆明羅漢山岩石崩

萬曆三十年筆架山突出一山
按福建通志萬曆三十年閏二月二十日大金筆架山突出一山自巳至未形體變幻不一觀者圖之
萬曆三十五年武定山鳴
按雲南通志萬曆三十五年二月武定獅子山與鵰鵃山鳴南北互應如松濤
萬曆四十一年紫帽山鳴
按福建通志萬曆四十一年立春日行禮於城樓六月倭入寇叅將戚繼光來援斬獲千級八月初旬紫帽山鳴三夜
萬曆四十二年平陽山崩
按浙江通志萬曆四十二年平陽仙壇山崩
萬曆四十三年恭城縣山崩
按廣西通志萬曆四十三年七月恭城縣勢江山崩出蛟平樂河水暴漲魚死塞江水不可食民掘泉取水
萬曆四十四年延安山崩
按陝西通志萬曆四十四年六月延安翠屏山崩
萬曆四十六年雲龍山崇山鳴如雷
按雲南通志云云
熹宗天啟元年武定獅子山鳴
按雲南通志云云
天啟三年華嶺昆明山崩雲龍山鳴
按江西通志天啟三年五月瑞昌華嶺山崩塞水口
按雲南通志天啟三年三月雲龍三崇山鳴如轟雷十一月昆明羅漢山崩三十餘丈
天啟四年霍山崩
按江南通志云云
愍帝崇禎二年交城平地生山
按山西通志崇禎二年交城平地生山西山大足底村突起橫山十餘丈
崇禎三年夏五月羅浮山崩
按廣東通志云云
崇禎七年蕭縣山鳴
按江南通志云云
崇禎十年羊祜嶺自移
按湖廣通志崇禎十年五月京山羊祜嶺自行五十餘步
崇禎十一年唐縣山崩徐州西山鳴
按畿輔通志崇禎十一年唐縣葛洪山崩
按江南通志崇禎十一年徐州西山鳴者三聲隱隱如鞞鼓又如虛甕迎風自子至辰
崇禎十六年東山石崩獅子山鳴
按江西通志崇禎十六年五月餘干東山石崩壓壞民居多家
按雲南通志崇禎十六年六月武定府獅子山鳴

山異部總論

詩經

小雅十月之交

百川沸騰山冢崒崩
傳山頂曰冢 箋山頂崔嵬者崩君道壞也
高岸爲谷深谷爲陵
傳言易位也 箋君子居下小人處上之謂也

春秋四傳

僖公十四年

春秋秋八月辛卯沙鹿崩
公羊傳沙鹿者何河上之邑也此邑也其言崩何
注據梁山言崩
襲邑也
注襲者嘿陷入於地中言崩者以在河上也河崩有高下如山有地矣故得言崩也
沙鹿崩何以書記異也外異不書此何以書爲天下記異也
注土地者民之主霸者之象也河者陰之精爲下所襲者此象天下異齊桓將卒宋襄承其業爲楚所敗之應而不繫國者起下異
穀梁傳林屬於山爲沙鹿山名也無崩道而崩故志之也其日重其變也
胡傳卜偃曰期年必有大咎國幾亡詩稱百川沸騰山冢崒崩言西周之將亡也書沙鹿崩於前書獲晉侯於後雖不指其事應而事應具存此春秋畏物之反常爲異使人恐懼修省之意也其垂戒明哉

成公五年

春秋梁山崩

公羊傳梁山者何河上之山也梁山崩何以書記異也何異爾大也何大爾梁山崩壅河三日不沵（音流）

注　故不日以起之不書壅河者舉崩大爲重

外異不書此何以書爲天下記異也

注　山者陽精德澤所由生君之象河者四瀆所以通道中國與正道同記山崩壅河者此象諸侯失勢王道絕大夫擅恣爲海內害自是之後六十年之中弒君者十四亡國三十二故溴梁之盟徧刺天下之大夫

穀梁傳不日何也

注　據僖十四年秋八月辛卯沙鹿崩書日

高者有崩道也有崩道則何以書也曰梁山崩壅遏河三日不流晉君召伯尊而問焉伯尊來遇輦者輦者不辟使車右下而鞭之輦者曰所以鞭我者其取道遠矣

注　所用鞭我之間行道則可遠

伯尊下車而問焉曰子有聞乎對曰梁山崩壅遏河三日不流伯尊曰君爲此召我也爲之奈何輦者曰天有山天崩之天有河天壅之雖召伯尊如之何伯尊由忠問焉

注　用忠誠之心問之

輦者曰君親素縞帥羣臣而哭之既而祠焉斯流矣

注　素衣縞冠凶服也所以凶服者山川國之鎮也山崩川塞示哀窮

伯尊至君問之曰梁山崩壅遏河三日不流爲之奈何伯尊曰君親素縞帥羣臣而哭之既而祠焉斯流矣孔子聞之曰伯尊其無績乎攘善也

胡傳梁山韓國也詩曰奕奕梁山韓侯受命而謂之韓奕者言奕然高大爲韓國之鎮也後爲晉所滅而大夫韓氏以爲邑焉書而不繫國者爲天下記異是以不言晉也左氏載絳人之語于禮文備矣而未記其實也夫絳服乘縵徹樂出次祝幣史辭六者禮之文也古之遭變異而外爲此文者必有恐懼修省之心主於內若成湯以六事檢身高宗克正厥事宣王側身修行欲銷去之是也未聞有戒心而修德也故自是而後六十年間弒君十有四亡國三十二其應亦憯矣春秋不明著事應而事應具存其可忽諸

搜神記

山

夏桀之時厲山亡秦始皇之時三山亡周顯王三十二年宋大丘社亡漢昭帝之末陳留昌邑社亡京房易傳曰山默然自移天下兵亂社稷亡也故會稽山陰琅邪中有怪山世傳本琅邪東武海中山也時天夜風雨晦冥旦而見武山在焉百姓怪之因名曰怪山時東武縣山亦一夕自亡去識其形者乃知其移來今怪山下見有東武里蓋記山所自來以爲名也又交州脆州山移至青州凡山徙皆不極之異也此二事未詳其世尚書金縢曰山徙者人君不用道士賢者不興或祿去公室賞罰不由君私門成羣不救當爲易世變號說曰善言天者必質於人善言人者必本於天故天有四時日月相推寒暑迭代其轉運也和而爲雨怒而爲風散而爲露亂而爲霧凝而爲霜雪立而爲蚔蜺此天之常數也人有四肢五藏一覺一寤呼吸吐納精氣往來流而爲榮衞彰而爲氣色發而爲聲音此亦人之常數也若四時失運寒暑乖違則五緯盈縮星辰錯行日月薄蝕彗孛流飛此天地之危診也寒暑不時此天地之蒸否也石立土踊此天地之瘤贅也山崩地陷此天地之癰疽也衝風暴雨此天地之奔氣也雨澤不降川瀆涸竭此天地之焦枯也

山異部藝文

陽山　後漢黃憲

陽山崩楚王問於左右曰晉人有釁於楚國夙夜憂惴况徵君不復徐淵四而死周岑乞食於楚市乘浮於湘江不知其所矣是以海內賢士皆棄楚而賓鄰國無以南扞寡人奈何今陽山告崩楚國無所鎮是寡人之禍彰矣無亦詭於晉者或不得求與抑王室之故也左右對曰君以晉釁而日夜求徵君用心疑之是君之勞過矣夫徵君游諸侯諸侯皆信之而楚獨疑使楚國不能爲盟主以光耀王室陽山之崩不其疑乎楚王長息而言曰寡人將修好於晉而聘徵君則楚之禍庶乎爾衆爲寡人畫之左右對曰鄰國之好可以修也若徵君之聘夫奚就乎死其弟子而困其師露其詭計而飾其聘不可爲也楚王遂修好於晉晉人殺楚使懸其首於關門之木楚王聞晉人無禮於楚謀諸左右曰梟鄰不睦賊我使臣何以報之左右稽顙而謝曰釁其分矣又何報焉願君毋忘讎於晉也楚王怒寵姬陽華諫曰不可妾聞之寤口

之言若蘖瘖心之言若氷今左右之諫雖不甘君之口其亦寒心哉夫瘖口者求譽而養禍瘖心者忍恥而奮功是以明君樂聞瘖心之言而去甘口之士故功施昭明而令聞廣譽也君若誅左右而擁其心無乃嗜甘之疾乎楚之使晉人戮之罪也君誠怒矣君獨不思晉之使猶楚也不告於天皇而私戮之亦與晉均也而君則欲晉之不怒何君之遠恕耶楚王慙而釋之遂田於四望明年楚王飲毒而卒

爲涇州李使君賀慶山表　　唐崔融

臣某等言某日奉某月詔書新豐縣有慶山出曲赦縣囚徒改新豐爲慶山縣賜天下酺三日凡在含生孰不慶幸中賀微臣詳窺海記博訪山經方丈蓬萊人跡所罕到增城元圃道家之妄說伏惟皇太后陛下應天順人正位凝命中外咸一陰陽以和嘉禾四方而平春露草三旬而候月冲恩浹洽嘉貺駢闐當雍州之福地在漢都之新邑聖渚潛開神峰欻見政平而湧自蕩於雲日德茂而生非乘於風雨游龍蜿蜒疑呈八卦之圖鳴鳳嗈嗈似發五音之奏仙蹤曳葛美稼抽芒一人有合於天心百姓不知其帝力方驗鎭星垂象山萌軸地之徵太歲加年水兆載坤之應天人交際影響合符雷雨既作喜氣冲於三象鍾石以陳歡心動於萬物臣幸忝簪帶濫守藩隅不獲馳蒼闕而拜手望紫庭而繼足殊祥踵至寶筭無疆厚賁旁霑羣生幸甚不任悚踊之至謹遣某官奉表以聞

山異部紀事

左傳僖公十四年秋八月辛卯沙鹿崩晉卜偃曰期年將有大咎幾亡國

物類相感志漢武帝時未央宮殿前鐘無故自鳴三日三夜君問東方朔朔曰銅者土之子以類言之母感而相應山恐有崩者故鐘先鳴二日南郡太守上言山崩帝大笑之

水經注汶水又西逕危山南世謂之龍山也漢書五行志曰哀帝時無鹽危山土自起覆草如馳道狀又瓠山石轉立晉灼曰漢注作報山山脇石一丈轉側起立高九尺六寸旁行一丈高四尺東平王雲及后謁自之石所祭治石象報山立石束倍草并祠之建平三年息夫躬告之王自殺后謁棄市國除漢書石立宣帝起之象也

異苑魏時殿前大鐘無故大鳴人皆異之以問張華華曰此蜀郡銅山崩故鐘鳴應之耳尋蜀郡上其事果如華言

前趙錄劉曜光初四年夏五月終南山崩長安人劉終於崩所得白玉方一尺有文字曰皇亡皇亡敗趙昌井水竭構五梁罯酉小衰困囂喪嗚呼嗚呼赤牛奮靷其盡乎時羣臣咸賀以爲勒滅之徵曜大悅齋七日而後受之於太廟大赦境內以終爲奉瑞大夫中書監劉均進曰臣聞國主山川故山崩川竭國君爲之不舉終南京師之鎭國之所瞻無故而崩其凶焉可極言昔三代之季其災也如是今朝臣皆言祥瑞臣獨言非誠上忤聖旨下違衆議然臣不達大理竊所未同何則玉之於山石也猶君之於臣下山崩石墜象國傾人亂此其誡悟蒸蒸欲陛下勤修德化以禳之耳曜惕然改容

三水小牘汝州魯山縣西六十里小山間有祠曰女靈觀其像獨一女子焉低鬟嚬蛾豔冶而有怨慕之色祠堂後平地怪石圍數畝上擢三峰皆十餘丈森然肖泰華也詢之老人云大中初斯地忽暴風驟雨襄丘陵震屋瓦一夕而止遂有茲山其神見形於樵蘇者曰吾商於之女也帝命有此百里之境可告鄕里爲吾立祠於山前山亦吾所持來者無驚時祭當福汝鄕人遂建祠官書祀典

夢溪筆談登州巨嵎山下臨大海其山有時震動山之大石皆頹入海中如此已五十餘年土人皆以爲常莫知所謂

宋史呂大防傳大防知華州華嶽摧自山屬渭河被害者衆大防奏疏援經質史以驗時事其略曰畏天之威于時保之先王所以興也我生不有命在天後主所以壞也書云惟先格王正厥事願仰承天威俯酌時變爲社稷至計

老學庵筆記熙寧癸丑華山阜頭峰崩峰下一嶺一谷居民甚衆皆晏然不聞乃越四十里外平川土石雜下如簸揚七社民家壓死者幾萬人壞田七八千頃固可異矣紹興間嚴州大水壽昌縣有一小山高八九丈隨水漂至五里外而兩旁草木廬舍比水退皆不壞則此山殆空行過也

續夷堅志宣和末華山下石子岡地震之後東西易位摧壓十八村土人謂神物所移爲立移山祠蘭泉張吉甫賦弔之明昌四年秋渭南之間一日晨起居

人忽開數千人呼聲望之有雲如大幃幕㪚空而過少頃開霽並山南原已移爲北原矣孫迴祥爲文記之近天興癸巳麥秋後恆山公治軍鄧之五朶山置倉聖朶砦以受軍租臨大屋已置二萬餘斛矣有日寅卯間人見西北有黑雲低空而過聲勢甚惡逈漸墮澗上倉屋隨亦崩潰雲起而雨雨後人奔視之元是大石片方廣數畝自天而下橫兩澗之間麥倉崩乃無一麥可尋又一異也

名山藏燕王還北平傳檄天下曰太孫即位十月山崩木滋占書曰山崩木滋者五行失序也此公輔之象賢人退小人進則山崩山無故自崩國易政人主失位民流散也

明外史憲宗貴妃萬氏傳梁芳等懼他日太子立將治己罪說貴妃勸帝易太子而立興王貴妃然之因要帝易儲會泰山震羣臣奏應在東宮帝心懼事乃寢

馬文升傳文升鈞州人正德五年六月卒年八十五卒前數日州西大劉山忽崩

明狀元事略茅瓚嘗讀書寶覺寺借山巔舊屋居之始至之夜雷雨大作崖崩數十丈獨所居儼然無恙

山異部雜錄

淮南子覽冥訓嶢山崩而薄落之水涸區冶生而淳鈞之劍成

焦氏易林屯之蒙山崩谷絕大福盡竭涇渭失紀王曆盡已

元包經傳剝𡵂氏於陵（𡵂音叢氏音支也蜀謂山欲墮曰氏）傳曰𡵂氏於陵山崩於地也

義泉小品咸感也山無澤則必崩澤感而山不應則將怒而爲洪

物類相感志白馬開山圖云鄭地白馬山上有白馬羣行悲鳴馳走則山崩嘗結隊羣行飲食或將白駒夜半悲鳴晝日羣走若人驚逐出則山崩

太平清話京房易傳云山自上下者爲崩

欽定古今圖書集成曆象彙編庶徵典

第一百二十三卷目錄

庶徵典第一百二十三卷

石異部彙考一

觀象玩占

石雜變

石忽自起立庶士爲天下雄立於山爲同姓平地異姓立於水爲聖人於澤爲小人

石自生地鏡曰石生方正三公外謀不出三年逆兵起

石生道中所生邑國亡

石生水中上見近臣逆謀與女主持政不出八年兵起

石生平野庶人有謀不出三月

石生廟中人君不行先王法度不出三年易主

石生如人形奸臣持政一日君無嗣

石生如蜚鳥形內戚女主近臣謀逆

石生作獸形諸侯兵起

石生如聚不出五年其邑有兵

石出重壘不出五年相謀逆且成

石無故自移其地有兵亂

石化爲人形男絕嗣地鏡曰庶人持政

石化爲禽獸形近臣外戚謀反地鏡曰父子道絕臣不從令

石忽濕汗汗出如血其地有兵起流血

石忽生水主謀不成

管窺輯要

石

石折有水主謀不成

石人泣戎兵起

石鼓自聲若金鼓之響兵起

石生道中其分亡

石忽濕有血皆主兵起石忽赤如血色地鏡曰父子道絕臣不從君命

石生毛髮如絲絮不出五年有兵事

石生重累不出五年相謀且成

石生都邑國中君有去故就新之象不出三年有易政

石隕其分兵起自高隕其國君危隕於天臣將危君王者失民

磐石忽生軍地宜可久居之吉石礫生軍中急徙去之

石自起相擊左右親人離叛

石躍臣爲亂劉向曰失衆心令不行言不從以亂金氣也

石走其地有兵起

金石上忽生如粟狀其地有災在器則其主者當之

石自出火焚物臣下謀亂

石鳴民力彫盡必有大兵

石忽生五金其地兵災

石生豚如絲髮不出五年兵士謀叛

石化爲玉賤人將貴玉化爲石貴人且賤

石無故自破其地有死亡

石異部彙考二

周

襄王八年春正月朔隕石於宋五

按春秋魯僖公十有六年春正月朔隕石於宋五

按左傳隕星也　按公羊傳曷爲先言霣而後言石霣石記聞聞其磌然視之則石察之則五　按穀梁傳先隕而後石何也隕而後石也於宋四境之內曰宋後數散辭也耳治也

按漢書五行志釐公十六年正月戊申朔隕石於宋五是月六鷁退飛過宋都董仲舒劉向以爲象宋襄公欲行伯道將自敗之戒也石陰類五陽數自上而隕此陰而陽行欲高反下也石與金同類色以白爲主近白祥鷁水鳥六陰數退飛欲進反退也其色青青祥也屬於貌之不恭天戒若曰德薄國小勿持炕陽欲長諸侯與强大爭必受其害襄公不寤明年齊桓死伐齊喪執滕子圍曹爲盂之會與楚爭盟卒爲所執後得反國不悔過自責復會諸侯伐鄭與楚戰於泓軍敗身傷爲諸侯笑左氏傳曰隕石星也鷁退飛風也宋襄公以問周內史叔興曰是何祥也吉凶何在對曰今茲魯多大喪明年齊有亂君將得諸侯而不終退而告人曰是陰陽之事非吉凶之所生也吉凶由人吾不敢逆君故也是歲魯公子季友鄫季姬公孫茲皆卒明年齊桓死適庶亂宋襄公伐齊行伯卒爲楚所敗劉歆以爲是歲歲在壽星其衝降婁降婁魯分野也故爲魯多大喪正月日在星紀厭在元枵元枵齊分野也石山物齊大岳後五石象齊桓卒而五公子作亂故爲明年齊有亂庶民惟星隕於宋象宋襄公將得諸侯之衆而治五公子之亂星隕而鷁退飛故爲得諸侯而不終六鷁象後六年伯業始退執於盂也民反德爲亂亂則妖災生言凶吉由人然後陰陽衝厭受其咎齊魯之災非君所致故曰吾不敢逆君故也京房易傳曰距諫自強茲謂卻行厥異鷁退飛適當黜則鷁退飛

景王四年石言於晉

按春秋不書　按漢書五行志左氏傳曰昭公八年春石言於晉晉平公問於師曠對曰石不能言神或馮焉作事不時怨讟動於民則有非言之物而言今宮室崇侈民力彫盡怨讟並興莫信其性石之言不亦宜乎於是晉侯方築虒祁之宮叔向曰君子之言信而有徵劉歆以爲金石同類是爲金不從革失其性也劉向以爲石白色爲主屬白祥

敬王二年玉化爲石

按春秋不書　按漢書五行志左氏昭公二十四年十月癸酉王子鼂以成周之寶圭湛於河幾以獲神助甲戌津人得之河上陰不佞取將賣之則爲石是時王子鼂篡天子位萬民不鄉號令不從故有玉變近白祥也癸酉入而甲戌出神不享之驗云玉化爲石貴將爲賤也後二年子鼂奔楚而死

秦

始皇帝三十六年隕石於東郡

按史記秦始皇本紀不載　按漢書五行志始皇三十六年鄭客從關東來至華陰望見素車白馬從華山上下知其非人道住止而待之遂至持璧與客曰爲我遺鎬池君因言今年祖龍死忽不見鄭客奉璧即始皇二十八年過江所湛璧也與周子鼂同應是歲石隕於東郡民或刻其石曰始皇死而地分此皆白祥炕陽暴虐號令不從孤陽獨治羣陰不附之所致也一曰石陰類也陰持高節臣將危君趙高李斯之象也始皇不畏戒自省反夷滅其旁民而燔燒其石是歲始皇死後三年而秦滅

漢

惠帝三年隕石綿諸一

按漢書惠帝本紀不載　按五行志云云

武帝征和四年隕石

按漢書武帝本紀云云　按五行志征和四年二月丁酉隕石雍二天晏亡雲聲聞四百里

昭帝元鳳三年泰山大石自立

按漢書昭帝本紀元鳳三年春正月泰山有大石自起立　按五行志元鳳三年正月泰山萊蕪山南匈匈有數千人聲民視之有大石自立高丈五尺大四十八圍入地深八尺三石爲足石立處有白烏數千集其旁眭孟以爲石陰類下民象泰山岱宗之岳王者易姓告代之處當有庶人爲天子者孟坐伏誅京房易傳曰復崩來無咎自上下者爲崩厥應泰山之石顚而下聖人受命人君虜又曰石立如人庶士爲天下雄立於山同姓平地异姓立於水聖人於澤小人

元帝建昭元年正月戊辰隕石梁國六

按漢書元帝本紀不載　按五行志云云

成帝建始四年正月癸卯隕石稾四肥累一

按漢書成帝本紀不載　按五行志云云

陽朔三年隕石

按漢書成帝本紀陽朔三年春三月壬戌隕石　按五行志陽朔三年三月壬戌隕石白馬八

鴻嘉二年五月癸未隕石杜衍三

按漢書成帝本紀不載　按五行志云云

鴻嘉三年天水冀南山大石鳴

按漢書成帝本紀不載　按五行志鴻嘉三年五月乙亥天水冀南山大石鳴聲隆隆如雷有頃止聞平襄二百四十里埜雞皆鳴石長丈三尺廣厚略等旁著岸脅去地二百餘丈民俗名曰石鼓石鼓鳴有兵是歲廣漢鉗子謀攻牢篡死皋囚鄭躬等盜庫兵刦略吏民衣繡衣自號曰山君黨與寖廣明年冬乃伏誅自歸者三千餘人後四年尉氏樊並等謀反殺陳留太守嚴普自稱將軍山陽亡徒蘇令等黨與數百人盜取庫兵經歷郡國四十餘皆踰年乃伏誅是時起昌陵作者數萬人徙郡國吏民五千餘戶以奉陵邑作治五年不成乃罷昌陵還徙家石鳴與晉石言同應師曠所謂民力彫盡傳云輕百姓也虒祁離宮去絳都四十里昌陵亦在郊埜皆與城郭同占城郭屬金宮室屬土外內之別云

元延四年三月隕石都關二

按漢書成帝本紀不載　按五行志云云

哀帝建平元年隕石

按漢書哀帝本紀不載　按五行志建平元年正月丁未隕石北地十其九月甲辰隕石虞二

平帝元始二年隕石

按漢書平帝本紀不載　按五行志元始二年六月隕石鉅鹿二自惠盡平隕石凡十一皆有光耀雷聲成哀尤屢

後漢

殤帝延平元年安帝即位隕石

按後漢書安帝本紀延平元年秋八月癸丑即位九月乙酉隕石於陳留

桓帝延熹七年隕石

按後漢書桓帝本紀延熹七年春三月癸亥隕石於鄠

魏

明帝青龍元年水溢涌寶石負圖狀

按魏志明帝本紀不載　按文獻通考青龍元年張掖柳谷口水溢涌寶石負圖狀象靈龜立於川西有石馬七及鳳麒麟白虎犧牛璜玦八卦列宿孛彗之象又有文曰大討曹此晉之符命而於魏爲妖好攻戰輕百姓飾城郭侵邊境魏氏三祖皆有其事石圖發於非常之文此不從革之異晉定大業多斃曹氏石瑞文大討曹之應也

青龍三年隕石

按魏志明帝本紀三年正月乙亥隕石于壽光縣

按晉書五行志三年正月乙亥隕石于壽光案左氏傳隕石星也劉歆說曰庶衆惟星隕于宋者象宋襄公將得諸侯而不終也秦始皇時有隕石班固以爲石陰類也又白祥臣將危君是後宣帝得政云

吳

廢帝五鳳二年石自立

按吳志孫亮傳五鳳二年五月陽羨離里山大石自立

按晉書五行志京房易傳曰庶士爲天子之祥也其說曰石立于山同姓平地異姓干寶以爲孫晧承廢故之家得位其應也或曰孫休見立之祥也

爲程侯天璽元年歷陽陽羨有瑞石

按吳志孫晧傳天璽元年于湖邊得石函中有小石青白色長四寸廣二寸餘刻上作皇帝字秋八月鄱陽言歷陽山石文理成字凡二十云楚九州渚吳九州都揚州士作天子四世治太平始又吳興陽羨山

有空石長十餘丈名曰石室在所表爲大瑞乃遣兼司徒董朝兼太常周處至陽羨縣封禪國山明年改元大赦以協石文

按江表傳歷陽縣有石山臨水高百丈其三十丈所有七穿駢羅穿中色黃赤不與本體相似俗相傳謂之石印又云石印封發天下當太平下有祠屋巫祝言石印神有三郎時歷陽長表上言石印發皓遣使以太牢祭歷山巫言石印三郎說天下方太平使者作高梯上看印文詐以朱書石作二十字還以啓皓皓大喜曰吳當爲九州作都渚乎從大皇帝及孤四世矣太平之主非孤復誰重遣使以印綬拜三郎爲王又刻石立銘褒贊靈德以答休祥

晉

武帝泰始三年有元石白書成文

按晉書武帝本紀泰始三年夏四月戊午張掖太守焦勝上言氏池縣大柳谷口有元石一所白書成文實大晉之休祥圖之以獻詔以制幣告于太廟藏之天府

太康五年隕石

按晉書武帝本紀不載　按五行志太康五年五月丁巳隕石于溫及河陽各二

太康六年隕石

按晉書武帝本紀不載　按五行志六年正月隕石于溫三

太康十年石生地中

按晉書武帝本紀不載　按五行志十年洛陽宮西宜秋里石生地中始高三尺如香爐形後如偃人槃薄不可掘案劉向說此白眚也明年宮車晏駕王室始騷卒以亂亡京房易傳曰石立如人庶士爲天下雄此近之矣

惠帝元康五年石生

按晉書惠帝本紀元康五年十二月景戌石生于京師宜年里

永康元年襄陽得鳴石

按晉書惠帝本紀不載　按五行志永康元年襄陽郡上言得鳴石撞之聲聞七八里

太安元年丹陽湖有浮石

按晉書惠帝本紀不載　按五行志太安元年丹陽湖熟縣夏架湖有大石浮二百步而登岸民驚譟相告曰石來干寶曰尋有石冰入建鄴

愍帝建興五年石言于平陽

按晉書愍帝本紀不載　按文獻通考建興五年石言于平陽時帝蒙塵亦在平陽故有非言之物而言妖之大者俄而帝遇害

穆帝升平元年隕石

按晉書穆帝本紀升平元年春正月丁丑隕石于槐里一

南齊

高帝建元元年雨石璽

按南齊書高帝本紀不載　按祥瑞志嵩高山昇明三年四月滎陽人尹午於山東南澗見天雨石墜地石開有璽在其中方三寸其文曰戊丁之人與道俱肅然入草應天符又曰皇帝興運午奉璽詣雍州刺史蕭赤斧赤斧表獻之

梁

武帝大同十二年正月石辟邪自躍入土曲阿建陵石騏驎自動（是年四月改元中大同）

按南史梁武帝本紀中大同元年春正月丁未曲阿縣建陵隧口石辟邪起舞

按隋書五行志梁大同十二年正月送辟邪二于建陵左雙角者至陵所右獨角者將引于車上振躍者三車兩轅俱折因換車未至陵二里又躍者三每一振則車側人莫不聳奮去地三四尺車輪陷入土三寸木沴金也劉向曰失衆心令不行言不從以亂金氣也石爲陰臣象也臣將爲變之應梁武暮年不以政事爲意君臣惟講佛經談元而已朝綱紊亂令不行言不從之咎也其後果致侯景之亂曲阿建陵隧口石騏驎動木沴金也動者遷移之象天戒若曰園陵無主石驎將爲人所徙也後竟國亡

敬帝紹泰二年獲玉璽

按梁書敬帝本紀不載　按陳書高祖本紀敬帝紹泰二年二月戊辰獲玉璽四紐高祖表以送臺

陳

宣帝太建二年五月乙卯儀同黃法氍獻瑞璧一

按陳書宣帝本紀云云

北魏

高宗興安二年獲玉印于內苑

按北史魏高宗本紀興安二年八月戊戌詔曰朕卽位以來風雨順序邊方無事衆瑞兼呈又於苑內獲方寸玉印其文曰子孫長壽羣公卿士皆曰休哉豈朕一人克臻斯應實由天地祖宗降祐之所致也思

與兆庶共茲嘉慶其令百姓大酺三日降殊死以下四

孝靜帝天平四年高歡獲瑞石

按魏書孝靜帝本紀不載　按北齊書神武本紀魏天平四年六月壬申神武如天池獲瑞石隱起成文曰六王三川

北齊

武成帝河清四年殿上石自起相擊

按北史齊武成帝本紀河清四年三月殿上石自起兩兩相對

按隋書五行志後齊河清四年殿上石自起兩兩相擊眭孟爲以石陰類下人象殿上石自起者左右親人離叛之應及周師東伐寵臣尉相願乞扶貴和兄弟韓建業之徒皆叛入周

後主天統　年泰山封禪壇玉璧自出

按北齊書後主本紀不載　按隋書五行志後齊天統初岱山封禪壇玉璧自出近白祥也岱山王者易姓告代之所玉璧所用幣而自出將有易姓者用幣之象其後北齊亡地入于周及高祖受周禪天下一統焚柴泰山告祠之應也

武平三年白水岩下有石成文

按北齊書後主本紀不載　按隋書五行志武平三年白水岩下青石壁旁有文曰齊亡走人改之爲上延後主以爲嘉瑞百僚畢賀後周師入國後主果棄鄴而走

北周

武帝建德元年濮陽石像自躍

按周書武帝本紀不載　按隋書五行志周建德元年濮陽郡有石象郡官令載回府將刮取金在道自躍投地如此者再乃以大繩縛著車壁又絕繩而下時帝既滅齊又事淮南征伐不息百姓疲敝失衆心之應也

隋

文帝開皇十七年隕石

按隋書文帝本紀不載　按五行志開皇十七年石隕于武安滏陽間十餘洪範五行傳曰石自高隕者君將有危殆也後七載帝崩

開皇十　年宮中石變爲玉

按隋書文帝本紀不載　按五行志開皇末高祖于宮中埋二小石于地以誌置牀之所未幾變爲玉劉向曰玉者至貴也賤將爲貴之象及大業末盜皆僭名號

煬帝大業十三年西平郡石有文字

按隋書煬帝本紀不載　按五行志大業十三年西平郡有石文曰天子立千年百僚稱賀有識者尤之曰千年萬歲者身後之意也今稱立千年者禍在非遠明年而帝被殺

唐

高祖武德三年鄜州獻瑞石

按唐書高祖本紀不載　按冊府元龜武德三年五月鄜州獻瑞石有文曰天下萬年

武德七年陝州獲白石璽

按唐書高祖本紀不載　按冊府元龜武德七年陝州獲白石璽一紐章與傳國璽同

武德九年太宗卽位林州獻禎石

按唐書太宗本紀不載　按冊府元龜太宗以武德九年八月卽位九月壬戌林州獻禎石隱起成文曰聖主某大吉子孫五千歲素質元字篆隸相參

太宗貞觀十五年獲元珪

按唐書太宗本紀不載　按冊府元龜貞觀十五年七月洪州獻元珪

貞觀十七年昌松縣瑞石成文

按唐書太宗本紀不載　按五行志貞觀十七年八月涼州言昌松縣鴻池谷有石五青質白文成字曰高皇海出多子李元王八十年太平天子李世民千年太子李治書燕山人士樂大國主尙汪譚奬文仁邁千古大王五王六王七王十鳳毛才子七佛八菩薩及上界佛果天子文武貞觀昌大聖延四方上不治示孝仙戈八爲善太宗遣使祭之曰天有成命表瑞貞石文字昭然曆數惟永既旌高廟之業又錫眇身之祚迨于皇太子治亦降貞符具紀姓氏甫惟寡薄彌增寅懼昔魏以土德代漢涼州石有文石金類以五勝推之故時人謂爲魏氏之妖而晉室之瑞唐亦土德王石有文事頗相類然其文初不可曉

按冊府元龜高宗初爲晉王貞觀十七年太子承乾得罪廢爲庶人次當立者濮王太宗以晉王仁孝又以太原瑞石云李治萬吉乃與長孫無忌房元齡李勣褚遂良等定計立爲皇太子

貞觀二十年陝州有青石成文

按唐書太宗本紀不載　按冊府元龜二十年十一月陝州言青石成文曰李君王三字

高宗永徽四年隕石于馮翊

按唐書高宗本紀云云　按五行志永徽四年八月己亥隕石于同州馮翊十八光耀有聲如雷星隕而化也庶民惟星自上而隕民去其上之象一曰人君爲詐妄所蔽則然　按于志寧傳永徽四年隕石十八于馮翊高宗問曰此何祥也朕欲悔往修來以自戒若何志寧對曰春秋隕石于宋五內史過曰此陰陽之事非吉凶所生物故有自然非一繫人事雖然陛下無災而戒不害爲福也

元宗開元十九年當陽山石生新文字

按唐書元宗本紀不載　按冊府元龜開元十九年四月壬辰河南府登封縣唐村李嗣谷當陽山南面石文舊有帝子新生四字識者以爲聖明之應河南尹孟溫禮奏賀

開元二十三年龍池石鳴

按唐書元宗本紀不載　按五行志二十三年十二月乙巳龍池聖德頌石自鳴其音清遠如鐘磬聲石與金同類春秋傳怨讟動于民則有非言之物言石鳴近石言也

天寶元年獲玉龜

按唐書元宗本紀不載　按冊府元龜天寶元年正月戊申安西都護田仁畹于于闐東玉河獲瑞玉龜一以獻

天寶三載石化爲麵

按唐書元宗本紀不載　按唐會要天寶三載三月六日丙子武威郡奏石化爲瑞麪

肅宗至德二載昭陵石馬汗出

按唐書肅宗本紀不載　按五行志至德二載昭陵石馬汗出昔周武帝之克晉州也齊有石像汗流濕地此其類也

寶應元年楚州獻定國寶

按唐書肅宗本紀云云　按舊唐書五行志上元三年楚州刺史崔侁獻定國寶十三一曰元黃天符形如笏長八寸有孔辟人間兵疫二曰玉雞毛白玉也以孝理天下則見三曰穀璧白玉也粟粒無雕鐫之跡王者得之五穀豐熟四曰西王母白環二所在處外國歸伏六曰如意寶珠大如雞卵七曰紅靺鞨大如巨栗八曰琅玕珠二九曰玉玦形如玉環四分缺一十曰玉印大如半手理如鹿形陷入印中十一曰皇后採桑鉤如箸屈其末十二曰雷公石斧無孔十三缺凡十三寶寘之日中白氣連天初楚州有尼曰眞如忽有人接之升天天帝謂之曰下方有災以第二寶鎭之卽以十三寶付眞如時肅宗方不豫以爲瑞乃改元寶應仍傳位皇太子此近白祥也

憲宗元和　年碑趺龜頭失

按唐書憲宗本紀不載　按五行志元和中文水武士彠碑失其龜頭

穆宗長慶　年石自行

按唐書穆宗本紀不載　按五行志長慶中晉州有石方丈走行數畝

文宗太和四年潤州得方石有文

按唐書文宗本紀不載　按五行志太和四年浙西觀察使王璠治潤州城隍中得方石有刻文曰山有石石有玉玉有瑕瑕卽休

敬宗寶曆二年獲白玉牀

按唐書敬宗本紀不載　按舊唐書五行志寶曆二年五月神策軍修苑內古漢宮掘得白玉牀其長六尺以獻

僖宗廣明元年華嶽碑鳴

按唐書僖宗本紀不載　按五行志廣明元年華嶽廟元宗御製碑隱隱有聲聞數里間浹旬乃止近石言也

宋

太宗太平興國四年夾江縣黑石成文

按宋史太宗本紀不載　按五行志太平興國四年九月夾江縣民王誨得黑石二皆丹文其一云君王萬歲其二曰趙二十一帝緘其石來獻

太平興國五年鄭州得玉杵臼

按宋史太宗本紀不載　按文獻通考五年五月鄭州修東岳祠穿土得玉杵臼

太平興國七年獲石佛

按宋史太宗本紀不載　按文獻通考七年六月深州民王緒田中得白兔逐入穴掘之得石佛五十軀皆長尺餘

太平興國七年舒州石成文

按宋史太宗本紀七年三月舒州上元石有白文曰丙子年出趙號二十一帝

按玉海七年三月辛酉舒州民柯蕁一作孫蕁于萬歲山得元石有白文其文乃誌公所記以石來獻祥符五年馮仁俊表言太祖後唐天成二年二月十六日降誕太宗丙子歲卽位並符合閏十月丁丑車駕

謁啓聖院太宗神御殿干龍圖閣取舒州石名從臣宣示

眞宗大中祥符五年寧鄉生石麪

按宋史眞宗本紀不載　按文獻通考大中祥符五年四月慈州民餞寧鄉縣生石脂如麪可爲餅餌

天禧三年隕石

按宋史眞宗本紀不載　按五行志天禧三年正月晦洮丘民駱新田間震雷墳之隕石入地七尺許

徽宗政和二年晉州元圭出

按宋史徽宗本紀不載　按五行志政和二年元圭始出晉州上一石綠色方三尺餘當中有文曰堯天正其字如掌大而端楷類手書者堯字居右天正字綴行于左都堂驗視礱石三分而字畫愈明又于堯字之下隱約出一瑞字位置始均蓋曰天正堯瑞云或謂晉陽堯都也方元圭出乃有此瑞

政和四年石變爲瑪瑙滎陽石有文

按宋史徽宗本紀不載　按五行志四年府畿汝蔡之間連山大小石皆變爲瑪瑙尚方取爲寶帶器玩甚富

按玉海政和五年建明堂采石滎陽石有明字製文石旃

宣和四年御府瑪瑙變爲石

按宋史徽宗本紀不載　按五行志宣和四年後御府所藏瑪瑙往往復變爲石而色類白骨此與周寶圭占略同

宣和五年滎陽有石成文

按宋史徽宗本紀不載　按五行志五年滎陽縣貫谷山麒麟谷采石修明堂得一石有文曰明百官表賀

宣和七年獲石柱

按宋史徽宗本紀不載　按文獻通考七年二月丙戌張杲言北岳廟於廟側二十里黃山獲石柱十六條修短闊狹皆應營造法式用建正門毫釐不差

高宗建炎三年鼎州石有文

按宋史高宗本紀不載　按五行志建炎三年四月鼎州桃源洞大水巨石隨流而下有文曰無爲大道天知人情無爲窈冥神見人形心言意語鬼聞人聲犯禁滿盈地收人魂金石同類類金爲變怪者也

紹興元年潭州得白玉

按宋史高宗本紀不載　按五行志紹興元年潭州得白玉于州城蓮花池中孔彥舟以獻詔却之前史以爲玉變近白祥後彥舟爲劇盜

孝宗乾道二年石自移

按宋史孝宗本紀不載　按五行志乾道二年三月丙午夜福清縣石竹山大石自移聲如雷石方可九丈所過成蹊才四尺而山之木石如故

淳熙十六年隕石

按宋史孝宗本紀不載　按五行志淳熙十六年三月壬寅隕石于楚州寶應縣散如火甚臭腥

寧宗慶元三年隕石

按宋史寧宗本紀不載　按五行志慶元三年六月辛未黃岩縣大石自隕雷雨甚至山水濱湧

元

順帝至正十一年開河得石人

按元史順帝本紀不載　按明通紀至正十一年開河得石人先是童謠云石人一隻眼挑動黃河天下反後開河果於黃陵岡得石人一眼而徐穎斬黃之兵起

明

太祖洪武二十六年隕石

按湖廣通志洪武二十六年六月望日隕石于蒲圻是日方午空中有聲如雷民于沸水中得一石色青異狀類狗頭人莫能測

成祖永樂三年得石龜

按名山藏永樂三年正月黃河清于蒲津羣臣獻頌建碑于孝陵伐石幕府山之陽求趺于龍潭山發土得石龜長尺許其文元蒼宛然如生衆工以龜來獻羣臣奉表稱賀遂獻于孝陵

永樂十三年黑石墮

按江南通志永樂十三年嘉定縣東北白氣一道有聲如雷墮于寶山之南獲一黑石

憲宗成化六年隕石

按山東通志成化六年信陽縣隕石一

成化二十三年隕石

按東鹿縣志成化二十三年五月天地昏暗空中有聲如雷尋有黑氣墜地掘之得黑石二一如碗一如雞卵

孝宗弘治十一年溫州隕黑石

按異林弘治戊午溫州泰順縣左忽有一物橫飛曳空狀如箕尾如帚色雜粉紫長數丈餘無首吼若沈雷從東北去修武縣東岳祠北忽有黑氣聲隱隱墮

地村民李雲往視之得溫黑石一枚良久乃冷

弘治十四年馬邑隕青石

按山西通志弘治十四年夏馬邑縣西有火自天而墜其聲如雷入地三尺化爲青石

武宗正德五年石上開花

按雲南通志正德五年金齒城西石上開花

正德八年德慶隕石

按廣東通志正德八年夏五月德慶隕石時有青氣晧下上騰有聲頃間隕石于城之內大者如拳小者如雞子

世宗嘉靖八年舒城石自徙

按江南通志嘉靖八年舒城石自徙二丈許

嘉靖十六年瓊山石自徙

按廣東通志嘉靖十六年瓊山白石鄉有大石如屋行數百步地成渠

嘉靖二十三年東安石自立

按湖廣通志嘉靖二十三年春東安縣北巨石乘風雨屹立聲聞數里

嘉靖三十六年莆田石梁自斷

按福建通志嘉靖三十六年十一月赤眚見莆田江口石梁斷

穆宗隆慶元年石響

按湖廣通志隆慶元年城步西街石響

隆慶二年石梁鳴自折

按福建通志隆慶二年正月十四日石筍橋第十二間有石梁一鳴三日而折

神宗萬曆二年石隕

按福建通志二年八月方山巨石墜於田

萬曆五年萬載石隕

按江西通志萬曆五年九月萬載縣有巨石自天而墜至今其石尚存

萬曆九年興寧石飛

按廣東通志云云

萬曆十五年石自行

按四川總志萬曆十五年永川有石自行

萬曆十七年博白石獅吐烟

按廣西通志萬曆十七年七月博白縣治南五十里有獅子石吐烟幾與雲參移時而止

萬曆二十三年石鐘崩

按河南通志萬曆二十三年七月涉縣石鐘崩有聲如雷

萬曆三十六年鼓山石崩

按福建通志萬曆三十六年九月閩縣山石崩有聲如雷

萬曆四十六年玉屏山石有光

按鶴慶府志萬曆四十六年秋玉屏山石竅內光澈如火是年發科九人今呼爲文星石

熹宗天啓二年荊門隕石

按湖廣通志天啓二年荊門州隕石入地三尺有聲

天啓三年榮經石飛

按四川總志天啓三年五月榮經縣江邊大石方廣數丈忽飛去不知所之

天啓四年臨漳獲玉璽

按河南通志天啓四年臨漳漁人獲玉璽於漳河全而不缺篆文受命於天既壽永昌

愍帝崇禎十二年歙縣石鳴

按江南通志崇禎十二年歙縣許村石自鳴

崇禎十七年德興石自立

按江西通志崇禎十七年五月德興西河巨石自起立轟然有聲

石異部藝文

爲朝臣賀涼州瑞石表　唐上官儀

臣元嘉等言臣聞太陽含字天之命也德水呈文地之符也是知光膺寶曆非幽贊無以享鴻名對越兩儀非神物何以昌丕緒故有元龜負卦綠表軒功朱鳥銜書兆彰姬籙非聖人之撫運孰能與于此乎伏惟皇帝陛下慶蟠上元與天皇而合德祥凝太始體耀魄以齊明作周錫嗣王業本于木翼生商降祉寶祚基于玉筐然後樞電動神皇虹授彩彤雲潛景標映龍顏瑞火流光呈發鳥跡由是疑圖作極握紀中天化洽九垓恩綿八表功成戢武散騄服于桃園業定弘文覃正朔于昌海輯五玉而彰禮備陳萬舞而表樂成至德至仁垂拱巖廊之上乃聖乃神遠算廟堂之下憲文王而授立招天獎于夢齡象漢帝以登賢選仁明于刻闕國重曜而臨照家萬宇而未貞是以淹歲元陽離輝昇而元澤降春疇罕闕震方建而年稼登受冊之辰隨輕輪而翊佳氣夏絃之月接飛蓋而吐芝英郡國陳孝德之符烟浮霧集縣道奏明

靈之覕電擊雷奔豈與夫日至月書可同年而語矣伏見梁州都督李襲譽表奏昌松瑞石合百一十字文曰高皇海出多子李八王八千年太平天子李世民王千年太子李治書燕山人樂太國主尚注諤獎文仁邁千古大王五王六王七王十王鳳尾才子七佛八菩薩及上果佛田天子武文貞觀昌大聖延四方上下萬治忠孝爲善其文不亥者略而不載勅遣禮部郎中柳逞馳驛檢覆並同所奏皆素文玉潔若瓊樹之華滋元質碧鮮擬翠微之遠色雖復霞標冠岳蹕鏤誅于介丘海鏡浮山昭列名于稽峀方茲秀麗曾何足云臣等歷選皇猷稽河圖于東序詳觀帝籙披冊府于西崑媧燧以前不可得而知矣羲農以降乃考載而言焉若乃馬蒞堯壇鳳銜虞冊麟遊吐字頗涉劉邦葉蠹爲文纔稱病已元石降徵于典午赤伏錫命于炎精皆髣髴如神徵文見意或旁通以取証或索隱以求端猶且動色當年光華曩志矧茲天冊顯發靈瑞頌聖德之欽明逼史筆之揚堯典述國祚之悠永倍龜策之卜周年追美先朝衍軒丘之德姓式昭儲瑞發鈞臺之光華豈非天鑒孔明聖猷大者祥彌著靈心至察德加厚者祚逾長是用越契超繩光前振古績無與二慶溢登千臣等自省徵生幸沾鴻造荷重光之煦育覩三才之宅心雀躍無以表其誠鳧趨不足勝其喜臣等無任悅豫之至

百寮賀瑞石表　李嶠

臣某等言臣聞高明博臨無遠不應正直潛感雖幽必通伏惟皇太后陛下慶發曾沙業隆大寶以至明當宗社之寄以至聖合乾坤之德荷三葉之休光承五行之曆紀平秩庶政大亨羣物冠帶遐荒之域天福日臨閭閻富壽之氓禮變樂和液露沾洽休徵昭顯用能上披乾象下發坤珍吐山川之靈祕開神物之韞匱伏見雍州永安縣人唐同泰於洛水中得瑞石一枚上有紫脈成文曰聖母臨人永昌帝業八字臣等抃窺靈跡駭矚珍圖俯仰殊觀相趨動色竊惟聖德奉天遞爲先後神道助教相因發明陛下對越昭升欽若扶揖允塞人祇之望實當天地之心所以幽贊嘉兆旁通景貺且人稱同泰縣實永安姓氏將國號元符土地與石文明應表裏潛會樞機冥發明宴坐之僉昌驗皇基之永泰則自然之無朕不測之謂神非夫道格昊蒼德充幽顯豈能發何言之徵旨臻不召之靈物考皇圖於金丹搜瑞典於瑤編則有蟲蠹成文魚鱗吐匣丹書集於昌戶綠錯薦於堯壇或詞隱密徵或氣藏讖緯莫究天人之際罕甄神祕之心未有昭聖籙靈發祥階阯明白顯著燭耀煇光若斯之盛者也且夫導洛疏津卜瀍經宇是開帝王之宅實爲龜書之泉伯禹以致孝鬼神九疇天錫陛下以虔恭顧托八纂靈開超萬祀而同存歷百年而罕逮況乎陰陽景測朝市天臨號令施於四海機衡動於萬國靈心叶贊景業會昌薦希代之鴻寶獲非常之嘉應固可以明禋大寶禮秩介丘副神宗之迺睠答上元之蕃祉臣等遇偶休明榮參簪笏千年旦暮邀逢累聖之期百辟謳謠喜屬三靈之慶無任鳧藻踴躍之至謹表詣闕陳賀以聞

紫玉見南山賦　李觀

南山之陽何珍不藏昭皇家之至德發紫玉之禎祥熒熒兮千岩動色烱烱兮萬壑生光映於林謂羣鳳之集上據於石辨衆珉之居旁固已聞於往牒遂薦臻於我皇稽夫所自無脛而至每隱曜而不欺曷招攜之可致所以瑞于有道將委質而式孚出非其時則韜光而自棄南眺穹崇玉見於中貞姿豈琢勁質非磨遠而望焉與彩雲而搖曳卽而察也雜嘉氣之葱蘢對白璧而卽異配元圭而攸同故瑞無應而不至事有感而遂通通人莫測孰知其由是王者懋之而致理君子觀之而比德明琬琰之在茲豈瑕瑜之有匿原乎玉之處幽儉德是修德表玉而應瑞玉用德而降休蓋眞宰之潛運知神功之所由不然安得揖至寶於潛谷闡皇風於大猷而已哉若乃外徹中朗洽然如響珮服之處雖貴乎山元抵鵲之時罔懷於土壤大矣哉瑞無常居因化所如惟德是依彼自彰於符契不貪爲寶我何待而沽諸客有觀光歌之曰歸太素兮遠囂屏有瑞玉兮見靑嶺浮紫氣于雲際混淸輝于水影庶南山之不騫期我皇之惟永

爲納言姚璹等賀瑞石表　前人

臣某等言伏見瑞石爲文曰武帝李彰好生臨國永保吉昌伏惟陛下受命旻穹降靈宗社複棟重簷之禮嚴配昭升五刑九辟之科平反有恤故能使三精孚德七廟垂祥頻降靈符屢彰潛祉好生臨國實開琬琰之文永保吉昌顯示貞堅之籙隆萬代之遐筭曠千齡而不聞臣等叨沐恩私謬當樞近親覩休寶相趨抃躍無任嘉慶之至謹奉表稱賀以聞仍請出示百寮幷錄付史館

爲宰相賀武威郡石化爲麪表　孫逖

臣等伏見王倕奏武威郡番禾縣嘉瑞鄉天寶山周圍五六里石化爲麪在近村閭及諸郡部落自今載正月以來取食甘美益人又按圖經貞觀九年鳳凰集於此故名嘉瑞鄉其天寶山在此鄉界伏以神道設教變化無方聖人爲心感通必應陛下仁沾動植澤及生靈故得地不藏瑤石變爲麪旣資人食又濟邊廩成熟自因於道氣艱難不待於農功豈麥麰之足方何雨粟之能喻況山符聖號用彰於萬壽鄉表瑞石允迪于前烈殊祥叶應景福攸臻臣等忝侍軒墀倍深慶悅無任抃躍之至

瑞石賦有序　明潘桂

天啓丁卯京口載罹凶荒天眚地孽割我稼穡萬姓嗷嗷無所寄命圌山之陰天產石粉其色白錯者紅其味甘其質膩咀之馨其液可摶不磣餧者充餓者塞阽者鼓而立山去城百里而近余與而觀之擔者溢阡采者鬨於丘陟間趾可掬也嗟夫天地之大奇出不窮理無而事臻氣鼓而物奪自非觀記之餘千載之後安知不與補天之事同疑其悠謬哉賦曰

天符臻地寶植巉巖闢坤珍出補天佐嶽錫爾靈石爾其爲質也靡瓊委玉凝肪截脂鮮飛甃雪華曜朝曦光逾雲母色麗瓊芝釋之叟叟劉之靡靡無餧無敗不磣不磂埒華山之玉屑方粱父之銀泥豈石廩之宛在抑地乳之潛滋宜充虛而解戰爰塞餧而救饑緊生民之百需兮食爲之天天以六氣下凝兮成五味之華鮮麗五行於百穀兮固物始而民先㓜水耕而火耨兮竭胼胝以祈年羌穗岐而表瑞兮抑雨粟而徵賢曷垺此自然之食兮協幽贊于重元況囚年之屢稼兮悲地財之貧破何幸今之人兮罄天地而一餓閔鼠空而穀盡兮氣廉廉而消隳豕纍纍以魂新兮或流離而遷播邁珍符之大垂兮感神貺之滑呈噓枯以續喘兮拔瘁而爲榮黃吻怡而含哺兮鮐背鼓舞而取盈走遐邇以如鶩兮咸廢耘以輟耕筐承而車任兮徑隘而衢爭惠遺黎非小補兮嗣嘉穀于秋成夫孰貢此靈休兮匪天工其何及夫旣秉好生之恆德兮曷不耡此垂成之粒割之糈而錫之餐兮夫孰不歌夫帝力固造物之多奇兮幻生成而不測系曰石爲氣核堅不可奪兮氣之所鼓性爲之脫兮含功收生地之奇祿兮晝地爲餠庶幾果腹兮

石異部紀事

拾遺記帝堯在位聖德光洽河洛之濱得玉版方尺圖天地之形

左傳昭公八年春石言于晉魏榆晉侯問於師曠曰石何故言對曰石不能言或馮焉不然民聽濫也抑臣又聞之曰作事不時怨讟動於民則有非言之物而言今宮室崇侈民力彫盡怨讟並作莫保其性石言不亦宜乎於是晉侯方築虒祁之宮叔向曰子野之言君子哉君子之言信而有徵故怨遠於其身小人之言僭而無徵故怨咎及之詩曰哀哉不能言匪舌是出唯躬是瘁哿矣能言巧言如流俾躬處休其是之謂乎是宮也成諸侯必叛君必有咎夫子知之矣

物類相感志冀南有石鼓長丈二尺廣厚略等漢成帝時有聲如雷聞平襄二百四十里內埘野雉皆鳴民俗曰鳴則有兵是歲廣漢鄭躬作亂

水經注繁昌縣城內有三臺時人謂之繁昌臺壇前有二碑昔魏文帝禪於此自壇而降曰舜禹之事吾知之矣故其石銘曰遂於繁昌築靈臺也於後其碑六字生金論者以爲司馬金行故曹氏六世遷魏而事晉也

谷水逕刺史賈逵祠北王隱言祠在城北非也廟在小城東昔王淩爲宣王司馬懿所執屆廟而歎曰賈梁道王淩魏之忠臣惟汝有靈知之遂仰鴆而死廟前有碑碑石金生干寶曰黃金可採爲晉中興之瑞

南海古蹟記石鼓山在東莞南山有石如鼓鼓鳴世亂兵起盧循東寇隱隱有聲

文獻通考元帝初渡江有玉冊見於臨安白玉麒麟神璽出於江寧其文長壽萬年皆以爲中興之驗

晉書五行志大將軍東嬴王騰自并州遷鎭鄴行次眞定時久積雪而當門前方數丈獨消釋騰怪而掘之得玉馬高尺許口齒缺騰以馬者國姓上送之以爲瑞

前趙錄劉聰麟嘉二年春正月石人言于宣光陵二月癸亥大將軍東平王約卒一指猶暖遂不殯殮至于甲戌乃蘇言道遇一國曰猗尼渠餘國引約入

宮與約皮囊一枚曰爲吾遺漢皇帝約辭而歸置皮囊於枕上俄而蘇活謂左右曰枕上取囊來左右取得開之有一方白玉題文曰猗尼渠餘國天王敬信遮須夷國天王歲在攝提當相見也馳使奏呈聰曰若審如此吾不懼死也後聰死與此玉幷葬焉

後趙錄石虎建武八年青州上言濟南平陵城西北石虎一夕忽移於城東南善石溝上有狼狐千餘迹隨之迹皆成蹊虎大悅曰石虎者朕也自西北徙而東南者天意欲使朕平蕩江南也天命不可違其勅諸州兵明年悉集朕當親董六師以奉天命羣臣皆賀石然于泰山八日而滅東海有大石自立旁有血流鄴西山石間血流出長十餘步廣二尺餘

前燕錄初石虎使人探策於華山得玉版文曰歲在申酉不絕如綫歲在壬子眞人乃見及此燕人咸以爲慕容儁之應也

文獻通考慕容儁時常山大樹根下得璧七十珪七十三光色精奇有異常玉儁以爲岳神之命遣其尚書段勤以太牢祠之

文獻通考宋武帝於嵩高山得玉璧三十二枚神人云此是宋分世之數三十二年二三十也宋自受命至禪齊凡六十年云

南史梁宗室傳南平元襄王偉文帝第八子也偉子恭除寧蠻校尉雍州刺史簡文少與恭游特被賞狎至是手令勖以政事恭至州政績有聲百姓請於城南立碑頌德詔許爲名爲德政碑是夜聞數百人大叫碑石明旦視之碑湧起一尺恭命以大柱置於碑上使力士數十人抑之不下又以酒脯祭之使人守視俄而自復視者竟不見之恭聞而惡焉

北史周文帝本紀黃帝後有葛烏兔者雄武多算略鮮卑奉以爲主及其裔孫曰普回因狩得玉璽三紐文曰皇帝璽普回以爲天授己獨異之

創業起居注太原獲青石龜形文有丹書四字曰李治萬世齊王遣使獻之翠石丹文天然映徹上方下銳宛若龜形神工器物見者皆驚奇異帝初不之信乃令水漬磨以驗之所司浸經宿久磨其字愈更鮮明於是內外畢賀帝曰上天明命貺以萬吉恭承休祉須安萬方孤以寡德寧堪預此旣爲人下不容以之頒告宜以少牢祀石龜而爵送龜人用彰休慶

唐書李昭德傳有人獲洛水白石而赤文者獻闕下曰此石赤心故以獻昭德叱曰洛水餘石豈盡能反乎

五行志秦宗權在蔡州州中地忽裂有石出高五六尺廣袤丈餘正如大龜

十國春秋吳高祖世家天祐八年洪州貢石於越王山下昭仙觀前長七八尺圍三丈餘節度使劉威命舁入觀中七日內漸縮小如數尺狀已又長尺許後只七寸識者以爲活石

南漢中宗本紀大寶四年夏四月御井旁石自立行百餘步而仆

大寶十二年有兵過蒙州遇獵者牽黃犬逐鹿以來就刺之人犬與鹿皆化爲石鼎峙道傍

閩林安傳安福清人事母至孝母死廬墓旁有石自裂而泉湧太祖異之以其廬爲寺賜名曰湧泉

陸游南唐書劉仁贍傳保大中淮上石偶人言元宗聞而惡之斷其首

宋史王賓傳賓事宣祖太祖太宗殆六十年最爲勤舊故恩寵尤異前後賜賚數千萬俱奉釋氏在黎陽日按見古寺基卽以俸錢修之掘地丈餘得數石佛及石碣有賓姓名賓異其事以聞詔名寺爲淳化賜新印經一藏錢三百萬以助之

茅亭客話開寶初錦江橋側有周處士者鬻十香丸以白器貯水浸小石子百顆餘各有文縷如飛禽走獸花草雲鳳僧道之形者人常聚睹嘆賞之中有一石如腎形烏潤每將磨金文色皆盆紫以此爲異玉工見之云非試金石乃黑玉耳後有道士見云非黑玉是寶也若欲驗之以常石對稱此石加重數倍以水銀塗其上如傅粉焉若以大火烹之成紫磨金君當富矣周曰安敢火烹非惡富也恐喪吾寶後經賊亂不知石之所之休復因見道門仙人照寶經云凡百金之處旁熏樹木皆悉黃色若要辨之其石烏潤以水銀揩之自然粘著石上以稱稱有金者重于常石數倍若敲磕及碰擊終不能碎須以大火烹煅得眞金矣其金號曰寶金將煉爲金液還丹服之羽化非世之常金也昔道士所言得於此經乎

聞見近錄鄂州黃鶴樓下有石光徹名曰石照其右巨石世傳以爲仙人洞也一守關老卒每晨興卽拜洞下一夕月如晝見三道士洞中出吟嘯久之將復入洞卒卽從之道士曰汝何人耶卒具言所以且乞富貴道士曰此洞中石速抱一塊去卒持而出石合無從而入明日視石黃金也鑿而貨之衣食頓富爲隊長所察執之以爲盜也卒以實告官就其家取石

至郡則金化矣非金非玉非石非鉛至今藏於軍庫中子驗有詩記之

夢溪筆談治平中澤州人家穿井土中見一物蜿蜒如龍蛇狀畏之不敢觸久之見其不動試撲之乃石也村民無知遂碎之時程伯純爲晉城令求得一段鱗甲皆如生物蓋蛇蜃所化如石蟹之類

太平清話紹興元年石工采石於馬鞍山山摧工壓焉越三年六月他工采石聞其聲相呼應答如平生報其家鑿出之見其妻喜曰久閉乍風飢如裂俄頃遂噤不語化爲石貌如平生

揮麈餘話三衢境內地名張步溪中有石里人號曰圖石有讖語云圖石圖出狀元圖石仰出宰相乙丑歲水涸石忽如圓鏡明年劉文儒章魁天下前歲大水石乃側仰而去年余拜相此與閩中沙合南臺蓋相似也

聞牕括異志陳山龍王廟後有觀音殿曩年忽有兩石從半山閣墜而下一從殿後壁滾入觀音座下一墜殿之西屋瓦無所損不知從何而入殿中也今二石尚存亦可異留題者甚多余乙卯歲到祠下嘗賦詩於壁以記其事

續夷堅志戊申正月武城之東有村落名西陰民家一井移四五步而井椿如故也又數日一道士過此村形服與常人異見農具中礰石咄咤曰業畜乃在此耶併挾之而去村民懼凶禍將及棄家遠徙亦無他事南宮士董得卿親見之

徂徠石守道墓在奉符太和中墓崩諸孫具棺葬骸骨與常人無異獨其心如合兩手已化石矣

正大初張聖俞客舞陽縣北一日家婢從一弓手家買得一牛腰腎以刀割之刀不能入剝視之得一石作獮形色如泥金所塗前一蹄屈向內一蹄枕之而睡夜夜有光高二寸餘殆其異氣所化

學佛考訓洪武初武林翁祥卿得一圓石大可六七寸上現觀音大士莊嚴寶相坐寶蓮花善才童子合掌侍側

廣平府志永年姚御史三讓按陝西時值歲荒淳化山有老翁取石授採蔬婦曰是可煑食忽不見婦從之傳者四訖人競投山取石以療飢三讓乃獻石於朝以爲神異

異林弘治戊午溫州泰順縣左忽有一物橫飛曳空狀如箕尾如箒色雜粉紫長數丈餘無首吼若沉雷從東北去修武縣東岳祠北忽有黑氣聲如雷隱隱墮地村民李雲往視之得溫黑石一枚良久乃冷

庚己編予家楓橋別業港運河中有青石一方可長四五尺蓋塚墓間物歲久爲怪每至秋間能自出行於河出必有覆舟之患一歲有木商泊筏於港口自其下過木爲撐起尺餘商大驚而外報覆麥舟少時復自外入木起如前今猶在水中時爲變怪

太平清話嘉靖初年漁人於苕溪中網得一石圓大如鵝子內鏗然有聲擊碎之有銅牌一方上刻宣聖二字

福建通志臺灣府鳳山相傳昔年有石忽開內有讖云鳳山一片石堪容百萬人五百年後閩人居之又相傳有佃戶墾田得一石牌鐫山明水秀閩人居之八字

石異部雜錄

北史周武帝本紀建德元年詔曰人勞不止則星動於天作事不時則石言於國

金臺紀聞鄖縣河灘上有亂石隨手碎之中有石魚長可二三寸天然鱗鬣或雙或隻不等云藏衣笥中能辟蠹魚又平陽府候馬驛澮河兩岸仄土上皆婦人手跡或掌或拳儼然若印削去之其中復然又大同山中有人骨在山之腰上下五六十丈皆石耳惟中間一帶可四五尺皆髑髏脛節齦齦然關中之山數處亦爾余聞之陝西舉人張守後以訪之士大夫云果然造化變幻何所不有也

丹鉛總錄穀梁傳春秋戊申隕石於宋五是月六鷁退飛過宋都云石無知之物鷁微有知之物故月之此言之誣本不待辨宋萬孝恭辨之云梁山沙麓亦無知物胡爲而不日麋與蜮亦微有知之物胡爲而不月此殆可作一笑穀梁乃擬人作夢孝恭又擬人解夢也

欽定古今圖書集成曆象彙編庶徵典

第一百二十四卷目錄

庶徵典第一百二十四卷

水災部彙考一

禮記

月令

孟春行冬令則水潦為敗

仲春行秋令則其國大水

孟夏行冬令後乃大水敗其城郭

季夏行秋令則丘隰水潦

季秋行夏令則其國大水

季冬行夏令則水潦敗國

春秋緯

考異郵

陰盛臣逆民悲情發則水出河決也

漢含孳

九卿阿黨擠排正直驕奢僭害則江河決

山海經

南山經

長右之山有獸焉其狀如禺而四耳其名長右其音如吟見則郡縣大水

西山經

崇吾之山有鳥焉其狀如鳧而一翼一目相得乃飛名曰蠻蠻見則天下大水

玉山有鳥焉其狀如翟而赤名曰胜遇音姓是食魚其音如錄未詳見則其國大水

邽山濛水出焉南流注於洋水其中多嬴魚魚身而鳥翼音如鴛鴦見則其邑大水

東山經

犲山有獸焉其狀如夸父而彘毛其音如呼見則天下大水

空桑之山有獸焉其狀如牛而虎文其音如欽其名曰軨軨其鳴自叫見則天下大水

剡山有獸焉其狀如彘而人面黃身而赤尾其名曰合窳其音如嬰兒是獸也食人亦食蟲蛇見則天下大水

中山經

陽山陽水出焉而北流注於伊水其中多化蛇其狀如人面而豺身鳥翼而蛇行其音如叱呼見則其邑大水

敖岸之山有獸焉其狀如白鹿而四角名曰夫諸見則其邑大水

汲冢周書

時訓解

秋分後十日水始涸水不始涸甲蟲為害

立冬之日水始冰水不冰是為陰負

冬至後十日水泉動水泉不動陰不承陽

大寒後十日水澤腹堅水澤不腹堅言乃不從

史記

天官書

東井為水事

注索隱曰元命包云東井八星主水衡也

王良旁有八星絕漢曰天潢天潢旁江星江星動人涉水

索隱曰元命包曰潢主河渠所以度神通四方宋均云天潢天津也津湊也主計度也正義曰天江

四星在尾北主太陰也不欲明明而動水暴出其星明大水不禁也

漢書

五行志

傳曰簡宗廟不禱祀廢祭祀逆天時則水不潤下說曰水北方終藏萬物者也其於人道命終而形藏精神放越聖人爲之宗廟以收魂氣春秋祭祀以終孝道王者即位必郊祀天地禱祈神祇望秩山川懷柔百神亡不宗事愼其齋戒致其嚴敬鬼神歆饗多獲福助此聖王所以順事陰氣和神人也至發號施令亦奉天時十二月咸得其氣則陰陽調而終始成如此則水得其性矣若乃不敬鬼神政令逆時則水失其性霧水暴出百川逆溢壞鄉邑溺人民及淫雨傷稼穡是爲水不潤下京房易傳曰顓事有知誅罰絕理厥災水其水也雨殺人以隕霜大風天黃饑而不損茲謂泰厥災水水殺人辟遏有德茲謂狂厥災水水流殺人已水則地生蟲歸獄不解茲謂追非厥水寒殺人追誅不解茲謂不理厥水五穀不收大敗不解茲謂皆陰解舍也王者于大敗誅首惡赦其衆不則皆函陰氣厥水流入國邑隕霜殺穀

管窺輯要

水部占

水者大也水爲大水易曰水流濕流而爲川瀆江海也老子曰上善若水淮南子曰積陰之氣而爲水水者坎也水載天地高下無不至也許愼云天以一生水與北方雨水不時則水潦爲敗

讖曰水者純陰之精也陰氣洋溢小人專擅侵乘君子故洪水爲災春秋考异郵曰陰盛臣逆人悲情發則水出河決京房易飛候曰大水至國賤臣將貴又曰誅伐絕理厥災大水辟遏有德厥災水流山水暴出百姓怨川竭其國亡京房曰君臣相背厥异水絕江河溢決京房曰天有度地有里川澤浸溉萬物今溢者明在位之不勝任也

婁元禮田家五行

論水

夏初水底生苔主有暴水諺云水底起青苔卒逢大水來

水邊經行聞得水有香氣主雨水驟至極驗或聞水腥氣亦然

河內浸成包稻種既沒復浮主有水

論草

茆蕩內春初雨過菌生俗呼爲雷蕈無則主水

看窠草一名千戈謂其有刺故也蘆葦之屬叢生于地夏月暴熱之時忽枯死主有水

論花

梧桐花初生時白色主水

扁豆五月開花主水

杞夏月開結主水

藕花謂之水花魁開結在夏前主水

麥花晝放主水

論木

凡竹笋透林者多有水

楊樹頭並水際根乾紅者主水

論飛禽

鵲巢低主水朝野僉載云鵲巢近地其年大水

論走獸

獺窟登岸主水有驗

圖塍上野鼠爬沙主有水必到所爬處方止

論魚

夏初食鯽魚脊骨有曲主水

鰕籠中張得鯚魚主風水

水災部彙考二

陶唐氏

帝堯六十一年大水

按書經堯典帝曰咨四岳湯湯洪水方割蕩蕩懷山襄陵浩浩滔天下民其咨有能俾乂僉曰於鯀哉帝曰吁咈哉方命圮族岳曰异哉試可乃已

〔蔡傳〕鯀初治水之時堯在位六十一年

按竹書紀年六十一年命崇伯鯀治河

商

河亶甲元祀河決

按史記殷本紀河亶甲居相〔河決不載〕按通鑑前編河亶甲立是時囂有河決之患遂自囂遷于相

祖乙元祀河決

按史記殷本紀祖乙遷于邢〔河決不載〕

〔註〕索隱曰邢亦作耿

按通鑑前編祖乙既立是時相都又有河決之患乃自相而徙都于耿

周

桓王九年秋魯大水

按春秋魯桓公元年秋大水　按左傳凡平原出水爲大水　按公羊傳何以書記災也　按穀梁傳高下有水災曰大水

按漢書五行志桓公元年秋大水董仲舒劉向以爲桓弑兄隱公民臣痛隱而賤桓後宋督弑其君諸侯會將討之桓受宋賂而歸又背宋諸侯由是伐魯仍交兵結讎伏尸流血百姓愈怨故十三年夏復大水一曰夫人驕淫將弑君陰氣盛桓不寤卒弑死劉歆以爲桓易許田不祀周公廢祭祀之罰也

二十一年夏魯大水

按春秋魯桓公十三年夏大水

[大全]王氏曰經書水災者九而桓居其二莊居其三是大水之災二公居三之二矣豈桓公積惡不悛莊公釋讎不復怨氣蘊結有以致之歟

莊王十年秋魯大水

按春秋魯莊公七年秋大水無麥苗　按左傳秋無麥苗不害嘉穀也[註]杜氏曰周之秋今五月平地出水漂熟麥及五稼之苗　按公羊傳無苗則曷爲先言無麥而後言無苗一災不書待無麥然後書無苗何以書記異也　按穀梁傳高下有水災曰大水無麥苗同時也

按漢書五行志嚴公七年秋大水亡麥苗董仲舒劉向以爲嚴母文姜與兄齊襄公淫共殺桓公嚴釋父讎復取齊女未入先與之淫一年再出會於道逆亂臣下賤之之應也

十四年秋宋大水

按春秋魯莊公十一年秋宋大水　按公羊傳何以書記災也外災不書此何以書及我也　按穀梁傳外災不書此何以書王者之後也高下有水災曰大水

按漢書五行志十一年秋宋大水董仲舒劉向以爲時魯宋比年爲乘丘鄑之戰百姓愁怨陰氣盛故二國俱水劉向以爲時宋愍公驕慢睹災不改明年與其臣宋萬博戲婦人在側矜而駡萬萬殺公之應

惠王七年秋魯大水

按春秋魯莊公二十四年秋大水

[大全]汪氏曰莊公娶仇女又奢僭以誇示之故有陰沴之應唐高宗立太宗才人武氏爲昭儀而萬年宮夜大雨水幾溺其身天人相感之際焉可誣也

按漢書五行志莊公二十四年大水董仲舒以爲夫人哀姜淫亂不婦陰氣盛也劉向以爲哀姜初入公使大夫宗婦見用幣又淫于二叔公弗能禁臣下賤之故是歲明年仍大水劉歆以爲先是嚴飾宗廟刻桷丹楹以夸夫人簡宗廟之罰也

八年秋魯大水

按春秋魯莊公二十五年秋大水鼓用牲于社于門　按左傳亦非常也凡天災有幣無牲非日用之眚不鼓　按公羊傳其言于社于門何于社禮也于門非禮也　按穀梁傳高下有水災曰大水既戒鼓而駭衆用牲可以已矣救日以鼓兵救水以鼓衆

定王五年河徙

按春秋不書　按桓譚新論王平仲之周譜言定王五年河徙故道

八年秋魯大水

按春秋魯宣公十年秋大水

按漢書五行志宣公十年秋大水饑董仲舒以爲時比伐邾取邑亦見報復兵讎連結百姓愁怨劉向以爲宣公殺子赤而立子赤齊出也故懼以濟西田賂齊邾子貜且亦齊出也而宣比與邾交兵臣下懼齊之威創邾之禍皆賤公行而非其正也

二十一年秋魯大水

按春秋魯成公五年秋大水

按漢書五行志成公五年秋大水董仲舒劉向以爲時成幼弱政在大夫前此一年再行師明年復城鄆以彊私家仲孫蔑叔孫僑如顓會宋晉陰勝陽

靈王二十三年魯大水

按春秋魯襄公二十四年秋大水

按漢書五行志襄公二十四年秋大水董仲舒以爲先是一年齊伐晉襄使大夫帥師救晉後又侵齊國小兵弱數敵彊大百姓愁怨陰氣盛劉向以爲先是襄慢鄰國是以邾伐其南齊伐其北莒伐其東百姓騷動後又仍犯彊齊也大水饑穀不成其災甚也

赧王六年河決酸棗

按史記周本紀不載　按竹書紀年云云

漢

高后三年大水

按漢書高后本紀三年夏江水漢水溢流民四千餘家

四年大水

按漢書高后本紀不載　按五行志云云

八年大水

按漢書高后本紀八年夏江水漢水溢流萬餘家

按五行志高后三年夏漢中南郡大水水出流四千餘家四年秋河南大水伊雒流千六百餘家汝水流八百餘家八年夏漢中南郡大水復出流六千餘家南陽沔水流萬餘家是時女主獨治諸呂相王

文帝十二年河決

按漢書文帝本紀十二年冬十二月河決東郡　按溝洫志漢興三十有九年孝文時河決酸棗東潰金堤

後三年秋大水

按漢書文帝本紀不載　按五行志後三年秋大雨晝夜不絕三十五日藍田山水出流九百餘家壞民室八千餘所殺三百餘人先是趙人新垣平以望氣得幸爲上立渭陽五帝廟欲出周鼎以夏四月郊見上帝歲餘懼誅謀爲逆發覺要斬夷三族是時比再遣公主配單于賂遺甚厚匈奴愈驕侵犯北邊殺略多至萬餘人漢連發軍征討戍邊

武帝建元三年河溢

按漢書武帝本紀建元三年春河水溢于平原

元光三年河決

按漢書武帝本紀元光三年春河水徙從頓丘東南流入渤海夏五月河水決濮陽氾郡十六

元鼎二年夏大水

按漢書武帝本紀元鼎二年夏大水關東餓死者以千數九月詔曰仁不異遠義不辭難今京師雖未爲豐年山林池澤之饒與民共之今水潦移於江南迫降冬至朕懼其饑寒不活江南之地火耕水耨方下巴蜀之粟致之江陵遣博士中等分循行諭告所抵無令重困吏民有振救饑民免其戹者具舉以聞

元封二年河決

按漢書武帝本紀元封二年夏四月幸瓠子臨決河命從臣將軍以下皆負薪塞河隄作瓠子之歌

元帝初元元年大水

按漢書元帝本紀初元元年九月關東郡國十一大水饑或人相食

初元二年北海溢

按漢書元帝本紀二年七秋月詔曰比北海水溢流殺人民陰陽不和其咎安在公卿將何以憂之其悉意陳朕過靡有所諱

永光五年夏秋大水河決

按漢書元帝本紀不載　按五行志永光五年夏及秋大水潁川汝南淮陽廬江雨壞鄉聚民舍及水流殺人先是一年有司奏罷郡國廟是歲又定迭毀罷太上皇孝惠帝寢廟皆無復修通儒以爲違古制刑臣顯用事　按溝洫志永光五年河決清河靈鳴犢口

成帝建始三年秋大水

按漢書成帝本紀建始三年秋關內大水七月虒上小女陳持弓聞大水至走入橫城門闌入尚方掖門至未央宮鉤盾中吏民驚上城九月詔曰迺者郡國被水災流殺人民多至千數京師無故訛言大水至吏民驚恐奔走乘城殆苛暴深刻之吏未息元元冤失職者衆遣諫大夫林等循行天下　按五行志建始三年夏大水三輔霖雨三十餘日郡國十九雨山谷水出凡殺四千餘人壞官寺民舍八萬三千餘所元年有司奏徙甘泉泰時河東后土於長安南北郊二年又罷雍五時郡國諸舊祠凡六所

建始四年秋河決東郡金堤

按漢書成帝本紀云云

河平四年大水

按漢書成帝本紀河平四年三月遣光祿大夫博士嘉等十一人行舉瀕河之郡水所毀傷困乏不能自存者財振貸其爲水所流壓死不能自葬令郡國給槥櫝葬埋已葬者與錢人二千避水它郡國在所冗食之謹遇以文理無令失職

陽朔二年大水

按漢書成帝本紀陽朔二年秋關東大水流民欲入函谷天井壺口五阮關者勿苛留遣諫大夫博士分行視

鴻嘉四年河溢

按漢書成帝本紀鴻嘉四年秋渤海清河河溢被災者振貸之

綏和二年哀帝即位詔被水災者蠲租賦

按漢書哀帝本紀綏和二年四月即皇帝位秋詔曰朕承宗廟之重戰戰兢兢懼失天心間者日月無光五星失行郡國比比地動乃者河南潁川郡水出流殺人民敗壞廬舍朕之不德民反蒙辜朕甚懼焉已遣光祿大夫循行舉籍賜死者棺錢人三千其令水所傷縣及他郡國災害什四以上民貲不滿十萬皆無出今年租賦

王莽始建國三年河決魏郡

按漢書王莽傳云云

後漢

光武帝建武四年東郡以北傷水

按後漢書光武帝本紀不載　按五行志註古今註云云

建武七年雨水雒水溢

按後漢書光武帝本紀建武七年是夏連雨水　按五行志注古今註七年六月戊辰雒水盛溢至津城門帝自行水弘農都尉治折爲水所漂殺民溺傷稼壞廬舍

建武八年秋大水

按後漢書光武帝本紀云云　按五行志註東觀書曰建武八年閒郡國比大水涌泉盈溢杜林以爲倉卒時兵擅權作威張氏雖皆降散猶尚有遺脫長吏制御無術令得復熾元元侵陵之所致也上疏曰臣聞先王無二道明聖用而治見惡如農夫之務去草焉芟夷蘊崇之絕其本根勿使能殖畏其易也古今通道傳其法于有根狠子野心奔馬善驚成王深知其終卒之患故以殷世六族分伯禽七族分康叔懷姓九宗分唐叔檢押其姦宄又遷其餘于成周舊地雜俗日夕拘錄所以挫其強禦之力詘其驕恣之節也及漢初興上稽舊章合符重規徙齊諸田楚昭屈景燕趙韓魏之後以稍弱六國強宗邑里無營利之家野澤無兼并之民萬里之統海內賴安輒因衰麤之痛脊以送終之義故遂相率而陪園陵無反顧之心追觀往法政皆神道設教強幹弱枝本支百世之要也是以皆永享康寧之福無怵惕之憂繼嗣承業恭己而治蓋此助也其被災害民輕薄無累重者兩府遣吏護送饒穀之郡或懼死亡卒爲傭賃亦所以消散其口救贍全其性命也昔魯隱有賢行將致國于桓公乃留連貪位不能早退況草創兵長卒無德能直以擾亂乘時擅權作威玉食狃忕之意徼幸之望蔓延無足張步之計是也小民負縣官不過身死負兵家滅門殄世陛下昭然獨見成敗之端或屬諸侯官府元元少得舉首仰視而尚遺脫二千石失制御之道令得復昌熾縱橫比年大雨水潦暴長涌泉盈溢災壞城郭官寺吏民廬舍潰徙離處潰成坑坎臣聞水陰類也易卦地上有水比言性不相害故曰樂也而猥相毀墊淪失常敗百姓安居殆陰下相爲蠹賊有小大勝負不齊均不得其所侵陵之象也詩云畏天之威于時保之惟陛下留神明察往來懼思天下幸甚

建武三十年五月大水

建武三十一年夏五月大水

按以上後漢書光武本紀云云

明帝永平三年大水

按後漢書明帝本紀永平三年京師及郡國七大水

永平八年大水

按後漢書明帝本紀八年秋郡國十四大水

和帝永元元年大水

按後漢書和帝本紀永元元年郡國九大水　按五行志元年七月郡國九大水傷稼京房易傳曰顓事有知誅罰絕理厥災水其水也而殺人隕霜大風天黃饑而不損茲謂泰厥水水殺人辟過有德茲謂狂厥水水流殺人已水則地生蟲歸獄不解茲謂追非厥水寒殺人追誅不解茲謂不理厥水五穀不收大敗不解茲謂背陰厥水流入國邑隕霜殺穀是時和帝幼竇太后攝政其兄竇憲幹事及憲諸弟皆貴顯並作威虣虐嘗所怨恨輒任客殺之其後竇氏誅滅

永元十年大水

按後漢書和帝本紀永元十年夏五月京師大水　按五行志註東觀書曰十年五月京師大雨南山水流出至東郊壞民廬舍

永元十二年大水

按後漢書和帝本紀永元十二年六月舞陽大水賜被水災尤貧者穀人三斛　按五行志十二年六月潁川大水傷稼是時和帝幸鄧貴人陰有欲廢陰后之意陰后亦懷恚怨一曰先是恭懷皇后葬禮有缺竇太后崩後乃改殯梁后葬西陵徵舅三人皆爲列侯位特進賞賜累千金

按廣州先賢傳和帝時策問陰陽不和或水或旱方正鬱林布衣養奮字叔高對曰天有陰陽陰陽有四時四時有政令春夏則子惠布施寬仁秋冬則剛猛盛威行刑賞罰殺生各應其時則陰陽和四時調風雨時五穀升今則不然長吏多不奉行時令爲政舉事干逆天氣上不卹下下不忠上百姓困乏而不卹哀衆怨鬱積故陰陽不和風雨不時災害緣類水者陰盛小人居位依公營私讒言諭上雨漫溢者五穀有不升而賦稅不爲減百姓虛耗家有愁心也

殤帝延平元年大水八月安帝即位九月大水

按後漢書殤帝本紀延平元年六月己未詔曰自夏以來陰雨過節煖氣不効將有厥咎寤寐憂惶未知所由昔夏后惡衣服菲飲食孔子曰吾無間然今新遭大憂且歲節未和徹膳損服庶有補焉其減大官導官尚方內署諸服御珍膳靡麗難成之物　按安帝本紀延平元年秋八月癸丑即位九月辛丑六州大水　按五行志延平元年五月郡國三十七大水傷稼董仲舒曰水者陰氣盛也是時帝在襁抱鄧太后專政

安帝永初元年山水出

按後漢書安帝本紀永初元年冬十月辛酉新城山泉水大出是歲郡國四十一雨水或山水暴至　按五行志永初元年冬十月辛酉河南新城山水虣出突壞民田壞處泉水出深三丈是時司空周章等以鄧太后不立皇太子勝而立清河王子故謀欲廢置十一月事覺章等伏誅是年郡國四十一水出漂沒民人讖曰水者純陰之精也陰氣盛洋溢者小人專制擅權妒嫉賢者依公結私侵乘君子小人席勝失懷得志故涌水爲災

永初二年大水

按後漢書安帝本紀永初二年六月京師及郡國四十大水　按五行志二年大水注臣昭案本紀京師及郡國四十有水周嘉傳是夏旱嘉收葬客死骸骨應時澍雨歲乃豐稔則水不爲災也　按楊厚傳永初二年洛陽大水鄧太后使中常侍承制問之厚對以爲諸王子多在京師容有非常宜急發遣各還本國太后從之尅水退期日皆如所言除爲中郎

永初三年大水

按後漢書安帝本紀三年京師及郡國四十一雨水

永初四年大水

按後漢書安帝本紀四年秋七月乙酉三郡大水

永初五年大水

按後漢書安帝本紀五年郡國八雨水　按五行志五年大水是時鄧太后猶專政

延光三年大水

按後漢書安帝本紀延光三年郡國三十六雨水

按五行志延光三年大水流殺民人傷苗稼是時安帝信江京樊豐及阿母王聖等讒言免太尉楊震廢皇太子

順帝永建元年水

按後漢書順帝本紀永建元年冬十月甲辰詔以水潦令人半輸今年田租傷害十四以上勿收責不滿者以實除之

永建四年大水

按後漢書順帝本紀四年夏五月五州雨水　按左雄傳四年司冀有大水雄推較災異以爲下人有逆上之徵

注天鏡經曰大水自平地出破山殺人其國有丘

永和元年大水

按後漢書順帝本紀不載　按楊厚傳厚三遷爲侍中時蒙引見訪以時政永和元年上京師應有水患是夏洛陽暴水殺千餘人

質帝本初元年海水溢

按後漢書質帝本紀本初元年五月庚寅海水溢戊申使謁者案行收葬樂安北海人爲水所漂沒死者又稟給貧羸　按五行志本初元年五月海水溢樂安北海溺殺人物是時帝幼梁太后專政注方儲對策曰民悲怨則陰類強河決海溢地動上涌

桓帝建和二年大水

按後漢書桓帝本紀建和二年秋七月京師大水

按五行志建和二年七月京師大水去年冬梁冀枉殺故太尉李固杜喬

建和三年大水

按後漢書桓帝本紀三年八月京師大水　按五行志是時梁太后猶專政

永興元年秋河水溢

按後漢書桓帝本紀永興元年秋七月河水溢百姓饑窮流冗道路至有數十萬戶冀州尤甚詔所在賑給乏絕安慰居業　按五行志永興元年秋河水溢漂害人物注京房占曰江河溢者天有制度地有里數懷容水澤浸溉萬物今溢者明在位者不勝任也三公之禍不能容也率執法者利刑罰不用常法

按朱穆傳穆字公叔舉高第爲侍御史

永興元年河溢漂害人庶數十萬戶百姓荒饉流移道路冀州盜賊尤多故擢穆爲冀州刺史

永壽元年洛水溢南陽大水

按後漢書桓帝本紀永壽元年六月洛水溢壞鴻德苑南陽大水　按五行志永壽元年六月雒水溢至津陽城門漂流人物是時梁皇后兄冀秉政疾害忠直威權震主後遂誅滅

永康元年大水海溢

按後漢書桓帝本紀永康元年八月六州大水渤海海溢詔州郡溺死者七歲以上錢人二千一家皆被害者悉爲收殮其亡失穀食稟人三斛　按五行志是時桓帝奢侈淫祀其十有一月崩無嗣

靈帝建寧四年海溢

按後漢書靈帝本紀建寧四年二月癸卯海水溢

熹平二年海溢

按後漢書靈帝本紀熹平二年六月東萊北海海水溢　按五行志熹平二年六月東萊北海海水溢出漂沒人物三年秋雒水出四年夏郡國三水傷害秋稼

熹平三年秋雒水溢

按後漢書靈帝本紀云云

熹平四年夏四月郡國七大水

按後漢書靈帝本紀云云

光和六年秋金城河水溢

按後漢書靈帝本紀云云　按五行志光和六年秋金城河溢水出二十餘里

中平五年大水

按後漢書靈帝本紀中平五年六月郡國七大水

按五行志中平五年郡國六水大出注臣昭案袁山松書曰山陽梁沛彭城下邳東海琅邪則是七郡

獻帝建安二年秋九月漢水溢

按後漢書獻帝本紀云云　按五行志建安二年九月漢水流害人民是時天下大亂

建安十二年大水

按後漢書獻帝本紀不載　按魏志武帝本紀獻帝建安十二年秋七月大水

建安十七年秋七月大水洧水潁水溢

按後漢書獻帝本紀云云

建安十八年大水

按後漢書獻帝本紀建安十八年夏五月大雨水

按五行志十八年夏六月大水注獻帝起居注曰七月大水上親避正殿八月以雨不止且還殿

建安二十四年秋八月漢水溢

按後漢書獻帝本紀云云

欽定古今圖書集成曆象彙編庶徵典

第一百二十五卷目錄

水災部彙考三

庶徵典第一百二十五卷

水災部彙考三

魏

文帝黃初四年伊洛溢

按三國魏志文帝本紀黃初四年六月伊洛溢流殺人民壞廬宅

按晉書五行志黃初四年六月大雨霖伊洛溢至津陽城門漂數千家殺人初帝卽位自鄴遷洛營造宮室而不起宗廟太祖神主猶在鄴嘗于建始殿享祭如家人禮終黃初不復還鄴又郊社神祇未有定位此簡宗廟廢祭祀之罰也

明帝景初元年大水

按魏志明帝本紀景初元年九月冀兗徐豫四州民遇水遣御史循行沒溺死亡及失財產者在所開倉賑救之

按晉書五行志景初元年九月淫雨冀兗徐豫四州水出沒溺殺人漂失財產帝自初卽位便淫奢極慾多占幼女或奪士妻崇飾宮室妨害農戰觸情恣慾至是彌甚號令逆時饑不損役此水不潤下之應也

吳

大帝赤烏八年鴻水溢

按吳志孫權傳赤烏八年夏茶陵縣鴻水溢出漂居民二百餘家

按吳志孫權傳云云

赤烏十三年八月鴻水溢

按晉書五行志十三年秋丹陽故鄣等縣又鴻水溢出按權稱帝三十年竟不于建鄴創七廟惟父堅一廟遠在長沙而郊祀禮闕嘉禾初羣臣奏宜郊祀又不許末年雖一南郊而北郊遂無聞焉吳楚之廟亦不見秩反祀羅陽妖神以求福助天戒若曰權簡宗廟不蠲祠廢祭祀故示此罰欲其感悟也

太元元年大風涌水

按吳志孫權傳太元元年秋八月朔大風江海涌溢平地深八尺

按晉書五行志太元元年吳又有大風涌水之異是冬權南郊宜是鑒咎徵乎還而寢疾明年四月薨一曰權時信納譖訴雖陸遜勳重子和儲貳猶不得其終與漢安帝聽讒免楊震廢太子同事也且赤烏中無年不用兵百姓愁怨八年秋將軍馬茂等又圖逆

會稽王五鳳元年大水

按吳志孫亮傳五鳳元年夏大水

按晉書五行志吳孫亮五鳳元年夏大水亮卽位四年乃立權廟又終吳世不上祖廟之號不脩嚴父之禮昭穆之數有闕亮及休晧又並廢二郊不秩羣神此簡宗廟不祭祀之罰也又是時孫峻專政陰勝陽之應乎

景帝永安四年大水

按吳志孫休傳永安四年夏五月水泉涌溢

按晉書五行志永安四年五月大雨水泉涌溢昔歲作浦里塘功費無數而田不可成士卒死叛或自賊殺百姓愁怨陰氣盛也休又專任張布退盛沖等吳人賊之應也

永安五年大水

按吳志孫休傳五年八月壬午大雨震電水泉湧溢

晉

武帝泰始四年大水

按晉書武帝本紀泰始四年九月青徐兖豫四州大水伊洛溢合于河開倉以賑之

泰始五年大水

按晉書武帝本紀五年二月青徐兖三州水遣使振恤之

泰始七年河洛伊沁皆溢

按晉書武帝本紀七年六月大雨霖伊洛河溢流居人四千餘家殺三百餘人有詔振貸給棺　按五行志武帝泰始四年九月青徐兖豫四州大水七年六月大雨霖河洛伊沁皆溢殺二百餘人自帝即尊位不加三后祖宗之號又除明堂南郊五帝座同稱昊天上帝位而已又省先后配地之祀此簡宗廟廢祭祀之罰

咸寧元年大水

按晉書武帝本紀咸寧元年九月徐州大水

咸寧二年大水

按晉書武帝本紀咸寧二年七月河南魏郡暴水殺百餘人詔給棺九月荆州五郡水流四千餘家　按五行志咸寧元年九月徐州大水二年七月癸亥河南魏郡暴水殺百餘人閏月荆州郡國五大水流四千餘家去年採擇良家子女露面入殿帝親簡閱務在姿色不訪德行有蔽匿者以不敬論搢紳愁怨天下非之陰盛之應也

咸寧三年大水

按晉書武帝本紀咸寧三年六月益梁八郡水殺三百餘人沒邸閣別倉九月戊子兖豫青徐荆益梁七州大水傷秋稼詔賑給之　按五行志三年六月益梁二州郡國八暴水殺三百餘人七月荆州大水九月始平郡大水青徐兖豫荆益梁七州又大水是時賈充等用事專恣而正人疎外者多陰氣盛也

咸寧四年大水

按晉書武帝本紀四年七月荆揚郡國二十皆大水　按五行志四年七月司冀兖豫荆揚郡國二十大水傷秋稼壞房屋有死者

太康二年大水

按晉書武帝本紀太康二年六月江夏泰山水流居人三百餘家十二月景申詔四方水甚者無出田租　按五行志太康二年六月大水泰山流殺六十餘人江夏亦殺人時平吳後王濬爲元功而詆劾妄加荀賈爲無謀而並蒙重賞收吳姬五千納之後宮此其應也

太康四年大水

按晉書武帝本紀四年秋七月景寅兖州大水復其田租是歲河南及荆州揚州大水

太康五年大水

按晉書武帝本紀五年郡國五大水　按五行志五年九月郡國四大水是月南安等五郡大水

太康六年大水

按晉書武帝本紀六年四月郡國十大水壞百姓廬舍

太康七年大水

按晉書武帝本紀七年十二月遣侍御史巡遭水諸郡出後宮才人妓女以下二百七十人歸于家

太康八年大水

按晉書武帝本紀八年夏四月齊國大水六月郡國八大水

惠帝元康二年大水

按晉書惠帝本紀不載　按五行志云云

元康五年大水

按晉書惠帝本紀元康五年荆揚兖豫青徐六州大水詔遣御史巡行賑貸　按五行志元康二年有水災五年五月潁川淮南大水六月城陽東莞大水殺人荆揚徐兖豫五州又水是時帝即位已五載猶未郊祀其蒸嘗亦多不親行事此簡宗廟廢祭祀之罰

元康六年大水

按晉書惠帝本紀六年五月荆揚二州大水　按五行志是時賈后亂朝寵樹賈郭女主專政陰氣盛之應也

元康八年井溢大水

按晉書惠帝本紀八年秋九月荆豫揚徐冀等五州大水　按五行志八年五月金墉城井溢漢志成帝時有此妖後王莽僭逆今有此妖趙王倫篡位廢帝于此城井溢所在其天意也九月荆揚徐冀豫五州大水是時賈后暴戾滋甚韓謐驕猜彌扇卒害太子旋以禍滅

元康九年井溢

按晉書惠帝本紀不載　按五行志九年四月宮中井水沸溢

永寧元年大水

按晉書惠帝本紀不載　按五行志永寧元年七月南陽東海大水是時齊王冏專政陰盛之應也

太安元年大水

按晉書惠帝本紀太安元年秋七月兗豫徐冀等四州大水　按五行志時將相力政無尊主心陰盛故也

懷帝永嘉四年大水

按晉書懷帝本紀永嘉四年夏四月大水　按五行志永嘉四年四月江東大水時王導等潛懷翼戴之計陰氣盛也

元帝太興三年六月大水

按晉書元帝本紀云云　按五行志太興三年六月大水是時王敦內懷不臣傲很陵上陰氣盛也

太興四年秋七月大水

按晉書元帝本紀云云

永昌元年大水

按晉書元帝本紀不載　按五行志永昌元年春雨四十日晝夜雷電震五十餘日是時王敦興兵王師敗績之應也

明帝太寧元年五月大水

按晉書明帝本紀太寧元年五月京師大水　按五行志太寧元年五月丹陽宣城吳興壽春大水是時王敦威權震主陰氣盛故也

成帝咸和元年五月大水

按晉書成帝本紀云云　按五行志咸和元年五月大水是時嗣主幼沖母后稱制庾亮以元舅決事禁中陰勝陽故也

咸和七年五月大水

按晉書成帝本紀云云　按五行志七年五月大水是時帝未親幾務政在大臣陰勝陽也

咸康元年大水

按晉書成帝本紀咸康元年秋八月長沙武陵大水

穆帝永和四年五月大水

按晉書穆帝本紀云云

永和五年五月大水

按晉書穆帝本紀不載　按五行志云云

永和六年夏五月大水

按晉書穆帝本紀云云　按五行志時幼主沖弱母后臨朝又將相大臣各執權政與咸和初同事也

永和七年濤水入石頭

按晉書穆帝本紀永和七年秋七月甲辰濤水入石頭溺死者數百人　按五行志是時殷浩以私忿廢蔡謨遐邇非之又幼主在上而殷桓交惡選徒聚甲各崇私權陰勝陽之應也一說濤水入石頭以爲兵占是後殷浩桓溫謝尚荀羨連年征伐百姓愁怨也

升平二年夏五月大水

按晉書穆帝本紀云云

升平五年夏四月大水

按晉書穆帝本紀云云　按五行志升平二年五月大水五年四月又大水是時桓溫權制朝廷專征伐陰勝陽也

海西公太和六年大水

按晉書海西公本紀太和六年六月京都及丹陽晉陵吳郡吳興臨海並大水　按五行志太和六年六月京師大水平地數尺浸入太廟朱雀大航纜斷三艘流入大江丹陽晉陵吳郡吳興臨海五郡又大水稻稼蕩沒黎庶饑饉初四年桓溫北伐敗績十喪其九五年又征淮南踰歲乃尅百姓愁怨之應也

簡文帝咸安元年濤水入石頭

按晉書簡文帝本紀不載　按五行志咸安元年十二月壬午濤水入石頭明年妖賊盧竦率其屬數百人入殿略取武庫三庫甲仗遊擊將軍毛安之討滅之兵興陰盛之應也

孝武帝太元三年六月大水

按晉書孝武帝本紀云云　按五行志是時帝幼弱政在將相

太元五年五月大水

按晉書孝武帝本紀云云

太元六年大水

按晉書孝武帝本紀太元六年夏六月揚荆江三州大水

太元八年大水

按晉書孝武帝本紀八年三月始興南康廬陵大水平地五丈

太元十年五月大水

按晉書孝武帝本紀云云　按五行志自八年破苻堅後有事中州役無寧歲愁怨之應也

太元十三年濤水入石頭

按晉書孝武帝本紀十三年冬十二月戊子濤水入石頭毀大桁殺人　按五行志十三年十二月濤水入石頭毀大航殺人明年慕容氏寇擾司兗鎮戍西

北疲于奔命愁怨之應也

太元十五年大水

按晉書孝武帝本紀十五年八月己丑沔中諸郡及兗州大水　按五行志是時緣河紛爭征戍勤悴之應也

太元十七年濤水入石頭

按晉書孝武帝本紀十七年六月甲寅濤水入石頭毀大桁永嘉郡潮水湧起近海四縣人多死　按五行志十七年六月甲寅濤水入石頭毀大航漂船舫有死者京口西浦亦濤入殺人永嘉郡潮水湧起近海四縣人多死後四年帝崩而王恭再攻京師京師亦發衆以禦之兵役頻興百姓愁怨之應也

太元十八年大水

按晉書孝武帝本紀十八年夏六月己亥始興南康廬陵大水深五丈

太元十九年大水

按晉書孝武帝本紀太元十九年秋七月荆徐二州大水傷秋稼遣使賑卹之

太元二十年大水

按晉書孝武帝本紀太元二十年夏六月荆徐二州大水

太元二十一年大水

按晉書孝武帝本紀二十一年五月甲子大水　按五行志是時政事多弊兆庶非之

安帝隆安三年大水

按晉書安帝本紀隆安三年五月荆州大水平地三丈　按五行志隆安三年五月荆州大水去年殷仲堪舉兵向京師是年春又殺郗恢陰盛作威之應也仲堪尋亦敗亡

隆安五年大水

按晉書安帝本紀不載　按五行志五年五月大水是時會稽王世子元顯作威陵上又桓元擅西夏孫恩亂東國陰勝陽之應也

元興三年濤水入石頭

按晉書安帝本紀元興三年春二月庚寅夜濤水入石頭漂殺人戶　按五行志元興三年己丑朔夜濤水入石頭漂沒殺人大航流敗

義熙元年十二月濤水入石頭

按晉書安帝本紀不載　按五行志云云

義熙二年十二月濤水入石頭

按晉書安帝本紀不載　按五行志義熙二年十二月己未夜濤水入石頭駱球父環潛結桓引殷仲文等謀作亂劉稚亦謀反凡所誅滅數十家

義熙三年五月大水

按晉書安帝本紀云云

義熙四年濤水入石頭

按晉書安帝本紀不載　按五行志四年十二月戊寅濤水入石頭明年王旅北討

義熙六年五月大水

按晉書安帝本紀不載　按五行志六年五月丁巳大水乙丑盧循至蔡州

義熙八年大水

按晉書安帝本紀不載　按五行志云云

義熙九年大水

按晉書安帝本紀不載　按五行志云云

義熙十年大水地涌水出

按晉書安帝本紀不載　按五行志十年五月丁丑大水戊寅西明門地穿涌水出毀門扇及限亦水沴土也七月乙丑淮北風災大水殺人

義熙十一年大水

按晉書安帝本紀不載　按五行志十一年七月景戌大水淹潰太廟百官赴救明年王旅北討關河

宋

文帝元嘉五年大水

按宋書文帝本紀元嘉五年六月京邑大水遣使檢行賑贍　按五行志元嘉五年六月京邑大水七年右將軍到彥之率師入河

元嘉七年大水

按南史宋文帝本紀元嘉七年吳興晉陵義興大水遣使巡行賑恤

元嘉十一年五月京邑大水

按宋書文帝本紀云云　按五行志元嘉十一年五月京邑大水十二年司空檀道濟誅

元嘉十二年大水

按宋書文帝本紀十二年六月丹陽淮南吳興義興大水京邑乘船

元嘉十七年大水

按宋書文帝本紀十七年八月徐兗青冀四州大水己未遣使檢行賑恤

元嘉十八年大水

按宋書文帝本紀十八年夏五月沔水泛溢　按五

行志十八年五月江水汎溢沒居民害苗稼明年右
軍將軍裴方明率雍梁之衆伐仇池
元嘉十九年大水
按宋書文帝本紀十九年閏五月京邑雨水丁巳遣
使巡行賑恤　按五行志十九年東都諸郡大水
元嘉二十年大水
按宋書文帝本紀二十年諸州郡水傷稼民大饑遣
使開倉賑卹給賜糧種
元嘉二十一年大水
按宋書文帝本紀二十一年六月連雨水丁亥詔曰
霖雨彌日水潦爲患百姓積儉易致乏匱二縣官長
及營署部司各隨統檢實給其柴米必使周悉
元嘉二十四年大水
按南史宋文帝本紀二十四年徐兗青冀四州大水
元嘉二十九年五月京邑雨水
按宋書文帝本紀云云
孝武帝孝建元年大水
按宋書孝武帝本紀不載　按五行志孝建元年八
月會稽大水平地八尺後二年虜寇青冀州遣羽林
軍卒討伐
大明元年大水
按南史宋孝武帝本紀大明元年五月吳興義興大
水人饑乙卯遣使開倉賑恤
大明二年大水
按宋書孝武帝本紀大明二年春正月壬子詔曰去
歲東土多經水災春務已及宜加優課糧種所須以
時貸給九月壬戌襄陽大水遣使巡行賑贍

大明四年大水
按宋書孝武帝本紀四年八月己酉雍州大水
大明五年大水
按宋書孝武帝本紀五年夏四月戊戌詔曰南徐兗
二州去歲水潦傷年民多困窶逋租未入者可申至
秋登
後廢帝元徽元年大水
按宋書後廢帝本紀元徽元年六月乙卯壽陽大水
己未遣殿中將軍賑卹慰勞
元徽三年大水
按宋書後廢帝本紀三年三月京師大水遣尚書郎
官長檢行賑賜
順帝昇明元年大水
按宋書順帝本紀昇明元年秋七月雍州大水　按
五行志昇明元年七月雍州大水甚于關羽樊城時
昇明二年大水
按宋書順帝本紀不載　按五行志二年二月於潛
翼異山一夕五十二處水流漂居民七月丙午朔濤
水入石頭居民皆漂沒

南齊

高帝建元元年大水
按南史齊高帝本紀建元元年九月辛丑詔以二吳
義興三郡遭水減今年田租
建元二年大水
按南齊書高帝本紀二年六月癸未詔昔歲水旱曲
赦丹陽二吳義興四郡遭水尤劇之縣　按五行志
二年夏丹陽吳二郡大水

建元四年武帝即位大水
按南史齊武帝本紀建元四年即皇帝位六月戊戌
以水潦爲患星緯乖序尅日訊都下囚諸遠獄委刺
史以時察判建康秣陵二縣貧人加賑賜必令周悉
吳興義興遭水縣蠲除租調
武帝永明五年大水
按南齊書武帝本紀永明五年八月乙亥詔今夏雨
水吳興義興二郡田農多傷詳蠲租調　按五行志
永明五年夏吳興義興水雨傷稼
永明六年大水
按南齊書武帝本紀六年八月乙卯詔吳興義興水
潦被水之鄉賜痼疾篤癃口二斛老疾一斛小口五
斗
永明九年大水
按南史齊武帝本紀永明九年秋八月吳興義興大
水
明帝建武二年水
按南齊書明帝本紀不載　按五行志建武二年冬
吳晉陵二郡雨水傷稼
東昏侯永元元年大水
按南齊書東昏侯本紀永元元年秋七月丁亥京師
大水死者衆詔賜死者材器幷賑卹八月乙巳蠲京
邑遇水資財漂蕩者今年調租　按五行志永元元
年七月濤入石頭漂殺緣淮居民應本傳荊州城內
有沙地常漏水蕭穎冑爲長史水乃不漏及穎冑亡
乃復竭

梁

武帝天監二年大水
按梁書武帝本紀天監二年六月丁亥詔以東陽信安安豐三縣水潦漂損居民資業遣使周履量蠲課調
按隋書五行志天監二年六月大水信安安豐三縣大水春秋考異郵曰陰盛臣逆人悲則水出河決是時江州刺史陳伯之益州刺史劉季連舉兵反叛師旅數興百姓愁怨臣逆人悲之應也
天監六年八月京師大水
按梁書武帝本紀云云
天監七年大水
按南史梁武帝本紀天監七年五月都下大水
天監十二年大水
按梁書武帝本紀天監十二年夏四月京邑大水
按隋書五行志六年八月建康大水濤上御道七尺七年五月建康又大水是時數興師旅以拒魏軍十二年四月建康大水是時大發卒築浮山堰以遏淮水勞役連年百姓悲怨之應也
普通元年江淮海溢
按南史梁武帝本紀普通元年秋七月己卯江淮海並溢
中大通五年大水
按梁書武帝本紀中大通五年五月戊子京邑大水御道通船
按隋書五行志中大通五年五月建康大水御道通船京房易飛候曰大水至國賤人將貴蕭棟侯景僭稱尊號之應也

陳

武帝永定二年水淤成地
按陳書武帝本紀永定二年正月甲辰振遠將軍梁州刺史張立表稱云乙亥歲八月丹徒蘭陵二縣界遺山側一旦因濤水涌生沙漲周旋千餘頃並膏腴堪墾植
禎明二年濤水入石頭
按陳史陳後主本紀禎明二年六月丁巳大風自西北激濤水入石頭城淮渚暴溢漂沒舟乘

北魏

太祖天賜三年八月霖雨大震山谷水溢
按魏書太祖本紀不載　按靈徵志云云
太宗泰常三年大水
按北史魏明元帝本紀泰常二年春三月以勃海范陽郡去年水復其租稅
泰常三年八月河內大水
按魏書太宗本紀云云
世祖延和元年大水
按魏書世祖本紀不載　按靈徵志延和元年六月甲戌京師水溢壞民廬舍數百家
太平眞君八年七月平州大水
按魏書世祖本紀不載　按靈徵志云云
高宗和平五年大水
按魏書高宗本紀和平五年二月詔以州鎮十四去年蟲水開倉賑恤
顯祖天安二年水
按北史魏獻文帝本紀天安二年十一月州鎮二十七水旱詔開倉賑恤
皇興二年水
按魏書顯祖本紀皇興二年十有一月以州鎮二十七水開倉賑恤
高祖延興二年水
按魏書高祖本紀延興二年六月安州民遇水丐租賑恤九月己酉詔以州鎮十一水丐民田租開倉賑恤
延興三年水
按魏書高祖本紀三年州鎮十一水丐民田租開倉賑恤
太和元年水
按魏書高祖本紀太和元年十有二月丁未詔以州郡八水民饑開倉賑恤
太和二年水
按魏書高祖本紀二年州鎮二十餘水民饑開倉賑恤　按靈徵志二年夏四月南豫徐兗州大霖雨
太和四年大水
按魏書高祖本紀四年詔以州鎮十八水民饑開倉賑恤
太和六年大水
按魏書高祖本紀六年八月分遣大使巡行天下遭水之處丐民租賦十二月詔曰朕以寡薄政缺平和不能仰緝緯象蠲玆六沴去秋淫雨洪水爲災百姓嗷然朕用嗟愍故遣使者巡方賑恤而牧守不思利民之道甚無謂也今課督未入及將來租筭一以正之　按靈徵志六年七月青雍二州大水八月徐東

徐兗濟平豫光七州平原枋頭廣阿臨濟四鎮大水

太和八年水溢

按魏書高祖本紀八年六月戊辰武州水泛溢壞民居舍十有二月詔以州鎮十五水民饑遣使者循行問所疾苦開倉賑恤

太和九年水傷稼

按魏書高祖本紀九年八月庚申詔曰數州災水饑饉薦臻致有賣鬻男女者天之所譴在予一人而百姓無辜橫羅艱毒朕用殷憂夕惕忘食輿寢今自太和六年以來買定冀幽相四州饑民良口者盡還所親雖聘為妻妾遇之非理情不樂者亦離之是歲京師及州鎮十三水傷稼　按靈徵志九年九月南豫朔二州各大水殺千餘人

太和二十三年世宗即位大水

按魏書世宗本紀二十三年夏四月丁巳即位是歲州鎮十八水民饑遣使者開倉賑恤　按靈徵志二十三年青齊光南青徐豫兗東豫八州大水

世宗景明元年大水

按魏書世宗本紀不載　按靈徵志景明元年七月青齊南青光徐兗豫東豫司州之潁川汲郡大水平隰一丈五尺民居全者十四五

正始二年大水

按魏書世宗本紀不載　按靈徵志正始二年青徐州大雨霖海水溢出於青州樂陵之隰沃縣流漂一百五十二人

正始四年大水

按魏書世宗本紀正始四年夏四月戊戌鍾離大水

永平三年七月州郡二十大水

按魏書世宗本紀不載　按靈徵志云云

延昌元年大水

按魏書世宗本紀延昌元年春正月乙巳以頻水百姓饑儉分遣使者開倉賑恤二月甲午州郡十一大水詔開倉賑恤　按靈徵志延昌元年夏京師及四方大水

延昌二年大水

按魏書世宗本紀二年五月壽春大水是夏州郡十三大水秋八月辛卯詔曰頃水旱互侵頻年饑儉百姓窮弊多陷罪辜煩刑之愧朕用懼矣其殺人掠賣人羣強盜首及雖非首而殺傷財主曾經再犯公斷道路劫奪行人者依法行決自餘恕死徙流以下各準減降

肅宗熙平元年淮堰決大水

按魏書肅宗本紀熙平元年九月丁丑淮堰破蕭衍緣淮城戍村落十餘萬口皆漂入於海　按靈徵志熙平元年六月徐州大水

熙平二年大水

按魏書肅宗本紀不載　按靈徵志熙平二年九月冀瀛滄三州大水

正光二年大水

按魏書肅宗本紀不載　按靈徵志正光二年夏定冀瀛相四州大水

孝昌三年秋京師大水

按魏書肅宗本紀不載　按靈徵志云云

出帝太昌元年大水穀水溢

按魏書出帝本紀不載　按靈徵志太昌元年六月庚午京師大水穀水汎溢壞三百餘家

孝靜帝元象元年大水

按魏書孝靜帝本紀元象元年夏山東大水蝦蟆鳴於樹上　按靈徵志元象元年定冀瀛滄四州大水

興和四年滄州大水

按魏書孝靜帝本紀不載　按靈徵志云云

北齊

武成帝河清二年大水

按北齊書武成帝本紀不載　按隋書五行志河清二年十二月兗趙魏三州大水

河清四年大水

按北史齊武成帝本紀河清四年三月戊子詔給西兗梁滄趙州司州之東郡陽平清河武都冀州之長樂渤海遭水潦之處貧下戶粟各有差家別斗升而已又多不付

後主天統三年大水汾州溢

按北史齊後主本紀天統三年秋山東大水人饑僵尸滿道

按隋書五行志天統三年并州汾水溢識曰水者純陰之精陰氣洋溢者小人專制是時和士開元文遙趙彥深專任之應也

武平六年大水

按北齊書後主本紀武平六年八月丁酉冀定趙幽滄瀛六州大水七年正月壬辰詔去秋以來水潦人饑不自立者所在付大寺及諸富戶濟其性命

按隋書五行志武平六年八月山東諸州大水京房

易飛候曰小人踊躍無所畏忌陰不制於陽則湧水出是時羣小用事邪佞滿朝閹豎嬖倖伶人封王此其所以應也

北周

文帝大統十六年大水

按周書文帝本紀大統十六年秋九月丁巳車駕出長安時連雨自秋及冬諸軍驢馬多死遂於弘農北造橋濟河自蒲坂還於是河南自洛陽河北自平陽以東遂入於齊矣

隋

文帝開皇四年大水

按隋書文帝本紀開皇四年正月壬午齊州水

開皇六年大水

按隋書文帝本紀六年七月辛亥河南諸州水

按北史隋文帝本紀六年二月乙酉山南荆浙七州水遣前工部尚書長孫毗賑恤之

開皇十八年大水

按北史隋文帝本紀十八年杞宋陳亳曹戴譙等州水詔並免庸調

按隋書五行志十八年河南八州大水是時獨孤皇后干預政事濫殺宮人放黜宰相楊素顓專水陰氣臣妾盛强之應也

仁壽二年河南河北大水

按隋書文帝本紀仁壽二年九月壬辰河南北諸州大水遣工部尚書楊達賑恤之　按五行志仁壽二年河南河北諸州大水京房易傳曰顓事有智誅罰絕理則厥災水亦由帝用刑嚴急臣下有小過帝或親臨斬決又先是柱國史萬歲以忤旨被戮誅罰絕理之應也

仁壽三年大水

按隋書文帝本紀三年十二月癸酉河南諸州水遣納言楊達賑恤之

煬帝大業三年大水

按隋書煬帝本紀不載　按五行志大業三年河南大水漂沒三十餘郡帝嗣位以來未親郊廟之禮簡宗廟廢祭祀之應也

大業七年大水

按隋書煬帝本紀七年秋大水漂沒三十餘郡民相賣爲奴婢

欽定古今圖書集成曆象彙編庶徵典

第一百二十六卷目錄

庶徵典第一百二十六卷

水災部彙考四

唐

太宗貞觀三年大水

按唐書太宗本紀不載　按五行志貞觀三年秋貝譙鄆泗沂徐亳蘇隴九州水水太陰之氣也若臣道顓女謁行小人道長嚴刑以逞下民不堪其憂則陰類勝其氣應而水至其謫見於天月及辰星與列星之司水者爲之變若七曜循中道之北皆水祥也

貞觀四年大水

按唐書太宗本紀不載　按五行志四年秋許戴集三州水

貞觀七年大水

按唐書太宗本紀不載　按五行志七年八月山東河南州四十大水

貞觀八年大水

按唐書太宗本紀不載　按五行志八年七月山東江淮大水

貞觀十年大水

按唐書太宗本紀不載　按五行志十年關東及淮海旁州二十八大水

貞觀十一年大水穀洛溢河溢

按唐書太宗本紀十一年七月癸未大雨水穀洛溢乙未詔百官言事壬寅廢明德宮之元圃院賜遭水家九月丁亥河溢壞陝州河北縣毀河陽中潬幸白司馬坂觀之賜瀕河遭水家粟帛　按魏徵傳是歲大雨穀洛溢毀宮寺十九漂居人六百家徵陳事曰臣聞爲國基于德禮保于誠信誠信立則下無二情德禮形則遠者來格故德禮誠信國之大綱不可斯須廢也傳曰君使臣以禮臣事君以忠自古皆有死人無信不立又曰同言而信信在言前同令而行誠在令外然則言而不行言不信也令而不從令無誠也不信之言不誠之令君子弗爲也自王道休明綿十餘載倉廩愈積土地益廣然而道德不日博仁義不日厚何哉由待下之情未盡誠信雖有善始之勤而無克終之美故便佞之徒得肆其巧謂同心爲朋黨告訐爲至公殭直爲擅權忠讜爲誹謗謂之朋黨雖忠信可疑謂之至公雖矯僞無咎強直者畏擅權而不得盡忠讜者慮誹謗而不敢與之爭熒惑視聽鬱于大道妨化損德無斯甚者今將致治則委之君子得失或訪諸小人是毀譽常在小人而督責常加君子也夫中智之人豈無小惠然慮不及遠雖使竭力盡誠猶未免傾敗況內懷奸利承顏順旨乎故孔子曰君子而不仁者有矣未有小人而仁者然君子不能無小惡惡不積無害于正小人時有小善善不積不足以忠今謂之善人矣復慮其不信何異立直木而疑其景之曲乎故上不信則無以使下下不信則無以事上信之爲義大矣昔齊桓公問管仲曰吾欲使酒腐于爵肉腐於俎得無害霸乎管仲曰此固非其善者然無害霸也公曰何如而害霸曰不能知人害霸也知而不能用害霸也用而不能任害霸也任而不能信害霸也既信而又使小人參之害霸也晉中行穆伯攻鼓經年而不能下餽間倫曰鼓之嗇夫間倫知之請無疲士大夫而鼓可得穆伯不應左右曰不折一戟不傷一卒而鼓可得君奚不爲穆伯曰間倫之爲人也佞而不仁若使間倫下之吾不可以不賞若賞之是賞佞人也佞人得志是使晉國捨仁而爲佞雖得鼓安用之乎穆伯列國大夫管仲霸者之佐猶能慎于信任遠避佞人況陛下之上聖乎若欲令君子小人是非不雜必懷之以德待之以信厲之以義節之以禮然後善善而惡惡審罰而明賞無爲之化何遠之有善善而不能進惡惡而不能去罰不及有罪賞不加有功則危亡之期或未可保帝

手詔嘉答於是廢明德宮元圃院賜遭水者
按舊唐書五行志貞觀十一年七月黃氣竟天大雨穀水溢入洛陽宮帝引咎令羣臣直言政之得失中書侍郎岑文本曰伏惟陛下覽古今之事察安危之機上以社稷爲重下以億兆爲念明選舉愼賞罰進賢才退不肖聞過旣改從諫如流爲善在於不疑出令期於必信頤神養性省畋遊之娛去奢從儉滅工役之費務靜方內不求闢土載櫜弓矢而無忘武備此數者願陛下行之不怠必當轉禍爲福化咎爲祥況水之爲害陰陽常理豈可謂之天譴而繫聖心哉十三日詔曰暴雨爲災大水泛溢靜思厥咎朕甚懼焉文武百寮各上封事極言朕過無有所諱諸司供進悉令減省凡所力役量事停廢遭水之家賜帛有差

貞觀十六年大水

按唐書太宗本紀不載　按五行志十六年秋徐戴二州大水

貞觀十八年大水

按唐書太宗本紀不載　按五行志十八年秋穀襄豫荊徐梓忠緜宋亳十州大水

貞觀十九年大水

按唐書太宗本紀不載　按五行志十九年秋沁易二州水害稼

貞觀二十一年海溢

按唐書太宗本紀二十一年泉州海溢　按五行志二十一年八月河北大水驩州水

貞觀二十二年大水

按唐書太宗本紀不載　按五行志二十二年夏瀘越徐交渝等州水

高宗永徽元年大水

按唐書高宗本紀不載　按五行志永徽元年六月新豐渭南大雨零口山水暴出漂廬舍宣歙饒常等州大雨水溺死者數百人秋齊定等十六州水

永徽二年水

按唐書高宗本紀不載　按五行志二年秋汴定濮亳等州水

永徽四年水

按唐書高宗本紀不載　按五行志四年杭夔果忠等州水

永徽五年水

按唐書高宗本紀永徽五年六月丙寅河北大水遣使慮囚　按五行志五年五月丁丑夜大雨麟遊縣山水衝萬年宮元武門入寢殿衞士有溺死者六月滹沱溢損五千餘家

永徽六年洛水黃河溢

按唐書高宗本紀六年九月乙酉洛水溢十月齊州黃河溢　按五行志六年六月商州大水秋冀沂密兗滑汴鄭婺等州水害稼洛州大水毀天津橋十月齊州河溢

麟德二年大水

按唐書高宗本紀不載　按五行志麟德二年六月鄜州大水壞居人廬舍

總章二年海溢大水

按唐書高宗本紀不載　按五行志總章二年六月括州大風雨海溢壞永嘉安固二縣溺死者九千七十人冀州大雨水平地深一丈壞民居萬家

咸亨元年山水溢

按唐書高宗本紀不載　按五行志咸亨元年五月丙戌大雨山水溢溺死九千餘人

咸亨二年山水溢

按唐書高宗本紀不載　按五行志二年八月徐州山水漂百餘家

咸亨四年山水溢

按唐書高宗本紀不載　按五行志四年七月婺州大雨山水暴漲溺死五千餘人

儀鳳元年海溢大水

按唐書高宗本紀儀鳳元年八月青州海溢　按五行志上元三年（是年十一月改元儀鳳）八月青州大風海溢漂居人五千餘家齊淄等七州大水

永隆元年大水

按唐書高宗本紀不載　按五行志永隆元年九月河南河北大水溺死者甚衆

開耀元年大水

按唐書高宗本紀開耀元年八月丁卯以河南河北大水遣使賑乏絕室廬壞者給復一年溺死者賜物人三段

永淳元年洛水溢

按唐書高宗本紀永淳元年五月乙卯洛水溢　按五行志永淳元年五月丙午東都連日澍雨乙卯洛水溢壞天津橋及中橋漂居民千餘家六月乙亥京師大雨水平地深數尺秋山東大雨水大饑

永淳二年河溢滹沱溢

按唐書高宗本紀云云　按五行志二年七月己巳河溢壞河陽橋八月恆州滹沱河及山水暴溢害稼

睿宗文明元年大水

按唐書睿宗本紀不載　按五行志文明元年七月溫州大水漂千餘家括州溪水暴漲溺死者百餘人

中宗嗣聖九年（即武后如意元年）洛水溢

按唐書武后本紀長壽元年四月改元如意五月洛水溢七月又溢八月甲戌河溢壞河陽縣　按五行志如意元年四月洛水溢壞永昌橋漂居民四百餘家七月洛水溢漂居民五千餘家八月河溢壞河陽縣

嗣聖十年（即武后長壽二年）河溢

按唐書武后本紀二年五月癸丑河溢棣州　按五行志長壽二年五月棣州河溢壞居民二千餘家河陽州十一水

嗣聖十三年（即武后萬歲通天元年）大水

按唐書武后本紀不載　按五行志萬歲通天元年八月徐州大水害稼

嗣聖十四年（即武后神功元年）大水

按唐書武后本紀不載　按五行志神功元年三月括州水壞民居七百餘家是歲河南州十九水

嗣聖十六年（即武后聖曆二年）洛水溢

按唐書武后本紀聖曆二年七月丙辰洛水溢　按五行志聖曆二年七月丙辰神都大雨洛水壞天津橋秋水溢懷州漂千餘家

嗣聖十七年（即武后聖曆三年五月改元久視）大水

按唐書武后本紀不載　按五行志聖曆三年三月辛亥鴻州水漂千餘家溺死四百餘人久視元年十月洛州水

嗣聖十八年（即武后長安元年）井溢

按唐書武后本紀不載　按五行志長安初醴泉坊太平公主第井水溢流又幷州文水縣猷水竭武氏井溢

嗣聖二十年（即武后長安三年）大水

按唐書武后本紀不載　按五行志長安三年六月寧州大雨水漂二千餘家溺死千餘人

嗣聖二十一年（即武后長安四年）大水

按唐書武后本紀不載　按五行志長安四年八月瀛州水壞民居數千家

神龍元年洛水溢

按唐書中宗本紀神龍元年七月甲辰洛水溢　按五行志神龍元年四月同官縣大雨水漂民居五百餘家六月河北縣十七大水七月甲辰洛水溢壞民居二千餘家　按宋務光傳務光遷右衛騎曹參軍神龍元年大水詔文武九品以上官直言極諫務光上書曰后王樂聞過罔不興拒諫罔不亂樂聞過則下情通下情通則政無缺此所以興也拒諫則羣議壅羣議壅則上孤立此所以亂也臣嘗觀天人相與之際有感必應其間甚密是以敎失于此變生于彼易曰天垂象見吉凶聖人象之自夏以來水氣勃戾天下多罹其災洛水暴漲漂損百姓傳曰簡宗廟廢禋祀則水不潤下夫王者卽位必郊祀天地嚴配祖宗自陛下御極郊廟山川不時荐見又水者陰類臣妾之道氣盛則水泉溢頃虹蜺紛錯暑雨滯霪陰勝之沴也後廷近習或有離中饋之職以干外政願深思天變杜絕其萌又自春及夏牛多病死疫氣浸淫傳曰思之不睿則有牛禍意者萬機之事陛下未躬親乎晁錯曰五帝其臣不及則自親之今朝廷賢佐雖多然莫能仰陛下淸光願勤思法宮凝就大化以萬方爲念不以聲色爲娛以百姓爲憂不以犬馬爲樂臣聞三五之君不能免淫亢顧備禦存乎人耳災興細微安之不怪及禍變已成駭而圖之猶水決治防病困求藥雖復僶俛尚何救哉夫塞變應天實繫人事今霖雨卽閉坊門豈一坊一市能感發天道哉必不然矣故里人呼坊門爲宰相謂能節宣風雨天工人代乃爲虛設又數年以來公私乏竭戶口減耗家無接新之儲國乏俟荒之畜陛下近觀朝市則以爲既庶且富試踐閭陌則百姓衣馬牛之衣食犬彘之食十室而九丁壯盡于邊塞孀孤轉于溝壑猛吏奮毒急政破資馬困斯逸人窮斯詐起爲奸盜從而刑之良可歎也今人貧而奢不息法設而僞不止長吏貪冒選舉以私稼穡之人少商旅之人衆願坦然更化以身先之凋殘之後緩其力役久弊之極訓以敦龐十年之外生聚方足臣聞太子君之貳國之本所以守器承祧養民贊業願擇賢能早建儲副安社稷慰黎元姻戚之間謗議所集積疑成患憑寵生災愛之適以害之也如武三思等誠不宜任以機要國家利器庸可久假于人祕書監鄭普思國子祭酒葉靜能挾小道淺術列朱紫取銀黃虧國經悖天道書曰制治于未亂保邦于未危此誠治亂安危之秋也

願陛下遠佞人親有德乳保之母妃主之家以時接
見無令媟黷疏奏不省
按舊唐書五行志右僕射唐休璟上表曰臣聞天運
其工人代之而理神行其化政資之以和得其理則
陰陽以調失其和則災沴斯作故舉才而授帝惟其
艱論道于邦官不必備頃自中夏及乎首秋郡國水
災屢爲人害夫水陰氣也臣實主之臣忝職右樞致
此陰沴不能調理其氣而乃曠居其官雖運屬堯年
則無治水之用位侔殷相且闕濟川之功猶負明刑
坐逃皇譴皇恩不棄其若天何昔漢家故事丞相以
天災免職臣竊遇聖時豈敢靦顏居位乞解所任待
罪私門冀移陰咎之徵復免夜行之眚
神龍二年洛水溢大水
按唐書中宗本紀二年四月辛丑洛水溢　按五行
志二年四月辛丑洛水壞天津橋溺死數百人八月
魏州水
景龍三年澧水溢大水
按唐書中宗本紀云云　按五行志景龍三年七月
澧水溢害稼九月密州水壞民居數萬家
景龍四年井溢
按唐書中宗本紀四年三月庚申井溢　按五行志
四年三月庚申京師井水溢占曰君凶又曰兵將起
元宗開元三年大水
按唐書元宗本紀不載　按五行志開元三年河南
河北水
開元四年洛水溢
按唐書元宗本紀云云　按五行志四年七月丁酉
洛水溢沉舟斷百艘
開元五年瀍水溢河南大水
按唐書元宗本紀五年二月免河南北蝗水州租
按五行志五年二月甲申瀍水溢溺死千餘人鞏縣
大水壞城邑損居民數百家河南水害稼
開元六年瀍水溢
按唐書元宗本紀六年六月甲申瀍水溢
開元八年洛瀍穀水溢
按唐書元宗本紀云云　按五行志開元八年夏契
丹寇營州發關中卒援之宿澠池之闕門營穀水上
夜半山水暴至萬餘人皆溺死六月庚寅穀洛溢入
西上陽宮宮人死者十七八畿內諸縣田稼廬舍蕩
盡掌閑衛兵溺死千餘人京師興道坊一夕陷爲池
居民五百餘家皆沒不見是年鄧縣三鴉口大水塞
谷或見二小兒以水相沃須臾有蛇大十圍張口仰
天人或斫射之俄而暴雷雨漂溺數百家
開元十年伊汝水溢河決
按唐書元宗本紀十年五月伊汝水溢六月丁巳河
決博棣二州七月庚辰給復遭水州　按五行志十
年五月辛酉伊水溢毀東都城東南隅平地深六尺
河南許仙豫陳汝唐鄧等州大水害稼漂沒民居溺
者甚衆六月博州棣州河決
開元十二年大水
按唐書元宗本紀不載　按五行志十二年六月豫
州大水八月兗州大水
開元十四年瀍水溢河決
按唐書元宗本紀十四年七月癸未瀍水溢八月丙
午河決魏州　按五行志十四年天下州五十水河
南河北尤甚河及支川皆溢懷衛鄭滑汴濮人或巢
或舟以居死者千計潤州大風自東北海濤沒瓜步
開元十五年洛澗穀水溢
按唐書元宗本紀十五年七月庚寅洛水溢八月澗
穀溢毀澠池縣　按五行志十五年五月晉州大水
七月鄧州大水溺死數千人洛水溢入鄜城平地丈
餘死者無算壞同州城市及馮翊縣漂居民二千餘
家八月澗穀溢毀澠池縣是歲天下州六十三大水
害稼及居民廬舍河北尤甚
開元十七年大水
按唐書元宗本紀不載　按五行志十七年八月丙
寅越州大水壞州縣城
開元十八年瀍洛水溢
按唐書元宗本紀十八年六月乙亥瀍水溢壬午洛
水溢　按五行志十八年六月壬午東都瀍水溺揚
楚等州租船洛水壞天津永濟二橋及民居千餘家
開元十九年大水
按唐書元宗本紀不載　按五行志十九年秋河南
水害稼
開元二十年大水
按唐書元宗本紀二十年九月戊辰以宋滑兗鄆四
州水免今歲稅
開元二十二年大水
按唐書元宗本紀不載　按五行志二十二年秋關
輔河南州十餘水害稼
開元二十七年大水

按唐書元宗本紀不載　按五行志二十七年澧袁江等州水

開元二十八年大水

按唐書元宗本紀不載　按五行志二十八年十月河南郡十三水

開元二十九年伊洛溢

按唐書元宗本紀二十九年七月乙亥伊洛溢　按五行志二十九年七月伊洛及支川皆溢害稼毀天津橋及東西漕上陽宮仗舍溺死千餘人是秋河南河北郡二十四水害稼

天寶四載水

按唐書元宗本紀不載　按五行志天寶四載九月河南淮揚睢陽譙四郡水

天寶十載海溢

按唐書元宗本紀天寶十載八月乙卯廣陵海溢

按五行志十載廣陵大風駕海潮沉江口舡數千艘

天寶十三載秋瀍洛水溢

按唐書元宗本紀云云　按五行志十三載九月東都瀍洛溢壞十九坊

代宗廣德元年大水

按唐書代宗本紀不載　按五行志廣德元年九月大雨水平地數尺時吐蕃寇京畿以水自遺去

廣德二年五月洛水溢

按唐書代宗本紀云云　按五行志二年五月東都大雨洛水溢漂二十餘坊河南諸州水

大曆元年七月洛水溢

按唐書代宗本紀云云

大曆二年大水

按唐書代宗本紀不載　按五行志大曆二年秋湖南及河東河南淮南浙東西福建等道州五十五水災

大曆七年江溢

按唐書代宗本紀大曆七年二月庚午江州江溢

大曆十年七月杭州海溢

按唐書代宗本紀云云

大曆十一年大水

按唐書代宗本紀不載　按五行志十一年七月戊子夜澍雨京師平地水尺餘溝渠漲溢壞民居千餘家

大曆十二年大水河溢

按唐書代宗本紀十二年秋河溢　按五行志十二年秋京畿及宋亳滑三州大雨水害稼河南尤甚平地深五尺河溢

德宗建中元年大水

按唐書德宗本紀建中元年冬黃河滹沱易水溢

按五行志建中元年幽鎮魏博大雨易水滹沱橫流自山而下轉石折樹水高丈餘苗稼蕩盡

貞元二年大水江河溢

按唐書德宗本紀不載　按五行志貞元二年六月丁酉大風雨京城通衢水深數尺有溺死者東都河南荊南淮南江河溢

貞元三年江溢大水

按唐書德宗本紀貞元三年五月揚州江溢　按五行志三年三月東都河南江陵汴揚等州大水

貞元四年灞水溢

按唐書德宗本紀四年八月灞水溢

貞元八年大水淮水溢

按唐書德宗本紀八年六月淮水溢　按五行志八年六月淮水溢平地深七尺沒泗州城秋自江淮及荊襄陳宋至于河朔州四十餘大水害稼溺死二萬餘人漂沒城郭廬舍幽州平地水深二丈徐鄭涿薊檀平等州皆深丈餘　按權德輿傳貞元八年關東淮南浙西州縣大水壞廬舍漂殺人德輿建言江淮田一善熟則旁資數道故天下大計仰于東南今霖雨二時農田不開適亡日衆宜擇群臣明識通方者持節勞徠問人所疾苦蠲其租入與連帥守長講求所宜賦取于人不若藏于人之固也帝乃遣奚陟等四人循行慰撫

貞元十一年江溢

按唐書德宗本紀十一年十月朗蜀二州江溢

貞元十二年大水

按唐書德宗本紀不載　按五行志十二年福建二州大水嵐州暴雨水深二丈

貞元十三年淮水溢

按唐書德宗本紀不載　按五行志十三年七月淮水溢于亳州

貞元十八年大水

按唐書德宗本紀不載　按五行志十八年春申光蔡等州大水

順宗永貞元年江溢山水出

按唐書順宗本紀不載　按五行志永貞元年夏朗

州之熊武五溪溢秋武陵龍陽二縣江水溢漂萬餘家京畿長安等九縣山水害稼

憲宗元和元年大水

按唐書憲宗本紀不載　按五行志元和元年夏荊南及壽幽徐等州大水

元和二年大水

按唐書憲宗本紀不載　按五行志二年六月蔡州大雨水平地深數尺

元和四年暴水

按唐書憲宗本紀不載　按五行志四年十月丁未渭南暴水漂民居二百餘家

元和六年水

按唐書憲宗本紀不載　按五行志六年十月鄜坊黔中水

元和七年河溢

按唐書憲宗本紀七年春正月癸酉振武河溢　按五行志七年正月振武河溢毀東受降城五月饒撫虔吉信五州暴水虔州尤甚平地有深至四丈者

元和八年大水渭水溢

按唐書憲宗本紀八年六月辛卯渭水溢　按五行志八年五月陳州許州大雨大隗山摧水流出溺死者千餘人六月庚寅大風毀屋揚瓦人多壓死者京師大水城南深丈餘入明德門猶漸車輻辛卯渭水漲絕濟時所在百川發溢多不由故道滄州水潦浸鹽山等縣

元和九年大水

按唐書憲宗本紀不載　按五行志九年秋淮南及岳安宣江撫袁等州大水害稼

元和十一年海溢渭水溢

按唐書憲宗本紀十一年六月密州海溢八月甲午渭水溢　按五行志十一年五月京畿大雨水昭應尤甚衢州山水害稼深三丈毀州郭溺死百餘人六月密州大風雨海溢毀城郭饒州浮梁樂平二縣暴雨水漂沒四千餘家潤常湖陳許五州及京畿水害稼八月甲午渭水溢毀中橋

元和十二年大水

按唐書憲宗本紀不載　按五行志十二年六月乙酉京師大雨水含元殿一柱傾市中水深三尺毀民居二千餘家河南河北大水洺邢尤甚平地二丈河中江陵幽澤潞晉隰蘇台越州水害稼

元和十三年六月辛未淮水溢

按唐書憲宗本紀云云

元和十五年水

按唐書憲宗本紀不載　按五行志十五年秋洪吉信滄等州水

穆宗長慶二年大水

按唐書穆宗本紀不載　按五行志長慶二年七月河南陳許蔡等州大水好畤山水漂民居三百餘家處州大雨水平地深八尺壞城邑桑田大半

長慶四年大水漢水溢

按唐書穆宗本紀不載　按五行志四年夏蘇湖二州大雨水太湖決溢睦州及壽州之霍山山水暴出鄆曹濮三州雨水壞州城民居田稼略盡襄均復郢四州漢水溢決秋河南及陳許二州水害稼

敬宗寶曆元年大水

按唐書敬宗本紀不載　按五行志寶曆元年秋鄜坊二州暴水兗海華三州及京畿奉天等六縣水害稼

文宗太和二年河溢海溢

按唐書文宗本紀太和二年六月夏河溢棣州城越州海溢　按五行志太和二年夏京畿及陳滑二州水害稼河陽平地五尺河決壞棣州城越州大風海溢河南鄆曹濮青淄齊德兗海等州並大水

太和三年大水

按唐書文宗本紀不載　按五行志三年四月同官縣暴水漂沒二百餘家宋亳徐等州大水害稼

太和四年江溢

按唐書文宗本紀四年六月夏舒州江溢　按五行志四年夏江水溢沒舒州太湖宿松望江三縣民田數百戶鄜坊水漂三百餘家浙西浙東宣歙江西鄜坊山南東道淮南京畿河南江南荊襄岳鄂湖南大水皆害稼

太和五年江溢大水

按唐書文宗本紀五年六月甲午梓州元武江溢　按五行志五年六月元武江漲高二丈溢入梓州羅城淮西浙東浙西荊襄岳鄂東川大水害稼

太和六年大水

按唐書文宗本紀不載　按五行志六年二月蘇湖二州大水六月徐州大水壞民居九百餘家

太和七年大水

按唐書文宗本紀不載　按五行志七年秋浙西及

揚楚舒廬壽滁和宣等州大水害稼
太和八年大水
按唐書文宗本紀不載　按五行志八年秋江西及襄州水害稼蘄州湖水溢滁州大水溺萬餘戶
開成元年河溢
按唐書文宗本紀開成元年七月滹沱溢　按五行志開成元年夏鳳翔麟遊縣暴雨水毀九成宮壞民舍數百家死者百餘人七月鎮州滹沱河溢害稼
開成三年河決大水
按唐書文宗本紀不載　按五行志三年夏河決浸鄭滑外城陳許鄜坊鄂曹濮襄魏博等州大水江漢漲溢壞房均荊襄等州民居及田產殆盡蘇湖處等州水溢入城處州平地八尺
開成四年大水
按唐書文宗本紀不載　按五行志四年秋西川滄景淄青大雨水害稼及民廬舍德州尤甚平地水深八尺
開成五年水
按唐書文宗本紀不載　按五行志五年七月鎮州及江南水
武宗會昌元年大水漢水溢
按唐書武宗本紀會昌元年七月壬辰漢水溢　按五行志會昌元年七月江南大水漢水壞襄均等州民居甚衆
宣宗大中十二年大水
按唐書宣宗本紀不載　按五行志大中十二年八月魏博幽鎮兗鄆滑汴宋舒壽和潤等州水害稼徐泗等州水深五丈漂沒數萬家
大中十三年夏大水
按唐書宣宗本紀不載　按五行志云云
懿宗咸通元年大水
按唐書懿宗本紀不載　按五行志咸通元年潁州大水
咸通四年大水
按唐書懿宗本紀不載　按五行志四年閏六月東都暴水自龍門毀定鼎長夏等門漂溺居人七月東都許汝徐泗等州大水傷稼九月孝義山水深三丈破武牢關金城門汜水橋
按劇談錄咸通四年秋洛中大水苑囿廬舍靡不淹沒厥後香山寺僧云其日將暮見暴水自龍門川北下有如決江海鼓怒之間殷若雷震有二黑牛出於水上掉尾躍空而進衆僧與居人憑高望之謂城中悉爲魚矣俄見定鼎長夏二門陰曀忽開亦有青牛奮躍而出相去約有百步黑牛奔走而廻向之怒浪驚瀾翕然遂低數丈是夕漂溺尤甚京邑遂至蕭條十餘年間尚未完葺先是皇城守閽者白晝聞五鳳樓中有信歌云天津橋畔火光起魏王堤上看洪水時鄭相國涯留守洛師聞之以爲妖妄經月餘從事宴罷夜歸執燭者有火燼遺落騎從纔過烟焰已高救之不及遂燒其半及潦將興穀洛先漲魏王與月波二隄俱壞乃明闇者之言
咸通六年大水
按唐書懿宗本紀不載　按五行志六年六月東都大水漂十二坊溺死者甚衆
咸通七年大水
按唐書懿宗本紀不載　按五行志七年夏江淮大水秋河南大水害稼
咸通十四年大水
按唐書懿宗本紀不載　按五行志十四年八月關東河南大水
僖宗乾符三年大水
按唐書僖宗本紀不載　按五行志乾符三年關東大水
昭宗乾寧三年河決
按唐書昭宗本紀不載　按五行志乾寧三年四月河圮于滑州朱全忠決其隄因爲二河散漫千餘里
光化三年七月浙江溢
按唐書昭宗本紀云云（按志作九月）
天復二年蜀大水
按唐書昭宗本紀不載　按十國春秋蜀高祖本紀天復二年大水嘉州漂蕩尤甚

後晉

高祖天福三年（即後蜀廣政二年）大水
按五代史晉高祖本紀不載　按十國春秋後蜀後主本紀廣政二年國中大水祖廟壞
天福五年（即南唐昇元五年）吳越水
按五代史晉高祖本紀不載　按陸游南唐書烈祖本紀昇元五年吳越水民就食境內遣使振恤安集之
天福六年（即南唐昇元六年）大水秦淮溢
按五代史晉高祖本紀不載　按陸游南唐書烈祖

本紀昇元六年閏月都下大水秦淮溢六月常宣歙三州大雨漲溢

出帝開運元年河決

按五代史晉出帝本紀開運元年六月丙辰河決滑州環梁山入于汶濟

開運三年河決

按五代史晉出帝本紀三年秋七月大雨水河決楊劉朝城武德八月辛酉河溢歷亭九月河決澶滑懷州癸卯河決臨黃冬十月河決衞州丙寅河決原武

後周

太祖廣順二年（即後蜀廣政十五年）成都大水

按五代史周太祖本紀不載　按十國春秋後蜀後主本紀廣政十五年夏六月乙酉朔大宴群臣教坊優人作灌口神隊二龍戰鬭之象須臾天地皆暝大雨雹明日灌口奏岷江大漲鎖塞龍處鐵柱頻撼丁酉大水入成都壞延秋門漂沒千餘家溺死五千餘人衝毀太廟四室及司天監戊戌大赦境內賑被水之家命宰相范忠恕禱青羊觀又遣使往灌州下詔罪己七月暴水大至

遼

穆宗應曆三年水

按遼史穆宗本紀應曆三年以南京水詔免今歲租

聖宗統和十一年河溢

按遼史聖宗本紀統和十一年秋七月己丑桑乾羊河溢居庸關西害禾稼殆盡奉聖南京居民廬舍多墊溺者

統和十二年大水

按遼史聖宗本紀十二年春正月癸丑朔漷陰鎮水漂溺三千餘村詔疏舊渠

統和十六年大水

按遼史聖宗本紀十六年夏癸卯振崇德宮所隸州縣之被水者

統和二十七年河溢

按遼史聖宗本紀二十七年秋七月甲寅朔霖雨潢土斡剌陰凉四河皆溢漂沒居民舍

太平六年水

按遼史聖宗本紀太平二年六月己巳南京水遣使振之

太平十一年河溢

按遼史聖宗本紀十一年五月大雨水諸河橫流皆失故道

道宗太康八年沙河溢

按遼史道宗本紀太康八年秋七月甲午南京霖雨沙河溢永清歸義新城安次武清香河六縣傷稼

太安八年水

按遼史道宗本紀太安八年十一月丁酉以通州潦水害稼遣使振之

天祚帝乾統三年大水

按遼史天祚帝本紀乾統三年庚午以武清縣大水弛其陂澤之禁

欽定古今圖書集成曆象彙編庶徵典

第一百二十七卷目錄

水災部彙考五

庶徵典第一百二十七卷

水災部彙考五

宋一

太祖建隆元年河決

按宋史太祖本紀建隆元年十月壬午河決厭次

按五行志建隆元年十月棣州河決壞厭次商河二縣居民廬舍田疇

建隆二年汴河漢水溢

按宋史太祖本紀不載　按五行志二年宋州汴河溢孟州壞堤襄州漢水漲溢數丈

乾德元年河決大水

按宋史太祖本紀乾德元年八月丙申齊州河決

按五行志建隆四年即乾德元年九月徐州水損田

乾德二年江潮溢大水

按宋史太祖本紀二年七月乙亥春州暴水溺民

按五行志乾德二年四月廣陵揚子等縣潮水害民田七月泰山水壞民廬舍數百區牛畜死者甚衆

乾德三年大水河濟溢

按宋史太祖本紀乾德三年二月丁未全州大水八月癸卯河決陽武縣乙卯河溢河陽壞民居己未鄆州河水溢沒田九月辛巳河決澶州十月丙寅濟水溢鄆平　按五行志三年二月全州大雨水七月蘄州大雨水壞民廬舍開封府河決溢陽武河中府孟州並河水漲孟州壞中潬軍營民舍數百區河壞堤岸石又溢于鄆州壞民田泰州潮水損民田淄州濟州並河溢害鄆平高苑縣民田

乾德四年河溢

按宋史太祖本紀乾德四年六月甲午東阿河溢甲辰河決觀城八月庚子水壞高苑縣城八月丙辰河決滑州壞靈河大隄閏八月乙丑河溢入南華縣

按五行志四年東阿縣河溢損民田觀城縣河決壞居民廬舍注大名又靈河縣隄壞水東注衞南縣境及南華縣城七月滎澤縣河南北隄壞八月宿州汴水溢壞堤淄州清河水溢壞高苑縣城溺數百家及鄒平縣田舍泗州淮溢衞州大雨水月餘

乾德五年河溢

按宋史太祖本紀乾德五年八月甲申河溢入衞州城民溺死者數百

開寶元年大水

按宋史太祖本紀開寶元年六月癸丑詔民田爲霖雨河水壞者免今年夏稅及沿徵物　按五行志開寶元年六月州府二十三大雨水江湖汎溢壞民田廬舍七月泰州潮水害稼八月集州霖雨河漲壞民廬舍及城壁公署

開寶二年河決大水

按宋史太祖本紀二年七月汴決下邑　按五行志二年七月下邑縣河決是歲青蔡宿淄宋諸州水眞定澶滑博洛齊潁蔡陳亳宿許州水害秋苗

開寶三年大水

按宋史太祖本紀不載　按五行志三年鄭澶鄆淄濟虢蔡解徐岳州水災害民田

開寶四年河汴決大水

按宋史太祖本紀四年六月乙酉河決原武秋七月汴決宋城十一月庚戌河決澶州　按五行志四年六月汴水決宋州穀熟縣濟陽鎭又鄆州河及汶清河皆溢注東阿縣及陳空鎭壞倉庫民舍鄭州河決原武縣蔡州淮及白露舒汝廬潁五水並漲壞廬舍民田七月青齊州水傷田

開寶五年河汴決

按宋史太祖本紀五年五月辛未河決濮陽六月己丑河決陽武汴決穀熟　按五行志五年河決澶州濮陽絳和廬壽諸州大水六月河又決開封府陽武縣之小劉村宋州鄭州並汴水決忠州江水漲二百尺

按茅亭客話開寶五年壬申歲秋八月初成都大雨岷江暴漲永康軍大堰將壞水入府江知軍薛舍人文寶與百姓憂惶但見驚波怒濤聲如雷吼高十丈已來中流有一巨材隨駭浪而下近而觀之乃一大蛇耳舉頭橫身截于堰上至其夜聞堰上呼噪之聲列炬縱橫雖大風暴雨火影不滅平旦廣濟王李公祠內旗幟皆濡溼堰上唯見一面沙堤堰水入新津江口時嘉眉漂溺至甚而府江不溢初李冰自秦時

張若爲蜀守實有道之士也蜀困水難至于臼竈生蛙人罹墊溺且久公以道法役使鬼神擒捕水怪因是壅止泛浪鑿山离堆闢沬水于南北爲二江灌溉彭漢蜀之三郡沃田億萬頃仍作三石人以誓江水曰俾後萬祀水之盈縮竭不至足盛不沒肩又作石犀五所以厭水物於是蜀爲陸海無水潦之虞功德不泯至今賴之咸云理水之功可與禹偕也不有是積民其魚乎每臨江滸皆立祠宇焉

開寶六年河決

按宋史太祖本紀六年辛丑河決濮州辛亥河決澶州頓丘

開寶八年河決大水

按宋史太祖本紀八年六月辛丑河決濮州辛亥河決澶州頓丘　按五行志八年五月京師大雨水濮州河決郭龍村六月澶州河決頓丘縣沂州大雨水入城壞居舍田苗

開寶九年大水

按宋史太祖本紀九年三月庚寅大雨　按五行志九年三月京師大雨水淄州水害田

太宗太平興國二年大水河決江溢汴溢

按宋史太宗本紀太平興國二年六月潁州大水秋七月癸未河決滎澤頓丘白馬溫縣閏七月己酉河溢開封等八縣害稼八月陝澶道忠壽諸州大水九月興州江水溢濮州大水汴水溢　按五行志太平興國二年六月孟州河溢壞溫縣堤七十餘步鄭州壞滎澤縣寧王村堤三十餘步又漲於澶州壞英公村堤三十步開封府汴水溢壞大寧堤浸害民田忠州江漲二十五丈興州江漲毀棧道四百餘間管城縣焦肇水暴漲踰京水濮州大水害民田凡五千七百四十三頃潁州潁水漲壞城門軍營民舍七月復州蜀漢江漲壞城及民田廬舍集州江漲汎嘉川縣

太平興國三年河決大水

按宋史太宗本紀三年夏四月河決獲嘉縣六月泗州大水汴水決寧陵縣冬十月河決靈河縣　按五行志三年五月懷州河決獲嘉縣北注又汴水決宋州寧陵縣境六月泗州淮漲入南城汴水又漲一丈塞州北門十月滑州靈河已塞復決

太平興國四年汴決河決大水

按宋史太宗本紀四年八月甲戌汴水決宋城縣泰州大水九月己卯河決汲縣　按五行志四年三月河南府水漲七尺壞民舍泰州雨水害稼宋州河決宋城縣衞州河決汲縣壞新場堤八月梓州江漲壞閤道營舍九月澶州河漲鄆州清汶二水漲壞東陽縣民田復州沔陽縣湖皛漲壞民舍田稼

太平興國五年大水

按宋史太宗本紀五年六月潁州大水徐州白溝溢入城　按五行志五年五月潁州潁水溢壞堤及民舍徐州白溝河溢入州城七月復州江水漲毀民舍堤塘皆壞

太平興國六年大水

按宋史太宗本紀六年七月延州鄜寧河中大水　按五行志六年河中府河漲陷連堤溢入城壞軍營七所民舍百餘區鄜延寧州並三河水漲溢入州城鄜州壞軍營建武指揮使李海及老幼六十三人溺死延州壞倉庫軍民廬舍千六百區寧州壞州城五百餘步諸軍營軍民舍五百二十區

太平興國七年大水河淮漢易皆溢

按宋史太宗本紀七年夏四月潤州大水六月河決臨濟縣漢陽軍大水秋七月河決范濟口淮水漢水易水皆溢關陝諸州大水　按五行志七年三月京兆府渭水漲壞浮梁溺死五十四人四月耀密博衞常潤諸州水害稼六月均州涢水均水漢江並漲壞民舍人畜死者甚衆又河決臨邑縣漢陽軍江水漲五丈七月大名府御河漲壞濟口南劒州江水漲壞居民舍一百四十餘區京兆府咸陽渭水漲壞浮梁工人溺死五十四人九月梧州江水漲三丈入城壞倉庫及民舍十月河決懷州武陟縣害民田

太平興國八年河決大水

按宋史太宗本紀八年五月河決滑州過澶濮曹濟東南入於淮六月穀洛瀍澗溢壞官民舍萬餘區溺死者以萬計鞏縣壞殆盡秋七月河江漢滹沱及祁之資滄之胡盧雄之易惡池水皆溢爲患八月壬辰以大水放釋死罪以下九月睢溢浸田六十里十二月滑州河決　按五行志八年五月河大決滑州房村經澶濮曹濟諸州浸民田壞居民廬舍東南流入淮六月陝州河漲壞浮梁又永定澗水漲壞民舍軍營千餘區河南府澍雨洛水漲五丈餘壞鞏縣官署軍營民舍殆盡穀洛伊瀍四水暴漲壞京城官署軍營寺觀祠廟民舍萬餘區溺死者以萬計又壞河清縣豐饒務倉庫軍營民舍百餘區雄州易水漲壞民廬舍鄜州河水漲溢入城壞官寺民舍四百餘區荆

門軍長林縣山水暴漲壞民舍五十一區溺死五六十人八月徐州清河漲丈七尺溢出塞州三面門以禦之九月宿州睢水漲汎民舍六十里是夏及秋開封浚儀酸棗陽武封丘長垣中牟尉氏襄邑雍丘等縣河水害民田

雍熙元年江河溢大水

按宋史太宗本紀雍熙元年三月丁巳滑州河決八月壬寅河水溢淄州大水　按五行志九年是年十一月改元雍熙七月嘉州江水暴漲壞官署民舍溺者千餘人八月延州南北兩河漲溢入東西兩城壞官寺民舍淄州霖雨孝婦河漲溢壞官寺民田孟州河漲壞浮梁損民田雅州江水漲九丈壞民廬舍新州江漲入南砦壞軍營

雍熙二年大水江溢

按宋史太宗本紀二年八月瀛莫二州大水損民田

雍熙三年大水

按宋史太宗本紀三年六月壽州大水

端拱元年大水江溢

按宋史太宗本紀不載　按五行志端拱元年二月博州水害民田五月英州江水漲五丈壞民田及廬舍數百區七月磁州漳滏二水漲

淳化元年大水

按宋史太宗本紀淳化元年秋七月吉洪江蘄河陽隴城大水　按五行志淳化元年六月吉州大雨江漲漂壞民田廬舍黃梅縣堀口湖水漲壞民田廬舍皆盡江水漲二丈八尺洪州漲壞州城三十堵民廬舍二千餘區漂二千餘戶孟州河漲

淳化二年汴決河決大水

按宋史太宗本紀二年閏二月河水溢汴河決夏四月河水溢六月己酉以汴水決浚儀縣帝親督衛士塞之河水汴水溢秋七月許雄嘉三州大水　按五行志二年四月京兆府河漲陝州河漲壞大堤及五龍祠六月乙酉溢於浚儀縣壞連堤浸民田上親臨視督衛士塞之辛卯又決於宋城縣博州大霖雨河漲壞民廬舍八百七十區亳州河溢東流汎民田廬舍七月齊州明水漲壞黎濟砦城百餘堵許州沙河溢雄州塘水溢害民田殆盡嘉州江漲溢入州城毀民舍復州蜀漢二江水漲壞民田廬舍泗州招信縣大雨山河漲溢漂浸民田廬舍死者二十一人八月藤州江水漲十餘丈入州城壞官署民田九月邛州蒲江等縣山水暴漲壞民舍七十區死者七十九人是秋荊湖北路江水注溢浸田畝甚衆

淳化三年洛溢大水

按宋史太宗本紀三年秋七月洛水溢　按五行志三年七月河南府洛水漲壞七里鎮國二橋又山水暴漲壞豐饒務官舍民廬死者二百四十人十月上津縣大雨河水溢壞民舍溺者三十七人

淳化四年河溢江溢

按宋史太宗本紀四年九月河水溢壞澶州江溢陷涪州詔溺死者給斂具冬十月河決澶州西北流入御河　按五行志四年六月隴城縣大雨牛頭河漲二十丈沒溺居人廬舍九月澶州河漲冲陷北城壞居人廬舍官署倉庫殆盡民溺死者甚衆梓州元武縣涪河漲二丈五尺壅下流入州城壞官私廬舍萬餘區溺死者甚衆十月澶州河決水西北流入御河浸大名府城知府趙昌言壅城門禦之

至道元年江溢

按宋史太宗本紀至道元年四月甲辰大雨　按五行志至道元年四月甲辰京師大雨雷電進上水數尺五月虔州江水漲二丈九尺壞城疏入深八尺毀城門

至道二年汴河決大水

按宋史太宗本紀二年秋七月汴水決　按五行志二年六月河南瀍澗洛三水漲壞鎮國橋七月建州溪水漲溢入州城壞倉庫民舍萬餘區鄆州河漲壞連堤四處宋州汴河決穀熟縣閏七月陝州河漲是月廣南諸州並大雨水

眞宗咸平元年大水河溢

按宋史眞宗本紀不載　按五行志咸平元年七月侍禁閤門祇候王壽永使彭州回至鳳翔府境山水暴漲家屬八人溺死齊州清黃河泛溢壞田廬

咸平二年山水溢

按宋史眞宗本紀不載　按五行志二年十月漳州山水泛溢壞民舍千餘區民黃拏等十家溺死

咸平三年江漢溢河決

按宋史眞宗本紀咸平三年閬州水　按五行志三年三月梓州江水漲壞民田五月河決鄆州王陵埽七月洋州漢水溢民有溺死者

咸平四年大水

按宋史眞宗本紀四年梓州水遣使賑恤　按五行志四年七月同州洿谷水溢夏陽縣溺死者數十人

咸平五年大水

按宋史眞宗本紀五年六月都城雨壞廬舍民有壓死者賑恤其家　按五行志五年二月雄霸瀛莫深滄諸州乾寧軍水壞民田六月京師大雨漂壞廬舍民有壓死者積潦浸道路自朱雀門東抵宣化門尤甚皆注惠民河河復漲溢壞軍營

咸平六年大水

按宋史眞宗本紀六年春正月己卯以京東西淮南水災遣使賑恤貧民

景德元年汴河決

按宋史眞宗本紀景德元年九月丁酉宋州汴水決乙巳河決澶州遣使具舟濟民給以糧餉

景德二年寧州水

按宋史眞宗本紀不載　按五行志二年六月寧州山水泛溢壞民舍軍營多溺死者

景德三年汴溢大水

按宋史眞宗本紀三年六月乙未汴水暴漲丙申遣使振應天府水災及瘞溺死者　按五行志三年七月應天府汴水決南注亳州合浪宕渠東入於淮八月青州山水壞石橋

景德四年江河溢

按宋史眞宗本紀不載　按五行志四年六月鄭州索水漲高四丈許漂滎陽縣居民四十二戶有溺死者鄧州江水暴漲南劍州山水泛溢漂溺居人七月河溢澶州壞王八埽八月橫州江漲壞營舍

大中祥符元年河決

按宋史眞宗本紀不載　按五行志大中祥符元年六月開封府尉氏縣惠民河決

大中祥符二年大水河溢

按宋史眞宗本紀大中祥符二年秋七月乙亥蠲京東徐濟七州水災田租八月丙戌京東惠民河溢九月戊午賜秦州被水民粟人一斛丁丑發官廩振鳳州水災　按五行志二年七月徐濟靑淄大水八月鳳州大水漂溺民居十月京畿惠民河決壞民田

大中祥符三年江溢河決

按宋史眞宗本紀不載　按五行志三年六月吉州臨江軍並江水泛溢害民田九月河決河中府白浮梁村

大中祥符四年大水江溢海潮害稼

按宋史眞宗本紀四年六月丙寅遣使安撫江淮南水災秋七月己丑詔先蠲濱棣州水災田租十之三今所輸七分更除其半丙申江洪筠袁江漲沒民田十二月乙巳詔楚泰州潮害稼復租沒溺人賜千錢粟一斛是歲吉州臨江軍江水溢害民田舍　按五行志四年七月洪江筠袁州江漲害民田壞州城八月河決通利軍大名府御河溢合流壞府城害田人多溺死九月河溢於孟州溫縣蘇州吳江汎溢壞廬舍十一月楚泰州潮水害田人多溺者

大中祥符五年河決大水

按宋史眞宗本紀五年春正月壬午河決棣州二月丙寅詔官吏安撫濱棣被水農民六月癸亥賜邵武軍被水者錢粟　按五行志五年正月河決棣州聶家口七月慶州淮安鎭山暴漲漂溺居民

大中祥符六年河溢

按宋史眞宗本紀六年六月保安軍河溢兵民溺死遣使振之　按五行志六年六月保安軍積雨河溢浸城壘壞廬舍判官趙震溺死又兵民溺死凡六百五十人

大中祥符七年河決

按宋史眞宗本紀七年八月甲戌河決澶州冬十一月乙酉濱州河溢　按五行志七年六月泗州水害民田河南府洛水漲秦州定西砦有溺死者八月河決澶州十月濱州河溢於定鎭

大中祥符八年河溢

按宋史眞宗本紀八年坊州河溢　按五行志八年七月坊州大雨河溢民有溺死者

大中祥符九年河溢大水

按宋史眞宗本紀九年九月癸卯雄霸河溢庚戌利州水漂棧閣　按五行志九年六月秦州獨孤谷水壞長道縣鹽官鎭城橋及官廨民舍二百九十五區溺死六十七人七月延州洎定平安塞門栲栳四砦山水泛溢壞堤城九月雄霸州界河泛溢利州水漂棧閣萬二千八百間

天禧三年河決大水

按宋史眞宗本紀天禧三年六月甲午河決滑州戊戌滑州決河泛澶濮鄆齊徐境遣使救被溺者卹其家八月滑州河決庚戌遣使撫卹京東西河北水災　按五行志天禧三年六月河決滑州城西南漂沒公私廬舍死者甚衆歷澶州濮鄆濟單至徐州與淸河合浸城壁不沒者四板明年旣塞六月復決於西北隅

天禧四年河決

按宋史眞宗本紀四年六月丙申河決滑州

天禧五年大水

按宋史眞宗本紀五年春正月乙未遣使撫京東水災三月辛丑京東西水災賜民租十之五冬十月癸卯蠲京東西淮浙被災民租

乾興元年大水仁宗即位海溢

按宋史眞宗本紀乾興元年春正月戊戌蠲秀州水災民租　按仁宗本紀乾興元年二月即位是歲蘇州水滄州海潮溢詔賑卹被水及溺死之家　按五行志乾興元年正月秀州水災民多艱食十月己酉夜滄州鹽山無棣二縣海潮溢壞公私廬舍溺死者甚衆是歲京東淮南路水災

仁宗天聖元年大水河決

按宋史仁宗本紀天聖元年春正月戊子以京東淮南水遣使安撫五月甲戌命魯宗道按視滑州決河　按五行志仁宗天聖初徐州仍歲水災

天聖三年漢溢

按宋史仁宗本紀三年十一月辛卯以襄州水蠲民租　按五行志三年十一月辛卯襄州漢水壞民田

天聖四年大水

按宋史仁宗本紀四年六月丁亥建劍邵武等州軍大水詔賜被災家米二石溺死者官瘞之丁酉畿內京東西淮南河北被水民田蠲其租　按五行志四年六月丁亥劍州邵武軍大水壞官私廬舍七千九百餘區溺死者一百五十餘人是月河南府鄭州大水十月乙酉京山縣山水暴漲漂死者衆縣令唐用之溺焉是歲汴水溢決陳留堤又決京城西賈陂入護龍河以殺其勢

天聖五年大水

按宋史仁宗本紀五年秋七月己亥朔振秦州水災賜被溺家錢米　按五行志五年三月襄潁許汝等州水七月辛丑泰州鹽官鎭大水民多溺死

天聖六年江溢河決大水

按宋史仁宗本紀六年秋七月壬子江寧府揚眞潤州江水溢壞官民廬舍遣使安撫振卹八月乙丑詔死河北水災州軍秋稅乙亥河決澶州　按五行志六年七月壬子江寧府揚眞潤三州江水溢壞官私廬舍是月雄霸州大水八月甲戌臨潼縣山水暴漲民溺死者甚衆是月河決楚王埽

天聖七年大水

按宋史仁宗本紀七年二月乙酉以河北水災委轉運使察官吏不任職者易之是歲河北水遣使決囚振貧瘞溺死者給其家緡錢

明道元年大名水

按宋史仁宗本紀不載　按五行志明道元年四月壬子大名府冠氏等八縣水浸民田

景祐元年淮汴溢河決

按宋史仁宗本紀景祐元年閏六月甲子泗州淮汴溢秋七月甲寅河決澶州橫隴埽　按五行志景祐元年閏六月甲子泗州淮汴溢七月澶州河決橫隴埽八月庚午洪州分寧縣山水暴發漂溺居民二百餘家死者二百七十餘口

景祐三年江溢

按宋史仁宗本紀三年六月壬申虔吉州水溢壞城郭廬舍賜被溺家錢有差

景祐四年江潮壞隄越州水

按宋史仁宗本紀四年六月乙亥杭州江潮壞隄遣使致祭八月甲戌越州水賜被溺民家錢有差

寶元元年大水

按宋史仁宗本紀寶元元年六月己卯建州大水壞民廬舍賜死傷家錢有差其無主者葬祭之是歲達州大水　按五行志寶元元年建州自正月雨至四月不止谿水大漲入州城壞民廬舍溺死者甚衆

康定元年河溢

按宋史仁宗本紀康定元年九月甲寅滑州河溢

慶曆元年汴流不通

按宋史仁宗本紀不載　按五行志云云

慶曆八年河決大水

按宋史仁宗本紀八年六月丙子（志作乙亥）河決澶州商胡埽七月戊戌以河北水令州縣募饑民爲軍八月己丑以河北京東西水災罷秋宴　按五行志八年七月癸丑衞州大雨水諸軍走避數日絕食是歲河北大水

皇祐元年河決

按宋史仁宗本紀皇祐元年春正月甲戌以河北水災罷上元張燈停作樂　按五行志皇祐元年二月甲戌河北黃御二河決並注於乾寧軍河朔頻年水災

皇祐二年大水

按宋史仁宗本紀二年十一月河北水　按五行志

二年鎮定大水並邊尤被其害

皇祐三年河決

按宋史仁宗本紀三年秋七月辛酉河決大名府郭固口　按五行志三年七月辛酉河決館陶縣郭固口八月汴河絕流

皇祐四年大水

按宋史仁宗本紀四年河北路鄜州水　按五行志四年八月鄜州大水壞軍民廬舍

嘉祐元年江河決

按宋史仁宗本紀嘉祐元年夏四月諸路言江河決溢河北尤盛秋七月乙巳貸被水災民麥種

嘉祐二年淮溢

按宋史仁宗本紀二年三月戊戌淮水溢　按五行志嘉祐二年六月開封府界及京東西河北水潦害民田自五月大雨不止水冒安上門門關折壞官私廬舍數萬區城中繫栰渡人七月京東西荊湖北路水災淮水自夏秋暴漲環浸泗州城是歲諸路江河決溢河北尤甚民多流亡

嘉祐三年河溢

按宋史仁宗本紀三年秋七月丙子詔廣濟河溢原武縣河決遣官行視民田振恤被水害者　按五行志三年七月京索廣濟河溢浸民田

嘉祐五年大水

按宋史仁宗本紀不載　按五行志五年七月蘇湖二州水災

嘉祐六年淮水溢

按宋史仁宗本紀嘉祐六年秋七月乙酉泗州淮水溢丙戌詔淮南江浙水災差官體量蠲稅

嘉祐七年山水壞城河決

按宋史仁宗本紀不載　按五行志七年六月代州大雨山水暴入城七月賓州山水壞城河決北京第五埽

英宗治平元年大水

按宋史英宗本紀治平元年八月振宿亳二州水災戸是歲畿內宋亳陳許汝蔡唐潁曹濮濟單濠泗廬壽楚杭宣洪鄂施渝州光化高郵軍大水遣使行視疏治賑恤蠲其賦稅　按五行志治平元年陳州水災

治平二年大水

按宋史英宗本紀二年八月庚寅京師大雨水癸巳賜被水諸軍米遣官視軍民水死者千五百八十人賜其家緡錢葬祭己亥以水災罷開樂宴　按五行志二年八月庚寅大雨地上涌水壞官私廬舍漂人民畜產不可勝數是日御崇政殿宰相而下朝參者十數人而已詔開西華門洩宮中積水水奔激殿侍班屋皆摧沒人畜多溺死官爲葬祭其無主者千五百八十人

按歸田錄治平二年八月三日大雨一夕都城水深數尺上降詔責躬求直言學士草詔有大臣惕思天變之語上夜批出云淫雨爲災專戒不德遂令除去大臣思變之言上之恭己畏天自勵如此

神宗熙寧元年河決

按宋史神宗本紀熙寧元年秋七月壬午以恩冀州河決賜水死家緡錢　按五行志熙寧元年秋霸州山水漲溢保定軍大水害稼壞官私廬舍城壁漂溺居民河決恩冀州漂溺居民

熙寧二年河決

按宋史神宗本紀二年秋七月壬午賑恤被水州軍　按五行志二年八月河決滄州饒安漂溺居民移縣治於張爲村泉州大風雨水與潮相冲泛溢損田稼漂官私廬舍

熙寧四年大水

按宋史神宗本紀四年秋七月甲午賑恤兩浙水災　按五行志四年八月金州大水毀城壞官私廬舍

熙寧五年大水

按宋史神宗本紀五年二月壬子以兩浙水賜穀十萬石賑之

熙寧七年河溢

按宋史神宗本紀七年五月乙丑大雨水壞陝平陸二縣　按五行志七年六月熙州大雨洮河泛溢

熙寧八年江溢

按宋史神宗本紀八年夏四月壬午湖南江水溢秋七月甲子處州江水溢　按五行志八年四月潭衡邵道諸州江水溢壞官私廬舍

熙寧九年大水潮溢

按宋史神宗本紀不載　按五行志九年七月太原府汾河夏秋霖雨水大漲十月海陽潮陽二縣海潮溢壞廬舍溺居民

熙寧十年河決

按宋史神宗本紀十年秋七月丙子河決澶州曹村埽九月庚戌詔河決害民田所屬州縣疏瀹仍蠲其

稅老幼疾病者賑之　按五行志十年七月河決曹村下埽澶淵絕流河南徙又東匯於梁山張澤濼凡壞郡縣四十五官亭民舍數萬田三十萬頃洛州漳河決注城大雨水二丈河陽河水湍漲壞南倉溺居民滄衛霖雨不止濼暴漲敗廬舍損田苗

元豐元年河溢山水暴漲

按宋史神宗本紀元豐元年八月丁未詔河北被水者蠲其租己巳詔濱棣滄三州被水民以常平糧貸之　按五行志元豐元年章丘河水溢壞公私廬舍城壁漂溺民居舒州山水暴漲浸官私廬舍損田稼溺民居

元豐三年河決

按宋史神宗本紀三年秋七月庚午河決澶州

元豐四年河淮溢

按宋史神宗本紀四年河決澶州小吳埽　按五行志四年四月澶州臨河縣小吳河溢北流漂溺居民五月淮水泛漲

元豐五年河決

按宋史神宗本紀五年八月戊寅河決原武九月壬辰遣使行視畿縣被水患者癸卯滑州河水溢冬十月辛亥洛口廣武大河溢　按五行志五年秋陽武原武二縣河決壞田廬

元豐六年汴溢

按宋史神宗本紀六年丙戌汴水溢

元豐七年伊洛溢河決大水

按宋史神宗本紀七年秋七月甲辰伊洛溢河決元城丙午遣使賑恤賜溺死者家錢是歲河北水壞洛州廬舍蠲其稅　按五行志七年六月青田縣大水損田稼七月河北東西路水北京館陶水河溢入府城壞官私廬舍八月趙邢洛磁相諸州河水汎溢壞城郭軍營是年相州漳河決溺臨漳縣居民懷州黃沁河泛溢大雨水損稼壞廬舍城壁磁州諸縣鎮夏秋漳滏河水泛溢臨漳縣斛律口決壞官私廬舍傷田稼損居民

元豐八年哲宗即位河決

按宋史哲宗本紀元豐八年三月即位十月己卯河決大名

哲宗元祐元年河決

按宋史哲宗本紀元祐元年二月辛酉以河決大名壞民田民艱食者衆詔安撫使韓絳振之是歲河北楚海諸州水

元祐四年河溢

按宋史哲宗本紀不載　按五行志元祐四年夏秋霖雨河流泛漲

元祐五年大水

按宋史哲宗本紀五年浙西水災

元祐六年大水

按宋史哲宗本紀元祐六年兩浙水秋七月己卯兩浙水災

元祐八年河決大水

按宋史哲宗本紀八年河入德清軍決內黃口　按五行志八年自四月雨至八月晝夜不息畿內京東西淮南河北諸路大水詔開京師宮觀五日所在州令長吏祈禱宰臣呂大防等待罪

紹聖元年大水漳河洛水皆溢

按宋史哲宗本紀紹聖元年九月癸卯遣御史劉極按河北水災賑饑民十二月己丑漳河溢浸洛磁等州令計置堙塞是歲洛水溢河北水　按五行志紹聖元年七月京畿久雨曹濮陳蔡諸州水害稼

元符元年河溢

按宋史哲宗本紀元符元年冬十月丁酉以河北京東河溢遣官賑恤是歲澶州河溢賑恤河北京東被水者　按五行志元符元年河北京東等路大水

元符二年河溢

按宋史哲宗本紀二年秋七月庚戌河北河漲沒民田廬遣官賑之　按五行志二年六月久雨陝西京西河北大水河溢漂人民壞廬舍是歲兩浙蘇湖秀等州尤罹水患

徽宗崇寧元年大水

按宋史徽宗本紀崇寧元年秋七月甲辰以雨水壞民廬舍詔開封府賑恤壓死者

崇寧四年大水

按宋史徽宗本紀崇寧四年蘇湖秀三州水賜乏食者粟

崇寧五年大水

按宋史徽宗本紀崇寧五年夏四月丁丑停免兩浙水災州郡夏稅

大觀元年河溢大水

按宋史徽宗本紀大觀元年京東水河溢遣官賑濟貸被水戶租秋七月乙酉朔伊洛溢　按五行志大觀元年夏京畿大水詔工部都水監疏導至於八角

饑河北京西河溢漂溺民戶十月蘇湖水災

大觀二年河溢

按宋史徽宗本紀二年八月辛巳邢州河水溢壞民廬舍復被水者家　按五行志二年秋黃河決陷沒邢州鉅鹿縣

大觀三年江河溢

按宋史徽宗本紀三年六月庚寅冀州河水溢　按五行志三年七月階州久雨江溢

大觀四年大水江溢

按宋史徽宗本紀四年夔州江水溢　按五行志四年夏鄧州大水漂沒順陽縣

政和五年大水

按宋史徽宗本紀政和五年平江府常湖秀州水　按五行志政和五年六月江寧州太平宣州水災八月蘇湖常秀諸郡水災

政和七年河決

按宋史徽宗本紀不載　按五行志七年瀛滄州河決滄州城不沒者三版民死者百餘萬

重和元年大水

按宋史徽宗本紀重和元年秋七月己酉遣廉訪使者六人賑濟東南諸路水災是歲江淮荊浙梓州水　按五行志重和元年夏江淮荊浙諸路大水民流移溺者衆分遣使者賑濟發運使任諒坐不奏泗州壞官私廬舍等黜停

宣和元年大水

按宋史徽宗本紀宣和元年五月大水犯都城十一月甲子詔東南諸路水災令監司郡守悉心賑救　按五行志宣和元年五月大雨水驟高十餘丈犯都城自西北牟駝岡連萬勝門外馬監居民盡沒前數日城中井皆渾宣和殿後井水溢蓋水信也至是詔都水使者決西城索河堤殺其勢城南居民冢墓俱被浸遂壞籍田親耕之稼水至溢猛直冒安上南薰門城守凡半月已而入汴汴渠將溢於是募人決下流由城北入五丈河下通梁山濼乃平十一月東南州縣水災

宣和三年河決

按宋史徽宗本紀三年六月河決恩州清河埽

宣和六年大水

按宋史徽宗本紀六年兩河京東西浙西水　按五行志六年秋京畿恆雨河北京東兩浙水災民多流移

欽定古今圖書集成曆象彙編庶徵典

第一百二十八卷目錄

水災部彙考六

庶徵典第一百二十八卷

水災部彙考六

宋二

高宗建炎二年春東南郡國水

按宋史高宗本紀不載　按五行志云云

紹興二年大水

按宋史高宗本紀不載　按五行志紹興二年閏月徽嚴州水害稼

紹興三年大水

按宋史高宗本紀三年七月丙子泉州水溢壞城

紹興五年秋西川郡國水

按宋史高宗本紀不載　按五行志云云

紹興六年大水

按宋史高宗本紀不載　按五行志六年冬饒州雨水壞城四百餘丈

紹興十四年大水

按宋史高宗本紀十四年五月丙寅婺州大水是月嚴信衢建四州大水六月乙未振江浙福建被水之民　按五行志十四年五月乙丑蘭溪縣市中夜水暴至死者萬餘人

紹興十六年江溢

按宋史高宗本紀不載　按五行志十六年潼川府東南江溢水入城浸民廬

紹興十八年大水

按宋史高宗本紀不載　按五行志十八年八月紹興府明婺州水

紹興二十三年大水

按宋史高宗本紀二十三年六月己卯潼川大水秋七月壬辰寬理平江府湖秀二州被水民夏稅九月甲午振潼川被水州縣仍蠲其賦　按五行志二十三年金堂縣大水宣州大水其流泛溢至太平州七月光澤縣大雨溪流暴湧平地高十餘丈人避不及者皆溺半時卽平

紹興二十七年大水

按宋史高宗本紀不載　按五行志二十七年鎮江建康紹興府眞太平池江洪鄂州漢陽軍大水

紹興二十八年大水

按宋史高宗本紀二十八年八月己丑檢放風水災傷州縣苗稅仍振貸饑民九月癸未蠲平江紹興湖州被水民逋賦　按五行志二十八年六月丙申興利二州及大安軍大雨水流民廬壞橋棧死者甚衆九月江東淮南數郡水浙東西沿江海郡縣大風水紹興府湖常秀潤爲甚

紹興二十九年大水

按宋史高宗本紀二十九年秋七月戊戌福州大水　按五行志二十九年七月戊戌福州水入城閩侯官懷安三縣壞田廬舍官吏不以聞憲臣樊光遠坐黜

紹興三十年大水

按宋史高宗本紀三十年五月辛卯臨安於潛安吉三縣大水

紹興三十一年大水

按宋史高宗本紀不載　按五行志三十一年八月建始縣大水流民廬死者甚衆

紹興三十二年淮溢山水暴涌

按宋史高宗本紀三十二年四月淮水暴溢數百里漂沒廬舍人畜死者甚衆　按五行志三十二年六月浙西郡縣山涌暴水漂民舍壞田覆舟

孝宗隆興元年大水

按宋史孝宗本紀隆興元年兩浙大水江東大水悉蠲其租　按五行志隆興元年八月浙東西州縣大風水紹興平江府湖州及崇德縣爲甚

隆興二年大水

按宋史孝宗本紀二年六月丁丑賑江東兩淮被水貧民八月辛巳詔振淮東被水州縣　按五行志二年七月平江鎮江建康寧國府湖常秀池太平廬和光州江陰廣德壽春無爲軍淮東郡皆大水浸城郭壞廬舍圩田軍壘操舟行市者累日人溺死甚衆越月積陰苦雨水患益甚淮東有流民

乾道元年大水

按宋史孝宗本紀不載　按五行志乾道元年六月常湖州水壞圩田

乾道二年大水海溢

按宋史孝宗本紀二年八月丁亥溫州大水九月辛亥遣官按視溫州水災賑貧民　按五行志二年八月丁亥溫州大風海溢漂民廬舍鹽場龍興朔寺覆舟溺死二萬餘人江濱胔骼尚七千餘

乾道三年大水

按宋史孝宗本紀三年六月辛卯振泉州水災是歲兩浙水振之　按五行志三年六月廬舒蘄州水壞苗稼漂人畜七月己酉臨安府天目山湧暴水決臨安縣五鄉民廬二百八十餘家人多溺死八月湖秀州上虞縣水壞民田廬時積潦至于九月禾稼皆腐江東山水溢江西諸郡水隆興府四縣爲甚

乾道四年大水

按宋史孝宗本紀四年秋七月癸亥衢州大水辛未衢州大水　按五行志四年七月壬戌衢州大水敗城三百餘丈漂民廬孳牧壞禾稼諸暨縣大水害稼江寧建康府水是歲饒信亦水

乾道五年大水

按宋史孝宗本紀五年冬十月戊子振溫台二州被水貧民　按五行志五年七月丁巳建寧府瑞應場大漈山棗等山暴水湧出漂民廬溺死甚衆是歲夏秋溫台州凡三大風水漂民廬壞田稼人畜溺死者甚衆黃巖縣爲甚郡守王之望陳巖肖不以聞皆黜削

乾道六年大水

按宋史孝宗本紀六年兩浙江東西福建水　按五行志六年五月平江建康寧國府溫湖秀太平州廣德軍及江西郡大水江東城市有深丈餘者漂民廬湮田稼潰圩堤人多流徙

乾道八年大水

按宋史孝宗本紀八年四川水　按五行志八年五月贛州南安軍山水暴發及隆興府吉筠州臨江軍皆大雨水漂民廬壞城郭潰田害稼六月壬寅四川郡縣大雨水嘉眉邛蜀州永康軍及金堂縣尤甚漂民廬決田畝

乾道九年大水

按宋史孝宗本紀不載　按五行志九年五月戊午建康隆興府嚴吉饒信池太平州廣德軍水漂民居壞圩湮田分水縣沙塞四百餘畝釆石流民多渡江六月湖北郡縣水

淳熙元年江潮溢

按宋史孝宗本紀不載　按五行志淳熙元年七月壬寅癸卯錢塘大風濤決臨安府江隄一千六百六十餘丈漂民居六百三十餘家仁和縣瀕江二鄉壞田圃

淳熙二年大水

按宋史孝宗本紀淳熙二年九月乙酉振恤淮南被水州縣

淳熙三年大水

按宋史孝宗本紀三年紹興府台婺州水振之　按五行志三年八月辛巳台州大風雨至于壬午海濤溪流合激爲大水決江岸壞民廬溺死者甚衆癸未行都大雨水壞德勝江漲北新三橋及錢塘餘杭仁和縣田流入湖秀州害稼浙東西江東郡縣多水婺州會稽嵊廣德軍建平三縣尤甚

淳熙四年大水江溢

按宋史孝宗本紀四年劍州水振之　按五行志四年五月庚子建寧府福南劍州大雨水至于壬寅漂民廬數千家己亥夜錢塘江濤大溢敗臨安府隄八十餘丈庚子又敗隄百餘丈明州瀕海大風海濤敗定海縣隄二千五百餘丈鄞縣隄五千一百餘丈漂沒民田九月丁酉戊戌大風雨駕海濤敗錢塘縣隄三百餘丈餘姚縣溺死四十餘人敗隄二千五百六十餘丈敗上虞縣隄及梁湖堰及運河岸定海縣敗隄二千五百餘丈鄞縣敗隄五千一百餘丈

淳熙五年大水

按宋史孝宗本紀不載　按五行志五年六月戊辰古田縣大水漂民廬圮縣治市橋閏月己亥階州水壞城郭乙巳興化軍及福淸縣及海口鎮大水漂民廬官舍倉庫溺死者甚衆

淳熙六年大水

按宋史孝宗本紀六年溫台州水　按五行志六年

夏衢州水秋寧國府溫台湖秀太平州水壞圩田棨
清縣溺死者百餘人
淳熙七年大水
按宋史孝宗本紀七年五月袁州分宜縣大水蠲其
稅
淳熙八年大水
按宋史孝宗本紀八年七月壬辰嚴州大水漂沒民
居萬九千五百四十餘家壘舍六百八十餘區紹興
府大水五縣漂浸民居八萬三千餘家田稼盡腐滁
浦敗隄五百餘丈新林敗隄通運河是歲徽江二州
亦水
淳熙十年大水
按宋史孝宗本紀十年福漳台信吉州水　按五行
志十年五月辛巳信州大水入城洗廬舍市井襄陽
府大水漂民廬舍蓋藏爲空江東浙東數郡亦水八
月辛酉雷州大風激海濤沒瀕海民舍死者甚衆九
月乙丑福漳州大風雨水暴至長溪寧德縣瀕溪聚
落廬舍人舟皆漂入海漳城半浸沒八百九十餘家
丁卯吉州龍泉縣大水漂民廬壞田畝溺死者衆
淳熙十一年大水
按宋史孝宗本紀十一年秋七月癸丑以浙西江東
水禁諸州遏糴是歲江東浙西諸州水　按五行志
十一年四月和州水漂民廬壞圩田五月丙申階州
白江水溢決隄圮城浸民廬壘舍祠廟寺觀甚多建
康府太平州水六月甲申處州龍泉縣大雨水暴出
浸民市舍壞杜梁匯田害稼七月壬辰明州大風雨
山水暴出浸民市圮民廬舍覆舟殺人

淳熙十二年大水
按宋史孝宗本紀十二年九月丙戌詔恤湖州台州
被水之災　按五行志十二年六月婺州及富陽縣
皆水浸民廬舍害田稼八月戊寅安吉縣暴水發湛
閭村漂廬舍寺觀壞田稼殆盡溺死者千餘人郡守
劉藻不以聞坐黜是歲鄂州是夏徂冬水浸民廬九
月台州水
淳熙十四年大水
按宋史孝宗本紀不載　按五行志十四年二月辛
未汀州水漂百餘家軍壘六十餘區
淳熙十五年大水
按宋史孝宗本紀十五年江西湖北兩淮建寧府徽
州水五月己未祁門縣大水　按五行志十五年五
月淮甸大雨水淮水溢廬舍濠楚州無爲安豐高郵
盱眙軍皆漂廬舍田稼廬州城圮荊江溢鄂州大水
漂軍民壘舍三千餘江陵常德德安府復岳澧州漢
陽軍水戊午祁門縣羣山暴湧爲大水漂田禾廬舍
冢墓桑麻人畜什六七浮胔甚衆餘害及浮梁縣六
月建寧隆興府袁撫州臨江軍水圮民廬七月黃巖
縣水敗田瀦番易湖溢番易縣漂民舍田稼有流徙
者
淳熙十六年光宗即位大水
按宋史光宗本紀十六年二月即位五月丙申常德
府辰沅靖州大水入其郛閏五月己卯階州大水入
其郛六月庚寅鎮江大水入其郛　按五行志十六
年四月甲戌紹興府新昌縣山水暴作害稼瀦田漂
民廬五月丙辰沅靖州山水暴溢至辰州常德府城

沒一丈五尺漂民廬舍沅州大水浸民廬千五百餘
家溺死三千人分宜縣水丁巳階州白江水溢浸城
市民廬六月庚寅鎮江府大雨水五日浸軍民壘舍
三千餘辛卯潼川府東南二江溢決隄毀橋浸民廬
涪城中江射洪通泉郪縣沒田廬
光宗紹熙二年大水
按宋史光宗本紀紹熙二年五月己酉衢福州水己
巳潼川崇慶二府大安石泉淮安三軍興利果合綿
漢六州大水秋七月己巳興州大水漂沒數千家是
歲建寧府汀州水　按五行志紹熙二年三月寧化
縣連水漂廬舍田畝溺死二十餘人五月戊申建寧
州水己酉福州水浸附郭民廬懷安候官縣漂千三
百餘家古田閩清縣亦壞田廬庚午利州東江溢壞
隄田廬舍辛未潼川府東南江溢六月戊寅又溢再
壞隄橋水入城沒廬舍七百四十餘家郪涪射洪通
泉縣匯田爲江者千餘畝七月癸亥嘉陵江暴溢興
州圮城門郡獄官舍凡十七所漂民居三千四百九
十餘潼川崇慶府縣果合金龍漢州懷安石泉大安
軍魚關皆水時上流西蕃界古松州江水暴溢龍州
敗橋閣五百餘區江油縣溺死者衆
紹熙三年大水
按宋史光宗本紀三年五月庚子賑常德府大水入
其郭秋七月甲戌台州水十一月壬申振襄陽府被
水貧民是歲江東京西湖北水　按五行志三年五
月壬辰常德府大雨水浸民田廬乙未潼川府東南
江溢後六日又溢浸城外民廬人徙于山己亥池州
大雨水連夕青陽縣山水暴湧漂田廬殺人蓄藏無

遺貴池縣亦水庚子涇縣大雨水敗隄圮縣治廬舍六居縣大水連夕漂浸民居五百六十餘壞田傷稼襄陽江陵府大雨水漢江溢敗隄防圮民廬沒田稼者逾旬復州荊門軍水亦如之鎮江府三縣水損下地之稼　按食貨志紹熙三年蠲潼川府去年被水州縣租稅資普榮敘州富順監凡夏輸亦如之

紹熙四年大水

按宋史光宗本紀四年五月丙子淮西大水丙戌紹興大水六月丙申蠲振江浙兩淮湖被水貧民八月癸丑詔三省議賑恤郡縣水　按五行志四年四月上高縣水浸二百餘家五月壬申癸酉奉新縣大雷雨水漂浸八百二十餘家五月辛未丙子鎮江府大雨水浸營壘六千餘區戊寅安豐軍大水平地三丈餘漂田廬絲麥皆空是月諸暨蕭山宣城寧國縣大水壞田稼廣德軍屬縣水害稼筠州水浸田廬戊寅進賢縣水圮百二十餘家六月丙申興國軍水池口鎮及大冶縣漂民廬有溺死者戊戌靖安縣水漂三百二十餘家是夏江贛州江陵府亦水七月乙酉豐城縣水壬午臨江軍水皆圮民廬丁亥新淦縣漂浸二千三百餘家八月辛丑隆興府水圮千二百七十餘家吉州水漂浸民廬及泰和縣官舍自夏及秋江西九州三十七縣皆水是歲興化軍大風激海濤漂沒田廬尤多

紹熙五年寧宗即位大水

按宋史寧宗本紀五年秋七月即位八月丁未命三省議賑恤諸郡縣水是歲兩浙淮南江東西路水賑之仍蠲其賦　按五行志五年五月辛未石埭貴池涇縣皆水圮民廬溺死者衆是月泰州大水七月壬申慈溪縣水漂民廬決田害稼人多溺死乙亥會稽山陰蕭山餘姚上虞縣大風駕海濤壞堤傷田稼八月辛丑錢塘臨安新城富陽於潛縣大雨水餘杭縣尤甚漂沒田廬死者無算安吉縣水平地丈餘平江鎮江寧國府台溫嚴常州江陰軍皆水是秋武陵縣江溢圮田廬甚衆

寧宗慶元元年大水海濤溢

按宋史寧宗本紀慶元元年六月壬申台州及屬縣大風雨山洪海濤並作漂沒田廬無算死者蔽川漂沉旬日至千七月甲寅黃巖縣水尤甚常平使者莫漳以緩于賑恤坐免七月臨安府水

慶元二年大水

按宋史寧宗本紀不載　按五行志二年秋浙東郡國大水

慶元三年大水

按宋史寧宗本紀不載　按五行志三年九月紹興府屬縣二婺州屬縣二水害稼

慶元五年大水

按宋史寧宗本紀慶元五年饒信江撫嚴衢台七州建昌興國軍廣東諸州皆水振之　按五行志五年秋台溫衢婺水漂民廬人多溺死衢守張經以匿災慆振坐黜

慶元六年大水

按宋史寧宗本紀六年建寧府徽嚴衢婺饒信南劍七州水　按五行志六年五月建寧府嚴衢婺信徽南劍州及江西郡縣皆大水自庚午至于甲戌漂民廬害稼

嘉泰二年大水

按宋史寧宗本紀嘉泰二年建寧府福汀南劍滙四州水振之　按五行志嘉泰二年七月丙午上杭縣水圮田廬壞稼民多溺死建安縣漂軍民廬舍百二十餘山摧覆民廬七十七家溺壓死者六十餘丁未長溪縣漂民廬二百八十餘家古田縣漂官舍民廬甚衆溺死者二百七十劍浦縣圮二百五十餘家死者亦衆

嘉泰三年大水

按宋史寧宗本紀不載　按五行志三年四月江南都邑水害稼

嘉泰四年大水

按宋史寧宗本紀四年夏四月振恤江西水州縣

開禧元年大水漢淮溢

按宋史寧宗本紀開禧元年兩淮京西湖北諸州水振之　按五行志開禧元年九月丙戌漢淮水溢荊襄淮東郡國水楚州盱眙軍爲甚圮民廬害稼

開禧二年大水

按宋史寧宗本紀不載　按五行志二年五月庚寅東陽縣大水山七百三十餘所同夕崩洪漂聚落五百四十餘所湮田二萬餘畝溺死者甚衆

開禧三年大水

按宋史寧宗本紀三年沿江諸州水　按五行志三年江浙淮郡邑水鄂州漢陽軍尤甚

嘉定二年大水海濤溢

按宋史寧宗本紀不載　按五行志嘉定二年五月

己亥漣州大水敗城郭百餘丈沒官舍郡庠民廬壞田畝聚落甚多六月辛酉西和州水沒長道縣治倉庫丙子昭化縣水沒縣治漂民廬成州水入城圮壘舍同谷縣及遂寧府閬州皆水七月壬辰台州大風雨激海濤漂圮二千二百八十餘家溺死尤衆

嘉定三年大水

按宋史寧宗本紀三年臨安紹興二府嚴衢二州大水振之仍蠲其賦　按五行志三年四月甲子新城縣大水五月嚴衢婺徽州富陽餘杭鹽官新城諸暨淳安大雨水溺死者衆圮田廬市郭首種皆腐行都大水浸廬舍五千三百禁旅壘舍之在城外者半沒西湖溢

嘉定四年大水海敗隄

按宋史寧宗本紀不載　按五行志四年七月辛酉慈溪縣大水圮田廬人多溺者八月山陰縣海敗隄漂民田數十里斥地十萬畝

嘉定五年大水

按宋史寧宗本紀不載　按五行志五年五月庚戌嚴州水六月丁丑台州及建德諸暨會稽縣水壞田廬

嘉定六年山水暴涌

按宋史寧宗本紀六年兩浙諸州大水振之　按五行志六年六月丁丑淳安縣山涌暴水陷青泉寺漂五鄉田廬百八十里溺死者無算巨木皆拔丁亥於潛縣大水戊子諸暨縣風雷大雨山涌暴作漂十鄉田廬溺死者尤多錢塘縣臨安餘杭於潛安吉縣皆水

嘉定九年大水

按宋史寧宗本紀九年六月戊申振恤浙西被水州縣寬其租稅　按五行志九年五月行都及紹興府嚴衢婺台處信饒福漳泉州興化軍大水漂田廬害稼

嘉定十年大水江濤溢

按宋史寧宗本紀十年六月辛未東川大水　按五行志十年冬浙江濤溢圮廬舍覆舟溺死甚衆蜀漢二州江沒城郭

嘉定十一年大水

按宋史寧宗本紀十一年六月辛酉詔湖州振恤被水貧民　按五行志十一年六月戊申武康吉安縣大水漂官舍民廬壞田稼人畜死者甚衆

嘉定十二年海潮溢

按宋史寧宗本紀不載　按五行志十二年鹽官縣海失故道潮汐衝平野二十餘里至是浸縣治廬州港瀆及上下管黃灣岡等鹽場皆圮蜀山淪入海中聚落田疇失其半壞四郡田後六年始平

嘉定十四年大水

按宋史寧宗本紀十四年沔成階利四州水振之

按五行志十四年建康府大水

嘉定十五年大水

按宋史寧宗本紀不載　按五行志十五年七月蕭山縣大水時久雨衢婺徽嚴暴流與江濤合圮田廬害稼

嘉定十六年大水江溢

按宋史寧宗本紀十六年九月乙巳詔江淮諸司振恤被水貧民冬十一月辛亥以太平州大水詔振恤之　按五行志十六年五月江浙淮荊蜀郡縣水平江府湖常秀池鄂楚太平州廣德軍爲甚漂民廬害稼圮城郭隄防溺死者衆鄂州湖江合漲城市沈沒累月不泄是秋江溢圮民廬餘杭錢塘仁和縣大水福漳泉州興化軍水壞稼十五六

嘉定十七年大水

按宋史寧宗本紀十七年秋七月丁酉朔命福建路監司振恤被水貧民　按五行志十七年五月福建大水漂水口鎭民廬皆盡候官縣甘蔗砦漂數百家人多溺死建寧府沒平政橋入城南劍州圮郡治城樓郡獄官舍城壞民避水樓上者皆死乙卯建昌軍大水城不沒者三板漂民廬圮官舍城郭橋梁害稼

理宗寶慶元年大水

按宋史理宗本紀寶慶元年秋七月丁丑滁州大水詔振恤之

紹定二年大水

按宋史理宗本紀紹定二年九月丁卯台州大水

紹定四年沿江水災

按宋史理宗本紀不載　按五行志云云

端平三年大水

按宋史理宗本紀不載　按五行志端平三年三月辛酉蘄州大雨水漂民居是年英德府昭州及襄漢江皆大水

嘉熙元年饒信州水

按宋史理宗本紀不載　按五行志云云

嘉熙二年浙江溢

按宋史理宗本紀不載　按五行志云云
淳祐二年大水
按宋史理宗本紀淳祐二年六月浙右大水秋七月辛巳朔常潤建康大水兩淮尤甚　按五行志淳祐二年紹興府處婺州水
淳祐七年福建水
按宋史理宗本紀不載　按五行志云云
淳祐十年大水
按宋史理宗本紀十年八月甲寅台州大水九月戊寅以嚴州水復民田租冬十月丁酉詔郡邑間有水患其被災細民隨處發義倉振之
淳祐十年大水
按宋史理宗本紀十年八月甲寅台州大水　按五行志十年嚴州水
淳祐十一年大水
按宋史理宗本紀不載　按五行志十一年八月甲辰汀州山水暴至漂人民九月江陵水是年江浙多水饒州亦水
淳祐十二年大水
按宋史理宗本紀十二年六月丙寅嚴衢婺台處上饒建寧南劍邵武大水遣使分行振恤存問
寶祐元年大水
按宋史理宗本紀寶祐元年秋七月庚寅溫台處三郡大水詔發豐儲倉米幷各州義廩振之　按五行志寶祐元年七月溫台處信饒州大水
寶祐二年紹興水
按宋史理宗本紀二年九月丙寅詔山陰蕭山諸暨會稽四縣水其除今年田租
寶祐三年大水
按宋史理宗本紀三年五月辛酉浙西大水
開慶元年大水
按宋史理宗本紀開慶元年五月己未婺州水漂民廬是歲滁嚴州水
景定二年大水
按宋史理宗本紀景定二年六月乙巳詔近畿水災安吉爲甚亟講行荒政　按五行志二年浙東水
景定三年大水
按宋史理宗本紀三年二月丁亥朔臨安安吉嘉興屬邑水民溺死者衆
度宗咸淳六年大水
按宋史度宗本紀咸淳六年九月壬子台州大水閏十月己酉安吉州水十一月丁丑嘉興華亭兩縣水
按五行志咸淳六年五月大雨水
咸淳七年大水江溢
按宋史度宗本紀七年春正月辛未紹興府諸暨縣湖田水秋七月壬午四川制置使朱禩孫言夏五以來江水凡三泛溢自嘉而渝漂蕩城壁樓櫓圮壞
按五行志七年五月甲申諸暨縣大水漂廬舍是月重慶府江水泛溢者三漂城壁壞樓櫓
咸淳八年大水
按宋史度宗本紀八年八月丁未紹興府六邑水發米振遭水家冬十月己亥紹興府八月一日會稽餘姚上虞諸暨蕭山五縣大水庚戌以秋雨水溢詔減錢塘仁和兩縣田租
咸淳十年恭帝即位天目山水涌出
按宋史瀛國公本紀咸淳十年七月即位八月癸丑天目山崩水涌流安吉臨安餘杭民溺死者亡算
按五行志十年三月廬州水四月紹興府大雨水八月臨安府水安吉武康縣水

金

太宗天會二年大水
按金史太宗本紀天會二年十月甲子詔發寧江州粟振泰州民被秋潦者　按五行志天會二年曷懶移鹿古水霖雨害稼且爲蝗所食秋泰州潦害稼
熙宗天眷元年河溢
按金史熙宗本紀天眷元年七月丁酉按出滸河溢壞廬舍民多溺死
世宗大定八年河決
按金史世宗本紀大定八年六月河決李固渡水入曹州
大定十年南京水
按金史世宗本紀十一年正月丙申命賑南京屯田猛安被水災者
大定十七年河決
按金史世宗本紀十七年七月河決　按五行志十七年七月大雨滹沱盧溝水溢河決白溝
大定十九年水
按金史世宗本紀十九年二月乙卯免去年被水旱民田租稅
大定二十年河決衛州
按金史世宗本紀不載　按五行志云云

大定二十六年河決

按金史世宗本紀二十六年八月戊寅尚書省奏河決衛州壞命戶部侍郎王寂都水少監王汝嘉徙衛州胙城縣　按五行志二十六年秋河決壞衛州城

大定二十七年河溢

按金史世宗本紀二十七年十月甲寅詔河水泛溢農夫被災者與免差稅一年衛懷孟鄭四州塞河勞役并免今年差稅

大定二十九年章宗即位河溢

按金史章宗本紀不載　按五行志二十九年六月曹州河溢

章宗明昌四年河決

按金史章宗本紀明昌四年五月霖雨六月河決衛州魏清滄皆被害

明昌五年河決

按金史章宗本紀五年八月壬子河決陽武故堤灌封丘而東冬十月遣戶部員外郎何格賑河決被災人戶十二月丁卯免被黃河水災今年秋稅

宣宗貞祐二年河溢

按金史宣宗本紀貞祐二年六月潮白河溢漂古北口鐵裹關門至老王谷

興定四年河南水

按金史宣宗本紀興定四年八月乙亥上諭宰臣河南水菑唐鄧尤甚其被菑州縣已除其租餘順成之方止責正供和糴雜徵並免十一月甲午河南水遣官勸課

哀宗天興二年大水

按金史哀宗本紀不載　按五行志二年六月上遷蔡自發歸德連日暴雨平地水數尺軍士漂沒及蔡始晴復大旱數月識者以為不祥

元一

世祖至元元年大水

按元史世祖本紀至元元年真定順天洺磁順德大名東平曹濮州泰安高唐濟州博州德州濟南濱棣淄萊河間大水

至元四年五月應州大水

按元史世祖本紀云云

至元五年大水

按元史世祖本紀五年九月癸丑中都路水免今年田租十二月戊寅以中都濟南益都淄萊河間東平南京順天順德真定恩州高唐濟州北京等處大水免今年田租　按五行志五年八月亳州大水

至元六年大水

按元史世祖本紀六年正月甲戌益都淄萊大水

按五行志六年十二月獻莫清滄四州及豐州渾源縣大水

至元九年河水溢

按元史世祖本紀不載　按五行志九年九月南陽懷孟衛輝順天等郡洺磁泰安通灤等州淫雨河水並溢圮田廬害稼

至元十年河南水

按元史世祖本紀十年七月庚寅河南水發粟賑民饑仍免今年田租

至元十三年大水

按元史世祖本紀十三年濟寧路及高麗瀋州水免今年田租

至元十四年水

按元史世祖本紀十四年五月辛亥河南山東水十二月乙亥冠州及永年縣水免今年田租　按五行志十四年六月濟寧路雨水平地丈餘損稼曹州定陶武清二縣濮州堂邑縣雨水沒禾稼十二月冠州永年縣水

至元十五年水

按元史世祖本紀十五年西京奉聖州及彰德等處水民饑糴粟鈔賑之

至元十六年水

按元史世祖本紀十六年七月癸酉趙州等處水減今年租是歲保定等二十餘路水

至元十七年水

按元史世祖本紀十七年八月濮州東平濟寧磁州水　按五行志十七年正月磁州永平縣水八月大都北京懷孟保定東平濟寧等路水

至元十八年水

按元史世祖本紀十八年十二月乙卯保定路清苑縣水免今年租　按五行志十八年二月遼陽懿州蓋州水

至元十九年江南水

按元史世祖本紀十九年八月辛亥江南水民饑者衆

至元二十年河溢

按元史世祖本紀不載　按五行志二十年六月太

原懷孟河南等路沁河水涌溢壞民田一千六百七十餘頃衛輝路淸河溢損稼南陽府唐鄧裕嵩四州河水溢損稼十月涿州巨馬河溢

至元二十一年大水

按元史世祖本紀不載　按五行志二十一年六月保定河間濱棣大水

至元二十二年河溢

按元史世祖本紀不載　按五行志二十二年秋南京彰德大名河間順德濟南等路河水壞田三千餘頃高郵慶元大水傷人民七百九十五戶壞廬舍三千九十區

至元二十三年河決大水

按元史世祖本紀二十三年三月甲戌雄霸二州及保定諸縣水泛溢冒官民田發軍民築河堤禦之十月辛亥河決開封祥符陳留杞太康通許鄢陵扶溝尉氏延津中牟原武睢州調南京民夫二十萬四千三百二十三人分築隄防　按五行志二十三年安西路華州華陰縣大雨潼谷水涌平地三丈餘杭州平江二路屬縣水壞民田一萬七千二百頃大都涿檀順薊五州汴梁歸德七縣水

至元二十四年河溢大水

按元史世祖本紀二十四年三月汴梁河水泛溢役夫七千修完故堤九月辛卯東京宜靜麟威遠婆娑等處江水溢沒民田是歲浙西諸路水免今年田租十之二　按五行志二十四年六月霸州水益津縣雨水

至元二十五年大水河決

按元史世祖本紀二十五年正月丙午杭蘇二州連歲大水賑其尤貧者四月癸亥運河決發軍築堤捍之庚午杭蘇湖秀四州復大水五月癸丑河決汴梁太康通許杞三縣陳潁二州皆被害六月壬申睢陽霖雨河溢害稼免其租千六十石有奇乙亥考城陳留通許杞太康五縣大水及河溢沒民田蠲其租萬五千三百石七月庚子膠州連發大水民採橡而食命減價糶米以賑之　按五行志二十五年十二月太原汴梁二路河溢害稼

至元二十六年大水河溢

按元史世祖本紀二十六年二月紹興大水免未輸田租四月庚午沙河決發民築堤以障之五月辛丑泰安寺屯田大水免今歲租五月辛丑御河溢入會通渠漂東昌民廬舍七月辛丑河間大水害稼癸卯沙河溢鐵燈杆堤決八月壬子霸州大水民乏食下其估糶直沽倉米五千石十月丁亥左右衛屯田大水傷稼丙申寶坻屯田大水傷稼十二月平灤大水傷稼免其租

至元二十七年大水河溢

按元史世祖本紀二十七年正月辛未無爲路大水免今年田租五月己巳江陰大水廣備等屯大水免其租六月壬申河溢太康沒民田三十一萬九千八百餘畝免其租八千九百二十八石壬辰泉州大水辛丑懷孟路武陟縣汴梁路祥符縣皆大水蠲田租八千八百一十八石七月丁卯江夏水溢害稼六千四百七十餘畝免其租魏縣御河溢害稼五千八百餘畝免其租百七十五石八月丁未御河決高唐沒民田命有司塞之丁丑廣州淸遠大水免其租十月丁丑尚書省臣言江陰寧國等路大水民流移者四十五萬八千四百七十八戶帝曰此亦何待上聞當速賑之凡出粟五十八萬二千八百八十九石十一月辛丑廣濟署洪濟屯大水癸亥河決祥符義唐灣太康通許陳潁二州大被其患十一月乙丑易水溢雄莫任丘新安田廬漂沒無遺命有司築堤障之　按五行志二十七年正月甘州大水八月沁水溢

至元二十八年大水

按元史世祖本紀二十八年三月甲寅常德路水八月乙酉婺州水九月庚申保定河間平灤三路大水十二月癸未廣濟署大昌等屯水　按五行志二十八年二月常德路水

至元二十九年水

按元史世祖本紀二十九年五月己未龍興路南昌新建進賢三縣水六月丁亥湖州平江嘉興鎭江揚州寧國太平七路大水甲子平江湖州常州鎭江嘉興松江紹興等路水閏六月丁酉華容縣水辛亥河西務水八月丙午廣濟署屯田水九月丁丑平灤大水且霜十一月庚申岳州華容縣水

至元三十年大水

按元史世祖本紀三十年五月丙寅浙西大水冒田爲災甲申眞定路靜安縣大水九月辛巳登州水是歲眞定寧晉等處被水災　按五行志三十年五月深州靜安縣大水十月平灤路水

至元三十一年成宗即位大水

按元史成宗本紀三十一年四月甲午即位五月峽

州路大水八月癸未平灤遷安等縣水九月趙州寧晉等縣水十月辛巳遼陽行省所屬九處皆水

成宗元貞元年大水

按元史成宗本紀元貞元年五月丙申饒州鎭江常州湖州平江建康太平常德澧州皆水六月泰安曹州濟寧路水戊申濟南路之歷城縣大清河水溢壞民居乙卯江西行省所轄郡大水無禾七月大都遼東東平常德湖州武衞屯田大水八月甲午平江廬州等路大水宣德府大水平江安豐等路大水

元貞二年大水河決

按元史成宗本紀二年七月彰德眞定曹州濱州水八月大名路水九月常德之沅江縣水河決河南杞封丘祥符寧陵襄邑五縣十月廣備屯及寧海之文登水十二月癸亥大都保定汴梁江陵沔陽淮安水　按五行志二年五月太原平晉縣獻州交河樂壽二縣莫州任丘莫亭等縣湖南醴陵州水六月大都路益津保定大興三縣水損田稼七千餘頃眞定古城獲鹿槀城等縣保定葛城歸信新安束鹿等縣汝寧潁州濟寧沛縣揚廬岳澧四郡建康太平鎭江常州紹興五郡水八月棣州曹州水十月河決開封縣十二月江陵潛江縣沔陽玉沙縣淮安海寧朐山鹽城等縣水

大德元年大水河決江溢

按元史成宗本紀大德元年正月汴梁歸德水三月庚寅歸德徐邳汴梁諸縣水五月丙寅河決汴梁丁丑漳河溢損民禾稼饒州鄱陽樂平及隆興路水六月和州歷陽縣江漲漂沒廬舍萬八千五百餘家七月河決杞縣蒲口郴州路耒陽州衡州之酃縣大水山崩溺死三百餘人八月丁巳池州南康寧國太平水九月澧州常德饒州臨江等路溫之平陽瑞安二州大水十月戊午廬州路無為州江潮泛溢漂沒廬舍韶州南雄建德溫州皆大水十一月常德路大水閏十二月大都之檀州順州遼陽瀋陽廣寧水　按五行志大德元年三月歸德徐州邳州睢寧鹿邑宿遷河南許州臨潁郾城等縣睢州襄邑太康扶溝陳留開封杞等縣河水大溢漂沒田廬五月河決汴梁發民夫三萬五千塞之漳水溢害稼龍興南康澧州南雄饒州五郡水七月溫州平陽瑞安二州水溺死六千八百餘人

大德二年大水河決

按元史成宗本紀二年二月丙子湖廣省漢陽漢川水七月癸巳汴梁等處大雨河決壞隄防漂沒歸德數縣禾稼廬舍壬寅江西江浙水　按五行志二年六月河決蒲口凡九十六所泛溢汴梁歸德二郡大名東昌平灤等路水

大德三年大水

按元史成宗本紀三年八月汴梁大都河間水

大德四年大水

按元史成宗本紀四年五月眞定保定大都通薊二州水　按五行志四年六月歸德睢州大水

大德五年大水江溢

按元史成宗本紀五年五月大名宣德奉聖歸德寧海濟寧般陽登州萊州益都濰州博興東平濟南濱州保定河間眞定大寧水七月癸亥大都保定河間濟寧大名水

大德六年大水

按元史成宗本紀六年五月丁巳濟南路大水歸德徐州邳州水七月辛酉順德水　按五行志六年四月上都大水五月歸德府徐州邳州睢寧縣雨五十日沂武二河合流水大溢東安州渾河溢壞民田一千八十餘頃六月廣平路大水

大德七年大水河溢

按元史成宗本紀不載　按五行志七年五月濟南河間等路水六月遼陽大寧平灤昌國瀋陽開元六郡雨水壞田廬男女死者百十有九人脩武河陽新野蘭陽等縣趙河湍河白河七里河沁河遼河皆溢台州風水大作寧海臨海二縣死者五百五十人

大德八年河海溢大水

按元史成宗本紀八年五月汴梁之祥符太康衞輝之陽武河溢　按五行志八年五月大名滑州濬州雨水壞民田六百八十餘頃八月潮陽颶風海溢漂民廬舍

大德九年河溢江溢大水

按元史成宗本紀九年六月甲午隆興撫州臨江等路水七月丁卯沔陽之玉沙江溢陳州之西華河溢澤州水揚州之泰興江都淮安之山陽水八月歸德陳州河溢大名大水

大德十年大水海溢

按元史成宗本紀十年五月丁亥平江嘉興諸郡水傷稼六月壬戌大名益都易州大水十月甲寅吳江州大水　按五行志十年五月雄州鄚州水六月保

定滿城清苑二縣雨水定興路大水七月平江路大風海溢

大德十一年武宗即位大水汾水溢

按元史武宗本紀大德十一年五月甲申即位六月辛酉汴梁南陽歸德江西湖廣水七月保定河間晉寧等郡水八月戊午隆平文水平遙祁霍邑靜海容城東鹿等縣水十一月庚午盧龍灤河遷安昌黎撫寧等縣水　按五行志十一年六月隆平新城等縣水七月冀寧文水縣汾水溢

欽定古今圖書集成曆象彙編庶徵典

第一百二十九卷目錄

水災部彙考七

庶徵典第一百二十九卷

水災部彙考七

元二

武宗至大元年大水

按元史武宗本紀至大元年七月濟寧路雨水平地丈餘暴決入城漂廬舍死者十有八人眞定路淫雨大水入南門下注藁城死者百七十人彰德衛輝二郡水損稻田五千三百七十頃

至大二年河決

按元史武宗本紀二年七月癸未河決歸德府境己亥河決汴梁之封丘

至大三年大水

按元史武宗本紀三年七月丁酉汜水長林當陽夷陵宜城遠安諸縣水　按五行志三年六月涓川鄄城汶上三縣水峽州大雨水溢死者萬餘人七月循州惠州大水漂廬舍二百九十區

至大四年仁宗卽位大水

按元史仁宗本紀四年三月庚寅卽位六月己巳河間陝西諸縣水旱傷稼濟寧東平歸德高唐徐邳諸州水七月江陵屬縣水民死者衆九月江陵路水漂民居溺死十有八人　按五行志四年六月大都三河縣潞縣河東祁縣懷仁縣永平豐盈屯雨水害稼七月東平濟寧般陽保定等路大水江陵松滋縣桂陽臨武縣水

仁宗皇慶元年河溢大水海溢

按元史仁宗本紀皇慶元年二月壬申以霸州文安縣屯田水患遣官疏決之　按五行志皇慶元年五月歸德睢陽縣河溢六月大寧水達達路雨宋瓦江溢民避居亦母兒乞嶺八月松江府大風海水溢

皇慶二年大水河決海溢

按元史仁宗本紀二年五月辛丑辰州水六月甲申河決陳亳睢州開封陳留縣沒民田廬八月戊午朔揚州路崇明州大風海潮泛溢漂沒民居　按五行志二年五月辰州沅陵縣水六月涿州范陽縣東安州宛平縣固安州霸州益津永清永安等縣雨水壞田稼七千六百九十餘頃八月崇明嘉定二州大風海溢

延祐元年大水河決

按元史仁宗本紀延祐元年五月武陵縣霖雨溢溺死居民漂沒廬舍禾稼七月乙亥沅陵盧溪二縣水武清縣渾水隄決淹沒民田發粟賑之八月丁未台州岳州武岡常德道州等路水九月肇慶武昌建德建康南康江州袁州建昌贛州杭州撫州安豐等路水十二月壬午汴梁南陽歸德汝寧淮安水　按五行志延祐元年五月常德路武陵縣雨水壞廬舍溺死者五百人六月涿州范陽房山二縣渾河溢壞民田四百九十餘頃

延祐二年河決大水江水溢

按元史仁宗本紀二年六月乙未河決鄭州七月漷州昌平香河寶坻等縣水沒民田廬　按五行志二年六月河決鄭州壞汜水縣治七月全州永州江水溢害稼

延祐三年河決

按元史仁宗本紀三年六月丁酉河決汴梁沒民居

按五行志三年四月潁州泰和縣河溢七月婺源州雨水溺死者五千三百餘人

延祐四年正月解州鹽池水

按元史仁宗本紀不載　按五行志云云

延祐六年大水河溢

按元史仁宗本紀六年六月丁丑汴梁益都般陽濟南東昌東平濟寧泰安高唐濮州淮安諸處大水

按五行志六年六月河間路漳河水溢壞民田二千七百餘頃遼陽廣寧瀋陽永平開元等路水大名路屬縣水壞民田一萬八千頃汴梁歸德汝寧彰德眞定保定衛輝南陽等郡大雨水

延祐七年英宗卽位大水淮水溢河決

按元史英宗本紀七年三月庚寅卽位四月亳州水六月丁丑棣州高郵江陵水七月後衛屯田及潁息汝陽上蔡等縣水八月壬申河間路水九月癸巳瀋陽水旱害稼十二月癸酉河決汴梁原武浸灌諸縣滹沱決文安大成等縣渾河溢壞民田廬　按五行志七年四月安豐廬州淮水溢損禾麥一萬頃城父

縣水五月江陵縣水六月棣州德州大雨水壞田四千六百餘頃八月霸州文安大成二縣滹沱河溢害稼汾州平遙縣水

英宗至治元年渾河溢大水海水漳水漢水溢

按元史英宗本紀至治元年六月己巳霸州大水渾河溢七月壬申遼陽開元等路及順州邢臺等縣大水丙子淮安路屬縣水戊寅通州潞縣榆棣水決庚辰滹沱河及范陽縣巨馬河溢乙酉大雨渾河防決己亥蒲陰縣大水七月庚子薊州平谷漁陽等縣大水大都眞定大名濟寧東平東昌永平等路高唐曹濮等州乞兒吉思部水八月壬寅安陸府水壞民廬舍甲辰高郵興化縣水壬戌淮安路鹽城山陽縣水雷州路海康遂溪二縣海水溢壞民田四千餘頃九月庚子安陸府漢水溢壞民田十月癸丑內郡水己未肇慶路水十二月己未眞定保定大名順德等路水乙丑歸德邃陽通州等處水　按五行志至治元年七月順州邢臺沙河二縣大名魏縣永平石城縣大水彰德臨漳縣水溢大都固安州眞定元氏縣東安寶坻縣淮安淸河山陽等縣水八月安陸府雨七日江水大溢被災者三千五百戶

至治二年河溢大水江溢

按元史英宗本紀二年正月辛巳儀封縣河溢傷稼二月戊申順德路九縣水旱三月濮州水災五月丙寅松江府上海縣水仍旱六月甲戌新平上蔡二縣水壬午辰州江水溢壞民廬舍丁亥奉元屬縣水庚寅建德路水七月戊戌淮安路水八月己卯廬州路六安舒城縣水九月戊戌大寧路水達達等驛水傷稼十一月辛酉平江路水損官民田四萬九千六百三十頃十二月辛卯徽州廬州濟南眞定河間大名歸德汝寧鞏昌諸處及河南芍陂屯田水　按五行志二年閏五月雎陽縣亳社屯大水六月奉元郿縣邠州新平上蔡二縣水

至治三年大水八月泰定帝卽位復大水

按元史英宗本紀三年五月丙辰東安州水壞民田千五百六十頃戊午眞定路武邑縣雨水害稼諸衞屯田及永淸縣水六月易安滄莫霸祁諸州及諸衞田水壞田六十餘頃　按泰定帝本紀至治元年八月癸巳卽位九月南康漳州二路水　按五行志三年七月瀦州雨水害稼九月漳州建昌南康等郡水

泰定帝泰定元年大水江河海溢

按元史泰定帝本紀泰定元年四月辛巳雲南中慶昆明屯田水六月己卯大同渾源河眞定滹沱河陝西渭水黑水渠州江水皆溢並漂民廬舍七月戊申奉元路朝邑縣曹州楚丘縣大名路開州濮陽縣河溢大都路固安州淸河溢順德路任縣沙灃洛水溢定州屯河溢九月癸丑奉元路長安縣大雨灃水溢延安路洛水溢濮州館陶縣及諸衞屯田水十二月癸亥鹽官州海水溢壞隄障侵城郭遣使祀海神乙亥溫州路樂淸縣鹽場水民饑兩浙及江東諸郡水壞田六萬四千三百餘頃　按五行志泰定元年五月瀦州固安州水隴西縣大雨水漂死者五百餘家龍慶路雨水傷稼六月益都濟南般陽東昌東平濟寧等郡二十有二縣曹濮高唐德州等處十縣淫雨水深丈餘漂沒田廬陳汾順晉恩深六州雨水害稼七月眞定河間保定廣平等郡三十有七縣大雨水五十餘日害稼

泰定二年大水江溢汾河溢

按元史泰定帝本紀二年正月己卯南寧州棣州等處水五月丙子大都路檀州大水平地深丈有五尺汴梁路十五縣河溢江陵路江溢浙西諸郡霖雨江湖水溢六月丁未鞏西武靖王部及遼陽水通州三河縣大雨水丈餘潼川府綿江中水江溢入城郭冀寧路汾河溢七月壬申雎州河決八月辛丑衞輝路汲縣河溢九月丁丑開元路三河溢十一月壬申常德路水是歲御河水溢　按五行志二年正月大都寶坻縣肇慶高要縣雨水鞏昌路水閏正月雄州歸信縣大水二月甘州路大雨水漂沒行帳孳畜三月咸平府淸寇二河合流失故道壞堤堰四月涿州房山范陽二縣水岷洮文階四州雨水五月高郵興化江陵公安二縣水河溢汴梁被災者十有五縣六月歸德宿州雨水濟寧路虞城碭山單父豐沛五縣水八月霸州涿州永淸香河二縣大水傷稼九千五十餘頃十月寧夏鳴沙州大雨水

泰定三年河決大水海溢

按元史泰定帝本紀三年二月歸德府屬縣河決五月庚午太平興化屬縣水揚州路屬縣財賦官田水六月己亥大同屬縣大水光州水大昌屯河決七月庚申河決鄭州陽武縣漂民萬六千五百餘家永平大都諸屬縣水大同渾源河溢檀順等州兩河決溫榆水溢汴梁路水八月辛丑揚州崇明州大風雨海水溢溺死者給棺斂之眞定蠡州奉元蒲城等縣

及無爲州諸處水九月戊辰揚州寧國諸屬縣水汾州平遙縣汾水溢十一月己亥亳州河溢漂民舍八百餘家壞田二千二百頃大寧路大水壞田五千五百頃漂民舍八百餘家溺死者人給鈔一錠庚子瀋陽遼陽大寧等路及金復州水民饑己巳永平路大水錦州水溢壞田千頃漂死者百人崇明州海溢漂民舍五百家　按五行志二年正月恩州水六月歸德府河決六月大同縣大水汝寧光州水七月河決鄭州漂沒陽武等縣民一萬六千五百餘家東安檀順漷四州雨渾河決溫榆水溢傷稼延安路膚施縣水漂民居九十餘戶八月鹽官州大風海溢捍海隄崩廣二十餘里袤二十里徙居民千二百五十家以避之眞定蠡州奉元蒲城縣無爲州歷陽含山等縣水九月平遙縣汾水溢十一月崇明州三沙鎭海溢漂民居五百家十二月遼陽大水大寧路瑞州大水壞民田五千五百頃廬舍八百九十所溺死者百五十人

泰定四年海水溢河決

按元史泰定帝本紀四年正月戊申鹽官州海水溢壞捍海堤二千餘步丁卯大寧路水三月渾河決四月癸未鹽官州海水溢侵地十九里五月以鹽官州海溢命天師張嗣成修醮禳之六月乙未汴梁路河決七月雲州黑河水溢衛州大雨水遼陽遼河老撒加河溢八月癸酉滹沱河水溢揚州路崇明州海門縣海水溢汴梁路扶溝蘭陽縣河溢沒民田廬建德杭州衢州屬縣水　按五行志四年正月鹽官州潮水大溢四月復崩十九里發丁夫二萬餘人以木柵竹落磚石塞之不止六月大都東安固安通順薊檀漷七州永清良鄉等縣雨水七月雲安縣水八月濟寧虞城縣河溢傷稼十二月夏邑縣河溢汴梁中牟開封陳留三縣歸德邳宿二州雨水

致和元年水

按元史泰定帝本紀不載　按五行志致和元年三月鹽官州海隄崩遣使禱祠造浮圖二百十六用西僧法厭之河決碭山虞城二縣四月鹽官州海溢益發軍民塞之置石囤二十九里六月南寧開元永平等路水河間林邑縣雨水濟南般陽濟寧東平等郡三十縣濮德泰安等州九縣雨水害稼七月廣西兩江諸州水

文宗天曆元年大水

按元史文宗本紀天曆元年十二月杭州嘉興平江湖州鎭江建德池州太平廣德等路水沒民田四千餘頃

天曆二年大水

按元史文宗本紀天曆二年六月淮東諸路歸德府徐邳二州大水永平屯田府昌國濟民豐贍諸署蝗及水災丙午永平屯田府所隸昌國諸屯大風驟雨平地出水七月丁巳宗仁衛屯田大水壞田二百六十一頃　按五行志二年六月大都東安通薊霸四州河間靖海縣雨水害稼

至順元年大水河海江俱溢

按元史文宗本紀至順元年五月右衛左右手屯田大水害禾稼八百餘頃六月丙申黃河溢大名路三屬縣沒民田五百八十餘頃高唐曹州及前後武衛屯田水災七月丙子海潮溢漂沒河間運司鹽閏七月戊申大都太寧保定益都諸屬縣及京畿諸衛大司農諸屯水沒田八十餘頃杭州常州慶元紹興鎭江寧國諸路及常德安慶池州荊門諸屬縣皆水沒田一萬三千五百八十餘頃松江平江嘉興湖州等路水漂民廬沒田三萬六千六百餘頃九月遼陽行省水達達路自去夏霖雨黑龍宋瓦二江水溢

至順二年大水漳河決太湖溢

按元史文宗本紀二年四月壬戌潞州潞城縣大水五月甲辰寧夏紹慶保定德安河間諸路屬縣大水六月大都保定眞定河間東昌諸路屬縣及諸屯水彰德路臨漳縣漳水決七月戊戌湖州安吉縣大水暴漲漂死百九十人大都河間漢陽屬縣水八月江浙諸路水潦害稼計田十八萬八千七百三十八頃十月丁巳江浙平江湖州等路水傷稼　按五行志二年十月吳江州大風太湖水溢漂民居一千九百七十餘家十二月深州晉州水

至順三年河洛滹沱溢寧宗即位楚丘河堤壞

按元史文宗本紀三年二月洛水溢五月丁酉揚州之江都泰興德安府之雲夢應城縣水汴梁之睢州陳州開封之蘭陽封丘諸縣河水溢滹沱河決沒河間青州等處屯田四十三頃六月乙丑無爲州和州水八月冀寧路之陽曲河曲二縣及荊門州皆旱江水溢高郵州之寶應興化二縣德安府之雲夢應城大雨水九月益都路之莒沂二州泰安州之奉符縣濟南路之魚臺豐縣曹丘之楚丘縣平江常州鎭江三路松江府江陰州中興路之江陵縣皆大水　按

寧宗本紀三年十月庚子卽位是月丙寅楚丘縣河堤壞　按五行志三年六月汾州大水

順帝元統元年涇河黃河溢大水

按元史順帝本紀至順四年六月己巳卽位是月涇河溢關中水災黃河大溢河南水災七月霖雨潮州路水　按五行志元統元年五月汴梁陽武縣河溢害稼六月京畿大霖雨水平地丈餘泉州霖雨溪水暴漲漂民居數百家

元統二年水

按元史順帝本紀元統二年正月辛卯東平須城縣濟寧濟州曹州濟陰縣水災二月灤河漆河水平諸縣水災瑞州路水三月庚子杭州鎭江嘉興常州松江江陰水旱疾疫四月益都東平路水六月大寧廣寧遼陽開元瀋陽懿州水旱蝗戊午淮河漲淮安路山陽縣滿浦清岡等處民畜房舍多漂溺九月壬子吉安路水災　按五行志元統二年三月山東霖雨水湧五月鎭江路水宣德府大水

至元元年河決

按元史順帝本紀不載　按五行志至元元年河決汴梁封丘縣

至元二年大水

按元史順帝本紀不載　按五行志二年五月南陽鄧州大水六月涇水溢八月大都至通州霖雨大水

至元三年大水河溢

按元史順帝本紀三年二月紹興路大水六月辛巳大霖雨自是日至癸巳不止京師河南北水溢御河黃河沁河渾河水溢沒人畜廬舍甚衆壬辰彰德大水深一丈七月己亥漳河泛溢乙卯懷慶水　按五行志三年五月廣西賀州大水害稼六月衞輝淫雨至七月丹沁二河泛漲與城西御河通流平地深二丈餘漂沒人民房舍田禾甚衆民皆棲於樹木郡守僧家奴以舟載飯食之移老弱居城頭日給糧餉月餘水方退汴梁蘭陽尉氏二縣歸德府皆河水泛溢黃州及衞州常山縣皆大水

至元四年大水

按元史順帝本紀四年五月臨沂費縣水六月乙丑邵武路大雨水入城郭平地二丈　按五行志四年五月吉安永豐縣大水

至元五年大水

按元史順帝本紀五年六月庚戌汀州路長汀縣大水平地深可三丈餘沒民廬八百家壞民田二百頃秋七月甲申常山宜興山水出勢高一丈壞民廬　按五行志五年七月沂沭二河暴漲決隄防害田稼邵武光澤縣大水

至元六年大水

按元史順帝本紀六年二月福寧州大水溺死人民京畿五州十一縣水秋七月乙卯奉元路盩厔縣河水溢漂流人民十月河南府宜陽等縣大水漂沒民廬溺死者衆　按五行志六年五月甲子慶元奉化州山崩水湧出平地溺死者甚衆六月衢州西安龍游二縣大水庚戌處州松陽龍泉二縣積雨水漲入城中深丈餘溺死者五百餘人遂昌縣尤甚平地三丈餘桃源鄉山崩壓溺民居五十三家死者三百六十餘人七月壬子延平南平縣淫雨水泛漲溺死百餘人損民居三百餘家壞民田二頃七十餘畝

至正元年海溢大水

按元史順帝本紀至正元年六月揚州路崇明通泰等州海潮湧溢溺死者千六百餘人　按五行志至正元年汴梁鈞州大水

至正二年汾水溢大水

按元史順帝本紀三年六月汾水大溢　按五行志二年四月睢州儀封縣大水害稼六月癸丑夜濟南山水暴漲衝東西二關流入小清河黑山天麻石固等寨及臥龍山水通流入大清河漂沒上下民居千餘家溺死者無算

至正三年河決

按元史順帝本紀三年五月河決白茅口　按五行志三年二月鞏昌寧遠伏羌成紀三縣山崩水湧溺死者無算五月黃河決白茅口七月汴梁中牟扶溝尉氏洧川四縣鄭州滎陽汜水河陰三縣大水

至正四年河決海溢大水

按元史順帝本紀四年正月庚寅河決曹州河又決汴梁五月大霖雨黃河溢平地水二丈決白茅隄金隄曹濮濟兗皆被災七月灤河水溢戊子朔溫州颶風大作海水溢地震　按五行志四年五月霸州大水六月河南鞏縣大雨伊洛水溢漂民居數百家濟寧路兗州汴梁鄢陵通許陳留臨潁等縣大水害稼人相食七月灤河水溢出平地丈餘永平路禾稼廬舍漂沒甚衆東平路東阿陽穀汶上平陰四縣衢州西安縣大水

至正五年河決

按元史順帝本紀不載　按五行志五年七月河決濟陰漂官民亭舍殆盡十月黃河泛溢

至正六年河決

按元史順帝本紀六年黃河決

至正七年大水

按元史順帝本紀不載　按五行志七年五月黃州大水八月壬午上海浦中午潮退而復至

至正八年河決大水江海潮溢

按元史順帝本紀八年正月辛亥黃河決五月庚子廣西山崩水湧平地水深二丈餘屋宇人畜漂沒壬子寶慶大水　按五行志八年四月平江松江大水五月庚子灘江溢平地水深二丈餘屋宇人畜漂沒乙卯錢塘江潮比之八月中高數丈餘沿江民皆遷居以避之六月己丑中興路松滋縣驟雨水暴漲平地深丈有五尺餘漂沒六十餘里死者一千五百人是月膠州大水七月高密縣大水

至正九年河決大水

按元史順帝本紀九年三月河北潰　按五行志九年七月中興路公安石首潛江監利等縣及沔陽府大水夏秋蘄州大水傷稼

至正十年大水

按元史順帝本紀不載　按五行志十年五月龍興瑞州大水六月乙未霍州靈岩縣雨水暴漲決隄堰漂民居甚衆七月汾州平遙縣汾水溢靜江荔浦縣大水害稼

至正十一年大水河溢

按元史順帝本紀至正十一年秋七月丙辰廣西大水　按五行志十一年夏龍興南昌新建二縣大水安慶桐城縣雨水泛漲花崖龍源二山崩衝決縣東大河漂民居四百餘家七月冀寧路平晉文水二縣大水汾河泛溢東西兩岸漂沒田禾數百頃河決歸德府永城縣壞黃陵岡岸靜江路大水決南北二陡渠

至正十二年大水

按元史順帝本紀不載　按五行志十二年六月中興路松滋縣驟雨水暴漲漂民居千餘家溺死七百人七月衢州西安縣大水

至正十三年大水

按元史順帝本紀十三年六月薊州大水　按五行志十三年薊州豐潤玉田遵化平谷四縣大水七月丁卯泉州海水日三潮

至正十四年大水伊洛溢

按元史順帝本紀十四年六月荊州大水　按五行志十四年六月河南府鞏縣大雨伊洛水溢漂沒民居溺死三百餘人秋薊州大水

至正十五年大水

按元史順帝本紀不載　按五行志十五年六月荊州大水

至正十六年河決大水

按元史順帝本紀十六年八月黃河決山東大水

按五行志十六年河決鄭州河陰縣官署民居盡廢遂成中流山東大水

至正十七年大水漳河溢

按元史順帝本紀十七年八月薊州大水　按五行志十七年六月暑雨漳河溢廣平郡邑皆水秋薊州四縣皆大水

至正十八年大水

按元史順帝本紀十八年七月京師大水　按五行志十八年秋京師及薊州廣東惠州廣西四縣賀州皆大水

至正十九年汾水溢河決

按元史順帝本紀十九年夏四月癸亥朔汾州暴漲

按五行志十九年九月濟州任城縣河決

至正二十年大水

按元史順帝本紀不載　按五行志二十年七月通州大水

至正二十二年河決大水

按元史順帝本紀至正二十二年七月河決范陽縣漂民居　按五行志二十二年三月邵武光澤縣大水

至正二十三年河決

按元史順帝本紀不載　按五行志二十三年孟州濟源溫縣水七月河決東平壽張縣圮城牆漂屋廬人溺死甚衆

至正二十四年水

按元史順帝本紀不載　按五行志二十四年三月益都縣井水溢而黃懷慶路孟州河內武陟縣水七月益都路壽光縣膠州高密縣水

至正二十五年大水河決

按元史順帝本紀二十五年秋七月京師大水河決小流口達於清河　按五行志二十五年秋薊州大

水東平須城東阿平陰三縣河決小流口達於清河壞民居傷禾稼

至正二十六年大水河徙

按元史順帝本紀至正二十六年秋七月介休縣大水　按五行志二十六年二月河北徙上自東明曹濮下及濟寧皆被其害六月河南府大霖雨瀍水溢深四丈許漂東關居民數百家秋七月汾州介休縣汾水溢薊州四縣衞輝汴梁鈞州大水害稼八月棣州大清河決濱棣二州之界民居漂流無遺濟寧路肥水縣西黃水汎溢漂沒田禾民居百有餘里德州齊河縣境七十餘里亦如之

明一

太祖洪武元年河溢

按山東通志洪武元年河溢曹州徙治安陵鎮

洪武二年大水

按山東通志洪武二年河沒安陵鎮徙治盤石頭

按江西通志洪武二年三月水深丈餘城多傾圮

洪武五年水湧

按浙江通志洪武五年七月餘杭縣大風山谷水湧漂流廬舍

洪武六年河潰

按山東通志洪武六年秋八月河水暴漲自齊河潰商河武定境南巨浪七十餘里

洪武七年河溢大水

按山東通志洪武七年鉅野縣河水溢流高四丈壞居民廬舍田疇

按浙江通志洪武七年湖州大水

洪武八年河決

按河南通志洪武八年正月河決開封府

洪武九年大水

按浙江通志洪武九年五月仁和錢塘餘杭三縣大水

按福建通志洪武九年大水蕩沒民居無數

洪武十年海溢荆蘄水

按大政紀洪武十年五月庚申戸部主事趙乾往賑荆蘄等處水災坐遷延伏誅

按浙江通志洪武十年海潮嚙浙江岸

洪武十一年海溢大水

按江南通志洪武十一年大風海溢三洲漂沒先是有大魚入太倉內河

按湖廣通志洪武十一年岳州大水

洪武十三年河決大水

按大政紀洪武十三年六月河決曹單時河南水決李家楊家等口淤塞馬水河河水橫流山東曹單等州縣被害尤甚

按湖廣通志洪武十三年荆州大水

洪武十四年河決

按大政紀洪武十四年八月河南原武祥符中牟諸縣河決爲患詔有司防護舊堤勿重用吾民

洪武十五年河決

按河南通志洪武十五年七月河溢滎澤陽武

洪武十七年大水河決

按明通紀洪武十七年七月河南大水禾稼蕩盡命駙馬都尉李祺往同有司驗民戸口預爲賑恤

按河南通志洪武十七年河南大水六月睢州巴河決

按浙江通志洪武十七年八月台州大風雨山谷暴漲天台沿溪居民多被漂沒處州大水

洪武十九年大水

按大政紀洪武十九年四月丙戌河南大水詔賑民鬻子

按福建通志洪武十九年大水人民沒淹大半田園丘墟

洪武二十年汴河溢會稽暴水

按河南通志洪武二十年河溢沖汴由安遠門入淹沒官私廳宇甚多

按浙江通志洪武二十年會稽大風雨水暴至死者十之四五水上有火萬炬

洪武二十一年長樂大水

按福建通志云云

洪武二十三年七月江南北海溢河決河南

按大政紀云云

洪武二十四年六月河決原武入淮

按大政紀云云

洪武二十五年正月河決武陽

按大政紀云云

洪武二十六年海溢

按浙江通志洪武二十六年山陰會稽大風海溢壞田廬

洪武三十年八月河決開封

按大政紀云云

洪武三十一年大水
按福建通志洪武三十一年大水壞民廬舍
惠宗建文二年蕭山大水
按浙江通志云云
建文三年大水
按浙江通志建文三年六月金華大水
成祖永樂元年大水
按大政紀永樂元年四月戊申命戶部尚書夏原吉治水江南時嘉興蘇松諸郡頻歲水患屢勅有司督治無功故命之八月癸丑浙江楮山風潮衝決萬四百餘步壞田四十萬頃命工部遣官修築
按浙江通志永樂元年嘉興大水
永樂二年大水
按名山藏永樂二年六月蘇松嘉湖諸郡大水命監察御史督有司賑之
按浙江通志永樂二年十一月杭州大水
按廣東通志永樂二年三月惠州大水溢至都署堂下
按江南通志永樂二年四月臨淮大水徙縣治于曲陽門外
永樂三年大水
按浙江通志永樂三年杭州大水嘉興大水
永樂五年大水
按廣西通志永樂五年夏五月陽朔大水蛇龍群作山谷成淵
永樂六年海決
按浙江通志永樂六年海寧縣海決
永樂七年暴水
按名山藏永樂七年六月上謂廷臣曰近日州縣數奏水旱朕甚不寧右通政馬麟對曰堯湯不免焉抑一二州郡耳上曰洪範雨暘皆本人事爾何不學因顧方賓等曰朕與卿等皆當修省八月麗水縣山水暴溢害民皇太子遣人撫視
永樂八年大水河決
按名山藏永樂八年正月皇太子以淮揚鳳陽至陳州去年水患遣近臣免其被災田賦有典賣子女爲贖還工匠役京師者悉罷遣之五月漢中府金州大水壞城垣倉廩漂溺人口事聞皇太子命戶部速遣人撫視六月皇太子免潁州並太和縣被水災田賦七月平陽縣風潮漂沒皇太子命安撫賑恤之十二月戊戌河南守臣言河決壞城宜及時修理諭工部遣人往視隄防
永樂九年河決大水
按大政紀永樂九年正月己丑免北京祁州被水災田租二月庚戌山東齊東知縣張升言去歲洪水衝決小清河淤沒下洄官隄等處鹽場及青州屬縣邑田請浚上流修隄防使水由故道皇太子命工部速遣官相度修浚己亥山東沂州言沭河口衝水決五十餘丈請發民夫修築從之六月撫恤揚州府諸縣被水災者十二月以水災免順天府等州縣稅糧
永樂十年河決大水
按大政紀永樂十年三月甲辰蠲北京所屬水災郡縣租稅戊申河南遂平縣水決河隄沒田四十餘頃被災一百三十六戶皇太子遣人賑恤之六月癸亥河南鄢陵臨漳二縣大水沒田禾事聞皇太子遣人撫視七月直隸吳江長洲崑山常熟四縣水災免糧一十三萬八千六百九十石有奇順天府言蘆溝河水漲壞橋及隄岸八百二十丈壞官民田廬溺死人畜命戶工二部遣人撫綏修築丁未浙江嘉興縣水災免糧三千六百一十石十一月戊戌北京行太僕寺卿楊砥言吳橋至天津等衛大水決隄傷稼竊見德州東南黃河故道及土河乞開二河以分水勢命工部侍郎藺芳往經略之河間獻縣言水決真定之饒陽武強等處隄岸淤沒下流田廬乞集夫修築從之甲申湖廣湘陰廣東海康遂溪二縣以水災免稅糧十二月庚午以水災免湖廣黃州常德二府糧萬九千五百石河南中牟河內等縣糧千六百石辛未湖廣華容縣言水決安津等隄防四十六處傷民禾稼功大難成命發旁縣民併力修之壬申戶部言邳州水災民乏食命監察御史乘傳往賑之癸酉保定府安州奏水決直亭河口乞起夫修築命俟春暖築之
按名山藏永樂十年七月以水免蘇州府諸郡稅糧
按江西通志永樂十年夏五月武寧大雨水漂沒民居命戶部撫恤
永樂十一年大水
按名山藏永樂十一年六月上名行在戶部臣曰人從徐州來言水災民有鬻男子者人至父子相棄窮極矣即遣賑之所鬻爲贖還樂亭縣水傷稼免其租
按浙江通志永樂十一年五月大風潮仁和縣十九都二十都俱沒於海

永樂十二年大水

按名山藏永樂十二年十二月蘇松嘉湖杭五府大水有司請半徵上盡蠲焉

永樂十四年大水海溢

按大政紀永樂十四年正月己未以水災免河南懷慶彰德等府去年租稅七月己未江西廣信饒州浙江衢州金華大水暴漲壞城垣房舍溺死人畜甚多命戶部遣人分視賑恤九月丙申免河南寧陵縣被水田租甲寅直隸鹽城縣颶風海水泛溢傷民田二百一十五頃皇太子令蠲田租一千一百七十餘石

按陝西通志永樂十四年五月漢水漲溢淹沒州城公私廬舍無存者

按浙江通志永樂十四年五月金華大水七月衢州金華復大洪水

按福建通志永樂十四年夏南平將樂沙縣順昌俱大水七月邵光大水昌城蕩廬舍漂溺男女數萬口

永樂十九年徐州水

按名山藏永樂十九年十月以水免徐州稅糧

永樂二十年鳳陽水

按名山藏永樂二十年閏十二月以水免鳳陽府所屬州縣糧

永樂二十年海潮溢

按浙江通志永樂二十年象山海溢

按廣東通志永樂二十年夏五月己未廣州颶風暴雨潮水汎溢人溺死者三百六十餘口漂沒廬舍千二百間壞倉糧二萬五千三百餘石

永樂二十二年大水

按大政紀永樂二十二年九月治水左通政樂福奏蘇松嘉湖杭常六府水沒禾稼請俟來歲併徵令以鈔布代輸十月蘇州徐州等州縣水沒田詔免今年租稅丙午山東登萊諸郡水災傷麥乞令以他物代輸前歲逋稅令蠲永樂二十年逋稅其二十一年以鈔代輸癸丑順德府廣宗縣奏今歲水災傷田稼乞寬其租稅令折輸鈔十一月河南永城縣大水傷田稼命免去年稅糧馬草

仁宗洪熙元年大水漳河溢

按大政紀洪熙元年三月黃巖縣奏大水沒民居五百餘家溺死八百餘人命戶部遣官馳赴賑恤

按名山藏洪熙元年九月左通政樂福治水蘇松嘉湖杭常奏六府水沒稼請寬徵待來年上曰民之艱食來歲匪易令代以鈔布漳河溢廣宗縣傷稼賑恤之

宣宗宣德元年黃梅大水

按湖廣通志云云

宣德三年六月杭州大水

按浙江通志云云

宣德六年六月大水

按畿輔通志云云

宣德七年昌化縣水

按浙江通志云云

宣德八年大水

按江西通志宣德八年南昌饒州廣信南康九江大水

宣德九年大水

按名山藏宣德九年八月畿內陝西四川水賑恤之

按浙江通志宣德九年嘉興大水

按湖廣通志宣德九年武昌大水

英宗正統二年水溢

按江南通志正統二年九月蘇州府風雨暴至平地水溢數尺太湖水高一二丈沿湖人畜廬舍無存漁舟漂溺殘盡松江大風雨湖海漲湧瀕海居民有全村漂沒者宜興大風拔木水溢漂沒千餘家

正統三年大水

按明昭代典則正統三年五月江北大水直隸淮揚地方被災鹽課缺少上命巡撫侍郎周忱往視之忱奏令蘇州等府將撥剩餘米每府量撥一二萬石運揚州各鹽場收貯照數出給通關准作次年預納秋糧其米聽令竈戶將私鹽於附近場分上納即照時價給米食用於時米貴鹽賤官得積鹽民得食米上下賴之

正統四年京師大水

按大政紀正統四年六月京師大水詔求直言命戶部侍郎吳璽順天府尹姜濤存問被水軍民具奏賑濟

按名山藏正統四年五月壬申京師大雨水溢壞官舍民居溺死人甚衆人多露宿長安市六月命工部右侍郎邵旻等擇各廠房居軍民無屋者戶部右侍郎吳璽存問被水家給米一石溺死者加鈔五百貫丁酉以京畿大水遣祭告於昊天上帝后土皇地祇勅羣臣修省

按明昭代典則正統四年六月京師大水勅曰朕承

祖宗大統奉順天道以父母斯民爲心用圖安集夙夜匪怠今年五月以來天雨連綿潦水泛溢京城內外官員軍民房屋多有坍塌低窪者盡行淹沒被水軍民老幼徬徨無存身之地應有爲水所溺爲牆屋所壓而死者困迫已甚而雨猶未止洪範庶徵實由人事靜思厥咎深切於懷爾戶部委侍郎吳璽順天府委府尹姜濤存問軍民被水之家及有人口壓溺死者具奏量加賑恤工部委侍郎邵旻都察院委僉事御史曹翼六科共推舉廉正給事中二員一同踏勘京城內外高爽之地及比先營造廠房今可歸併者酌量歸併以其地分給軍民居住工匠有見係在官令房屋爲水坍塌者免役兩個月使之修葺璽等受朕職任宜體朕仁民恤患之心毋徇請託毋肆欺蔽必公必正使民生得所天意協和庶副朕之委任

欽哉

按明通紀正統四年春京城大水爲災詔求直言勅戶部侍郎吳璽順天府尹姜濤存問軍民被水之家具奏賑恤翰林院編修劉定之上言十事一言號令之出宜求其大公至正久而無弊信賞必罰不爲苟且二言公卿侍從宜時常名見俾承清問因以觀其才能察其心術而進退之三言降寇近處京畿宜漸分其類移置南地四言宜以京官出任郡縣使民得蒙循良之政五言宜倣唐制朝官歷任之時舉賢良自代六言武臣子弟宜習韜略七言守令之官宜詳加察八言鋤富恤貧九言丁憂宜令終制十言宜遏僧尼疏留中不下

正統五年大水海溢

按名山藏正統五年十一月以杭嘉湖三府水患未消流移未復命浙江布政按察各選一人專理預備之政

按浙江通志正統五年象山海溢

正統七年大水

按浙江通志正統七年嘉興大水

正統八年大水

按大政紀正統八年三月命工部右侍郎王永和巡視淮南水災

按浙江通志正統八年金華大水

正統九年大水

按大政紀正統九年閏七月浙西大水

按名山藏正統九年七月壬寅勅戶部曰南北直隸被水災絕多朕甚憫焉爾戶部其令所司加意存恤缺食者賑之蠲其租及歲辦物料

正統十年海溢大水

按浙江通志正統十年八月海寧縣海水溢

按福建通志正統十年五月大水

正統十一年大水

按浙江通志正統十一年五月嘉興大水

正統十三年河決

按大政紀正統十三年七月河決滎陽經曹濮至陽穀入漕河潰沙灣東隄入海尋東過開封城西南經陳留自亳入渦口又經蒙城至懷遠界入淮命工部尚書石璞治之

正統十四年大水

按浙江通志正統十四年新昌縣大水

代宗景泰三年淮濟水溢

按名山藏景泰三年九月江淮以北直至濟寧水瀑渰沒禾稼房屋東昌府連接河南地方黃河奔決勅太子太保兼都察院左都御史王文巡視整理

景泰四年大水河決

按大政紀景泰四年七月命禮部侍郎鄒幹賑濟河南鳳陽等處大水奏免本年稅糧八月巡撫河南右都御史王暹奏開封等府水災其遠運糧草乞量派別州縣運納從之

按明昭代典則景泰四年徐理更名有貞陞右僉都御史治張秋決河

景泰五年大水

按浙江通志景泰五年湖州大水民相食

景泰六年大水

按廣西通志景泰六年鬱林大水

景泰七年大水

按名山藏景泰七年六月徐州大水河南亦大水河決開封河南彰德渰沒無算

按山東通志景泰七年春三月河溢漫流博平茌平二縣墊溺者甚衆青城德平大水民多避居鄒平山麓當時有詩云竈底惟聞蛙鼓吹庭前常見鯉梭拋

按浙江通志景泰七年五月餘杭蕭山大水

英宗天順元年大水

按山東通志天順元年濟南德平大水饑人相食

天順二年大水

按大政紀天順二年七月山東大水守臣請蠲租未允禮部右侍郎章綸請減半從之

天順三年海溢
按浙江通志天順三年海鹽縣海溢漂溺男女萬餘人
天順四年大水
按大政紀天順四年八月天下大水江南尤甚命戸部行被災州縣申報撫按災重者全免稍重者免半又輕者免三分時田盡渰沒李賢因召對言曰臣聞今年水災甚大數十年未嘗見此百姓不能存活上曰爲之奈何賢曰若非大加恩典安得蘇息上曰如何行則可賢曰宜下詔免徵糧草上曰固可詔非一二條可行莫若以旨意與戸部行於天下賢曰如此尤善及戸部行天下奏水災者無虛日上見其實
按浙江通志天順四年四月蕭山縣大水八月湖州大水民饑
天順五年大水河決潮溢
按大政紀天順五年五月江南北大水自天順四年水災以來天下米穀皆貴人民艱難至五年尤甚七月河決開封
按名山藏天順五年七月河南水黃河溢瀛汴襄閒渰沒官民廬舍多死者命工部右侍郎薛遠往視之九月蘇州濱海諸縣潮挾雨大至死者萬餘人命賑恤之
按河南通志天順五年黃河溢決開封府城由安遠門入淹沒官廨民廬甚衆
按江南通志天順五年七月海濱風雨大作潮湧尋丈漂沒廬舍
按湖廣通志天順五年隨州大水黃陂大水
按福建通志天順五年七月十四日福安東平二溪水溢疾風猛雨從之
天順八年大水
按山西通志天順八年靜樂縣大水河決隄六十丈渰民田百頃
天順十九年海嘯
按福建通志天順十九年六月十九日海嘯
按廣西通志天順十九年夏五月大水殺禾稼民饑
憲宗成化元年大水
按明昭代典則成化元年南北直隸及河南山西湖廣江西浙江郡縣大水戸部言南直隸浙江等處旱潦相繼歲運京儲四百萬石今罹災傷優免數多來歲充運不足請以淮浙等鹽應募商人於淮徐德州水次倉中納米俟來歲分撥官軍支運庶民不困於荒年而國用亦無所損矣制可
按大政紀成化元年十一月詔保定永平二府所屬十六州縣水災免糧一萬八千六百有奇
按湖廣通志成化元年靖州大水
按廣東通志成化元年春正月惠州大水秋七月德慶大水
成化二年大水
按大政紀成化二年七月順天保定開封青州四府大水
成化三年海溢
按浙江通志成化三年嘉興海水溢溺萬人
成化四年海溢大水
按浙江通志成化四年台州海溢
按湖廣通志成化四年德安大水入市
成化五年河決大水
按大政紀成化五年六月河決開封
按湖廣通志成化五年辰州大水
成化六年大水海溢
按大政紀成化六年四月以水災免直隸溧水溧陽句容六合江浦當塗蕪湖七縣稅糧共三萬六千四百餘石七月戊戌戸部奏給事中韓文等勘實通州張家灣等處被水軍民二千六百六十戸漂損房舍六千四百九十處上命所司賑恤之十月以水災免保定等衞子粒三萬三百石有奇
按明通紀成化六年夏京畿大水命右都御史項忠巡視順天河間永平三府忠多發官廩又設法勸分得米一十六萬石銀布牛俱各萬餘所活二十七萬八千餘人
按浙江通志成化六年嘉興大水無禾麥台州大水民饑餘杭大水九月餘姚大風海溢溺死七百餘人
按湖廣通志成化六年漢陽水
成化七年大水
按大政紀成化七年二月以水災免福建福安連江龍巖三縣稅糧一萬五百餘石以水災免直隸蘇松常鎭四府所屬吳江等一十四縣並蘇州衞秋糧子粒共四十三萬四千六百石馬草一十六萬九千八百九十餘包十一月以水災免直隸鳳陽府泗州天長盱眙宿州徐州蕭沛碭山豐諸縣夏稅麥凡萬二千餘石絲五萬九千二百餘兩
成化八年大水漢水溢海溢

按江西通志成化八年秋瑞州大水
按陝西通志成化八年八月漢水漲溢高數十丈城郭民居淹沒
按浙江通志成化八年七月杭州紹興大風海溢溺死者甚衆
按廣東通志成化八年秋七月廣州大雨水
按雲南通志成化八年姚安大水無秋
成化九年大水
按明昭代典則成化九年六月廣平順德大名眞定保定及河南懷慶府大雨水
按浙江通志成化九年衢州處州大水
按貴州通志成化九年夏五月大水
成化十年大水
按大政紀成化十年三月以水災免直隸壽州和三州霍丘等八縣成化九年秋糧三萬七千餘石鳳陽留守左等七衛并洪塘湖千戸所子粒七千五百餘石
成化十一年大水
按大政紀成化十一年五月以水災免直隸鎭江府秋糧五萬四千八百餘石鎭江衛屯田子粒五千二百餘石以水災免福建漳州府龍溪南靖漳浦長泰四縣秋糧二萬三百餘石漳州衛屯田子粒一千三百餘石
按山西通志成化十一年澤州大水
成化十二年大水
按浙江通志成化十二年八月武義水災台州大水
成化十三年大水
按名山藏成化十三年七月賑恤京都民之被水者八月上日山東兗州及南直隸諸府州縣雨水爲災民甚饑窘朕實慜之戸部臣其擇廉能郎官五員分往賑濟
按山東通志成化十三年魚臺大水壞民居
按浙江通志成化十三年嘉興會稽大風雨海溢溺民居
按廣西通志成化十三年夏六月大水
成化十四年大水
按大政紀成化十四年八月巡按直隸御史范鉄奏江北大水爲災漂沒田廬倒塌城郭乞除弊政下所司知之餘言春秋傳曰大水者陰逆與怨氣并所致也伏望親賢遠奸信賞必罰仍勅翰林博稽往事數陳致災之由欽天監占候天象推詳災咎之應科道直言無隱吏部用人無私法司鞫囚無枉戸工二部一切逋欠之物不急之務宜停征罷役及將被災之處今年夏秋稅糧爲除豁以甦民困疏入上曰所言皆已行之事所司其知之
按名山藏成化十四年五月商州大水民多淹沒十二月論戸部臣曰今歲北直隸水災殊甚聞紫荊關水門被水闌流至涿則人民禾稼災困可知有田畝應免者悉免之
按河南通志成化十四年黃河決汴
按浙江通志成化十四年象山海溢新昌大水
按湖廣通志成化十四年秋嘉魚大水
成化十五年大水
按大政紀成化十五年二月以去歲水災免湖廣荊襄德三府并衛所夏秋稅二十三萬三千石四月京畿大水
按浙江通志成化十五年松陽大水
成化十六年大水
按廣東通志成化十六年高要大水
成化十七年大水
按山西通志成化十七年夏六月孝義縣大水漂沒南關及鄕村廬舍三千區
按浙江通志成化十七年秋嘉興湖州大水民饑
按廣東通志成化十七年夏五月州城大水
成化十八年大水
按山西通志成化十八年高平縣大水八月寧鄕縣大水
按河南通志成化十八年六月河南北諸水溢
按浙江通志成化十八年嘉興餘姚大水
按湖廣通志成化十八年衡州寶慶大水七月益陽醴陵大水漂民廬舍
按廣西通志成化十八年春大水陽朔縣壞屋百餘城崩殆盡
按福建通志成化十八年連江大水壞縣公署學舍倉廒民畜溺死不可勝計
成化十九年大水
按浙江通志成化十九年遂昌宣平景寧大水
按廣東通志成化十九年夏五月香山水溢
成化二十一年大水
按大政紀成化二十一年五月廣東肇慶大水左布政陳選具奏災傷未報便宜發粟賑之

按江西通志成化二十一年南昌府屬大水閉城門五日漂流房屋人畜甚衆

按福建通志成化二十一年三月雨不止至閏四月閩縣候官懷安古田閩清連江羅源永福八縣俱大水民多溺死

按廣東通志成化二十一年春河源大水

按廣西通志成化二十一年蒼梧大水

成化二十二年大水

按浙江通志成化二十二年奉化嚴州大水

成化二十三年大水

按畿輔通志成化二十三年秋保定大水無苖

按湖廣通志成化二十三年七月靖州大水壞城淹軍營數百區

按福建通志成化二十三年五月將樂大水漂三華橋及隆池都民居

孝宗弘治元年海溢

按浙江通志弘治元年台州大風雨海溢

弘治二年河決大水

按大政紀弘治二年五月河決汴城入淮復決黃陵岡入海六月京城及通州等處大雨水溢軍民房屋傾倒人畜多溺死詔百官陳闕失

按明昭代典則弘治二年六月京師大水詔錄囚徒求直言

弘治三年河決

按大政紀弘治三年四月河決原武命戸部左侍郎白昂往治之河決原武支流爲三其一決封丘金龍口漫於祥符長垣下曹濮衝張秋長隄一出中牟下尉氏一汜溢於蘭陽儀封考城歸德以至於宿瀰漫四出不由故道不盡沒民弱死者衆議者奏遷河南藩省於他所以避其害左布政使徐恪條陳其不可乃止命昂往治之昂復舉南京兵部郎中婁性協治乃築陽武長隄以防張秋引中牟之決以入淮浚宿州古汴河以達泗自小河西抵歸德飲馬池中經符離橋一帶皆浚而深廣之又疏月河十餘以殺其勢塞決口三十六由是河入汴汴入淮淮入泗以達於海水患稍息昂又以河南入淮非正道恐不能容乃復自魚臺歷德州至吳橋修古河隄又自東平北至興濟鑿小河十二道引入大清河及古黃河以入海河口各作石堰相水盈縮以時啓閉焉

弘治四年河溢大水

按山西通志弘治四年文水河溢害稼及民廬舍

按浙江通志弘治四年嘉興湖州大水

按湖廣通志弘治四年五月應山高貴山頂水忽起漂沒乾明寺僧皆溺死

弘治五年大水河決

按大政紀弘治五年五月遣廷臣齎內帑銀賑杭嘉湖大水巡撫都御史侶鍾上疏申理前奏賑蘇松不行下所司知之江南澇復甚又條奏九事不報時遣廷臣齎內帑銀賑杭嘉湖三府水災因上疏理前奏且言蘇松杭嘉湖三府均之赤子也賦稅之出蘇松重於三府水災所傷三府輕於蘇松今三府乃蒙賑恤而蘇松之民何獨不一蒙恤念乎

按明昭代典則弘治五年秋七月河決張秋

按山東通志弘治五年春三月河決黃陵岡淹沒民田數千項

按浙江通志弘治五年杭州嘉興象山大水

按廣東通志弘治五年大雨水廣潮俱大水

按雲南通志弘治五年五月大理點蒼兩溪大水衝斷西門關水入城

按何喬新本集題爲陳言愼刑以弭災變事竊見今年六月以來淫雨連綿潦水汎溢京城內外官吏軍民之家牆壁傾頹房屋倒塌通州張家灣河西務等處水勢悍猛臨河居人廬舍漂流人畜溺死者衆糧船客船沉沒損壞者不知其幾父老傳言數十年來水患未有甚于此日者也陛下惻然矜愍即命巡城御史督五城兵馬司查勘京師軍民被災者量加賑恤此實畏天愛民之盛心也臣等仰惟陛下嗣位以來勵精圖治約己裕人名用老成貶斥邪佞臺諫有言常舍己以從之刑獄有疑每屈法以宥之宜夫和氣名祥雨暘時若星緯順度山川咸寧矣然雨雹風霾天鳴地震迭見於四方之奏報今京師畿甸又有此水災良由臣等任職無狀不能奉宣德意之所致耳俯躬省咎罪不容誅竊伏思之水陰類也以地言之則中國爲陽外國爲陰以人言之則君子爲陽小人爲陰以政事言之則德爲陽刑爲陰洪範庶徵皆由人事所感今雨水爲災意者外國之謀侵邊歟小人之或干政歟皆非愚臣之所能知臣等亦不敢越職而言獨以臣職掌言之恐天下刑罰未盡當罪此致災之一端也夫民情狡詐百端而隱匿未易遽察問囚者止據原詞審錄者多拘成案至於人命强盜情尤難明人命或因鬬殺誤殺而檢勘者輒以爲謀

故盜賊或係搶奪拒捕而巡捕者輒以爲强刼苟非的有證佐誰敢輕與辨明縱欲辨之衆口譁然或以爲受屬或以爲納賄以故好名畏謗者寧失入而不敢輕出誠以公道之難明而謗議之易騰此天下之通患也以在京法司尚且顧忌如此則在外可知矣昔臯陶稱舜日與其殺不辜寧失不經聖人之仁蓋如此伏望陛下因雨水之災廣好生之德特勅兩京法司將見監重囚再行詳審凡情有可矜法有可疑及人命無屍可驗强盜追無贓仗者備開矜疑緣由具奏取自聖裁在外各布政司及直隸府衛州縣有巡撫者勅巡撫都御史會同巡按並都布按三司官審錄無巡撫者勅巡按御史會同三司幷直隸府衛正官審錄中間有可矜疑者具實以聞仍下法司參詳取旨定奪其各處該決重囚亦令決囚官員照奉欽依事理情眞罪當者就行處決若有稱冤異詞及情可矜疑者卽與辨理具奏處治庶幾刑獄不冤災變可弭矣臣等又聞正統四年六月京師大水爲災英宗睿皇帝勅戶部侍郞吳璽順天府尹姜濤存問軍民被水之家具奏賑恤又條示合行事宜勅五府六部都察院等衙門各修其職令陛下率由祖宗令典已命巡城御史查勘京城內外被水軍民給糧賑恤矣其通州一帶水患尤甚乞勅該部委官查勘一體賑恤係官錢糧果被漂流者量爲分豁俾聖澤沾被無間遠邇其各衙門合行事宜亦乞遵聖祖勅諭斟酌而行之萬機之暇召問內閣及文武大臣詢訪致災之由同加修省至於修德以凝天命正心以端治原勤聖學以講求治道法祖宗以輯寧邦家此又敬天勤民之大本也尤乞聖心加之意焉臣等昧死陳言不勝戰慄之至弘治五年七月初五日具題次日奉聖旨兩京及在外刑獄寫勅去審錄通州抵張家灣一帶並蘆溝橋上下水患戶部便差官同順天府官查勘被災之家一體賑恤

弘治六年大水

按湖廣通志弘治六年六月平江水

按貴州通志弘治六年淸平大水

弘治七年河決海溢

按大政紀弘治七年二月河復決張秋

按浙江通志弘治七年會稽餘姚海溢

弘治八年水溢

按山東通志弘治八年德平城濠水忽溢於野

弘治九年大水

按浙江通志弘治九年蘭谿大水

弘治十年大水

按湖廣通志弘治十年荆州大水饑自沙市決隄灌城衝塌公安城樓民田陷溺無算

按雲南通志弘治十年永平縣大水淹沒民居數百家

弘治十一年大水

按山西通志弘治十一年澤州大水河圮北城

按浙江通志弘治十一年餘姚大水饑

弘治十二年大水

按浙江通志弘治十二年衢州大水

按湖廣通志弘治十二年咸寧大水舟入市

弘治十二年河決

按山東通志弘治十二年河南水決李家楊家等口淤塞馬水河水橫流曹單二州被害

弘治十四年大水汾水溢

按畿輔通志弘治十四年夏末平府大水

按山西通志弘治十四年秋七月太原汾水漲水勢高四丈許將臨河村落房屋及禾漂沒殆盡

按廣東通志弘治十四年夏廣州瓊州大水

按雲南通志弘治十四年秋永昌騰衝大水壞民廬舍人畜死者以百數計

弘治十五年海溢

按浙江通志弘治十五年餘姚大風雨海溢

弘治十六年海溢大水

按浙江通志弘治十六年台州海溢入城市

按廣東通志弘治十六年南海番禺大水

按福建通志弘治十六年七月九月大水漂沒民居

按廣東通志弘治十六年南海番禺大水

弘治十七年海溢

按廣東通志弘治十七年夏四月海豐海水溢惠州浪高如山須臾平地水深一二尺金錫楊安二郡民居濱海漂流淹死不可勝數五月瓊州水漲傷稼明年大饑

弘治十八年大水

按湖廣通志弘治十八年畣陽水溢漂民居施州大水

按廣東通志弘治十八年夏河源大水被浸者五日舟從城渡民居淪沒岸崩可四五尺

弘治二十三年大水

按福建通志弘治二十三年五月將樂大水漂三華

橋及隆池都居民

欽定古今圖書集成曆象彙編庶徵典

庶徵典第一百三十卷

水災部彙考八

明二

武宗正德元年大水

按全遼志正德元年秋七月遼陽大水平地深丈餘

按江南通志正德元年秋七月大水

正德二年海溢大水

按浙江通志正德二年山陰海溢溺者萬計

按湖廣通志正德二年宜章大水

正德三年河溢

按山東通志正德三年單縣河溢害稼漂溺居民廬舍殆盡

按浙江通志正德三年餘杭大水錢塘雨紅水

按湖廣通志正德三年五月蒲圻大水

按山西通志正德三年六月岢嵐州太谷大水壞城垣漂溺居民千餘人

正德四年大水

按浙江通志正德四年嘉興湖州餘姚大水

按江西通志正德四年夏六月大水

正德五年大水

按江南通志正德五年蘇州大風決水田廬渰沒浮尸蔽川

按浙江通志正德五年處州湖州大水

按湖廣通志正德五年辰州大水

正德六年大水

按山西通志正德六年夏六月趙城大水城東北大水波濤洶湧城不浸者三版

按湖廣通志正德六年應山大水五月蒲圻大水漂沒廬舍

正德七年海溢滇池溢

按浙江通志正德七年紹興海溢溺死者甚衆

按廣西通志正德七年冬十一月灕江水合

按雲南通志正德七年滇池水溢蕩析昆陽州民居百餘所溺死者無計

正德八年大水

按山西通志正德八年秋八月沁源大水時無雲而雷風雨隨之沁源平地水深丈餘漂沒民田四千頃

按廣東通志正德八年春三月新寧大水

正德十年大水

按浙江通志正德十年杭州大水

按廣東通志正德十年夏六月新寧大水秋七月潮州大雨水民多溺死

正德十一年大水漢水溢

按浙江通志正德十一年餘姚水災

按湖廣通志正德十一年夏四月新會大水宜城大水入城襄陽漢水溢齧新城及圻廣者數十丈施州大水壞城漂民居八月漢川應城華容大水荊州大水

按廣西通志正德十一年夏秋蒼梧博白大水

正德十二年大水漢水溢

按湖廣通志正德十二年武昌漢陽大水荊州大水安陸漢水溢田廬漂沒民多溺死

正德十三年大水海溢

按大政紀正德十三年江西大水

按山東通志正德十三年章丘大水

按浙江通志正德十三年湖州宣平景寧泰順台州大水餘姚上虞颶風海溢

按湖廣通志正德十三年武昌漢陽黃州大水

按雲南通志正德十三年秋八月龍關於順寧瀾滄江湧水高百丈行者七日不渡

正德十四年河漲泉湧水溢

按陝西通志正德十四年河漲傾沔縣岐山縣潤德泉久涸復湧出

按浙江通志正德十四年嘉興湖州餘姚蕭山大水

按湖廣通志正德十四年六月安仁霖雨水溢山崩流殺八十九人壞田七百餘頃

正德十五年大水

按明昭代典則正德十五年衢州大水

按湖廣通志正德十五年夏武昌大水至冬不涸

按四川總志正德十五年江津水溢舟入縣署官民露處石子山三日乃消

按廣東通志正德十五年夏四月清遠大水

世宗嘉靖元年大水

按世宗實錄嘉靖元年秋七月二十四日戊辰至次日己巳大風雨江海嘯湧漂沒室廬人畜

按大政紀嘉靖元年七月南京大雨水是月朔風雨暴至江水俱溢傾陷居民數十百家城垣宮闕頹圮頗多守臣以聞帝諭南京羣臣同加修省

按浙江通志嘉靖元年杭州湖州諸暨龍泉大水

按湖廣通志嘉靖元年夏衡陽大水城圮長沙亦大水七日風雷電大作

按廣西通志嘉靖元年陽朔大水五日不消人遭溺甚衆夏五月全州大水萬鄉四都山崩水湧陷田數百頃七月蒼梧大水漂民廬舍萬餘

按江西通志嘉靖元年五月各府大水饑

嘉靖二年大水海溢

按大政紀嘉靖二年八月河南大水先是四方災異奏報頻仍帝曰上天示戒朕心憂惶特降敕諭同加修省凡關吏治民隱興利除害者切實舉行以回天意至是吏部侍郎汪俊上言皇上入繼以來昭德塞違動無過舉宜足致祥而顧頻告災眚者蓋以臨馭未幾政漸弗終故天心仁愛特示警懼可不幡然慎終以答天人之望歟請試言之陛下登極一詔百度惟貞邇來舉措背馳萬民失仰詔令不能如初也陛下卽位之初罷逐庸回任用耆舊爾來師傅重臣諸詢疎闊任賢不能如初也陛下卽位之初聽言如流邇來事涉戚宦九卿臺諫執奏不從聽納不能如初也陛下卽位之初釐革倖位邇來戚宦之家藩邸之臣侯伯錦衣陳乞日多愼名器不能如初也陛下卽位之初姦黨巨惡下三法司鞫訐邇來事非機密悉付詔獄臺諫論列而不從法司執奏而被詰法守不能如初也陛下卽位之初命科道查覈御馬監馬匹牛羊照數會計繼因閹閎瀆奏遂寢前旨卹民不能如初也陛下卽位之初禁出左道邇來修設禱祀溷瀆宮庭禁邪不能如初也陛下卽位之初神氣精明邇來聖躬違和天顏異舊豈鼎盛之年忘在色之戒歟此保固不能如初也有一於此足以干和兄衆之乎未可諉爲適然之故而不加之意也疏入不報

按浙江通志嘉靖二年湖州大水三至象山大風雨海溢

按湖廣通志嘉靖二年岳州大水冬衡州大水

嘉靖三年大水

按廣東通志嘉靖三年秋歸善大水時積雨彌旬水驟溢壞公署民居漂沒田禾人多溺死者郡匿不以聞及傳至卽疏請蠲是歲秋糧十之二輿論多之

嘉靖四年河決大水

按明昭代典則嘉靖四年九月黃河決

按浙江通志嘉靖四年處州大水

嘉靖五年河決漢決大水

按大政紀嘉靖五年七月河決豐沛時河水泛溢豐沛及徐州之西漫爲巨浸沛北九甚水東溢逾漕漫入昭陽湖沈沙壅於漕渠爲平運道大阻

按續文獻通考嘉靖五年徐淮兗濟大水上以災變命臣工修省

按山東通志嘉靖五年秋七月武定大水害稼

按湖廣通志嘉靖五年漢水決洋渡初渡口忽陷城穴有女子衣絳綠恆坐其上一夕痛哭河遂決

按廣西通志嘉靖五年二月容縣大水連漲數日水退見兩岸龍車軌迹戊子宣化縣龍見

按山西通志嘉靖五年萬泉大水

按江南通志嘉靖五年六月黃水陷豐縣城遷縣治

嘉靖六年大水

按浙江通志嘉靖六年蕭山餘姚大水無苗麥

按雲南通志嘉靖六年五月碍嘉大水秋景東水溢圮橋梁浸田廬米價騰貴

按江西通志嘉靖六年瑞州臨江水

嘉靖七年大水

按山西通志嘉靖七年秋七月陽和大水

按浙江通志嘉靖七年處州大水

按廣東通志嘉靖七年夏五月陽江大水

按雲南通志嘉靖七年祿豐大水

嘉靖八年大水

按浙江通志嘉靖八年杭州雨黑水嘉興衢州溫州諸暨新昌縉雲遂昌宣平大水

按江西通志嘉靖八年饒州廣信水

按雲南通志嘉靖八年澂江大雨山崩西浦溪水溢入西街壞城屋損稼

按貴州通志嘉靖八年都勻大水渰城郭

嘉靖九年河決大水

按明外史潘希曾傳嘉靖九年六月河決曹縣分三道東下其經單豐沛三邑者賴長堤障之得無害後沙淤滿民多耕作其間交口頌之

按山東通志嘉靖九年秋七月河決武城縣

按湖廣通志嘉靖九年八月黃岡大水
按廣西通志嘉靖九年正月十六日蒼梧大水延百家
按雲南通志嘉靖九年秋九月大水平地深三尺
嘉靖十年餘姚大水
按浙江通志云云
嘉靖十一年大水
按陝西通志嘉靖十一年夏漢中大水渭大水淹沒民田廬
按浙江通志嘉靖十一年處州大水
按湖廣通志嘉靖十一年夏荊岳辰州大水
嘉靖十二年大水
按江西通志嘉靖十二年四月十三府大水
按廣西通志嘉靖十二年秋宣邑水泛民甚苦之
嘉靖十三年河溢大水
按山西通志嘉靖十三年黃河溢三日水入城門衝沒人畜田產不可勝紀
按陝西通志嘉靖十三年五月慶陽寧邠涇陽等州縣大水淹沒涇渭兩岸居民畜產無數
按浙江通志嘉靖十三年嘉興湖州奉化諸暨新昌淳安大水
按貴州通志嘉靖十三年興隆大水
嘉靖十四年大水
按福建通志嘉靖十四年五月十四日延平府城西溪大水逆流東溪浸至八角樓不沒者三尺
按廣西通志嘉靖十四年夏五月武緣縣大水浚城崩岸民大流殍蒼梧大水漂廬舍千餘間沒城郭人多乘舟筏至岡壟田廬蕩壞
嘉靖十五年大水海潮溢
按山西通志嘉靖十五年六月臨晉大水七月七日大雨如注平地橫流兩河泛漲圮城署漂溺人畜田產甚衆
按江南通志嘉靖十五年揚州海潮溢高二丈餘溺死民竈男婦二萬九千餘人
按湖廣通志嘉靖十五年石門大水
嘉靖十六年大水海溢
按全遼志嘉靖十六年夏大水開原寧遠等處壞廬舍人畜溺死禾稼淹沒
按湖廣通志嘉靖十六年夏興國大水
按廣東通志嘉靖十六年海豐海水大溢居民死者千計夏五月肇慶大水
按廣西通志嘉靖十六年夏四月全州大水城圮者半大傷田禾平樂府水漂廬舍害稼五月恭城水溢入城田稼浸沒民大亂夏蒼梧大水東南民舍盡沒
按雲南通志嘉靖十六年夏大水開原寧遠等處壞廬舍人畜溺死禾稼淹沒是歲饑
嘉靖十七年大水
按江西通志嘉靖十七年六月大水
按湖廣通志嘉靖十七年六月羅田河溢水入城殺人
按廣西通志嘉靖十七年秋武緣縣大水漂流民舍委積如山
嘉靖十八年大水
按浙江通志嘉靖十八年衢州嚴州紹興金華大水
按貴州通志嘉靖十八年夏五月思州大水
嘉靖十九年大水
按山西通志嘉靖十九年八月臨縣大水自東山至城下并無岸迹約高數丈城內水與城齊漂沒民居器物無數後南城角壞洩之而出
按湖廣通志嘉靖十九年四月靖州大雨水溢城中深丈餘柳州黃陂大水
按四川總志嘉靖十九年六月大水自彭縣丹景山歷崇寧新繁新寧金堂漂溺廬舍人畜不可勝紀
嘉靖二十年潮漲
按浙江通志嘉靖二十年台州颶風潮漲平地水丈餘溺者無算
嘉靖二十一年大水
按山西通志嘉靖二十一年夏五月吉州大水漂沒城郭民舍半
按福建通志嘉靖二十一年羅源大水
按廣西通志嘉靖二十一年岑溪大水
嘉靖二十二年汾水漲
按山西通志嘉靖二十二年襄陵汾水泛漲中流舟覆平陽衛馬指揮沒其中同沒者衆
按湖廣通志嘉靖二十二年三月來陽大雨雹風拔木裂瓦須臾水溢堂室者六尺
按雲南通志嘉靖二十二年秋騰越大水
嘉靖二十三年大水
按山西通志嘉靖二十三年霍州汾州孝義大水壞屋舍田畝秋七月黎城大水山水潰堤壞廬舍人畜
嘉靖二十四年大水

按江西通志嘉靖二十四年春臨江大水無麥
嘉靖二十五年大水
按雲南通志嘉靖二十五年秋景東大水
嘉靖二十六年大水
按湖廣通志嘉靖二十六年秋穀城大水
按廣東通志嘉靖二十六年夏肇慶大水
按福建通志嘉靖二十六年八月大雨郡城街水入
民居淹至半壁各鄉俱水災
嘉靖二十七年大水
按浙江通志嘉靖二十七年縉雲大水
按湖廣通志嘉靖二十七年保康大水
按廣西通志嘉靖二十七年夏六月全州萬鄉四都
山裂水三道汎冲民屋土田成河
嘉靖二十八年大水
按陝西通志嘉靖二十八年七月慶陽大水夾河兩
岸二百里許廬舍貨市盡成沙磧溺死者萬餘人
按浙江通志嘉靖二十八年嘉湖大水
嘉靖二十九年大水
按雲南通志嘉靖二十九年八月永昌大水壞民廬
舍人畜溺死者以百計
嘉靖三十年大水
按浙江通志嘉靖三十年處州大水
按湖廣通志嘉靖三十年宜城光化大水七月均州
大水
嘉靖三十一年淮河溢大水
按大政紀嘉靖三十一年八月河溢徐淮時久雨河
水大溢淮安徐邳及山東曹單諸州縣俱罹其患

按山東通志嘉靖三十一年秋七月大水蒙陰安丘
尤甚羣龍攪石形迹甚多
嘉靖三十二年大水
按畿輔通志嘉靖三十二年夏保定大水人畜死無
葬百戸孟吉園中龍起火光燭天
按山西通志嘉靖三十二年興縣大水摧城西南角
按湖廣通志嘉靖三十二年五月麻城大水黃岡道
觀河見水怪大雨水溢民溺者以千計
嘉靖三十三年大水
按山西通志嘉靖三十三年靜樂大水碾水大漲冲
決城垣民居河堤
按河南通志嘉靖三十三年春夏河北大水
按浙江通志嘉靖三十三年永嘉大水
按湖廣通志嘉靖三十三年武昌沔陽公安大水
嘉靖三十四年河溢大水
按山西通志嘉靖三十四年榮河黃河溢泛漲至城
下漂沒禾稼
按浙江通志嘉靖三十四年處州大水
嘉靖三十五年大水
按贛州府志嘉靖三十五年夏四月大水灌城七日
而水再至視前加三尺漂沒溺死無算是年南昌以
水災免存留稅糧借贛關鹽稅補給宗祿
嘉靖三十六年大水
按山西通志嘉靖三十六年六月廣昌澤州大水白
水溢壞民居
嘉靖三十七年大水
按大政紀嘉靖三十七年六月遼東大水

按雲南通志嘉靖三十七年永平騰越大水壞民田
廬數百家
嘉靖三十八年大水
按湖廣通志嘉靖三十八年五月襄陽大水九月復
漲
嘉靖三十九年伊洛溢大水
按河南通志嘉靖三十九年庚申偃師伊洛泛溢害
稼
按湖廣通志嘉靖三十九年四月襄陽宜城蘄水靖
州寶慶會同大水七月荆州武昌岳州大水金門破
寸金堤水至城下高二丈六門皆築土塡塞凡一日
水退八月龍陽大水九月黃岡大水
按雲南通志嘉靖三十九年北勝大水
按江南通志嘉靖三十九年江水漲至三山門秦淮
民居水深數尺
嘉靖四十年大水
按大政紀嘉靖四十年五月蘇松嘉湖大水無稻苗
時霪雨彌月湖陂俱溢平地水深丈餘稻蒔俱沒
按浙江通志嘉靖四十年杭州湖州衢州俱大水民
饑
按雲南通志嘉靖四十年霑益大水李樹結木瓜後
有東川之變
嘉靖四十一年大水
按浙江通志嘉靖四十一年湖州大水
按江西通志嘉靖四十一年夏四月至六月南昌數
府大水
嘉靖四十二年青田大水

按浙江通志云云

嘉靖四十三年大水

按浙江通志嘉靖四十三年大水

按江西通志嘉靖四十三年南昌府屬水

嘉靖四十四年河決大水

按大政紀嘉靖四十四年七月河決徐沛漕渠壅時河水泛濫決徐沛之飛雲橋東流逾漕入昭陽湖汎濫而東平地水丈餘舟行木末十日而退則漕渠湮沒無迹矣上下凡百里時運艘過沛才三之二餘滯不通

按浙江通志嘉靖四十四年諸暨大水

按湖廣通志嘉靖四十四年荊州岳州長沙寶慶龍陽大水

嘉靖四十五年大水

按續文獻通考嘉靖四十五年丙寅湖廣水破均州城均州近太和山時提督太和山太監呂祥奏異常水災懇乞賑卹詔廷臣議之

按山西通志嘉靖四十五年遼州大水

按湖廣通志嘉靖四十五年江夏水漲入城光化荊州黃梅大水武昌大水秋霪雨害稼

穆宗隆慶元年大水

按湖廣通志隆慶元年七月穀城大水入城

按廣東通志隆慶元年五月連州大水平地丈餘

按雲南通志隆慶元年嵩明大水漂沒廬舍人畜

隆慶二年大水海溢

按浙江通志隆慶二年遂昌台州大水溫州海溢

隆慶三年大水

按明昭代典則隆慶三年五月江南大水淮揚皆饑

按山東通志隆慶三年六月衛河決館陶等處溺死人畜無算七月大水漂沒田廬無算

按河南通志隆慶三年衛輝大水

按浙江通志隆慶三年嘉興處州台州新昌大水

按湖廣通志隆慶三年荊州岳州襄陽承天復大水

隆慶四年河決

按大政紀隆慶四年九月河決邳州自睢寧白浪淺至宿遷小河口淤百八十里運船千餘艘不得進侍郎翁大立言權宜之計在棄故道而就新衞經久之策在開淤河以避洪水於是都給事中龍光御史孫喬興等皆以為言請罰治河道諸臣責以後效令及時疏塞以通漕舟工部覆奏往時黃河自劉大夏設官命夫而河南之患息自近來改成新河而豐沛之患息非必河自順軌由人力勝也今既不能引他水以濟漕而新衞之渠卒未可就惟渠決口如曩時房村方略則故道宜可通至如泇口之議雖工費不貲而一勞永逸比歲之疏鑿費亦自省令大立躬自相度調其利害以聞其管河官員俱令戴罪任事俟河通奏請上是之

按山西通志隆慶四年夏臨晉澤州大水波濤如雷傾壞官民廬舍甚多秋滎河河漲入城漂沒禾稼人畜

按潞安府志隆慶四年黎城縣山水潰堤壞廬舍人畜有死者

按陝西通志隆慶四年六月淸澗縣夜雨水漲衝南門洴壞居民數百家華陰河溢數丈流沒人民浮屍遍野

隆慶五年大水

按湖廣通志隆慶五年辰州常德安鄉華容大水入城市武林沖淤田地決隄壞橋

按廣東通志隆慶五年夏五月韶州大水英德官署水深四尺

隆慶六年大水

按河南通志隆慶六年夏新野大水

按江南通志隆慶六年七月黃河驟漲自徐碭至淮揚下流悉成巨浸

按浙江通志隆慶六年青田大水

按江西通志隆慶六年德化彭澤大水

按湖廣通志隆慶六年江陵松滋大水

神宗萬曆元年大水河溢

按山西通志萬曆元年臨晉大水山水數丈浸及王官谷漂溺祠廟時謂二龍相戲

按湖廣通志萬曆元年五月鄖陽上津夾河水溢壞城六十餘丈漂沒民舍無算咸寧大水

按雲南通志萬曆元年元江嵩明大水

萬曆二年大水海嘯

按浙江通志萬曆二年金華處州大水嘉興溫州大風雨海嘯漂沒廬舍

按湖廣通志萬曆二年江陵大水

按福建通志萬曆二年九月暴雨三月淇水高漲郡城東西隅九甚市可行舟廬舍傾圮民畜溺死無數

萬曆三年大水海溢

按馬邑縣志萬曆三年七月水災

按浙江通志萬曆三年杭州餘姚上虞大風雨海溢
按福建通志萬曆三年五月初五日大水入城
按雲南通志萬曆三年十月曲靖淫潦沒田禾
萬曆五年大水
按浙江通志萬曆五年台州洚水害田廬
萬曆六年大水
按湖廣通志萬曆六年五月鍾祥大水
按福建通志萬曆六年五月大水候官懷安稼損十之八
按廣西通志萬曆六年夏六月武緣縣大水
萬曆七年大水
按山西通志萬曆七年秋七月趙城汾水溢齧城西隅
按浙江通志萬曆七年嘉興大水民饑
按廣東通志萬曆七年新會大雨水
按廣西通志萬曆七年五月北流縣大雨漂沒城垣民舍溺死男婦二十餘人
按貴州通志萬曆七年婺川大水
萬曆九年大水
按浙江通志萬曆九年嘉興湖州大水
按福建通志萬曆九年七月初九日夜大水流福安縣巨浪高於敵臺枕尸狼藉僅存東北二隅
萬曆十年大水
按續文獻通考萬曆十年壬午秋七月丙辰朔十三日戊辰至次日己巳蘇松諸郡大風雨拔木江海及湖水俱嘯湧常熟崇明嘉定吳江等處漂沒室廬人畜以萬計
按浙江通志萬曆十年嘉興大風雨湖水嘯湧衢州大水
按江西通志萬曆十年瑞州水
按湖廣通志萬曆十年鍾祥潛江大水
按貴州通志萬曆十年夏五月普定大水
萬曆十一年大水
按四川總志萬曆十一年五月東鄉大水城樓獄舍衝塌壞民舍二百餘家財貨米粟漂溺以千計
萬曆十二年夏五月都勻大水
按貴州通志云云
萬曆十三年大水
按浙江通志萬曆十三年嘉興大水
按廣東通志萬曆十三年瓊州大雨水漂沒人畜以萬計
萬曆十四年大水
按湖廣通志萬曆十四年沔陽大水
按廣西通志萬曆十四年三月懷集古城大水岳山巖崩魚鱉盡絕人涉水多生疽七月梧州城大水南門城內水高一丈五尺廬舍田禾盡遭淹沒蒼梧漂民舍八百一十六家藤縣二百四十家鬱博北流皆受水害官發穀賑之
萬曆十五年大水
按浙江通志萬曆十五年紹興寧波大水
按江西通志萬曆十五年南昌府大水饑
按湖廣通志萬曆十五年大水
萬曆十六年海嘯大水
按浙江通志萬曆十六年嘉興大水蕭山海嘯壞田萬餘畝縉雲大水
萬曆十九年泌水溢海溢
按山西通志萬曆十九年春三月泌水溢流沒民田數百頃
按浙江通志萬曆十九年嘉興大水樂清海溢
按湖廣通志萬曆十九年漢川鍾祥沔陽潛江大水
萬曆二十一年姚安大水
按雲南通志云云
萬曆二十二年河水溢
按澤州志萬曆二十二年高平唐安鎮暴雨河水溢漂沒民居
萬曆二十三年姚安大水
按雲南通志云云
萬曆二十四年大水池塘湧
按浙江通志萬曆二十四年嘉興湖州寧波大水
按廣西通志萬曆二十四年八月初九日賀縣闔邑池塘忽湧城中爲甚
按貴州通志萬曆二十四年夏五月安順州大水
萬曆二十六年大水
按陝西通志萬曆二十六年秋延安大水漂人畜甚衆
按浙江通志萬曆二十六年嚴州洪水平地十餘丈
萬曆二十七年大水
按山西通志萬曆二十七年夏滎河大水東鄉村落盡被沖沒
按雲南通志萬曆二十七年夏鶴慶大水無麥民饑五月永昌大水

萬曆二十八年池水溢大水
按山西通志萬曆二十八年秋八月臨汾絳州池水溢
按雲南通志萬曆二十八年富民楚雄騰越蒙化北勝大水廬舍田禾皆沒
萬曆二十九年水溢
按山西通志萬曆二十九年秋七月滎河水溢沖壞民田
按四川總志萬曆二十九年秋水漂昭化民居湮沒禾稼漲入南城船行於市
萬曆三十年大水河決
按山西通志萬曆三十年夏五月高平大水店頭村暴雨河漲漂沒民田村後平地忽裂大穴水入其中已復合如故六月絳州大水平地丈餘漂沒北董等村
按浙江通志萬曆三十年紹興颶風海溢溺死不可勝計
按湖廣通志萬曆三十年漢陽大水
按雲南通志萬曆三十年冬臨安大水決河堤
萬曆三十一年海溢
按福建通志萬曆三十一年八月同安大颶風海水漲溢積善嘉禾等里壞舍溺人無數
萬曆三十二年大水
按山西通志萬曆三十二年繁峙平遙大水繁峙漂沒民居人口房屋甚多平遙汾水泛漲漂夏秋二禾殆盡
按雲南通志萬曆三十二年六月臨安大水沒田廬

萬曆三十三年大水汾水徙
按山西通志萬曆三十三年介休大水綿山水漲夜半泛流深丈餘自南門入出北門居民多被害是日近晚北門役見一使客令開門至二鼓水徑往北門出汾水徙文水東民多災襄陵大水汾河泛濫異常一時灘地盡皆滲陷中流忽奔流忽浪擁起如峰船壞溺死者殆以百數
萬曆三十四年河溢大水
按畿輔通志萬曆三十四年東鹿大雨滹沱河溢午夜入城水深數尺
按山西通志萬曆三十四年六月翼城大水漂沒民居
按湖廣通志萬曆三十四年黃岡大水
按雲南通志萬曆三十四年廣西大水
按貴州通志萬曆三十四年夏五月永寧赤水大水漂三百餘家
萬曆三十五年河決大水
按山東通志萬曆三十五年河決單縣
按湖廣通志萬曆三十五年黃州大水舟入城郭房大水
萬曆三十六年大水
按浙江通志萬曆三十六年杭州諸暨大水民饑
按雲南通志萬曆三十六年十八寨大水沒民居
按江西通志萬曆三十六年南昌府水大饑
萬曆三十七年大水
按浙江通志寧波嵊縣杭州遂昌大水
按福建通志萬曆三十七年五月初八日邵武大水沖壞東垻饒垻登雲橋二十四日平地水深三尺漂去北橋東橋田畝廬舍人民溺無算光澤泰寧亦水二十六日大水入城本年五月二十四日建寧蛟水發沖壞城郭漂流廬舍壓溺男女以數萬計是日延平之將樂順昌等縣蛟水亦發所蕩村落悉為丘墟二十六日淵湃而下勢若奔馬倏忽間會城中平地水深數尺郭外則丈餘矣一望瀰漫浮尸敗椽蔽江塞野五晝夜不絕故老相傳以為二百年來未睹也水皆滷濁邑人不敢飲於江者浹月當事以異災聞奏請蠲賑然是時水旱遍宇內朝廷亦不能每人濟矣
萬曆三十八年黔江溢
按四川總志萬曆三十八年五月初三日黔江水漲衝沒隆市河等街軍民房屋西堤決城崩廨溺文卷漂流人畜死者千餘至初七日方消
萬曆三十九年大水
按浙江通志萬曆三十九年寧波縉雲大水
按廣西通志萬曆三十九年五月懷集縣大水
萬曆四十一年大水
按山西通志萬曆四十一年夏絳州平遙大水漂沒房地人死者甚衆秋臨汾襄陵洪洞曲沃趙城太平夏縣垣曲吉州隰州寧鄉大水俱議賑濟
按陝西通志萬曆四十一年七月涇水暴溢高數十丈漂沒民居商貨無算
按湖廣通志萬曆四十一年蘄州廣濟大水沒堤沔陽大水
萬曆四十二年大水海潮漲

按山西通志萬曆四十二年岳陽大水澗河水漲沒地畝甚多
按湖廣通志萬曆四十二年沔陽大水
按福建通志萬曆四十二年夏海水一日三潮秋大水平地數尺田宅丘陵多崩壞漂棺無數
萬曆四十三年大水
按浙江通志萬曆四十三年諸暨大水
按福建通志萬曆四十三年八月永福縣大水漂流城郭田園人畜渰死無算
萬曆四十四年大水
按陝西通志萬曆四十四年六月二十二日大雨如注五六日涇陽縣口子鎮人見有羊相鬬忽化爲龍橫截谷口水須臾而下推激大石如萬雷聲兩旁山爲之動直抵雲陽至三原越龍橋而過渰沒百里漂七十餘村白渠以北鮮有存者數月餘平地水方盡
按江西通志萬曆四十四年吉安大水民饑
萬曆四十五年河決
按江南通志萬曆四十五年徐州河決
萬曆四十六年大水
按浙江通志萬曆四十六年寧波大水
按湖廣通志萬曆四十六年辰州大水入城
萬曆四十八年海水溢大水
按山東通志萬曆四十八年七月八日海水溢是日文登大風拔木發屋壓死人畜甚衆傷靖海運船七十餘隻
按浙江通志萬曆四十八年諸暨大水
按雲南通志萬曆四十八年澂江姚安廣西安寧富民新興十八寨河西大水
熹宗天啓元年五月梧州大水
按廣西通志云云
天啓二年大水
按浙江通志天啓二年處州大水
按湖廣通志天啓二年鄖陽大水
天啓四年大水河決
按山西通志天啓四年岳陽大水沁澗水溺田畝成渠
按江南通志天啓四年六月初二日奎山堤決水陷徐州城
天啓六年大水
按東鹿縣志天啓六年七月大水傷禾稼
按陝西通志天啓六年延長大水
天啓七年大水
按江南通志天啓七年十月颶風大作太湖水湧沒吳江千家
按浙江通志天啓七年餘姚縉雲大水
按廣西通志天啓七年五月三江大水漂沒民房甚衆
愍帝崇禎元年大水海溢
按山西通志崇禎元年清源大水
按浙江通志崇禎元年兩浙大水海溢漂溺無算
按湖廣通志崇禎元年漢陽大水
崇禎二年海溢大水
按浙江通志崇禎二年紹興大風雨海溢
按湖廣通志崇禎二年漢陽大水
崇禎五年漢陽大水
按湖廣通志云云
崇禎六年大水
按廣西通志崇禎癸巳七月宣化縣大水灌城丈餘近河民舍漂蕩殆盡
按廣西通志崇禎六年七月蒼梧大水
按雲南通志崇禎六年江川大水湮沒城垣次年還城
崇禎七年大水
按浙江通志崇禎七年處州餘姚大水
按江西通志崇禎七年夏饒州大水害稼
崇禎八年處州大水
按浙江通志云云
崇禎九年大水
按浙江通志崇禎九年處州大水壞民居
崇禎十年大水
按江西通志云云
崇禎十二年六月德安大水
按湖廣通志云云
崇禎十三年大水
按浙江通志崇禎十三年秋大水斗米價五錢
按福建通志崇禎十三年七月內福安大水漂溺廬舍人畜無算
崇禎十四年大水
按福建通志崇禎十四年五月二十日大水城崩及半
崇禎十五年大水

按江西通志崇禎十五年夏大水
崇禎十六年三月蒼梧大水
按廣西通志云云

欽定古今圖書集成曆象彙編庶徵典

第一百三十一卷目錄

庶徵典第一百三十一卷

水災部總論

春秋四傳

莊公二十五年

春秋秋大水鼓用牲于社于門

左傳亦非常也凡天災有幣無牲非日月之眚不鼓

公羊傳其言于社于門何于社禮也于門非禮也

穀梁傳下有水災曰大水既戒鼓而駭衆用牲可以已矣救日以鼓兵救水以鼓衆

大全張氏曰比年大水陰盛陽微之變極矣莊公若思先王正厥事之意謹內外之防嚴夫婦之別使陰沴無浸長之漸則後日之禍猶可及止也徇其文而無實徒以牲牷求免不恐懼修省以正其本而禮文亦且繆戾此魯之所以亂也

王充論衡

順鼓篇

春秋之義大水鼓用牲於社說者曰鼓者攻之也或曰脅之脅則攻矣陽勝攻社以救之或難曰攻社謂得勝負之義未可得順義之節也人君父事天母事地母之黨類爲害可攻母以救之乎以政令失道陰陽繆盭者人君也不自攻以復之反逆節以犯尊天地安肯濟使湛水害傷天不以地害天攻之可也今湛水所傷物也萬物於地卑也害犯至尊之體於道違逆論春秋者曾不知難案雨出於山流入於川湛水之類山川是矣大水之災不攻山川社土也五行之性水土不同以水爲害而攻土土勝水攻社之義毋乃如今世工匠之用椎鑿也以椎擊鑿令鑿穿木今儻攻土令厭水乎且夫攻社之義以爲攻陰之類也甲爲盜傷害人民甲在不亡舍甲而攻乙之家耐止甲乎今雨者水也水在不自攻水而乃攻社案天將雨山先出雲雲積爲雨雨流爲水然則山者父母水者子弟也重罪刑及族屬罪父母子弟乎罪其朋徒也計山水與社俱爲雨類也孰爲親者社土也五行異氣相去遠殷大戊桑穀俱生或曰高宗恐駭側身行道思索先王之政興滅國繼絕世舉逸民明養老之義桑穀消亡享國長久此說者春秋所共聞也

水災與桑穀之變何以異殷王改政春秋攻社道相違反行之何從周成王之時天下雷雨偃禾拔木爲害大矣成王開金縢之書求索行事周公之功執書以泣過雨止風反禾大木復起大雨久湛其實一也成王改過春秋攻社兩經二義行之如何月令之家蟲食穀稼取蟲所類象之吏笞擊僇辱以滅其變實論者謂之未必眞是然而爲之厭合人意今致雨者政也吏也不變其政不罪其吏而徒攻社能何復塞苟以爲當攻其類衆陰之精月也方諸鄕月水自下來月離于畢出房北道希有不雨月中之獸兔蟾蜍也其類在地螺與蚄也月毀於天螺蚄舀缺同類明矣雨久不霽攻陰之類宜捕斬兔蟾蜍椎被螺蚄爲其得實蝗蟲時至或飛或集所集之地穀草枯索吏卒部民塹道作埳榜驅內於塹埳杷蝗積聚以千斛數正攻蝗之身蝗猶不止況徒攻陰之類雨安肯霽尚書大傳曰煙氛郊社不修山川不祀風雨不時霜雪不降責於天公臣多弑主孽多殺宗五品不訓責於人公城郭不繕溝池不修水泉不隆水爲民害責於地公王者三公各有所主卿大夫各有分職大水不責卿大夫而擊鼓攻社何知不然魯國失禮孔子作經表以爲戒也公羊高不能實董仲舒不能定故攻社之義至今復行之使高尚生仲舒未死將難之曰久雨湛水溢誰致之者使人君也宜改政易行以復塞之如人臣也宜罪其人以過解天如非君臣陰陽之氣偶時運也擊鼓攻社而何救止春秋說曰人君亢陽致旱沉溺致水夫如是水則爲沉溺之行旱則爲亢陽之操何乃攻社攻社不解朱絲縈之亦復未曉說者以爲社陰朱陽也水陰也以陽色縈之助鼓爲救夫大山失火灌以壅水衆知不能救之者何也火盛水少熱不能勝也今國湛水猶大山失火也以若繩之絲縈社爲救若以壅水灌大山也原天心以人意狀天治以人事人相攻擊氣不相兼兵不相負不能取勝今一國水使直欲攻陽以絕其氣悉發國人操刀把杖以擊之若歲終逐疫然後爲可楚漢之際六國之時兵革戰攻力彊則勝弱劣則負攻社一人擊鼓無兵革之威安能救雨夫一暘一雨猶一晝一夜也其遭若堯湯之水旱猶一冬一夏也如或欲以人事祭祀復塞其變冬求爲夏夜求爲晝也何以效之久雨不霽試使人君高枕安臥雨猶自止止久至於大旱試使人君高枕安臥旱猶自雨何則陽極反陰陰極反陽故夫天地之有湛也何以知不如人之有水病也其有旱也何以知不如人有癉疾也禱請求福終不能愈變操易行終不能救使醫食藥冀可得愈命盡期至醫藥無效堯遭洪水春秋之大水也聖君知之不禱於神不改乎政使禹治之百川東流夫堯之使禹治水猶病者之使醫也然則堯之洪水天地之水病也禹之治水洪水之良醫也說者何以易之攻社之義于事不得雨不霽祭女媧于禮何見伏羲女媧俱聖者也舍伏羲而祭女媧春秋不言董仲舒之議其故何哉夫春秋經但言鼓豈言攻哉說者見有鼓文則言攻矣夫鼓未必爲攻說者用意異也季氏富於周公而求也爲之聚斂而附益之孔子曰非吾徒也小子鳴鼓攻之可也攻者責也責讓之也六國兵革相攻不得難此此又非也以旱而責尊爲逆矣或據夫責之也王者母事地母有過子可據父以責之乎下之於上宜言諫若事臣子之禮也責讓上之禮也乖違禮意行之如何夫禮以鼓助號呼鳴聲響也古者人君將出撞鐘擊鼓故警戒下也必以伐鼓爲攻此社此則鐘聲鼓鳴攻擊上也大水用鼓或時再告社陰之太盛雨湛不霽陰盛陽微非道之宜口祝不副以鼓自助與日食鼓用牲于社同一義也俱爲告急彰陰盛也事大而急者用鐘鼓小而緩者用鈴柭彰事告急助口氣也大道難知大水久湛假令政治所致猶先告急乃斯政行盜賊之發與此同操盜賊亦政所致比求闕失猶先發告鼓用牲于社發覺之也社者衆陰之長故伐鼓使社知之說鼓者以爲攻之故攻母逆義之難緣此而至今言告以陰盛陽微攻尊之難奚從來哉且告宜于用牲用牲不宜於攻告事用牲禮也攻之用牲于禮何見朱絲如繩示在暘也暘氣實微故用物微也投一寸之鍼布一丸之艾於血脈之蹊篤病有瘳朱絲如一寸之鍼一丸之艾也吳攻破楚昭王亡走申包胥間步赴秦哭泣求救卒得助兵却吳而存楚擊鼓之人伐如何耳使誠若申包胥一人擊得假令一人擊鼓將耐令社與秦王同感以土勝水之威卻止雲雨雲雨氣得與吳同恐消散入山百姓被害者得蒙霽晏有楚國之安矣迅雷風烈君子必變雖夜必興衣冠而坐懼威變異也夫水旱猶雷風也雖運氣無妄欲令人君高枕幄臥以俟其時無惻怛憂民之心堯不用牲或時上世質也倉頡作書奚仲作車可以前代之時無書車之事非後世爲之乎時同作殊事乃

可難異世易俗相非如何俗圖畫女媧之象爲婦人之形又其號曰女仲舒之意殆謂女媧古婦人帝王者也男陽而女陰陰氣爲害故祭女媧求福祐也傳又言共工與顓頊爭爲天子不勝怒而觸不周之山使天柱折地維絕女媧銷煉五色石以補蒼天斷鼇足以立四極仲舒之祭女媧殆見此傳也本有補蒼天立四極之神天氣不和陽道不勝儻女媧以精神助聖王止雨湛乎

水災部藝文一

應詔上大水災疏　唐宋務光

后王樂聞過罔不興拒諫罔不亂樂聞過則下情通下情通則政無缺此所以興也拒諫則羣議壅羣議壅則上孤立此所以亂也臣嘗觀天人相與之際有感必應其間甚密是以教失於此變生於彼易曰天垂象見吉凶聖人象之竊見自夏以來水氣勃戾天下多罹其災洛水暴漲漂損百姓傳曰簡宗廟廢祠祀則水不潤下夫王者即位必郊天地嚴配祖宗自陛下御極郊廟山川不時薦見又水者陰類臣妾之道氣盛則水泉溢頊虹霓紛錯暑雨滯霪陰勝之沴也後庭近習或有離中饋之職以干外政願深思天變杜絕其萌又自春及夏牛多病死疫氣浸淫傳曰思之不睿時則有牛禍意者萬幾之事陛下未躬親乎晁錯曰五帝其臣不及則自親之今朝廷賢佐雖多然莫能仰陛下清光願勤思法宮凝就大化以萬方爲念不以聲色爲娛以百姓爲憂不以犬馬爲樂臣聞三五之君不能免淫亢願備禦存乎人耳災與細微安之不怪及禍變已成駭而圖之猶水決治防病困求藥尚何救哉夫寒變應天實繫人事今霖雨即閉坊門豈一坊一市能感發天道哉必不然矣故里人呼坊門爲宰相謂能節宣風雨天工人代乃爲虛設又年來公私之竭戶口減耗家無接新之儲國無俟荒之蓄陛下近觀朝市則以爲旣庶且富試踐閭陌則百姓衣馬牛之衣食犬彘之食十室而九空丁壯盡于邊塞孀孤轉於溝壑猛吏奮毒急政破資馬困斯佚人窮斯詐起爲奸盜從而刑之良可嘆也今人貧而奢不息法設而僞不止長吏貪冒選舉以私稼穡之人少商旅之人衆願坦然更化以身先之凋殘之後緩其力役久弊之極訓以敦龐十年之外生聚方足臣聞太子者君之貳國之本所以守器承祧養民贊業願擇賢能早建儲副安社稷慰黎元姻戚之間謗議所集積疑成患憑寵生災愛之適以害之也如武三思等誠不宜任以機要國家利器庸可久假於人祕書監鄭普思國子祭酒葉靜能挾小道淺術列朱紫取銀黃干國經悖天道書曰制治于未亂保邦于未危此誠治亂安危之秋也願陛下遠佞人親有德乳保之母妃主之家以時接見無令媟黷

賑救諸道水災德音　編制

勅朕以寡德臨御萬邦宵旰憂勤匪敢自暇然仁未及物誠不動天陰陽失和水潦爲敗致茲災沴害及生靈江淮之間滁和尤甚當宁軫惕未言疚懷其淮南道滁和兩州應水損縣據所申奏漂溺人戶處委本道觀察使與本州刺史子細檢勘全放今年秋稅錢米仍以義倉斛斗逐便據戶賑接其浙西浙東宣歙鄂岳江西鄜坊山南東道並委觀察使與所在長吏據淹損田苗漂壞廬舍及蟲螟所損節級矜減指實奏聞如沒溺甚處亦以義倉量事賑救其京兆府河南府所損縣即據頃畝依常例檢覆分數蠲減州縣牧宰各務撫安必令均濟稱朕意焉

遣使賑卹天下遭水百姓勅　編制

勅王者欽若天道惠綏下人修己以導其和平推心以恤乎災患庶時濟理何莫由斯朕以薄德託於人上勵精庶政思致雍熙而誠不動天政或多闕陰氣作沴暴風薦臻自江淮而及于荆襄歷陳宋而施于河朔其間郡邑連有水災城郭多傷公私爲害損害廬舍浸敗田苗或親戚漂淪或資產沈溺爲之父母所不忍聞興言疚懷良深愧惕夙夜祗畏惕於厥心用是寢不獲安食而忘味特加軫恤庶洽幽明宜令中書舍人奚陟往江陵府及襄鄧復隨郢申光蔡等州左庶子姚齊梧往陳許宋亳潁徐泗濠等州祕書少監常咸往恆冀德棣深趙等州京兆尹常武往揚楚廬滁潤蘇常等州宣慰應諸州百姓因水漂蕩家業淹損田苗交至乏絕不能自存者委宣撫使量與賑給沈溺死者各加賜物仍並以所在官中兩稅錢物地稅米充給其溺死人所在官爲收斂埋瘞用申惻隱以慰幽魂其田苗所損亦與宣撫使觀察使刺史約所損多少速具聞奏於戲一夫不獲一物失所刑罰不中賦斂不均皆可以損陰陽之和致水旱之沴其州縣應有繫囚及獄訟久未決者委所在長吏即與疎理務從寬簡使絕滯冤貪官暴吏倚法害公特加懲肅用明典憲被災之後切在撫綏各爾方鎮

之臣洎于州縣守宰咸知悉乃心力設法救人以恤凶災以補傷敗庶令安集式副憂勤宣布朕懷使各知悉

賑恤遭水災百姓勅

編制

勅惠下郵人先王之政典視年制用有國之恆規故有出公粟以賑困窮弛歲征以寬物力救患之道何莫由茲頃以諸道水災遣使宣慰中心是屬夕惕彌勤省覽條奏載懷惻惻用加救恤以濟吾人應諸道遭水漂蕩家業淹損田苗乏絕戶宜共賜米三十萬石所司各據州府乏絕戶多少速分配每道合給米數聞奏並以度支見貯米充度支卽與本道節度觀察使計費各隨便近支付委本使差清幹官請受分送合給州縣仍令縣令及本曹官同付人戶務從簡便無至重擾速分給訖具狀聞奏其州府水損出苗及五六分者今年稅米及諸色官田租子並減放一半損七分以上一切全放其所減放米如是支用數內應令度支及本道以諸色錢物充填並委度支條件聞奏其兩稅錢所司準舊例處分朕撫臨兆庶思致和平理化未臻良增寅畏方鎮守宰職在親人所宜分憂以救艱食必躬必信副朕意焉貞元八年十二月

大水記

呂周任

春秋左氏傳曰天反時爲妖地反物爲災其於水也反利爲害矣在唐堯時包山陵而浩滔天在漢武時浮罃桑而浸鉅野皆震蕩上心昏墊下人其故何哉天其或者警休明而表忠誠也皇唐貞元八年歲在壬申夏六月上帝罰茲東土浩淼長瀾周亙千里請究其本而言之是時山泐桐柏發洪歕湧下注淮瀆平湍七丈浮壽逾毫下連滄波東風駕海潮而上濺濤倒流矗縮廻薄衝塞淮泗積陰驟雨河瀉汎逆不舍晝夜至於浹旬乾坤合怒雲雷爲屯以木濟水吞洲漂防走不及竄飛不及翔連甍爲河宮嶕類如魚鼈事出慮外孰能圖之開府儀同三司檢校右散騎常侍兼御史大夫泗州刺史武當郡王張公伾其始至也聚邑都以訪故搴薪楗石以禦之其漸盛也運心術以馭事維舟編桴以載之遂連舳促艫斂邑之煢嫠老弱州之庫藏圖籍官府之器先置於遠墅軍賓甲楯士女馬牛遽遷於水次將健丁壯任便而自安公獨與左右十數人纜舟於郡城西南隅女牆濕堵上以當衝波之來公之左右失色同辭請移公曰伾天子守土臣也苟有難而違之若君命何且南山隔淮幾五六里吾往別境雖死不爲公于是使部內十驛遷于虹城西鄙傍南而東四百里達淮揚之路俾星郵無壅又東北直渡經下邳五百里至于徐州通廉察之問又移淮南城將令斷扁舟往來立標樹信以虞寇盜之變公每端拱對水而訴曰伾奉聖主明詔司牧此州河公何爲不仁降此大沴伾之罪也厲聲正色阽危不撓歷再旬而水定又再旬而水耗自水始至及水耗已六時矣又一時而復流郊境之內無平不陂郛郭之間無岸不谷尺椽片瓦蕩然無有可異者唯公之路寢與內寢巋然存焉斯則神仰公之仁先庶物而遺己實公之忠臨大難而守節高公之義動適權以成務故保其聽政晏安之所旌公之善也昔名伯之理也人愛甘棠而勿剪方茲神靈扶持不亦遠乎公乃捨車而徒棄輴而泥弔亡恤存遠軫墅廬詔左庶子姚公弔而賑之於是修府庫建城池命有司計功而償緡立廛市造井屋申飭科程以貰貸纔逾年而城邑復常矣其縮板爲垣樹柳爲麗譙衢四達廨宇雙峙雙闕雲聳瓊臺中天卽公之新惠也天災流行何代無之逢昏卽盛遇賢卽退故劉昆反風而火滅王尊臨河而水止蓋忠誠之至也公嘗領羸兵守孤城以百當萬俾國家全山東之地名載青史公卽國之長城也今以一葦之航維于危堞之上以當漲海之勢城頹而一塊不傾水溢而所濟獲全公卽國之貞臣也固知賢主之委任於公也皆感而通焉周任不敏學於舊史氏借古以喻公謹述而紀之

救沉志

劉禹錫

貞元季年夏大水熊武五溪鬬洪於沅突舊防毀民家躋高望之溟涬范華山腹爲坻林端如莎湍道駛悍不風而怒崩疑前邁浸淫旁掩柔者靡之固者脫之規者旋環之矩者顚倒之輕而汎者破磕之重而高大者前却之生者力音殨者施形蔽流而東若木柹然有僧愀焉扭于路曰浮圖之慈悲救生最大能援彼於溺我當爲魁里中兒願從三四輩皆狎川勇游者相與乘堅舟挾善器維以修綷衦于崇丘水當洄洑人易眞力凝矑執用俟可而拯大凡室處之類穴居之彙在牧之羣在豢之馴上羅黔首下逮毛物拔乎洪瀾致諸生地者數十百焉適有摯獸如鴟夷而前攫持流柄者用不陷隅目旁覫其姿弭然甚如六擾之附人者其徒將取焉僧趣訶之曰弟無濟是

爲目之可里所而不能有所持矣舟中之人曰吾聞浮圖之教貴空空生普普生慈不求報施之謂空不擇善惡之謂普不逆窮困之謂慈歸也生必救而今也窮見廢無乃計善惡而忘普與慈乎僧曰甚矣問之迷且妄也吾之教惡乎無善惡哉六塵者在身之不善也佛以賊視之未伽聲聞者在彼之未寤也佛以邪目之佛惡乎無善惡耶吾歸也所援而出死地者衆矣形乾氣還各復本狀蹄者躑躅然羽者翹蕭然而言者譊譊然隨其所之吾不尸其施也不得吾則已焉能害爲彼形之乾髮鬅之姿也彼氣之遷暴悖之用也是必反噬而齒甘最靈是必肉吾屬矣庸能躑躅譊譊之比歟夫虎之不可使知恩猶人之不可使爲虎也非吾自遺患焉爾且將遺患於衆多吾罪大矣子劉子曰余聞善人在患不救不祥惡人在位不去亦不祥僧之言遠矣故志之

哀溺并序　柳宗元

永之氓咸善游一日水暴甚有五六氓乘小船絕湘水中濟船破皆游其一氓盡力而不能尋常其侶曰汝善游最也今何後爲曰吾腰千錢重是以後曰何不去之不應搖其首有頃益怠已濟者立岸上呼且號曰汝愚之甚蔽之甚身且死何以貨爲又搖其首遂溺死吾哀之且若是得不有大貨之溺大氓者乎於是作哀溺文

吾哀溺者之死貨兮惟大氓之爲憂泄濤鼓以風湧兮浩滉蕩而無舟不讓祿以辭富兮又旁窺而詭求手足亂而無如兮負重踰乎崇丘既浮頤而滅膂兮不忍釋利而離尤呼號者之莫救兮愈搖首以沉流髮披鬤以舞瀾兮魂倀倀而焉遊龜黿互進以爭食兮魚鰌族而爲羞始貪贏以嗇厚兮終負禍而懷讎前既沒而後不知懲兮更攬取而無時休哀茲氓之蔽愚兮反賊己而從讎不量多以自諫兮姑指幸者而爲謀夫人固靈于鳥魚兮胡昧罻而蒙鉤大者死大兮小者死小善遊雖最兮卒以道夭與害偕行兮以死自繞推今而鑒古兮鮮克以保其生衣寶焚紂兮專利滅榮財很死而猶餓兮牛腹尸而不盈民既貿貿而無知兮故與彼咸謚爲氓死者不足哀兮冀中人之爲余再更噫

再論水災狀　宋歐陽修

右臣伏覩近降手詔以水災爲變上軫聖憂既一人形罪己之言宜百辟無遑安之意而應詔言事者猶少亦未聞有所施行豈言不足採歟將遂無人言矣豈有言不能用歟然則上有詔而下不言下有言而上不用皆空言也臣聞語曰應天以實不以文動民以行不以言臣近有實封應詔竊謂水入國門大臣奔走渰浸社稷破壞都城此天地之大變也恐非小有所爲可以消弭因爲陛下陳一二大計而言狂計愚不足以感動聽覽臣日夜思維方今之弊紀綱之壞非一日政事之失非一端水災至大天譴至深亦非一事之所致災譴如此而禍患所應於後者又非一言而可測是則已往而當救之弊甚衆將來而可憂之患無涯亦非獨責二三大臣所能取濟況自古天下之治必與衆賢共之也詩曰濟濟多士文王以寧書載堯舜之朝一時同列者夔龍稷契之徒二十餘人此特其大者爾其百工在位莫不皆賢也今欲救大弊弭大患如臣前所陳一二大計既未果爲而又不思衆賢以濟庶務則天變何以塞人事何以修故臣復敢進用賢之說也臣材識愚暗不能知人然衆人所知者臣亦知之伏見龍圖閣直學士知池州包拯清節美行著自貧賤讜言正論聞於朝廷自列侍從良多補益方今天災人事非賢罔乂之時拯以小故棄之遐遠此議者之所惜也祠部員外郎直史館知襄州張瓌靜默端直外柔內剛學問通達似不能言者至其見義必爲可謂仁者之勇此朝廷之臣非州郡之才也祠部員外郎崇文院檢討呂公著故相夷簡之子清靜寡欲生長富貴而淡於榮利識慮深遠文學優長皆可過人而喜自晦默此左右顧問之臣也太常博士羣牧判官王安石學問文章知名當世守道不苟自重其身論議通明兼有時才之用所謂無施不可者凡此四臣者難得之士也拯以小過棄之其三人者進退與衆人無異此皆爲世所知者猶如此臣故知天下之廣賢才淪沒於無聞者不少也此四臣者名迹已著伏乞更廣詢採亟加進擢置之左右必有裨補凡臣所言者乃願陛下聽其言用其才以濟時艱爾非爲其人私計也若量霑恩澤稍陞差遣之類適足以爲其人累耳亦非臣薦賢報國之本心也臣伏見近年變異非止水災譴告丁寧無所不有董仲舒曰國家將有失道之敗而天乃先出災以譴告之不知自省又出怪異以警懼之尚不知變而傷敗乃至斯言極矣伏惟陛下切詔大臣深圖治亂廣引賢俊與共謀議未有衆賢並進而天下不治者此亦救災弭患一端之大者臣又竊見京東

京西皆有大水並常存恤而獨河北遣使安撫兩路遂不差人或云就委轉運使此則但慮爲行遣留兩路運司只見河北遣使便謂朝廷之意有所輕重以爲不遣使路分非朝廷憂恤之急者兼又放稅賑救皆耗運司錢物於彼不便兼又運使未必皆得人其才未必能救災卹患又其一司自有常行職事亦豈能專意撫綏故臣以爲慮作行遣留伏乞各差一使於此兩路安撫雖未能大段有物賑濟至於興利除害臨時措置更易官吏詢求疾苦事既專一必有所得與就委運司其利百倍也又聞兩浙大旱赤地千里國家運米仰在東南今年災傷若不賑濟則來年不惟民饑國家之物亦自闕供此不可不留心也竊聞三司今歲京師糧米已有二年備準外猶有三百五十萬餘未漕之物今年東南既旱則來年少納上供此未漕之米誠不可不惜然少輟以濟急時亦未有所闕欲下三司勘會若實如臣所聞則乞量輟五七十萬石物與兩浙一路令及時賑救一十三州只作借貸候時米熟不妨還官然所利甚溥也此非弭災之術亦救災之一端也臣愚狂妄伏望聖慈特賜裁擇

水災疏　前人

臣伏覩近降詔書以雨水爲災許中外臣寮上封言事有以見陛下畏天愛人恐懼修省之意也竊以雨水爲患自古有之然未有水入國門大臣奔走淤浸社稷破壞都城者此蓋天地之變也至於王城京邑浩如陂湖衝溺奔逃號呼晝夜人畜死者不知其數其幸而免者屋宇摧塌無以容身縛筏露居上雨下水暴暴老幼狼藉于天街之中又聞城外墳冢亦被浸注棺槨浮出骸骨漂流此皆聞之可傷見之可憫生者既不安其室死者又不得其藏此亦近世水災未有若斯之甚者此外四方奏報無日不來或云閉塞城門或云衝破市邑或云河口決千百步闊或云水頭高三四丈餘道路隔絕田苗蕩盡是則大川小水皆出爲災遠方近畿無不被害此陛下所以驚懼莫大之變隱惻至仁之心廣爲諮詢冀以消復竊以天人之際影響不差未有不名而自至之災亦未有已出而無應之變其變既大則其憂亦深臣愚謂非小小有爲可以塞此大異也必當思宗廟社稷之重察安危禍福之機追已往之闕失防未萌之患害如此等事不過一二而已自古人君必有儲副所以承宗廟社稷之重而不可闕者也陛下臨御三十餘年而儲嗣未立此久闕之典也近聞臣寮多以此事爲言大臣亦嘗進議陛下聖意久而未決而庸臣愚士知小忠而不知大體者因以爲異事遂生嫌疑之論此不思之甚也且自古帝王有子至二三十人者甚多材高年長羅列於朝者亦衆然爲其君父者莫不皆享無窮之安豈有所嫌而斥其子耶若陛下鄂王豫王皆在至今則儲宮之建久矣世之庸人偶見陛下久無皇子忽聞此議遂以云云爾且禮曰一有元良萬國以正蓋謂定天下之根本上承宗廟之重亦所以絕臣下之邪謀自古儲嗣所以安人主也若果如庸人嫌疑之論則是常無儲嗣則人主安有儲嗣則人主危此臣所謂不思之甚也臣又見自古帝王建立儲嗣既以承宗廟之重又以爲國家美慶之事故每立太子則不敢專享其美必大赦天下凡爲人父後者皆被恩澤所以與天下同其慶喜然則非惡事也漢文帝初即位之明年羣臣再三請立太子文帝再三謙讓而後從之當時羣臣不自疑而敢請漢文帝亦不疑其臣有二心者臣主之情通故也五代之主多出武人如後唐明宗尤惡人言太子事羣臣莫敢正言有何澤者嘗上書乞立太子明宗大怒謂其子從榮曰羣臣欲以汝爲太子我將歸老於河東由是臣下更不敢言然而文帝立太子之後享國長久爲漢太宗是則何害其爲明主也後唐明宗儲嗣不早定而秦王從榮後以舉兵窺覬陷於大禍後唐遂亂此前世之事也況聞臣寮所請但欲擇宗室爲皇子爾未即以爲儲貳也伏惟陛下神聖聰明洞鑒今古必謂此事國家大計當重慎而不可輕發所以遲之耳非惡人言而不欲爲也然朝廷大議中外已聞不宜久而不決昨自春首以來陛下服藥于內大臣早夜不敢歸家飲食醫藥侍於左右如人子之侍父自古君臣未有若此之親者也下至羣臣士庶婦女嬰孩晝夜禱祈塡咽道路發於至誠不可禁止以此見臣民盡忠蒙陛下之德厚愛陛下之意深故爲陛下之慮遠也今之所請天下臣民所以爲愛君計也陛下何疑而不從乎中外之臣既喜陛下聖躬康復又欲見皇子出入宮中朝夕問安侍膳於左右然後文武羣臣奉表章爲陛下賀詞人墨客稱述本支之盛爲陛下歌之頌之豈不美哉伏願陛下出於聖斷擇宗室之賢者依古禮文且以爲子未用立爲儲副也既可以徐察其賢否亦可以俟皇子之生臣又

見樞密使狄青出自行伍遂掌樞密如初議者已爲不可今三四年間外雖未見過失而不幸有得軍情之名且武臣掌國機密而得軍情豈是國家之利臣前有封奏其說甚詳具述青未是奇材但於今世將率中稍可稱耳雖其心不爲惡不幸爲軍士所喜深恐因此陷青以禍而爲國家生事欲乞且罷青樞務任以一州既以保全青亦爲國家消未萌之患蓋緣軍中士卒及閭巷人民以至士大夫間未有不以此事爲言者惟陛下未之知爾臣之前奏乞留中而出自聖斷若陛下猶以臣言爲疑乞出臣前奏使執政大臣公議此二者當今之急務也凡所謂五行異之學臣雖不深知然其大意可推而見也五行傳曰簡宗廟則水爲災陛下嚴奉祭祀可謂至矣惟未立儲貳易曰主器莫若長子殆此之警戒乎至於水者陰也兵亦陰也武臣亦陰也此推類而易見者天之譴告苟不虛發惟陛下深思而早決庶幾可以消弭災患而轉爲福應也臣伏覩詔書曰悉心以陳無有所諱故臣敢及之若其他時政之失必有羣臣應詔爲陛下言者臣言狂計愚惟陛下裁擇

汝水漲溢說　秦觀

汝南風物甚美但入夏以來水潦爲患異時道路化爲陂池汝水漲溢城堞危險濕氣薰蒸殆與吳越間不異郡人歲歲如此漢書稱汝南有鴻隙陂翟方進爲相始奏罷之郡人怨之竊意鴻隙陂者非特灌溉之利菱芡蒲魚之饒實一郡瀦水處也大陂既廢水無歸宿則自然散漫爲害又水經稱汝水至汝南郡西北枝左別出一枝又屈而東轉兩形如垂瓠故號懸瓠城今汝水故道已亾惟存別枝水潦暴降則有泛溢之患亦其勢然也在漢時爲豫州刺史治之諸邑皆春秋時沈江道柏之國事跡甚多未暇爲作記文字可檢

論都城積水疏　李綱

臣伏覩陛下以積水暴集淹浸民居迫近都城累降御筆處分遣官固護隄防拯濟漂溺仰見陛下聖慮焦勞曲盡防患之理臣竊謂國家都汴百有六十餘年未嘗有變故今事起倉卒遠邇驚駭誠大異也臣嘗躬詣郊外竊見積水之來自都城以西漫爲巨浸東拒汴隄停蓄深廣湍悍浚激東南而流其勢未已以宗廟社稷之靈恃雉堞防守之固萬無他虞然或浸淹旬時因以風雨有不可不慮者此誠陛下寅畏天戒博詢衆謀之時而羣臣竭智効力捐軀報國之秋也累日以來傾耳以聽缺然未聞臣竊怪之夫變異不虛發必有感召之繇災害非易禦必有銷去之策周官於國危則有大詢之禮臣愚伏望陛下斷自淵衷特詔廷臣各具所見以聞擇其可採者非時賜對特加施行因衆智協衆力濟危圖安上以答天地之戒下以慰億兆之心天下不勝幸甚臣仰荷陛下天地父母之恩親加識擢得侍清光常思奮不顧身以徇國家之急輒有己見急切利害事須面奏伏望聖慈降旨閤門許臣來日因侍立次直前奏事庶幾得盡在膂仰裨聖意之萬一

答林擇之　朱熹

熹以崇安水災被諸司檄來與縣官議賑恤事因爲之遍走山谷間十日而後返大率今時肉食者漠然無意於民直是難與圖事不知此箇端緒何故汨沒得如此不見頭影因知若所學不明天下事決無可爲之理王丞文字足罷去因力薦何叔京攝其事若得此人來將來檢放一段事須有條理但只恐才不足然終是勝今日諸公耳此水所及不甚廣但發源處皆是高山裂石湧水川原田畝無復東西皆爲巨石之積死傷幾百人行村落間覩其漂蕩之路聽其冤號之聲殆不復能爲懷

庚申大水賦　熊爔

嗟哉鄂渚之水也滄楚蜀之巨浸泝吳越之上游會三江之宗派匯七澤之洪瀦數間稔而一漲孰若今歲之橫流始媢涸而洊至歷秋夏而浮浮溢諸兩崖之上泛諸三事之丘黃雲沉而焯焯蟬鳴寂而瀏瀏國計委諸鰌鱷民天殞諸湝汻爾乃漸漬乎岡阜沮洳乎門竇浸淫乎闤闠灌溉乎苑囿蜎伊威蛸蛩於松桷奚貓鼠蝸鼓於堂構牣鰷鯉鰋鮀於錡釜漾菱芡苔莕於廷廡棲積羊犬豕於瓦礫浴鴻鳧鶩鴈於屋漏爾乃娶歷乎仲謀之殿泛濫乎熊紅之城漫渀乎庾公之館澒瀾乎漫叟之門淫液乎鄒尉之井混沌乎武子之庭其行則艎艇桴筏舺艀艓艑相舣艑渡蟻而紛紜其業則絲繒縲縲絡縸繝紀相與漁釣乎其絲綸其事則扶老攜幼濡首洗足相銜銜乎水陸以潘騰朝驟邁乎博原而夕隰昨跨躋乎巖隥而今濟東防土陀雲蓋之爲谷西揖白鹿白馬之爲瀆南恂金牛石鼓之就溺北隱渡石盤石之𪓌𪔛優鞋山乎望夫而難倚沖劍石之焦諸而難恐穹鄂境之東山而詷懵狠狽思濯足乎弱水而散髮乎崐崙闕

闤閈至而不易轔轢投轄而弗亭黨鬩鬭孱而不睦烟爨煨燼而掇殘疑淮揚之闢道而無餉吏疑蘇杭之水市而無貿繇頓驚乎登州之開海市胡爲乎其在市程子乃圜居桑梓之故寢處江澨之宅滕瀛湧乎臺階攄魚龍乎臧獲能漁招乎伉儷搴鷗鷺乎簪列覽院宇乎水晶迹塵肆乎水國靡靡乎不可徜徉蹙蹙乎不可歷越子乃登九曲以攄鬱陟樊巔以肆觀瀰澤既賓乎陸海道體疇偶乎在川流惡豈併乎汾澗感孝孰侔於醴泉爾乃長江泛其北洋湖潰其南七湖溪沼又縱橫千百浩汗於其間灝溔瀇洋瀁沸潰灑茫茫乎如馮虛之御封疆如雨河之連碧海濞浜淠涫澠瀹瀚汩滔滔乎魚龍所不能居騏驥所不能及灌溹漭滘瀜沖瀏洶泓泓乎其瓦礫之所當浮丈人之所不沐瀑瀧汸湧瀉沆沸瀄瀞漷乎如游雷之霆轟霹靂如狂風之颶飈旋空子乃誤江湖爲溟海山嶽爲蓬峰城郭爲舟楫烟樹爲帆蹤陽侯鼓沴濤於寰宇風師駕颶飄於崆峒馮夷侈吞噬於壟世河伯夌沉溺於城廓決嚙溝洫衝割垣墉魚鼈骸骨溝壑疲癃劙裂胼胝汨沒貲悰阽乃朱門之議橫瓠決之籌駮嗃嘖之淪乘我來之書振新鬼守孤丘而號月商旅失津盜而望雲官司弛征榷而瞻漢黔庶東高阜而待蕘嗟嗟上帝不康天災降戮合竄厲魑商羊魃毒幾見於鱗綷迭降於末俗從古恫之今何踵乎此蹈既不獲禹於江漢又無借賈乎江潯精衛不來西山以起土女媧不更積蘆以禦淫左慈不禁氣以速逆苻堅不投鞭以潞停雖若呵而奚禆命神禹之空盈欲呼桃而靡騁設布橐之何昏非一釜之激暴仰三策之誰陳豈建武之烈已湮王尊之翊已沒想像丁字之偉功山斗蕭瞻之感谷日夜謝鱗之石障蔓麻大中之引汴噫噫匪蒼昊之不慵羌若人之不毅安得元符之令頒俾一路以不哭

水災請蠲疏　明歐陽東鳳

臣惟君有民猶父有子相依爲命猶元首有四肢相待而存故一指痛則元首岑岑若弊一子病則父母皇皇靡寧兄痛而多於一指病而瀕於死亡則其瘰癖倉皇之狀又當何如矣興化一邑僻在海隅視萬重天閽誠邈然不相及而以當於一指一子之義諒亦皇上所甚隱也頃者大水困城閭閻騷然十去九死賴皇上從諸臣之請霈然下蠲賑之詔視他處尤加然蠲舊逋矣而新租未除寬存留矣而起運如故臣亦知秋災現在勘議皇上非常之恩或有所待顧小民身處湯火以日爲歲望皇上拯援如望上天膏澤日復一日恨不旦暮遇之此何等情狀而尚可以揖讓雍容處之也臣又知江北州邑被水者衆何獨喋喋以自干斧鉞顧他邑或有豐年而興化則永爲歉歲他邑猶存高原而興化則盡爲洿池他邑僅存阡陌而興化則殃及廬舍他邑之水旬日可消而興化則匯爲巨浸即今受水三月所矣遍觀鄉村週遭二百餘里竟成湖海而橫目之民悉爲魚鼈即有僅存孑遺或移居城頭或借棲佛舍或結葑水面而叫號波濤之中或繫舟樹杪而薰蒸風日之下欲刈草而無草可刈欲罟魚而無魚可罟欲賣兒而誰買其兒欲鬻田而誰受其田有屋者拆屋賣其薪有牛者殺牛賣其肉醫瘡剜肉苟延旦夕今日如此明日何以爲策今月如此來月何以爲生婦子相泣莫必其命此何等光景而尚可他邑例之也臣奉皇上德意非不孜孜矻矻救死扶傷然平糶而所糶幾何勸借而所借幾何發稻而所發幾何賑粥而所賑幾何瘡痍何時可起流亡何時可復沮洳何時可遠耕藝何時可興早夜維思黔驢之技已竭臣惟有官民相安無事則見在遺黎或可須臾勿致流徙若復追併錢糧則輸納後期不足爲異逃亡接踵不足爲憂臣所大恐者綠林赤眉黃巾黑山之徒自何而有皆此類遭饑饉復疲稅斂困窮無聊之衆耳萬一東嘯西聚日滋月蔓乃始勞心安集不亦難哉臣查十九年至二十一年止拖欠漕折鳳陽軍餉草馬四司等銀凡一萬五千餘兩以豐年尚不能供之全稅而取盈於大祲之凶歲臣知其必不能也即今漕米三萬二千八百有奇無論本色亦無論改折七錢即以五錢計之便當折銀一萬六千有餘以大州大邑所不能當之重賦而誅求於彈丸之窮邑臣又知必不能也臣愚以爲軍餉草馬四司鳳陽等銀無論舊逋新租存留起運凡未完者似當盡行蠲免其漕折銀兩雖不可盡蠲亦當寬假三五年之後俟瘡痍已起或值豐收始量力帶徵不然則有隆慶二三年抵借事例可援是在司國計者一查議之耳且興化非獨苦水也又苦糧重夫揚州一府爲州縣者十而興化特居其一是疆域之大小不侔也一府凡七百餘里而興化僅六十二里是戶口之殷耗不侔也一府共田二十三萬三千三百頃而興化僅二萬頃是田地之多寡不侔也九州縣俱處上游而興化獨居釜底是等則

之上下不侔也使則壤而賦則民猶可支乃桑府陞科每頃不過六斗而興化獨至二石二斗桑府額糧不過二十萬六千石有零而興化則五萬二千石有餘桑府漕米不過九萬七千石有零而興化則三萬二千有餘是總論額糧則居一府四之一專論漕糧則居一府三之一矣倒行而倍取欲勿困得乎先是今提督撫臣李戴知興化時目擊民艱具奏均攤併請抵換不意牽於成法竟爾寢閣臣今就中酌量議均攤則開分擾之門議抵換則滋聚訟之端不得已而求簧葉止啼之術則惟有歸復協濟而已蓋興化僻處一隅雖免迎接夫馬之苦然而錢糧偏重則其苦已十倍於江儀高寶等處不翅相當而已乃復派協濟各驛館支水夫等銀一千四百餘兩是本縣無衝要之名而有衝要之實然則本縣偏重之糧其誰協濟之臣愚以爲各驛協濟銀兩宜盡免派協濟江儀者卽派於江儀協濟高寶者卽派於高寶以各州縣應徵之銀還之各州縣此不過與各州縣求其平非欲興化獨享其逸於理甚順於情甚安固今日所當急議者也至於宣洩水患則石𥕢口其趨海之門近雖議開而旁邑不無撓阻之計芒稻河爲入江之路亦有成議而當事難爲無米之炊閭邑士民引領此舉有如饑渴此臣所爲痛心疾首欲默不能者也伏乞皇上俯念垂亾赤子敕下該部破格勘議仍乞正臣位卑言高之罪冒干天威不勝望闕叩禱之至

水患疏　宣國柱

兵科給事中宣國柱題爲東南水患異常皖地罹災獨苦仰祈聖旨亟敕撫按覈實以救遺黎以靖亂萌事竊照安慶一府屏蔽陪京壤連楚豫頻年中寇民不聊生丙子之冬丁丑之春焚殺蹂躪積骸遍野雞犬斷絕望無炊烟戊寅己卯年賊騎去來無常人心風鶴不定廬舍强半毁棄田園强半荒蕪而民之流徙四方者又不知幾何已仰皇上恩賜蠲恤獲以更生兼以撫道捍衞於外郡縣安輯於內近來流亾稍復瘡痍稍甦竭力稱貸以耕所望穡事有秋不料今四五月間淫霖不止江水暴漲乘舟入市濱水田禾俱成巨浸卽高田之不被淹沒者當含華擢穗之時傷於多雨亦復萎敗成秕其被水諸民有舟居露處蒸濕成病者有不及移徙枕藉溺死者有糊口無計賣兒鬻女者往年尙賴大小二麥接舊續乏今則正值麥秋盡遭漂沒以故米價騰貴小民或併日一飡或枵腹待斃菜色鳩形觸目堪涕臣鄉人來者傳聞若此況又有傳聞所不盡者乎夫水患泛濫江南北所同而至於兵燹之餘遭此荼毒則安慶府所獨歷稽臣鄉水患惟萬曆三十六年彼時干戈無警物力猶充然猶請改折請帶徵企望皇仁獲延民命今茲十室九空之時正不知國課從何取辦而饑寒所迫挺而走險且皖地新設督撫軍士雜遝以嗷嗷待哺之民當虎視眈眈之侶一不足以給其求卽脫巾之呼或亦有出於意外者臣恐所憂不獨在水患也在地方諸臣諒必繪圖入告臣職在言路仰體皇上救民水火之仁不敢不爲溺人一呼籲耳伏乞皇上亟敕撫按實覈被災分數作何蠲賑臣鄉幸甚臣愚幸甚

水災部藝文二詩

東平路中遇大水　唐高適

天災自古有昏墊彌今秋霖霪溢川原澒洞涵田疇
指途適汶陽掛席經蘆洲永望齊魯郊白雲何悠悠
傍沿鉅野澤大水縱橫流蟲蛇擁獨樹麋鹿奔行舟
稼穡隨波瀾西成不可求室居相枕藉蛙黽聲啾啾
仍憐穴蟻漂益羨雲禽遊農夫無倚著野老生殷憂
聖主當深仁廟堂運良籌倉廩終爾給田租應罷收
我心胡鬱陶征旅亦悲愁縱懷濟時策誰肯論吾謀

王澤嶺遭洪水　孔德紹

地籟風聲急天津雲色愁悠然萬頃滿俄爾百川浮
還似金堤溢翻如碧海流驚濤遙起鷺迴岸不分牛
徒知懷趙景終是倦陽侯木梗誠無託蘆灰豈暇求
思得乘槎便蕭然河漢遊

漢隄詩并序　盧肇

上元年秋漢水大溢齧襄隄以入既沈漢郛遂滅峴趾棟榱且流壓溺無算襄之城僅以門免三日水去陷爲大塗餘民棲於楚山號不敢下餧躓相挽其能全者什六七上大憂曰襄惟東南實脰荆海若氣不息吾躬曷瘳今天下災於有漢庭垣盡豬齒骼在淖有嬰墜井母實號之今襄人盡墜吾號尚及哉咨乃卿士疇能振之以易吾亂咸以地官范陽公舊理南粤島裔率化甘於民心俾踐於襄必克底又上俞以往公既至省漢之溺由舊防之不固幾五十載又詢之漢水之不犯襄郛惟是甚災既魚士庶災或能嗣孰以遏之募民新漢之隄食畝其功資三其食因故隄之址廣倍之高再

倍之距襄之郊𦂳半百里明年春隄成公具以疏上大歡復襄之疲民一祀賑穀十萬斛民既保寧謳歌怡愉既而舒蘇不知曩之災也昔狄敗衛侯於榮澤齊桓公帥諸侯城緣陵以居之而衛國忘亡君子是以稱桓公之德今公之爲是隄也襄有衛人之思焉而況宣天子之慈以生厥民曷齊桓之尚哉噫五材之生沴也必極於物物之既極天必資明哲以蘇之理之常也古之人有力保一邑勇禦一寇謂之有功尚以金石載之況捍大災救大患其美若是豈得無稱焉是宜以聲詩播之登於樂府惟漢亦有瓠子之歌是可類之謹按正考甫作商詩公子奚斯命太史克請於周作魯詩皆其國之公族也肇於公爲族孫幸力於文所不宜默惟峴之碑曰羊公惟隄之詩曰盧公是古今之相光昭也其誰曰不然詩曰

陰沴姦陽來暴於襄洎入大郛波端若鋋觸厚摧高不知其防駭潰顛委萬室皆毀竈登蛟鼃堂集鱝鮹惟恩若鯡母不能子洪潰既涸閈閎其虛以㫖我堵以剝我廬酸傷顧望若踐丘墟帝曰念嗟朕日南顧流災降慝天曷台怒滔滔襄郊捽我嬰孺於惟餘吒餓傷喘呼斯爲淫瘵孰往膏傳惟汝元寮僉舉明哲我公用諸苴茅杖節來視襄人噢咻提挈不日不月哈乎抃悅乃泳故隄陷於沙泥缺落坳圯由東訖西公曰嗚呼漢之有隄實命襄人不力乃力則及乃身具餱與畚漢隄其新帝廪有粟帝府有緡爾成爾隄必錫爾勤襄人怡怡聽命襄滸背囊肩杵奔走蹈舞分之卒伍令以麾鼓尋尺既度日月可數登登𩃵𩃵周旋上下披峴斲楚飛石輓土𤰈築殷雷駭汗霏雨披癃鰥獨奮有筋膂呀吁來助提筐負筥不勞其勞雜沓笑語咸曰盧公來賜我生斯隄既成蜿蜒而平確爾山固屹如雲橫漢流雖狂堅不可蝕代千年億與天無極惟公之隄昔在人心既築既成橫之於南萌渚不峻此門不深今復在茲於漢之陰斯隄巳崇茲民護祐齔童相慶室以完富貽於襄人願保厥壽緊公之功赫焉如畫捍此巨災卒若京阜天子賜之百姓載之族孫作詩昭示厥後

大水　薛逢

暴雨逐驚雷從風忽驟來浪驅三島至汎拆二儀開勢恐圓樞折聲疑厚軸摧冥心問元化天眼幾時回

漢水傷稼 并序　許渾

此郡雖自夏無雨江邊多穡油然可觀秋八月天清日朗漢水泛濫人實爲災軫念疲羸因賦四韻

西北樓開四望通殘霞成綺月懸弓江村夜漲浮天水澤國秋生動地風高下綠苗千頃盡新陳紅粟萬廒空才微分薄憂何益却欲回心學釣翁

水旱吟　宋邵雍

堯水九年湯旱七載調燮之功此時安在九年洪水七年大旱非堯與湯民死過半

江亭侯施倅醇翁阻水漲作詩寄之　王庭珪

夜雨漲溪碧天明望歸舟飛帆出木梢浩蕩兀中流洪崖仙人委謂落滄海游興盡却回棹待此霖潦收抱琴出竹迎倒披翠雲裘風濤正可久烟波生暮愁

戊子大水二首 錄一首　唐庚

踏歌喧喧𪖙鐃鼓潭邊呼龍令作雨龍嗔揮水十餘丈千邨萬落幾爲魚寄謝龍神且安處熟睡深潭不驚汝

河防行　金劉迎

南州一雨六十日所至川源皆汎溢黃河適及秋水時夜來決破陳河隄河神憑陵雨師借晚未及晴昏復下傳聞一百五十邨蕩盡田園及廬舍我聞禹時播河爲九河一河既滿還之他川平地迴勢隨弱安流是以無驚波祇今茫茫餘故迹未易區區議疏闢三山橋壞勢益南所過泥沙若山積大梁今世爲陪京財賦百萬資甲兵高談泥古不須爾且要築堤三百里鄭爲頭汴爲尾准備他時漲河水

觀浙江漲 浙水今在郾陽見者壯非浙江也　元好問

一旱千里赤一雨坦屋敗浙故以江名暴與衆壑會初驚沙石卷稍覺川谷隘雷風入先驅大塊供一噫千帆鼓前浪萬馬接後派崩崖不暇顧拔木無留礙憑陵如藉勢洄洑各有態平分乍舒徐怒觸忽碎壞雲蒸楚樹杪雪映商嶺背彷彿千丈潮悅與海門對伏飛鬬蛟鼉燃犀出鱗介陽侯富隂族萬首露光怪翠甃淡偃蹇鉦鼓亂砰磕末懷疏鑿力重歎神禹大乾坤海爲壑末礙變橫潰納汙非無處流惡聊自快投詩與龍盟滌濫煩一再

新隄謠 并序　元葛邏祿迺賢

近歲河決白茅東北汎濫千餘里始建行都水監於鄆城以專治之少監蒲從善築隄建祠病民可念予聞而哀之乃爲作歌 黃河決道必有水先流至名曰漸水人見此水皆遷居高丘預避

老人家住黃河邊黃茅縛屋三四椽有牛一具田一頃藝麻種穀終殘年年年來河流失故道墊溺村墟決城堡人家墳墓無處尋千里放船行樹杪朝廷憂民恐爲魚詔蠲徭役除田租大臣雜議拜都水設官開府臨青徐分監來時當十月河冰塞川天雨雪調夫十萬築新隄手足血流肌肉裂監官號令如雷風天寒日短難爲功南村家家賣兒女要與河伯營祠宮陌上逢人相向哭漸水漫漫及曹濮流離凍餓何足論只恐新隄要重築昨朝移家上高丘水來不到丘上頭但願皇天念赤子河清海晏三千秋

行水災郊外　張養浩

雲駁疎陰漏日華曨曨晨色散林鴉馬前怪底稽明月路轉滿川蕎麥花

涿州道中錄野人語　明程敏政

我行范陽道水次遇老叟時當孟冬盡破褐露兩肘邂逅一咨諏向我再三剖哭言水爲沴天意苦難究今年六月間一日夜當丑山水從西來聲若萬雷吼水頭高十丈沒我堤上柳手指官路旁瓦礫半榛莽昔有十數家青帘市村酒人物與屋廬平明蕩無有水面沈沈來忽見鐵檻牖數日得傳聞水蝕紫荊口老稚隨波流積屍比山阜遠近皆湯湯昏墊弗可救如此數月餘乃可辨疆畝下田盡沮洳高田剩稂莠農家一歲計不復望升斗官府當秋來催租不容後嗟嗟下小民命在令與守更有觀風使仰若大父母見此如不聞恐或坐其咎我民千餘人血首當道叩始獲免三分有若釋重負奈何急餘征日日事鞭毆夫征又百出一一盡豪取悲哉一村中竄者已八九老夫家無妻一兒并一婦兩孫方提攜儘可慰衰朽豈期天不弔一旦遂窮疚一兒水中沒一婦嫁鄰某兩孫鬻他人償官尚難勾老身自執役有氣孰敢抖反羨死者安苦恨生多壽詔書開賑濟奉者有賢否終爲吏所欺此食亦難就與其餒塡壑不若舉身走一飽死卽休寧復念丘首呼天一何高呼地一何厚我聞老叟言垂涕者良久恭惟天子聖化澤被寰囿聲色勿自御游田敢誰誘稼穡深所知眞如古明后庶徵豈不諳一變故非偶無乃諸臯夔此責當敬受誰謂斯民痛不可事灼灸亦旣食人祿深慚結朱綬豈無致澤心無地可藉手立馬野踟躕悲風動林藪

答費鵝湖水災歌　鄭毅

忽驚扣門聲呼童進來問問童客何如云客頭已白衣裳半泥沙面貌渾菜色自言昔遭兵今又逢水厄家業付東流世味吞黃蘗欲死已無棺求生又無策鄉邦有仁人扶笻訴艱棘我一聞此言寸心眞怵惕倉皇爲披衣相見坐以席亟欲問其詳未語淚先滴云今歲庚辰六月當九日雷鼓震天鳴電旗翻地赤風雨驀然來天地都昏黑高嶂起驚濤層巒崩巨石溪石山上浮山石田中積水漲高如山莫計尋與尺低田盡爲溪高地皆成磧或謂起山蛟或云騰蜥蜴突然到吾廬浸沒牆與壁大兒亟升木顧婦已無跡少婦牽孤兒登樓梯已失兩弟逐猪牛一去無消息夫妻子母情悠悠竟何極哀哀鴻雁羣今作魚龍食老父豈前知預辦登山屐餘生幸苟存晚計何能畫屋破基已荒沙礫難爲拾竈沈倉則浮米粟無遺粒呼天天已傾呼地地已坼官衙似海沈門屏多遮隔妻子訴衷情三見三遭斥鄉人似予家不止二三百欲語氣不充欲行脚無力無田尚有糧無丁猶有役里胥肆徵求雞犬無寧夕倘念同一鄉幸爲施陰德嗟我無官守嗟我無言責雖濟杖無錢欲賑舟無麥汝饑由我饑汝溺由我溺官若聽我言我豈爲汝惜相送淚盈把不但青衫濕

欽定古今圖書集成曆象彙編庶徵典

第一百三十二卷目錄

庶徵典第一百三十二卷

水災部紀事

左傳莊公十一年秋宋大水公使弔焉曰天作霪雨害于粢盛若之何不弔對曰孤實不敬天降之災又以爲君憂拜命之辱臧文仲曰宋其興乎禹湯罪己其興也勃焉桀紂罪人其亡也忽焉且列國有凶稱孤禮也言懼而名禮其庶乎旣而聞之曰公子御說之辭也臧孫達曰是宜爲君有恤民之心

梁書柳慶遠傳慶遠爲魏興太守郡遭暴水流漂居民吏請徙民杞城慶遠曰天降雨水豈城之所知吾聞江河長不過三日斯亦何慮命築土而已俄而水過百姓服之

始興忠武王憺傳詔以憺爲平西將軍荊州刺史未拜天監元年加安西將軍都督刺史六年州大水江溢堤壞憺親率府將吏冒雨賦丈尺築治之雨甚水壯衆皆恐或請憺避焉憺曰王尊尚欲身塞河堤我獨何心以免乃刑白馬祭江神俄而水退堤立郢州在南岸數口家見水長驚走登屋緣樹憺募人救之一口賞一萬估客數十人應募救焉州民乃以免又分遣行諸郡遭水死者給棺槥失田者與糧種是歲嘉禾生于州界吏民歸美憺謙讓不受

北史李崇傳崇延昌初加侍中車騎將軍都督江西諸軍事時有泉水湧於八公山頂壽春城中有魚數從地中湧出野鴨羣飛入城與鵲爭巢五月大霖雨十有三日大水入城屋宇皆沒崇與兵泊於城上水增未已乘船附於女牆城不沒者二版而已州府勸崇棄州保北山崇曰吾受國重恩忝守藩岳淮南萬里繫於吾身一旦動脚百姓瓦解揚州之地恐非國物昔王尊慷慨義感黃河吾豈愛一軀取愧千載但憐茲士庶無辜同死可桴筏隨高人規自脫吾必守死此城時州人裴絢等受蕭衍假豫州刺史因乘大水謀欲爲亂崇皆擊滅之又以洪水爲災請罪解任詔曰夏雨汎濫斯非人力何得以此辭解今水涸路通公私復業便可繕甲積糧修復城雉勞恤士庶務盡綏懷之略也崇又表解州不聽是時非崇則淮南不守矣

唐書王方翼傳方翼次葛水暴漲師不可度沈祭以禱師涉而濟

楊再思傳再思居宰相於時水沴閉坊門以禳再思入朝有車陷於濘叱牛不前恚曰癡宰相不能和陰陽而閉坊門遣我艱于行再思遣吏謂曰汝牛自弱不得獨責宰相

悅生隨抄東坡言郭子儀鎭河中日河甚爲患子儀禱河伯曰水患止當以女奉妻已而河復故道其女一日無疾而卒子儀以其骨塑之于廟至今祀之惜乎此事不見于史也

唐書韋皐傳皐弟平平子正貫爲嶺南節度使南海舶賈始至大帥必取象犀明珠上珍而售以下直正貫既至無所取吏咨其淸南方風俗有鬼正貫毀淫祠教民毋妄祈會海水溢人爭咎撤祠事以爲神不厭正貫登城沃酒以誓曰不當神意長人任其咎無逮下民俄而水去民乃信之

杜中立傳大中十二年大水汎徐兗青鄆而滄地積卑中立自按行引御水入之毛河東注海州無水災

五代史豆盧革傳莊宗卽位拜同中書門下平章事革薦韋說爲相是歲大水四方地連震流民殍死者數萬人軍士妻子皆採稆以食莊宗日以責三司使孔謙謙不知所爲樞密小吏段徊曰臣嘗見前朝故事國有大故則天子以朱書御札問宰相水旱宰相職也莊宗乃命學士草詔手自書之以問革說革說不能對第曰陛下威德著于四海今西兵破蜀所得珍寶億萬可以給軍水旱天之常道不足憂也

遼史大公鼎傳咸雍十年登進士第調瀋州觀察判官時遼東雨水傷稼北樞密院大發瀕河丁壯以完隄防有司承令峻急公鼎獨曰邊障甫寧大興役事非利國便農之道乃疏奏其事朝廷從之罷役水亦不爲災瀕河千里人莫不悅

楊佶傳佶爲武陽軍節度使灤陽水失故道歲爲民害乃以己俸創長橋人不病涉及被召郡民攀轅泣送

茅亭客話開寶五年壬申歲秋八月初成都大雨岷江暴漲永康軍大堰將壞水入府江知軍薛舍人文

寶與百姓憂惶但見驚波怒濤聲如雷吼中流有一巨材隨駭浪而下近而觀之乃一大蛇耳舉頭橫身截於堰上至其夜聞堰上呼噪之聲列炬縱橫雖大風暴雨火影不滅平旦廣濟王李公祠內旗幟皆濡濕堰上唯見一面沙堤堰水入新津江口時嘉眉州漂溺至甚而府江不溢初李冰自秦時代張爲蜀守實有道之士也蜀困水難至于臼竈生蛙人罹墊溺且久矣公以道法役使鬼神擒捕水怪因是壅止泛浪鑿山離堆闢沫水於南北爲二江灌溉彭漢蜀之三郡沃田億萬頃仍作三石人以誓江水曰俾後萬祀水之盈縮竭不至足盛不沒肩又作石犀五所以厭水物於是蜀爲陸海無水潦之虞萬井富貴功德不泯至今賴之咸云理水之功可與禹偕也不有是績民其魚乎每臨江濟者立祠宇焉

宋史錢惟演傳惟演從弟易易子彥遠爲起居舍人直集賢院知諫院會諸路奏大水彥遠言陰氣過盛在五行傳下有謀上之象請嚴宮省宿衛未幾有挾刃犯諸門者特賜五品服

青箱雜記王文穆公欽若臨江軍人母李氏父仲華嘗侍祖郁任官鄂渚而李氏有娠就蓐之夕江水暴溢將壞廨舍亟遷于黃鶴樓始免身生男即公也時隔岸漢陽居人遙望樓際若有光景氣象云

宋史王素傳素知開封府至和初大雨蔡河裂水入城詔軍吏障朱雀門素曰皇上不豫兵民廬舍多覆壓衆心怦怦然奈何更塞門以動衆遣詔止其役水亦不害

梅摯傳摯爲殿中侍御史時數有災異引洪範上變戒曰王省惟歲謂王總羣吏如歲四時有不順則省其職今伊洛暴漲漂廬舍海水入台州殺人民浙江潰防黃河溢歸所謂水不潤下陛下宜躬責修德以回上帝之眷祐陰不勝陽則災異衰止而盛德日起矣

夢溪筆談陝西因洪水下大石塞山澗中水遂橫流爲害石之大有如屋者人力不能去州縣患之雷簡夫爲縣令乃使人各於石下穿一穴度如石大挽石入穴窖之水患遂息也

慶曆中河北大水仁宗憂形于色有走馬承受公事使臣到闕即時召對問河北水災何如使臣對曰懷山襄陵又問百姓如何對曰如喪考妣上默然既退即詔閤門今後武臣上殿奏事並須直說不得過爲文飾至今閤門有此條遇有合奏事人預先告示

夢溪筆談慶曆中河決北都商胡久之未塞三司度支副使郭申錫親往董作凡塞河決垂合中間一埽謂之合龍門功全在此是時屢塞不合時合龍門埽長六十步有水工高超者獻議以爲埽身太長人力不能壓埽不至水底故河流不斷而繩纜多絕今當以六十步爲三節每節埽長二十步中間以索連屬之先下第一節待其至底再壓第二第三舊工爭之以爲不可云二十步埽不能斷漏徒用三節所費當倍而不塞超謂之曰第一埽水信未斷然勢必殺半壓第二埽止用半力水縱未斷不過小漏耳第三節乃平地施工足以盡人力處置三節既定即上兩節自爲濁泥所淤不煩人功申錫主前議不聽超說是時賈魏公帥北門獨以超之言爲然陰遣數千人於下流收漉流埽既定而埽果流而河決愈甚申錫坐謫卒用超計商胡方定

宋史孔宗旦傳宗旦魯人爲邕州司戶參軍儂智高未反時州有白氣出庭中江水溢宗旦以爲兵象度智高必反以書告知州陳珙珙不聽後智高破橫州即載其親往桂州曰吾有官守不得去無爲俱死也既而州破被執賊欲任以事宗旦叱賊且大罵遂被害

呂大防傳英宗即位改太常博士御史闕內出大防與范純仁姓名命爲監察御史裏行是歲京師大水大防曰雨水之患至入宮城廬舍殺人害物此陰陽之沴也即陳八事曰主威不立臣權太盛邪議干正私恩害公遼夏連謀盜賊恣行羣情失職刑罰失平

賓卞傳卞知深州熙寧初河決滹沱水及郡城地大震流民自恩冀來踵相接卞發常平粟食之吏白擅發且獲罪卞曰俟請而得報民死矣吾寧以一身活數萬人辱以請詔許之外間訛言水大至卞下令敢言者斬一日復報大水且至吏請閉門卞不可既而果妄

張守約傳守約爲涇原鄜延秦鳳副總管知涇州涇水善暴城每春必增治堤堰費不貲適歲饑罷其役或曰如水害何守約曰歎歲勞民甚於河患吾且徐圖之河神祠故在南壖禱而遷諸北以殺河怒一夕雷雨明日河徙而南其北遂爲沙磧

厚德錄知制誥韓綜通判天雄軍會河水漲金堤民依丘冢者凡數百家水大至綜出令能活一人者予千錢民爭操舟筏盡救之已而丘冢潰

宋史王審琦傳審琦曾孫克臣知鄆州河決曹村克臣亟築隄城下或曰河決澶淵去鄆爲遠且州徙於高八十年不知有水患安事此克臣不聽役愈急隄成水大至不沒者才尺餘復起甬道屬之東平王陵埽人得趨以避水事寧皆繪像祀之

聞見前錄元豐七年甲子六月二十六日洛中大雨伊洛漲壞天津橋波浪與上陽宮牆齊夜西南城破伊洛南北合而爲一深丈餘公卿士庶第宅廬舍皆壞唯伊水東渠有積薪塞水口故水不入府第韓丞相康公尹洛撫循賑貸無盜賊之警人稍安後雨日有惡少數輩聲言水再至人皆號哭公命擒至決配之乃定聞于朝築水南新城新堤增築南羅城明年夏洛水復漲至新城堤下不能入洛人德之康公尹洛有異政此其大者

宋史趙昌言傳昌言知天雄軍屬澶州河決流入御河漲溢浸府城昌言籍府兵負土增堤索禁卒佐役不浹旬堤完

後山談叢顏常道曰某年河水圍濮州城寶失戒夜發聲如雷須臾巷水沒骭士有獻衣袽之法取縣絮胎縛大小不一使善泅卒沒城中捫漏穴用隨水勢畜入孔道即弭衆工隨興城堞無虞

鐵圍山叢談宣和歲己亥夏都邑大水幾冒入城隅高至五七丈久之方得解

宋史杜常傳常以龍圖閣學士知河陽軍大河決直州西上埽勢危甚常親護役徙處埽上埽潰水溢及常坐而止于是役人盡力河流遂退郡賴以安

春渚紀聞錢塘楊村法輪寺僧淨元年三十遍經祝髮即爲雜比丘得法之後歸隱舊廬人不知異也政和癸巳海岸崩毀浸壞民居自仁和之白石至鹽官百有餘里朝廷遣道士鎮以鐵符及太築隄防且建神祠以禳之毀益不支至紹興癸丑師忽謂衆曰我釋迦文佛歷劫以來救護有情捐棄軀命初無少靳而吾何敢愛此微塵幻妄坐視衆苦而不赴救即起禪定振履經行視海毀最甚處至於蜀山時六月五日也從而觀者數百人而海風激濤噴湧山立師將褰衣而前衆爭挽引且請偈言以示後來師笑之曰萬法在心底須言句我不能世俗書亦姑從汝請耳即高舉曰我捨世間如夢衆人須我作頌頌即語言邊事了取自家眞夢又曰世間人心易了只爲人多不曉了即皎在目前未了千般學道頌畢舉手謝衆踴身沉海衆視驚呼至有頓足流涕者謂即葬魚腹矣移時風止海波如鏡遙見師端坐海面如有物拱戴順流而來直抵崩岸爭前挽掖而上視師衣履不濡也遠視崖側有數大鯉昂首久之沉波而去即揚聲謂衆曰自此海毀無患也不旬日大風漲沙悉還故地蜀山之民深德之即其地營庵居留事之

聞見後錄政和戊戌夏六月京師大雨十日水暴至諸壁門皆塞以土汴流漲溢宮廟危甚宰執廬於天漢橋上一餅師家早起見有蛟螭伏於戶外每自蔽其面若羞怖狀萬人聚觀之道士林靈素方以左道用事曰妖也捶殺之西郊如江河不知其從出識者已知爲兵象矣林靈素專毀佛泗州普照王塔廟亦廢當水暴至遽下詔加普王六字號水退復削去先當制舍人許翰以詞太褒得罪

宋史岳飛傳飛字鵬舉相州湯陰人生未彌月河決內黃水暴至母姚抱飛坐甕中衝波及岸得免人異之

處州府志毛允理青田人宋紹興間水溢民居蕩然死者無數允理獨覓巨舟救溺得活者多水落沙土擁積如山因撥去沙土獨允理屋宇几席器皿如故事聞於朝封奉議大夫表其坊曰進德

揮麈餘話紹興甲子歲衢婺大水今首台余處恭未十歲與里人共處一閣凡數十輩在焉閣被漂幾沉空中有聲云余端禮在內當爲宰相可令愛護之少選一物如黿鼉其長十數丈來負其閣達于平地一閣之人皆得無它

葦航紀談紹興庚寅天台水災雖城中亦被害及十分之七水退而司官各訪舊地忽主簿廳基衝出一朱棺正當廳治其簿朱公俾令移往山東掩瘞役夫開掘其地忽見一碣上有字云乾封吉坤封凶五百年逢朱主簿移我葬山東雖不知其爲誰氏而亦可異遂移葬之

虎苑乾道中江西水災豐城農夫挈其母及妻子就食他所過小溪密語妻曰穀貴艱食豈能俱生我稚兒先渡母老不能來可棄之婦不忍挽姑以行足蹈泥淖方取履及見金爛然在水中拾得之語姑曰本爲貧徙今幸天賜可歸矣登岸視其夫不見兒戲沙上問之云被黑牛銜入林中入林視之流血丹地已爲虎食矣

癸辛雜識庚寅五月連雨四十日浙西之田盡沒無遺農家謂尤甚於丁亥歲雖景定辛酉亦所不及也

幸而不沒者則大風駕湖水而來田廬頃刻而盡村落名之曰湖翻農人皆相與結隊往淮南趁食于太湖買舟百十餘所載數千人同往甫至湖心大風驟至悉就溺死又有千餘人渡揚子江濟者同日亦沈於江淨慈靈隱皆停堂客僧數百皆渡江還浙東內四僧偶別門徒至中途忘攜雨具還取之至江干則渡舟解維矣方悵然自失舟至中流亦爲風浪所覆四僧幸而得免豈非所謂劫數者耶

金史臘醅傳世祖既沒肅宗襲節度使麻產據直屋鎧水繕完營堡招納亾命杜絕往來者恃陶溫水民爲之助招之不聽使康宗伐之是歲白山混同江大溢水與岸齊康宗自阿鄰岡乘舟至於帥水舍舟沿帥水而進使太祖從東路取麻產家屬盡獲之

劉瑋傳瑋擢戶部尚書時河決於衞自衞抵清滄皆被其害詔兼工部尚書往塞之或謂天災流行非人力所能禦惟當徙民以避其衝瑋曰不然天生五材遞相休王今河決者土不勝水也俟秋冬之交水勢稍殺以漸興築庶幾可塞明年春瑋齋戒禱于河功役齊舉河及復故名還增秩

移剌溫傳溫歷朮定震武崇義節度使移臨海軍州治近水秋雨水潦暴至城下城頗決百姓惶駭不知所爲溫躬督役夫繕完之雖臨不測無所避僚屬或止溫溫曰爲政疵癘水泛溢爲災守臣之罪當以此身爲百姓謝雖死不恨

宗敘傳宗敘除河南路統軍使河決李固渡分流曹單之間詔遣都水監梁肅視河決宗敘言河道塡淤不受水故有決溢之患今欲河復故道卒難成功幸而可塞它日不免決溢山東非曹單比也沿河數州驟興大役人心搖動恐宋人乘間扇誘構爲邊患梁肅亦請聽兩河分流以殺水勢遂止不塞

高德基傳大定三年以察廉治狀不善下遷同知北京路都轉運使事是年秋土河泛溢水入京城德基遽命開長樂門疏分使入御溝以殺其勢水不能爲害

馬諷傳諷遷雄州歸信令境有河曰八尺口每秋潦漲溢害民田諷視地高下疏決之其患遂息

劉仲洙傳仲洙調深澤令縣近滹沱河時秋成水忽暴溢仲洙極力護塞竟無害

續夷堅志甲辰乙巳歲廣寧夏五六月間大陰晦雷雨環作聲不斷夜望閭山上白氣直與海接須臾下雨終夜不息平明水沈村落死者無限大土崖高數百尺皆蕩爲平土下漫石石上有臼痕不知何代爲岡厓所覆壓也山顛龍鬬處留跡數十所印泥鱗甲爪痕有長五六十尺者有長百餘尺者意羣龍聚鬬于此土人遭此大變

金史康元弼傳元弼爲大理丞大定二十七年河決曹濮間瀕水者多墊溺朝廷遣元弼往視相其地如盎而城在盎中水易爲害請命于朝以徙之卒改築于北原曹人賴焉

承暉傳承暉知大名府事雨潦害稼承暉決引潦水納之壕隍

路鐸傳鐸爲左三部司正上書言事名見便殿遷右拾遺明年蘆溝河決鐸請自元同口以下丁村以上無修舊堤縱使分流以殺減水勢詔工部尚書胥持國與鐸同檢視

馬琪傳河決陽武灌封丘而東琪行尚書省事往治之訖役而還遷中大夫

李復亨傳河南雨水害稼復亨爲宣慰使御史中丞完顏伯嘉副之循行郡縣凡官吏汙貪不治者得廢罷推治

元史張弘範傳至元二年移守大名歲大水漂沒廬舍租稅無從出弘範輒免之朝廷罪其專擅弘範請入見進曰臣以爲朝廷儲小倉不若儲之大倉帝曰何說也對曰今歲水潦不收而必責民輸倉庫雖實而民死亡殆盡明年租將安出曷若活其民使不致逃亡則歲有恆收非陛下大倉庫乎帝曰知體其勿問

劉敏中傳大德七年詔遣宣撫使巡行諸道敏中出使遼東山北諸郡守令恃貴倖暴橫者一繩以法錦州雨水爲災輒發廩賑之

也先不花傳也先不花遷平章河南行省河決落黎堤勢甚危督有司先士卒以修之汴以無患

鐵哥傳鐵哥拜中書平章政事平灤大水鐵哥奏曰散財聚民古之道也今平灤水災不加賑䘏民不聊生矣從之

張庭珍傳庭珍爲開封府尹河決灌太康漂溺千里庭珍括商人漁子船及縛木爲筏載糗糧四出救之全活甚衆水入善利門庭珍親督夫運薪土捍之不能止乃積城爲堰水既退卽發民增外防百三十里人免水變

秦起宗傳起宗遷南臺御史建康多水或實災而有

司抑之或無災而訴災起宗徵行得實人以爲神明

王結傳結拜遼陽行省參知政事遼東大水穀價翔湧結請於朝發粟數萬石以賑饑民

兗州府志明洪武初曹州有老嫗遇異人指州治前石獅語曰此獅之目若赤則水患至矣汝於其時亟去可免也嫗日視其獅甚數人怪問之知其故陰以朱塗獅目嫗見其赤不知其僞也遂亟走焉旣去數百步回視之則州境果爲巨浸矣

明外史張玉傳玉從子信永樂中歷刑科都給事中數言事擢工部右侍郎河決開封遣信視之請疏魚王口至中灤故道二十餘里繪圖以進詔如其議役十萬人浚之決遂塞

鎮江府志正統間大水巡撫周文襄公忱命置石于邑南九里廟前水涯使後人驗水以勘災後仆水中今蔣家渡北百步許尚存其一名文襄水寸

兗州府志景泰中徐武功伯有貞治張秋決河求發源處不得乃投物試之凡數處不受武功曰水流則不受物源不在是也輒又投之一所物受曰此水源也百計塞之不效武功夢一高僧授偈曰至人無欲乃悟曰此下殆有龍窟龍所欲者珠所畏者鐵也於是鑄長鐵柱貫而下焉水始受塞蓋鐵能蝕珠龍愛珠故去耳

明外史李敏傳憲宗末中官佞倖多賜莊田旣得罪率辭且奪帝不以賦民令人守敏請名佃畝科銀三分帝從之然他莊田如故也會京師大水敏乃極陳其害言今畿輔皇莊五爲地萬二千八百餘頃勳戚中官莊三百三十有二爲地三萬三千一百餘頃官校招無賴爲莊頭豪奪畜產戕殺人汚婦女民心痛傷災異所由生皇莊始正統間諸王未封相間地立莊王之藩地仍歸官其後乃沿襲普天莫非皇土何必皇莊請盡革莊戶賦民耕畝槩徵銀三分充各宮用度無皇莊之名而有足用之效至權要莊田亦請擇佃戶領之有司收其課聽諸家領取悅民心感和氣無切於此時不能用

陝西通志李善字宗元隴州人成化進士爲河南僉事河決張秋都御史劉大夏督修之總理難其人薦臯以善應乃爲相度水勢開修賈魯河改河南注築塞黃陵決口斷水東流卒底於成

明外史孝宗孝康皇后張氏傳孝宗卽位立爲后帝頗優禮外家弟鶴齡壽寧侯延齡建昌伯姻黨授官者甚衆當此之時壽寧侯權勢傾天下河決山東副使楊茂元言水陰類應在後宮后怒帝徵茂元至予杖謫之

楊守臣傳守臣子茂元爲湖廣副使改山東弘治七年河決張秋詔都御史劉大夏治之復遣中官李興平江伯陳銳繼往興威虐繫辱按察使茂元攝司事奏言治河之役官多而責不專有司供億日費百金諸臣初祭河天色陰晦帛不能燃所焚之餘宛然人面具耳目口鼻觀者駭異鬼神示怪夫豈偶然乞召還興銳專委大夏功必可成且水者陰象今后戚家威權太盛假名姓肆貪暴者不可勝數請加禁防以消變異晝工藝士宜悉放遣山東旣有內臣鎮守復令李全鎮臨淸宜撤還疏入下山東撫按勘奏言焚帛之異誠有之所奏供億多過其實于是興銳連章劾茂元妄而帝又入外戚張氏言遂遣錦衣百戶胡節逮之父老遮道愬節乞還楊副使及陛見茂元長跪不伏帝益怒置之詔獄節乃遍叩中官備言父老愬冤狀中官多感動會言者交論救部議贖杖還職特謫長沙同知

林瀚傳瀚子庭㭿弘治十二年進士歷蘇州知府頻歲大水疏請停織造罷繁征割關課備賑再上始報可

朱裳傳裳登正德九年進士巡按山東大水淹城武單二城以裳言命相地改築

列朝詩集林大輅字以乘莆田人嘉靖初起江西僉事轉副使河南按察使右布政使拜副都御史巡撫會水災抗疏引咎切責罷歸

徐州志嘉靖五年當城陷之日公私廬舍衝漂殆盡惟高皇與蕭相國小木像蕩漾于洪濤巨浪之中雖烈風暴雨曾不飄散於廟若相依倚

明外史盛應期傳嘉靖六年黃河水溢入漕渠沛北廟道口淤數十里糧艘爲阻侍郎章拯不能治尚書胡世寧詹事霍韜僉事江良材請於昭陽湖東別開漕渠爲經久計議未定以御史吳仲言召拯還卽家拜應期右都御史以往應期乃議於昭陽湖東北進江家口南出留城口開濬百四十餘里較疏舊河力省而利永夫六萬五千銀二十萬兩尅期六月工未成會旱災修省言者多謂開河非計帝遽命罷役應期請展一月竟其功不聽

徐州志徐州城形如臥牛且其河善放溢昔人嘗鑄鐵牛鎭之迎擊土牛則於城形及鐵牛俱有妨故俗

傳不鞭春

蕭縣相襲不撞鐘以爲撞則水至嘉靖間縣尹朱同芳弗聽水果大至漂没田廬同芳堅不聽水亦尋涸及孫重光尹蕭父老懇請重光遂止之乃爲文以祭鐘曰鼓焉以鐘昏晨之軌民有訛言金能利水爲民父母從此而已禜患無德隨俗可恥鐘兮有靈尚鑒乎此重光去王藎臣繼之復令撞鐘其家病禍相沿懼而復止鐘果能禍福人耶多見其不知命也

明外史周思兼傳思兼督臨淸磚廠河將決思兼募民築隄身立赤日中隄成三日而秋漲大發民免于災

曾鈞傳嘉靖三十一年鈞以右副都御史總理河道徐邳等十七州縣連被水患帝憂之趣上方略鈞請濬劉伶臺至赤晏廟八十里築草灣老黃口增高家堰長堤繕新莊等舊牐數月工成進工部右侍郎

見聞錄萬曆己卯蘇松水災徐存翁與張太岳書云自現兒行後以老病增劇又伏念翁輔佐聖主日有萬幾不宜以寒暄常談上溷聽覽故累月不奉書惟仰望台垣祝禔福日隆而已茲僭有稟瀆東南諸郡財賦所出而蘇松爲之首此翁所素知也自隆慶庚辛間吏茲土者不思以端己裕民爲政而專導之以嚚訟教之以爭奪民靡然靳喪其廉恥之心毁棄其忠厚之俗攫攘徼利骨肉爲讎舊族故家所在破敗彼其意以爲富者之財散入于貧則貧者均當富矣而豈知人情得財既易用財遂輕加以奸惡之徒競相誘引淫奢飲博視如泥沙訟壘未乾空乏如故而富者之衰落不可復振蓋里巷之間無富民者數年矣去歲風蟲爲孽田只半收盡其所入供輸常賦幸賴朝廷有折兌之令稍存陳粃苟延旦夕深冀今春豆麥成熟接濟飢荒而三月以來淫雨不止溝澮盡溢江湖亦盈千里平疇頓成巨浸猶冀水涸補插秧苗詎意西水不消海潮增漲田高而岸固者竭力車戽僅救百分之二三其否者人力莫措惟相與哭視沈淪而已蘇松之人素恃耕作一失農業更無可以謀生于時百姓欲望官司發賑則庫藏久稱空虛欲詣大家稱貸則倉箱先已匱竭欲望貿布易粟則遍年商旅不通布無所售欲往鄰郡行乞則聞四境率被水患出無所之强者劫掠以偷生弱者嗟吁而就斃巡撫胡中丞適在兩郡親見其然憂苦焦勞寢食爲廢其所上疏讀之可謂危迫矣然于顚連困悴之狀則以新奇繁猥實猶未能盡陳至于窮鄉僻里軺車所不經其晝夜悲啼之聲夫妻子母對膝抱頭悲哀抑鬱之氣即中丞目固有未覩言固有未及也仰惟皇上聖神廣運子視萬民翁道崇致主心存濟世計于一物失所猶惻然動情况忍視數百萬之衆漂尸塡東海乎又况財賦重地祖宗所由以興者乎又况星變以來豪猾奸雄日懷幸亂之心至今未已乎竊以爲有非常之阨數必有非常之恩澤然後可以消弭保綏今必望斷自君相檢嘉靖三十四年四十年所行恩例及察今胡中丞所請破格加卹庶遺黎獲存多患潛杜若付有司拘泥舊聞僅減免存留分數不能有補益也且階聞治民者未有事而卹之則天下賴以靖奠而廟堂之上亦得伸以爲恩縮以爲威常不失其尊若事至而後卹則受者不以爲惠而其多寡輕重喜怒聚散之權乃更倒持于下縱能委曲彌縫勉强收拾而目前之費日後之憂皆將有不可勝言者然其機甚隱其萌芽甚微非仁慈如翁明睿如翁孜孜計安社稷不避嫌怨如翁莫能知亦莫能任也此天下所以脅翹首跂足而望翁也階跧伏山林行且就木本不宜更論政理但念受國家之長養垂八十年受翁之深知今亦三十餘年每思一效尺寸以贊皇上如天之鴻施揚翁無疆之休聞不愧古所稱老臣益友者故敢冒譏出位忍笑迂闊而具以陳于台座倘蒙俯察其心少垂聽焉豈惟階之榮幸豈惟階之榮幸臨楮無任戰汗仰望之至不宣張太岳報徐存翁書云恒雨爲災下民墊溺皆執政非人積怨干和所致假令明主循漢家故事策免大臣以消災沴則不肖必在汰黜之首矣捧誦台翰不勝愧悚先是撫按疏至上覽之痛惻已兩奉特旨議處乃蠲恤之令猶屯膏而未沛者非靳也以故事必勘明而後可定分數耳兹奉台教會地曹覆顧掌科疏上謹再擬旨申仁主子惠之意慰黎民仰望之心俟勘疏至即破格蠲貸必不敢虛文塞責以重得罪于元元也人旋謹百拜以謝台教

廣東通志萬曆壬午惠州大水沒城雉者五日河源尤大溺死者不可勝紀丁酉夏四月復大水淹及府署或見怪物乘水而出金光射人蓋蛟蜃云兵備副使鄭岳知府李天倫請免本年田租之二許之

無爲州志張光宗字愛竹里中稱長者萬曆十八年大水人皆趨城避光宗居黃落河一小埠水已沒釜妻父與封君廷弼棹一舟救之光宗顧其鄰曰吾去

此輩溺死矣急以舟還鄰人于陸然後挈妻子登舟抵城吳君立城頭望三日不至見之詢其實泣曰吾儕誠長者

明外史葉向高傳京師大水四方多奏水旱向高言自閣臣至九卿臺省曹署皆空南都九卿亦止存其二天下方面大吏去秋至今未嘗用一人今人心洶洶思亂特未發耳陛下萬事皆不理以爲天下長如此臣恐一發不可收也帝不省

周定王橚傳橚裔孫恭枵嗣崇禎十四年冬李自成再圍汴築長圍城中樵採路絕十五年九月河決城潰枵從後山登西城樓率宮妃諸王露棲雨中數日始獲免士民溺死者數百萬諸宗皆沒先是端王末發祕記有王室將衰河決爲害語王告世子以爲大戚及是果驗

水災部雜錄

詩經小雅十月之交章百川沸騰

遁甲開山圖盧氏山宜五穀可以避水災因山以名縣

淮南子天文訓陰氣盛則爲水

鹽鐵論力耕篇文學曰洪水滔天而有神禹之績河水泛溢而有宣房之功

述異記闞陵山有井異鳥巢其中金翅而身黑此鳥見卽大水井不可窺窺者盈歲輒死

雲仙雜記禹導河之際沈祕景符以鎭五千年之水患後人賴焉

岳陽風土記傍湘之民歲暮取江水一斟歲旦取江水一斟較其輕重則知其年水勢高下云重則水大輕則水小甚驗

昨夢錄紹興辛巳余聽讀於建昌敎官省元劉溥德廣語及余所生之地曰滑臺劉曰聞人之言黃河漲溢官爲卷埽其說如何曰予不及見也尚聞先父言斯事民甚苦之蓋於無事時取長藤爲絡若今之竹夫人狀其長大則數百倍也實以芻蕘土石大小不等每量水之高下而用之大者至於二千人方能推之於水正決時亦能遏水勢之暴遇水高且猛時若拋土塊於深淵耳此甚爲無益焉舍是則亦無他策也或不幸方推之際怒濤遽至則溺死者甚多大抵止以塞州城之門及鹽官場務之衙宇耳瀕河之民頗能覘沙漲之形勢以占水之大小遠近往往先事而拒逆來所以甚利便也又有絞藤爲繩紲結竹筏木柵等謂之寸金藤有時不能勝水力卽寸斷如剪郡縣又科鄉民爲之所費甚廣大抵卷埽及寸金藤白馬一郡每歲不下數萬緡白馬之西卽底柱也水常高柱數尺且河怒爲柱所扼力與石鬬晝夜常有聲如雷霆或有建議者謂柱能少低則河必不怒於是募工鑿之石堅竟不能就頗有溺者了無所益滑臺南一二里有沙嘴橫出半河上立浮圖亦不甚高大河水泛溢之際其勢橫怒欲沒孤城每至塔下輒怒氣遽息若不泛溢時及過滑臺城址則橫怒如故此殆天與滑臺而設也

蕢泉小品咸咸也山無澤則必崩澤咸而山不應則將怒而爲洪

視聽抄吳諺曰正月逢三亥湖田變成海謂之水大也壬辰年正月初六日己亥十八日辛亥三十日癸亥是歲大澇湖田顆粒不收癸巳正月亦有三亥然一亥在立春前是歲無水災

丹鉛總錄宋人議論多而成功少元人評之當矣且以一事言之張君房謂藝祖受禪歲在庚申庚者金也申亦金位當爲金德謝絳謂作京于汴天下中樞當爲土德程伊川謂唐爲土德故無河患宋爲火德故多水患甚矣宋人饒舌其君之厭聽也宜哉

見聞搜玉松江本緣淞江得名其地下每多水災去水而名郡

水災部外編

錄異記進士崔生自關東赴舉早行十餘里黑夜方五鼓路無人行惟一僕一擔一騾而已忽遇列炬呵殿旗幟戈甲二百許人若節使行李生映槐樹以自匿旣過乃行不三二里前之隊仗復回又避之然後徐行隨之有一步健押茶擔其行甚遲生因問爲誰曰岳神迎天官也天官姓崔呼侍御秀才方入關應舉何不一謁以卜身事生謝以無由自達步健許偵之旣及廟門天猶未曙步健約生伺於門側押茶擔

先入良久出曰侍御請矣遂引相見歡喜異常卽留于下處遂巡岳神至立語便邀崔御史入廟中陳設帳幄筵席妓樂極盛頃之張樂飲酒崔臨赴宴約敕侍者祇待于生供以湯茶所須情旨敦厚飲且移時生倦徐行周覽不覺出門忽見其表丈人顏色憔悴衣服藍褸泣而相問生因曰丈人恰似久辭人間何得于此相遇答曰僕離人世十五年矣未有所詣近作數水橋神倦于送迎而窘于衣食窮困之狀迨不可濟知姪與天官侍御相善又宗姓之分必可相薦故來投誠願爲遞姓字若得南山巂神卽粗免饑勞此後遷轉得居天秩去離憂苦矣生辭以乍相識不知果可相薦否然試爲道之言罷復下處侍御尋亦罷宴而歸顧問久之曰後年方及第今年不就試亦得余少頃公事亦畢卽當歸去程期甚迫不可久留生因以表丈人所求告之侍御曰巂神是人間補遺極是淸資數水橋神其位卑雜豈可便得然試爲言之岳神必不相阻卽復詣岳神道之生潛近伺之歷歷聞所託岳神果許之卽命出牒補署俄爾受牒入謝迎官將吏一二百人侍從甚整生因出門相賀巂神沾灑相感曰非吾姪之力不可得此位也他後一轉便入天司矣今年地神所申渭水泛溢姪莊當漂壞上下鄰里一道所損三五百家已令爲姪護之五六月必免此禍更有五百縑相酬須臾巂神驅殿而去侍御亦發岳神出送生獨在廟中欻如夢覺出門訪僕使只在店中一無所覩于是不復入關却回止別墅其夏渭水泛溢漂損甚多唯崔生莊獨得免莊前泊一空舡有絹五百疋生益信不虛復明年果擢

第矣宗正王大卿鄗說

欽定古今圖書集成曆象彙編庶徵典

第一百三十三卷目錄

庶徵典第一百三十三卷

水異部彙考一

書緯

中候

醴甘也取名醴酒堯祗德匪懈醴泉出文命盛德俊乂在官醴泉出山

春秋緯

潛潭巴

君德應陽則醴泉出又旅星得則醴泉出

禮緯

稽命徵

王者刑殺當罪賞賜當功得禮之儀則醴泉出

觀象玩占

水雜變

都邑中水無故自絕其邑將徙人流亡山水忽竭其邑將虛河圖地鏡曰是謂陰反不出五年有叛臣兵起民流亡

河忽易道君易賢一日邑將徙人流亡地鏡曰河徙一里至三里下有謀五里至十里女主執政外戚有謀十里以上政在臣下

河溢不出三年國有憂

水忽自盈兵起君凶且大水

水忽塞地鏡曰白丁執政不出六年主后俱亡

池井自溢有亂臣起兵禁國

水忽不流婦人亂有反臣有亡國地鏡曰流水忽停天下饑

停水忽流天下兵起

水逆流地鏡曰是謂反道不出二年兵從女主起

河水沸京房曰此執政懷姦不公衆邪並聚所致必有叛臣

水無故自出高山其邑以兵亡必有木出其地有謀不成市有兵起

澤水自鳴地鏡曰百姓哀苦若作吟聲其國分裂

澤水忽自無魚君災秋大水有兵起臣民有憂

井水涸地鏡曰其邑將墟一日在邑邑空在家家破是謂陰反陽不出二年女主有爭爲王后者

井自濁政令不明又曰君井濁君自覆人家井忽自濁家主有殃

井忽自大自小在國君亡在庶人家主人亡

井水溢在國君凶在家主有凶

井忽自沸有聲將軍死在邑長吏死在家其主人死地鏡曰井湧沸宗廟將毀京房候曰水泉沸賤人將貴之兆也

人家井沸其邑不居

井鳴君主亡國庶人之象

井中出氣上至於天兵起國君走在外則其起之地且有兵災

邑廢而枯陂闕佞人與賢人爭權不出一年其邑亾

管窺輯要

水部占

黃河水清則聖人出千年一清一日黃河清改受命

水先清白變青黃黑各三日帝王起

河洛水有龍見帝王興

醴泉出王者之瑞

河水忽徙一里至三里是謂失政且有謀臣從五里至十里乃女主執政外戚有背叛

江河水平不流天下有叛臣

人家庭忽生泉其家大富

泉忽自出非所臣下爲亂有疾疫不出二年國有喪

市肆無故自出水泉將相爲亂一日國內亂期三年一日人相食

泉水沸賤臣將貴

水忽自鳴作金聲土地分裂家國同占

大水無故自徙是謂陰反不過五年有反臣兵起人流亾

水逆流有逆臣張平子曰水爲五行之首滯而逆流人君德不下而敎逆也潛潭巴曰水逆者反命也

水色變赤京房曰流水化血兵起又曰任用殘賊殺戮則水化血

水中出火其國大人爲賊所圖

水忽囊波國主逃

大水漂城郭兵破將死大兵起

平原出水不出五年有逆臣人流亾

清水忽自濁天下亂

水忽自出於朝市及山谷有兵亂

水中忽見異物皆主大旱

水中州嶼長其國益土

水忽出石縫臣下有咎有大水

天不雨而生泉其國大富

軍中泉出大戰必勝一日將平戎虜一日戰敗

井水及池水有波浪聲者有賊來侵

湧泉忽出臣下爲害不出三年國有喪

井變異

井中赤黃氣起其分蝗蟲起白氣爲陰謀臣不忠疫行赤氣臣謀變有兵黑氣其地水災期一百二十日應之

井中虹出入之其地大災

井溢有聲國亾一曰下人謀上井中溢在國君凶在邑主者凶一曰兵起

井溢下人將奪上位一曰民暴死三十日不汲之則吉

君井沸宗廟毀人家井沸其屋不居井沸有聲在軍將死在邑長吏死在家主者死

井忽枯涸在邑邑空在家家空

井水赤地鏡占曰其家主有殃

井忽自臭君亾國庶人亾家井鳴仝占

井水動有聲庶人投石其中吉

井泉中有龍出國主及大臣百姓皆吉

井水有龍在中春見傷長子夏傷妹秋傷老人冬無咎

井泉清而見底大吉

井中水赤邑虛大臣相攻國亾

井中湧沸宗廟火災

井中流大臣驕兵方起

井中溢出清澄徹主暴貴

井水湧溢及濁或有聲如泣皆君將亾

水異部彙考二

周

靈王二十二年穀洛水鬬

按國語靈王二十二年穀洛鬬將毀王宮王欲壅之大子晉諫曰不可晉聞古之長民者不墮山不崇藪不防川不竇澤夫山土之聚也藪物之歸也川氣之導也澤水之鍾也夫天地成而聚於高歸物於下疏爲川谷以導其氣陂唐汚庳以鍾其美是故聚不阤崩而物有所歸氣不沉滯而亦不散越是以民生有財用而死有所葬然則無夭昏札瘥之憂而無饑寒乏匱之患故上下能相固以待不虞古之聖王唯此之慎昔共工棄此道也虞於湛樂淫失其身欲壅防百川墮高堙庳以害天下皇天弗福庶民弗助禍亂並興共工用滅其在有虞有崇伯鯀播其淫心稱遂共工之過堯用殛之於羽山其後伯禹念前之非度釐改制量象物天地比類百則儀之於民而度之於羣生共之從孫四岳佐之高高下下疏川道滯鍾水豐物封崇九山決汨九川陂障九澤豐殖九藪汨越

九原宅居九隩合通四海故天無伏陰地無散陽水無沈氣火無災燀神無間行民無淫心時無逆數物無害生帥象禹之功度之於軌儀莫非嘉績克厭帝心皇天嘉之胙以天下賜姓曰姒氏曰有夏謂其能以嘉祉殷富生物也胙四岳國命爲侯伯賜姓曰姜氏曰有呂謂其能爲禹股肱心膂以養物豐民人也此一王四伯豈緊多寵皆亡王之後唯能釐舉嘉義以有嗣在下守祀不替其典有夏雖衰杞鄫猶在申呂雖衰齊許猶在唯有嘉功以命姓受祀迄於天下及其失之也必有慆淫之心間之故亡其氏姓踣斃不振絕後無主湮替隸圉夫亡者豈緊無寵皆黃炎之後也唯不帥天地之度不順四時之序不度民神之義不儀生物之則以殄滅無嗣至於今不祀及其得之也必有忠信之心間之度於天地而順於時動和於民神而儀於物則故高朗令終顯融昭明命姓受氏而附之以令名若啓先王之遺訓省其典圖刑法而觀其廢興者皆可知也其興者必有夏呂之功焉其廢者必有共鯀之敗焉今吾執政無乃寔有所避而滑夫二川之神使至於爭明以妨王宮王而飾之無乃不可乎人有言曰無過亂人之門又曰佐雝者嘗焉佐鬭者傷焉又曰禍不好不能爲禍詩曰四牡騤騤旟旐有翩亂生不夷靡國不泯又曰民之貪亂寧爲荼毒夫見亂而不惕所殘必多其飾彌章民有怨亂猶不可遏而況神乎王將防鬭川以飾宮是飾亂而佐鬭也其無乃章禍且遇傷乎自我先王厲宣幽平而貪天禍至於今未弭我又章之懼長及子孫王室其愈卑乎其若之何自后稷以來寧亂及文武成康而僅克安民自后稷之始基靖民十五王而文始平之十八王而康克安之其難也如是厲始革典十四王矣基德十五而始平基禍十五其不濟乎吾朝夕儆懼曰其何德之修而少光王室以逆天休王又章輔禍亂將何以堪之王無亦鑒於黎苗之王下及夏商之季上不象天而下不儀地中不和民而方不順時不共神祇而蔑棄五則是以人夷其宗廟而火焚其彝器子孫爲隸下夷於民而亦未觀夫前哲令德之則則此五者而受天之豐福享民之勳力子孫豐厚令聞不忘是皆天子之所知也天所崇之子孫或在畎畝由欲亂民也畎畝之人或在社稷由欲靖民也無有異焉詩云殷鑒不遠近在夏后之世將焉用飾宮以徼亂也度之天神則非祥也比之地物則非義也類之民則則非仁也方之時動則非順也咨之前訓則非正也觀之詩書與民之憲言皆亡王之爲也上下儀之無所比度王其圖之夫事大不從象小不從文上非天刑下非地德中非民則方非時動而作之者必不節矣作又不節害之道也王卒壅之及景王多寵人亂於是乎始生景王崩王室大亂及定王王室遂卑

按漢書五行志史記魯襄公二十三年穀洛水鬭將毀王宮劉向以爲近火沴水也靈王將壅之有司諫曰不可長民者不崇藪不墮山不防川不竇澤今吾執政毋乃有所辟而滑夫二川之神使至於爭明以防王宮室王而飾之毋乃不可乎懼及子孫王室愈卑王卒壅之以四瀆比諸侯穀洛其次卿大夫之象也爲卿大夫將分爭以危亂王室也是時世卿專權儋括將有篡殺之謀如靈王覺寤匡其失政懼以承戒則災禍除矣不聽諫謀簡嫚大易任其私心塞埤壅下以逆水勢而害鬼神後數年有黑如日者五是歲早霜靈王崩景王立二年儋括欲殺王而立王弟佞夫佞夫不知景王并誅佞夫及景王死五大夫爭權或立子猛或立子朝王室大亂京房易傳曰天子弱諸侯力政厥異水鬭

景王十四年河赤

按史紀周本紀不載　按竹書紀年景王十四年河赤於龍門三里

赧王七年渭水赤

按漢書五行志秦武王三年渭水赤三日

四十二年渭水赤

按漢書五行志秦昭王三十四年渭水又赤三日劉向以爲近火沴也秦連相坐之法棄灰於道者黥罔密而行刑虐加以武伐橫出殘賊鄰國至於變亂五行氣色謬亂天戒若曰勿爲刻急將致敗亡秦遂不改至始皇滅六國二世而亡昔三代居三河河洛出圖書秦居渭陽而渭水數赤瑞異應德之效也京房易傳曰沈湎於酒淫於邑賢人潛國家危厥異流水赤

後漢

光武帝建武二十四年睢水逆流

按後漢書光武帝本紀不載　按五行志注古今注建武二十四年六月丙申沛國睢水逆流一日一夜止

章帝建初八年池水赤

按後漢書章帝本紀不載　按五行志註古今注建初八年六月癸巳東昏城下池水變赤如血

安帝永初六年池水赤

按後漢書安帝本紀不載　按五行志永初六年河東池水變色赤如血

桓帝永興二年六月彭城泗水增長逆流

按後漢書桓帝本紀云云　按梁冀別傳曰冀之專政天爲見異衆災並湊蝗蟲滋生河水逆流五星失次太白經天人民疾疫出入六年羌戎叛戾盜賊蜂起皆冀所致

延熹八年夏四月濟水清

延熹九年夏四月河水清

按後漢書桓帝本紀不載　按五行志延熹八年四月濟北水清九年四月濟陰東郡濟北平原河水清襄楷上言河者諸侯之象清者陽明之徵豈獨諸侯有規京都計邪其明年宮車晏駕徵解犢亭侯爲漢嗣即尊位是爲孝靈皇帝

靈帝建寧四年河清

按後漢書靈帝本紀四年二月河水清　按五行志建寧四年二月河水清五月山水大出漂壞廬舍五百餘家

晉

武帝咸寧二年臨平湖開

按晉書武帝本紀咸寧二年七月吳臨平湖自漢末壅塞至是自開父老相傳云此湖塞天下亂此湖開天下平

太康五年池水赤

按晉書武帝本紀太康五年夏四月任城魯國池水赤如血　按五行志太康五年六月任城魯國池水皆赤如血按劉向說近火沴水聽之不聰之罰也京房易傳曰君淫於色賢人潛國家危厥異水流赤

穆帝升平二年池中有火

按晉書穆帝本紀不載　按五行志升平三年二月涼州池中有火

升平四年澤中有火

按晉書穆帝本紀不載　按五行志四年四月姑臧澤水中又有火沴水之妖也明年張天錫殺中護軍張邕邕執政之人也

安帝元興二年湖水赤

按晉書安帝本紀不載　按五行志元興二年十月錢塘臨平湖水赤桓玄諷吳郡使言開除以爲己瑞俄而桓玄敗

宋

文帝元嘉二十四年河濟清

按南史宋文帝本紀元嘉二十四年夏四月河濟俱清

南齊

東昏侯永元元年淮水赤

按南史齊東昏侯本紀永元元年秋七月辛未淮水變赤如血

陳

宣帝太建十四年正月後主即位七月江水赤

按陳書後主本紀太建十四年春正月即皇帝位秋七月江水色赤如血自京師至於荆州

按隋書五行志太建十四年七月江水赤如血自建康西至荆州禎明中江水赤自方州東至海洪範五行傳曰火沴水也法嚴刑酷傷水性也五行變節陰陽相干氣色謬亂皆敗亂之象也京房易占曰水化爲血兵且起是時後主初即位用刑酷暴之應其後爲隋師所滅

後主禎明二年水黑

按南史陳後主本紀禎明二年夏四月郢州南浦水黑如墨

按隋書五行志黑水在關中而今淮南水黑荆揚州之地陷於關中之應

北魏

太祖登國　年河水赤

按魏書太祖本紀不載　按靈徵志登國中河水赤如血此衞辰滅亡之應及誅其族類悉投之河中其地遂空

太宗泰常五年地湧泉

按魏書太宗本紀不載　按靈徵志泰常五年十二月壬辰湧泉出於平城

高宗和平五年地湧泉

按魏書高宗本紀不載　按靈徵志和平五年十一月鴈門泉水穿石湧出

前廢帝普泰元年井溢

按魏書前廢帝本紀不載　按靈徵志普泰元年秋司徒府太倉前井並溢占曰民遷流之象永熙元年十月都遷於鄴

孝靜帝天平四年七月秦州井溢

按魏書孝靜帝本紀不載　按靈徵志云云

元象元年井溢

按魏書孝靜帝本紀不載　按靈徵志元象元年二月鄴城西南有枯井溢

北齊

武成帝河清元年河濟清

按北史齊武成本紀河清元年夏四月乙巳青州刺史上言今月庚寅河濟清以河濟清改大寧二年爲河清降罪人各有差

按隋書五行志後齊河清元年四月河濟清襄楷曰河諸侯之象應濁反清諸侯將爲天子之象是後十餘歲隋有天下

北周

宣帝大象元年池水赤

按周書宣帝本紀大象元年六月咸陽有池水變爲血

按隋書五行志後周大象元年六月咸陽池水變爲血與太建十四年同占是時刑罰嚴急未幾國亡

隋

文帝開皇三年醴泉出

按北史隋文帝本紀開皇三年三月京師承明里醴泉出

仁壽元年水從

按隋書文帝本紀仁壽元年夏五月壬辰驟雨震雷大風拔木宜君湫水移於始平

煬帝大業三年河清

按隋書煬帝本紀大業三年春正月武陽郡上言河水清

唐

高祖武德元年鸛鵲谷水清

按唐書高祖本紀不載　按唐會要武德元年七月新豐鸛鵲谷水清世傳此水清天下太平開皇初暫清復濁至是復清

武德七年河清水變色變味

按唐書高祖本紀不載　按唐會要武德七年九月丹州言河水清

按冊府元龜武德七年長安古城藍渠水生藍色紅白而味甘狀如方印九月丹州言河水清

武德九年河清

按唐書高祖本紀不載　按五行志武德九年二月蒲州河清襄楷以爲河諸侯象清明之效也

太宗貞觀六年醴泉出

按唐書太宗本紀不載　按冊府元龜貞觀六年癸卯醴泉出丹霄殿之西命公卿以上示之因置酒於側賜帛各有差

按玉海貞觀六年四月避暑九成宮己亥西城高閣下有泉湧出承以石檻引爲一渠清若鏡甘如醴祕書監魏徵撰醴泉銘曰雜遝景福葳蕤繁祉雲氏龍官龜圖鳳紀日含五色烏呈三趾頌不輟工筆無停史流謙潤下潺湲皎潔泮旨醴甘冰凝鏡徹用之日新挹之無竭道隨時泰慶與泉流我后夕惕雖休勿休人玩其華我取其實還淳反本代文以質居高思墜持滿戒溢

貞觀七年醴泉出

按唐書太宗本紀不載　按玉海貞觀七年二月醴泉湧於綿州香溪痼疾者飲之多愈

貞觀十一年醴泉出

按唐書太宗本紀不載　按玉海云云

貞觀十四年河清

按唐書太宗本紀不載　按五行志貞觀十四年二月陝州泰州河清

按玉海貞觀十四年二月四日陝州言黃河清而有景雲見協律郎張文收采古天馬作歌之義作景雲河清歌名曰燕樂首元會第一奏是也

按冊府元龜貞觀十四年二月陝州言河水變清司空無忌等詣闕上表曰臣聞崐崘載極道元液以周天積石流源委蒼波而括地俯作神州之紀仰膺上帝之官水德靈長斯其謂矣故能道符千載位長百川瑞馬開圖發榮光於遠代應龍俯壤致宅土於遐年自此不追寂寥難俟天之祚聖復在於茲伏惟皇帝陛下則哲承基窮神闡化功縣寓外德耀瀛表文教蔚乎三五至道格乎地天是以禎凝藪澤慶溢風煙丹井輝奇青丘表異嘉苗合穎入豐膳以鳴鐘天駉攝雲播頌聲於綴兆西鶼南雉之貴日至月書連珠湧醴之徵雲飛霧集宜其展事嬴里仰告成功出豫介丘方騰茂實猶且宵衣旰食若有追而不逮對越嘉祉乃固辭而弗居遂使萬士韜華三神缺望西皇佇詔申以德水之祥東岳希封勛以清河之貺伏見陝州刺史房仁裕狀稱所管界內二百餘里正月元日黃河載清謹案易乾鑿度曰聖人受命河水清京房飛候曰河水清天下太平繇是納渭含涇混流

同潔夌門洳澤別派俱清馬頰馳波詳觀若鏡龍門激箭囘眺飛空拍天之典煥然馮夷之都可見千尋朗徹俯映元珠一曲澄鮮遙觀紫貝盡河宗之祕奧洞水府之仙靈豈非天鑑祥明不愛其道神心昭著在感斯通何幽顯合符人祇交際理均形見若斯之效歟臣等沐道醉心觀洋駭目披圖逖聽曠古無聞實慶生涯親承旦暮詔答曰嘉瑞爰降必資至德大河効祉實爲希世顧惟寡昧但增慚惕乃天地表祥宗社垂祐欲使四海隆平八荒禔福王公卿士內外庶僚宜勉修正道以副靈貺焉三月泰州言河清

貞觀十六年河清

按唐書太宗本紀不載　按五行志十六年正月懷州河清

貞觀十七年河清

按唐書太宗本紀不載　按五行志十七年十二月鄭州滑州河清

按冊府元龜貞觀十七年十一月鄭州河水清懷州河水清

貞觀二十年河清

按唐書太宗本紀不載　按冊府元龜貞觀二十年懷州河水清

貞觀二十三年河清

按唐書太宗本紀不載　按五行志二十三年四月靈州河清

高宗永徽元年正月濟州河清

按唐書高宗本紀不載　按五行志云云

永徽二年十二月衞州河清

按唐書高宗本紀不載　按五行志云云

永徽五年河清

按唐書高宗本紀不載　按五行志五年六月濟州河清十六里

調露二年河清

按唐書高宗本紀不載　按五行志調露二年夏豐州河清

中宗神龍二年地色如水街中見水影

按唐書中宗本紀不載　按五行志神龍二年二月壬子洛陽城東七里地色如水樹木車馬歷歷見影漸移至都月餘乃滅長安街中往往見水影昔苻堅之將死也長安嘗有是

睿宗唐隆元年神泉湧

按唐書睿宗本紀不載　按冊府元龜唐隆元年江州上言神泉湧

元宗開元七年醴泉出

按唐書元宗本紀不載　按冊府元龜開元七年閏七月虢州奏閿鄉縣桃林鄉醴泉湧出

開元十六年浪井出

按唐書元宗本紀不載　按冊府元龜十六年三月京兆府三原縣浪井出

開元十七年浪井出

按唐書元宗本紀不載　按冊府元龜十七年六月有浪井出□州

開元十九年浪井出

按唐書元宗本紀不載　按冊府元龜十九年六月癸未有浪井出於卭州之龍興觀平地泛溢五色相輝浮彩彪炳

開元二十二年浪井出醴泉湧

按唐書元宗本紀不載　按五行志二十二年八月清夷軍黃帝祠古井湧浪

按玉海二十二年十月丞相奏醴泉湧

開元二十三年浪井出醴泉湧

按唐書元宗本紀不載　按玉海二十三年五月丁卯蘭州有浪井出及醴泉滂湧

開元二十五年河清

按唐書元宗本紀不載　按五行志二十五年五月淄州棣州河清

開元二十九年枯井復湧

按唐書元宗本紀不載　按五行志二十九年亳州老子祠九井涸復湧

天寶三載醴泉湧

按唐書元宗本紀不載　按冊府元龜天寶三年三月丙子武威郡上言番禾縣之天寶山有醴泉湧出

肅宗乾元二年河清

按唐書肅宗本紀不載　按五行志乾元二年七月嵐州合關河三十里清如井水四日而變

寶應元年代宗卽位河清

按唐書代宗本紀不載　按五行志寶應元年九月甲午泰州至陝州二百餘里河清澄徹見底

代宗廣德二年河清

按唐書代宗本紀不載　按冊府元龜廣德二年五月己酉河南府上言河南縣界黃河清踰月不變

大曆二年醴泉出

按唐書代宗本紀不載　按玉海大曆二年京兆尹李勉奏櫟陽縣醴泉湧出獨孤及賀表云厚德載物與坤同符以善利人如水潤下

按冊府元龜大曆二年十月乙酉有醴泉出於京兆府之櫟陽飲者多愈痼疾

大曆　年深州有水影

按唐書代宗本紀不載　按五行志大曆末深州東鹿縣中有水影長七八尺遙望見人馬往來如在水中及至前則不見水

德宗建中四年河清

按唐書德宗本紀不載　按五行志建中四年五月乙巳滑州濮州河清

貞元十四年河清

按唐書德宗本紀不載　按五行志十四年閏五月乙丑滑州河清

貞元十七年池水赤

按唐書德宗本紀不載　按五行志十七年福州劍池水赤如血

貞元十八年醴泉出

按唐書德宗本紀不載　按冊府元龜十八年五月眉州上言醴泉出

貞元二十一年湖竭水鬬

按唐書德宗本紀不載　按五行志貞元二十一年夏越州鏡湖竭是歲朗州熊武五溪水鬬占曰山崩川竭國必亡又曰方伯力政厥異水鬬

穆宗長慶元年河水赤

按唐書穆宗本紀不載　按五行志長慶元年七月戊午河水赤三日止

文宗開成二年運河竭

按唐書文宗本紀不載　按五行志開成二年夏旱揚州運河竭

宣宗大中八年河清

按唐書宣宗本紀不載　按五行志大中八年正月陝州河清

懿宗咸通七年湖水赤

按唐書懿宗本紀不載　按五行志咸通七年鄭州永福湖水赤如凝血者三日

僖宗乾符六年井水赤

按唐書僖宗本紀不載　按五行志乾符六年中書政事堂忽旦有死人血污滿地不知主名又御井水色赤而腥渫之得一死女子腐爛近赤祥也

廣明元年池涸

按唐書僖宗本紀不載　按五行志廣明元年夏至州峴陽峰龍池涸近川竭也

中和三年水鬬

按唐書僖宗本紀不載　按五行志中和三年秋汴水入於淮水鬬壞船數艘

光啓元年江水赤

按唐書僖宗本紀不載　按五行志光啓元年正月潤州江水赤凡數日水沴火

文德元年昭宗即位甘泉出

按唐書昭宗本紀不載　按冊府元龜文德元年九月雲韶殿前穿井得甘泉以示百寮羣臣上表賀曰臣聞至德動天天乃垂甘露神功浹地地故出醴泉然猶兆自郊圻啓諸甸服未有因於改井得彼甘泉不離禁掖之中便是殿庭之側澄清若鏡汲引而固絕羸瓶香美如飴濟利而終期勿幕況銀牀萬所玉甃千門味不可以和太羹美不足以調甘食若非皇帝陛下幽通井德明契天官則何以革故從新致斯元貺移鹹變苦降此休禎臣等幸遇盛時叨承寵祿思與堯年野老擊以興歌願同漢水丈人汲而成樂

昭宣帝天祐四年井出甘泉

按唐書昭宣帝本紀不載　按冊府元龜天祐四年梁軍庫前有苦井嘗以備灑滌之用一旦其味忽變甘美若飴冠於他井

宋

太宗太平興國三年河清

按宋史太宗本紀太平興國三年八月癸丑滑州黃河清

雍熙五年河清

按宋史太宗本紀不載　按玉海雍熙五年正月戊辰澶州言黃河清二百里

端拱元年河清

按宋史太宗本紀端拱元年春正月澶州黃河清

真宗咸平元年墨池水變黑

按宋史太宗本紀不載　按五行志咸平元年五月撫州王羲之墨池水變黑如雲

大中祥符元年醴泉出

按宋史真宗本紀大中祥符元年五月壬戌王欽若言泰山醴泉出　按五行志大中祥符元年二月醴泉出蔡州汝陽鳳原鄉有疾者飲之皆愈五月丁丑

泰山王母池水變紅紫色

按玉海祥符元年六月庚戌賜百官泰山醴泉十二月丁酉內出泰山玉女白龍王母池醴泉賜輔臣

大中祥符三年河清

按宋史眞宗本紀三年冬十一月己亥陝州黃河清十二月陝州黃河再清庚戌集賢校理晏殊獻河清頌

按玉海祥符三年十一月庚子陝州言寶鼎縣河清遣官往祭羣臣稱賀十二月二日三日再清庚戌上作七言詩晏殊上河清頌

大中祥符四年瀵泉有光

按宋史眞宗本紀不載　按五行志四年二月己未河中府寶鼎縣瀵泉有光如燭焰四五炬其聲如雷

天禧三年醴泉出

按宋史眞宗本紀不載　按玉海天禧三年閏四月丁未醴泉出京師拱聖營上謂輔臣曰營卒初賭繩建眞武祠今泉出其側有疾者飲之多愈甲寅命王欽若賜觀名祥源十月辛未成仁宗重建改爲醴泉觀

仁宗皇祐三年汴河竭

按宋史仁宗本紀皇祐三年八月汴河絕流

神宗熙寧元年醴泉出

按宋史神宗本紀不載　按五行志熙寧元年五月京師開化坊醴泉出

徽宗大觀元年河清

按宋史徽宗本紀大觀元年乾寧軍黃河清

大觀二年河清

按宋史徽宗本紀大觀二年同州黃河清　按五行志二年十二月陝州河清同州韓城縣郃陽縣至清及百里涉春不變自是迄政和宣和諸路數奏河清輒遣郎官致祭宰官臣等率百官拜表賀歲以爲常

大觀三年河清

按宋史徽宗本紀大觀三年同州黃河清

大觀四年海水清

按宋史徽宗本紀云云

政和五年醴泉出

按宋史徽宗本紀不載　按五行志政和五年正月河陽臺觀醴泉出

政和六年河清

按宋史徽宗本紀政和六年冀州三山河水清

宣和元年河清

按宋史徽宗本紀宣和元年嵐州黃河清

高宗紹興十四年海水清水鬭

按宋史高宗本紀紹興十四年五月辛未楚州鹽城縣海水清　按五行志紹興十四年樂平縣河衝里田隴數十百頃田水中類爲物所吸聚爲一直行高平地數尺不假隄防而水自行里南程氏家井水溢亦高數尺夭矯如長虹聲如雷穿牆毀樓二水鬭於杉墩且前且卻約十刻乃解各復故

按玉海紹興十四年六月甲辰淮東漕臣言楚州鹽城於五月二十五日乙亥海水澄清宣付史館十五年撰滄海澄清曲

寧宗慶元元年浪井出

按宋史寧宗本紀不載　按五行志慶元元年徽州府黃山民家古井風雨夜出黑氣波浪噴湧

金

衛紹王大安二年河清

按金史衛紹王本紀大安二年四月徐邳州河清五百餘里以告宗廟社稷　按五行志大安元年徐沛界黃河清五百餘里凡二年以其事詔中外臨洮人楊珪上書曰河性本濁而今反清是水失其性也正猶天動地靜使當動者靜當靜者動則如之何其爲災異也明矣且傳曰黃河清聖人生假使聖人生恐不在今日又曰黃河清諸侯爲天子正當戒懼以銷災變而復誇示四方臣所未喻宰相以爲妖言議誅之慮絕言路即詔大興府鎖還本管

至寧元年海水不潮

按金史衛紹王本紀不載　按五行志至寧元年八月癸巳衛紹王遇弒是日海水不潮寶坻鹽司懼其虧庫致禱無應九月丙午宣宗即位乃潮

宣宗貞祐二年河清

按金史宣宗本紀不載　按五行志貞祐二年冬黃河自陝州界至衛州八柳樹清十餘日纖鱗皆見

元

世祖至元十四年金沙泉湧

按元史世祖本紀不載　按五行志至元十四年九月湖州長興縣金沙泉自唐宋以來用以造茶其泉不常有今溉然湧出溉田可數百頃有司以聞錫名瑞應泉

至元十五年河清

按元史世祖本紀不載　按五行志十五年十二月

河水清自孟津東柏谷至汜水縣蓼子谷上下八十餘里澄瑩見底數月始如故　按田忠良傳十五年三月汴梁河清三百里帝曰憲宗生河清朕生河又清今河又清何耶忠良對曰應在皇太子宮矣帝語符寶郎董文忠曰是不妄言殆有徵也

成宗元貞元年河清

按元史成宗本紀不載　按五行志元貞元年閏四月蘭州上下三百餘里河清三日

順帝至正十三年潮不應候

按元史順帝本紀至正十三年七月丁卯海潮日三至

至正二十年河清

按元史順帝本紀不載　按明昭代典則至正二十年冬十一月朔黃河清凡三日

至正二十一年河清

按元史順帝本紀至正二十一年十一月戊辰黃河自平陸三門磧下至孟津五百餘里皆清凡七日命祕書少監程徐祀之

按明昭代典則至正二十一年十二月石州河清至冰泮始如故

欽定古今圖書集成曆象彙編庶徵典

第一百三十四卷目錄

庶徵典第一百三十四卷

水異部彙考三

明

成祖永樂二年河清

按明通紀永樂二年十一月山西蒲州河津縣禹門渡黃河清自是月十七日至明年三月十八日始復舊

永樂三年河清

按名山藏永樂三年正月黃河清於蒲津羣臣獻頌建碑於孝陵

英宗正統元年河清

按名山藏正統元年九月淮河清

天順六年水變紫色

按廣西通志天順六年賀縣桂嶺鄉大龍塘水流盡紫其色光輝照耀上下經旬不變是歲大兵征其鄉俘獞寇數千流水皆赤人以爲紫泉凶兆按是年平桂嶺時明孝穆太后方十歲將臣以幼女津送京師遷入大內後誕孝宗始知紫泉之兆爲非常云

孝宗弘治二年河清

按山西通志弘治二年冬保德黃河清凡七日

弘治三年井水變味色潮不應候

按江南通志弘治三年蘇州閶門夜汲井其水香味同酒紅黃色歷五日如常

按廣西通志弘治三年陽朔縣龍潭水潮一日三次

弘治十一年河水沸騰

按異林弘治戊午夏六月十有一日姑蘇錢塘二郡川湖池沼水忽騰沸高可二三尺良久始復

按浙江通志弘治十一年嘉興河港池井皆沸騰二三尺

弘治十三年水變色

按廣西通志弘治十三年九月四日融江水紅黃數日

弘治十四年河清井溢

按山西通志弘治十四年保德黃河清凡三日

按博野縣志南邑村明正統朝楊家井水溢高丈餘流百十步中有吼聲成化時復溢弘治間又溢

武宗正德元年河清

按大政紀正德元年八月黃河清

正德二年河清

按永陵編年史支大綸曰正德丁卯歲黃河清者三日慶雲見翼軫分而上於八月十日生神武英斷再振太祖之烈豈偶然哉

正德五年水漲

按山西通志正德五年七月介休大水綿山大水漲平地丈餘衝入南門水涸視之城外一里許地裂闊

二丈深不可測盡洩於此地

正德七年河清

按明昭代典則正德七年春正月黃河清自清河至柳江浦清五日

世宗嘉靖四年海水變赤色

按福建通志嘉靖四年梅花鎮海水忽變赤色經旦復清魚蝦可數

嘉靖五年河清

按大政紀嘉靖五年十二月庚申靈寶縣黃河清知縣張廷桂上言是月庚申馮佐村河清者五日詩稱馮翼孝德史稱中興賢佐今聖天子在上登庸賢俊故有是應帝遣官祭之已而御史周相上言諫阻帝怒繫相詔獄奪其官（按永陵編年史作六年楊爵傳河南通志俱作七年互異）

按明外史楊爵傳嘉靖七年三月靈寶縣黃河清帝遣使祭河神大學士楊一清張璁等屢疏請賀御史鄞人周相抗疏言河未清不足虧陛下德今好諛喜事之臣張大文飾之佞風一開獻媚者將接踵願罷祭告止稱賀詔天下臣民毋奏祥瑞水旱蝗蝻即時以聞帝大怒下相詔獄拷掠之復杖於廷謫韶州經歷而諸慶典亦止不行

嘉靖二十五年河清

按陝西通志嘉靖二十五年華陰黃河清

按山西通志嘉靖二十五年襄垣黎城漳河清凡三日

嘉靖三十三年潮絕忽湧

按太倉州志嘉靖三十三年旱海潮不入井泉枯除夕潮忽湧入七浦過沙溪市民爭持瓶罌汲水一渡而止又非潮汐候殊不可曉

嘉靖三十四年水變赤

按江南通志嘉靖三十四年嘉定黃家港水赤如血逾月復始

嘉靖三十八年平地湧泉

按山西通志嘉靖三十八年代州地坼泉湧州地坼方丈餘泉出如湧五色煙雲見泉上山陰泉出產魚縣新留村平地湧泉產魚

嘉靖三十九年水變色

按福建通志嘉靖三十九年五月寧德泮池水赤午紅晚黑凡五十餘日

穆宗隆慶六年井水化爲酒

按明昭代典則隆慶六年五月龍目井化爲酒

神宗萬曆元年井水沸醴泉出

按福建通志萬曆元年七月二十日午曲井水沸溢於街至暮乃止

按贛州府志萬曆元年癸酉七月郡城金魚坊民家井中醴泉出嘗之味如薄酒其氣清芬三日乃竭

萬曆十九年河變紫色

按廣西通志萬曆十九年五月博白縣登高嶺左小河流紫士民觀之七日而止

萬曆二十年水變味河清

按河南通志萬曆二十年汝寧汝水忽變其味甚惡飲者輒瀉人皆汲泉水爲炊旬日後始如初

按陝西通志萬曆二十年華陰黃河清

萬曆二十二年河清

按江南通志萬曆二十二年淮水清一百六十里

萬曆二十五年水淫

按山西通志萬曆二十五年秋八月太平蒲州臨晉榮河猗氏解州安邑聞喜井沸池溢井水如沸池塘之水無故潮溢其臨晉村社池水泛溢橫流幾數丈踰時方止說者謂之水淫主秋雨後果應

熹宗天啓二年河清

按山西通志天啓二年秋七月河津黃河清

天啓六年河清

按河南通志天啓六年黃河清自洛至徐三日

愍帝崇禎四年井沸

按山西通志崇禎四年辛未五月黃縣北街關帝廟前井水如沸三日十二月兵變破城壬申二月克復城中屠戮殆盡

崇禎十一年河清

按山西通志崇禎十一年大寧黃河清馬鬬關三十里

崇禎十二年汾漳竭潮不應候

按山西通志崇禎十二年汾漳水竭

按江南通志崇禎十二年八月戊午松江海潮日三至

崇禎十四年水變赤色

按湖廣通志崇禎十四年秋八月荊門津池水赤三日

崇禎十六年水赤成血

按陝西通志崇禎十六年榆林龍王廟池泉水赤若血

按浙江通志崇禎十六年嚴州湖水成血

按湖廣通志崇禎十六年三月藍山縣南門河水赤如血

水異部藝文一

河清頌 有序　宋鮑照

臣聞善談天者必徵象於人工言古者先考績於今鴻羲以降遐哉邈乎鏤山嶽雕篆素昭德垂勳可謂多矣而史編唐堯之功載格於上下樂登文王之操稱於昭于天素狐元玉聿彰符命村牛大螾爰定祥曆魚鳥動色禾雉興讓皆物不盈眥而美溢金石詩人於是不作頌聲爲之而寢庸非惑歟自我皇宋之承天命也仰符應龍之精俯協河龜之靈君圖帝寶粲爛瑰英固以業光曩代事華前德矣聖上天飛踐極迄今二十有四載道化周流元澤汪濊地平天成含生阜熙文同軌通表裏釐福曜德中區黎庶知讓觀英遐外夷貊懷惠恤勤秩禮散鹿臺之金舒國賑民傾鉅橋之粟約違追脅奢去泰甚謙無留飲畋不盤樂物色異人優游便直顯靡失心幽無怨魄精炤日月事洞天情故不勞使斧之臣號令不嚴而自肅無辱鳳舉之使靈怪不名而自彰萬里神行飆塵不起農商野廬邊城偃柝冀馬南金塡委內府馴象西爵充羅外囿阿紈纂組之饒衣覆宗國魚鹽杞梓之利旁贍荒遐士民殷富繁軼五陵宮宇宏麗崇冠三川閭閈有盈歌吹無絕朱輪疊轍華冕重肩豈徒世無窮人民獲休息朝呼韓罷酤鐵而已哉是以嘉祥累仍福應尤甚靑丘之狐丹穴之鳥栖阿閣游禁圃金芝九莖木禾六秀銅池發膏畝胦宜以謁薦郊廟和協律呂烟霏霧集不可勝紀然而聖上猶昧旦夙興若有望而未至宏規遠圖如有追而莫及神明之貺推而弗居也是以琬琰鏤檢盛典蕪而不治朝神省方大化抑而未許崇文協律之士蘊儒頌於外坐朝陪宴之臣懷揄揚於內三靈佇聽九壤注心旣有日矣歲宮乾維月道蒼陸長河巨濟異源同清澄波萬壑潔瀾千里斯誠曠世偉觀昭啓皇明者也語曰影從表瑞從德此其效焉宣尼稱鳳鳥不至河不出圖傳曰俟河之淸人壽幾何皆傷不可見者也然則古人所未見者今殫見之矣孟軻曰千載一聖是旦暮也豈不信哉夫四皇六帝樹聲長世大寶也澤浸群生國富刑清鴻德也制禮裁樂惇風遷俗文敎也殊華遴寇束顙絳闕武功也鳴禽躍魚滌穢河渠至祥也大寶鴻德文教武功其崇如此幽明協贊民祇與能厥應如彼唯天爲大堯寔則之皇哉唐哉疇與爲讓抑又聞之勢之所覃者淺則美之所傳者近道之所感者深則慶之所流者遠是以豐功偉命潤色勝策盛德形容藻被歌頌察之上代則奚斯吉甫之徒鳴玉鑾於前覩之中古則相如王褒之屬馳金鶴於後絕景揚光清埃繼路故班固稱漢成之世奏御者千有餘篇文章之盛與三代同風繇是言之斯迺臣子舊職國家通議不可輟也臣雖不敏敢不勉乎乃作頌曰

窺刊崩石拓逸殘竹巢風寂寥羲埃綿邈鉅生大年贍學淵聞盤繡成景紛績顯軒徒甋井科未覩天河互古逼今明鮮晦多千齡一見書史登歌旋我皇駕揆景方塗凌周躐殷躒唐轢虞如彼七緯累璧重珠高祖撥亂首物定靈更開天地再鑄羣生帝御三傑龍步八坰朔南暨教海北騰聲淪深格高浹遐洞寘龜鼎遷宋元圭告成大明方徵鴻光中微聖命誰堪皇曆攸歸謀從筮協神與民推黃旗西映紫蓋東輝納瑞璿玉升政衡璣金輪約飾珠冕龍衣正位北辰垂拱南面天下何思日用罔倦復禮歸仁觀恆通變一物有違戚言毀膳非躬簡法厚下安宅謙德彌光損道滋益孝崇饗祀勤隆耕籍館酎秋羊封瑾春胳嬰耄兼粱鰥孤重帛體由學染俗以敎遷禮導刑清樂邕風宣分衛讓齒折訟推田野旌伏彥朝賞登賢儒訓優柔武飾焱驚文憲精弘戎容犀利楓鈴明審程護周備吏礪平端民羞幸覬桴鼓凝埃烽驛垂轡銷我長劍歸爲農器閩外水鄉鄗表炎國隴首西南渤尾東北絕絕嶺丹渾渾泉黑移珠雲勉轉集邛僰狼歌驚功鳥譚陳德治博化光民阜財盛斑白行謠清綺高詠雲表幽和物章明慶麗植雕質蠢行藻性仁草晨芋德宿宵映海無隱颸山有黃落牛羊內首閶戶外拓瑞木朋生祥禽輩作薰風蕩閭飴露流閈器範神妙劑調象藥匪直也斯偉慶方溱注彼四瀆

娟此雙川伏靈遙紀閟貺遐年澄波海嶽鏡流慈山泉室凝澱水府清涓俛瞰夷都降眂驪淵朱宮潛耀紫闕陰鮮昔在爽德王風不昌迺溢迺竭或壅或亡潔源濫壑曾是未央先民永慨大道悠長云何其瑞實鍾我皇聞諸師說天竦聽密介焉如響匪遠惟疾矧是皇心妙夫貞一左右天經尸牖人術許替布簡絲言盈室積有綿祀清登崇日一人之慶吹萬稟和靈根方固修源重波副睿貳哲帝體皇柯景雲蔚嶽秀星軒羅垂光九野騰響四遐輔車鼎足槃石虎牙世匹周室基永漢家泰階既平洪河既清大人在上區宇文明樵夫議道漁父濯纓臣照作頌鋪德樹聲

河清頌　張暢

渾渾洪河家國之濱襟帶晉衛領袖齊秦龍門誕溜積石傳津乘運能有經啓天人化流上帝時表初星飛書曝瑞龍圖照神協靈既偉迺氣載榮

賀秦州河清表　唐崔融

臣聞崇高不極之謂天廣博無涯之謂地若乃叅天地之元化代覆育之神功者其在聖人乎故能俯同五情恩浸八紘允膺千載仁霑萬代明靈之貺自我所招幽顯合符斯其效矣伏惟皇帝陛下家六合馭三光推明允之一心置於天下之腹用徇齊之四目招於萬物之情蜻蟲靡卵之所安猶懷夕惕輿頌芻蕘之詟說尚廻天聽其所愛育者多矣而況於鰥寡孤獨乎其所容納者衆矣而況於公侯卿士乎至若剗平宇宙混一華夷乃武也政教會昌樂新禮創乃文也穆岩廊以凝睇調風雨於絕垠乃聖也運埏埴以裁成動陰陽而不測乃神也體茲四齊侔彼兩儀神物之來蓋惟常理伏見秦州刺史表今月某日黃河水復清深淺澄映百有餘里清自龍門之下驗登期以御天波及萬春之卑表無疆以彌壽臣聞道之所格者弘則靈之所感者大德之所包者厚則地之所應者深是以十祀登期自古嘆其難遇一歲之內祚聖人而再清求諸典墳竟無倫匹在於明世絕後光前宜其上答靈心升中告禪金聲玉振合百神於介丘玉輅朱輪副萬國之翹首則普天幸甚何其樂歟臣等越自下才欣逢上德致百王之不致聞億載之未聞舞蹈之深實百恆品

為許智仁奏懷州黃河清表　前人

臣智仁言臣聞德水清濟詩人以之興頌濁流澄鏡大聖於是登期伏惟皇帝陛下道叶二儀功超萬古上元降祉變孟津於綠波厚載呈祥發榮光於翠浼臣以去月得河內縣申云自太平村已下三十餘里河水變清各遂淺深泠然徹底鱗介之屬無所藏形謹自依極悉同其狀又嵩高維岳形入清流少室奇峰參差具寫謹按易坤靈圖曰聖人受命瑞見於河伏見涼州元石式昭靈命臣部黃河應時清徹天禎地貺既符易象之文聖祚河清暗合靈圖之義古人嘆其難候臣今乃得親觀身體太平之風目擊會昌之瑞無任悅豫之至

為留守作奏慶山醴泉表　張說

臣言臣聞至德洞微天鑒不遠休徵祕景時和則見是知綿代曠曆慶牒祥經帝皇有必感之符神靈無虛出之瑞伏惟天冊金輪聖神皇帝陛下金鏡御天璿衡考政欽若元象弘濟蒼甿茂功將大造混成純化與陽和俱扇朝百神之樂職宅萬國之歡心嘉氣內充淫雨外息豈止搖風紀月之草列蒔於階除儀鸞御籞之禽相鳴於戶閾而已固有發韻厚載抽覘泉源表元德之潛通顯黃祇之昭報臣於六月二十五日得所部萬年縣令鄭國忠狀稱云六月十四日縣界霸陵鄉有慶山見醴泉出臣謹差司戶參軍孫履直對山側百姓檢問得狀其山平地湧拔周回數里列置三峰齊高百仞山見之日天青無雲異雷雨之遷徙非崖岸之騫震嶽爾隆崇巍然葱蔚阡陌如舊草樹不移驗益地之祥圖知太乙之靈化山南又有醴泉三道引注三池分流接潤運山對浦各深丈餘廣百步味色甘潔特異常泉比仙漿於軒后均愈疾於漢代臣按孫氏瑞應圖曰慶山者德茂則生臣又按白虎通曰醴泉者義泉也可以養老常出於京師禮斗威儀曰人君乘土而王其政太平其醴泉湧潛潭巴曰君臣和德道度叶中則醴泉出臣竊以五行推之六月土王神在未母之象也土為官君之義也水為智土為信水伏於土臣之道也水相於金子之佐也今土以月王而高水從土制而靜天意若曰母王君尊良臣善相仁化致理德茂時平之應也臣又以山為鎮國水實利人縣有萬年之名山得三仙之類此蓋金契景福寶祚昌圖邦固不移之基君永無疆之壽自永昌之後迄於茲辰地寶屢升神山再聳未若連岩結慶並泌流甘群瑞同區二美齊舉高視古今曾無擬議信可以紀元立號薦廟登郊彰貫億齡愉衍萬宇臣厚司京尹忝寄畱臺牧西土之疲人荷東蕃之餘寵游泳鴻霈震悚明神禧祉有歸光

啓茲部喜覩殊觀什百恆流踊躍一隅馳誠雙闕伏請宣付史館頒示朝廷無任鳧藻之至謹遣某官進圖奉進

中書門下賀醴泉表　　常袞

臣等伏以西京櫟陽縣有泉水於平地湧出潔誠飲者痼疾咸痊稽之圖牒是曰醴泉臣聞和氣上感湛恩下浹則有休徵以彰至化近在兩金之地特啓英泉之瑞無源獨湧平地滂流當神明之積高表陰陽之不測其氣香潔其味甘醇抱華清而蕩邪資靈化以除穢積年之疾一飲皆愈挈瓶而至重跡相望日以萬計酌而不竭齋莊之誠益勵神達之效愈彰伏惟陛下洪父母之深仁納黎元於壽域感此靈液助其生成疾苦假除天昏不作勿藥有喜愛人斯甚可以見天地之心可以明帝王之德昔唐堯至聖光武中興沛然發祥千歲一覩啓我昌運居然合符鴻休無疆天下慶幸臣等謬司近密喜倍常情無任欣慶之至

賀櫟陽醴泉表　　獨孤及

臣等言伏見京兆尹李勉奏櫟陽縣有醴泉出飲之者痼疾皆愈臣聞王者澤周庶類則神降百祥天地之心去人不遠陛下厚德載物與坤同符以善利人如水潤下故后土獻瑞湧泉療疾靈源酌而不竭沈痼飲而皆痊勿藥之喜萬人是賴仰窺天意豈不以是彰陛下之德施乎不然何衆庶顒顒強名聖水彼丹甑朱草白麒赤雁徒稱太平之瑞未聞功施於人方之聖泉豈踰神異臣等無任喜慶之至

中書門下賀滑州黃河清表　　權德輿

臣某等言今日內侍朱希顏奉宣進止示臣鄭滑觀察使姚南仲所奏今月一日至六日白馬縣界三十里黃河清者伏以導自積石出於崑崙乃建靈源之封特覩上公之禮克符昌運必降殊祥伏惟陛下聖澤感通休徵疊委惟此濁質化爲清瀾國典所書是稱太瑞詩曰俟河之清人壽幾何嘆其不可得而見也今則白馬之津三十里所澄澈如練淪漪成文一邦幼艾共觀嘉應乃寓經界式彰永寧昔秦號水德徒推厭勝漢紀河平苟安決溢神功幽贊獨表清時足以薦之宗廟書之史冊臣等忝登樞近獲奉休明無任歡忭踴躍之至謹奉表陳賀以聞臣某等誠歡誠忭頓首謹言

賀黃河清表　　前人

臣某言臣得進奏官狀伏承河陽奏汜水西界從洛口黃河清一百六十里又橫海軍奏界內河清澄澈分明者臣聞聖人在上天下和平風雨時若則海波不揚黃河清夫土所以載水水所以利物天意鍾土德之道開水瑞之華符我上聖祥于下土伏惟睿聖文武皇帝陛下蹈十聖之原軌陳一王之大法垂衣裳以朝萬國舞干羽而來四夷平泰階於天躔偃師節於靈臺故得濁波渾渾千載一清長瀾浩浩百里如鏡氣新天宇光澈地脈仰分萬象之法中涵千聖之德初澄海裔表陛下橫恩波於海上再清洛口助陛下鋪文明於土中二十八日兆陛下告成之日也百六十里期陛下得聖之數也臣謬承分閫之寄叨榮持節之權生當海晏之年幸識河清之日未奉明詔不敢擅離軍府詣闕隨公卿蹈舞明庭下情無任西望踴躍之至

河出榮光賦　　呂溫

麗乎天者曰漢紀乎地者惟河居上善以利物順朝宗而致和時否則爲災而澗昏墊運至則呈瑞以叶謳歌豈徒列四瀆以居貴與百川而臚波者乎當其布德惟新儲慶茲始濁色既變榮光乃起乍若燭龍噴燄上騰鍾嶺之雲又似陽烏迴翔下落咸池之水增華一代振耀千祀信能陵晏海而比崇茂浴日而專美時則纖埃不驚和風充盈大野初霽圓靈始清皎且潔兮孤明不雜煥其炳兮五色斯呈祥烟斂彩瑞日韜晶掩輕雲而旁屬拂薰風而上征百辟其瞻孰云其相照一人乃眷自合於皇明庶品昭蘇衆幽光被大哉有國之慶赫矣爲君之瑞朧朧元黃熠熠丹翠洞鑒龍宮之人朗見馬圖之字昔在溫洛致美化於陶唐復效靈於我皇先後叶德今古和光比屋觀其自化遐荒望以來王詎比流景集壇獨作郊天之應赤光照室空稱誕帝之祥而已哉客有目覩榮河心傾聖日儻餘光而見及庶幽谷之可出

溫洛賦　　鄭宗哲

惟上天降厥瑞瑞著於川惟君人臨厥聖聖通於天由盛德之應矣化清洛之溫然當短至之時景爲寒烈及暄變之際應在淪漣散彼皇明受茲靈貺奚獨稟於和氣乃潛感於深淚遂使清水不戒於洲渚之曲白露罷凝於蒹葭之上狎而玩信溫溫以異流迫而觀亦滔滔以難量爾其發自山谷會於河濱其外也皎兮如鏡其中也煦然如春夏蟲不疑失輕冰於曲渚秋鴻欲去戀微暖於遍津豈止元覽不昧呈祥

有因測彼淺深窮茲浩渺方將表瑞氣於澄潔豈獨激巨浪於昏曉揭厲之輩謂祁寒初失於波中游泳之徒疑薰風遠至於天表若夫德至則應天且不言就其深則酌之不竭變其性乃即之也溫狀異宰爲爐於其底意鄒子吹律於其源若彼火井之熒煌湯泉之滃鬱徒及時於四氣寧善利於萬物德之感其感良多水之瑞其瑞惟何方將吹籟之共稟忽猶鼓槖之相和霽日初懸似陽燧之藏深瀨紅霞不散若陰火之在空波方今地不藏寶天惟瑞聖茲水也有時而溫由一人之德盛

醴泉無源賦　宋王禹偁

泉本靈長皆從濫觴何無源而自湧應有德以呈祥厥味孔甘可飲九苞之鳳其波不濁寧朝百谷之王豈不以地乃至柔水惟善下不愛其寶於以光乎聖人感而遂通於以歸乎王者但沸渭以出焉奚疏鑿之謂也神化難知汪洋在茲視之者孰分似帶挹之者咸謂如飴匪自高山非貳師之刺矣不居絕塞豈耿恭而拜之有以見德及於地不期而至其潤也齊乎聖澤其湧也偕乎睿知浪井不鑿我則同出而異名靈芝無根我則重祥而疊瑞稽夫是泉也其源不見於義則那其味且旨在理云何得非源之隱也與凡流而有異味之美也表聖德而靡他不然又安得匪因掘地而自可蠲痾者哉出鳥鼠者匪吾之偶產蛟龍者亦孔之醜鄙河水之九曲笑涇泥之一斗自然而然非有而有考乎支派應居水府之先效彼休禎合列祥經之首是何不在高原波騰浪翻孰知乎桐柏孰謂乎崑崙任大禹之功深寧歸畎澮縱張騫之力盡曷識根源士有自立身謀非因世本桴學海以斯久導言泉而漸還期作瑞於昌朝免常流之一混

河清記　元程徐

至元辛丑冬十一月戊辰河清在縣濟民渡上下監渡董順言於有司河東憲司以聞御史臺上中書明年庚子省臣奏河清爲希世瑞宜選官即其所祀制曰可三月丁未中書乃命祕書少監臣程徐受命即齋祓辛亥朝明仁殿丞相立殿前令左丞埜先普花八士默禱以授臣明日上尊酒四卣縞幣三端楮幣萬五千緡禮部下晉寧路治具詞臣譔祝文乘傳以行晉寧及絳皆遣官從丁卯至垣曲河濱治壇陳俎豆戒諸執事恪職翌日戊辰五鼓作率官吏士人將事如儀波流靜伏凌風肅然禮訖徹饌投於河文武賓屬就列道旁觀者如堵咸曰耿休哉乃請紀文刻石以侈上恩以答神貺先是董順始見河清驚喜以走白不及詳其遠近日月徐入晉境道河上輒詢來昔所見蓋自平陸三門磧津至孟津五百餘里皆清凡七日惟冰合者不見云及至祭所悉如所聞且曰河始清時兩岸居民不遠百里來汲飲即疾愈挹以釀香冽異常魚鱉莫遁其形山屋皆倒影嗚呼我國家深仁厚澤涵濡百年之久猝爾兇竪肆毒寰宇民極塗炭一紀於茲亂極思治是惟其時聖天子修德得賢相輔弼於內良將驅除於外九重端拱清淨無爲潤下之水澄澈呈瑞宜也矧今中原底定山東蕩平皆調兵於晉河清渺乎晉境亦宜也昔京房王子年皆以河清爲聖王之瑞治平之兆豈無謂哉冠秩祀之祝蓋欲厚民之生瑞已乎哉徐承乏館閣實率祀事敢摭實以紀若歌頌之作則俟海內平定文臣珥筆者焉

河清頌　前人

維河之靈發源崑崙下合葱嶺度越龍門滔滔萬里沸騰駿奔介江達海嶽配川尊經雍冀兗底奠中原流衝湍激汩汩其渾旣渾何清旣激何溫溫潤而清千載罕聞聖神御極握乾闡坤河伯呈祥坤后效珍肇自平陸至於孟津亙五百里七日弗淪其澄如淵其氣如餅日光玉潔風瀾瀲泫龍鱗連絡虹彩繽紛冽比甘醴瑞同景雲動由地脉原本天根上符水德載昭帝闡帝嘉瑞應賜之璵璠沉璧藉繅裸酒炙膰率土胥慶詞臣致言泰運中興民阜物蕃車書文軌登虞邁軒於千萬歲永祚皇元

醴泉頌　明解縉

聖德通元澤融聖孝格醴泉溢閩神珍示貺錫使踔收灝氣浮月華桂露瓊芳流命素靈勑金精下汲東井輪元冥軒北斗運璇星苾茀已覺椒蘭馨味醇和氣芳烈酒醴甘冰玉潔飲者痾痊沉一啜蟾光滴玉甃滄離下衞覆以羃抃且舞侍朝夕庶類豈知蒙帝力天遺奇祥示無極頌醴泉荷上天聖壽徵福綿壽域同躋億萬年

河清頌　前人

聖道成聖世平銀漢明黃河之流至龍門迸落九土千丈渾惟勛太祖三千年德施溥榮光羃河河獻圖五色昭映冰玉壺昔洪武今永樂襲休祥頌聲作河水繹天橫地洛騰氤氳下繽紛旁困困際云云海市

青紅豔采雲纖塵靜夾鏡空露沙石海亟通離婁下見馮彝宮三旬二日古莫同聖德至於天地比天地儲祥不敢祕瑞應神明萬萬世

黃河清賦有序　　曾棨

臣棨伏見皇帝陛下卽位以來凡有所建動合天心郊祀禘告神靈歡悅民安物阜中外宴然四方蠻夷之國罔不賓服重譯而來者肩相望繇是休祥駢臻諸福畢至乃永樂二年十二月乙酉黃河清始蒲州韓城延數百里瑩然洞徹可鑑毫髮河津之民戴白之叟垂髫之童莫不奔走聚觀以爲盛世之徵符三年正月癸卯吏民具以上聞百官奉表稱賀皇上雖深自謙抑而羣臣作爲歌詩形之贊詠者自不能已臣聞京房傳曰河水清天下平王子年拾遺記曰黃河千年一清聖之大瑞也今茲之應實由皇上聖德感孚天休滋至自開闢以來未有盛於今日者也臣輒不量其愚陋撰爲河清賦一通謹拜手稽首以獻其辭曰

歲在閼逢涒灘旋杓建丑壁宿橫昏金莖寫露銀浦流雲客有覽西極遊崑崙憩禹門之巨磧溯河水之靈源乃慨然而思曰在昔黃流沃日洪波拍空方積石之旣導鑿龍門之遂通巨靈雖以贔屓底柱屹其穹崇劃兩崖之盤束瀉千里之奔衝雲漢昭回橫一絲於天末陰風噴薄鬬萬雷於地中然後拂華陰而下委跨洛汭而爭雄池大陸以奔流匯滄海而朝宗是則昔之困於懷襄者胥爲降丘宅土之域今之安於衽席者孰匪手胼足胝之功也哉爾其天一以生地六以成名列四瀆位冠五行象中央之色孕元冥之精是則水之所以爲德而河之所以得名也若乃嘉祥臻惠澗溥祕宣房闕靈府著羲畫於馬圖廓人文於邃古黃龍見彩於重華白魚徵瑞於姬武茲河水之效靈稽往牒而莫數俟千載之一清乃聖作而物覩然則當文明之嘉會瑞應之旁午而河清之祥豈獨寥寥而難遇也是夜肅然萬籟俱寂霧斂烟消天空月白盻蠁清孚精靈剡若遂有神人告於河伯曰方今海宇清寧聖人在位明並日月德合天地精誠通於神明貪稟原於聖知恆翼翼以爲心尤孜孜而圖治溥萬姓以咸和茂羣生而暢遂囿八表以同風萃諸福而畢至是宜茲水之澄清於以昭盛世之嘉瑞河伯於是張雲旓馳電檄昭萬國趣百役輩廉霽威川后受職馮夷爲之効奇象罔爲之斂跡鮫人收泣以歡欣淵客覺流而悅懌俄而衝波旣息微瀾不興乍徐乍疾若瀦若渟濁者自汰渾者自澄瀰漫滉瀁委蛇廻縈引白虹之迤邐浮素練而晶熒碧嶼沈星轉丹砂於流汞寒潭沁月炯玉鑑於清冰寫行雲之落影度飛鳥以流形湛長空於一碧涵萬象於虛明茲非千載之奇遇而爲昭代之休徵者乎於是惕然而驚怳然而寤步趨乎承明之廬翱翔乎金馬之署於是聖天子負黼扆臨寶祚建旌旄鏘韶濩列炬熒星薰爐噴霧夜漏未央宵衣在御雖尊居九重之崇嚴而未嘗一息之暇豫所以致黃河之效瑞者又豈偶然之故哉於是邇清光承湛露接迹乎夔龍遊羽乎鵷鷺奏蓬萊之音獻河清之賦從而爲之歌曰河之水兮洪流昔汎濫兮九州微禹疏鑿兮民其憂神哉禹功兮於此千秋又歌曰河之水兮清泚忽澄澈兮千里惟皇作極兮民以喜昭哉聖德兮光於萬世已而靈飆微動斜月孤映六合無塵河流一鏡沐鳳沼之餘波泚中山之兎穎鋪張乎鴻圖贊詠乎神聖誇希世之奇逢昭太平之瑞應是豈徒效雕蟲之篆刻蓋天將和其聲而以鳴國家之盛

河清賦有序　　胡廣

永樂三年春正月癸卯高平王平陽王奏禹門津黃河清朝臣歡動以爲皇上聖德所致進表稱賀皇上謙抑不居未幾泰王暨山西守土之臣亦皆來奏見者謂其清如碧玉洞鑑毫髮旣而成五色經三旬有二日漸復其舊稽之載籍黃河千年一清聖王之大瑞而五色者尤瑞之大者也洪惟皇上以至聖之德作配天地廣運神化瑞應之來適當其期臣叨陪侍從幸覩茲盛事宜有紀述以傳誦將來其辭曰

蓋聞洪河之水通銀漢而直下介箕斗之微茫繞崑崙而奔瀉歘潛行於地中忽濆發乎重野景如叕海之長虹勢若馳岡之迅馬鶩湍騰逝悍波衝射競千雷兮砰訇鬬萬鼉兮呼咤淈泥沙兮悠揚羌晝夜兮不舍方其導積石歷龍門下底柱逾孟津出乎無際漂乎無垠臨萬頃兮漭瀁折九曲兮沄渾想夫浩浩湯湯湮塞未疏濟漯莫從淮泗尚瀰匯四隩而爲壑襄高陵而成汙暨九川兮滌源九州兮旣別拯蒼生於墊溺免斯世於魚鱉惟六府之孔脩賴胼胝之偉烈嗟形容於允翕諒一葦之可越逮乎周道旣東文武益遠清人賦其翱翔方叔去而不返葛蕩興繇繇之詠尼父有已矣之嘆至若瓠子載決宣房旣歌下

淇園之綠篠洗美玉於滄波恆汩汩兮混濁或沸醫兮盤渦曾未識其安流胡能有於盈科誦逸詩兮俟清嘅人壽兮幾何信不可兮驟得必以待夫時之泰和爾乃禹門中闢積石崎巇洪濤不興一碧千里若人間兮天上渺予覩兮衍迤式同觀乎渭濱儼浮游於湘沚澄靚兮泓渟滉瀁兮瀰瀰鄙鴨綠於漢江陋苔清於淮涘澹玻瓈兮洞射凝雲母兮無滓風泠泠兮吹漾漪天晃朗兮映漣泚粲飛鳥兮白鷗數游鱗兮鰋鮪山倒黛兮染翠嵐掩練兮成綺姱激灩兮援藍堪鳶潔於明水朝陽升兮瀲彩溢夜月照兮鏡光洗紛揮霍兮五色乍紆徐而忽駛實元氣之融會而發榮光於此乃有黃耇居河之湄睹滄瀠兮瑩徹爲盛世之休徵爰以告言聞於紫宸無小大而咸喜騰遐邇之歡聲惟聖人兮在上致四海兮隆平需仁恩兮汪洋洽寰宇兮皆春萃諸福兮畢來沓衆瑞兮駢臻所以天儲其精地閟其靈而千載之嘉應實有待於聖明乃謙抑而弗居遜膚美而冒勝蓋功愈大而心愈小道彌高而德彌弘覩夫平成之績亙萬世而同稱者也猗歟聖皇允協神禹稽河清之致祥翳寥寥兮前古撫金人而徘徊摩銅狄而容與未有並美於今日亦漫漶而莫憮泛星槎以尋源聊逍遙兮銀渚傳元冥兮先驅訪往跡於河鼓雲冉冉兮斯徂路迢迢兮遠舉憩鵲橋而孤吟盼層霄而延佇瞻珠闕之崔巍聆羣仙兮夜語謂聖皇兮達孝克繼述於太祖纘洪業兮率舊章靡毫髮兮爽軌度誠於穆而不已全睿智於文武天茂錫以純祉浩穰穰兮繁聚粤鴻荒兮茫茫河之清兮今始覩於以闡皇猷之精微隆子孫無窮之祚彼漢唐之偶值又奚可以比數驩元元而無知將以告夫下土羲和忽兮啓駕宵曨朧兮欲睹靈績積兮既逢肇余袂兮來下扶雲漢之昭回挹九天之湛露披垠圻以自呈造金門而獻河清之賦于是爲之歌曰河水兮清漣聿應期兮斯千年聖皇御極兮德配天于萬億秭兮福祿綿綿

瑞應河清賦有序　　廖道南

嘉靖戊子冬十一月臣道南上疏曰臣嘗莊誦我太祖高皇帝御製文集凡有事於天地宗廟社稷躬臨禱祀親撰樂章至於幾務之暇館閣之儒法從之僚日侍黼座上時揮灑宸翰著爲文章如甘露河清嘉禾神龍悉令詞林爲之紀述故當時諸臣如宋濂則有膏露頌解縉則有河清表劉基則有瑞麥頌至永樂間王直則有甘露詩楊士奇則有河清賦梁潛則有騶虞歌宣德以後編撰日富皆能即物窮理而辭以達意隨事磬忠而美不忘規古之太史陳詩內史納誨官師教典瞽御呈箴左右載筆以紀言動上下交修以成德業其道類如此恭惟皇上敬事天地體法祖宗至誠格乎神明大孝達於天下天惟顯思甘露已應地不愛寶黃河載清諸福之物可致之祥固將畢至矣邇者聖心警惕軫念農功憫旱蝗之爲災祈雪澤之早降昭告都宮露禱郊壇既致懇於山川旋竭虔於社稷躬勞步履神鑒精誠顧茲一陽之時豫占三白之兆臣民胥慶中外咸歡信有超於古帝王之上矣臣又聞之天地交而後萬物生君臣交而後萬化行易彖曰大哉乾元萬物資始乃統天雲行雨施品物流形大明終始六位時成時乘六龍以御天乾道變化各正性命保合太和乃利貞首出庶物萬國咸寧蓋言天地有太和之氣人君當體乾以象之也禮運曰聖人作則必以天地爲本以陰陽爲端以四時爲柄以日星爲紀月以爲量鬼神以爲徒五行以爲質禮義以爲器人情以爲田四靈以爲畜蓋言天地有大順之應人君當體信以感之也伏願皇上體乾行健以象天地之太和體信建中以達天地之大順靈應已臻敬畏匪懈位育益至參贊愈隆心和則氣和氣和則形和百官和於朝萬民和於野而虞廷賡起之歌周室卷阿之頌實有望於今日矣臣濫竽史館欣覩嘉禎竊效楊士奇河清賦謹撰瑞應河清賦賦曰

歲在疆圉辰大淵獻律旋大呂杓回斗建靈飆蕭瑟兮嵱林慶雲葱鬱兮瓊漢星珠聯兮月璧揚輝山祇順兮海若貢晏天子乃闢彤闈臨紫殿御金牀懸玉瑱排龍旂列雉扇寶典法象乎天地奎章噓嗑乎雷電千祥集而寰宇寧萬象呈而泰階轉是月也惟河之南爰有靈寶惟山之西爰有芮城惟二邑之民牧惟二省之守臣偕千萬人而往觀越五十里而河清慶卜筮之云吉肅質鄗而上陳于是屬禮曹集詞林稽往蹟究遺經度乾鑿圖坤靈覩京房之傳則兆盛治而天下平述李康之論則錫元嗣而聖人生僉謀旣協稽首颺言夫其爲河也源於火敦而星宿燦爛委於陽紆而波濤混茫瀦於于闐而葱嶺巃嵸合於忽闌而蒲海汪洋潴於泑澤而赤賓蕩漾窮於崑崙而元圃崢嶸爾乃抗之以積石南至于華陰屹之以

底柱東至于孟津泱瀼溆渶於潼關之險沸潰灌洴於平陸之濱沖瀜沆瀁於桃林之渡滲漷澔浒於函谷之村其始也榮光下燭灝氣上蒸沈淵類鏡恬波凝冰望龍門兮如往宛鳳沼兮同潛陽侯乘白螭兮安以不擾馮夷駕蒼虬兮寂若無驚其繼也素練昭回元晶瑩潔璀璨瑤華繽紛玉屑陽鳥浴兮清泠陰兔升兮寒冽川精翔炅閣兮湛爾躍金澤虞屏蜃市兮炯然凝雪又其既也彩虹映川景星耀流匯通三島深達十洲擬圭璧兮色純滋土穀兮功優天吳薦鮫綃兮皎如栖鶴罔象索驪珠兮狎以狎鷗是蓋河清之大槩而河伯之所受命而懷柔者也昔者庖羲則龍圖而畫卦夏禹演龜範而叙疇殷湯承元鳥而都亳姬武感白魚而造周成王卜洛營而瀍澗攸翕漢主握鎬璧而泰雍是丘凡帝王之創業而繼統皆鬼神之助德而成謀乃若李尤誇炎緒以作銘鮑昭數宋功以呈頌范雲懷德水以宣謠應瑒羨靈河以興諷揖芳華以爲美諒貞誠之能動乃若長孫値貞觀以集慶晏殊遇祥符以修詞仁裕表清漪以具疏文收采瑞應以陳詩鳴治化以爲榮操觚翰而敢辭歷閱瓊編窮蒐玉笈河清之瑞從先稠疊盖未有如我明之盛德大業元功丕烈以契乾符以合坤策焉者也繄昔高皇奮揚神武迅掃胡塵乃屠維作噩黃河肇清爰以勒之金石揚駿惠而流鴻聲繄昔文皇光闡至文表章聖經乃旃蒙攝提黃河復清爰以播之絃誦諧朱瑟而調紫瓊肆若聖躬誕育黃河肇清江漢毓靈翼軫儲精乃歲閼逢涒灘履祚之辰五星聚而三垣輝七緯順而九道平乃今禮典告成黃河載清赫赫厥聲濯濯厥靈乃歲著雍渾敦履端之春協氣郁而四靈從甘露降而諸福呈蓋河清之爲瑞首也以言乎其蓄也厥蘊孔厚以言乎其發也厥施孔臧以言乎其功也厥緒孔茂以言乎其祉也厥兆孔彰以言乎其上也脈絡貫乎天津而無間以言乎其下也膏液賚乎地利而無疆以言乎其近也叶少海之期而前星炳耀以言乎其遠也並泰山之礪而磐石安康是蓋受精於天地錫祐於宗社而開億萬年長發之祥也臣乃矢詩以遂歌曰於昭皇祖德純粹精克勤克儉乃聖乃神景運既協昌祚允新巍巍莫並蕩蕩難名吁嗟河兮肇啓其徵保佑自天純嘏維申於赫太宗受命溥將文謨丕顯武烈彌光下修人紀上振天綱萬國咸寧四裔來王吁嗟河兮載發其祥保佑自天純嘏惟昌於穆吾皇緝熙光明至仁享帝大孝享親言以道接志以道寧禮樂定序天下中興吁嗟河兮快覩重清億萬斯年萬福咸臻

錢塘江潮三日不至　何喬新

國之興亡果天命邪抑人事邪彭城之敗大風揚沙滹沱之窘河水忽合混同浩渺不測而阿骨打輕騎徑渡元兵分駐而潮汐三日不至是蓋有天命焉非人力所能爲也嗚呼爲是說者不爲無據然而未盡也興亡之端未有不始於人而成於天者非秦政之殘暴則高帝之劍無自而奮非王莽之篡弒則光武之兵無自而興非天祚之荒淫不道則女眞豈敢遽蹂躪境非似道之貪淫專愆則伯顔豈得遽覆宋都由是觀之天乎人乎古之賢君有懼災修德而桑榖自萎者矣人衆者勝天陸贄曰君相不可以言命有國家者綢繆牖戶于天未陰雨之時修德任賢于天方降瘥之日如是而猶不濟則可歸之天命矣

水異部藝文二詞

清平樂絳河清　宋毛滂

絳河千歲一照昇平事萬里青銅開碧霧俯見南山晚翠　紺寒不翅湘酃清於練靜江澄流向萬年觴裏玉波可但如澠

前調　前人

銀河秋浪遥出崑崙上忽變澄瀾添碧漲可道昇平無象　黃雲濁霧初開榮光休氣徘徊試覓當時五老金泥玉檢將來

前調　前人

天連翠瀲九折玻璨軟回挽金堤清苑轉疑是蓬萊清淺　吾君欲濟如何唐虞風順無多自有松舟桂楫一帆三代同波

水異部選句

唐張九齡龍池頌泌之洋洋其甘如醴清德之鑑柔道之體

玉海淳化三年河清曲洏彼涇濆澄明鑑如清應寶運光涵帝居洞分沈璧澈見游魚

景德三年河清曲德水湯湯發源靈長皎鑒澄澈千年效祥

夏竦河清賦失洶涌之黃流湛清泠之素波銀潢之影橫秋帝臺之漿映日將祀汾南爲民祈穀大河載清於陜之服豈比夫蘭葉朱文誦黃靈之籙芝泥玉柙汎帝嬀之圖

水異部紀事

論衡吉驗篇伊尹且生之時其母夢人謂己曰臼出水疾東走毋顧明旦視臼出水即東走十里顧其鄉皆爲水矣

異苑臨淄牛山下有女水齊人諺曰世治則女水流世亂則女水竭慕容超時乾涸彌載及天兵薄伐乃激洪流

世說補庾子輿父卒官巴西奉喪歸至巴東淫預石瞿塘大灘秋水猶壯子輿撫心長叫其夜水忽減退安流而下既渡水壯如舊時人爲之語曰淫預如襆本不通瞿塘水退爲庾公

南史齊武帝本紀上爲廣興相嶺南遭積旱水涸商旅不通上部伍既至無雨而川流暴起遂得利涉

梁武帝本紀帝命王茂蕭穎達等逼郢城東昏遣寧朔將軍吳子陽光子衿等十三軍救郢州進據巴口七月帝命王茂帥軍主曹仲宗康絢武會超等潛師襲加湖將逼子陽水涸不通艦子衿喜其夜四更中無雨而水暴長衆軍乘流齊進鼓噪攻之俄而大潰子陽等竄走衆盡溺於江

陳武帝本紀帝發南康灨石舊有二十四灘灘多巨石行旅以爲難帝之發水暴起數丈三百里間巨石皆沒

創業起居注己巳帝之蒲津觀河東城庚午南過末豐倉是夜宿於臨晉瀵渭合流之處將渡渭津人以見船朽破不堪帝渡及於瀵水上流數十里更取好船苦於水淺沙磧相夾船行不進憂怖不知所爲其夜三更天甚晴霽忽然覺水暴長數尺逆流而上船泛深波得達津次及明帝登船欲渡乃見逆流不已津司以聞衆咸駭異以爲光武滹沱之冰無以異此並於舟中拜賀帝曰此偶然耳吾何德以堪之乃命所司以少牢祀瀵渭

冊府元龜曹懷舜高宗末隆中爲定襄道副總管初軍至碧綠泊軍始爲營營內忽有泉水大如車輪衆皆惡之俄爲突厥所敗

開元二年六月左拾遺蔡孚獻龍池集王公卿士以下凡百二十篇請付太常寺其辭合音律者爲龍池樂章以歌聖德從之初帝在藩與宋王等居於興慶里時人謂爲五王子宅及景龍末宅內成池湧出汎灧清瑩流之不竭中有龜龍遊焉故羣臣歌之

王思禮肅宗至德二年四月爲關內節度使時北征秦師渡渭水於龍光渡賭水忽淺士馬既濟而其水復深一丈

楊朝晟貞元中爲邠寧節度使初軍次方渠無水師徒囂然遽有青蛇乘高而下視其跡水隨而流朝晟令築城環之遂爲停泉軍人仰飲以足圖其事上聞詔置祠焉

三水小牘滎陽郡城西有末福湖引鄭水以注之平時繞岸皆臺榭花木乃太守效勞班餞之所西南壖多修竹喬林則故徐帥崔常侍彥曾別業也當咸通中龐勛之作變崔公爲所執也湖水如凝血者三日而復未幾而其家凶問至余光啓初寓居鄭地故得之昔讀本朝書見河間王之征輔公祏也江行舟中宴羣帥命左右以金盌酌江水至忽化爲血合坐失色王徐曰盌中之血公祏授首之徵果破之則禍福之難明也如是

十國春秋吳越武肅王世家天寶三年八月始築捍海石塘塘外植滉柱十餘行以折水勢先是江濤洶湧板築不時就王於疊雪樓架强弩五百以射濤既而濤頭趨西陵湖爲頓斂遂定其基以鐵絙貫幢幹用石楗之而塘成

前蜀高祖本紀天漢元年六月導江令黃璟奏天大雷雨江神忽成巨堰羣臣入賀杜光庭賀牋曰伏覩導江縣令黃璟奏六月二十六日江神移堰事伏以

大禹濬江發洪源於龍冢李冰創堰分白浪於龜城道彼靈津資乎民用而涸歷泛肩之誓表則有常若懷山沃日之災崩騰難制立虞墊溺必害烝黎昨者夏潦渤興狂波未息顧岷江之下瀨便逼帝都當灌口之上游遽彰神力於是震霆𡾊地白雨通宵驅陰兵而鼓噪連天篝靈炬而熒煌達曙迴山轉石巨堰儀成浸涌頓減於京江奔壓盡移於硤路仰由聖感仍假英威見天地之合符睹神明之致祐編於簡冊冠彼古今叨奉獎私弘增忭躍

五代史王鎔傳張文禮者狡獪人也鎔惑愛之以爲子鎔死文禮自爲留後莊宗知其通梁遣將擊之文禮家河水變爲血游魚皆死文禮病疽卒

冊府元龜後唐張文禮爲鎮州牙將害其帥王鎔而自爲留後未幾野河色變如血游魚多死浮於水上尋疽發背死

玉溪編事西蜀將王暉任集州刺史城中無水泉値岐兵攻城且絶其水路城內焦渴王公乃中夜祈請神祇及寐夢一老父告曰州獄之下當有靈泉出王驚寤遲明亟命操鍤於所止之處掘之乃有泉流居人蒙活甚衆岐兵以城中無水將坐俟其斃王公命汲泉水於城上揚而示之岐寇乃去是日神泉亦竭

十國春秋唐後主本紀甲戌歲每歲大江春夏暴漲謂之黃花水及宋師至而水皆縮小國人異之

馬令南唐書後主書王師進屯建業城南十里時雖下池州及姑熟餘郡皆未奉命糧道阻隔樊若水請於采石繫浮橋以利轉挽每歲大江春夏暴漲謂之黃花水及王師至水皆退小故識者知其有天命焉

宋史魏仁浦傳仁浦子咸信尚永慶公主雍熙三年知澶州四年本郡黃河清咸信以聞詔褒答之

五行志三年八月解州鹽池紫泉場也文二年里許不種自生其味特嘉命屯田員外郞何敏中往祭池廟八月東池水自成鹽僅半池潔白成塊晶瑩異常祀汾陰經度制置使陳堯叟繼獻凡四千七百斤分賜近臣及諸列校按此條原本載在大中祥符四年後而又不加年號恐是天禧三年

玉海天禧二年九月乙酉錢暧獻醴泉賦賜及第

宋史馬亮傳亮累遷尚書工部侍郞復知昇州徙杭州加集賢院學士先是江濤大溢調兵築堤而工未就詔問所以捍江之策亮褒詔禱伍員祠下明日潮爲之卻出橫沙數里堤遂成

劉溫叟傳溫叟子煜爲右正言都城東南有泉出民爭傳可以已疾詔卽其地建祥原觀煜言其詭妄不經且亢旱不可興土木以營不急

狄青傳初青之至邕也會瘴霧昏塞或謂賊毒水上流士飮者多死青殊憂之一夕有泉湧砦下汲之甘衆遂以濟

廣東通志霍暐字明甫南海人篤志好學景祐間新會龍山之水色變而爲紫者旬日人皆以爲瑞暐獨持論謂淸者水之眞體也變而爲紫非正色也其必水之怪乎水陰物也陰之類爲小人爲盜賊奸宄今水失其常性吾恐其關國家者大也及蔡京童貫輩當國有金人之變江南盜賊蠭起其先見類此

見聞搜玉宋鄒浩謫居昭州汲水在數里外後所居嶺下有泉湧出及將歸數日前有人厲聲呼曰侍郞歸矣求之不見翌日果拜命泉乃涸因名曰感應泉

宋史張燾傳和議成范如圭請遣使朝八陵遂命判大宗正士㒟與燾偕行且命修奉令荊湖帥臣岳飛濟其役燾與士㒟道武昌出蔡潁河南百姓歡迎夾道以喜以泣曰久隔王化不圖今日復爲宋民九年五月至永安諸陵朝謁如禮陵前澗水久涸二使垂至忽湧溢父老驚嘆以爲中興之兆

續夷堅志西京大同府之南神堆渦泊木廠百餘畝深三丈居人取魚其中十三年前一夕大雷雨水忽飛去入渾源東南山娘子坤村復爲大陂凡神堆水所經遺魚不絶

輟耕錄丞相伯顏駐軍皐亭山宋奉表及國璽以降遣千戶囊加歹等入城慰諭令居民門首各貼好投拜三字及聞益王廣王如婺州即命分兵屯守諸門范文虎安營浙江沙滸太皇太后望祝曰海若有靈當使波濤大作一洗而空之潮汐三日不至軍馬宴然

至正壬寅六月二十三日夜四更松江近海去處潮忽驟至人皆驚訝以非正候至辰時潮方來乃知先非潮也後見湖泖人說湖泖素不通潮忽平擁起高三四尺若潮漲之勢正與此時同又聞平江嘉興亦如之按五行志水自盈溢主兵興乾坤變異錄河水大塵臣下執政有背叛

西樵野記貴州普定衛有二水一曰滾塘寨一曰鬧蛙池相近前後吾吳人從軍至此夜聞水聲搏激旣而其響益大居人闢戶視之噴面波濤竟不可逼坐以伺旦其二水一涸一溢人以爲水鬬吾不知果何怪也

明外史李文忠傳文忠以左副將軍由東道北討出居庸敵兵大集文忠引還失故道至桑哥兒麻乏水渴甚禱於天忽所乘馬蹋地泉湧出三軍皆給乃刑牲以祭遂還

明通紀洪武十三年正月丞相胡惟庸等謀逆狂言其所居第井有醴泉湧出邀上往觀惟庸居第近西華門守門內使雲奇知其謀乘輿將西出雲奇走衝蹕道勒馬銜言狀氣方勃舌駃不能達意太祖怒其不敬左右撾棰亂下雲奇右臂將折垂斃猶指賊臣第弗爲痛縮上方悟登城眺察見惟庸第內兵甲伏屏帷間數匝乃亟反遣兵圍其第罪人一一就縛并其黨御史大夫陳寧及都督李氏皆伏誅

洪武二十一年藍玉等進兵追虜進次游魂南道無水軍士渴甚至一小山下忽聞有聲如礮使人視之則四泉湧出士馬就飲得不困乏餘流溢出如溪衆咸歡呼曰此朝廷之福天之助也先是上嘗夢殿西北隅有小山流泉直下至御足所履而止至是泉湧悉與夢符玉等還至京獻俘上大喜頒賜褒之

永樂八年三月車駕出塞至清水源其地有鹽海旁近水可飲人馬皆渴明日營西北二里許忽有清泉水湧出上命取親嘗之人馬賴以給足賜名神應泉

陝西通志薛敬之字顯思渭南人選應州知州藹家寨北平地有暴水湧出一寨幾陷敬之爲文祭告水卽下洩聲如雷鳴

眉公見聞錄徐文貞公故居近城西隅瀦水曰少湖嘗讀書其旁自號曰少湖當公拜首揆日少湖水忽作五色涌起高八尺餘踰兩時始息

道旃璅言丙戌冬過泗州淮水清淺鑿冰以渡及丙申按泗州則合流於河水渾黃矣勢亦洶甚河自孟津以下分四支康家渡符離集飛雪橋小浮橋咸會之淮口入海勢漸南矣弘治間決金堤頭歷曹濮鄆范趙張秋會鹽沙河入海遂阻運道從卒塞改稱安平鎭可並漢宣防然河南趙則北岸漸高北趙亦然迴無故迹夏潦水退土皆淤畝穫數鍾秋皆沙地利薄矣俱不可曉

宛委餘編楊用修記安寧州潮泉一日三溢三竭連州水下流有斟溪一日十溢十竭貴州城外有漏汋一日百盈百竭應漏刻焉可謂奇聞矣因筆之

宦游紀聞弘治辛酉仲夏二日夜分古渝城上忽白光映天見者驚異爭起視之但見渝水明耀浮光上燭而已次早驗之宛如豆汁人不敢飲踰三日始澄澈叙州府使人探流至木川長官司抵崇山峻嶺林木蓊鬱阻不能前詢之父老言此水發源自建昌從來未有此變也愚謂江海嘯哭亦常有之此何足怪觀桑欽著水經陸羽辨淄澠二水味等而上之大禹定水之色性似此變異無所疑矣

西墅雜記錢塘江其傍海日有子午潮不爽如過夷亭出狀元故諺云潮過夷亭出狀元昔宋末潮過夷亭而出衞涇狀元已驗之矣自嘉靖甲午以來非惟不能過夷亭而錢塘江潮或旬日不至時人謂之凍死潮

明外史晉恭王棡傳西河王奇瀕晉定王曾孫母葉嘗病渴中夜稽顙禱天俄有甘泉自地湧出葉飲泉病良已

湖廣通志陳瑞字五玉咸寧諸生值世亂厭帖括謝去之崇禎中江水竭嘗作涸江嘆以憂時

順寧府志明萬曆年秋天陰雨微晦郡東總河水忽漲起丈餘下流水逆流而上如相鬬狀兩岸田畦皆成洪波洄漩不下聲振如雷踰時而平魚無巨細皆死於岸畦間或以爲龍戰想亦非誣也

水異部雜錄

王充論衡是應篇爾雅言甘露時降萬物以嘉謂之醴泉醴泉乃謂甘露也今儒者說之謂泉從地中出其味甘若醴故曰醴泉二說相遠實未可知按爾雅釋水泉章一見一否曰瀸檻泉正出正出涌出也沃泉懸出懸出下出也是泉出之異輒有異名使太平之時更有醴泉從地中出當於此章中言之何故反居釋四時章中言甘露爲醴泉乎若此儒者之言醴泉從地中出又言甘露其味甚甜未可然也

玉海國朝宰相上事判案三道一司監壽星見二開封府嘉禾合穗三澶州黃河清並判准

物類相感志黃河清運命論云黃河清聖人出拾遺記云河一千年一清聖人之大統瑞一說聖人興則出圖書道廢則絕洞信爲聖人之應又易乾云帝王將起河水先清清變白白變赤赤變黑黑變五色各三日

物異考魯襄公時穀洛二水鬬將毀王室後數年有如日者五出於水秦武王時渭水赤三日昭王時又

赤三日秦遂亾漢安帝時水赤如血鄧后專政苻堅

遙見地邑如水謂之地鏡堅遂死紹興中田水如爲物所吸聚而直行平地數尺程氏井水溢亦高數尺矯如長虹聲如雷二水相鬬十刻各退歸舊處乃解

黄泉小品醴泉醴一宿酒也泉味甜如酒也聖王在上德普天地刑賞得宜則醴泉出食之令人壽考

丹鉛總錄國語曰穀洛鬬將毀王宮注不言其鬬之狀宋紹興十四年樂平水鬬有司奏言河衝里田水中類爲物所吸聚爲一直行間平地數尺不假隄防而水自行里南程氏家井水溢亦高數尺夭矯如長虹聲如雷穿牆毀樓二水鬬於杉墩且前且却約十餘刻乃解以後印前穀洛二水之鬬應亦如此也正德中文安縣水忽僵立是日天大寒遂凍爲冰柱高五丈四圍亦如之中空而旁有穴後數日流賊過文安鄉民入冰穴中避之賴以全者頗多士人謂之河僵亦前史罕見也愼嘗書之實錄中

庶徵典第一百二十五卷

冰異部彙考一

禮記

月令

季冬行夏令冰凍消釋

大全 冰凍消釋盛陽爍之故也

五色線

冰

京房曰三月冰歲不成四月冰天下荒五月冰其國亡六月冰天下兵

朱子大全集

答何叔京

雨木冰上温故雨而不雪下冷故著木而冰

觀象玩占

總叙

冰者太陰之精至柔而爲剛陰極而生陽也當冰而不冰者政失之舒也未當冰而冰與當釋而不釋者政失之急也故春秋書無冰皆爲國君失政權移於下之應

雜占

木以春冰地鏡曰有兵歲不成一曰女主昌大臣死民疫秋禾不成

水以夏冰兵起人主死一曰歲饑民流京房曰夏冰其國病疾五穀不成有兵大起地夏凍京房曰其鄉流血

秋冰夏人憂兵起一曰水三月至九月有冰皆爲大兵起

水冬不冰地鏡曰爲饑爲兵一曰有疾疫一曰有易王

邑中冬不寒地水不凍其國易政民饑絕食天下移

冰異部彙考二

周

簡王十一年春正月魯雨木冰

按春秋魯成公十六年春正月雨木冰　按公羊傳雨木冰者何雨而木冰也何以書記異也　按穀梁傳雨而木冰也志異也傳曰根枝折

大全 雨木冰者雨而木冰也何休曰木者少陽幼君大臣之象冰者凝陰兵之類也冰脅木者君臣將執於兵之徵未幾而有沙隨苕丘之事天人之際

休咎之應焉可誣也而欲盡廢五行傳亦過矣

按漢書五行志春秋成公十六年正月雨木冰劉歆以爲上陽施不下通下陰施不上達故雨而木爲之冰雰氣寒木不曲直也劉向以爲冰者陰之盛而水滯者也木者少陽貴臣卿大夫之象也此人將有害則陰氣脅木木先寒故得雨而冰也是時叔孫僑如出奔公子偃誅死一曰時晉執季孫行父又執公此執辱之異或曰今之長老名木冰爲木介介者甲甲兵象也是歲晉有鄢陵之戰楚王傷目而敗屬常雨也

後漢

靈帝光和六年井冰

按後漢書靈帝本紀光和六年冬東海東萊瑯琊井中冰厚尺餘大有年

魏

文帝黃初六年水道冰木冰

按魏志文帝本紀黃初六年是歲大寒水道冰舟不得入江

按晉書五行志文帝黃初六年正月雨木冰按劉歆說上陽施不下通下陰施不上達故雨而木爲之冰雰氣寒木不曲直也劉向曰冰者陰之盛木者少陽貴臣卿大夫象也此人將有害則陰氣脅木木先寒故得雨而冰也是年六月利成郡兵蔡方等殺太守徐質據郡反太守古之諸侯貴臣有害之應也一說以木冰爲木介介者甲兵之象是歲既討蔡方又八月天子自將以舟師征吳戍卒十餘萬連旌數百里臨江觀兵又屬常雨也

晉

元帝太興三年雨木冰

按晉書元帝本紀不載　按五行志太興三年二月辛未雨木冰後二年周顗等遇害是陽施不下通也

穆帝永和八年雨木冰

按晉書穆帝本紀不載　按五行志永和八年正月乙巳雨木冰是年殷浩北伐明年軍敗十年廢黜又曰苟羨殷浩北伐桓溫入關之象也

孝武帝太元十四年雨木冰

按晉書孝武帝本紀不載　按五行志太元十四年十二月乙巳雨木冰明年二月王恭爲北藩八月庾楷爲西藩九月王國寶爲中書令尋加領軍將軍十七年殷仲堪爲荊州雖邪正異規而終同夷滅是其應也

北魏

孝靜帝武定四年雨木冰

按魏書孝靜帝本紀不載　按隋書五行志東魏武定四年冬天雨木冰洪範五行傳曰陰之盛而凝滯也木者少陽貴臣象也將有害則陰氣脅木木先寒故得雨而冰襲之木冰一名介介者兵之象也時司徒侯景制河南及神武不豫文襄懼其爲亂而徵之景因舉兵反豫州刺史高元成襄州刺史李密廣州刺史暴顯並爲景所執辱貴臣有害之應也其後左僕射慕容紹宗與景戰於渦陽俘斬五萬

北齊

文宣帝天保二年木冰

按北齊書文宣帝本紀不載　按隋書五行志天保二年雨木冰三日初清河王岳爲高歸彥所譖是歲以憂死

後主武平元年木冰

按北齊書後主本紀不載　按隋書五行志武平元年冬雨木冰明年二月又木冰時錄尚書事和士開專政其年七月太保瑯琊王儼矯詔殺之領軍大將軍厙狄伏連尚書右僕射馮子琮並坐儼賜死九月儼亦遇害

武平六年雨木冰

武平七年雨木冰

按北齊書後主本紀不載　按隋書五行志六年七年頻歲春冬木冰其年周師入晉陽因平鄴都後主走青州貴臣死散州郡被兵者不可勝數

唐

高宗永徽二年雨木冰

按唐書高宗本紀永徽二年十一月甲申雨木冰

按五行志永徽二年十一月甲申陰霧凝凍封樹木數日不解劉向以爲木少陽貴臣象此人將有害則陰氣脅木木先寒故得雨而冰亦謂之樹介介兵象也

龍朔三年雨木冰

按唐書高宗本紀龍朔三年十一月甲戌雨木冰

麟德元年雨木冰

按唐書高宗本紀不載　按五行志麟德元年十二月癸酉氛霧終日不解甲戌雨木冰

儀鳳三年雨木冰

按唐書高宗本紀儀鳳三年十一月丙申雨木冰

中宗景龍四年雨木冰

按唐書中宗本紀景龍四年三月庚申雨木冰
嗣聖十一年即武后延載元年雨木冰
按唐書武后本紀延載元年十一月癸酉雨木冰
元宗開元二十九年雨木冰
按唐書元宗本紀開元二十九年十一月己巳雨木
冰
代宗大曆二年雨木冰
按唐書代宗本紀大曆二年十一月辛未雨木冰
德宗貞元元年秋雨木冰
按唐書德宗本紀云云
貞元四年雨木冰
按唐書德宗本紀貞元四年正月雨木冰于陳留
貞元二十年冬雨木冰
按唐書德宗本紀云云
穆宗長慶二年海水冰
按唐書穆宗本紀長慶二年正月庚子海州海冰
昭宗景福　年滄州冰有花文
按唐書昭宗本紀不載　按五行志景福中滄州城
壍中冰有文如畫大樹華葉芬敷者時人以爲其地
當有兵難近華孽也

宋

眞宗咸平六年雨木冰
按宋史眞宗本紀咸平六年十一月庚戌雨木冰
景德元年冰有花文
按宋史眞宗本紀不載　按五行志景德元年二月
保順軍城壕冰陷起文爲桃李雜樹人物之狀
大中祥符五年雨木冰
按宋史眞宗本紀大中祥符五年春正月戊寅雨木
冰
大中祥符九年冰有花文
按宋史眞宗本紀不載　按五行志大中祥符九年
正月埧州渠冰有如花葩狀
天禧五年雨木冰
按宋史眞宗本紀不載　按五行志天禧五年正月
戊寅京師雨木冰
仁宗慶曆三年雨木冰
按宋史仁宗本紀慶曆三年十二月丁巳大雨雪木
冰　按五行志占曰兵象也　按周恭肅王元儼傳
慶曆三年冬大雨雪木冰陳楚之地尤甚占者曰憂
在大臣旣而元儼病甚上憂形於色親至卧內手調
藥屏人與語久之所對多忠言賜白金五千兩固辭
不受曰臣羸憊且死將重費家國矣帝爲嗟泣明年
正月薨
嘉祐元年正月雨木冰
按宋史仁宗本紀不載　按五行志云云
英宗治平二年雨木冰
按宋史英宗本紀治平二年冬十月乙巳雨木冰
神宗熙寧二年雨木冰
按宋史神宗本紀熙寧二年冬十月甲子雨木冰
熙寧八年雨木冰
按宋史神宗本紀八年春正月乙卯雨木冰
熙寧九年雨木冰
按宋史神宗本紀九年春正月乙丑雨木冰
哲宗元祐八年雨木冰
按宋史哲宗本紀不載　按五行志元祐八年二月
京師大寒霰雪雨木冰
徽宗宣和五年雨木冰
按宋史徽宗本紀宣和五年冬十月乙酉雨木冰
宣和七年雨木冰
按宋史徽宗本紀宣和七年二月己酉雨木冰
欽宗靖康元年雨木冰
按宋史欽宗本紀靖康元年冬十月乙卯雨木冰閏
十一月丙午雨木冰
靖康二年雨木冰
按宋史欽宗本紀二年春正月丁酉雨木冰
高宗紹興五年雨木冰
按宋史高宗本紀不載　按五行志紹興五年十一
月辛亥雨木冰
紹興七年冰有花文
按宋史高宗本紀不載　按五行志七年十二月中
書門下省檢正官張宗元出撫淮西軍寓建康槃冰
有文如畫佳卉茂木華葉相敷日易以水變態奇出
春暄乃止
孝宗淳熙　年冰有花文
按宋史孝宗本紀不載　按五行志淳熙初秀州呂
氏家冰瓦有文樓觀車馬人物芙蓉牡丹萱草藤蘿
之屬經日不釋
光宗紹熙五年寧宗卽位雨木冰
按宋史寧宗本紀紹熙五年秋七月卽位十一月辛
亥雨木冰

金

海陵天德三年十二月己丑雨木冰
按金史海陵本紀不載　按五行志云云
章宗明昌四年十一月壬午雨木冰
按金史章宗本紀不載　按五行志云云
泰和四年木冰
按金史章宗本紀不載　按五行志泰和四年正月壬申陰霧木冰十一月丁卯陰霧木冰凡三日
宣宗貞祐元年木冰
按金史宣宗本紀不載　按五行志貞祐元年十二月乙卯雨木冰
貞祐二年十一月己酉雨木冰
按金史宣宗本紀不載　按五行志云云

元

成宗大德七年十一月辛酉木冰
按元史成宗本紀不載　按五行志云云
文宗至順二年木冰
按元史文宗本紀不載　按五行志至順二年十一月丁巳雨木冰十二月癸亥雨木冰
順帝至元五年木冰
按元史順帝本紀至元五年十一月癸酉瑞州路新昌州雨木冰至明年二月始解
至正十二年雨木冰
按元史順帝本紀不載　按五行志至正十二年九月壬午冀寧保德州雨木冰
至正十四年冰成五色花文
按元史順帝本紀十四年正月甲子朔汴梁城東汴河冰皆成五色花草如繪畫三日方解　按五行志十四年冬龍興雨木冰
至正二十五年木冰成象
按元史順帝本紀不載　按五行志二十五年二月辛亥汴梁雨木冰狀如樓閣人物冠帶鳥獸花草百態具備羽幢珠葆彌望不絕凡五日始解

明

成祖永樂十五年太液池冰有花文
按名山藏永樂十五年十一月金水河太液池水冰結爲樓閣龍鳳花卉象賜羣臣臨觀行在禮部尚書呂震請率百官表賀拒不受勅曰比歲以來卿等遇祥輒賀朕之凉德夙夜不敢康命中外諸司愛卹軍民勸課農桑作興學校平均賦役敬祀愼刑旌表孝順節義民鰥寡孤獨必存卹之薦舉材德遺逸之士嚴固邊徼倉庫出納無有侵欺一遵高皇帝成憲官吏貪暴曠職者監察御史按察司具實糾治之
憲宗成化七年雨木冰
按江西通志成化七年春武寧縣雨木冰
孝宗弘治元年雨木冰
按江西通志弘治元年春正月奉新雨木冰
武宗正德元年冰有花文
按江南通志正德元年正月朔揚州河水冰結成樹木花草之狀
正德三年冰有花文
按江南通志正德三年冬淮安淸河以上至宿遷冰文如花樹樓臺圖畫之狀高郵州河冰亦然
正德四年木介
按莘野纂聞正德己巳冬十二月吳中大雪凍死者塞途自胥門河以及震澤水不流斷或有事輒涉冰以行偶從來者問湖海冰山之狀或告曰尚有木介焉曰何以言之曰瀕海有樹其水激而飛集樹皆冰也是之謂木介議者以爲兵
正德八年洞庭冰雨木冰
按湖廣通志正德八年洞庭冰合人騎可行
按江西通志正德八年冬雨木冰
正德十年雨木冰
按江西通志正德十年寧州雨木冰
世宗嘉靖二十五年木冰
按山西通志嘉靖二十五年冬十一月木冰是月木冰十八日再冰皆凝結如玉日晡未消
嘉靖三十六年黃河冰
按山西通志嘉靖三十六年冬平陸黃河冰凝自底杵至潼關數月不解
嘉靖三十九年木冰
按江西通志嘉靖三十九年春二月雨木冰
穆宗隆慶元年木冰
按山西通志隆慶元年冬十月太谷木冰十日而解
隆慶六年冰有花文
按畿輔通志隆慶六年肥鄉學宮冰文成花樹
神宗萬曆六年冰有花文
按山西通志萬曆六年潞安冰成龍形城西壕中冰成龍形鱗甲頭角皆具如雕鏤狀蜿蜒曲折長里許
按江南通志萬曆六年休寧冰花俱成人物車馬草木狀
萬曆十七年木冰

按江南通志萬曆十七年松江雨木冰如箸民大饑

萬曆四十五年木冰

按山西通志萬曆四十五年冬芮城木冰一名樹甲數日不解

愍帝崇禎四年木冰

按山西通志崇禎四年冬十月沁州木冰成刀鎗形狀

崇禎八年黃河冰

按河南通志崇禎八年黃河冰結如石

冰異部藝文一

漢光武渡滹沱冰合賦　唐獨孤及

昔漢光武收河北之年馳馬將進滹沱在前爲敵所迫當冰不堅及軍裝隱轔以登岸殺氣崢嶸而寒川意者欲定神器于茲日彰聖人之動天若非使不道者喪有德者王則水不能以造次而結冰不能以斯須而壯變浩浩之流爲峨峨之狀擁高旗以進雷長轂以上及企路以全軍又迎風而破浪于時進隔關于長津顧邀遮其後塵患勢莫之敵沒不可振求一徑而莫遂惟羣臣之不親賴王霸至誠之力協光武至聖之德人從悅己之詐天贊勤王之直故得舟楫不設衣裳不濡避地以往乘冰以趨一水之上兩軍相殊使後人覩水則有求冰則無望飛塵而惆悵對寒流而跼蹐由是知天人之合發與神祇而相符不然則何以延十二之祚總四七之輔滅新室毒流之日作漢代中興之主受命之瑞也亦何異元女降于軒轅白魚躍于周武燕趙之間清流瀰瀰高風以遠遺躅於是

冰異部藝文二 詩

木介行　一作朱長春　明宋登春

空溪淅淅復淅淅一夜風響如霹靂雲紛天晦急雪來半是虛花半成汁初時點戶濕有聲瑟如簾下擊秦箏須臾上下雨且凍滿地蹴裂黃河冰冰荒荒兮雪離離作融作合白垂垂千家瓴瓦一時結大如木扇長如錐茫茫山川望不見但對孤城白于練忽然衆鳥齊飛呼千株萬樹都封遍碎者作花聚作葉疑是梨花夜開月披枝搖曳無數鳴又如列戟揚兵聲城中萬戶閉不出一老臨河獨嘆息問之低頭手把樹十年木介曾如是冰荒田沒盜賊起至今賣子歸無處往時臘盡今兒春雷動草出水有潾市上白米斗錢百四方在在流飢民含咨相坐未卒語雪風吹濕頭上巾關門且抱牀下甕嘆婦當壚自煮鱗

詠霧凇 有序　楊慎

甲寅歲秋冬久雨連月十一月二十六日甲子曉籠霧微凇蓋晴兆也俗諺云霜凇打霧凇貧兒備飯瓮往歲在北方寒夜冰華著樹若綮日出飄滿庭階尤爲可愛曾南豐詩云園林日出靜無風霧凇花開樹樹同記得集英深殿裏舞人齊插玉瓏鬆又曰香銷一榻氍毹暖月映千門霧凇寒韻書謂之凍洛洛音索冰著樹如索也

怪得天雞誤曉光青腰玉女試銀糚瓊敷綴葉齊如剪瑞樹開花冷不香月白詎迷三里霧雲黃先兆萬家箱貧兒飯瓮歌聲好六出何須賀謝莊

冰異部紀事

後漢書光武本紀光武以王郎新盛乃北徇薊晨夜兼行蒙犯霜雪天時寒面皆破裂至滹沱河無船適遇冰合得過未畢數車而陷 注 續漢書曰時冰滑馬僵乃各以囊盛沙布冰上度焉

後趙錄石勒將石生爲衞將軍鎮洛金墉城劉曜攻之不能下勒軍卒至曜來攻城勒自統中軍步騎四萬直赴金墉濟自大碣先是流澌風猛軍至而冰泮清和濟畢流澌大至勒以爲神靈之助命曰靈昌津

異苑元嘉中高平平丘孝婦懷姙生一團冰得日便消液成水

唐書王方翼傳方翼七月次葉河無舟而冰一夜合時以爲祥

冊府元龜寧王憲元宗天寶初寢疾是冬京城寒甚凝霜封樹時學者以爲春秋雨木冰是亦名樹介言其象介冑也憲見嘆曰此俗謂樹稼也諺云樹稼達官怕必有大臣當之吾其死矣數日薨

宋史查道傳道幼沈嶷不羣罕言笑以孝聞母嘗病思鱖羹方冬苦寒市之不獲泣禱于河鑿冰取之得鱖尺許以饋又刲臂血寫佛經母疾尋愈

高瓊傳瓊子繼宣帥兵營陵井抵天門關是夕大雨及河師半濟黑凌暴合舟不得進乃具牲酒爲文以禱已而凌解師濟

墨莊漫錄宋次道春明退朝錄云王侍郎子融言天聖中歸其鄉里青州時滕給事涉爲守盛冬濃霜屋瓦皆成百花之狀以紙摩之其家尚餘數幅政和丙申歲先君爲眞州敎官時朝廷頒雅樂下方州儀眞

學中建大學庫屋積新瓦于地一夕霜後皆成花文極有奇巧者折枝桃李牡丹海棠寒蘆木藻種種可玩如善畫者所作詹度安世爲太守諷學中圖繪以瑞爲言欲諛于朝先君不從乃已

夢溪筆談宋次道春明退朝錄言天聖中青州盛冬濃霜屋瓦皆成百花之狀此事五代時已嘗有之予亦自兩見如此慶曆中京師集禧觀渠中冰文皆成花卉林木元豐末予到秀州人家屋瓦上冰亦成花每瓦一枝正如畫家所爲折枝有大花似牡丹芍藥者細花如海棠萱草輩者皆有枝葉無毫髮不具雖巧筆不能爲之以紙搨之無異石刻

春渚紀聞宣義郎萬延之錢塘南新人劉輝榜中乙科釋褐性素剛不能屈曲州縣中年拂衣而歸徙居餘杭行視苕霅陂澤可爲田者即市之遇歲運土田闔大成歲收租入數盈萬斛常語人曰吾以萬爲氏至此足矣即營建大第爲終焉之計家蓄一瓦缶蓋初赴銓時遇都下銅禁嚴甚因以十錢市之以代沃盥之用時當凝寒注湯頮面既覆缶出水而有餘水留缶凝結成冰視之桃花一枝也衆人觀異之以爲偶然明日用之則又成開雙頭牡丹一枝次日又成寒林滿缶水村竹屋斷鴻翹鷺宛如圖畫遠近景者自後以白金爲護什襲而藏遇凝寒時即預約客張宴以賞之未常有一同者前後不能盡記余與賞集數矣最詭異者上皇登極而致仕官例遷一秩萬遷宣德郎詔下之日適其始生之辰親客畢集是日復大寒設缶當席既凝冰成象則一山石上坐一老人龜鶴在側如所畫壽星之像觀者莫不咨嗟嘆異以爲器出於陶葦於凡火初非五行精氣所鍾而變異若此竟莫有能言其理者然萬氏自得缶之後雖復貲用饒給其剩下益甚後有誘其子結婚副車王晉卿家費用幾二萬緡而娶其孫女奏補三班借職延之死三班亦繼入鬼錄餘貲爲王氏席捲而歸二子日就淪替今至寄食於人始悟萬氏之富如冰花在玩非堅久之祥也後歸蔡京家云

雞肋編王介甫作韓魏公挽詩云木稼曾云達官怕山摧果見哲人萎時華山崩京師木稼爲中的人多不見木稼出處按舊唐書五行志開元二十九年十一月二十九日雨木冰凝凍裂數日不見寧王見而嘆曰諺云樹木稼達官怕必有大臣當之其月王薨

東軒筆錄熙寧三年京輔猛風大雪草木皆稼厚者冰及數寸既而華山震阜頭谷圮折數十百丈蕩搖十餘里覆壓甚衆唐天寶中冰稼而寧王死故當時諺曰冬凌樹稼達官怕又詩有泰山其頹哲人其萎之說衆謂大臣當之未數年而司徒侍中魏國韓公琦薨王荆公作挽詞略曰冰稼嘗聞達官怕山頹今見哲人萎蓋謂是也

續夷堅志臨洮城外洮水冬月結冰小於芡實圓潔如一斗郵之珠琲陽中富家收貯盛夏以蜜水調之如眞珠粉然此水上下三百里冬月望之凝白無際而著脚即陷釜冰珠雖沍寒亦不融結爲一也

輟耕錄朝廷於歲首例遣使祭岳瀆至正乙巳翰林應奉李國鳳代祀嵩恆醫無閭抵汴路閑即城中望祭嵩岳時閏月下旬也二月十三日游相國寺池上羣僧方聚觀從之仰視日旁一月一星如初弦者又十日雨木冰狀如樓閣人物冠帶鳥獸草木百態具備始非人工高林大樹珠葆羽幢彌望不絕凡五日始解又十日復冰自汴至中灤皆然不一歲盜陷汴據之

委巷叢談元至正間西湖冰合故老云六十年前曾有此異張仲舉賦詩云西湖雪厚冰徹底行人徑渡如長川風吹鹽地結陰鹵日射玉田生暖烟魚龍穴裏寒更縮鷗鷺沙頭饑可憐安得長冰通滄海我欲三島求神仙

名山藏建文元年十一月燕王自大寧還景隆軍鄭壩陣而待王河流甚急王默禱曰河冰則天相燕也其日雪冰燕王盡以其師度南將陳暉追躡之王還擊暉暉敗跳冰遁冰乃皆解

懸笥瑣探成化丙戌十一月朔日予自西華抵扶溝明日坐堂上見有若霧者從東來著樹并草莖皆白少頃堆積枝柯間玲瓏雕鏤甚怪問輿皂此何物曰樹孝也因檢玉笥集有云冰凌禾稼達官怕既而聞河南李少保賢有疾十二月十四日竟卒大夫之所繫固重也夫

近峰記略正德戊寅冬駕幸揚州河冰方合上問何時當解江彬對曰立春然尚有旬餘日也上曰春迎之即至耳焉能候之命迎春於揚州之東郊明日百花盛開河水流澌臣民駭覩

冰異部雜錄

緗素雜記舒王作韓魏公挽詩云木稼嘗聞達官怕蓋用舊唐史寧王臥疾引諺語曰木稼達官怕必大臣當之吾其死矣此用故事誠工也然木稼之說齊世知其爲木冰而不解其義余嘗讀班史五行志而得其說蓋自春秋成公十六年雨木冰劉歆以爲上陽施不下通下陰施不上達故雨而木爲之冰雰氣寒木不曲直也劉向以爲冰者陰之盛而水滯者也木者少陽貴臣卿大夫之象也此人將有害則陰氣脅木木先寒故得雨而冰也是時叔孫僑如出奔公子偃誅死一曰時晉執季孫行父又執公此執辱之異或曰今之長老名木冰爲木介介者甲兵之象也是歲晉有鄢陵之戰楚王傷目而敗屬常雨也由是知木稼當爲木介明矣蓋唐之諺語譌也案唐史五行志直書曰雨木冰乃引劉向之言爲証又云亦謂之樹介介兵象也是眞得春秋書災異之意矣又公羊傳云雨木冰者何雨而木冰也何以書記異也何休云木者少陽幼君大臣之象冰者凝陰兵之類也冰脅木者君臣將執於兵之徵也然何氏此說蓋亦自於歆向云

丹鉛總錄漢光武渡滹沱河俄頃冰合眞有神助矣其後帝命其處爲危渡口示天幸不可恃以戒子孫此其大度何如也石勒擊劉曜濟自大碣以河冰泮爲神靈助號爲靈昌津此其去光武遠矣石勒自謂遇光武當並驅中原未論仁暴只茲一事絕塵莫攀何其大言無忌耶其後代王什翼犍擊劉辰河冰未合乃以葦絙約流凘俄而冰合復恐未堅又散葦於上冰草相結有如浮梁出其不意遂大破之此則以人力迎天者也

集韻淞凍洛也三蒼解詁液雨也其字音送俗曰霧淞漢書五行志雨木冰亦曰樹介又曰木稼稼卽介之訛耳寒甚而木冰如樹著介胄也曾南豐集云齊地寒甚夜如霧凝於木上旦日出飄滿庭階尤爲可愛遂作詩云園林初日淨無風霧淞花開樹樹同記得集英深殿裏舞人齊插玉籠鬆齊地以爲豐年之兆諺云霜淞如霧淞窮漢備飯瓮然淞之極則以爲樹介木冰諺云木若稼達官怕蓋寒淺則爲霧淞寒甚則爲木冰霧淞名豐而木冰名凶也李獻吉詩大寒冰雨何紛紛曉行日臨江吐雲蓋詠木冰也又云今朝走白露南枝參差開紫宮散花女駭龍下瑤陔蓋詠霧淞也各極體物之妙云

山西通志冰裂涑水每歲冬夜間時聞冰裂聲城戍者遙見有物如羊自西南冰劈積兩旁至南橋回近年見於白晝冰自開裂水湧尺許逆流過南橋至呂莊河相傳有梅衆將戰敗執戟熱甚就水濯之化形而逝此其戰精或曰蛟也然未可測